电力行业"十四五"规划教材

"十四五"职业教育系列教材

建筑施工技术

第二版

主　编　陈杭旭　王晓华

副主编　蔡祖炼　沈万岳

参　编　梁　群　杨惠中　彭根堂

主　审　沈克仁　项建国

中国电力出版社
CHINA ELECTRIC POWER PRESS

内 容 提 要

本书为电力行业"十四五"规划教材。

本书根据建筑工程技术专业或土木工程专业的人才培养定位及职业岗位的知识、能力、素质要求而编写,全面、系统地介绍了土建各主要分部分项工程,包括土方工程、地基与基础、砌筑工程、混凝土结构工程、预应力混凝土工程、建筑施工机具与设施、防水工程、建筑装饰装修工程与建筑节能工程等的施工工艺、施工方法、施工质量验收和施工计算方法,贴近施工现场,注重实用性和可操作性。依据最新的施工技术规范、施工质量验收规范和设计规范修订,以符合职业岗位要求,实现"工学结合"培养目标。

本次修订根据行业发展需要增加了装配式混凝土建筑等内容。在每章的章首都有本章学习要求,且每章均有独立成节的经典施工案例,一方面启发学生,另一方面也便于现场施工技术人员参考。

本书主要作为高职高专院校土建施工类、工程管理类、市政工程类、建筑设备类等专业教材。

图书在版编目(CIP)数据

建筑施工技术/陈杭旭,王晓华主编. —2版. --北京:中国电力出版社,2024.9.(2025.7重印) -- ISBN 978-7-5198-9136-7

Ⅰ.TU74

中国国家版本馆 CIP 数据核字第 2024RU5340 号

出版发行:中国电力出版社

地　　址:北京市东城区北京站西街 19 号(邮政编码 100005)

网　　址:http://www.cepp.sgcc.com.cn

责任编辑:熊荣华(010-63412543)

责任校对:黄　蓓　朱丽芳　马　宁　王海南

装帧设计:赵姗杉

责任印制:吴　迪

印　　刷:三河市航远印刷有限公司

版　　次:2015 年 2 月第一版　2024 年 9 月第二版

印　　次:2025 年 7 月北京第二次印刷

开　　本:787 毫米×1092 毫米　16 开本

印　　张:40.25

字　　数:1033 千字

定　　价:98.00 元

前　言

一、建筑施工技术课程的性质

建筑施工技术是根据建筑工程技术专业或土木工程专业的人才培养定位及职业岗位的知识、能力、素质要求而设置的一门核心课程。它是以传授土建各主要分部分项工程的施工工艺、施工方法、施工质量验收知识和施工计算方法的一门课程。该课程具有较强的综合性及应用性，可培养学生综合应用先前学过的建筑材料、建筑测量、建筑力学、建筑构造与识图、建筑结构和地基基础课程知识，根据一般施工图和施工现场环境条件选择土建各主要分部分项工程的适当施工工艺和施工方法，选择合适的建筑材料和施工机械，培养学生在土建各主要分部分项工程中必要的施工计算能力和施工质量验收能力，这些能力也是建筑施工现场专业人员，包括施工员、质量员、安全员、标准员、材料员、机械员、劳务员和资料员"八大员"所必须具备的基本知识和基本技能。

二、建筑工程施工质量验收的划分

任何一栋建筑物的施工都是一个系统工程，为了有效杜绝质量安全事故，《建筑工程施工质量验收统一标准》（GB 50300—2013）在基本规定的第一条就明确规定：在开工前的施工现场应具有健全的质量管理体系、相应的施工技术标准、施工质量检验制度和综合施工质量水平评定考核制度。施工现场质量管理可按本书附录A的要求进行检查记录，由总监理工程师下检查结论。同时，一栋建筑的施工也是一个复杂的过程，为了便于组织施工和验收，《建筑工程施工质量验收统一标准》（GB 50300—2013）将单位工程的施工按工程部位和专业性质划分为十大分部（见附录B）。这十大分部分别是地基与基础、主体结构、建筑装饰装修、建筑屋面、建筑节能、建筑给排水及采暖、建筑电气、智能建筑、通风与空调、电梯分部。前五大分部（俗称土建五大分部）主要由土建施工人员来完成，是本书所研究的对象；后五大分部（俗称安装五大分部）是由各专业工程技术人员配合协调施工完成的。分部工程一般较大或较复杂，通常按材料种类、施工特点、施工程序、专业系统及类别将其划分为若干子分部工程，如主体分部就是按材料分为混凝土结构、砌体结构、钢结构、钢管混凝土结构、型钢混凝土结构、铝合金结构和木结构7个子分部，其中量大面广的混凝土结构和砌体结构施工也是本书所研究的对象。为了进一步便于组织施工和验收的需要，在子分部下又按主要工种、材料、施工工艺、设备类别划分为各个分项工程，如地基与基础分部工程下的基坑支护子分部就是按基坑支护施工工艺分为灌注桩排桩围护墙、型钢水泥土搅拌墙、土钉墙、水泥土重力挡墙等各个分项工程；主体分部下的混凝土子分部则按主要工种和施工工艺分为模板、钢筋、混凝土、预应力、现浇结构、装配式结构6个分项工程。

另外，室外工程的划分见附录C。

一栋建筑物的施工过程本身就是一个质量验收过程，过程控制必须贯穿始终，因此在建筑施工技术课程中两部分内容必须合并学习。分项工程一般划分为检验批进行验收，这样有助于及时纠正施工中出现的质量问题，确保工程质量符合施工实际需要。例如，多层及高层建筑工程中主体分部的分项工程是按楼层、施工段或工程量来划分检验批，单层建筑工程中的分项工程则按变形缝等划分检验批。检验批的施工质量验收表格具体实例见附录D、E、F。

三、学好建筑施工技术这门课程的建议

建筑施工技术课程的特点是实践性强，综合性大，社会性广，施工工艺和施工方法发展快、更

新快，教材内容有时跟不上现场施工技术的变化。如何学好这门课程呢？笔者提出 5 条建议：第一，在保证安全的前提下，利用课余、节假日、寒暑假，深入工地进行认识和实践；第二，充分利用校内资源（如图书馆和精品课程网）和校外资源（如互联网包括筑龙网和一、二级建造师相关网站的大量视频与照片）；第三，认真完成建筑施工技术精品课程网或资源库的习题库和二级建造师相关建筑施工技术部分的习题库作业，进一步加深理解各知识点；第四，伴随着课程的深入，精读相关建筑工程各专业施工质量验收规范、各专业施工技术规范的内容和设计规范的构造部分内容，特别是相关条款的解释说明部分会让人有受益匪浅、触类旁通之感；第五，加强学习相关重要课程知识，特别是建筑结构中的混凝土结构施工图平面整体表示方法制图规则和构造详图，如 22G101 - 1（现浇混凝土框架、剪力墙、梁、板）、22G101 - 2（板式楼梯）、22G101 - 3（独立基础、条形基础、筏形基础及桩基承台）等，当然还要学习一些重要标准图集，如预应力管桩和钻孔灌注桩标准图集、预应力吊车梁和屋架标准图集等，按图施工是施工的最重要原则，基坑支护施工图、建筑与结构施工图和相关各种标准图集是建筑工程施工的最重要依据，只有循序渐进读懂读通图纸表达内容和相关节点构造，才能为学习和掌握建筑施工技术夯下坚实的基础。此外，每套施工图纸的建筑总说明和结构总说明也有大量的施工技术信息需要仔细阅读领会，如屋面与地下防水做法、各部位装饰工程做法、材料选择、抗震等级、各种特殊结构节点做法、过梁构造柱做法交代等。

四、本书特点与教材的编审人员

本书在编写时，力求反映较基础、较实用的建筑施工技术，融合了最新出版的施工规范、施工技术规范、施工质量验收规范和设计规范，以足够适用为原则，以适应教学需要和社会普及需要，由于装配式混凝土建筑的发展需要增加了第四章第六节装配式混凝土建筑施工相关内容。在每章的章首都有本章学习要求，且每章均有独立成节的住建部要求的经典施工成败案例，一方面启发学生，另一方面便于现场施工技术人员参考。

本书的编写人员均为多年从事教育及具有施工实践经验的中高级职称人员，因此在内容上较贴近实际性和强调实用性。本书由浙江建设职业技术学院陈杭旭副教授担任第一主编，西藏建设职业技术学院王晓华副教授担任第二主编。教材编写人员：第一、第二章由陈杭旭和彭根堂高工编写，第三、第七章由王晓华副教授编写，第四章由陈杭旭和杭州第四建筑工程公司梁群高工编写，第五章由蔡祖炼高工编写，第六章由梁群高工编写，第八章由沈万岳高工编写，第九章由杭州绿谷建筑技术咨询有限公司建筑节能专家杨惠忠顾问总工编写。本书由资深高级工程师沈克仁、项建国教授主审。

本书在编写过程中得到了原浙江宝业建设集团有限公司总工程师俞增民、浙江一建建设集团有限公司俞宏教授级高工、浙江建院资深高级工程师王云江的全程参与和指导，得到了浙江建院建工学院院长朱勇年教授、副院长马行耀副教授、专业负责人虞焕新教授的大力支持，还得到了浙江宝业建设集团有限公司、浙江诚达建设有限公司、浙江明康工程咨询有限公司等知名企业的鼎力相助。附录建筑与结构说明由浙江省建筑设计研究院陈杭生教授级高工提供。在这里一并表示衷心的感谢！

编　者

目　录

第一章　土　方　工　程

习 本章学习要求

了解土的工程性质、边坡留设和土方调配的原则。

掌握土方量计算的方法、场地设计标高确定的方法和用表上作业法进行土方调配。

能熟悉深浅基坑的各种常用支护方法并了解其适用范围和基坑监测项目。

理解流砂产生的原因，并了解其防治方法；掌握轻型井点设计并了解喷射井点、电渗井点和深井井点的适用范围。

掌握基坑土方开挖的一般原则、方法和注意事项，了解常用土方机械的性能及适用范围并能正确合理地选用。

掌握填土压实的方法。

掌握土方工程质量标准与安全技术要求。

第一节　概　　述

一、土方工程的施工特点

常见的土方工程包括以下几个方面。

（1）场地平整：包括确定场地设计标高，计算挖、填土方量，合理地进行土方调配等。

（2）土方的开挖、填筑和运输等主要施工，以及排水、降水和土壁边坡和支护结构等。

（3）土方回填与压实：包括土料选择，填土压实的方法及密实度检验等。

土方工程施工，要求标高准确、断面合理，土体有足够的强度和稳定性，土方量少，工期短，费用省。但土方工程具有工程量大、施工工期长、劳动强度大的特点，如大型建设项目的场地平整和深基坑开挖中，施工面积可达数平方千米，土方工程量可达数百万立方米以上。另外，土方工程的施工条件复杂又多为露天作业，受气候、水文、地质和邻近建（构）筑物等条件的影响较大，且天然或人工填筑形成的土石成分复杂，难以确定的因素较多。因此，在组织土方工程施工前，必须做好施工前的准备工作，完成场地清理，仔细研究勘察设计文件并进行现场勘察；制定严密合理和经济的施工组织设计，做好施工方案，选择好施工方法和机械设备，尽可能采用先进的施工工艺和施工组织，实现土方工程施工综合机械化。制订合理的土方调配方案，制定好保证工程质量的技术措施和安全文明施工措施，对质量通病做好预防措施等。

二、土的工程分类与现场鉴别方法

土的种类繁多，其分类方法各异。土方工程施工中，按土的开挖难易程度分为 8 类，见表 1-1。表中一至四类为土，五至八类为岩石。在选择施工挖土机械和套建筑安装工程劳动定额时要依据土的工程类别进行选择。

表 1-1　　　　　　　　　　　　　　　土 的 工 程 分 类

土的分类	土的级别	土的名称	密度（kg/m³）	开挖方法及工具
一类土 （松软土）	I	砂土；粉土；冲积砂土层；疏松的种植土；淤泥（泥炭）	600～1500	用锹、锄头挖掘，少许用脚蹬

土的分类	土的级别	土的名称	密度（kg/m³）	开挖方法及工具
二类土 （普通土）	Ⅱ	粉质黏土；潮湿的黄土；夹有碎石、卵石的砂；粉土混卵（碎）石；种植土；填土	1100～1600	用锹、锄头挖掘，少许用镐翻松
三类土 （坚土）	Ⅲ	软及中等密实黏土；重粉质黏土；砾石土；干黄土；含有碎石卵石的黄土；粉质黏土；压实的填土	1750～1900	主要用镐，少许用锹、锄头挖掘，部分用撬棍
四类土 （砂砾坚土）	Ⅳ	坚硬密实的黏性土或黄土；含碎石、卵石的中等密实的黏性土或黄土；粗卵石；天然级配砂石；软泥灰岩	1900	整个先用镐、撬棍，后用锹挖掘，部分用楔子及大锤
五类土 （软石）	Ⅴ	硬质黏土；中密的页岩、泥灰岩、白垩土；胶结不紧的砾岩；软石灰岩及贝壳石灰岩	1100～2700	用镐或撬棍、大锤挖掘，部分使用爆破方法
六类土 （次坚石）	Ⅵ	泥岩；砂岩；砾岩；坚实的页岩、泥灰岩；密实的石灰岩；风化花岗岩；片麻岩及正长岩	2200～2900	用爆破方法开挖，部分用风镐
七类土 （坚石）	Ⅶ	大理岩；辉绿岩；玢岩；粗、中粒花岗岩；坚实的白云岩、砂岩、砾岩、片麻岩、石灰岩；微风化安山岩；玄武岩	2500～3100	用爆破方法开挖
八类土 （特坚土）	Ⅷ	安山岩；玄武岩；花岗片麻岩；坚实的细粒花岗岩、闪长岩、石英岩、辉长岩、角闪岩、玢岩、辉绿岩	2700～3300	用爆破方法开挖

三、土的基本性质

1. 土的天然含水量

土的含水量 w 是土中水的质量与固体颗粒质量之比的百分率，即

$$w = \frac{m_w}{m_s} \times 100\% \tag{1-1}$$

式中：m_w 为土中水的质量；m_s 为土中固体颗粒的质量。

2. 土的天然密度和干密度

土在天然状态下单位体积的质量，称为土的天然密度。土的天然密度用 ρ 表示

$$\rho = \frac{m}{V} \tag{1-2}$$

式中：m 为土的总质量；V 为土的天然体积。

单位体积中土的固体颗粒的质量称为土的干密度，土的干密度用 ρ_d 表示

$$\rho_d = \frac{m_s}{V} \tag{1-3}$$

式中：m_s 为土中固体颗粒的质量；V 为土的天然体积。

土的干密度越大，表示土越密实。工程上常把土的干密度作为评定土体密实程度的标准，以控制填土工程的压实质量。土的干密度 ρ_d 与土的天然密度 ρ 之间有如下关系

$$\rho = \frac{m}{V} = \frac{m_s + m_w}{V} = \frac{m_s + wm_s}{V} = (1+w)\frac{m_s}{V} = (1+w)\rho_d$$

即

$$\rho_d = \frac{\rho}{1+w} \tag{1-4}$$

3. 土的可松性

土具有可松性，即自然状态下的土经开挖后，其体积因松散而增大，以后虽经回填压实，但仍不能恢复其原来的体积。土的可松性程度用可松性系数表示，即

$$K_s = \frac{V_{松散}}{V_{原状}} \tag{1-5}$$

$$K'_s = \frac{V_{压实}}{V_{原状}} \tag{1-6}$$

式中：K_s 为土的最初可松性系数；K'_s 为土的最后可松性系数；$V_{原状}$ 为土在天然状态下的体积，m^3；$V_{松散}$ 为土挖出后在松散状态下的体积，m^3；$V_{压实}$ 为土经回填压（夯）实后的体积，m^3。

土的可松性对确定场地设计标高、土方量的平衡调配、计算运土机具的数量和弃土坑的容积，以及计算填方所需的挖方体积等均有很大影响。各类土的可松性系数见表 1-2。

表 1-2　　　　　　　　　　　　　各种土的可松性参考值

土的类别	体积增加百分数		可松性系数	
	最初	最后	K_s	K'_s
一类土（种植土除外）	8~17	1~2.5	1.08~1.17	1.01~1.03
一类土（植物性土、泥炭）	20~30	3~4	1.20~1.30	1.03~1.04
二类土	14~28	2.5~5	1.14~1.28	1.02~1.05
三类土	24~30	4~7	1.24~1.30	1.04~1.07
四类土（泥灰岩、蛋白石除外）	26~32	6~9	1.26~1.32	1.06~1.09
四类土（泥灰岩、蛋白石）	33~37	11~15	1.33~1.37	1.11~1.15
五至七类土	30~45	10~20	1.30~1.45	1.10~1.20
八类土	45~50	20~30	1.45~1.50	1.20~1.30

4. 土的渗透性

土的渗透性是指水流通过土中孔隙的难易程度，水在单位时间内穿透土层的能力称为渗透系数，用 k 表示，单位为 m/d。地下水在土中渗流速度一般可按达西定律计算，其公式如下

$$v = k\frac{H_1 - H_2}{L} = k\frac{h}{L} = ki \tag{1-7}$$

式中：v 为水在土中的渗透速度，m/d；i 为水力坡度，$i = \frac{H_1 - H_2}{L}$，即 A、B 两点水头差与其水平距离之比；k 为土的渗透系数，m/d。

从达西公式可以看出渗透系数的物理意义：当水力坡度 i 等于 1 时，渗透速度 v 即为渗透系数 k，单位同样为 m/d。k 值的大小反映土体透水性的强弱，影响施工降水与排水的速度；土的渗透系数可以通过室内渗透试验或现场抽水试验测定，一般土的渗透系数见表 1-3。

表 1-3　　　　　　　　　　　　　　　土的渗透系数 k 参考值

土的名称	渗透系数 k（m/d）	土的名称	渗透系数 k（m/d）
黏土	<0.005	中砂	5.0～25.0
粉质黏土	0.005～0.1	均质中砂	35～50
粉土	0.1～0.5	粗砂	20～50
黄土	0.25～0.5	圆砾	50～100
粉砂	0.5～5.0	卵石	100～500
细砂	1.0～10.0	无填充物卵石	500～1000

第二节　土方与土方调配量计算

一、基坑、基槽土方量计算

1. 土方边坡

在开挖基坑、沟槽或填筑路堤时，为了防止塌方，保证施工安全及边坡稳定，其边沿应考虑放坡。土方边坡的坡度以其高度 H 与底宽 B 之比（见图 1-1）表示，即

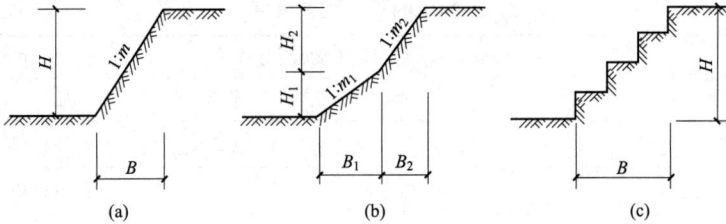

图 1-1　土方边坡
（a）直线形；（b）折线形；（c）踏步形

$$土方边坡的坡度 = \frac{H}{B} = \frac{1}{\dfrac{B}{H}} = 1 : m$$

式中：$m = B/H$，称为坡度系数。其意义为：当边坡高度为 H 时，其边坡宽度 B 则等于 mH。

2. 基坑、基槽土方量计算

基坑土方量可按立体几何中的拟柱体（由两个平行的平面做底的一种多面体）体积公式计算（见图 1-2），即

$$V = \frac{H}{6}(A_1 + 4A_0 + A_2) \tag{1-8}$$

式中：H 为基坑深度，m；A_1、A_2 为基坑上、下的底面积，m^2；A_0 为基坑的中间位置截面面积，m^2。

基槽和路堤的土方量可以沿长度方向分段后，再用同样方法计算（见图 1-3）

$$V_1 = \frac{L_1}{6}(A_1 + 4A_0 + A_2)$$

式中：V_1 为第一段的土方量，m^3；L_1 为第一段的长度，m。

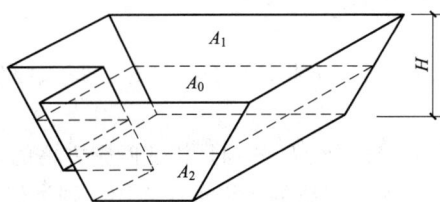

图1-2 基坑土方量计算

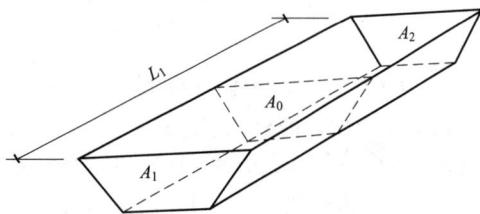

图1-3 基槽土方量计算

将各段土方量相加即得总土方量

$$V = V_1 + V_2 + V_3 + \cdots + V_n$$

式中：V_1，V_2，$\cdots$，V_n分别为各分段的土方量，m^3。

二、场地平整土方量计算

1. 场地设计标高的确定

对于较大面积的场地平整，合理地确定场地的设计标高，对减少土方量和加快工程进度具有重要的经济意义。一般来说，应考虑以下因素：① 满足生产工艺和运输的要求；② 尽量利用地形，分区或分台阶布置，分别确定不同的设计标高；③ 场地内挖填方平衡，土方运输量最少；④ 要有一定泄水坡度（≥2‰），使其能满足排水要求；⑤ 要考虑最高洪水位的影响。

场地设计标高一般应在设计文件上规定，若设计文件对场地设计标高没有规定时，可按下述步骤来确定。

（1）初步计算场地设计标高。初步计算场地设计标高的原则是场地内挖填方平衡，即场地内挖方总量等于填方总量。计算场地设计标高时，首先将场地的地形图根据要求的精度划分为10～40m的方格网，如图1-4（a）所示。然后求出各方格角点的地面标高。地形平坦时，可根据地形图上相邻两等高线的标高，用插入法求得；地形起伏较大或无地形图时，可在地面用木桩打好方格网，然后用仪器直接测出。

按照场地内土方的平整前及平整后相等，即挖填方平衡的原则，如图1-4（b）所示，场地设计标高可按下式计算

$$H_0 n a^2 = \sum \left(a^2 \frac{H_{11} + H_{12} + H_{21} + H_{22}}{4} \right)$$

图1-4 场地设计标高 H_0 计算示意

（a）方格网划分；（b）场地设计标高示意

1—等高线；2—自然地面；3—场地设计标高平面

$$H_0 = \frac{\sum (H_{11} + H_{12} + H_{21} + H_{22})}{4n} \tag{1-9}$$

式中：H_0 为所计算的场地设计标高，m；a 为方格边长，m；n 为方格数；H_{11}、H_{12}、H_{21}、H_{22} 为任一方格的 4 个角点的标高，m。

从图 1-4（a）可以看出，H_{11} 是一个方格的角点标高，H_{12} 及 H_{21} 分别是相邻两个方格的公共角点标高，H_{22} 是相邻的 4 个方格的公共角点标高。如果将所有方格的 4 个角点相加，则类似 H_{11} 这样的角点标高加一次，类似 H_{12}、H_{21} 的角点标高需加两次，类似 H_{22} 的角点标高要加四次。如令 H_1 为一个方格仅有的角点标高，H_2 为两个方格共有的角点标高，H_3 为三个方格共有的角点标高，H_4 为四个方格共有的角点标高，则场地设计标高 H_0 的计算公式（1-9）可改写为下列形式

$$H_0 = \frac{\sum H_1 + 2\sum H_2 + 3\sum H_3 + 4\sum H_4}{4n} \tag{1-10}$$

（2）场地设计标高的调整。按上述公式计算的场地设计标高 H_0 仅为一理论值，在实际运用中还需考虑以下因素进行调整。

1）土的可松性影响。由于土具有可松性，如按挖填平衡计算得到的场地设计标高进行挖填施工，填土多少有富余，特别是当土的最后可松性系数较大时更不容忽视。如图 1-5 所示，设 Δh 为土的可松性引起设计标高的增加值，则设计标高调整后的总挖方体积 V'_w 应为

$$V'_w = V_w - F_w \times \Delta h \tag{1-11}$$

总填方体积 V'_T 应为
$$V'_T = V'_w K'_s = (V_w - F_w \times \Delta h)K'_s \tag{1-12}$$

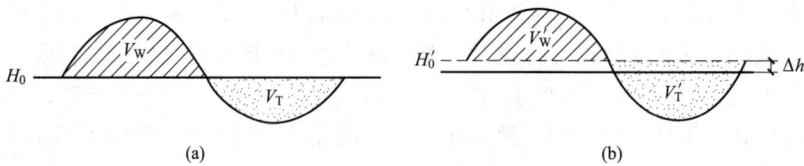

图 1-5   设计标高调整计算示意

(a) 理论设计标高；(b) 调整设计标高

此时，填方区的标高也应与挖方区一样提高 Δh，即

$$\Delta h = \frac{V'_T - V_T}{F_T} = \frac{(V_w - F_w \times \Delta h)K'_s - V_T}{F_T} \tag{1-13}$$

移项整理简化得（当 $V_T = V_w$）
$$\Delta h = \frac{V_w(K'_s - 1)}{F_T + F_w K'_s} \tag{1-14}$$

故考虑土的可松性后，场地设计标高调整为

$$H'_o = H_o + \Delta h \tag{1-15}$$

式中：V_w、V_T 为按理论设计标高计算的总挖方、总填方体积；F_w、F_T 为按理论设计标高计算的挖方区、填方区总面积；K'_s 为土的最后可松性系数。

2）场地挖方和填方的影响。由于场地内大型基坑挖出的土方、修筑路堤填高的土方，以及经过经济比较而将部分挖方就近弃土于场外或将部分填方就近从场外取土，均会引起挖填土量的变化。必要时，也需调整设计标高。

为了简化计算，场地设计标高的调整值 H'_0，可按下列近似公式确定，即

$$H'_0 = H_0 \pm \frac{Q}{na^2} \tag{1-16}$$

式中：Q 为场地根据 H_0 平整后多余或不足的土方量。

3）场地泄水坡度的影响。按上述计算和调整后的场地设计标高，平整后场地是一个水平面。但由于排水的要求，场地表面均有一定的泄水坡度，平整场地的表面坡度应符合设计要求，如无设计要求时，一般应向排水沟方向做成不小于 2‰ 的坡度。所以，在计算的 H_0 或经调整后的 H_0' 基础上，要根据场地要求的泄水坡度，计算出场地内各方格角点实际施工时的设计标高。当场地为单向泄水及双向泄水时，场地各方格角点的设计标高求法如下。

① 单向泄水时场地各方格角点的设计标高 [见图 1-6 (a)]。以计算出的设计标高 H_0 或调整后的设计标高 H_0' 作为场地中心线的标高，场地内任意一个方格角点的设计标高为

$$H_{dn} = H_0 \pm li \tag{1-17}$$

式中：H_{dn} 为场地内任意一方格角点的设计标高，m；l 为该方格角点至场地中心线的距离，m；i 为场地泄水坡度（不小于 2‰）；± 表示该点比 H_0 高则取 "+"，反之取 "-"。

例如，图 1-6 (a) 中场地内角点 10 的设计标高：$H_{d10} = H_0 - 0.5ai$

② 双向泄水时场地各方格角点的设计标高 [见图 1-6 (b)]。以计算出的设计标高 H_0 或调整后的标高 H_0' 作为场地中心点的标高，场地内任意一个方格角点的设计标高为

$$H_{dn} = H_0 \pm l_x i_x \pm l_y i_y \tag{1-18}$$

式中：l_x、l_y 为该点于 $x-x$、$y-y$ 方向上距场地中心线的距离，m；i_x、i_y 为场地在 $x-x$、$y-y$ 方向上泄水坡度。

例如，图 1-6 (b) 中场地内角点 10 的设计标高为

$$H_{d10} = H_0 - 0.5ai_x - 0.5ai_y$$

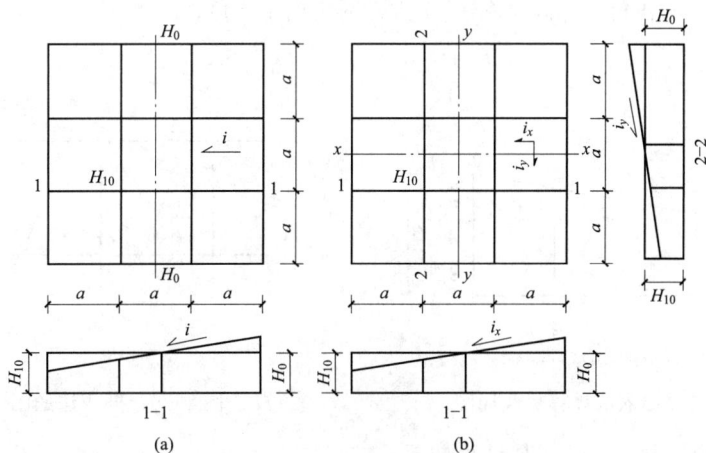

图 1-6 场地泄水坡度示意图
(a) 单向泄水；(b) 双向泄水

【例 1-1】 某建筑场地的地形图和方格网如图 1-7 所示，方格边长为 20m×20m，$x-x$、$y-y$ 方向上泄水坡度分别为 3‰ 和 2‰。由于土建设计、生产工艺设计和最高洪水位等方面均无特殊要求，试根据挖填平衡原则（不考虑可松性）确定场地中心设计标高，并根据 $x-x$、$y-y$ 方向上泄水坡度推算各角点的设计标高。

【解】 ①计算角点的自然地面标高。根据地形图上标设的等高线，用插入法求出各方格角点的自然地面标高。由于地形是连续变化的，可以假定两等高线之间的地面高低是呈直线变化的。如角点 4 的地面标高（H_4），从图 1-7 中可看出，是处于两等高线相交的 AB 直线上。由图 1-8，根据相似三角形特性，可写出：$h_x : 0.5 = x : l$，则 $h_x = \dfrac{0.5}{l}x$，得 $H_4 = 44.00 + h_x$。

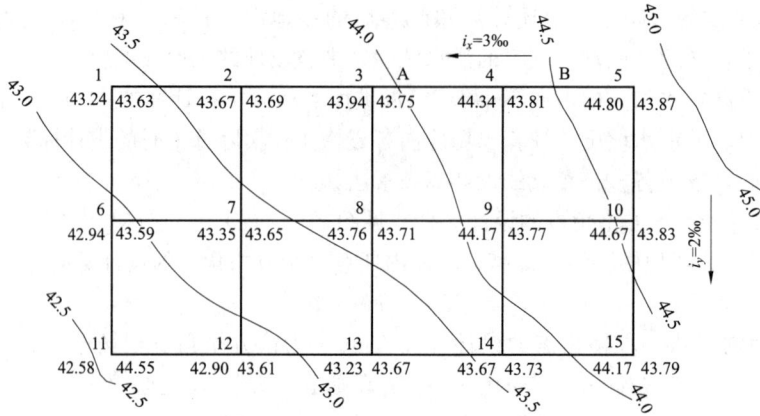

图 1-7　某建筑场地方格网布置图

在地形图上，只要量出 x（角点 4 至 44.0 等高线的水平距离）和 l（44.0 等高线和 44.5 等高线与 AB 直线相交的水平距离）的长度，便可算出 H_4 的数值。但是，这种计算是烦琐的，所以，通常是采用图解法来求得各角点的自然地面标高。如图 1-9 所示，用一张透明纸，上面画出 6 根等距离的平行线（线条尽量画细些，以免影响读数的准确），把该透明纸放到标有方格网的地形图上，将 6 根平行线的最外两根分别对准点 A 与点 B，这时 6 根等距离的平行线将 A、B 之间的 0.5m 的高差分成 5 等份，于是便可直接读得角点 4 的地面标高 $H_4 = 44.34$。其余各角点的标高均可类此求出。用图解法求得的各角点标高见图 1-7 方格网角点左下角。

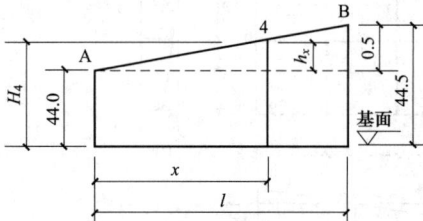

图 1-8　插入法计算标高简图

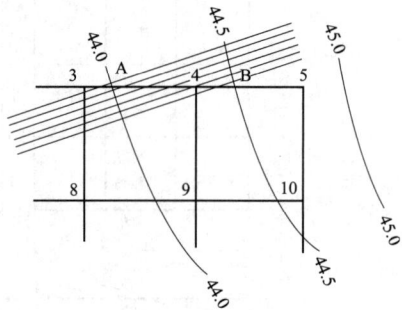

图 1-9　插入法的图解法

② 计算场地设计标高 H_0。具体计算如下

$$\sum H_1 = 43.24 + 44.80 + 44.17 + 42.58 = 174.79 \text{(m)}$$

$$2\sum H_2 = 2 \times (43.67 + 43.94 + 44.34 + 43.67 + 43.23 + 42.90 + 42.94 + 44.67) = 698.72 \text{(m)}$$

$$4\sum H_4 = 4 \times (43.35 + 43.76 + 44.17) = 525.12 \text{(m)}$$

$$H_0 = \frac{\sum H_1 + 2\sum H_2 + 4H_4}{4n} = \frac{174.79 + 698.72 + 525.12}{4 \times 8} = 43.71 \text{(m)}$$

③ 按照要求的泄水坡度计算各方格角点的设计标高。以场地中心点即角点 8 为 H_0（见图 1-7），其余各角点的设计标高为

$$H_{d8} = H_0 = 43.71 \text{(m)}$$

$$H_{d1} = H_0 - l_x i_x + l_y i_y = 43.71 - 40 \times 3‰ + 20 \times 2‰ = 43.71 - 0.12 + 0.04 = 43.63 \text{(m)}$$

$$H_{d2} = H_{d1} + 20 \times 3‰ = 43.63 + 0.06 = 43.69 \text{(m)}$$

$$H_{d5} = H_{d2} + 60 \times 3\permil = 43.69 + 0.18 = 43.87(\text{m})$$

$$H_{d6} = H_0 - 40 \times 3\permil = 43.71 - 0.12 = 43.59(\text{m})$$

$$H_{d7} = H_{d6} + 20 \times 3\permil = 43.59 + 0.06 = 43.65(\text{m})$$

$$H_{d11} = H_0 - 40 \times 3\permil - 20 \times 2\permil = 43.71 - 0.12 - 0.04 = 43.55(\text{m})$$

$$H_{d12} = H_{11} + 20 \times 3\permil = 43.55 + 0.06 = 43.61(\text{m})$$

$$H_{d15} = H_{d12} + 60 \times 3\permil = 43.61 + 0.18 = 43.79(\text{m})$$

其余各角点设计标高均可类此求出,详见图1-7中方格网角点右下角标示。

2. 场地土方工程量计算

场地土方工程量的计算方法,通常有方格网法和断面法两种。方格网法适用于地形较为平坦、面积较大的场地,断面法则多用于地形起伏变化较大或地形狭长的地带。

(1)方格网法。仍以前面[例1-1]为例,其分解和计算步骤如下。

1)划分方格网并计算场地各方格角点的施工高度。根据已有地形图(一般用1/500的地形图)划分成若干个方格网,尽量与测量的纵横坐标网对应,方格一般采用10m×10m~40m×40m,将角点自然地面标高和设计标高分别标注在方格网点的左下角和右下角(见图1-10)。角点设计标高与自然地面标高的差值即各角点的施工高度,表示为

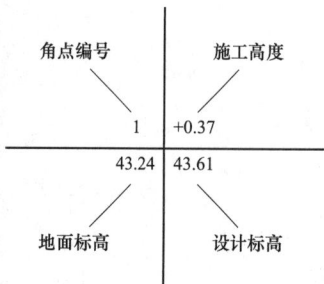

图1-10 方格网点

$$h_n = H_{dn} - H_n \tag{1-19}$$

式中:h_n为角点的施工高度,以"+"为填,以"-"为挖,标注在方格网点的右上角;H_{dn}为角点的设计标高(若无泄水坡度时,即为场地设计标高);H_n为角点的自然地面标高。

2)计算各方格网点的施工高度

$$h_1 = H_{d1} - H_1 = 43.63 - 43.24 = +0.39(\text{m})$$

$$h_2 = H_{d2} - H_2 = 43.69 - 43.67 = +0.02(\text{m})$$

$$\vdots$$

$$h_{15} = H_{d15} - H_{15} = 43.79 - 44.17 = -0.38(\text{m})$$

各角点的施工高度标注于图1-11各方格网点右上角。

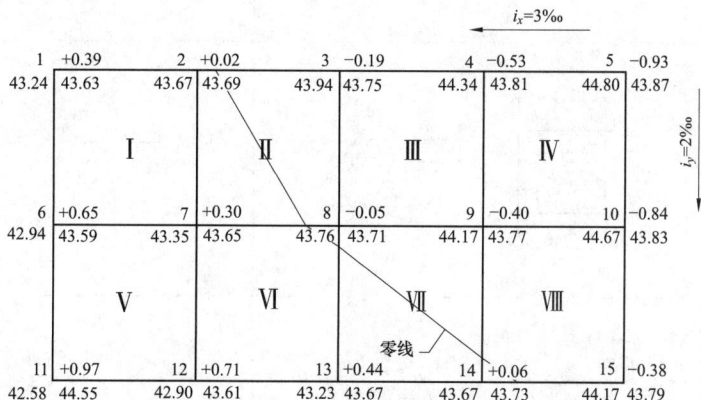

图1-11 某建筑场地方格网挖填土方量计算图

3)计算零点位置。在一个方格网内同时有填方或挖方时,要先算出方格网边的零点位置即不挖不填点,并标注于方格网上,由于地形是连续的,连接零点得到的零线即成为填方区与挖方区的

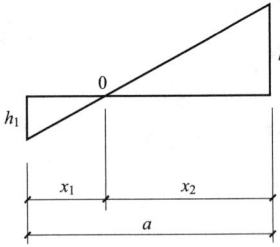

分界线。零点的位置按相似三角形原理（见图 1 - 12）由下式计算得出

图 1 - 12

$$x_1 = \frac{h_1}{h_1 + h_2} \times a \; ; \quad x_2 = \frac{h_2}{h_1 + h_2} \times a \qquad (1 - 20)$$

式中：x_1、x_2 为角点至零点的距离，m；h_1、h_2 为相邻两角点的施工高度，m，均用绝对值；a 为方格网的边长，m。

4）计算零点位置。图 1 - 11 中 2—3 网格线两端分别是填方与挖方点，故中间必有零点，零点至 3 角点的距离

$$x_{32} = \frac{h_3}{h_3 + h_2} \times a = \frac{0.19}{0.19 + 0.02} \times 20 = 18.10 (\mathrm{m}), \quad x_{23} = 20 - 18.10 = 1.90 (\mathrm{m})$$

同理
$$x_{78} = \frac{0.30}{0.30 + 0.05} \times 20 = 17.14 (\mathrm{m}), \quad x_{87} = 20 - 17.14 = 2.86 (\mathrm{m})$$

$$x_{138} = \frac{0.44}{0.44 + 0.05} \times 20 = 17.96 (\mathrm{m}), \quad x_{813} = 20 - 17.96 = 2.04 (\mathrm{m})$$

$$x_{914} = \frac{0.40}{0.40 + 0.06} \times 20 = 17.39 (\mathrm{m}), \quad x_{149} = 20 - 17.39 = 2.61 (\mathrm{m})$$

$$x_{1514} = \frac{0.38}{0.38 + 0.06} \times 20 = 17.27 (\mathrm{m}), \quad x_{1415} = 20 - 17.27 = 2.73 (\mathrm{m})$$

连接零点得到的零线即成为填方区与挖方区的分界线（见图 1 - 11）。

5）计算方格土方工程量。按方格网底面积图形和表 1 - 4 所列公式，计算每个方格内的挖方或填方量。

表 1 - 4   **常用方格网计算公式**

项 目	图 示	计 算 公 式
一点填方或挖方（三角形）		$V = \frac{1}{2} bc \dfrac{\sum h}{3} = \dfrac{bch_3}{6}$ 当 $b = c = a$ 时，$V = \dfrac{a^2 h_3}{6}$
二点填方或挖方（梯形）		$V_+ = \dfrac{b+c}{2} a \dfrac{\sum h}{4} = \dfrac{a}{8}(b+c)(h_1+h_3)$ $V_- = \dfrac{b+e}{2} a \dfrac{\sum h}{4} = \dfrac{a}{8}(b+e)(h_2+h_4)$
三点填方或挖方（五角形）		$V = \left(a^2 - \dfrac{bc}{2}\right) \dfrac{\sum h}{5}$ $= \left(a^2 - \dfrac{bc}{2}\right) \dfrac{h_1+h_2+h_4}{5}$

项　目	图　示	计 算 公 式
四点填方或 挖方（正方形）		$V = \dfrac{a^2}{4}\sum h = \dfrac{a^2}{4}(h_1+h_2+h_3+h_4)$

注 a 为方格网的边长，m；b、c 为零点到一角的边长，m；h_1、h_2、h_3、h_4 为方格网四角点的施工标高，m；$\sum h$ 为填方或挖方施工标高的总和，m，用绝对值代入。

6）计算方格土方量。方格 Ⅰ、Ⅲ、Ⅳ、Ⅴ、Ⅵ 底面为正方形，土方量为

$$V_{\text{Ⅰ}+} = \frac{20^2}{4} \times (0.39+0.02+0.65+0.30) = 136(\text{m}^3)$$

$$V_{\text{Ⅲ}-} = \frac{20^2}{4} \times (0.19+0.53+0.05+0.40) = 117(\text{m}^3)$$

$$V_{\text{Ⅳ}-} = \frac{20^2}{4} \times (0.53+0.93+0.40+0.84) = 270(\text{m}^3)$$

$$V_{\text{Ⅴ}+} = \frac{20^2}{4} \times (0.65+0.30+0.97+0.71) = 263(\text{m}^3)$$

方格 Ⅱ 底面为两个梯形，土方量为

$$V_{\text{Ⅱ}+} = \frac{x_{23}+x_{78}}{2} \times a \times \frac{\sum h}{4} = \frac{1.90+17.14}{2} \times 20 \times \frac{0.02+0.30+0+0}{4} = 15.23(\text{m}^3)$$

$$V_{\text{Ⅱ}-} = \frac{x_{32}+x_{87}}{2} \times a \times \frac{\sum h}{4} = \frac{18.10+2.86}{2} \times 20 \times \frac{0.19+0.05+0+0}{4} = 12.58(\text{m}^3)$$

方格 Ⅵ 底面为三角形和五边形，土方量为

$$V_{\text{Ⅵ}+} = \left(a^2 - \frac{x_{87}x_{813}}{2}\right) \times \frac{\sum h}{5}$$

$$= \left(20^2 - \frac{2.86 \times 2.04}{2}\right) \times \left(\frac{0.30+0.71+0.44+0+0}{5}\right) = 115.15(\text{m}^3)$$

$$V_{\text{Ⅵ}-} = \frac{x_{87}x_{13}}{2} \times \frac{\sum h}{3} = \frac{2.86 \times 2.04}{2} \times \frac{0.05+0+0}{3} = 0.05(\text{m}^3)$$

方格 Ⅶ 底面为二个梯形，土方量为

$$V_{\text{Ⅶ}+} = \frac{x_{138}+x_{149}}{2} \times a \times \frac{\sum h}{4} = \frac{17.96+2.61}{2} \times 20 \times \frac{0.44+0.06+0+0}{4} = 25.71(\text{m}^3)$$

$$V_{\text{Ⅶ}-} = \frac{x_{813}+x_{914}}{2} \times a \times \frac{\sum h}{4} = \frac{2.04+17.39}{2} \times 20 \times \frac{0.05+0.40+0+0}{4} = 21.86(\text{m}^3)$$

方格 Ⅷ 底面为三角形和五边形，土方量为

$$V_{\text{VIII}-} = \left(a^2 - \frac{x_{149} x_{1415}}{2}\right) \times \frac{\sum h}{5}$$

$$= \left(20^2 - \frac{2.61 \times 2.73}{2}\right) \times \left(\frac{0.40 + 0.84 + 0.38 + 0 + 0}{5}\right) = 128.45(\text{m}^3)$$

$$V_{\text{VIII}+} = \frac{x_{149} x_{1415}}{2} \times \frac{\sum h}{3} = \frac{2.61 \times 2.73}{2} \times \frac{0.06 + 0 + 0}{3} = 0.07(\text{m}^3)$$

方格网的总填方量 $\sum V_+ = 136 + 263 + 15.23 + 115.15 + 25.71 + 0.07 = 555.16(\text{m}^3)$

方格网的总挖方量 $\sum V_- = 117 + 270 + 12.58 + 0.05 + 21.86 + 128.44 = 549.93(\text{m}^3)$

7）边坡土方量计算。为了维持土体的稳定，场地的边沿不管是挖方区还是填方区均需做成相应的边坡，因此在实际工程中还需要计算边坡的土方量。边坡土方量计算较简单，但限于篇幅，这里就不介绍了。图1-13是【例1-1】场地边坡的平面示意图。

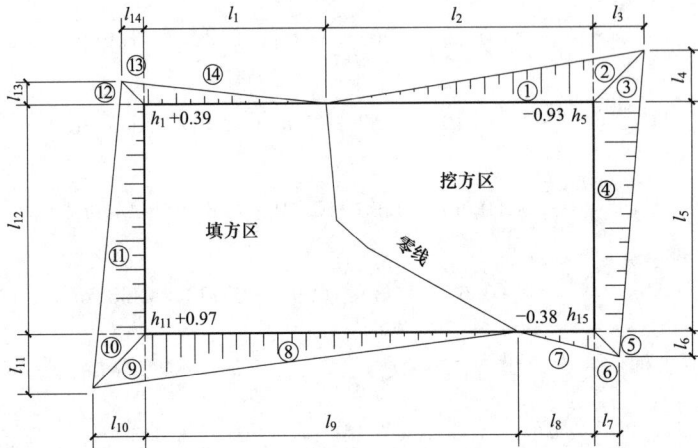

图1-13　场地边坡平面图

（2）断面法。沿场地的纵向或相应方向取若干个相互平行的断面（可利用地形图定出或实地测量定出），将所取的每个断面（包括边坡）划分成若干个三角形和梯形，如图1-14所示，对于某一断面，其中三角形和梯形的面积为

$$f_1 = \frac{h_1}{2} d_1; \quad f_2 = \frac{h_2}{2} d_2; \quad \cdots; \quad f_n = \frac{h_n}{2} d_n \tag{1-21}$$

该断面面积为 $\qquad F_i = f_1 + f_2 + \cdots + f_n$

若 $\qquad\qquad d_1 = d_2 = \cdots = d_n = d$

则 $\qquad\qquad F_i = d(h_1 + h_2 + \cdots + h_n) \tag{1-22}$

各个断面面积求出后，即可计算土方体积。设各断面面积分别为 F_1，F_2，$\cdots$，F_n，相邻两断面之间的距离依次为 l_1，l_2，$\cdots$，l_n，则所求土方体积为

$$V = \frac{F_1 + F_2}{2} l_1 + \frac{F_2 + F_3}{2} l_2 + \cdots + \frac{F_{n-1} + F_n}{2} l_n \tag{1-23}$$

如图1-15所示，是用断面法求面积的一种简便方法，称为"累高法"。此法不需用公式计算，只要将所取的断面绘于普通坐标纸上（d 取等值），用透明纸尺从 h_1 开始，依次量出（用大头针向上拨动透明纸尺）各点标高（h_1，h_2，$\cdots$），累计得出各点标高之和，然后将此值与 d 相乘，即可得出所求断面面积。

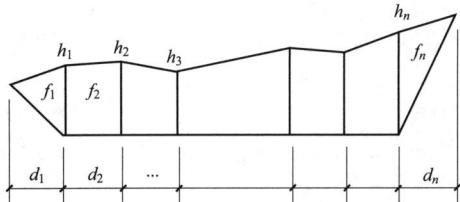

图 1-14 断面法计算图   图 1-15 用累高法求断面面积

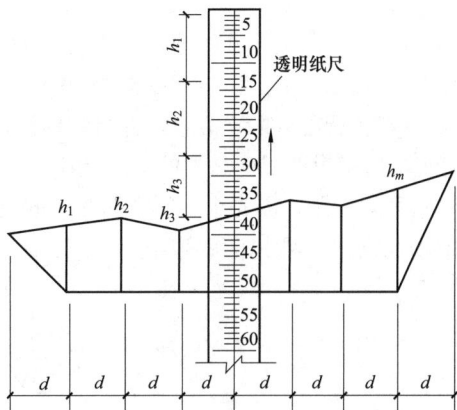

三、土方调配

1. 土方调配原则

土方工程量计算完成后，即可着手对土方进行平衡与调配。土方的平衡与调配是土方规划设计的一项重要内容，是对挖土的利用、堆弃和填土的取得这三者之间的关系进行综合平衡处理，达到使土方运输费用最小而又能方便施工的目的。土方调配原则主要有以下几种。

(1) 应力求达到挖、填平衡和运输量最小的原则。这样可以降低土方工程的成本。然而，仅限于场地范围的平衡，往往很难满足运输量最小的要求。因此还需根据场地和其周围地形条件综合考虑，必要时可在填方区周围就近借土，或在挖方区周围就近弃土，而不是只局限于场地以内的挖、填平衡，这样才能做到经济合理。

(2) 应考虑近期施工与后期利用相结合的原则。当工程分期分批施工时，先期工程的土方余额应结合后期工程的需要而考虑其利用数量与堆放位置，以便就近调配。堆放位置的选择应为后期工程创造良好的工作面和施工条件，力求避免重复挖运。如先期工程有土方欠额时，可由后期工程地点挖取。

(3) 尽可能与大型地下建筑物的施工相结合。当大型建筑物位于填土区而其基坑开挖的土方量又较大时，为了避免土方的重复挖、填和运输，该填土区暂时不予填土，待地下建筑物施工之后再行填土。为此，在填方保留区附近应有相应的挖方保留区，或将附近挖方工程的余土按需要合理堆放，以便就近调配。

(4) 调配区大小的划分应满足主要土方施工机械工作面大小（如铲运机铲土长度）的要求，使土方机械和运输车辆的效率能得到充分发挥。

总之，进行土方调配，必须根据现场的具体情况、有关技术资料、工期要求、土方机械与施工方法，结合上述原则，予以综合考虑，从而做出经济合理的调配方案。

2. 土方调配区的划分

场地土方平衡与调配，需编制相应的土方调配图表，以便施工中使用。其方法如下。

(1) 划分调配区。在场地平面图上先画出挖、填区的分界线（零线），然后在挖方区和填方区适当地分别画出若干个调配区。划分时应注意以下几点：

1) 划分应与建筑物的平面位置相协调，并考虑开工顺序、分期开工顺序。

2) 调配区的大小应满足土方机械的施工要求。

3) 调配区范围应与场地土方量计算的方格网相协调，一般可由若干个方格组成一个调配区。

4）当土方运距较大或场地范围内土方调配不能达到平衡时，可考虑就近借土或弃土，一个借土区或一个弃土区可作为一个独立的调配区。

5）计算各调配区的土方量，并将它标注于图上。

（2）求出每对调配区之间的平均运距。平均运距即挖方区土方重心至填方区土方重心的距离。因此，求平均运距，需先求出每个调配区的土方重心。其方法如下：

取场地或方格网中的纵横两边为坐标轴，以一个角作为坐标原点，分别求出各区土方的重心坐标 X_o、Y_o。

$$X_o = \frac{\sum (x_i V_i)}{\sum V_i}, \quad Y_o = \frac{\sum (y_i V_i)}{\sum V_i} \tag{1-24}$$

式中：x_i、y_i 为 i 块方格的重心坐标；V_i 为 i 块方格的土方量。

填、挖方区之间的平均运距 L_o 为

$$L_o = \sqrt{(x_{oT} - x_{oW})^2 + (y_{oT} - y_{oW})^2} \tag{1-25}$$

式中：x_{oT}、y_{oT} 为填方区的重心坐标；x_{oW}、y_{oW} 为挖方区的重心坐标。

为了简化 x_i、y_i 的计算，可假定每个方格（完整的或不完整的）上的土方是各自均匀分布的，于是可用图解法求出形心位置以代替方格的重心位置。

各调配区的重心求出后，标于相应的调配区上，然后用比例尺量出每对调配区重心之间的距离，此即相应的平均运距（L_{11}，L_{12}，L_{13}，…）。

所有填挖方调配区之间的平均运距均需一一计算，并将计算结果列于土方平衡与运距表内。

当填、挖方调配区之间的距离较远，采用自行式铲运机或其他运土工具沿现场道路或规定路线运土时，其运距应按实际情况进行计算。

3. 用"表上作业法"求解最优调配方案

最优调配方案的确定，是以线性规划为理论基础，常用"表上作业法"求解。

【例 1-2】 已知某场地的挖方区为 W_1、W_2、W_3，填方区为 T_1、T_2、T_3，其挖填方量如图 1-16 所示，其每一调配区的平均运距如图 1-16 和表 1-5 所示。

（1）试用"表上作业法"求其土方的最优调配方案，并用位势法予以检验。

（2）绘出土方调配图。

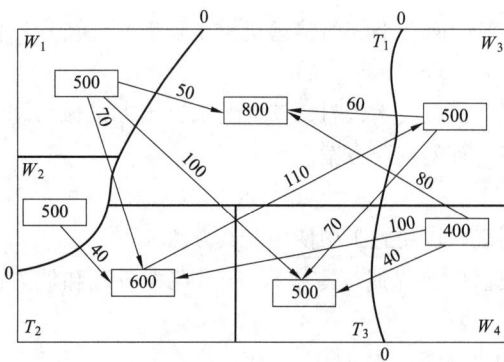

图 1-16 各调配区的土方量和平均运距

1）用"最小元素法"编制初始调配方案。即先在运距 c_{ij} 表（小方格）中找一个最小数值，如 $c_{22} = W_2 T_2 = W_4 T_3 = c_{43} = 40$（任取其中一个，现取 c_{43}），由于运距最短，经济效益明显，于是先确定 X_{43} 的值，使其尽可能地大，即 $X_{43} = \max$（400、500）$= 400$。由于 W_4 挖方区的土方全部调到 T_3 填方区，所以 X_{41} 和 X_{42} 都等于零。此时，将 400 填入 X_{43} 格内，同时将 X_{41}、X_{42} 格内画上一个"×"号，然后在没有填上数字和"×"号的方格内再选一个运距最小的方格，即 $c_{22} = 40$，便可确定 $X_{22} = 500$，同时使 $X_{21} = X_{23} = 0$。此时，

又将 500 填入 X_{22} 格内，并在 X_{21}、X_{23} 格内画上"×"号。重复上述步骤，依次确定其余 X_j 的数值，最后得出表 1-5 所示的初始调配方案。

表 1-5　　　　　　　　　　　　　初 始 调 配 方 案

挖方区＼填方区	T_1		T_2		T_3		挖方量(m³)
W_1	50 / 50	**1 ← 0**　500	70	×⁻ ／ *100*	100	×⁺ ／ *60*	500
W_2	70	×⁺ ／ *−10*	40 / 40	500	90	×⁺ ／ *0*	500
W_3	60 / 60	**2** 300	110 / 110	100 **3**	70 / 70	100	500
W_4	80	×⁺ ／ *30*	100	×⁺ ／ *80*	40 / 40	400	400
填方量(m³)	800		600		500		1900

由于利用"最小元素法"确定的初始方案首先是让 c_{ij} 最小的方格内的 x_{ij} 值取尽可能大的值，也就是符合"就近调配"常理，所以求得的总运输量是比较小的。但数学上可以证明（证明从略）此方案不一定是最优方案，而且可以用简单的"表上作业法"进行判别。

2）最优方案判别法。在"表上作业法"中，判别是否最优方案的方法有许多。采用"假想运距法"求检验数较清晰直观，此处就介绍该法。该方法是设法求得无调配土方的方格的检验数 λ_{ij}，判别 λ_{ij} 是否非负，如所有 $\lambda_{ij} \geqslant 0$，则方案为最优方案，否则该方案不是最优方案，需要进行调整。

要计算 λ_{ij}，首先求出表中各个方格的假想运距 c'_{ij}。其中

有调配土方方格的假想运距　　　　　$c'_{ij} = c_{ij}$　　　　　　　　　　　　　　(1-26)

无调配土方方格的假想运距　　　　　$c'_{ef} + c'_{pq} = c'_{eq} + c'_{pf}$　　　　　　　　(1-27)

式的意义即构成任一矩形的相邻 4 个方格内对角线上的假想运距之和相等。

利用已知的假想运距 $c'_{ij} = c_{ij}$，寻找适当的方格构成一个矩形，利用对角线上的假想运距之和相等逐个求解未知的 c'_{ij}，最终求得所有的 c'_{ij}。见表 1-6 上的作业。其中未知的 c'_{ij}（黑体字）通过如图的对角线和相等得到。

假想运距求出后，按下式求出表中无调配土方方格的检验数

$$\lambda_{ij} = c_{ij} - c'_{ij} \tag{1-28}$$

表中只要把无调配土方的方格右边两小格的数字上下相减即可，如 $\lambda_{21} = 70 - (-10) = +80$，$\lambda_{12} = 70 - 100 = -30$。将计算结果填入表中无调配土方"×"的右上角，但只写出各检验数的正负号，因为根据前述判别法则，只有检验数的正负号才能判别是否是最优方案。表中出现了负检验数，说明初始方案不是最优方案，需要进一步调整。

3）方案的调整。

① 在所有负检验数中选一个（一般可选最小的一个），本例中唯一负的是 c_{12}，把它所对应的变量 x_{12} 作为调整对象。

② 找出 x_{12} 的闭回路。其做法是：从 x_{12} 格出发，沿水平与竖直方向前进，遇到适当的有数字的方格作 90°转弯（也可不转弯），然后继续前进，如果路线恰当，有限步后便能回到出发点，形成一条以有数字的方格为转角点的、用水平和竖直线连接起来的闭合回路，见表 1-6。

③ 从空格 x_{12}（其转角次数为零偶数）出发，沿着闭合回路（方向任意，转角次数逐次累加）一直前进，在各奇数次转角点的数字中，挑出一个最小的（本表即为 500、100 中选 100），将它由 x_{32} 调到 x_{12} 方格中（即空格中）。

④ 将"100"填入 x_{12} 方格中，被挑出的 x_{32} 为 0（该格变为空格）；同时将闭合回路上其他奇数次转角上的数字都减去"100"，偶数转角上数字都增加"100"，使得填挖方区的土方量仍然保持平衡，这样调整后，便可得到表 1-6 的新调配方案。

对新调配方案，再进行检验，看其是否已是最优方案。如果检验数中仍有负数出现，那就按上述步骤继续调整，直到找出最优方案为止。

表 1-6 中所有检验数均为正号，故该方案即为最优方案。

表 1-6　　　　　　　　　　　最 优 调 配 方 案

挖方区 ＼ 填方区	T_1		T_2		T_3		挖方量（m³）
W_1	400	50　50	100	70　70	×⁺	100　60	500
W_2	×⁺	70　20	500	40　40	×⁺	90　30	500
W_3	400	60　60	×⁺	110　80	100	70　70	500
W_4	×⁺	80　30	×⁺	100　50	400	40　40	400
填方量（m³）	800		600		500		1900

将表中的土方调配数值绘成土方调配图（见图 1-17），图中箭杆上数字为调配区之间的运距，箭杆下数字为最终土方调配量。

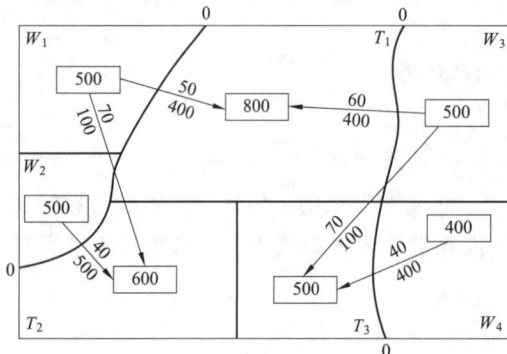

图 1-17　最优方案土方调配图

最后来比较一下最佳方案与初始方案的运输量：

初始调配方案总土方运输量：

$$Z_1 = 500 \times 50 + 500 \times 40 + 300 \times 60 + 100 \times 110 + 100 \times 70 + 400 \times 40 = 97\,000\,(\text{m}^3 \cdot \text{m})$$

最优调配方案总土方运输量：

$$Z_2 = 400 \times 50 + 100 \times 70 + 500 \times 40 + 400 \times 60 + 100 \times 70 + 400 \times 40 = 94\,000\,(\text{m}^3 \cdot \text{m})$$

$$Z_2 - Z_1 = 94000 - 97000 = -3000\,(\text{m}^3 \cdot \text{m})$$

即调整后总运输量减少了 3000（m³·m）。

土方调配的最优方案还可以不止一个，这些

方案调配区或调配土方量可以不同，但它们的总土方运输量都是相同的，有若干最优方案可以提供更多的选择余地。

第三节 土方工程施工准备与施工辅助

一、施工准备

土方工程施工前通常需完成下列准备工作：施工场地的清理；地面水排除；临时道路修筑；油燃料和其他材料的准备；供电与供水管线的敷设；临时停机棚和修理间等的搭设；土方工程的测量放线和编制施工组织设计等。

1. 场地清理

场地清理包括清理地面及地下各种障碍。在施工前应拆除旧有房屋和古墓，拆迁或改建通信、电力设备、上下水道以及地下建筑物，迁移树木，去除耕植土及河塘淤泥等。此项工作由业主委托有资质的拆卸拆除公司或建筑施工公司完成，发生费用由业主承担。

2. 排除地面水

场地内低洼地区的积水必须排除，同时应注意雨水的排除，使场地保持干燥，以利于土方施工。地面水的排除一般采用排水沟、截水沟、挡水土坝等措施。

应尽量利用自然地形来设置排水沟，使水直接排至场外，或流向低洼处再用水泵抽走。主排水沟最好设置在施工区域的边缘或道路的两旁，其横断面和纵向坡度应根据最大流量确定。一般排水沟的横断面不小于 $0.5m \times 0.5m$，纵向坡度一般不小于 2‰。场地平整过程中，要注意排水沟保持畅通，必要时应设置涵洞。山区的场地平整施工，应在较高一面的山坡上开挖截水沟。在低洼地区施工时，除开挖排水沟外，必要时应修筑挡水土坝，以阻挡雨水的流入。

3. 修筑临时设施

修筑好临时道路及供水、供电等临时设施，做好材料、机具及土方机械的进场工作。

4. 做好土方工程的测量和放灰线工作

放灰线时，可用装有石灰粉末的长柄勺靠着木质板侧面，边撒、边走，在地上撒出灰线，标出基础挖土的界线。

基槽放线：根据房屋主轴线控制点，首先将外墙轴线的交点用木桩测设在地面上，并在桩顶钉上铁钉作为标志。房屋外墙轴线测定以后，再根据建筑物平面图，将内部开间所有轴线都一一测出。最后根据中心轴线用石灰在地面上撒出基槽开挖边线。同时在房屋四周设置龙门板（见图 1-18）或者在轴线延长线上设置轴线控制桩（又称引桩），如图 1-19 所示，以便于基础施工时复核轴线位置。附近若有已建的建筑物，也可用经纬仪将轴线投测在建筑物的墙上。恢复轴线时，只要将经纬仪安置在某轴线一端的控制桩上，瞄准另一端的控制桩，该轴线即可恢复。

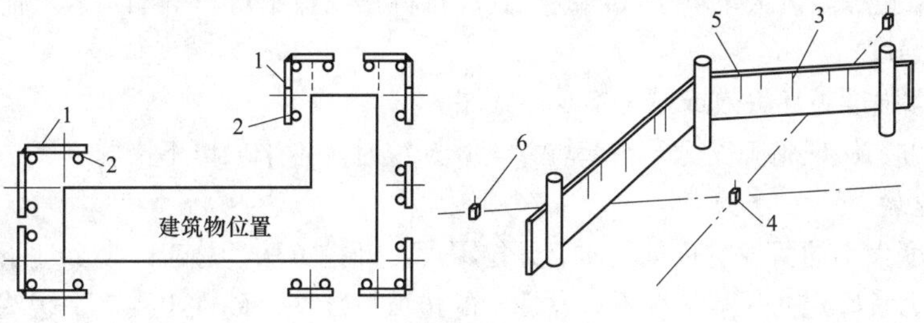

图 1-18 龙门板的设置

1—龙门板；2—龙门桩；3—轴线钉；4—角桩；5—灰线钉；6—轴线控制桩（引桩）

为了控制基槽开挖深度，当快挖到槽底设计标高时，可用水准仪根据地面±0.00水准点，在基槽壁上每隔2~4m及拐角处打一水平桩，如图1-20所示。测设时应使桩的上表面离槽底设计标高为整分米数，作为清理槽底和打基础垫层控制标高的依据。

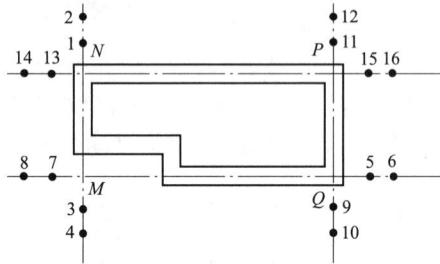

图1-19　轴线控制桩（引桩）
平面布置图

图1-20　基槽底抄平水准测量示意图

柱基放线：在基坑开挖前，从设计图上查对基础的纵横轴线编号和基础施工详图，根据柱子的纵横轴线，用经纬仪在矩形控制网上测定基础中心线的端点，同时在每个柱基中心线上，测定基础定位桩，每个基础的中心线上设置4个定位木桩，其桩位离基础开挖线的距离为0.5~1.0m。若基础之间的距离不大，可每隔1~2个或几个基础打一定位桩，但两定位桩的间距以不超过20m为宜，以便拉线恢复中间柱基的中线。桩顶上钉了钉子，标明中心线的位置。然后按施工图上柱基的尺寸和已经确定的挖土边线的尺寸，放出基坑上口挖土灰线，标出挖土范围。当基坑挖到一定深度时，应在坑壁四周离坑底设计标高0.3~0.5m处测设几个水平桩，如图1-21所示，作为基坑修坡和检查坑深的依据。

大基坑开挖，根据房屋的控制点用经纬仪放出基坑四周的挖土边线。

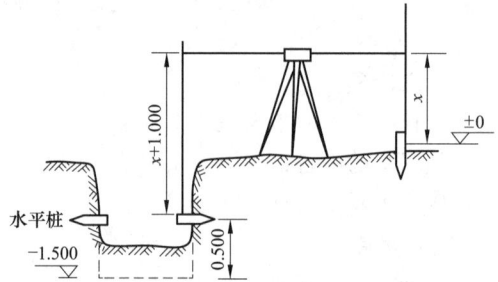

图1-21　基坑定位标高测设示意图

二、土方边坡与土壁支撑

土壁的稳定，主要是由土体内摩擦阻力和黏结力来保持平衡，一旦土体失去平衡，土体就会塌方，这不仅会造成人身安全事故，也会影响工期，甚至还会危及附近的建筑物。

造成土壁塌方的原因主要有以下几种。

（1）边坡过陡，使土体的稳定性不足导致塌方，尤其是在土质差，开挖深度大的坑槽中。

（2）雨水、地下水渗入土中泡软土体，从而增加土的自重同时又降低土的抗剪强度，这是造成塌方的常见原因。

（3）基坑上口边缘附近大量堆土或停放机具、材料，或由于行车等动荷载，使土体中的剪应力超过土体的抗剪强度。

（4）土壁支撑强度破坏失效或刚度不足导致塌方。

为了防止塌方，保证施工安全，在基坑（槽）开挖时，可采取以下措施。

（一）放足边坡

土方边坡坡度大小的留设应根据土质、开挖深度、开挖方法、施工工期、地下水水位、坡顶荷载及气候条件等因素确定。一般情况下，黏性土的边坡可陡些，砂性土则应平缓些；当基坑附近有主要建筑物时，边坡应取1:1.0~1:1.5。

根据《地基与基础工程施工工艺标准》（QCJJT-JS02）的建议，在天然湿度的土中，当挖土深度不超过下列数值时，可不放坡、不支撑。

(1) 深度≤1.0m 密实、中密的砂土和碎石类土（充填物为砂土）。

(2) 深度≤1.25m 硬塑、可塑的黏质砂土及砂质黏土。

(3) 深度≤1.5m 硬塑、可塑的黏土和碎石类土（充填物为黏性土）。

(4) 深度≤2.0m 坚硬的黏土。

挖方深度超过上述规定时，应考虑放坡或做成直立壁加支撑。

根据《土方与爆破工程施工及验收规范》（GB 50201）规定，在坡体整体稳定的情况下，如地质条件良好、土（岩）质较均匀，高度在3m以内的临时性挖方边坡坡度宜符合表1-7的规定。

表1-7 临时性挖方边坡坡度值

土的类别		边坡值（高：宽）
砂土（不包括细砂、粉砂）		1:1.25～1:1.50
一般性黏土	坚硬	1:0.75～1:1.00
	硬塑	1:1.00～1:1.25
碎石类土	密实、中密	1:0.50～1:1.00
	稍密	1:1.00～1:1.50

（二）设置土壁支撑

在不能放坡的城市密集地区，基坑支护就成为必要。基坑支护方法较多，限于篇幅介绍常用的10种基坑支护方式。其中，用在基坑支护深度不到5m，在放坡卸荷的情况下还可突破1～2m的有深层搅拌水泥土桩支护、土钉墙支护、悬臂式排桩支护、槽钢支护、型钢桩挡土板支护等；一般用在基坑支护深度超过5m的有复合土钉墙支护、排桩加内支撑支护、拉森式钢板桩支护、型钢水泥土墙支护（又称SMW工法）和桩锚支护。现分别介绍如下。

1. 深层搅拌水泥土桩支护

深层搅拌水泥土桩是加固饱和软土的一种新方法，最早用于加固软土地基，后来发展作为防渗墙及浅基坑的挡土支护桩（见图1-22）。它由搅拌桩机将水泥和土强行搅拌，形成柱状的搅拌水泥土桩，水泥土柱状加固体连续搭接形成密封挡墙；兼具隔水作用的挡土支护桩通常布置成连续式（至少四排）或格栅式，格栅式要求相邻桩搭接不小于20cm，格栅的截面置换率（加固土面积与总面积之比）为0.6～0.8。它适用于4～6m深的沿海地区如沪、江浙、粤等的软土地基基坑，采取卸荷方法最大可达7m。深层搅拌水泥土桩只要一排就能止水防渗，渗透系数不大于10^{-7}cm/s，因此1～2排深层搅拌水泥土桩还广泛应用在后述深基坑的排桩支护前和型钢水泥土支护中，当然此刻它只起止水防渗作用，挡土任务由排桩和H型钢完成。

深层搅拌水泥土桩支护的施工工艺目前主要用喷浆式深层搅拌法（湿法），这种工艺施工时注浆量较易控制，成桩质量较为稳定，桩体均匀性好。

2. 土钉墙与复合土钉墙支护

（1）土钉墙（见图1-23）。土钉是用来加固或同时锚固现场原位土体的细长杆件。通常采用土中钻孔、置入变形钢筋（即带肋钢筋）并沿孔全长注浆的方法做成。土钉依靠与土体之间的界面黏结力或摩擦力，在土体发生变形的条件下被动受力，并主要承受拉力作用。土钉也可用钢管、角钢等作为钉体，采用直接击入的方法置入土中。土钉支护是以土钉作为主要受力构件的边坡支护技术，它由密集的土钉群、被加固的原位土体、喷射混凝土面层和必要的防水系统组成。

土钉墙支护适用于可塑、硬塑或坚硬的黏性土，胶结或弱胶结的粉土、砂土和角砾、风化岩层等。土钉除了采用钻孔注浆钉[见图1-24（a）]外，对于易塌孔的土层常采用打入式钢花管注浆钉［见图1-24（b）］。

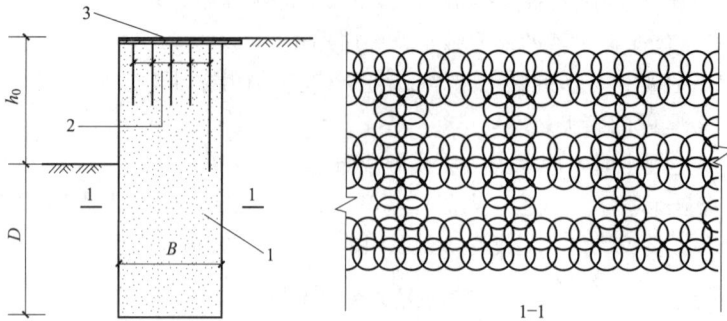

图1-22　深层水泥搅拌桩支护
1—水泥土；2—后插钢筋或毛竹；3—面板

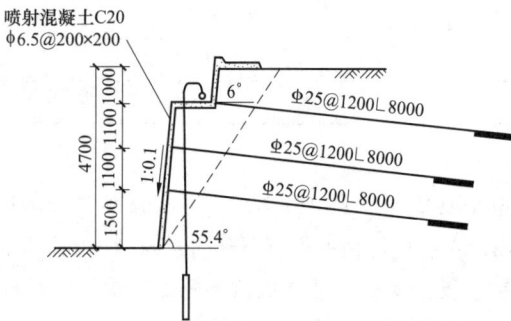

图1-23　土钉墙

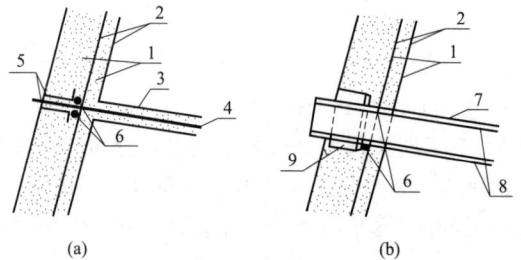

图1-24　土钉与面层连接构造示意
（a）钻孔注浆钉；（b）打入式钢花管注浆钉
1—喷射混凝土；2—钢筋网；3—钻孔；4—土钉杆体；
5—钉头筋；6—加强筋；7—钢管；8—出浆孔；
9—角钢或钢筋

土钉支护具有设备简单、材料用量和工程量少、施工速度快、经济效益好的优点。据我国统计，土钉支护比起灌注桩支护可节约造价1/3～2/3。但它也有缺点：只适合于地下水位以上或经降水措施后的杂填土、普通黏土或非松散性的砂土；在淤泥质类软弱土及高地下水位的地层中应用因锚固力低难以实施；适用于开挖深度较小（一般5m以下），变形要求不太严格的边坡和基坑。

钻孔注浆钉的施工工艺流程是：确定基坑开挖边线→按线开挖工作面→修整边坡→埋设喷射混凝土厚度控制标志→放土钉孔位线做标志→成孔、安设土钉（钢筋）、注浆→绑扎钢筋网，土钉与加强钢筋焊接连接→喷射混凝土→（土钉注浆强度达到80%后）开始下一层挖土施工。

土钉墙每层开挖最大深度取决于在支护投入工作前土壁可以自稳而不发生滑动破坏的可能，实际工程中常取基坑每层挖深与土钉竖向设计间距相等。每层开挖的水平分段宽度也取决于土壁自稳能力且与支护施工流程相互衔接，一般长10～20m。当基坑面积较大时，允许在距离基坑四周边坡8～10m的基坑中部自由开挖，但应注意与分层作业区的开挖相协调。

土钉是被动受拉杆件，拉力能否发挥是支护能力的关键。因此，土钉支护施工完毕还应该在现场进行土钉抗拔试验，应在专门设置的非工作钉进行抗拔试验直至破坏，要求在典型土层中至少做3个。

（2）复合土钉墙（见图1-25）。土钉墙由于遇水支护能力下降较大，且只适用开挖深度较小的基坑。因此，工程技术人员开发了复合土钉技术，突破了土钉的上述限制。

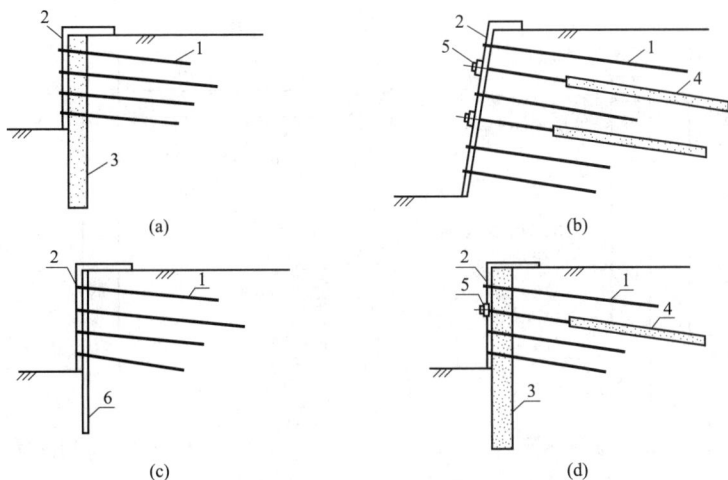

图 1-25 复合土钉的部分组合形式示意
(a) 截水帷幕复合土钉墙；(b) 预应力锚杆复合土钉墙；
(c) 微型桩复合土钉墙；(d) 截水帷幕-预应力锚杆复合土钉墙
1—土钉；2—喷射混凝土面层；3—截水帷幕；4—预应力锚杆；
5—锚头与围檩；6—微型桩

　　复合土钉墙是土钉墙与预应力锚杆、截水帷幕、微型桩中的一类或几类结合而成的基坑支护形式。复合土钉墙基坑支护可采用下列形式：截水帷幕复合土钉墙，预应力锚杆复合土钉墙，微型桩复合土钉墙，土钉墙与截水帷幕、预应力锚杆、微型桩中的两种及两种以上形式的复合。

　　复合土钉墙适用于黏土、粉质黏土、粉土、砂土、碎石土、全风化及强风化岩，夹有局部淤泥质土的地层中也可采用。地下水位高于基坑底时应采取降排水措施或选用具有截水帷幕的复合土钉墙支护。坑底存在软弱地层时应经地基加固或采取其他加强措施后再采用。

　　预应力锚杆是能将张拉力传递到稳定的岩土层中的一种受拉构件，由锚头、杆体自由段和杆体锚固段组成。它的特点是能在地层开挖后施加预拉应力立即提供支护能力，有利于保护地层的固有强度，阻止地层的进一步扰动，控制地层变形的发展，提高施工过程的安全性。在工程中能将基坑支护的深度延伸到13m，可放坡时基坑开挖深度甚至能达18m。

　　3. 悬臂式排桩支护与排桩加内支撑支护

　　由于围护桩（或支护桩）在受力形式上相对于转90°的梁即主要承受弯矩，因此围护桩（或支护桩）一般采用配筋量较大抗弯能力强的钻孔灌注桩或人工挖孔灌注桩。目前一般利用深层搅拌水泥土桩的良好止水性能作帷幕，与灌注桩（钻孔灌注桩、人工挖孔灌注桩）的挡土性能结合起来，可以支护较深的基坑。同时基坑四周地下水被封闭，仅在基坑内降水排水，即可开挖土方。

　　深层搅拌水泥土桩与挡土灌注桩结合支护是软土、普通黏土及地下水位较高地区深基坑支护的主要方法，在止水挡土支护结构中应用较广泛。它有悬臂桩（见图 1-26）和排桩加内支撑（见图 1-27）两类，前者一般适用深度 5m 以下的基坑，后者则可达 20m 甚至以上的基坑深度。

　　由于灌注桩施工成型后桩径误差较大，会妨碍以后深层搅拌水泥土桩的施工搭接精度从而导致渗水，故深层搅拌水泥土桩先行施工，待养护到设计强度后再进行灌注桩施工。钻孔灌注桩具体施工见第二章。

图1-26 悬臂式排桩支护

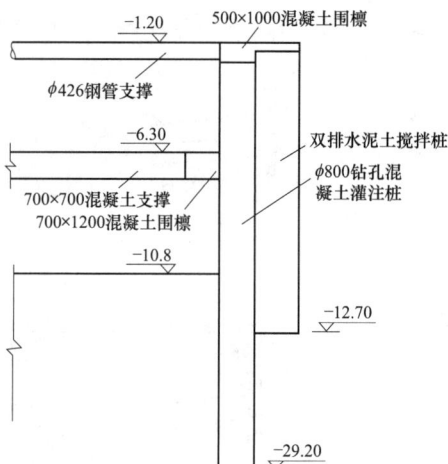

图1-27 排桩加内支撑支护

内支撑一般采用水平支撑，常用材料有钢管支撑、型钢支撑和现浇钢筋混凝土支撑。钢管支撑装卸方便、快速、能较快发挥支撑作用，减小变形，并可重复使用，可以租赁，也可以施加预紧力，控制围护墙变形发展。现浇钢筋混凝土支撑是随着挖土的加深，根据设计规定的位置现场支模浇筑而成。其优点是整体刚度大、安全可靠，可使围护墙变形小，有利于保护周围环境；其缺点是自重大，属于一次性，不能重复利用。水平支撑体系的布置形式如图1-28所示，有贯通基坑全长或全宽的对撑或对撑桁架；位于基坑角部两邻边之间的斜角撑或斜撑桁架；位于对撑或对撑桁架端部的八字撑；由围檩和靠近基坑边的对撑为弦杆的边桁架；支撑之间的边系杆等。有时在同一基坑中混合使用，如角撑加对撑、环梁加边桁（框）架、环梁加角撑等，主要根据基坑的平面形状和尺寸设置最适合的支撑。当基坑形状为圆形、正方形或拟正方形时，可考虑采用圆环形或椭圆形支撑，圆形内支撑将作用在圆径向的荷载转变为切向的压力，能充分利用混凝土受压强度高的特点。一般圆环支撑与桩墙间用压杆连接以传递荷载，圆环内支撑中心形成一个较大的空间，为基坑土方的开挖创造了方便的条件。

水平支撑在竖向的布置主要取决于基坑深度、围护墙种类、挖土方式、地下结构各层楼盖和底板的位置等，如图1-29所示。

支撑设置的标高要避开地下结构楼盖的位置，以便于支模浇筑地下楼层结构时换撑。因此，支撑多数布置在楼盖之上和底板之上，其间净距离 B 不宜小于600mm。支撑竖向间距还与挖土方式有关，如人工挖土，支撑竖向间距 A 不宜小于3m，如挖土机下坑挖土，A 不宜小于4m，特殊情况例外。

4. 钢板桩支护

钢板桩是一种较老的基坑支护，适用于软土、淤泥质土、松散砂土及地下水多地区。

钢板桩的种类很多，基本上分为平板与波浪形板桩两类，每类中又有多种形式。

（1）平板桩（见图1-30和图1-31）承受轴向应力的性能良好，易打入地下，但长轴方向抗弯强度较小，常用于4m以下深度的较浅基坑或基槽，一般采用悬臂式板桩即依靠入土部分的土压力来维持板桩的稳定或顶部设一道支撑或拉锚。

（2）"拉森"式钢板桩（见图1-32）是波浪形板桩最典型的一种，其截面宽400mm、高300mm，重77kg/m，抗弯性能都较好，施工应用较广。它有悬臂式板桩和有支撑板桩两类，前者一般适用深度8m以下的基坑，后者则可达20m甚至以上的基坑深度。一般在板桩墙前设刚性内支撑如大型型钢、钢管加以固定。

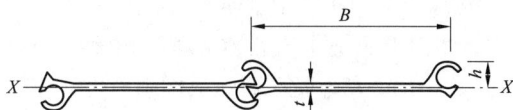

图 1-28 水平支撑体系

（a）角撑；（b）对撑；（c）框架式；（d）边桁架式；

（e）环撑与边框架式；（f）角撑加对撑

图 1-29 水平支撑竖向布置

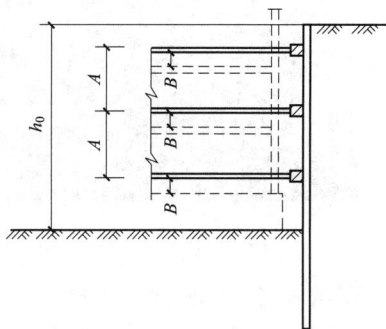

图 1-30 槽钢钢板桩截面形式

图 1-31 一字型截面

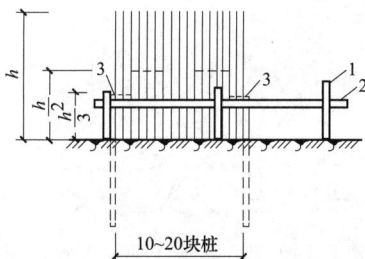

图 1-32 "拉森"式钢板桩与屏风打法示意

钢板桩的优点是材料质量可靠，在软土地区打设方便，施工速度相对较快；有一定的挡水能力；可多次重复利用。其缺点是用于较深的基坑时必须设置支撑，否则变形较大；在透水性较好的土层中也不能完全挡水；拔出时易带土，如处理不当会引起土层移动，可能危害周围的环境。

钢板桩打设一般采用屏风法打设（见图 1-32），即每次将 10~20 根钢板桩成排如屏风状插入导架内，然后再分批打设。打设时现将屏风墙两端的钢板桩打至设计标高或一定深度，成为定位板桩，然后在中间按顺序分 1/3、1/2 板桩高度呈阶梯状打入，最后进行合拢。

5. 型钢桩横挡板支撑

沿挡土位置预先打入钢轨、工字钢或 H 型钢桩（见图 1-33），间距 1~1.5m，然后边挖方，边将 3~6cm 厚的挡土板（见图 1-34）塞进钢桩之间挡土，并在横向挡板与型钢桩之间打入楔子，使横板与土体紧密接触。适于地下水位较低，深度不超过 5m 的一般黏性或砂土层中应用。

图 1-33　轧制 H 型钢

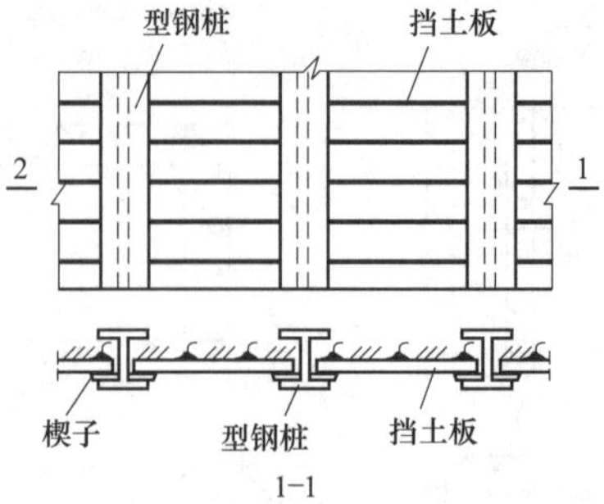

图 1-34　型钢桩挡土板支护

6. 型钢水泥土墙支护（又称 SMW 工法）

（1）构造。型钢水泥土墙支护结构同时具有抵抗侧向土、水压力和阻止地下水渗漏的功能，主要用于深基坑支护。SMW 是 Soil Mixing Wall 的缩写，SMW 工法也叫柱列式土壤水泥墙工法，即通过特制的多轴深层搅拌机自上而下将施工场地原位土体切碎，同时从搅拌头处将水泥浆等固化剂注入土体并与土体搅拌均匀，通过连续的重叠搭接施工，形成水泥土地下连续墙。在水泥土凝固之前，将断面较大的 H 型钢插入水泥土墙中（见图 1-35），利用抗弯能力强大的 H 型钢承受水土侧压力，水泥土墙仅作为止水帷幕，型钢一般需要涂抹隔离剂，与冠梁结合部位则用钢板隔开（见图 1-36），待基坑工程结束即填土之后将 H 型钢拔出，又可以再循环使用。

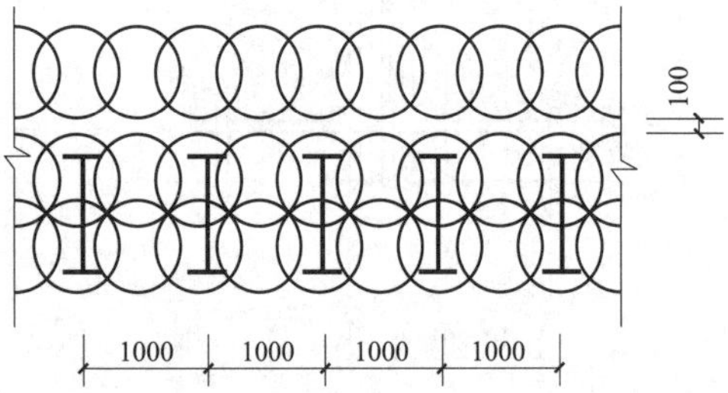

图 1-35　H 型钢与水泥土平面布置图

图 1-36　H 型钢与冠梁浇筑后节点

（2）应用和优点。该技术可在黏性土、粉土、砂砾土使用，目前可在开挖深度 15m 以下的基坑围护工程中应用。该技术具有以下优点。

1）施工不扰动邻近土体，很少会产生邻近地面下沉、房屋倾斜、道路裂损及地下设施移位等危害（刚度大）。

2）钻掘和搅拌反复进行使墙体全长无接缝，其比传统的连续墙具有更可靠的止水性（结构抗渗性好）。

3）可在黏性土、粉土、砂土、砂砾土等土层中应用（运用范围广）。

4）工期较其他工法短，在一般地质条件下为地下连续墙的 1/3（工期短）。

5）废土外运量较其他工法少，四周可不作防护，型钢可回收（成本较低），经济效益明显，工程造价较常用的钻孔灌注桩排桩方法至少节约 30%。

6）无钻孔灌注桩的施工减少了对周围环境和施工场地的污染，且此类搅拌桩不存在挤土作用。

（3）施工工艺流程和要点。

1）导沟开挖（见图 1-37）：开挖导向沟槽，可作为泥水沟，并确定表层土是否存在障碍物。导沟一般宽 0.8～1.0m，深 0.6～1.0m。

2）置放导轨：导轨主要用于施工导向与型钢定位。

3）设定施工标志：根据设计的型钢间距，设定施工标志。

4）SMW 施工：首先搅拌下沉，上提喷浆，然后重复搅拌下沉，上提喷浆。在搅拌桩施工注入水泥浆过程中，有一部分浆液会返回地面，要尽快清除并沿挡墙方向做一沟槽方便插入型钢。

5）插入型钢：一般在水泥土凝固之前型钢靠自重沉入水泥土中，能较好地保持型钢的垂直度与平行度。

6）固定型钢：型钢沉入设计标高后，用水泥砂浆等将型钢固定。

7）施工完成 SMW：拆除导轨，并按设计开槽支模浇筑冠梁与第一道支撑（见图 1-38）。

图 1-37　导沟与定位卡定位 H 型钢插入图　　　图 1-38　插入 H 型钢后冠梁与第一道支撑支模

8）基础完成且回填土结束后，拔除 H 型钢。采用二台 200t 液压千斤顶及 100t 履带吊配合拔出型钢。千斤顶底部填 40mm 钢板，以减轻圈梁的受力面。千斤顶并联于 H 型钢两侧，保证基面平整及千斤顶稳定；施加顶力至 H 型钢松动，油泵施加顶力时需平稳、匀速；千斤顶走完若干行程后，通过油压表显示的上拔力数据小于 60t 时，用 100t 吊车配合吊出 H 型钢。

9）型钢拔出后，其孔隙及时用 1∶2 水泥砂浆回填。

施工中还需要注意以下两点。

1）水泥浆中的掺加剂除掺入一定量的缓凝剂（多用木质素磺酸钙）外，宜掺入一定量膨润土，利用膨润土的保水性增加水泥土的变形能力，防止墙体变形后过早开裂，影响其抗渗性。

2）对于不同工程不同的水泥浆配合比，在施工前应做型钢抗拔试验，再采取涂减摩剂等一系列措施，保证型钢顺利回收利用。

7．桩锚支护

（1）构造和适用范围。桩锚式支护结构由钢筋混凝土排桩（钻孔灌注桩或人工挖孔灌注桩）与土锚杆组成。锚杆可分为单层锚杆（见图 1-39）、二层锚杆和多层锚杆（见图 1-40）。锚杆需要地基土提供较大的锚固力来抵抗拉力，因此桩锚支护结构较适用于砂土地基或黏土地基，不适用于软土地基。

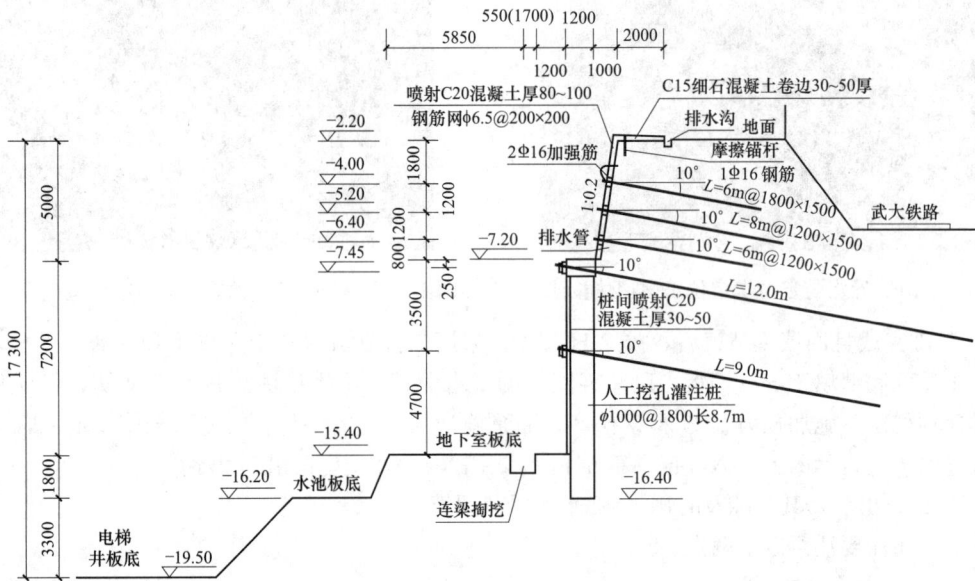

图 1-39　单层桩锚支护　　　　图 1-40　多层桩锚支护现场照片

（2）桩锚支护优点。

1）锚杆在整个基坑支护体系中主要作为受拉构件，提供反力维持土体平衡。

2）锚杆能施加预拉应力，主动控制支护结构的变形量，降低桩身弯矩峰值，从而减少桩的入土深度和配筋。

3）能提供较宽敞的工作空间便于土方开挖和运输，也便于地下结构的施工。

4）施工简便，相对内支撑，则无需换撑、拆撑，造价较排桩加内支撑低。

5）能采用与其他支护形式相结合的各种灵活支护方式，如土钉墙与桩锚支护结合（见图 1-41）。

图 1-41　武汉清江大厦深基坑工程

（上部土钉下部桩锚支护）

（3）桩锚支护施工工艺流程。

1）护坡排桩（一般为抗弯承载力大的钻孔灌注桩、人工挖孔灌注桩）的定位放线。

2）护坡排桩成孔（钻孔或人工挖孔）。

3）制作桩钢筋笼和钢筋笼的安放。

4）浇筑护坡排桩混凝土。

5）施工第一层土层锚杆。

6）绑扎冠梁（压顶梁）钢筋并支侧模板浇筑混凝土。

7）在冠梁上张拉和锁定第一层预应力锚杆。

8）开始下一层挖土施工。

9）下一层预应力锚杆施工。

10）施作围檩（钢围檩或钢筋混凝土围檩）。

11）（钢筋混凝土围檩强度达到设计要求后）张拉和锁定第二层预应力锚杆。

12）下一层挖土施工。

13）重复9）～12）直至基坑底，施工素混凝土垫层和承台砖胎膜并进行基础浇筑准备。

三、施工排水与降水

在开挖基坑或沟槽时，土壤的含水层常被切断，地下水将会不断地渗入坑内。雨期施工时，地面水也会流入坑内。为了保证施工的正常进行，防止边坡塌方和地基承载能力的下降，必须做好基坑降水工作。降水方法可分为明排水法（如集水井、明渠等）和人工降低地下水法两种。

（一）明排水法

现场常采用的方法是截流、疏导、抽取。截流即是将流入基坑的水流截住；疏导即将积水疏干；抽取是在基坑或沟槽开挖时，在坑底设置集水井，并沿坑底的周围或中央开挖排水沟，使水由排水沟流入集水井内，然后用水泵抽出坑外（见图1-42）。

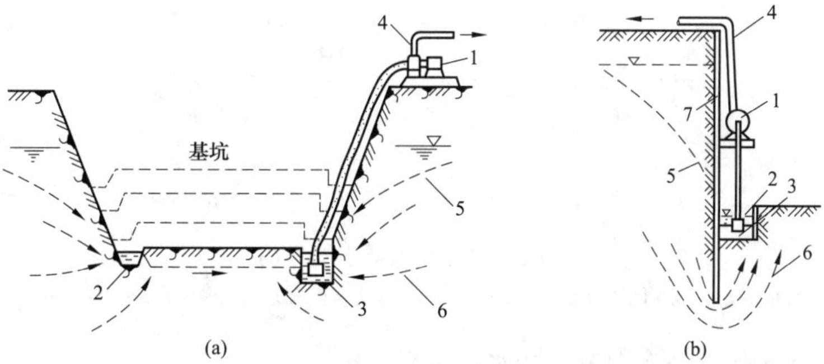

图1-42 集水井降低地下水位

(a) 斜坡边沟；(b) 直坡边沟

1—水泵；2—排水沟；3—集水井；4—压力水管；5—降落曲线；6—水流曲线；7—板桩

四周的排水沟及集水井一般应设置在基础范围以外，地下水流的上游。基坑面积较大时，可在基础范围内设置盲沟排水。根据地下水量、基坑平面形状及水泵能力，集水井每隔20～40m设置一个。

集水井的直径或宽度，一般为0.6～0.8m；其深度随着挖土的加深而加深，要始终低于挖土面0.7～1.0m，井壁可用竹、木等简易加固。当基坑挖至设计标高后，井底应低于坑底1～2m，并铺设0.3m碎石滤水层，以免在抽水时将泥砂抽出，并防止井底的土被搅动。坑壁必要时可用竹、木等材料加固。

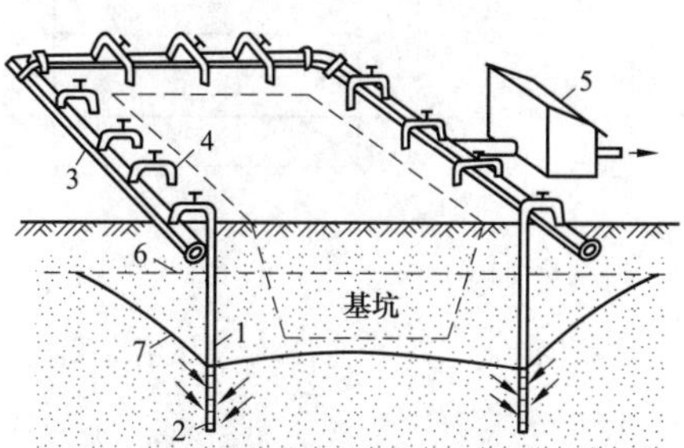

（二）人工降低地下水位

人工降低地下水位就是在基坑开挖前，预先在基坑四周埋设一定数量的滤水管（井），在基坑开挖前和开挖过程中，利用真空原理，不断抽出地下水，使地下水位降低到坑底以下（见图1-43），从根本上解决地下水涌入坑内的问题［见图1-44（a）］；防止边坡由于受地下

图1-43 轻型井点降低地下水位全貌图

1—井点管；2—滤管；3—总管；4—弯联管；

5—水泵房；6—原有地下水位线；

7—降低后地下水位线

水流的冲刷而引起的塌方 [见图 1-44 (b)]；使坑底的土层消除了地下水位差引起的压力，也防止了坑底土的上冒 [见图 1-44 (c)]；没有了水压力，使板桩减少了横向荷载 [见图 1-44 (d)]；由于没有地下水的渗流，也就防止了流砂现象产生 [见图 1-44 (e)]。降低地下水位后，由于土体固结，还能使土层密实，增加地基土的承载能力。

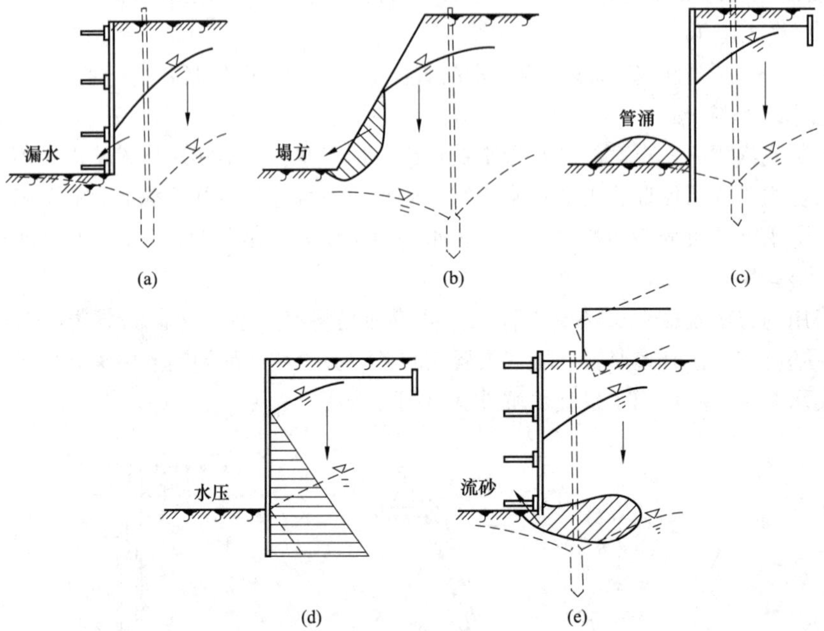

图 1-44　井点降水的作用

(a) 防止涌水；(b) 使边坡稳定；(c) 防止土的上冒；(d) 减少横向荷载；(e) 防止流砂

　　上述几点中，防治流砂现象是井点降水的主要目的。

　　流砂现象产生的原因，是水在土中渗流所产生的动水压力对土体作用的结果。如图 1-45 (a) 所示，从截取的一段砂土脱离体（两端的高低水头分别是 h_1、h_2）受力分析，可以很容易地得出动水压力的存在和大小结论。

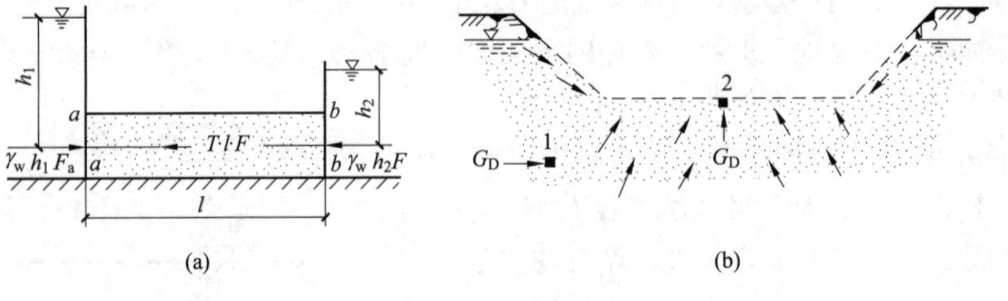

图 1-45　动水压力原理图

(a) 水在土中渗流时的脱离体受力图；(b) 动水压力对地基土的影响

1、2—土粒

　　水在土中渗流时，作用在砂土脱离体中的全部水体上的力有：

　　(1) $\gamma_w h_1 F$，为作用在土体左端 a—a 截面处的总水压力；其方向与水流方向一致（γ_w 为水的重度，F 为土截面面积）。

　　(2) $\gamma_w h_2 F$ 为作用在土体右端 b—b 截面处的总水压力；其方向与水流方向相反。

（3）TlF 为水渗流时整个水体受到土颗粒的总阻力（T 为单位体积土体阻力），方向假设向右。

由静力平衡条件 $\sum X = 0$（设向右的力为正）

$$\gamma_w h_1 F - \gamma_w h_2 F + TlF = 0$$

得 $\qquad T = -\dfrac{h_1 - h_2}{l}\gamma_w$（"$-$"表示实际方向与假设右正向相反而向左） （1-29）

式中：$\dfrac{h_1 - h_2}{l}$ 为水头差与渗透路径之比，称为水力坡度，以 i 表示，即上式可写成

$$T = -i\gamma_w \qquad (1-30)$$

设水在土中渗流时对单位体积土体的压力为 G_D，由作用力与反作用力相等、方向相反的定律可知：

$$G_D = -T = i\gamma_w \qquad (1-31)$$

式中：G_D 为动水压力，其单位为 N/cm^3 或 kN/m^3。

由上式可知，动水压力 G_D 的大小与水力坡度成正比，即水位差 h_1-h_2 越大，则 G_D 越大；而渗透路径 L 越长，则 G_D 越小；动水压力的作用方向与水流方向（向右方向）相同。当水流在水位差的作用下对土颗粒产生向上压力时，动水压力不但使土粒受到了水的浮力，而且还使土粒受到向上动水压力的作用。如果动水压力等于或大于土的浮重度 γ'_w，即

$$G_D \geqslant \gamma'_w$$

则土粒失去自重，处于悬浮状态，土的抗剪强度等于零，土粒能随着渗流的水一起流动，这种现象就称"流砂现象"。

细颗粒（颗粒粒径为 0.005～0.05mm）、均匀颗粒、松散（土的天然孔隙比大于 75%）、饱和的土容易发生流砂现象，但是否出现流砂现象的重要条件是动水压力的大小，即防治流砂应着眼于减小或消除动水压力。

防治流砂的方法主要有：水下挖土法、打板桩法、抢挖法、地下连续墙法、枯水期施工法及井点降水等。

（1）水下挖土法。即不排水施工，使坑内外的水压互相平衡，不致形成动水压力。如沉井施工，不排水下沉，进行水中挖土、水下浇筑混凝土，是防治流砂的有效措施。

（2）打板桩法。即将板桩沿基坑周围打入不透水层，便可起到截住水流的作用，或者打入坑底面一定深度，这样将地下水引至桩底以下才流入基坑，不仅增加了渗流长度，而且改变了动水压力方向，从而达到减小动水压力的目的。

（3）抢挖法。即抛大石块、抢速度施工。如在施工过程中发生局部的或轻微的流砂现象，可组织人力分段抢挖，挖至标高后，立即铺设芦席并抛大石块，增加土的压重以平衡动水压力，力争在未产生流砂现象之前，将基础分段施工完毕。

（4）地下连续墙法。此法是沿基坑的周围先浇筑一道钢筋混凝土的地下连续墙，从而起到承重、截水和防流砂的作用，它又是深基础施工的可靠支护结构。

（5）枯水期施工法。即选择枯水期间施工，因为此时地下水位低，坑内外水位差小，动水压力减小，从而可预防和减轻流砂现象。

以上方法都有较大的局限，应用范围狭窄。采用井点降水方法降低地下水位到基坑底以下，使动水压力方向朝下，增大土颗粒间的压力，则不论细砂、粉砂都一劳永逸地消除了流砂现象。实际上井点降水方法是避免流砂危害的常用方法。

1. 井点降水的种类

井点降水有两类：一类为轻型井点（包括电渗井点与喷射井点）；一类为管井井点（包括深井

泵）。各种井点降水方法一般根据土的渗透系数、降水深度、设备条件及经济性选用，可参照表 1-8 选择。其中，轻型井点应用最为广泛。

表 1-8　　　　　　　　　　　　各种井点的适用范围

井点类型		土层渗透系数（m/d）	降低水位深度（m）
轻型井点	一级轻型井点	0.1～50	3～6
	二级轻型井点	0.1～50	6～12
喷射井点	喷射井点	0.1～5	8～20
电渗井点	电渗井点	＜0.1	根据选用的井点确定
管井类	管井井点	20～200	3～5
	深井井点	10～250	＞15

2. 一般轻型井点

轻型井点设备由管路系统和抽水设备组成（见图 1-46），管路系统包括：滤管、井点管、弯联管及集水总管等。滤管（见图 1-47）为进水设备，通常采用长 1.0～1.5m、直径 38mm 或 51mm 的无缝钢管，管壁钻有直径为 12～18mm 的呈梅花形排列的滤孔，滤孔面积为滤管表面积的 20%～25%。骨架管外面包以两层孔径不同的滤网，内层为 30～50 孔/cm² 的黄铜丝或尼龙丝布的细滤网，外层为 3～10 孔/cm² 的同样材料粗滤网或棕皮。为了流水畅通，在骨架管与滤管之间用塑料管或梯形铅丝隔开，塑料管沿骨架管绕成螺旋形。滤网外面再绕一层粗铁丝保护网，滤管下端为一铸铁塞头。滤管上端与井点管连接。

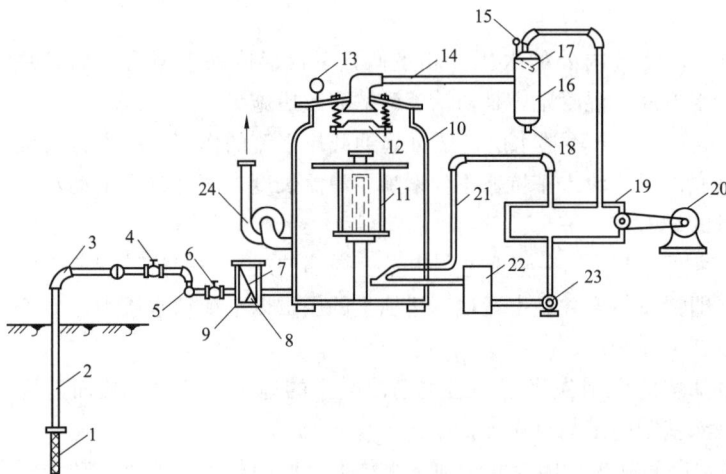

图 1-46　轻型井点设备工作原理

1—滤管；2—井点管；3—弯联管；4—阀门；5—集水总管；6—闸门；
7—滤网；8—过滤箱；9—掏砂孔；10—水气分离器；11—浮筒；
12—阀门；13—真空计；14—进水管；15—真空计；16—副水气分离器；
17—挡水板；18—放水口；19—真空泵；20—电动机；21—冷却水管；
22—冷却水箱；23—循环水泵；24—离心水泵

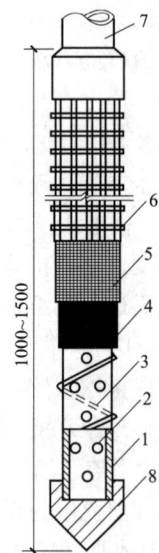

图 1-47　滤管构造

1—钢管；2—管壁上的小孔；
3—缠绕的塑料管；4—细滤网；
5—粗滤网；6—粗铁丝保护网；
7—井点管；8—铸铁头

井点管为直径 38mm 或 51mm、长 5～7m 的钢管，可整根或分节组成。井点管的上端用弯联管与集水总管相连。

集水总管为直径 100～127mm 的无缝钢管，每段长 4m，其上装有与井点管连接的短接头，间距为 0.8～1.6m。

抽水设备常用的有真空泵、射流泵和隔膜泵井点设备。

一套抽水设备的负荷长度（集水总管长度）为 100～120m。常用的 W5、W6 型干式真空泵，其最大负荷长度分别为 100m 和 120m。

3. 轻型井点的布置

井点系统的布置，应根据基坑大小与深度、土质、地下水位高低与流向、降水深度要求等而定。

(1) 平面布置。当基坑或沟槽宽度小于 6m，且降水深度不超过 5m 时，可用单排线状井点（见图 1-48），布置在地下水流的上游一侧，两端延伸长度不小于坑槽宽度。

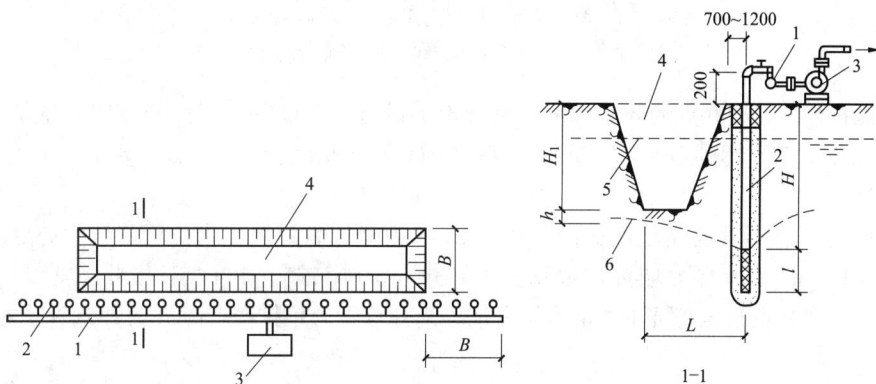

图 1-48 单排线状井点布置

1—集水总管；2—井点管；3—抽水设备；4—基坑；5—原地下水位线；6—降低后地下水位线

如果宽度大于 6m 或土质不良，则用双排线状井点（见图 1-49），位于地下水流上游一排井点管的间距应小些，下游一排井点管的间距可大些。面积较大的基坑宜用环形井点（见图 1-50），有时也可布置成 U 形，以利于挖土机和运土车辆出入基坑。井点管距离基坑壁一般可取 0.7～1.2m，以防局部发生漏气。井点管间距一般为 0.8m、1.2m、1.6m，由计算或经验确定。井点管在总管四角部位适当加密。

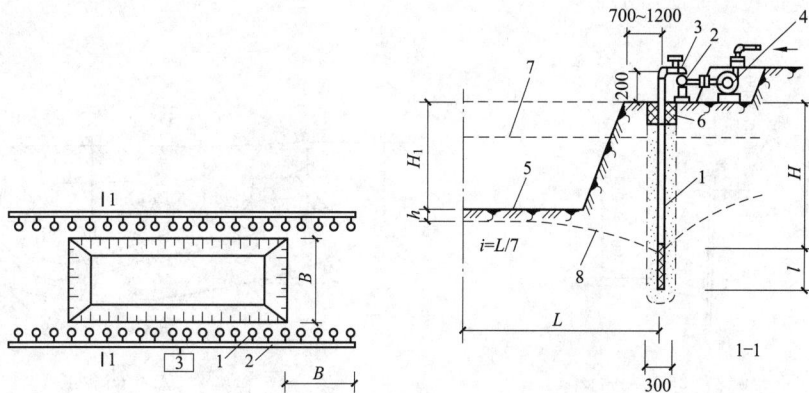

图 1-49 双排线状井点布置

1—井点管；2—集水总管；3—弯联管；4—抽水设备；5—基坑；
6—黏土封孔；7—原地下水位线；8—降低后地下水位线

图 1-50 环形井点布置图

1—井点管；2—集水总管；3—弯联管；4—抽水设备；5—基坑；

6—黏土封孔；7—原地下水位线；8—降低后地下水位线

（2）高程布置。轻型井点的降水深度，从理论上讲可达 10.3m，但由于管路系统的水头损失，其实际降水深度一般不超过 6m。井点管埋设深度 H（不包括滤管）按下式计算

$$H \geqslant H_1 + h + iL \tag{1-32}$$

式中：H_1 为井点管埋设面至基坑底面的距离，m；h 为降低后的地下水位至基坑中心底面的距离，一般取 0.5～1.0m；i 为水力坡度，根据实测：单排井点 1/5～1/4，双排井点 1/7，环状井点 1/12～1/10；L 为井点管至基坑中心的水平距离，当井点管为单排布置时 L 为井点管至对边坡脚的水平距离。

根据上式算出的 H 值，如大于 6m，则应降低井点管抽水设备的埋置面，以适应降水深度要求。即将井点系统的埋置面接近原有地下水位线（要事先挖槽），个别情况下甚至稍低于地下水位（当上层土的土质较好时，先用集水井排水法挖去一层土，再布置井点系统），就能充分利用抽吸能力，使降水深度增加，井点管露出地面的长度一般为 0.2～0.3m，以便与弯联管连接，滤管必须埋在透水层内。

当一级轻型井点达不到降水要求时，可采用二级井点降水，即先挖去第一级井点所疏干的土，然后再在其底部装设第二级井点（见图 1-51）。

水井的分类如图 1-52 所示。

图 1-51 二级轻型井点示意图

1—1 级井点管；2—2 级井点管

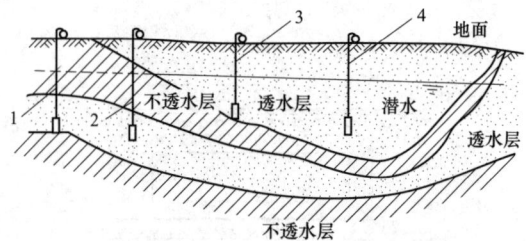

图 1-52 水井的分类

1—承压完整井；2—承压非完整井；

3—无压完整井；4—无压非完整井

4. 轻型井点的计算

井点系统的设计计算必须建立在可靠资料的基础上,如施工现场地形图、水文地质勘察资料、基坑的设计文件等。设计内容除井点系统的布置外,还需确定井点的数量、间距、井点设备的选择等。

(1) 井点系统的涌水量计算。井点系统所需井点管的数量,是根据其涌水量来确定的;而井点系统的涌水量,则是按水井理论进行计算的。根据井底是否达到不透水层,水井可分为完整井与不完整井;凡井底到达含水层下面的不透水层顶面的井称为完整井,否则称为不完整井。根据地下水有无压力,又分为无压井与承压井,如图 1-53 所示。各类井的涌水量计算方法不同,其中以无压完整井的理论较为完善。

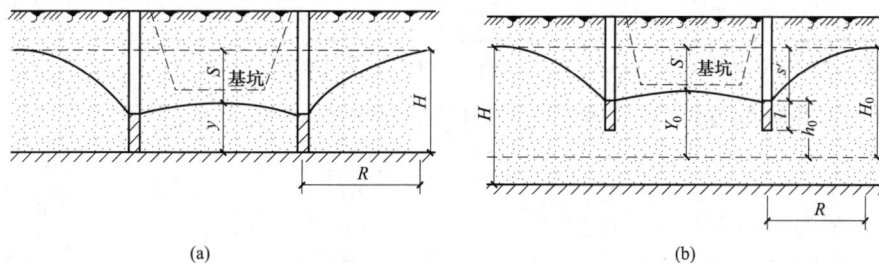

图 1-53 环状井点系统涌水量计算简图
(a) 无压完整井;(b) 无压非完整井

1) 无压完整井的环形井点系统涌水量。对于无压完整井 [见图 1-32 (a)] 的环形井点系统,涌水量计算公式为

$$Q = 1.366K \frac{(2H-S)S}{\lg R - \lg x_0} \qquad (1-33)$$

式中:Q 为井点系统的涌水量,m^3/d;K 为土的渗透系数,m/d,可以由实验室或现场抽水试验确定;H 为含水层厚度,m;S 为基坑中心降水深度,m;R 为抽水影响半径,m;x_0 为井点管围成的大圆井半径或矩形基坑环形井点系统的假想圆半径,m。

应用式 (1-33) 计算涌水量时,需事先确定 x_0、R、K 值的数据。由于式 (1-33) 的理论推导是从圆形井点系统假设而来的,试验证明对于矩形基坑,当其长宽比不大于 5 时,可以将环状井点系统围成的不规则平面形状化成一个假想半径为 x_0 的圆井进行计算,计算结果符合工程要求,即

$$\pi x_0^2 = F \qquad \rightarrow x_0 = \sqrt{\frac{F}{\pi}} \qquad (1-34)$$

式中:F 为环状井点系统包围的面积,m^2。

注意当矩形基坑的长宽比大于 5,或基坑宽度大于 2 倍的抽水影响半径 R 时就不能直接利用现有的公式进行计算,此时需将基坑分成几小块使其符合公式的计算条件,然后分别计算每小块的涌水量,再相加即得总涌水量。

抽水影响半径 R 是指井点系统抽水后地下水位降落曲线稳定时的影响半径,与土的渗透系数、含水层厚度、水位降低值及抽水时间等因素有关。在抽水 2~5d 后,水位降落漏斗基本稳定,此时抽水影响半径可近似地按下式计算:

$$R = 1.95S\sqrt{HK} \qquad (1-35)$$

2) 无压非完整井的环状井点系统涌水量。在实际工程中往往会遇到无压非完整井的井点系统

[见图 1-53 （b）]，这时地下水不仅从井的侧面流入，还从井底渗入，因此涌水量要比完整井大。为了简化计算，仍可采用公式（1-33）。此时，仅将式中 H 换成有效含水深度 H_0，即

$$Q = 1.366K \frac{(2H_0 - S)S}{\lg R - \lg x_0} \tag{1-36}$$

同样式（1-35）换成

$$R = 1.95S\sqrt{H_0 K} \tag{1-37}$$

H_0 可查表 1-9 确定，当算得的 H_0 大于实际含水层的厚度 H 时，则仍取 H 值，视为无压完整井。

表 1-9　　　　　　　　　　　有效深度 H_0 值

$S'/(S'+l)$	0.2	0.3	0.5	0.8
H_0	$1.2\,(S'+l)$	$1.5\,(S'+l)$	$1.7\,(S'+l)$	$1.85\,(S'+l)$

注　S' 为井点管中水位降落值；l 为滤管长度。$S'/(S'+l)$ 的中间值可采用插入法求 H_0。

3）承压完整井的环状井点系统涌水量。承压完整环状井点系统涌水量计算公式为

$$Q = 2.73K \frac{MS}{\lg R - \lg x_0} \tag{1-38}$$

式中：M 为承压含水层深度，m；K、R、x_0、S 为与式（1-33）相同。

（2）确定井点管数量及井管间距。确定井点管数量先要确定单根井管的出水量。单根井点管的最大出水量为

$$q = 65\pi dl \sqrt[3]{K} \tag{1-39}$$

式中：d 为滤管直径，m；l 为滤管长度，m；K 为渗透系数，m/d。

井点管最少数量由下式确定：

$$n = 1.1 \times \frac{Q}{q} \tag{1-40}$$

式中：1.1 为考虑井点管堵塞等因素的放大备用系数。

井点管最大间距为

$$D = \frac{L}{n} \tag{1-41}$$

式中：L 为集水总管长度，m。

实际采用的井点管间距 D 应当与总管上接头尺寸相适应，即采用 0.8m、1.2m、1.6m 或 2.0m。

5. 轻型井点系统设计实例

【例 1-3】某工程开挖一矩形基坑，基坑底宽 12m，长 16m，基坑深 4.5m，挖土边坡 1∶0.5，基坑平、剖面如图 1-54 所示。经地质勘探，天然地面以下为 1.0m 厚的黏土层，其下有 8m 厚的中砂，渗透系数 $K=12$m/d。再往下即离天然地面 9m 以下为不透水的黏土层。地下水位在地面以下 1.5m。采用轻型井点降低地下水位，试进行井点系统设计。

（1）井点系统的布置。为使总管接近地下水位和不影响地面交通，考虑到天然地面以下 1.0m 内的土质为有内聚力的黏土层，将总管埋设在地面下 0.5m 处，即先挖 0.5m 的沟槽，然后在槽底铺设总管。此时基坑上口平面尺寸（$A \times B$）为

$A \times B = [16 + 2 \times 0.5 \times (4.8 - 0.3 - 0.5)] \times [12 + 2 \times 0.5 \times (4.8 - 0.3 - 0.5)] = 20\text{m} \times 16\text{m}$

井点系统布置成环状，但为使反铲挖土机和运土车辆有开行路线，在地下水的下游方向一般布置成端部开口（本例开口 7m），另考虑总管距基坑边缘 1.0m，则总管长度为

$L_总 = [(16+2)+(20+2)] \times 2 - 7 = (18+22) \times 2 - 7 = 73(\text{m})$

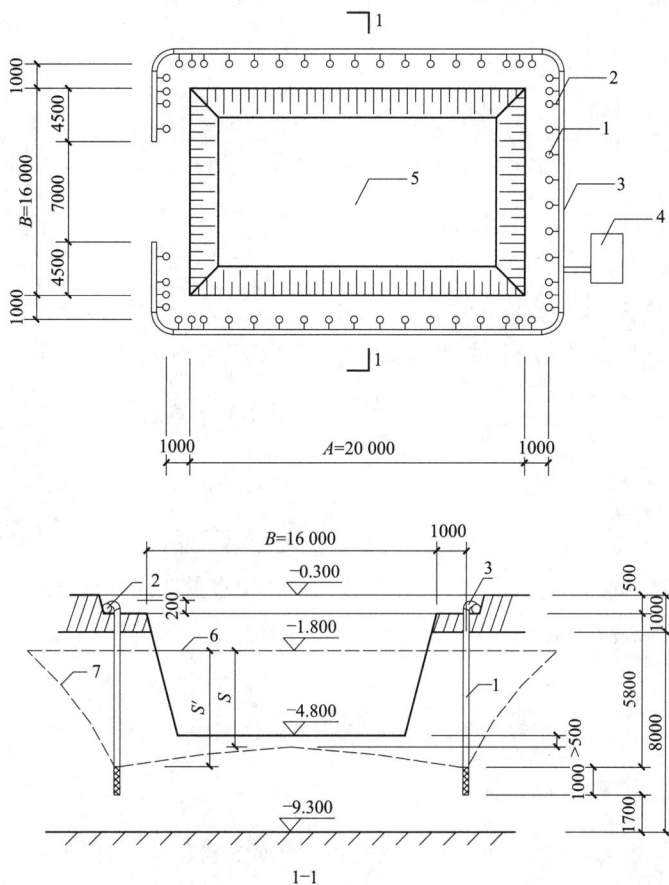

图 1-54 轻型井点布置计算实例示意图

1—井点管；2—弯联管；3—集水总管；4—真空泵房；

5—基坑；6—原地下水位线；7—降低后地下水位线

基坑短边井点管至基坑中心的水平距离为

$$L = \frac{12}{2} + 0.5 \times (4.8 - 0.3 - 0.5) + 1.0 = 9(\text{m})$$

基坑中心要求降水深度 $S = (4.8 - 0.3) - 1.5 + 0.5 = 3.5$（m）

采用一级轻型井点，井点管的埋设深度 H（不包括滤管）按式（1.32）计算：

$$H \geqslant H_1 + h + iL = (4.8 - 0.3 - 0.5) + 0.5 + \frac{1}{10} \times 9 = 5.4(\text{m})$$

采用井点管长 6.0m，直径 51mm，滤管长度 1.0m。井点管露出地面 0.2m，以便与总管相连接。埋入土中 5.8m（不包括滤管），大于 5.4m。

此时基坑中心实际降水深度应修正为

$$S = 3.5 + (6.0 - 0.2) - 5.4 = 3.9(\text{m})$$

井点管及滤管总长 6.0+1.0=7.0（m），滤管底部距不透水层为

$$(9.3 - 0.3) - (7.0 - 0.2) - 0.5 = 1.7 \ (\text{m}) \ > 0$$

故可按无压非完整井环形井点系统计算。

（2）基坑涌水量计算。

基坑中心实际降水深度：$S = 3.5 + (6.0 - 0.2) - 5.4 = 3.9$（m）

井点管中水位降落值：$S' = S + iL = 3.9 + \dfrac{1}{10} \times 9 = 4.8$（m）

有效含水深度 H_0 按表 1-12 求出：

由 $\dfrac{S'}{S'+l} = \dfrac{4.8}{4.8+1.00} = 0.83$ 得 $H_0 = 1.85 \times (S' + l) = 1.85 \times (4.8 + 1.0) = 10.73$（m）

实际含水层厚度：$H = 9 - 1.5 = 7.5$（m）

由于 $H_0 > H$，取 $H_0 = H = 7.5$（m）

抽水影响半径 R 按式（1-37）：$R = 1.95S\sqrt{H_0 K} = 1.95 \times 3.9 \times \sqrt{7.5 \times 12} = 72.15$（m）

由于 20/16≤5，故矩形基坑环形井点系统的假想圆半径 x_0 按式（1-34）：

$$x_0 = \sqrt{\dfrac{F}{\pi}} = \sqrt{\dfrac{18 \times 22}{\pi}} = 11.23 \text{(m)}$$

将以上各值代入式（1-36）：

$$Q = 1.366K\dfrac{(2H_0 - S)S}{\lg R - \lg x_0} = 1.366 \times 12 \times \dfrac{(2 \times 7.5 - 3.9) \times 3.9}{\lg 72.15 - \lg 11.23} = 878.23 \text{(m}^3/\text{d)}$$

（3）确定井点管数量及井管间距。单根井点管的最大出水量按式（1-39）为

$$q = 65\pi dl\sqrt[3]{K} = 65 \times \pi \times 0.051 \times 1.0 \times \sqrt[3]{12} = 23.84 \text{(m}^3/\text{d)}$$

井点管数量按式（1-40）为

$$n = 1.1 \times \dfrac{Q}{q} = 1.1 \times \dfrac{878.23}{23.84} = 40.5 = 41 \text{（根）}$$

井点管最大间距按式（1-41）为

$$D = \dfrac{L_\text{总}}{n} = \dfrac{73}{41} = 1.78 \text{(m)}$$

因为实际采用的井点管间距 D 应当与总管上接头尺寸相适应，故取井距为 1.60m。则井点管数量应为

$$n_\text{实} = \dfrac{L_\text{总}}{D_\text{实}} = \dfrac{73}{1.60} = 45.6 = 46 \text{（根）}$$

在基坑四角处井点管应加密，如考虑每个角加 2 根管，最后实际采用 46+8=54（根）。

（4）选择抽水设备。抽水设备所带动的总管长度为 80m，可选用 W5 型干式真空泵一套。

水泵所需流量：

$$\begin{aligned} Q_1 &= 1.1Q = 1.1 \times 878.23 \\ &= 966.05 \text{(m}^3/\text{d)} = 40.25 \text{(m}^3/\text{h)} \end{aligned}$$

水泵吸水扬程：

$$H_s \geq 6.0 + 1.0 = 7.0 \text{(m)}$$

根据 Q_1 及 H_s 查《施工手册》相关表格可得，选用 3B33 型离心泵。实际施工选用 2 台，1 台备用。

（5）井点管的埋设与使用。

1）井点管的埋设。轻型井点的施工，大致包括下列几个过程：准备工作、井点系统的埋设、使用及拆除。

准备工作包括井点设备、动力、水源及必要材料的准备，排水沟的开挖，附近建筑物的标高观测以及防止附近建筑物沉降措施的实施。

埋设井点的程序是：先排放总管，再埋设井点管，用弯联管将井点管与总管接通，然后安装抽水设备。

井点管的埋设一般用水冲法进行，并分为冲孔［见图 1 - 55 （a）］与埋管［见图 1 - 55 （b）］两个过程。

冲孔时，先用起重设备将冲管吊起并插在井点的位置上，然后开动高压水泵，将土冲松，冲管则边冲边沉。冲孔直径一般为 300mm，以保证井管四周有一定厚度的砂滤层，冲孔深度宜比滤管底深 0.5m 左右，以防冲管拔出时，部分土颗粒沉于底部而触及滤管底部。

井孔冲成后，立即拔出冲管，插入井点管，并在井点管与孔壁之间迅速填灌砂滤层，以防孔壁塌土。砂滤层的填灌质量是保证轻型井点顺利抽水的关键。一般宜选用干净粗砂，填灌均匀，并填至滤管顶上 1～1.5m，以保证水流畅通。

井点填砂后，在地面以下 0.5～1.0m 范围内须用黏土封口，以防漏气。

井点管埋设完毕，应接通总管与抽水设备进行

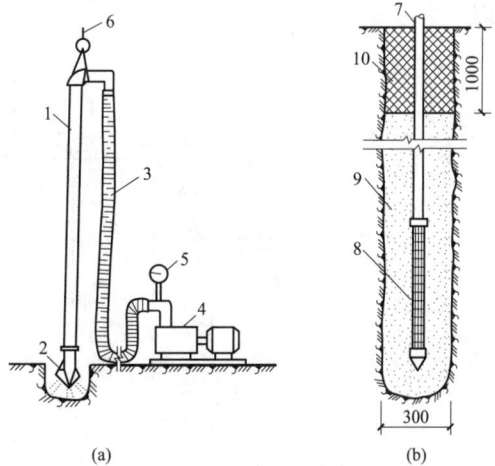

图 1 - 55 井点管的埋设
（a）冲孔；（b）埋管
1—冲管；2—冲嘴；3—胶皮管；4—高压水泵；
5—压力表；6—起重机吊钩；7—井点管；
8—滤管；9—填砂；10—黏土封口

试抽水，检查有无漏水、漏气，出水是否正常，有无淤塞等现象，如有异常情况，应检修好后方可使用。

2）井点管的使用。轻型井点管使用时，应保证连续不断抽水，并准备双电源。若时抽时停，滤网易于堵塞，更容易抽出土粒，使水混浊，并引起附近建筑物由于土粒流失而沉降开裂。正常出水规律是"先大后小，先混后清"。抽水时需要经常观测真空度以判断井点系统工作是否正常，真空度一般应不低于 55.3～66.7kPa；造成真空度不够的原因较多，通常是由于管路系统漏气，应及时检查并采取措施。

井点管淤塞，一般可通过听管内水流声响；手扶管壁有振动感；夏、冬季手摸管子有夏冷、冬暖感等简便方法检查。如发现淤塞井点管太多而严重影响降水效果时，应逐根用高压水反向冲洗或拔出重埋。

地下构筑物竣工并进行回填土后，方可拆除井点系统。拔出井点管多借助于倒链、起重机等，所留孔洞用砂或土填实，对地基有防渗要求时，地面上 2m 应用黏土填实。

6. 回灌井点法

轻型井点降水有许多优点，在基础施工中广泛应用，但其影响范围较大，影响半径可达百米甚至数百米，而且会导致周围土壤固结而引起地面沉陷。特别是在弱透水层和压缩性大的黏土层中降水时，由于地下水流造成的地下水位下降、地基自重应力增加和土层压缩等原因，会产生较大的地面沉降；又由于土层的不均匀性和降水后地下水位呈漏斗曲线，四周土层的自重应力变化不一而导致不均匀沉降，使周围建筑基础下沉或房屋开裂。因此，在建筑物附近进行井点降水时，为防止降水影响或损害区域内的建筑物，就必须阻止建筑物下地下水的流失。除了在降水区域和原有建筑物之间的土层中设置一道固体抗渗屏幕（如水泥搅拌桩、灌注桩加压密注浆桩、旋喷桩、地下连续墙）外，较经济也比较常用的是用回灌井点补充地下水的办法来保持地下水位。回灌井点就是在降水井点与要保护的已有建（构）筑物之间打上一排井点，在井点降水的同时，向土层中灌入足够数量的水，形成一道隔水帷幕，使井点降水的影响半径不超过回灌井点的范围，从而阻止回灌井点外侧的建（构）筑物下的地下水流失（见图 1 - 56）。这样，就不会因降水而使地面沉降，或减少沉

降值。

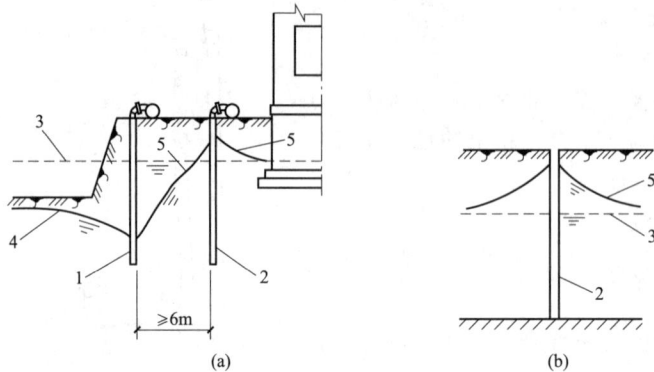

图 1-56　回灌井点布置

(a) 回灌井点布置；(b) 回灌井点水位图

1—降水井点；2—回灌井点；3—原水位线；4—基坑内降低后的水位线；5—回灌后水位线

为了防止降水井和回灌井相通，回灌井点与降水井点之间应保持一定的距离，一般不宜小于6m，否则基坑内水位无法下降，失去降水的作用。回灌井点的深度一般应控制在长期降水曲线下1m为宜，并应设置在渗透性较好的土层中。

为了观测降水及回灌后四周建筑物、管线的沉降情况及地下水位的变化情况，必须设置沉降观测点及水位观测井，并定时测量记录，以便及时调节灌、抽量，使灌、抽基本达到平衡，确保周围建筑物或管线等的安全。

7. 其他井点简介

(1) 喷射井点。当基坑开挖较深，采用多级轻型井点不经济时，宜采用喷射井点，其降水深度可达 20m。特别适用于降水深度超过 6m，土层渗透系数为 $0.1\sim2m/d$ 的弱透水层。

喷射井点根据其工作时使用液体和气体的不同，分为喷水井点和喷气井点两种。其设备主要由喷射井管、高压水泵（或空气压缩机）和管路系统组成（见图 1-57）。喷射井管由内管和外管组成，在内管下端装有喷射扬水器与滤管相连。当高压水（$0.7\sim0.8MPa$）经内外管之间的环形空间通过扬水器侧孔流向喷嘴喷出时，在喷嘴处由于过水断面突然收缩变小，使工作水流具有极高的流速（$30\sim60m/s$），在喷口附近造成负压形成一定真空，因而将地下水经滤管吸入混合室与高压水汇合；流经扩散管时，由于截面扩大，水流速度相应减小，使水的压力逐渐升高，沿内管上升经排水总管排出。

(2) 电渗井点。电渗井点适用于土的渗透系数小于 $0.1m/d$，用一般井点不可能降低地下水位的含水层中，尤其适用于淤泥排水。

电渗井点（见图 1-58）的原理是在降水井点管的内侧打入金属棒（钢筋或钢管），连以导线，当通以直流电后，土颗粒会发生从井点管（阴极）向金属棒（阳极）移动的电泳现象，而地下水则会出现从金属棒（阳极）向井点管（阴极）流动的电渗现象，从而达到软土地基易于排水的目的。

电渗井点是以轻型井点管或喷射井点管作阴极，$\phi20\sim\phi25$ 的钢筋或 $\phi50\sim\phi75$ 的钢管为阳极，埋设在井点管内侧，与阴极并列或交错排列。当用轻型井点时，两者的距离为 $0.8\sim1.0m$；当用喷射井点时则为 $1.2\sim1.5m$。阳极入土深度应比井点管深 500mm，露出地面 $200\sim400mm$。阴、阳极数量相等，分别用电线联成通路，接到直流发电机或直流电焊机的相应电极上。

(3) 管井井点。管井井点（见图 1-59），就是沿基坑每隔 $20\sim50m$ 距离设置一个管井，每个管井单独用一台水泵（潜水泵、离心泵）不断抽水来降低地下水位。用此法可降低地下水位 $5\sim10m$，适用于土的渗透系数较大（$K=20\sim200m/d$）且地下水量大的砂类土层中。

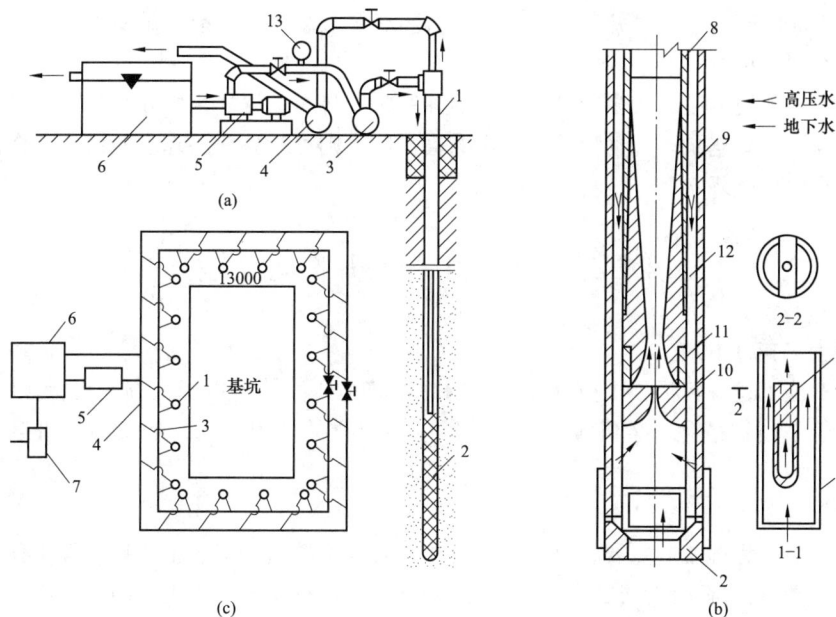

图 1-57 喷射井点设备及平面布置简图

（a）喷射井点设备简图；（b）喷射扬水器详图；（c）喷射井点平面布置

1—喷射井管；2—滤管；3—进水总管；4—排水总管；5—高压水泵；6—集水池；

7—水泵；8—内管；9—外管；10—喷嘴；11—混合室；12—扩散管；13—压力表

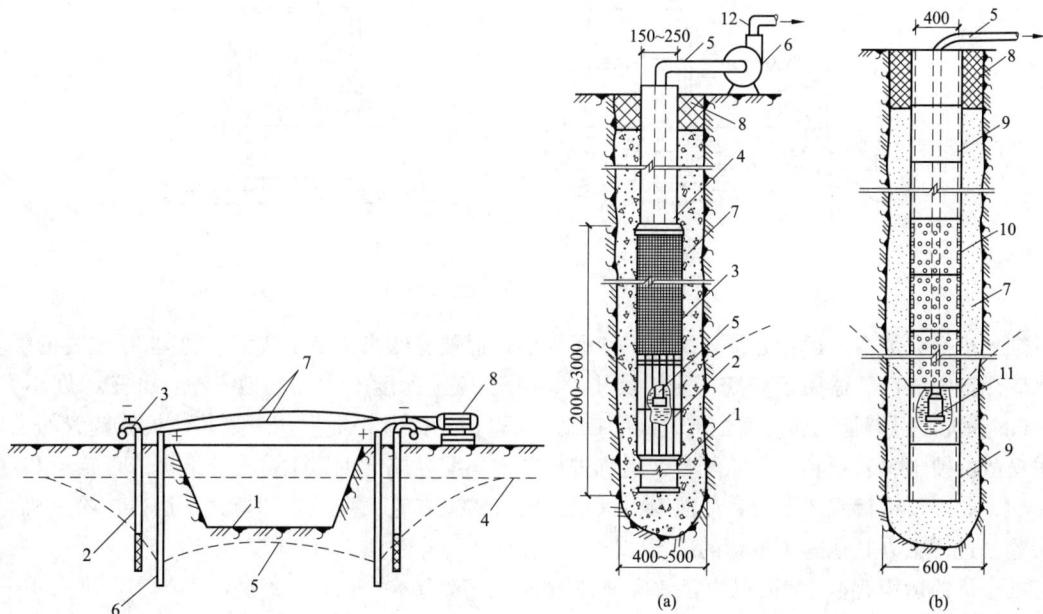

图 1-58 电渗井点降水示意图

1—基坑；2—井点管；3—集水总管；4—原地下水位；

5—降低后地下水位；6—钢管或钢筋；7—线路；

8—直流发电机或电焊机

图 1-59 管井井点

（a）钢管管井；（b）混凝土管管井

1—沉砂管；2—钢筋焊接骨架；3—滤网；4—管身；

5—吸水管；6—离心泵；7—小砾石过滤层；

8—黏土封口；9—混凝土实管；10—混凝

土过滤管；11—潜水泵；12—出水管

如要求降水深度较大，在管井井点内采用一般离心泵或潜水泵不能满足要求时，可采用特制的深井泵，其降水深度可达 50m。

近年来在上海等地区应用较多的是带真空的深井泵，每一个深井泵由井管和滤管组成，单独配备一台电动机和一台真空泵，开动后达到一定的真空度，则可达到深层降水的目的，在渗透系数较小的淤泥质黏土中也能降水。

第四节　土方工程的开挖与运输

一、常用土方施工机械

土方工程的施工过程包括：土方开挖、运输、填筑与压实等。由于土方工程量大、劳动繁重，施工时应尽可能采用机械化、半机械化施工，以减轻繁重的体力劳动，加快施工进度、降低工程造价。

1. 推土机

推土机是土方工程施工的主要机械之一，是在履带式拖拉机上安装推土铲刀等工作装置而成的机械。按铲刀的操纵机构不同，推土机分为索式和液压式两种。索式推土机的铲刀借本身自重切入土中，在硬土中切土深度较小。液压式推土机由于用液压操纵，能使铲刀强制切入土中，切入深度较大。同时，液压式推土机铲刀还可以调整角度，具有更大的灵活性，是目前常用的一种推土机（见图 1-60）。

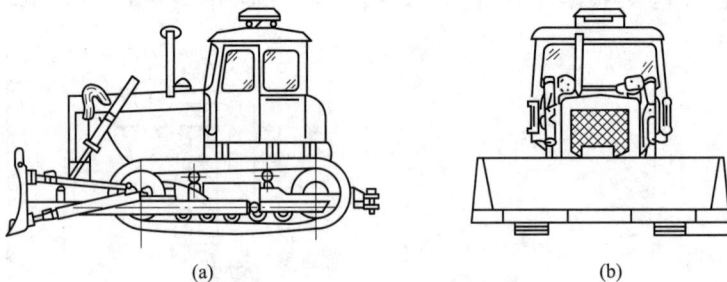

(a)　　　　　　　　　　　　　(b)

图 1-60　液压式推土机外形图

推土机操纵灵活，运转方便，所需工作面较小、行驶速度快、易于转移，能爬 30°左右的缓坡，因此应用范围较广。适用于开挖一至三类土。多用于挖土深度不大的场地平整，开挖深度不大于 1.5m 的基坑，回填基坑和沟槽，堆筑高度在 1.5m 以内的路基、堤坝，平整其他机械卸置的土堆；推送松散的硬土、岩石和冻土，配合铲运机进行助铲；配合挖土机施工，为挖土机清理余土和创造工作面。此外，将铲刀卸下后，还能牵引其他无动力的土方施工机械，如拖式铲运机、松土机、羊足碾等，进行土方其他施工过程的施工。

推土机的运距宜在 100m 以内，效率最高的推运距离为 40～60m。为提高生产率，可采用下述方法。

（1）下坡推土（见图 1-61）。推土机顺地面坡势沿下坡方向推土，借助机械往下的重力作用，可增大铲刀切土深度和运土数量，可提高推土机能力和缩短推土时间，一般可提高生产率 30%～40%。但坡度不宜大于 15°，以免后退时爬坡困难。

（2）槽形推土（见图 1-62）。当运距较远，挖土层较厚时，利用已推过的土槽再次推土，可以减少铲刀两侧土的散漏。这样作业可提高效率 10%～30%。槽深以 1m 左右为宜，槽间土埂宽约 0.5m。在推出多条槽后，再将土埂推入槽内，然后运出。

图 1-61 下坡推土

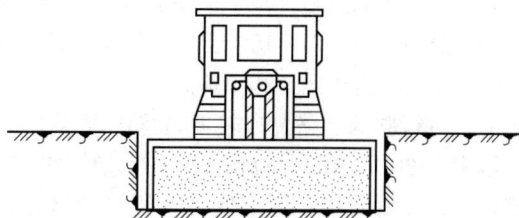

图 1-62 槽形推土

此外,对于推运疏松土壤,且运距较大时,还应在铲刀两侧装置挡板,以增加铲刀前土的体积,减少土向两侧散失。在土层较硬的情况下,则可在铲刀前面装置活动松土齿,当推土机倒退回程时,即可将土翻松。这样,便可减少切土时阻力,从而提高切土运行速度。

(3) 并列推土(见图 1-63)。对于大面积的施工区,可用 2~3 台推土机并列推土。推土时两铲刀相距 15~30cm,这样可以减少土的散失而增大推土量,能提高生产率15%~30%。但平均运距不宜超过 50~75m,亦不宜小于 20m;且推土机数量不宜超过 3 台,否则倒车不便,行驶不一致,反而影响生产率的提高。

(4) 分批集中,一次推送。若运距较远而土质又比较坚硬时,由于切土的深度不大,宜采用多次铲土,分批集中,再一次推送的方法,使铲刀前保持满载,以提高生产率。

图 1-63 并列推土

2. 铲运机

铲运机是一种能够独立完成铲土、运土、卸土、填筑、整平的土方机械。按行走机构可分为拖式铲运机(见图 1-64)和自行式铲运机(见图 1-65)两种。拖式铲运机由拖拉机牵引,自行式铲运机的行驶和作业都靠本身的动力设备。

图 1-64 C_6-2.5 型拖式铲运机外形图

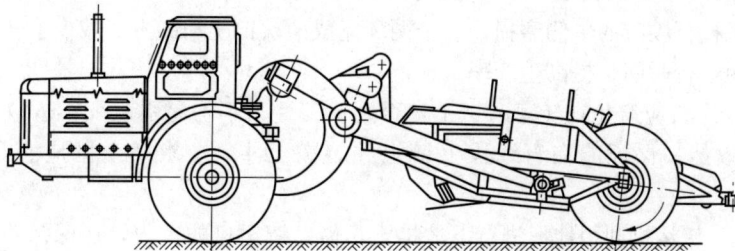

图 1-65 C_3-6 型自行式铲运机外形图

铲运机的工作装置是铲斗，铲斗前方有一个能开启的斗门，铲斗前设有切土刀片。切土时，铲斗门打开，铲斗下降，刀片切入土中。铲运机前进时，被切入的土挤入铲斗；铲斗装满土后，提起土斗，放下斗门，将土运至卸土地点。

铲运机对行驶的道路要求较低，操纵灵活，生产率较高。可在一～三类土中直接挖、运土，常用于坡度在20°以内的大面积土方挖、填、平整和压实，大型基坑、沟槽的开挖，路基和堤坝的填筑，不适于砾石层、冻土地带及沼泽地区使用。坚硬土开挖时要用推土机助铲或用松土机配合。

在土方工程中，常使用的铲运机的铲斗容量为 $2.5\sim8m^3$；自行式铲运机适用于运距 $800\sim3500m$ 的大型土方工程施工，以运距在 $800\sim1500m$ 的范围内的生产效率最高；拖式铲运机适用于运距为 $80\sim800m$ 的土方工程施工，而运距在 $200\sim350m$ 时，效率最高。如果采用双联铲运或挂大斗铲运时，其运距可增加到 $1000m$。运距越长，生产率越低，因此，在规划铲运机的运行路线时，应力求符合经济运距的要求。为提高生产率，一般采用下述方法。

（1）合理选择铲运机的开行路线。在场地平整施工中，铲运机的开行路线应根据场地挖、填方区分布的具体情况合理选择，这对提高铲运机的生产率至关重要。铲运机的开行路线，一般有以下几种。

1）环形路线。当地形起伏不大，施工地段较短时，多采用环形路线〔见图1-66（a）、（b）〕。环形路线每一循环只完成一次铲土和卸土，挖土和填土交替；挖填之间距离较短时，则可采用大循环路线〔见图1-66（c）〕，一个循环能完成多次铲土和卸土，这样可减少铲运机的转弯次数，提高工作效率。

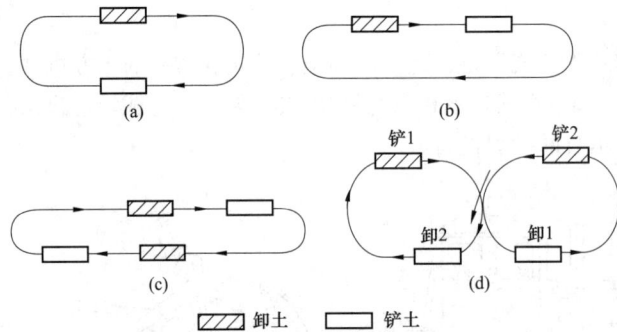

图1-66　铲运机开行路线
（a）环形路线；（b）环形路线；（c）大环形路线；（d）8字形路线

2）"8"字形路线。施工地段较长或地形起伏较大时，多采用"8"字形开行路线〔见图1-66（d）〕。这种开行路线，铲运机在上下坡时是斜向行驶，受地形坡度限制小；一个循环中两次转弯方向不同，可避免机械行驶时的单侧磨损；一个循环完成两次铲土和卸土，减少了转弯次数及空车行驶距离，从而缩短运行时间，提高生产率。

尚需指出，铲运机应避免在转弯时铲土，否则铲刀受力不均易引起翻车事故。因此，为了充分发挥铲运机的效能，保证能在直线段上铲土并装满土斗，要求铲土区应有足够的最小铲土长度。

（2）下坡铲土。铲运机利用地形进行下坡推土，借助铲运机的重力，加深铲斗切土深度。缩短铲土时间；但纵坡不得超过25°，横坡不大于5°，铲运机不能在陡坡上急转弯，以免翻车。

1）跨铲法（见图1-67）。铲运机间隔铲土，预留土埂。这样，在间隔铲土时由于形成一个土槽，减少向外撒土量；铲土埂时，铲土阻力减小。一般土埂高不大于 300mm，宽度不大于拖拉机两履带间的净距。

2）推土机助铲（见图 1-68）。地势平坦、土质较坚硬时，可用推土机在铲运机后面顶推，以加大铲刀切土能力，缩短铲土时间，提高生产率。推土机在助铲的空隙可兼作松土或平整工作，为铲运机创造作业条件。

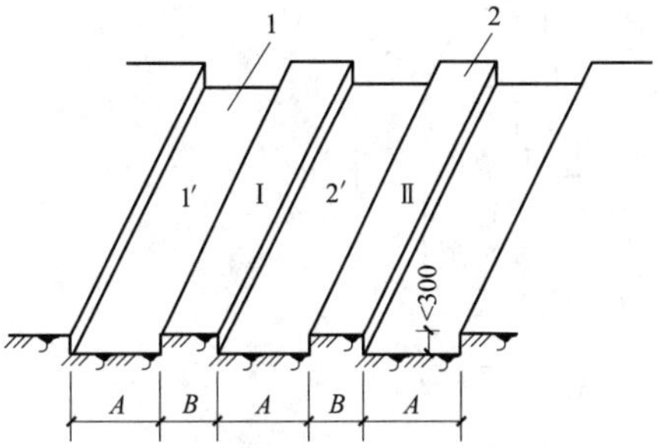

图 1-67 跨铲法
1—沟槽；2—土埂；A—铲土宽；
B—不大于拖拉机履带净距

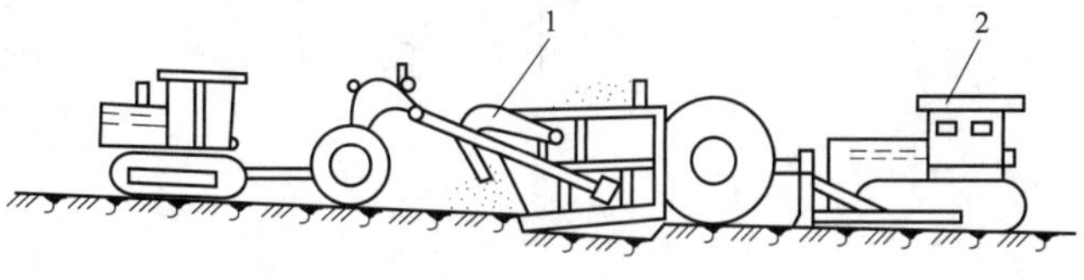

图 1-68 推土机助铲
1—铲运机；2—推土机

3）双联铲运法（见图 1-69）。当拖式铲运机的动力有富余时，可在拖拉机后面串联两个铲斗进行双联铲运。对坚硬土层，可用双联单铲，即一个土斗铲满后，再铲另一土斗；对松软土层，则可用双联双铲，即两个土斗同时铲土。

图 1-69 双联铲运法

4）挂大斗铲运。在土质松软地区，可改挂大型铲土斗，以充分利用拖拉机的牵引力来提高工效。

3. 单斗挖土机施工

单斗挖土机是基坑（槽）土方开挖常用的一种机械。按其行走装置的不同，分为履带式和轮胎式两类。根据工作的需要，其工作装置可以更换。依其工作装置的不同，分为正铲、反铲、拉铲和抓铲 4 种。

（1）正铲挖土机。正铲挖土机的挖土特点是：前进向上，强制切土。它适用于开挖停机面以上的一～三类土，且需与运土汽车配合完成整个挖运任务，其挖掘力大，生产率高。开挖大型基坑时需设坡道，挖土机在坑内作业，因此适宜在土质较好、无地下水的地区工作；当地下水位较高时，应采取降低地下水位的措施，把基坑土疏干。正铲挖土机外形如图 1-70 所示。

1）正铲挖土机的作业方式。根据挖土机的开挖路线与汽车相对位置不同，其卸土方式有侧向卸土和后方卸土两种。

① 正向挖土，侧向卸土 [见图 1-70（a）]。即挖土机沿前进方向挖土，运输车辆停在侧面卸土（可停在停机面上或高于停机面）。此法挖土机卸土时动臂转角小，运输车辆行驶方便，故生产效率高，应用较广。

② 正向挖土，后方卸土 [见图 1-70（b）]。即挖土机沿前进方向挖土，运输车辆停在挖土机

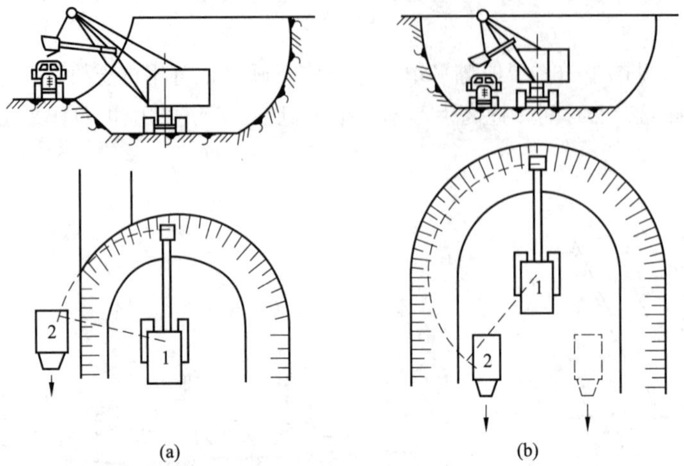

图 1-70　正铲挖土机开挖方式

（a）侧向开挖；（b）正向开挖

1—正铲挖土机；2—自卸汽车

后方装土。此法挖土机卸土时动臂转角大、生产率低，运输车辆要倒车进入。一般在基坑窄而深的情况下采用。

2）正铲挖土机的工作面。挖土机的工作面是指挖土机在一个停机点进行挖土的工作范围。工作面的形状和尺寸取决于挖土机的性能和卸土方式。根据挖土机作业方式不同，挖土机的工作面分为侧工作面与正工作面两种。

挖土机侧向卸土方式就构成了侧工作面，根据运输车辆与挖土机的停放标高是否相同又分为高卸侧工作面（车辆停放处高于挖土机停机面）及平卸侧工作面（车辆与挖土机在同一标高），高卸、平卸侧工作面的形状及尺寸分别如图 1-71（a）和图 1-71（b）所示。

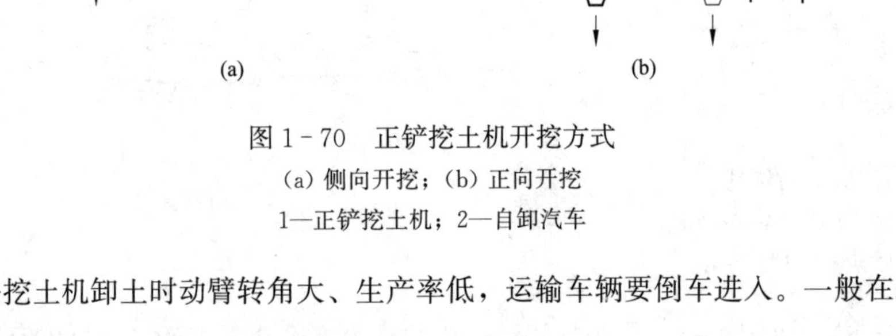

图 1-71　侧工作面尺寸

（a）高卸侧工作面；（b）平卸侧工作面

挖土机后向卸土方式则形成正工作面，正工作面的形状和尺寸是左右对称的，其中右半部与图 1-71（b）平卸侧工作面的右半部相同。

3）正铲挖土机的开行通道。在正铲挖土机开挖大面积基坑时，必须对挖土机作业时的开行路线和工作面进行设计，确定出开行次序和次数，称为开行通道。当基坑开挖深度较小时，可布置一层开行通道（见图 1-72），基坑开挖时，挖土机开行三次。第一次开行采用正向挖土，后方卸土的作业方式，为正工作面；挖土机进入基坑要挖坡道，坡道的坡度为 1∶8 左右。第二、三次开行时采用侧方卸土的平侧工作面。

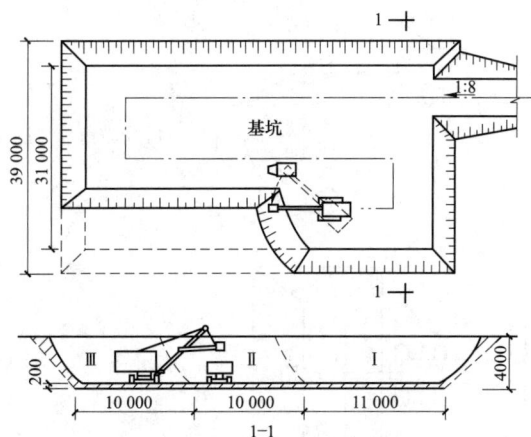

图 1-72 正铲一层通道多次开挖基坑

Ⅰ、Ⅱ、Ⅲ—通道断面及开挖顺序

当基坑宽度稍大于正工作面的宽度时，为了减少挖土机的开行次数，可采用加宽工作面的办法，挖土机按"Z"字形路线开行［见图 1-73（a）］。

当基坑的深度较大时，则开行通道可布置成多层［见图 1-73（b）］，即为三层通道的布置。

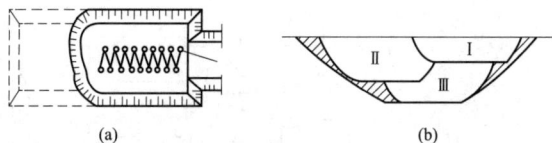

图 1-73 正铲开挖基坑

（a）一层通道 Z 字形开挖；（b）三层通道布置

（2）反铲挖土机。反铲挖土机的挖土特点是：后退向下，强制切土。其挖掘力比正铲小，能开挖停机面以下的一～三类土（机械传动反铲只宜挖一～二类土）。不需设置进出口通道，适用于一次开挖深度在 4m 左右的基坑、基槽、管沟，也可用于地下水位较高的土方开挖；在深基坑开挖中，依靠止水挡土结构或井点降水，反铲挖土机通过下坡道，采用台阶式接力方式挖土也是常用方法。反铲挖土机可以与自卸汽车配合，装土运走，也可弃土于坑槽附近。履带式机械传动反铲挖土机的工作性能如图 1-74 所示，履带式液压反铲挖土机的工作性能如图 1-75 所示。

图 1-74 履带式机械传动反铲挖土机

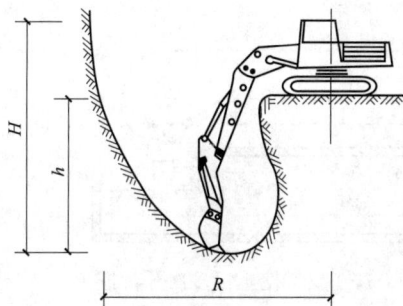

图 1-75 液压反铲挖土机工作尺寸

反铲挖土机的作业方式可分为沟端开挖［见图 1-76（a）］和沟侧开挖［见图 1-76（b）］两种。

沟端开挖，挖土机停在基坑（槽）的端部，向后倒退挖土，汽车停在基槽两侧装土。其优点是挖土机停放平稳，装土或甩土时回转角度小，挖土效率高，挖的深度和宽度也较大。基坑较宽时，可多次开行挖土（见图 1-77）。

沟侧开挖，挖土机沿基槽的一侧移动挖土，将土弃于距基槽较远处。沟侧开挖时开挖方向与挖土机移动方向相垂直，所以稳定性较差，而且挖的深度和宽度均较小，一般只在无法采用沟端开挖或挖土不需运走时采用。

图 1 - 76　反铲挖土机开挖方式

（a）沟端开挖；（b）沟侧开挖

1—反铲挖土机；2—自卸汽车；3—弃土堆

（3）拉铲挖土机。拉铲挖土机（见图 1 - 78）的土斗用钢丝绳悬挂在挖土机长臂上，挖土时土斗在自重作用下落到地面切入土中。其挖土特点是：后退向下，自重切土；其挖土深度和挖土半径均较大，能开挖停机面以下的一～二类土，但不如反铲动作灵活准确。适用于开挖较深较大的基坑（槽）、沟渠，挖取水中泥土以及填筑路基，修筑堤坝等。

履带式拉铲挖土机的挖斗容量有 $0.35m^3$、$0.5m^3$、$1m^3$、$1.5m^3$、$2m^3$ 等数种。其最大挖土深度由 7.6m（W_3 - 30）到 16.3m（W_1 - 200）。

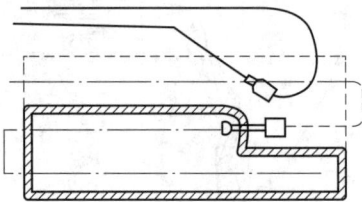

图 1 - 77　反铲挖土机多次开行挖土

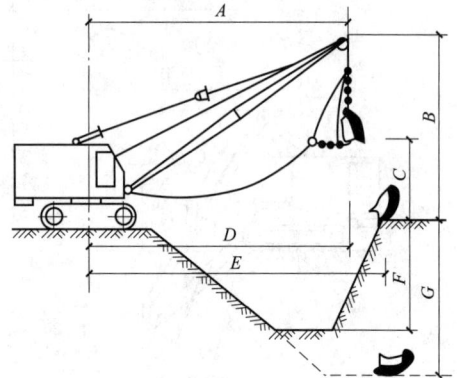

图 1 - 78　履带式拉铲挖土机

拉铲挖土机的开挖方式与反铲挖土机的开挖方式相似，可沟侧开挖也可沟端开挖。

（4）抓铲挖土机。机械传动抓铲挖土机（见图 1 - 79）是在挖土机臂端用钢丝绳吊装一个抓斗。其挖土特点是：直上直下，自重切土。其挖掘力较小，能开挖停机面以下的一～二类土。适用于开挖软土地基基坑，特别是其中窄而深的基坑、深槽、深井采用抓铲效果理想；抓铲还可用于疏通旧有渠道以及挖取水中淤泥等，或用于装卸碎石、矿渣等松散材料。抓铲也有采用液压传动操纵抓斗作业，其挖掘力和精度优于机械传动抓铲挖土机。

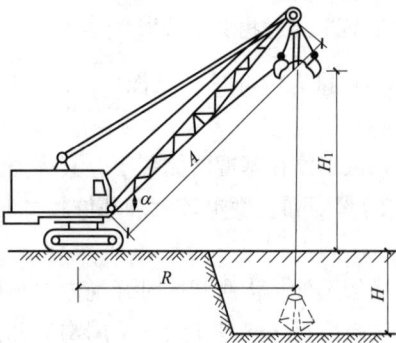

图 1 - 79　履带式抓铲挖土机

（5）挖土机和运土车辆配套计算。基坑开挖采用单斗（反铲等）挖土机施工时，需用运土车辆配合，将挖出的土随时运走。因此，挖土机的生产率不仅取决于挖土机本身的技术性能，而且还应与所选运土车辆的运土能力相协调。为使挖土机充分发挥生产能力，应配备足够数量的运土车辆，以保证挖土机连续工作。

1）挖土机数量的确定。挖土机的数量 N，应根据土方量大小和工期要求来确定，可按下式计算

$$N = \frac{Q}{P} \times \frac{1}{TCK}（台） \tag{1-42}$$

式中：Q 为土方量，m^3；P 为挖土机生产率，m^3/台班；T 为工期（工作日）；C 为每天工作班数；K 为时间利用系数，为 $0.8 \sim 0.9$。

单斗挖土机的生产率 P，可查定额手册或按下式计算

$$P = \frac{8 \times 3600}{t} q \frac{K_c}{K_s} K_B \tag{1-43}$$

式中：t 为挖土机每斗作业循环延续时间（s），如 W100 正铲挖土机为 $25 \sim 40s$；q 为挖土机斗容量，m^3；K_c 为土斗的充盈系数，为 $0.8 \sim 1.1$；K_s 为土的最初可松性系数（查表 1-2）；K_B 为工作时间利用系数，为 $0.7 \sim 0.9$。

在实际施工中，若挖土机的数量已经确定，也可利用公式来计算工期。

2）运土车辆配套计算。运土车辆的数量 N_1，应保证挖土机连续作业，可按下式计算

$$N_1 = \frac{T_1}{t_1} \tag{1-44}$$

$$T_1 = t_1 + \frac{2l}{V_c} + t_2 + t_3 \tag{1-45}$$

式中：T_1 为运土车辆每一运土循环延续时间（min）。l 为运土距离，m；V_c 为重车与空车的平均速度（m/min），一般取 $20 \sim 30km/h$；t_2 为卸土时间，一般为 1min；t_3 为操纵时间（包括停放待装、等车、让车等），一般取 $2 \sim 3min$；t_1 为运土车辆每车装车时间（min）：$t_1 = nt$。

其中，n 为运土车辆每车装土次数，其计算公式为

$$n = \frac{Q_1}{q \dfrac{K_c}{K_s} r} \tag{1-46}$$

式中：Q_1 为运土车辆的载重量，t；r 为实土重度（t/m^3），一般取 $1.7t/m^3$。

【例 1-4】　某工程基坑土方开挖，土方量为 $9640m^3$，现有 WY100 反铲挖土机可租，斗容量为 $1m^3$，为减少基坑暴露时间挖土工期限制在 7 天。挖土采用载重量 8t 的自卸汽车配合运土，要求运土车辆数能保证挖土机连续作业，已知 $K_c = 0.9$，$K_s = 1.15$，$K = K_B = 0.85$，$t = 40s$，$l = 1.3km$，$V_c = 20km/h$。

试求：（1）试选择 WY100 反铲挖土机数量；

（2）运土车辆数 N。

【解】　（1）准备采取两班制作业，则挖土机数量 N 按公式（1-42）计算

$$N = \frac{Q}{PCKT}$$

式中挖土机生产率 P 按公式（1-43）求出

$$P = \frac{8 \times 3600}{t} \cdot q \cdot \frac{K_c}{K_s} \cdot K_B = \frac{8 \times 3600}{40} \times 1 \times \frac{0.9}{1.15} \times 0.85 = 479（m^3/台班）$$

则挖土机数量

$$N = \frac{9640}{479 \times 2 \times 0.85 \times 7} = 1.69(台),取 2 台$$

（2）每台挖土机运土车辆数 N_1 按公式（1-44）求出：$N_1 = \frac{T_1}{t_1}$。

每车装土次数 $n = \dfrac{Q_1}{q \dfrac{K_c}{K_s} r} = \dfrac{8}{1 \times \dfrac{0.9}{1.15} \times 1.7} = 6.0$（取 6 次）

每次装车时间 $t_1 = nt = 6 \times 40 = 240(s) = 4$（min）

运土车辆每一个运土循环延续时间按公式（1-45）求出：

$$T_1 = t_1 + \frac{2l}{V_c} + t_2 + t_3 = 4 + \frac{2 \times 1.3 \times 60}{20} + 1 + 3 = 15.8(\text{min})$$

则每台挖土机运土车辆数量 N_1：$N_1 = \dfrac{15.8}{4} = 3.95$（辆），取 4 辆。

2 台挖土机所需运土车辆数量 N：$N = 2N_1 = 2 \times 4 = 8$（辆）。

二、土方挖运机械选择和机械挖土的注意事项

（1）机械开挖应根据工程地下水位高低、施工机械条件、进度要求等合理地选用施工机械，以充分发挥机械效率，节省机械费用，加速工程进度。一般深度 2m 以内、基坑不太长时的土方开挖，宜采用推土机或装载机推土和装车；深度在 2m 以内长度较大的基坑，可用铲运机铲运土或加助铲铲土；对面积大且深的基坑，且有地下水或土的湿度大，基坑深度不大于 5m 可采用液压反铲挖掘机在停机面一次开挖；深 5m 以上，通常采用反铲分层开挖并开坡道运土。如土质好且无地下水也可开沟道，用正铲挖土机下入基坑分层开挖，多采用 0.5m³、1.0m³ 斗容量的液压正铲挖掘。在地下水中挖土可用拉铲或抓铲，效率较高。

（2）使用大型土方机械在坑下作业，如为软土地基或在雨期施工，进入基坑行走需铺垫钢板或铺路基箱垫道。所以对大型软土基坑，为减少分层挖运土方的复杂性，还可采用"接力挖土法"（见图 1-80）。它是利用两台或三台挖土机分别在基坑的不同标高处同时挖土。一台在地表，两台在基坑不同标高的台阶上，边挖土边向上传递到上层由地表挖土机装车，用自卸汽车运至弃土地点。如上部可用大型反铲挖土机，中、下层可用反铲液压中、小型挖土机，以便挖土、装车均衡作业，机械开挖不到之处，再配以人工开挖修坡、找平。在基坑纵向两端设有道路出入口，上部汽车开行单向行驶。用本法开挖基坑，可一次挖到设计标高，一次完成，一般两层挖土可挖到 -10m，三层挖土可挖到 -15m 左右。这种挖土方法与通常开坡道运输汽车运土相比，土方运输效率受到影响。但对某些面积不大、深度较大的基坑，本身开坡道有困难，此法可避免将载重汽车开进基坑装土、运土作业，工作条件好，效率也较高，并可降低成本。最后用搭枕木垛的方法，使挖土机开出基坑（见图 1-81）或牵引拉出；如坡度过陡也可用吊车吊运出坑。

（3）土方开挖应绘制土方开挖图，确定开挖路线、顺序、范围、基底标高、边坡坡度、排水沟、集水井位置以及挖出的土方堆放地点。绘制土方开挖图应尽可能使机械多挖。

（4）由于大面积基础群基坑底标高不一，机械开挖次序一般采取先整片挖至一平均标高，然后再挖个别较深部位。当一次开挖深度超过挖土机最大挖掘高度（5m 以上）时，宜分二～三层开挖，并修筑 10%～15% 坡道，以便挖土及运输车辆进出。

（5）基坑边角部位，即机械开挖不到之处，应用少量人工配合清坡，将松土清至机械作业半径范围内，再用机械掏取运走。人工清土所占比例一般为 1.5%～4%，修坡以厘米作限制误差。大基坑宜另配一台推土机清土、送土、运土。

（6）挖土机、运土汽车进出基坑的运输道路，应尽量利用基础一侧或两侧相邻的基础以后需开挖的部位，使它互相贯通作为车道，或利用提前挖除土方后的地下设施部位作为相邻的几个基坑开挖地下运输通道，以减少挖土量。

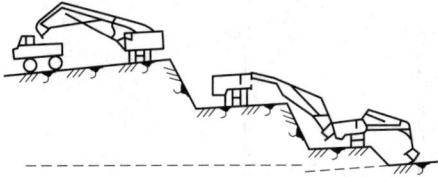

图 1-80 接力式挖土示意图

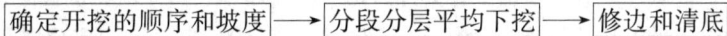

图 1-81 搭枕木垛方式挖土示意图
1—坡道；2—枕木垛

（7）由于机械挖土对土的扰动较大，且不能准确地将地基抄平，容易出现超挖现象。所以要求施工中机械挖土只能挖至基底以上 20～30cm，其余 20～30cm 的土方采用人工或其他方法挖除。

（8）机械挖土施工工艺流程如下：

确定开挖的顺序和坡度 ⟶ 分段分层平均下挖 ⟶ 修边和清底

三、基坑土方开挖方式

基坑开挖分为两种情况：一是无支护结构基坑的放坡开挖，二是有支护结构基坑的开挖。

1. 无支护结构基坑放坡开挖工艺

采用放坡开挖时，一般基坑深度较浅，挖土机可以一次开挖至设计标高，所以在地下水位高的地区，软土基坑采用反铲挖土机配合运土汽车在地面作业。如果地下水位较低，坑底坚硬，也可以让运土汽车下坑，配合正铲挖土机在坑底作业。当开挖基坑深度超过 4m 时，若土质较好，地下水位较低，场地允许，有条件放坡时，边坡宜设置阶梯平台，分阶段、分层开挖，每级平台宽度不宜小于 1.5m。

在采用放坡开挖时，要求基坑边坡在施工期间保持稳定。基坑边坡坡度应根据土质、基坑深度、开挖方法、留置时间、边坡荷载、排水情况及场地大小确定。放坡开挖应有降低坑内水位和防止坑外水倒灌的措施。若土质较差且基坑施工时间较长，边坡坡面可采用钢丝网喷浆进行护坡，以保持基坑边坡稳定。

放坡开挖基坑内作业面大，方便挖土机械作业，施工程序简单，经济效益好。但在城市密集地区施工，条件往往不允许采用这种开挖方式。

2. 有支护结构基坑的开挖工艺

支护结构基坑的开挖按其坑壁结构可分为直立壁无支撑开挖、直立壁内支撑开挖和直立壁拉锚（或土钉、土锚杆）开挖（见图 1-82）。有支护结构基坑开挖的顺序、方法必须与设计工况相一致，并遵循"开槽支撑，先撑后挖，分层开挖，严禁超挖"和"分层、分段、对称、限时"的原则。

（1）直立壁无支撑开挖工艺。这是一种重力式坝体结构，一般采用水泥土搅拌桩作坝体材料，也可采用粉喷桩等复合桩体作坝体。重力式坝体既挡土又止水，给坑内创造宽敞的施工空间和可降水的施工环境。

基坑深度一般在 5～6m，故可采用反铲挖土机配合运土汽车在地面作业。由于采用止水重力坝

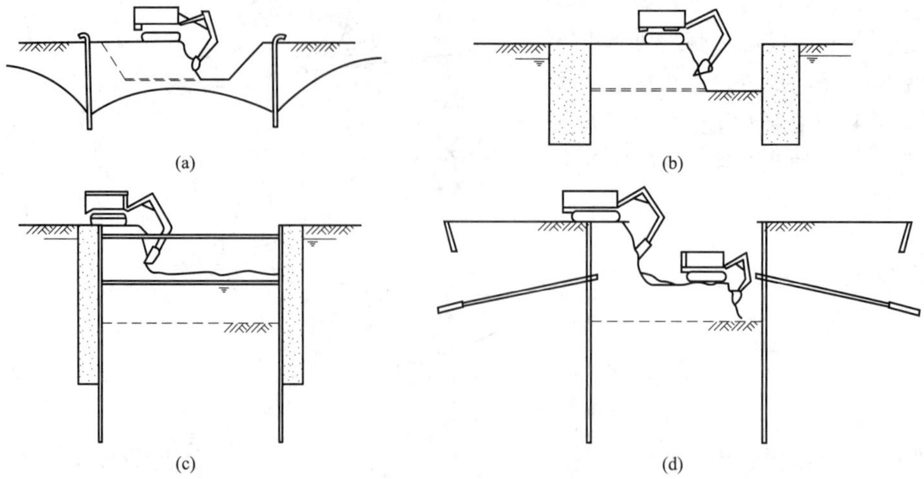

图 1-82　基坑挖土方式
(a) 放坡开挖；(b) 直立壁无支撑开挖；(c) 直立壁内支撑开挖；(d) 直立壁土锚开挖

的基坑，地下水位一般都比较高，因此很少使用正铲下坑挖土作业。

（2）直立壁内支撑开挖工艺。在基坑深度大、地下水位高、周围地质和环境又不允许做拉锚和土钉、土锚杆的情况下，一般采用直立壁内支撑开挖形式。基坑采用内支撑，能有效控制侧壁的位移，具有较高的安全度，但减小了施工机械的作业面，影响挖土机械、运土汽车的效率，增加施工难度。

采用直立壁内支撑的基坑，深度一般较大，超过挖土机的挖掘深度，需分层开挖。在施工过程中，土方开挖和支撑施工需交叉进行。内支撑是随着土方的分层、分区开挖，形成支撑施工工作面，然后施工内支撑，结束后待内支撑达到一定强度以后进行下一层（区）土方的开挖，形成下一道内支撑施工工作面，重复施工，从而逐步形成支护结构体系。所以，基坑土方开挖必须和支撑施工密切配合，根据支护结构设计的工况，先确定土方分层、分区开挖的范围，然后分层、分区开挖基坑土方。在确定基坑土方分层、分区开挖范围时，还应考虑土体的时空效应、支撑施工的时间、机械作业面的要求等。

当有较密内支撑或为了严格限制支护结构的位移，常采用盆式开挖顺序，即在尽量多挖去基坑下层中心区域的土方后，架设十字对撑式钢管支撑并施加预紧力，或在挖去本层中心区域土方后，浇筑钢筋混凝土支撑，并逐个区域挖去周边土方，逐步形成对围护壁的支撑。这时使用的机械一般为反铲和抓铲挖土机。必要时，还可对挡墙内侧四周的土体进行加固，以提高内侧土体的被动土压力，满足控制挡墙变形的要求。图 1-83 为某广场基坑盆式开挖及支撑施工顺序示意图。

（3）直立壁土钉（或土锚杆或拉锚）开挖。当周围的环境和地质可以允许进行拉锚或采用土钉和土层锚杆时，应选用此方式，因为直壁拉锚开挖使坑内的施工空间宽敞，挖土机械效率较高。在土方施工中，需进行分层、分区段开挖，穿插进行土钉（或土锚杆）施工。土方分层、分区段开挖的范围应和土钉（或土锚杆）的设置位置一致，满足土钉（土锚杆）施工机械的要求，同时也要满足土体稳定性的要求。

为了利用基坑中心部分土体搭设栈桥以加快土方外运，提高挖土速度，设直立壁土钉（或土锚杆）的基坑开挖或者采用周边桁架空间支撑系统的基坑开挖有时采用岛式开挖顺序（见图 1-84 为某工程采用岛式开挖及支撑的施工顺序示意图），即先挖除挡墙内四周土方，待周边支撑形成后再开挖中间岛区的土方。由于中间环形桁架空间支撑系统形成一定强度后即可穿插开挖中间岛区土（见图 1-84 中 4 部分），同时钢筋混凝土支撑继续养护缩短了挖土时间。缺点是由于先挖挡墙内四周的土方，挡墙的受荷时间长，在软黏土中时间效应显著，有可能增大支护结构的变形量，所以在

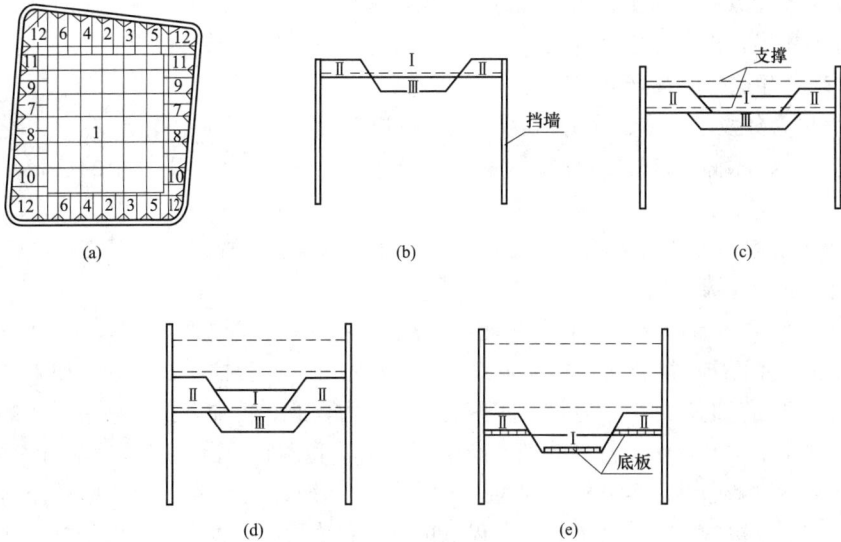

图 1-83 某广场基坑盆式开挖及支撑施工顺序示意图
(a) 每层分块示意图；(b) 第一道支撑工况；(c) 第二道支撑工况；
(d) 第三道支撑工况；(e) 坑底挖土及底板施工

软黏土中应用较少。

3. 基坑土方开挖中应注意的事项

(1) 土方开挖的顺序、方法必须与设计工况相一致，并遵循"开槽支撑，先撑后挖，分层开挖，严禁超挖"的原则。《建筑基坑支护技术规程》（JGJ 120）已明确规定如下：

① 当支护结构构件强度达到开挖阶段的设计强度时，方可向下开挖，对采用预应力锚杆的支护结构，应在施加预应力后，方可开挖下层土方；对土钉墙，应在土钉、喷射混凝土面层的养护时间大于 2d 后，方可开挖下层土方。当基坑开挖面上方的锚杆、土钉、支撑未达到设计要求时，严禁向下超挖土方。

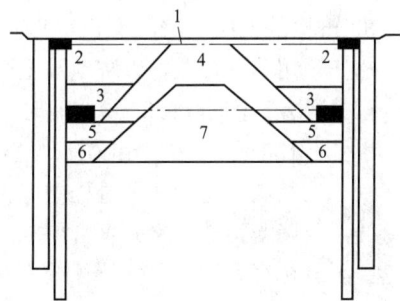

图 1-84　岛式开挖及支撑的施工顺序示意图

② 应按支护结构设计规定的施工顺序和开挖深度分层开挖。

③ 开挖至锚杆、土钉施工作业面时，开挖面与锚杆、土钉的高差不宜大于 500mm。

④ 当开挖揭露的实际土层性状或地下水情况与设计依据的勘察资料明显不符，或出现异常现象、不明物体时，应停止挖土，在采取相应措施后方可继续挖土。

⑤ 挖至坑底时，应避免扰动基底持力层土层的原状结构。

⑥ 开挖时，挖土机械不得碰撞或损害锚杆、腰梁、土钉墙墙面、内支撑及其连接件等构件，不得损害已施工的基础桩。

⑦ 挖土与坑内支撑安装要密切配合，每次开挖深度不得超过将要加支撑位置以下 500mm，防止立柱及支撑失稳。每次挖土深度与所选用的施工机械有关。当采用分层分段开挖时，分层厚度不宜大于 5m（如支撑竖向设计间距小于 5m 必须按竖向设计间距），分段的长度不大于 25m，并应快挖快撑，时间不宜超过 1～2d，以充分利用土体结构的空间作用，减少支护结构的变形。为防止地

基一侧失去平衡而导致坑底涌土、边坡失稳、坍塌等情况，深基坑挖土时应注意对称分层开挖的方法。另外，如前所述，土方开挖宜选用合适施工机械、开挖程序及开挖路线。

（2）软土基坑开挖尚应符合下列规定：

① 应按分层、分段、对称、均衡、适时的原则开挖。

② 当主体结构采用桩基础且基础桩已施工完成时，应根据开挖面下软土的性状，限制每层开挖厚度。

③ 对采用内支撑的支护结构，宜采用开槽方法浇筑混凝土支撑或安装钢支撑，开挖到支撑作业面后，应及时进行支撑的施工。

④ 对重力式水泥土墙，沿水泥土墙方向应分区段开挖，每一开挖区段的长度不宜大于 40m。

（3）要重视打桩效应，防止桩位移和倾斜。对一般先打桩、后挖土的工程，如果打桩后紧接着开挖基坑，由于开挖时地基卸土，打桩时积聚的土体应力释放，再加上挖土高差形成侧向推力，土体易产生一定的水平位移，使先打设的桩易产生水平位移和倾斜，所以打桩后应有一段停歇时间，待土体应力释放、重新固结后再开挖，同时挖土要分层、对称，尽量减少挖土时的压力差，保证桩位正确。对于打预制桩的工程，必须先打工程桩再施工支护结构，否则也会由于打桩挤土效应，引起支护结构位移变形。

（4）注意减少坑边地面荷载，防止开挖完的基坑暴露时间过长。基坑开挖过程中，不宜在坑边堆置弃土、材料和工具设备等，尽量减轻地面荷载，严禁超载。基坑开挖完成后，应立即验槽，并及时浇筑混凝土垫层，封闭基坑，防止暴露时间过长。如发现基底土超挖，应用素混凝土或砂石回填夯实，不能用素土回填。若挖方后不能立即转入下道工序或雨期挖方时，应在坑槽底标高上保留 15～30cm 厚的土层不挖，待下道工序开工前再挖掉。冬期挖方时，每天下班前应挖一步（30cm 左右）虚土或用草帘覆盖，以防地基土受冻。

（5）当挖土至坑槽底 50cm 左右时，应及时抄平。一般在坑槽壁各拐角处和坑槽壁每隔 2～4m 处测设一水平小木桩或竹片桩，作为清理坑槽底和打基础垫层时控制标高的依据（见图 1-20 和图 1-21）。

（6）在基坑开挖和回填过程中应保持井点降水工作的正常进行。土方开挖前应先做好降水、排水施工，待降水运转正常并符合要求后，方可开挖土方。开挖过程中，要经常检查降水后的水位是否达到设计标高要求，要保持开挖面基本干燥，如坑壁出现渗漏水，应及时进行处理。通过对水位观察井和沉降观测点的定时测量，检查是否对邻近建筑物等产生不良影响进而采取适当措施。

（7）基坑开挖和支护结构使用期间，应按下列要求对基坑进行维护：

① 雨期施工时，应在坑顶、坑底采取有效的截排水措施；排水沟、集水井应采取防渗措施。

② 基坑周边地面宜作硬化或防渗处理。

③ 基坑周边的施工用水应有排放系统，不得渗入土体内。

④ 当坑体渗水、积水或有渗流时，应及时进行疏导、排泄、截断水源。

⑤ 主体地下结构施工时，结构外墙与基坑侧壁之间应及时回填。

⑥ 采用锚杆或支撑的支护结构，在未达到设计规定的拆除条件时，严禁拆除锚杆或支撑。

（8）支护结构或基坑周边出现基坑监测规定的报警情况或其他险情时，应立即停止开挖，并应根据危险产生的原因和可能进一步发展的破坏情况，采取控制或加固措施。危险消除后，方可继续开挖。必要时，应对危险部位采取基坑回填、地面卸土、临时支撑等应急措施。当危险由地下水管道渗漏、坑体渗水造成时，尚应及时采取截断渗漏水水源、疏排渗水等措施。

（9）开挖前要编制包含周详安全技术措施的基坑开挖施工方案，以确保施工安全。

4. 基坑支护工程的现场监测

（1）监测项目。

在深基坑施工、使用过程中，出现荷载、施工条件变化的可能性较大，设计计算值与支护结构的实际工作状况往往不是很一致。因此在基坑开挖过程中必须有系统地进行监控以防不测。根据基坑工程事故调查表明，在发生重大事故前，或多或少都有预兆，如果能切实做好基坑监测工作，及时发现事故预兆并采取适当措施，则可避免许多重大基坑事故的发生，减少基坑事故所带来的经济损失和社会影响。目前，开展基坑现场监测可以避免基坑事故的发生已形成共识。《建筑基坑支护技术规程》已明确规定，在基坑开挖过程中，必须开展基坑工程监测，对于基坑工程监测项目，规定要结合基坑工程的具体情况，如工程规模大小、开挖深度、场地条件、周边环境保护要求等，可按表 1-10 进行选择。

表 1-10　　　　　　　　　　　　　基 坑 监 控 项 目 表

监测项目	支护结构的安全等级		
	一级	二级	三级
支护结构顶部水平位移	应测	应测	应测
基坑周边建（构）筑物、地下管线、道路沉降	应测	应测	应测
坑边地面沉降	应测	应测	宜测
支护结构深部水平位移	应测	应测	选测
锚杆拉力	应测	应测	选测
支撑轴力	应测	宜测	选测
挡土构件内力	应测	宜测	选测
支撑立柱沉降	应测	宜测	选测
支护结构沉降	应测	宜测	选测
地下水位	应测	应测	选测
土压力	宜测	选测	选测
孔隙水压力	宜测	选测	选测

注　表内各监测项目中，仅选择实际基坑支护形式所含有的内容。

由于基坑开挖到设计深度以后，土体变形、土压力和支护结构的内力仍会继续发展、变化，因此基坑监测工作应从基坑开挖以前制订监控方案开始，直至地下工程施工结束的全过程进行监测。基坑监控方案应包括监控目的、监控项目、监控报警值、监控方法及精度要求、监控点的布置、检测周期、工序管理和记录制度以及信息反馈系统等。

从表 1-10 中可以看出，不管何种基坑侧壁安全等级，支护结构水平位移均属于应测项目。实际上，在深基坑开挖施工监测中支护结构水平位移一般有两个测试项目，即围护桩（墙）顶面水平位移监测和围护桩（墙）的侧向变形，而在不同深度上各点的水平位移监测，称为围护桩（墙）的测斜监测。

围护桩（墙）的顶面水平位移监测，是深基坑开挖施工监测的一项基本内容，通过围护桩（墙）顶面水平位移监测，可以掌握围护桩（墙）的基坑挖土施工过程顶面的平面变形情况，并与设计值进行比较，分析其对周围环境的影响，另外，围护桩（墙）顶面水平位移数值可以作为测斜、测试孔口的基准点。围护桩（墙）顶面水平位移测试一般选用精度为 2″级的经纬仪。围护桩（墙）顶面水平位移监测点应沿其结构体延伸方向布设，水平位移观测点间距宜为 10～15m，其测试方法有准直线法、控制线偏离法、小角度法、交会法等。

围护桩（墙）在基坑外侧水土压力作用下，会发生变形。要掌握围护桩（墙）的侧向变形，即在不同深度处各点的水平位移，可通过对围护桩（墙）的测斜监测来实现。

（2）监控值与报警值。

1）监控值。基坑变形的监控值，若设计有指标规定，以设计要求为依据；如无设计指标，可按表 1-11 的规定执行（GB 50202 第 7.1.7 条）。

表 1-11　　　　　　　　　　　　基坑变形的监控值　　　　　　　　　　　　　　cm

基坑类别	围护结构墙顶位移监控值	围护结构墙体最大位移监控值	地面最大沉降监控值
一级基坑	3	5	3
二级基坑	6	8	6
三级基坑	8	10	10

注　1. 符合下列情况之一者，为一级基坑：
　　①重要工程或支护结构做主体结构的一部分；
　　②开挖深度大于 10m；
　　③与邻近建筑物、重要设施的距离在开挖深度以内的基坑；
　　④基坑范围内有历史文物、近代优秀建筑、重要管线等需严加保护的基坑。
　　2. 三级基坑为开挖深度小于 7m，且周围环境无特别要求的基坑。
　　3. 除一级和三级外的基坑属二级基坑。
　　4. 当周围已有的设施有特殊要求时，尚应符合这些要求。

2）报警值。险情预报是一个极其严肃的技术问题，必须根据具体情况，认真综合考虑各种情况，及时作出决定。虽然报警标准目前尚未统一，但一般比规范规定的基坑变形监控值要小得多且范围也大得多，在实际操作中有设计容许值和变化速率两个控制指标。例如，当出现下列情形之一者，应考虑报警：

①支护结构水平位移速率连续几天急剧增大，如达到 5mm/d 或连续三天 3mm/d。

②支护结构水平位移累积值达到设计容许值。如最大位移与开挖深度的比值达到 0.35%～0.70%，其中周边环境复杂时取较小值。

③任一项实测应力达到设计容许值。

④邻近地面及建筑物的沉降达到设计容许值。如地面最大沉降与开挖深度的比值达到 0.5%～0.7%，且地面裂缝急剧扩展。建筑物的差异沉降达到有关规范中的沉降限值。例如，某开挖基坑邻近的六层砖混结构，当差异沉降达到 20mm 左右时，墙体出现了十余条长裂缝。

⑤煤气管、水管等设施的变位达到设计容许值。例如，某开挖基坑邻近的煤气管局部沉降大于 30mm 时，出现了漏气事故。

⑥肉眼巡视检查到的各种严重不良现象，如桩顶圈梁裂缝过大，邻近建筑物的裂缝不断扩展，严重的基坑渗漏、管涌等。

5. 基坑土方开挖实例

【基坑背景】绍兴中国轻纺城中心广场工程基坑设计，见基坑设计平面图（见图 1-85）。

（1）钻孔灌注桩。本工程基坑支护采用 $\phi1000@1300$ 钻孔灌注桩，有效桩长 24m，桩身混凝土等级为 C25，灌注桩顶部钢筋锚入压顶梁的长度为 800mm。

（2）止水帷幕水泥搅拌桩。在钻孔桩外侧施工一排 $\phi600@400$ 水泥搅拌桩止水，有效桩长 14m；水泥掺入量为 15%，外加水泥重量 0.15% 的 SN-201A 早强剂，水泥搅拌桩采用两上两下，两次喷浆复搅。在钻孔桩内侧施工 5 排格构式 $\phi600@450$ 水泥搅拌桩进行被动土体加固，桩长约 6m。

注：被动土体加固可以大力约束围护桩基坑底脚位移，减少围护桩与支撑之间的节点内力，保证基坑安全，是基坑设计工程师常用的设计手段。

（3）压顶圈梁、围檩及支撑。压顶圈梁、围檩及支撑采用现浇混凝土结构，混凝土等级为 C25，

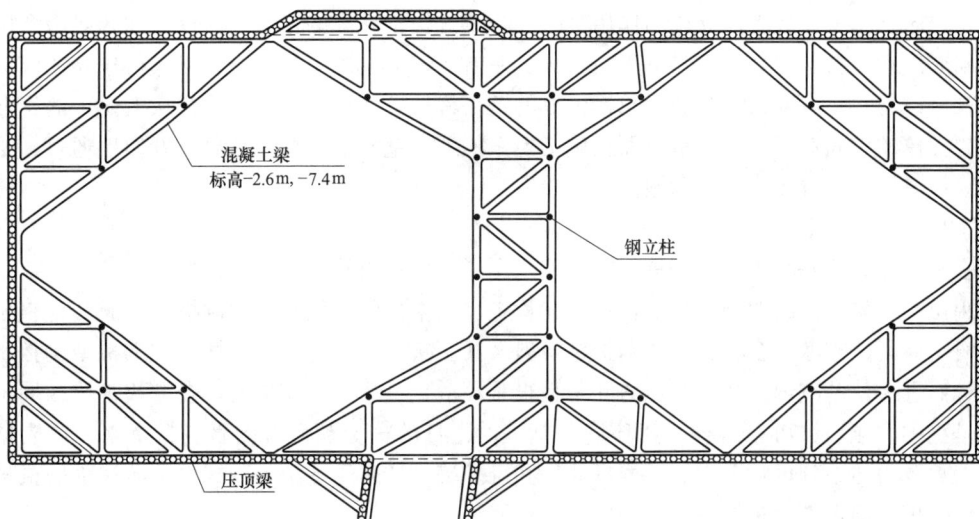

图 1-85 绍兴中国轻纺城中心广场工程基坑支护平面图

压顶梁为 1500mm×400mm，面标高-0.60m；混凝土主梁为 1000mm×800mm，混凝土次梁为 600mm×800mm，在坑内形成上下两道支撑（上下两道支撑的梁底标高分别位于-7.4m，-2.6m，如图 1-86 所示），用于支撑灌注桩，减小坑体侧移。

（4）立柱及立柱桩（见图 1-87）。竖向立柱上部为钢结构格构柱，下部为钻孔灌注桩。钢格构立柱伸入桩内至少 2m，钻孔灌注桩尽量利用工程桩，当其下无工程桩时，再在其下设置专用灌注桩。钢构柱穿过地下室底板处，应加焊止水钢板。挖土施工时应避免机械碰撞钢构柱。竖向立柱搁混凝土梁支撑处应加焊钢托架。

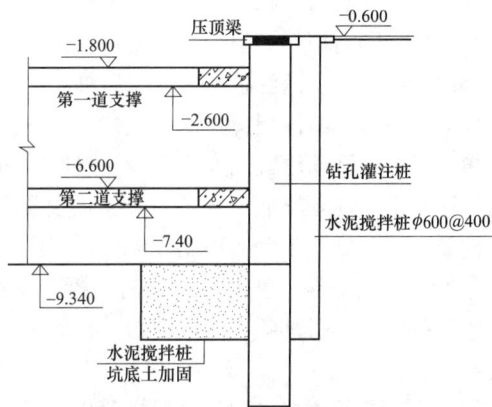

图 1-86 绍兴中国轻纺城中心广场工程基坑支护剖面图

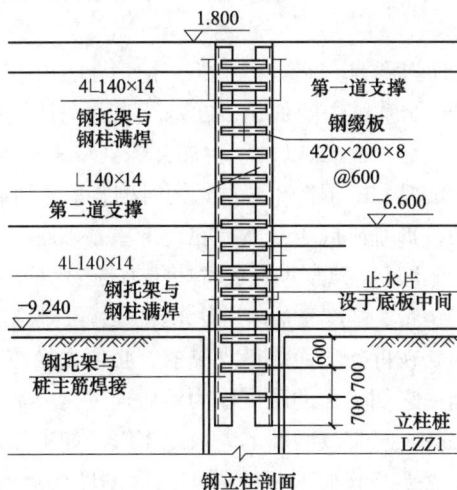

图 1-87 支撑立柱（上部钢格构柱下部钻孔灌注桩）与现场照片

注意：内支撑下设置支撑立柱的作用是减少跨距，保持支撑的稳定。支撑立柱一般沿深度采用两种不同形式和材料。在基底面以下为1000mm左右的钢筋混凝土灌注桩，以获得较高的竖向承载力和受拉承载力；基坑面以上为四根角钢组成的钢格构柱，四边留洞口，这样从上而下的钢筋混凝土多道内支撑的中间钢筋、以后从下而上施工上来的地下室楼板钢筋，就可以方便地通过；当拆除支撑和立柱时，又可方便地割断和搬运。

施工步骤简介如下。

第一步：先施工基坑内的工程桩，同时施工支撑立柱；再施工基坑周边的围护桩。

原因说明：先打工程四周围护桩，后打工程桩。如果打的工程桩是预制桩会引起严重挤土，打工程桩时土体无法扩散，会将先打的围护桩挤斜，甚至挤坏，降低甚至破坏基坑围护结构挡土、止水效果；而且会使基坑内的孔隙水压力陡增且很难消散，日后开挖基坑时，会导致基坑四周土体及基桩往基坑中心倾斜；再在这种封闭环境下打桩，先打的桩会被后打的管桩挤上来，造成桩体上浮，桩的承载力达不到设计要求。工程桩如果和围护桩一样是灌注桩，同样由于灌注桩桩机进出基坑造成围护桩挤斜，甚至挤坏。

第二步：施工钻孔桩坑内侧5排格构式ϕ600@450水泥搅拌桩，进行被动土体加固；再施工钻孔桩外侧一排，有效桩长14m的ϕ600@400水泥搅拌桩；最后施工有效桩长24mϕ1000@1300mm钻孔灌注桩，同时埋设测斜管，打设水位井。

原因说明：由于灌注桩施工成型后桩径误差较大，会妨碍以后深层搅拌水泥土桩的施工搭接精度从而导致渗水，故深层搅拌水泥土桩先行施工，待养护到设计强度后再进行灌注桩施工。

第三步：钻孔灌注桩强度达到设计强度的80%以上，同时水泥搅拌桩强度达设计值80%以上，方可侧边挖土至压顶梁底，浇筑C25钢筋混凝土压顶梁。

注意：压顶梁的工程叫法比较多，如冠梁、帽梁、锁口梁、顶圈梁。

第四步：挖至第一道桁架式钢筋混凝土支撑底标高−2.62m，在第一道支撑底浇筑20mm厚1：3水泥砂浆，然后绑扎支撑钢筋，支设侧模板，埋设用于施工监测的钢筋应力表，浇筑第一道支撑混凝土。

第五步：必须严格按照先撑后挖原则，第一道支撑结构混凝土强度达设计强度80%后，进行第一阶段土方开挖，基坑开挖应分层分段分块进行：先开挖基坑四角的土，再开挖基坑中间的土。

第六步：挖土至第二道支撑底标高以下20mm，即−7.42m，在第二道支撑底浇筑20mm厚1：3水泥砂浆，然后绑扎支撑钢筋，支设侧模板，埋设用于施工监测的钢筋应力表，浇筑第二道支撑混凝土。

第七步：第二道支撑结构混凝土强度达设计强度80%后，进行第三阶段土方开挖，基坑开挖应分层分段分块进行：先开挖基坑四角的土，再开挖基坑中间的土。在基坑东西向回填部分土方形成运输通道，便于土方外运。在基坑开挖到坑底以上30cm处以及承台局部深处应采用人工开挖修整，开挖完毕即挖土至−9.34m后应及时浇筑100mm厚C15混凝土垫层，同时砌筑承台和地梁的砖胎模。

第八步：浇筑承台、地梁和1140mm厚的筏形基础底板。然后在地下室基础底板与钻孔桩之间的空隙，用400mm厚C20素混凝土或毛石混凝土灌实顶牢，形成坑底传力带2（见图1-88）。

第九步：待地下室基础底板与钻孔桩之间传力带2强度完全达到设计要求后，拆除第二道内支撑。

换撑说明：对于有内支撑的基坑支护结构，在拆除上面一道支撑前，必须先换撑，换撑位置一般选择已浇筑的基础上表面和楼板标高处，利用它们强大的刚度作为后盾通过传力带和围护桩形成可靠连接，材料多采用达到设计规定强度的混凝土板带或间断的条块或型钢。如果靠近地下室外墙附近楼板有缺失时，为便于传力，在楼板缺失处要增设临时钢支撑与强大刚度楼板形成可靠对接。具体换撑由设计单位设计并向施工单位进行技术交底。

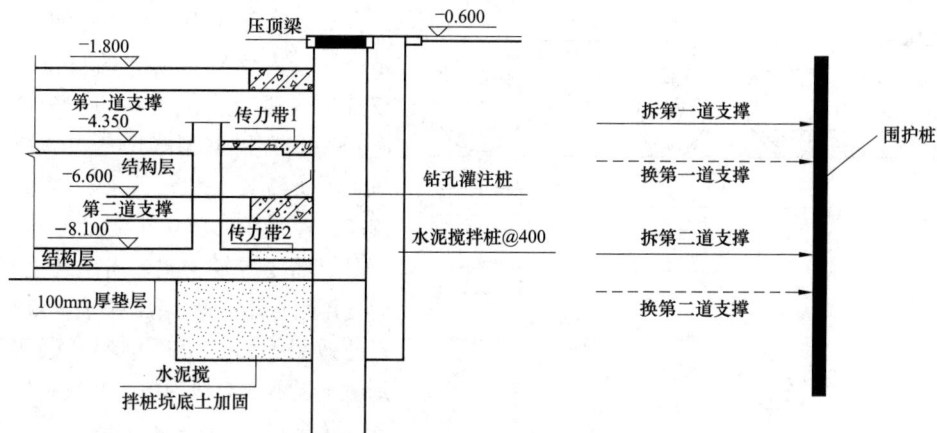

图 1-88 工程实际换撑图与示意图

第十步：同理，施工地下一层楼板及该层楼板与围护桩之间的传力带 1，并达到其设计强度后，拆除第一道内支撑，进而施工以上部分并浇筑地下室顶板。

第十一步：土方填筑与压实。

第五节 土方工程的填筑与压实

一、土料选择与填筑要求

为了保证填土工程的质量，必须正确选择土料和填筑方法。

对填方土料应按设计要求验收后方可填入。如设计无要求，一般按下述原则进行。

碎石类土、砂土（使用细、粉砂时应取得设计单位同意）和爆破石碴可用作表层以下的填料；含水量符合压实要求的黏性土，可用作各层填料；碎块草皮和有机质含量大于 8% 的土，仅用于无压实要求的填方。含有大量有机物的土，容易降解变形而降低承载能力；含水溶性硫酸盐大于 5% 的土，在地下水的作用下，硫酸盐会逐渐溶解消失，形成孔洞影响密实性；因此前述两种土以及淤泥和淤泥质土、冻土、膨胀土等均不应作为填土。

填土应分层进行，并尽量采用同类土填筑。如采用不同土填筑时，应将透水性较大的土层置于透水性较小的土层之下，不能将各种土混杂在一起使用，以免填方内形成水囊。

碎石类土或爆破石碴作填料时，其最大粒径不得超过每层铺土厚度的 2/3，使用振动碾时，不得超过每层铺土厚度的 3/4，铺填时，大块料不应集中，且不得填在分段接头或填方与山坡连接处。

当填方位于倾斜的山坡上时，应将斜坡挖成阶梯状，以防填土横向移动。

回填基坑和管沟时，应从四周或两侧均匀地分层进行，以防基础和管道在土压力作用下产生偏移或变形。

回填以前，应清除填方区的积水和杂物，如遇软土、淤泥，必须进行换土回填。在回填时，应防止地面水流入，并预留一定的下沉高度（一般不得超过填方高度的 3%）。

二、填土压实方法

填土的压实方法一般有：碾压、夯实、振动压实以及利用运土工具压实。对于大面积填土工程，多采用碾压和利用运土工具压实。对较小面积的填土工程，则宜用夯实机具进行压实。

1. 碾压法

碾压法是利用机械滚轮的压力压实土壤，使之达到所需的密实度。碾压机械有平碾、羊足碾和气胎碾。

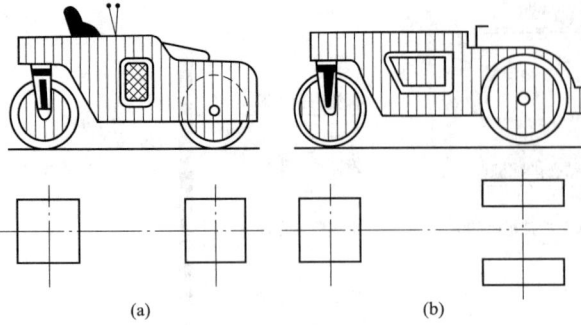

图 1-89　光碾压路机

(a) 两轴两轮；(b) 两轴三轮

平碾又称光碾压路机（见图 1-89），是一种以内燃机为动力的自行式压路机。按重量等级分为轻型（30～50kN）、中型（60～90kN）和重型（100～140kN）三种，适于压实砂类土和黏性土，适用土类范围较广。轻型平碾压实土层的厚度不大，但土层上部变得较密实，当用轻型平碾初碾后，再用重型平碾碾压松土，就会取得较好的效果。如直接用重型平碾碾压松土，则由于强烈的起伏现象，其碾压效果较差。

羊足碾如图 1-90 和图 1-91 所示，一般无动力靠拖拉机牵引，有单筒、双筒两种。根据碾压要求，又可分为空筒及装砂、注水等三种。羊足碾虽然与土接触面积小，但对单位面积的压力比较大，土的压实效果好。羊足碾只能用来压实黏性土。

图 1-90　单筒羊足碾构造示意图

1—前拉头；2—机架；3—轴承座；4—碾筒；5—铲刀；

6—后拉头；7—装砂口；8—水口；9—羊足头

图 1-91　羊足碾

气胎碾又称轮胎压路机（见图 1-92），它的前后轮分别密排着四个、五个轮胎，既是行驶轮，也是碾压轮。由于轮胎弹性大，在压实过程中，土与轮胎都会发生变形，而随着几遍碾压后铺土密实度的提高，沉陷量逐渐减少，因而轮胎与土的接触面积逐渐缩小，但接触应力则逐渐增大，最后使土料得到压实。由于在工作时是弹性体，其压力均匀，填土质量较好。

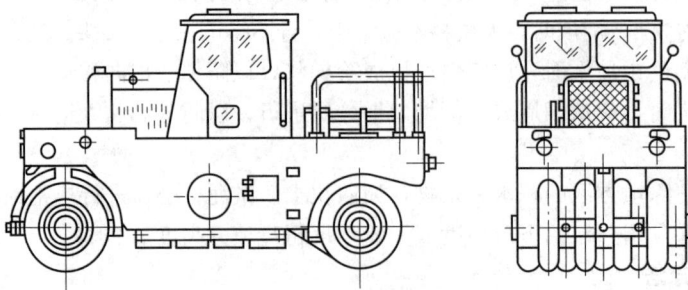

图 1-92　轮胎压路机

碾压法主要用于大面积的填土，如场地平整、路基、堤坝等工程。

用碾压法压实填土时，铺土应均匀一致，碾压遍数要一样，碾压方向应从填土区的两边逐渐压向中心，每次碾压应有 15～20cm 的重叠；碾压机械开行速度不宜过快，一般平碾不应超过 2km/h，羊足碾控制在 3km/h 之内，否则会影响压实效果。

2. 夯实法

夯实法是利用夯锤自由下落的冲击力来夯实土壤，主要用于小面积的回填土或作业面受到限制的环境下。夯实法分为人工夯实和机械夯实两种。人工夯实所用的工具有木夯、石夯等；常用的夯实机械有夯锤、内燃夯土机、蛙式打夯机和利用挖土机或起重机装上夯板后的夯土机等，其中蛙式打夯机（见图 1 - 93）轻巧灵活，构造简单，在小型土方工程中应用最广。

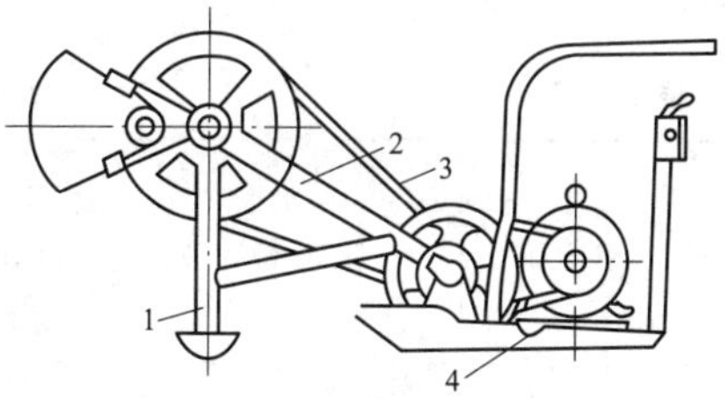

图 1 - 93 蛙式打夯机
1—夯头；2—夯架；3—三角胶带；4—底盘

3. 振动压实法

振动压实法是将振动压实机放在土层表面，借助振动机构使压实机振动土颗粒，土的颗粒发生相对位移而达到紧密状态。用这种方法振实非黏性土效果较好。

近年来，又将碾压和振动法结合起来而设计和制造了振动平碾、振动凸块碾等新型压实机械。振动平碾适用于填料为爆破碎石碴、碎石类土、杂填土或轻亚黏土的大型填方；振动凸块碾则适用于亚黏土或黏土的大型填方。当压实爆破石碴或碎石类土时，可选用重 8～15t 的振动平碾，铺土厚度为 0.6～1.5m，先静压，后振动碾压，碾压遍数由现场试验确定，一般为6～8遍。

三、填土分层厚度与压实遍数

压实机械在碾压或夯实中，土压应力随深度增加而逐渐减小，其影响深度与压实机械、土的性质和含水量等有关。若每层铺土厚度过大，下部的土对上面压实机械的碾压就没有反应，因而不能被压实。根据长期施工经验最优的铺土厚度及压实遍数可参考表 1 - 12。

表 1 - 12　　　　　　　　　　填方每层的铺土厚度和压实遍数

压实机具	每层铺土厚度（mm）	每层压实遍数
平碾	200～300	6～8
羊足碾	200～350	8～16
振动压实机	200～350	3～4
蛙式打夯机	200～250	3～4
人工打夯	<200	3～4

第六节　土方工程质量标准与安全技术要求

一、土方开挖、回填质量标准

（1）平整场地的表面坡度应符合设计要求，如设计无要求时，排水沟方向的坡度不应小于 2‰。平整后的场地表面应逐点检查。检查点为每 $100～400m^2$ 取 1 点，但不应少于 10 点；长度、宽度和边坡均为每 20m 取 1 点，每边不应少于 1 点。

（2）施工过程中应检查平面位置、水平标高、边坡坡度、压实度、排水、降低地下水位系统，并随时观测周围的环境变化。

（3）土方开挖工程的质量检验标准应符合表 1 - 13 的规定（GB 50202 第 6.2.4 条）。

（4）柱基、基坑、基槽和管沟基底的土质，必须符合设计要求，并严禁扰动。

（5）填方的基底处理，必须符合设计要求或建筑地基基础工程施工质量验收规范规定。

（6）填方柱基、坑基、基槽、管沟回填的土料应按设计要求验收后方可填入。

（7）填方施工结束后，应检查标高、边坡坡度、压实程度等，检验标准应符合表1-14的规定（GB 50202第6.3.4条）。

表1-13　　　　　　　　　　土方开挖工程质量检验标准　　　　　　　　　　　mm

项	序	项目	允许偏差或允许值					检验方法
			柱基基坑基槽	挖方场地平整		管沟	地（路）面基层	
				人工	机械			
主控项目	1	标高	−50	±30	±50	−50	−50	水准仪
	2	长度、宽度（由设计中心线向两边量）	+200 −50	+300 −100	+500 −150	+100	—	经纬仪，用钢尺量
	3	边坡	设计要求					观察或用坡度尺检查
一般项目	1	表面平整度	20	20	50	20	20	用2m靠尺和楔形塞尺检查
	2	基底土性	设计要求					观察或土样分析

注　地（路）面基层的偏差只适用于直接在挖、填土上做地（路）面的基层。

表1-14　　　　　　　　　　填土工程质量检验标准　　　　　　　　　　　mm

项	序	检查项目	允许偏差或允许值					检查方法
			桩基基坑基槽	场地平整		管沟	地（路）面基础层	
				人工	机械			
主控项目	1	标高	−50	±30	±50	−50	−50	水准仪
	2	分层压实系数	设计要求					按规定方法
一般项目	1	回填土料	设计要求					取样检查或直观鉴别
	2	分层厚度及含水量	设计要求					水准仪及抽样检查
	3	表面平整度	20	20	30	20	20	用靠尺或水准仪

（8）密实度检验中的分层压实系数。填方压实后，应具有一定的密实度。密实度应按设计规定控制干密度 ρ_{cd} 作为检查标准。土的控制干密度与最大干密度之比称为压实系数 D_y。对于一般场地平整，其压实系数为0.9左右，对于地基填土（在地基主要受力层范围内）为0.93～0.97。

填方压实后的干密度，应有90%以上符合设计要求，其余10%的最低值与设计值的差，不得大于 0.08g/cm^3，且应分散，不宜集中。

检查土的实际干密度，一般采用环刀取样法，或用小轻便触探仪直接通过锤击数来检验。其取样组数为：基坑回填每30～50m³ 取样一组（每个基坑不少于一组）；基槽或管沟回填每层按长度20～50m取样一组；室内填土每层按100～500m² 取样一组；场地平整填方每层按400～900m² 取样一组。取样部位应在每层压实后的下半部。试样取出后，先称出土的湿密度并测定含水量，然后用式（1-47）计算土的实际干密度 ρ_d

$$\rho_d = \frac{\rho}{1+w}$$

（1-47）

式中：ρ 为土的湿密度，g/cm^3；w 为土的湿含水量。

如用式（1-4）算得的土的实际干密度 $\rho_d \geqslant \rho_{cd}$，则压实合格；若 $\rho_d < \rho_{cd}$，则压实不够，应采取相应措施，提高压实质量。

二、安全技术

（1）基坑开挖时，两人操作间距大于 2.5m，多台机械开挖，挖土机间距应大于 10m。挖土应由上而下，逐层进行，严禁采用先挖底脚（挖神仙土）的施工方法。

（2）基坑开挖应严格按要求放坡。操作时应随时注意土壁变动情况，如发现有裂纹或部分坍塌现象，应及时进行支撑或放坡，并注意支撑的稳固和土壁的变化。

（3）基坑（槽）挖土深度超过 3m 以上，使用吊装设备吊土时，起吊后，坑内操作人员应立即离开吊点的垂直下方，起吊设备距坑边一般不得少于 1.5m，坑内人员应戴安全帽。

（4）用手推车运土，应先平整好道路。卸土回填，不得放手让车自动翻转。用翻斗汽车运土，运输道路的坡度、转弯半径应符合有关安全规定。

（5）深基坑上下应先挖好阶梯或设置靠梯，或开斜坡道，采取防滑措施，禁止踩踏支撑上下。坑四周应设安全栏杆或悬挂危险标志。

（6）基坑（槽）设置的支撑应经常检查是否有松动变形等不安全迹象，特别是雨后更应加强检查。

（7）回填管沟时，应采用人工先在管子周围填土夯实，并应从管道两边同时对称进行，高差不超过 0.3m。管顶 0.5m 以上，在不损坏管道的情况下，方可采用机械回填和压实。

第七节　工　程　实　践　案　例

【案例 1】　杭州天工艺苑工程地下室围护综合施工实录

1. 工程概况

天工艺苑工程位于杭城主要街道解放街南侧、金鸡岭巷口以西，是一幢集购物、娱乐、停车于一体的综合性大型商场建筑。商场地下一层，基础为梁式满堂基础，地上 5～7 层，无梁板结构，总面积 22 500m²。其中，地下室面积 3226m²，工程桩为长 6～6.5m ϕ377 夯扩桩，地下室底板长 66m、宽 56.5m、板厚为 0.8m、挖深 5.3m。该工程由杭州市工业设计院设计，杭州市建筑工程公司施工。

本工程地处杭州闹市区，人流繁杂，四周情况各异。工程北面为解放街，距人行道侧石 16m，其间埋设有电缆、电讯、污水管道；距西侧 9.5m 处为无桩基的四层框混结构的杭州市少儿图书馆和浅桩基的七层砖混结构住宅楼；南面紧靠地坑边 2.7m，是二层框混结构建筑；东邻人车穿梭的金鸡岭巷，距地坑边 3m 处有大口径自来水管和电缆管，在金鸡岭巷口与解放街交界处埋设有杭城污水总干管（见图 1-94）。

根据地质勘测报告资料，常年地下水位在自然地坪下 1.2m，土的主要物理力学指标见表 1-15。其中，砂质粉土（a）东厚西薄，砂质粉土（b）西厚东薄，渗透系数为 4.6×10^{-4}。

2. 基坑围护体系

根据地质资料及周围环境，本着安全经济、施工可行、速度快的原则，基坑围护结构选择深层水泥搅拌桩作为重力式挡土墙体，设计为 ϕ600 搅拌桩 4 排，横向搭接 150mm，纵向搭接 100mm（搅拌桩的连接如图 1-95 所示），桩长为 10.6m，内、外两侧桩配 3ϕ12，$L=7.5m$（上部 0.5m 作锚筋）插筋，中间桩配 3ϕ12，$L=2m$ 插筋。搅拌桩水泥掺量为 15%，掺石膏及早强剂木质素磺酸钙等。它既作挡土结构又作止水帷幕，确保邻近道路、建筑物、电讯、电缆、上下水管道的安全。

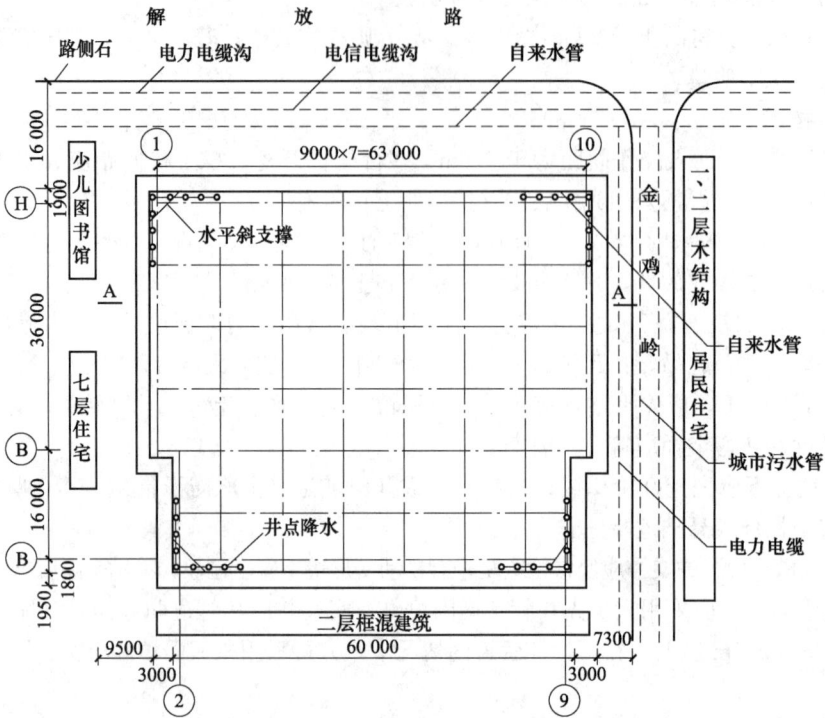

图 1-94　地下室围护结构平面图

表 1-15　　　　　　　　　　土的主要物理力学指标

土层名称	重度（kN/m³）	快剪试验值		层厚（m）
		内摩擦角 ϕ（°）	内聚力（kPa）	
杂填土	18.31	8	4	1.2～4.9
砂质粉土（a）	19.6	23.6	18.2	7.6～11.20
砂质粉土（b）	19.7	27.25	14	3.4～6.5

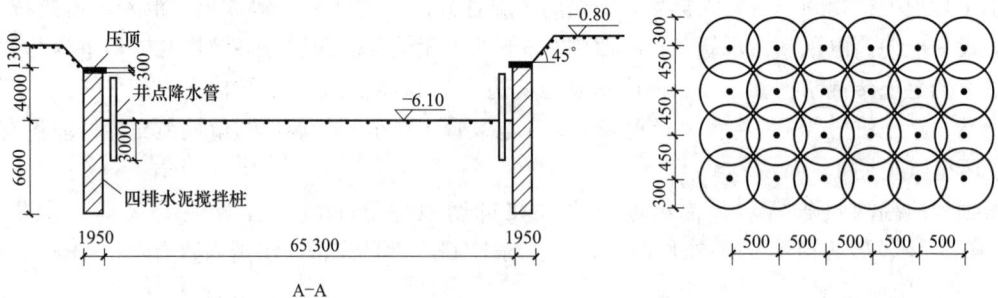

图 1-95　搅拌桩连接方法

3. 基坑围护工程和挖土工程施工

（1）搅拌桩施工。

1）深层搅拌桩施工的关键是必须保证桩基施工的连续性，保证桩的垂直度，并使相邻两桩相互搭接 100mm，达到止水效果。根据场内实际情况，确定施工顺序如下：场地驳土 1.3m→定位→

打钢钎探桩→挖除大石块（老基础）→搅拌桩→搅拌桩中插φ12钢筋→浇捣盖梁。

2）清除搅拌桩施打位置上大石块及原老建筑的基础是实施搅拌桩的关键，也是保证桩身质量的关键，在实施时清除了2m内的障碍物后开始施打就比较顺利，但也有原建筑的老桩基无法清除。当碰到原建筑的沉管桩，无法将其挖除时，采用绕开桩身，加密四周搅拌桩搭接的办法，达到止水目的，效果较好。

3）深层搅拌桩的工艺流程：搅拌机到位→预搅下沉（同时制备灰浆）→喷浆提升搅拌→复搅下沉→复搅提升→试块制作→移位。

4）技术要求：深层搅拌桩采用一次喷浆、二次搅拌工艺，必须做到注浆搅拌均匀，搅拌桩水泥掺量为15%，控制好提升速度与注浆速度之间的关系，并严格控制水灰比（0.45）。由于该搅拌桩既是止水帷幕又是挡土墙体，因此必须搭接可靠，搭接时间一般不超过12h，如超过12h应在搭接处加桩或增加注浆量。施工中不出现断浆，如因设备故障出现断浆，则应重新注浆。

（2）搅拌桩压顶板及挖土施工。

1）根据设计在搅拌桩完成以后浇捣混凝土压顶板，板厚300mm，C20混凝土内配φ12@200构造筋。

2）地下室分两次挖土，使土体应力逐步释放，保护围护桩安全，减少位移量。第一次挖土深度为2m，采用1.2m³反铲式挖土机与载重5t的自卸汽车配合直接由坡道进入坑内挖土，经计算5辆自卸汽车能保证挖土机连续作业。

3）基坑四周沿搅拌桩边设四组5m深的轻型井点管，专人值班，日夜抽水。

4）第二次挖土也由反铲挖土机配合自卸汽车从东挖到西，挖一块，清一块。此时应注意在围护桩边预留三角土，最后用人工挖除三角土，此时迅速将块石垫层做下去，避免挖出的基底暴露时间过长。

5）当块石垫层完成后，立即浇捣100mm厚的C15混凝土垫层。

（3）支护监测。

1）为了确保基坑在开挖过程中围护结构的安全，在基坑开挖期间进行了工程环境监测，以实现信息管理，指导施工。

2）首先，在基坑围护结构顶梁上，每面设4个控制点，标上红漆三角，共计16个，定期进行监测。监测内容主要是水平位移和沉降，监测时间安排第一次为土方开挖前；第二次上皮挖土时；第三次挖土快接近基底时，此时是监测的重点，要密切注意墙体的动向，测工需要跟班作业，观察次数根据需要增加；最后一次为地下室完成时。其次，在基坑四周建筑上设沉降观测点，做好动态监测，并且在原有建筑裂缝处做好石膏饼标记，进行观察记录。

3）通过实践证明，本工程采用水泥搅拌桩围护技术，墙体相对位移较少，经实测最大的位移量为20mm，沉降几乎为0，四周的建筑包括地下的上下水管、电缆均未发生异常变化。

（4）真空井点降水。本基坑根据地质条件和地下水的实际情况，布置了四套轻型井点降水装置，滤管插入深度为基坑下3m，实际降水效果正好在基坑底以下200mm，未出现管涌现象。为了确保工程顺利进行，准备了一台柴油发电机，准备在停电时应急使用。

【案例2】 某工程基坑支护施工失败案例

某工程平面框图和支护、放坡等布置如图1-96、图1-97所示。在图中表明施工分为2个施工段，第1施工段一侧因场地较空旷，采用放坡（1:1.5）开挖的做法（见图中点画线表示的部分）；第2施工段因离道路较近，管线较多，采用φ600@750长10.8m的钢筋混凝土钻孔灌注桩开口支护，外加1排φ600水泥搅拌桩止水帷幕，混凝土支护桩至基础外边缘间距为800mm，支护平面总长为68m。支护桩的设计和实际施工的开挖剖面及桩身、压顶配筋如图1-97所示。由图1-97可知，原设计意图在自然地面挖去2m范围内深1.5m的地表土，而实际施工时不知何故省略。

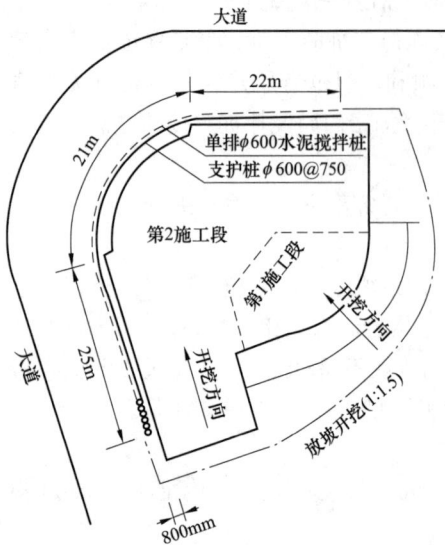

图 1-96 支护平面布置图

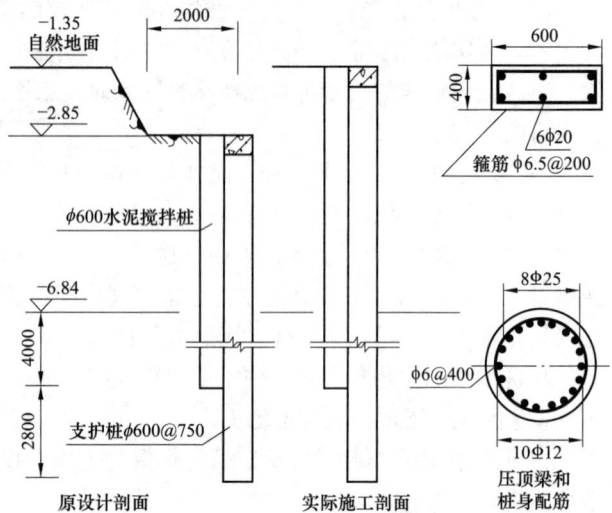

图 1-97 支护桩设计和实际施工的开挖
剖面及桩身、压顶配筋图

基坑开挖分两个施工段施工。在开挖第 1 施工段及周围土方时，采用放坡开挖，工程进行得很顺利；继而进行第 2 施工段的土方开挖，开挖方向如图 1-96 所示，从开口桩端开始并直接开挖到底，在开挖一开始（1997 年 12 月底），当即发现支护桩及附近的工程桩向基坑内侧有不同程度的倾斜。支护桩的水平位移最大时，每小时达 3cm。因施工进度要求，仍然继续开挖，并在第 2 施工段开挖方向左侧边采取支护外侧挖土卸荷及管井降水措施；在支护内侧采用临时支撑和堆放砂包等综合措施，经 1 个月的努力，终于使支护桩和工程桩稳定；经检查，支护桩向内侧作两个方向的位移（向内及向开口端方向），最大水平位移约 1.0m，工程桩（空心预制桩）最大水平位移为 70cm，支护桩外侧土体垂直下沉最大为 60cm，未发现工程桩隆起现象。

此次开口支护施工虽经抢险成功，但由于施工不当已酿成事故。当然设计方因为在支护桩开口两端没有设计围护加强也负有一定责任。

（1）试从施工角度分析酿成事故的原因（提示：一般来说除极少数抗拔桩外，工程桩均受压；而围护桩主要受弯，受力模型与转 90°的梁基本一致；在均布荷载作用下，围护桩所受弯矩与桩长的平方成正比，而土侧压力与挖土深度也成正比，即围护桩所受弯矩与桩长的立方成正比，对基坑挖深极其敏感。因此，放坡卸荷是基坑支护设计工程师为了减少围护桩桩径并节约造价的常用手段）。

（2）如果你是现场施工技术员，在查阅相关工程施工方案资料的基础上，谈谈准备采取什么样的开挖手段和施工监测措施来保证施工的顺利进行。（提示：第 2 施工段一挖到底和没有施工监测是事故扩大的另一原因）

复习思考题

1. 土按开挖的难易程度分几类？各类的特征是什么？
2. 试述土的可松性及其对土方施工的影响。
3. 试述用方格网法计算土方量的步骤和方法。
4. 土方调配应遵循哪些原则？调配区如何划分？

5. 试分析土壁塌方的原因和预防塌方的措施。

6. 试述一般基槽、一般浅基坑和深基坑的支护方法和适用范围。

7. 试述常用中浅基坑支护方法的构造原理、适用范围和施工工艺。

8. 试述流砂形成的原因以及因地制宜防治流砂的方法。

9. 试述人工降低地下水位的方法及适用范围，轻型井点系统的布置方案和设计步骤。

10. 试述推土机、铲运机的工作特点、适用范围及提高生产率的措施。

11. 试述单斗挖土机有哪几种类型？各有什么特点？

12. 正铲、反铲挖土机开挖方式有哪几种？挖土机和运土车辆配套如何计算？

13. 土方挖运机械如何选择？土方开挖注意事项有哪些？

14. 如何因地制宜选择基坑支护土方开挖方式？

15. 根据基坑支护结构的安全等级要求，具体有哪些基坑监测项目？其中哪些是应测项目？哪些是宜测和选测项目？

16. 试述填土压实的方法和适用范围。

习 题

1. 某基坑底长 82m，宽 64m，深 8m，四边放坡，边坡坡度 1∶0.5。

(1) 画出平、剖面图，试计算土方开挖工程量。

(2) 若混凝土基础和地下室占有体积为 24 600m³，则应预留多少回填土（以自然状态的土体积计）？

(3) 若多余土方外运，问外运土方（以自然状态的土体积计）为多少？

(4) 如果用斗容量为 3m³ 的汽车外运，需运多少车？（已知土的最初可松性系数 $K_s = 1.14$，最后可松性系数 $K_s' = 1.05$）

2. (1) 按场地设计标高确定的一般方法（不考虑土的可松性）计算图示场地方格中各角点的施工高度并标出零线（零点位置需精确算出），角点编号与天然地面标高如图 1-98 所示，方格边长为 20m，$i_x = 2‰$，$i_y = 3‰$。

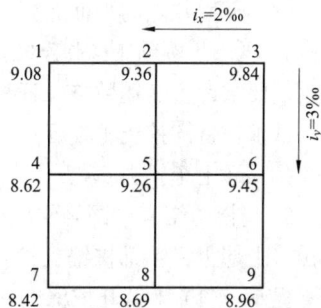

图 1-98

(2) 分别计算挖填方区的挖填方量。

(3) 以零线划分的挖填方区为单位计算它们之间的平均运距［提示：利用公式 $X_0 = \dfrac{\sum (x_i V_i)}{\sum V_i}$，$Y_0 = \dfrac{\sum (y_i V_i)}{\sum V_i}$］。

3.* 已知某场地的挖方调配区 W_1、W_2、W_3，填方调配区 T_1、T_2、T_3。其土方量和各调配区的运距见表 1-16。

表 1-16　　　　　　　　　　　　　土 方 量 及 运 距

填方区 挖方区	T_1		T_2		T_3		挖方量（m³）
W_1		50		80		40	350
W_2		100		70		60	550
W_3		90		40		80	700
填方量（m³）	250		800		550		1600

（1）用"表上作业法"求土方的初始调配方案和总土方运输量。

（2）用"表上作业法"求土方的最优调配方案和总土方运输量，并与初始方案进行比较。

4. 某基坑底面积为 22m×34m，基坑深 4.8m，地下水位在地面下 1.2m，天然地面以下 1.0m 为杂填土，不透水层在地面下 11m，中间均为细砂土，地下水为无压水，渗透系数 $k=15$m/d，四边放坡，基坑边坡坡度为 1：0.5。现有井点管长 6m，直径 38mm，滤管长 1.2m，准备采用环形轻型井点降低地下水位，试进行井点系统的布置和设计，包含以下两项：

（1）轻型井点的高程布置（计算并画出高程布置图）；

（2）轻型井点的平面布置（计算涌水量、井点管数量和间距并画出平面布置图）。

5. 本章［例题 4］中若只有一台液压 WY100 反铲挖土机且无挖土工期限制，准备采取两班制作业，要求运土车辆数能保证挖土机连续作业，其他条件不变。

试求：（1）挖土工期 T；

（2）运土车辆数 N_1。

6. 请模仿绍兴中国轻纺城中心广场工程基坑案例施工步骤，写出图 1-41 武汉清江大厦深基坑工程（上部土钉下部桩锚支护）的施工步骤。

提示：（1）土钉开挖深度一般按照土钉设计的竖向间距，但要留出一定的施工操作深度且不得超过该道土钉以下 0.3m。

（2）根据《复合土钉墙基坑支护技术规范》（GB 50739—2011）6.4.3 的规定：上一层土钉注浆完成后的养护时间应满足设计要求，当设计未提出具体要求时，应至少养护 48h 后，再进行下层土方开挖。预应力锚杆应在张拉锁定后，再进行下层土方开挖。

（3）上部土钉和下部桩锚支护均无需换撑、拆撑。

第二章 地基与基础

理解地基加固的原理，掌握典型地基处理的方法和适用范围。

掌握钢筋混凝土预应力管桩的施工工艺流程和施工方法，熟悉主控项目验收。

掌握钻孔灌注桩和沉管灌注桩的施工工艺流程和施工要点，熟悉主控项目验收。

掌握地下室筏板式基础的施工方法和施工要点。

第一节 地基处理施工

地基即指建筑物基础以下的土体，其主要作用是承托建筑物的基础；地基虽不是建筑物本身的一部分，但与建筑物的关系非常密切。地基问题处理恰当与否，不仅影响建筑物的造价，而且直接影响建筑物的安危。

基础直接建造在未经加固的天然土层上时，这种地基称为天然地基。若天然地基不能满足地基强度和变形的要求，则必须事先经过人工处理后再建造基础，这种地基加固称为地基处理。

地基加固处理的原理是：将土质由松变实，将水的含水量由高变低，即可达到地基加固的目的。常用的人工地基处理方法有换填法、复合地基法和夯实法。换填法主要有砂和砂石地基；复合地基法常用有水泥土桩和振冲复合地基。

一、换填法

当建筑物的地基土比较软弱、不能满足上部荷载对地基强度和变形的要求时，常采用换填来处理。在具体实践中，可分为以下几种情况。

（1）挖：就是挖去表面的软土层，将基础埋置在承载力较大的基岩或坚硬的土层上，此种方法主要用于软土层不厚、上部结构的荷载不大的情况。

（2）填：当软土层很厚，而又需要大面积进行加固处理时，则可在原有的软土层上直接回填一定厚度的好土或砂石、矿石等。

（3）换：就是将挖与填相结合，即换土地基法，施工时先将基础下一定范围内的软土挖去，而用人工填筑的垫层作为持力层，按其回填的材料不同可分为砂地基、砂石地基、灰土地基等。

换填法适用于淤泥、淤泥质土、膨胀土、冻胀土、素填土、杂填土及暗沟、暗塘、古井、古墓或拆除旧基础后的坑穴等的地基处理。

换土地基的处理深度应根据建筑物的要求，由基坑开挖的可能性等因素综合决定，一般多用于上部荷载不大，基础埋深较浅的多层民用建筑的地基处理工程中，开挖深度不超过3m。

1. 砂和砂石地基

砂和砂石地基（见图2-1）是采用级配良好、质地坚硬的中粗砂和碎石、卵石等，经分层夯实，作为基础的持力层，提高基础下地基强度。并通过此层的压力扩散作用，减少变形量，同时此层可起排水作用，下层地基土中孔隙水可通过此层快速排出，能加速下部土层的沉降和固结。

砂石垫层应用范围广泛，施工工艺简单，用机械和人工都可以使地基密实，工期短，造价低；适用于3.0m以内的软弱、透水性强的土地基，不适用加固湿陷性黄土和不透水的黏性土地基。

（1）材料要求。砂石垫层材料，宜采用级配良好、质地坚硬的中砂、粗砂、石屑和碎石、卵石等，含泥量不应超过 5%，且不含植物残体、垃圾等杂质。若用作排水固结地基的，含泥量不应超过 3%；在缺少中、粗砂的地区，若用细砂或石屑，因其不容易压实，而强度也不高，因此在用作换填材料时，应掺入粒径不超过 50mm，不少于总重 30% 的碎石或卵石并拌和均匀。若回填在碾压、夯、振地基上时，其最大粒径不超过 80mm。

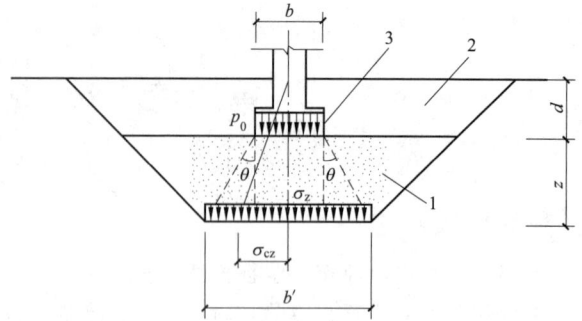

图 2-1　砂和砂石地基示意图
1—砂或砂石地基；2—填土；
3—条形基础底土；θ—扩散角

（2）施工技术要点。

1）铺设垫层前应验槽，将基底表面浮土、淤泥、杂物等清理干净，两侧应设一定坡度，防止振捣时坍方。基坑（槽）内如发现有孔洞、沟和墓穴等，应将其填实后再做垫层。

2）垫层底面标高不同时，土面应挖成阶梯或斜坡，并按先深后浅的顺序施工，搭接处应夯压密实。分层铺实时，接头应做成斜坡或阶梯搭接，每层错开 0.5～1.0m，并注意充分捣实。

3）人工级配的砂石材料，施工前应充分拌匀，再铺夯压实。

4）砂石垫层压实机械首先应选用振动碾和振动压实机，其压实效果、分层填铺厚度、压实次数、最优含水量等应根据具体的施工方法及施工机械现场确定。如无试验资料，砂石垫层的每层填铺厚度及压实边数可参考表 2-1。分层厚度可用样桩控制。施工时，下层的密实度应经检验合格后，方可进行上层施工。一般情况下，垫层的厚度可取 200～300mm。

表 2-1　　　　　　　　　　砂和砂石垫层每层铺筑厚度及最优含水量

振捣方式	每层铺筑厚度（mm）	施工时最优含水量（%）	施工说明	备注
平振法	200～250	15～20	用平板式振捣器往复振捣	不宜使用细砂或含泥量较大的砂所铺筑的砂垫层
插振法	振捣器插入深度	饱和	（1）插入式振捣器 （2）插入间距可根据机械振幅大小决定 （3）不应插入下卧黏性土层 （4）插入式振捣器插入完毕后所留的孔洞，应用砂填实	不宜使用细砂或含泥量较大的砂所铺筑的砂垫层
水撼法	250	饱和	（1）注水高度应超过每次铺筑面 （2）钢叉摇撼捣实，插入点间距为 100mm，钢叉分四齿，齿的间距 800mm，长 300mm，木柄长 90mm，重 40N	湿陷性黄土、膨胀土地区不得使用
夯实法	150～200	8～12	（1）用木夯或机械夯 （2）木夯重 400N，落距 400～500mm （3）一夯压半夯，全面夯实	适用于砂石地基
碾压法	250～350	8～12	60～100kN 压路机往复碾压	（1）适用于大面积砂垫层 （2）不宜用于地下水位以下的砂垫层

5) 砂石垫层的材料可根据施工方法的不同控制最优含水量。最优含水量由工地试验确定，也可参考表 2-1 选择。对于矿渣应充分洒水，湿透后进行夯实。

6) 当地下水位高出基础底面时，应采取排、降水措施，要注意边坡稳定，以防止塌土混入砂石垫层中影响质量。

7) 当采用水撼法施工或插振法施工时，应在基槽两侧设置样桩，控制铺砂厚度，每层为 250mm。铺砂后，灌水与砂面齐平，以振动棒插入振捣，依次振实，以不再冒气泡为准，直至完成。垫层接头应重复振捣，插入式振动棒振完所留孔洞应用砂填实。在振动首层垫层时，不得将振动棒插入原土层或基槽边部，以避免使软土混入砂垫层而降低砂垫层的强度。

8) 垫层铺设完毕，应及时回填，并及时施工基础。

9) 冬期施工时，砂石材料中不得夹有冰块，并应采取措施防止砂石内水分冻结。

(3) 质量检验。砂石垫层的施工质量检验，应随施工分层进行。检验方法主要有环刀法和贯入法。

1) 环刀取样法。用容积不小于 200cm^3 的环刀压入垫层的每层 2/3 深处取样，测定其干密度，以不小于通过试验所确定的该砂料在中密状态时的干密度数值为合格。如是砂石地基，可在地基中设置纯砂检验点，在相同的试验条件下，用环刀测其干密度。

2) 贯入测定法。检验前先将垫层表面的砂刮去 30mm 左右，再用贯入仪、钢筋或钢叉等以贯入度大小来定性地检验砂垫层的质量，以不大于通过相关试验所确定的贯入度为合格。钢筋贯入法所用的钢筋的直径为 20mm，长 1.25m，垂直举起距砂垫层表面 700mm 时自由下落，测其贯入深度。

2. 灰土垫层

灰土垫层是将基础底面以下一定范围内的软弱土挖去，用按一定体积配合比的灰土在最优含水量情况下分层回填夯实（或压实）。

灰土垫层的材料为石灰和土，石灰和土的体积比一般为 3:7 或 2:8。灰土垫层的强度是随用灰量的增大而提高，当用灰量超过一定值时，其强度增加很小。

灰土地基施工工艺简单，费用较低，是一种应用广泛、经济、实用的地基加固方法。适用于加固处理 1~3m 厚的软弱土层。

(1) 材料要求。

1) 土。土料可采用就地基坑（槽）挖出来的黏性土或塑性指数大于 4 的粉土，但应过筛，其颗粒直径不大于 15mm，土内有机含量不得超过 5%。不宜使用块状的黏土和粉土、淤泥、耕植土、冻土。

2) 石灰。应使用达到国家三等石灰标准的生石灰，使用前生石灰消解 3~4 天并过筛，其粒径不应大于 5mm。

(2) 施工技术要点。

1) 铺设垫层前应验槽，基坑（槽）内如发现有孔洞、沟和墓穴等，应将其填实后再做垫层。

2) 灰土在施工前应充分拌匀，控制含水量，一般最优含水量为 16% 左右，如水分过多或不足时，应晾干或洒水湿润。在现场可按经验直接判断，方法是：手握灰土成团，两指轻捏即碎，这时即可判定灰土达到最优含水量。

3) 灰土垫层应选用平碾和羊足碾、轻型夯实机及压路机，分层填铺夯实。每层虚铺厚度可见表 2-2。

表 2-2　　　　　　　　　　　　　　　灰土最大虚铺厚度

夯实机具种类	重量（t）	虚铺厚度（mm）	备　　注
石夯、木夯	0.04~0.08	200~250	人力送夯，落距 400~500mm，一夯压半夯，夯实后 80~100mm 厚

夯实机具种类	重量（t）	虚铺厚度（mm）	备　　注
轻型夯实机械	0.12～0.4	200～250	蛙式打夯机、柴油打夯机，夯实后 100～150mm 厚
压路机	6～10	200～300	双轮

4）分段施工时，不得在墙角、柱基及承重窗间墙下接缝，上下两层的接缝距离不得小于500mm，接缝处应夯压密实。

5）灰土应当日铺填夯压，入槽（坑）的灰土不得隔日夯打，如刚铺筑完毕或尚未夯实的灰土遭雨淋浸泡时，应将积水及松软灰土挖去并填补夯实，受浸泡的灰土，应晾干后再夯打密实。

6）垫层施工完后，应及时修建基础并回填基坑，或作临时遮盖，防止日晒雨淋，夯实后的灰土 30 天内不得受水浸泡。

7）冬期施工，必须在基层不冻的状态下进行，土料应覆盖保温，不得使用夹有冻土及冰块的土料，施工完的垫层应加盖塑料面或草袋保温。

（3）施工质量检验。质量检验宜用环刀取样，测定其干密度。质量标准可按压实系数 λ_c 鉴定，一般为 0.93～0.95。

$$\lambda_c = \frac{\rho_d}{\rho_{dmax}}$$

式中：ρ_d 为实际施工达到的干密度；ρ_{dmax} 为室内击实试验得到的最大干密度。

如用贯入仪检查灰土质量，应先在现场进行试验，以确定贯入度的具体要求。

如无设计要求，可按表 2-3 取值。

表 2-3　　　　　　　　　　　　　灰 土 质 量 要 求　　　　　　　　　　　　t/m³

土料种类	灰土最小密度	土料种类	灰土最小密度
粉土	1.55	黏土	1.45
粉质黏土	1.50		

二、复合地基

复合地基是一种在天然地基中设置一定比例的增强体（桩体），由原土和增强体共同承担由基础传来的建筑物荷载的人工地基。它具有密实和置换的效应。通常复合地基的面积置换率一般在3％～25％。个别方法，如碎石桩用到过 40％。应用比较广泛的有：深层搅拌水泥土桩复合地基；振冲碎石桩复合地基；振动沉管挤密碎石桩复合地基；石灰桩复合地基；粉喷桩或旋喷桩复合地基；CFG桩复合地基等。复合地基与桩基是有明显区别的，区别：复合地基中的增强体（桩体）均没有钢筋笼，而后面讲的桩基中的桩均有钢筋笼；在受力机理上，复合地基中的土与增强体（桩体）共同承重，而且分担的力大小在一个数量级，而桩基中的桩与土刚度比悬殊，设计上一般不考虑土的承重，认为完全由桩承担荷载，即使摩擦桩承台下的土也承担了一小部分荷载。下面介绍深层搅拌水泥土复合地基施工法（简称深层搅拌法）。

1. 深层搅拌水泥土桩复合地基

深层搅拌法是利用水泥或水泥砂浆作为固化剂，通过特制的搅拌机械，在地基深处就地将软土和固化剂（浆液或粉体）强制搅拌，由固化剂和软土间所产生的一系列物理—化学反应，使软土硬结成具有整体性、水稳定性和一定强度的优质地基，从而提高地基的强度和增大变形模量，是用于加固饱和黏性土地基的一种新方法。

　　深层搅拌法适用于处理淤泥、淤泥质土、粉土和含水量较高且地基承载力标准值不大于120kPa的黏性土等地基，对超软土效果更为显著。当用于处理泥炭土或地下水具有侵蚀性时，宜通过试验确定其适用性。冬季施工时应注意负温对处理效果的影响。

　　深层搅拌法具有设备简单、操作方便，加固过程中无振动、无噪声、无泥浆废水污染环境，加固费用也低，对土体无侧向挤压，对邻近建筑物影响很小，以及大幅度提高地基强度（一般比原天然地基强度提高40～110倍）等特点。

　　(1) 搅拌桩布置形式和适用范围。

　　1) 柱状：每隔一定距离打设一根搅拌桩，即成为柱状加固形式（见图2-2）。适合于单层工业厂房独立柱基础和多层房屋条形基础下的地基加固。搅拌桩作为复合地基一般均用柱状布置。

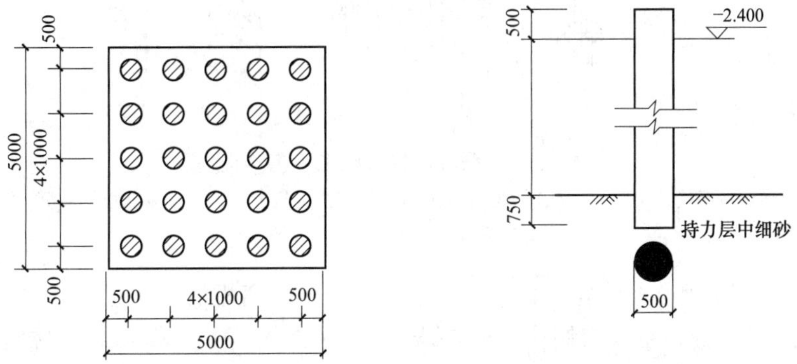

图2-2　深层搅拌水泥土桩柱状布置平面图与单桩剖面图

　　2) 壁状（格栅状）：将相邻搅拌桩部分重叠搭接成为壁状加固形式（见图1-22）。适用于基坑开挖深5m以内的边坡加固以及建筑物长高比较大、刚度较小，对不均匀沉降比较敏感的多层砖混结构房屋条形基础下的地基加固。

　　3) 块状：对上部结构单位面积荷载大，对不均匀下沉控制严格的构筑物地基进行加固时可采用这种布桩形式。它是纵横两个方向的相邻桩全部重叠搭接而形成的。如在软土地区开挖深基坑时，为防止坑底隆起在基坑底下被动区也可采用块状加固形式（见图1-86）。

　　(2) 施工工艺。

　　1) 深层搅拌法的施工工艺流程，如图2-3所示。

　　2) 深层搅拌法的施工程序为：深层搅拌机定位→预搅下沉→制配水泥浆（或砂浆）→喷浆搅拌、提升→重复搅拌下沉→重复搅拌提升直至孔口→关闭搅拌机、清洗→移至下一根桩，重复以上工序。

　　3) 场地应先整平，清除桩位处地上、地下一切障碍物（包括大块石、树根和生活垃圾等），场地低洼处用黏性土料回填夯实，不得用杂填土回填。

　　4) 施工前应标定搅拌机械的灰浆泵输送量、灰浆输送管到达搅拌机喷浆口的时间和起吊设备提升速度等施工工艺参数，并根据设计要求通过试验确定搅拌桩的配合比。

　　5) 施工时，先将深层搅拌机用钢丝绳吊挂在起重机上，用输浆胶管将储料罐砂浆泵与深层搅拌机接通，开动电动机，搅拌机叶片相向而转，借设备自重，以0.38～0.75m/min的速度沉至要求加固深度；再以0.3～0.5m/min的均匀速度提起搅拌机，与此同时，开动砂浆泵将砂浆从深层搅拌中心管不断压入土中，由搅拌叶片水泥浆与深层处的软土搅拌，边搅拌边喷浆直到提至地面（近地面开挖部位可不喷浆，便于挖土），即完成一次搅拌过程。用深层搅拌法再一次重复搅拌下沉和重复搅拌喷浆上升，即完成一根柱状加固体，外形呈"8"字形，一根接一根搭接，相搭接宽度宜大于100mm，以增强其整体性，即成壁状加固体，几个壁状加固体连成一片，即成块状。

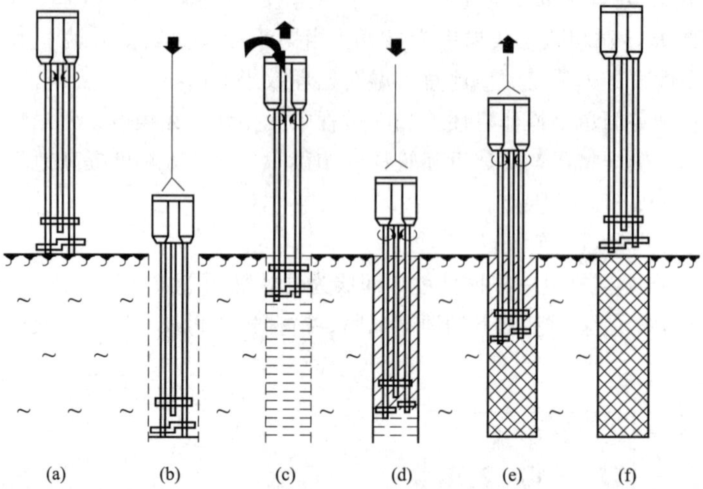

图 2-3　深层搅拌法施工工艺流程
（a）深层搅拌机定位；（b）预搅下沉；（c）喷浆搅拌机上升；（d）重复搅拌下沉；
（e）重复搅拌上升；（f）完毕

6）施工中固化剂应严格按预定的配合比拌制，并应有防离析措施，起吊应保证起吊设备的平整度和导向架的垂直度。成桩要控制搅拌机的提升速度和次数，使连续均匀，以控制注浆量，保证搅拌均匀，同时泵送必须连续。

7）搅拌机预搅下沉时，不宜冲水；当遇到较硬土层下沉太慢时，方可适量冲水，但应考虑冲水成桩对桩身强度的影响。

8）每天加固完毕，应用水清洗储料罐、砂浆泵、深层搅拌机及相应管道，以备再用。

（3）质量控制与验收。

1）施工前应检查水泥及外掺剂的质量、桩位、搅拌机工作性能、各种计量设备完好程度（主要是水泥流量计及其他计量装置）。

2）为保证水泥土搅拌桩的垂直度，要注意起吊搅拌设备的平整度和导向架的垂直度，水泥土搅拌桩的垂直度控制在≤1.5％范围内，桩位布置偏差不得大于 50mm，桩径偏差不得大于 4D％（D 为桩径）。

3）施工中应检查机头提升速度、水泥浆或水泥注入量、搅拌桩的长度及标高。水泥土搅拌桩施工过程中，为确保搅拌充分，桩体质量均匀，搅拌机头提升不宜过快，否则会使搅拌桩体局部水泥量不足或水泥不能均匀地拌和在土中，导致桩体强度不一。

4）施工中因故停浆，应将搅拌头下沉至停浆点以下 0.5m 处，待恢复供浆时再喷浆提升。若停机 3h 以上，应拆卸输浆管路，清洗干净，防止恢复施工时堵管。

5）壁状加固时桩与桩的搭接长度一般在 150mm 或 200mm，搭接时间不大于 24h，如因特殊原因超过 24h 时，应对最后一根桩先进行空钻留出榫头以待下一个桩搭接；如间隔时间过长，与下一根桩无法搭接时，应在设计和业主方认可后，采取局部补桩或注浆措施。

6）拌浆、输浆、搅拌等均应有专人记录，桩深记录误差不得大于 100mm，时间记录误差不得大于 5s。

7）施工结束后，应检查桩体强度、桩体直径及地基承载力。进行强度检验时，对应用于地基处理的承重水泥土搅拌桩应取 90 天后的试件；对支护水泥土搅拌桩应取 28 天后的试件。试件可钻孔取芯或采用其他规定方法取样。

8）对不合格的桩应根据其位置和数量等具体情况，分别采取补桩或加强邻桩等措施。

9）深层搅拌桩地基质量检验标准见《建筑地基基础工程施工质量验收规范》（GB 50202—2002）。

2. 振冲复合地基

振冲复合地基主要是用沉管、冲击或爆炸等方法在地基中挤土，形成一定直径的桩孔，然后向桩孔内夯填灰土、砂石、石灰和水泥粉煤灰等，形成灰土挤密桩、砂石挤密桩、石灰挤密桩和水泥粉煤灰挤密桩。成孔时，桩孔部分的土被横向挤开，形成横向挤密，与换土地基相比，不需大量开挖和回填，施工的工期短，费用低，处理深度较大，桩体与挤密土共同组成人工复合地基，此种地基是一种深层地基加密处理方法。

振冲地基（见图 2-4）就是典型的用挤手段来进行地基改良的方法。它是以起重机吊起振冲器，起动潜水电机带动偏心块，使振冲器产生高频振动，同时开动水泵通过喷嘴喷射高压水流。在振动和高压水流的联合作用下，振冲器沉到土中的预定深度，然后经过清孔工序，用循环水带出孔中稠泥浆后，从地面向孔中逐段添加填料（碎石或其他粒料），每段填料均在振动作用下被挤密实，达到所要求的密实度后提升振冲器，再于第二段重复上述操作，如此直至地面，从而在地基中形成一根大直径（1m 左右）的密实桩体，与原地基构成复合地基，提高地基承载力并形成土体排水通道。

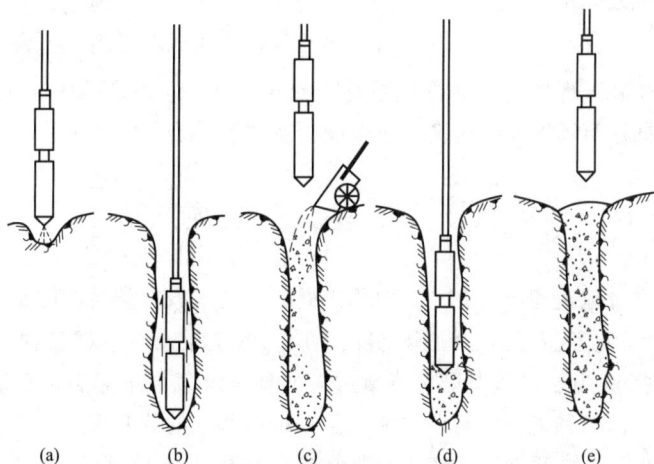

图 2-4 碎石桩制桩步骤

（a）定位；（b）振冲下沉；（c）加填料；（d）振密；（e）成桩

在砂性土中，振冲起密实作用，故称为振冲密实法。它一方面依靠振冲器的强力振动使饱和砂层发生液化，砂颗粒重新排列，孔隙减少，另一方面依靠振冲器的水平振动力，在加回填料情况下还通过填料使砂层挤压加密。在黏性土中，振冲主要起置换作用，故称为振冲置换法。它是利用一个在产生水平方向振动的管装设备在高压水流下边振边冲在软弱黏性土地基中成孔，再在孔内分批填入碎石等坚硬材料制成一根根桩体，桩体和原来的黏性土构成所谓复合地基。

振冲加固可提高地基承载力，减少沉降和不均匀沉降，达到地基抗液化能力的效果。一般经振冲加固后，地基承载力可提高一倍以上。振冲置换法适用于处理不排水抗剪强度不小于 20kPa 的黏性土、粉土、饱和黄土和人工填土等地基。振冲密实法适用于处理砂土和粉土等地基。不加填料的振冲密实法仅适用于处理黏粒含量小于 10% 的粗砂、中砂地基。

振冲法可节省三材，施工简单，加固期短，可因地制宜、就地取材，取碎石、卵石等填料，费用低廉，是一种快速、经济加固地基的方法。目前，我国应用振冲法加固地基的加固深度一般为 14m，而最大达 18m；置换率一般在 $10\% \sim 30\%$，每米桩的填料量为 $0.3 \sim 0.7 \mathrm{m}^3$，直径为 $0.7 \sim 1.2 \mathrm{m}$。

三、夯实地基

夯实地基的代表就是强夯地基。强夯法是将很重的锤（一般为 $8 \sim 30 \mathrm{t}$，最重达 200t），从高处自由落下（一般为 $6 \sim 30 \mathrm{m}$，最高达 40m），给地基以强大冲击能量的夯击，使土中出现冲击波和很大应力，迫使土体中孔隙压缩，排除孔隙中的气和水，使土粒重新排列，迅速固结，从而提高地基土的强度并降低其压缩性的地基加固方法（见图 2-5）。它是 20 世纪 60 年代末由法国 Menard 公司首创，由于方法简单、快速和经济，在实践中已被证实为一种较好的地基处理方法而得到广泛应用。如工业与民用建筑、仓库、油罐、储仓、公路和铁路路基、废机场跑道及码头等，但在城市密集地区严禁使用。

图 2-5 强夯法施工

强夯法适用于处理碎石土、砂土、低饱和度的粉土与黏性土、湿陷性黄土、杂填土和素填土等地基。对高饱和度的粉土与黏性土等地基，应采用在夯坑内回填块石、碎石或其他粗颗粒材料进行强夯置换。

强夯施工前，应在施工现场有代表性的场地上选取一个或几个试验区，进行试夯或试验性施工。试验区数量应根据建筑场地复杂程度、建设规模及建筑类型确定。

第二节 桩基工程施工

前述换土地基、复合地基和压（夯）实地基是提高地基承载力满足设计要求的三大地基改良方法。它单独用在工业民用建筑上现在一般限制在 7 层（含 7 层）以下建筑物（CFG 桩复合地基除外），当天然地基或改良地基上的浅基础沉降量过大或地基承载力不能满足建筑物的设计规范要求时，常采用桩基础，它由桩和桩顶的承台组成，是一种深基础的普遍形式。

（1）按桩的受力情况，桩可分为摩擦桩和端承桩，如图 2-6 所示。

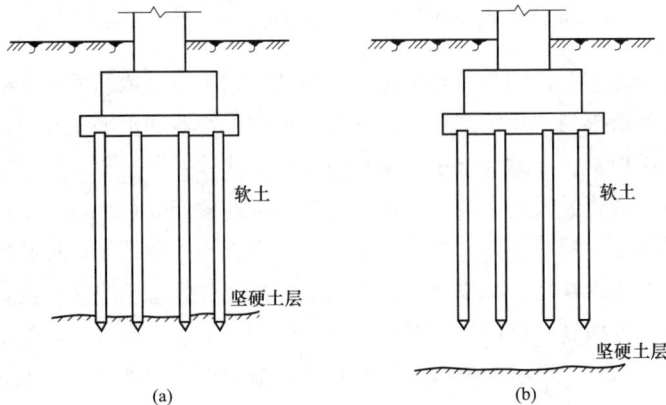

图 2-6 两种桩基础
（a）端承桩；（b）摩擦桩

端承桩是由桩的端部阻力承担全部或主要桩顶荷载，桩尖进入岩层或硬土层；摩擦桩是指桩顶荷载全部由桩侧摩擦力或主要由桩侧摩擦力承担，桩尖进入软土层。

（2）按桩的施工方法可分为预制桩和灌注桩。预制桩是在构件预制厂或施工现场制作，如木桩、钢筋混凝土方桩、预应力混凝土管桩等，施工时用沉桩设备将其沉入土中，灌注桩是在施工现场的桩位上用机械或人工成孔，然后在孔内灌注钢筋混凝土而成。

（3）按成桩方式可分为挤土桩（挤土灌注桩、挤土预制桩），非挤土桩（人工挖孔桩、干作业法桩、泥浆护壁法桩、套筒护壁法桩），部分挤土桩（部分挤土灌注桩、预钻孔打入式预制桩、螺旋成孔桩等）。

一、预制桩施工

钢筋混凝土预制桩主要有实心方桩和预应力管桩两种，实心方桩沉桩方式有锤击法、振动法和静压桩，预应力管桩常用的有静压法（又分顶压式和抱压式）、锤击法、预钻孔法和振动沉桩法，其中锤击法常用的是液压锤和柴油锤。

（一）钢筋混凝土预制方桩

预制方桩较短的（10m 内）可在预制厂加工，较长的因不便运输，一般在施工现场露天制作（长桩可分节制作）。方形桩边长通常为 200～450mm，在现场预制时采用重叠法预制，重叠层数不宜超过 4 层。预制方桩在 20 世纪 90 年代前一直大量使用，随着 90 年代后预应力管桩的引进使用，预制方桩的使用已遽然减少。

由于现阶段预应力管桩在预制桩施工中占绝大多数，这里重点介绍预应力管桩，如图 2-7 所示。

图 2-7 带钢套箍管桩

（二）先张法预应力管桩

1. 先张法预应力管桩制作

先张法预应力管桩是工厂化生产，计算机配料，电子秤计量，机械搅拌、布料，钢筋机械定长切断墩头，并通过滚焊机自动碰焊编笼，钢模具长 7～15m（见图 2-8），采用先张法预应力工艺和离心成型法制成空心圆筒体细长混凝土预制构件（见图 2-9），它主要由管形桩身、桩端板和钢套箍等组成。目前生产的预应力混凝土管桩（PC）和预应力混凝土薄壁管桩（PTC），桩身混凝土强度等级不低于 C60，一般常压蒸汽养护，脱模后吊入水池继续养护，经过 28d 才能施打或施压。预应力高强混凝土管桩（PHC），桩身混凝土强度等级不低于 C80，脱模后吊入高压釜蒸养，经 10 个大气压，180℃左右蒸汽养护，从成型、养护到使用的最短时间只需要 3～4d。管桩按外径分为300mm、350mm、400mm、450mm、500mm、550mm、600mm、800mm 等 8 种规格。管壁厚 70～130mm，常用节长 7～15m，以 1m 模数递增。管桩按桩身抗裂弯矩的大小分为 A 型、AB 型、B 型和 C 型，各类型的管桩各有一个有效预压应力值的设计要求，A 型为 4MPa，AB 型为 6MPa，B 型为 8MPa，C 型为 10MPa，制作各类管桩时应确保此预应力值，以免沉桩时产生裂缝。管桩一般应焊有预制桩尖，其形式有 3 种：十字形、圆锥形（统称闭口形）和开口形，沿江沿海的城市，地下水位高的地区，管桩用闭口形的预制桩尖尤为重要。

先张法预应力管桩的特点如下。

（1）单桩承载力高，穿透力强，先张法预应力管桩混凝土强度高达 80MPa，比普通混凝土预制桩的承载力高 2～4 倍，能穿透 5～6m 厚密实砂层。

图 2-8　制作桩的钢模具

图 2-9　离心法生产管桩

（2）抗弯性和抗裂性好，选用高强度的预应力用钢棒，采用先张法预应力工艺，提高管桩的抗弯能力和沉桩的抗压能力。

（3）对持力层起伏变化大的地质条件适应性强。工厂化生产的成品桩，桩节长短不一，可根据现场的地质条件的变化调整接桩长度，节省用桩量，不会像预制方桩在基坑中出现余桩林立的现象。

（4）节约材料，降低成本。先张法预应力管桩与钻孔灌注桩相比可节省投资 30％。预应力混凝土薄壁管桩（PTE）与普通预制方桩相比钢筋用量仅为方桩的 30％，混凝土用量仅为方桩的 45％。

（5）施工速度快、工期短、工效高。1 台桩机，日成桩可达 300～400m，施工速度快。

（6）检测管桩的质量简便。管桩采用闭口形（即十字形和圆锥形）预制桩尖，当预应力管桩进入持力层后，通过管桩内腔，借助低压照明，可直接目测成桩质量和长度，深受业主欢迎。

（7）现场易保洁，利于文明施工。

2. 预应力管桩适用范围

预应力管桩适用于软土、填土及一般黏性土层中，也可用于地层中有较厚砂夹层和较厚硬土层。管桩基础宜用于桩端持力层为较厚的强风化或全风化岩层，坚硬黏性土层，密实碎石土、砂土、粉土层的场地；不宜用于下列场地：土层中含有较多难以清除的孤石、障碍物或石灰岩地区；含有不适宜作持力层且管桩又难以贯穿的坚硬夹层；管桩难以贯入的岩面上无适合作桩端持力层的土层；持力层较薄且持力层的上覆土层较松软；管桩难以贯入，岩面埋藏较浅且倾斜较大。另外，对于持力层为软质岩的，如泥岩等遇水容易崩解软化，不宜用管桩基础。

3. 预应力管桩施工前的准备工作

（1）监理与业主对先张法预应力管桩生产厂家进行实地考察，审查厂方的资质证书、营业执照和生产许可证；检查厂家生产和养护设施、设备以及生产流程和工艺；检验混凝土原材料质量、混凝土配合比、水灰比；审核试验室设施、设备和计量鉴定书以及原始记录。

（2）审查桩基施工单位资质证书、营业执照和质保体系、安全生产体系以及管理人员和操作人员的职称和上岗证；检查施工机械设备，检测仪表性能，应具有合格证和检验鉴定书。

（3）熟悉建筑场地的工程地质和水文地质，切实掌握该地区地质水文情况，地下管网、障碍物和周边建筑物情况。

（4）做好管桩基础工程图纸会审，签发会议纪要，并做好操作人员安全技术交底。

（5）桩基施工单位应及时报送《预应力管桩的施工方案》，同时填《施工方案报审表》一并送项目监理部审查，项目总监签批。

（6）现场监理工程师对桩基施工单位报送的《工程测量放线控制成果表》及其保护措施进行实地复查。审查测量人员岗位证书和测量仪器的检验鉴定书，复查测量设置坐标、高程控制点和轴线定位点。

（7）预应力管桩进场时，应有出厂合格证和检验报告，强度应达设计值的100％。首先由施工单位自检合格后，填报《工程构件报审表》，现场监理工程师对成品桩的质量进行复查，合格签证使用，不合格严禁使用于工程上。

进场的成品桩质量必须达到质量检验标准（见表2-4）。

表 2-4 预应力管桩质量检验标准

检验项目	允许偏差（mm）	检查方法
外观	无蜂窝、露筋、裂缝、色感均匀、桩顶处无孔隙	直观
桩径	±5	用钢尺量
管壁厚度	±5	用钢尺量
桩尖中心线	<2	用钢尺量
顶面平整度	10	用水平尺量
桩体弯曲	<1/1000L	用钢尺量，L为桩长

（8）改造好场地，现场的坡度不得大于1/100，地耐力应不小于140kN/m²，如土质软弱达不到要求，则应采取铺碴渣或换土地基处理措施。当桩机上坡时，坡度应控制在10％，上坡时卸掉桩机配重。对桩位处的地面有混凝土坪及旧有建筑物基础，应予凿除。桩机最小工作半径：桩位中心距周边建（构）筑物应大于1/2压桩机宽度＋1.0m，且对建（构）筑物有保护措施。

（9）管桩现场堆放不得超过4层。管桩应堆放在坚实平整的场地上，以防不均匀沉降造成损桩，并采取可靠的防滚、防滑措施。

（10）做好桩位测量定位。施工现场轴线控制点位置应设在不受打桩作业影响的地方，并加以保护。根据基准点进行放样，将轴线控制点引出做好测量控制网。桩位可打短钢筋并撒白石灰醒目标识。桩位测量允许偏差值：单桩10mm，群桩20mm。施工区附近设4个以上不受打桩影响的水准点，以便控制送桩时桩顶标高，每根桩送桩后均须作标高记录。

（11）对设计等级高且缺乏经验的地区，为了获得既经济又可靠的设计、施工参数，施工前打试桩尤为重要。在相同施工工艺和相近地质条件下，试桩数量不应少于3根，并进行单桩竖向抗压静载试验；如果施工时桩的参数发生了较大变动或施工工艺发生了变化，应重新试桩。

4. 静压预应力管桩施工

预应力管桩施工有静压沉桩法和锤击法两种常用施工方法。预应力管桩采用静压法沉桩（见图2-10），无噪声、无振动、无泥浆、无污染，特别适用于城市居民区桩基施工，有利于开展文明施工，在大中型城市建筑工程中普遍应用。这里重点介绍预应力管桩静压沉桩法，它适用于软土、填土及一般黏性土层中，当地层中有较厚砂夹层和较厚硬土层时应慎用。

随着建筑业的蓬勃发展，预应力管桩由原来的低压桩力（800～1600kN）、小规格管桩（300mm、400mm）发展到目前高强度（C80）、大压桩力（6000～10000kN 甚至10000kN 以上）、大规格的管桩。目前静压管桩直径一般为300、400、500、600mm，壁厚为70、95、100、105、125mm，类型为 A 型（抗压）、AB 型（抗拔），桩身混凝土强度多采用C80，桩长一般为8～12m，5～7m 短桩根据施工需要向厂家订货。

图 2-10　静力压桩机与接桩图
(a) 静力压桩机；(b) 接桩图

桩尖形式主要有封口形及开口形，其中封口形又分为十字形（见图 2-11）及圆锥形（见图 2-12），应根据地质条件和设计要求进行选用。开口形桩尖（见图 2-13）穿越砂层能力强，挤土效应较其他桩尖形式低，但价格较高，一般用于桩径较大、桩长较长且布桩较密的场地。圆锥形和十字形桩尖均为封口桩尖，成桩后管桩内孔不进土，可通过低压照明用直观法检查成桩质量。圆锥形桩尖穿越砂层能力较强，但遇地下障碍物或软硬不均的地层时容易倾斜；十字形桩尖破岩能力强，且加工容易，价格便宜，过去 10 年中，各地大多数管桩工程采用这种桩尖。在较软弱土中沉桩经试桩和设计单位同意，也可不用桩尖直接沉桩。

图 2-11　十字形桩尖

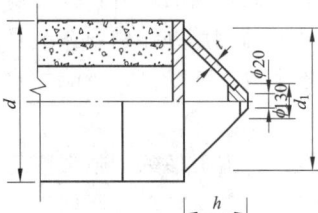

图 2-12　圆锥形桩尖

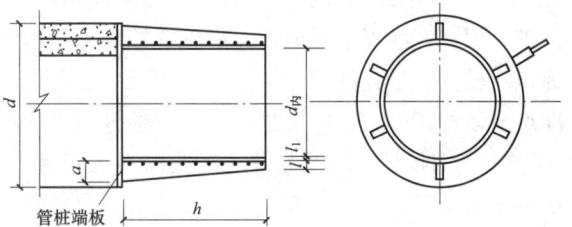

图 2-13　开口形桩尖

(1) 施工准备（见前述）。

(2) 压桩顺序和机械选择。压桩行走路线以先中心后四周，先密后稀为原则，具体压桩顺序在施工时根据桩位编号制订详细作业计划。如对多于 30 根的群桩承台应考虑压桩时的挤土效应，应先施压，然后施压群桩周边较少桩的承台；不同深度的桩基，应先深后浅，先大后小；对于施工段内密集群桩（纵横间距 4D 以下）特别是核心筒下的承台群桩，应采取由中部向外间隔逐排的压桩方法。

压桩机的选型一般按 1.2～1.5 倍管桩极限承载力取值，静压桩机一般采用抱压式。桩机的压力仪表按规定送检，以确保夹桩及压力控制准确。送桩杆的长度根据压桩机和送桩长度确定，应考虑施工中有超深送桩，送桩一般宜按理论送桩长度加 3m。

（3）工艺流程（部分压桩程序见示意图2-14）。桩位测量定位→桩机就位→吊桩→对中、调直→焊桩尖→压第一节桩→焊接接桩→压第 n 节桩→（送桩）→终压→（截桩）。

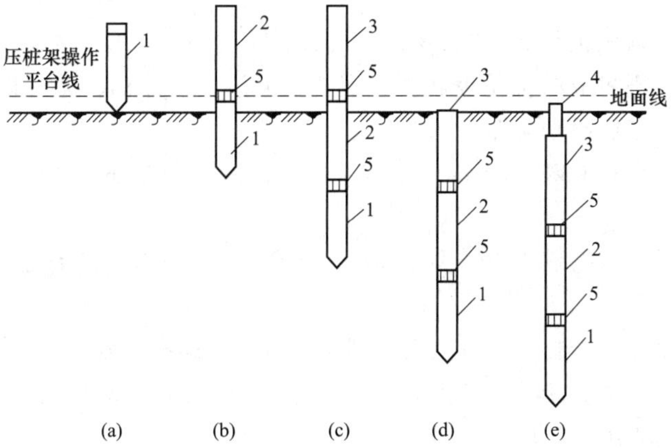

图2-14 压桩程序示意图

(a)准备压第一段桩；(b)接第二段桩；(c)接第三段桩；

(d)整根桩压平至地面；(e)采用送桩压桩完毕

1—第一段桩；2—第二段桩；3—第三段桩；4—送桩；5—接头

（4）压桩技术要点。

1）桩机就位。桩机移至压桩位置，将桩机调平，并使其夹持器的中心对正桩位中心。

2）管桩就位。用桩机上的吊车吊起就近的管桩，管桩在插入桩机的夹持箱内时，压桩机上的司机应配合打开夹持箱的夹口，指挥员指令吊车慢慢把管桩放入夹持箱内。当管桩下放至地面10cm处停住，夹持器把管桩夹紧，吊车的吊钩放松。夹桩的压力不大于5MPa，并应逐次加压。

管桩对中方法：将钢筋制成的 $\phi500$ 的模具放置在地面上，模具的中心对桩位中心，而管桩周边与模具的周边对齐。管桩对中后，提起管桩少许进行桩尖焊接。

3）压桩。

① 压好第1节桩是保证整根压桩质量的关键，定位和垂直度应严格控制，压入时，先应根据机上水平仪调平机台，同时在通视的安全处，一般距桩机15m，在成90°的2个方向各设置经纬仪1台或吊线锤，以控制下桩垂直度，桩身垂直度偏差不大于0.5%时方可施压。若桩身垂直度偏大，须拔出已压入部分，并根据经纬仪指示调整机台水平度使桩身垂直，同时记录此时机上水平仪的偏差量作为下次调平的修正值，再行压入。

② 应合理调配管节长度，尽量避免接桩时桩尖处于或接近硬持力层，管桩接头数不宜超过4个。同一承台桩的接头位置应相互错开。

③ 由于强风化岩面起伏变化大，管桩终压后会造成桩长不一，有砍桩与超送（后接桩），露出地面的管桩应及时截桩，截至地面以下300~500mm，以免桩机行走损坏管桩；对送桩遗留的孔洞，应立即回填做好覆盖，否则桩机行走后地面会沉陷；对超送桩的，待以后土方开挖后再进行接桩，视超送的长度可采取人工挖孔、四周挖土接桩，或直接降低承台垫层标高，但应确保桩顶嵌入承台100mm。

④ 现场测量员对压桩过程进行全程测点测量，以保证桩的垂直度。

⑤ 遇下列情况之一时应暂停压桩，并及时与设计、监理等有关人员研究处理：a. 压力值突然下降，沉降量突然增大；b. 桩身混凝土剥落、破碎；c. 桩身突然倾斜、跑位，桩周涌水；d. 地面

明显隆起，邻桩上浮或位移过大；e. 按设计图上要求的桩长压桩，压桩力未达到设计值；f. 单桩承载力已满足设计值，压桩长度不能达到设计要求。

4）接桩。

① 管桩入土部分桩段的桩头高出地面 0.5～1m 时进行接桩。

② 管桩对接前，上下桩节的桩端板表面应平整、清洁，无浮锈、无污物；特别是桩端板的坡口处应彻底清除干净，露出金属的光泽。

③ 下节桩的桩头处应设有对称的 4～6 个焊孔的导向箍，以保证上节桩准确就位，又使上下桩段保持顺直。

④ 管桩焊接成整桩，采用桩端板饱满连续焊接，焊条采用 E43，应具有合格证和检验报告，焊接质量不得低于二级。

⑤ 焊工必须经培训考试合格，检查其上岗证书、认可范围和有效期。

⑥ 为了减少焊接变形，2 名焊工应沿坡口圆周对准导向箍焊孔对称施焊 4～6 点，待上下桩节固定后，拆除导向箍，再分层施焊。

⑦ 每根管桩焊接头不宜超过 4 个，焊接层数不得少于 2 层，内层焊渣必须清理干净后，方能施焊外层；焊缝应饱满连续、厚度均匀，焊缝表面不得有气孔、夹渣、裂纹、焊瘤和擦伤等缺陷。

⑧ 电焊结束后，停歇时间＞6min，焊缝质量必须经监理工程师检验合格签证后，再继续沉桩，焊缝严禁用水冷却。

5）送桩。静压桩的送桩作业可利用现场预制桩段代替送桩器来进行。施压预制桩最后一节桩时，当桩顶面到达地面以上 1.5m 左右时，应再吊一节桩放在被压桩顶面代替送桩器（但不要将接头连接），一直下压，将被压桩的桩顶压入土层中直至符合终压控制条件为止，然后将最上这节桩拔出来即可。但对于大吨位压桩机（压力大于 4000kN），由于最后的压桩力及夹桩力很大，有可能将桩身混凝土夹碎，所以不宜用预制桩段代替送桩器，而应用专用钢质送桩器送桩。

6）终压。终压值由设计确定。一般来说，对纯摩擦桩，终压时以设计桩长为控制条件。

长度大于 21m 的端承摩擦桩，应以设计桩长为主，终压力值为对照；对设计承载力较高的桩，终压力值应尽量接近压桩机满载值；对长 14～21m 的静压桩，应以终压力达满载值为条件；对桩周土质较差而设计承载力较高的桩，宜复压 1～2 次为佳；对长度小于 14m 的桩，宜连续多次复压。

（5）截桩。桩头截除应采用锯桩器截割，严禁用大锤横向敲击或强行扳拉截桩。桩顶标高偏差不得大于 10cm。锯桩器分为自制抱箍和电动切割机 2 个部分，抱箍为 2 块钢板和横向短筋连接，钢板上均布钻孔，以固定切割机用；电动切割机通过螺栓连接固定在抱箍上，通过手柄进行割桩工作，割桩时需加水，操作时需更换几个方向。

（6）管桩顶与承台连接。土方开挖后，当挖到基坑底时，要立即浇筑素混凝土垫层。随后开始浇筑承台，浇筑承台前首先必须对管桩进行处理并实现有效连接，一般施工步骤如下。

1）浇灌填芯混凝土前，应先将管桩内壁浮浆清理干净，宜采用内壁涂刷水泥净浆、混凝土界面剂或采用微膨胀混凝土等措施，以提高填芯混凝土与管桩桩身混凝土的整体性。

2）对于图 2-15（a）所示预应力管桩不截桩桩顶与承台连接情形（一般用于摩擦型桩）。

A. 锚固钢筋①号筋和构造钢筋②号筋应沿桩圆周均匀分布。①号筋应与连接钢板焊牢，焊缝长度不得小于①号钢筋直径的 5 倍。连接钢板采用厚度 $t \geqslant 10$ 的钢板，且应与端板满焊。将加工好的托板（4～5mm 厚圆薄钢板）焊上②号筋置于管桩中孔内，并与端板焊牢，托板尺寸宜略小于管桩内径。

B. 锚固钢筋①按配筋表选用，锚入承台的长度 l_a 按现行规范取值；有抗震要求时，取 l_{aE}。

C. 桩填芯混凝土应采用与承台或基础梁同强度等级混凝土，宜与承台或基础梁一起浇灌。

D. 管桩顶填芯混凝土的高度 H，当为承压桩时不小于 $3D$，且不小于 $1.5m$。

3）对于图 2-15（b）所示预应力管桩截桩桩顶与承台连接情形（一般用在端承桩）。

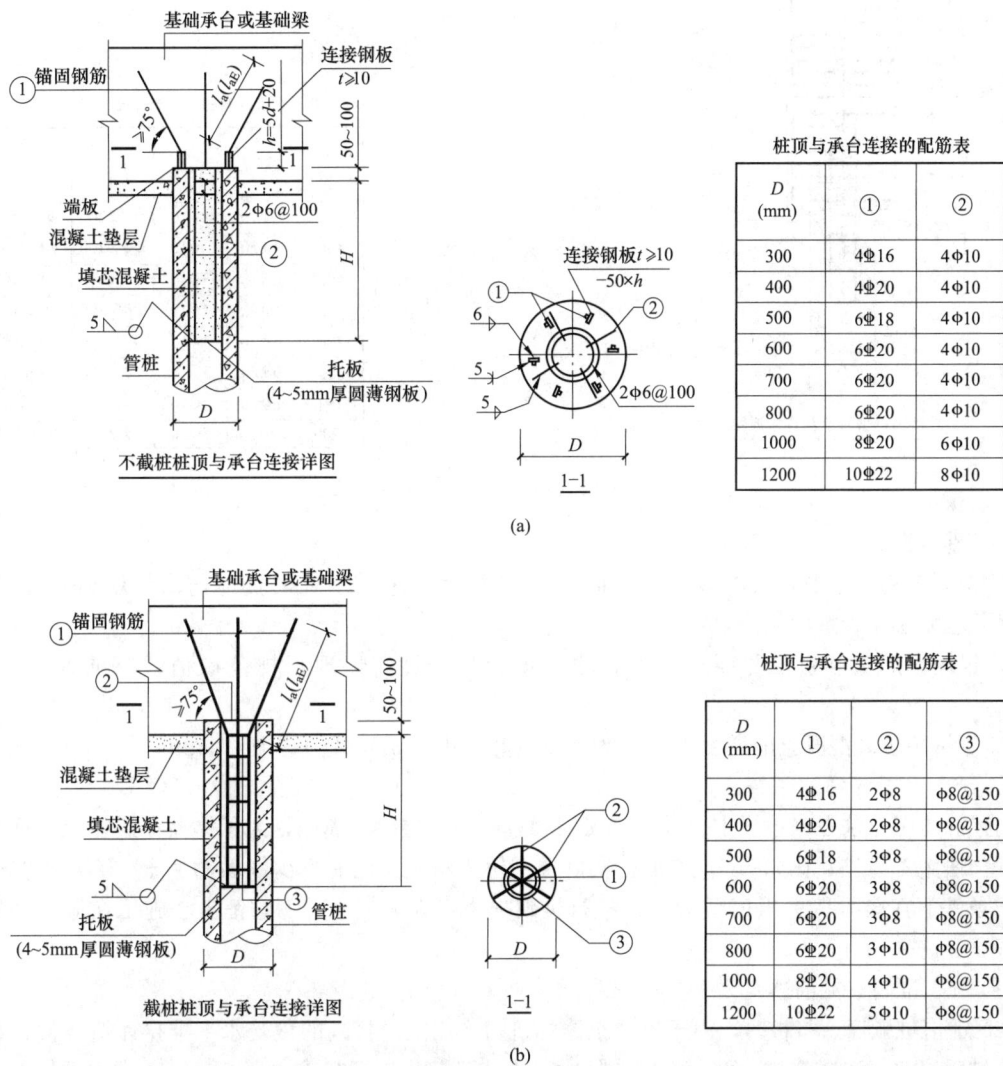

桩顶与承台连接的配筋表

D (mm)	①	②
300	4Φ16	4Φ10
400	4Φ20	4Φ10
500	6Φ18	4Φ10
600	6Φ20	4Φ10
700	6Φ20	4Φ10
800	6Φ20	4Φ10
1000	8Φ20	6Φ10
1200	10Φ22	8Φ10

不截桩桩顶与承台连接详图

（a）

桩顶与承台连接的配筋表

D (mm)	①	②	③
300	4Φ16	2Φ8	Φ8@150
400	4Φ20	2Φ8	Φ8@150
500	6Φ18	3Φ8	Φ8@150
600	6Φ20	3Φ8	Φ8@150
700	6Φ20	3Φ8	Φ8@150
800	6Φ20	3Φ10	Φ8@150
1000	8Φ20	4Φ10	Φ8@150
1200	10Φ22	5Φ10	Φ8@150

截桩桩顶与承台连接详图

（b）

图 2-15 预应力管桩桩顶与承台连接图

（a）预应力管桩不截桩桩顶与承台连接详图；（b）预应力管桩截桩桩顶与承台连接详图

A. 桩顶内应设置托板及放入钢筋骨架，桩顶填芯混凝土采用与承台或基础梁相同混凝土等级。

B. 锚固钢筋①号筋和构造钢筋②号筋应沿桩圆周均匀分布，①号筋应与②号筋和托板焊牢，托板尺寸宜略小于管桩内径。

C. 锚固钢筋①号筋按配筋表选用，锚入承台的长度 l_a 按现行规范取值；有抗震要求时，取 l_{aE}。

D. 管桩顶填芯混凝土的高度 H，当为承压桩时不小于 $3D$，且不小于 $1.5m$。

4）对于图 2-16 所示预应力管桩接桩桩顶与承台连接情形（一般用在端承型桩）。

A. 桩顶标高低于承台设计标高时，应优先考虑降低承台的设计标高。当两者标高相差少于 2 倍桩径时，按图 2-16 施工。

B. 桩顶内应设置托板及放入钢筋骨架，浇灌桩顶填芯混凝土及接桩混凝土，其强度等级应比

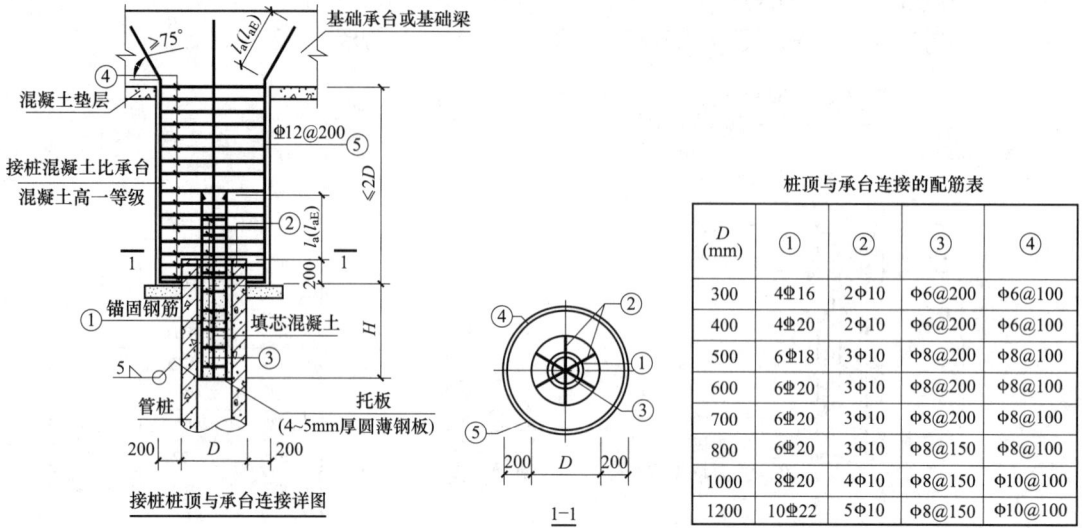

桩顶与承台连接的配筋表

D (mm)	①	②	③	④
300	4Φ16	2Φ10	Φ6@200	Φ6@100
400	4Φ20	2Φ10	Φ6@200	Φ6@100
500	6Φ18	3Φ10	Φ8@200	Φ8@100
600	6Φ20	3Φ10	Φ8@200	Φ8@100
700	6Φ20	3Φ10	Φ8@200	Φ8@100
800	6Φ20	3Φ10	Φ8@150	Φ8@100
1000	8Φ20	4Φ10	Φ8@150	Φ10@100
1200	10Φ22	5Φ10	Φ8@150	Φ10@100

图 2-16　接桩桩顶与承台连接详图

承台或基础梁混凝土高一个等级。

C. 锚固钢筋①号筋和构造钢筋②号筋应沿桩圆周均匀分布，①号筋应与②号筋和托板焊牢，托板尺寸宜略小于管桩内径。

D. 锚固钢筋①号筋按配筋表选用，锚入承台的长度 l_a 按现行规范取值；有抗震要求时，取 l_{aE}。

E. 管桩顶填芯混凝土的高度 H，当为承压桩时不小于 $3D$，且不小于 1.5m。

5. 预应力管桩锤击法施工

前述静压沉桩法在当地层中有较厚砂夹层和较厚硬土层时应慎用，为了提高穿透能力，这时可选择锤击法施工管桩，比如 5m 左右的密实砂层用锤击法施工已有不少成功的例子，不过，在这样的地质条件下宜选用厚壁 PHC 管桩，这样打桩破损率可大大减小。不过锤击法施工在城市密集地区一般不允许采用。

（1）施工准备（见前述）。

（2）锤击桩顺序。打桩时，由于桩对土体的挤密作用，先打入的桩受水平推挤而造成偏移和变位，或被垂直挤拔造成浮桩；而后打入的桩由于土体隆起或挤压很难达到设计标高或入土深度，造成截桩过大。所以施打群桩时，为了保证质量和进度，防止周围建筑物被破坏，应根据桩基平面位置、桩的尺寸、密集程度、深度等实际情况来正确选择打桩顺序。图 2-17 为几种常见打桩顺序对土体的挤密状况，其中（a）、（b）为错误打法。

当基坑不大时，打桩应逐排打设或从中间开始分头向周边或两边进行；对于密集群桩（桩中心距小于等于 4 倍桩边长），应由中间向两个方向或四周对称施打，当一侧毗邻建筑物时，应由毗邻建筑物处向另一方向施打；当桩较稀疏时（桩中心距大于 4 倍桩边长），可采用上述方法或采用由一侧向单一方向施打的方法，这样逐排打设，桩架单方向移动，打桩效率高，但打桩一侧不宜有防侧移、防振动的建筑物、构筑物或地下管线等，以防土体挤压破坏。当基坑较大时，应将基坑分成数段，而后在各段内分别进行，但打桩时应避免自外向内，或由周边向中间进行，以避免中间土体被挤密而使桩难以打入。

实际施工中，由于移动打桩架的工作繁重，因此，除了考虑以上因素外，有时还考虑打桩架移动的方便与否来确定打桩顺序。

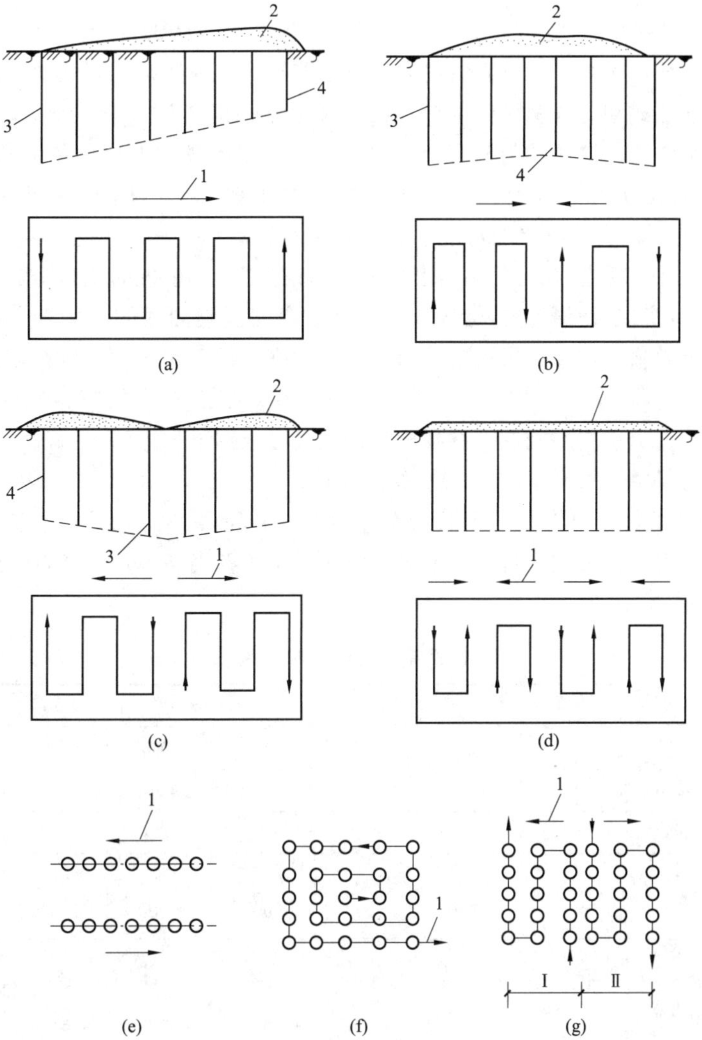

图 2-17 打桩顺序对土体的挤密状况

(a) 逐排单向打设；(b) 两侧向中心打设；(c) 中部向两侧打设；

(d) 分段相对打设；(e) 逐排打设；(f) 自中部向边缘打设；(g) 分段打设；

1—打设方向；2—土的挤密情况；3—沉降量大；4—沉降量小

当桩的规格、埋深、程度不同时，宜先大后小、先深后浅、先长后短施打。

前述静压桩施工由于同样的挤土问题，其具体的压桩顺序可参考锤击桩顺序。

打桩顺序确定后，为了便于桩的布置和运输，还要考虑打桩机是"顶打"还是"退打"。

当打桩地面标高接近桩顶设计标高时（现场地势较低且无地下层时），打桩后，许多桩的顶端还会高出地面，这主要是因为桩尖持力层标高不可能完全一致，而预制桩又不可能设计成不同长度。在这种情况下，打桩机只能采用向后退打的方法，这样就不可能事先将桩全部布置在地面上，只能边打边运；实际上由于地下层的设计或正常地势下，桩顶实际标高一般均在地面以下，打桩机则可以向前"顶打"。这时，只要现场许可，所有桩均可事先布置在桩位上，避免场内二次搬运，"顶打"时地面所留桩孔应在移动打桩机前铺平。

（3）锤击桩机械选择。

1）桩锤选择。施打预应力管桩，应优先选用柴油锤。因为柴油锤爆发力强，锤击能力大，工效高，锤击作用时间长，落距可随桩阻力的大小自动调整，人为掺杂的因素少，比较适合于管桩的施打。柴油锤分为导杆式和筒式两种，导杆式柴油锤由于性能较筒式柴油锤差，所以逐渐被淘汰。近几年生产的筒式柴油锤，供油油门分四档，1档最小，4档最大，打桩一般启用2～3档。合理选择和正确使用对预制桩顺利下沉及保证桩身完好至关重要。比如用 D35 柴油锤施打 40m 直径500mm 的预应力管桩，桩头被击碎的可能性较大，桩身被打断的事故也会发生。因为用小锤打大桩，锤芯跳动太高，桩头锤击应力过大；同时锤击次数过多，一根桩的总捶击数可达到 2000 多击，甚至超过 3000 击，易使桩头混凝土疲劳破坏，另外也会缩短柴油锤的使用寿命。所以，应用"重锤低击"的原则来指导施工，这样做还可以增加打桩频率，便于预应力管桩在较密实的土层能顺利通过。例如，选用 D50 锤开 3～4 档进行作业，不如选用 D62 锤开 2 档进行作业更合适。

选择合适桩锤是一个重要的问题。选择柴油锤型号可根据下列方法之一确定。

① 根据有高应变动测法配合测试的试打结果选用。

② 根据工程地质条件、单桩竖向承载力设计值、桩的规格、入土深度等因素，并遵循前述重锤低击的原则综合考虑后在柴油锤规格性能表中选用。也可参考各单位多年打管桩的筒式柴油锤选择经验总结表（表 2-5）。

表 2-5　　　　　　　　　　　　选择筒式柴油锤参考表

锤　型		柴　油　锤						
		D25	D35	D45	D60	D72	D80	D100
锤的动力性能	冲击部分质量（t）	2.5	3.5	4.5	6.0	7.2	8.0	10.0
	总质量（t）	6.5	7.2	9.6	15.0	18.0	17.0	20.0
	冲击力（kn）	2000～2500	2500～4000	4000～5000	5000～7000	7000～10000	>10000	>12000
	常用冲程（m）	1.8～2.3						
	预制方桩、预应力管桩的边长或直径（mm）	350～400	400～450	450～500	500～550	550～600	600mm以上	600mm以上
	钢管桩直径（mm）	400	600	900	900～1000	900mm以上	900mm以上	
持力层	黏性土粉土 一般进入深度（m）	1.5～2.5	2.0～3.0	2.5～3.5	3.0～4.0	3.0～5.0		
	黏性土粉土 静力触探比贯入阻力 p_s 平均值（MPa）	4	5	>5	>5	>5		
	砂土 一般进入深度（m）	0.5～1.5	1.0～2.0	1.5～2.5	2.0～3.0	2.5～3.5	4.0～5.0	5.0～6.0
	砂土 标准贯入击数 $N_{63.5}$（未修正）	20～30	30～40	40～45	45～50	50	>50	>50
锤的常用控制贯入度（cm/10击）		2～3		3～5		4～8	5～10	7～12
设计单桩极限承载力（kN）		800～1600	2500～4000	3000～5000	5000～7000	7000～10 000	>10 000	>10 000

注　1. 本表仅供选锤用；

　　2. 本表适用于桩端进入硬土层一定深度的长度为 20～60m 的钢筋混凝土预制桩及长度为 40～60m 的钢管桩。

2）柴油打桩机选择。柴油打桩机是指采用柴油锤为锤击能量的打桩设备，由桩架、行走机构及柴油锤构成。打桩架有万能打桩架、三点支撑桅杆式打桩架和重机桅杆式打桩架等形式，也有采用落锤式打桩机的桩架改装的，这种改装应保证桩架的稳定性。行走机构分为走管式、轨道式、液压步履式及履带式4种方式。三点支撑履带自行式柴油打桩机行走调头方便，垂直度调整快捷，打桩效率高，应优先选用。柴油锤与打桩架不匹配时，容易发生倾倒架事故。打桩架与锤的匹配要求，一般在打桩机说明书中列出。

3）桩帽及垫层的选择。在锤击沉桩中，桩帽主要起传递锤击力、固定和保护桩头的作用。所以桩帽结构要牢固，耐打性要好，尤其桩帽顶板要有一定的厚度，能经受长期锤击而不变形。若桩顶较薄，经反复锤击成锅底状，施工时容易破坏桩头。45号型及其以下型号柴油锤的桩帽，一般用钢板焊接而成，顶板钢板厚度宜为6～8cm，60号型及其以上型号柴油锤的桩帽，一般用铸钢铸成，顶板厚度宜大于10cm。预应力管桩的桩帽，现在常做成圆形，其抗锤击性能优于其他形状，而且可以使桩自由转动，防止扭曲破坏。

桩帽的尺寸应与桩头相配合，套桩头用的筒体深度宜取400mm左右，过深易磕坏桩头混凝土，过浅宜造成桩头脱离桩帽而发生倾倒桩身的事故。筒体内径或边长不可过大或过小，过大则喂桩套帽时宜偏位，过小则喂桩困难。一般来说，桩帽或送桩与桩身之间的间隙应为5～10mm。

桩帽上部与桩锤之间的衬垫称为锤垫，主要起保护桩头作用。锤垫的厚度应该适中，锤垫太薄，锤击时有效作用时间短，锤击应力过大，桩头易被击碎；锤垫过厚，锤击能量损失较大，桩不下沉或反回弹。一般宜取150～200mm，锤垫材料可用橡木、桦木等硬木按纵纹受压使用，有时也采用盘圆层叠的旧铁心钢丝绳。对重型桩锤尚可采用压力箱式的结构桩锤。

桩帽与桩头之间要设置弹性垫层，称桩垫。可采用麻袋、硬纸板、水泥纸袋、胶合板等材料制作，软硬要适度，厚度要平均且经锤击压实后保持120～150mm为宜。在打桩期间应经常检查，及时更换或补充，以便有效地防止桩头被击碎，提高桩身贯入能力。锤垫与桩垫经过多次锤击后，会因压缩减小厚度，使得硬度和刚度增加，从而提高锤击效率。

（4）工艺流程。桩位测量定位→打桩机就位→喂桩→对中、调直→焊桩尖→锤击法沉桩→焊接接桩→再锤击→打至持力层（送桩）→收锤→（截桩）。

（5）锤击桩技术要点。

1）对中、调直。打桩运桩时，应用导板夹具或桩箍将桩嵌固在桩架的两导柱中，桩位置及垂直度经校正后，在桩顶安上桩帽，然后放下桩锤轻轻压住桩帽，在桩的自重及锤重作用下，桩沉入土中一定深度而到达稳定位置，这时再校正一次桩身的垂直度，即可进行打桩。

打直桩时，要求桩身自始至终保持垂直，并使桩锤、桩帽和桩身中心线保持在同一铅锤线上，这不仅可以保证成桩的垂直度，也可防止预制管桩桩顶受偏心锤击而破碎。因为桩身倾斜时，桩帽与桩顶接触面积减少，使锤击应力集中而易打碎桩头混凝土。另外，第一节桩的垂直度关系到整根桩的质量好坏。底桩偏斜，以后接的桩就难以垂直，且纠偏越来越难，因此规范规定，桩插入土层时的垂直度偏差不得超过0.5%。如桩顶不平，应用厚纸板垫平或用环氧树脂砂浆补抹平整。

2）锤击法沉桩。开始沉桩时，应起锤轻击数锤，确认桩身、桩架及桩锤等垂直一致，方可用正常落距打桩。在较厚的黏土、粉质土层中，每根桩要连续施工，中间停歇时间不可太久。因为在这类土中打桩，桩周围土体受振动迅速破坏，桩的贯入相当容易，但一旦停歇下来，桩周围土体迅速固结，且原来游离出来的孔隙水压力消失，桩身很容易和土体固结成直径较大的土桩统一体，停歇时间越久，固结力越大，要想打动这根桩需要增加许多锤击数，甚至根本打不动，硬打就会将桩头或桩身打碎。

3) 收锤标准。当预制管桩不以桩身长度为控制标准时，应考虑停止锤击的问题。停打过早，桩的承载力可能达不到设计要求；停打过晚，可能将桩打坏。桩停止锤击的控制原则如下：

① 桩端（指桩全断面）位于一般土层时，以控制桩端设计标高为主，贯入度作参考。

② 桩段达到坚硬、硬塑的黏土、中密以上粉土、砂土、碎石类土、风化岩时，以贯入度控制为主，桩端标高可作参考。

③ 贯入度已达到而桩端标高未达到时，应继续锤击三阵，按每阵10击的贯入度不大于设计规定的数值加以确定，必要时施工控制贯入度应通过试验与有关单位会商确定。

上述所指贯入度，为最后贯入度，即最后一击进桩的入土深度。实际施工中一般是采用最后10击的平均入土深度作为其最后贯入度。最后贯入度不能定得过小，否则锤击次数太多，对桩身的质量没有好处，而且会有损柴油锤的使用寿命。当遇见贯入度剧变，桩身突然发生倾斜、移位或有严重回弹，桩顶、桩身出现严重裂缝、破碎等情况时，应暂停打桩并分析原因，采取相应措施后继续施工。

总之，停锤标准应根据场地工程地质情况、单桩承载力设计值、桩的规格和长短、锤的大小和冲击能量等因素，综合考虑贯入度、入土深度、总锤击数、每米沉桩锤击数及最后一米沉桩锤击数、桩端持力层的岩土类别及桩尖进入持力层深度、桩土弹性压缩量等指标后给出。

6. 抗拔桩的设置

抗拔桩主要靠桩身与土层的摩擦力来受力。以抵抗轴向拉力为主的桩，如锚桩、抗浮桩等。承受竖向抗拔力的桩称为抗拔桩。抗拔桩广泛应用于大型地下室抗浮、高耸建（构）筑物抗拔、海上码头平台抗拔、悬索桥和斜拉桥的锚桩基础、大型船坞底板的桩基础和静荷载试桩中的锚桩基础等。在地下水位较高的地区，当上部结构荷重不能平衡地下水浮力的时候，结构的整体或局部就会受到向上力的作用。如地下水池、建筑物的地下室结构、污水处理厂的生化池等必须设置抗拔桩。

(1) 预应力管桩的抗拔桩。对于预应力管桩的抗拔桩，其与承台连接的填芯混凝土高度和锚固钢筋要求与抗压桩是不同的。

1) 如图 2-15（a）和 图 2-15（b）预应力管桩不截桩或截桩桩顶与承台连接情形。

① 对于抗拔桩均宜采用桩顶填芯区插筋与承台连接方式，如图 2-15（b）所示。

② 对于抗拔桩，管桩顶填芯混凝土的高度 H 应按设计计算，且不小于 3m。

③ 对于抗拔桩，①号筋的总面积应按公式 $A_s \geq Q_{ct}/f_y$ 计算，且配筋不小于配筋表内数值，Q_{ct} 为单桩竖向抗拔承载力设计值。抗拔桩还宜将全部预应力钢筋锚入承台，同时需验算②号筋。

2) 对于图 2-16 所示预应力管桩接桩桩顶与承台连接情形。

① 对于抗拔桩，管桩顶填芯混凝土的高度 H 应按设计计算，且不小于 3m。

② 对于抗拔桩，①号筋的总面积应按公式 $A_s \geq Q_{ct}/f_y$ 计算，且配筋不小于配筋表内数值，同时需验算②号和⑤号钢筋。

(2) 钻孔灌注桩的抗拔桩：

1) 坡地岸边的桩、抗拔桩及嵌岩端承桩应通长配筋且通过计算配置。

2) 对于以竖向受压荷载为主，在施工、使用过程中可能承受因地下水浮力、地震、风力以及土的膨胀作用等引起拔力的钻孔灌注桩配筋，应通过计算配置通长钢筋和非通长钢筋。

3) 桩主筋锚入承台内的锚固长度，承压桩不小于钢筋直径的 35 倍，抗拔桩不小于钢筋直径的 40 倍。

7. 预应力管桩施工质量问题

预应力管桩成桩质量较稳定，质量问题相对下面讲述的灌注桩要少得多，但也有一些质量问题，见表2-6，其中多数是锤击法施工不当引起的，也有的是因预应力管桩制作养护不当产生的。

表2-6 预应力管桩施工中常见工程质量问题与防治措施

序号	工程质量问题或错误施工方法	现象、原因或危害性	防治措施
1	先打围护桩，后打工程桩	先打工程四周围护桩，后打工程桩。由于打桩会引起严重挤土，打工程桩时土体无法扩散，会将先打围护桩挤斜，甚至挤坏，降低甚至破坏基坑围护结构挡土、止水效果；还会使基坑内的孔隙水压力陡增很难消散，日后开挖基坑时，会导致基坑四周土体及基桩往基坑中心倾斜；再在这种封闭环境下打桩，先打的桩会被后打的管桩挤上来，造成桩体上浮，桩的承载力达不到设计要求	（1）围护结构深基坑中的管桩工程，宜先打工程桩，后打基坑周围的围护桩。 （2）如果深基坑四周是采用自然放坡形式，不设围护桩，采取先挖土后打工程桩也是可行的，但应加强对边坡的监测并采取有效措施保护边坡的稳定，以防引起边坡倒塌，危害基坑附近的建筑物及市政设施安全
2	多节管桩不连续施打一次完成	在较厚的黏土、粉质黏土中施打多节管桩，每根（批）桩如不连续施打，一气呵成，间歇一段时间以后再打，很难打入，甚至将桩头或接头打坏。因为在这类土层中打桩，桩周土体会被迅速破坏，孔隙水压力剧烈上升，土的抗剪强度大幅降低，桩身贯入相当容易，如若中间停歇下来，土中超孔隙水压力逐渐消散，桩周土体重新固结，停歇时间越长，固结力越大	（1）在较厚的黏土、粉质黏土层中施打多节管桩，每根桩应连续施打，一次完成。 （2）如采用流水打桩施工法作业，必须有一定停歇时，也应在本台班内将这批流水作业的桩全部打至设计持力层
3	桩接头焊接质量差，接头松脱、开裂	桩接头处焊接质量不良，经锤击后，出现松脱、开裂。产生原因是：焊接连接处的表面未清理干净，留有杂质、油污等，连接铁件不平，有较大间隙，造成焊接不牢；焊接质量不好，焊缝不连续、不饱满，焊肉中夹有焊渣等杂物，焊缝未冷却就施打；桩对接时，上下节桩不在同一直线上，在接桩处产生弯折，锤击时接桩处局部产生应力集中而破坏连接；或在挤土效应等因素作用下造成松脱开裂；当桩管较密集，且桩接头松脱开裂严重时，打桩引起的土体上涌，有可能将桩接头拉断；桩接头存在松脱开裂，会大幅度降低桩的承载力	（1）桩接头质量好坏关系到整根桩质量的好坏。接桩前，对桩连接部位上的杂质油污等清除干净；两桩间的缝隙应用薄铁片垫实、点焊牢；焊接时电流强度应与所用的焊机和焊条相匹配，施焊应对称、分层、均匀连续进行，一气呵成，焊缝应连续饱满。冬期焊接，应采取防风和预热措施，预热可用氧乙炔火焰均匀烘烤使母材温度达到36℃以上才进行施焊；焊接后应进行垂直度、外观检查，焊缝不得有夹碴、裂缝等缺陷，垂直度应小于0.5%，焊缝应经自然冷却6min后才能继续施打。 （2）接桩时，两节桩应在同一轴线上，并作严格的平面直角双向垂直度校正，焊接预理件应平整服帖，焊接后应锤击几下再检查一遍，如有松脱、开裂等情况，应立即采取补焊措施。接桩时，桩尖处尽量避开坚硬土层。 （3）已施打完毕的管桩，可用手把灯放入空心管中检查桩的接头松脱、开裂情况，发现问题，可在空心管中放入钢筋骨架，浇筑混凝土进行补强，也可用其他方法补救
4	桩顶出现偏位	在沉桩过程中，相邻的桩产生横向位移。产生的原因有：测量放线有误，或插桩对中工作马虎，或打桩顺序不当，受挤压，引起桩顶偏位；在软土层中，先打的桩易被扰动；或遇孤石或其他障碍物将桩挤向一旁；或桩尖沿基岩倾斜而滑移等；上述均会导致桩的垂直度和承载力达不到设计要求	（1）测量放线应经复测后使用；插桩应认真对中；打桩应按规定顺序进行；避免打桩期间同时开挖基坑。 （2）施工前，用洛阳铲探明地下孤石、障碍物，较浅的挖除深的用钻钻透或暴碎；接桩应用吊线锤找正，垂直度偏差应控制在0.5%以内。 （3）桩顶偏差过大应拔出，移位再打；偏位不大，可用木架顶正再慢锤打入，障碍物不深，可挖出回填土后再打

序号	工程质量问题或错误施工方法	现象、原因或危害性	防治措施
5	桩身出现倾斜	桩身倾斜度超过规范规定。产生原因有：打桩机导杆弯曲或场地不坚实平整；插桩不正或桩身弯曲度过大；施打时桩锤、桩帽、桩身中心线不在同一直线上，受力偏心；或锤垫不平或桩帽太大引起锤击偏心而使桩身倾斜；或打桩顺序不当先打的桩被挤斜；遇孤石或坚硬障碍物使桩尖倾斜产生滑移等，从而降低桩承载力	（1）打桩机导杆应纠正；打桩场地应整平夯压坚实；插桩要用吊线锤检查，桩帽、桩身和桩尖必须在一条垂线上方可施打；桩身弯曲度应不大于1%，过大的不宜使用。 （2）打桩时应使桩锤、桩帽和桩身在同一直线上，防止受力偏心；桩垫、锤垫应平整，桩帽与桩周围的间隙应为5～10mm，不宜过大；接桩应用吊线找直，垂直度偏差应控制在0.5%以内；打桩顺序应按规定进行；遇孤石、障碍物按照第4条"桩顶出现偏位"相同防治措施处理
6	桩顶碎裂、破碎	沉桩时，桩顶出现混凝土掉角、碎裂或被打破碎，桩顶钢筋局部或大部分外露。造成原因是：桩的制作质量差，混凝土强度未到达设计要求，或桩头严重跑浆，存在蜂窝孔洞；或蒸养制度不当，引起脆性碎裂；或桩锤选用不当，锤过重，锤击应力太大将桩头击碎；或锤太轻，锤击次数增多，使桩顶产生疲劳破坏；或桩帽太小或太大、太深或接头尺寸偏差太大；或遇孤石、硬岩面继续猛打，或贯入度要求太小或总锤击数过多，或每米锤击数过多；或在厚黏土层中停歇时间过长，重新施打时易将桩头打坏等，导致桩头不能使用，影响继续成桩	（1）加强桩制作质量控制，保证桩头混凝土密实，强度达到设计要求。 （2）合理选用桩锤，不宜过重或过轻；桩帽宜做成圆筒形，套桩头的筒体深度宜为35～40cm，内径应比管径大2～3cm，不使空隙过大。 （3）遇孤石可采用小钻孔再插管桩的方法施打；合理确定贯入度或总锤击数，不宜过小或过多；在厚黏性土层中停歇时间不超过24h
7	桩身断裂	桩身出现断裂，包括桩尖破损、接头开裂，桩身出现横向、竖向裂缝或断裂等。产生原因有：在砂土层中施打开口管桩，下端桩身有时被挤产生劈裂；或遇孤石和岩石仍硬打，易将桩尖击碎；接桩质量差，引起接头开裂或接头电焊时自然冷却时间不够，焊后立即施打，焊缝遇水脆裂或接头间隙大，锤击时应力集中，引起接头开裂；管桩制作严重跑浆或管壁太薄，桩身强度不够或养护制度不当，桩身混凝土变脆；或打桩时未加桩垫或桩垫太薄；或桩身预应力值不够，不足以抵抗锤击时的拉应力而产生横向裂缝；或桩身自由段长细比大，沉入时遇坚硬土层，易使桩断裂；或桩在堆放、吊装和搬运过程中已经出现裂缝断裂，未认真检查或加固就使用等，导致严重降低桩的强度和承载力	（1）在砂土层中沉桩，桩端应设桩靴，避免采用开口管桩；遇孤石和基岩面避免硬打；接桩要保持上、下节桩在同一轴线上，焊接焊缝应饱满，填塞钢板应紧密；焊后自然冷却8～10min方可施打。 （2）管桩制作严格控制漏浆、管壁厚度和桩身强度。桩身制作预应力值符合设计要求。 （3）打桩时要设合适桩垫，厚度不宜小于12cm；沉桩桩身自由段长细比不宜超过40。 （4）桩在堆放、吊装和搬运过程中避免碰冲产生裂缝或断裂；沉桩前要认真检查，已严重裂缝或断裂的桩，避免使用
8	沉桩达不到设计的控制要求	沉桩未达到设计标高或最后贯入度及锤击数控制指标要求。造成原因是：勘察资料太粗或有误；设计选择持力层不当或设计要求过严；或沉桩时遇到地下障碍物或厚度较大的硬夹层；或选用桩锤太小，或柴油锤破旧，跳动不正常；或桩尖遇到密实的粉土或粉细砂层时打桩会产生"假凝"现象，但间隔一段时间后，又可继续打下去；或桩头被击碎或桩身被打断，无法继续施打；布桩密集或打桩顺序不当，使后打的桩难以达到设计深度，并使先打的桩上升涌起；或打桩间隔时间过长，摩阻力加大等，导致桩入土深度、承载力达不到设计要求	（1）详细探明工程地质情况，必要时应作补勘，合理选择持力层或标高，使其符合地质实际情况；探明地下障碍物和硬夹层，并清除掉或钻透或暴碎。 （2）选用合适桩锤，不宜太小；旧柴油锤应检修合格方可使用；桩头被打碎、桩身被打断停止施打，或处理后再施打。 （3）打桩应注意顺序，减少向一侧挤密；打桩应连续进行。不宜间歇时间过长，必须间歇时，控制不超过24h

二、灌注桩施工

混凝土灌注桩是在现场用机械或人工成孔，在孔内放钢筋笼，灌注混凝土成桩。与预制桩相比，具有适应各种地质条件（特别是能适应前述预应力管桩不适宜土层）、施工噪声低，振动小、挤土影响小、无需接桩、直径范围大（300～2500mm）、深度范围大（10～100m甚至以上）等优点。但成桩工艺复杂，施工速度较慢，造价高得多，质量影响因素也较多。根据成孔工艺的不同，分为泥浆护壁钻孔灌注桩、沉管灌注桩、干作业成孔灌注桩、爆扩成孔灌注桩和人工挖孔灌注桩。

1. 泥浆护壁钻孔灌注桩

泥浆护壁钻孔灌注桩是指用钻孔机械进行贯注桩成孔时，为防止塌孔，在孔内用相对密度大于1 的泥浆进行护壁的一种成孔施工工艺，此种成孔方式不论地下水位高低的土层都适用。

泥浆护壁钻孔灌注桩按成孔工艺和成孔机械的不同，可分为回旋钻成孔灌注桩（见图2-18）、冲击成孔灌注桩（见图2-19）、冲抓成孔灌注桩和潜水钻成孔灌注桩。建筑工程中一般均采用回旋钻成孔灌注桩，施工时用适合某岩土层钻头（见图2-20）回转切削、泥浆循环排土、泥浆保护孔壁，是一种湿作业方式，可用于各种地质条件，为国内应用范围较广的成桩方式，直径范围为600～2500mm，深度可达100m；对于较厚的较硬岩层则采用冲击成孔灌注桩，成孔时将冲锥式钻头提升一定高度后以自由下落的冲击力来破碎岩层，然后用掏渣筒来掏取孔内的渣浆。近5年来，在市政工程中发展的旋挖钻机正开始在城市建筑工程桩基施工。它是一种多功能、高效率的灌注桩桩孔的成孔设备，可以实现桅杆垂直度的自动调节和钻孔深度的计量；旋挖钻孔施工是利用钻杆和钻斗的旋转，以钻斗自重并加液压作为钻进压力，使土屑装满钻斗后提升钻斗出土。通过钻斗的旋转、挖土、提升、卸土和泥浆置换护壁，反复循环而成孔。吊放钢筋笼、灌注混凝土、后压浆等同其他水下钻孔灌注桩工艺。此方法自动化程度和钻进效率高，钻头可快速穿过各种复杂地层，在桩基施工特别是城市桩基施工中 具有非常广阔的前景。它可在水位较高、卵石较大等用正、反循环

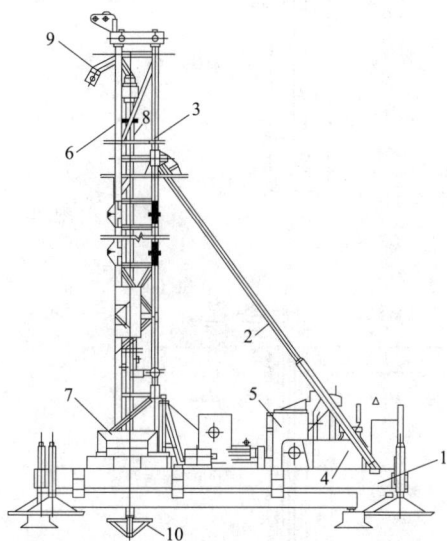

图2-18　回旋钻机工作示意图
1—座盘；2—斜撑；3—塔架；4—电机；5—卷扬机；
6—塔架；7—转盘；8—钻杆；
9—泥浆输送管；10—钻头

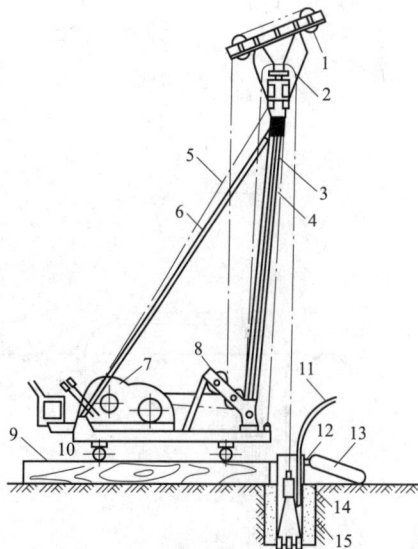

图2-19　冲击钻成孔示意图
1—副滑轮；2—主滑轮；3—主杆；4—前拉索；
5—后拉索；6—斜撑；7—双滚筒卷扬机；8—导向轮；
9—垫木；10—钢管；11—供浆管；12—溢流口；
13—泥浆溜槽；14—护筒回填土；15—钻头

图 2-20　正循环钻机钻头类型示意图

（a）双腰带翼状钻头；（b）鱼尾钻头；（c）合金扩孔钻头；
（d）筒状肋骨合金取芯钻头；（e）钢粒全面钻进钻头

及长螺旋钻无法施工的地层中施工；自动化程度高、成孔速度快、质量高；该钻机为全液压驱动，电脑控制，能精确定位钻孔、自动校正钻孔垂直度和自动量测钻孔深度，最大限度地保证钻孔质量。其工效是循环钻机的 20 倍。旋挖钻机使用的泥浆仅仅用来护壁，而不用于排碴。

回旋钻成孔灌注桩的泥浆具有排渣和护壁作用，根据泥浆循环方式，分为正循环和反循环（见图 2-21）两类施工方法，其中反循环又有泵举反循环、泵吸反循环和压缩空气反循环三种施工方法。

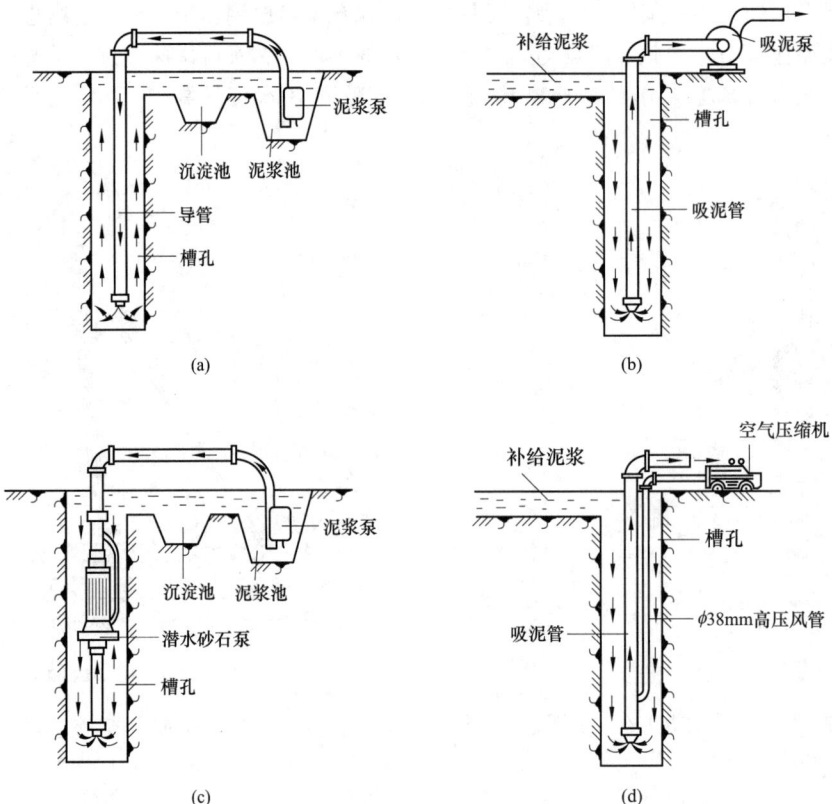

图 2-21　正、反循环成孔示意图

（a）正循环；（b）泵举反循环；（c）泵吸反循环；（d）压缩空气反循环吸泥排渣

正循环回转钻机成孔的工艺原理是由空心钻杆内部通入泥浆或高压水，从钻杆底部喷出，携带钻下的土渣沿孔壁向上流动，由孔口将土渣带出流入泥浆池。正循环具有设备简单，操作方便，费用较低等优点；适用于小直径孔（$\phi \leqslant 1.0\text{m}$）。但排渣能力较弱。

从反循环回转钻机成孔的工艺原理中可以看出，泥浆带渣流动的方向与正循环回转钻机成孔的情况相反。反循环工艺泥浆上流的速度较高，能携带大量的土渣。反循环成孔是目前大直径桩成孔的有效的一种施工方法。适用于大直径孔（$\phi > 1.0\text{m}$）。

（1）施工场地准备。

1）场地内无水时，可稍作平整、碾压以满足机械行走移位的要求。

2）场地为浅水且水流较平缓时，采用筑岛法施工。桩位处的筑岛材料优先使用黏土或砂性土，不宜回填卵石、砾石土，禁止采用大粒径石块回填。筑岛高度应高于最高水位 1.5m，筑岛面积应按采用的钻孔机械、混凝土运输浇筑等的要求确定。

3）场地为深水时，可采用钢管桩施工平台、双壁钢围堰平台等固定式平台，也可采用浮式施工平台。平台须牢靠稳定，能承受工作时所有静、动荷载，并能满足机械施工、人员操作的空间要求。

（2）施工工艺流程。泥浆护壁钻孔灌注桩的施工工艺流程框图如图 2-22 所示，主要工艺流程示意图如图 2-23 所示。

（3）施工操作要点。

1）埋设护筒。

① 护筒一般由钢板卷制而成，钢板厚度视孔径大小采用 4~8mm，护筒内径宜比设计桩径大100mm，其上部宜开设 1~2 个溢流孔。

② 护筒埋置深度一般情况下，在黏性土中不宜小于 1m；砂土中不宜小于 1.5m；其高度尚应满足护筒内泥浆面高度大于地下水位高度 1m 的要求。淤泥等软弱土层应增加护筒埋深；护筒顶面宜高出地面 300mm。护筒内径应比钻头直径大 100mm。

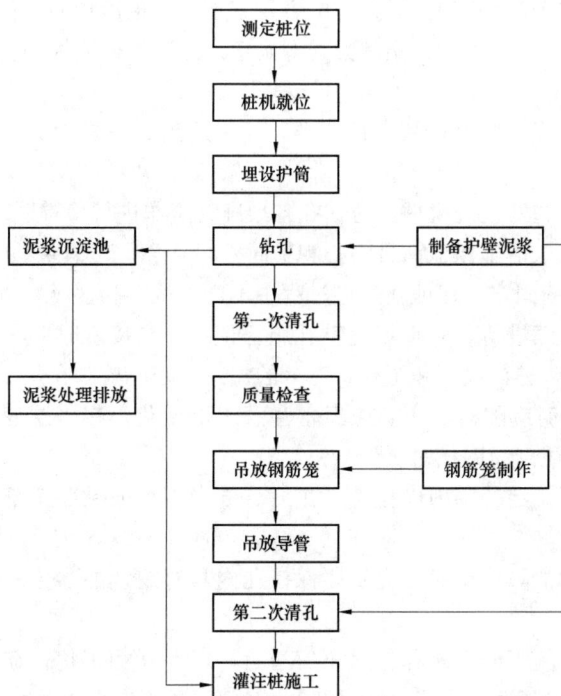

图 2-22 泥浆护壁钻孔灌注桩的施工工艺流程

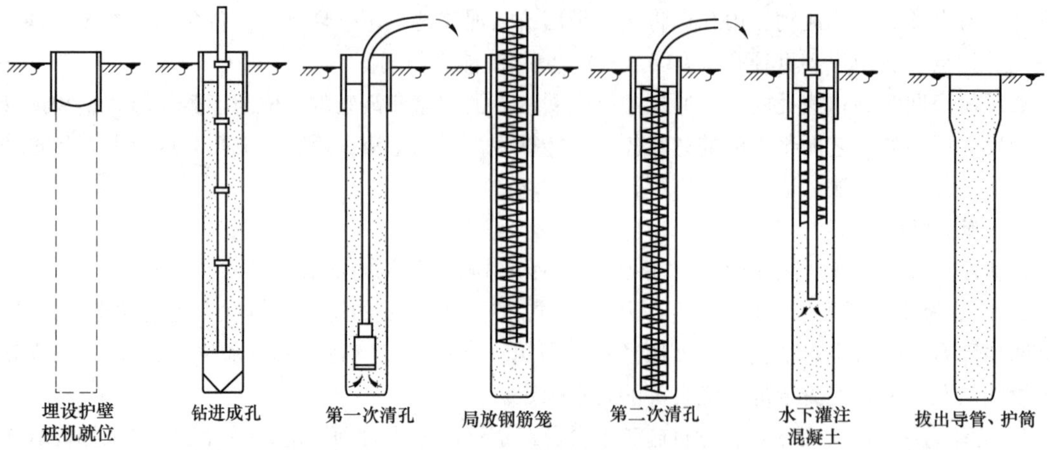

图 2-23　泥浆护壁钻孔灌注桩主要工艺流程示意图

③ 旱地、筑岛处护筒可采用挖坑埋设法，护筒底部和四周回填黏性土并分层夯实；水域护筒设置应严格注意平面位置、竖向倾斜，护筒沉入可采用压重、振动、锤击并辅以护筒内取土的方法。

④ 护筒埋设完毕后，护筒中心竖直线应与桩中心重合，除设计另有规定外，平面允许误差为 50mm，竖直线倾斜不大于 1%。

⑤ 护筒连接处要求筒内无突出物，应耐拉、压、不漏水。应根据地下水位涨落影响，适当调整护筒的高度和深度，必要时应打入不透水层。

2）制备护壁泥浆。护壁泥浆一般由水、黏土（或膨润土）和添加剂按一定比例配制而成，可通过机械在泥浆池、钻孔中搅拌均匀。泥浆池的容量宜不小于桩体积的 3 倍。泥浆的配制应根据钻孔的工程地质情况、孔位、钻机性能、循环方式等确定。泥浆的密度控制在 1.1 左右。

3）钻孔施工。

① 钻孔前，应根据工程地质资料和设计资料，使用适当的钻机种类、型号，并配备适用的钻头，调配合适的泥浆。

② 钻机就位前，应调整好施工机械，对钻孔各项准备工作进行检查。

③ 钻机就位时，应采取措施保证钻具中心和护筒中心重合，其偏差不应大于 20mm。钻机就位后应平整稳固，并采取措施固定，保证在钻进过程中不产生位移和摇晃，否则应及时处理。

④ 钻孔作业应分班连续进行，认真填写钻孔施工记录，交接班时应交代钻进情况及下一班注意事项。应经常对钻孔泥浆进行检测和试验，注入的泥浆的密度控制在 1.1 左右，排出的泥浆密度宜为 1.2～1.4，不合要求时应随时纠正。应经常注意土层变化，在土层变化处均应捞取渣样，判明后记入记录表中并与地质剖面图核对。

⑤ 开钻时，在护筒下一定范围内应慢速钻进，待导向部位或钻头全部进入土层后，方可加速钻进。

⑥ 在钻孔、排渣或因故障停钻时，应始终保持孔内具有规定的水位和要求的泥浆相对密度和黏度。

⑦ 采用多台钻机同时施工时，相邻钻机不宜过近，以免互相干扰，在相邻混凝土刚灌注完毕的邻桩旁成孔施工，其安全距离应大于 4D，或最少时间间隔不应少于 36h。

4）清孔：清孔分两次进行。

① 第一次清孔。在钻孔深度达到设计要求时，对孔深、孔径、孔的垂直度等进行检查，符合要求后进行第一次清孔；清孔根据设计要求，施工机械采用换浆、抽浆、掏渣等方法进行。以原土造浆的钻孔，清孔可用射水法，同时钻机只钻不进，待泥浆相对密度降到 1.1 左右即认为清孔合格；如注入制备的泥浆，采用换浆法清孔，至换出的泥浆密度小于 1.15～1.25 时方为合格。

② 第二次清孔。由于在吊装钢筋笼进入钻好的洞口时，会发生刮擦、撞击洞壁泥土；其后在吊放导管时也会被钢筋笼钩住，扯震落部分虚土；泥土沉入桩底导致沉渣厚度过大影响桩基承载力的发挥。因此钢筋骨架（或钢筋笼）、导管安放完毕，混凝土浇筑之前必须进行第二次清孔，清孔完毕，检查沉渣厚度合格后立即进行混凝土浇筑。第二次清孔根据孔径、孔深、设计要求采用正循环、气举反循环（见图 2-24）、泵吸反循环（见图 2-25）等方法进行。用正循环清孔的第二次清孔是在安放钢筋笼和灌浆导管后进行，安放前钢筋笼应每隔 1～1.5m 设置定位钢筋环或绑垫块来保证混凝土保护层厚度；导管就位后在导管上装上配套盖头，以大泵量向导管内压入相对密度 1.1 左右的泥浆，把孔底部在下钢筋笼和灌浆导管过程中再次沉淀的钻渣和仍然悬有钻渣的相对密度较大的泥浆换出，孔底沉渣厚度和孔内泥浆相对密度均达到清孔标准后清孔结束，立即开始灌注水下混凝土。

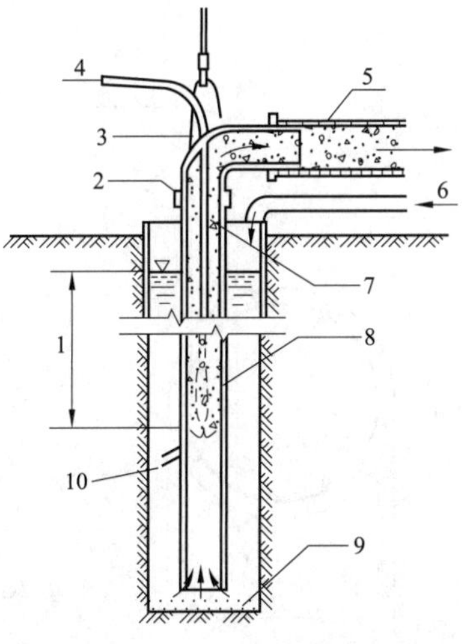

图 2-24 内风管吸泥清孔
1—高压风管入水深；2—弯管和导管接头；
3—焊在弯管上的耐磨短弯管；4—压缩空气；
5—排渣软管；6—补水；7—输气软管；
8—钢管；9—孔底沉渣；10—风嘴

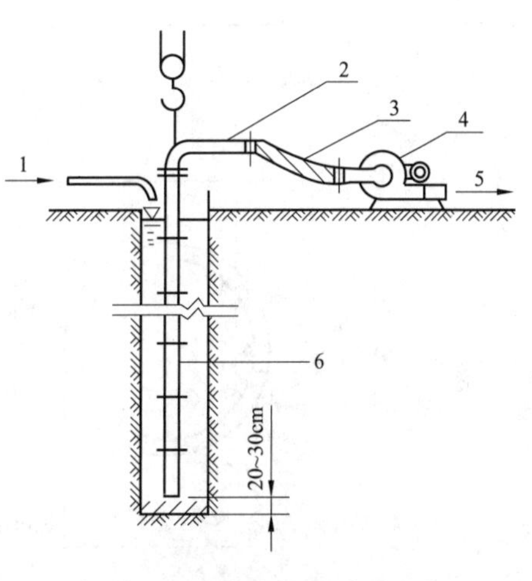

图 2-25 吸泥泵导管清孔
1—补水；2—特制弯管；3—软管；
4—离心吸泥泵；5—排渣；
6—灌注水下混凝土导管

③ 第二次清孔后的沉渣厚度和泥浆性能指标应满足设计要求，一般应满足下列要求：a. 沉渣厚度：摩擦（型）桩≤150mm，端承（型）桩≤50mm，用沉渣仪或重锤测量；b. 泥浆性能指标在浇筑混凝土前，孔底 500mm 以内的相对密度≤1.20，黏度≤28s，含砂率≤8%。

④ 不论采用何种清孔方法，在清孔排渣时，必须注意保持孔内水头，防止塌孔。

⑤ 不应采取加深钻孔深度的方法代替清孔。

5）钢筋笼安装与起吊。

① 钢筋笼（见图 2-26）应采用环形模制作，钢筋笼的外形尺寸应符合设计要求，其质量检验标准应符合表 2-7 的规定；主筋的混凝土保护层厚度为 50mm。

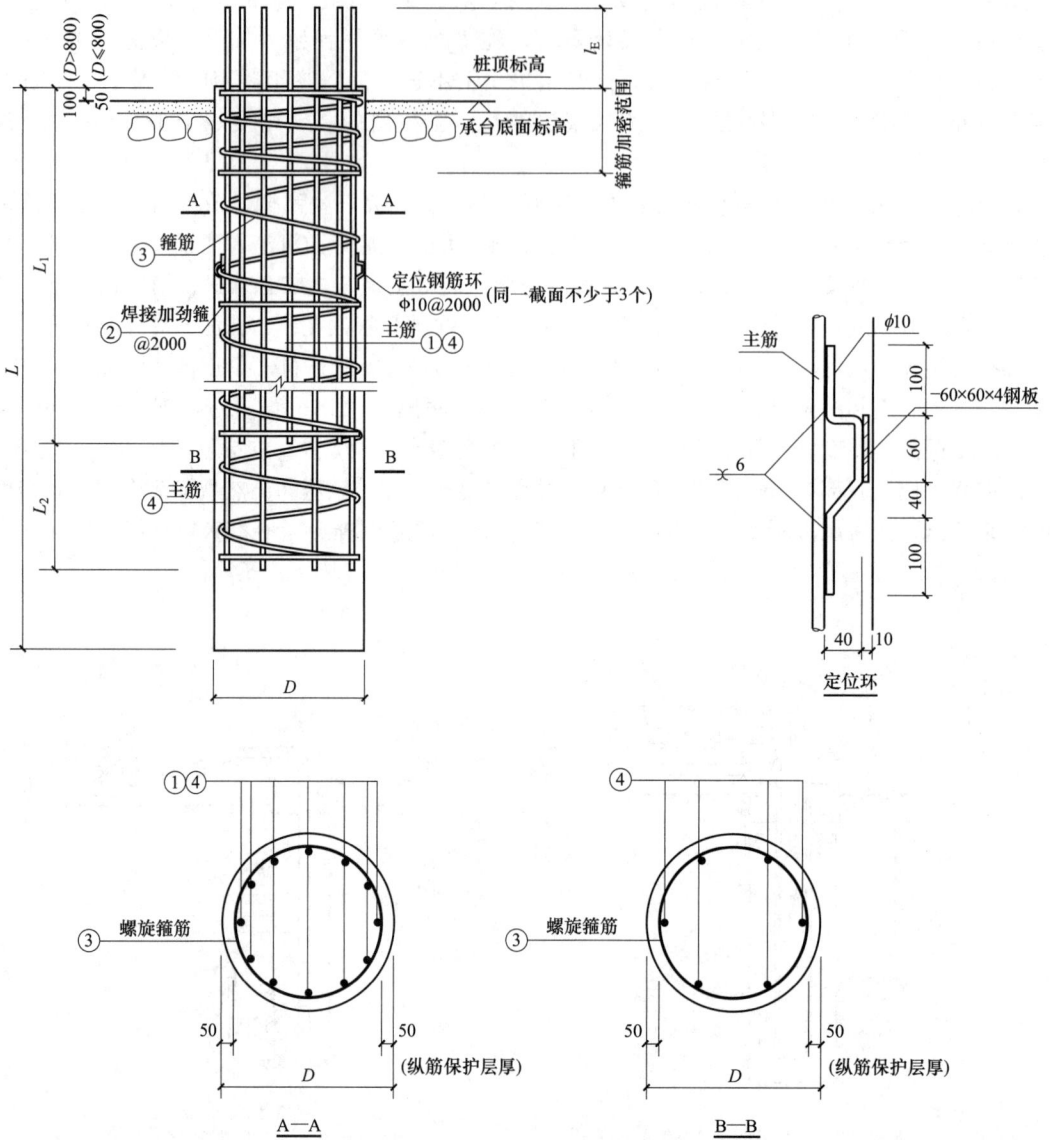

图 2-26　桩身配筋图

注：图中 l_a 表示桩主筋锚入承台内的锚固长度。承压桩不小于钢筋直径的 35 倍，抗拔桩不小于钢筋直径的 40 倍。

表 2-7　　　　　　　　　　　　　　钢筋笼质量检验标准　　　　　　　　　　　　　　mm

项目	序号	检查项目	允许偏差	检查方法
主控项目	1	主筋间距	±10	用钢尺量
	2	钢筋笼长度	±100	用钢尺量
一般项目	3	钢筋材质检验	按设计要求	抽样送检
	4	箍筋间距或螺旋筋螺距	±20	用钢尺量
	5	钢筋笼直径	±10	用钢尺量

　　② 钢筋笼可整段或分段制作，视钢筋笼的长度、整体刚度、起吊设备等而定。分段制作的钢筋笼，其接头应采用电弧焊焊接，在同一截面内的钢筋接头不得超过主筋总数的 50%，两批接头的竖向间距为 35d（d 为主筋直径）且不小于 500mm，焊接长度为双面焊 5d、单面焊 10d，并应符

合 GB 50204 的规定。

③ 钢筋笼在起吊、运输和安装过程中应采取措施防止变形，钢筋笼顶端应设 2～4 个起吊点，起吊点宜设在加强筋部位，校正并就位后应立即固定。

④ 分段制作的钢筋笼，每节钢筋笼的保护垫块或定位环，不得少于 2 组，每组不少于 3 个，在同一截面的圆周上均匀布置。相邻组应交错放置。

⑤ 钢筋笼主筋的保护层允许偏差应符合下列规定：水下浇筑混凝土桩：±20mm；非水下浇筑混凝土桩：±10mm。

⑥ 钢筋笼安装深度应符合设计要求，其允许偏差±100mm。

6）灌注水下混凝土。

① 第二次清孔完毕，检查合格后应立即进行水下混凝土灌注，其时间间隔不宜大于 30min。

② 水下浇筑混凝土的强度等级不得低于 C20，混凝土开始灌注时，漏斗下的封水塞可采用预制混凝土塞（中小直径桩）、木塞或充气球胆（大直径）。

③ 混凝土运至灌注地点时，应检查其均匀性和坍落度，水下浇筑混凝土的坍落度为 160～220mm，如不符合要求应进行第二次拌和，两次拌和后仍不符合要求时不得使用。

④ 水下混凝土必须连续灌注，每根桩的灌注时间按初盘混凝土的初凝时间控制，对浇筑过程中的一切故障均应记录备案。

⑤ 在灌注过程中，导管埋在混凝土中的深度应控制在 2～6m，因为如插入深度不够，混凝土面会出现"脖子"面（见图 2-27），压出管底的混凝土容易卷进混凝土面上的泥浆形成夹泥。因此严禁导管提出混凝土面，并由专人测量导管埋深及管内外混凝土面的高差，同时写水下混凝土灌注记录。

⑥ 在灌注过程中，应时刻注意观测孔内泥浆返出情况，倾听导管内混凝土下落声音，如有异常必须采取相应处理措施。

⑦ 在灌注过程中宜使导管在一定范围内上下蹿动，防止混凝土凝固，增加灌注速度。

⑧ 为防止钢筋骨架上浮，当灌注的混凝土顶面距钢筋骨架底部 1m 左右时，应降低混凝土

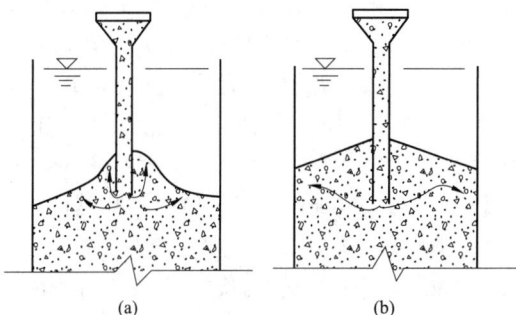

图 2-27 导管插入深度不同时混凝土拌和物的扩散情况
(a) 插入深度不够时；(b) 正常深度时

的灌注速度，当混凝土拌和物上升到骨架底口 4m 以上时，提升导管，使其底口高于骨架底部 2m 以上，即可恢复正常灌注速度。

⑨ 灌注的桩顶标高应比设计高出一定高度，一般为 1～2m，以保证桩头混凝土强度，多余部分接桩前必须凿除，桩头应无松散层。

说明：规范规定灌注桩必须有超灌高度，超灌高度至少 1m，具体数值由设计定。这是由于灌注桩的混凝土是自流密实的，越靠近桩顶自流混凝土压力越小导致混凝土越疏松，而以后桩顶承受的压力恰恰是最大的，需要超灌一定高度进行压实保证质量。

⑩ 在灌注将近结束时，应核对混凝土的灌入数量，以确保所测混凝土的灌注高度正确无误。桩身混凝土灌注充盈系数不应小于 1.0，宜大于 1.1，具体数据由设计人员根据单体工程情况确定。

7）混凝土初灌量计算。因为清孔以后灌注以前，在孔底会有一定量的泥浆沉淀，混凝土初灌量就是为了保证灌入的混凝土能将导管埋置一定的深度，从而保证整根桩混凝土的连续性，这样

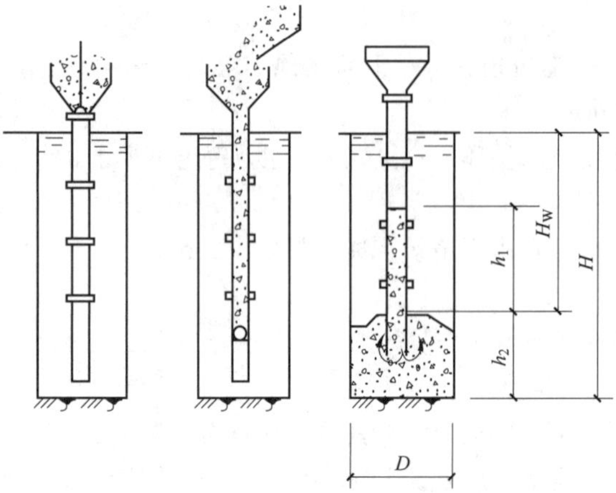

图 2-28　混凝土初灌量计算简图

在整根桩之间就不会出现泥浆夹层，也就是所说的断桩情况的发生。简单地说，就是为了防止断桩。所以第一批灌入的混凝土量必须经过计算，以保证将孔底泥浆翻起并将导管埋置一定深度，这在自拌混凝土中尤其要引起注意。

混凝土浇灌时，导管应全部安装放孔，安装位置应居中，隔水塞采用铁丝悬挂于内。然后再灌入混凝土，等初灌混凝土足量后，导管埋入混凝土深度为不少于 0.8～1.3m，导管内混凝土柱和管外泥浆桩压力平衡。混凝土初灌量可以按下式计算（见图 2-28）。

$$V \geqslant \frac{\pi d^2}{4} h_1 + K \frac{\pi D^2}{4} h_2 \tag{2-1}$$

其中

$$h_1 = H_w \gamma_w / \gamma_C$$
$$H_w = H - h_2$$

式中：V 为混凝土初灌量，m^3；h_1 为导管内混凝土高度；H 为桩孔深度，m；γ_w 为泥浆密度，$1\sim13kN/m^3$，γ_C 为混凝土密度，$24kN/m^3$；h_2 为导管外混凝土面高度（m），取 1.3～1.8m；d 为导管内径，m；K 为混凝土充盈系数，取 1.2；D 为桩孔直径，m。

混凝土灌注过程中导管应始终埋在混凝土中，严格控制导管不能提出混凝土面。导管埋入混凝土面的深度以 3～10m 为宜，最小埋入深度不得小于 2m，导管应勤提勤拆，一次提留拆管不得超过 6m。

【例 2-1】 Φ800mm 泥浆护壁钻孔灌注桩，桩孔深度 42m，有效桩长 31m，混凝土强度等级 C30，泥浆密度 $12kN/m^3$，混凝土充盈系数取 1.2。导管外混凝土面高度 h_2=0.5+1=1.5（m），导管直径 250mm。求混凝土初灌量至少要多少体积？

【解】 $h_1 = H_w \gamma_w / \gamma_C = (H - h_2) \gamma_w / \gamma_C = (42 - 1.5) \times 12/24 = 20.25$ （m）

$$V \geqslant \frac{\pi d^2 h_1}{4} + \frac{K \pi D^2 h_2}{4} = \pi \times \frac{0.25^2}{4} \times 20.25 + 1.2 \times \pi \times \frac{0.8^2}{4} \times 1.5$$
$$= 0.99 + 0.90 = 1.89(m^3)$$

因为导管加单斗内的可充满混凝土量：

$$V = \frac{\pi \times 0.25^2}{4} \times (42 - 0.5) + 1.2 = 2.04 + 1.20 = 3.24 m^3 > 1.89(m^3)$$

因此，导管上加单斗（容量一般 1.2m³）即可，否则要加大斗容积或者用双斗灌注。

（4）泥浆护壁钻孔灌注桩常见工程质量问题与防治措施见表 2-8。

表 2-8　　　　　　　　　泥浆护壁钻孔灌注桩常见工程质量问题与防治措施

序号	工程质量问题或错误施工方法	现象、原因或危害性	防治措施
1	钻进时钻头脱落	产生原因有：钢丝绳在转向装置连接处被磨断，或在靠转向装置处扭断或绳卡松脱，或转向装置与顶锥的连接处脱开，导致成孔不能进行	用打捞活套打捞，或用打捞钩打捞，注意勤检易损部位和机构

序号	工程质量问题或错误施工方法	现象、原因或危害性	防治措施
2	钻孔出现偏移、倾斜	成孔后不直，出现较大的垂直偏差。产生原因有：桩架不稳，钻杆导架不垂直，钻机磨损、部件松动，或钻杆弯曲，接头不直，或土层软硬不均；钻机成孔时，遇较大孤石或探头石，或基岩倾斜未处理，或在粒径悬殊的砂、卵石层中钻进，钻头所受阻力不匀，使钻头偏离方向等，导致桩孔倾斜、垂直度超偏	(1) 安装钻机时，要对导杆进行水平和垂直校正；事先要认真检修钻孔设备，如钻杆弯曲要及时更换；遇较硬土层、倾斜岩层或砂卵石层应控制进尺，低速钻进。 (2) 桩孔偏斜过大时，可填入石子、黏土重新钻进，控制钻速、慢速上下提升、下降，往复扫孔纠正；如遇探头石，宜用钻机钻透；用冲击钻时，宜用低锤密击，把石块击碎；遇倾斜基岩时，可投入块石，使表面略平，再用冲锤密打
3	钻进中不定时检测孔深和孔径，成孔后出现缩孔	成孔时，只管钻进，不定时检测孔深和孔径、桩孔直径和垂直度偏差，在成孔后深度已很深的情况下就难以纠正。特别是成孔后出现孔径小于设计桩孔径。产生原因有：塑性土膨胀造成缩孔；或选用成孔机具不合理，导致桩直径达不到设计要求	(1) 桩成孔每钻进 4～5m，应检验一次孔径、垂直度和孔深，发现超偏及时纠正。 (2) 遇到容易缩孔、坍孔的地段或更换钻头时，要加强检孔。 (3) 遇到缩孔要采用上下反复扫孔的方法，以扩大孔径。 (4) 根据不同土层，选用相应的机具和工艺
4	成孔时出现孔壁坍塌	土质松软层处孔壁大片坍塌，无法成孔；造成钢筋笼放不到底，桩底部有很厚的泥夹层。产生原因有：在软弱土层钻进时，进尺和钻速过快，泥浆密度低，停degpb空转时间过长，结果扩壁泥浆密度过低；或孔水头高度不够或孔内出现承压水，降低了静水压力；或护筒埋置太浅，下端孔坍塌；冲击（抓）锤或掏渣筒倾倒撞击孔壁，导致孔底存在很厚的泥渣，扩孔率增大，降低桩承载力	(1) 在流砂、软淤泥、破碎地带及松散砂层等软弱地层中钻进作业时，应适当加大护壁泥浆密度，缓慢进尺、低速钻进或投入黏土掺片石、卵石，低锤密击，使黏土膏、片卵石挤入孔壁。 (2) 避免停留一处不进尺空转或尽量缩短空转时间，以保持孔壁稳定；如地下水位变化过大，应采取增高泥浆面，增大水头。 (3) 复杂地质应加密探孔，以便预先制定出技术措施，施工中发现坍孔时应停止钻进，采取相应措施后继续钻进，如加大泥浆密度稳固孔壁，也可投入黏土、泥膏，使钻机空钻不进尺进行固壁。 (4) 如发现孔口坍塌，应查明原因，将砂和黏土（或砾砂和黄土）混合物回填到坍孔位置以上 1～2m，如坍孔严重，应全部回填，待沉积密实后再进行钻孔。 (5) 在稳定性差的土层中，不能采用空气吸泥机清孔，应用泥浆泵吸正循环、泵举反循环或抽渣筒清孔
5	钻孔排渣不畅，泥浆密度过大	钻进成孔时，排渣不通畅，大量泥块、沉渣不能及时排出，使泥浆密度过大，在钻头周围糊满了黏土（俗称黏钻），使刀具钻进时碰不到孔壁，土体切削不下来，导致钻机钻进不进尺	从孔壁切削下来的土块沉渣要用正反循环及时排除孔外，并补充新鲜泥浆，降低孔内泥浆密度。施钻时，注意控制钻进速度，不宜过快或过慢。已糊的钻头，可提出孔外，清除钻头上的泥块后重新继续钻进

续表

序号	工程质量问题或错误施工方法	现象、原因或危害性	防治措施
6	在成孔过程中或成孔后，泥浆大量向孔外漏失	由于遇到透水性强或有地下水流动的土层；或护筒埋设太浅，回填土不密实或护筒接缝不严密，导致在护筒刃脚或接缝处漏浆；或孔内泥浆面过高使孔壁渗浆等。孔内泥浆向孔外流失，会造成孔内泥浆的标高低于孔外的地下水位，使内外水头不平衡而引发坍孔	（1）加稠泥浆或倒入黏土，慢速钻进；或在回填土内掺片石、卵石，反复冲击，增强护壁。 （2）在有护筒范围内，接缝处可用棉絮堵塞，封闭接缝，稳住水头。 （3）在容易产生泥浆渗漏的土层中应采取维持孔壁稳定的措施。 （4）护筒埋设，在黏性土中埋深，不小于1.0m，在砂性土中埋深不小于1.5m；在护筒周围用含水量保持在最佳范围内的黏性土分层夯击密实，使不漏浆不漏水
7	钢筋笼偏位、变形、上浮	钢筋笼变形，保护层不够，深度、位置不符合设计要求；混凝土浇筑时，钢筋笼上浮。产生原因有：钢筋笼过长，未设加劲箍，刚度不够，造成变形；钢筋笼未设垫块或耳环控制保护层厚度；或桩孔本身偏斜或偏位；钢筋笼吊放未垂直缓慢放下，而是斜插入孔内；孔底沉渣未清理干净，使钢筋笼达不到设计深度；当混凝土面至钢筋笼底时，混凝土导管埋深不够，混凝土冲击力使钢筋笼被顶托上浮等，导致影响桩的承载力；处理费工费时	（1）钢筋笼过长，应分2～3节制作，分段吊放，分段焊接或设加劲箍加强；在钢筋笼部分主筋上，应每隔一定距离设置混凝土垫块或加焊耳环控制保护层厚度。 （2）桩孔本身倾斜、偏位应在下钢筋笼前往复扫孔纠正；孔底沉渣应置换清水或适当密度泥浆清除。 （3）浇筑混凝土时，应将钢筋笼固定在孔壁上或压住；混凝土导管应埋入钢筋笼底面以下1.5m以上
8	钢筋脱落，不及时处理	混凝土灌注过程中，发生钢筋脱落吊入混凝土内被掩埋，桩顶没有钢筋。造成原因有：钢筋笼顶部未在孔口支承锚固牢靠，浇灌混凝土时，由于钢筋自重和混凝土下料，导管插捣荷载的作用，使钢筋笼脱落沉入桩下部混凝土内	（1）发现钢筋笼脱落，应立即报告，如仅桩上部有钢筋笼，可挖桩用倒链将钢筋笼提起，在孔口固定牢固后，重新浇筑振捣混凝土。 （2）如钢筋笼很长，挖桩提起困难，可抢扎一个下小上大的钢筋笼，其长度应保持与原已下沉钢筋笼顶部搭接长度不少于1m，从导管外将钢筋笼套入桩孔，插入已浇的混凝土内，继续浇捣完毕
9	导管连接不严密，出现渗漏水	导管与导管之间接头连接不严密，产生向导管内渗透水情况。造成桩孔内护壁泥浆渗漏入导管内，污染混凝土，增大水灰比，降低混凝土强度，导致水下灌注混凝土失败	（1）新导管使用前，要试拼装，并通过试压（压力0.6～1.0MPa）合格，才可下孔使用。 （2）旧导管使用，导管连接要严密，导管与密封圈的型号要匹配，每次接管前要检查密封圈的完好程度，损坏的应更换。 （3）拆卸下来的导管应及时将管口和内壁全部清洗干净，严防用后不清洗，用时再敲打除去水泥浆渣，损坏导管接口造成渗漏
10	灌注导管底口距桩底距离过小	混凝土灌注导管安装，管底口距桩孔底距离过小，灌注混凝土时，隔水栓（塞）不能顺利从导管底部排出，或刚勉强排出，但混凝土不能顺利排出即不能将导管底部埋入混凝土内，而导致初灌失败	（1）可在控制隔水栓不下落的情况下适当地把导管上提，使隔水栓和混凝土快速排出，将导管下端埋入混凝土内，然后转入正常操作。 （2）安装导管底口必须保持离开桩孔底部有300～500mm的距离，太低排出混凝土有困难，太高有可能卷进泥浆而造成混凝土夹泥

序号	工程质量问题或错误施工方法	现象、原因或危害性	防治措施
11	用混凝土泵车出料管直接与导管连接灌注混凝土	用商品混凝土灌注桩混凝土时，如用混凝土泵车的出料管直接与导管连接下料，由于泵车出料管一般直径为150mm，导管最小直径为200mm，直接下料会造成混凝土初灌量不足，导管埋入混凝土深度不足，使导管内混凝土柱与管外泥浆柱压力不平衡，会导致混凝土夹泥或堵管	在导管口上加设一个初灌储料斗，混凝土装满初灌储料斗后，放松隔水栓塞和泵车输送混凝土同时动作，使初灌储料斗内混凝土下完前，泵管混凝土已连续供应下料
12	提升拆除导管时，不测量导管内外混凝土面标高	提升、拆卸混凝土导管时不测量管内外混凝土面的实际标高，就不知桩孔内已浇筑的混凝土面标高，无法计算出导管需提升拆除的高度，盲目随意拔动会使导管提升、拆除不足，下料困难，或脱离混凝土面而造成断桩	(1) 升拆除导管前，应仔细测定导管内外混凝土面的标高，计算出导管埋入混凝土内实际长度，再拔动卸除导管。 (2) 导管埋入混凝土内的长度要始终保持不小于2.0m，以确保桩身混凝土连续
13	出现吊脚桩	成孔后，桩身下部局部没有混凝土或夹有泥土。产生原因有：清孔后泥浆密度过小，孔壁坍塌或孔底涌进泥浆或未即灌注混凝土；或清渣未净，残留沉渣过厚；或吊放导管碰撞孔壁使泥土坍落	(1) 做好清孔工作，达到要求立即灌注桩混凝土，控制间歇不超过4h。 (2) 注意控制泥浆密度，同时使孔内水位经常保持高于孔外水位1m以上以防止坍孔。 (3) 施工中注意保持孔壁，不让钢筋笼或导管等碰撞，造成孔壁坍塌
14	出现断桩	水下灌注混凝土，桩截面上存在泥夹层，造成断桩。产生原因有：首批混凝土浇筑不成功，再灌上层出现一层泥夹层而造成断桩；或孔壁塌方将导管卡住，强力拔管时，使泥水混入混凝土内；导管接头不良，泥水进入管内；或施工时突然下雨，泥浆冲入桩孔，将泥浆带入混凝土中造成夹层	(1) 争取首批混凝土一次浇灌成功；钻孔选用较大密度和黏度、胶体率好的泥浆护壁；控制进尺速度，保持孔壁稳定。 (2) 导管接头应用方螺纹连接，并设橡皮圈密封严密；孔口护筒不使埋置太浅；下钢筋笼骨架过程中，不使碰撞孔壁；施工时突然下雨，要力争一次性灌注完成。 (3) 灌注桩孔壁严重塌方或导管无法拔出形成断桩，可在一侧补桩；深度不大可挖出，对断桩处做适当处理后，支模重新浇筑混凝土。 (4) 桩径600mm时，应用直径200mm的灌注导管输送混凝土以保证浇筑质量，不能用大直径导管
15	混凝土灌注桩实际桩顶标高等于设计桩顶标高	由于最后冲出导管的混凝土受到管外已浇筑混凝土压强的抵抗，冲出压力差大为减弱，桩顶顶部的混凝土一般不密实都夹有沉渣和泥浆及混凝土因骨料下沉产生的水泥砂浆层，强度比设计强度低较多，而桩顶所受压应力恰恰又是最大的，如直接锚入承台严重影响承载力	混凝土灌注桩桩顶浇筑标高应高于设计桩顶标高。桩基技术规范规定：当0.05倍设计桩长小于2m时，实际浇捣桩长按设计桩长加2m；当0.05倍设计桩长大于2m时，实际浇捣桩长度等于设计桩长加5%设计桩长予以控制。一般结构设计首页具体规定了保护桩长，一般为1.0~2.0m

2. 套管成孔灌注桩

套管成孔灌注桩又称打拔管灌注桩，有振动沉管灌注桩和锤击沉管灌注桩两种。是目前建筑工程常用的一种灌注桩。主要应用于黏性土、淤泥、淤泥质土、稍密的沙土及杂填土。

（1）锤击沉管灌注桩。图 2-29 为锤击沉管灌注桩施工过程图。它是用锤击打桩机（见图 2-29），将带活瓣桩尖或设置钢筋混凝土预制桩靴（见图 2-30）的钢套管锤击沉入土中，然后边浇筑混凝土边用卷扬机拔管成桩。

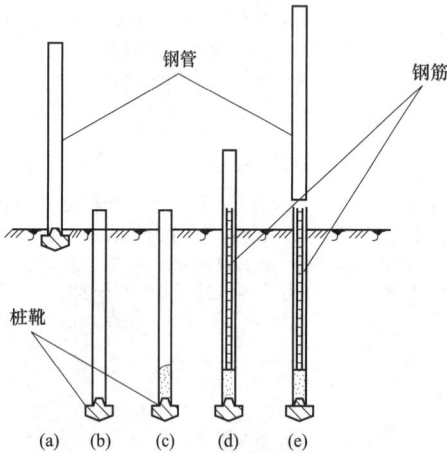

图 2-29　锤击沉管灌注桩施工程序
（a）就位；（b）沉套管；（c）开始灌混凝土；
（d）安放钢筋笼继续浇混凝土；（e）拔管成形

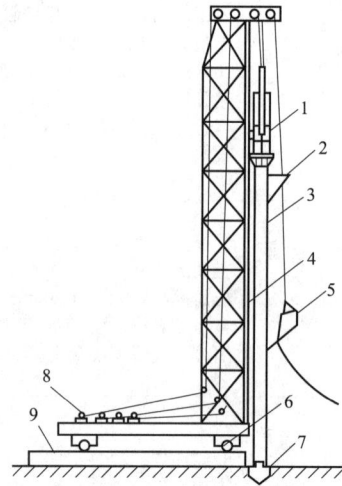

图 2-30　锤击套管成孔灌注桩桩机设备
1—桩锤；2—混凝土漏斗；3—桩管；4—桩架；
5—混凝土吊斗；6—行驶用钢管；7—预制桩靴；
8—卷扬机；9—枕木

（2）振动沉管灌注桩。振动沉管灌注桩采用激振器或振动冲击锤沉管，其设备如图 2-31 和图 2-32 所示。

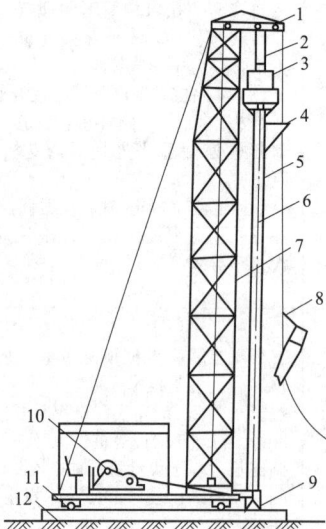

图 2-31　振动套管成孔灌注桩桩机设备
1—导向滑轮；2—滑轮组；3—振动桩锤；4—混凝土漏斗；
5—桩管；6—加压钢丝绳；7—桩架；8—混凝土吊斗；
9—活瓣桩靴；10—卷扬机；11—行驶用钢管；12—枕木

施工先安装好桩机，将桩管下活瓣合起来，对准桩位，徐徐放下桩管压入土中，即可开动振动器沉管。桩管在激振力作用下以一定的频率和振幅产生振动，减少了桩管与周围土体间的摩擦阻力，钢管在加压作用下而沉入土中。其施工过程如图 2-33 所示。

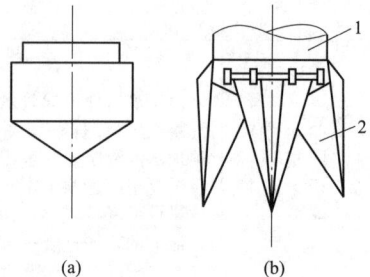

图 2-32　桩靴示意图
（a）钢筋混凝土桩靴；（b）钢活瓣桩靴
1—桩管；2—活瓣

振动沉管灌注桩可采用单振法、复振法和反插法施工。

1) 单振法。即一次拔管法，在管内灌满混凝土后，先振动5～10s，再开始拔管，应边振边拔，每提升0.5m停拔，振5～10s后再拔管0.5m，再振5～10s，如此反复进行直至地面。

2) 复打法。在同一桩孔内进行两次单打，或根据需要进行局部复打。复打施工必须在第一次浇筑的混凝土初凝之前完成，同时前后两次沉管的轴线必须重合。

3) 反插法。在套管内灌满混凝土后，先振动再拔管，每次拔管高度0.5～1.0m，再把钢管下沉0.3～0.5m。在拔管时分段添加混凝土，如此反复进行并始终保持振动，直到钢管全部拔出地面。反插法能使桩的截面增大，从而提高桩的承载力，宜在较差的软土地基上应用。施工时应严格控制拔管速度不得大于0.5m/min。

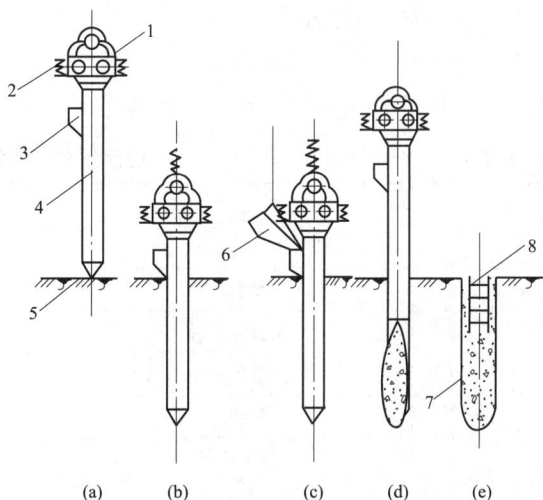

图2-33 振动套管成孔灌注桩成桩过程
(a)桩机就位；(b)沉管；(c)上料；(d)拔出钢管；
(e)在顶部混凝土内插入短钢筋并浇满混凝土
1—振动锤；2—加压减振弹簧；3—加料口；4—桩管；
5—活瓣桩尖；6—上料口；7—混凝土桩；8—短钢筋骨架

(3) 套管成孔灌注桩易产生的质量问题及处理。

1) 断桩。断桩一般发生在地面以下1～3m的不同软硬土层的交接处，并多数发生在黏性土，砂石和松土中很少出现。断桩的裂缝是水平的或略带倾斜，一般都贯通整个截面。

产生断桩的主要原因有：桩距过小，受邻桩施打时挤土所产生的水平横向推力和隆起上拔力作用；软硬土层间传递水平力大小不同，对桩产生剪应力；混凝土终凝不久，强度弱，受振动和外力扰动；拔管时速度过快，混凝土来不及下落，周围的土迅速回缩，形成断桩。

避免断桩的措施有：布桩不宜过密，桩间距宜大于3.5倍桩径；合理制定打桩顺序和桩架行走路线以减少振动的影响；采用跳打法施工，跳打应在相邻成形的桩达到设计强度的60%以上进行；认真控制拔管速度，一般以1.2～1.5m/min为宜。

断桩检查，在2～3m以内，可用木槌敲击桩头侧面，同时用脚踏在桩头上，如桩已断会感到浮振，进一步常采用开挖的办法检查。如已查出断桩，应将断桩段拔出，将孔清理干净后，略增大面积或加上铁箍连接，再重新浇筑混凝土补做桩身。

2) 缩颈。缩颈的桩又称瓶颈桩，桩身局部直径小于设计直径。产生的主要原因有：在含水率很高的软土层中沉桩管时，土受挤压产生很高的空隙水压，拔管后挤向新灌的混凝土而造成桩径截面缩小；拔管速度过快，混凝土流动性差或混凝土装入量少，混凝土出管时扩散差也造成缩颈现象。

预防措施：施工中应经常测定混凝土下落情况，发现问题及时纠正，一般可设计统一规定复打法施工预防；施工时每次应向桩管内尽量多装混凝土，使之有足够的扩散压力；严格控制拔管速度。处理方法是：若桩轻度缩颈，可采用反插法，局部缩颈可采用半复打法，桩身多处缩颈可采用复打法。

3) 吊脚桩。是指桩底部混凝土隔空或混凝土中混进泥沙而形成松软层。其形成的原因是预制桩尖质量差，沉管时被破坏，泥沙、水挤入桩管。处理方法：将桩管拔出，纠正桩尖或将砂回填桩孔后重新沉管。

三、桩基检测与验收

1.《建筑地基基础工程施工质量验收规范》（GB 50202）规定的桩基验收项目

（1）工程中常用的静压预制桩的质量检验标准见表 2-9。

表 2-9   静压预制桩质量检验标准

项目	序号	检查项目		允许值或允许偏差		检查方法
				单位	数值	
主控项目	1	承载力		不小于设计值		静载试验、高应变法等
	2	桩身完整性		—		低应变法
一般项目	1	成品桩质量		见表 2-4		查产品合格证
	2	桩位		见表 2-11		全站仪或用钢尺量
	3	电焊条质量		设计要求		查产品合格证
	4	接桩：焊缝质量		见标准中表 5.10.4		见标准中表 5.10.4
		电焊结束后停歇时间	min	≥6（3）		用表计时
		上下节平面偏差	mm	≤10		用钢尺量
		节点弯曲矢高		同桩体弯曲要求		用钢尺量
	5	终压标准		设计要求		现场实测或查沉桩记录
	6	桩顶标高	mm	±50		水准测量
	7	垂直度		≤1/100		经纬仪测量
	8	混凝土灌芯		设计要求		查灌注量

注　电焊结束后停歇时间项括号中为采用二氧化碳气体保护焊时的数值。

（2）工程中常用的泥浆护壁成孔灌注桩的质量检验标准见表 2-10。

表 2-10   泥浆护壁成孔灌注桩质量检验标准

项目	序号	检查项目		允许值或允许偏差		检查方法
				单位	数值	
主控项目	1	承载力		不小于设计值		静载试验
	2	孔深		不小于设计值		用测绳或井径仪测量
	3	桩身完整性		—		钻芯法，低应变法，声波透射法
	4	混凝土强度		不小于设计值		28d 试块强度或钻芯法
	5	嵌岩深度		不小于设计值		取岩样或超前钻孔取样
一般项目	1	垂直度		表 2-12		用超声波或井径仪测量
	2	孔径		表 2-12		用超声波或井径仪测量
	3	桩位		表 2-12		全站仪或用钢尺量开挖前量护筒，开挖后量桩中心
	4	泥浆指标	比重（黏土或砂性土中）		1.10~1.25		用比重计测，清孔后在距孔底 500mm 处取样
			含砂率	%	≤8	洗砂瓶
			黏度	s	18~28	黏度计
	5	泥浆面标高（高于地下水位）		m	0.5~1.0	目测法

续表

项目	序号	检查项目		允许值或允许偏差		检查方法
				单位	数值	
一般项目	6	钢筋笼质量	主筋间距	mm	±10	用钢尺量
			长度	mm	±100	用钢尺量
			钢筋材质检验	设计要求		抽样送检
			箍筋间距	mm	±20	用钢尺量
			笼直径	mm	±10	用钢尺量
	7	沉渣厚度	端承桩	mm	≤50	用沉渣仪或重锤测
			摩擦桩	mm	≤150	
	8	混凝土坍落度		mm	180~220	坍落度仪
	9	钢筋笼安装深度		mm	+100 0	用钢尺量
	10	混凝土充盈系数		≥1.0		实际灌注量与计算灌注量的比
	11	桩顶标高		mm	+30 −50	水准测量,需扣除桩顶浮浆层及劣质桩体
	12	后注浆	注浆终止条件	注浆量不小于设计要求		查看流量表
				注浆量不小于设计要求80%,且注浆压力达到设计值		查看流量表,检查压力表读数
			水胶比	设计值		实际用水量与水泥等胶凝材料的重量比
	13	扩底桩	扩底直径	不小于设计值		井径仪测量
			扩底高度	不小于设计值		

2. 桩基检测

(1)承载力检验。《建筑地基基础工程施工质量验收规范》(GB 50202)规定:工程桩应进行承载力检验。

承载力检验有两种基本方法:一种是静载试验法(或称破损试验),另一种是大应变动测法(或称无破坏试验)。静载试验是根据模拟实际荷载情况,通过对单根桩进行竖向抗压(抗拔或水平)试验,得出一系列关系曲线,综合评定确定其容许承载力的一种试验方法。它能较好地反映单桩的实际承载力。工程桩的荷载试验通常采用的是单桩竖向抗压静载试验,如果有抗拔桩还要做单桩抗拔静载试验。一般静荷载试验可直观地反映桩的承载力和混凝土的浇筑质量,数据可靠。但其装置较复杂笨重,装、卸操作费工费时,成本高,测试数量有限。

《建筑地基基础工程施工质量验收规范》(GB 50202)规定:对于地基基础设计等级为甲级或地质条件复杂,应采用静载荷试验的方法进行检验,检验桩数不应少于总桩数的1%,且不少于3根,当总桩数少于50根时,不应少于2根。由于数据可靠,目前设计单位对于规范规定的上述情形以外的桩基,一般也规定用静载试验进行承载力检验。

由于在打桩后经过一定的时间,待桩身与土体的结合趋于稳定,摩擦力真正发挥才能进行试验,所以静载试验需要一个休止期。对于预制桩,土质为砂类土,打桩完后与试验的时间应不少于10天,如是粉土或黏性土,则不应少于15天,对于淤泥或淤泥质土,不应少于25天。灌注桩在桩身混凝土强度达到设计等级的前提下，对砂类土不少于 10 天，黏性土不少于 20 天，淤泥或淤泥质土不少于 30 天。

用静载试验进行承载力检验的方法，对于预应力管桩一般采用静力压桩机，因为压桩机选型一般按 1.2～1.5 倍管桩极限承载力取值，可以满足静载试验要求。对于灌注桩，单桩竖向抗压极限承载力在 3000kN 以下且旁边无锚桩可以提供反力的一般采用堆载试验法（见图 2-34）；单桩竖向抗压极限承载力在 3000kN 以上，为了节省费用，一般采用锚杆压桩法（见图 2-35）。

图 2-34　堆载试验法

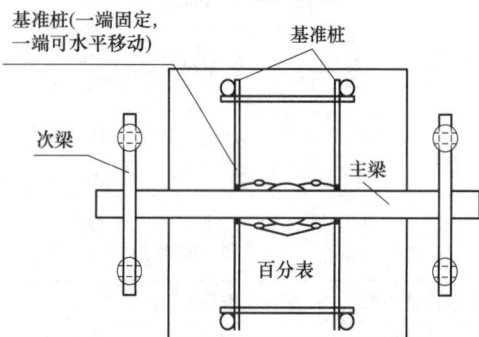

图 2-35　锚杆压桩法

所谓堆载试验法，就是在桩顶使用钢梁设置一承重平台，上堆重物，依靠放在桩头上的千斤顶将平台逐步顶起，从而将力施加到桩身。反力装置的主梁可以选用型钢，也可以用自行加工的箱梁，平台形状可以根据需要设置为方形或矩形，堆载用的重物可以选用砂袋、混凝土预制块等。

所谓锚杆压桩法，就是将被测桩周围对称的几根锚桩用锚筋与反力架连接起来，依靠桩顶的千斤顶将反力架顶起，由被连接的锚桩提供反力，提供反力的大小由锚桩数量、反力架强度和被连接锚桩的抗拔力决定。锚桩反力装置一般不会受现场条件和加载吨位数的限制，当条件允许，采用工程桩作锚桩是最经济的，但在试验过程中需要观测锚桩的上拔量，以免拔断，造成工程损失。

根据检测规范要求，静载试验法的加载过程一般为：每级加载为预估极限的 1/15～1/10，第一级可按 2 倍分级荷载加荷。每级加载后间隔 5min、10min、15min 各测读一次，以后每隔 15min 测读一次，累计 1h 以后每隔 30min 测读一次。每次测读值记入试验记录表。每一小时的沉降不超过 0.1mm，并连续出现两次（由 1.5h 内连续三次观测值计算），认为已达到相对稳定，可加一级荷载。

单桩竖向极限承载力可按下列方法综合分析确定。

1) 根据沉降随荷载的变化特征确定极限承载力：对于陡降型 Q-s 曲线，取 Q-s 曲线发生明显陡降的起始点。①某级荷载作用下，桩的沉降量为前一级荷载作用下沉降量的 5 倍，立即终止加载，前一级荷载直接确定为单桩竖向极限承载力；②某级荷载作用下，桩的沉降量大于前一级荷载作用下沉降量的 2 倍，且经 24h 尚未达到相对稳定，前一级荷载直接判定为单桩竖向极限承载力（如图 2-36 的圈点约 1000kN）。

2) 根据沉降量确定极限承载力：对于缓变型 Q-s 曲线一般可取 s=40～60mm 对应的荷载，对于大直径桩可取 s=0.03～0.06D（D 为桩端直径，大桩径取低值，小桩径取高值）所对应的荷载；对于细长桩（$l/d > 80$）可取 $s = 60 \sim 80mm$ 对应的荷载。

3）根据沉降随时间的变化特征确定极限承载力，取 $s - \lg t$ 曲线尾部出现明显向下弯曲的前一级荷载值。

另一种检测方法是动测法（也称动力无损检测法），是检测桩基承载力的一项技术，作为静载试验的补充。动测法是相对于静载试验而言，它是对桩土体系进行适当的简化处理，建立起数学—力学模型，借助现代电子技术与量测设备采集桩、土体系在给定的动荷载作用下所产生的振动参数，结合实际桩土条件进行计算，所得结果与相应的静载试验结果进行比较，在积累一定数量的动静试验对比结果的基础上，找出两者之间的某种相关关系，并以此作为标准来确定桩基承

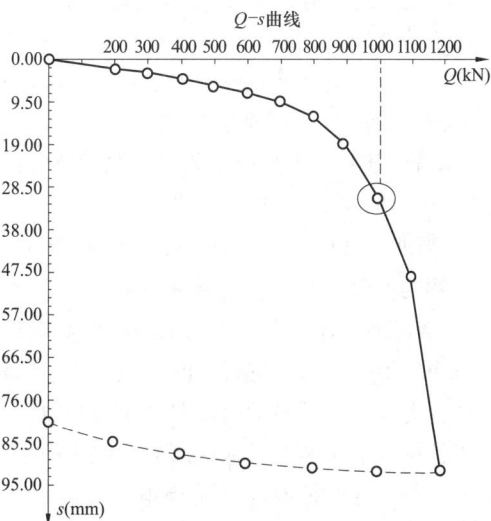

图 2-36 $s1$ 试桩 $Q-s$ 曲线

载力。动测法具有仪器轻便灵活，检测快速（单桩检测时间仅为静载试验的 1/50），不破坏桩基，相对也较准确，费用低，可进行普查。不足之处是需要做大量的测试数据，需静载试验来充实完善、编写电脑软件，所测的极限承载力有时与静载荷值离散性较大等，因此现场应用较少。

单桩承载力的动测方法很多，国内有代表性的方法有：动力参数法、锤击贯入法、水电效应法、共振法、机械阻抗法、波动方程法等，最常用的是动力参数法和锤击贯入法两种大应变动测法。

（2）桩体质量检验。在桩基动态无损检测中，国内外广泛使用应力波反射法，又称低（小）应变法（见图 2-37）来判别桩身质量。其原理是在桩顶采用锤击振动的方法，在仪器中观察应力波在混凝土介质内的传播速度、传播时间和反射情况，用来检验、判定桩身是否存在断裂、夹层、颈缩、空洞等质量缺陷。应力波反射法（小应变法）检测桩身完整性因具有仪器轻便灵活、检测快速和准确的优点，现场使用普遍。如果灌注桩的混凝土试块强度不合格，还必须做这根桩的钻芯取样以进一步检验桩体质量。

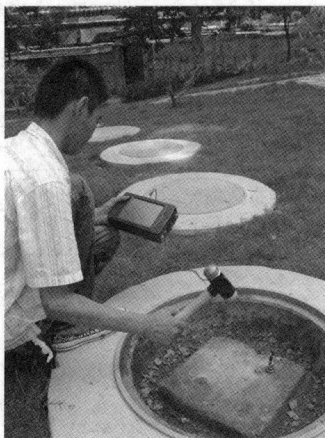

图 2-37 小应变动测法检测桩身质量和动测仪器

《建筑地基基础工程施工质量验收规范》（GB 50202）规定：工程桩的桩身完整性的抽检数量不应少于总桩数的 20%，且不应小于 10 根。每根柱子承台下的桩抽检数量不应少于 1 根。

（3）桩位允许偏差验收。《建筑地基基础工程施工质量验收规范》（GB 50202）5.1.1 条规定：桩位的放样允许偏差如下：群桩 20mm，单排桩 10mm。

打桩过程中由于钻孔或送桩过程的偏离以及挖土等因素的影响，误差是不可避免的，最终实际桩位偏差一般在 100mm 左右。

《建筑地基基础工程施工质量验收规范》（GB 50202）5.1.2 条规定：桩基工程的桩位验收，除设计有规定外，应按下述要求进行。

1）当桩顶设计标高与施工场地标高相同时，或桩基施工结束后，有可能对桩位进行检查时，桩基工程的验收应在施工结束后进行。

2）当桩顶设计标高低于施工场地标高，送桩后无法对桩位进行检查时，对打入桩可在每根桩桩顶沉至场地标高时，进行中间验收，待全部桩施工结束，承台或底板开挖到设计标高后，再做最终验收。对灌注桩可对护筒位置做中间验收。

桩顶标高低于施工场地标高时，如不做中间验收，在土方开挖后如有桩顶位移发生不易明确责任，究竟是土方开挖不妥，还是本身桩位不准（打入桩施工不慎，会造成挤土，导致桩体位移），加一次中间验收有利于责任区分，引起打桩及土方承包商的重视。

桩位最终允许偏差验收既不是桩位的放样允许偏差，也不是中间偏差验收，指的是承台或底板开挖到设计标高并凿桩后的最终桩位允许偏差。

1）预制桩。预制混凝土方桩、先张法预应力管桩、钢桩的桩位允许偏差见表 2-11。

表 2-11　　　　　　　　　　　预制桩（钢桩）的桩位允许偏差

序号	检查项目		允许偏差（mm）
1	带有基础梁的桩	垂直基础梁的中心线	$\leqslant 100+0.01H$
		沿基础梁的中心线	$\leqslant 150+0.01H$
2	承台桩	桩数为 1～3 根桩基中的桩	$\leqslant 100+0.01H$
		桩数大于或等于 4 根桩基中的桩	$\leqslant 1/2$ 桩径 $+0.01H$ 或 $1/2$ 边长 $+0.01H$

注　H 为桩基施工面至设计桩顶的距离（mm）。

2）灌注桩。灌注桩的桩位偏差必须符合表 2-12 规定，灌注桩混凝土强度检验的试件应在施工现场随机抽取。来自同一搅拌站的混凝土，每浇筑 $50m^3$ 必须至少留置 1 组试件；当混凝土浇筑量不足 $50m^3$ 时，每连续浇筑 12h 必须至少留置 1 组试件。对单柱单桩，每根桩应至少留置 1 组试件。

表 2-12　　　　　　　　　灌注桩的桩径、垂直度及桩位允许偏差表

序号	成孔方法		桩径允许偏差（mm）	垂直度允许偏差（%）	桩位允许偏差（mm）
1	泥浆护壁钻孔桩	$D<1000mm$	$\geqslant 0$	$\leqslant 1/100$	$\leqslant 70+0.01H$
		$D\geqslant 1000mm$			$\leqslant 100+0.01H$
2	套管成孔灌注桩	$D<500mm$	$\geqslant 0$	$\leqslant 1/100$	$\leqslant 70+0.01H$
		$D\geqslant 500mm$			$\leqslant 100+0.01H$
3	干成孔灌注桩		$\geqslant 0$	$\leqslant 1/100$	$\leqslant 70+0.01H$
4	人工挖孔桩		$\geqslant 0$	$\leqslant 1/200$	$\leqslant 50+0.005H$

注　1. H 为桩基施工面至设计桩顶的距离（mm）；
　　2. D 为设计桩径（mm）。

第三节　桩承台与筏形基础施工

桩基础施工已全部完成，并按设计要求挖完土，而且办完桩基施工验收记录后，即可进行桩承台和基础施工。施工前先修整桩顶混凝土，剔完桩顶疏松混凝土，如桩顶低于设计标高时，须用同级混凝土接高，在达到桩强度的50％以上，再将埋入承台梁内的桩顶部分剔毛、冲净。如桩顶高于设计标高时，应预先剔凿，使桩顶伸入承台梁深度完全符合设计要求。

筏形基础又称筏板、筏片基础（简称筏基），分为由钢筋混凝土底板、梁组成的梁板式筏基［见图2-38（a）］和仅由整板式底板浇筑而成的平板式筏基［见图2-38（b）］两种类型。

梁板式筏基又有两种形式：一种是梁在板的上面，如图2-38所示，主要用在浅基础，另一种是梁在板的底下埋入土内（见图2-40），此形式筏形基础底板直接作为地下室地坪使用，减少挖填土方量，应用较多。筏形基础的选型应根据工程地质、上部结构体系、柱距、荷载大小以及施工条件等因素确定。平板式基础一般用于荷载不是很大，柱网较均匀且间距较小的情况；梁板式基础多用于荷载很大的情况。这类基础整体性好，抗弯刚度大，可充分利用地基承载力，调整上部结构的不均匀荷载和地基的不均匀沉降。适用于有地下室或地基承载力较低而上部荷载较大的基础，其外形和构造类似倒置的钢筋混凝土楼盖，又像"船筏"而得名，筏形基础在多层和高层建筑中被广泛采用。

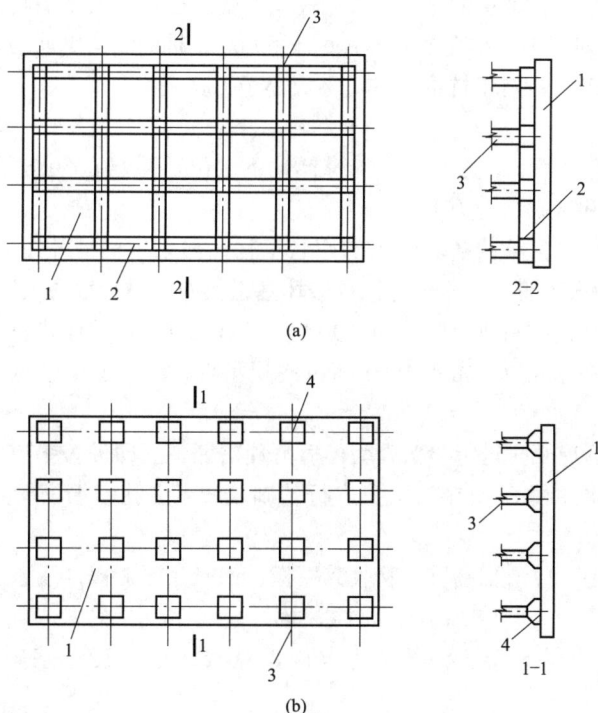

图2-38　筏形基础形式

（a）梁板式；（b）平板式

1—底板；2—梁；3—柱；4—支墩

一、筏形基础构造要求

（1）基础一般采用等厚的钢筋混凝土平板；平面应大致对称，尽量使整个基底的形心与上部结构传来的荷载合力点相重合，使基础处于中心受压，减少基础所受的偏心力矩。

（2）底板下宜铺设厚度≥100mm 的不小于 C15 的素混凝土垫层，每边伸出基础底板不小于 100mm；筏板混凝土强度等级不宜低于 C30；当有防水要求时，抗渗等级不低于 P6。

（3）筏板厚度应根据抗冲切、抗剪切要求确定，梁板式筏形基础底板厚不应小于 300mm 且板厚与板格的最小跨度之比不宜小于 1/20；平板式筏形基础板最小厚度不宜小于 400mm。

（4）梁截面按计算确定，高出底板的顶面，一般不小于 300mm，梁宽不小于 250mm。筏板悬挑墙外的长度，从轴线起算，横向不宜大于 1500mm，纵向不宜大于 1000mm，边端厚度不小于 200mm。

（5）筏板配筋由计算确定，按双向配筋。板厚小于 300mm，构造要求可配置单层钢筋；板厚大于或等于 300mm 时，底板配置双层钢筋。受力钢筋直径不宜小于 12mm，间距为 100～200mm；分布钢筋直径一般不宜小于 8～10mm；间距 200～300mm。钢筋保护层厚度不宜小于 35mm。

（6）底板配筋除符合计算要求外，纵横方向支承钢筋尚应分别有 0.15％、0.1％配筋率连通，跨中钢筋按实际配筋率全部连通。在筏板基础周边附近的基底及四角反力较大，配筋应予加强。当采用墙下不埋式筏板，四周必须设置向下边梁，其埋入室外地面下不得小于 500mm，梁宽不宜小于 200mm，上下钢筋可取最小配筋率，并不少于 2Φ10，箍筋及腰筋一般采用 Φ8@150～250，与边梁连接的筏板上部要配置受力钢筋，底板四角应布置放射状附加钢筋。

（7）当高层建筑筏形基础下天然地基承载力或沉降变形不能满足要求时，可在筏形基础下加设各种桩（如预制桩、灌注桩、钢管桩等）组合成桩筏基础。桩顶嵌入筏基底板上的长度，对于大直径桩不宜小于 100mm；对于中、小直径桩不宜小于 50mm。桩的纵向钢筋锚入筏基底板内的长度不宜小于 35d（d 为钢筋直径）；对于抗拔桩基，不应小于 45d。

二、施工要点

（1）地基开挖，如有地下水，应采用人工降低地下水位至基坑底 50cm 以下部位，保持在无水的情况下进行土方开挖和基础结构施工。

（2）基坑土方开挖应注意保持基坑底土的原状结构，如采用机械开挖时，基坑底面以上 20～30cm 厚的土层，应采用人工清除，避免超挖或破坏基土。如局部有软弱土层或超挖，应进行换填，采用与地基土压缩性相近的材料进行分层回填并夯实。基坑开挖应连续进行，如基坑挖好后不能立即进行下一道工序，应在基底以上留置 15～30cm 一层不挖，待下道工序施工时再挖至设计基坑底标高，以免基土被扰动。

（3）基坑施工完成后应及时进行验槽，验槽后清理槽底，立即进行垫层施工；当垫层混凝土达到一定强度后，使用引桩和龙门架在垫层上进行基础放线、绑扎钢筋，支立模板、固定柱或墙的插筋。

（4）筏形基础浇筑前，应清扫基坑、验收完模板、钢筋分项工程；注意木模板要浇水湿润，钢模板要涂隔离剂。

（5）混凝土浇筑方向应平行于次梁长边方向，对于平板式筏形基础则应平行于基础长边方向。

（6）应用较少的上翻梁筏板基础施工，可根据结构情况和施工具体条件及要求采用以下两种方法之一。

1）先在垫层上绑扎底板梁的钢筋和上部柱插筋，现浇筑底板混凝土，待达到 25％以上强度后，再在底板上支梁侧模板，浇筑完梁部分混凝土。

2）采取底板和梁钢筋、模板一次同时支好，梁侧模板用混凝土支墩或钢支承架支承，并用钢管脚手架固定牢固，混凝土一次连续浇筑完成保证整体性（见图 2-39）。

前法可降低施工强度，支梁模方便，但处理施工缝较麻烦；后法一次完成施工质量易于保证，整体性好并可缩短工期，但模板支设较复杂。两种方法都应注意保证梁位置和柱插筋位置正确，混凝土应一次连续浇筑完成。

（7）大多数情况下，梁板式筏形基础的梁在底板下部，这时通常采取梁板同时浇筑混凝土。此时梁的侧模板是无法拆除的，一般梁侧模采取在垫层上两侧砌砖墙代替钢（或木）侧模，与垫层形成一个砖壳子模，也叫砖胎膜（见图2-40）。

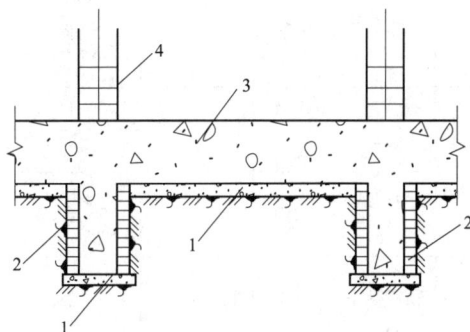

图2-39 上翻梁板式筏形基础钢管支架一次性支模
1—钢管支架；2—组合钢模板；3—钢支承架；4—地梁

图2-40 下翻梁板式筏形基础中的砖侧模板
1—垫层；2—砖侧模板；3—底板；4—柱钢筋

承台的砖胎模厚度取决于砖墙的高度，当砖墙高度小于60cm时，砌120mm厚墙；当砖墙高度大于60cm且小于180cm时，采用240mm厚墙；当砖墙高度大于180cm以上时，应当砌370mm厚墙。

（8）当筏板基础长度很长（40m以上）时，结构设计应考虑在中部适当部位留设贯通后浇带，以避免出现温度收缩裂缝和便于进行施工分段流水作业；对超厚的筏形基础应考虑采取降低水泥水化热和浇筑入模温度措施，以避免出现过大温度收缩应力，导致基础底板裂缝。

（9）基础浇筑完毕，表面应覆盖和洒水养护，并不少于7d，必要时应采取保温养护措施，并防止浸泡地基。

（10）在基础底板上埋设好沉降观测点，定期进行观测、分析，做好记录。

（11）当混凝土基础达到设计强度的30％时，应进行基坑回填。基坑回填应在四周同时进行，并按基底排水方向由高到低分层进行。

第四节 工程实践案例

【案例1】 先张法预应力混凝土管桩施工案例

1. 工程简介

广东顺德嘉信城市花园是由新加坡和中国香港建筑师规划和设计的大型住宅区，区内兴建有多期不同风格的花园住宅小区及幼儿园、学校、商场等配套设施。本工程实例为第二期住宅小区，总建筑面积22.3万m²，包括15栋17～22层的高层住宅及会所、停车场等建筑物。

高层住宅的结构形式采用短肢剪力墙—筒体结构，其他建筑物采用框架结构。工程的抗震设防烈度为7度。

2. 工程地质概况

建设场地位于城市花园第一期住宅小区南侧，西邻龙盘北路。场地共布置工程地质勘察钻探孔

131 个，其他控制钻孔 15 个，技术孔 27 个。

场地地貌为河流堆积地貌，原为鱼塘耕地，经人工填土而成，施工场地大致平整。

场地岩土层由第四系素填土、冲坡积土、残积突击前震旦系花岗片麻岩组成，自上而下分 4 大层 8 亚层。其主要特征及物理力学指标见表 2 - 13。

表 2 - 13　　　　　　　　　　　各土层特征及主要物理力学性质指标

层号	岩土名称	状态	层厚（m）	标准贯入击数（$N_{63.5}$）	f_k（kPa）	预制桩		钻孔桩		备注
						q_{sik}（kPa）	q_{pk}（kPa）	q_{sik}（kPa）	q_{pk}（kPa）	
1	素填土	松散	2.1～5.0	1.0～11.0	70					
2-1	淤泥	流塑	4.0～27.3	1.0～5.6	55			16		
	粉质黏土夹层	软塑		1.5～20.5	140			47		
2-2	粉质黏土	可塑	0.4～8.6	1.0～28.5	190	73	1850			桩长<15m
							2300			桩长≥15m
3	粉质黏土	硬塑	1.6～25.0	7.5～36.0	280	95	4400	80	1300	桩长<30m
							5100		1500	桩长≥30m
4-1	花岗片麻岩	全风化	1.1～18.1	28.5～56.5	360	105	5300	88	1650	桩长<30m
							6000		1900	桩长≥30m
4-2	花岗片麻岩	土状强风化	0.6～17.2	50.0～74.0	700	150	6000	130	1900	桩长<30m
							7000		2200	桩长≥30m
4-3	花岗片麻岩	岩状强风化	0.4～7.6	49.5～65.0	1000	250	10 000	200	3000	
4-4	花岗片麻岩	中风化	顶板埋深23.3～47.0		1800	10 000		F_{rc}取 15MPa		

3. 分析选型

(1) 地表土层为新近填土，堆填时间较短，尚未完成自重固结，其下的淤泥层较厚且不均匀，含水量大，压缩性高，呈流塑状。7 度地震设防区，基础设计应充分考虑这部分软土的地震震陷影响，若采用桩基，承载力取值应留有足够的余地。

(2) 各个风化岩层的厚薄不均且性状相差较大，全风化层厚 1.1～18.1m，土状强风化岩层厚 0.6～17.2m，岩状强风化层厚 0.4～7.6m；全风化和土状强风化都有遇水变软崩解的特性。预制预应力管桩基础若以此类岩土作桩岩端持力层，应特别注意避免桩基渗漏水软化持力层的问题发生。

(3) 在少部分地质钻探孔中，土状强风化或岩状强风化都较薄或缺失。从软弱土层直接过渡到中风化岩硬层，中间缺乏缓冲层，或缓冲层过薄，属于那种"上软下硬，软硬突变"的岩层。若无法避免这类岩层作桩端持力层时，设计和施工方面都需要妥当的应对措施。

通过上述对场地地基土层性状的分析可知，本工程若采用钻孔灌注桩基础，虽也能取得较高的单桩竖向承载力，但成桩质量较难控制，而且由于桩底沉渣的存在和钻孔时土壁应力释放，单位面积桩端阻力 q_{pk} 和桩侧阻力 q_{sik} 发挥均明显低于预制桩，即不利于发挥岩土层的承载能力，特别是钻孔灌注桩施工速度慢得多且造价高得多；而采用锤击预应力高强混凝土管桩（PHC）基础，则能充分发挥该桩型桩身强度高（C80 混凝土）、质量可靠稳定、桩的锤击贯入能力强、单桩承载力高、施工速度快、价格便宜的特点，是合理而经济的选择。

4. 锤击预应力管桩的设计与施工

本工程基础采用锤击预应力高强混凝土管桩，结合上部结构荷载、受力性能和地质构造特点，着重对以下几个方面的设计和施工问题进行分析和探讨。

（1）桩端持力层的选择。比较理想的桩端持力层应是较厚的 4-3 岩状强风化层。这种地质构造能充分发挥锤击管桩桩身强度高、耐施打的优点，入岩深度和最后贯入度容易控制、方便施工，故设计要求以 4-3 岩状强风化层为锤击预应力管桩的桩端持力层。但各个风化岩层厚薄不均的复杂地质构造特点决定了有另外两种情况发生：根据典型的工程地质钻孔柱状图分析，一是管桩桩尖落在较厚的 4-2 土状强风化层上即达到收锤标准；二是有的管桩桩尖落在较薄或缺失的土状和岩状强风化层后直接从 3 粉质黏土层进入中风化层，形成"上软下硬，软硬突变"。

桩端土若是土状强风化层，由于其具有遇水变软崩解的特性，锤击管桩成桩后，地下水可能通过三种途径进入空心管桩内：桩的上开口；管桩的端头板与混凝土面的分离裂缝；桩身壁的裂缝。然后水从桩端渗漏出桩外进入土状强风化层，造成持力层软化崩解，严重影响成桩质量，造成事故隐患。因此结合现场施工实际，对管桩底端采用掺有膨胀剂的细石混凝土填芯封底，构造如图 2-41 所示。

当管桩桩尖穿过很薄的土状或岩状强风化层或从粉质黏土层直接进入中风化层时，由于软硬突变，缺少一层"缓冲层"，锤击管桩施工时，很容易产生桩的倾斜率过大、破损率高的现象。为了保证锤击管桩成桩质量，增强桩尖的破岩和嵌岩能力，本工程针对不同的地质构造情况，采用了两种不同的桩尖构造，分别如图 2-42 所示。实际效果良好，基本上没有因桩端持力层岩土太硬而造成管桩反弹过大，导致桩身的倾斜率超规范或破损率高的现象发生。

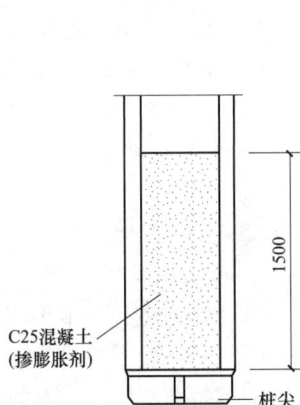

图 2-41 管桩底部构造

图 2-42 桩尖大样图

（2）锤击管桩的施工质量控制。

1）最后贯入度和锤击数：对于复杂岩土地基锤击管桩基础工程来说，施工中要解决的重点问题是收锤标准问题，应根据场地地质条件、单桩承载力的取值、桩的规格和长短、锤的大小和落距（冲程）等因素，综合考虑最后贯入度、桩的入土深度、总锤击数、最后 1m 沉桩锤击数、桩端持力层的岩土类别及桩尖进入持力层深度等指标后给出。当桩端持力层确定后，锤击管桩的最后贯入度、总锤击数则是主要控制指标。

本工程针对不同的地质构造特点，通过试打桩确定了不同的锤击管桩最后三阵贯入度和总锤击数的控制指标。

① 桩端持力层为土状或岩状强风化层，总锤击数为 1000～1500 击，最后三阵贯入度在 20～25mm/10 击时即可收锤；总锤击数多于 1500 击，最后三阵贯入度在 25～30mm/10 击时即可收锤。

② 当桩尖可能穿过较薄的强风化层或直接从粉质黏土进入中风化层时，总锤击数可能不到 1000 击，最后三阵贯入度应控制在 15～20mm/10 击的范围，一般不小于 15mm/10 击。

2）锤击管桩的焊接接头：许多锤击管桩基础工程实例的动测检验结果表明有相当数量的不合格或有缺陷的桩是因焊接接头有裂缝造成的，说明焊接质量不过关。在施工过程中，焊接接头要经受成百上千次锤击及相当大的拉力作用，容易开裂。因此，本工程要求现场施工人员应认真操作，使两端板间无间隙、错位，保证焊接饱满、无气孔；施焊要对称进行，焊接时间控制得当，不宜太短也不宜太长，焊接完成后宜自然冷却 10min 后方可施打，否则高温焊缝遇水后，焊缝变脆，锤击次数多了容易开裂。同时，还要求焊接过程保证桩身垂直，以免打桩时因偏心受力而使桩身破坏，同时成桩后的垂直度也能得到保证。

3）打桩顺序与沉桩工艺：本工程地表填土以下平均 15m 左右深度的淤泥层，受锤击沉桩挤压时，排水不易，颗粒间较难挤密实，导致隆土现象出现，桩易偏位倾斜。同一单体建筑物要求先施打中间的桩，后施打周边的桩；先施打持力层较深的桩，后施打持力层较浅的桩。

沉桩速度也要求得到严格控制，速度过快会使土体产生很大的孔隙水压，深土层产生水平移位。如不加以控制而超过临界状态，土体隆起时对桩产生上浮力，还会对四周的桩产生水平挤压力，易导致桩倾斜偏位。

另外，锤击管桩施工时要求对桩身的垂直度、桩位及桩顶标高进行监控，发现问题及时采取相应措施予以调整。沉桩应连续进行，避免中途停歇。

5. 工程桩的质量检测

本工程锤击管桩施工完毕后，分别采用单桩竖向抗压静载试验和高应变动载测试法对部分工程桩进行了检测。静载试验检测 4 根桩，试验结果全部符合设计要求。高应变动载测试法共检测了 138 根桩，桩的检测结果为 135 根桩符合设计要求，3 根桩桩身存在严重缺陷，不予提供承载力。

桩的静载试验和高应变动载测试法结果表明，绝大部分桩的施工质量都能满足桩基设计要求，对 3 根桩身有严重缺陷的桩，及时进行了补桩处理。

工程从开工到竣工验收，一年多的时间里进行了多次建筑物的沉降观测，最大沉降 $\delta \leqslant 18mm$。

6. 小结

（1）锤击预应力管桩具有桩身质量稳定可靠、强度高、耐施打、穿透能力强、施工快捷方便等优点，特别适合在复杂岩土地基工程中应用。

（2）若以具有遇水软化崩解特性的强风化岩层作为锤击预应力管桩的持力层时，应有防止水从桩底渗漏出去的设计构造措施。

（3）锤击预应力管桩施工时的最后贯入度和总锤击数，是收锤标准中的两个主要指标，应根据不同的地质构造条件，通过试打桩确定。

（4）锤击预应力管桩接头的焊接与桩身垂直度的控制，是保证成桩质量、避免桩身缺陷的重要环节。

【案例 2】 泥浆护壁钻孔灌注桩施工案例

某拟建的多层公寓二号地块，工程位于××区西山桥阮家桥村，东邻西塘中路，北靠花园路，南邻市机电公司用地。共有 5 幢 16～24 层高层建筑及少量附属建筑，1 个一层大型地下停车库。本工程由××房产公司开发，×××设计研究院设计，××市勘测设计研究院完成岩土勘察工作。某施工企业中标工期 70 天。

1. 工程桩数量

某钻孔灌注桩工程数量见表 2-14。

表 2-14　　　　　　　　　　　　某钻孔灌注桩工程数量

编号	子项名称	桩型φ（mm）	桩长（m）	桩数（根）	地质资料上的成孔深度（m）
1	1号楼	800	50	296	55
		600	24	24	32
2	2号楼	800	40	80	43
3	3号楼	800	50	244	58
		600	40	6	43.5
4	4号楼	800	40	62	37
5	5号楼	600	40	55	47.5

桩身混凝土强度等级 C30，为预拌混凝土，混凝土坍落度 18～20cm，混凝土灌注前孔底沉渣≤50mm，桩身混凝土加灌高度 1.5m。

2. 地貌，地基土工程地质特征

工程地质情况详细有某勘测设计研究院提供的岩土工程勘测报告。拟建工程场地复杂程度为中等复杂，地基复杂程度为中等复杂地基。

3. 施工准备

（1）技术资料准备并制定相应的保证措施。

（2）施工中要投入的仪器，如经纬仪、水准仪等送计量局检验，合格后送工地使用。

（3）进行技术交底。

（4）清理现场，清除施工现场地上和地下全部障碍物。

（5）复核规划红线，进行桩基轴线放样及桩位布置，将桩基定位点、水准点引出施工影响范围外，确保基准点、水准点不受施工影响，并加以保护。

（6）配合施工总承包方进行施工场地平整，合理安排好施工场地和材料堆场，布置好泥浆循环系统，挖好泥浆池并用砖块砌好。

（7）打试桩：全场施工前将开打的第一根工程桩作为试桩，邀请建设单位、设计、质检、监理、勘测等有关部门的人员参加，对试桩成孔的孔径、垂直度、孔壁稳定、沉渣、岩样和嵌岩深度、充盈系数等检测能否满足设计要求进一步核对地质资料，检验施工工艺是否符合设计、施工规范要求，以确定工程桩施工中有关参数，为工程桩全面开打做好准备。

（8）编制施工劳动力安排表、施工机具及配套设备表、材料计划安排表（此处略）。

（9）进行临时设施设置，引入施工用水、电。

4. 技术准备

（1）做好建筑物位置定位放线：定位放线以规划部门指定的红线为准，以总平面图为依据，定出标准轴线，并绘制测量定位记录。

（2）做好高程引进。

（3）设置坐标点并进行复测、监理复查。在测量放线时应注意以下几个方面。

1）核验标准轴线桩的位置。

2）对照施工平面图检查建筑物各轴线尺寸。

3）校验基准点和龙门桩标高。

4）填写工程定位测量记录和绘制定位测量图，并在图上注明方向，测量起始点，测量顺序，测量结果，并由复测人和监理签字。

5. 大口径钻孔灌注桩施工

（1）施工工艺流程图参见本章图 2-22。

（2）桩位放样：桩位测量放线，应与设计提供的桩位平面图一致，并有放线控制点夹角和距离，以便检验校核数据，桩位放样用 ϕ14mm 钢筋全部打入至高出地面 20～30cm，顶部涂上红漆做标志，及时通知监理、业主复核，保证桩位的正确性。

（3）护筒及其埋设：本工程使用的护筒由钢板制成，厚 4mm，上部留有出溢浆口，并焊有吊环，每节护筒长 1.2～1.5m，护筒内径大于钻头直径 100mm，埋设完毕后其平面偏差不大于 20mm。

（4）钻机移位对中，钻机就位时，必须校对桩位中心、轴线及水平位置。桩机就位必须正确水平稳固，确保在施工中不发生倾斜和移动。垂直度必须符合规范要求（≤1%）。

（5）成孔施工要点：钻点回转中心对准护筒中心，其偏差不大于 20mm，开动泥浆泵使泥浆循环 2～3min，然后再开动钻机，慢慢将钻头放至孔底，在护筒刃脚处低挡慢速钻进，钻至刃脚下 1m 后，再根据土质情况以正常速度钻进。

根据土质情况、孔径大小、钻孔深度确定相应的钻进速度：淤泥质土，最大钻速不大于 1m/min，其他土层以钻机不超负荷为准；在风化岩或其他硬土层中的钻进速度以钻机不产生跳动为准。

（6）泥浆护壁和排渣：泥浆的稠度应适当控制，应根据地层情况经常测定泥浆的比重、黏度、含砂率的技术指标，造孔中泥浆比重应控制在 1.23～1.35，排出泥浆比重随地层条件而定（见表 2-15）。

表 2-15　　　　　　　　　　泥 浆 技 术 指 标

地质条件	比重 G（g/cm³）	黏度 S	含砂量（%）	胶体率（%）	pH 值
粉土、粉质黏土，一般黏土	1.10～1.25	16～20	4～8	≥95	7～9
黏土	1.10～1.30	18～22	4～8	≥95	7～9
砂砾（卵）石基岩	1.25～1.35	20～22	4～8	≥95	7～9

废浆处理：本工程安排 6 辆汽车，从现场拉运废浆，按环保条例定点进行排放，并办理有关手续。

（7）进行第一次清孔，清孔是桩基施工的关键所在。

（8）钢筋笼制作安放。

（9）下导管，第二次清孔。

（10）桩身混凝土灌注。

复 习 思 考 题

1. 地基处理方法一般有哪三类？请说出它们的原理和典型代表地基。

2. 简述砂石垫层的适用情况与施工要点。

3. 深层搅拌桩有哪三种布置形式？说出其适用范围。

4. 简述强夯的地基加固机理。

5. 挤密桩的构造要求及施工要点有哪些？

6. 先张法预应力管桩有哪些特点？预应力混凝土管桩有哪三类？

7. 预应力管桩的适用范围是什么？其桩尖有哪三种形式？

8. 静压预应力管桩的施工工艺流程是怎样的？

9. 预应力管桩接桩施工要注意哪些问题，预应力管桩顶如何实现与承台的连接？

10. 预应力管桩锤击法施工的打桩顺序应如何规划？桩锤如何选择？收锤的标准如何定？

11. 请说出三个预应力管桩施工中常见工程质量问题与防治措施。

12. 在建筑工程中常用的泥浆护壁钻孔灌注桩有哪三种？

13. 请说出正反循环回转钻机成孔的工艺原理，泥浆反循环有哪三种施工方法？

14. 护筒的作用是什么？护筒埋设有什么要求？

15. 请画出泥浆护壁钻孔灌注桩的施工工艺流程框图。

16. 泥浆护壁钻孔灌注桩的第二次清孔是在什么时候？为什么要第二次清孔？沉渣厚度要达到什么要求？用什么仪器测定？

17. 请说出灌注水下混凝土的施工技术要点。

18. 常见易发生的泥浆护壁钻孔灌注桩质量问题有哪些？如何防止？

19. 什么叫抗拔桩？预应力管桩抗拔桩和钻孔灌注桩抗拔桩在构造与承压桩有什么区别？

20. 梁板式筏形基础有哪两种形式？它们是如何支模浇筑的？

习　　　题

1. 某房地产开发公司开发的住宅小区，1～8 号楼为 11 层的小高层，9～20 号楼为 21 层的高层住宅。小高层采用钢筋混凝土框架结构，先张法预应力管桩，桩径为 500mm，钢筋混凝土条形基础，施工现场地面标高为 −0.3m，桩顶设计标高为 −2.3m。高层住宅采用钢筋混凝土框架剪力墙结构，设地下停车场，采用桩径为 1200mm 泥浆护壁钻孔灌注桩，桩顶设计标高为 −5.0m。

问题一：预应力管桩进场该如何验收？进场的成品桩质量必须达到什么质量检验标准？

问题二：经抽检，1 号楼中 55 号桩的桩顶标高为 −2.35m，桩位沿基础梁中心线方向偏移 142mm，垂直基础梁中心线方向偏移为 132mm，当其余验收内容均符合要求时，该桩是否符合验收标准？

问题三：经对 15 号楼一边桩进行检查时，实际桩径为 1170mm，桩顶标高为 −4.97m，桩位偏移 141mm。当其余验收内容均符合要求时，该桩是否符合验收标准？

2. ϕ1200mm 泥浆护壁钻孔灌注桩，桩孔深度 46m，有效桩长 35m，混凝土强度等级 C30，泥浆密度 12kN/m³，混凝土充盈系数取 1.1。导管外混凝土面高度 $h_2 = 0.5 + 0.8 = 1.3$m，导管直径 250mm。求混凝土初灌量至少要多少体积。

第三章 砌 筑 工 程

本章学习要求

掌握砌筑工程常见的术语。

熟悉各种砌体材料和砌筑砂浆的特性和适用范围。

掌握砖墙砌筑的组砌形式和施工工艺。

掌握配筋砌体的构造、施工顺序、施工要点和质量要求。

熟悉砌块砌体的施工工艺、施工要点和质量要求。

掌握蒸压加气混凝土砌块等填充墙的施工技术要点、施工工艺流程和质量要求。

熟悉砌筑工程施工质量通病及防治。

砌筑工程，是一个综合性的过程，包括材料准备、运输、砌筑施工等施工过程；是土建施工中的重要环节，也是房屋建筑工程中的重要子分部工程。本章编写采用国家最新颁发的规范、标准和规定，并结合工程实际介绍了砌体工程概述，砖砌体砌筑，砌块砌体砌筑，填充墙砌筑，砌筑工程施工质量通病及防治，工程实践案例分析。结合当前实际，介绍了新型墙体材料在工程中的应用等。

第一节 砌 体 工 程 概 述

一、砌体工程基本概念

砌体结构是建筑物的主要结构形式之一，由块体和砂浆砌筑而成的墙、柱作为建筑物主要受力构件的结构，是砖砌体、砌块砌体和石砌体结构的统称。砌筑工程是指砖石块体和各种类型砌块的施工。砖石砌体在我国有着悠久的历史，早在三四千年前就已经出现了用天然石料加工成的砌体结构，两千多年前又出现了由烧制的黏土砖砌筑的砌体结构。虽然这种砖石结构取材方便、技术简单、耐火性能良好、造价低廉，且可以节约大量钢材和水泥，但是砖石砌体工程生产效率低、劳动强度高，且烧制黏土砖需要占用大量农田，难以适应现代建筑工业化的需要。所以，发展新型墙体材料代替普通黏土砖，改善砌体施工工艺已经成为砌筑工程改革的重要发展方向。

砌筑工程常见的术语有以下几种。

1. 混水墙

混水墙是指墙体砌筑完成之后，墙面需进行装饰处理才能满足使用要求的墙体（见图 3-1）。

2. 清水墙

清水墙是指墙体表面不需要覆盖其他装饰面层，只作勾缝处理，保持砖（砌块）本身质地的一种做法（见图 3-2）。混水墙与清水墙的砌筑施工工艺和方法基本相似，但清水墙的技术要求及质量要求相对要高。

3. 瞎缝

瞎缝是指砌体中相邻块体间无砌筑砂浆，又彼此接触的水平缝或竖向缝。

4. 通缝

通缝是指砌体中上下皮块体搭接长度小于规定数值（小于或等于 25mm）的竖向灰缝。

图 3-1　混水墙做法

图 3-2　清水墙做法

5. 假缝

假缝是指为掩盖砌体灰缝内在质量缺陷，砌筑砌体时仅在靠近砌体表面处抹有砂浆，而内部无砂浆的竖向灰缝。

6. 配筋砌体

配筋砌体是指由配置钢筋的砌体作为建筑物主要受力构件的结构。是网状配筋砌体柱、水平配筋砌体墙、砖砌体和钢筋混凝土面层或钢筋砂浆面层组合砌体柱（墙）、砖砌体和钢筋混凝土构造柱组合墙和配筋小砌块砌体剪力墙结构的统称。

7. 芯柱

芯柱是指在小砌块墙体的孔洞内浇灌混凝土形成的柱，有素混凝土芯柱和钢筋混凝土芯柱。

8. 螺丝墙

组砌层数不一致会造成螺丝墙，又称"打楔子"。螺丝墙问题反映在内外墙交接处将无法处理，造成大量返工。其原因是升线时左右不一致或标高测定出现错误。防治办法是认真做好抄平弹线工作，采取立皮数杆、挂线等方法砌筑，升线时左右施工人员相互通知并统一层数。

9. 原位检测

原位检测是指采用标准的检验方法，在现场砌体中选样进行非破损或微破损检测，以判定砌筑砂浆和砌体实体强度的检测。

10. 百格网

百格网用铁丝编制锡焊而成，也有在有机玻璃上划格而成，用于检测墙体水平灰缝砂浆饱满度的工具。

11. 薄层砂浆砌筑法

薄层砂浆砌筑法是指采用蒸压加气混凝土砌块黏结砂浆砌筑蒸压加气混凝土砌块墙体的施工方法，水平灰缝和竖向灰缝宽度为 2～4mm，简称薄灰砌筑法。

二、砌体材料

（一）块材

块材是砌体结构的主要组成部分，包括砖、砌块和石材。

1. 砖

（1）烧结类砖。烧结类砖包括烧结普通砖、烧结多孔砖和烧结空心砖。其分为 MU30、MU25、MU20、MU15 和 MU10 5 个强度等级。

烧结普通砖是指以页岩、煤矸石、粉煤灰或黏土为主要原料，经过焙烧而成的实心或孔洞率不大于规定值且外形尺寸符合规定的砖。根据主要原料的不同，又可分为：烧结黏土砖、烧结页岩砖、烧结煤矸石砖和烧结粉煤灰砖等。其外观尺寸为 240mm×115mm×53mm，习惯上称标准砖。每立方米砌体的标准砖块数量为 512 块。

烧结多孔砖是指以页岩、煤矸石、粉煤灰或黏土为主要原料，经焙烧而成、孔洞率不大于 35%，孔的尺寸小而数量多，主要用于承重部位的砖，简称多孔砖。其外观尺寸为 290mm×240（190）mm×180mm 和 175mm×140（115）mm×90mm 两种，其抗压强度同烧结普通砖也分为五个强度等级（见图 3-3）。

图 3-3　烧结空心、多孔砖
(a) 烧结空心砖；(b) 烧结多孔砖（圆形孔）；(c) 烧结多孔砖（矩形孔）

烧结空心砖，外形为矩形体，在与砂浆的结合面上设有增加结合力的深度为 1mm 以上的凹线槽。其外观尺寸为 290mm×190（140）mm×90mm 和 240mm×180（175）mm×115mm 两种，根据密度又可分为 800、900、1100 三个级别。其抗压强度同烧结普通砖也分为 5 个强度等级。

（2）非烧结类砖。为了节约能源，保护土地资源，非烧结类砖已成为墙材发展的新方向。非烧结类砖有：混凝土普通砖、混凝土多孔砖、蒸压灰砂普通砖、蒸压粉煤灰普通砖。

混凝土多孔砖是指以水泥为胶结材料，以砂、石为主要骨料，加水搅拌成型、养护制成的。多孔砖是一种多排小孔的混凝土砖，主要规格尺寸为 240mm×115mm×90mm（见图 3-4）。普通砖规格尺寸为 240mm×115mm×53mm 及 240mm×115mm×90mm。混凝土普通砖和混凝土多孔砖均分为 MU30、MU25、MU20、MU15 4 个强度等级。

蒸压灰砂砖是指以石灰和砂为主要原料，经坯料制备、压制排气成型、高压蒸汽养护而制成的空心砖（孔洞率达 15%）或实心砖。蒸压灰砂砖分为 MU25、MU20、MU15 三个强度等级（见图 3-5）。

图 3-4　混凝土多孔砖、空心砖
(a) 混凝土多孔砖；(b) 混凝土多孔砖（七分砖）；(c) 混凝土空心砖

图 3-5　蒸压灰砂实心砖、空心砖
(a) 蒸压灰砂实心砖；(b) 蒸压灰砂空心砖

蒸压灰砂实心砖外观尺寸为 240mm×115mm×53mm；蒸压灰砂空心砖外观尺寸见表 3-1。

蒸压粉煤灰砖是指以石灰、消石灰（电石渣）或水泥等钙质材料与粉煤灰等硅质材料及集料（砂等）为主要原料，掺以适量石膏，经坯料制备、压制排气成型、高压蒸汽养护而成的实心砖，简称粉煤灰砖。蒸压粉煤灰砖分为 MU25、MU20、MU15 三个强度等级。

表 3 - 1 蒸压灰砂空心砖规格及公称尺寸

规格代号	公称尺寸（mm）		
	长	宽	高
NF	240	115	53
1.5NF	240	115	90
2NF	240	115	115
3NF	240	115	175

蒸压灰砂砖、蒸压粉煤灰砖不得用于长期受热 200℃ 以上、受急冷急热和有酸性介质侵蚀的建筑部位。

2. 砌块

砌块主要发展方向是朝着轻质、保温、隔热并具有一定强度的新型砌块，只有符合节能、绿色建筑的新型墙体砌块材料需求才有真正的应用价值。

砌块是指主规格中的长度、宽度或高度中有一项或一项以上分别大于 365mm、240mm 或 115mm，但高度不大于长度或宽度的 6 倍、长度不超过高度 3 倍的人造墙体材料。

砌块按用途可以分为承重砌块与非承重砌块；按有无孔洞可以分为实心砌块与空心砌块；按所用材料的不同分为水泥混凝土砌块、粉煤灰硅酸盐砌块、加气混凝土砌块、轻骨料混凝土砌块等；按生产工艺分为烧结砌块和蒸压砌块等；按产品的规格大小不同可分为大型砌块、中型砌块和小型砌块等。常用的砌块是普通混凝土小型空心砌块、轻骨料混凝土小型空心砌块、蒸压加气混凝土砌块、普通混凝土中型空心砌块、粉煤灰硅酸盐密实中型砌块和废渣混凝土空心中型砌块等。

（1）混凝土小型空心砌块，简称混凝土砌块或砌块，是指以水泥、砂、碎石或卵石、水等预制而成。主规格尺寸为 390mm × 190mm × 190mm，空心率在 25%～50% 的空心砌块。有两个方形孔，最小外壁厚度应不小于 30mm，最小肋厚度应不小于 25mm（见图 3-6）。其强度等级为：MU20、MU15、MU10、MU7.5、MU5。与其配套的专门材料有砌块专用砂浆（用 Mb×× 表示）和砌块灌孔混凝土（用 Cb×× 表示），专用施工机具有铺灰器、小直径混凝土振捣棒（直径≤30mm）和小型注芯混凝土泵。

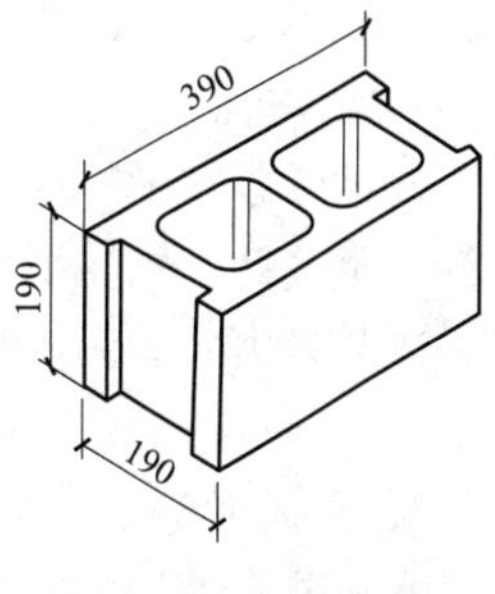

（2）轻骨料混凝土小型空心砌块，是以浮石、火山渣、煤渣、自然煤矸石、陶粒等为粗骨料制作的混凝土小型空心砌块。主规格尺寸为 390mm×190mm×190mm。按其孔的排数有单排孔、双排孔、三排孔和四排孔 4 类。单排轻骨料混凝土砌块的强度等级为 MU20、MU15、MU10、MU7.5、MU5；双排孔或多排孔的砌块强度等级为 MU10、MU7.5、MU5、MU3.5。

图 3-6 普通混凝土小型空心砌块

（3）蒸压加气混凝土砌块，是以水泥、矿渣、砂、石灰等为主要原料，加入发气剂，经搅拌成型、蒸压养护而成的实心砌块（见图 3-7）。蒸压加气混凝土砌块按其抗压强度分为 A1、A2、A2.5、A3.5、A5、A7.5、A10 7 个强度等级；按其干密度级别分为 B03、B04、B05、B06、B07、B08。按其砌块尺寸偏差与外观质量、干密度、抗压强度和抗冻性分为：优等品（A）和合格品（B）两个等级。如强度级别为 A3.5、干密度 B05、优等品、规格尺寸为 600mm×200mm×250mm 的蒸压加气混凝土砌块，其标记为：ACB A3.5 B05 600×200×250A GB11968。蒸压加气混凝土砌块的规格尺寸见表 3-2。适用于低层建筑的承重墙、多层建筑的隔墙和框架结构的填充墙、各种围护墙，也可作为保温隔热材料等。

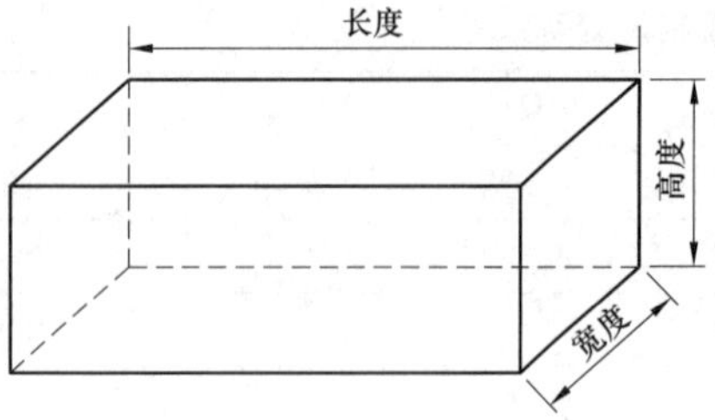

图 3-7　蒸压加气混凝土砌块示意图

表 3-2　　　　　　　　　　蒸压加气混凝土砌块规格尺寸　　　　　　　　　　mm

长度 L	宽度 B			高度 H	
600	100	120	125	200	240
	150	180	200	250	300
	240	250	300		

注　如需要其他规格，可由供需双方协商解决。

（4）中型砌块，是指砌块高度在 380～980mm 的砌块，常用的中型砌块有普通混凝土中型砌块、粉煤灰硅酸盐密实中型砌块和废渣混凝土空心中型砌块等。

3. 石材

石材是指无明显风化的天然岩石经过人工开采和加工后的外形规则建筑用材。按其加工后的外形规则程度可分为料石和毛石，料石又可分为细料石、半细料石、粗料石和毛料石。因其抗压强度高、耐久性好，多用于房屋基础、勒脚和挡土墙部位。石材的强度等级有 MU100、MU80、MU60、MU50、MU40、MU30 和 MU20。

（二）砂浆

砌体中砂浆的作用是将块材连成整体并使应力均匀分布，同时因砂浆填满了块材间的缝隙，也减少了透气性，提高了砌体的隔热性能及抗冻性等。

砂浆是由砂、无机胶凝材料（水泥、石灰、石膏等）与水按合理配比，经搅拌而制成。按其配料成分不同可分为：水泥砂浆、混合砂浆和石灰砂浆。

1. 水泥砂浆

水泥砂浆是指由砂与水泥加水拌和而成的不掺任何塑性掺和料的纯水泥砂浆。强度高、耐久性好，但保水性和流动性较差，在潮湿环境中硬化，一般多用于含水量较大地基中的地下砌体。在强度等级相同的条件下，采用水泥砂浆砌筑的砌体强度要比用混合砂浆低。

2. 混合砂浆

混合砂浆是指由水泥、石灰膏、砂和水拌和而成。强度高，耐久性、保水性和流动性较好，便于施工，质量容易保证，是砌体结构中常用的砂浆。

3. 石灰砂浆

石灰砂浆是由石灰、砂和水拌和而成。强度低、耐久性差，但砌筑方便，不能用于地面以下和潮湿环境的砌体，通常只能用于临时建筑或受力不大的简易建筑。

砂浆的强度等级是按龄期为 28d 的边长为 70.7mm 立方体试块所测得的抗压强度极限值来确定。砂浆强度等级一般有 M30、M25、M20、M15、M10、M7.5、M5，单位为 MPa（N/mm^2）。

除上述几种砂浆外，还有专用于砌筑混凝土砌块的砌筑砂浆，是由水泥、砂、水以及根据需要掺入的掺和料和外加剂等组成，按一定比例，采用机械拌和制成，简称砌块专用砂浆。其强度等级有 Mb20、Mb15、Mb10、Mb7.5 和 Mb5。用于砌筑蒸压灰砂普通砖和粉煤灰普通砖砌体采用的专用砌筑砂浆强度等级为 Ms15、Ms10、Ms7.5 和 Ms5。

4. 砂浆的要求

砂浆使用时必须满足设计要求的种类和强度等级，并满足施工时的砂浆稠度要求，见表 3-3。同时，砂浆应具有良好的保水性能，其分层度不应大于 30mm。

表 3-3   砌筑砂浆的施工稠度

砌体种类	砂浆稠度（mm）	砌体种类	砂浆稠度（mm）
烧结普通砖砌体 蒸压粉煤灰砖砌体	70～90	烧结多孔砖、空心砖砌体 轻骨料小型空心砌块砌体 蒸压加气混凝土砌块砌体	60～80
混凝土实心砖、混凝土多孔砖砌体 普通混凝土小型空心砌块砌体 蒸压灰砂砖砌体	50～70	石砌体	30～50

砂浆的原材料主要是水泥、砂、水和塑化剂。水泥应保持干燥，如标号不明或出厂日期超过三个月，应经过试验鉴定后按试验结果使用。水泥砂浆的水泥使用量≥200kg/m³，强度等级≤32.5级。混合砂浆中水泥和掺加料总量宜为 300～350kg/m³，强度等级≤42.5 级。砂宜采用中砂，并应过筛，不得含有草根等杂物，当拌和水泥砂浆或强度等级大于和等于 M5 的混合砂浆时，含泥量不应超过 5%；当拌和强度等级小于 M5 的混合砂浆时，含泥量不应超过 10%。水宜采用饮用水。塑化剂包括石灰膏、黏土膏、电石膏、生石灰粉等无机掺和料和微沫剂等有机塑化剂，其作用是提高砂浆的可塑性和保水性。当采用块状生石灰熟化成石灰膏时，应用孔洞不大于 3mm×3mm 的网过滤，并要求其充分熟化，熟化时间不少于 7d；如采用磨细生石灰粉，熟化时间不少于 2d。

砂浆应机械搅拌，水泥砂浆和水泥混合砂浆的搅拌时间从开始加水算起不得少于 2min；水泥粉煤灰砂浆和掺用外加剂的砂浆搅拌时间不得少 3min。掺用有机塑化剂的砂浆必须机械搅拌，搅拌时间为 3～5min，干混砂浆及加气混凝土砌块专用砂浆宜按掺用外加剂的砂浆确定搅拌时间或按产品说明书采用。砂浆应随拌随用，在拌成后和使用时，应用贮灰器盛装。现场拌制的砂浆应随拌随用，拌制的砂浆应 3h 内使用完毕；当施工期间最高气温超过 30℃时，应在 2h 内使用完毕。预拌砂浆及蒸压加气混凝土砌块专用砌筑砂浆的使用时间应按照厂方提供的说明书确定。

施工中不应采用强度等级小于 M5 水泥砂浆替代同强度等级水泥混合砂浆，如需替代，应将水泥砂浆提高一个强度等级。

在工程施工中应抽样检查砌筑砂浆的强度等级。砌筑砂浆试块强度验收时其强度合格标准应符合下列规定。

(1) 同一验收批砂浆试块强度平均值应大于或等于设计强度等级值的 1.10 倍。

(2) 同一验收批砂浆试块抗压强度的最小一组平均值应大于或等于设计强度等级值的 85%。

上述合格标准尚应符合：①砌筑砂浆的验收批，同一类型、强度等级的砂浆试块应不少于 3组；同一验收批砂浆只有一组或两组试块时，每组试块抗压强度的平均值应大于或等于设计强度等级值的 1.1 倍；对于建筑结构的安全等级为一级或设计使用年限为 50 年及以上的房屋，同一验收批砂浆试块的数量不得少于 3组，每组试块为 3块。②砂浆强度应以标准养护，28d 龄期的试块抗压强度为准。③制作砂浆试块的砂浆稠度应与配合比设计一致。

(3) 抽检数量：每一检验批且不超过 250m³ 砌体的各类、各强度等级的普通砌筑砂浆，每台搅拌机应至少抽检一次。验收批的预拌砂浆、蒸压加气混凝土砌块专用砂浆，抽检可分为 3组。

5. 砂浆试块的制作与立方体抗压强度计算

(1) 砂浆试块的制作。

1）采用立方体试件，每组 3 个试件。

2）试模：尺寸为 70.7mm×70.7mm×70.7mm 的带底试模，材质规定参照 JG 3019 第 4.1.3 及 4.2.1 条，应具有足够的刚度并拆装方便。试模的内表面应机械加工，其不平度应为每 100mm 不超过 0.05mm，组装后各相邻面的不垂直度不应超过±0.5°；钢制捣棒直径为 10mm，长为 350mm，端部应磨圆。

3）应用黄油等密封材料涂抹试模的外接缝，试模内涂刷薄层机油或脱模剂，将拌制好的砂浆一次性装满砂浆试模，成型方法根据稠度而定。当稠度≥50mm 时采用人工振捣成型，当稠度＜50mm时采用振动台振实成型。

① 人工振捣：用捣棒均匀地由边缘向中心按螺旋方式插捣 25 次，插捣过程中如砂浆沉落低于试模口，应随时添加砂浆，可用油灰刀插捣数次，并用手将试模一边抬高 5～10mm 各振动 5 次，使砂浆高出试模顶面 6～8mm。

② 机械振动：将砂浆一次装满试模，放置到振动台上，振动时试模不得跳动，振动 5～10s 或持续到表面出浆为止；不得过振。

4）待表面水分稍干后，将高出试模部分的砂浆沿试模顶面刮去并抹平。

5）试件制作后应在室温为（20±5）℃的环境下静置（24±2）h，当气温较低时，可适当延长时间，但不应超过两昼夜，然后对试件进行编号、拆模。试件拆模后应立即放入温度为（20±2）℃，相对湿度为 90％以上的标准养护室中养护。养护期间，试件彼此间隔不小于 10mm，混合砂浆试件上面应覆盖以防有水滴在试件上。

（2）砂浆立方体抗压强度计算

$$f_{m,cu} = \frac{N_u}{A} \tag{3-1}$$

式中：$f_{m,cu}$ 为砂浆立方体试件抗压强度，MPa；N_u 为试件破坏荷载 N；A 为试件承压面积 mm²。

砂浆立方体试件抗压强度应精确至 0.1MPa。

以三个试件测值的算术平均值的 1.3 倍（f2）作为该组试件的砂浆立方体试件抗压强度平均值（精确至 0.1MPa）。

当三个测值的最大值或最小值中有一个与中间值的差值超过中间值的 15％时，则把最大值及最小值一并舍除，取中间值作为该组试件的抗压强度值；如有两个测值与中间值的差值超过中间值的 15％时，则该组试件的试验结果无效。

砂浆强度计算实例：

某工程采用 M5 混合砂浆砌筑，同一检验批共留 3 组试块，经过试压，其中各组试块的试压强度分别为：第一组，5.5MPa、6.1MPa、4.8MPa；第二组，5.7MPa、6.9MPa、5.4MPa；第三组，6.5MPa、6.0MPa、5.8MPa。请对所留置砂浆试块的强度进行评定。

根据本工程试块的立方体抗压强度的试压数据，计算每组的砂浆立方体抗压强度并进行评定。

第一组：$f_{m,cu}$=1.3×（5.5+6.1+4.8)/3=7.1（MPa）。

其中，中间值为 5.5MPa，本组中最小值、最大值与中间值的差值均在 15％以内，所以本组的抗压强度值为 7.2MPa。

第二组：$f_{m,cu}$=1.3×（5.7+6.9+5.4)/3=7.8MPa。

其中，中间值为 5.7MPa，本组中最大值与中间值的差值为 21％，大于 15％，所以本组的抗压强度值取 5.7×1.3=7.41（MPa）。

第三组：$f_{m,cu}$=1.3×（6.5+6.0+5.8)/3=7.9MPa。

其中，中间值为 6.0MPa，本组中最小值、最大值与中间值的差值均在 15％以内，所以本组的抗压强度值为 7.9MPa。

经上述计算，本验收批砂浆试块强度平均值大于设计强度等级值的 1.10 倍；本验收批砂浆试块抗压强度的最小一组平均值大于设计强度等级值的 85%。强度为合格。

三、砌体种类

砌体分为无筋砌体和配筋砌体两大类。

1. 无筋砌体

无筋砌体不配置钢筋，仅由块材和砂浆组成，包括砖砌体、砌块砌体和石砌体。无筋砌体抗震性能和抵抗不均匀沉降的能力较差。

（1）砖砌体。由砖和砂浆砌筑而成的砌体称为砖砌体。在房屋建筑中，砖砌体可用作内外墙、柱、基础等承重结构以及围护墙和隔墙等非承重结构。墙体的厚度是根据强度和稳定的要求确定的，对于房屋的外墙，还须考虑保温、隔热的要求。砖砌体包括实心砖砌体和空斗砖砌体。一般采用实心砖砌体，空斗砖砌体由于整体性差而较少采用。

（2）砌块砌体。由砌块和砂浆砌筑而成的砌体称为砌块砌体。我国目前应用较多的主要是混凝土小型空心砌块砌体、蒸压加气混凝土砌块砌体等。以减轻劳动强度、提高生产率，而且还能起到保温、隔热的作用。

（3）石砌体。由天然石材和砂浆或天然石材和混凝土砌筑而成的砌体称为石砌体，分为料石砌体、毛石砌体和毛石混凝土砌体三类。石砌体可用作一般民用建筑的承重墙、柱和基础，还可用作建造挡土墙、石拱桥、石坝和涵洞等构筑物。在石材产地可就地取材，比较经济，应用较广泛。

2. 配筋砌体

配筋砌体是指配置适量钢筋或钢筋混凝土的砌体，它可以提高砌体强度、减少截面尺寸、增加整体性。配筋砌体分为网状配筋砖砌体、组合砖砌体、砖砌体和钢筋混凝土构造柱组合墙及配筋砌块砌体。

（1）网状配筋砖砌体（横向配筋砌体）。网状配筋砖砌体是在砌体的水平灰缝中每隔几皮砖放置一层钢筋网。钢筋网主要用方格网形式（见图 3-8）。方格网一般采用直径为 3~4mm 的钢筋，钢筋间距不应大于 120mm，并不应小于 30mm。钢筋网间距不应大于五皮砖，并不应大于 400mm。砂浆强度不应低于 M7.5，水平灰缝厚度应保证钢筋上下至少有 2mm 厚的砂浆层。

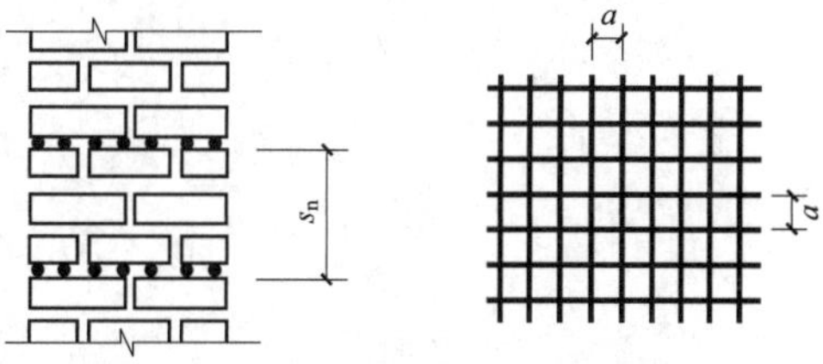

图 3-8 方格网式网状配筋砖砌体

（2）组合砖砌体。组合砖砌体是由砖砌体和钢筋混凝土面层或钢筋砂浆面层组合而成（见图 3-9）。适用于荷载偏心距较大，或进行增层、改造的原有墙、柱，增大其承载力。

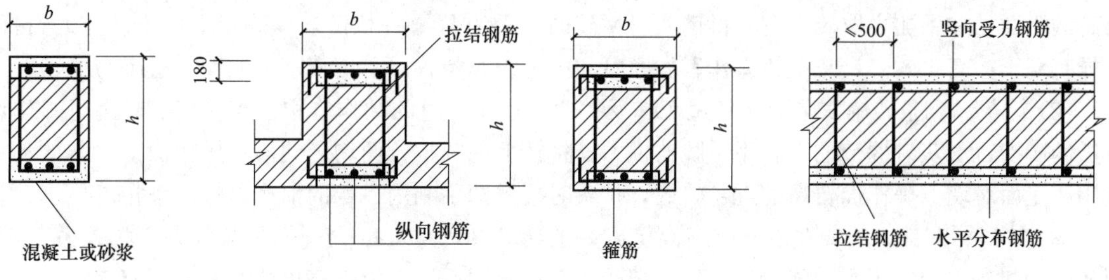

图 3-9 组合砖砌体
(a)、(b)、(c) 组合砖砌体构件截面；(d) 混凝土或砂浆面层组合墙

（3）砖砌体和钢筋混凝土构造柱组合墙。砖砌体和钢筋混凝土构造柱组合墙是由砖砌体与钢筋

图 3-10　砖砌体和钢筋混凝土构造柱组合墙

混凝土构造柱共同组成（见图 3-10）。工程实践表明，在砌体墙的纵横墙交接处、墙端部和较大洞口边缘，在墙中间距不宜大于 4m，设置钢筋混凝土构造柱不但可以提高墙体的承载力，而且构造柱与房屋圈梁连接组成钢筋混凝土空间骨架，增强了房屋的变形与抗倒塌能力。这种墙体施工时必须先砌墙，后浇筑钢筋混凝土构造柱。

（4）配筋砌块砌体。配筋砌块砌体是在混凝土小型空心砌块的竖向孔洞中配置钢筋，在砌块横肋凹槽中配置水平筋，然后浇灌混凝土，或在水平灰缝中配置水平钢筋，所形成的砌体（见图 3-11）。常用于中高层或高层房屋中起剪力墙作用，所以又称配筋砌块剪力墙结构，也可用作配筋砌块砌体柱。这种砌体具有抗震性能好、造价较低、节能的特点。

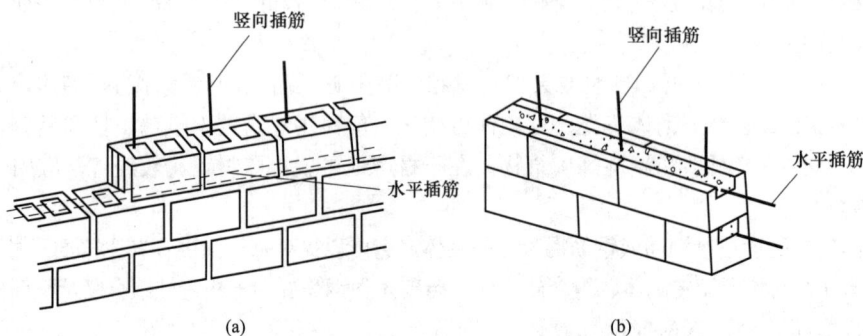

(a)　　　　　　　　　　　　　　　　(b)

图 3-11　配筋砌块砌体

第二节　砖砌体砌筑

一、砌筑方法

（一）"三·一"砌筑法

"三·一"砌筑法是指"一铲灰、一块砖、一挤揉"这三个"一"的动作过程，并随手用大铲尖将挤出墙面的灰浆刮掉、放入墙中缝或灰桶中的砌筑方法。操作的三个步骤如下。

（1）铲灰取砖。理想的操作方法是将铲灰和取砖合为一个动作进行。先是右手利用工具勾起侧码砖的丁面，左手随之取砖，右手再铲灰。拿砖时就要看好下一块砖，以确定下一个动作的目标，这样有利于提高工效。铲灰量凭操作者的经验和技艺来确定，以一铲灰刚好能砌一块砖为准。

（2）铺灰。砌条砖铺灰采取正铲甩灰和反扣两个动作。甩的动作应用于砌筑离身较远且工作面较低的砖墙，甩灰时握铲的手利用手腕的挑力，将铲上的灰拉长而均匀地落在操作面上。扣的动作应用于正面对墙、操作面较高的近身砖墙，扣灰时握铲的手利用手臂的前推力将灰条扣出。

（3）挤揉。灰铺好后，左手拿砖在离已砌好的砖有 30～40mm 处开始平放，并稍稍蹭着灰面，把灰浆刮起一点到砖顶头的竖缝里，然后把砖揉一揉，顺手用大铲把挤出墙面的灰刮起来，再甩到竖缝里。揉砖时要做到上看线下看墙，做到砌好的砖下跟砖棱上跟挂线。

"三·一"砌筑法可分解为铲灰、取砖、转身、铺灰、挤揉和将余灰甩入竖缝 6 个动作（见图 3-12）。

铲灰取砖　　　　　　　　　转身　　　　　　　　　　铺灰

挤揉　　　　　　　　将余灰甩入竖缝

图 3-12　"三·一"砌筑法的动作分解

（二）铺浆挤砌法

铺浆法是采用铺灰工具，先在墙面上铺砂浆，然后将砖压紧砂浆层，并推挤黏结的一种砌砖方法。

当采用铺浆法砌筑时，铺浆长度不得超过 750mm，施工期间气温超过 30℃时，铺浆长度不得超过 500mm。

铺浆挤砌法分为单手和双手两种挤浆方法。

1. 单手挤浆法

一般铺灰器铺灰，操作者应沿砌筑方向退着走。砌顺砖进，左手拿砖距前面的砖块 5～6cm 处将砖放下，砖稍稍蹭灰面，沿水平方向向前推挤，把砖前灰浆推起作为立缝隙处砂浆（俗称挤头缝）（见图 3-13），并用瓦刀将水平灰缝挤出墙面的灰浆刮清甩填于立缝内。

当砌顶砖时，将砖擦灰面放下后，用手掌横向往前挤，挤浆的砖口略倾斜，用手掌横向往前挤，到将接近一指缝时，砖块略向上翘，以便带起灰浆挤入立缝内，将砖压到与准线平齐为止，并将内外挤出的灰浆刮清，甩填于立缝内。

当砌墙的内侧顺砖时，应将砖由外向里靠，水平向前挤准，这样立缝处砂浆容易饱满，同时用瓦刀将反面墙水平缝挤出的砂浆刮起，甩填在挤砌的立缝内。

挤浆砌筑时，手掌要用力，使砖与砂浆密切结合。

2. 双手挤浆法

双手挤浆法的操作方法基本与单手挤浆法相同，但要求与难度要更高一些。砌墙时，无论向哪个方向砌，都要把靠墙的一只脚固定站稳，脚尖稍稍偏向墙边，另一只脚向后斜方向踏好约半步，使两脚很自然地呈丁字形，人体略向一侧倾斜，这样转身拿砖挤砌和看棱角都较灵活方便。拿砖

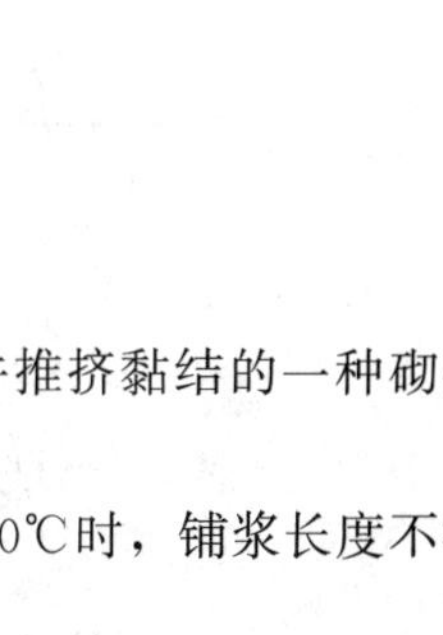

图 3-13　单手挤浆法

时，靠墙的一只手先拿，另一只手跟随着上去，也可双手同时取砖。两眼要迅速查看砖的边角，将棱角整齐的一边先砌在墙的外侧。取砖和选砖几乎同时进行。无论是砌顶砖还是顺砖，靠墙的一只手先挤，另一只手迅速跟着挤砌（见图 3-14）。

铺浆挤砌法，可采用 2～3 人协作进行，劳动效率高，劳动强度较低，且灰缝饱满，砌筑质量较高，但快铺快砌严格掌握平推平挤，保证灰浆饱满。该法适用于较长砌体的混水墙及清水墙；对于窗间墙、砖垛、砖柱等短砌体不宜采用。

（三）坐浆砌砖法

坐浆砌砖法，又称摊尺砌砖法，是指先在墙面上铺 1m 长的砂浆，用摊尺找平，然后在铺设好的砂浆上砌砖（见图 3-15）。

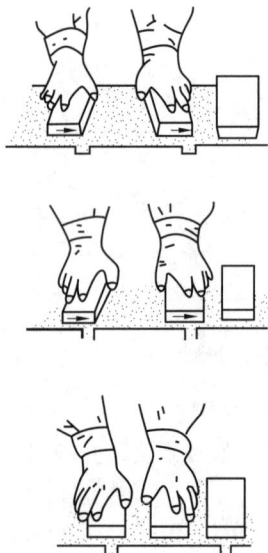

图 3-14　双手挤浆法　　　　图 3-15　坐浆砌砖法

坐浆砌砖法的步骤为：通常使用瓦刀，操作时用灰斗和大铲舀砂浆，并均匀地倒在墙上，然后左手拿摊尺刮平。砌砖时左手拿砖，右手用瓦刀在砖的头缝处打上砂浆，随即砌砖并压实。砌完一段铺灰长度后，将瓦刀放在最后砌完的砖上，转身再舀灰，如此挨段铺砌。每次砂浆摊铺长度应看气温高低、砂浆种类及砂浆稠度而定，不宜超过 1m，否则会影响砂浆与砖的黏结力。

在砌筑时应注意，砖块头缝的砂浆另外用瓦刀抹上去，不允许在铺平的砂浆上刮取，以免影响水平灰缝的饱和程度。摊尺铺灰砌筑时，当砌一砖墙时，可一人铺灰砌砖，墙较厚时可组成两人小组，一人铺灰，另一人砌墙，分工协作密切配合，这样会提高工效。该法灰缝均匀，墙面清洁美观，适用于砌筑门窗洞口较多的墙身。

二、砖墙砌筑施工

（一）砖墙砌体的组砌形式

1. 普通实心黏土砖的组砌形式

普通实心黏土砖墙体厚度有：半砖墙 115mm；3/4 砖墙 178mm；一砖墙 240mm；一砖半墙 365mm，二砖墙 490mm；个别的有 $1\frac{1}{4}$ 砖墙 300mm。普通砖墙立面的组砌形式有以下 6 种。

（1）一顺一丁。一顺一丁，又称满条满顶，是指一皮全部顺砖与一皮全部丁砖竖向交替叠砌而成的墙面，上下皮竖缝相互错开 1/4 砖长（见图 3 - 16）。

此种形式尚可分为顺砖层上下对齐的十字缝和顺砖层上下错开半砖的骑马缝两种形式。一顺一丁砌筑形式，适合于砌筑一砖、一砖半及二砖墙。

优点：各皮砖间错缝搭接牢靠，墙体整体性较好，操作时变化小，易于掌握，砌筑时墙面也容易控制平直。

缺点：当砖的规格不一致时，竖缝不易对齐，在墙的转角、丁字接头、门和窗洞口等处都要砍砖，因此砌筑效率受到一定限制。

（2）三顺一丁。三顺一丁的组砌形式是指三皮全部顺砖与一皮全部丁砖相互交替叠砌而成（见图 3 - 17），上下皮顺砖之间搭接 1/2 砖长，顺砖与丁砖之间搭接 1/4 砖长。适用于砌筑一砖和一砖半墙。

优点：在转角处，十字与丁字接头、门窗洞口等处可减少打"七分头"，使操作较快，可提高工作效率。

缺点：顺砖层较多，不易控制墙面的平整；当砖较湿或砂浆较稀时，顺砖层不易砌平，而且容易向外挤出，影响质量。

（3）梅花丁。梅花丁，又称沙包式和十字式，是指每皮砖中顶砖与顺砖间隔砌筑，上皮顶砖坐中于下皮顺砖，上下皮间竖缝相互错开 1/4 砖长（见图 3 - 18）。适用于砌筑一砖或一砖半的清水墙或砖的规格不一致的墙体。该法砌筑效率较低。

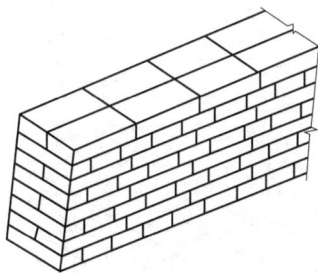

| 图 3 - 16 一顺一丁 | 图 3 - 17 三顺一丁 | 图 3 - 18 梅花丁 |

优点：灰缝整齐，美观，尤其适合于清水外墙。

缺点：由于顺砖与丁砖交替砌筑，影响操作速度，工效较低。

（4）两平一侧。两平一侧是指由二皮顺砖和旁砌一块侧砖相隔砌成。当墙厚为 3/4 时，平砌砖均为顺砖，上下皮平砌顺砖间竖错开 1/2 砖长；上下皮平砌顺砖与侧砌顺砖间竖缝相互错开 1/2 砖长，上下皮顶砖与侧砌顺砖间竖缝相互错开 1/4 砖长（见图 3 - 19）。

这种砌筑形式费工，但节约用砖，适合于 3/4 砖墙和 $1\frac{1}{4}$ 砖墙。

（5）全顺。全顺，又称条砌法，是指各皮均为顺砖，上下两皮竖缝相互错开 1/2 砖长，适合于砌半砖墙（见图 3 - 20）。

（6）全丁。全丁是指各皮砖全部用丁砖砌筑，上下皮间竖缝

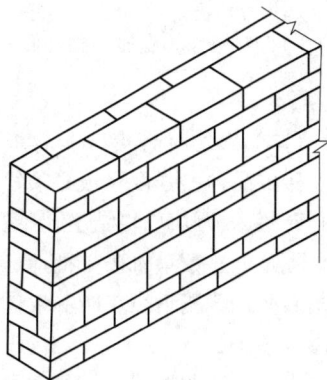

图 3 - 19 两平一侧

搭接为1/4砖长，适用于砌圆弧形的烟囱、水塔、圆仓等（见图3-21）。

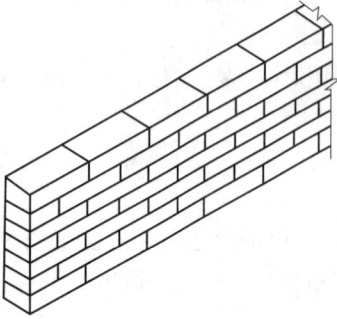

图3-20　全顺　　　　　　　　　　　　图3-21　全丁

2. 多孔砖组砌形式

常用M型模数多孔砖墙体和P型多孔墙体两种。

M型模数多孔砖的外墙厚度为200mm、250mm、300mm、350mm、400mm，复合夹心墙厚度为360mm、390mm；非承重内墙厚度为100mm、150mm，承重墙内墙厚度为120mm、240mm。

（1）M型多孔砖的砌筑形式。M型多孔砖的砌筑形式只有全顺，即每皮均为顺砖，其抓孔平行于墙面，上下皮竖缝相互错开1/2砖长（见图3-22）。

（2）P型多孔砖的砌筑形式。P型多孔砖的砌筑形式有一顺一丁及梅花丁两种砌筑形式，一顺一丁是一皮顺砖与一皮丁砖相隔砌筑，上下皮竖缝相互错开1/4砖长；梅花丁是每皮中顺砖与丁砖相隔，丁砖坐中于顺砖，上下皮竖缝错开1/4砖长（见图3-23）。

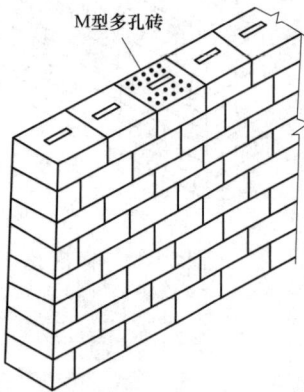

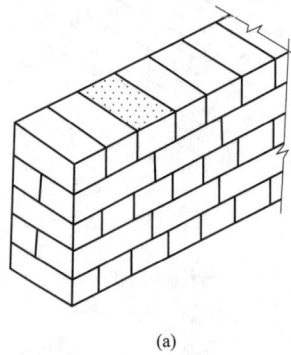

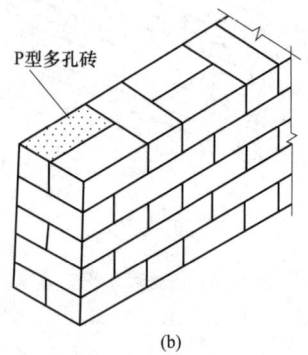

图3-22　M型多孔砖的砌筑形式　　　　图3-23　P型多孔砖的砌筑形式
　　　　　　　　　　　　　　　　　　（a）一顺一丁；（b）梅花丁

（二）砌筑材料要求和施工准备

砖的品种、强度等级必须符合设计要求，并应规格一致；每一生产厂家，烧结普通砖、混凝土实心砖每15万块，烧结多孔砖、混凝土多孔砖、蒸压灰砂砖及蒸压粉煤灰砖每10万块各为一验收批，不足上述数量时按1批计，抽检数量为1组。砌体砌筑时，混凝土多孔砖、混凝土实心砖、蒸压灰砂砖、蒸压粉煤灰砖等块体的产品龄期不应小于28d。用于清水墙、柱表面的砖，应边角齐、色泽均匀。

砌筑烧结普通砖、烧结多孔砖、蒸压灰砂砖、蒸压粉煤灰砖砌体时，砖应提前1～2d适度湿润，严禁采用干砖或处于吸水饱和状态的砖砌筑，块体湿润程度宜符合下列规定。

（1）烧结类块体的相对含水率为 $60\%\sim70\%$。

（2）混凝土多孔砖及混凝土实心砖不需要浇水湿润，但在气候干燥炎热的情况下，宜在砌筑前对其喷水湿润。其他非烧结类块体的相对含水率为 $40\%\sim50\%$。

现场检验砖含水率的简易方法是断砖法，当砖截面四周融水深度为 $15\sim20mm$ 时，视为符合要求的适宜含水率。

砂浆的种类和强度等级必须符合设计要求，砂浆的稠度符合规定要求。

（三）砖墙砌筑工艺

砖墙砌筑工艺流程一般为：抄平弹线 → 摆砖样→立皮数杆→ 砌筑、勾缝→楼层轴线引测→各层标高控制。

1．抄平弹线

砌筑砖墙前，先在基础防潮层或楼面上用水泥砂浆找平，然后根据龙门板上的轴线定位钉或房屋外墙上（或内部）的轴线控制点弹出墙身的轴线、边线和门窗洞口位置。

2．摆砖样

在放好线的基面上按选定的组砌方式用干砖试摆，核对所弹出的墨线在门洞、窗口、墙垛等处是否符合砖的模数，以便借助灰缝进行调整，尽可能减少砍砖，并使砖墙灰缝均匀，组砌得当（见图 3－24）。

3．立皮数杆

皮数杆是用来保证墙体每皮砖水平、控制墙体竖向尺寸和各部件标高的木质标志杆。根据设计要求、砖的规格和灰缝厚度，皮数杆上标明皮数以及门窗洞口、过梁、楼板等竖向构造变化部位的标高。皮数杆一般立于墙的转角及纵横墙交接处，其间距一般不超过 15m。立皮数杆时要用水准仪抄平，使皮数杆上的楼地面标高线位于设计标高处（见图 3－25）。

图 3－24 摆砖样

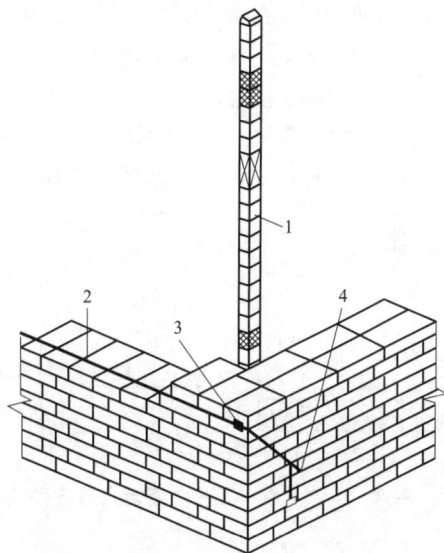

图 3－25 皮数杆与水平控制线
1—皮数杆；2—水平控制线；3—转角水平控制
与固定铁钉；4—末端水平控制线与固定铁钉

4．砌筑、勾缝

砌筑时为保证水平灰缝平直，要挂线砌筑。一般可在墙角及纵横墙交接处按皮数杆先砌几皮砖，然后在其间挂准线砌筑中间砖，厚度为 370mm 及其以上的墙体应双面挂线，其他可单面挂线。砌筑时宜采用"三·一"砌砖法。

勾缝是清水墙的最后一道工序，具有保护墙面和美观的作用。内墙面可以采用砌筑砂浆随砌随勾，即原浆勾缝；外墙面待砌体砌筑完毕后再用水泥砂浆或加色浆勾缝，称为加浆勾缝。

5. 楼层轴线引测

为了保证各层墙身轴线的重合和施工方便，在弹墙身线时，应根据龙门板上的标志将轴线引测到房屋的底层外墙面上（或在内部轴线设控制点）。二层及以上的各层墙的轴线，可用经纬仪或垂球引测到楼面上去，并根据施工图上尺寸用钢尺对轴线进行校核（见图 3-26）。

图 3-26　轴线引测

6. 各层标高控制

各层标高除皮数杆控制外，还应弹出室内水平线进行控制。底层砌到一定高度后，在各层的里墙角，用水准仪根据龙门板上的±0.000 标高，引出统一标高的测量点（一般比室内地坪高出 500mm），然后根据墙角二点弹出水平线，依次控制底层过梁、圈梁和楼板的标高。当第二层墙身砌到一定高度后，先从底层水平线用钢尺往上量第二层水平线的第一个标志，然后以此标志为准，用水准仪定出墙面的水平线，以此控制第二层标高。

（四）砖墙转角与接头处的砌法

1. 普通实心黏土砖

（1）转角处砌法。砖墙的转角处，应加砌七分头砖。当采用一顺一丁、梅花丁、三顺一丁组砌方式时，其一砖墙、一砖半墙的组砌如图 3-27～图 3-32 所示。

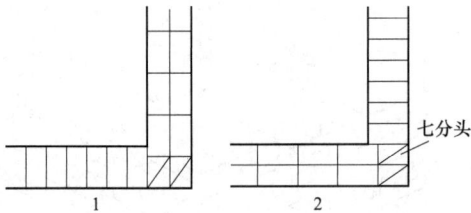

图 3-27　一顺一丁一砖墙转角分皮砌法

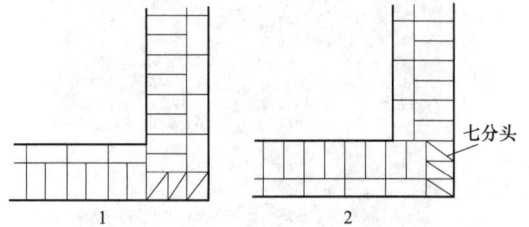

图 3-28　一顺一丁一砖半墙转角分皮砌法

图 3-29　梅花丁一砖墙转角分皮砌法

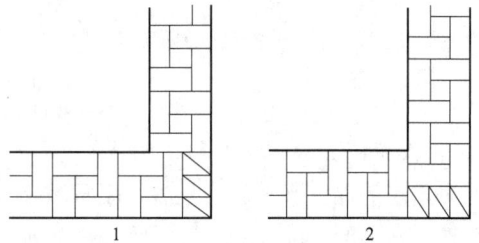

图 3-30　梅花丁一砖半墙转角分皮砌法

（2）砖墙丁字接头砌法。砖墙丁字按接头处，也应加砌七分头砖，当采用一顺一丁、梅花丁、三顺一丁组砌方式时，其一砖墙的组砌如图 3-33～图 3-35 所示。

（3）砖墙十字接头处砌法。砖墙十字接头处，应隔皮纵横砌通，交接处内角的竖缝应上下相互错开 1/4 砖长（见图 3-36）。

2. 多孔砖

（1）转角处砌法。多孔砖墙的转角处，为错缝需要，应加砌配砖（半砖或 3/4 砖），M 型（正方形）多孔砖，采用全顺组砌形式（见图 3-37）。

P 型（矩形）多孔砖，采用一顺一丁或梅花丁组砌形式（见图 3-38、图 3-39）。

图 3-31 三顺一丁一砖墙转角

图 3-32 三顺一丁一砖半墙转角

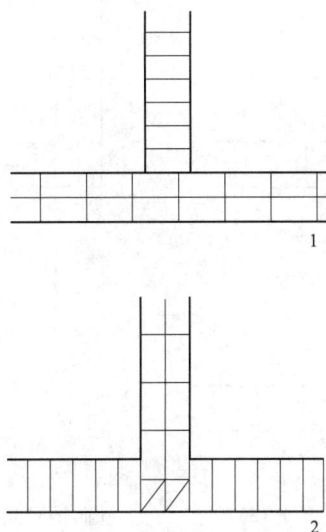

图 3-33 一顺一丁一砖墙交接处
分皮砌法

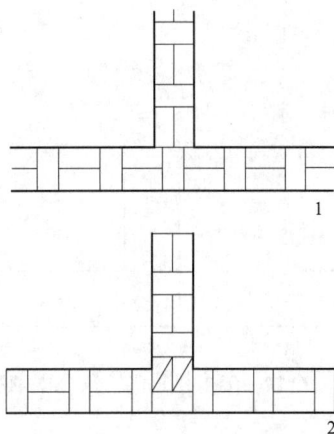

图 3-34 梅花丁一砖墙交接处
分皮砌法

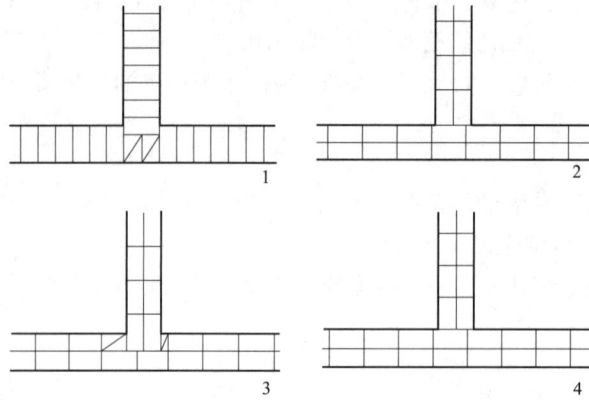

图 3-35 三顺一丁一砖墙交接处分皮砌法

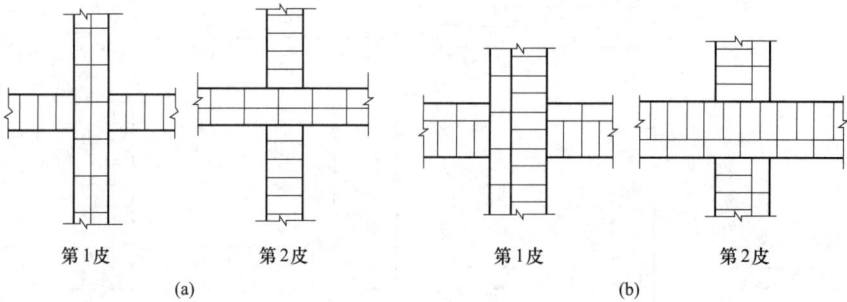

第1皮　第2皮　第1皮　第2皮

(a)　　　　　　　　　(b)

图 3-36 十字接头处砌法

（a）一砖墙；（b）一砖半墙

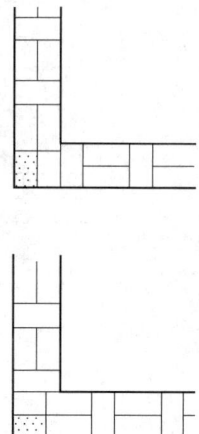

图 3-37 全顺一砖多孔砖墙转角分皮砌法　　图 3-38 一顺一丁多　　图3-39 梅花丁一砖多
　　　　　　　　　　　　　　　　　　　　　孔砖墙转角分皮砌法　　　孔砖墙转角分皮砌法

（2）多孔砖丁字接头砌法。多孔砖墙的丁字交接处，为错缝需要，应砌配砖（半砖或 3/4 砖），M 型多孔砖全顺一砖、P 型一顺一丁、梅花丁一砖多孔砖丁字接头砌法如图 3-40、图 3-41、图 3-42所示。

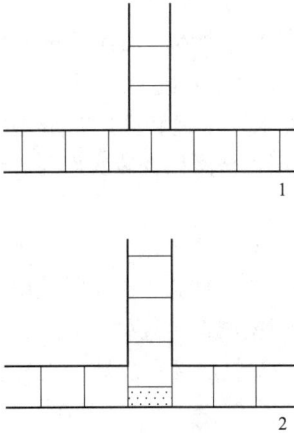

图 3-40 全顺一砖多孔砖墙
交接处分皮砌法

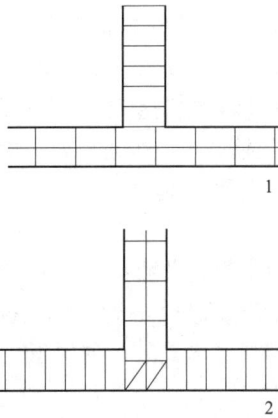

图 3-41 一顺一丁一砖多孔砖墙
交接处分皮砌法

图 3-42 梅花丁一砖多孔
砖墙交接处分皮砌法

多孔砖墙中所用的配砖应是工厂定型产品，不得用整砖砍成配砖。门窗洞口两侧在多孔砖墙中预埋木砖，应与多孔砖相同规格。

多孔砖不应与烧结普通砖混砌。多孔砖墙每天砌筑高度不宜超过 1.5m。

（五）砖墙砌体的质量要求及保证措施

砖砌体的质量要求可概括为十六个字：横平竖直、灰浆饱满、错缝搭接、接槎可靠。

1. 横平竖直

横平竖直，即要求砖砌体水平灰缝平直、表面平整和竖向垂直等，具体见表 3-4，为此，要求砌筑时必须立皮数杆、挂线砌砖，并应随时吊线、直尺检查和校正墙面的平整度和竖向垂直度。

表 3-4 砖砌体尺寸、位置的允许偏差及检验

项	项目			允许偏差（mm）	检验方法	抽检数量
1	轴线位移			10	用经纬仪和尺或用其他测量仪器检查	承重墙、柱全数检查
2	基础、墙、柱顶面标高			±15	用水准仪和尺检查	不应少于 5 处
3	墙面垂直度	每层		5	用 2m 托线板检查	不应少于 5 处
		全高	≤10m	10	用经纬仪、吊线和尺或其他测量仪器检查	外墙全部阳角
			>10m	20		
4	表面平整度	清水墙、柱		5	用 2m 靠尺和楔形塞尺检查	不应少于 5 处
		混水墙、柱		8		
5	水平灰缝平直度	清水墙		7	拉 5m 线和尺检查	不应少于 5 处
		混水墙		10		
6	门窗洞口高、宽（后塞口）			±10	用尺检查	不应少于 5 处
7	外墙下下窗口偏移			20	以底层窗口为准，用经纬仪或吊线检查	不应少于 5 处
8	清水墙游丁走缝			20	以每层第一皮砖为准，用吊线和尺检查	不应少于 5 处

2. 灰浆饱满

砂浆的作用是将砖、石、砌块等块体材料黏结成整体以共同受力，并使块体表面应力分布均匀，同时能够挡风、隔热。砌体灰缝砂浆的饱满程度直接影响它的作用和砌体强度。因此要求砌体灰缝砂浆应密实饱满，砖墙水平灰缝的砂浆饱满度不得低于 80%；砖柱水平灰缝和竖向灰缝饱满度不得低于 90%。抽检数量为每检验批抽查不应少于 5 处。检验方法是用百格网检查砖底面与砂浆的黏结痕迹面积。每处检测 3 块砖，取其平均值。

砖砌体的灰缝应横平竖直，厚薄均匀。水平灰缝厚度及竖向灰缝宽度宜为 10mm，但不应小于 8mm，也不应大于 12mm。抽检数量为每检验批抽查不应少于 5 处。检验方法为水平灰缝厚度用尺量 10 皮砖砌体高度折算。竖向灰缝宽度用尺量 2m 砌体长度折算。根据门窗洞口、过梁、圈梁、层高等设计要求的标高，在保证砖砌体竖向整皮砌筑的前提下，可确定水平灰缝厚度和皮数杆上每皮砖的高度。

3. 错缝搭接

砖砌体的砌筑应遵循"上下错缝，内外搭砌"的原则。其主要目的是避免砌体竖向出现通缝（上下二皮砖搭接长度小于 25mm 皆称通缝），影响砌体整体受力。要求清水墙、窗间墙无通缝；混水墙中不得有长度大于 300mm 的通缝，长度 200～300mm 的通缝每间不超过 3 处，且不得位于同一面墙体上。砖柱不得采用包心砌法。抽检数量为每检验批抽查不应少于 5 处。检验方法为观察检查。砌体组砌方法抽检每处应为 3～5m。

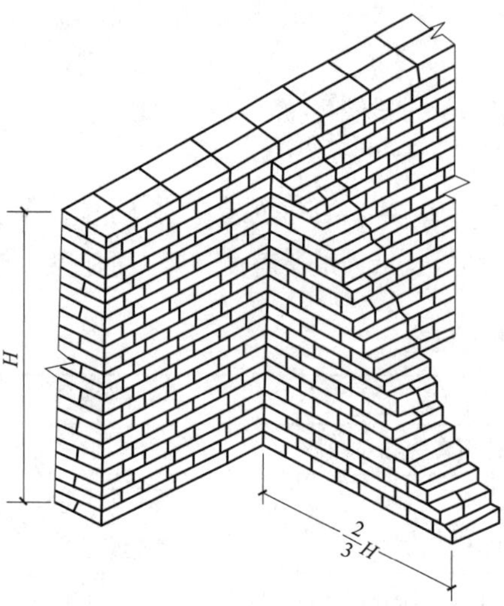

图 3-43　斜槎的留置

4. 接槎可靠

接槎是指砌体的转角处和交接处不能同时砌筑时，临时间断处先、后砌筑的砌体之间的接合。接槎处的砌体的水平灰缝填塞困难，如果处理不当，会影响砌体的整体性。接槎处砌筑质量，是保证砖砌体结构整体性能和抗震性能的关键之一。

（1）斜槎的留置。砖砌体的转角处和交接处应同时砌筑。严禁无可靠措施的内外墙分砌施工。在抗震设防烈度为 8 度及 8 度以上的地区，对不能同时砌筑而又必须留置的临时间断处应砌成斜槎，普通砖砌体斜槎水平投影长度不应小于高度的 2/3。多孔砖砌体的斜槎长高比不应小于 1/2。斜槎高度不得超过一步脚手架的高度。抽检数量为每检验批抽查不应少于 5 处。检验方法为观察检查（见图 3-43）。

（2）直槎的留置。非抗震设防及抗震设防烈度为 6 度、7 度地区的临时间断处，当不能留斜槎时，除转角处外，可留直槎，但直槎必须做成凸槎。留直槎处应加设拉结钢筋，拉结钢筋的数量为每 120mm 墙厚放置 1Φ6 拉结钢筋（120mm 厚墙放置 2Φ6 拉结钢筋），间距沿墙高不应超过 500mm，且竖向间距偏差不应超过 100mm；埋入长度从留槎处算起每边均不应小于 500mm，对抗震设防烈度 6 度、7 度的地区，不应小于 1000mm；末端应有 90°弯钩；抽检数量：每检验批抽查不应少于 5 处。检验方法为观察和尺量检查（见图 3-44）。

隔墙与承重墙不能同时砌筑，又不能留成斜槎时，可于承重墙中引出凸槎，并在承重墙的水平灰缝中预埋拉结筋，每道墙不得少于 2Φ6 钢筋，其构造同直槎。隔墙顶应用立砖斜砌挤紧。

（3）对于设置钢筋混凝土构造柱的墙体，构造柱与墙体的连接处应砌成马牙槎，从每层柱脚开始，先退后进，每一马牙槎沿高度方向的尺寸不宜超过 300mm，沿墙高每 500mm 设 2 根直径 6mm

拉结钢筋，每边伸入墙内的长度不小于填充墙的 1/5，且不小于 700mm。施工时应先安装构造柱钢筋、再砌墙后支模板并浇构造柱的混凝土（见图 3-45）。构造柱可不单独设置基础，但应伸入室外地坪下 500mm，或与埋深小于 500mm 的基础梁相连。

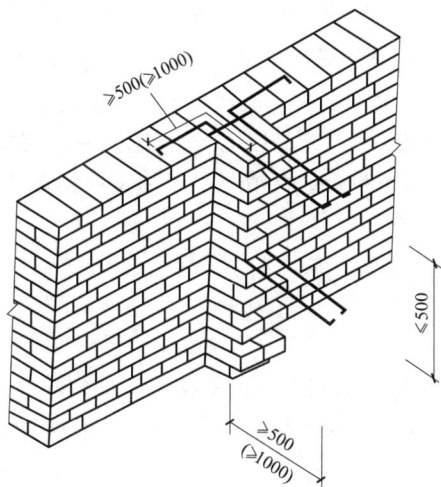

图 3-44　直槎的留置

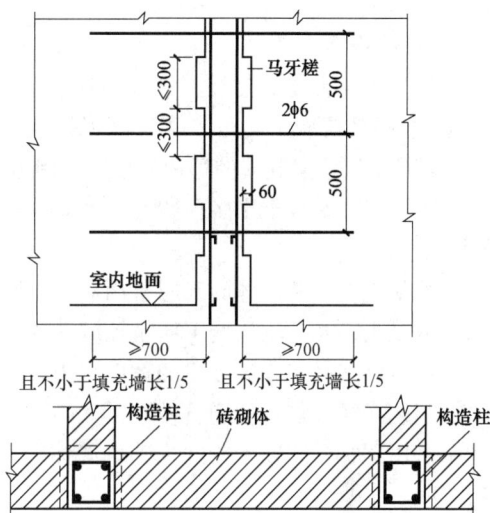

图 3-45　构造柱平、立面图

三、混凝土多孔砖砌筑要求

混凝土多孔砖具有墙面砌筑平整、抹灰层厚度小、施工时材料损耗低以及产品本身具有免烧、利废和产品制作过程中对环境无污染等优点，是一种环保、节能、节地的新型墙体材料，已被列入《混凝土多孔砖建筑技术规程》（CECS257）及《砌体结构设计规范》（BG 50003）中，使得混凝土实心砖和混凝土多孔砖的生产和应用得到了快速健康的发展。

1. 材料要求

主要规格尺寸为 240mm×115mm×90mm。砌筑时与主规格砖配合使用的砖有：半砖（120mm×115mm×90mm）、七分头砖（180mm×115mm×90mm）、240 混凝土实心砖（普通砖）（240mm×115mm×53mm）等。

(1) 混凝土多孔砖的最小外壁厚不应小于 15mm，最小肋厚不应小于 10mm（见图 3-46）。

(2) 混凝土多孔砖和砌筑砂浆的强度等级，应按下列规定采用。

1) 混凝土多孔砖的强度等级为 MU30、MU25、MU20、MU15。

2) 砌筑砂浆的强度等级为 Mb20、Mb15、Mb10、Mb7.5 和 Mb5。用作承重砌体时，砂浆的最低强度等级为 Mb7.5。

(3) 混凝土多孔砖砌体所用材料的最低强度等级，应符合下列规定。

1) ±0.000 以下的基础砌体，应采用混凝土实心砖；混凝土实心砖的强度等级不应小于 MU15，砌筑用水泥砂浆的强度等级不应小于 Mb10。

2) ±0.000 以上的承重砌体，可采用混凝

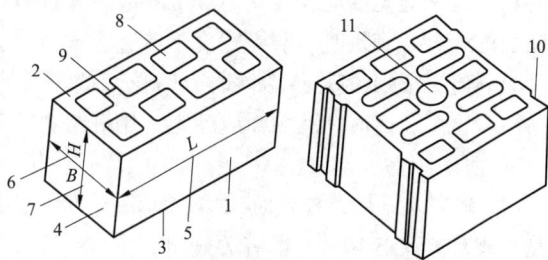

图 3-46　混凝土多孔砖各部位名称示意图

1—条面；2—坐浆面（外壁、肋的厚度较小的面）；
3—铺浆面（外壁、肋的厚度较大的面）；4—顶面；
5—长度（L）；6—宽度（B）；7—高度（H）；
8—外壁；9—肋；10—槽；11—手抓孔

土多孔砖；混凝土多孔砖的强度等级不应小于 MU15，砌筑用混合砂浆的强度等级不应小于 Mb7.5。

3）±0.000 以上的框架填充墙砌体，应采用混凝土多孔砖。

2. 施工要点

（1）一般规定。

1）进入施工现场的混凝土多孔砖应具有产品合格证，且必须满足 28d 以上的厂内养护龄期。进入施工现场的混凝土实心砖每 15 万块、混凝土多孔砖每 10 万块各为一验收批进行抽检复试。

2）堆放混凝土多孔砖的场地应平整，周边应设置排水设施，顶部应采取适当的遮雨（雪）措施。

3）搬运、装卸混凝土多孔砖时，严禁碰撞、扔摔或翻车倾卸；垂直吊运应采用带有网罩或围栅的吊盘。

4）混凝土多孔砖墙体施工应采用双排外脚手架施工，严禁在墙体上留设脚手架孔洞。

5）混凝土多孔砖砌体施工质量控制等级不应低于 B 级。

6）混凝土多孔砖砌筑砂浆的稠度宜为 50～70mm。

7）当使用掺外加剂的砌筑砂浆时，必须采用机械搅拌，搅拌时间自投料完成起宜大于 6min。

8）采用预拌砂浆或干粉砂浆砌筑墙体时，应分别按照预拌砂浆和干粉砂浆的相关规程的规定施工。

（2）施工技术要求。

1）混凝土多孔砖不应浇水砌筑。砌筑时对砖块的要求：砖块必须干砌，被雨淋湿和含水率高的砖块绝对不能上墙；表面粘着泥及杂物不清洁的砖块要清理干净才能用于砌筑；其他材料制作的砖块（如黏土砖等）不能与混凝土多孔砖混砌，不同材质的砖块收缩率不同，砌体容易产生裂缝；在高温干燥天气施工时，如果砖块过于干燥，可适当喷水湿润而不是浇水后再砌筑。

2）砌筑时，应将混凝土多孔砖的孔洞垂直于受压面砌筑，多孔砖的封底面应朝上砌筑。

3）混凝土多孔砖组砌方式应与黏土烧结多孔砖相同，砌筑 240mm 厚的砌体，应采用一顺一丁或梅花丁的组砌方式，水平和垂直灰缝应随砌随勾缝。

4）正常施工条件下，砌体的每日砌筑高度宜控制在 1.5m 或一步脚手架高度内。

5）外墙转角和内外墙交接处应同时砌筑。不能同时砌筑而又必须留置的临时间断处，应砌成斜槎，多孔砖砌体的斜槎长度一般小于其高度的 1/2。斜槎高度不得超过一步脚手架的高度。

6）构造柱与砌体连接处应砌成马牙槎，模板必须紧贴砌体，严禁板缝漏浆。

7）水平灰缝砂浆的饱满度不得低于 80%，竖缝砂浆的饱满度不得低于 70%；砌体的水平灰缝厚度和垂直灰缝宽度应控制在 10mm，允许偏差±2mm，并且要求横平、竖直。特别要注意在砌体与柱子的结合处砌筑时，灰缝宽度不能过大或过小，并且砌筑时要顶紧。

8）砌筑混凝土多孔砖墙体时，门樘两侧一砖宽范围可采用混凝土实心砖或者混凝土多孔砖。采用混凝土多孔砖时，孔洞面应朝上，用砂浆将孔洞填满灌实。

3. 安全措施

（1）砌完基础后，应及时回填。回填土的施工应符合现行国家标准《建筑地基基础工程施工质量验收规范》（GB 5002）的有关规定。

（2）砌体相邻工作段的高度差，不得超过 3m 且不得超过一层楼的高度。工作段的分段位置，宜设在伸缩缝、沉降缝、防震缝、构造柱或门窗洞口处。

（3）雨天施工时，砂浆的稠度应适当减小。每日砌筑的高度不应超过 1.2m，收工时，应覆盖砌体表面。

（4）施工中在混凝土多孔砖墙中留的临时洞口，其侧边离交接处的墙面不应小于 0.5m；洞口顶部宜设置钢筋混凝土过梁。

四、配筋砖砌体施工

配筋砖砌体的形式主要有面层和砖组合砌体、构造柱和砖组合砌体、网状配筋砖砌体等几种形式。

（一）配筋砖砌体的构造

1. 面层和砖组合砌体

面层和砖组合砌体有组合砖柱、组合砖垛、组合砖墙等几种形式。

面层和砖组合砌体，所用砖一般为烧结普通砖；由砖墙、混凝土或砂浆面层，以及钢筋组成。当采用混凝土面层，面层的厚度大于 45mm 时，所用混凝土强度等级宜采用 C20。

砂浆面层的厚度为 30～45mm，面层水泥砂浆强度等级不宜低于 M10，砌筑砂浆的强度等级不宜低于 M7.5。

竖向受力钢筋宜采用 HPB300 级钢筋，采用混凝土面层时也可采用 HRB335 级钢筋。钢筋直径不应小于 8mm，钢筋的净间距不应小于 30mm。

箍筋的直径不宜小于 4mm 及 0.2 倍的受压钢筋直径，并不宜大于 6mm。箍筋的间距不应大于 20 倍受压钢筋直径及 500mm，并不应小于 120mm。

2. 构造柱和砖组合砌体

构造柱和砖组合砌体由钢筋混凝土构造柱、烧结普通砖及拉结钢筋组成。

钢筋混凝土构造柱的截面不应小于 240mm×240mm，厚度不应小于墙厚，边柱、角柱的截面宽度宜适当加大。混凝土强度等级不宜低于 C20，钢筋一般采用 HPB300 级。竖向受力钢筋不宜少于 4 根，中柱的钢筋直径为 12mm，边柱和角柱的钢筋直径不宜小于 14mm。构造柱的竖向受力钢筋直径不宜大于 16mm。竖向受力钢筋应在基础梁和楼层圈梁中锚固，并应满足受拉钢筋锚固长度的要求。一般部位箍筋应为 Φ6@200，楼层上下 500mm 范围内宜为 Φ6@100。

砖墙所用砂浆的强度不应低于 M5。构造柱与墙体的连接处应砌成马牙槎，马牙槎应先退后进，预留的拉结钢筋应位置正确，施工中不得任意弯折。每一马牙槎的高度不宜超过 300mm，并应沿墙高每隔 500mm 设置 2Φ6 的拉结钢筋，每边深入墙内不宜小于 600mm（见图 3-45）。

构造柱和砖组合墙的房屋，应在纵横墙交接处、墙端部和较大洞口边设置构造柱，其间距不宜大于 4m。并应在基础顶面、有组合墙的楼层处设置现浇钢筋混凝土圈梁。

3. 网状配筋砌体的构造

网状配筋砌体实际是在烧结普通砖砌体的水平灰缝中配置钢筋网（见图 3-47）。主要有配筋砖柱、配筋砖墙。

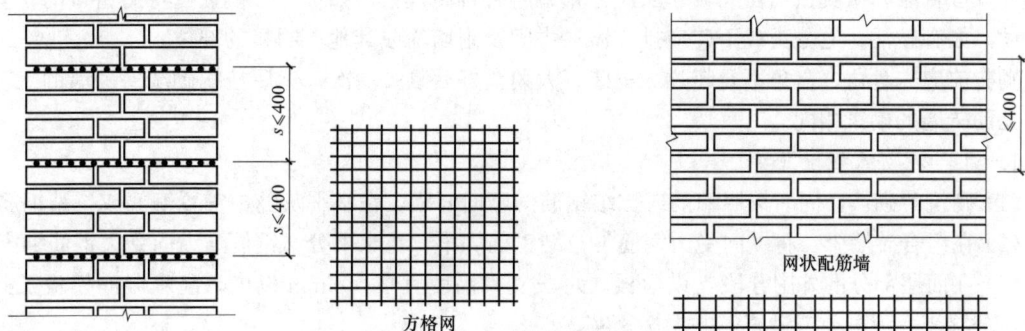

图 3-47　网状配筋砖砌体

网状配筋砖砌体，所用烧结普通砖强度等级不应低于 MU10，砂浆强度等级不应低于 M7.5。钢筋网可采用方格网，方格网的钢筋直径宜采用 3～4mm；钢筋网中钢筋的间距，不应大于 120mm，并不应小于 30mm。钢筋网在砖砌体中的竖向间距，不应大于五皮砖高，并不应大于 400mm。

设置钢筋网的水平灰缝厚度，应保证钢筋上下各有 2mm 厚的砂浆层。

（二）配筋砖砌体材料要求

砌墙砖应选择棱角整齐，无弯曲、裂纹，颜色均匀规格一致的正火砖。

砌筑砂浆及浇筑混凝土的强度等级必须符合设计要求，用于配筋砖砌体的砂浆宜为水泥砂浆或水泥混合砂浆。

砂浆、混凝土用砂不得含有有害物质和草根等杂物，配置 M5 以上砂浆时，砂的含泥量不应超过 5%，配置混凝土时，砂的含泥量应小于 5%，并通过 5mm 的筛孔进行筛选。

石灰膏的熟化时间不应少于 7 天，严禁使用脱水硬化和冻结的石灰膏。

构造柱、圈梁用卵石或碎石的粒径为 5～40mm，组合砖砌体用的卵石或碎石的粒径宜为 5～20mm，含泥量小于 1%。

砂浆宜用机械搅拌，应随拌随用，一般水泥砂浆和水泥混合砂浆须在拌成后 3～4h 内使用完。不允许使用过夜砂浆。

构造柱的混凝土坍落度宜为 50～70mm，混凝土应随拌随用，拌和好的混凝土应在 1.5h 内浇灌完。

（三）配筋砖砌体施工准备

（1）编制配筋砖砌体的施工方案并经相关单位批准通过。并组织施工人员进行技术、质量、安全交底。

（2）砌筑用砖、钢筋已进场并有合格证和试验单；砌筑砂浆和混凝土由实验室做好试配。

（3）主要施工机械和工具及检测工具已准备齐全。

（4）弹好轴线、墙身线及门窗洞口位置线。

（5）按设计标高要求立好皮数杆，皮数杆的间距以 15～20m 为宜。皮数杆上应标明钢筋网片、箍筋或拉结筋的设置位置。

（四）配筋砖砌体施工工艺

配筋砖柱一般采用满丁满条，里外咬槎，上下层错缝。墙体一般采用一顺一丁、梅花丁或三顺一丁砌法。

砌筑前先摆底，一般外墙第一层砖摆底时，两山墙排丁砖，前后檐排条砖。根据弹好的门窗洞口尺寸及位置线，认真核对窗间墙、垛尺寸是否符合排砖模数，如不符合模数可将门窗口的位置左右移动。如有破活，七分头或丁砖应排在窗口中间及附墙垛或其他不明显的部位。

砌砖前应先盘角，盘角不要超过 5 皮砖，大角盘好后复查一次，然后挂线砌墙。砌墙的工艺要求与无筋砖墙的砌筑相同。

1. 组合砖砌体施工顺序

（1）砌筑砖砌体，同时按照箍筋或拉结钢筋的竖向间距，在水平灰缝中铺置箍筋或拉结钢筋。

（2）在组合砖墙中，将纵向受力钢筋与拉结钢筋绑牢，将水平分布钢筋与纵向受力钢筋绑牢。

（3）在面层部分的外围分段支设模板，每段支模高度宜在 500mm 以内，浇水湿润模板及砖砌体面，分层浇灌混凝土或砂浆，并振捣密实。

（4）待面层混凝土或砂浆的强度达到其设计强度的 30% 以上时，方可拆除模板。有缺陷时应及时修整。

2. 构造柱和砖组合砌体的施工顺序

先绑扎构造柱钢筋，然后砌砖墙，墙体砌筑完后支模板，再浇注构造柱的混凝土。构造柱的竖向受力钢筋在绑扎前必须作调直除锈处理。钢筋末端应作弯钩。并把底层构造柱的竖向钢筋与基础圈梁进行锚固，锚固长度不应小于 35 倍钢筋的直径。钢筋的保护层厚度一般为 20mm。

砌砖墙时，从每层构造柱脚开始，砌马牙槎应先退后进，以保证构造柱脚为大断面。当马牙槎齿深为 120mm 时，其上口可采用一皮进 60mm，再一皮进 120mm 的方法，以保证浇注混凝土后上角密实。马牙槎内的灰缝砂浆应密实饱满。水平灰缝砂浆饱满度应不低于 80%。

在安装模板之前，必须根据构造柱轴线校正竖向钢筋的位置和垂直度。箍筋间距应准确，并与构造柱的竖筋和圈梁的纵筋相垂直，应绑扎牢靠。

构造柱的模板可用木模板或组合钢模板，应在每层砖墙砌筑完成后立即支设。应把模板与砖墙面两侧严密贴紧，支撑牢靠。为防止漏浆应把模板与墙体之间的缝隙塞实。

构造柱浇灌混凝土前，必须把马牙槎部位和模板浇水湿润，将模板内的落地灰、砖渣等杂物清理干净，并在结合面处注入适量的与构造柱混凝土相同的去石水泥砂浆。构造柱的底部应留 2 皮砖高的孔洞，以便于清除模板内的杂物，杂物清除后应立即用砖砌封闭洞口。

浇灌构造柱的混凝土时可以分段进行，每段高度不宜大于 2m，或每个楼层分两次浇筑。在施工条件较好并能确保混凝土浇灌密实时，也可每层一次浇灌。

捣实构造柱混凝土时，要用插入式混凝土振捣器，并分层捣实。振动棒应随振随拔，每次振捣层的厚度不应超过振捣棒长的 1.25 倍。振捣棒应避免直接触碰钢筋和砖墙，严禁通过砖墙传振。在新老混凝土接槎处，需先用水冲洗、湿润，再铺 10~20mm 的与构造柱混凝土相同的去石水泥砂浆后，方可继续浇灌混凝土。

3. 网状配筋砌体在砌筑前应按设计规定先制作好钢筋网

在配置钢筋网的水平灰缝中，应先铺一半厚的砂浆层，放入钢筋网后再铺一半厚的砂浆层，以保证钢筋网居于砂浆层厚度中间。钢筋网四周应有砂浆保护层。

（五）配筋砖砌体质量要求

（1）钢筋的品种、规格、数量和设置部位应符合设计要求。

（2）构造柱、组合砌体构件、配筋砌体构件的混凝土及砂浆的强度等级应符合设计要求。

（3）构造柱与墙体的连接处应符合下列规定：构造柱的做法应符合构造要求。马牙槎应先退后进，对称砌筑；马牙槎尺寸偏差每一构造柱不应超过 2 处；预留拉结钢筋的规格、尺寸、数量及位置应正确，钢筋的竖向移位不应超过 100mm，且竖向移位每一构造柱不得超过 2 处；施工中不得任意弯折拉结钢筋。每检验批抽查不应少于 5 处。

（4）配筋砌体中受力钢筋的连接方式及锚固长度、搭接长度应符合设计要求。

（5）构造柱一般尺寸允许偏差及检验方法应符合表 3-5 的规定。

表 3-5　　　　　　　　　　构造柱一般尺寸允许偏差及检验方法

序号	项　　目			允许偏差（mm）	检验方法
1	中心线位置			10	用经纬仪和尺检查或用其他测量仪器检查
2	层间错位			8	用经纬仪和尺检查，或用其他测量仪器检查
3	垂直度	每层		10	用 2m 托线板检查
		全高	≤10m	15	用经纬仪、吊线和尺检查，或用其他测量仪器检查
			>10m	20	

（6）设置在砌体水平灰缝内的钢筋，应居中置于灰缝内。水平灰缝厚度应大于钢筋直径 4mm 以上。砌体外露面砂浆保护层的厚度不应小于 15mm。并且钢筋保护层完好，不应有肉眼可见裂纹、剥落和擦痕等缺陷。

（7）网状配筋砌体中，钢筋网及放置间距应符合设计规定。

（8）钢筋安装位置的允许偏差及检验方法应符合表 3-6 的规定。抽检数量，每检验批抽查不应小于 5 处。

表 3-6　　　　　　　　　　　　　钢筋安装位置的允许偏差及检验方法

项　目		允许偏差（mm）	检验方法
受力钢筋保护层厚度	网状配筋砌体	±10	检查钢筋网成品，钢筋网放置位置局部剔缝观察，或用探针刺入灰缝内检查，或用钢筋位置测定仪测定
	组合砖砌体	±5	支模前观察与尺量检查
	配筋小砌块砌体	±10	浇筑灌孔混凝土前观察检查与尺量检查
配筋小砌块砌体墙凹槽中水平钢筋间距		±10	钢尺量连续三档，取最大值

（六）配筋砖砌体安全要求

（1）在操作之前必须检查操作环境是否符合安全要求，道路是否通畅，机具是否完好无损，安全设施和防护用品是否齐全，经检查合格后方可施工。

（2）脚手架应经检查合格后方能使用。砌筑时不准随意拆除和改动脚手架，楼层屋盖上的盖板防护栏杆不得随意挪动拆除。

（3）在架子上砍砖时，操作人员应把碎砖打在架板上，严禁把砖头打向架外。挂线用的坠砖应绑扎牢固，以免坠落伤人。

（4）脚手架上堆砖不得超过三层（侧放）。采用砖笼吊砖时，砖在架子或楼板上要均匀分布，不应集中堆放。灰桶、灰斗应放置有序，使架子上保持通畅。

（5）采用里脚手架砌墙时，不得站在墙上勾缝或行走。

（6）起吊砖笼和砂浆料斗时，砖和砂浆不能过满。吊臂工作范围内不得有人停留。

（7）操作人员应戴好安全帽，高空作业时应挂好安全网。

（8）绑扎钢筋时，应戴好手套；浇筑混凝土时应站在操作架上，不得站在砖墙上。

第三节　砌块砌体砌筑

一、混凝土小型空心砌块砌体施工

1. 材料要求

（1）小砌块、小砌块砌筑砂浆、小砌块灌孔混凝土的强度等级必须符合设计要求，其材料、配合比、制作等应符合现行国家标准《普通混凝土小型空心砌块》（GB 8239）；《混凝土小型空心砌块砌筑砂浆》（JC860）；《混凝土小型空心砌块灌孔混凝土》（JC861）的规定。

（2）小砌块的品种、规格应符合设计要求。进入施工现场的小砌块应具有出厂合格证，有复验要求的应在复验合格后方可使用；小砌块在进入施工现场前的产品养护龄期应控制在 28d 以上；砌筑承重墙时，严禁使用断裂小砌块。

（3）小砌块的有关参数应符合相应规定。

（4）灌孔混凝土的拌制宜优先采用强制式搅拌机，若采用自落式搅拌机时总搅拌时间不宜少于

5min。混凝土拌和物应均匀、颜色一致、不离析、不泌水。灌孔混凝土的原材料应采用质量计算。拌和水、水泥、掺和料和外加剂的计量精度应控制在±2%以内，集料的计量精度应控制在±3%以内。

2. 施工准备

(1) 小砌块工程的施工操作及技术、质量管理人员上岗前必须经有关的专业技术培训，持证上岗。

(2) 小砌块应按设计选用的规格，配套进入施工现场；施工时所用的砂浆，宜选用专用的小砌块砌筑砂浆。

(3) 小砌块的堆放场地应夯实、平整、坚实。进场的小砌块应按规格、强度等级分别堆放，并应设有标识，不合格的小砌块应及时清出施工现场。小砌块的堆放高度不宜超过 1.6m，垛间应保持有循环的运输通道。雨期施工时应设防潮层（宜采用高出地面 100mm 的木制托板）及防雨遮盖措施。

(4) 绘制好小砌块的排列图。

(5) 小砌块砌体施工前，应做好交底工作，要在施工现场适当位置砌筑样板墙，进行实物交底。

(6) 小砌块砌体施工前，应对基础尺寸、预留钢筋位置等进行检查，符合要求后方可施工。应根据设计排块图在墙的阴、阳角或楼梯间处设置好皮数杆，皮数杆的间距不宜大于 15m。

(7) 砌体砌筑前，应将砌筑部位的砂浆和杂物清除干净，并应清除小砌块表面污物和用于芯柱部位的小砌块孔洞底部的毛边，剔除外观质量不合格的小砌块。

3. 小型砌块砌体施工要求

(1) 小砌块砌体施工组砌前，应根据施工图及砌块排列组砌图放出墙体的轴线、外边线、洞口线等位置线，放线结束后应及时组织验线工作，并经监理单位复核无误后，方可施工。

(2) 普通混凝土小砌块不宜浇水，以避免砌筑时灰浆流失，使砌体产生滑移，也可避免砌体上墙干缩，造成砌体灰缝裂缝。如遇天气干燥炎热，宜在砌筑前对其喷水湿润；对轻骨料混凝土小砌块，应提前浇水湿润，块体的相对含水率宜为 40%～50%。雨天及小砌块表面有浮水时，不得施工。

(3) 底层室内地面以下或防潮层以下的砌体，应采用强度等级不低于 C20（或 Cb20）的混凝土灌实小砌块的孔洞。

(4) 由于砌块在砌筑时不像普通砖可以随意砍凿，而且砌块的排列直接影响墙体的整体性，因此在施工前必须按以下原则、方法及要求进行砌块排列。

1) 砌块砌体在砌筑前，应根据工程设计施工图，结合砌块的品种、规格绘制砌体砌块组砌排列图（主要是交接节点处），同时根据砌块尺寸、垂直缝的宽度和水平缝厚度计算砌块砌筑皮数和排数，并经审核无误后，按组砌图和计算结果排列砌块。

2) 砌块排列时，应尽量采用主规格，以提高砌筑日产量。

3) 小砌块墙体应孔对孔、肋对肋错缝搭接。单排孔小砌块的搭接长度应为块体长度的 1/2；多排孔小砌块的搭接长度可适当调整，但不宜小于小砌块长度的 1/3，且不应小于 90mm。当满足不了此规定时，应采取压砌钢筋网片或设置拉结筋等措施，具体构造按设计规定。若设计无规定时，一般可配置 $\phi^b 4$ 钢筋网片或 $2\phi 6$ 墙拉结筋；钢筋网片每端均应超过该垂直灰缝，其长度不得小于 300mm，拉结筋长度不得小于 600mm（见图 3-48），竖向通缝仍不得超过两皮砌块。小砌块砌筑时应将生产时的底面朝上反砌于墙上，易于铺设砂浆和保证水平灰缝的饱满度。确保小砌块砌体的砌筑质量，归纳为六字：对孔、错缝、反砌。

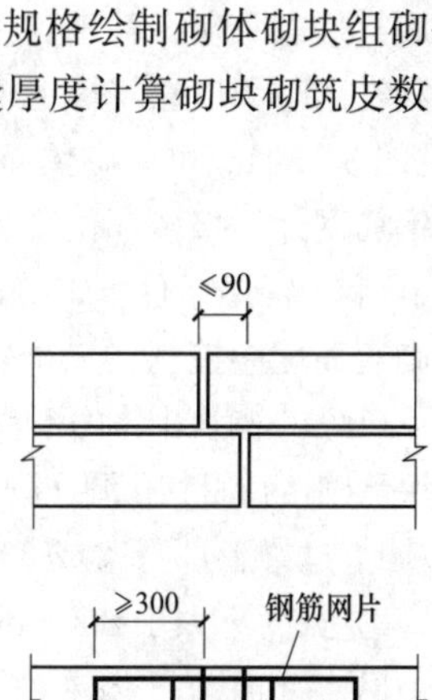

4) 外墙转角及纵横墙交接处，应分皮咬槎，交错搭砌；如果不能

图 3-48 灰缝中的拉结筋

咬槎时，按设计要求采取构造措施。

5）砌体的垂直缝应与门窗洞口的侧边线相互错开，不得同缝，错开间距应大于150mm，且不得用砖镶砌。

6）砌体水平灰缝厚度和垂直灰缝宽度一般为10mm，但不应大于12mm，也不应小于8mm。

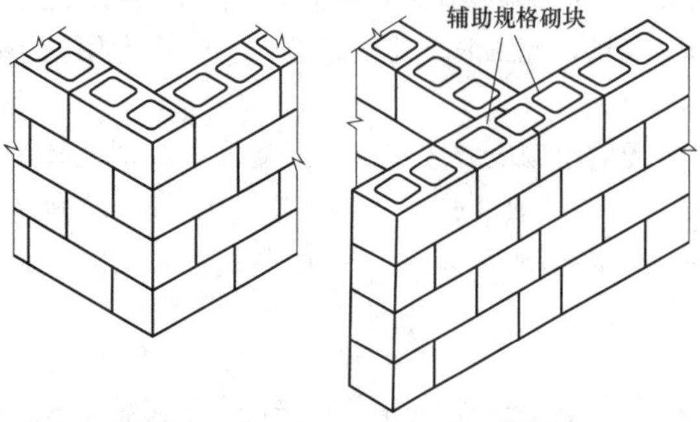

图3-49　小砌块墙转角处及T字交接处砌法

（5）砌筑应该从外墙转角处或定位处开始，内外墙同时砌筑，纵横墙交错搭接，外墙转角处应使小砌块隔皮露端面，T字交接处应使横墙小砌块隔皮露端面。纵墙在交接处改砌两块辅助规格的小砌块（尺寸为290mm×190mm×190mm，一头开口），所有端露面用砂浆抹平（见图3-49）。砌筑时应使小砌块底面朝上反砌于墙上，若使用一端有凹槽的砌块时，应将凹槽的一端接着平头的一端。

（6）砌块应逐块铺砌，采用满铺、满挤法。灰缝应做到横平竖直，厚薄均匀。全部灰缝均应填满砂浆。水平灰缝和竖向灰缝的砂浆饱满度不得低于90%。水平灰缝宜采用坐浆满铺法，垂直灰缝可先在砌块端头铺满砂浆（即将砌块铺浆的端面朝上依次紧密排列），然后将砌块上墙进行挤压，直至所需尺寸。砌筑中不得出现瞎缝、透明缝。当缺少辅助规格的小砌块时，砌体通缝不得超过两皮砌体。需要移动砌体中的小砌块或小砌块被撞动时，应重新铺砌。

（7）砌筑时严禁用水冲浆灌缝，也不得采用石子、木楔等物垫塞灰缝砌筑。砌筑时应随砌随清理灰缝表面，砌筑好的灰缝砂浆达到用手指能压出清晰指纹而砂浆不粘手时即刻进行原浆勾缝。缺砂浆处应补浆压平，并做成凹缝，应凹进墙面3～5mm。

（8）砌块砌筑时一定要跟线，做到"上跟线，下跟棱，左右相邻要对平"。同时应随时进行检查，做到随砌随查随纠正，以便及时返工。小砌块砌筑时应采用单面挂线，当通线过长时，应设几个支点。

（9）除了按设计要求留置的门、窗、洞口外，小砌块砌体不应留置施工缝。临时间断处应砌成斜槎，斜槎水平投影长度不应小于斜槎高度的1/2。接槎处应清扫干净并铺好砂浆，在砌块丁面和顶面打好碰头灰，补砌到接槎部位，确保接槎处砂浆饱满密实。施工洞口可预留直槎，但在洞口砌筑和补砌时，应在直槎上下搭砌的小砌块孔洞内用强度等级不低于C20（或Cb20）的混凝土灌实（见图3-50）。可从砌体面伸出200mm砌成阴阳槎，并沿砌体高度每三皮砌块（600mm）设拉结筋或钢筋网片，接槎部位宜延至门窗洞口。

（10）常温条件下，普通混凝土小砌块的日砌筑高度应控制在1.8m内，轻骨料混凝土小砌块的日砌筑高度应控制在2.4m以内。相邻工作段的高度差不得大于一个楼层高度或4m。

（11）小砌块砌体内不宜设置脚手眼，如必须设置时，可用辅助规格190mm×190mm×190mm的小砌块侧砌，利用其孔洞作脚手眼，砌完后用C15混凝土灌实。但在砌体下列部位不宜设置脚手眼。

1）过梁上部与梁成60°角的三角形范围内及过梁跨度1/2范围内。

2）宽度不大于800mm的窗间墙。

3）梁和梁垫下及左右各500mm的范围内。

4）门窗洞口两侧200mm内和砌体交接处400mm的范围内。

5）设计规定不允许设脚手眼的部位。

（12）混凝土芯柱的设置。混凝土小型砌块砌体的下列部位宜设置芯柱（见图3-51）。

斜槎　　　　　　　　　　　　阴阳槎

图 3-50　小砌块砌体斜槎和直槎

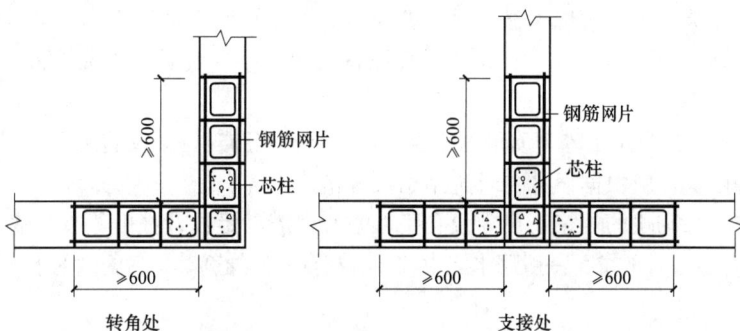

转角处　　　　　　　　　　支接处

图 3-51　钢筋混凝土芯柱处拉筋构造

1) 在外墙转角、楼梯间四角内外墙交接外，宜设置素混凝土芯柱，也可采用钢筋混凝土构造柱替代部分芯柱。

2) 5 层及 5 层以上的房屋，应在上述部位设置钢筋混凝土芯柱，具体构造要求如下。

① 芯柱截面不宜小于 120mm×120mm，宜用不低于 C20 级的细石混凝土芯柱。

② 钢筋混凝土芯柱每孔内插竖向钢筋不应小于 1φ10，芯柱的底部应深入室内地面下 500mm 或与基础圈梁锚固，顶部应与屋盖圈梁锚固。

③ 在钢筋混凝土芯柱处，沿墙高每隔 600mm 应设置 φ4 钢筋网一道，每边伸入墙体不小于 600mm，使芯柱横向连接成整体。

④ 芯柱应沿房屋的全高贯通，并与各层圈梁整体现浇，可采用图 3-52 所示的做法。

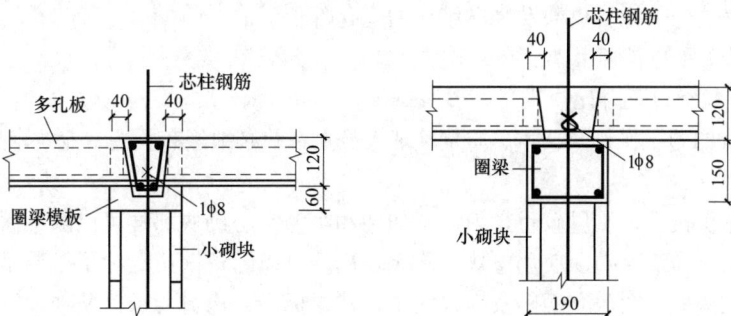

图 3-52　芯柱贯通楼板构造

在 6～9 度抗震设防的建筑物中，应按芯柱位置要求设置钢筋混凝土芯柱；对医院、教学楼等横墙较少的房屋，应按抗震设防区混凝土小型空心砌块房屋芯柱设置要求进行。芯柱竖向插筋应贯通墙身且与圈梁连接；插筋不应小于 1φ12。芯柱应伸入室外地下 500mm 或锚入浅于 500mm 基础圈梁内。芯柱混凝土应贯通楼板，当采用装配式钢筋混凝土楼板时，可采用图 3-52 的方式实施贯通措施。

每一楼层芯柱底部第一皮砌块应采用开口小砌块，作为清扫口用。必须先清除芯柱孔洞内的杂物及削掉孔内凸出的砂浆，用水冲洗干净。校正钢筋位置并绑扎或焊接固定后方可浇筑混凝土。浇灌混凝土应在每砌完一个楼层高度后砌筑砂浆强度达到 1MPa 时方可进行，浇灌混凝土前先注入适量与芯柱混凝土相同的水泥砂浆。灌孔宜选用专用的小砌块灌孔混凝土。芯柱混凝土应连续浇灌，每次连续浇筑的高度宜为半个楼层，但不应大于 1.8m。采用插入式混凝土振捣器捣实。每浇灌 400～500mm 高度捣实一次，或边灌边捣实。

二、中型砌块砌体施工

1. 材料要求

（1）根据设计要求将砌体所选用材料提前进场，并做好检验、复试工作，同时应符合有关验收标准及施工图纸要求，其检验方法为：检查进场原材料的产品合格证、产品性能检验报告以及原材料的复试报告。

（2）对进场材料进行数量及外观质量的验收工作，并按照施工方案及施工平面图进行分类堆放。

（3）对于各种砌块，应根据设计要求选用砌块规格。

（4）各种中型空心砌块的规格、尺寸及孔型、空心率应满足设计强度等级和建筑热工要求。

（5）砌筑砂浆应按设计要求，一般用水泥中砂、石灰膏、外加剂等材料配制的水泥砂浆或混合砂浆。

2. 施工准备

（1）根据工程设计施工图以及所采用砌块的品种、规格等绘制砌体砌块排列图。

（2）根据图纸设计、规范、标准图集以及工程情况等内容，编制中型砌块砌体砌筑工程的施工方案或作业指导书。

（3）施工前做好安全技术交底工作。

（4）根据工程规模大小、结构形式以及施工现场等情况进行机械设备与操作工具的选用与配备；各种机械设备经试运转符合要求。

（5）中型砌块砌筑施工前，必须做好上道工序的隐、预检工作，办好上、下道工序交接手续，并经验收合格。

（6）将基层清理干净，放好砌体墙身轴线、边线、门窗洞口、第一皮分块线等位置线，并经验线符合设计图纸要求，预检合格。

（7）根据工程引测的水准点，进行标高的抄测工作，同时立好皮数杆，并根据设计要求砌块规格和灰缝厚度在皮数杆上标明皮数及竖向结构的变化部位。

（8）搭设好操作和卸料脚手架。

（9）砂浆经试配确定配合比，准备好砂浆试模。

（10）砌块工程的施工操作及技术、质量管理人员上岗前必须经有关的专业技术培训，持证上岗。

3. 砌块排列

由于砌块的体积较大，重量较重，因此不如砖和小型空心砌块那样可以随意搬动，多用专门的设备进行吊装砌筑，砌筑时必须使用整块，不像普通砖可以随意砍凿。为了指导吊装砌筑施工，在施工前必须根据工程平面图、立面图及窗口大小、楼层标高、构造要求等条件，绘制各墙的砌块排列图，举例说明如图 3-53 所示。

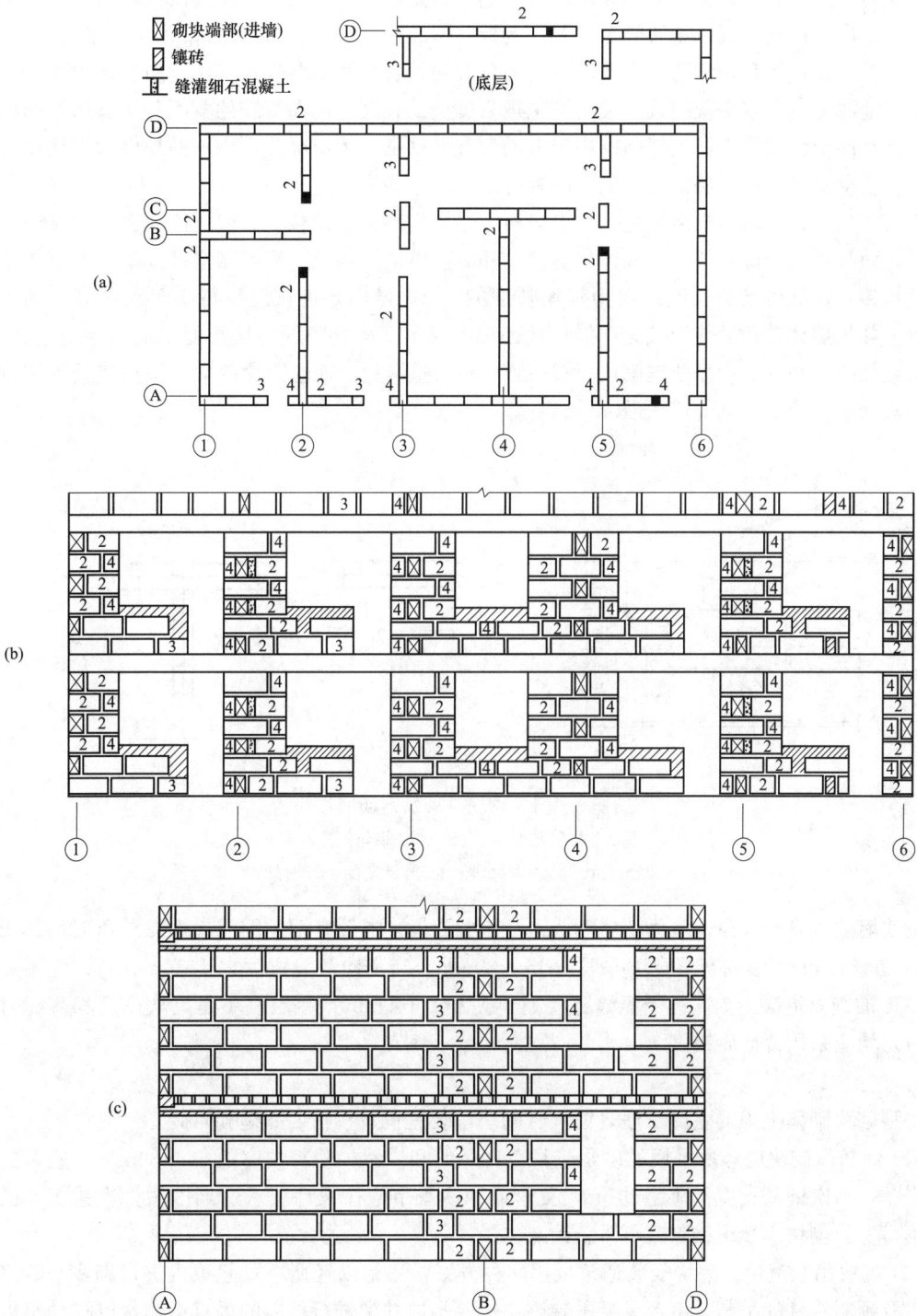

图 3-53 砌块排列图

(a) 二层（底层）第一皮砌块排列平面图；(b) 外墙 A 轴砌块排列立面图；(c) 外墙 1 轴砌块排列立面图

注：空号砌块（880mm×380mm×240mm）；2 号砌块（580mm×380mm×240mm）；

3 号砌块（430mm×380mm×240mm）；4 号砌块（280mm×380mm×240mm）。

砌块排列图按每片纵横墙分别绘制，其绘制方法是用1：50或1：30的比例绘出每一面墙的立面图，先绘出门窗洞口线，然后绘上过梁、楼板（屋面板）、大梁、楼梯（楼梯梁、平台板）、混凝土梁垫等的位置边线和预埋的配电箱、室内消防栓箱及各种管道洞口等的位置边线，再按砌块高度和水平灰缝厚度画上水平灰缝线。最后按主规格砌块的长度、竖向灰缝的宽度和错缝搭接的构造要求，画上竖向灰缝线。不够主规格砌块长度的部分，根据具体情况分别用辅助规格的砌块或普通砖砌筑，较小空隙可采用现浇混凝土的方法补齐。

砌块排列时，应以主规格为主，其他规格型号的砌块为辅以减少镶嵌。需要镶普通砖时，应整砖镶嵌，而且尽量分散布置。在墙体的转角处和纵横墙的交接处，应互相搭接砌筑，上下皮之间也应错缝搭接，错缝搭接的长度一般为砌块长度的1/2，最小搭接长度不得小于砌块高度的1/3和150mm。如果墙体转角处或交接处不能搭接砌筑，或上下皮之间的搭接长度不能满足上述要求时，应在搭接处的水平灰缝内每两皮砌块设置一道ϕ^b4钢丝网片，钢丝网片两端距该搭接处下层砌块竖缝的距离均不得小于300mm（见图3-54）。

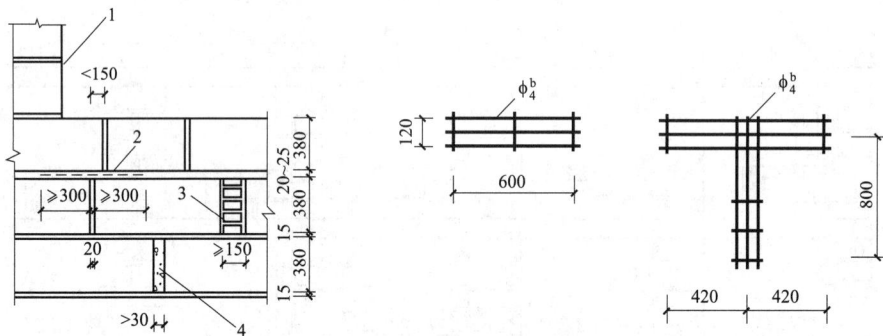

图3-54 砌块排列及钢筋网片
1—水平灰缝厚度；2—ϕ^b4钢丝网片；
3—竖缝宽度≥150时处理；4—竖缝宽度>30时处理

砌块墙的水平灰缝厚度应为10～20mm，当水平灰缝中设有钢丝网或柔性拉结条时，其灰缝厚度应为20～25mm。竖向灰缝宽度一般为15～20mm，当竖向灰缝宽度大于30mm时，应用强度不低于C20的细石混凝土灌实。当竖缝宽度等于或大于150mm或楼层高不是砌块高度加灰缝时的整数倍时，均应采用普通砖镶砌。

4. 施工工艺

中型砌块砌体施工的主要工序是铺灰、砌块吊装就位、校正、灌缝和镶砖。

（1）铺灰。砌块墙体所采用的砂浆应具有良好的和易性，砂浆稠度以50～80mm为宜，铺灰应均匀平整，每次铺灰长度不应超过5m，夏季或寒冷季节应按设计要求适当缩短。当铺灰层已干燥时，不得安装砌块，必须铲除后再重新铺灰。

（2）砌块吊装就位。砌块安装通常采用两种方案：一是以轻型塔式起重机进行砌块、砂浆的运输，以及预制构件的吊装，由台灵架吊装砌块；二是以井架进行材料的垂直运输，以杠杆车进行楼板吊装，所有预制构件及材料的水平运输则用砌块车和劳动车，台灵架负责进行砌块的吊装。前者适用于工程量大或两栋房屋对翻流水的情况，后者适用于工程量小的房屋。

砌块的吊装一般按施工段依次进行，其次序为先外后内，先远后近，先下后上，在相邻施工段之间留阶梯形斜槎。吊装应从转角处或砌块定位处开始。吊装砌块时应采用摩擦式单块夹具，夹持点应在砌块重心垂直线的上方，避免砌块偏心倾斜，然后对准墙身的中心线徐徐下落放在铺好的砂浆层上，待砌块安稳后放开夹具。

（3）校正。砌块吊装就位后，用托线板或垂球检查砌块的垂直度，用拉线的方法检查墙面的平整度和砌块的水平度。校正时，可用人力轻推砌块或用撬棍轻轻撬动砌块进行调整。对于150kg以下的砌块，也可用木槌敲击偏高处进行调整。

（4）灌缝。竖缝可用夹板在墙体内外夹住，然后灌砂浆，用竹片或铁棒插捣使其密实。当砂浆失水干涸后，用挂缝板将竖缝和水平缝挂齐。灌缝后，一般不应再撬动砌块，以防损坏砂浆黏结力。

（5）镶砖。当砌块间出现较大竖缝或过梁找平时，应镶砖。砌块内镶嵌普通砖的工作应紧密配合砌块安装工作，并要在砌块校正后随即镶填与之相邻的普通砖。镶砖砌体的竖直缝与水平缝应控制在15～30mm以内。镶砖时应注意使砖的竖缝灌密实。如果砌块墙安装完顶皮砌块层后，如其上还需要镶砌普通砖时，则楼板、梁、梁垫、檩条等水平承重结构下的顶层镶砖，必须用丁砖镶砌。

三、砌块砌体质量要求

（1）小砌块和芯柱混凝土、砌筑砂浆的强度等级必须符合设计要求。抽检数量为每一生产厂家，每1万块小砌块为一验收批，不足1万块按一批计，抽检数量为1组；用于多层建筑的基础和底层的小砌块抽检数量不应少于2组。检验方法：检查小砌块和芯柱混凝土、砌筑砂浆试块试验报告。

（2）墙体转角处和纵横墙交接处应沿竖向每隔400～500mm设拉结钢筋，埋入长度从墙的转角或交接处算起，对多孔砖墙或砌块墙不小于700mm。

（3）砌块砌体应分皮错缝搭砌，上下皮搭砌长度不应小于90mm。当搭砌长度不满足上述要求时，应在水平灰缝内设置不小于2根直径不小于4mm的焊接钢筋网片（横向钢筋的间距不应大于200mm，网片每端应伸出该垂直缝不小于300mm）。

（4）砌块墙与后砌隔墙交接处，应沿墙高每400mm在水平灰缝内设置不少于2根直径不小于4mm、横筋间距不大于200mm的焊接钢筋网片（见图3-55）。

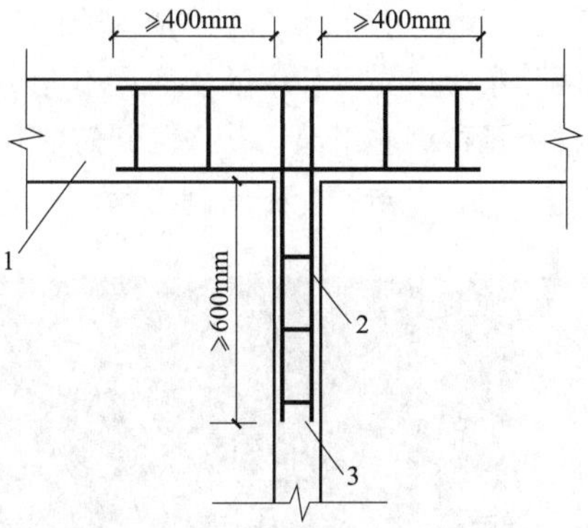

（5）混凝土砌块房屋，宜将纵横墙交接处，距墙中线每边不小于300mm范围内的孔洞，采用不低于C20（Cb20）混凝土沿全墙高灌实。

（6）砌体水平灰缝和竖向灰缝的砂浆饱满度，按净面积计算不得低于90%。每检验批抽查不应少于5处。

（7）墙体转角处和纵横交接处应同时砌筑。临时间断处应砌成斜槎，斜槎水平投影长度不应小于斜槎高度。施工洞口可预留直槎，但在洞口砌筑和补砌时，应在直槎上下搭砌的小砌块孔洞内用强度等级不低于C20（或Cb20）的混凝土灌实。每检验批抽查不应少于5处。检验方法：观察检查。

图3-55　砌块墙与后砌隔墙
交接处钢筋网片
1—砌块墙；2—焊接钢筋网片；
3—后砌隔墙

（8）小砌块砌体的芯柱在楼盖处应贯通，不得削弱芯柱截面尺寸；芯柱混凝土不得漏灌。每检验批抽查不应少于5处。

（9）砌体的水平灰缝厚度和竖向灰缝宽度宜为10mm，但不应小于8mm，也不应大于12mm。每检验批抽查不应少于5处。

第四节　填　充　墙　砌　筑

一、填充墙砌体施工技术要点

在框架结构、框架剪力墙结构的建筑中，砌筑墙体只起围护与分隔的作用，且填充墙体施工是先结构，后填充，故在施工时不得改变框架结构、框架剪力墙结构的传力路线。常用体轻、保温性能好的烧结空心砖或小型空心砌块、轻骨料混凝土小型砌块、加气混凝土砌块及其他工业废料掺水泥加工而成的砌块等。要求有一定的强度，轻质、隔声隔热等效果。

填充墙砌体施工除应满足一般砖砌体和各类砌块砌体等相应技术、质量、工艺标准外，还应注意以下几个方面的技术要点。

1. 与结构的连接问题

填充墙砌体应与主体结构可靠连接，其连接构造应符合设计要求，未经设计同意，不得随意改变连接构造方法。拉结钢筋或网片应置于灰缝中，埋置长度应符合设计要求，每一填充墙与柱的拉结筋的位置超过一皮块体高度的数量不得多于一处。填充墙与框架柱、梁的连接构造分为脱开方法和不脱开方法两类。有抗震设防要求时宜采用填充墙与框架脱开的方法连接。

（1）当填充墙与框架采用脱开方法连接时，宜符合下列要求。

1）填充墙两端与框架柱，填充墙顶面与框架梁之间留出不小于 20mm 的间隙。

2）填充墙两端与框架柱、梁之间宜用柔性连接，墙体宜卡入设在梁、板底及柱侧的卡口铁件内。

3）填充墙与框架柱、梁的缝隙可采用聚苯乙烯泡沫塑料板条或聚氨酯发泡充填，并用硅酮胶或其他弹性密封材料封缝。

（2）当填充墙与框架采用不脱开方法连接时，宜符合下列要求。

1）填充墙应沿框架柱全高每隔 500～600mm 设 $2\phi6$ 拉结筋（见图 3-56），拉结筋伸入墙内的长度不小于填充墙长度的 1/5 且不宜小于 700mm，具体见附录 H 结构设计说明。在砌筑围护墙时，将柱中预留钢筋甩出，并嵌砌到砖墙灰缝中。填充墙墙顶应与框架梁紧密结合，顶面与上部结构接触处宜用一皮砖或配砖斜砌楔紧，在墙体砌筑 14 天后进行（见图 3-57）。

图 3-56　承重结构上拉结筋布置图 　　　　　　图 3-57　填充墙砌全梁底构造处理

2）当填充墙有洞口时，宜在窗洞口的上端或下端、门洞口的上端设置钢筋混凝土带，钢筋混凝土带应与过梁的混凝土同时浇筑。当有洞口的填充墙尽端至门窗洞口边距离小于 240mm 时，宜采用钢筋混凝土门窗框。

（3）楼梯间和人流通道的填充墙，还应采用钢丝网砂浆面层加强。

（4）填充墙与承重墙、柱、梁的连接钢筋，当采用化学植筋的连接方式时，应进行实体检测。锚固钢筋拉拔试验的轴向受拉非破坏承载力检验值应为 6.0kN。抽检钢筋在检验值作用下应基材无裂缝、钢筋无滑移宏观裂损现象；持荷 2min 期间荷载值降低不大于 5％。填充墙砌体植筋锚固力检测记录完整并按规范填写。

（5）施工注意事项。填充墙砌体砌筑，应待承重主体结构检验批验收合格后进行。填充墙与承重主体结构间的空（缝）隙部位施工，应在填充墙砌筑 14d 后进行。填充墙施工最好从顶层向下逐层砌筑，防止因结构变形力向下传递而造成早期下层先砌筑的墙体产生裂缝。特别是空心砌块，此裂缝的发生往往是在工程主体完成 3～5 个月后，通过墙面抹灰在跨中产生竖向裂缝。因而质量问题的滞后性给后期处理带来困难。

如果工期太紧，填充墙施工必须由底层逐步向顶层进行时，则墙顶的连接处理需待全部砌体完成后，从上层向下层施工，此目的是给每一层结构一个完成变形的时间和空间。

2. 与门窗框的连接

由于空心砌块与门窗框直接连接不易达到要求，特别是门窗较大时，施工中通常采用在洞口两侧做混凝土构造柱、预埋混凝土预制块及镶砖的方法。空心砌块在窗台顶面可做成混凝土压顶，以保证门窗框与砌体的可靠连接。加气混凝土砌块砌体和轻骨料混凝土小砌块砌体的干缩较大，为防止或控制砌体干缩裂缩的产生，做出"不应混砌"的规定；但对于因构造需要的墙底部、墙顶部、局部门、窗洞口处，可酌情采用其他块材补砌。框架填充墙宜在窗洞口的上端或下端、门洞口的上端设置钢筋混凝土带，且与过梁的混凝土同时浇筑。

3. 防潮防水

空心砌块用于外墙面涉及防水问题。在雨季，墙的迎风迎雨面在风雨作用下易产生渗漏现象，主要发生在灰缝处。因此在砌筑中，就注意灰缝饱满密实，其竖缝应灌砂浆插捣密实。外墙面的装饰层采取适当的防水措施，如在抹灰层中加 3％～5％ 的防水粉，面砖勾缝或表面刷防水剂等，确保外墙的防水效果。目前市场上有多种防水砂浆材料，其工艺特点是靠砂浆材料自身在养护条件下产生较好的防水效果，以满足外墙防水要求，特别是对高孔隙率的墙体材料。

用于室内隔墙时，在厨房、卫生间、浴室等处采用轻骨料混凝土小型空心砌块、蒸压加气混凝土砌块砌筑墙体时，墙底部宜现浇混凝土坎台等，其高度不应低于 200mm。浇筑一定高度混凝土坎台的目的，主要是考虑有利于提高多水房间填充墙墙底的防水效果。

4. 单片面积较大的填充墙施工

大空间的框架结构填充墙，应在墙体中根据墙体长度、高度需要设置构造柱和水平现浇混凝土带，以提高砌体的整体稳定性。当设计无要求时，墙长大于 5m 时，墙顶与梁宜有拉结；墙长超过 8m 或层高 2 倍时，宜设置钢筋混凝土构造柱；墙高超过 4m 时，墙体半高宜设置与柱连接且沿墙全长贯通的钢筋混凝土水平系梁；大面积墙体的转角处、T 形交接处或端部应设置构造柱，圈梁宜设在填充墙体高度中部。施工中注意预埋构造柱钢筋的位置应正确。

由于不同的块料填充墙做法各异，因此要求也不尽相同，实际施工时应参照相应设计要求及施工质量验收规范和各地颁布实施的标准图集、施工工艺标准等。

二、蒸压加气混凝土砌块填充墙砌筑施工

（一）材料要求

（1）蒸压加气混凝土砌块常用规格尺寸、强度等级等详见第一节砌体工程基本概念。

（2）蒸压加气混凝土砌块干密度等级见表 3-7。

（3）蒸压加气混凝土砌块的外观质量可分为优等品、一等品、合格品，其外观质量要求见表 3-8。

表 3-7 蒸压加气混凝土砌块干密度等级

体积密度级别		B03	B04	B05	B06	B07	B08
体积密度	优等品≤	300	400	500	600	700	800
	一等品≤	330	430	530	630	730	830
	不合格≤	350	450	550	650	750	850

表 3-8 蒸压加气混凝土砌块的外观质量

项 目			指 标		
			优等品	一等品	合格品
尺寸允许偏差 不大于（mm）	长度	L_1	±3	±4	±5
	厚度	B_1	±2	±3	+3 -4
	高度	H_1	±2	±3	+3 -4
缺棱掉角	个数，不多于（个）		0	1	2
	最大尺寸不得大于（mm）		0	70	70
	最小尺寸不得大于（mm）		0	30	30
平面弯曲不得大于（mm）			0	3	5
裂纹	条数，不多于（条）		0	1	2
	在任何一面上的裂纹长度不得大于裂纹方向尺寸的		0	1/3	1/2
	贯穿一面两棱的裂纹长度不得大于裂纹所在面的裂纹方向尺寸总和的		0	1/3	1/3
爆裂、黏模和损坏深度不得大于（mm）			10	20	30
表面疏松、层裂			不允许		
表面油污			不允许		

（4）选择砌块时必须具有出厂合格证，其强度等级及干表观密度必须符合设计要求及施工规范的规定。

（5）蒸压加气混凝土砌块应符合《建筑材料放射性核素限量》的规定。

（6）施工用水泥采用强度等级为 42.5 级的普通硅酸盐水泥或 32.5 级的矿渣硅酸盐水泥，需新鲜，无结块。

（7）施工用砂宜采用中砂，砂中泥土含量不应超过 5％，并过 5mm 的密目筛网。

（二）施工工艺流程

蒸压加气混凝土砌块填充墙砌体施工工艺流程为：检验墙体轴线及门窗洞口位置→楼面找平→立皮数杆→凿出拉结筋→选砌块、摆砌块→撂底→按单元砌外墙→砌内墙→砌二步架外墙→砌内墙（砌筑过程中留槎、下拉结网片、安装混凝土过梁）→勾缝或斜砖砌筑与框架顶紧→检查验收。

（三）蒸压加气混凝土砌块填充墙施工

（1）蒸压加气混凝土砌块砌筑时，应向砌筑面适量喷水湿润（块体湿润程度为相对含水率 30％左右），采用薄灰砌筑法施工的蒸压加气混凝土砌块，砌筑前不应对其浇（喷）水浸润，保证砌筑砂浆的强度及砌体的整体性。蒸压加气混凝土砌块的产品龄期不应小于 28d。

（2）砌筑前应先把砌筑基层楼地面的浮浆残渣清理干净并进行弹线，填充墙的边线、门窗洞口位置线尽可能准确，偏差控制在规范允许的范围内。皮数杆尽可能立在填充墙的两端或转角处，并拉通线。

（3）蒸压加气混凝土砌块砌筑时，在厨房、卫生间、浴室等处采用轻骨料混凝土小型空心砌块、蒸压加气混凝土砌块砌筑墙体时，墙底部宜现浇混凝土坎台等，其高度宜为150mm。

（4）砌筑时应预先试排砌块，并优先使用整体砌块。必须断开砌块时，应使用手锯、切割机等工具锯裁整齐，并保护好砌块的棱角，锯裁砌块的长度不应小于砌块总长度的1/3；长度小于等于150mm的砌块不得上墙。

（5）砌筑最底层砌块，当灰缝厚度大于20mm时应使用细石混凝土铺密实，上下皮灰缝应错开搭砌，搭砌长度不应小于砌块总长的1/3。当搭砌长度小于150mm时，即形成的通缝，竖向通缝不应大于2皮砌块，否则应配φ4钢筋网片或2φ6钢筋，长度宜为700mm（见图3-58）。

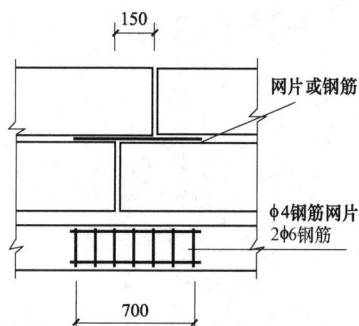

图3-58　加气混凝土砌块砌筑搭砌
长度小于150mm时的构造图

（6）砌块墙的转角处，应隔皮纵、横墙砌块相互搭砌。砌块墙的T字交接处，应使横墙砌块隔皮断面露头（见图3-59和图3-60）。

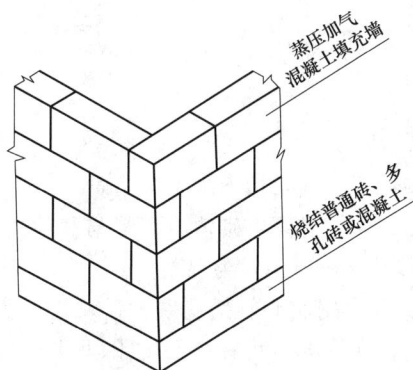

图3-59　加气混凝土砌块转角砌法

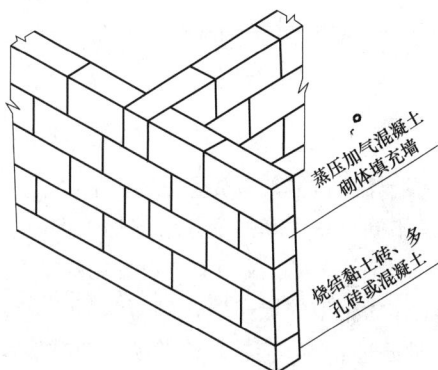

图3-60　加气混凝土砌块T形砌法

（7）加气混凝土砌块的砌筑方法为铺浆法，砂浆的铺设长度不应大于2m，竖向灰缝宽度和水平灰缝厚度不应超过15mm。灰缝应横平竖直、砂浆饱满，正、反手墙面均宜进行勾缝。砂浆的饱满度不得小于80％。竖向灰缝应采用临时内外夹板夹紧后灌缝。砌筑时应经常检查墙体的垂直平整度，并应在砂浆初凝前用小木槌或撬杠轻轻进行修正。

（8）加气混凝土砌体填充墙与结构或构造柱连接的部分，应预埋2φ6的拉结筋，拉结筋的竖向间距应为500～1000mm，当有抗震要求时，拉结筋的末端应做40mm长90°弯钩。

（9）加气混凝土填充墙砌体在转角处及纵横墙交接处，应同时砌筑，当不能同时施工时，应留成斜槎。砌体每天的砌筑高度不应超过1.8m。

（10）有抗震要求的砌体填充墙按设计要求设置构造柱、圈梁时，圈梁、构造柱的插筋宜优先预埋在结构混凝土构件中或后植筋，预留长度符合设计要求。构造柱施工时按要求应留设马牙槎，马牙槎宜先退后进，进退尺寸不小于60mm，高度为300mm左右。当设计无要求时，构造柱应设置在填充墙的转角处、T形交接处或端部（见图3-61）；当墙长大于5m时，应间隔设置。圈梁宜设在填充墙高度中部。

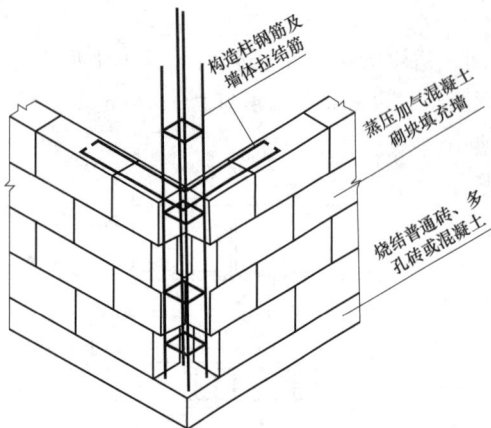
图 3-61　加气混凝土砌块填充墙构造柱

（11）加气混凝土砌块填充墙砌体与后塞口门窗的连接：后塞口门窗与砌体间通过木砖与门窗框连接，具体可用 100mm 长的铁钉把门框与木砖钉牢。木砖可以预埋，也可以后打。预埋木砖时，木砖应经过炭化，埋到预制混凝土块中，随加气混凝土块一起砌筑，预制混凝土块大小应符合砌体模数，或用普通烧结砖在需放木砖部位砌长度 240mm、宽度与加气块等厚的砖墩，木砖放置中间。

（12）蒸压加气混凝土砌块外墙的窗口下一皮砌块下的水平灰缝应设置拉结钢筋，拉结钢筋为3φ6，钢筋伸过窗口侧边应不小于 500mm（见图 3-62）。

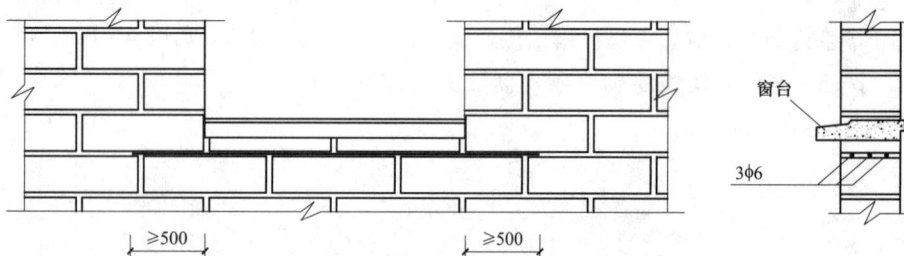
图 3-62　加气混凝土砌块墙窗口下配筋

（13）墙体洞口上部应放置 2φ6 的拉结筋，伸过洞口两边长度每边不少于 500mm。

（14）不同干密度和强度等级的加气混凝土不应混砌。加气混凝土砌块也不得与其他砖、砌块混砌。但在墙底、墙顶及门窗洞口处局部采用烧结砖和多孔砖砌筑不视为混砌。

（15）作为框架的填充墙，砌至最后一皮砖时，梁底可采用实心辅助砌块立砖斜砌（见图 3-63）。每砌完一层厚，应校核检验墙体的轴线尺寸和标高，允许偏差可在楼面上予以纠正。砌筑一定面积的砌体以后，应随即用厚灰浆进行勾缝。一般情况下，每天砌筑高度不宜大于 1.8m。

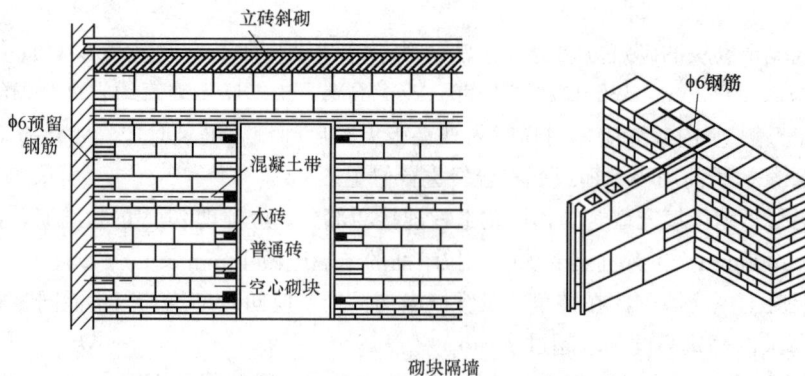
图 3-63　梁底采用实心辅助砌块立砖斜砌构造

（16）砌好的砌体不能撬动、碰撞、松动，否则应重新砌筑。

三、填充墙砌筑施工质量要求

（1）烧结空心砖、小砌块和砌筑砂浆的强度等级应符合设计要求。

烧结空心砖每 10 万块为一验收批，小砌块每 1 万块为一验收批，不足上述数量时按一批计，抽检数量为一组。砂浆试块的抽检数量按规范（GB 50203—2011）要求进行。

（2）填充墙砌体应与主体结构可靠连接，其连接构造应符合设计要求，未经设计同意，不得随意改变连接构造方法。每一填充墙与柱的拉结筋的位置超过一皮块体高度的数量不得多于一处。

（3）填充墙与承重墙、柱、梁的连接钢筋，当采用化学植筋的连接方式时，应进行实体检测。锚固钢筋拉拔试验的轴向受拉非破坏承载力检验值应为 6.0kN。抽检钢筋在检验值作用下应基材无裂缝、钢筋无滑移宏观裂损现象；持荷 2min 期间荷载值降低不大于 5%。

（4）填充墙砌体尺寸、位置的允许偏差及检验方法应符合表 3-9 的规定。

表 3-9　　　　　　　　　填充墙砌体尺寸、位置的允许偏差及检验方法

序号	项　目		允许偏差（mm）	检验方法
1	轴线位移		10	用尺检查
2	垂直度（每层）	≤3m	5	用 2m 托线板或吊线、尺检查
		>3m	10	
3	表面平整度		8	用 2m 靠尺和楔形尺检查
4	门窗洞口高、宽（后塞口）		±10	用尺检查
5	外墙上、下窗口偏移		20	用经纬仪或吊线检查

（5）填充墙砌体的砂浆饱满度及检验方法应符合表 3-10 的规定。

表 3-10　　　　　　　　　填充墙砌体的砂浆饱满度及检验方法

砌体分类	灰缝	饱满度及要求	检验方法
空心砖砌体	水平	≥80%	采用百格网检查块体底面或侧面砂浆的黏结痕迹面积
	垂直	填满砂浆、不得有透明缝、瞎缝、假缝	
蒸压加气混凝土砌块、轻骨料混凝土小型空心砌块砌体	水平	≥80%	
	垂直	≥80%	

（6）填充墙留置的拉结钢筋或网片的位置应与块体皮数相符合。拉结钢筋或网片应置于灰缝中，埋置长度应符合设计要求，竖向位置偏差不应超过一皮高度。

（7）砌筑填充墙时应错缝搭砌，蒸压加气混凝土砌块搭砌长度不应小于砌块长度的 1/3；轻骨料混凝土小型空心砌块搭砌长度不应小于 90mm；竖向通缝不应大于 2 皮。

（8）填充墙的水平灰缝厚度和竖向灰缝宽度应正确。烧结空心砖、轻骨料混凝土小型空心砌块砌体的灰缝应为 8~12mm。蒸压加气混凝土砌块砌体当采用水泥砂浆、水泥混合砂浆或蒸压加气混凝土砌块砌筑砂浆时，水平灰缝厚度及竖向灰缝宽度不应超过 15mm；当蒸压加气混凝土砌块砌体采用蒸压加气混凝土砌块黏结砂浆时，水平灰缝厚度和竖向灰缝宽度宜为 3~4mm。

第五节　砌筑工程施工质量通病及防治

在砌筑工程中常见的砌筑工程质量通病及防治措施主要有以下几个方面。

1. 砂浆强度偏低、不稳定

砂浆强度偏低：一是砂浆标准养护试块的强度偏低；二是试块强度不低，甚至较高，但砌体中

砂浆实际强度偏低。主要原因是计量不准，或不按配比计量，水泥、砂质量低劣等。由于计量不准，砂浆强度离散性必然偏大。主要预防措施是：加强现场管理，加强计量控制。

2. 砂浆和易性差

砂浆和易性差，主要表现在砂浆稠度和保水性不符合规定，容易产生沉淀和泌水现象，铺摊和挤浆较为困难，影响砌筑质量，降低砂浆与砖的黏结力。

预防措施是：低强度水泥砂浆尽量不用高强水泥配制，不用细砂，严格控制塑化材料的质量和掺量，加强砂浆拌制计划性，随拌随用，灰桶中的砂浆经常翻拌、清底。

3. 砌体组砌方法错误

砖墙面出现数皮砖同缝（通缝、直缝）、里外两皮（内通缝），砖柱采用包心法砌筑，里外皮砖层互不相咬，形成周围通天缝等，影响砌体强度，降低结构整体性。

预防措施：对工人加强技术培训，严格按规范方法组砌，缺损砖应分散使用，少用半砖，禁用碎砖。

4. 墙面灰缝不平直，游丁走缝，墙面凹凸不平

水平灰缝弯曲不平直，灰缝厚度不一致，出现"螺丝"墙，垂直灰缝歪斜，灰缝宽窄不匀，丁砖不压中（丁砖未压在顺砖中部），墙面凹凸不平。

预防措施：砌筑前应摆底，并根据砖的实际尺寸对灰缝进行调整；采用皮数杆接线砌筑，以砖的小面跟线，拉线长度（15～20m），超长时，应加腰线；竖缝，每隔一定距离应弹墨线找齐，墨线用线锤引测，每砌一步架用立线向上引伸，立线、水平线与线锤应"三线归一"。

5. 墙体留槎错误

砌墙时随意留直槎，甚至是凹槎，构造柱马牙槎不标准，槎口以砖渣砌，接槎砂浆填塞不严，影响接槎部位砌体强度，降低结构整体性。

预防措施：施工组织设计中应对留槎做统一考虑，严格按规范要求留槎；对于施工洞口所留槎，应加以保护和遮盖，防止运料车碰撞槎子。

6. 锚拉钢筋安装遗漏

构造柱及接槎的水平拉结钢筋常被遗漏，或未按规定布置；配筋砖缝砂浆不饱满，露筋年久易锈。

预防措施：拉结筋应作为隐检项目对待，应加强检查，并填写检查记录存档。施工中，对所砌部位需要的配筋应一次备齐，以备检查有无遗漏。尽量采用点焊钢筋网片，适当增加灰缝厚度（确保拉结钢筋上下各有2mm灰缝厚度）。

7. 砌块墙体裂缝

砌块墙体易产生沿楼板的水平裂缝，底层窗台中部竖向裂缝，顶层两端角部阶梯形裂缝以及砌块周边裂缝等。

预防措施：为减少收缩，砌块出池后应有足够的静置时间（30～50d）；清除砌块表面脱模剂及灰尘等；采用黏结力强、和易性较好的砂浆砌筑，控制铺灰长度和灰缝厚度；设置芯柱、圈梁、伸缩缝；在温度、收缩比较敏感的部位应配置水平钢筋。

8. 墙面渗水

砌块墙面及门窗框四周出现渗水、漏水现象。

预防措施：认真检验砌块质量，特别是抗渗性能；加强灰缝砂浆饱满度控制；杜绝墙体裂缝；门窗框周边嵌缝应在墙面抹灰前进行，而且要待固定门窗框铁脚的砂浆（或细石混凝土）达到一定强度后进行。

9. 层高超高

层高实际高度与设计高度的偏差超过允许偏差。

预防措施：保证配置砌筑砂浆的原材料符合质量要求，并且控制铺灰厚度和长度；砌筑前应根据砌块、梁、板的尺寸和规格，计算砌筑皮数，绘制皮数杆，砌筑时控制好每皮砌块的砌筑高度，对于原楼地面的标高误差，可在砌筑灰缝或圈梁、楼板找平层的允许误差内逐皮调整。

10. 拉结钢筋后植技术在施工中存在问题及预防措施

（1）存在问题。

1）钻孔深度未按结构胶性能所需要求的锚固长度确定，往往深度偏浅，致使钢筋的锚固力不足。试验表明，钻孔深度不应小于70mm。

2）钻孔清理不净，孔内存留残渣及浮灰，影响胶与混凝土之间的黏结。采用有机类锚固材料进行施工时，不同的清孔工艺对后植拉结钢筋的抗拔力影响很大。

3）注胶方法错误，施工中不是先向孔内注胶后插筋，而是直接在钢筋锚固端涂抹或蘸上结构胶后，直接往钻孔内插入，导致孔内结构胶不密实而影响其黏结效果。

4）拉结筋植入后未按规定时间养护和保护。

（2）预防措施。

1）钻孔定位应根据需要准确确定其位置，钻孔应避开主体结构的钢筋；钻孔时孔深应按照结构胶性能所要求的钢筋锚固深度确定（孔口5mm深度不应计入其中）。

2）清孔时应用毛刷和吹风机将孔内残渣和灰粉清理干净，最后再用无脂棉蘸上丙酮擦净干燥。

3）注胶应用专用工具向孔内注胶，胶量应按钢筋插入孔底时胶注满孔洞确定。注胶量与孔径、孔深、钢筋直径有关，宜在正式施工前进行试验确定。

4）植筋时应将钢筋顺孔洞向一个方向旋转缓缓插入，最后将钢筋扶正位置。

5）养护应按结构胶产品说明书要求时间及条件进行，养护期间不要扰动钢筋。

6）光圆钢筋应在植筋前进行除锈。

第六节　工　程　实　践　案　例

【案例1】　混凝土多孔砖砌体施工案例

某住宅建筑，建筑层高为3.0m，240mm×115mm×90mm混凝土多孔砖砌筑。其中，楼面采用120mm厚现浇板，现浇板与承重墙体的现浇圈梁整体浇筑。圈梁设计截面高度为240mm，底层圈梁已完成，其面标高为－0.02m，楼地面装饰层预留40mm厚面层，门窗洞口高度为2700mm，试确定底层墙和二层标准层墙体的砌筑高度和组砌层（皮）数。

1. 施工设计及参数

（1）板面坐浆层厚20mm。

（2）现浇板厚120mm。

（3）圈梁高度240mm。

（4）楼地面层厚度40mm。

（5）每砌10层砖累计按100～102cm控制。

2. 墙体高度及墙顶标高的计算

底层混凝土与砂浆坐浆高度：$h_1 = 20 + 240 = 260$（mm）

底层砌筑高度：$h_2 = 3000 - 40 - h_1 = 2700$（mm）

底层圈梁顶高度：$H_1 = 3000 - 40 = 2.960$（m）（圈梁底标高＋2.720m）

标准层混凝土与砂浆高度：$h_1 = 260$（mm）

标准层砌筑高度：$h_2 = 3000 - 260 = 2740$（mm）

标准层圈梁顶高度：$H_2 = 3000 - 40 = 2960$（mm）

3．确定砌筑高度及组砌层数

（1）底层。

需要砌筑标高：$H_1 = +2.720$（m）

砌筑高度：$h_2 = 2700$（mm）

组砌层数：$n = 2700 \div 100 = 27$（层），$27 \times 10 = 2.7$（m）

确定砌筑 27 层砖，其中按 10 层累计 100cm 控制。

（2）标准层（二层）。

混凝土与砂浆坐浆高度：$h_1 = 20 + 240 = 260$（mm）

圈梁顶标高：$H_2 = 6.0 - 0.04 = +5.96$（m）（圈梁底标高 5.720mm）

需要砌筑高度：$h_2 = 3.000 - 0.02 - 0.24 = 2.74$（m）

组砌层数：$n = 2740 \div 98 \approx 28$（层），$28 \times 10 = 2.8$（m）

确定砌筑 28 层砖，按每 10 层累计 98cm 控制。

根据上述的计算结果，因组砌模数的原因，墙顶标高在大于或小于理论要求标高 20mm 以内，可以通过调整墙体上部 1m 高左右的砌体灰缝（增加 2mm 大小消除此误差值），保证墙顶面标高满足要求。如果计算结果负差值大于 20mm 时，可以在不改变圈梁标高及钢筋位置的前提下，在浇筑圈梁时直接用混凝土填充。

支圈梁模板时，因施工安排使圈梁表面标高比理论标高降低了 20mm，如圈梁经过洞口处的底标高与之发生矛盾，则应首先保证洞口尺寸的要求并保证圈梁表面标高不变。本工程圈梁在洞口处正好为－20mm，降低圈梁经过洞口处的底标高正好可以达到目的。

砌筑高度的控制，除立皮数杆拉线外，应随砌筑进度用水平仪在砌高超过 500mm 的墙面上抄平弹水平标高控制线，提供给操作人员使用，且尽可能两面弹线。此线可作为墙体砌筑高度、门窗洞口标高控制、门窗安装、模板安装、构件安装的标高控制线，也可作装饰阶段标高控制线。该线通常按楼层建筑标高为起点，做＋50cm 水平线（也可按结构标高），应认真做好，特别是水平仪转点时，应尽可能利用原始引测点，防止因多点转移引测而造成误差或错误。

【案例 2】 填充墙砌筑施工案例

某住宅小区工程，剪力墙结构，地下一层，24 号、25 号楼地上十八层，29 号、30 号楼地上十四层，本工程建筑设计使用年限：三类、50 年，抗震设防类别为丙类，抗震设防烈度为 7 度，建筑耐火等级为地下一级、地上二级。

墙体材料应用：地下室外墙为钢筋砼墙，地下室内墙为 200mm 厚 Mu10 混凝土多孔砖，M7.5 混合砂浆砌筑。±0.000 以上外墙为 200mm 厚加气砼砌块，内隔墙为 100mm、200mm 厚加气混凝土砌块，加气混凝土砌块强度等级为 A5.0，密度等级 B07，容重小于 800kg/m³，M5 混合砂浆砌筑。卫生间墙体在砌筑前底部用 C15 混凝土上翻 200mm 高，宽度同墙厚。女儿墙：砌体做法同内隔墙，墙为 200mm 厚，墙中设钢筋混凝土构造柱，间距不应大于 2m，转角必设。墙顶设钢筋混凝土压顶。

（一）施工部署

1．施工管理

（1）现场质量管理：制度健全，并严格执行；施工方质量监督人员经常到现场，或现场设有常驻代表；施工方有在岗专业技术管理人员，人员齐全，并持证上岗。

（2）砂浆、混凝土强度：试块按规定制作，强度满足验收规定，离散性小。

（3）砂浆拌和方式：机械拌和；严格控制配合比计量。

2．施工队伍准备

设专职工长负责砌体施工。劳务队共设两个班组，每个班组必须保证瓦工 30 人，运杂工 10 人。要求劳务队配备主要管理人员（质检员、安全员、班组长）。电气专业施工队，负责预埋预留件并配合施工。

3．现场准备

根据工程特点、现场实际情况和施工需要每幢楼设一台搅拌机，在相应位置做好搅拌机、台秤、砌块、砂、石料场的现场平面规划，搅拌机要搭设好防护棚。

4．试验准备

（1）加强养护室的管理，使其满足混合砂浆的养护条件。

（2）砂浆试块按施工进度每层做一组，一组三块（每层砌体体积≤250m³）。

（3）构造柱、过梁每两层做一组混凝土试块。

（4）水泥、砂、空心砖、实心砖、加气块等材料按规定批次做进场复试，由监理公司见证取样。

（5）对于后植拉结筋及时做好植筋试验。根据混凝土结构后锚固技术规程（JGJ 145—2004，J 407—2005）的要求，同规格、同型号、基本相同部位的锚栓组成一个检验批。抽取数量按每批锚栓总数的 1‰计算，且不少于 3 根。根据本工程的情况计算需做植筋拉拔试验 2 组，即每两幢楼做一组。

（二）材料要求

（1）混凝土多孔砖、加气块：品种、强度等级必须符合设计要求，并有出厂合格证或试验单，进场后必须先按要求做复试，复试合格后方可用于工程中。

（2）水泥：采用水泥 42.5 级普硅水泥，水泥进场后应有出厂合格证并经进场复试合格后用于本工程。

（3）砂：采用中砂，砂的含泥量不应超过 5%。

（三）主要机具

搅拌机 4 台、磅秤 2 台、垂直运输设备（4 台双笼电梯）、小推车、大铲、托线板、线坠、小线、卷尺、水平尺，皮数杆，灰桶、扫帚等。砌筑用梯子及平台板。

（四）填充墙操作工艺

1．工艺流程

填充墙工艺流程如下：

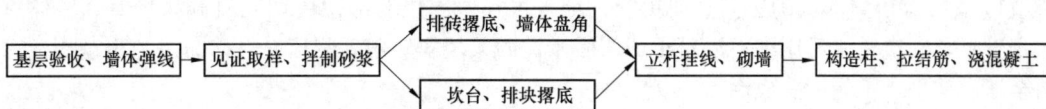

2．操作要点

（1）蒸压加气砼砌块砌体的水平灰缝厚度及竖向灰缝宽度不得超过 15mm，上下错缝不小于1/3砖长。

（2）填充墙砌至接近梁底或板底 30～50mm 时，应留有空隙，待填充墙砌完并至少间隔 14d，再用细石混凝土塞缝，分两次塞实或塞斜砖。

（3）排砖摆底：加气混凝土填充墙底部须根据已弹出的窗门洞口位置墨线，核对门窗间墙的长度尺寸是否符合排砖模数，若不符合模数时，要考虑好砍砖及排放的计划。

（4）盘角：砌墙前先盘角，每次盘角砌筑的砖墙高度不超过 5 皮，随盘随靠平吊直。如发现偏差及时修整，盘时要仔细对照皮数杆的砖层和标高，控制好灰缝尺寸，使水平灰缝均匀一致。每次盘角砌筑后应检查，平整和垂直完全符合要求后才可以挂线砌墙。

（5）挂线：砌筑一砖厚以下者，采用单面挂线；砌筑一砖厚及以上者，必须双面挂线。如长墙几个人同时砌筑共用一根通线时，中间应设皮数杆，小线要拉紧平直，每皮砖都要穿线看平，使水平缝均匀一致，平直通顺。砌一砖厚混水墙时宜采用外手挂线，可以照顾砖墙两面平整，以控制抹灰厚度。

（6）砌砖：砌砖宜采用一铲灰，一块砖，一挤揉的"三一"砌砖法，即满铺满挤操作法。砌砖时砖要放平，里手高，墙面就要涨；里手低，墙面就要背。砌砖一定要跟线"上跟线，下跟棱，左右相邻要对平"。在操作过程中，要认真进行自检，如出现有偏差，应随时纠正，严禁事后砸墙。混水墙应随砌随将舌头灰刮尽。砌体与砼面交接处要用砂浆填实，以免将来抹灰后该部位出现竖向裂纹。填充墙应分两次砌筑（即在 1.4m 处、1.4m 以上分两次砌筑，应留置不少于 5～7d 的间歇期）。

（7）留槎：普通黏土砖墙的转角处和交接处应同时砌筑，对不能同时砌筑而又必须留置的临时间断处应砌成斜槎，斜槎长度不应小于高度的 2/3，当不能留斜槎时，除转角处外可以留直槎，留直槎处应加设拉结筋，间距沿墙高为 500mm，埋入长度从留槎处算起为 1000mm，末端应有 135°弯钩，槎子必须平直、通顺。空心砖墙不允许留置斜槎或直槎，中途间歇时应将墙顶砌平。

（8）墙体拉结筋：所有填充墙墙体与框架柱和剪力墙交接的部位，应留置拉结钢筋，沿墙高每 500mm 设 2 根 φ6 长度为 1000mm，末端设 135°弯钩，两边距墙边的距离为 50mm，不应错放漏放。

（9）构造柱做法：在应设置构造柱的部位，砖墙与构造柱连接处砌成马牙槎，马牙槎应先退后进，每一马牙槎沿高度方向的尺寸不宜超过 300mm，砖墙与构造柱之间应沿墙高每 500mm 设置水平拉接钢筋拉结（长度为 1000mm），末端设 135°弯钩。构造柱钢筋绑扎完后要做好隐蔽验收资料，将柱根处的杂物清理干净，然后才能浇筑混凝土。

（10）过梁：洞口尺寸不大于 900mm 砌筑时设置砖过梁，所配置的钢筋数量、直径应按设计图纸规定，每端伸入支座的长度不得少于 250mm，端部应有 90°弯钢埋入墙的竖缝内。过梁的第一皮砖应砌成丁砖，并在进梁截面计算高度内（不少于两皮砖或 1/4 跨度高的范围内），要求用水泥砂浆砌结密实，灰缝饱满。当洞口尺寸大于 900mm 时，应设置钢筋混凝土过梁，配筋按设计规定及规范要求施工，过梁每端伸入支座的长度不得少于 250mm（过梁应预制）。门窗口过梁两端压接部位按规定砌 4 皮实心黏土砖。

门窗两侧以及转角处砌筑，门窗洞口四周采用混凝土加强框。

砖墙底部砌法：根据设计交底要求，所有墙体设素砼翻边，高度 200mm，宽度同墙体，混凝土等级为 C20。

（11）安装穿墙管部位砌法：竖向单管、细管可在该部位墙部位用切割机开凿埋管。墙体有粗管、密管时，砌筑完墙后用细石混凝土或膨胀水泥砂浆填实，用砂浆填充时，为避免出现裂纹，要分两至三次抹平，不能一次成活。

（12）窗台部位砌筑的高度确定必须考虑窗台压顶高度及窗台高度，镶贴面砖厚度及面砖流水坡度所产生的高度。

（13）勾缝：在砌筑过程中，应采用"原浆随砌随收缝法"，先勾水平缝，后勾竖向缝，灰缝与空心砖面要平整密实，不得出现丢缝、瞎缝、开裂和黏结不牢等现象，以避免墙面渗水和开裂，利于墙面粉刷和装饰。

（五）质量要求

（1）烧结空心砖、小砌块和砌筑砂浆的强度等级应符合设计要求。

抽检数量：烧结空心砖每 10 万块为一验收批，小砌块每 1 万块为一验收批，不足上述数量时按一批计,抽检数量为一组。

(2)填充墙砌体应与主体结构可靠连接,其连接构造应符合设计要求,未经设计同意,不得随意改变连接构造方法。每一填充墙与柱的拉结筋的位置超过一皮块体高度的数量不得多于一处。抽检数量:每检验批抽查不应少于5处。

(3)填充墙与承重墙、柱、梁的连接钢筋,当采用化学植筋的连接方式时,应进行实体检测。

(4)填充墙砌体尺寸、位置的允许偏差、砌体砂浆饱满度及检验方法应符合规范的规定,见表3-9和表3-10。每检验批抽查不应少于5处。

(5)填充墙留置的拉结钢筋或网片的位置应与块体皮数相符合。拉结钢筋或网片应置于灰缝中,埋置长度应符合设计要求,竖向位置偏差不应超过一皮高度。抽检数量:每检验批抽查不应少于5处。

(6)砌筑填充墙时应错缝搭砌,蒸压加气混凝土砌块搭砌长度不应小于砌块长度的1/3;轻骨料混凝土小型空心砌块搭砌长度不应小于90mm;竖向通缝不应大于2皮。抽检数量:每检验批抽检不应少于5处。

(7)填充墙的水平灰缝厚度和竖向灰缝宽度应正确。烧结空心砖、轻骨料混凝土小型空心砌块砌体的灰缝应为8~12mm。蒸压加气混凝土砌块砌体当采用水泥砂浆、水泥混合砂浆或蒸压加气混凝土砌块砌筑砂浆时,水平灰缝厚度及竖向灰缝宽度不应超过15mm;当蒸压加气混凝土砌块砌体采用蒸压加气混凝土砌块黏结砂浆时,水平灰缝厚度和竖向灰缝宽度宜为3~4mm。抽检数量:每检验批抽查不应少于5处。检查方法:水平灰缝厚度用尺量5皮小砌块的高度折算;竖向灰缝宽度用尺量2m砌体长度折算。

(8)当为不脱开连接时,填充墙砌至接近梁、板底时,应留置一定的空隙,待填充墙砌完并至少间隔14d,再将其补砌挤紧。

复 习 思 考 题

1. 砌体材料中的块材和砂浆各有哪些种类?它们如何配置与使用?

2. 砌体的种类有哪些?配筋砌体有几种形式?

3. 影响砌体抗压强度的主要因素有哪些?为什么砌体的抗压强度远小于块体的抗压强度?

4. 砌筑中墙体的组砌方法有哪些?

5. 各种砌体结构的施工工艺流程与砌筑要点是什么?

6. 砖墙的接槎连接有哪些方法?

7. 构造柱的马牙槎应如何留置?试绘制其构造柱平、立面图。

8. 简述砌块的分类及应用。

9. 简述混凝土小型空心砌块的施工工艺及技术要点。

10. 如何绘制砌块排列图?

11. 简述中型砌块的施工过程。

12. 简述配筋砖砌体的施工工艺。

13. 简述填充墙施工工艺流程。

14. 简述加气混凝土砌块填充墙的施工要点。

15. 简述框架填充墙砌筑的技术要点及质量控制要点。

16. 砌筑工程施工质量通病及防治措施有哪些?

第四章 混凝土结构工程

本章学习要求

掌握模板系统的组成、基本要求和分类。

掌握模板构造与安装的一般规定。

掌握支架立柱构造与安装的规定。

熟悉胶合板模板系统和组合钢模板系统的构造和各构件模板的安装搭设。

掌握模板与支架的拆除要求。

了解大模板、飞（台）模、压型钢板模板的适用范围和搭设工艺。

熟悉模板荷载和荷载组合，掌握模板面板、主次棱❶梁和穿墙螺栓的验算。

掌握普通钢筋混凝土所用热轧钢筋的进场验收、配料与加工、连接与安装。

掌握混凝土的制备、运输、浇筑、振捣和养护各施工过程的施工要点。

了解型钢混凝土、钢管混凝土和清水混凝土的构造和浇筑方法及浇筑要求。

掌握模板工程、钢筋工程和混凝土工程的施工质量验收要点。

掌握混凝土强度试块的强度评定。

掌握装配式混凝土主要结构构件的吊装工艺与连接。

第一节 混凝土结构概述

混凝土结构是指以混凝土为主要材料制成的结构，包括素混凝土结构、钢筋混凝土结构和预应力混凝土结构等，其中钢筋混凝土结构占绝大多数，素混凝土结构在建筑结构中只应用在垫层、素混凝土刚性基础等极少数情况。

钢筋混凝土结构工程在施工中可分为模板工程、钢筋工程和混凝土工程三个部分。

钢筋混凝土结构是指按设计要求将钢筋和混凝土两种材料复合，利用模板浇制而成的建筑结构或构件。混凝土是由水泥、粗骨料、细骨料、水、外加剂等按一定比例拌和而成的混合物，经模板浇筑成型（可模性），再经养护硬化后所形成的一种人造石材。

钢筋混凝土结构的施工，主要有整体现浇和预制装配两大类方法。在两者之间，还有现浇与装配相结合的施工方法，生产出来的结构称为装配整体式结构。

整体现浇式结构是在施工现场，在结构构件的设计位置支设模板、绑扎钢筋、浇灌混凝土、振捣成型，经养护混凝土达到拆模强度时拆除模板，制成结构构件。整体现浇式结构的整体性和抗震性能好，施工时不需要大型起重机械，但要消耗大量模板，施工中受气候条件影响较大。整体现浇式结构施工方法在施工现场占绝大多数。

预制装配式结构是预先在预制构件厂（场）生产制作结构构件，然后运至施工现场进行结构安装；或者在施工现场就地制作结构构件并进行结构构件的安装。一般大型构件在施工现场生产制作，以避免运输的困难。中小型构件均可在预制构件厂（场）生产制作。预制与整体现浇式结构相

---

❶ "棱"在很多书籍中用"楞"，根据《现代汉语词典（第7版）》，"楞"同"棱"，故本书使用推荐字"棱"。

比，预制装配式结构耗钢量较大，施工时对起重设备要求高、依赖性强，整体性和抗震性则不如整体现浇式结构，目前应用极少。

装配整体式结构是根据上述两种施工方法的优点，结合现场施工条件和技术装备条件而形成的施工方式。由于能够利用节点区域整体浇筑、梁板构件叠合浇制和利用预应力后张法进行混凝土预制构件整体拼装等方法加强结构的整体性，因而同时具有预制装配式和整体现浇式的优点，具有一定的发展前景。比如构造装饰复杂的混凝土外墙板采用预制，然后利用节点区域与现浇内墙整体浇筑的所谓"内浇外挂"法施工形成的结构就是装配整体式结构。

钢筋混凝土结构工程的施工工艺流程如图 4-1 所示。

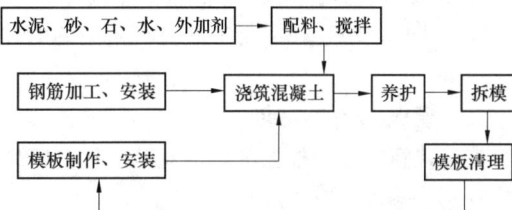

图 4-1 钢筋混凝土工程的施工工艺流程

第二节 模板安装与拆除工程

一、模板系统组成、基本要求和分类

1. 模板系统的组成和作用

模板系统是由模板和支撑两部分组成。

模板是使混凝土结构或构件成型的模型。搅拌机搅拌出的混凝土是具有一定流动性的混合物，经过凝结硬化以后，才能成为所需的、具有规定形状和尺寸的结构构件，所以，模板不仅需要与混凝土结构构件的形状和尺寸相同，还应具有足够的承载力、刚度，以承受新浇混凝土的荷载及施工荷载。支撑是保证模板形状、尺寸及其空间位置的支撑体系。支撑体系既要保证模板形状、尺寸和空间位置正确，又要承受模板传来的全部荷载。

2. 模板的基本要求

对模板的基本要求如下。

（1）模板的接缝不应漏浆，在浇筑混凝土前，木模板应浇水湿润，但模板内不应有积水。

（2）模板与混凝土的接触面应清理干净并涂刷隔离剂，但不得采用影响结构性能或妨碍装饰工程施工的隔离剂。

（3）浇筑混凝土之前，模板内的杂物应清理干净。

（4）对清水混凝土工程及装饰混凝土工程，应使用能达到设计效果的模板。

3. 模板的分类

（1）按材料分类。有胶合板模板、木模板、钢模板、钢木模板、塑料模板、玻璃钢模板、铝合金模板等。

（2）按结构类型分类。各种现浇钢筋混凝土结构构件，由于其形状、尺寸、构造不同，模板的构造及组装方法也不同。按结构类型分类，可将模板分为基础模板、柱模板、梁模板、楼板模板、楼梯模板、墙模板、壳模板、烟囱模板等。

（3）按施工方法分类。

1）现场装拆式模板。现场装拆式模板就是在施工现场按照设计要求的结构形状、尺寸及空间位置现场组装，当混凝土达到拆模强度后将其拆除的模板。现场装拆式模板多用于定型模板和工具式模板。

2）固定式模板。固定式模板又称胎模，用于制作预制构件。按照构件的形状、尺寸，在现场或预制厂制作模板，涂刷隔离剂，浇筑混凝土，当混凝土达到规定的拆模强度后，脱模清理模板，涂刷隔离剂，再制作下一批构件。各种胎模（土胎模、砖胎模、混凝土胎模）就属于固定式模板。

3）移动式模板。随着混凝土的浇筑，模板可沿着垂直方向或水平方向移动，称移动式模板。如烟囱、水塔、墙、柱混凝土的浇筑采用的滑升模板、提升模板，筒壳浇筑混凝土采用的水平移动式模板等。

二、模板构造与安装

根据建筑施工模板安全技术规范（JGJ 162），模板构造与安装应符合以下规定。

（一）一般规定

（1）模板安装前必须做好下列安全技术准备工作。

1）应审查模板结构设计与施工说明书中的荷载、计算方法、节点构造和安全措施，设计审批手续应齐全。

2）应进行全面的安全技术交底，操作班组应熟悉设计与施工说明书，并应做好模板安装作业的分工准备。采用爬模、飞模、隧道模等特殊模板施工时，所有参加作业人员必须经过专门技术培训，考核合格后方可上岗。

3）应对模板和配件进行挑选、检测，不合格者应剔除，并应运至工地指定地点堆放。

4）备齐操作所需的一切安全防护设施和器具。

（2）模板构造与安装应符合下列规定。

1）模板安装应按设计与施工说明书顺序拼装。木杆、钢管、门架等支柱不得混用。

2）竖向模板和支架立柱支承部分安装在基土上时，应加设垫板，垫板应有足够强度和支承面积，且应中心承载。基土应坚实，并应有排水措施。对湿陷性黄土应有防水措施；对特别重要的结构工程可采用混凝土、打桩等措施防止支架柱下沉。对冻胀性土应有防冻融措施。

3）当满堂或共享空间模板支架立柱高度超过 8m 时，若地基土达不到承载要求，无法防止立柱下沉，则应先施工地面下的工程，再分层回填夯实基土，浇筑地面混凝土垫层，达到强度后方可支模。

4）模板及其支架在安装过程中，必须设置有效防倾覆的临时固定设施。

5）现浇钢筋混凝土梁、板，当跨度大于 4m 时，模板应起拱；当设计无具体要求时，起拱高度宜为全跨长度的 $1/1000 \sim 3/1000$。

6）现浇多层或高层房屋和构筑物，安装上层模板及其支架应符合下列规定。

① 下层楼板应具有承受上层施工荷载的承载能力，否则应加设支撑支架。

② 上层支架立柱应对准下层支架立柱，并应在立柱底铺设垫板。

③ 当采用悬臂吊模板、桁架支模方法时，其支撑结构的承载能力和刚度必须符合设计构造要求。

7）当层间高度大于 5m 时，应选用桁架支模或钢管立柱支模。当层间高度小于或等于 5m 时，可采用木立柱支模。

（3）安装模板应保证工程结构和构件各部分形状、尺寸和相互位置的正确，防止漏浆，构造应符合模板设计要求。

模板应具有足够的承载能力、刚度和稳定性，应能可靠承受新浇混凝土自重和侧压力以及施工过程中所产生的荷载。

（4）拼装高度为 2m 以上的竖向模板，不得站在下层模板上拼装上层模板。安装过程中应设置临时固定设施。

（5）当承重焊接钢筋骨架和模板一起安装时，应符合下列规定。

1) 梁的侧模、底模必须固定在承重焊接钢筋骨架的节点上。

2) 安装钢筋模板组合体时，吊索应按模板设计的吊点位置绑扎。

（6）当支架立柱呈一定角度倾斜，或其支架立柱的顶表面倾斜时，应采取可靠措施确保支点稳定，支撑底脚必须有防滑移的可靠措施。

（7）除设计图另有规定者外，所有垂直支架柱应保证其垂直。

（8）对梁和板安装二次支撑前，其上不得有施工荷载，支撑的位置必须正确。安装后所传给支撑或连接件的荷载不应超过其允许值。

说明：二次支撑是指板或梁模板未拆除前或拆除后，板上需堆放或安放设备材料，而这些所增加的荷载远大于现时混凝土所能承受的荷载或者超过设计所允许的荷载，于是需第二次加些支撑来满足堆载的要求，这就称为第二次支撑。

（9）支撑梁、板的支架立柱构造与安装应符合下列规定。

1) 梁和板的立柱，其纵横向间距应相等或成倍数。

2) 木立柱底部应设垫木，顶部应设支撑头。钢管立柱底部应设垫木和底座，顶部应设可调支托，U 形支托与棱梁两侧间如有间隙，必须楔紧，其螺杆伸出钢管顶部不得大于 200mm，螺杆外径与立柱钢管内径的间隙不得大于 3mm，安装时应保证上下同心。

3) 在立柱底距地面 200mm 高处，沿纵横水平方向应按纵下横上的程序设扫地杆。可调支托底部的立杆顶端应沿纵横向设置一道水平拉杆。扫地杆与顶部水平拉杆之间的间距，在满足模板设计所确定的水平拉杆步距要求条件下，进行平均分配确定步距后，在每一步距处纵横向应各设一道水平拉杆；当层高在 8~20m 时，在最顶步距两水平拉杆中间应加设一道水平拉杆；当层高大于 20m 时，在最顶两步距水平拉杆中间应分别增加一道水平拉杆。所有水平拉杆的端部均应与四周建筑物顶紧顶牢。无处可顶时，应在水平拉杆端部和中部沿竖向设置连续式剪刀撑。

4) 木立杆的扫地杆、水平拉杆、剪刀撑应采用 40mm×50mm 木条或 25mm×80mm 木板条与木立柱钉牢。钢管立柱的扫地杆、水平拉杆、剪刀撑应采用 $\phi48×3.5$ 钢管，用扣件与钢管立柱扣牢。木扫地杆、水平拉杆、剪刀撑应采用搭接，并应采用铁钉钉牢。钢管扫地杆、水平拉杆应采用对接，剪刀撑应采用搭接，搭接长度不得小于 500mm，并应采用 2 个旋转扣件分别在离杆端不小于 100mm 处进行固定。

（10）施工时，在已安装好的模板上的实际荷载不得超过设计值。已承受荷载的支架和附件，不得随意拆除或移动。

（11）组合钢模板、滑升模板等的构造与安装，还应符合现行国家标准《组合钢模板技术规范》（GB 50214）和《滑动模板工程技术规范》（GB 50113）的相应规定。

（12）安装模板时，安装所需要各种配件应置于工具箱或工具袋内，严禁散放在模板和脚手架上；安装所用工具应系挂在作业人员身上或置于所佩戴的工具袋中，不得掉落。

（13）当模板安装高度超过 3.0m 时，必须搭设脚手架，除操作人员外，脚手架下不得站其他人。

（14）吊运模板时，必须符合下列规定。

1) 作业前应检查绳索、卡具、模板上的吊环，必须完整有效，在升降过程中应设专人指挥，统一信号，密切配合。

2) 吊运大块或整体模板时，竖向吊运不应少于 2 个吊点，水平吊运不应少于 4 个吊点。吊运必须使用卡环连接，并应稳起稳落，待模板就位连接牢固后，方可摘除卡环。

3) 吊运散装模板时，必须码放整齐，待捆绑牢固后方可起吊。

4) 严禁起重机在架空输电线路下面工作。

5）遇 5 级及以上大风时，应停止一切吊运作业。

（15）木材应堆放在下风向，离火源不得小于 30m，且料场四周应设置灭火器材。

（二）支架立柱构造与安装

（1）梁式或桁架式支架的构造与安装应符合下列规定。

1）采用伸缩式桁架时，其搭接长度不得小于 500mm，上下弦连接销钉规格、数量应按设计规定，并应采用不少于 2 个 U 形卡或钢销钉销紧，2 个 U 形卡距或销钉不得小于 400mm。

2）安装的梁式或桁架式支架的间距设置应与模板设计图一致。

3）支承梁式或桁架式支架的建筑结构应具有足够强度，否则，应另设立柱支撑。

4）若桁架采用多榀成组排放，在下弦折角处必须加设水平撑。

（2）工具式立柱支撑的构造与安装应符合下列规定。

1）工具式钢管单立柱支撑的间距应符合支撑设计的规定。

2）立柱不得接长使用。

3）所有夹具、螺栓、销子和其他配件应处在闭合或拧紧的位置。

4）立杆及水平拉杆构造应符合前述一般规定第（9）条的规定。

（3）木立柱支撑的构造与安装应符合下列规定：

1）木立柱宜选用整料，当不能满足要求时，立柱的接头不宜超过 1 个，并应采用对接夹板接头方式。立柱底部可采用垫块垫高，但不得采用单码砖垫高，垫高高度不得超过 300mm。

2）木立柱底部与垫木之间应设置硬木对角楔调整标高，并应用铁钉将其固定在垫木上。

3）木立柱间距、扫地杆、水平拉杆、剪刀撑的设置应符合前述一般规定第（9）条的规定，严禁使用板皮替代规定的拉杆。

4）所有单立柱支撑应在底垫木和梁底模板的中心，并应与底部垫木和顶部梁底模板紧密接触，且不得承受偏心荷载。

5）当仅为单排立柱时，应在单排立柱的两边每隔 3m 加设斜支撑，且每边不得少于 2 根，斜支撑与地面的夹角应为 60°。

（4）当采用扣件式钢管作立柱支撑时，其构造与安装应符合下列规定。

1）钢管规格、间距、扣件应符合设计要求。每根立柱底部应设置底座及垫板，垫板厚度不得小于 50mm。

2）钢管支架立柱间距、扫地杆、水平拉杆、剪刀撑的设置应符合前述一般规定第（9）条的规定。当立柱底部不在同一高度时，高处的纵向扫地杆应向低处延长不少于 2 跨，高低差不得大于 1m，立柱距边坡上方边缘不得小于 0.5m。

3）立柱接长严禁搭接，必须采用对接扣件连接，相邻两立柱的对接接头不得在同步内，且对接接头沿竖向错开的距离不宜小于 500mm，各接头中心距主节点不宜大于步距的 1/3。

4）严禁将上段的钢管立柱与下段钢管立柱错开固定在水平拉杆上。

5）满堂模板和共享空间模板支架立柱，在外侧周圈应设由下至上的竖向连续式剪刀撑；中间在纵横向应每隔 10m 左右设由下至上的竖向连续式剪刀撑，其宽度宜为 4～6m，并在剪刀撑部位的顶部、扫地杆处设置水平剪刀撑（见图 4-2）。剪刀撑杆件的底端应与地面顶紧，夹角宜为 45°～60°。当建筑层高在 8～20m 时，除应满足上述规定外，还应在纵横向相邻的两竖向连续式剪刀撑之间增加之字斜撑，在有水平剪刀撑的部位，应在每个剪刀撑中间处增加一道水平剪刀撑（见图 4-3）。当建筑层高超过 20m 时，在满足以上规定的基础上，应将所有之字斜撑全部改为连续式剪刀撑。

6）当支架立柱高度超过 5m 时，应在立柱周圈外侧和中间有结构柱的部位，按水平间距 6～

9m、竖向间距 2～3m 与建筑结构设置一个固结点。

（5）当采用标准门架作支撑时，其构造与安装应符合下列规定。

1）门架的跨距和间距应按设计规定布置，间距宜小于 1.2m；支撑架底部垫木上应设固定底座或可调底座。门架、调节架及可调底座，其高度应按其支撑的高度确定。

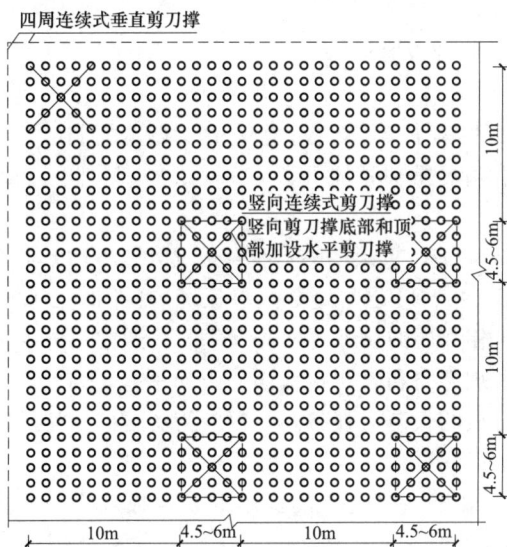

图 4-2　剪刀撑布置图（一）　　　　　　　图 4-3　剪刀撑布置图（二）

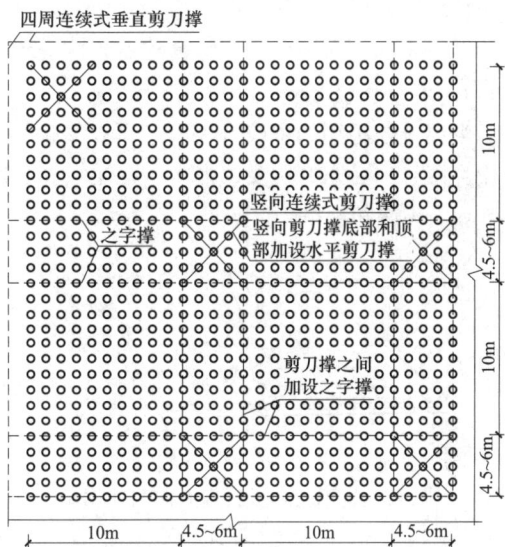

2）门架支撑可沿梁轴线垂直和平行布置。当垂直布置时，在两门架间的两侧应设置交叉支撑；当平行布置时，在两门架间的两侧也应设置交叉支撑，交叉支撑应与立杆上的锁销锁牢，上下门架的组装连接必须设置连接棒及锁臂。

3）当门架支撑宽度为 4 跨及以上或 5 个间距及以上时，应在周边底层、顶层、中间每 5 列、5 排在每门架立杆根部设 $\phi 48 \times 3.5$ 通长水平加固杆，并应采用扣件与门架立杆扣牢。

4）当门架支撑高度超过 8m 时，应按第（4）条的规定执行，剪刀撑不应大于 4 个间距，并应采用扣件与门架立杆扣牢。

5）顶部操作层应采用挂扣式脚手板满铺。

（6）悬挑结构立柱支撑的安装应符合下列要求。

1）多层悬挑结构模板的上下立柱应保持在同一条垂直线上。

2）多层悬挑结构模板的立柱应连续支撑，并不得少于 3 层。

三、胶合板（或木模板）模板系统

（一）胶合板特点

胶合板用作混凝土模板具有以下特点。

（1）板幅大、自重轻、板面平整。既可减少安装工作量，节省现场人工费用，又可减少混凝土外露表面的装饰及磨去接缝的费用。

（2）承载能力大，特别是经表面处理后耐磨性好，能多次重复使用。

（3）材质轻，厚 18mm 的木胶合板，单位面积重量为 50kg，模板的运输、堆放、使用和管理等都较为方便。

（4）保温性能好，能防止温度变化过快，冬期施工有助于混凝土的保温。

（5）锯截方便，易加工成各种形状的模板。

（6）便于按工程的需要弯曲成型，用作曲面模板。

（7）用于清水混凝土模板，最为理想。

我国于1981年，在南京金陵饭店高层现浇平板结构施工中首次采用胶合板模板，胶合板模板的优越性第一次被认识。正是由于上述特点，目前在全国各地大中城市的多高层现浇混凝土结构施工中，胶合板模板应用已超过组合钢模板居首位。

（二）种类

混凝土结构所用的胶合板模板有木胶合板模板和竹胶合板模板两类。

1. 木胶合板模板

混凝土模板用的木胶合板属于具有高耐气候、耐水性的Ⅰ类胶合板，胶黏剂为酚醛树脂胶，主要用克隆、阿必东、柳安、桦木、马尾松、云南松、落叶松等树种加工。

（1）构造和规格。

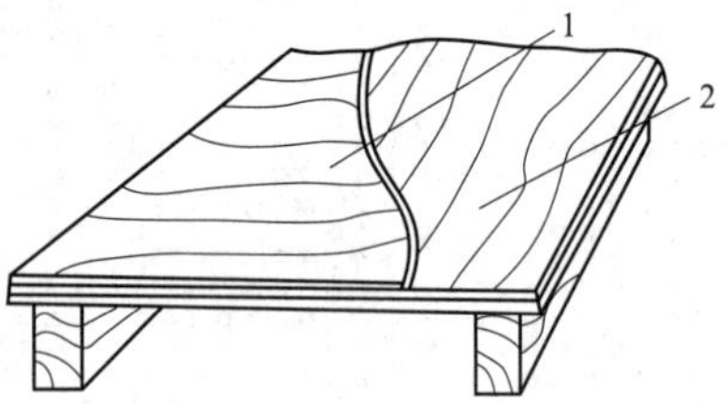

图4-4 木胶合板纹理方向与使用
1—表板；2—芯板

1）构造。模板用的木胶合板（见图4-4）通常由5、7、9、11层等奇数层单板经热压固化而胶合成型。相邻层的纹理方向相互垂直，通常最外层表板的纹理方向和胶合板板面的长向平行，因此，整张胶合板的长向为强方向，短向为弱方向，使用时必须加以注意。

2）规格。混凝土模板用木胶合板规格尺寸见表4-1。

表4-1 混凝土模板用木胶合板规格尺寸 mm

模数制		非模数制		厚度
宽度	长度	宽度	长度	
600	1800	915	1830	12.0
900	1800	1220	1830	15.0
1000	2000	915	2135	18.0
1200	2400	1220	2440	21.0

注 引自《混凝土模板用胶合板》（GB/T 17656—2018）。

（2）木胶合板物理力学性能。

1）胶合性能检验。模板用木胶合板的胶黏剂主要是酚醛树脂。此类胶合剂胶合强度高，耐水、耐热、耐腐蚀等性能良好，其突出的是耐沸水性能及耐久性优异。也有采用经化学改性的酚醛树脂胶。

评定胶合性能的指标主要有两项：胶合强度，为初期胶合性能，指的是单板经胶合后完全粘牢，有足够的强度；胶合耐久性，为长期胶合性能，指的是经过一定时期，仍保持胶合良好。

上述两项指标可通过胶合强度试验、沸水浸渍试验来判定。

施工单位在购买混凝土模板用胶合板时，首先要判别是否属于Ⅰ类胶合板，即判别该批胶合板是否采用了酚醛树脂胶或其他性能相当的胶黏剂。如果受试验条件限制，不能做胶合强度试验时，可以用沸水煮小块试件快速简单判别。方法是从胶合板上锯截下20mm见方的小块，放在沸水中煮0.5~1h。用酚醛树脂作为胶黏剂的试件煮后不会脱胶，而用脲醛树脂作为胶黏剂的试件煮后会脱胶。

2）物理力学性能具体见《混凝土模板用胶合板》（GB/T 17656—2018）。

（3）使用注意事项。

1）必须选用经过板面处理的胶合板。未经板面处理的胶合板用作模板时，因混凝土硬化过程中，胶合板与混凝土界面上存在水泥—木材之间的结合力，使板面与混凝土黏结较牢，脱模时易将板面木纤维撕破，影响混凝土表面质量。这种现象随胶合板使用次数的增加而逐渐加重。

经覆膜罩面处理后的胶合板，增加了板面耐久性，脱模性能良好，外观平整光滑，最适用于有特殊要求的、混凝土外表面不加修饰处理的清水混凝土工程，如混凝土桥墩、立交桥、筒仓、烟囱以及塔等。

2）未经板面处理的胶合板（也称白坯板或素板），在使用前应对板面进行处理。处理的方法为冷涂刷涂料，把常温下固化的胶涂刷在胶合板表面，构成保护膜。

3）经表面处理的胶合板，在施工现场使用中，一般应注意以下几个问题。

① 脱模后立即清洗板面浮浆，堆放整齐。

② 模板拆除时，严禁抛扔，以免损伤板面处理层。

③ 胶合板边角应涂有封边胶，故应及时清除水泥浆。为了保护模板边角的封边胶，最好在支模时在模板拼缝处粘贴防水胶带或水泥纸袋，加以保护，防止漏浆。

④ 胶合板板面尽量不钻孔洞；遇有预留孔洞，可用普通木板拼补。

⑤ 现场应备有修补材料，以便对损伤的面板及时进行修补。

⑥ 使用前必须涂刷脱模剂。

2. 竹胶合板模板

我国竹材资源丰富，且竹材具有生长快、生长周期短（一般 2～3 年成材）的特点。另外，一般竹材顺纹抗拉强度为 18MPa，为杉木的 2.5 倍、红松的 1.5 倍；横纹抗压强度为 6～8MPa，是杉木的 1.5 倍，红松的 2.5 倍；静弯曲强度为 15～16MPa。因此，在我国木材资源短缺的情况下，以竹材为原料，制作混凝土模板用竹胶合板，具有收缩率小、膨胀率和吸水率低以及承载能力大的特点，是一种具有发展前途的新型建筑模板。

混凝土模板用竹胶合板，其面板与芯板所用材料既有不同之处，又有相同之处。不同的是，芯板将竹子劈成竹条（称竹帘单板），宽 14～17mm，厚 3～5mm，在软化池中进行高温软化处理后，作烤青、烤黄、去竹衣及干燥等进一步处理。竹帘的编织可用人工或编织机编织。面板通常为编席单板，做法是竹子劈成篾片，由编工编成竹席，表面板则采用薄木胶合板。这样既可利用竹材资源，又可兼有木胶合板的表面平整度。

另外，也有采用竹编席作面板的，这种板材表面平整度较差，且胶黏剂用量较多。

为了提高竹胶合板的耐水性、耐磨性和耐碱性，经试验证明，竹胶合板表面进行环氧树脂涂面的耐碱性较好，进行瓷釉涂料涂面的综合效果最佳。

（三）胶合板施工工艺

1. 胶合板模板的配制方法和要求

（1）胶合板模板的配制方法。

1）按设计图纸尺寸直接配制模板。形体简单的结构构件，可根据结构施工图直接按尺寸列出模板规格和数量进行配制。模板厚度、横档及棱木的断面和间距，以及支撑系统的配置，都可以按支承要求通过计算选用。

2）采用放大样方法配制模板。形体复杂的结构构件，如楼梯、圆形水池等，可在平整的地坪上，按结构图的尺寸画出结构构件的实样，量出各部分模板的准确尺寸或套制样板，同时确定模板及其安装的节点构造，进行模板的制作。

3）用计算方法配制模板。形体复杂不宜采用放大样方法，但有一定几何形体规律的构件，可用计算方法结合放大样的方法，进行模板的配制。

4）采用结构表面展开法配制模板。形体复杂且又由各种不同形体组成的复杂体型结构构件，如设备基础。其模板的配制，可采用先画出模板平面图和展开图，再进行配模设计和模板制作。

（2）胶合板模板配制要求。

1）应整张直接使用，尽量减少随意锯截，造成胶合板浪费。

2）木胶合板常用厚度一般为 15mm 或 18mm，竹胶合板常用厚度一般为 12mm，内、外棱的间距，可随胶合板的厚度，通过设计计算进行调整。

3）支撑系统可以使用钢管脚手架，也可以用木支撑。采用木支撑时，不得选用脆性、严重扭曲和受潮容易变形的木材。

4）钉子长度应为胶合板厚度的 1.5～2.5 倍，每块胶合板与木棱相叠处至少钉 2 个钉子。第二块板的钉子要转向第一块模板方向斜钉，使拼缝严密。

5）配制好的模板应在反面编号并写明规格，分别堆放保管，以免错用。

2. 胶合板模板和木模板施工

采用胶合板作为现浇混凝土墙体和楼板的模板，是目前常用的一种模板技术，它比采用后述的组合钢模板可以减少混凝土外露表面的接缝。对于无饰面的清水混凝土墙面则必须采用胶合板模板成型。

图 4-5 采用胶合板面板的墙体模板
1—胶合板；2—立档；3—横档；
4—斜撑；5—撑头；6—穿墙螺栓

（1）墙体模板（见图 4-5）。常规的支模方法是：胶合板面板外侧的立档用 50mm×80mm 方木，横档（又称牵杠）可用 φ48.3×3.6 脚手钢管或方木（一般为 100mm² 方木），两侧胶合板模板用穿墙螺栓拉结（见图 4-6），穿墙螺栓（也叫对拉螺栓）的间距为 600～1000mm，一方面保证墙体厚度的正确，另一方面加强胶合板模板（或其他模板）的刚度，防止涨模板影响观瞻。对于大于 600mm 的梁高模板和柱宽模板，也宜采用一组或多组对拉螺栓来加强模板刚度。

1）墙模板安装时，根据边线先立一侧模板，临时用支撑撑住，用线锤校正使模板垂直，然后固定牵杠，再用斜撑固定。大块侧模组拼时，上下竖向拼缝要相互错开，先立两端，后立中间部分。待钢筋绑扎后，按同样方法安装另一侧模板及斜撑等。

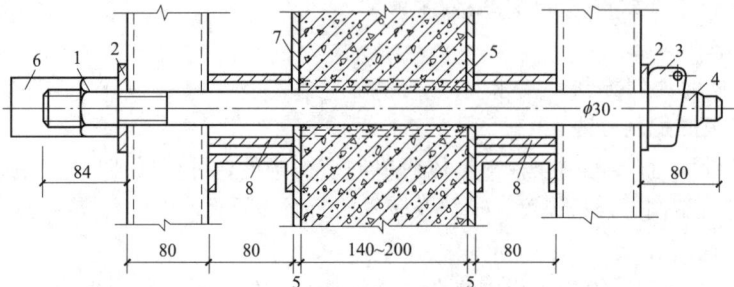

图 4-6 穿墙螺栓构造

1—螺母；2—垫板；3—板销；4—螺杆；5—塑料套管；6—丝扣保护套；7—模板；8—加强管

2）为了保证墙体的厚度正确，在两侧模板之间可用小方木撑头（小方木长度等于墙厚），防水混凝土墙要加有止水板的撑头。小方木要随着浇筑混凝土逐个取出。为了防止浇筑混凝土的墙身鼓胀，可用 8～10 号钢丝或直径 12～16mm 螺栓拉结两侧模板，间距不大于 1m。螺栓要纵横排列，并在混凝土凝结前经常转动，以便在凝结后取出，如墙体不高，厚度不大，也可在两侧模板上口钉上搭头木。

（2）楼板模板。楼板模板的支设方法有以下两种。

1）采用脚手钢管搭设排架，铺设楼板模板常采用的支模方法是：用 $\phi48.3\times3.6$mm 脚手钢管搭设排架，在排架上铺设 50mm×80mm 方木，间距为 400mm 左右，作为面板的格栅（楞木），在其上铺设胶合板面板（见图 4-7、图 4-8）。

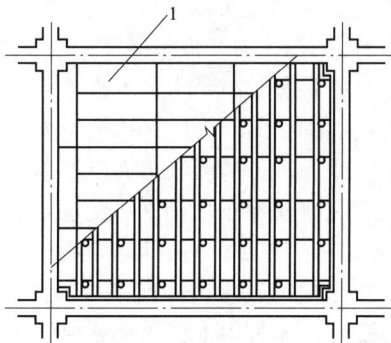

图 4-7　楼板模板平面
1—胶合板

图 4-8　楼板模板立面
1—木楞；2—钢管脚手架支撑；3—现浇混凝土梁

2）采用木顶撑支设楼板模板。楼板木模板铺设立体图如图 4-9 所示。

图 4-9　楼板木模板铺设立体图
1—楼板模板；2—梁侧模板；3—格栅；4—横档（托木）；5—牵杠；6—夹木；7—短撑木；8—牵杠撑；9—支柱（琵琶撑）

① 楼板模板铺设在格栅上。格栅两头搁置在托木上，格栅一般用断面 50mm×80mm 的方木，间距为 400～500mm。当格栅跨度较大时，应在格栅下面再铺设通长的牵杠，以减小格栅的跨度。牵杠撑的断面要求与顶撑立柱一样，下面须垫木楔及垫板，一般用（50～75）mm×150mm 的方木。楼板模板应垂直于格栅方向铺钉。

② 楼板模板安装时，先在次梁模板的两侧板外侧弹水平线，水平线的标高应为楼板底。标高减去楼板模板厚度及格栅高度，然后按水平线钉上托木，托木上口与水平线相齐。再把靠梁模旁的

格栅先摆上，等分格栅间距，摆中间部分的格栅。最后在格栅上铺钉楼板模板。为了便于拆模，只在模板端部或接头处钉牢，中间尽量少钉。如中间设有牵杠撑及牵杠时，应在格栅摆放前先将牵杠撑立起，将牵杠铺平。

（3）柱模板。由于胶合板模板抗变形刚度较小，对于一些较大柱、梁常用的是较厚的木模板，因此对于梁、柱模板，这里主要介绍其构造和施工。

1）木模板一般是在木工车间或木工棚加工成基本组件（拼板），然后在现场进行拼装。拼板（见图 4-10）由板条用拼条钉成，梁和拱的底板也可用整块木板。板条厚度一般为 20～50mm，宽度不宜超过 200mm（工具式模板不超过 150mm），以保证在干缩时缝隙均匀，浇水后易于密缝，受

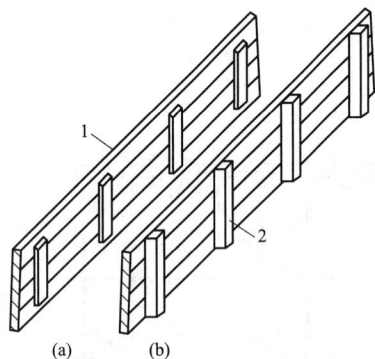

图 4-10 拼板的构图

（a）拼条平放；（b）拼条立放

1—板条；2—拼条

潮后不易翘曲，梁底的拼板由于承受较大的荷载要加厚至 40～50mm，拼板的拼条根据受力情况可以平放也可以立放。拼条间距取决于所浇筑混凝土的侧压力和板条厚度，一般为 400～500mm。木模板还应满足下列配制要求：木板条应将拼缝处刨平刨直；钉子长度应为木板厚度的 1.5～2 倍，每块木板与木档相叠处至少钉 2 只钉子；混水模板正面高低差不得超过 3mm，清水模板安装前应将模板正面刨平；配制好的模板应在反面编号与写明规格，分别堆放保管，以免错用。

2）柱木模板构造。矩形柱的模板由四面模板、柱箍、支撑组成。其中，两面侧板为长板条用木档纵向拼制；另两面用短板横向逐块钉上，两头要伸出纵向板边，以便于拆除，并每隔 1m 左右留出洞口，以便从洞口中浇筑混凝土。纵向侧板一般厚 40～50mm，横向侧板厚 25mm。在柱模底用小方木钉成方盘，用于固定（见图 4-11）。

柱子侧模如四边都采用纵向模板，则模板横缝较少，其构造如图 4-12 所示。

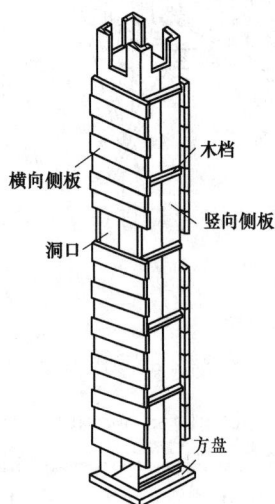

图 4-11 矩形柱模板

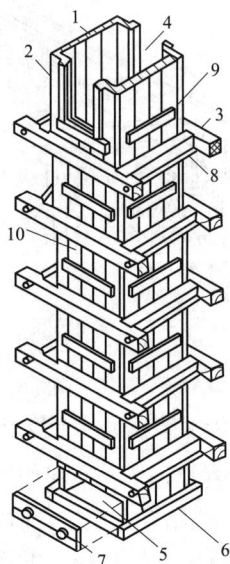

图 4-12 方形柱子的模板

1—内拼板；2—外拼板；3—柱箍；4—梁缺口；5—清理孔；
6—木框；7—盖板；8—拉紧螺栓；9—拼条；10—活动板

柱顶与梁交接处，要留出缺口，缺口尺寸即为梁的高及宽（梁高以扣除平板厚度计算），并在缺口两侧及口底钉上衬口档，衬口档离缺口边的距离即为梁侧板及底板的厚度。为了防止在混凝土浇筑时模板产生鼓胀变形，一般应在柱模外侧设置柱箍，柱箍可采用木箍、钢木箍及钢箍等几种，钢箍还分型钢与钢管两种。

柱箍间距应根据柱模断面大小确定，一般不超过1000mm，柱模下部间距应小些，往上可逐渐增大间距。设置柱箍时，横向侧板外面要设竖向木档。

柱模板用料尺寸参见表4-2。

表4-2   柱模板用料尺寸   mm

柱断面	木档间距（模板厚50mm）	木档断面	木档钉法
300×300	450	50×50	
400×400	450	50×50	
500×500	400	50×75	平摆
600×600	400	50×75	平摆
700×700	400	50×75	立摆
800×800	400	50×75	立摆

3）安装。柱模板安装时，先在基础面（或楼面）上弹主轴线及边线。同一柱列应先弹两端柱轴线、边线，然后拉通线弹出中间部分柱的轴线及边线。按照边线先把底部方盘固定好，再对准边线安装两侧纵向侧板，用临时支撑支牢，并在另两侧钉几块横向侧板，把纵向侧板互相拉住。用线锤校正柱模垂直后，用支撑加以固定，再逐块钉上横向侧板，最后固定柱箍。为了保证柱模的稳定，柱模之间要用水平撑、剪刀撑等互相拉结固定。

同一柱列的模板，可采用先校正两端的柱模，在柱模顶中心拉通线，按通线校正中间部分的柱模。

（4）梁模板。

1）构造。梁模板主要是由侧板、底板、夹木、托木、梁箍、支撑等组成。侧板可用胶合板或厚25mm的长板木条加木档拼制，底板一般用厚40~50mm的长条板加木档拼制，或用整块板。

在梁底板下每隔一定间距支设顶撑。夹木设在梁模两侧板下方，将梁侧板与底板夹紧，并钉牢在支柱顶撑上。次梁模板，还应根据格栅标高，在两侧板外面钉上托木。在主梁与次梁交接处，应在主梁侧板上留缺口，并钉上衬口档，次梁的侧板和底板钉在衬口档上（见图4-13）。

支撑梁模的顶撑（又称琵琶撑、支柱），其立柱一般为100mm×100mm的方木或直径120mm的原木，帽木用断面（50~100）mm×100mm的方木，长度根据梁高决定，斜撑用断面50mm×75mm的方木；也可用钢制顶撑（见图4-14）。

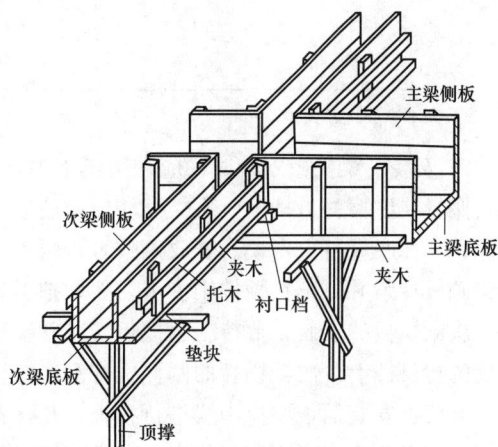

图4-13 主次梁模板支设节点

为了调整梁模的标高，在立柱底要垫木楔。沿顶撑底在地面上应铺设垫板。垫板厚度应不小于 40mm，宽度不小于 200mm，长度不小于 600mm。地面如是新填土或土质不好的基层须采取夯实措施。

顶撑的间距要根据梁的断面大小而定，一般为 800～1200mm。

当梁的高度较大，应在侧板外面另加斜撑，斜撑上端钉在托木上，下端钉在顶撑的帽木上（见图 4-15），独立梁的侧板上口用搭头木互相卡住。

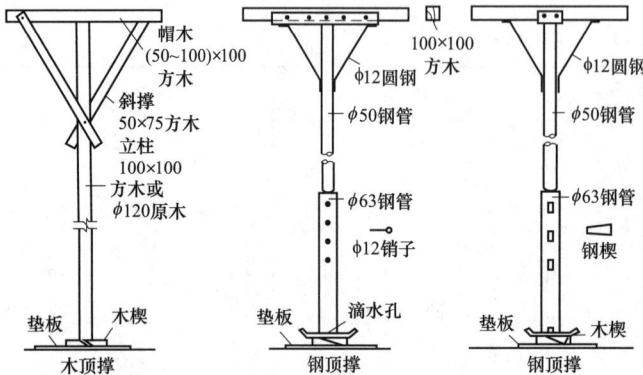

图 4-14　顶撑

图 4-15　有斜撑的梁模

梁模板的用料尺寸可参见表 4-3。

表 4-3　　　　　　　　　　　　　　　梁模板的用料尺寸　　　　　　　　　　　　　　　　　　mm

梁高	梁侧板（厚不小于 25）		梁底板（厚 40～50）	
	木档间距	木档断面	支承点间距	支承琵琶头断面
300	550	50×50	1250	50×100
400	500	50×50	1150	50×100
500	500	50×75（立摆）	1050	50×100
600	450	50×75（立摆）	1000	50×100
800	450	50×75（立摆）	900	50×100
1000	400	50×100（立摆）	800	50×100
1200	400	50×100（立摆）	800	50×100

注　夹木一般用断面为 50mm×（75～100）mm。

2) 安装。梁模板安装时，应在梁模下方地面上铺垫板，在柱模缺口处钉衬口档，然后把底板两头搁置在柱模衬口档上，再立靠柱模或墙边的顶撑，并按梁模长度等分顶撑间距，立中间部分的顶撑。顶撑底应打入木楔。安放侧板时，两头要钉牢在衬口档上，并在侧板底外侧铺上夹木，用夹木将侧板夹紧并钉牢在顶撑帽木上，随即把斜撑钉牢。

次梁模板的安装，要待主梁模板安装并校正后才能进行。其底板及侧板两头是钉在主梁模板缺口处的衬口档上。次梁模板的两侧板外侧要按格栅底标高钉上托木。

梁模板安装后，要拉中线进行检查，复核各梁模中心位置是否对正。待平板模板安装后，检查并调整标高，将木楔钉牢在垫板上。各顶撑之间要设水平撑或剪刀撑，以保持顶撑的稳固。

梁的跨度在 4m 或 4m 以上时，在梁模的跨中要起拱，起拱高度为梁跨度的 0.1%～0.3%（对钢模为 0.1%～0.2%，对木模为 0.15%～0.3%）。

当梁模板下面需留施工通道，或因土质不好不宜落地支撑，且梁的跨度又不大时，则可将支撑改成倾斜支设，支设在柱子的基础面上（倾角一般不宜大于30°），在梁底板下面用一根50mm×75mm或50mm×100mm的方木，将两根倾斜的支撑撑紧，以加强梁底板刚度和支撑的稳定性（见图4-16）。

四、组合钢模板系统

（一）组合钢模板构造组成

组合钢模板是一种定型模板，由钢模板和配件两大部分组成，配件包括连接件和支撑件，这种模板可以拼出多种尺寸和几何形状，可满足建

图4-16　用支撑倾斜支模

筑物的梁、板、墙、基础等构件施工的需要，也可拼成大模板、滑模、台模等使用。因而这种模板具有轻便灵活、拆装方便、通用性强、周转率高等优点。

（1）钢模板。包括：平面模板、阳角模板、阴角模板和连接角模板，见表4-4。另外还有角棱模板、圆棱模板、梁腋模板与平面模板配套使用的专用模板。

钢模板采用模数制设计，模板宽度以50mm进级，长度以150mm进级，可以适应横竖拼装，拼装以50mm进级的任何尺寸的模板。如拼装出现不足模数的空隙时，用镶嵌木条补缺，用钉子或螺栓将木条与板块边框上的孔洞连接。

为了板块之间便于连接，钢模板边肋上设有U形卡连接孔，端部上设有L形插销孔，孔径为13.8mm，孔距为150mm。

（2）连接件。包括：U形卡、L形插销、钩头螺栓、紧固螺栓、对拉螺栓，碟形与3形扣件等，见表4-5。

（3）支撑件。包括：支撑钢棱、型钢柱箍、钢管柱箍、型钢梁卡具、钢管梁卡具、钢管支柱及组合支柱、斜撑、平面可调桁架、曲面可调桁架等，见表4-6。

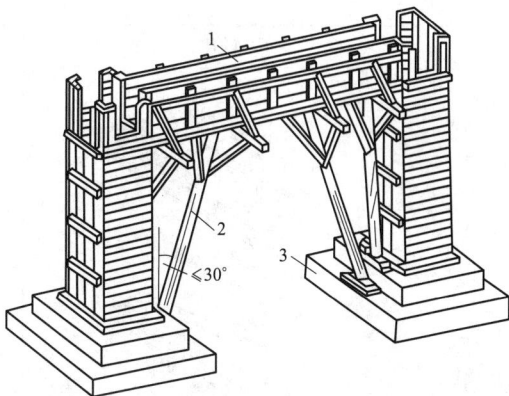

表4-4　　　　　　　　　　　　　　　组合钢模板的种类、构造及规格

名称	构造简图	说明及规格
平面模板		用2.3mm或2.5mm厚的钢板冷轧冲压整体成型，肋高55mm，中间点焊2.8mm厚中纵肋、横肋而成。在边肋上设有U形卡连接孔，端部上设有L形插销孔，孔径为13.8mm，孔距150mm，使纵（竖）横向均能拼接。各种平面模板，可以根据需要拼装成宽度模数以50mm，长度以150mm进级的各种尺寸的模板，如将模板横竖混合拼装，则可组成长宽均以50mm为模数的各种尺寸平面模板。模板规格有：宽300mm、250mm、200mm、150mm、100mm，长度1500mm、1200mm、900mm、600mm、450mm，肋高均为55mm，代号P，如P3009，表示规格为300×900，P1512表示规格为150×1200（以下均同）

名称	构造简图	说明及规格
转角模板		与平面模板配套使用的模板，它能与平面模板任意连接，分为阴角模板、阳角模板、连接角模板三种。阴角模板规格有：宽度 150mm×150、100mm×150，长度 1500mm、1200mm、900mm、600mm、450mm，肋高 55mm，代号 E；阳角模板规格有：宽度 100mm×100mm、50mm×50mm，长度和肋高同阴角模板，代号 Y；连接角模板规格有：宽 50mm×50mm，长度与肋高同阴角模板，代号 J
倒棱模板		与平面模板配套使用的专用模板，用于柱、梁、墙体等倒棱部位，分为角棱模板和圆棱模板两种。角棱模板规格有：宽度 17mm、45mm，长度 1500mm、1200mm、900mm、750mm、600mm、450mm，肋高 55mm，代号 JL；圆棱模板规格有：宽度 R20、R35mm，长度肋高同角棱模板，代号 YL
梁腋模板		与平面模板配套使用的专用模板，用于暗梁、明渠、沉箱和各种结构的梁腋部位。规格有宽度 50mm×150mm、50mm×100mm，长度 1500mm、1200mm、900mm、750mm、600mm、450mm 肋高 55mm，代号 U
柔性模板		为配套使用的专用模板，用于圆形筒壁，曲面墙体等结构部位。其规格有：宽度 100mm，长度 1500mm、1200mm、900mm、750mm、600mm、450mm，肋高 55mm，代号 Z

名称	构造简图	说明及规格
搭接模板		用于拼装模板板面尺寸小于 50mm 的补齐部分。其规格有：宽度 80 mm，长度 1500mm、1200mm、900mm、750mm、600mm、450mm，肋高 50mm，代号 D

表 4 - 5   **钢模板连接件形式构造**

名称	构造简图	要求及用途
U 形卡		用直径 12mm，30 号钢圆钢制作。缺乏 30 号钢时，也可用 Q235 钢代用，单件重 0.2kg。 是钢模板纵、横向自由拼接的主要连接件，可将相邻钢模板夹紧，以保证接缝严密，共同工作，不错位。安装距离一般不大于 300mm，即每隔一孔长插一个
L 形插销		用直径 12mm，Q235 圆钢制作，单件重 0.35kg。 用于插入钢模板端部横肋的插销孔内，增强钢模板纵向连接的刚度，保证接头处板面平整，相邻板共同受力
钩头螺栓		用直径 12mm，Q235 圆钢制作，单件重 0.2kg。 用于钢模板与内外钢棱之间的连接固定，使之形成整体。安装间距一般不大于 600mm，长度应与采用的钢棱尺寸相适应
紧固螺栓		用直径 12mm，Q235 圆钢制作，单件重 0.18kg。 用于坚固内外钢棱，增强组合钢模板的整体风度。长度应与采用的钢棱尺寸相适应
对拉螺栓		用直径 12mm、14mm、16mm，Q235 钢圆钢制作。分为组合式与整体式两种，后者如需拆除，应加塑料或混凝土套管做成工具式。 用于连接内外两组模板，保持间距准确，承受混凝土的侧压力和其他荷载，确保模板风度和强度，不变形、不漏浆。对拉螺栓装置的种类和规格尺寸应按设计要求和供应条件选用
碟形与 3 形扣件		用 2.5mm、3mm、4mm，Q235 钢圆钢制作。其规格分为大、小两种，与相应的钢棱配套使用，按钢棱的不同形状选用。 与对拉螺栓一起将钢模板与钢棱（碟形用于矩形，3 形用于钢管）扣紧，将钢模板拼成整体。扣件的刚度应与配套螺栓的强度相适应

名称	构造简图	要求及用途
板条式拉杆		用 1.5～2.0mm 厚，Q235 扁钢作拉杆，扁钢两端各开直径 13.8mm 孔，两孔距离与内外钢模板的连接孔距相适应，安装时嵌入相邻模板板缝中，用 U 形卡或弯脚螺栓插入孔内与模板一起固定

表 4-6　　　　　　**组合钢模板支承工具形式、构造及规格**

名称	构造简图	要求及用途
支撑钢棱		用 Q235 钢管、钢板制成。常用规格有：$\phi48mm\times3.5mm$ 圆钢管；□80mm×40mm×3mm、□100mm×50mm×3mm 矩形钢管；[80mm×40mm×3mm、[100mm×50mm×3mm 槽钢；□80mm×40mm×15mm×3mm、□100mm×50mm×20mm×3mm 内卷边槽钢；[80mm×40mm×5mm 普通槽钢，冷弯槽钢长度 5～10m
型钢柱箍		由夹板、插销和限位器组成。夹板用 -70mm×5mm 扁钢；L75mm×25mm×3mm 或 L80mm×35mm×3mm 角钢；或[80mm×40mm×3mm 及[100mm×50mm×3mm×5.3mm 冷变槽钢，或[80mm×43mm×5.0mm、[100mm×48mm×5.3mm 槽钢制作。特点是结构简单，拆装方便。 扁钢和角钢柱箍适用于柱宽小于 700mm 的柱子；槽钢柱箍适用于较大截面的柱子
钢管柱箍		由夹板、对拉螺栓、3 形扣件（或十字扣件）等组成。夹板用 $\phi48\times3.5mm$ 或 $\phi51\times3.5mm$ 钢管，用单根或双根，可利用工地短钢管脚手杆。 适用于组合钢模板组装的大、中型截面的柱子

续表

名称	构造简图	要求及用途
型钢梁卡具	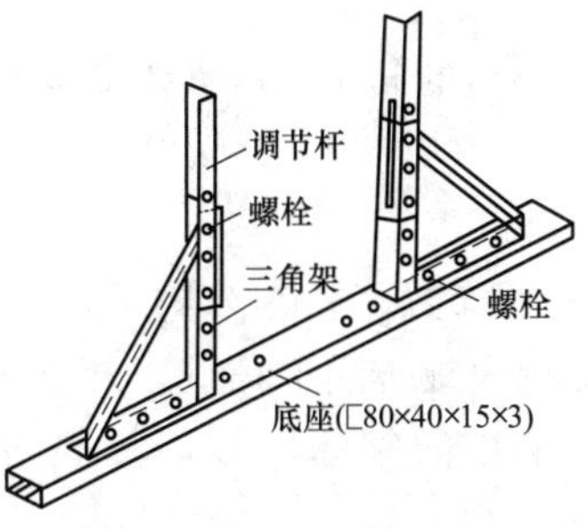	三角架用角钢，底座用角钢或槽钢加工制成。梁卡具的高度和宽度可以调节，用螺栓加以固定。 适用于截面为 700mm×600mm 以内的梁
钢管梁卡具	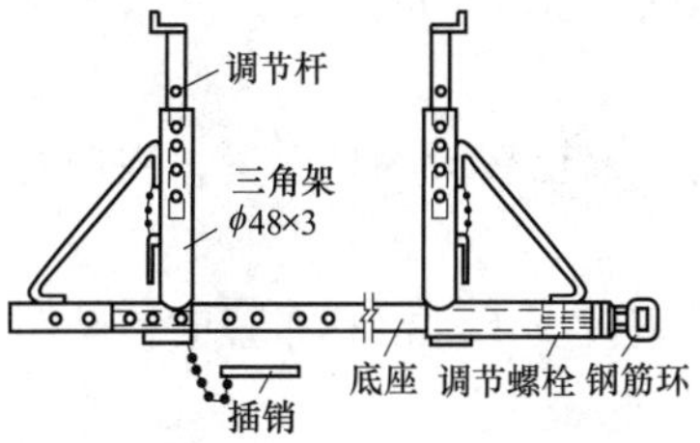	三角架和底座均用钢管加工制成。卡具的高度和宽度均能调节，用插销加以固定。 适用于截面为 700mm×500mm 以内的梁
钢管支柱及组合支柱	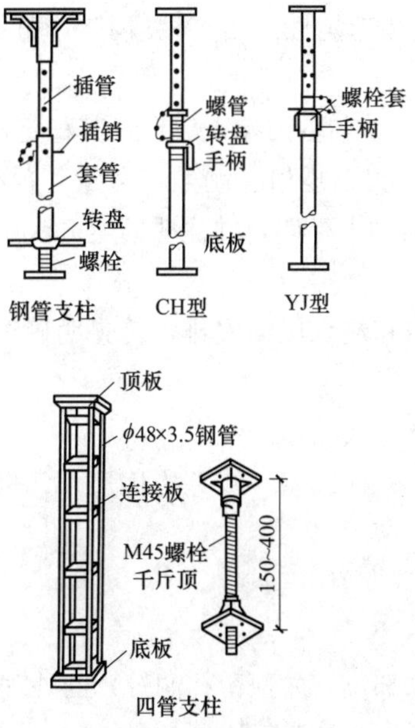	是用 $\phi60×2.5$mm、$\phi48×2.5$mm 两种规格钢管承插构成。沿钢管孔眼（间距模数为 100mm）以一对销子插入固定。上、下两钢管的承插搭接长度不小于 30cm，柱帽用角钢或钢板，下部焊底板。CH 型下管上端焊有螺栓管和滑盘，转动滑盘可以微升微降使其顶紧；YJ 型下管上端设有螺栓套，螺纹不外露，可防止碰坏和污物粘着。组合支柱由管柱、螺栓千斤顶和托盘、$\phi48×3.5$ 钢管或 $\phi25\sim30$mm 钢筋、小规格角钢焊成。钢管间焊 8mm 厚钢板缀条。支柱之间设水平拉杆。螺栓千斤顶是由直径 M45mm 螺栓和上下托板组成，其调距为 250mm。四管支柱的规格高度分别为 1200mm、1500mm、1750mm、2000mm、3000mm 5 种，可组合成以 250mm 进级的各种不同高度，可承受荷载 180～250kN。 适用作梁、板、阳台、挑檐等水平模板的垂直支撑；组合支柱用于荷载较大的支撑

（二）组合钢模板配板

1. 组合钢模板配板原则

配板设计和支承系统的设计应遵守以下规定。

（1）要保证构件的形状尺寸及相互位置的正确。

（2）要使模板具有足够的强度、刚度和稳定性，能够承受新浇混凝土的重量和侧压力，以及各种施工荷载。

（3）力求构造简单，装拆方便，不妨碍钢筋绑扎，保证混凝土浇筑时不漏浆。柱、梁、墙、板的各种模板面的交接部分，应采用连接简便、结构牢固的专用模板。

（4）配制的模板，应优先选用通用、大块模板，使其种类和块数最小，木模镶拼量最少。设置对拉螺栓的模板，为了减少钢模板的钻孔损耗，可在螺栓部位改用 55mm ×100mm 刨光方木代替，或应使钻孔的模板能多次周转使用。

（5）相邻钢模板的边肋，都应用 U 形卡插卡牢固，U 形卡的间距不应大于 300mm，端头接缝上的卡孔，也应插上 U 形卡或 L 形插销。

（6）模板长向拼接宜采用错开布置，以增加模板的整体刚度。

（7）模板的支承系统应根据模板的荷载和部件的刚度进行布置。具体要求如下。

1）内钢棱应与钢模板的长度方向相垂直，直接承受钢模板传递的荷载；外钢棱应与内钢棱互相垂直，承受内钢棱传来的荷载，用以加强钢模板结构的整体刚度，其规格不得小于内钢棱。

2）内钢棱悬挑部分的端部挠度应与跨中挠度大致相同，悬挑长度不宜大于 400mm，支柱应着力在外钢棱上。

3）一般柱、梁模板，宜采用柱箍和梁卡具作支承件。断面较大的柱、梁，宜用对拉螺栓和钢棱及拉杆。

4）模板端缝齐平布置时，一般每块钢模板应有两处钢棱支承。错开布置时，其间距可不受端缝位置的限制。

5）在同一工程中可多次使用的预组装模板，宜采用模板与支承系统连成整体的模架。

6）支承系统应经过设计计算，保证具有足够的强度和稳定性。当支柱或其节间的长细比大于110 时，应按临界荷载进行核算，安全系数可取 3～3.5。

7）对于连续形式或排架形式的支柱，应适当配置水平撑与剪刀撑，以保证其稳定性。

（8）模板的配板设计应绘制配板图，标出钢模板的位置、规格、型号和数量。预组装大模板，应标绘出其分界线。预埋件和预留孔洞的位置，应在配板图上标明，并注明固定方法。

2．组合钢模板的配板步骤

（1）根据施工组织设计对施工区段的划分、施工工期和流水段的安排，首先明确需要配制模板的层段数量。

（2）根据工程情况和现场施工条件，决定模板的组装方法。

（3）根据已确定配模的层段数量，按照施工图纸中梁、柱、墙、板等构件尺寸，进行模板组配设计。

（4）明确支撑系统的布置、连接和固定方法。

（5）进行夹箍和支撑件等的设计计算和选配工作。

（6）确定预埋件的固定方法、管线埋设方法以及特殊部位（如预留孔洞等）的处理方法。

（7）根据所需钢模板、连接件、支撑及架设工具等列出统计表，以便备料。

3．柱的配板设计

柱模板的施工设计，首先应按单位工程中不同断面尺寸和长度的柱，所需配制模板的数量作出统计，并编号、列表。然后，再进行每一种规格的柱模板的施工设计，其具体步骤如下：

（1）依照断面尺寸选用宽度方向的模板规格组配方案并选用长（高）度方向的模板规格进行组配。

（2）根据施工条件，确定浇筑混凝土的最大侧压力。

（3）通过计算，选用柱箍、背棱的规格和间距。

（4）按结构构造配置柱间水平撑和斜撑。

4．墙的配板设计

按图纸，统计所有配模平面的尺寸并进行编号，然后对每一种平面进行配板设计，其具体步骤如下。

（1）根据墙的平面尺寸，若采用横排原则，则先确定长度方向模板的配板组合，再确定宽度方向模板的配板组合，然后计算模板块数和需镶拼木模的面积。

（2）根据墙的平面尺寸，若采用竖排原则，可确定长度和宽度方向模板的配板组合，并计算模板块数和拼木模面积。

对于上述横、竖排的方案进行比较，择优选用。

（3）计算新浇筑混凝土的最大侧压力。

（4）计算确定内、外钢棱的规格、型号和数量。

（5）确定对拉螺栓的规格、型号和数量。

（6）对需配模板、钢棱、对拉螺栓的规格型号和数量进行统计、列表，以便备料。

5．梁的配板设计

梁模板往往与柱、墙、楼板相交接，故配板比较复杂。另外，梁模板既需承受混凝土的侧压力，又要承受垂直荷载，故支承布置也比较特殊。因此，梁模板的施工设计有它的独特情况。

梁模板的配板，宜沿梁的长度方向横排，端缝一般都可错开，配板长度虽为梁的净跨长度，但配板的长度和高度要根据与柱、墙和楼板的交接情况而定。

正确的方法是在柱、墙或大梁的模板上，用角模和不同规格的钢模板作嵌补模板拼出梁口（见图4-17），其配板长度为梁净跨减去嵌补模板的宽度，或在梁口用木方镶拼（见图4-18），不使梁口处的板块边肋与柱混凝土接触，在柱身梁底位置设柱箍或槽钢，用以搁置梁模。

梁模板与楼板模板交接，可采用阴角模板或木材拼镶（见图4-19）。

梁模板侧模的纵、横棱布置，主要与梁的模板高度和混凝土侧压力有关，应通过计算确定。

直接支承梁底模板的横棱或梁夹具，其间距尽量与梁侧模板的纵棱间距相适应，并照顾楼板模板的支承布置情况。在横棱或梁夹具下面，沿梁长度方向布置纵棱或析架，由支柱加支撑。纵棱的截面和支柱的间距，通过计算确定。

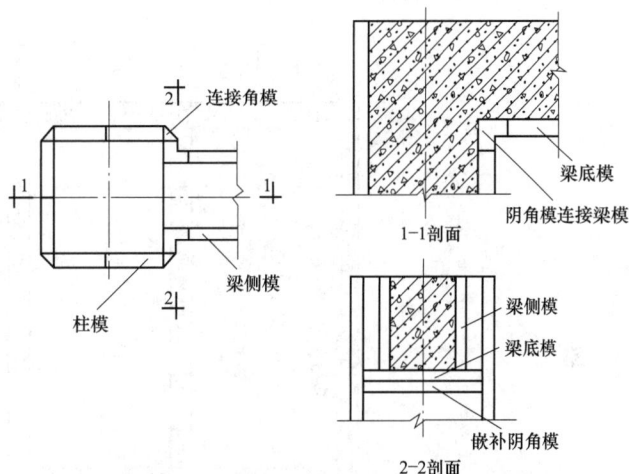

图4-17 柱顶梁口采用嵌补模板

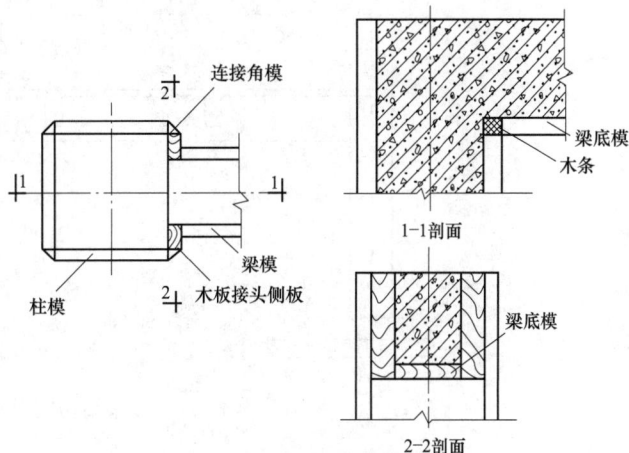

图4-18 柱顶梁口采用木方镶拼

图 4-19 梁模板与楼板模板交接

（a）阴角模板连接；（b）、（c）木材拼镶

1—楼板模板；2—阴角模板；3—梁模板；4—木材

6. 楼板的配板设计

（1）楼板配板的方法和步骤。楼板模板一般采用散支散拆或预拼装两种方法。配板设计可在编号后，对每一平面进行设计。其步骤如下。

1）可沿长边配板或沿短边配板，然后计算模板块数及拼镶木模的面积，通过比较作出选择。

2）确定模板的荷载，选用钢棱。

3）计算选用钢棱。

4）计算确定立柱规格型号，并作出水平支撑和剪力撑的布置。

（2）楼板和梁配板的实例（见图 4-20、图 4-21 和图 4-22）。

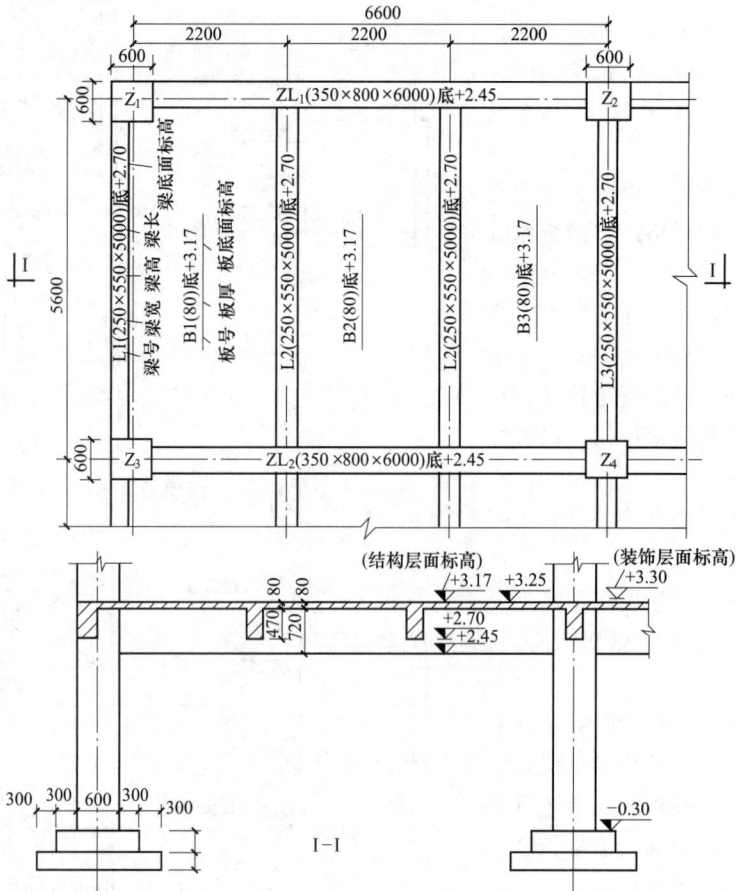

图 4-20 框架结构模板放线图

7. 组合小钢模板规格编码表（mm）

组合小钢模板规格编码表见表 4-7。

(a)

P2015	P2015	P2015	P2015
P3015	P3015	P3015	P3015
P3015	P3015	P3015	P3015

800

6000

(b)

J0015	J0015	J0015	J0015
P2015	P2015	P2015	P2015
P1515	P1515	P1515	P1515
J0015	J0015	J0015	J0015

350

6000

(c)

图 4-21 ZL₁ 梁配板图

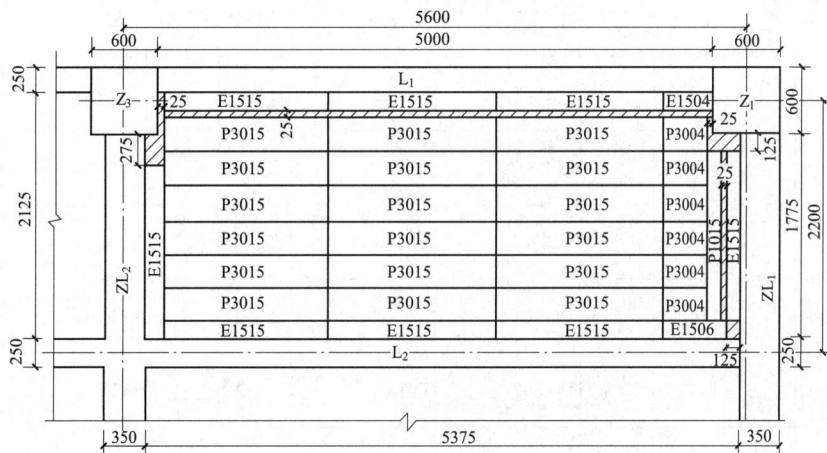

图 4-22 B₁ 板配板图

表 4-7　　　　　　　　　　钢 模 板 规 格 编 码 表

模板名称		模板长度												
		450		600		750		900		1200		1500		1800
		代号	尺寸	代号	尺寸	代号	尺寸	代号	尺寸	代号	尺寸	代号	尺寸	代号	尺寸
平面模板代号P	宽度														
	350	P3504	350×450	P3506	350×600	P3507	350×750	P3509	350×900	P3512	350×1200	P3515	350×1500	P3518	350×1800
	300	P3004	300×450	P3006	300×600	P3007	300×750	P3009	300×900	P3012	300×1200	P3015	300×150	P3018	300×1800
	250	P2504	250×450	P2506	250×600	P2507	250×750	P2509	250×900	P2512	250×1200	P2515	250×1500	P2518	250×1800
	200	P2004	200×450	P2006	200×600	P2007	200×750	P2009	200×900	P2012	200×1200	P2015	200×1500	P2018	200×1800
	150	P1504	150×450	P1506	150×600	P1507	150×750	P1509	150×900	P1512	150×1200	P1515	150×1500	P1518	150×1800
	100	P1004	100×450	P1006	100×600	P1007	100×750	P1009	100×900	P1012	100×1200	P1015	100×1500	P1018	100×1800

续表

模板名称	模板长度												
	450		600		750		900		1200		1500		1800	
	代号	尺寸	代号	尺寸	代号	尺寸	代号	尺寸	代号	尺寸	代号	尺寸	代号	尺寸
阴角模板（代号 E）	E1504	150×150×450	E1506	150×600×600	E1507	150×150×750	E1509	150×150×900	E1512	150×150×1200	E1515	150×150×1500	E1518	150×150×1800
	E1004	100×150×450	E1006	100×150×600	E1007	100×150×750	E1009	100×150×900	E1012	100×150×1200	E1015	100×150×1500	E1018	100×150×1800
阳角模板（代号 Y）	Y1004	100×100×450	Y1006	100×100×600	Y1007	100×100×750	Y1009	100×100×900	Y1012	100×100×1200	Y1015	100×100×1500	Y1018	100×100×1800
	Y0504	50×50×450	Y0506	50×50×600	Y0507	50×50×750	Y0509	50×50×900	Y0512	50×50×1200	Y0515	50×50×1500	Y0518	50×50×1800
连接角模（代号 J）	J004	50×50×450	J006	50×50×600	J007	50×50×750	J009	50×50×900	J0012	50×50×1200	J0015	50×50×1500	J0018	50×50×1800
倒棱模板 角棱模板（代号 JL）	JL1704	17×450	JL1706	17×600	JL1707	17×750	JL1709	17×900	JL1712	17×1200	JL1715	17×1500	JL1718	17×1800
	JL4504	45×450	JL4506	45×600	JL4507	45×750	JL4509	45×900	JL4512	45×1200	JL4515	45×1500	JL4518	45×1800
倒棱模板 圆棱模板（代号 YL）	YL2004	20×450	YL2006	20×600	YL2007	20×750	YL2009	20×900	YL2012	20×1200	YL2015	20×1500	YL2018	20×1800
	YL3504	35×450	YL3506	35×600	YL3507	35×750	YL3509	35×900	YL3512	35×1200	YL3515	35×1500	YL3518	35×1800
梁腋模板（代号 IY）	IY1004	100×50×450	IY1006	100×50×600	IY1007	100×50×750	IY1009	100×50×900	IY1012	100×50×1200	IY1015	100×50×100	IY1018	100×50×1800
	IY1504	150×50×450	IY1506	150×50×600	IY1507	150×50×750	IY1509	150×50×900	IY1512	150×50×1200	IY1515	150×50×1500	IY1518	150×50×1800
柔性模板（代号 Z）	Z1004	100×450	Z1006	100×600	Z1007	100×750	Z1009	100×900	Z1012	100×1200	Z1015	100×1500	Z1018	100×1800
搭接模板（代号 D）	D7504	75×450	D7506	75×600	D7507	75×750	D7509	75×900	D7512	75×1200	D7515	75×1500	D7518	75×1800
双曲可调模板（代号 T）	—	—	T3006	300×600	—	—	T3009	300×900	—	—	T3015	300×1500	T3018	300×1800
	—	—	T2006	200×600	—	—	T2009	200×900	—	—	T2015	200×1500	T2018	200×1800
变角可调模板（代号 B）	—	—	B2006	200×600	—	—	B2009	200×900	—	—	B2015	200×1500	B2018	200×1800
	—	—	B1606	160×600	—	—	B1609	160×900	—	—	B1615	160×1500	B1618	160×1800

（三）组合钢模板安装

组合钢模板的施工，是以模板工程施工设计为依据，根据结构工程流水分段施工的布置和施工进度计划，将钢模板、配件和支承系统组装成柱、墙、梁、板等模板结构，供混凝土浇筑使用。

1. 施工前的准备工作

(1) 模板的定位基准工作。组合钢模板在安装前，要做好模板的定位基准工作，其工作步骤如下。

1) 进行中心线和位置线的放线。首先引测建筑物的边柱或墙轴线，并以该轴线为起点，引出每条轴线。模板放线时，应先清理好现场，然后根据施工图用墨线弹出模板的内边线和中心线，墙模板要弹出模板的内边线和外侧控制线，以便于模板安装和校正。

2) 做好标高量测工作。用水准仪把建筑物水平标高根据实际标高的要求，直接引测到模板安装位置。在无法直接引测时，也可以采取间接引测的方法，即用水准仪将水平标高先引测到过渡引测点，作为上层结构构件模板的基准点，用来测量和复核其标高位置。

一般做法是：用水准仪先将建筑水平标高+0.500 或+1.000，临时划在已固定好的内模架钢管或粗钢筋上作为过渡引测点，再往上引测抄出梁底、板底的模板就位线也可用激光水平仪打点抄平。以后待柱墙浇筑完毕拆模后，再将建筑水平标高+0.500（俗称五零线）弹在柱墙上，作为建筑楼地面工程标高控制线。此外，窗门、过梁的安装位置标高，以及地面抹灰、吊顶、踢脚线等的标高控制，同样采用此法。

3) 进行找平工作。模板承垫底部应预先找平，以保证模板位置正确，防止模板底部漏浆。常用的找平方法是沿模板内边线用1:3水泥砂浆抹找平层（见图4-23）。另外，在外墙、外柱部位，继续安装模板前，要设置模板承垫条带（见图4-24），并校正其平直。

图 4-23　墙柱模板砂浆找平

图 4-24　外柱外模板设承垫条带

4) 设置模板定位基准。以前做法是：按照构件的断面尺寸，先用同强度等级的细石混凝土浇筑 50～100mm 的短柱或导墙，作为模板定位基准。此种做法影响墙体混凝土整体性，目前应用较少。

另一种做法是采用钢筋定位：墙体模板可根据构件断面尺寸切割一定长度的钢筋焊成定位梯子支撑筋（钢筋端头刷防锈漆），绑（焊）在墙体两根竖筋上（见图4-25），起到支撑作用，间距1200mm左右；柱模板，可在基础和柱模上口用钢筋焊呈井字形套箍撑住模板并固定竖向钢筋，也可在竖向钢筋靠模板一侧焊一截钢筋或角钢头，以保持钢筋与模板的位置（见图4-26和图4-27）。

(2) 预拼装。采取预拼装模板施工时，预拼装工作应在组装平台或经平整处理的地面上进行，并按表4-8要求逐块检验后进行试吊，试吊后再进行复查，并检查配件数量、位置和紧固情况。

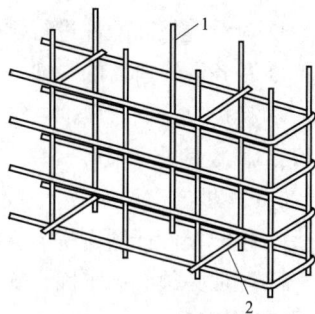

图 4-25　钢筋定位基准示意图
1—墙钢筋；2—梯形筋

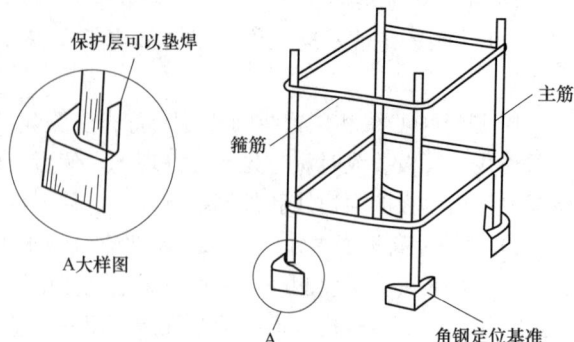

图 4-26　柱井字套箍支撑筋
1—模板；2—箍筋；3—井字支撑筋

图 4-27　角钢头定位基准示意图

表 4-8   钢模板施工组装质量标准   mm

项目	允许偏差	项目	允许偏差
两块模板之间拼接缝隙	≤2.0	组装模板板面的长宽尺寸	≤长度和宽度的 1/1000，最大±4.0
相邻模板面的高低差	≤2.0	组装模板两对角线长度差值	≤对角线长度的 1/1000，最大≤7.0
组装模板板面平面度	≤2.0（用 2m 长平尺检查）		

（3）模板堆放与运输。经检查合格的模板，应按照安装程序进行堆放或装车运输。重叠平放时，每层之间应加垫木，模板与垫木均应上下对齐，底层模板应垫离地面不小于 20cm。

运输时，应避免碰撞，防止倾倒，采取措施，保证稳固。

（4）安装前的准备工作。根据建筑施工模板安全技术规范（JGJ 162—2008），模板安装前必须做好下列安全技术准备工作。

1）应审查模板结构设计与施工说明书中的荷载、计算方法、节点构造和安全措施，设计审批手续应齐全。

2）应进行全面的安全技术交底，操作班组应熟悉设计与施工说明书，并应做好模板安装作业的分工准备。采用爬模、飞模、隧道模等特殊模板施工时，所有参加作业人员必须经过专门技术培训，考核合格后方可上岗。

3）应对模板和配件进行挑选、检测，不合格者应剔除，并应运至工地指定地点堆放。

4）备齐操作所需的一切安全防护设施和器具。

5）模板应涂刷脱模剂，结构表面需作处理的工程，严禁在模板上涂刷废机油或其他油。

2. 模板的支设安装

（1）模板的支设安装，应遵守下列规定。

1）按配板设计循序拼装，以保证模板系统的整体稳定。

2）配件必须装插牢固。支柱和斜撑下的支承面应平整垫实，要有足够的受压面积。支承件应着力于外钢棱。

3）固定在模板上的预埋件和预留孔洞均不得遗漏，安装必须牢固，位置准确。

4）基础模板必须支撑牢固，防止变形，侧模斜撑的底部应加设垫木。

5）墙和柱子模板的底面应找平，找平前先检查柱墙钢筋有否超过允许偏差，若超过偏差则应按 1∶6 纠正钢筋的偏位。找平时下端应与事先做好的定位基准靠紧垫平，在墙、柱子上继续安装模板时，模板应有可靠的支承点，其平直度应进行校正。

6）楼板模板支模时，应先完成一个格构的水平支撑及斜撑安装，再逐渐向外扩展，以保持支撑系统的稳定性。

7）预组装墙模板吊装就位后，下端应垫平，紧靠定位基准；两侧模板均应利用斜撑调整和固定其垂直度。

8）支柱所设的水平撑与剪刀撑，应按构造与整体稳定性布置。

9）现浇多层或高层房屋和构筑物，安装上层模板及其支架应符合下列规定。

① 下层楼板应具有承受上层施工荷载的承载能力，否则应加设支撑支架。

② 上层支架立柱应对准下层支架立柱，并应在立柱底铺设垫板。

③ 当采用悬臂吊模板、桁架支模方法时，其支撑结构的承载能力和刚度必须符合设计构造要求。

说明：浇筑本层混凝土时，由于混凝土还没有产生强度，整个板面的混凝土自重及其他施工荷载全部由下层楼板承受，因此要求下层楼板应具有承受上层荷载的承载能力，如果不具备这个能力，比如当月进度达到常见三、四层时，一般在下两层范围内设置支架支撑即设置"三支三模"，以避免下层楼板受力过大。由于施工技术、施工装备的发展，施工速度很快，月进度往往能够超过四层，达到五至六层，在这种情况下，还应考虑增加支撑的层数，使施工荷载进一步下传。施工荷载顺利垂直向下传递的关键是在搭设过程中应将本层的立柱对准下层支架的立柱。

10）当层间高度大于 5m 时，应选用桁架支模或钢管立柱支模。当层间高度小于或等于 5m 时，可采用木立柱支模。

（2）模板安装时，应符合下列要求。

1）同一条拼缝上的 U 形卡，不宜向同一方向卡紧。

2）墙模板的对拉螺栓孔应平直相对，穿插螺栓不得斜拉硬顶。钻孔应采用机具，严禁采用电、气焊灼孔。

3）钢棱宜采用整根杆件，接头应错开设置，搭接长度不应少于 200mm。

（3）现浇混凝土梁、板，当跨度大于 4m 时，模板应起拱；当设计无具体要求时，起拱高度宜为全跨长的 1/1000～3/1000（钢模 1/1000～2/1000，木模 1.5/1000～3/1000）。

（4）曲面结构可用双曲可调模板，采用平面模板组装时，应使模板面与设计曲面的最大差值不得超过设计的允许值。

（5）模板安装及应注意的事项：模板的支设方法基本上有两种，即单块就位组拼（散装）和预组拼，其中预组拼又可分为分片组拼和整体组拼两种。采用预组拼方法，可以加快施工速度，提高工效和模板的安装质量，但必须具备相适应的吊装设备和有较大的拼装场地。

3．工艺要点

（1）柱模板。

1）保证柱模的长度符合模数，不符合部分放到节点部位处理，或以梁底标高为准，由上往下配模，不符合模数部分放到柱根部位处理。

2）柱模根部要用水泥砂浆堵严，防止跑浆；柱模的浇筑口和清扫口，在配模时应一并考虑留出。

3）梁、柱模板分两次支设时，在柱子混凝土达到拆模强度时，最上一段柱模先保留不拆，以便于与梁模板连接。

4）柱模的清渣口应留置在柱脚一侧，如果柱子断面较大，为了便于清理，也可两面留设。清理完毕，立即封闭。

5）现场拼装柱模时，应适时地安设临时支撑进行固定，斜撑与地面的倾角宜为 60°，严禁将大片模板系在柱子钢筋上。

6）待四片柱模就位组拼经对角线校正无误后，应立即自下而上安装柱箍。

7）若为整体预组合柱模，吊装时应采用卡环和柱模连接，不得采用钢筋钩代替。

8）柱模校正。用四根斜支撑或用连接在柱模顶四角带花篮螺栓的缆风绳，底端与楼板钢筋拉环固定（见图 4-28），校正其中心线和偏斜，全面检查合格后，应采用斜撑或水平撑进行四周支撑，以确保整体稳定。当高度超过 4m 时，应群体或成列同时支模，并应将支撑连成一体，形成整体框架体系（见图 4-29）。当需单根支模时，柱宽大于 500mm 应每边在同一标高上设置不得少于 2 根斜撑或水平撑。斜撑与地面的夹角宜为 45°～60°，下端还应有防滑移的措施。

9）角柱模板的支撑，除满足上述要求外，还应在里侧设置能承受拉力和压力的斜撑。

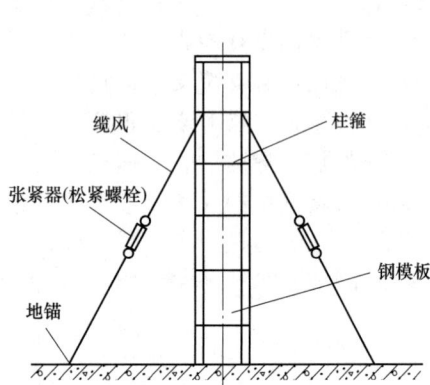

图 4-28　校正柱模板

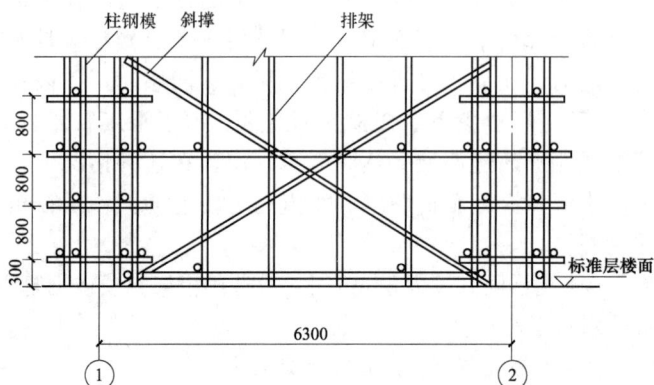

图 4-29　群体同时支模

（2）梁模板。

1）梁柱接头模板的连接特别重要，一般可按图 4-17 和图 4-18 处理，或用专门加工的梁柱接头模板。

2）梁模支柱的设置，应经模板设计计算决定，一般情况下采用双支柱时，间距以 60～100cm 为宜。

3）模板支柱纵、横方向的水平拉杆、剪刀撑等，均应按设计要求布置；一般工程当设计无规定时，支柱间距不宜大于 2m，纵横方向的水平拉杆的上下间距不宜大于 1.5m，纵横方向的垂直剪刀撑的间距不宜大于 6m；跨度大或楼层高的工程，必须认真进行设计，尤其是对支撑系统的稳定性，必须进行结构计算，按设计精心施工。

4）安装独立梁模板时应设安全操作平台，并严禁操作人员站在独立梁底模或柱模支架上操作及上下通行。

5）底模与横棱应拉结好，横棱与支架、立柱应连接牢固；安装梁侧模时，应边安装边与底模连接，当侧模高度多于 2 块时，应采取临时固定措施；起拱应在侧模内外棱连固前进行。

6）单片预组合梁模，钢棱与板面的拉结应按设计规定制作，并应按设计吊点试吊无误后，方可正式吊运安装，侧模与支架支撑稳定后方准摘钩。

7）采用扣件钢管脚手或碗扣式脚手作支架时，扣件要拧紧，杯口要紧扣，要抽查扣件的扭力矩。横杆的步距要按设计要求设置（见图 4-30）。采用桁架支模时，要按事先设计的要求设置，要考虑桁架的横向刚度，上下弦要设水平连接，拼接桁架的螺栓要拧紧，数量要满足要求。

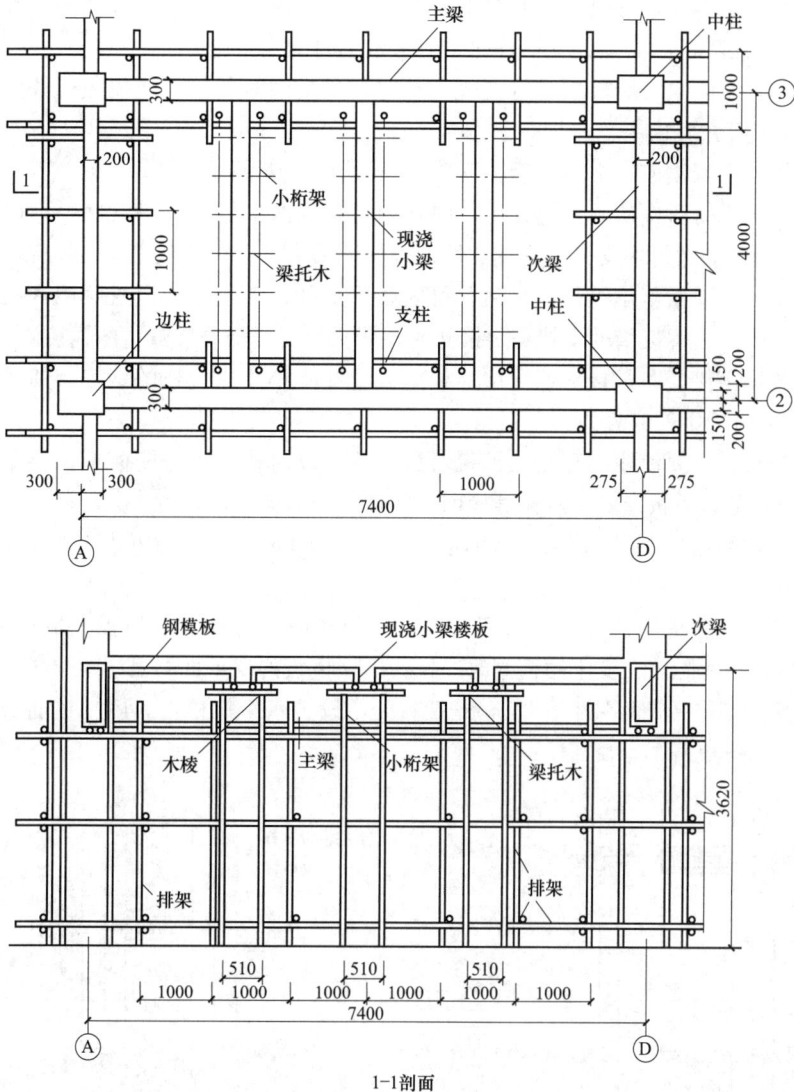

图 4-30　框架梁、柱模板采用钢管脚手架支设

8）由于空调等各种设备管道安装的要求，需要在模板上预留孔洞时，应尽量使穿梁管道孔分散，穿梁管道孔的位置应设置在梁中（见图 4-31），以防削弱梁的截面，影响梁的承载能力。

（3）墙模板。

1）按位置线安装门洞口模板，埋下预埋件或木砖。

2）把预先拼装好的一面模板按位置线就位，然后安装拉杆或斜撑，安装支固套管和穿墙螺栓。穿墙螺栓的规格和间距，由模板设计规定。

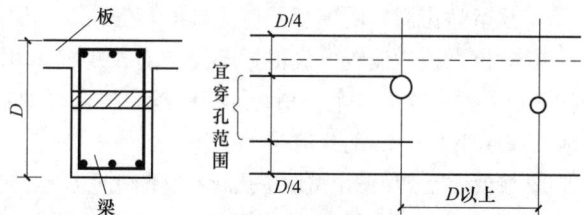

图 4-31　穿梁管道孔设置的高度范围

3）清扫墙内杂物，再安装另一侧模板，调整斜撑（或拉杆）使模板垂直后，拧紧穿墙螺栓。

4）墙模板安装注意事项：

① 当采用散拼定型模板支模时，应自下而上进行，必须在下一层模板全部紧固后，方可进行上一层安装。当下层不能独立安设支撑件时，应采取临时固定措施。

② 当采用预拼装的大块墙模板进行支模安装时，严禁同时起吊 2 块模板，并应边就位、边校正、边连接，固定后方可摘钩。

③ 安装电梯井内墙模前，必须在板底下 200mm 处牢固地满铺一层脚手板。

④ 单块就位组拼时，应从墙角模开始，向互相垂直的两个方向组拼，这样可以减少临时支撑设置。否则，要随时注意拆换支撑或增加支撑，以保证墙模处于稳定状态。

⑤ 当完成第一步单块就位组拼模板后，可安装内钢棱，内钢棱与模板肋用钩头螺栓紧固，其间距不大于 600mm。当钢棱长度不够需要接长时，接头处要增加同样数量的钢棱。

⑥ 当钢棱长度需接长时，接头处应增加相同数量和不小于原规格的钢棱，其搭接长度不得小于墙模板宽或高的 15%～20%。

⑦ 在组装模板时，要使两侧穿孔的模板对称放置，以对拉螺栓与墙模板保持垂直，松紧应一致，墙厚尺寸应正确；模板未安装对拉螺栓前，板面应向后倾一定角度。

⑧ 相邻模板边肋用 U 形卡连接的间距，不得大于 300mm，预组拼模板接缝处宜满上。U 形卡要反正交替安装。

⑨ 上下层墙模板接槎的处理，当采用单块就位组拼时，可在下层模板上端设一道穿墙螺栓，拆模时该层模板暂不拆除，在支上层模板时，作为上层模板的支承面（见图 4-32）。当采取预组拼模板时，可在下层混凝土墙上端往下 200mm 左右处，设置水平螺栓，紧固一道通长的角钢作为上层模板的支承（见图 4-33）。

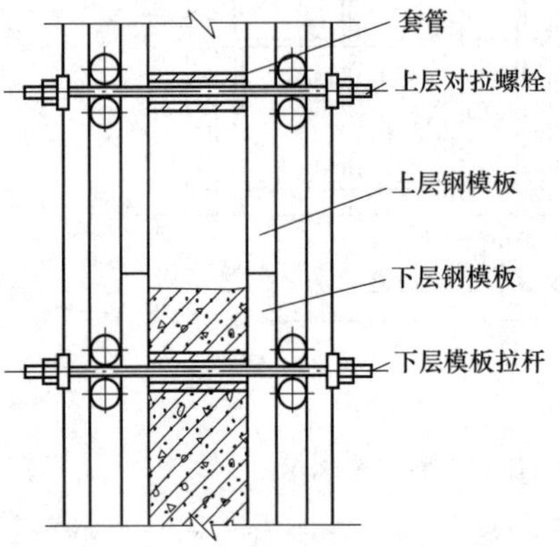

图 4-32 下层模板不拆作支承图 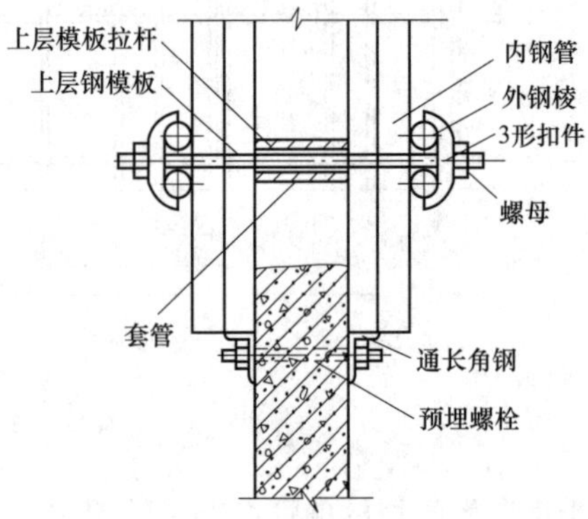   图 4-33 角钢支承图

⑩ 预留门窗洞口的模板，应有锥度，安装要牢固，既不变形，又便于拆除。

⑪ 对拉螺栓的设置，应根据不同的对拉螺栓采用不同的做法：组合式对拉螺栓，要注意内部杆拧入尼龙帽有 7～8 个丝扣；通长螺栓，要套硬塑料管，以确保螺栓或拉杆回收使用。塑料管长度应比墙厚小 2～3mm。

⑫ 墙模板上预留的小型设备孔洞，当遇到钢筋时，应设法确保钢筋位置正确，不得将钢筋移向一侧。

⑬ 墙模板内外支撑必须坚固可靠，应确保模板的整体稳定。当墙模板外面无法设置支撑时，应在里面设置能承受拉力和压力的支撑。多排并列且间距不大的墙模板，当其与支撑互成一体时，应采取措施，防止灌注混凝土时引起邻近模板变形。

图 4-34 为用脚手架钢管 $\phi48/3.5$ 作为内外钢棱，用钢套管、$\phi12$ 对拉螺栓和 3 型扣件连接起来的墙模板图。

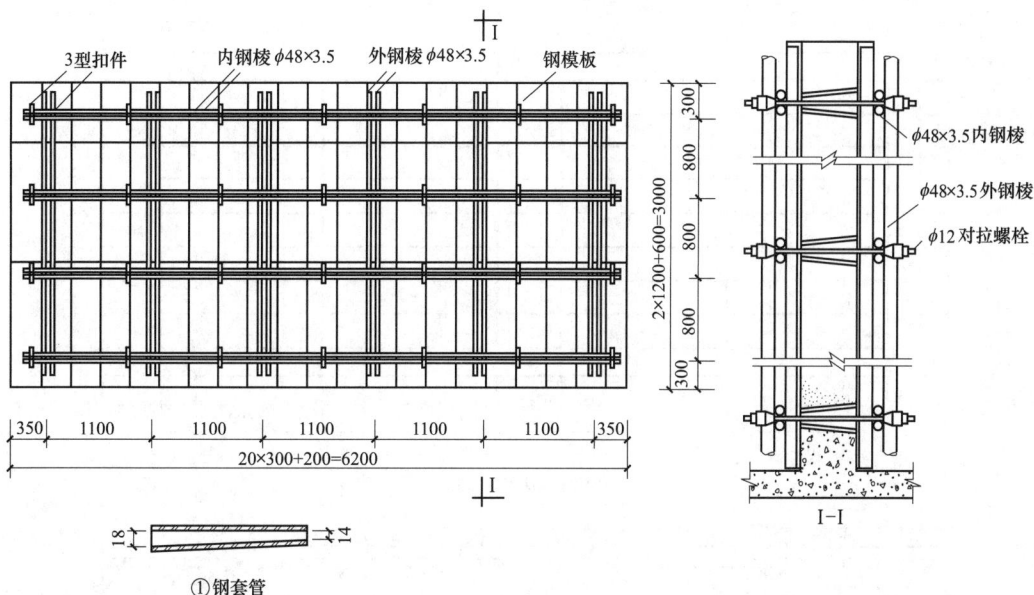

图 4-34　墙模板图

（4）楼板模板。

1）采用立柱作支架时，从边跨一侧开始逐排安装立柱，并同时安装外钢棱（大龙骨）。立柱和钢棱（龙骨）的间距，根据模板设计规定，一般情况下立柱与外钢棱间距为 600～1200mm，内钢棱（小龙骨）间距为 400～600mm。调平后即可铺设模板。在模板铺设完标高校正后，立柱之间应加设水平拉杆，其道数根据立柱高度和柱截面决定。一般情况下离地面 200～300mm 处设一道，往上纵横方向每隔不到 1.5m 设一道。

2）采用桁架作支承结构时（见图 4-35），一般应预先支好梁、墙模板，然后将桁架按模板设计要求支设在梁侧模通长的型钢或方木上，调平固定牢靠后再铺设模板。

3）当墙、柱已先行施工，可利用已施工的墙、柱作垂直支撑，采用悬挂支模；也可在浇捣柱混凝土时预埋钢管（钢管埋入混凝土长度不小于 300mm），埋入端钢管焊上钢筋确保锚固长度，模板支撑的钢管直接与埋入混凝土柱的钢管外露部分连接，所需根数根据方案决定。

4）单块模就位安装，必须待支架搭设稳固、板下横棱与支架连接牢固后进行。

5）楼板模板当采用单块就位组拼时，宜以每个节间从四周先用阴角模板与墙、梁模板连接，然后向中央铺设。相邻模板边肋应按设计要求用 U 形卡连接，也可用钩头螺栓与钢棱连接。也可采用 U 形卡预拼大块再吊装铺设。

6）安装圈梁、阳台、雨棚及挑檐等模板时，其支撑应独立设置，不得支搭在施工脚手架上；安装悬挑结构模板时，应搭设脚手架或悬挑工作台，并应设置防护栏杆和安全网。作业处的下方不得有人通行或停留。

7）楼板模板施工注意事项。

① 底层地面应夯实，并垫通长脚手板，楼层地面立支柱（包括钢管脚手架作支撑）也应垫通长脚手板（见图 4-36）。采用多层支架模板时，上下层支柱应在同一竖向中心线上；支柱的顶部与纵横两个方向的木棱或钢管棱应可靠连接。

② 桁架支模时，要注意桁架与支点的连接，防止滑动，桁架应支承在通长的型钢上，使支点形成一直线。

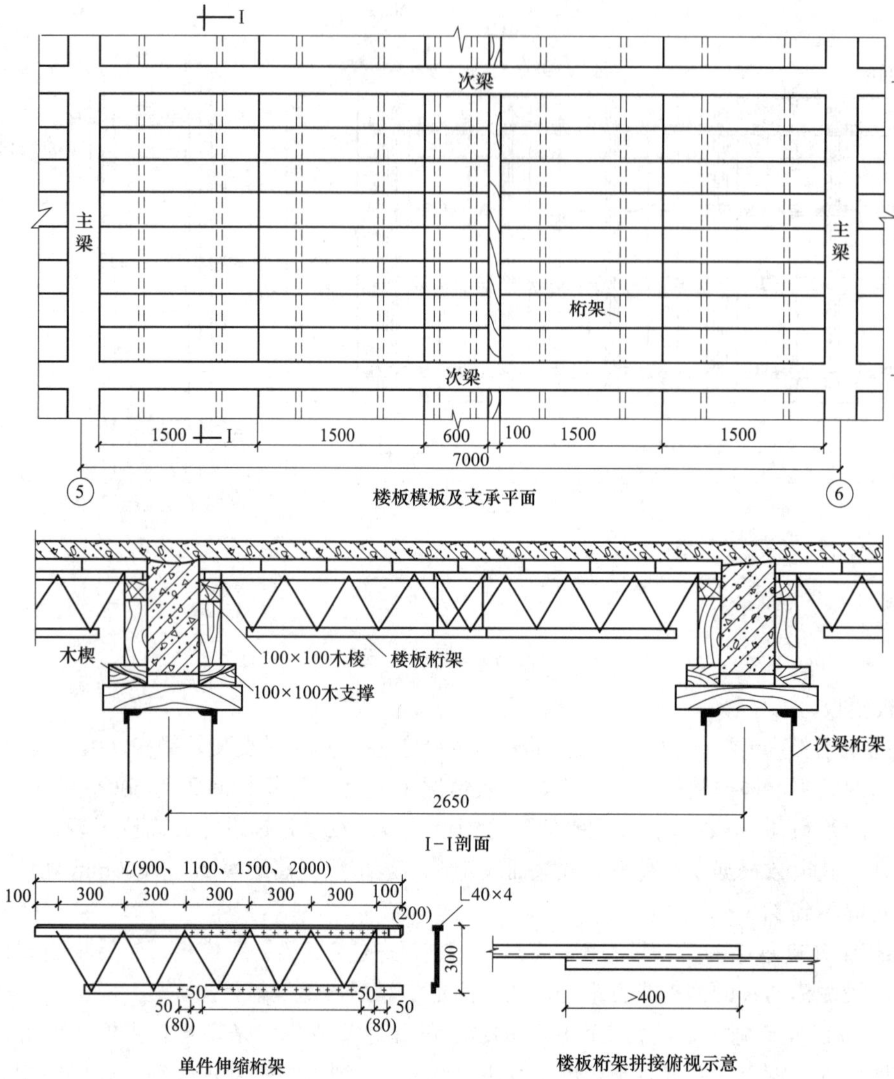

图 4-35 梁和楼板桁架支模

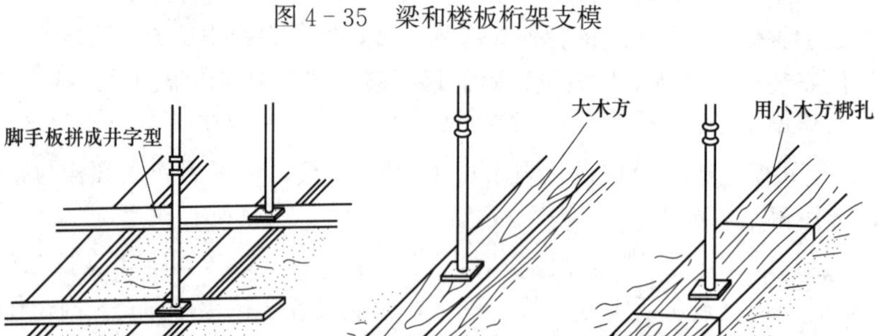

图 4-36 底部垫木

③ 预组拼模板块较大时，应加钢棱再吊装，以增加板块的刚度；当组合模板为错缝拼配时，板下横棱应均匀布置，并应在模板端穿插销。

④ 预组拼模板在吊运前应检查模板的尺寸、对角线、平整度以及预埋件和预留孔洞的位置。安装就位后，立即用角模与梁、墙模板连接。

⑤ 采用钢管脚手架作支撑时，在立杆之间必须纵横两个方向均设置水平拉结杆，在支柱高度方向步高每隔间距 1.2～1.3m，一般不大于 1.5m。楼板模板一般采取满堂红脚手架支设方法，特殊情况也采用桁架支模，如图 4-35 所示。

⑥ 为保证支撑架有足够的稳定性，除了设置双向水平拉杆外，还要设置斜撑，斜撑有两种：刚性斜撑，采用钢管作为斜撑，用扣件将斜杆与立杆和水平杆相连接；柔性斜撑，采用钢筋、铅丝、铁链等只能承受拉力的柔性杆件布置成交叉的斜撑。每根拉杆均得设置花篮螺钉，保证拉杆不松弛，能受力。

钢管立杆也可采用带碗扣式的钢管，其支撑架的组成原理相同，只是水平杆、斜杆与立杆的连接采用碗扣连接。选用不同长度的横杆就可以组成不同立杆间距的支撑架。

（5）基础模板。

1）条形基础。条形基础模板两边侧模，一般可横向配置，模板下端外侧用通长横棱连固，并与预先埋设的锚固件楔紧。竖棱用 $\phi 48.3 \times 3.6$ 钢管，用 U 形钩与模板固连。竖棱上端可对拉固定 [见图 4-37（a）]。

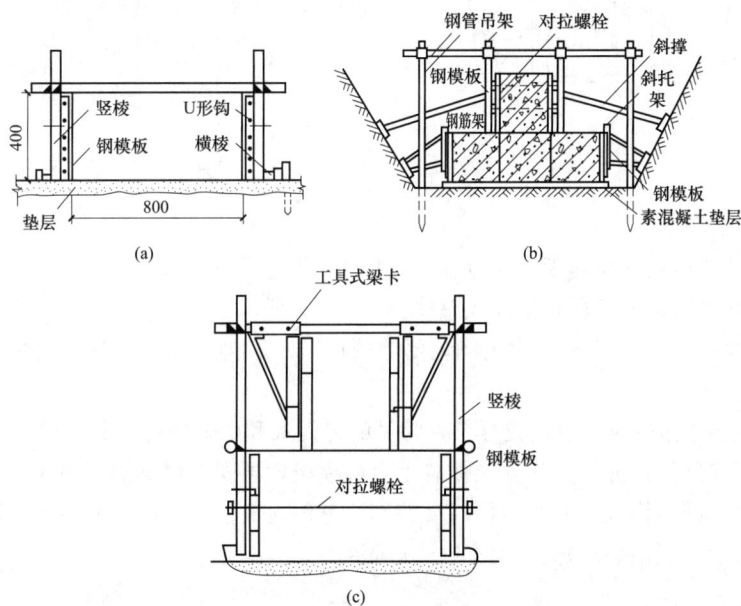

图 4-37 条（阶）形基础支模示意图

阶形基础，可分次支模。根据基础边线就地组拼模板。将基槽土壁修整后用短木方将钢模板支撑在土壁上。然后在基槽两侧地坪上打入钢管锚固桩，搭钢管吊架，使吊架保持水平，用线锤将基础中心引测到水平杆上，按中心线安装模板，用钢管、扣件将模板固定在吊架上，用支撑拉紧模板 [见图 4-37（b）]，也可采用工具式梁卡支模 [见图 4-37（c）]。

施工注意事项如下：

① 模板支撑于土壁时，必须将松土清除修平，并加设垫板。

② 为了保证基础宽度，防止两侧模板位移，宜在两侧模板间相隔一定距离加设临时木条支撑，浇筑混凝土时拆除。

2）杯形基础。第一层台阶模板可用角模将四侧模板连成整体，四周用短木方撑于土壁上；第二层台阶模板可直接搁置在混凝土垫块（见图 4-38）上，也可参照条形基础采用钢管支架吊设，但须在混凝土终凝前把杯口模板吊出，吊出杯口模板时不应损伤杯口混凝土。

杯口模板可采用在杯口钢模板四角加设四根有一定锥度的方木，或在四角阴角模与平模间嵌上一块楔形木条，使杯口模形成锥度。

施工注意事项如下：

① 侧模斜撑与侧模夹角不宜小于 45°。

② 为了防止浇筑混凝土时杯口模板上浮和杯口落入混凝土，宜在杯口模板上加设压重，并将杯口临时遮盖。

3）独立基础。就地拼装各侧模板，并用支撑撑于土壁上。搭设柱模井字架，使立杆下端固定在基础模板外侧，用水平仪找平井字架水平杆后，先将第一块柱模用扣件固定在水平杆上，同时搁置在混凝土垫块上。然后按单块柱模组拼方法组拼柱模，直至柱顶（见图 4-39）。

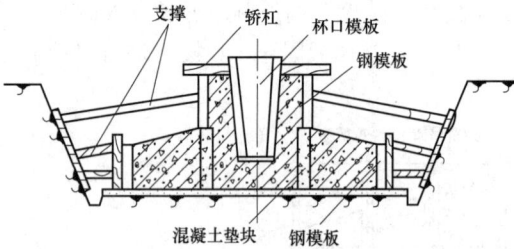

图 4-38　杯形基础模板

图 4-39　独立柱基模板

施工注意事项如下。

① 基础短柱顶伸出的钢筋间距，要符合上段柱子的要求。

② 柱模板之间要用水平撑和斜撑连成整体。

③ 基础短柱模的 U 形卡不要一次上满，要等校正固定后再上满；安装过程中要随时检查对角线，防止柱模扭转。

（6）楼梯模板。楼梯模板一般比较复杂，常见的有板式和梁式楼梯，其支模工艺基本相同。

施工前应根据实际层高放样，先安装休息平台梁模板，再安装楼梯模板斜棱，然后铺设楼梯底模。安装外帮侧模和踏步模板。安装模板时要特别注意斜向支柱（斜撑）的固定，防止浇筑混凝土时模板移动。楼梯段模板组装示意，如图 4-40 所示。

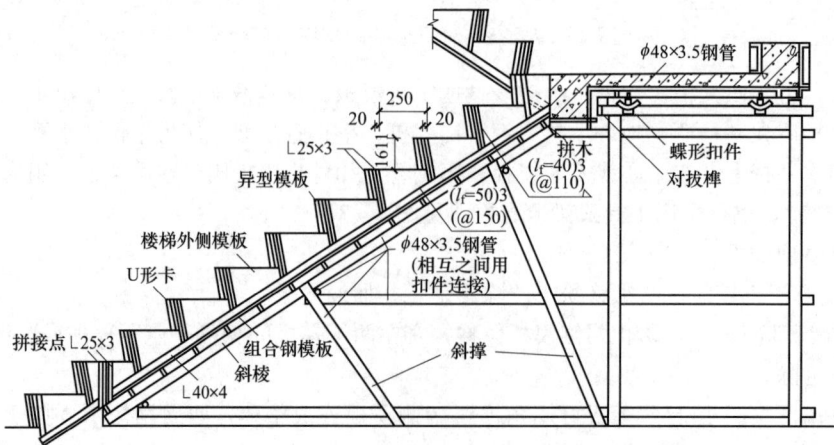

图 4-40　楼梯模板支设示意图

（7）预埋件和预留孔洞的设置。

1）竖向构件预埋件的留置。

① 焊接固定。焊接时先将预埋件外露面紧贴钢模板，锚脚与钢筋骨架焊接（见图 4-41）。当钢筋骨架刚度较小时，可将锚脚加长，顶紧对面的钢模，焊接不得咬伤钢筋。但此方法严禁与预应力筋焊接。

② 绑扎固定。用钢丝将预埋件锚脚与钢筋骨架绑扎在一起（见图 4-42）。为了防止预埋件位移，锚脚应尽量长一些。

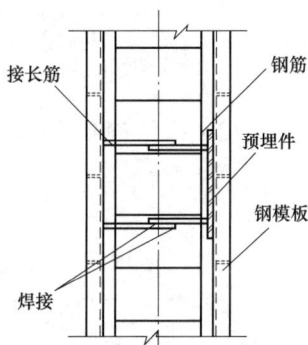

图 4-41　焊接固定预埋件　　　　　　图 4-42　绑扎固定预埋件

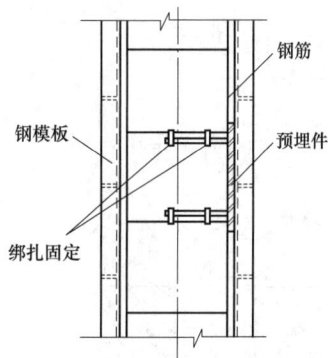

2）水平构件预埋件的留置。

① 梁顶面预埋件。可采用圆钉固定的方法（见图 4-43）。

② 板顶面预埋件。将预埋件锚脚做成八字形，与楼板钢筋焊接。用改变锚脚的角度，调整预埋件标高（见图 4-44）。

图 4-43　梁顶面圆钉固定预埋件　　　　　图 4-44　板顶面固定预埋件

3）预留孔洞的留置。

① 梁、墙侧面。采用钢筋焊成的井字架卡住孔模（见图 4-45），井字架与钢筋焊牢。

② 板底面。可采用在底模上钻孔，用铁丝固定在定位木块上，孔模与定位木块之间用木楔塞紧（见图 4-46）；也可在模板上钻孔，用木螺钉固定木块，将孔模套上固定（见图 4-47）。

当楼板板面上留设较大孔洞时，留孔处留出模板空位，用斜撑将孔模支于孔边上（见图 4-48）。

五、其他模板简介

（一）大模板

大模板是进行现浇剪力墙结构施工的一种工具式模板，一般配以相应的起重吊装机械，通过合

理的施工组织安排，以机械化施工方式在现场浇筑混凝土竖向（主要是墙、壁）结构构件。其特点

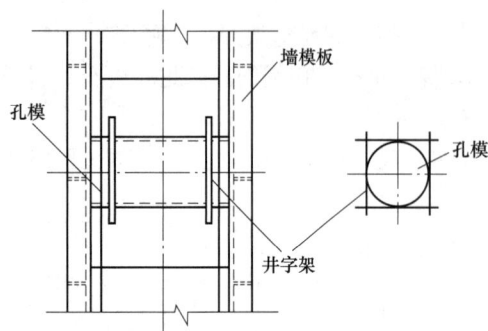

图 4-45　井字架固定孔模

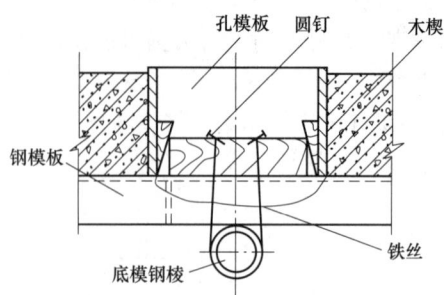

图 4-46　楼板用铁丝固定孔模

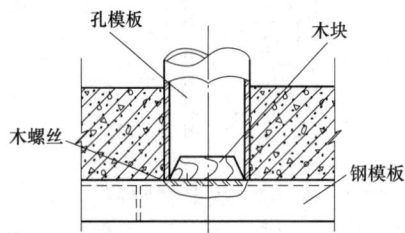

图 4-47　楼板用木螺丝固定孔模

图 4-48　支撑固定方孔孔模

是：以建筑物的开间、进深、层高为标准化的基础，以大模板为主要手段，以现浇混凝土墙体为主导工序，组织进行有节奏的均衡施工。由于省略了模板拼装拆卸工序，大大节省了施工时间；由于面板表面平整，整体性好，大幅度减少了模板接缝从而保证了混凝土浇筑表观质量。

图 4-49　大模板构造示意图

1—面板；2—水平加劲肋；3—支撑桁架；
4—竖棱；5—调整水平用的螺旋千斤顶；
6—调整垂直用的螺旋千斤顶；7—栏杆；
8—脚手板；9—穿墙螺栓；10—固定卡具

采用大模板进行结构施工，主要用于剪力墙结构或框架—剪力墙结构中的剪力墙施工。根据内外墙的不同施工做法，大模板分为内浇外挂、内浇外砌和内外墙全现浇工程三种工程类型。内浇外挂又称内浇外预工程，这种工程的特点是：外墙为预制钢筋混凝土墙板，内墙为大模板现浇钢筋混凝土墙体，是预制与现浇相结合的一种剪力墙结构，适用于外墙板装饰比较复杂或构造比较复杂的复合外墙板；内浇外砌的外墙则是砖砌体或其他材料砌体，内墙为大模板现浇钢筋混凝土墙体，这种体系一般用于多层建筑，有的也用于 10 层左右的住宅和宾馆；内外墙全现浇工程是内墙与外墙全部以大模板为工具浇筑的钢筋混凝土墙体，由于内外墙混凝土一次浇筑成型，加强了结构整体性，减少了施工环节，是大模板工程的主要施工方法。

（1）构造与组成。在建筑工程中所用的大模板，一般由面板、加劲肋、竖棱、支撑桁架、稳定机构及附件等组成，如图 4-49 所示。

1）大模板的面板。大模板的面板是直接与混凝土结构接触的部分，其质量如何将直接影响拆除模板后的混凝土结构的质量。大模板对于面板的要求，从总体上讲必须达到表面平整、刚度适宜、安装简便、拆除容易、坚固耐用、比较经济等。目前，在建筑工程中常用的大模板面板，主要有整块钢模板、组合钢模板组装面板、多层胶合板面板、覆膜胶合板面板、覆面竹材胶合板面板和高分子合成材料面板等。

2）大模板的加劲肋。加劲肋的主要作用是固定面板，并把混凝土的侧压力传递给竖向棱。在建筑工程施工中，大模板的加劲肋一般采用 L 65 角钢或者 [65 槽钢，其间距一般为 300～500mm。

3）大模板的竖棱。大模板的竖向棱是穿墙螺栓的固定点，是模板中的主要受力构件，承受传来的水平力和垂直力，一般采用背靠背的两个 [65 槽钢和 [80 槽钢，竖向棱的间距一般为 1.0～1.2m。

4）大模板的支撑桁架。大模板的支撑结构为型钢组成的桁架，与竖向棱用螺栓连接在一起，一般每块模板至少两道，在其上部安装操作平台，下部支设有调整螺栓，用以调整模板的垂直度。支撑桁架的另一功能是保证模板在堆放时的稳定性，不至于在风荷载的作用下产生倾覆。

5）大模板的穿墙螺栓。两片大模板组成一面墙体，按照墙体厚度可用穿墙螺栓进行固定。穿墙螺栓在适当位置的竖向棱上面设置三道，中部和下部两道螺栓应穿过墙面，上部螺栓可设在竖向棱的顶端，以免在面板上开孔。

（2）大模板的组装形式。大模板施工主要用于民用建筑，板面的划分主要取决于房间的开间与进深尺寸。由于大模板的尺寸较大、构造复杂、一次性投资大，因此必须具有定型化、规格少、通用性强等特点，尽可能满足不同平面组合的要求，使其达到经济实用的效果。

大模板的组装方案取决于结构体系。在建筑工程施工中，大模板常用的组装形式主要有：平模板组装、小角模组装和大角模组装等。

1）平模板组装。平模板组装方案的主要特点是按照墙面尺寸做成大模板，适用于"内浇外挂"或"内浇外砌"的结构。如果内外墙全部现浇混凝土，应当分两次进行浇筑，一般是先浇筑横向墙体，拆除模板后再安装纵向墙体模板并浇筑混凝土。

由于平模板组装方案装拆方便、加工简便、通用灵活、墙面平整、墙体方正，在大模板施工中是首选的组装方案。但是，这种组装方案工序多，同一作业面上占用时间长，纵向和横向墙体之间有竖直施工缝，墙体的整体性相对较差。

在进行组装的操作中，平模板端部连接是非常关键的，其连接方法如图 4－50 所示。

2）小角模组装。为了使纵横墙体同时进行浇筑，以增加墙体的整体性，可在平模板的交角处附加一小角模，将四面墙体的平模板连接成为一个整体，这样纵横墙体可一次完成混凝土的浇筑工作。

小角模模板方案是以平模板为主，转角处采用 L 100×10 的角钢，其连接方式如图 4－51 所示。小角模模板方案的优点是：模板的整体性好，纵横墙体可同时浇筑混凝土，施工方便且速度快，增加了墙体的抗震性能。但是，小角模模板的拼缝多，加工精度要求高，模板安装比较困难，墙角方正不易保证，修补工作量较大，大部分工序靠人工操作，工人的劳动强度大。

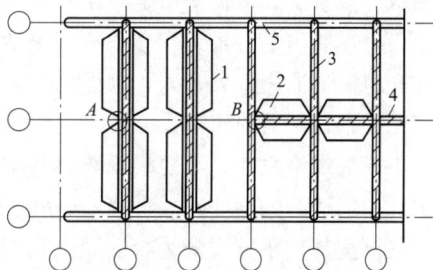

图 4－50 大模板平模方案
1—横墙平模；2—纵墙平模；
3—横墙；4—纵墙；5—预制外墙板

3）大角模组装。大角模组装方案，即一个房
间四周四面墙的内模板用四个大角模组合而成，
从而使内墙模板成为一个封闭体系，如图 4 - 52
所示。

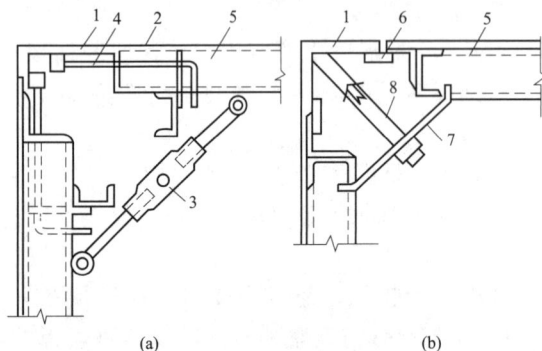

图 4 - 51　小角模构造示意图
(a) 带合页的小角模；(b) 不带合页的小角模
1—小角模；2—合页；3—花篮螺丝；4—转动铁拐；
5—平模；6—扁铁；7—压板；8—转动拉杆

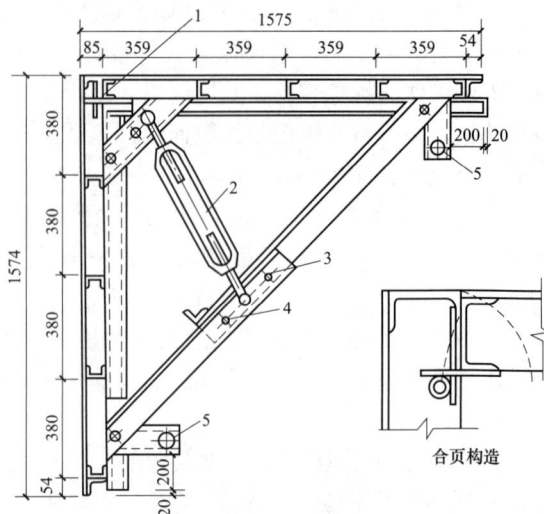

图 4 - 52　大角模构造示意图
1—合页；2—花篮螺钉；3—固定销；
4—活动销；5—调整用螺旋千斤顶

大模板的两肢（即两边的平模板）可绕着铰链转角。沿着高度方向设置三道由∟90×9角钢组
成的支撑杆，作为大角模模板的控制机构。支撑杆用花篮螺栓与角部相连，正反转动花篮螺栓可改
变两肢的角度，特别适用于全现浇的钢筋混凝土墙体。

大角模模板的宽度为 1/2 开间墙面的净宽度减去 5mm。当四面墙体都用大角模模板时，进深
墙面不足的部分，应当用平模板将其补齐。

大角模模板的优点是：模板的稳定性很好，纵横墙体可以一起浇筑，墙体结构的整体性
好。其缺点是：在模板相交处如组装不平整，会在墙壁中部出现凹凸线条，两块角模板的接缝
不易调整，如果拼装偏差较大，墙面平整度则较差，造成维修比较困难，模板拆除也比较费
劲。目前，在实际工程中很少采用这种组装方案，已逐渐被以平模板和小角模模板为主的构造
形式取代。

（二）飞（台）模

飞模是一种大型工具或模板，因其外形如桌，故又称桌模或台模。由于它可以借助起重机械从
已浇筑完混凝土的楼板下吊运飞出转移到上层重复使用，故称飞模。

飞模主要由平台板、支撑系统（包括梁、支架、支撑、支腿等）和其他配件（如升降和行走机
构等）组成。适用于大开间、大柱网、大进深的现浇钢筋混凝土楼盖施工，尤其适用于现浇板柱结
构（无柱帽）楼盖的施工。

飞模的规格尺寸，主要根据建筑物结构的开间（柱网）和进深尺寸以及起重机械的吊运能力来
确定，一般按开间（柱网）×进深尺寸设置一台或多台。

飞模按其支承方式分为有支腿式和无支腿式两大类，其中有支腿式又分为分离式支腿、伸缩式
支腿和折叠式支腿三种。我国目前采用较多的是伸缩式支腿，无支腿式也在个别工程中采用。其中
有的属于引进仿制国外技术。

采用飞模用于现浇钢筋混凝土结构标准层楼盖的施工，具有以下特点。

（1）楼盖模板一次组装，重复使用，从而减少了逐层组装、支拆模板的工序，简化了模板支拆

工艺，节约了模板支拆用工，加快了施工进度。

（2）由于模板可以采取由起重机械整体吊运，逐层周转使用，不再落地，从而减少了临时堆放模板场地的设置，尤其在施工用地紧张的闹市区施工，更有其优越性。

常用的三种飞模有立柱式飞模、桁架式飞模和悬架式飞模。

1）立柱式飞模。是飞模中最基本的一种类型，由于它构造比较简单，制作和施工也比较简便，故首先在国内得到应用。立柱式飞模主要由面板、主次（纵模）梁和立柱（构架）三大部分组成，另外辅助配备斜支撑、调节螺旋等。这种飞模，承受的荷载由立柱直接支承在楼面上，为便于施工，立柱常做成可以伸缩形式。立柱式飞模又可以分成双肢柱管架式、钢管组合式和构架式飞模三种。图4-53（a）、图4-53（b）即为双肢柱管架式飞模及施工现场支模示意图；图4-54为构架式飞模示意图。

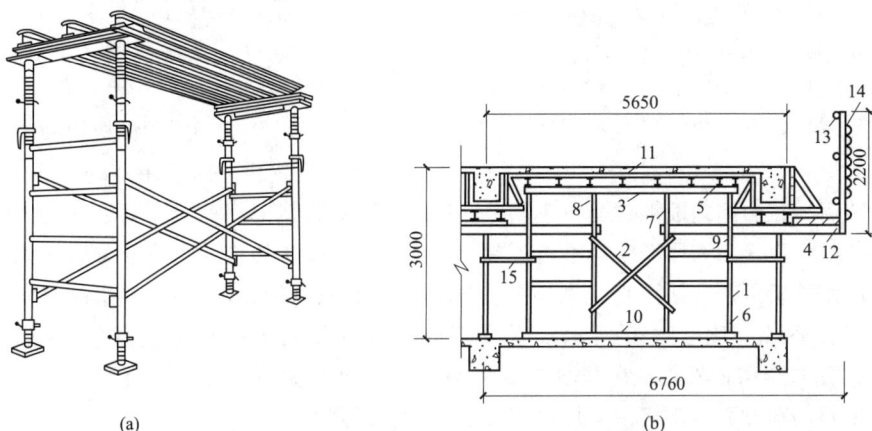

图4-53　双肢柱管架式飞模及施工现场支模示意图
（a）双肢柱管架式飞模；（b）双肢柱管架式飞模用于有梁楼盖施工情况

1—承重支架；2—剪刀撑；3—纵梁；4—挑梁；5—横梁；
6—底部调节螺旋；7—顶部调节螺旋；8—顶板；9—接长管；
10—垫板；11—面板；12—脚手板；13—护身栏杆；14—安全网；15—中间拉杆

2）桁架式飞模。是由桁架、龙骨、面板、支腿和操作平台组成，它是将飞模的板面和龙骨放置于两榀或多榀上下弦平行的桁架上，以桁架作为飞模的竖向承重构件。桁架材料可以采用铝合金型材，也可以采用型钢制作，前者轻巧并不易腐蚀，但价格较贵，一次投资大，后者自重较大，但投资费用较低。图4-55即木铝桁架式飞模。

悬架式飞模与立柱式飞模、桁架式飞模相比，不设立柱，飞模支承在钢筋混凝土建筑结构的柱子或墙体所设置的托架上。这样，模板的支设不需要考虑到楼面的承载能力或混凝土结构强度发展的因素；由于飞模无支撑，飞模的设计可以不受建筑物层高的影响，从而能适应层高变化较多的建筑物施工，且下部有较大空旷的空间，有利于立体交叉施工；飞模的体积较小，下弦平

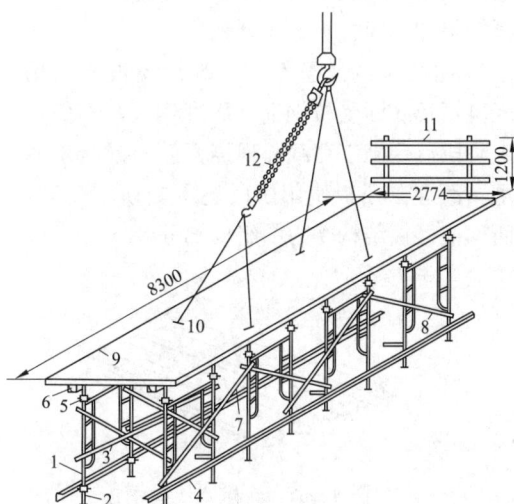

图4-54　构架式飞模

1—门式脚手架；2—底托；3—交叉拉杆；4—通长角钢；5—顶托；6—大龙骨；7—人字支撑；8—水平拉杆；9—面板；10—吊环；11—护身栏；12—电动环链

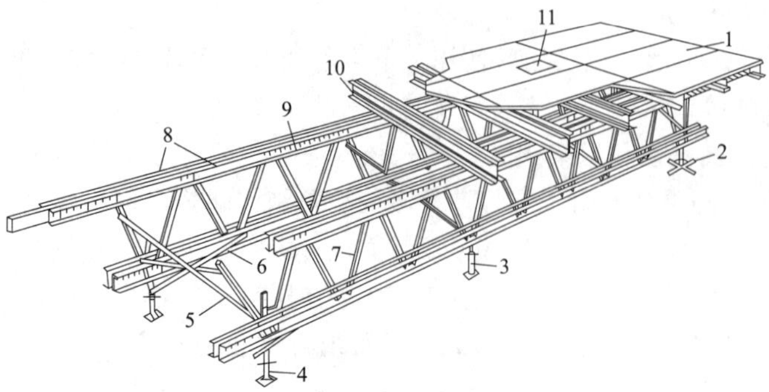

图 4-55　木铝桁架式飞模

1—面板；2—阔底脚顶；3—高脚顶；4—可调脚顶；

5—剪刀撑；6—脚顶撑；7—铝腹杆；8—槽型钢桁架；

9—螺栓连接点；10—铝合金梁；11—预留吊环洞

整，适应于多层叠放，从而可以减少施工现场的堆放场地；采用这种飞模时，托架与柱子（或墙体）的连接要通过计算确定，并且要复核施工中支承飞模的结构在最不利荷载情况下的强度和稳定性。

（三）压型钢板模板

压型钢板模板，是采用镀锌或经防腐处理的薄钢板，经成型机冷轧成具有梯波形截面的槽型钢板或开口式方盒状钢壳的一种工程模板材料。

（1）压型钢板模板的特点。压型钢板一般应用在现浇密肋楼板工程。压型钢板安装后，在肋底内面铺设受拉钢筋，在肋的顶面焊接横向钢筋或在其上部受压区铺设网状钢筋，楼板混凝土浇筑后，压型钢板不再拆除，并成为密肋楼板结构的组成部分。如无吊顶顶棚设置要求时，压型钢板下表面便可直接喷、刷装饰涂层，可获得具有较好装饰效果的密肋式顶棚。压型钢板组合楼板系统如图 4-56 所示。压型钢板可做成开敞式和封闭式截面（见图 4-57 和图 4-58）。封闭式压型钢板，是在开敞式压型钢板下表面连接一层附加钢板。这样可提高模板的刚度，提供平整的顶棚面，空格内可用以布置电气设备线路。

压型钢板模板具有加工容易，重量轻，安装速度快，操作简便和取消支、拆模板的烦琐工序等优点。

（2）压型钢板模板的种类及适用范围。压型钢板模板，从其结构功能主要分为组合板的压型钢板和非组合板的压型钢板。

1）组合板的压型钢板。既是模板又是用作现浇楼板底面受拉钢筋。压型钢板，不但在施工阶段承受施工荷载与现浇钢筋与混凝土的自重，而且在楼板使用阶段还承受使用荷载，从而构成楼板结构受力的组成部分。

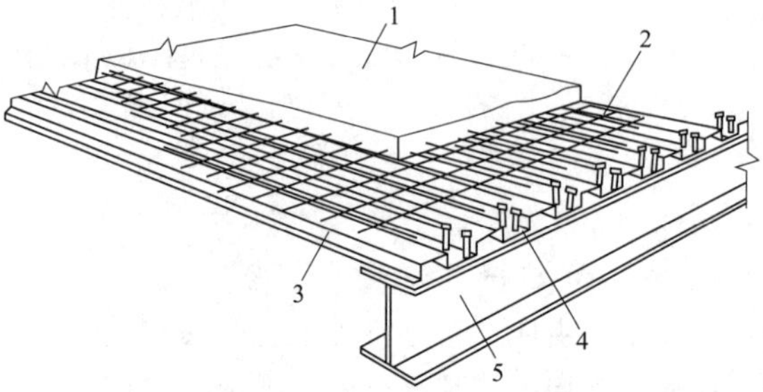

图 4-56　压型钢板组合楼板系统图

1—现浇混凝土层；2—楼板配筋；

3—压型钢板；4—锚固栓钉；5—钢梁

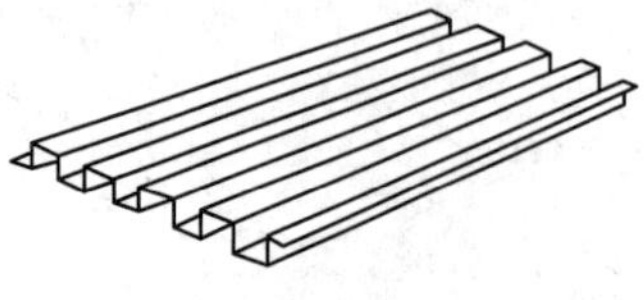

图 4-57　开敞式压型钢板

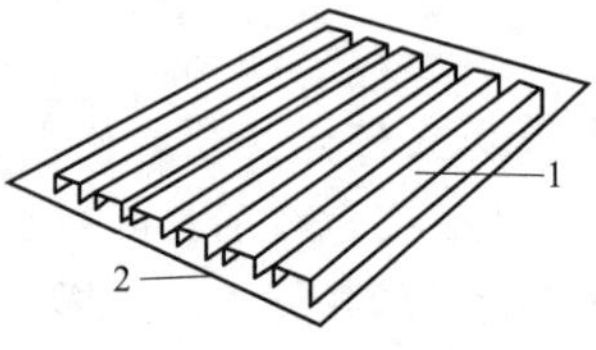

图 4-58　封闭式压型钢板

1—开敞式压型钢板；2—附加钢板

此种压型钢板，主要用在钢结构房屋的现浇钢筋混凝土有梁式密肋楼板工程。

2）非组合板的压型钢板。只做模板使用，即压型钢板在施工阶段，只承受施工荷载和现浇层的钢筋混凝土自重,而在楼板使用阶段不承受使用荷载,只构成楼板结构非受力的组成部分。

此种模板,一般用在钢结构或钢筋混凝土结构房屋的有梁式或无梁式的现浇密肋楼板工程。

六、模板拆除要求

根据建筑施工模板安全技术规范(JGJ 162),模板、支架立柱拆除应符合以下规定。

(一)模板拆除要求

(1)模板的拆除措施应经技术主管部门或负责人批准,拆除模板的时间可按现行国家标准《混凝土结构工程施工质量验收规范》(GB 50204)的有关规定执行。冬期施工的拆模,应符合专门规定。

(2)当混凝土未达到规定强度或已达到设计规定强度,需提前拆模或承受部分超设计荷载时,必须经过计算和技术主管确认其强度能足够承受此荷载后,方可拆除。

(3)在承重焊接钢筋骨架作配筋的结构中,承受混凝土重量的模板,应在混凝土达到设计强度的25%后方可拆除承重模板,当在已拆除模板的结构上加置荷载时,应另行核算。

(4)大体积混凝土的拆模时间除应满足混凝土强度要求外,还应使混凝土内外温差降低到25℃以下时方可拆模,否则应采取措施防止产生温度裂缝。

(5)后张预应力混凝土结构的侧模宜在施加预应力前拆除,底模应在施加预应力后拆除。当设计有规定时,应按规定执行。

(6)拆模前应检查所使用的工具是否有效和可靠,扳手等工具必须装入工具袋或系挂在身上,并应检查拆模场所范围内的安全措施。

(7)模板的拆除工作应设专人指挥。作业区应设围栏,其内不得有其他工种作业,并应设专人负责监护。拆下的模板、零配件严禁抛掷。

(8)拆模的顺序和方法应按模板的设计规定进行。当设计无规定时,可采取先支的后拆、后支的先拆、先拆非承重模板、后拆承重模板,并应从上而下进行拆除。拆下的模板不得抛扔,应按指定地点堆放。

(9)多人同时操作时,应明确分工、统一信号或行动,应具有足够的操作面,人员应站在安全处。

(10)高处拆除模板时,应符合有关高处作业的规定。严禁使用大锤和撬棍,操作层上临时拆下的模板堆放不能超过3层。

(11)在提前拆除互相搭连并涉及其他后拆模板的支撑时,应补设临时支撑。拆模时,应逐块拆卸,不得成片撬落或拉倒。

(12)拆模如遇中途停歇,应将已拆松动、悬空、浮吊的模板或支架进行临时支撑牢固或相互连接稳固。对活动部件必须一次拆除。

(13)已拆除了模板的结构,应在混凝土强度达到设计强度值后方可承受全部设计荷载。若在未达到设计强度以前,需在结构上加置施工荷载时,应另行核算,强度不足时,应加设临时支撑。

(14)遇6级或6级以上大风时,应暂停室外的高处作业。雨、雪、霜后应先清扫施工现场,方可进行工作。

(15)拆除有洞口模板时,应采取防止操作人员坠落的措施。洞口模板拆除后,应按国家现行标准《建筑施工高处作业安全技术规范》(JGJ 80)的有关规定及时进行防护。

(二)支架立柱拆除

(1)当拆除钢楞、木楞、钢桁架时,应在其下面临时搭设防护支架,使所拆楞梁及桁架先落在临时防护支架上。

（2）当立柱的水平拉杆超出2层时，应首先拆除2层以上的拉杆。当拆除最后一道水平拉杆时，应和拆除立柱同时进行。

（3）当拆除4～8m跨度的梁下立柱时，应先从跨中开始，对称地分别向两端拆除。拆除时，严禁采用连梁底板向旁侧一片拉倒的拆除方法。

（4）对于多层楼板模板的立柱，当上层及以上楼板正在浇筑混凝土时，下层楼板立柱的拆除，应根据下层楼板结构混凝土强度的实际情况，经过计算确定。

（5）拆除平台、楼板下的立柱时，作业人员应站在安全处。

（6）对已拆下的钢棱、木棱、桁架、立柱及其他零配件应及时运到指定地点。对有芯钢管立柱运出前应先将芯管抽出或用销卡固定。

（三）普通模板拆除

（1）拆除条形基础、杯形基础、独立基础或设备基础的模板时，应符合下列规定。

1）拆除前应先检查基槽（坑）土壁的安全状况，发现有松软、龟裂等不安全因素时，应在采取安全防范措施后，方可进行作业。

2）模板和支撑杆件等应随拆随运，不得在离槽（坑）上口边缘1m以内堆放。

3）拆除模板时，施工人员必须站在安全地方。应先拆内外木棱、再拆木面板；钢模板应先拆钩头螺栓和内外钢棱，后拆U形卡和L形插销，拆下的钢模板应妥善传递或用绳钩放置地面，不得抛掷。拆下的小型零配件应装入工具袋内或小型箱笼内，不得随处乱扔。

（2）拆除柱模应符合下列规定。

1）柱模拆除应分别采用分散拆和分片拆两种方法。分散拆除的顺序应为：拆除拉杆或斜撑、自上而下拆除柱箍或横棱、拆除竖棱，自上而下拆除配件及模板、运走分类堆放、清理、拔钉、钢模维修、刷防锈油或脱模剂、入库备用。分片拆除的顺序应为：拆除全部支撑系统、自上而下拆除柱箍及横棱、拆掉柱角U形卡、分2片或4片拆除模板、原地清理、刷防锈油或脱模剂、分片运至新支模地点备用。

2）柱子拆下的模板及配件不得向地面抛掷。

（3）拆除墙模应符合下列规定。

1）墙模分散拆除顺序应为：拆除斜撑或斜拉杆、自上而下拆除外棱及对拉螺栓、分层自上而下拆除木棱或钢棱及零配件和模板、运走分类堆放、拔钉清理或清理检修后刷防锈油或脱模剂、入库备用。

2）预组拼大块墙模拆除顺序应为：拆除全部支撑系统、拆卸大块墙模接缝处的连接型钢及零配件、拧去固定埋设件的螺栓及大部分对拉螺栓、挂上吊装绳扣并略拉紧吊绳后，拧下剩余对拉螺栓，用方木均匀敲击大块墙模立棱及钢模板，使其脱离墙体，用撬棍轻轻外撬大块墙模板使全部脱离，指挥起吊、运走、清理、刷防锈油或脱模剂备用。

3）拆除每一大块墙模的最后2个对拉螺栓后，作业人员应撤离大模板下侧，以后的操作均应在上部进行。个别大块模板拆除后产生局部变形者应及时整修好。

4）大块模板起吊时，速度要慢，应保持垂直，严禁模板碰撞墙体。

（4）拆除梁、板模板应符合下列规定。

1）梁、板模板应先拆梁侧模，再拆板底模，最后拆除梁底模，并应分段分片进行，严禁成片撬落或成片拉拆。

2）拆除时，作业人员应站在安全的地方进行操作，严禁站在已拆或松动的模板上进行拆除作业。

3）拆除模板时，严禁用铁棍或铁锤乱砸，已拆下的模板应妥善传递或用绳钩放于地面。

4）严禁作业人员站在悬臂结构边缘敲拆下面的底模。

5）待分片、分段的模板全部拆除后，方允许将模板、支架、零配件等按指定地点运出堆放，并进行拔钉、清理、整修、刷防锈油或脱模剂，入库备用。

七、模板安装与拆除质量验收要求

根据现行国家标准《混凝土结构工程施工质量验收规范》（GB 50204），模板安装与拆除质量验收要求如下。

（一）一般规定

（1）模板及其支架应根据工程结构形式、载荷大小、地基土类别、施工设备和材料供应等条件进行设计。模板及其支架应具有足够的承载能力、刚度和稳定性，能可靠地承受浇筑混凝土的重量、侧压力以及施工荷载。

（2）在浇筑混凝土之前，应对模板工程进行验收。模板安装和浇筑混凝土时，应对模板及其支架进行观察和维护。发生异常情况时，应按施工技术方案及时进行处理。

（3）模板及其支架拆除的顺序及安全措施应按施工技术方案执行。

（二）模板安装

1. 主控项目

（1）安装现浇结构的上层模板及其支架时，下层楼板应具有承受上层荷载的承载能力，或加设支架；上下层支架的立柱应对准，并铺设垫板。

检查数量：全数检查。

检验方法：对照模板设计文件和施工技术方案观察。

（2）在涂刷模板隔离剂时，不得沾污钢筋和混凝土接槎处。

检查数量：全数检查。

检验方法：观察。

2. 一般项目

（1）模板安装应满足下列要求。

1）模板的接缝不应漏浆；在浇筑混凝土前，木模板应浇水湿润，但模板内不应有积水。

2）模板与混凝土的接触面应清理干净并涂刷隔离剂，但不得采用影响结构性能或妨碍装饰工程施工的隔离剂。

3）浇筑混凝土前，模板内的杂物应清理干净。

4）对清水混凝土工程及装饰混凝土工程，应使用能达到设计效果的模板。

检查数量：全数检查。

检验方法：观察。

（2）用作模板的地坪、胎模等应平整光洁，不得产生影响构件质量的下沉、裂缝、起砂或起鼓。

检查数量：全数检查。

检验方法：观察。

（3）对跨度不小于4m的现浇钢筋混凝土梁、板，其模板应按设计要求起拱；当设计无具体要求时，起拱高度宜为跨度的1/1000～3/1000。

检查数量：在同一检验批内，对梁，应抽查构件数量的10%，且不少于3件；对板，应按有代表性的自然间抽查10%，且不少于3间；对大空间结构，板可按纵、横轴线划分检查面，抽查10%，且不少于3面。

检验方法：水准仪或拉线、钢尺检查。

（4）固定在模板上的预埋件、预留孔和预留洞均不得遗漏，且应安装牢固，其偏差应符合表4-9的规定。

表 4 - 9   **预埋件和预留孔洞的允许偏差**

项目		允许偏差（mm）
预埋钢板中心线位置		3
预埋管、预留孔中心线位置		3
插筋	中心线位置	5
	外露长度	+10, 0
预埋螺栓	中心线位置	2
	外露长度	+10, 0
预留洞	中心线位置	10
	尺寸	+10, 0

注 检查中心线位置时，应沿纵、横两个方向量测，并取其中的较大值。

检查数量：在同一检验批内，对梁、柱和独立基础，应抽查构件数量的 10%，且不少于 3 件；对墙和板，应按有代表性的自然间抽查 10%，且不少于 3 间；对大空间结构，墙可按相邻轴线间高度 5m 左右划分检查面，板可按纵、横轴线划分检查面，抽查 10%，且均不少于 3 面。

检验方法：钢尺检查。

（5）现浇结构模板安装的偏差应符合表 4 - 10 的规定。

表 4 - 10   **现浇结构模板安装的偏差及检验方法**

项目		允许偏差（mm）	检验方法
轴线位置		5	钢尺检查
底模上表面标高		±5	水准仪或拉线、钢尺检查
截面内部尺寸	基础	±10	钢尺检查
	柱、墙、梁	+4, -5	钢尺检查
层高垂直度	不大于5m	6	经纬仪或吊线、钢尺检查
	大于5m	8	经纬仪或吊线、钢尺检查
相邻两板表面高低差		2	钢尺检查
表面平整度		5	2m靠尺和塞尺检查

注 检查轴线位置时，应沿纵、横两个方向量测，并取其中的较大值。

检查数量：在同一检验批内，对梁、柱和独立基础，应抽查构件数量的 10%，且不少于 3 件；对墙和板，应按有代表性的自然间抽查 10%，且不少于 3 间；对大空间结构，墙可按相邻轴线间高度 5m 左右划分检查面，板可按纵、横轴线划分检查面，抽查 10%，且均不少于 3 面。

（6）预制构件模板安装的偏差应符合规范的规定，具体数值要求可以查阅《混凝土施工规范》，这里不再赘述。

（三）模板拆除

1. 主控项目

（1）底模及其支架拆除时的混凝土强度应符合设计要求；当设计无具体要求时，混凝土强度应符合表 4 - 11 的规定。

表 4 - 11   **底模拆除时的混凝土强度要求**

构件类型	构件跨度（m）	达到设计的混凝土立方体抗压强度标准值的百分数（%）	构件类型	构件跨度（m）	达到设计的混凝土立方体抗压强度标准值的百分数（%）
板	≤2	≥50	梁、拱、壳	≤8	≥75
	>2, ≤8	≥75		>8	≥100
	>8	≥100	悬臂构件	—	≥100

检查数量：全数检查。

检验方法：检查同条件养护试件强度试验报告。

（2）对后张法预应力混凝土结构构件，侧模宜在预应力张拉前拆除；底模支架的拆除应按施工技术方案执行，当无具体要求时，不应在结构构件建立预应力前拆除。

检查数量：全数检查。

检验方法：观察。

（3）后浇带模板的拆除和支顶应按施工技术方案执行。

检查数量：全数检查。

检验方法：观察。

2. 一般项目

（1）侧模拆除时的混凝土强度应能保证其表面及棱角不受损伤。

检查数量：全数检查。

检验方法：观察。

（2）模板拆除时，不应对楼层形成冲击荷载。拆除的模板和支架宜分散堆放并及时清运。

检查数量：全数检查。

检验方法：观察。

第三节 模板及支架的设计

一、荷载

（一）荷载标准值

（1）永久荷载标准值应符合下列规定。

1）模板及其支架自重标准值（G_{1k}）应根据模板设计图纸计算确定。肋形或无梁楼板模板自重标准值应按表 4-12 采用，参见《建筑施工模板安全技术规范》（JGJ 162—2008）。

表 4-12　　　　　　　　　　楼板模板自重标准值　　　　　　　　　　kN/m²

模板构件的名称	木模板	组合钢模板
平板的模板及小棱	0.30	0.50
楼板模板（其中包括梁的模板）	0.50	0.75
楼板模板及其支架（楼层高度为 4m 以下）	0.75	1.10

注　除钢、木外，其他材质模板重量见建筑施工模板安全技术规范 JGJ 162—2008 附录 B。

2）新浇筑混凝土自重标准值（G_{2k}）。对普通混凝土，可以采用 24kN/m³，其他混凝土可根据实际重力密度或按《建筑施工模板安全技术规范》（JGJ 162—2008）附录 B 确定。

3）钢筋自重标准值（G_{3k}）应根据工程设计图确定。对一般梁板结构每立方米钢筋混凝土的钢筋自重标准值可以取用以下数据：楼板可取 1.1kN；梁可取 1.5kN。

4）当采用内部振捣器时，新浇筑的混凝土作用于模板的侧压力标准值（G_{4k}），可按下列公式计算，并取其中的较小值

$$F = 0.22 r_c t_0 \beta_1 \beta_2 v^{1/2} \tag{4-1}$$

$$F = r_c H \tag{4-2}$$

式中；F_k 为新浇筑混凝土对模板的侧压力计算值，kN/m^2；r_c 为混凝土的重力密度；t_0 为新浇筑混凝土的初凝时间（h），可按试验确定，当缺乏试验资料时，可采用公式 $t_0=200/(T+15)$（T 为混凝土的温度℃）；v 为混凝土的浇筑速度，m/h；β_1 为外加剂影响修正系数，不掺外加剂时取 1.0；掺具有缓凝作用的外加剂时取 1.2。β_2 为混凝土坍落度影响修正系数，当坍落度小于 30mm 时取 0.85，当坍落度为 50~90mm 时取 1.00，当坍落度为 110~150mm 时取 1.15；H 为混凝土侧压力计算位置处至新浇混凝土顶面的总高度（m）；混凝土侧压力的计算分布图形如图 4-59 所示，图中 $h=F/r_c$，h 为有效压头高度。

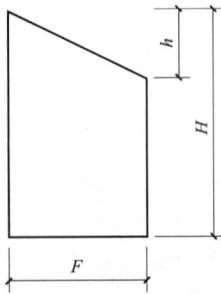

图 4-59　混凝土侧压力
计算分布图形

（2）可变荷载标准值应符合下列规定。

1）施工人员及设备荷载标准值（Q_{1k}），当计算模板和直接支承模板的小梁时，均布活荷载可取 2.5kN/m^2，再用集中荷载 2.5kN 进行验算，比较两者所得的弯矩值取其大值；当计算直接支承小梁的主梁时，均布活荷载标准值可取 1.5kN/m^2；当计算支架立柱及其他支承结构构件时，均布活荷载标准值可取 1.0kN/m^2。

注：① 对大型浇筑设备，如上料平台、混凝土输送泵等按实际情况计算；采用布料机上料进行浇筑混凝土时，活荷载标准值取 4.0kN/m^2。

② 混凝土堆积高度超过 100mm 以上者按实际高度计算。

③ 模板单块宽度小于 150mm 时，集中荷载可分布于相邻的两块板面上。

2）振捣混凝土时产生的荷载标准值（Q_{2k}），对水平面模板可采用 2kN/m^2，对垂直面模板可采用 4kN/m^2，且作用范围在新浇筑混凝土侧压力的有效压头高度之内。

3）倾倒混凝土时，对垂直面模板产生的水平荷载标准值（Q_{3k}），可按表 4-13 采用。

表 4-13　　　　　　　　　　倾倒混凝土时产生的水平荷载标准值　　　　　　　　　　kN/m^2

向模板内供料方法	水平荷载	向模板内供料方法	水平荷载
溜槽、串筒或导管	2	容量为 0.2~0.8m^3 的运输器具	4
容量小于 0.2m^3 的运输器具	2	容量大于 0.8m^3 的运输器具	6

注　作用范围在有效压头高度以内。

（3）风荷载标准值应按现行国家标准《建筑结构荷载规范》的规定计算，其中基本风压值应按该规范附录 D.4 中 $n=10$ 年的规定采用，并取风振系数 $\beta_z=1$。

（二）荷载设计值

（1）计算模板及支架结构或构件的强度、稳定性和连接强度时，应采用荷载设计值（荷载标准值乘以荷载分项系数）。

（2）计算正常使用极限状态的变形时，应采用荷载标准值。

（3）荷载分项系数应按表 4-14 采用。

表 4-14　　　　　　　　　　　　　　　荷　载　分　项　系　数

荷载类别	分项系数
模板及支架自重标准值（G_{1k}）	永久荷载的分项系数： （1）当其效应对结构不利时，对由可变荷载效应控制的组合应取 1.2，对由永久荷载效应控制的组合应取 1.35； （2）当其效应对结构有利时，一般情况应取 1，对结构的倾覆、滑移验算应取 0.9
新浇混凝土自重标准值（G_{2k}）	
钢筋自重标准值（G_{3k}）	
新浇混凝土对模板的侧压力标准值（G_{4k}）	

续表

荷载类别	分项系数
施工人员及设备荷载标准值（Q_{1k}）	可变荷载的分项系数：一般情况下应取 1.4；对标准值大于 $4kN/m^2$ 的活荷载应取 1.3
振捣混凝土时产生的荷载标准值（Q_{2k}）	
倾倒混凝土时产生的荷载标准值（Q_{3k}）	
风荷载（ω_k）	1.4

（4）钢面板及支架作用荷载设计值可乘以系数 0.95 进行折减。当采用冷弯薄壁型钢时，其荷载设计值不应折减。

（三）荷载组合

（1）按极限状态设计时，其荷载组合应符合下列规定。

1）对于承载能力极限状态，应按荷载效应的基本组合采用，并应采用下列设计表达式进行模板设计

$$r_oS \leqslant R \tag{4-3}$$

式中：r_o 为结构重要性系数，其值按 0.9 采用；S 为荷载效应组合的设计值；R 为结构构件抗力的设计值，应按各有关建筑结构设计规范的规定确定。

2）对于基本组合，荷载效应组合的设计值 S 应从下列组合值中取最不利值确定：

① 由可变荷载效应控制的组合

$$S = \gamma_G \sum_{i=1}^{n} G_{ik} + \gamma_{Q1} Q_{1k} \tag{4-4}$$

$$S = \gamma_G \sum_{i=1}^{n} G_{ik} + 0.9 \sum_{i=1}^{n} \gamma_Q Q_{ik} \tag{4-5}$$

式中：γ_G 为永久荷载分项系数，应按表 4-17 采用；γ_Q 为第 i 个可变荷载的分项系数，其中 γ_{Q1} 为可变荷载 Q_1 的分项系数，应按表 4-17 采用；G_{ik} 为按各永久荷载标准值 G_k 计算的荷载效应值；Q_{ik} 为按可变荷载标准值计算的荷载效应值，其中 Q_{1k} 为诸可变荷载效应中起控制作用者；n 为参与组合的可变荷载数。

② 由永久荷载效应控制的组合

$$S = \gamma_G G_{ik} + \sum_{i=1}^{n} \gamma_Q \psi_{ci} Q_{ik} \tag{4-6}$$

式中：ψ_{ci} 为可变荷载 Q_i 的组合值系数，当按前述即规范中规定的各可变荷载采用时，其组合值系数可为 0.7。

注：①基本组合中的设计值仅适用于荷载与荷载效应为线性的情况；②当对 Q_{1k} 无明显判断时，轮次以各可变荷载效应为 Q_{1k}，选其中最不利的荷载效应组合；③当考虑以竖向的永久荷载效应控制的组合时，参与组合的可变荷载仅限于竖向荷载。

（2）对于正常使用极限状态应采用标准组合，并应按下列设计表达式进行设计

$$S \leqslant C \tag{4-7}$$

式中：C 为结构或结构构件达到正常使用要求的规定限值，应符合规范，有关变形值的规定见第（4）部分。

对于标准组合，荷载效应组合设计值 S 应按下式采用

$$S = \sum_{i=1}^{n} G_{ik} \tag{4-8}$$

（3）参与计算模板及其支架荷载效应组合的各项荷载的标准值组合应符合表 4-15 的规定。

表 4-15　　　　　　　　　模板及其支架荷载效应组合的各项荷载标准值组合

项目		参与组合的荷载类别	
		计算承载能力	验算挠度
1	平板和薄壳的模板及支架	$G_{1k}+G_{2k}+G_{3k}+Q_{1k}$	$G_{1k}+G_{2k}+G_{3k}$
2	梁和拱模板的底板及支架	$G_{1k}+G_{2k}+G_{3k}+Q_{2k}$	$G_{1k}+G_{2k}+G_{3k}$
3	梁、拱、柱（边长不大于 300mm），墙（厚度不大于 100mm）的侧面模板	$G_{4k}+Q_{2k}$	G_{4k}
4	大体积结构、柱（边长大于 300mm）、墙（厚度大于 100mm）的侧面模板	$G_{4k}+Q_{3k}$	G_{4k}

注　验算挠度应采用荷载标准值；计算承载能力应采用荷载设计值。

（四）变形值规定

（1）当验算模板及其支架的刚度时，其最大变形值不得超过下列容许值。

1）对结构表面外露的模板，为模板构件计算跨度的 1/400。

2）对结构表面隐蔽的模板，为模板构件计算跨度的 1/250。

3）支架的压缩变形或弹性挠度，为相应的结构计算跨度的 1/1000。

（2）组合钢模板结构或其构配件的最大变形值不得超过表 4-16 的规定。

表 4-16　　　　　　　　　组合钢模板及构配件的容许变形值　　　　　　　　　　　mm

部件名称	容许变形值	部件名称	容许变形值
钢模板的面板	≤1.5	柱箍	$B/500$ 或≤3.0
单块钢模板	≤1.5	桁架、钢模板结构体系	$L/1000$
钢棱	$L/500$ 或≤3.0	支撑系统累计	≤4.0

注　L 为计算跨度，B 为柱宽。

【例 4-1】　某混凝土墙高 2.70m，厚 250mm，混凝土温度为 26℃，坍落度为 80mm，不掺外加剂，选用 0.6m³ 吊斗倾倒混凝土，采用内部振捣器捣实混凝土，$v=1.5$m/h。模板面板采用 18mm 厚木胶合板，内竖棱采用 50mm×100mm 方木 2 根。试确定荷载大小与组合。

【解】　新浇筑混凝土侧压力：

$$t_o = \frac{200}{T+15} = \frac{200}{26+15} = 4.88(\text{h})$$

新浇筑的混凝土作用于模板的侧压力标准值（G_{4k}）计算如下：

$$F = 0.22 r_c t_o \beta_1 \beta_2 v^{1/2} = 0.22 \times 24 \times 4.88 \times 1 \times 1 \times 1.5^+ = 31.56(\text{kN/m}^2)$$

$$F = r_c H = 24 \times 2.7 = 64.8(\text{kN/m}^2)$$

取小值，$G_{4k}=31.56$kN/m²，$h=31.56/24=1.32$（m）。根据表 4-15 荷载组合要求，墙侧模还应叠加由倾倒混凝土产生的荷载 $Q_{2k}=4$kN/m²，但只叠加在混凝土侧压力的有效压力范围内即有效压头 h 内。

墙侧模所受最大荷载按由可变荷载效应控制的组合：

$$F_1 = 31.56 \times 1.2 + 4 \times 1.4 = 37.87 + 5.6 = 43.47(\text{kN/m}^2)$$

墙侧模所受最大荷载按由永久荷载效应控制的组合：

$$F_2 = 31.56 \times 1.35 + 4 \times 0.7 \times 1.4 = 42.61 + 3.92 = 46.53(\text{kN/m}^2)$$

（注意：对由永久荷载 G_{4k} 效应控制的组合，荷载分项系数据表 4-14 应取 1.35）

因此最不利值是 46.53kN/m²，侧压力分布如图 4-60 所示。

二、设计

（一）一般规定

（1）模板及其支架的设计应根据工程结构形式、荷载大小、地基土类别、施工设备和材料等条件进行。

(2) 模板设计应包括下列内容。

1) 根据混凝土的施工工艺和季节性施工措施，确定其构造和所承受的荷载。

2) 绘制配板设计图、支撑设计布置图、细部构造和异形模板大样图。

3) 按模板承受荷载的最不利组合对模板进行验算。

4) 制定模板安装及拆除的程序和方法。

5) 编制模板及配件的规格、数量汇总表和周转使用计划。

6) 编制模板施工安全、防火技术措施及设计、施工说明书。

(3) 模板结构构件的长细比应符合下列规定。

1) 受压构件长细比：支架立柱及桁架，不应大于150；拉条、缀条、斜撑等连系构件，不应大于200。

2) 受拉构件长细比：钢杆件，不应大于350；木杆件，不应大于250。

(4) 用扣件式钢管脚手架作支架立柱时，应符合下列规定。

1) 连接扣件和钢管立杆底座应符合现行国家标准《钢管脚手架扣件》（GB 15831）的规定。

2) 承重的支架柱，其荷载应直接作用于立杆的轴线上，严禁承受偏心荷载，并应按单立杆轴心受压计算；钢管的初始弯曲率不得大于1/1000，其壁厚应按实际检查结果计算。

3) 当露天支架立柱为群柱架时，高宽比不应大于5；当高宽比大于5时，必须加设抛撑或缆风绳，保证宽度方向的稳定。

(5) 遇有下列情况时，水平支承梁的设计应采取防倾倒措施，不得取消或改动销紧装置的作用，且应符合下列规定。

1) 水平支承如倾斜或由倾斜的托板支承以及偏心荷载情况存在时。

2) 梁由多杆件组成。

3) 当梁的高宽比大于2.5时，水平支承梁的底面严禁支承在50mm宽的单托板面上。

4) 水平支承梁的高宽比大于2.5时，应避免承受集中荷载。

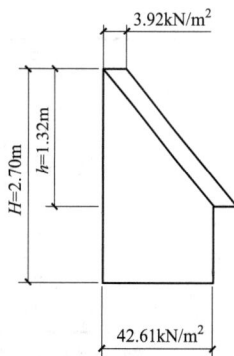

图 4-60 侧压力分布

(二) 现浇混凝土模板计算

1. 面板计算

面板可按简支跨计算，应验算跨中和悬臂端的最不利抗弯强度和挠度，并应符合下列规定。

(1) 抗弯强度计算。

1) 钢面板抗弯强度应按下式计算

$$\sigma = \frac{M_{max}}{W_n} \leqslant f \tag{4-9}$$

式中：M_{max} 为最不利弯矩设计值，取均布荷载与集中荷载分别作用时计算结果的大值；W_n 为净截面抵抗矩，按表 4-17 或表 4-18 查取；f 为钢材的抗弯强度设计值，应按《建筑施工模板安全技术规范》（JGJ 162—2008）中附录 A 的规定采用。

表 4-17　　　　　　　　　　　组合钢模板 2.3mm 厚面板力学性能

模板宽度 (mm)	截面积 A (mm²)	中性轴位置 y_0 (mm)	x 轴截面惯性矩 I_x (cm⁴)	截面最小抵抗矩 W_x (cm³)	截面简图
300	1080 (978)	11.1 (10.0)	27.91 (26.39)	6.36 (5.86)	
250	965 (863)	12.3 (11.1)	26.62 (25.38)	6.23 (5.78)	

续表

模板宽度 （mm）	截面积 A （mm²）	中性轴位置 y_0 （mm）	x 轴截面惯性矩 I_x（cm⁴）	截面最小抵抗矩 W_x（cm³）	截面简图
200	702 (639)	10.6 (9.5)	17.63 (16.62)	3.97 (3.65)	
150	587 (524)	12.5 (11.3)	16.40 (15.64)	3.86 (3.58)	200 (150, 100) $\delta=2.3$
100	472 (409)	15.3 (14.2)	14.54 (14.11)	3.66 (346)	

注 1. 括号内数据为净截面；

2. 表中各种宽度的模板，其长度规格有：1.5m、1.2m、0.9m、0.75m、0.6m 和 0.45m；高度全为 55mm。

表 4-18　　　　　　　　　　组合钢模板 2.5mm 厚面板力学性能

模板宽度 （mm）	截面积 A （mm²）	中性轴位置 y_0 （mm）	x 轴截面 惯性矩 I_x （cm⁴）	截面最小 抵抗矩 W_x （cm³）	截面简图
300	114.4 (104.0)	10.7 (9.6)	28.59 (26.97)	6.45 (5.94)	330 (250) $\delta=2.5$　$\delta=2.5$
250	101.9 (91.5)	11.9 (10.7)	27.33 (25.98)	6.34 (5.86)	
200	76.3 (69.4)	10.7 (9.6)	19.06 (17.98)	4.3 (3.96)	200 (150, 100) $\delta=2.3$
150	63.8 (56.9)	12.6 (11.4)	17.71 (16.91)	4.18 (3.88)	
100	51.3 (44.4)	15.3 (14.3)	15.72 (15.25)	3.96 (3.75)	

注 1. 括号内数据为净截面。

2. 表中各种宽度的模板，其长度规格有：1.5m、1.2m、0.9m、0.75m、0.6m 和 0.45m；高度全为 55mm。

2）木面板抗弯强度应按下式计算

$$\sigma_{\mathrm{m}} = \frac{M_{\max}}{W_{\mathrm{m}}} \leqslant f_{\mathrm{m}} \tag{4-10}$$

式中：W_{m} 为木板毛截面抵抗矩；f_{m} 为木材抗弯强度设计值，应按《建筑施工模板安全技术规范》中附录 A 的规定采用。

3）胶合板面板抗弯强度应按下式计算

$$\sigma_{\mathrm{j}} = \frac{M_{\max}}{W_{\mathrm{j}}} \leqslant f_{\mathrm{jm}} \tag{4-11}$$

式中：W_{j} 为胶合板毛截面抵抗矩；f_{jm} 为胶合板的抗弯强度设计值，应按《建筑施工模板安全技术规范》中附录 A 的规定采用。

（2）挠度应按下列公式进行验算

$$\upsilon = \frac{5 q_{\mathrm{g}} L^4}{384 E I_x} \leqslant [\upsilon] \tag{4-12}$$

或

$$v = \frac{5q_g L^4}{384EI_x} + \frac{P_k L^3}{48EI_x} \leqslant [v] \qquad (4-13)$$

式中：q_g 为恒荷载均布线荷载标准值；P_k 为集中荷载标准值；E 为弹性模量；I_x 为截面惯性矩；L 为面板计算跨度；$[v]$ 为容许挠度。钢模板应按表 4-19 采用，木和胶合板面板应按前述变形值规定（1）采用。

【例 4-2】 组合钢模板 P3012，宽 300mm，长 1200mm，钢板厚 2.5mm，钢模板两端支承在钢棱上，用作浇筑 150mm 厚的钢筋混凝土楼板，试验算钢模板的强度与挠度。

【解】 （1）强度验算。

1）计算时两端按简支梁考虑，其计算跨度 l 取 1.2m。

2）荷载计算按前述可变荷载标准值规定应取均布荷载或集中荷载两种作用效应考虑，计算结果取其大值：

钢模板自重标准值 340N/m²；

150mm 厚新浇混凝土板自重标准值；

24 000×0.15＝3600（kN/m²）；

钢筋自重标准值 1100×0.15＝165（N/m²）；

考虑施工活荷载标准值 2500N/m² 及跨中集中荷载 2500N 两种情况分别作用。

均布线荷载设计值为

$$q_1 = 0.9 \times [1.2 \times (340 + 3600 + 165) + 1.4 \times 2500] \times 0.3 = 2275(\text{N/m})$$

$$q_2 = 0.9 \times [1.35 \times (340 + 3600 + 165) + 1.4 \times 0.7 \times 2500] \times 0.3 = 2158(\text{N/m})$$

根据以上两者比较应取 $q_1 = 2275$N/m

集中荷载设计值：

模板自重线荷载设计值 $q_3 = 0.9 \times 0.3 \times 1.2 \times 340 = 110$（N/m）

跨中集中荷载设计值 $P = 0.9 \times 1.4 \times 2500 = 3150$（N）

施工荷载为均布线荷载：

$$M_1 = \frac{q_1 l^2}{8} = \frac{2275 \times 1.2^2}{8} = 409.5(\text{N} \cdot \text{m})$$

施工荷载为集中荷载：

$$M_2 = \frac{q_3 l^2}{8} + \frac{Pl}{4} = \frac{110 \times 1.2^2}{8} + \frac{3150 \times 1.2}{4} = 964.8(\text{N} \cdot \text{m})$$

由于 $M_2 > M_1$，故应采用 M_2 验算强度。并查表 4-18 组合钢模板宽 300mm 得净截面抵抗矩 $W_n = 5940$mm³，

则

$$\sigma = \frac{M_2}{W_n} = \frac{96\,4800}{5940} = 162.42(\text{N/mm}^2) < f = 205(\text{N/mm}^2)$$

强度满足要求。

（2）挠度验算。验算挠度时不考虑可变荷载值，仅考虑永久荷载标准值，故其作用效应的线荷载设计值如下

$$q_k = 0.3 \times (340 + 3600 + 165) = 1232(\text{N/m}) = 1.232(\text{N/mm})$$

故实际设计挠度值为

$$\upsilon = \frac{5q_k l^4}{384EI_x} = \frac{5 \times 1.232 \times 1200^4}{384 \times 2.06 \times 10^5 \times 269\ 700} = 0.60(\text{mm}) < 1.5(\text{mm})(\text{查表 } 4-19)$$

故挠度满足要求。

木面板及胶合板面板的计算程序和方法与钢面板相同。

2. 支承棱梁计算

支承棱梁计算时，次棱一般为 2 跨以上连续棱梁，可按实际跨数计算，当跨度不等时，应按不等跨连续棱梁或悬臂棱梁设计；主棱可根据实际情况按连续梁、简支梁或悬臂梁设计；同时次、主棱梁均应进行最不利抗弯强度与挠度计算，并应符合下列规定。

（1）次、主棱梁抗弯强度计算。

1）次、主钢棱梁抗弯强度应按下式计算

$$\sigma = \frac{M_{max}}{W} \leqslant f \tag{4-14}$$

式中：M_{max} 为最不利弯矩设计值。应从均布荷载产生的弯矩设计值 M_1、均布荷载与集中荷载产生的弯矩设计值 M_2 和悬臂端产生的弯矩设计值 M_3 三者中，选取计算结果较大者；W 为截面抵抗矩，按表 4-19 查用；f 为钢材抗弯强度设计值，按《建筑施工模板安全技术规范》中附录 A 的规定采用。

表 4-19 各种型钢钢棱和木棱力学性能

	规格 （mm）	截面积 A （mm²）	重量 （N/m）	截面惯性矩 I_x（cm⁴）	截面最小抵抗矩 W_x（cm³）
扁钢	−70×5	350	27.5	14.29	4.08
角钢	∟75×25×3.0	291	22.8	17.17	3.76
	∟80×35×3.0	330	25.9	22.49	4.17
钢管	φ48.3×3.6	506	38.9	12.71	5.26
	φ48×3.0	424	33.3	10.78	4.49
	φ48.3×3.6	489	38.4	12.19	5.08
	φ51×3.5	522	41.0	14.81	5.81
矩形钢管	□60×40×2.5	457	35.9	21.88	7.29
	□80×40×2.0	452	35.5	37.13	9.28
	□100×50×3.0	864	67.8	112.12	22.42
薄壁冷弯槽钢	∟80×40×3.0	450	35.3	43.92	10.98
	∟100×50×3.0	570	44.7	88.52	12.20
内卷边槽钢	∟80×40×15×3.0	508	39.9	48.92	12.23
	∟100×50×20×3.0	658	51.6	100.28	20.06
槽钢	∟80×43×5.0	1024	80.4	101.30	25.30
矩形木棱	50×100	5000	30.0	416.67	83.33
	60×90	5400	32.4	364.50	81.00
	80×80	6400	38.4	341.33	85.33
	100×100	10 000	60.0	833.33	166.67

2) 次、主木棱梁抗弯强度应按下式计算

$$\sigma = \frac{M_{max}}{W} \leqslant f_m \qquad (4-15)$$

式中：f_m 为木材抗弯强度设计值，按《建筑施工模板安全技术规范》中附录 A 的规定采用。

（2）次、主棱梁抗剪强度计算。

1) 在主平面内受弯的钢实腹构件，其抗剪强度应按下式计算

$$\tau = \frac{VS_o}{It_w} \leqslant f_v \qquad (4-16)$$

式中：V 为计算截面沿腹板平面作用的剪力设计值；S_o 为计算剪力应力处以上毛截面对中和轴的面积矩；I 为毛截面惯性矩；t_w 为腹板厚度；f_v 为钢材的抗剪强度设计值。查《建筑施工模板安全技术规范》中附录 A 的规定采用。

2) 在主平面内受弯的木实截面构件，其抗剪强度应按下式计算

$$\tau = \frac{VS_o}{Ib} \leqslant f_v \qquad (4-17)$$

式中：b 为构件的截面宽度；f_v 为木材顺纹抗剪强度设计值。按《建筑施工模板安全技术规范》中附录 A 的规定采用。

（3）挠度计算。

1) 简支棱梁应按式（4-12）、式（4-13）验算。

2) 连续棱梁应按实际跨距跨数计算，如是二等跨、三等跨可查表 4-20、表 4-21 计算。

表 4-20　　　　　　　　　二跨等跨连续梁的内力及变形系数

荷载简图		弯矩系数 K_M		剪力系数 K_V		挠度系数 K_w
		$M_{1中}$	$M_{B支}$	V_A	$V_{B左}$ $V_{B右}$	$\omega_{1中}$
	静载	0.07	−0.125	0.375	−0.625	0.521
	活载最大	0.096	−0.125	0.437	0.625 −0.625 0.625	0.912
	活载最小	0.032	—	—	—	−0.391
	静载	0.156	−0.188	0312	−0.688	0.911
	活载最大	0.203	−0.188	0.406	0.688 −0.688 0.688	1.497
	活载最小	0.047	—	—	—	−0.586

续表

荷载简图		弯矩系数 K_M		剪力系数 K_V		挠度系数 K_W
		$M_{1中}$	$M_{B支}$	V_A	$V_{B左}$ / $V_{B右}$	$\omega_{1中}$
	静载	0.222	−0.333	0.667	−1.333 / 1.333	1.466
	活载最大	0.278	0.383	0.383	−1.383 / 1.333	2.508
	活载最小	0.084	—	—	—	−1.042

注　1. 均布荷载作用下：$M=K_M ql^2$，$V=K_V ql$，$w=K_W \dfrac{ql^4}{100EI}$；

集中荷载作用下：$M=K_M Fl$，$V=K_V F$，$w=K_W \dfrac{Fl^3}{100EI}$。

2. 支座反力等于该支座左右截面剪力的绝对值之和。

3. 求跨中负弯矩及反挠度时，可查用上表"活载最小"一项的系数，但也要与静载引起的弯矩（或挠度）相组合。

4. 求跨中最大正弯矩及最大挠度时，该跨应满布活荷载，相邻跨为空载；求支座最大负弯矩及最大剪力时，该支座相邻两跨应满布活荷载，即查用上表中"活载最大"一项的系数，并与静载引起的弯矩（剪力或挠度）相组合。

表 4－21　　　　　　　　　三跨等跨连续梁的内力及变形系数

荷载简图		弯矩系数 K_M			剪力系数 K_V		挠度系数 K_W	
		$M_{1中}$	$M_{2中}$	$M_{B支}$	V_A	$V_{B左}$ / $V_{B右}$	$\omega_{1中}$	$\omega_{2中}$
见图（1）	静载	0.080	0.025	−0.100	0.400	−0.600 / 0.500	0.677	0.052
	活载最大	0.101	0.075	0.117	0.450	−0.617 / 0.583	0.990 / −0.313	0.677
	活载最小	−0.025	−0.050	0.017	—	—	0.313	−0.625
见图（2）	静载	0.175	0.100	−0.150	0.350	−0.650 / 0.500	1.146	0.208
	活载最大	0.213	0.175	−0.175	0.425	−0.675 / 0.625	1.615	1.146
	活载最小	−0.038	−0.075	0.025	—	—	−0.469	−0.937
见图（3）	静载	0.244	0.067	−0.267	0.733	−1.267 / 1.000	1.883	0.216
	活载最大	0.289	0.200	−0.311	0.866	−1.311 / 1.222	2.716	1.883
	活载最小	−0.067	−0.133	0.044	—	—	−0.833	−1.667

续表

荷载简图	弯矩系数 K_M			剪力系数 K_V		挠度系数 K_W	
	$M_{1中}$	$M_{2中}$	$M_{B支}$	V_A	$V_{B左}$ $V_{B右}$	$\omega_{1中}$	$\omega_{2中}$
	图（1）			图（2）		图（3）	

注　1. 均布荷载作用下：$M=K_M ql^2$，$V=K_V ql$，$w=K_W \dfrac{ql^4}{100EI}$；

集中荷载作用下：$M=K_M FL$，$V=K_V F$，$w=K_W \dfrac{Fl^3}{100EI}$。

2. 支座反力等于该支座左右截面剪力的绝对值之和。

3. 求跨中负弯矩及反挠度时，可查用上表"活载最小"一项的系数，但也要与静载引起的弯矩（或挠度）相组合。

4. 求某跨的跨中最大正弯矩及最大挠度时，该跨应满布活荷载，其余每隔一跨满布活荷载；求某支座的最大负弯矩及最大剪力时，该支座相邻两跨应满布活荷载，其余每隔一跨满布活荷载，即查用上表中"活载最大"一项的系数，并与静载引起的弯矩（剪力或挠度）相组合。

5. 对拉螺栓计算。

对拉螺栓应确保内、外侧模能满足设计要求的强度、刚度和整体性。

对拉螺栓强度应按下列公式计算

$$N=abF_s \tag{4-18}$$

$$N_t^b=A_n f_t^b \tag{4-19}$$

$$N_t^b>N \tag{4-20}$$

式中：N 为对拉螺栓最大轴力设计值；N_t^b 为对拉螺栓轴向拉力设计值，按表 4-25 采用；a 为对拉螺栓横向间距；b 为对拉螺栓竖向间距；F_s 为新浇混凝土作用于模板上的侧压力、振捣混凝土对垂直模板产生的水平荷载或倾倒混凝土时作用于模板上的侧压力设计值

$$F_s=0.95(r_G F+r_Q Q_{3k})=0.95(r_G G_{4k}+r_Q Q_{3k}) \tag{4-21}$$

式中：0.95 为荷载值折减系数。

A_n 为对拉螺栓净截面面积，按表 4-22 采用。f_t^b 为螺栓的抗拉强度设计值，按模板安全技术规范附录 A 的规定采用。

表 4-22　　　　　　　　　　　对拉螺栓轴向拉力设计值 （N_t^b）

螺栓直径（mm）	螺栓内径（mm）	净截面面积（mm²）	重量（N/m）	C级普通螺栓的抗拉强度设计值（N/mm²）	轴向力设计值 N_t^b（kN）
M12	9.85	76	8.9	170	12.9
M14	11.55	105	12.1	170	17.8
M16	13.55	144	15.8	170	24.5

螺栓直径（mm）	螺栓内径（mm）	净截面面积（mm²）	重量（N/m）	C级普通螺栓的抗拉强度设计值（N/mm²）	轴向力设计值 N_t^b（kN）
M18	14.93	174	20.0	170	29.6
M20	16.93	225	24.6	170	38.2
M22	18.93	282	29.6	170	47.9

【例4-3】 接【例4-1】模板面板采用18mm厚木胶合板，抗弯强度设计值15N/mm²，弹性模量6500N/mm²；内竖棱采用50mm×80mm方木两根竖棱，试确定竖棱间距；如设计对拉螺栓间的纵向间距0.7m、横向每隔三跨竖棱设置一个，选用M20穿墙螺栓，外棱采用φ48.3×3.6钢管两根。试验算穿墙螺栓强度是否满足要求并验算内外竖棱的强度和刚度。已知内竖棱至少两跨，材质南方松，抗弯强度设计值17N/mm²，弹性模量10 000N/mm²，顺纹抗剪强度 $f_v=1.6$N/mm²；外棱双钢管至少三跨，钢材的强度设计值 $f=205$N/mm²，弹性模量 $E=2.06×10^5$N/mm²。

【解】 计算线荷载 q，计算宽度取1000mm：$q=0.9×F×1=0.9×46.53×1=41.88$（kN/m）

$$q_k=G_{4k}×1=31.56×1=31.56（kN/m）$$

（1）按面板抗弯承载力要求：

$$M_{max}=M_{抗}\frac{1}{8}ql^2=f_1×W_{抗}=f_1×\frac{bh^2}{6}$$

$$l=\sqrt{\frac{f_1bh^2×8}{6q}}=\sqrt{\frac{15×1000×18^2×8}{6×41.88}}=393（mm）$$

（2）按面板刚度要求：

$$v=[v]\frac{5q_kl^4}{384EI}=\frac{l}{250}$$

$$l=\sqrt[3]{\frac{384×EI}{5×q_k×250}}=\sqrt[3]{\frac{384×6500×1000×18^3}{5×31.56×250×12}}=313（mm）$$

取小值 $l_{实}=\min$（393，313），竖棱间距取300mm，竖棱三跨即900mm。

（3）验算穿墙螺栓强度：

根据式（4-21），$F_s=0.95×(r_GF+r_QQ_{3k})=0.95(r_GG_{4k}+r_QQ_{3k})$

$$=0.95×(1.35×31.56+1.4×4)=45.80（kN/m^2）$$

根据式（4-18），$N=abF_s=0.70×0.9×45.80=28.86$（kN）

根据式（4-19），$N_t^b=A_nf_t^b=225×170=38\ 250$N＞28 860（N）

满足要求。

（4）验算内竖棱的抗弯强度（内竖棱计算简图见图4-61）：

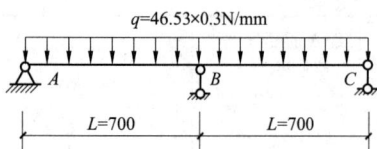

$q=46.53×0.3$N/mm

L=700   L=700

图4-61 内竖棱计算简图

$$F_2=31.56×1.35+4×0.7×1.4=42.61+3.92$$
$$=46.53（kN/m^2）$$

内竖棱受到的均布线荷载：$q=46.53×0.3$（kN/m）

查表4-20，得二等跨梁最大弯矩系数-0.125。

$$M_{max}=0.9×0.125×46.53×0.3×0.7^2=0.77（kN·m）$$

根据式（4-14）

$$\sigma=\frac{M_{max}}{W}=\frac{0.77×1000×1000}{2×50×80^2/6}=7.22（N/mm^2）≤f_m=17（N/mm^2）$$

（5）验算内竖棱的抗剪强度：

查表 4 - 20，得二等跨梁最大剪力系数 0.625。

$$V_{max} = 0.9 \times 0.625 \times 46.53 \times 0.3 \times 0.7 = 5.50 \text{kN}$$

根据式（4 - 16）：$\tau = \dfrac{VS_o}{Ib} = \dfrac{5.50 \times 1000 \times 50 \times 40 \times 20}{2 \times 50 \times 80^3 / 12 \times 50} = 1.03 \ (\text{N/mm}^2) \leqslant f_v = 1.6 \ (\text{N/mm}^2)$

（6）验算内竖棱的刚度：

$$G_{4k} = 31.56 \text{kN}, \quad q_k = 31.56 \times 0.3 \text{N/mm}$$

查表 4 - 20，静载跨中挠度系数 $K_w = 0.521$

$\upsilon = 0.521 \times \dfrac{q_k l^4}{100EI} = 0.521 \times \dfrac{31.56 \times 0.3 \times 700^4}{100 \times 10\,000 \times 2 \times 50 \times 80^3 / 12} = 0.28 \ (\text{mm}) < \dfrac{700}{250} = 2.8 \ (\text{mm})$

故均满足要求。

（7）验算外钢棱的抗弯强度（外钢棱计算简图见图 4 - 62）：

$P_{静} = 31.56 \times 1.35 \times 0.30 \times 0.7 = 8.95 \ (\text{kN})$

$P_{活} = 4 \times 0.7 \times 1.4 \times 0.30 \times 0.7 = 0.823 \ (\text{kN})$

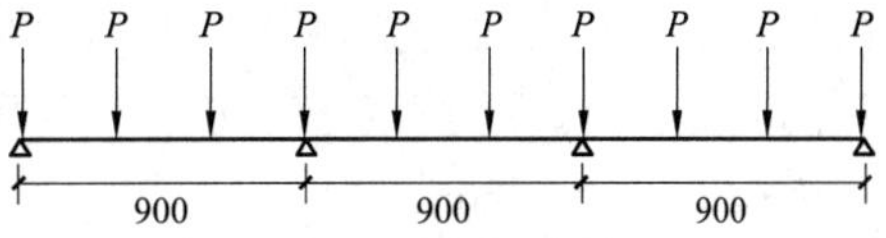

查表 4 - 21，活载最大弯矩系数 0.311，静载最大弯矩系数 0.267。

图 4 - 62　外钢棱计算简图

$M_{max} = 0.311 \times P_{活} \times 0.9 + 0.267 \times P_{静} \times 0.9$

$= 0.311 \times 0.823 \times 0.9 + 0.267 \times 8.95 \times 0.9 = 2.38 \ (\text{kN·m})$

$\sigma = \dfrac{M_{max}}{W} = 0.9 \times \dfrac{2.38 \times 1000 \times 1000}{2 \times 5.26 \times 1000} = 204 \ (\text{N/mm}^2) < f = 205 \ (\text{N/mm}^2)$

满足要求。

（8）验算外钢棱的刚度：

由于挠度计算不考虑活荷载且静载按标准载考虑，即 $P_k = 31.56 \times 0.30 \times 0.7 = 6.63 \ (\text{kN})$

查表 4 - 21，静载最大挠度系数 1.883。

$\upsilon = 1.883 \times \dfrac{P_k l^3}{100EI} = 1.883 \times \dfrac{6.63 \times 1000 \times 900^3}{2 \times 100 \times 2.06 \times 10^5 \times 12.71 \times 10^4} = 1.74 \ (\text{mm}) < \dfrac{900}{250} = 3.6 \ (\text{mm})$

3. 木、钢立柱计算

木、钢立柱应承受模板结构的垂直荷载，其计算应符合下列规定：

（1）木立柱计算。

1）强度计算：

$$\sigma_c = \frac{N}{A_n} \leqslant f_c \tag{4 - 22}$$

2）稳定性计算：

$$\frac{N}{\varphi A_o} \leqslant f_c \tag{4 - 23}$$

式中：N 为轴心压力设计值（N）；A_n 为木立柱受压杆件的净截面面积（mm^2）；f_c 为木材顺纹抗压强度设计值（N/mm^2），按模板安全技术规范附录 A 的规定采用；A_o 为木立柱跨中毛截面面积（mm^2），当无缺口时，$A_o = A$；φ 为轴心受压杆件稳定系数，按下列各式计算：

当树种强度等级为 TC17、TC15 及 TB20 时

$$\lambda \leqslant 75, \quad \varphi = \frac{1}{1 + \left(\dfrac{\lambda}{80}\right)^2} \tag{4 - 24}$$

$$\lambda > 75, \quad \varphi = \frac{3000}{\lambda^2}$$

当树种强度等级为 TC13、TC11、TB17 及 TB15 时

$$\lambda \leqslant 91, \quad \varphi = \frac{1}{1 + \left(\frac{\lambda}{65}\right)^2} \tag{4-25}$$

$$\lambda > 91, \quad \varphi = \frac{2800}{\lambda^2} \tag{4-26}$$

$$\lambda = \frac{L_o}{i} \tag{4-27}$$

$$i = \sqrt{\frac{I}{A}} \tag{4-28}$$

式中：λ 为长细比；L_o 为木立杆受压杆件的计算长度，按两端铰接计算 $L_o = L$（mm），L 为单根木立柱的实际长度；i 为木立杆受压杆件的回转半径，mm；I 为受压杆件毛截面惯性矩，mm^4；A 为杆件毛截面面积，mm^2。

（2）扣件式钢管立柱计算。

1）用对接扣件连接的钢管立柱应根据单杆轴心受压构件按下式计算，公式中计算长度采用纵横向水平拉杆的最大步距，最大步距不得大于 1.8m，步距相同时应采用底层步距

$$\frac{N}{\varphi A} \leqslant f \tag{4-29}$$

式中：N 为轴心压力设计值；φ 为轴心受压稳定系数（取截面两主轴稳定系数中的较小值），并根据构件长细比和钢材屈服强度（f_y）按《建筑施工模板安全技术规范》中附录 D 采用；A 为轴心受压杆件毛截面面积；f 为钢材抗压强度设计值，按《建筑施工模板安全技术规范》中附录 A 的规定采用。

2）室外露天支模组合风荷载时，立柱计算公式具体见模板安全技术规范。

【例 4-4】 楼板模板与支架综合计算题

现有钢筋混凝土框架结构标准层，楼板板厚 120mm，层高 $H = 3.0$m。模板及支架搭设设计尺寸选择为：板的面板采用七层木胶合板厚 18mm，面板下次棱采用 50mm × 80mm 木方，间距 400mm；次棱后面的主棱采用脚手架 $\phi 48.3 × 3.6$mm 钢管，间距 1200mm（见图 4-63），立杆的纵距 $b = 0.4 × 3 = 1.20$m，立杆的横距 $l = 1.20$m，立杆的步距 $h = 1.50$m。经试验，覆面木胶合板抗弯强度设计值 $f_{jm} = 15$kN/m^2，弹性模量 $E = 6500$kN/m^2；次棱木方为东北红松，木方抗弯强度设计值 $f_m = 17$kN/m^2，弹性模量 $E = 10\,000$kN/m^2。试进行荷载计算、面板计算、次棱计算、主棱计算和主棱下支架立柱的计算。

【解】 （1）荷载计算：

面板及其支架自重　　　　　　0.3kN/m^2（查表 4-12）

平板混凝土自重　　　　　　　0.12 × 24 = 2.88kN/m^2

钢筋自重　　　　　　　　　　0.12 × 1.1 = 0.132kN/m^2

共计　　　　　　　　　　　　3.31kN/m^2

用布料机或混凝土泵浇筑的可变荷载　　4kN/m^2

荷载设计值最不利组合

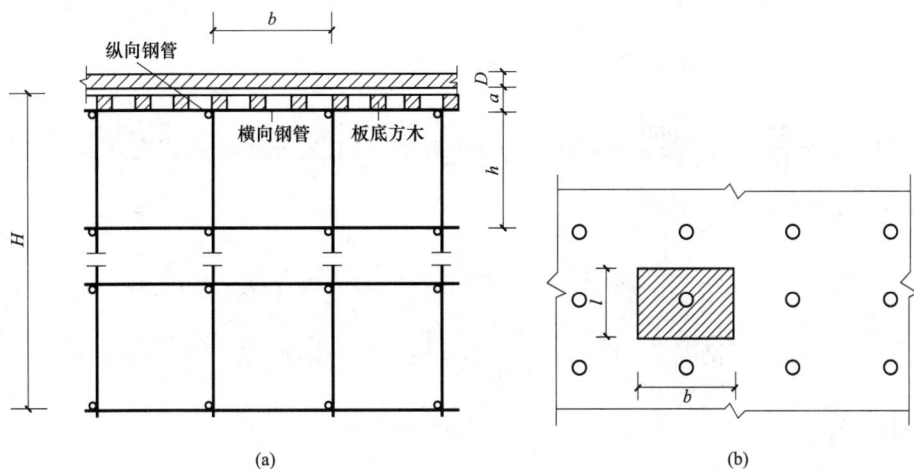

图 4 - 63　楼板模板搭设方案计算简图

(a) 楼板支撑架立面简图；(b) 楼板支撑架荷载计算单元

$$S_1 = 0.9 \times (1.2 \times 3.31 + 1.4 \times 4) = 8.62 \text{kN/m}^2$$

$$S_2 = 0.9 \times (1.35 \times 3.31 + 1.4 \times 0.7 \times 4) = 7.55 \text{kN/m}^2$$

因为 $S_1 > S_2$，故应采取 $S_1 = 8.62 \text{kN/m}^2$ 作为设计依据。

（2）面板计算：

面板采用厚 18mm 木胶合板，次棱截面 50mm×80mm，@400mm，则面板承受的线荷载为：

取面板宽 1.0m 计，则面板所承受的线荷载为

$$q = 1 \times 8.62 = 8.62 \text{kN/m}; \quad q_k = 1 \times 3.31 = 3.31 \text{kN/m}$$

面板所承受的内力弯矩为

$$M = \frac{1}{8} q l^2 = \frac{1}{8} \times 8.62 \times 0.4^2 = 0.172 \text{kN} \cdot \text{m}$$

$$W = \frac{b h^2}{6} = \frac{1}{6} \times 1000 \times 18^2 = 54000 \text{mm}^3$$

强度核算：

$$\sigma = \frac{M}{W} = \frac{172\,000}{54\,000} = 3.19 \text{N/mm}^2 < f_{jm} = 15 \text{N/mm}^2$$

所以安全。

挠度验算（注意不考虑活荷载）：

$$\upsilon = \frac{5 q_k l^4}{384 E I_x} = \frac{5 \times 3.31 \times 400^4}{384 \times 6500 \times 1/12 \times 1000 \times 18^3} = 0.35 \text{mm} < [v] = \frac{400}{400} = 1.0 \text{mm}$$

符合要求。

（3）次棱计算：

作用于次棱的线荷载为：

$$q = 0.40 \times 8.62 = 3.45 \text{kN/m}; \quad q_k = 0.40 \times 3.31 = 1.33 \text{kN/m}$$

按《建筑施工模板安全技术规范》5.2.2 条，次棱一般为 2 跨以上连续棱梁按实际计算，因此按最不利的 2 跨计算，可查表 4-23 二跨梁内力系数和挠度系数进行计算。

$$M = 0.125ql^2 = 0.125 \times 3.45 \times 1.2^2 = 0.621 \text{kN} \cdot \text{m}$$

$$W = \frac{bh^2}{6} = \frac{1}{6} \times 50 \times 80^2 = 53\,333 \text{mm}^3$$

强度核算：$\sigma = \dfrac{M}{W} = \dfrac{621\,000}{53\,333} = 11.64 \text{N/mm}^2 < f_m = 17 \text{N/mm}^2$，所以安全。

挠度验算（注意不考虑活荷载）：

$$\upsilon = 0.521 \frac{q_k l^4}{100 E I_x} = 0.521 \frac{1.33 \times 1200^4}{100 \times 10\,000 \times 1/12 \times 50 \times 80^3}$$

$$= 0.67 \text{mm} < [\upsilon] = \frac{1200}{400} = 3 \text{mm}，符合要求。$$

（4）主棱计算：

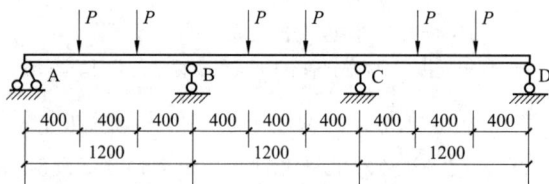

图 4-64　主棱计算简图

应先调整荷载：

永久荷载标准值：　　　　　　　　　　3.31kN/m^2

可变荷载标准值调整为　　　　　　　$4 \times 0.6 = 2.4 \text{kN/m}^2$

荷载设计值最不利组合：

$$S_1 = 0.9 \times (1.2 \times 3.31 + 1.4 \times 2.4) = 6.60 \text{kN/m}^2$$

$$S_2 = 0.9 \times (1.35 \times 3.31 + 1.4 \times 0.7 \times 2.4) = 6.14 \text{kN/m}^2$$

因为 $S_1 > S_2$，故应采取 $S_1 = 6.60 \text{kN/m}^2$ 作为设计依据。

主棱计算简图见图 4-64，可查表 4-21 三跨梁内力系数和挠度系数进行计算。

$$P = 0.4 \times 6.60 \times 1.2 = 3.17 \text{kN}$$

$$P_k = 0.4 \times 3.31 \times 1.2 = 1.59 \text{kN}$$

弯矩内力值为：

$$M = 0.267 PL = 0.267 \times 3.17 \times 1.2 = 1.016 \text{kN} \cdot \text{m}$$

主棱采用脚手架钢管 $\phi 48.3 \times 3.6 \text{mm}$ 一根，钢管截面几何特性见表 4-23。

表 4-23　　　　　　　　　　　　　　　钢管截面几何特性

外径 Φ, d	壁厚 t	截面积 A（cm²）	惯性矩 I（cm⁴）	截面模量 w（cm³）	回转半径 i（cm）	每米长质量（kg/m）
(mm)						
48.3	3.6	5.06	12.71	5.26	1.59	3.97

强度核算：$\sigma = \dfrac{M}{W} = \dfrac{1\,016\,000}{5260} = 193 \text{N/mm}^2 < f = 205 \text{N/mm}^2$

所以安全。如果强度核算不够，可缩短主棱间距即立杆间距或者采用双根钢管。

挠度验算（注意不考虑活荷载）：

$$v = 1.883\frac{P_k l^3}{100EI_x} = 1.883\frac{1590 \times 1200^3}{100 \times 2.06 \times 10^5 \times 127\,100} = 1.98mm < [v] = \frac{1200}{400} = 3mm$$

符合要求。

（5）主棱下支架立柱的计算：

立杆采用脚手架钢管 $\phi 48.3 \times 3.6mm$，纵横@1.2m，水平拉杆纵横向步距 $h = 1.5m$。

首先调整荷载如下：

楼板模板及支架立柱自重	0.75kN/m² （查表 4 - 12）
混凝土和钢筋自重	$0.12 \times (24 + 1.1) = 3.01kN/m^2$
以上共计	3.76kN/m²
用布料机或混凝土泵浇筑的可变荷载	$4 \times 0.4 = 1.6kN/m^2$

荷载设计值最不利组合：

$$S_1 = 0.9 \times (1.2 \times 3.76 + 1.4 \times 1.6) = 6.08kN/m^2$$

$$S_2 = 0.9 \times (1.35 \times 3.76 + 1.4 \times 0.7 \times 1.6) = 5.98kN/m^2$$

因为 $S_1 > S_2$，故应采取 $S_1 = 6.08kN/m^2$ 作为设计依据，故支架立柱轴力 N 为

$$N = 1.2 \times 1.2 \times 6.08 = 8.76kN$$

长细比：
$$\lambda = \frac{l_o}{i} = \frac{1500}{15.9} = 94$$

根据 $\lambda = 94$ 查《建筑施工模板安全技术规范》（JGJ 162—2008）附录 D，查得稳定系数 $\varphi = 0.594$，则

稳定核算：$\sigma = \dfrac{N}{\varphi A} = \dfrac{8760}{0.594 \times 506} = 29.15N/mm^2 < f = 205N/mm^2$

安全足够。

第四节 钢 筋 工 程

目前，普通混凝土结构用的钢筋可分为热轧钢筋（热轧光圆钢筋和热轧带肋钢筋）和冷轧带肋钢筋两种。其中，热轧带肋钢筋（英文名 Hot‐rolled Ribbed steel Bar）和热轧光圆钢筋（Hot‐rolled Plain steel Bar），凭借塑形变形能力好、强屈比（极限强度与屈服强度之比）1.4 左右有较大储备，应用最普遍。《混凝土结构设计标准》（GB/T 50010）（2024 年版）推荐的普通钢筋和屈服强度标准值、极限强度标准值见表 4 - 24。钢筋的强度标准值应具有不小于 95% 的保证率。

表 4 - 24　　　　　　　　　　　普通钢筋强度标准值和设计值　　　　　　　　　　　N/mm²

牌号	符号	公称直径 d （mm）	屈服强度标准值 f_{yk}	极限强度标准值 f_{stk}	抗拉强度设计值 f_y	抗压强度设计值 f'_y
HPB300	ϕ	6~22	300	420	270	270
HRB335 HRBF335	Φ ΦF	6~50	335	455	300	300

续表

牌号	符号	公称直径 d（mm）	屈服强度标准值 f_{yk}	极限强度标准值 f_{stk}	抗拉强度设计值 f_y	抗压强度设计值 f'_y
HRB400 HRBF400 RRB400	Φ Φ^F Φ^R	6～50	400	540	360	360
HRB500 HRBF500	Φ Φ^F	6～50	500	630	435	410

HRBF335 级钢筋中 F 是热轧带肋钢筋的缩写后面加"细"的英文（fine）首位字母，钢筋类别为"细晶粒热轧钢筋"。RRB 是余热处理带肋钢筋（Remained heat treatment Ribbed steel Bars）的缩写，其主要技术指标力学与热轧带肋钢筋基本相同，但焊接性能较差不宜焊接，延性和强屈比稍低，一般可用于对变形性能及加工性能要求不高的构件，如基础、大体积混凝土、墙体以及次要的中小构件。

《混凝土结构设计标准》（GB/T 50010）（2024 年版）还明确规定，混凝土结构的钢筋应按下列规定选用：纵向受力普通钢筋宜采用 HRB400、HRB500、HBRF400、HBRF500 钢筋，也可采用 HPB300、HRB335、HRBF335、RRB400 钢筋；梁、柱纵向受力普通钢筋应采用 HRB400、HRB500、HRBF400、HRBF500 钢筋；箍筋宜采用 HRB400、HRBF400、HPB300、HRB500、HRBF500 钢筋，也可采用 HRB335、HRBF335 钢筋。

冷轧带肋钢筋（Cold rolled ribbed steel wire and bars，CRB）是热轧圆盘条经冷轧后，在其表面带有沿长度方向均匀分布的三面横肋或两面横肋的钢筋。冷轧带肋钢筋中的 CRB550 级钢筋，其公称直径范围为 4～12mm，设计强度 360MPa，主要以钢筋焊接网的形式用于普通钢筋混凝土楼板、地面、墙面和市政桥面。其他冷轧带肋钢筋均用作预应力钢筋，详见第五章，共有 4 个牌号：CRB650、CRB800、CRB970 和 CRB1170，其公称直径为 4mm、5mm、6mm。

钢筋工程施工过程中必须满足以下一般规定。

（1）当钢筋的品种、级别或规格需作变更时，应办理设计变更文件。

（2）在浇筑混凝土之前，应进行钢筋隐蔽工程验收，其内容包括以下几个方面：

1）纵向受力钢筋的品种、规格、数量、位置等。

2）钢筋的连接方式、接头位置、接头数量、接头面积百分率等。

3）箍筋、横向钢筋的品种、规格、数量、间距等。

4）预埋件的规格、数量、位置等。

一、钢筋进场验收与存放

（一）检验项目、检验方法和检验过程

检验项目分为主控项目检验和一般项目检验。

1. 主控项目

（1）钢筋进场时，应按国家现行相关标准的规定抽取试件作力学性能和重量偏差检验，检验结果必须符合有关标准的规定。

检查数量：按进场的批次和产品的抽样检验方案确定。

检验方法：检查产品合格证、出厂检验报告和进场复验报告。

（2）对有抗震设防要求的结构，其纵向受力钢筋的性能应满足设计要求；当设计无具体要求时，对按一、二、三级抗震等级设计的框架和斜撑构件（含梯段）中的纵向受力钢筋应采用

HRB335E、HRB400E、HRB500E、HRBF335E、HRBF400E 或 HRBF500E 钢筋，其强度和最大力下总伸长率的实测值应符合下列规定。

1）钢筋的抗拉强度实测值与屈服强度实测值的比值不应小于 1.25。

2）钢筋的屈服强度实测值与屈服强度标准值的比值不应大于 1.30。

3）钢筋的最大力下总伸长率不应小于 9%。

检查数量：按进场的批次和产品的抽样检验方案确定。

检验方法：检查进场复验报告。

说明：规定习惯称为强屈比、超屈比和均匀伸长率的限值是为了保证重要结构构件的抗震性能，牌号带"E"的钢筋是专门为满足本条性能要求生产的钢筋，其表面轧有专用标志。注意对于常见的四级抗震等级没有此项要求。

（3）当发现钢筋脆断、焊接性能不良或力学性能显著不正常等现象时，应对该批钢筋进行化学成分检验或其他专项检验。

检验方法：检查化学成分等专项检验报告。

2. 一般项目

钢筋应平直、无损伤，表面不得有裂纹、油污、颗粒状或片状老锈。

检查数量：进场时和使用前全数检查。

检验方法：观察。

3. 检验过程

（1）钢筋进场验收。混凝土结构工程中所用的钢筋，都应有出厂质量证明书或试验报告单，每捆（盘）钢筋均应有标牌。钢筋进场时应按批号及直径分批验收，验收的内容包括查对标牌和外观检查，并按有关标准的规定抽取试样做力学性能试验，检查合格后方可使用。

（2）热轧钢筋的外观检查。从每批中抽取 5% 进行外观检查。钢筋表面不得有裂缝、结疤和折叠，钢筋表面允许有凸块，但不得超过横肋的高度，钢筋表面上其他缺陷的深度和高度不得大于所在部位的允许偏差。钢筋每 1m 弯曲度不应大于 4mm。

钢筋可按实际重量或公称重量交货。当钢筋按实际重量交货时，应随机抽取 5 根（6m 长一根）钢筋称重，先进行重量偏差检验，再取其中 2 个试件进行力学性能检验，如重量偏差大于允许偏差，则应与生产厂家交涉，避免损害用户利益。

（3）热轧钢筋的力学性能检验。同规格、同炉罐（批）号的不超过 60t 钢筋为一批，每批钢筋中任选两根，每根取两个试样分别进行拉伸试验（测定屈服点、抗拉强度和伸长率三项指标）和冷弯试验（以规定弯心直径和弯曲角度检查冷弯性能）。如有一项试验结果不符合规定，则从同一批中另取双倍数量的试样重做各项试验。如仍有一个试样不合格，则该批钢筋为不合格品，应降级使用。

热轧钢筋在加工过程中如发现脆断、焊接性能不良或力学性能显著不正常等现象时，应进行化学成分分析或其他专项检验。

（二）钢筋存放

钢筋运进施工现场后，必须严格按批分等级、牌号、直径、长度挂牌存放，并注明数量，不得混淆。钢筋应尽量堆入仓库或料棚内，并在仓库或场地周围挖排水沟，以利于泄水。条件不具备时，应选择地势较高、土质坚实和较为平坦的露天场地存放。堆放时钢筋下面要加垫木，垫木离地不宜少于 200mm，以防钢筋锈蚀和污染。钢筋成品要按工程名称、构件名称、部位、钢筋类型、尺寸、钢号、直径和根数分别堆放，不能将几项工程的钢筋成品混放在一起，同时注意避开造成钢筋污染和腐蚀的环境。

二、钢筋配料与加工

（一）钢筋配料

钢筋配料是根据构件配筋图，先绘出各种形状和规格的单根钢筋简图并加以编号，然后分别计算钢筋下料长度和根数，填写配料单，申请加工。

1. 钢筋下料长度计算

（1）弯曲调整值的意义。图纸上的钢筋简图标示尺寸［见图 4-65（a）］表达的都是钢筋加工成型后的外包尺寸，能否直接以外包尺寸 1000＋300＝1300（mm）来直线下料呢？从双线表示的最终加工成型 90°弯折钢筋来观察，见图 4-65（c）［注意：钢筋简图画的是直角，但实际操作是有弯弧的，见图 4-65（b）］：钢筋受弯曲后，在弯曲处的内皮缩短而外皮伸长，只在中心线处才保持不变的尺寸。也就是说，如按 1300mm 下料，中心线仍保持 1300mm，那么由于外皮伸长，钢筋加工成型的外包尺寸即量度尺寸必定大于 1300mm，显然，图 4-65（a）钢筋简图的直线下料尺寸应该小于 1300mm。

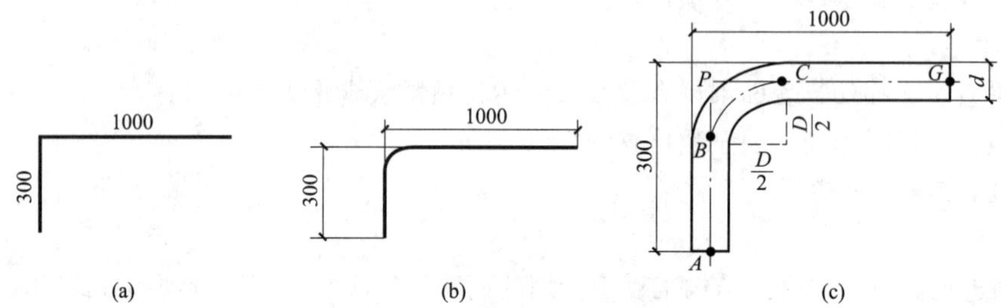

图 4-65　钢筋简图与对应详图

（a）钢筋简图；（b）实际操作弯弧图；（c）双线表示的弯折钢筋图

现在就以图 4-65 的钢筋为例，以加工成型后钢筋的中心线长度推导出直线下料长度如下：设圆形弯弧的直径即弯曲直径为 D，钢筋的直径为 d，故有

$$\widehat{BC}=\frac{1}{4}\times\pi\times(D+d)=\frac{\pi(D+d)}{4}$$

又

$$AB=300-d-\frac{D}{2};\quad CG=1000-d-\frac{D}{2}$$

用 l 表示下料长度即三段中心线长度之和

$$l=AB+\widehat{BC}+CG=\left(300-d-\frac{D}{2}\right)+\frac{\pi}{4}(D+d)+\left(1000-d-\frac{D}{2}\right)$$

$$=(300+1000)-(1.215d+0.215D)$$

式中等号右边第二项括号内的值就是弯曲调整值，因此得出弯曲一个直角的弯曲调整值为

$$\Delta_{90°}=1.215d+0.215D \tag{4-30}$$

式中：$\Delta_{90°}$ 为弯曲调整值（量度差值）；d 为钢筋直径；D 为弯弧直径（即钢筋加工弯曲时所用弯曲机芯轴的直径）。

根据《混凝土结构工程施工规范》（GB 50666—2011）第 5.3.4 条的规定，光圆钢筋，其弯弧内直径不应小于钢筋直径的 2.5 倍，335MPa 级、400MPa 级带肋钢筋的弯弧内直径不应小于钢筋直径的 4 倍；500MPa 级带肋钢筋，当直径为 28mm 以下时不应小于钢筋直径的 6 倍，当直径为 28mm 及以上时不应小于钢筋直径的 7 倍。

$$\Delta_{90°}=1.215d+0.215D \quad \begin{array}{|l|}\hline 1.75d\ (D=2.5d,\ \text{HPB300 级})\\\hline 2.075d\ (D=4d,\ \text{HRB335 级或 HRB400 级})\\\hline 2.505d\ (D=6d,\ \text{HRB500 级且 }d<28\text{mm})\\\hline\end{array} \quad \boxed{\text{统一为 }2d}$$

根据上述的理论推算并结合工程实践经验，其他常用钢筋弯折的钢筋弯曲调整值，列于表 4-25。

表 4-25　　　　　　　　　　　　　　钢筋弯曲调整值

钢筋弯曲角度	30°	45°	60°	90°	135°
钢筋弯曲调整值	0.35d	0.5d	0.85d	2d	2.5d

注　d 为钢筋直径。

（2）弯钩增加长度. 钢筋的弯钩形式有三种：半圆弯钩、直弯钩及斜弯钩。半圆弯钩是最常用的一种弯钩。直弯钩只用在柱钢筋的下部、箍筋和附加钢筋中，斜弯钩只用在直径较小的钢筋中。

1）光圆钢筋的弯钩增加长度，按图 4-66 所示的简图（弯心直径为 2.5d、平直部分为 3d）计算结果：对半圆弯钩为 6.25d。

半圆弯钩增加的下料长度证明如下：因为成型好的钢筋下料长度符合钢筋中心线的尺寸，所以算出沿钢筋中心线的长度就可以了，光圆钢筋的弯曲直径 D=2.5d。

$$L_{中心线}=(a-d-1.25d)+\frac{\pi}{2}\times(2.5d+d)+3d=a+6.25d \tag{4-31}$$

由此证明，对带一个弯钩的光圆钢筋只要在外包尺寸的基础上加 6.25d 下料则正好，当然，弯钩一般是成对的，那只要在外包尺寸的基础上加双倍 6.25d 下料就可以了。

2）斜弯钩（或称 135°弯钩，见图 4-67）。

沿钢筋中心线的长度计算如下：

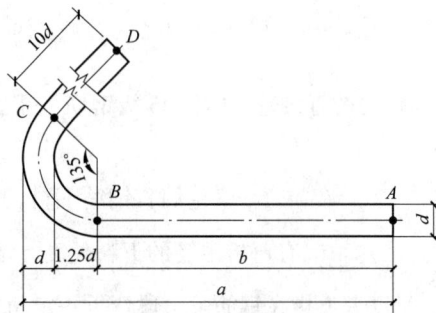

图 4-66　纵向钢筋带半圆弯钩图　　　　图 4-67　箍筋 135°弯钩图

$$135°=135\times\pi/180=2.36\text{rad};\ \overset{\frown}{BC}=1.75d\times2.36=4.13d$$

由于斜弯钩仅用于有抗震要求的构件，平直部分的长度取为 10d。故下料长度：

$$L=AB+\overset{\frown}{BC}+CD=(a-d-1.25d)+4.13d+10d=a+12d \tag{4-32}$$

（3）箍筋调整值。GB 50010—2010 明确规定，当梁中配有按计算需要的纵向受压钢筋时，箍筋应做成封闭式。两个斜弯钩的闭式箍筋（见图 4-68）是工程结构中最常用的箍筋，且抗震设防要求箍筋弯钩平直部分的长度不应小于 10d（非抗震不应小于 5d）。

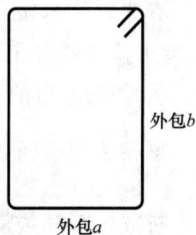

图 4-68　两个斜弯钩的闭式箍筋

因此，两个斜弯钩的闭式箍筋下料取值应为

L＝箍筋外包尺寸之和＋两个斜弯钩增加值－3 个 $\Delta_{90°}$（按常用光圆钢筋 $\Delta_{90°}$＝1.75d）

$$=2a+2b+12d×2-3×1.75d=2a+2b+19d（非抗震按 9d）\tag{4-33}$$

其中，外包 a、外包 b 只要在构件断面尺寸上直接减去混凝土保护层厚度即可。

2. 配料计算实例

【钢筋翻样技能测试题 1】

某五层三级抗震建筑，二层楼面为现浇楼盖，楼板厚度为 110mm，二层楼面有一根框架梁，混凝土为 C30，钢筋主筋为 HRB335 级，主筋锚固长度均按 31d 考虑（11G101-1P53），挑梁钢筋构造见 11G101-1 P89 说明，保护层厚度规定见 11G101-1 P54。工程施工需要计算所标各种钢筋下料长度和净用量（kg），编制框架梁的钢筋配料单并绘制钢筋详图（形状）。已知混凝土结构的环境类别为一类即室内干燥环境或无侵蚀性静水浸没环境，梁、柱混凝土保护层厚度均为 20mm。

已知两框架柱宽为 500mm，梁轴线居中，KL3（1A）的平法施工图依 11G101-1 绘制，具体如图 4-69 所示。

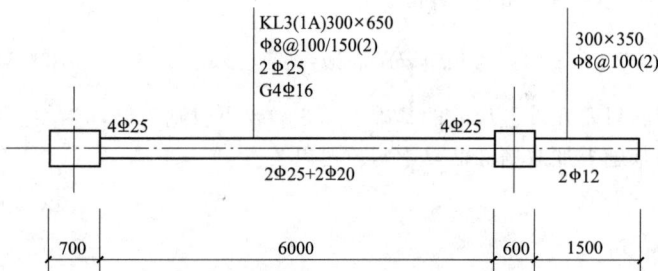

图 4-69　KL3（1A）的平法施工图

根据给定的 KL3（1A）的平法施工图，完成下列工作。

（1）梁钢筋下料计算说明。

1）梁主筋下料使用的计算公式与说明。钢筋下料长度的计算统一公式：下料长度＝钢筋外包尺寸之和＋弯钩增加值－量度差值。

受拉的 HPB235 级钢筋末端一般设 180°弯钩，180°弯钩增加值为 6.25d（d 为钢筋的直径）；HRB335 级钢筋不需要设弯钩，所以当主筋为 HRB335 时，下料长度的计算公式：

梁主筋直钢筋下料长度＝钢筋外包尺寸之和

有弯折主筋的下料长度＝钢筋外包尺寸之和－量度差值

说明：量度差值指在钢筋段中段弯折一定角度时，弯折段的外包尺寸与轴线长度之间的差值：

$$L=2a+2b+19d（非抗震按 9d）$$

其中，外包 a、外包 b 只要在构件断面尺寸上直接减去混凝土保护层厚度即可。

2）箍筋数量和下料长度的确定：

① 箍筋数量的确定：

框架梁的箍筋数量：$n_1=\left(\dfrac{l-50}{d_1}+1\right)×2+\left(\dfrac{l_n-2l}{d_2}-1\right)$

挑梁的箍筋数量：$n_2=\dfrac{l_t-h_a-50}{d_3}+1$

式中：l 为取 1.5h_b 和 500 的大者，其中 h_b 为梁的截面高度；d_1 为加密区梁箍筋的间距；l_n 为梁的净跨；d_2 为非加密区梁箍筋的间距；d_3 为挑梁箍筋间距；l_t 为挑梁的外挑长度；h_a 为挑梁的保护层厚度。

② 箍筋简易下料的长度确定：

$$抗震箍筋的简易下料长度＝箍筋外包尺寸之和＋19d \tag{4-34}$$

（2）KL3（1A）梁钢筋配料单。KL3（1A）梁钢筋配料单见表 4-26。

表 4-26   **KL3（1A）梁钢筋配料单**

钢筋编号	简图	规格直径（mm）	下料长度（mm）	总长度	每米重量（kg/m）	重量（kg）
1	① 2Φ25通长 375 / 8760 / 300	25	9335	18 670	3.85	71.88
2	② 2Φ25 375 / 2680	25	3005	6010	3.85	23.14
3	③ 3520 / 438 / 250	25	4183	8366	3.85	32.21
4	④ 2Φ25 375 / 7210 / 375	25	7860	15 720	3.85	60.53
5	⑤ 2Φ20 300 / 7210 / 300	20	7730	15 460	2.46	38.03
6	⑥ 2Φ12 1660	12	1810	3620	0.887	3.21
7	⑦ 260 / 610	8	1892	87 032	0.394	34.29
8	⑧ 260 / 310	8	1292	19 380	0.394	7.64
9	⑨ 4Φ16 6480	16	6480	25 920	1.58	40.95

（3）KL3（1A）钢筋下料计算说明。钢筋下料计算表见表 4 - 27。

表 4 - 27　　　　　　　　　　　　　　　钢 筋 下 料 计 算 表

钢筋编号	直径（mm）	计算式	下料长度（mm）	单位根数
1	25	$(12+15)\times25+(700+6000+600+1500-20-20)-2\times2\times25=9335$	9335	2
2	25	$15\times25+700-20+6000/3-2\times25=3005$	3005	2
3	25	$25\times10+310\times1.414+6000/3+600+(1500-20-250-310)-2\times0.5\times25=4183$	4183	2
4	25	$2\times15\times25+(6000+700+600-20\times2)-25-25-2\times2\times25=7860$	7860	2
5	20	$2\times15\times20+(6000+700+600-20\times2)-25-25-2\times2\times20=7730$	7730	2
6	25	$15\times12+1500-20+2\times6.25\times12=1810$	1810	2
7	8	$(610+260)\times2+19\times8=1892$	1892	46
8	8	$(310+260)\times2+19\times8=1292$	1292	15
9	16	$6000+2\times15\times16=6480$	6480	4

【钢筋翻样技能测试题 2】

已知：二级抗震顶层中柱［参考图 4 - 70（a）］，钢筋直径为 $d=20$mm，混凝土强度等级为 C30，梁高 500mm，楼板厚 110mm，柱净高 2600mm，柱宽 400mm，$i=8$，$j=8$，即柱截面双向均有 8 根钢筋，钢筋牌号 HRB400。混凝土结构的环境类别为一类即室内干燥环境或无侵蚀性静水浸没环境，梁、柱混凝土保护层厚度均为 20mm。试结合建筑结构知识，求：长、短向梁筋的下料长度。

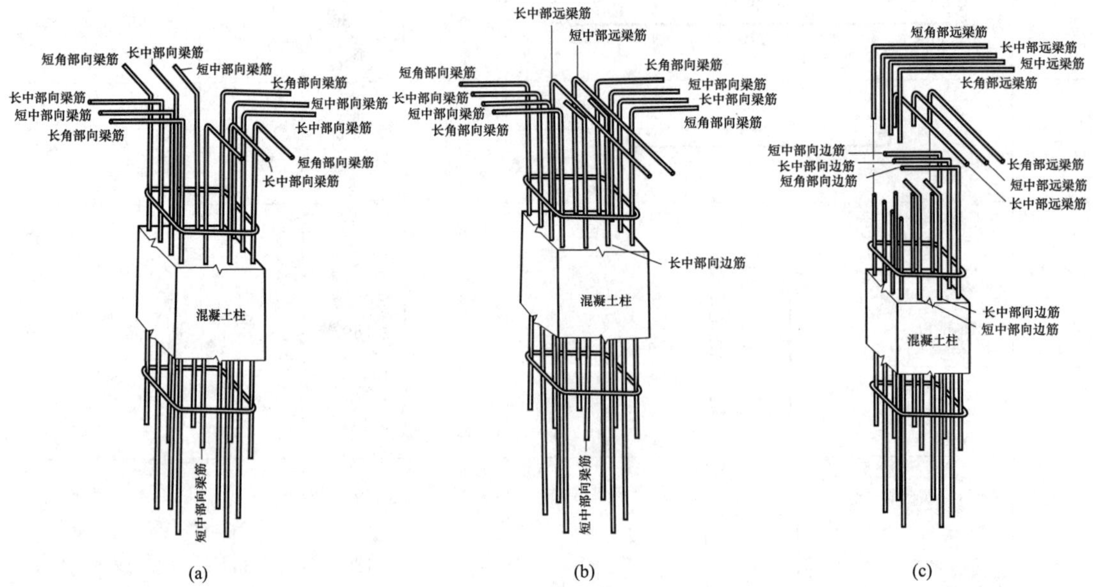

图 4 - 70　钢筋立体图

（a）顶层中柱的钢筋立体图；（b）顶层边柱的钢筋立体图；（c）顶层角柱的钢筋立体图

【解】

$$长 L_1=层高-\max\{柱净高/6，柱宽，500\}-梁保护层$$
$$=2600+500-\max\{2600/6，400，500\}-20=3100-500-20=2580（mm）$$

$$短\ L_1 = 层高 - \max\{柱净高/6，柱宽，500\} - \max\{35d，500\} - 梁保护层$$

$$= 2600 + 500 - \max\{2600/6，400，500\} - \max\{700，500\} - 20$$

$$= 3100 - 500 - 700 - 20 = 1880\ (mm)$$

$$梁高 - 梁保护层 = 500 - 20 = 480(mm)$$

二级抗震，HRB400，C30 时，$L_{aE} = 40d = 40 \times 20 = 800(mm)$（查附录 H）

$0.5L_{aE} <$（梁高 - 梁保护层）$< L_{aE}$，$0.5 \times 800 = 400 < 500 - 20 = 480 < 800$

因此排除图 4 - 71(b)直锚方式，采用图 4 - 71(a)弯锚方式，$L_2 = 12d = 240mm$

图 4 - 71　钢筋直锚方式

(a) 顶层中柱钢筋弯锚方式；(b) 顶层中柱钢筋直锚方式

长、短向梁筋的下料长度计算简图如图 4 - 72(a)、图 4 - 72(b)所示。

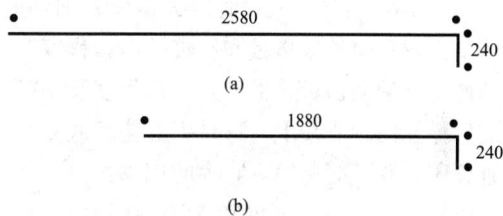

图 4 - 72　长、短向梁筋的下料长度

(a) 长向梁筋下料长度计算简图；

(b) 短向梁筋下料长度计算简图

$$长向梁筋下料长度 = 长\ L_1 + L_2 - 量度差值$$

$$= 2580 + 240 - 2d = 2580 +$$

$$240 - 40 = 2780(mm)$$

$$短向梁筋下料长度 = 短\ L_1 + L_2 - 量度差值$$

$$= 1880 + 240 - 2d$$

$$= 1880 + 240 - 40$$

$$= 2080(mm)$$

如图 4 - 70(a)所示，中柱顶筋的类别划分，是为了讲解各类钢筋的部位摆放。对于加工及其尺寸来说，只有长向梁筋和短向梁筋两种。钢筋数量 = 2 × (8 + 8) - 4 = 28（根），长、短向梁筋各半。

（二）钢筋加工

1. 钢筋除锈

钢筋的表面应洁净。油渍、漆污和用锤敲击时能剥落的浮皮、铁锈等应在使用前清除干净。在焊接前，焊点处的水锈应清除干净。

钢筋的除锈，一般可通过以下两种途径：一是在钢筋冷拉或钢丝调直过程中除锈，对大量钢筋的除锈较为经济省力；二是用机械方法除锈，如采用电动除锈机除锈，对钢筋的局部除锈较为方便。此外，还可采用手工除锈（用钢丝刷、砂盘）、喷砂和酸洗除锈等。

电动除锈机，该机的圆盘钢丝刷有成品供应，也可用废钢丝绳头拆开编成，其直径为 20～30cm、厚度为 5～15cm、转速为 1000r/min 左右，电动机功率为 1.0～1.5kW。为了减少除锈时灰尘飞扬，应装设排尘罩和排尘管道。

在除尘过程中发现钢筋表面的氧化铁皮鳞落现象严重并已损伤钢筋截面，或在除锈后钢筋表面有严重的麻坑、斑点伤蚀截面时，应降级使用或剔除不用。

2. 钢筋调直

（1）钢筋调直的机具设备。钢筋调直的机具设备有钢筋调直机（见图 4-73）、数控钢筋调直切断机和卷扬机拉直（见图 4-74）。

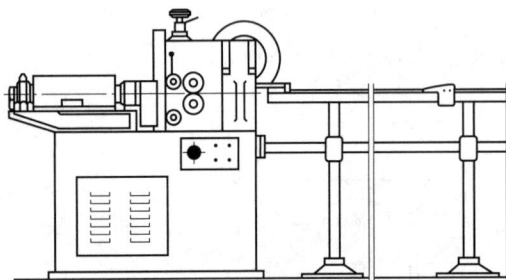

钢筋调直机主要是对直径 12mm 以内的钢筋和钢丝进行调直和断料一体化的电动机械。数控钢筋调直切断机是在原有调直机的基础上应用电子控制仪，准确控制钢丝断料长度，实现自动断料、自动计数。

图 4-73　钢筋调直机

图 4-74　卷扬机拉直设备布置
1—卷扬机；2—滑轮组；3—冷拉小车；4—钢筋夹具；5—钢筋；
6—地锚；7—防护壁；8—标尺；9—荷重架

卷扬机拉直设备如图 4-74 所示。两端采用地锚承力。冷拉滑轮组回程采用荷重架，标尺量伸长。该法设备简单，宜用于施工现场或小型构件厂。

（2）调直工艺。

1）采用钢筋调直机调直冷拔钢丝和细钢筋时，要根据钢筋的直径选用调直模和传送压辊，并正确掌握调直模的偏移量和压辊的压紧程度。

调直模的偏移量，根据其磨耗程度及钢筋品种通过试验确定；调直筒两端的调直模一定要在调直前后导孔的轴心线上，这是钢筋能否调直的一个关键。如果发现钢筋调得不直就要从以上两方面检查原因，并及时调整调直模的偏移量。

压辊的槽宽，一般在钢筋穿入压辊之后，在上下压辊间宜有 3mm 的间隙。压辊的压紧程度要做到既保证钢筋能顺利地被牵引前进，看不出钢筋有明显的转动，而在被切断的瞬时钢筋和压辊间又不允许发生打滑。

应当注意：冷拔钢丝和冷轧带肋钢筋经调直机调直后，其抗拉强度一般要降低 10％～15％。使用前应加强检验，按调直后的抗拉强度选用。如果钢丝抗拉强度降低过大，则可适当降低调直筒的转速和调直块的压紧程度。

2）采用冷拉方法调直钢筋时，HPB300 级钢筋的冷拉率不宜大于 4％，HRB335 级、HRB400级及 RRB400 级冷拉率不宜大于 1％。

3. 钢筋切断

（1）钢筋切断的机具设备。钢筋切断机目前有 GQ40、GQ40B、GQ50 型钢筋切断机（见图 4-75、图 4-76）、轻巧的 DYQ32B 电动液压切断机、手动液压切断机和断线钳。GQ40 可以切断 6～32mm 的钢筋，GQ50 可以切断 6～32mm 的钢筋。

1）手动液压切断器，型号为 GJ5Y-16，切断力 80kN，活塞行程为 30mm，压柄作用力220N，总重量 6.5kg，可切断直径 16mm 以下的钢筋。这种机具体积小，重量轻，操作简单，便于携带。

2）断线钳有两种，大号断线钳可以切断 12mm（包含 12mm）以下的钢筋，小号断线钳可以切断 6mm（包含 6mm）以下的钢筋和钢丝。

（2）切断工艺。

1）将同规格钢筋根据不同长度长短搭配，统筹排料；一般应先断长料，后断短料，减少短头，

图 4-75 GJ5-40 型钢筋切断机

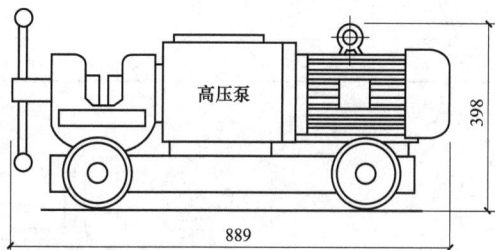

图 4-76 GJ5Y-32 电动液压切断机

减少损耗。

2）断料时应避免用短尺量长料，防止在量料中产生累计误差。为此，宜在工作台上标出尺寸刻度线并设置控制断料尺寸用的挡板。

3）钢筋切断机的刀片，应由工具钢热处理制成。安装刀片时，螺钉要紧固，刀口要密合（间隙不大于 0.5mm）；固定刀片与冲切刀片刀口的距离：对直径≤20mm 的钢筋宜重叠 1~2mm，对直径>20mm 的钢筋宜留 5mm 左右。

4）在切断过程中，如发现钢筋有劈裂、缩头或严重的弯头等必须切除；如发现钢筋的硬度与该钢种有较大的出入，应及时向有关人员反映，查明情况。

5）钢筋的断口，不得有马蹄形或起弯等现象。

4. 钢筋弯曲成型

（1）钢筋弯钩和弯折的有关规定。

1）受力钢筋。

① HPB300 级钢筋末端应作 180°弯钩，其弯弧内直径不应小于钢筋直径的 2.5 倍。弯钩的弯后平直部分长度不应小于钢筋直径的 3 倍。

② 当设计要求钢筋末端应作 135°时，HRB335 级、HRB400 级钢筋的弯弧内直径 D 不应小于钢筋直径的 4 倍，弯钩的弯后平直部分应符合设计要求。

③ 钢筋作不大于 90°的弯折时，弯折处的弯弧内直径不应小于钢筋直径的 5 倍。

2）箍筋。除焊接封闭式箍筋外，箍筋的末端应作弯钩。弯钩形式应符合设计要求；当设计无具体要求时，应符合下列规定。

① 箍筋弯钩的弯弧内直径除不应小于钢筋直径的 2.5 倍外，还应不小于受力钢筋的直径。

② 箍筋弯钩的弯折角度：对一般结构，不应小于 90°；对有抗震等级要求的结构应为 135°。

③ 箍筋弯后的平直部分长度：对一般结构，不宜小于箍筋直径的 5 倍；对有抗震等级要求的结构，不应小于箍筋直径的 10 倍。

（2）机具设备。

1）钢筋弯曲机。钢筋弯曲机的技术性能，见表 4-28。图 4-77 为 GW40 钢筋弯曲机外形。表 4-29 为 GW-40 型钢筋弯曲机每次弯曲根数。

表 4 - 28   **钢筋弯曲机技术性能**

弯曲机类型	钢筋直径（mm）	弯曲速度（r/min）	电机功率（kW）	外形尺寸（mm）长×宽×高	质量（kg）
GW32	6～32	10/20	2.2	875×615×945	340
GW40	6～40	5	3.0	1360×740×865	400
GW40A	6～40	5	3.0	1050×760×828	450
GW50	25～50	2.5	4.0	1450×760×800	580

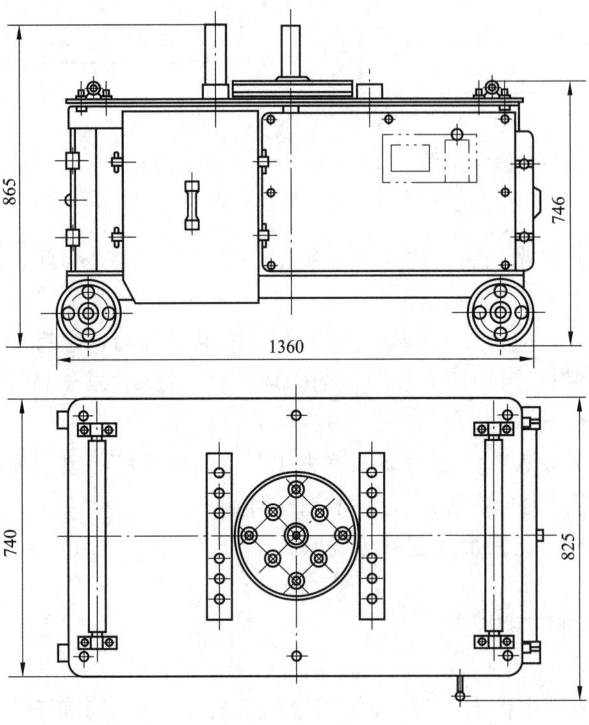

图 4 - 77   GW40 型钢筋弯曲机

表 4 - 29   **GW - 40 型钢筋弯曲机每次弯曲次数**

钢筋直径（mm）	10～12	14～16	18～20	22～40
每次弯曲根数	4～6	3～4	2～3	1

2）四头弯箍机。四头弯箍机（见图 4 - 78）是由一台电动机通过三级变速带动圆盘，再通过圆盘上的偏心铰带动连杆与齿条，使 4 个工作盘转动。每个工作盘上装有心轴与成型轴，但与钢筋弯曲机不同的是：工作盘不停地往复运动，且转动角度一定（事先可调整）。

四头弯箍机主要技术参数是：电机功率为 3kW，转速为 960r/min，工作盘反复动作次数为 31r/min。该机可弯曲 $\phi4\sim\phi12$ 钢筋，弯曲角度在 0°～180°范围内变动。

该机主要是用来弯制钢箍，其工效比手工操作提高约 7 倍，加工质量稳定，弯折角度偏差小。

3）手工弯曲工具。在缺机具设备条件下，也可采用手摇扳手弯制细钢筋，用卡盘与扳头弯制粗钢筋。手动弯曲工具的尺寸，详见表 4 - 30 与表 4 - 31。

图 4-78　四头弯箍机

1—电动机；2—偏心圆盘；3—偏心铰；4—连杆；5—齿条；6—滑道；
7—正齿轮；8—工作盘；9—成型轴；10—心轴；11—挡铁

表 4-30　　　　　　　　　手摇扳手主要尺寸　　　　　　　　　mm

项次	钢筋直径	a	b	c	d
1	φ6	500	18	16	16
2	φ8～10	600	22	18	20

表 4-31　　　　　　　卡盘与扳头（横口扳手）主要尺寸　　　　　　　mm

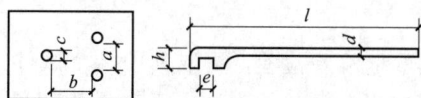

项次	钢筋直径	卡盘			扳头			
		a	b	c	d	e	h	l
1	φ12～16	50	80	20	22	18	40	1200
2	φ18～22	65	90	25	28	24	50	1350
3	φ25～32	80	100	30	38	34	76	2100

（三）钢筋加工质量检验

1. 主控项目

（1）受力钢筋的弯钩和弯折应符合下列规定。

1）受力钢筋的弯钩和弯折应作 180°弯钩，其弯弧内直径不应小于钢筋直径的 2.5 倍，弯钩的弯后平直部分长度不应小于钢筋直径的 3 倍。

2）当设计要求钢筋末端需作 135°弯钩时，HRB335 级、HRB400 级钢筋的弯弧内直径不应小于钢筋直径的 4 倍，弯钩的弯后平直部分长度应符合设计要求。

3）钢筋作不大于 90°的弯折时，弯折处的弯弧内直径不应小于钢筋直径的 5 倍。

检查数量：按每工作班同一类型钢筋、同一加工设备抽查不应少于 3 件。

检验方法：钢尺检查。

（2）除焊接封闭环式箍筋外，箍筋的末端应作弯钩，弯钩形式应符合设计要求；当设计无具体要求时，应符合下列规定。

1）箍筋弯钩的弯弧内直径除应满足第（1）条的规定外，还应不小于受力钢筋直径。

2）箍筋弯钩的弯折角度：对一般结构，不应小于 90°；对有抗震等要求的结构，应为 135°。

3）箍筋弯后平直部分长度：对一般结构，不宜小于箍筋直径的 5 倍；对有抗震等要求的结构，不应小于箍筋直径的 10 倍。

检查数量：按每工作班同一类型钢筋、同一加工设备抽查不应少于 3 件。

检验方法：钢尺检查。

（3）钢筋调直后应进行力学性能和重量偏差的检验，其强度应符合有关标准的规定。盘卷钢筋和直条钢筋调直后的断后伸长率、重量负偏差应符合表 4-32 的规定。

表 4-32　　　盘卷钢筋和直条钢筋调直后的断后伸长率、重量负偏差

钢筋牌号	断后伸长率 A（%）	重量负偏差（%）		
		直径 6～12mm	直径 14～20mm	直径 22～50mm
HPB235、HPB300	≥21	≤10	—	—
HRB335、HRBF335	≥16	≤8	≤6	≤5
HRB400、HRBF400	≥15			
RRB400	≥13			
HRB500、HRBF500	≥14			

采用无延伸功能的机械设备调直的钢筋，可不进行本条规定的检验。

检查数量：同一厂家、同一牌号、同一规格调直钢筋，重量不大于 30t 为一批；每批见证取 3 件试件。

检验方法：3 个试件先进行重量偏差检验，再取其中 2 个试件经时效处理后进行力学性能检验。检验重量偏差时，试件切口应平滑且与长度方向垂直，且长度不应小于 500mm；长度和重量的量测精度分别不应低于 1mm 和 1g。

2．一般项目

（1）钢筋宜采用无延伸功能的机械设备进行调直，也可采用冷拉方法调直。当采用冷拉方法调直时，HPB235、HPB300 光圆钢筋的冷拉率不宜大于 4%；HRB335、HRB400、HRB500、HRBF335、HRBF400、HRBF500 及 RRB400 带肋钢筋的冷拉率不宜大于 1%。

检查数量：每工作班按同一类型钢筋、同一加工设备抽查不应少于 3 件。

检验方法：观察，钢尺检查。

（2）钢筋加工的形状、尺寸应符合设计要求，其偏差应符合表 4-33 的规定。

检查数量：按每工作班同一类型钢筋、同一加工设备抽查不应少于 3 件。

检验方法：钢尺检查。

表 4-33　　　　　　　　　　　钢筋加工的允许偏差

项目	允许偏差（mm）	项目	允许偏差（mm）
受力钢筋顺长度方向全长的净尺寸	±10	箍筋内净尺寸	±5
弯起钢筋的弯折位置	±20		

三、钢筋连接

（一）钢筋连接方式与连接接头规定

钢筋连接方式，可分为绑扎连接、焊接、机械连接等，纵向受力钢筋的连接方式应符合设计要求。在施工现场，应按国家现行标准《钢筋机械连接通用技术规程》（JGJ 107）、《钢筋焊接及验收规程》（JGJ 18）的规定抽取钢筋机械连接接头、焊接接头试件做力学性能检验，其质量应符合有关规程的规定。

由于钢筋通过连接接头传力的性能总不如整根钢筋，因此设置钢筋连接原则为（混凝土设计规范 GB 50010—2010 第 8.4.1 条）：受力钢筋的连接接头宜设置在受力较小处；在同一根受力钢筋上宜少设接头；在结构的重要构件和关键传力部位，纵向受力钢筋不宜设置连接接头。同一构件中的纵向受力钢筋接头宜相互错开。

《混凝土结构工程施工质量验收规范》（GB 50204—2015）也规定：钢筋的接头宜设置在受力较小处。同一纵向受力钢筋不宜设置两个或两个接头。接头末端至钢筋弯起点的距离不应小于钢筋直径的 10 倍。在施工现场，应按国家现行标准《钢筋机械连接通用技术规程》（JGJ 107）、《钢筋焊接及验收规程》（JGJ 18）的规定对钢筋机械连接接头、焊接接头的外观进行检查，其质量应符合有关规程的规定。以上规定均要求用观察的方法全数检查。

1. 接头使用规定

（1）直径大于 12mm 以上的钢筋，应优先采用焊接接头或机械连接接头。

（2）当受拉钢筋的直径大于 28mm 及受压钢筋的直径大于 32mm 时，不宜采用绑扎接头。

（3）轴向受拉及小偏心受拉构件（如桁架和拱的拉杆）的纵向受力钢筋不得采用绑扎搭接接头。

（4）直接承受动力荷载的结构构件中，其纵向受拉钢筋不得采用绑扎搭接接头。

2. 接头面积允许百分率

同一构件中相邻纵向受力钢筋的绑扎搭接接头宜相互错开，错开的具体规定是以接头面积允许百分率来表达的。

同一连接区段内，纵向钢筋搭接接头面积百分率为该区段内有搭接接头的纵向受力钢筋截面面积与全部纵向受力钢筋截面面积的比值。

（1）钢筋绑扎搭接接头连接区段的长度为 $1.3l_l$（l_l 为搭接长度），凡搭接接头中点位于该连接区段长度内的搭接接头均属于同一连接区段。同一连接区段内，纵向受拉钢筋搭接接头面积百分率应符合设计要求；当设计无具体要求时，应符合下列规定。

1）对梁、板类及墙类构件，不宜大于 25%。

2）对柱类构件，不宜大于 50%（见图 4-79）。

3）当工程中确有必要增大接头面积百分率时，对梁类构件不应大于 50%；对其他构件，可根据实际情况放宽。

检查数量：在同一检验批内，对梁、柱和独立基础，应抽查构件数量的 10%，且不少于 3 件；对墙和板，应按有代表性的自然间抽查 10%，且不少于 3 间；对大空间结构，墙可按相邻轴线间高

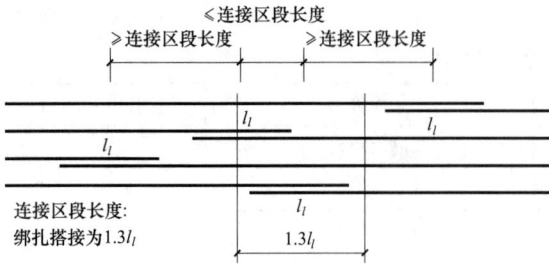

图 4-79　同一连接区段内纵向受拉钢筋的绑扎搭接接头

注：图中所示同一连接区段内的搭接接头钢筋为两根，当钢筋
直径相同时，钢筋搭接接头面积百分率为 50%。

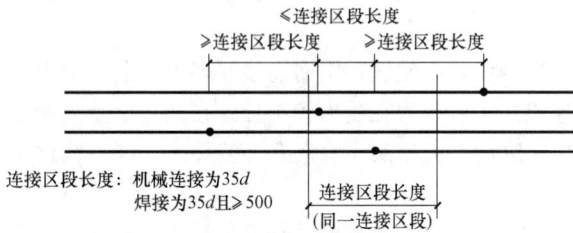

图 4-80　同一连接区段内纵向受拉钢筋机械连接、焊接接头

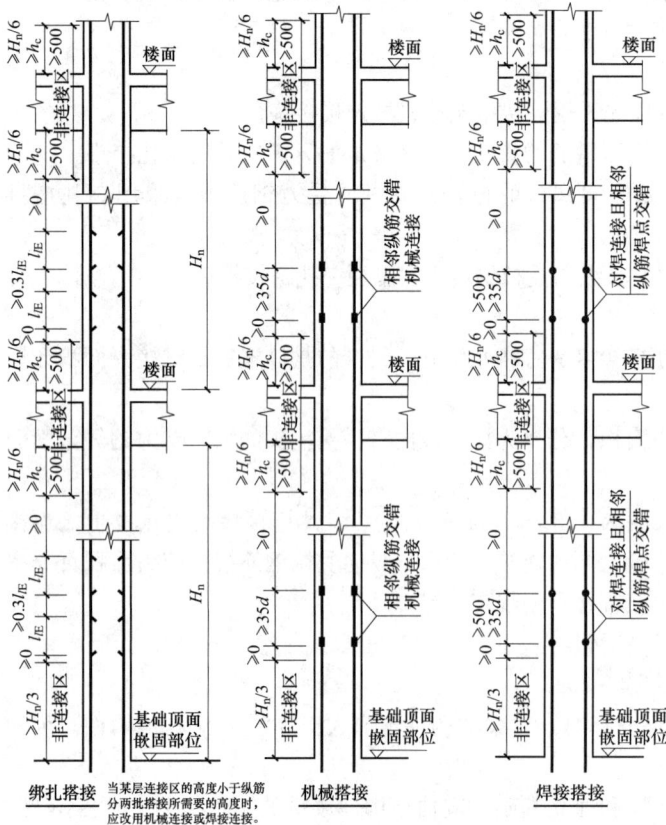

图 4-81　钢筋绑扎、焊接和机械连接的连接区段规定

度 5m 左右划分检查面，板可按纵、横轴线划分检查面，抽查 10%，且均不少于 3 面。

检验方法：观察，钢尺检查。

（2）钢筋机械连接的连接区段的长度为 $35d$；焊接接头连接区段的长度为 35 倍 d（d 为连接钢筋的较小直径），且不小于 500mm。同一连接区段内，纵向受力钢筋的接头面积百分率应符合设计要求；当设计无具体要求时，应符合下列规定。

1）受拉区不宜大于 50%（见图 4-80~图 4-82）。

注意：绑扎连接、焊接、机械连接的连接区段和接头面积百分率的规定，是为了避免钢筋连接施工质量的风险。绑扎连接的连接区段更长和接头面积百分率要求更严是因为绑扎连接的可靠性不如焊接和机械连接。

2）接头不宜设置在有抗震设防要求的框架梁端、柱端的箍筋加密区；当无法避开时，对等强度高质量机械连接接头，不应大于 50%。

3）直接承受动力荷载的结构构件中，不宜采用焊接接头；当采用机械连接接头时，不应大于 50%。

检查数量：在同一检验批内，对梁、柱和独立基础，应抽查构件数量的 10%，且不少于 3 件；对墙和板，

图 4-82　柱筋焊接连接的连接区段现场拍摄图

应按有代表性的自然间抽查10%，且不少于3间；对大空间结构，墙可按相邻轴线间高度5m左右划分检查面，板可按纵横轴线划分检查面，抽查10%，且均不少于3面。

检验方法：观察，钢尺检查。

3. 绑扎接头搭接长度

(1) 纵向受力钢筋的最小搭接长度。

1) 当纵向受拉钢筋的绑扎搭接接头面积百分率不大于25%时，其最小搭接长度应符合表4-34的规定。

表4-34　　　　　　　　　　　　纵向受拉钢筋的最小搭接长度

钢筋类型		混凝土强度等级						
		C20	C25	C30	C35	C40	C45	C50
光圆钢筋	HPB300 级	$47d$	$41d$	$36d$	$34d$	$30d$	$29d$	$28d$
带肋钢筋	HRB335 级	$46d$	$40d$	$35d$	$33d$	$30d$	$28d$	$27d$
	HRB400 级、RRB400 级	—	$48d$	$42d$	$39d$	$35d$	$34d$	$33d$

注　两根直径不同钢筋的搭接长度，以较细钢筋的直径计算。

2) 当纵向受拉钢筋搭接接头面积百分率大于25%，但不大于50%时，其最小搭接长度应按本表4-34中的数值乘以系数1.2取用；当接头面积百分率大于50%时，应按表4-34中的数值乘以系数1.35取用，也可以直接查本书附录H结构说明选用。

3) 当符合下列条件时，纵向受拉钢筋的最小搭接长度应根据第1) 条至第2) 条确定后，按下列规定进行修正。

① 当带肋钢筋的直径大于25mm时，其最小搭接长度应按相应数值乘以系数1.1取用。

② 对环氧树脂涂层的带肋钢筋，其最小搭接长度应按相应数值乘以系数1.25取用。

③ 当在混凝土凝固过程中受力钢筋易受扰动时（如滑模施工），其最小搭接长度应按相应数值乘以系数1.1取用。

④ 对末端采用机械锚固措施的带肋钢筋，其最小搭接长度可按相应数值乘以系数0.7取用。

⑤ 当带肋钢筋的混凝土保护层厚度大于搭接钢筋直径的3倍且配有箍筋时，其最小搭接长度可按相应数值乘以系数0.8取用。

⑥ 对有抗震设防要求的结构构件，其受力钢筋的最小搭接长度对一、二级抗震等级应按相应数值乘以系数1.15采用；对三级抗震等级应按相应数值乘以系数1.05采用。

在任何情况下，受拉钢筋的搭接长度不应小于300mm。

4) 纵向受压钢筋搭接时，其最小搭接长度应根据第1) 条至第3) 条的规定确定相应数值后，乘以系数0.7取用。在任何情况下，受压钢筋的搭接长度不应小于200mm。

(2) 在梁、柱类构件的纵向受力钢筋搭接长度范围内，应按设计要求配置箍筋。当设计无具体要求时，应符合下列规定。

1) 箍筋直径不应小于搭接钢筋较大直径的0.25倍。

2) 受拉搭接区段的箍筋的间距不应大于搭接钢筋较小直径的5倍，且不应大于100mm。

3) 受压搭接区段的箍筋的间距不应大于搭接钢筋较小直径的10倍，且不应大于200mm。

4) 当柱中纵向受力钢筋直径大于25mm时，应在搭接接头两个端面外100mm范围内各设置两个箍筋，其间距宜为 50mm。

检查数量：在同一检验批内，对梁、柱和独立基础，应抽查构件数量的 10%，且不少于 3 件；对墙和板，应按有代表性的自然间抽查 10%，且不少于 3 间；对大空间结构，墙可按相邻轴线间高度 5m 左右划分检查面，板可按纵横轴线划分检查面，抽查 10%，且均不少于 3 面。

检验方法：钢尺检查。

（二）钢筋焊接

1. 一般规定

钢筋焊接的一般规定如下。

（1）电渣压力焊应用于柱、墙、烟囱等现浇混凝土结构中竖向受力钢筋的连接；不得用于梁、板等构件中水平钢筋的连接。

（2）在工程开工或每批钢筋正式焊接前，应进行现场条件下的焊接性能试验，合格后方可正式生产。

（3）钢筋焊接施工之前，应清除钢筋或钢板焊接部位和与电极接触的钢筋表面上的锈斑油污、杂物等；钢筋端部若有弯折、扭曲时，应予以矫直或切除。

（4）进行电阻点焊、闪光对焊、电渣压力焊或埋弧压力焊时，应随时观察电源电压的波动情况。对于电阻点焊或闪光对焊，当电源电压下降大于 5%、小于 8% 时，应采取提高焊接变压器级数的措施；当大于或等于 8% 时，不得进行焊接。对于电渣压力焊或埋弧压力焊，当电源电压下降大于 5% 时，不宜进行焊接。

（5）对从事钢筋焊接施工的班组及有关人员应经常进行安全生产教育，并应制定和实施安全技术措施，加强焊工的劳动保护，防止发生烧伤、触电、火灾、爆炸以及烧坏焊接设备等事故。

（6）焊机应经常维护保养和定期检修，确保正常使用。

2. 钢筋闪光对焊

钢筋闪光对焊是将两根钢筋安放成对接形式，利用焊接电流通过两根钢筋接触点产生的电阻热，使接触点金属熔化，产生强烈飞溅，形成闪光，迅速施加顶锻力完成的一种压焊方法（见图 4-83，图 4-84）。

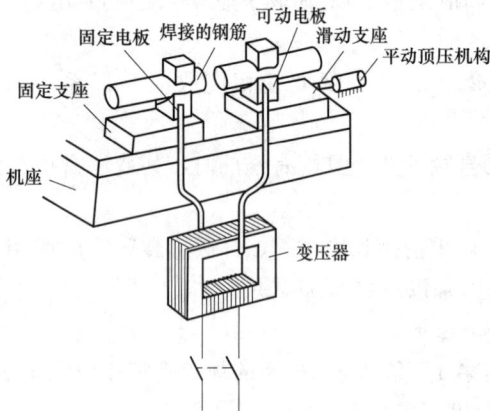

图 4-83　钢筋闪光对焊原理

图 4-84　工人正在采用闪光对焊机对接钢筋

（1）对焊工艺。钢筋闪光对焊的焊接工艺可分为连续闪光焊、预热闪光焊和闪光预热闪光焊等，根据钢筋品种、直径、焊机功率、施焊部位等因素选用。

1）连续闪光焊。连续闪光焊的工艺过程包括：连续闪光和顶锻过程。施焊时，先闭合一次电路，使两根钢筋端面轻微接触，此时端面的间隙中即喷射出火花般熔化的金属微粒——闪光，接着徐徐移动钢筋使两端面仍保持轻微接触，形成连续闪光。当闪光到预定的长度，使钢筋端头加热到将近熔点时，就以一定的压力迅速进行顶锻。先带电顶锻，再无电顶锻到一定长度，焊接接头即告完成。

2）预热闪光焊。预热闪光焊是在连续闪光焊前增加一次预热过程，以扩大焊接热影响区。其工艺过程包括：预热、闪光和顶锻过程。施焊时先闭合电源，然后使两根钢筋端面交替地接触和分开，这时钢筋端面的间隙中即发出断续的闪光，而形成预热过程。当钢筋达到预热温度后进入闪光阶段，随后顶锻而成。

3）闪光—预热闪光焊。闪光—预热闪光焊是在预热闪光焊前加一次闪光过程，目的是使不平整的钢筋端面烧化平整，使预热均匀。其工艺过程包括：一次闪光、预热、二次闪光及顶锻过程。施焊时首先连续闪光，使钢筋端部闪平，然后同预热闪光焊。

闪光对焊的对焊参数包括：调伸长度、闪光留量、闪光速度、顶锻留量、顶锻速度、顶锻压力及变压器级次。采用预热闪光焊时，还要有预热留量与预热频率等参数。

（2）对焊接头质量检验。

1）取样数量。在同一台班内，由同一焊工，按同一焊接参数完成的 300 个同类型接头作为一批。一周内连续焊接时，可以累计计算。一周内累计不足 300 个接头时，也按一批计算。

钢筋闪光对焊接头的外观检查，每批抽查 10% 的接头，且不得少于 10 个。

钢筋闪光对焊接头的力学性能试验包括拉伸试验和弯曲试验，应从每批成品中切取 6 个试件，3 个进行拉伸试验，3 个进行弯曲试验。

2）外观检查。钢筋闪光对焊接头的外观检查，应符合下列要求。

① 接头处不得有横向裂纹。

② 与电极接触处的钢筋表面，不得有明显的烧伤。

③ 接头处的钢筋轴线偏移 a，不得大于钢筋直径的 0.1 倍，且不得大于 2mm；其测量方法如图 4-85 所示。

④ 当有一个接头不符合要求时，应对全部接头进行检查，剔除不合格接头，切除热影响区后重新焊接。

3）拉伸试验。钢筋对焊接头拉伸试验时，应符合下列要求。

① 三个试件的抗拉强度均不得低于该级别钢筋的抗拉强度标准值。

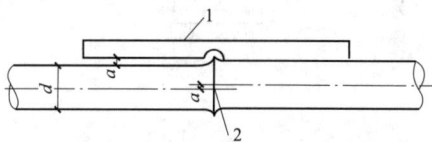

图 4-85 对焊接头轴线偏移测量方法
1—测量尺；2—对焊接头

② 至少有两个试样断于焊缝之外，并呈塑形断裂。

当检验结果有一个试件的抗拉强度低于规定指标，或有两个试件在焊缝或热影响区发生脆性断裂时，应取双倍数量的试件进行复验。复验结果，若仍有一个试件的抗拉强度低于规定指标，或有三个试件呈脆性断裂，则该批接头即为不合格品。

模拟试件的检验结果不符合要求时，复验应从成品中切取试件，其数量和要求与初试时相同。

4）弯曲试验。钢筋闪光对焊接头弯曲试验时，应将受压面的金属毛刺和镦粗变形部分去掉，与母材的外表齐平。

弯曲试验可在万能试验机、手动或电动液压弯曲机上进行，焊缝应处于弯曲的中心点，弯心直径见表 4-35。弯曲至 90°时，至少有 2 个试件不得发生破断。

表 4-35   钢筋对接接头弯曲试验指标

钢筋级别	弯心直径（mm）	弯曲角（°）
HPB300 级	2d	90
HRB335 级	4d	90
HRB400 级	5d	90

注 1. d 为直径。

2. 直径大于 25mm 的钢筋对焊接头，做弯曲试验时弯心直径应增加一个钢筋直径。

当试验结果有 2 个试件发生破断时，应再取 6 个试件进行复验。复验结果如仍有 3 个试件发生破断，应确认该批接头为不合格品。

3. 钢筋电弧焊

钢筋电弧焊是以焊条作为一极、钢筋为另一极，利用焊接电流通过产生的电弧热进行焊接的一种熔焊方法。钢筋电弧焊包括帮条焊、搭接焊、坡口焊和熔槽帮条焊等接头形式。电弧焊在建筑工程中广泛应用于钢结构中钢板与钢板的焊接，但在钢筋连接中，电弧焊连接形式主要是帮条焊和搭接焊；在预埋件与钢筋的常用 T 字连接中，电弧焊连接形式则分为贴角焊和穿孔塞焊两种。

(1) 帮条焊和搭接焊。帮条焊和搭接焊的规格和尺寸，见表 4-34。帮条焊和搭接焊宜采用双面焊。当不能进行双面焊时，可采用单面焊（见图 4-86、图 4-87）。当帮条级别与主筋相同时，帮条直径可与主筋相同或小一个规格；当帮条直径与主筋相同时，帮条级别可与主筋相同或低一个级别。

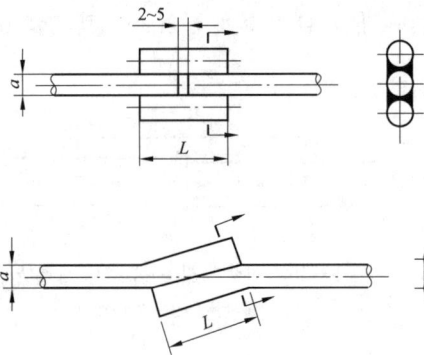

图 4-86 钢筋帮条及搭接双面焊   图 4-87 钢筋帮条及搭接单面焊

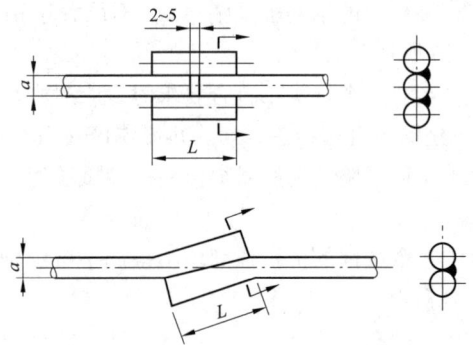

1) 施焊前，钢筋的装配与定位，应符合下列要求。

① 采用帮条焊时，两主筋端面之间的间隙应为 2～5mm。

② 采用搭接焊时，焊接端钢筋应预弯，并使两钢筋的轴线在一直线上。

③ 帮条和主筋之间应采用四点定位焊固定；搭接焊时，应采用两点固定；定位焊缝与帮条端部或搭接端部的距离应大于或等于 20mm。

2) 施焊时，应在帮条焊或搭接焊形成焊缝中引弧；在端头收弧前应填满弧坑，并使主焊缝与定位焊缝的始端和终端熔合。

3) 帮条焊或搭接焊的焊缝长度 h 不应小于主筋直径的 0.3 倍，焊缝宽度 b 不应小于主筋直径的 0.7 倍。

4）钢筋与钢板焊接时，搭接长度要符合规定。焊缝宽度不得小于钢筋直径的 0.5 倍，焊缝厚度不得小于钢筋直径的 0.35 倍。

（2）预埋件电弧焊。预埋件 T 字接头电弧焊分为贴脚焊和穿孔塞焊两种。

采用贴角焊时，焊缝的焊角 K：对 HPB300 级钢筋不得小于 $0.5d$，对 HRB335 级钢筋，不得小于 $0.6d$（d 为钢筋直径）。

采用穿孔塞焊时，钢板的孔洞应做成喇叭口，其内口直径应比钢筋直径 d 大 4mm，倾斜角度为 45°，钢筋缩进 2mm。

施焊中，电流不宜过大，不得使钢筋咬边和烧伤。

4. 钢筋电渣压力焊

钢筋电渣压力焊是将两根钢筋安放成竖向对接形成，利用焊接电流通过两根钢筋端间间隙，在焊剂层下形成电弧过程和电渣过程，产生电弧热和电阻热，熔化钢筋，加压完成的一种压焊方法。这种焊接方法比电弧焊节省钢材、工效高、成本低，适用于现浇混凝土结构中竖向或斜向（倾斜度在 4∶1 范围内）钢筋的连接。

电渣压力焊在供电条件差、电压不稳、雨季或防火要求高的场合应慎用。

（1）焊接工艺和焊接参数。施焊前，焊接夹具的上、下钳口应夹紧在上、下钢筋上；钢筋一经夹紧，不得晃动。

电渣压力焊的工艺过程包括：引弧、电弧、电渣和顶压（见图 4-88）。

1）引弧过程：宜采用铁丝圈引弧法，也可采用直接引弧法。铁丝圈引弧法是将铁丝圈放在上、下钢筋端头之间，高约 10mm，电流通过铁丝圈与上、下钢筋端面的接触点形成短路引弧。直接引弧法是在通电后迅速将上钢筋提起，使两端头之间的距离为 2～4mm 引弧。当钢筋端头夹杂不导电物质或过于平滑造成引弧困难时，可以多次把上钢筋移下与下钢筋短接后再提起，达到引弧目的。

2）电弧过程：靠电弧的高温作用，将钢筋端头的凸出部分不断烧化；同时将接口周围的焊剂充分熔化，形成一定深度的渣池。

3）电渣过程：渣池形成一定深度后，将上钢筋缓缓插入渣池中，此时电弧熄灭，进入电渣过程。由于电流直接通过渣池，产生大量的电阻热。使渣池温度升到近 2000℃，将钢筋端头迅速而均匀地熔化。

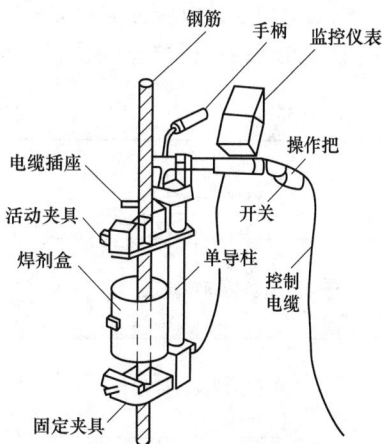

图 4-88　杠杆式单柱焊接机头

4）顶压过程：当钢筋端头达到全截面熔化时，迅速将上钢筋向下顶压，将熔化的金属、熔渣及氧化物等杂质全部挤出结合合面，同时切断电源，焊接即告结束。

接头焊毕，应停歇后，方可回收焊剂和卸下焊接夹具，并敲去渣壳。

（2）电渣压力焊接头质量检验。

1）取样数量。电渣压力焊接头应逐个进行外观检查。当进行力学性能试验时，应从每批接头中随机切取 3 个试件做拉伸试验，且应按下列规定抽取试件。

① 在一般构筑物中，应以 300 个同级别钢筋接头作为一批。

② 在现浇钢筋混凝土多层结构中，应以每一楼层或施工区段中 300 个同级别钢筋接头作为一批，不足 300 个接头仍应作为一批。

2）外观检查。电渣压力焊接头外观检查结果应符合下列要求（见图 4-89）。

① 四周焊包凸出钢筋表面的高度应大于或等于 4mm。

② 钢筋与电极接触处，应无烧伤缺陷。

③ 接头处的弯折角不得大于 4°。

④ 接头处的轴线偏移不得大于钢筋直径 0.1 倍，且不得大于 2mm。

外观检查不合格的接头应切除重焊，或采用补强焊接措施。

3）拉伸试验。电渣压力焊接头拉伸试验结果，3 个试件的抗拉强度均不得小于该级别钢筋规定的抗拉强度。

当试验结果有 1 个试件的抗拉强度低于规定值，应再取 6 个试件进行复验。复验结果当仍有 1 个试件的抗拉强度小于规定值，应确认该批接头为不合格品。

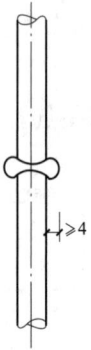

图 4-89　电渣
压力焊接头

（三）钢筋机械连接

钢筋机械连接是指通过连接件的机械咬合作用或钢筋端面的承压作用，将一根钢筋中的力传递至另一根钢筋的连接方法。这类连接方法是我国近 15 年来陆续发展起来的，它具有以下优点：接头质量稳定可靠，不受钢筋化学成分的影响，人为因素的影响也小；操作简便，施工速度快，且不受气候条件影响；无污染、无火灾隐患，施工安全等。在粗直径钢筋连接中，钢筋机械连接方法有广阔的发展前景。

钢筋机械连接方法分类及适用范围，见表 4-36。钢筋机械连接接头的设计、应用与验收应符合行业标准《钢筋机械连接通用技术规程》和各种机械连接接头技术规程的规定。

表 4-36　　　　　　　　　钢筋机械连接方法分类及适用范围

机械连接方法		适用范围	
		钢筋级别	钢筋直径（mm）
钢筋套筒挤压连接		HRB335、HRB400、RRB400	16～40
			16～40
钢筋锥螺纹套筒连接		HRB335、HRB400、RRB400	16～40
			16～40
钢筋镦粗直螺纹套筒连接		HRB335、HRB400	16～40
钢筋滚压直螺纹套筒连接	直接滚压	HRB335、HRB400	16～40
	挤肋滚压		16～40
	剥肋滚压		16～50

从表 4-36 可知，钢筋机械连接方法有钢筋套筒挤压连接、钢筋锥螺纹套筒连接和钢筋直螺纹套筒连接三大类。

带肋钢筋套筒挤压连接（见图 4-90）是将两根待接钢筋插入钢套筒，用挤压连接设备沿径向挤压钢套筒，使之产生塑形变形，依靠变形后的钢套筒与被连接钢筋纵、横肋产生的机械咬合成为整体的钢筋连接方法。这种接头质量稳定性好，可与母材等强，但操作工人工作强度高，有时液压油污染钢

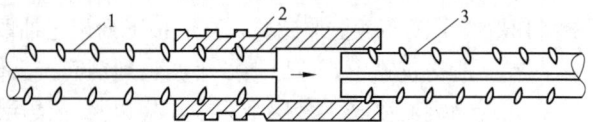

图 4-90　钢筋套筒挤压连接
1—已连接的钢筋；2—钢套筒；3—未挤压的钢筋

筋，综合成本较高。钢筋挤压连接，还要求钢筋最小中心间距为90mm，由于以上原因，目前建筑结构设计很少采用钢筋套筒挤压连接。

钢筋锥螺纹套筒连接（见图4-91）是将两根待接钢筋端头用套丝机做出锥形外丝，然后用带锥形内丝的套筒将两根钢筋两端拧紧的钢筋连接方法。这种接头质量稳定性一般，安装施工速度快，综合成本低，但是不能做到与母材等强，钢筋套丝费时，目前建筑结构设计也很少采用钢筋锥螺纹套筒连接。

当前，钢筋直螺纹套筒连接（见图4-92），由于成本低、施工速度快，且接头能做到母材等强以上，应用最广，但因为成本仍然高于焊接，目前建筑结构设计往往规定应用在直径22mm以上的二三级热轧钢筋和余热处理带肋钢筋上。钢筋直螺纹连接分为钢筋镦粗直螺纹套筒连接和钢筋滚压直螺纹套筒连接，其中钢筋滚压直螺纹套筒连接又分为直接滚压、挤肋滚压和剥肋滚压，详述如下。

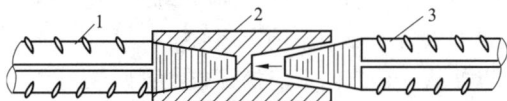

图4-91 钢筋锥螺纹套筒连接
1—已连接的钢筋；2—锥螺纹套筒；3—待连接的钢筋

图4-92 钢筋直螺纹套筒连接
1—已连接的钢筋；2—直螺纹套筒；3—正在拧入的钢筋

1. 钢筋镦粗直螺纹套筒连接

钢筋镦粗直螺纹套筒连接是先将钢筋端头镦粗，再切削成直螺纹，然后用带直螺纹的套筒将钢筋两端拧紧的钢筋连接方法。镦粗直螺纹钢筋接头的特点：钢筋端部经冷镦后不仅直径增大，使套丝后丝扣底部横截面积不小于钢筋原面积，而且由于冷镦后钢材强度的提高，致使接头部位有很高的强度，断裂均发生在母材，达到SA级接头性能的要求。这种接头的螺纹精度高，接头质量稳定性好，操作简便，连接速度快，价格适中。

（1）机具设备。

1）钢筋液压冷镦机，是钢筋端头镦粗用的一种专用设备。其型号有：HJC200型（Φ18～40）、HJC250型（Φ20～40）、GZD40、CDJ-50型等。

2）钢筋直螺纹套丝机，是将已镦粗或未镦粗的钢筋端头切削成直螺纹的一种专用设备。其型号有：GZL-40、HZS-40、GTS-50型等。

3）扭力扳手、量规（通规、止规）等。

（2）镦粗直螺纹套筒。镦粗直螺纹套筒有同径连接套筒、异径连接套筒和可调节连接套筒三种，其中同径连接套筒分为右旋和左右旋两种。

1）材质要求：对HRB335级钢筋，采用45号优质碳素钢；对HRB400级钢筋，采用45号经调质处理，或用性能不低于HRB400钢筋性能的其他钢种。

2）质量要求。

① 连接套筒表面无裂纹，螺牙饱满，无其他缺陷。

② 牙形规检查合格，用直螺纹塞规检查其尺寸精度。

连接套筒两端头的孔，必须用塑料盖封上，以保持内部洁净，干燥防锈。

（3）钢筋加工与检验。

1）钢筋下料时，应采用砂轮切割机，切口的端面应与轴线垂直，不得有马蹄形或挠曲。

2）钢筋下料后，在液压冷锻压床上将钢筋镦粗。不同规格的钢筋冷镦后的尺寸，见施工手册相关表格。根据钢筋直径、冷镦机性能及镦粗后的外形效果，通过试验确定适当的镦粗压力。操作中要保证镦粗头与钢筋轴线不得大于 4°的倾斜，不得出现与钢筋轴线相垂直的横向表面裂缝。发现外观质量不符合要求时，应及时割除，重新镦粗。

3）钢筋冷镦后，在钢筋套丝机上切削加工螺纹。钢筋端头螺纹规格应与连接套筒的型号匹配。钢筋螺纹加工质量：牙形饱满、无断牙、秃牙等缺陷。

4）钢筋螺纹加工后，随即用配置的量规逐根检测。合格后，再由专职质检员按一个工作班 10%的比例抽样校验。如发现有不合格螺纹，应全部逐个检查，并切除所有不合格螺纹，重新镦粗和加工螺纹。

（4）现场连接施工。

1）对连接钢筋可自由转动的，首先将套筒预先部分或全部拧入一个被连接钢筋的螺纹内，然后转动连接钢筋或反拧套筒到预定位置，最后用扳手转动连接钢筋，使其相互对顶锁定连接套筒。

2）对于钢筋完全不能转动，如弯折钢筋或还要调整钢筋内力的场合，如施工缝、后浇带，可将锁定螺母和连接套筒预先拧入加长的螺纹内，再拧入另一根钢筋端头螺纹上，最后用锁定螺母锁定连接套筒，或配套应用带有正反螺纹的套筒，以便从一个方向上能松开或拧紧两根钢筋。

3）直螺纹钢筋连接时，应采用扭力扳手按表 4-37 规定的力矩值把钢筋接头拧紧。

表 4-37   直螺纹钢筋接头拧紧力矩值

钢筋直径（mm）	16～18	20～22	25	28	32	36～40
拧紧力矩（N·m）	100	200	250	280	320	350

（5）接头质量检验。

1）钢筋连接开始前及施工过程中，应对每批进场钢筋进行接头连接工艺检验。每种规格钢筋的接头试件不应少于 3 个，做单向拉伸试验。其抗拉强度应能发挥钢筋母材强度或大于 1.15 倍钢筋抗拉强度标准值。

2）接头的现场检验按验收批进行。同一施工条件下采用同一批材料的同等级别、同规格接头，以 500 个为 1 个验收批。对接头的每一个验收批，必须在工程结构中随机抽取 3 个试件做单向拉伸试验。当 3 个试件的抗拉强度都能发挥钢筋母材强度或大于 1.15 倍钢筋抗拉强度标准值时，该验收批达到 SA 级强度指标。如有 1 个试件的抗拉强度不符合要求，应加倍取样复验。如 3 个试件的抗拉强度仅达到该钢筋的抗拉强度标准值，则该验收批降为 A 级强度指标。

在现场连续检验 10 个检验批，全部单向拉伸试件一次抽样均合格时，验收批接头数量可扩大一倍。

2. 钢筋滚压直螺纹套筒连接

钢筋滚压直螺纹套筒连接是利用金属材料塑形变形后冷作硬化增强金属材料强度的特点，使接头与母材等强的连接方法。根据滚压直螺纹成型方式，又可分为直接滚压螺纹、挤压肋滚压螺纹、剥肋滚压螺纹三种类型。

（1）直接滚压螺纹加工。采用钢筋滚丝机（型号：GZL-32、GYZL-40、GSJ-40、HGS40 等）直接滚压螺纹。此法螺纹加工简单，设备投入少，但由于钢筋粗细不均导致螺纹直径差异即螺纹精度差，施工受影响。

（2）挤压肋滚压螺纹加工。采用专用挤压设备滚轮先将钢筋的横肋和纵肋进行预压平处理，然后再滚压螺纹。其目的是减轻钢筋肋对成型螺纹的影响。此法对螺纹精度有一定提高，但仍不能从根本上解决钢筋直径差异对螺纹精度的影响，螺纹加工需要两套设备。

（3）剥肋滚压螺纹加工。采用钢筋剥肋滚丝机（型号：GHG40、GHG50），先将钢筋的横肋和纵肋进行剥切处理后，使钢筋滚丝前的柱体直径达到同一尺寸，然后再进行螺纹滚压成型。此法螺纹精度高，接头质量稳定，施工速度快，价格适中，具有较大的发展前景。

钢筋剥肋滚丝机（见图 4 - 93）由台钳、剥肋机构、滚丝头、减速机、涨刀机构、冷却系统、电器控制系统、机座等组成。其工作过程：将待加工钢筋夹持在夹钳上，开动机器，扳动进给装置，使动力头向前移动，开始剥肋滚压螺纹，待滚压到调定位置后，设备自动停机并反转，将钢筋端部退出滚压装置，扳动进给装置将动力头复位停机。螺纹即加工完成。

滚压直螺纹接头的单向拉伸试验破坏形式有三种：钢筋母材拉断、套筒拉断、钢筋从套筒中滑脱，只要满足强度要求，任何破坏形式均可判断为合理。

图 4 - 93　钢筋剥肋滚丝机

1—台钳；2—涨刀触头；3—收刀触头；4—剥肋机构；
5—滚丝头；6—上水管；7—减速机；8—进给手柄；
9—行程挡块；10—行程开关；11—控制面板；12—标牌

四、钢筋安装

（一）钢筋现场绑扎

1. 准备工作

（1）核对成品钢筋的钢号、直径、形状、尺寸和数量等是否与料单料牌相符。如有错漏，应纠正增补。

（2）准备绑扎用的铁丝、绑扎工具（如钢筋钩、带扳口的小撬棍），绑扎架等。钢筋绑扎用的铁丝，可采用 20～22 号铁丝，其中 22 号铁丝只用于绑扎直径 12mm 以下的钢筋。因铁丝是成盘供应的，故习惯上是按每盘铁丝周长的几分之一来切断。

（3）准备控制混凝土保护层用的水泥砂浆垫块或塑料卡。

水泥砂浆垫块（见图 4 - 94）的厚度，应等于保护层厚度，即结构构件中钢筋外边缘至构件表面范围用于保护钢筋的混凝土厚度，根据《混凝土结构设计标准》（GB/T 50010）（2024 年版）规定：设计使用年限为 50 年的混凝土结构，最外层钢筋的保护层厚度应符合表 4 - 38 的规定且不应小于钢筋的公称直径 d。垫块的平面尺寸：当保护层厚度等于或小于 20mm 时为 30mm×30mm，大于 20mm 时为 50mm×50mm。当在垂直方向使用垫块时，可在垫块中埋入 20 号铁丝。

塑料卡的形状有两种：塑料垫块和塑料环圈，如图 4 - 95 所示。塑料垫块用于水平构件（如梁、板），在两个方向均有凹槽，以便适应两种保护层厚度。塑料环圈用于垂直构件（如柱、墙），使用时钢筋从卡嘴进入卡腔；由于塑料环圈有弹性，可使卡腔的大小能适应钢筋直径的变化。

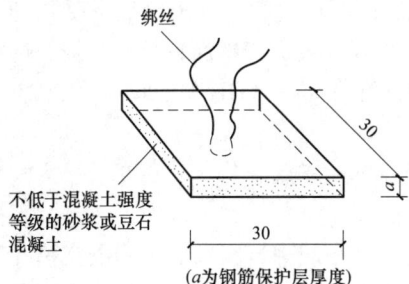

图 4 - 94　水泥砂浆垫块

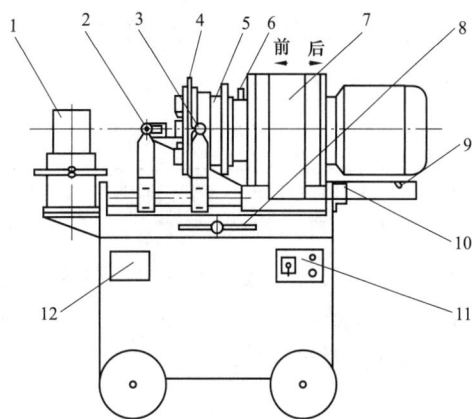

图 4 - 95　控制混凝土保护层用的塑料卡

表 4 - 38　　　　　　　　　　混凝土保护层的最小厚度 c　　　　　　　　　　mm

环境类别	板、墙、壳	梁、柱、杆
一	15	20
二 a	20	25
二 b	25	35
三 a	30	40
三 b	40	50

注　1. 混凝土强度等级不大于 C25 时，表中保护层厚度数值应增加 5mm。
　　2. 钢筋混凝土基础宜设置混凝土垫层，基础中钢筋的混凝土保护层厚度应从垫层顶面算起，且不应小于 40mm。

在上层钢筋网（板上层受力筋因为承受负弯矩又称负筋）下面应设置钢筋撑脚，俗称铁马凳（见图 4 - 96、图 4 - 97），用直径 8～10mm 的钢筋下脚料加工而成，对于楼板一般每隔 1m 设置一个，离梁边越近密度宜适当加大，以保证钢筋位置正确，混凝土浇筑时铁马凳就直接埋入混凝土中。

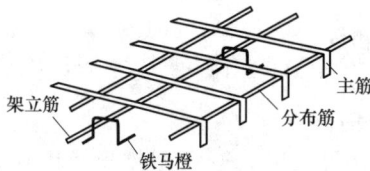

图 4 - 96　铁马凳平面配置示意图　　　图 4 - 97　铁马凳两种具体做法

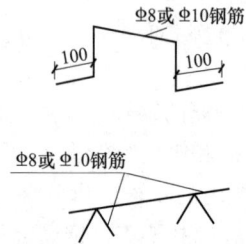

（4）划出钢筋位置线。楼板或墙板的钢筋，在模板上画线；柱的箍筋，在两根对角线主筋上画点；梁的箍筋，则在架立筋上画点；基础的钢筋，在两向各取一根钢筋画点或在垫层上画线。

钢筋接头的位置，应根据来料规格，结合规范对有关接头位置、数量的具体规定，使其错开，在模板上画线。

（5）绑扎形式复杂的结构部位时，应先研究逐根钢筋穿插就位的顺序，并与模板工联系讨论支模和绑扎钢筋的先后次序，以减少绑扎困难。

2. 钢筋绑扎接头

（1）钢筋绑扎接头宜设置在受力较小处。同一纵向受力钢筋不宜设置两个或两个以上接头。接头末端至钢筋弯起点的距离不应小于钢筋直径的 10 倍。

（2）同一构件中相邻纵向受力钢筋的绑扎搭接接头宜相互错开。同一连接区段内，纵向受拉钢筋绑扎搭接接头的面积百分率及箍筋配置要求，可参照钢筋连接方式与连接接头规定。

（3）当出现下列情况，如钢筋直径大于 25mm、混凝土凝固过程中受力钢筋易受扰动、涂环氧板的钢筋、带肋钢筋末端采取机械锚固措施、混凝土保护层厚度大于钢筋直径的 3 倍、抗震结构构件等，纵向受拉钢筋的最小搭接长度应按《混凝土结构设计标准》（GB/T 50010）（2024 年版）的规定修正。

（4）在绑扎接头的搭接长度范围内，应采用铁丝至少绑扎三点。

3. 基础钢筋绑扎

（1）钢筋网的绑扎。四周两行钢筋交叉点应每点扎牢，中间部分交叉点可相隔交错扎牢，但必须保证受力钢筋不位移。双向主筋的钢筋网，则须将全部钢筋相交点扎牢。绑扎时应注意相邻绑扎点的铁丝扣要呈八字形，以免网片歪斜变形。

（2）基础底板采用双层钢筋网时，在上层钢筋网下面应设置钢筋撑脚或混凝土撑脚，以保证钢筋位置正确。

钢筋撑脚的形式与尺寸如图 4-98 所示，每隔 1m 放置一个。其直径选用：当板厚 $h \leqslant 30cm$ 时为 8～10mm；当板厚 $h=30～50mm$ 时为 12～14mm；当板厚 $h>50cm$ 时为 16～18mm。

（3）钢筋的弯钩应朝上，不要倒向一边；但双层钢筋网的上层钢筋弯钩应朝下。

（4）独立柱基础为双向弯曲，其底面短边的钢筋应放在长边钢筋的上面。

（5）现浇筑与基础连接用的插筋，其箍筋应比柱的箍筋缩小一个柱筋直径，以便连接。插筋位置一定要固定牢固，以免造成柱轴线偏移。

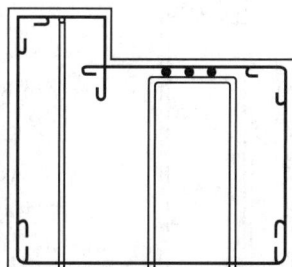

图 4-98　钢筋撑脚的形式与尺寸

（6）对厚片筏上部钢筋网片，可采用钢管临时支撑体系。图 4-99（a）示出绑扎上部钢筋网片用的钢管支撑。在上部钢筋网片绑扎完毕后，需置换出水平钢管；为此，另取一些垂直钢管通过直角扣件与上部钢筋网片的下层钢筋连接起来（该处需另用短钢筋段加强），替换了原支撑体系，如图 4-99（b）所示。在混凝土浇筑过程中，逐步抽出垂直钢管，图 4-99（c）所示。此时，上部荷载可由附近的钢管及上、下端均与钢筋网焊接的多个拉结筋来承受。由于混凝土不断浇筑与凝固，拉结筋细长比减少，提高了承载力。

图 4-99　厚片筏上部钢筋网片的钢管临时支撑

(a) 绑扎上部钢筋网片时；(b) 浇筑混凝土前；(c) 浇筑混凝土时

1—垂直钢管；2—水平钢管；3—直角扣件；4—下层水平钢管；5—待拔钢管；6—混凝土浇筑方向

4. 柱钢筋绑扎

（1）柱中的竖向钢筋搭接时，角部钢筋的弯钩应与模板成 45°（多边形柱为模板内角的平分角，圆形柱应与模板切线垂直），中间钢筋的弯钩应与模板成 90°。如果用插入式振捣器浇筑小型截面柱时，弯钩与模板的角度不得小于 15°。

（2）箍筋的接头（弯钩叠合处）应交错布置在四角纵向钢筋上［见图 4-100 (b)］；箍筋转角与纵向钢筋交叉点均应扎牢（箍筋平直部分与纵向钢筋交叉点可间隔扎牢），绑扎箍筋时绑扣相互间应呈八字形。

（3）下层柱的钢筋露出楼面部分，如用搭接方式，宜用工具式柱箍将其收进一个主筋直径，以利上层柱的钢筋搭接。当柱截面有变化时，其下层柱钢筋的露出部分，必须在绑扎梁的钢筋之

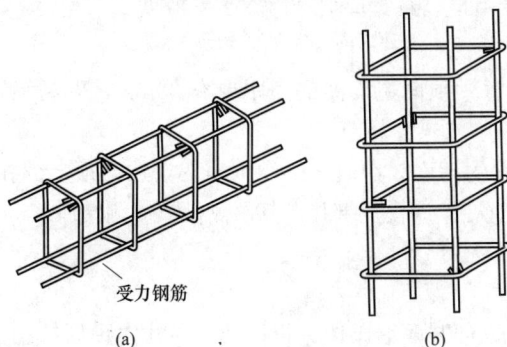

受力钢筋

(a)　　　　(b)

图 4-100　箍筋接头交错布置

(a) 梁；(b) 柱

前，先行收缩准确。

（4）框架梁、牛腿及柱帽等钢筋，应放在柱的纵向钢筋内侧。

（5）柱钢筋的绑扎，应在模板安装前进行。

图4-101 墙钢筋的撑铁

1—钢筋网；2—撑铁

5. 墙钢筋绑扎

（1）墙（包括水塔壁、烟囱筒身、池壁等）的垂直钢筋每段长度不宜超过4m（钢筋直径≤12mm）或6m（直径>12mm），水平钢筋每段长度不宜超过8m，以利绑扎。

（2）墙的钢筋网绑扎同基础，钢筋的弯钩应朝向混凝土内。

（3）采用双层钢筋网时，在两层钢筋间应设置撑铁，以固定钢筋间距。撑铁可用直径6~10mm的钢筋制成，长度等于两层网片的净距（见图4-101），间距约为1m，相互错开排列。

（4）墙的钢筋，可在基础钢筋绑扎之后浇筑混凝土前插入基础内。

（5）墙钢筋的绑扎，也应在模板安装前进行。

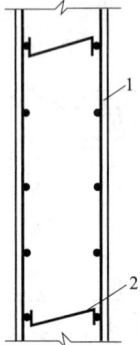

6. 梁板钢筋绑扎

（1）纵向受力钢筋采用双层排列时，两排钢筋之间应垫以直径≥25mm的短钢筋，以保持其设计距离。

（2）箍筋的接头（弯钩叠合处）应交错布置在两根架立钢筋上［见图4-100（a）］，其余同柱。

（3）板的钢筋网绑扎与基础相同，但应注意板上部的负筋，要防止被踩下；特别是雨棚、挑檐、阳台等悬臂板，要严格控制负筋位置，以免拆模后断裂。

（4）板、次梁与主梁交叉处，板的钢筋在上，次梁的钢筋居中，主梁的钢筋在下（见图4-102）；当有圈梁或垫梁时，主梁的钢筋在上（见图4-103）。

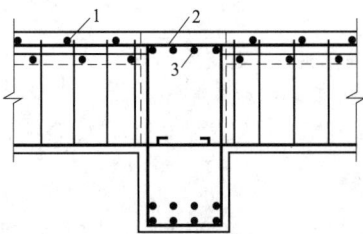

图4-102 板、次梁与主梁交叉处钢筋

1—板的钢筋；2—次梁钢筋；3—主梁钢筋

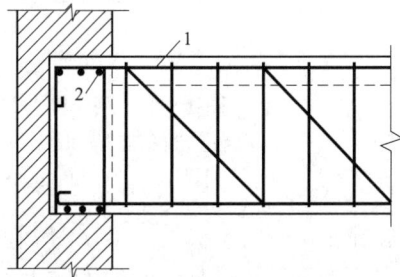

图4-103 主梁与垫梁交叉处钢筋

1—主梁钢筋；2—垫梁钢筋

（5）框架节点处钢筋穿插十分稠密时，应特别注意梁顶面主筋间的净距要有30mm，以利浇筑混凝土。

（6）梁钢筋的绑扎与模板安装之间的配合关系：梁的高度较小时，梁的钢筋架空在梁顶上绑扎，然后再落位；梁的高度较大（≥1.0m）时，梁的钢筋宜在梁底模上绑扎，其两侧模或一侧模后装。

（7）梁板钢筋绑扎时应防止水电管线将钢筋抬起或压下。

（二）现浇框架柱内预埋拉结钢筋

现浇钢筋混凝土框架内经常需要预埋拉结钢筋，以便与隔墙砌体进行拉结，在柱内预埋拉结筋有很多方法，现介绍以下4种常用的施工方法。

（1）穿越法：在模板上打眼，把拉结筋从眼中穿过，拉结筋在模板内的部分与柱主筋发生联系。这种方法最大的不足在于它破坏了模板，在模板上就会有许多小孔，再次使用该模板时必然会漏浆，尤其是对于钢模板，破坏力更大，其次就是支、拆模由于受到拉结钢筋的阻碍显得很不方便，因此这种方法在过去采用得较多，目前只在一些简单的或特殊的情况下才使用。穿越法的优点在于拉结钢筋锚固有力、位置准确、不用焊接。

（2）预埋件法：在现浇钢筋混凝土柱身上预留钢板埋件，一般是用－50×5扁钢做成预埋件，焊接在柱钢筋骨架的箍筋上，拆模后按块材砌体的模数位置把拉结筋焊上去，砌筑块材砌体时埋入砌体内。这种方法最大的问题是钢材的消耗量较大，同时需要大量焊工作业。最大的优点在于不破坏模板并能保证拉结钢筋与块材砌体的灰缝相对准，因此应用较多。

由于单个的小扁铁难以固定在柱子箍筋上，工地现场还创造了不少新方法，现举两例：

1）绑扎前，在现场将－40×40×8的小扁铁焊在ϕ6.5的钢筋上，小扁铁间距应满足10皮砖或500mm长，如图4-104所示。这主要是因为ϕ6.5竖向钢筋容易固定在柱子箍筋上，而单个的扁铁难以固定。即使固定在箍筋上，由于箍筋间距的限制，其拉结筋间距肯定难以满足规范要求。施工中，待柱子主筋和箍筋绑扎好后，根据填充墙轴线位置，将两组焊有扁铁的ϕ6.5钢筋牢固固定在柱箍外侧，同时要求扁铁带有焊缝的一面朝柱芯，扁铁平面位于混凝土柱表面。在混凝土柱模拆除后，每隔10皮砖或500mm高，用小锤轻轻敲击就可以找到扁铁位置。然后将2ϕ6.5拉结钢筋焊在扁铁上，并保持拉结筋与扁铁平面垂直，最后砌填充墙。

2）按图4-105所示制作预埋件，其外框边应比柱截面尺寸小5mm。预埋件在柱模中起支撑作用，也有助于柱截面尺寸准确。在柱子钢筋绑扎后，根据皮数杆标注的尺寸，将预埋件根据墙上拉结筋位置的要求与箍筋绑扎牢固。待柱模拆除后，将预埋件表面混凝土浆清除干净，就可以直接在其上面焊接直径6.5mm拉结筋。如果拉结筋位置与柱的箍筋位置相错较远超过3cm，可以临时增加一个小直径箍筋，在其上面放置预埋件。对角柱，预埋件的一面不必设扁钢，可将两锚固筋弯成U形，与一块扁钢焊接在一起即可。

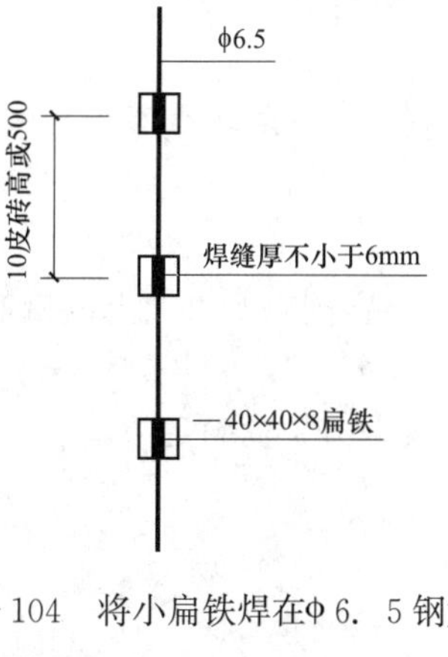

图4-104　将小扁铁焊在ϕ6.5钢筋上

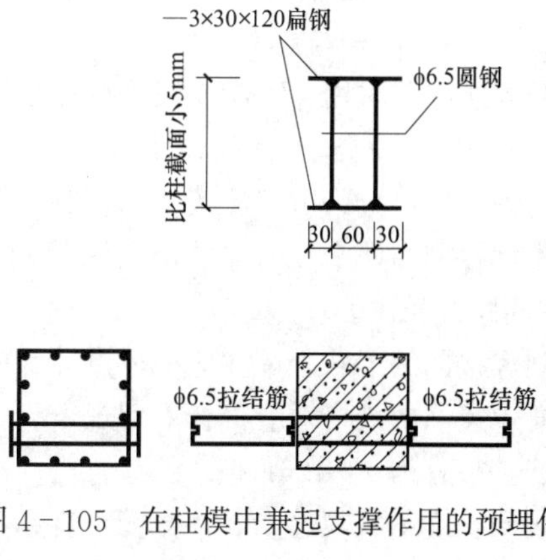

图4-105　在柱模中兼起支撑作用的预埋件

（3）固定法：当采用木模时，可以预先按照设计关于拉结筋伸入砌体长度和伸入混凝土中锚固长度的要求，制作成丁字形的拉结筋，伸入柱子混凝土中的一端应弯制180°的弯钩，伸入砌体的一端可以不设弯钩。在已配好的柱身模板上弹出砌体的位置，并标出拉结筋的具体位置，用小钉把拉结筋不带弯钩的一端固定在柱子木模的里侧，使其紧贴模板便于拆模后拉出来，弯制弯钩的一端成90°伸入到柱子内锚固，待混凝土浇筑完毕后，拆除柱身模板时，由于拉结筋固定在柱身模板上，自然会把拉结筋拉出，用人工将其拉直，并在拉结筋的端部弯制180°的弯钩，以便砌体施工。固定法仅限于使用木模，如果使用钢模不容易固定。

固定法的优点是不破坏模板，费用低廉，缺点是钢筋弯折后再拉直会影响拉结筋的强度。

（4）植筋法：三种方法都需要在混凝土或模板中预埋埋件或埋筋，这样会给浇筑混凝土带来干扰，容易阻碍振捣，造成振捣不实的质量问题，同时施工很麻烦，不利于加快施工进度，因此植筋法应运而生。

在钢筋混凝土结构上钻出孔洞，注入填胶黏剂，植入钢筋，待其固化后即完成植筋施工。用此法植筋犹如原有结构中的预埋筋，能使所植钢筋的技术性能得以充分利用。

植筋方法具有工艺简单、工期短、造价省、操作方便、劳动强度低、质量易保证等优点，为工程结构加固及解决新旧混凝土连接提出了一个全新的处理技术。

植筋施工过程：钻孔→清孔→填胶黏剂→植筋→凝胶。

1）钻孔使用配套冲击电钻。钻孔时，孔洞间距与孔洞深度应满足设计要求。常用φ12 拉结筋钻孔直径 16mm，钢筋埋深 120～140mm。

2）清孔时，先用吹气泵清除孔洞内粉尘等，再用清孔刷清孔，要经多次吹刷完成。同时，不能用水冲洗，以免残留在孔中的水分削弱黏合剂的作用。

3）使用植筋注射器从孔底向外均匀地把适量胶黏剂填注孔内，注意勿将空气封入孔内。

4）按顺时针方向把钢筋平行于孔洞走向轻轻植入孔中，直至插入孔底，胶黏剂溢出。

5）将钢筋外露端固定在模架上，使其不受外力作用，直至凝结，并派专人现场保护。

凝胶的化学反应时间一般为 15min，固化时间一般为 1h。

（三）钢筋网与钢筋骨架安装

钢筋焊接网是由纵向钢筋和横向钢筋分别以一定间距排列且互成直角，全部交叉点均用电阻电焊焊在一起的钢筋网件。

钢筋焊接网采取现代化工厂生产，其优点：节省材料、保证质量、提高工效、缩短工期、综合经济效益好。近年来，已开始在现浇楼板、墙、路面桥面、护坡网、船坞工程上推广应用。目前已颁布实施住建部行业标准《钢筋混凝土结构技术规程》，钢筋焊接网已列入我国建筑业重点推广项目，同时由于人工费用近年大幅上升，钢筋焊接网具有较大的发展前景。

（1）钢筋焊接网品种与规格。

1）钢筋焊接网宜采用 CRB550 级冷轧带肋钢筋制作，也可采用 LG510 级冷拔光圆钢筋制作。一片焊接网宜采用同一类型的钢筋焊成。

2）钢筋焊接网可分为定型焊接网和定制焊接网两种。

① 定型焊接网在两个方向上的钢筋间距和直径可以不同，但在同一个方向上的钢筋应具有相同的直径、间距和长度。

② 定制焊接网的形状、尺寸应根据设计和施工要求，由供需双方协商确定。

3）钢筋焊接网的规格，应符合下列规定。

① 钢筋直径宜为 4～12mm。

② 焊接网长度不宜超过 12m，宽度不宜超过 3.4m。

③ 焊接网制作方向的钢筋间距宜为 100、150、200mm，与制作方向垂直的钢筋间距宜为 100～400mm，且应为 10mm 的整倍数。

④ 焊接网钢筋强度设计值：对冷轧带肋钢筋 $f_y = 360\text{N/mm}^2$，对冷拔光圆钢筋 $f_y = 320\text{N/mm}^2$。

1. 绑扎钢筋网与钢筋骨架安装

（1）钢筋网与钢筋骨架的分段（块）应根据结构配筋特点及起重运输能力而定。一般钢筋网的分块面积以 6～20m² 为宜，钢筋骨架的分段长度宜为 6～12m。

（2）钢筋网与钢筋骨架，为防止在运输和安装过程中发生歪斜变形，应采取临时加固措施，图

4-106 是绑扎钢筋网的临时加固情况。

（3）钢筋骨架的吊点，应根据其尺寸、重量及刚度而定。宽度大于 1m 的水平钢筋网宜采用四点起吊；跨度小于 6m 的钢筋骨架宜采用两点起吊 ［见图 4-107（a）］，跨度大、刚度差的钢筋骨架宜采用横吊梁（铁扁担）四点起吊 ［见图 4-107（b）］。为了防止吊点处钢筋受力变形，可采用兜底吊或加短钢筋。

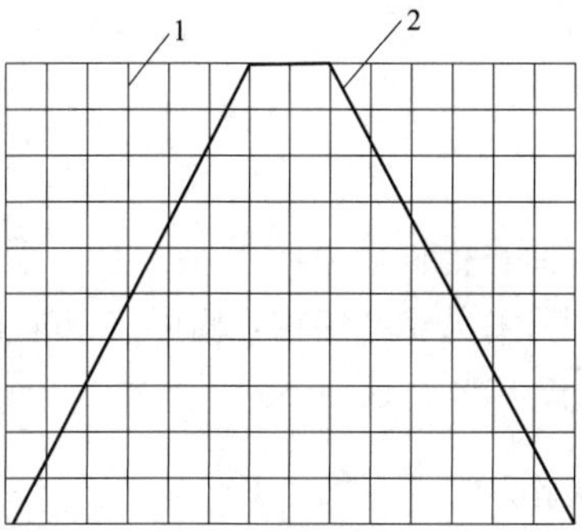

图 4-106 绑扎钢筋网的临时加固
1—钢筋网；2—加固筋

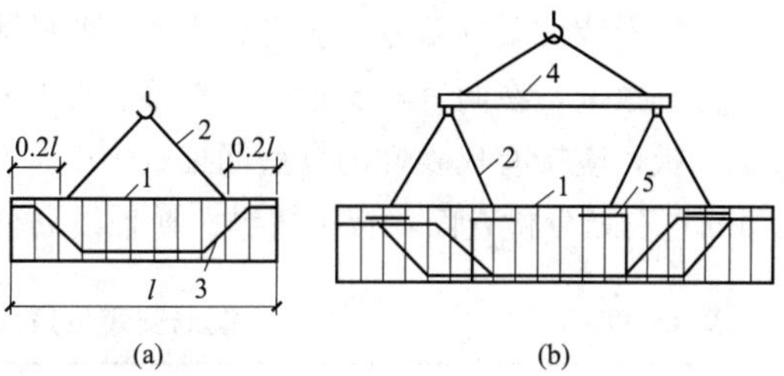

图 4-107 两点起吊与横吊梁起吊
1—钢筋网；2—吊索；
3—防变形钢筋；4—横吊梁；5—加强钢筋

（4）绑扎钢筋网与钢筋骨架的交接处做法，与钢筋的现场绑扎同。

2. 钢筋焊接网安装

（1）钢筋焊接网运输时应捆扎整齐牢固，每捆重量不应超过 2t，必要时应加刚性支撑或支架。

（2）进场的钢筋焊接网宜按施工要求堆放，并应有明显的标志。

（3）对两端须插入梁内锚固的焊接网，当网片纵向钢筋较细时，可利用网片的弯曲变形性能，先将焊接网中部向上弯曲，使两端能先后插入梁内，然后铺平网片；当钢筋较粗焊接网不能弯曲时，可将焊接网的一端少焊 1～2 根横向钢筋，先插入该端，然后退插另一端，必要时可采用绑扎方法补回所减少的横向钢筋。

（4）钢筋焊接网的搭接、构造，应符合相关的规定。两张网片搭接时，在搭接区中心及两端应采用铁丝绑扎牢固。在附加钢筋与焊接网连接的每个节点处均应采用铁丝绑扎。

（5）钢筋焊接网安装时，下部网片应设置与保护层厚度相等的水泥砂浆垫块或塑料卡；板的上部网片应在短向钢筋两端，沿长向钢筋方向每隔 600～900mm 设一钢筋支墩（见图 4-108）。

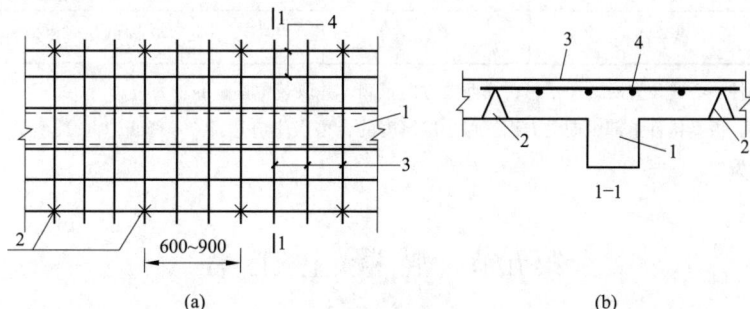

图 4-108 上部钢筋焊接网的支墩
1—梁；2—支墩；3—短向钢筋；4—长向钢筋

（四）钢筋安装质量检验

1. 主控项目

钢筋安装时，受力钢筋的品种、级别、规格和数量必须符合设计要求。

检查数量：全数检查。

检查方法：观察，钢尺检查。

2. 一般项目

钢筋安装位置的偏差，应符合表 4 - 39 的规定。

检查数量：在同一检验批内，对梁、柱和独立基础，应抽查构件数量的 10%，且不少于 3 件；对墙和板，应按有代表性的自然间抽查 10%，且不少于 3 间；对大空间结构，墙可按相邻轴线间高度 5m 左右划分检查面，板可按纵、横轴线划分检查面，抽查 10%，且均不少于 3 面。

表 4 - 39　　　　　　　　　　　　钢筋安装位置的允许偏差和检验方法

项目		允许偏差（mm）	检验方法
绑扎钢筋网	长、宽	±10	尺量检查
	网眼尺寸	±20	钢尺量连续三档，取偏差绝对值最大处
绑扎钢筋骨架	长	±10	尺量检查
	宽、高	±5	尺量检查
纵向受力钢筋	锚固长度	负偏差不大于 20	尺量检查
	间距	±10	钢尺量两端、中间各一点，取偏差绝对值最大处
	排距	±5	
纵向受力钢筋及箍筋保护层厚度	基础	±10	尺量检查
	其他	±5	尺量检查
绑扎箍筋、横向钢筋间距		±20	钢尺量连续三档，取偏差绝对值最大处
钢筋弯起点位置		20	尺量检查
预埋件	中心线位置	5	尺量检查
	水平高差	+3，0	钢尺和塞尺检查

注　1. 检查预埋件中心线位置时，应沿纵、横两个方向量测，并取其中偏差的较大值。

　　2. 表中梁类、板类构件上部纵向受力钢筋保护层厚度的合格点率应达到 90% 及以上，且不得有超出表中数值 1.5 倍的尺寸偏差。

第五节　混凝土工程

混凝土工程包括配料、搅拌、运输、浇筑、振捣、养护等施工过程，在整个施工过程中，各工序紧密联系、互相影响，其中任一工序如处理不当，都会影响混凝土工程的最终质量。对于混凝土的质量，不但要求具有正确的外形，而且要获得良好的强度、密实性和整体性。由于混凝土工程一般是建筑物的承重部分，而它的质量好坏在拆模后才能显示，因此在施工中如何确保其质量是一个很重要的问题。

一、混凝土的制备

混凝土是以水泥为主要胶凝材料，并配以砂、石等细、粗骨料和水按适当比例配合，经过均匀拌制、密实成型及养护硬化而形成的人造石材。有时为加强和改善混凝土的某项性能，如膨胀性、抗渗性等，可适量掺入外加剂和矿物掺和料。

在混凝土中，砂、石起骨架作用，称为骨料，砂为细骨料、石为粗骨料；水泥与水形成水泥浆，水泥浆包裹在骨料表面并填充其空隙。在硬化前，水泥浆能起到润滑作用，故拌和物具有一定的和易性，便于施工；水泥浆硬化后，则将骨料胶结成一个坚实的整体。混凝土的形成过程主要划分为两个阶段与状态：凝结硬化前的塑形状态，即新拌混凝土或混凝土拌和物；硬化之后的坚硬状态，即硬化混凝土或混凝土。混凝土强度等级是以立方体抗压强度标准值划分，目前我国普通混凝土强度等级划分为 14 级，分别为：C15、C20、C25、C30、C35、C40、C45、C50、C55、C60、C65、C70、C75 和 C80。

（一）混凝土组成材料

1. 水泥

水泥是一种无机水硬性胶凝材料。它与水拌和而成的浆体既能在空气中硬化，又能在水中硬化，将骨料牢固地黏聚在一起形成整体并产生强度。因此水泥是混凝土的重要组成部分。

（1）常用水泥的种类。水泥的种类很多，在混凝土工程中常用的水泥有：硅酸盐水泥、普通硅酸盐水泥、矿渣硅酸盐水泥、火山灰质硅酸盐水泥、粉煤灰硅酸盐水泥和复合硅酸盐水泥。不同品种的硅酸盐水泥主要是通过调整硅酸盐水泥熟料含量，以及掺入不同品种、不同数量的混合材料而划分的，因此不同品种的硅酸盐水泥在性能上既有区别又有联系。

（2）水泥的验收与保管。

1）验收。由于水泥是混凝土的重要组成部分，水泥进场时应进行质量验收，对水泥的品种、级别、包装或散装仓号、出厂日期等进行检查，并应对其强度、安定性及其他必要的性能指标进行复验，其质量必须符合现行国家标准《通用硅酸盐水泥》（GB 175）等的规定。

检查数量：按同一生产厂家、同一等级、同一品种、同一批号且连续进场的水泥，袋装不超过200t 为一批，散装不超过 500t 为一批，每批抽样不少于一次。

检验方法：检查产品合格证、出厂检验报告和进场复验报告。为了及时得知水泥强度，可按《水泥强度快速检验方法》（JC/T 738）预测水泥 28d 强度。

钢筋混凝土结构、预应力混凝土结构中，严禁使用含氯化物的水泥。

2）保管。在水泥的储存过程中，一定要注意防潮、防水。因为水泥受潮后会发生水化作用，凝结成块，降低强度而影响使用，故水泥储存时间不宜过长。常用水泥在正常环境中存放三个月，强度将降低 10%～20%；存放六个月，强度将降低 15%～30%；存放一年，强度将可能降低 40%以上。因此，水泥存放时间按出厂日期起算，超过三个月应视为过期水泥，使用时必须重新检验确定其强度等级，并按复验结果使用。

入库的水泥应按品种、强度等级、出厂日期分别堆放，做好标志，按照先入库的先用、后入库的后用原则进行使用，并防止混掺使用。为了防止水泥受潮，现场仓库应尽量密闭。包装水泥存放时，应垫起离地约 30cm，离墙也应在 30cm 以上。堆放高度一般不要超过 10 包。临时露天暂存水泥也应用防雨篷布盖严，底板要垫高并采取防潮措施。

水泥不得和石灰石、石膏、白垩等粉状物料混放在一起。

（3）水泥的选用。根据《混凝土结构工程施工规范》（GB 50666）的规定，水泥的选用应符合下列规定。

1）水泥品种与强度等级应根据设计、施工要求，以及工程所处环境条件确定。

2）普通混凝土宜选用通用硅酸盐水泥；有特殊需要时，也可选用其他品种水泥。

3）有抗渗、抗冻融要求的混凝土，宜选用硅酸盐水泥或普通硅酸盐水泥。

4）处于潮湿环境的混凝土结构，当使用碱活性骨料时，宜采用低碱水泥。

2. 砂

（1）砂的一般分类。砂按其产源可分为天然砂、人工砂。

1）天然砂。由自然条件作用而形成的，粒径在 5mm 以下的岩石颗粒，称为天然砂。天然砂又可分为河砂、湖砂、海砂和山砂。河砂颗粒圆滑，用它拌制混凝土有较好的和易性；山砂表面粗糙有棱角，与水泥黏结力较好，但用它拌制的混凝土和易性较差，且不如河砂洁净；海砂虽颗粒圆润，但大多夹有贝壳碎片及可溶性盐类，影响混凝土强度。因此，建筑工程首选河砂作为细骨料。

2）人工砂。人工砂为经除土处理的机制砂、混合砂的统称。机制砂是由机械破碎、筛分制成的，粒径小于 4.75mm 的岩石颗粒，但不包括软质岩、风化岩石的颗粒。机制砂颗粒尖锐，有棱角，较洁净，但片状颗粒及细粉含量较多，且成本较高。混合砂是由机制砂和天然砂混合制成的砂。一般在当地缺乏天然资源时，采用人工砂。

砂按粒径大小可分为粗砂、中砂和细砂，目前是以细度模数来划分粗砂、中砂和细砂，习惯上仍用平均粒径来区分，对于泵送混凝土用砂宜选用中砂。

（2）砂的质量要求。配制混凝土的砂要求清洁不含杂质以保证混凝土的质量。而砂中常含有一些有害杂质，如云母、黏土、淤泥、粉砂等，黏附在砂的表面，妨碍水泥与砂的黏结，降低混凝土强度；同时还增加混凝土的用水量，从而加大混凝土的收缩，降低抗冻性和抗渗性。还有一些有机杂质、硫化物及硫酸盐，它们都对水泥有腐蚀作用。砂的质量要求中对上述杂质均有严格限制，如当混凝土强度等级大于等于 C30 时，砂中含泥量、含泥块量分别限制在 3％和 1％以下；混凝土强度等级小于 C30 时，则分别限制在 5％和 2％以下。

根据《混凝土结构工程施工规范》（GB 50666）的规定：细骨料宜选用级配良好、质地坚硬、颗粒洁净的天然砂或机制砂，并应符合下列规定。

1）细骨料宜选用Ⅱ区中砂。当选用Ⅰ区砂时，应提高砂率，并应保持足够的胶凝材料用量，同时应满足混凝土的工作性要求；当采用Ⅲ区砂时，宜适当降低砂率。

2）混凝土细骨料中氯离子含量，对钢筋混凝土，按干砂的质量百分率计算不得大于 0.06％；对预应力混凝土，按干砂的质量百分率计算不得大于 0.02％。

3）含泥量、泥块含量指标应符合规范附录 F 的规定。

4）海砂应符合现行行业标准《海砂混凝土应用技术规范》（JGJ 206）的有关规定。

3. 石子

（1）石子的一般分类。普通混凝土所用的石子是指粒径大于 5mm 的岩石颗粒，它有卵石和碎石两个品种。卵石是由岩体在自然条件作用下风化、冲刷破碎后，在湖、海、河等天然水域中形成并堆积的，粒径大于 5mm 的外形浑圆、少棱角的卵形石块，还有一个名称叫作砾石。碎石是由岩体经破碎、筛分而成的粒径大于 5mm 的岩石碎块。

（2）石子的质量要求。

1）碎石或卵石中的针、片状颗粒，也就是在石子中混杂的形如针状和片状的石子颗粒，这种颗粒强度较低，不能完成混凝土所担负的任务，必须对其含量加以控制。当混凝土强度等级大于等于 C30 时，按重量控制在 15％以下；当混凝土强度等级小于 C30 时，则限制在 25％以下。

2) 含泥量是指碎石和卵石中的粒径小于 0.08mm 颗粒的含量，含泥量严重影响集料与水泥石的粘接，降低混凝土的和易性，并增加用水量，影响混凝土的干缩和抗冻性，因此需要加以限制。碎石或卵石中的泥块含量，是指原颗粒大于 5mm，经水洗手捏后变成小于 2.5mm 的颗粒，有试验证明碎石或卵石中的泥块含量对混凝土的性能有很大影响，尤其对抗拉、抗渗和收缩的影响更大。因此，当混凝土强度等级大于等于 C30 时，石子中含泥量、含泥块量分别限制在 1% 和 0.5% 以下；混凝土强度等级小于 C30 时，则分别限制在 2% 和 0.7% 以下。

3) 碎石的强度或卵石的强度影响着混凝土的强度，碎石的强度是以岩石的抗压强度和压碎指标值表示的，建筑工程中一般采用压碎指标值进行质量控制；卵石的强度只能用压碎指标值表示。

4) 碎石和卵石的坚固性。是指碎石和卵石在气候、环境变化或其他物理因素作用下抵抗碎裂的能力。采用硫酸钠溶液法进行试验，石子的样品在其饱和溶液中经 5 次循环浸渍后，重量必然会损失，损失越大表明坚固性越差。

根据《混凝土结构工程施工规范》（GB 50666）的规定：粗骨料宜选用粒形良好、质地坚硬的洁净碎石或卵石，并应符合下列规定。

① 粗骨料最大粒径不应超过构件截面最小尺寸的 1/4，且不应超过钢筋最小净间距的 3/4；对实心混凝土板，粗骨料的最大粒径不宜超过板厚的 1/3，且不应超过 40mm。

② 粗骨料宜采用连续粒级，也可采用单粒级组合成满足要求的连续粒级。

③ 含泥量、泥块含量指标应符合规范附录 F 的规定。

4. 水

一般符合国家标准的生活饮用水，可直接用于拌制各种混凝土。地表水和地下水首次使用前，应按有关标准进行检验后方可使用。海水可用于拌制素混凝土，但不得用于拌制钢筋混凝土和预应力混凝土。有饰面要求的混凝土也不应用海水拌制。

混凝土生产厂及商品混凝土厂搅拌设备的洗刷水，可用作拌和混凝土的部分用水。但要注意洗刷水所含水泥和外加剂品种对所拌和混凝土的影响，并且最终拌和水中氯化物、硫酸盐及硫化物的含量应满足规定要求。

5. 矿物掺和料

矿物掺和料，指以氧化硅、氧化铝为主要成分，在混凝土中可以代替部分水泥、改善混凝土性能，且掺量不小于 5% 的具有火山灰活性的粉体材料，如粉煤灰、磨细矿渣、沸石粉、硅粉和复合掺和料。

矿物掺和料是混凝土的主要组成材料，它起着根本改变传统混凝土性能的作用。在高性能混凝土中加入较大量的磨细矿物掺和料，可以起到降低温升，改善工作性能，增进后期强度，改善混凝土内部结构，提高耐久性，节约资源等作用。其中，某些矿物掺和料还能起到抑制碱骨料反应的作用。可以将这种磨细矿物掺和料作为胶凝材料的一部分，高性能混凝土中的水胶比是指水与水泥加矿物细掺和料之比。

矿物掺和料不同于传统的水泥混合材，虽然两者同为粉煤灰、矿渣等工业废料及沸石粉、石灰粉等天然矿物，但两者的细度有所不同，由于组成高性能混凝土的矿物掺和料细度更细，颗粒级配更合理，具有更高的表面活性能，能充分发挥细掺和料的粉体效应，其掺量也远远高过水泥混合材。

不同的矿物掺和料对改善混凝土的物理、力学性能与耐久性具有不同的效果，应根据混凝土的设计要求与结构的工作环境加以选择。

6. 外加剂

在钢筋混凝土结构中，常常要求混凝土本身除满足工程结构要求以外，还具有一定的功能，此外，根据混凝土使用的部位、输送的形式，也要求改善混凝土的某些性能，这些客观实际所提出的问题，不是仅仅依靠混凝土本身就能够解决的，而是需要在混凝土搅拌过程中掺入某些物质，这些物质称为混凝土外加剂。

（1）如果需要改善混凝土拌和物流变性能，应选择减水剂、引汽剂和泵送剂等外加剂。减水剂是一种不影响混凝土和易性，并且具有减水及增强作用的外加剂。混凝土中水的含量与混凝土的强度有关，水的含量越高，混凝土的强度越低。因此，在不影响混凝土和易性的前提下，降低混凝土中的水含量，其实就是突出了混凝土的强度。减水剂的种类很多，按化学成分分类就可分为：木质素磺酸盐类、聚烷基芳基磺酸盐类（俗称煤焦油系减水剂）、磺化三聚胺甲醛树脂磺酸盐类（俗称密胺类减水剂）、糖蜜类和腐殖酸类减水剂，等等。如果按功能和作用划分还可分为以下几类。

1）普通减水剂：在混凝土坍落度基本相同的情况下，具有减少拌和用水（减水率大于或等于5%）和增强（28d 抗压强度提高 5% 以上）作用的外加剂。

2）高效减水剂：在混凝土坍落度基本相同的情况下，具有减少拌和用水（减水率大于或等于10%）和增强（28d 抗压强度提高 15% 以上）作用的外加剂。

3）早强减水剂：这是一种兼有早强和减水功能的外加剂。

4）缓凝减水剂：这是一种兼有缓凝和减水功能的外加剂。

5）引气减水剂：这是一种兼有引气和减水功能的外加剂。

引气剂也是在工程上经常使用的，这种外加剂的特点是混凝土在搅拌过程中，能引入大量分布均匀的微小气泡，从而减少混凝土拌和物的泌水离析，改善和易性，并能提高混凝土的抗冻、耐久性能。

目前，很多结构的混凝土是通过泵送的形式，使混凝土达到浇筑地点的，特别是高层建筑中，极少使用塔吊加灰斗的传统方式运送，大部分采用泵送混凝土，这种输料形式，往往要求混凝土搅拌过程中加入能够改善混凝土拌和物泵送性能的泵送剂。

（2）如果需要调节混凝土拌和物凝结时间和硬化性能，应选择缓凝剂、速凝剂和早强剂等外加剂。

1）缓凝剂：是一种能够延长混凝土拌和物凝结时间的外加剂。

2）速凝剂：是一种能够使混凝土拌和物迅速凝结硬化的外加剂。

3）早强剂：是一种能够加速混凝土早期（1d、3d 或 7d）强度发展的外加剂。

如果需要调节混凝土耐久性能，应选择引气剂、防水剂（防渗剂）、起泡剂（泡沫剂）和阻锈剂。

1）防水剂：也称为防渗剂，是一种能够降低砂浆、混凝土在静水压力下的透水性的外加剂。

2）起泡剂：也称为泡沫剂，因物理作用而引入大量空气，从而用于生产泡沫混凝土的外加剂。

3）阻锈剂：是一种能够抑制或减轻混凝土中钢筋或其他预埋金属锈蚀的外加剂。

如果需要改善混凝土其他特殊性能，应选择加气剂（发气剂）、消泡剂、保水剂、灌浆剂、膨胀剂、防冻剂、着色剂、碱骨料反应抑制剂和喷射混凝土外加剂等。

1）加气剂：也称为发气剂，是一种能够在混凝土拌和物中因发生化学反应放出气体而使混凝土中形成大量气孔的外加剂。

2) 消泡剂：是一种能够防止混凝土拌和物中产生或使原有气泡减少的外加剂。

3) 保水剂：是一种能够使混凝土拌和物或砂浆的泌水量减少，防止离析，增加可塑性及和易性，减少水分损失的外加剂。

4) 灌浆剂：是一种能够改善混凝土拌和物的浇筑性能，使其流动性、体积膨胀及稳定性、泌水离析等一种或多种性能均有良好抑制作用的外加剂。

5) 膨胀剂：是一种能够使混凝土产生一定体积膨胀的外加剂。

6) 防冻剂：是一种能够降低水和混凝土拌和物液相冰点，使混凝土在相应负温下免受冻害，并在规定养护条件下达到预期性能的外加剂。

7) 着色剂：是一种能够使混凝土具有稳定色彩的外加剂。

8) 碱骨料反应抑制剂：是一种能够减少和控制由于碱骨料反应引起混凝土硬化后遭受膨胀破坏的外加剂。

9) 喷射混凝土外加剂：是一种能够改善混凝土和砂浆与基底黏结性及喷射后稳定性的外加剂。

（3）外加剂的质量要求。混凝土中掺用外加剂的质量及应用技术应符合现行国家标准《混凝土外加剂》（GB 8076）、《混凝土外加剂应用技术规范》（GB 50119）等和有关环境保护的规定。

预应力混凝土结构中，严禁使用含氯化物的外加剂。钢筋混凝土结构中，当使用含氯化物的外加剂时，混凝土中氯化物的总含量应符合现行国家标准《混凝土质量控制标准》（GB 50164）的规定。

检查数量：按进场的批次和产品的抽样检验方案确定。

检验方法：检查产品合格证、出厂检验报告和进场复验报告。

（4）外加剂的选用。外加剂的选用应根据设计、施工要求、混凝土原材料性能以及工程所处环境条件等因素通过试验确定，并应符合下列规定。

1) 当使用碱活性骨料时，由外加剂带入的碱含量（以当量氧化钠计）不宜超过 $1.0kg/m^3$，混凝土总碱含量尚应符合现行国家标准《混凝土结构设计标准》（GB/T 50010）（2024 年版）等的有关规定。

2) 不同品种外加剂首次复合使用时，应检验混凝土外加剂的相容性。

（二）混凝土的施工配料

不同要求的混凝土应单独进行混凝土配合比设计。混凝土配合比设计，是根据混凝土强度等级及施工所要求的混凝土拌和物坍落度指标在实验室试配完成的，故又称为混凝土实验室配合比。如果混凝土还有其他技术性能要求，除在计算和试配过程中予以考虑外，还应增添相应的试验项目进行试验确认。

混凝土配合比设计应满足设计需要的强度和耐久性指标。

1. 普通混凝土实验室配合比设计

普通混凝土实验室配合比设计步骤如下。

（1）计算出要求的试配强度，并测算出所要求的水胶比值。

（2）选取合理的每立方米混凝土的用水量，并由此计算出每立方米混凝土的水泥用量。

（3）选取合理的砂率值，计算出粗、细骨料的用量，提出供试配用的配合比。

2. 普通混凝土试配强度确定

什么叫试配强度呢？一般来说，在没有特指的情况下，混凝土的强度是指它的抗压强度。建筑结构课程提到的混凝土已经有 5 个含义不同的强度值，以混凝土强度等级 C30 为例结合起来见

表 4 - 40。

表 4 - 40　　　　　　　　　　**C30 混凝土各强度值名称表一览**

混凝土强度	混凝土强度值名称	符号	数值（N/mm²）
C30	混凝土强度标准值	$f_{cu,k}$	30
	混凝土配制强度	$f_{cu,o}$	38.225（标准差 σ 取 5）
	混凝土轴心抗压强度	f_{ck}	20.1（标准值）
		f_c	14.3（设计值）
	混凝土轴心抗拉强度	f_{tk}	2.01（标准值）
		f_t	1.43（设计值）

表 4 - 40 中，$f_{cu,k}$ 为混凝土强度标准值，指边长为 150mm 的立方体试件，按标准方法制作和养护 28d，用标准试验方法测得的具有 95% 保证率的抗压强度，是强度等级定级的数值标准。

由于压力机的压板与混凝土试块表面之间的摩擦力约束了混凝土的自由扩展，而工程结构中各构件（如梁、板、柱等）不存在这类约束或只存在于端部很小范围内，混凝土强度标准值即立方体试块强度标准值要比混凝土轴心抗压强度标准值大许多。

很显然，混凝土试配强度平均值如按混凝土强度标准值取值，由于试配强度平均值也是总体数据平均值的最佳估值，即总体数据中大于等于混凝土强度标准值的概率只有 50% 而不是 95%。因此，为了满足 95% 保证率的混凝土抗压强度，混凝土试配强度平均值必须比设计的混凝土强度标准值提高一个数值，根据概率统计理论可以证明，只要提高 1.645σ 就刚好可以有 95% 的保证率（见图 4 - 109），所以《混凝土结构工程施工规范》（GB 50666）规定：当设计强度等级低于 C60 时，混凝土的配制强度应按下式确定

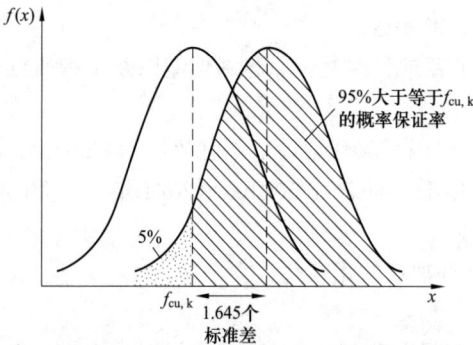

图 4 - 109　混凝土强度概率分布曲线图

$$f_{cu,o} \geq f_{cu,k} + 1.645\sigma$$

式中：$f_{cu,o}$ 为混凝土的施工配制强度，MPa；$f_{cu,k}$ 为设计的混凝土立方体抗压强度标准值，MPa，σ 为施工单位的混凝土强度标准差，MPa。

σ 的取值，如施工单位具有近期混凝土强度的统计资料时，可按下式求得

$$\sigma = \sqrt{\frac{\sum_{i=1}^{n}(f_{cu,i} - m_{fcu})^2}{n-1}} = \sqrt{\frac{\sum_{i=1}^{n}f_{cu,i}^2 - nm_{fcu}^2}{n-1}} \qquad (4-35)$$

式中：$f_{cu,i}$ 为统计周期内同一品种混凝土第 i 组试件强度值，MPa；m_{fcu} 为统计周期内同一品种混凝土 n 组试件强度的平均值，MPa；n 为统计周期内同一品种混凝土试件总数，$n \geq 25$。

当混凝土强度等级不高于 C30 时，如计算得到的 $\sigma < 3.0$MPa，取 $\sigma = 3$MPa；如计算得到的 σ 大于等于 3.0MPa 时，应按计算结果取值；当混凝土强度等级高于 C30 且低于 C60，而计算

得到的 σ 大于等于 4.0MPa 时，应按计算结果取值；当计算得到的 σ 小于 4.0MPa 时，σ 应取 4.0MPa。

对预拌混凝土厂和预制混凝土构件厂，其统计周期可取为一个月；对现场拌制混凝土的施工单位，其统计周期可根据实际情况确定，但不宜超过三个月。

施工单位当没有近期的同品种混凝土强度统计资料时，可按表 4-41 取值。

表 4-41　　　　　　　　　　　　　混凝土强度标准差 σ 值

混凝土强度等级	≤C20	C25～C45	C50～C55
σ（N/mm²）	4.0	5.0	6.0

上述标准差取值实际上就是根据统计资料，我国施工企业的平均水平。如 C30 混凝土，根据取值表，混凝土的施工配制强度为

$$f_{cu,o}=f_{cu,k}+1.645\sigma=30+1.645\times5=38.225\ (\text{MPa})$$

表 4-40 的混凝土的施工配制强度取值就是这样计算出来的。通俗地说，混凝土强度等级 C30 的混凝土，按正常标准，一定组数里它的试块抗压强度结果平均值绝对不是在 30MPa 左右，而是在 $30+1.645\sigma$ 左右，与它的施工配制强度是相符的。

当混凝土设计强度等级不低于 C60 时，配制强度应按下式确定：

$$f_{cu,o}\geqslant1.15f_{cu,k} \tag{4-36}$$

3. 普通混凝土施工配合比及施工配料

前述普通混凝土实验室配合比设计，是在实验室根据提供的水泥、砂石样品经过计算、试配和调整而确定的，也称为实验室配合比。实验室配合比所用的砂、石都是不含水分的。而施工现场砂、石都有一定的含水率，且含水率大小随气温条件不断变化。为了保证混凝土的质量，施工中应按砂、石实际含水率对原配合比进行调整。根据现场砂、石含水率调整后的配合比称为施工配合比。

由于现场砂实际含水率是以砂中水的质量与干砂质量之比确定的，即

$$W_s=\frac{m_{砂中水}}{m_{干砂}}\times100\% \tag{4-37}$$

$$W_g=\frac{m_{石中水}}{m_{干石}}\times100\% \tag{4-38}$$

也就是说假如实验室配合比中确定 x 千克干砂，则称的现场湿砂质量既要保证有 x 千克干砂，还要称进同时满足含水率的砂中水，所以根据砂含水率的定义必须称现场湿砂 $x+xW_s$；同理，假如实验室配合比中确定 y 千克干石，则现场湿石称重 $y+yW_g$。

设实验室配合比如下，水泥∶砂∶石∶净加水 $=1∶x∶y∶W/C$，则施工配合比为

水泥∶湿砂∶湿石∶实际净加水 $=1∶x+xW_s∶y+yW_g∶(W/C-xW_s-yW_g)$ （4-39）

由于湿砂、湿石已经称进了砂中水和石中水，为了与实验室配合比完全匹配，实际净加水质量要从实验室配合比中的水胶比 W/C 中扣除。

【例 4-5】　某工程混凝土实验室配合比为 1∶2.32∶4.27，水胶比 $W/C=0.60$，每立方米混凝土水泥用量为 300kg，现场砂石含水率分别为 3%、1%，求施工配合比，若采用 JZ350 型（出料混凝土拌和物 0.35m³），求每拌一次材料用量。

【解】　施工配合比，水泥∶湿砂∶湿石∶实际净加水为

$1∶x+xW_s∶y+yW_g∶(W/C-xW_s-yW_g)=1∶2.32(1+0.03)∶4.27(1+0.01)∶$
$(0.60-2.32\times0.03-4.27\times0.01)=1∶2.39∶4.31∶0.488$

用 JZ350 型（出料混凝土拌和物 0.35m³）施工配料：

水泥：300×0.35＝105（kg）

湿砂：105×2.39＝250.95（kg）

湿石：105×4.31＝452.55（kg）

实际净加水：105×0.488＝51.24（kg）

（三）混凝土搅拌机选择与开盘鉴定

1. 搅拌机的选择

混凝土搅拌机是将各种组成材料拌制成质地均匀、颜色一致、具备一定流动性的混凝土拌和物。如混凝土搅拌得不均匀就不能获得密实的混凝土，影响混凝土的质量，所以搅拌是混凝土施工工艺中很重要的一道工序。由于人工搅拌混凝土质量差，消耗水泥多，而且劳动强度大，所以只有在工程量很小时才用人工搅拌。一般均采用机械搅拌。

混凝土搅拌机的搅拌筒内壁焊有弧形叶片，当搅拌筒绕水平轴旋转时，叶片不断将物料提升到一定高度，利用重力的作用，自由落下。由于各物料颗粒下落的时间、速度、落点和滚动距离不同，从而使物料颗粒达到混合的目的。自落式搅拌机宜于搅拌塑形混凝土和低流动性混凝土。

JZ 锥形反转出料搅拌机（见图 4-110）是自落式搅拌机中较好的一种，由于它的主副叶片分

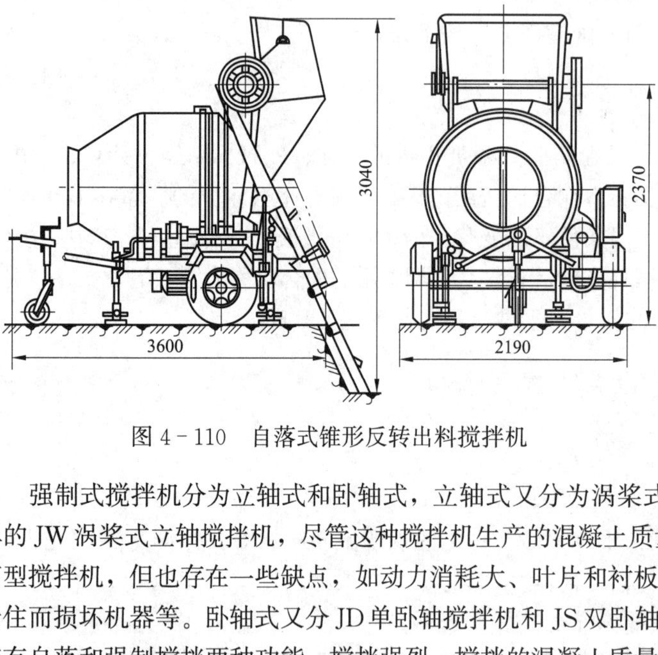

图 4-110　自落式锥形反转出料搅拌机

别与拌筒轴线成 45°和 40°夹角，故搅拌时叶片使物料作轴向窜动，所以搅拌运动比较强烈。它正转搅拌，反转出料，功率消耗大。这种搅拌机构造简单，重量轻，搅拌效率高，出料干净，维修保养方便。

强制式搅拌机利用运动着的叶片强迫物料颗粒朝环向、径向和竖向各个方面产生运动，使各物料均匀混合。强制式搅拌机作用比自落式强烈，宜于搅拌干硬性混凝土和轻骨料混凝土。

强制式搅拌机分为立轴式和卧轴式，立轴式又分为涡浆式和行星式。1965 年我国研制出构造简单的 JW 涡浆式立轴搅拌机，尽管这种搅拌机生产的混凝土质量、搅拌时间、搅拌效率等明显优于鼓筒型搅拌机，但也存在一些缺点，如动力消耗大、叶片和衬板磨损大、混凝土骨料尺寸大时易把叶片卡住而损坏机器等。卧轴式又分 JD 单卧轴搅拌机和 JS 双卧轴搅拌机，由旋转的搅拌叶片强制搅动，兼有自落和强制搅拌两种功能，搅拌强烈，搅拌的混凝土质量好，搅拌时间短，生产效率高。

选择搅拌机时，要根据工程量大小、混凝土的坍落度、骨料尺寸等而定，既要满足技术上的要求，也要考虑经济效果和节约能源。

搅拌机使用注意事项如下。

（1）安装：搅拌机应设置在平坦的位置，用方木垫起前后轮轴，使轮胎搁高架空，以免在开动时发生走动。固定式搅拌机要装在固定的机座或底架上。

（2）检查：电源接通后，必须仔细检查，经 2～3min 空车试转认为合格后，方可使用。试运转时应校验拌筒转速是否合适，一般情况下，空车速度比重车（装料后）稍快 2～3 转，如相差较多，应调整齿轮与传动轮的比例。拌筒的旋转方向应符合箭头指示方向，如不符时，应更正电动机接线。检查传动离合器和制动器是否灵活可靠，钢丝绳有无损坏，轨道滑轮是否良好，周围有无障碍

及各部件的润滑情况等。

(3) 保护：电动机应装设外壳或采用其他保护措施，防止水分和潮气浸入而损坏。电动机必须安装启动开关，速度由缓变快。

开机后，经常注意搅拌机各部件的运转是否正常。停机时，经常检查搅拌机叶片是否打弯，螺钉有否打落或松动。

当混凝土搅拌完毕或预计停歇 1h 以上时，除将余料出净外，应将石子和清水倒入拌筒内，开机转动 5～10min，把粘在料筒上的砂浆冲洗干净后全部卸出。料筒内不得有积水，以免料筒和叶片生锈。同时还应清理搅拌筒外积灰，使机械保持清洁完好。下班后及停机不用时，将电动机保险丝取下，以保证安全。

2. 搅拌制度的确定

为了获得质量优良的混凝土拌和物，除正确选择搅拌机外，还必须正确确定搅拌制度，即搅拌时间、投料顺序等。

(1) 搅拌时间。搅拌时间是影响混凝土质量及搅拌机生产率的重要因素之一，时间过短，拌和不均匀，会降低混凝土的强度和和易性；时间过长，不仅会影响搅拌机的生产率，而且会使混凝土和易性降低或产生分层离析现象。搅拌时间与搅拌机的类型、鼓筒尺寸、骨料的品种和粒径以及混凝土的坍落度有关，混凝土搅拌的最短时间即自全部材料装入搅拌筒中起到卸料止。根据《混凝土结构工程施工规范》（GB 50666）的规定，混凝土搅拌均匀宜采用强制式搅拌机搅拌。混凝土搅拌的最短时间可按表 4 - 42 采用，当能保证搅拌均匀时可适当缩短搅拌时间。搅拌强度 C60 及以上的混凝土时，搅拌时间应适当延长。

表 4 - 42　　　　　　　　　　　　混凝土搅拌的最短时间　　　　　　　　　　　　　　　s

混凝土坍落度（mm）	搅拌机机型	搅拌机出料容量（L）		
		<250	250～500	>500
≤40	强制式	60	90	120
>40，且 100	强制式	60	60	90
≥100	强制式	60		

注　1. 混凝土搅拌时间指从全部材料装入搅拌筒中起，到开始卸料时止的时间段。

　　2. 当掺有外加剂与矿物掺和料时，搅拌时间应适当延长。

　　3. 采用自落式搅拌机时，搅拌时间宜延长 30s。

　　4. 当采用其他形式的搅拌设备时，搅拌的最短时间也可按设备说明书的规定或经试验确定。

(2) 投料顺序。投料顺序应从提高搅拌质量，减少叶片、衬板的磨损，减少水泥粘罐和水泥飞扬等方面综合考虑确定。常用方法是一次投料法。

一次投料法，即在上料斗中先装石子，再加水泥和砂，然后一次投入搅拌机。在鼓筒内先加水或在料斗中提升进料的同时加水，这种上料顺序使水泥夹在石子和砂中间，上料时水泥不致飞扬又不粘罐，且水泥和砂先进入搅拌筒形成水泥砂浆，可缩短包裹石子的时间。

工程中很少采用二次投料法。二次投料法可分为预拌水泥砂浆法、预拌水泥净浆法。预拌水泥砂浆法是先将水泥、砂和水加入搅拌筒内进行充分搅拌，成为均匀的水泥砂浆，再投入石子搅拌成均匀的混凝土。预拌水泥净浆法是将水泥和水充分搅拌成均匀的水泥净浆后，再加入砂和石子搅拌成混凝土。

水泥裹砂法又称 SEC 法，采用这种方法拌制的混凝土称为 SEC 混凝土或造壳混凝土。其搅拌程序是先加一定量的水，将砂表面的含水量调节到某一规定的数值后，再将石子加入与湿砂拌匀，然后将全部水泥投入，与润湿后的砂、石拌和，使水泥在砂、石表面形成一层低水胶比的水泥浆壳（此过程称为"成壳"），最后将剩余的水和外加剂加入，搅拌成混凝土。

采用二次投料法和 SEC 法制备的混凝土与一次投料法比较，混凝土强度可提高 15%～30%，在混凝土强度相同的情况下，可节约水泥 20%。二次投料法由于搅拌时间延长 50% 至一倍，生产效率较低，工程上较少采用。

3. 开盘鉴定

根据《混凝土结构工程施工规范》（GB 50666）规定，对首次使用的混凝土配合比应进行开盘鉴定，开盘鉴定应包括下列内容。

（1）混凝土的原材料与配合比设计所采用原材料的一致性。

（2）出机混凝土工作性与配合比设计要求的一致性。

（3）混凝土强度。

（4）混凝土凝结时间。

（5）工程有要求时，还应包括混凝土耐久性能等。

开盘鉴定一般可按照下列要求进行组织：施工现场拌制的混凝土，其开盘鉴定由监理工程师组织，施工单位项目部技术负责人、混凝土专业工长和试验室代表等共同参加。预拌混凝土搅拌站的开盘鉴定，由预拌混凝土搅拌站总工程师组织，搅拌站技术、质量负责人和试验室代表等参加，当有合同约定时应按照合同约定进行。

（四）混凝土搅拌站

混凝土拌和物在搅拌站集中拌制，可以做到自动上料、自动称量、自动出料和集中操作控制，机械化、自动化程度大大提高，劳动强度大大降低，使混凝土质量得到改善，可以取得较好的技术经济效果。为了适应我国基本建设事业飞速发展的需要，很多大城市已建立混凝土集中搅拌站，目前的供应半径为 15～20km。搅拌站的机械化及自动化水平一般较高，用自卸汽车直接供应搅拌好的混凝土，然后直接浇筑入模。这种供应"商品混凝土"的生产方式不但能保证混凝土质量，而且符合集约化的模式，经济、社会效益显著。

当然，施工现场还可根据工程任务的大小、现场的具体条件、机具设备的情况，因地制宜地选用移动式混凝土搅拌站。

二、混凝土的运输及设备

《混凝土结构工程施工规范》（GB 50666）强制性条文规定：混凝土运输、输送、浇筑过程中严禁加水；混凝土运输、输送、浇筑过程中散落的混凝土严禁用于混凝土结构构件中的浇筑。

1. 混凝土水平运输设备

（1）手推车。手推车是施工工地上普遍使用的水平运输工具，具有小巧、轻便等特点，不但适用于一般的地面水平运输，还能在脚手架、施工栈道上使用；也可与塔吊、井架等配合使用，解决垂直运输。

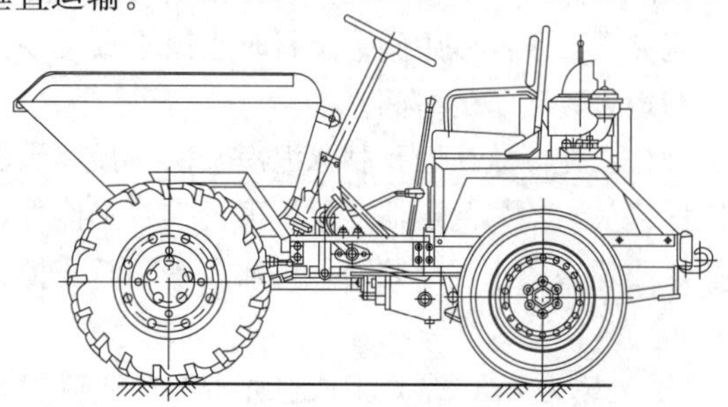

图 4-111　机动翻斗车

（2）机动翻斗车（见图 4-111）。是用柴油机装配而成的翻斗车，功率为 7355W，最大行驶速度达 35km/h。车前装有容量为 400L、载重 1000kg 的翻斗。具有轻便灵活、结构简单、转弯半径小、速度快、能自动卸料、操作维护简便等特点。适用于短距离水平运输混凝土以及砂、石等散装材料。

（3）混凝土搅拌输送车（见图 4-112）。混凝土搅拌输送车是一种用于长距离输送混凝土的高效能机械,它是将运送混凝土的搅拌筒安装在汽车底盘上,把混凝土搅拌站生产的混凝土拌和物灌装入搅拌筒内,直接运至施工现场,供浇筑作业需要。在运输途中,混凝土搅拌筒始终在不停地慢速转动,从而使筒内的混凝土拌和物连续得到搅动,以保证混凝土通过长途运输后,仍不致产生离析现象。在运输距离很长时,也可将混凝土干料装入筒内,在运输途中加水搅拌,这样能减少由于长途运输而引起的混凝土坍落度损失。混凝土搅拌输送车的拌筒容积在 $5 \sim 11 m^3$,搅动能力在 $2 \sim 8 m^3$,卸料时间在 $1 \sim 6 min$。

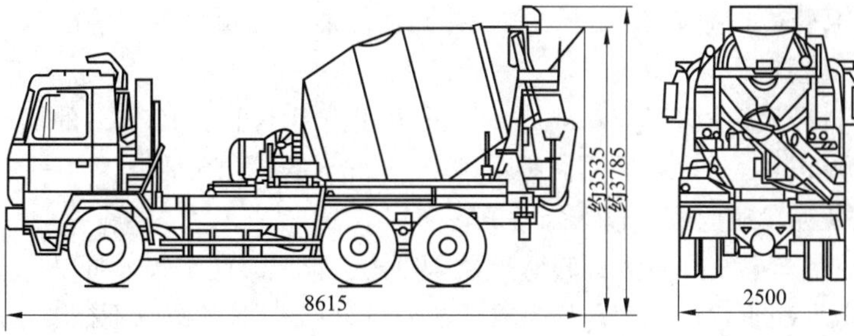

图 4 - 112　MR45 - T 型混凝土搅拌输送车

使用混凝土搅拌输送车必须注意以下事项。

1)混凝土必须在最短的时间内均匀无离析地排出,出料干净、方便,能满足施工的要求,如与混凝土泵联合输送时,其排料速度应能相匹配。

2)从搅拌输送车运卸的混凝土中,分别取 1/4 和 3/4 处试样进行坍落度试验,两个试样的坍落度值之差不得超过 3cm。

3)混凝土搅拌输送车在运送混凝土时,通常的搅动转速为 $2 \sim 4 r/min$,整个输送过程中拌筒的总转数应控制在 300 转以内。

4)若混凝土搅拌输送车采用干料自行搅拌混凝土时,搅拌速度一般应为 $6 \sim 18 r/min$;搅拌应从混合料和水加入搅拌筒起,直至搅拌结束,转数应控制在 $70 \sim 100 r$。

2. 垂直运输设备

(1)塔式起重机见第六章。

(2)施工升降机见第六章。

3. 混凝土泵送设备及管道

混凝土输送是指对运输至现场的混凝土,采用输送泵、溜槽、吊车配备斗容器、升降设备配备小车等方式送至浇筑点的过程。为提高机械化施工水平,提高生产效率,保证施工质量,应优先选用预拌混凝土泵送方式。

(1)输送泵。常用的混凝土输送泵有汽车泵、拖泵(固定泵)、车载泵三种类型。由于各种输送泵的施工要求和技术参数不同,根据《混凝土结构工程施工规范》(GB 50666)第 8.2.2 条的规定,输送泵具有以下特征。

1)输送泵的选型应根据工程特点、混凝土输送高度和距离、混凝土工作性能确定。

2)输送泵的数量应根据混凝土浇筑量和施工条件确定,必要时应设置备用泵。

说明:混凝土输送泵的配备数量,应根据混凝土一次浇筑量和每台泵的输送能力以及现场施工条件经计算确定。混凝土泵配备数量可根据现行行业标准《混凝土泵送施工技术规程》(JGJ/T 10—2011)的相关规定进行计算。对于一次浇筑量较大、浇筑时间较长的工程,为避免输送泵可能遇到的故障而影响混凝土浇筑,应考虑设置备用泵。

3）输送泵设置的位置应满足施工要求，场地应平整、坚实，道路应畅通。

说明：输送泵设置位置的合理与否直接关系到输送泵距离的长短、输送泵管弯管的数量，进而影响混凝土输送能力。为了最大限度发挥混凝土输送能力，合理设置输送泵的位置显得尤为重要。

4）输送泵的作业范围不得有阻碍物；输送泵设置位置应有防范高空坠物的设施。

（2）输送泵管的选配与安装。根据《混凝土结构工程施工规范》（GB 50666）第8.2.3条，混凝土输送泵管与支架的设置应符合下列规定。

1）混凝土输送泵管应根据输送泵的型号、拌和物性能、总输出量、单位输出量、输送距离以及粗骨料粒径等进行选择。

2）混凝土粗骨料最大粒径不大于25mm时，可采用内径不小于125mm的输送泵管；混凝土粗骨料最大粒径不大于40mm时，可采用内径不小于150mm的输送泵管。

3）输送泵管安装连接应严密，输送泵管道转向宜平缓。

说明：输送泵管的弯管采用较大的转弯半径以使输送管道转向平缓，可以大大减少混凝土输送泵的泵口压力，降低混凝土输送难度。如果输送泵管安装接头不严密或不按要求安装接头密封圈，而使输送管道漏气、漏浆，这些都是堵泵的直接因素，所以在施工现场应严格控制。

4）输送泵管应采用支架固定，支架应与结构牢固连接，输送泵管转向支架应加密；支架应通过计算确定，设置位置的结构应进行验算。必要时应采取加固措施。

说明：水平输送泵管和竖向输送泵管都应该采用支架进行固定，支架与输送泵管的连接都应连接牢固。输送泵管、支架严禁直接与脚手架或模架相连接，以防发生安全事故。由于在输送泵管的弯管转向区域受力较大，通常情况弯管转向区域的支架应加密。

5）向上输送混凝土时，地面水平输送泵管的直管和弯管总的折算长度不宜小于竖向输送高度的20%，且不宜小于15m。

说明：垂直向上配管时，随着高度的增加，混凝土势能增大对混凝土泵产生过大的压力，存在回流的趋势，因此应在混凝土泵与垂直配管之间铺设一定长度的水平管道，以保证有足够的阻力阻止混凝土回流。

6）输送泵管倾斜或垂直向下输送混凝土，且高差大于20m时，应在倾斜或竖向管下端设置直管或弯管，直管或弯管总的折算长度不宜小于高差的1.5倍。

说明：输送泵管倾斜或垂直向下输送混凝土时，由于输送泵管内的混凝土在自重作用下会下落而造成空管即管道中产生真空段，极易堵管；而向下配置的管道底部设有足量的弯头或水平配管，可以平衡混凝土因自重产生的下压力，避免在管道中产生真空段。

7）输送高度大于100m时，混凝土输送泵出料口处的输送泵管位置应设置截止阀。

8）混凝土输送泵管及其支架应经常进行检查和维护。

（3）混凝土的泵送。根据现行行业标准《混凝土泵送施工技术规程》（JGJ/T 10）的5.3条，混凝土的泵送应满足以下规定。

1）泵送混凝土时，混凝土泵的支腿应伸出调平并插好安全销，支腿支撑应牢固。

2）混凝土泵与输送管连通后，应对其进行全面检查。混凝土泵送前应进行空载试运转。

3）混凝土泵送施工前应检查混凝土送料单，核对配合比，检查坍落度，必要时还应测定混凝土扩展度，在确认无误后方可进行混凝土泵送。

4）泵送混凝土的入泵坍落度不宜小于100mm，对强度等级超过C60的泵送混凝土，其入泵坍落度不宜小于180mm。

说明：大量的施工经验表明，当混凝土入泵坍落度小于100mm时，泵送困难。而对于高强混凝土，因其运动黏度较大，坍落度需要达到 180mm 以上才能保证顺利施工。

5）混凝土泵启动后，应先泵送适量清水以湿润混凝土泵的料斗、活塞及输送管的内壁等直接与混凝土接触部位。泵送完毕后，应清除泵内积水。

说明：在泵送润滑水泥砂浆或水泥浆前，先泵送适量水的作用是：第一，可湿润混凝土泵的料斗、活塞及输送管内壁等直接与混凝土接触部位，减少润滑水泥砂浆用量和强度的损失；第二，可检查混凝土泵和输送管中有无异物，接头是否严密；这种做法叫泵水检查。

6）经泵送清水检查，确认混凝土泵和输送管中无异物后，应选用下列浆液中的一种润滑混凝土泵和输送管内壁：水泥净浆；1：2 水泥砂浆；与混凝土内除粗骨料外的其他成分相同配合比的水泥砂浆。

润滑用浆料泵出后应妥善回收，不得作为结构混凝土使用。

说明：新铺设或重复安装的管道以及混凝土泵的活塞和料斗，一般都较干燥且吸水性较大。泵送适量水泥砂浆或水泥净浆后，能使混凝土泵的料斗、活塞及输送管内壁充分润湿形成一层润滑膜，从而有利于减小混凝土的流动阻力。此法是顺利输送混凝土的关键，如果不采取这一技术措施将会造成堵泵或堵管。

7）开始泵送时，混凝土泵应处于匀速缓慢运行并随时可反泵的状态。泵送速度应先慢后快，逐步加速。同时，应观察混凝土泵的压力和各系统的工作情况，待各系统运转正常后，方可以正常速度进行泵送。

8）泵送混凝土时，应保证水箱或活塞清洗室中水量充足。

9）在混凝土泵送过程中，如需加接输送管，应预先对新接管道内壁进行湿润。

10）当混凝土泵出现压力升高且不稳定、油温升高、输送管明显振动等现象而泵送困难时，不得强行泵送，并应立即查明原因，采取措施排除故障。

说明：当出现混凝土泵送困难时，可采用木槌敲击输送管的弯管、锥形管，因为混凝土通过这些部位比通过直管困难，用木槌可将这些部位的混凝土敲击松散，使其顺利通过管道，恢复正常泵送，避免堵塞。

11）当输送管堵塞时，应及时拆除管道，排除堵塞物。拆除的管道重新安装前应湿润。

12）当混凝土供应不及时，宜采取间隙泵送方式，放慢泵送速度。间歇泵送可采取每隔 4～5min 进行两个行程反泵，再进行两个行程正泵的泵送方式。

说明：间歇正泵和反泵是为防止混凝土结块或离析沉淀造成管道堵塞事故。

13）向下泵送混凝土时，应采取措施排除管内空气。

14）泵送完毕时，应及时将混凝土泵和输送管清洗干净。

4．混凝土布料设备

布料设备是指安装在输送泵管前端，用于混凝土浇筑的布料机或布料杆。布料设备应根据工程结构特点、施工工艺、布料要求和配管情况等进行选择。根据《混凝土结构工程施工规范》（GB 50666），混凝土输送布料设备的设置应符合下列规定。

1）布料设备的选择应与输送泵相匹配；布料设备的混凝土输送管内径宜与混凝土输送泵管内径相同。

2）布料设备的数量及位置应根据布料设备工作半径、施工作业面大小以及施工要求确定。

3）布料设备应安装牢固，且应采取抗倾覆措施；布料设备安装位置处的结构或专用装置应进行验算，必要时应采取加固措施。

4）应经常对布料设备的弯管壁厚进行检查，磨损较大的弯管应及时更换。

5）布料设备作业范围不得有阻碍物，并应有防范高空坠物的设施。

常用混凝土布料设备介绍如下。

（1）混凝土泵车布料杆。混凝土泵车布料杆是在混凝土泵车上附装的既可伸缩也可曲折的混凝土布料装置。混凝土输送管道就设在布料杆内，末端是一段软管，用于混凝土浇筑时的布料工作。

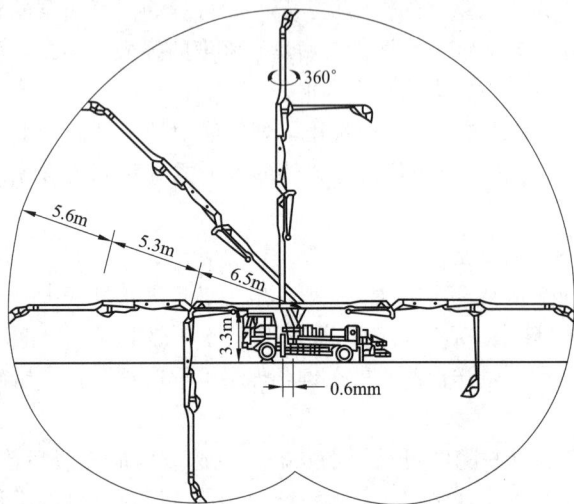

图4-113　三折叠式布料杆混凝土浇筑范围

图4-114　独立式混凝土布料器平面图

图4-113是一种三折叠式布料杆混凝土浇筑范围示意图。这种装置的布料范围广，在一般情况下不需要再行配管。适用于基础与多层建筑的楼层混凝土布料。

（2）独立式混凝土布料器（见图4-114）。独立式混凝土布料器是与混凝土泵配套工作的独立布料设备。在操作半径内，能比较灵活自如地浇筑混凝土。其工作半径一般为10m左右，最大的达40m。由于其自身较为轻便，能在施工楼层上灵活移动，所以，实际的浇筑范围较广，适用于高层建筑的楼层混凝土布料。

（3）固定式布料杆。固定式布料杆又称塔式布料杆，可分为两种：附着式布料杆和内爬式布料杆。这两种布料杆除布料臂架外，其他部件如转台、回转支撑、回转机构、操作平台、爬梯、底架均采用批量生产的相应的塔吊部件，其顶升接高系统、楼层爬升系统也取自相应的附着式自升塔吊和内爬式塔吊。附着式布料杆和内爬式布料杆的塔架有两种不同结构，一种是钢管立柱塔架，另一种是格桁结构方形断面构架。布料臂架大多采用低合金高强钢组焊薄壁箱形断面结构，一般由三节组成。薄壁泵送管则附装在箱形端面梁上，两节泵管之间用90°弯管相连通。这种布料臂架的俯、仰、曲、伸悉由液压系统操纵。为了减小布料臂架负荷对塔架的压弯作用，布料杆多装有平衡臂并配有平衡重。

目前，有些内爬式布料杆如HG17～HG25型，装用另一种布料臂架，臂架为轻量型钢格构桁架，由两节组成，泵管附装于此臂架上，采用绳轮变幅系统进行臂架的折叠和俯仰变幅。这种布料臂的最大工作幅度为17～28m，最小工作幅度为1～2m。

固定式布料杆装用的泵管有三种规格：$\phi100$、$\phi112$、$\phi125$，管壁厚一般为6mm。布料臂架上的末端泵管的管端还都套装有4m长的橡胶软管，以利于布料。

（4）起重布料两用机。该机也称起重布料两用塔吊，多以重型塔吊为基础改制而成，主要用于造型复杂、混凝土浇筑量大的工程。布料系统可附装在特制的爬升套架上，也可安装在塔顶部经过加固改装的转台上。所谓特制爬升套架，就是带有悬挑支座的特制转台与普通爬升套架的集合体。布料系统及顶部塔身装设于此特制转台上。我国也自行设计制造一种布料系统装设在塔帽转台上的塔式起重布料两用机，其小车变幅水平臂架最大幅度56m时，起重量为1.3t，布料杆为三节式，液压曲伸俯仰泵管臂架，其最大作业半径为38m。

5. 混凝土浇筑斗

（1）混凝土浇筑布料斗（见图4-115）。为混凝土水平与垂直运输的一种转运工具。混凝土装进浇筑斗内，由起重机吊送至浇筑地点直接布料。浇筑斗是用钢板拼焊成畚箕式，容量一般为 1m³。两边焊有耳环，便于挂钩起吊。上部开口，下部有门，门出口为 40cm×40cm，采用自动闸门，以便打开和关闭。

（2）混凝土吊斗。混凝土吊斗有圆锥形、高架方形、双向出料形（见图 4-116），斗容量 0.7~1.4m³。混凝土由搅拌机直接装入后，用起重机吊至浇筑地点。

（3）吊车配备斗容器输送混凝土的规定。运输至现场的混凝土直接装入斗容器进行输送，而不采用相互转运的方式输送混凝土，以及斗容器在浇筑点直接布料，减少了混凝土拌和物转运次数，可以保证混凝

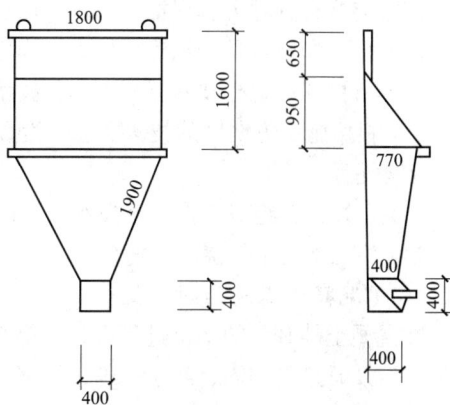

图 4-115 混凝土浇筑布料斗

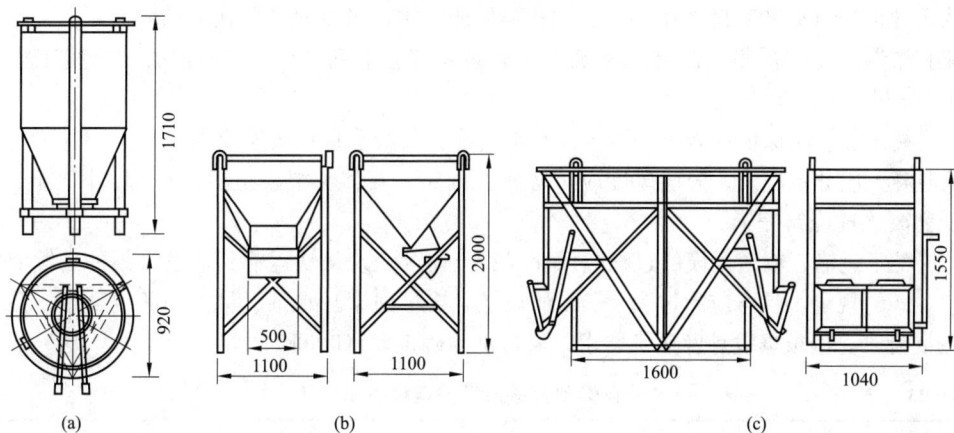

图 4-116 混凝土吊斗
(a) 圆锥形；(b) 高架方形；(c) 双向出料形

土工作性和质量。这种输送混凝土方式，不仅可以作为前述施工升降机（物料提升机或施工电梯）垂直运输和泵送混凝土输送的补充，而且借助起重机还可以进行水平运输。根据《混凝土结构工程施工规范》（GB 50666）第 8.2.7 条，吊车配备斗容器输送混凝土应符合下列规定。

1）应根据不同结构类型以及混凝土浇筑方法选择不同的斗容器。

2）斗容器的容量应根据吊车吊运能力确定。

3）运输至施工现场的混凝土宜直接装入斗容器进行输送。

4）斗容器宜在浇筑点直接布料。

三、混凝土的浇筑

（一）混凝土浇筑前的准备工作

（1）混凝土浇筑前应完成隐蔽工程验收和技术复核。模板和支架、钢筋和预埋件应进行检查并做好记录，符合设计要求后方能浇筑混凝土。模板应检查其尺寸、位置（轴线与标高）、垂直度是否正确，支撑系统是否牢固，模板接缝是否严密。浇筑混凝土前，应清除模板内或垫层上的杂物。表面干燥的地基、垫层、模板上应洒水湿润；现场环境温度高于 35℃时，宜对金属模板进行洒水降温；洒水后不得留有积水。

钢筋应检查其种类、规格、位置、保护层厚度和接头是否正确，钢筋上的油污是否清除干净，预埋件的位置和数量是否正确。检查完毕应做好隐蔽工程记录。对所浇筑结构的位置、标高、几何尺寸、预留预埋等进行技术复核工作。技术复核工作在某些地区也称为工程预检。

（2）根据施工方案中的技术要求，检查并确认施工现场具备的实施条件，包括人员、材料、机具及运输道路。

（3）做好施工组织工作，对操作人员进行安全、技术交底。

（4）施工单位填报浇筑申请单，并经监理单位签认。

（二）混凝土浇筑的规定要求

在混凝土拌和物的浇筑过程中，不得产生离析现象。应派模板工负责观察模板和支架，发现有变形时应及时进行加固、纠正处理；派钢筋工负责观察预埋件、钢筋，尤其是防止梁、板面的负弯矩钢筋被踩踏变形、下沉、位移等现象，如有变形应立即纠正。在混凝土浇筑过程中，操作人员都要行走在架空的走道板上，不准随意踩踏在钢筋及模板的搭头和卡子上，以免产生变形。

为保证混凝土的整体性和抗震性，在现浇混凝土结构中，一般情况下梁和板的混凝土应同时浇筑。较大尺寸的梁（梁的高度大于 1m）、拱和类似的结构，可以允许单独浇筑。

为确保混凝土工程质量，混凝土浇筑工作还必须遵守下列规定［见《混凝土结构工程施工规范》（GB 50666）8.3 节］。

（1）混凝土浇筑应保证混凝土的均匀性和密实性。混凝土宜一次连续浇筑。

（2）混凝土应分层浇筑，分层厚度应符合相关规定（具体见混凝土振捣），上层混凝土应在下层混凝土初凝之前浇筑完毕。

（3）混凝土运输、输送入模的过程应保证混凝土连续浇筑，从运输到输送入模的延续时间不宜超过表 4-43 的规定，且不应超过表 4-44 的规定。掺早强型减水剂、早强剂的混凝土，以及有特殊要求的混凝土，应根据设计及施工要求，通过试验确定允许时间。

表 4-43   运输到输送入模的延续时间   min

条件	气温	
	≤25℃	>25℃
不掺外加剂	90	60
掺外加剂	150	120

表 4-44   运输、输送入模及其间歇总的时间限值   min

条件	气温	
	≤25℃	>25℃
不掺外加剂	180	150
掺外加剂	240	210

（4）混凝土浇筑的布料点宜接近浇筑位置，应采取减少混凝土下料冲击的措施，并应符合下列规定。

1）宜先浇筑竖向结构构件，后浇筑水平结构构件。

2）浇筑区域结构平面有高差时，宜先浇筑低区部分，再浇筑高区部分。

（5）柱、墙模板内的混凝土浇筑不得发生离析，倾落高度应符合表 4-45 的规定；当不能满足要求时，应加设串筒、溜管、溜槽等装置；自由浇筑混凝土倾落高度则限制在 2m 内，否则应加设串筒、溜管、溜槽等装置（图 4-115、图 4-116）。

表 4-45　　　　　　　　　　柱、墙模板内混凝土浇筑倾落高度限值　　　　　　　　　　m

条件	浇筑倾落高度限值
粗骨料粒径大于 25mm	≤3
粗骨料粒径小于等于 25mm	≤6

注　当有可靠措施能保证混凝土不产生离析时，混凝土倾落高度可不受本表限制。

浇筑混凝土，当混凝土拌和物由料斗、漏斗、混凝土输送管、运输车内卸出时，如倾落高度过大，由于粗骨料在重力作用下，克服黏着力后的下落动能大，下落速度较砂浆快，因而可能形成混凝土离析。溜槽一般用木板制作，表面包铁皮，使用时其水平倾角不宜超过 30℃，如图 4-117 所示。串筒用薄钢板制成，每节筒长 700mm 左右，用钩环连接，筒内设有缓冲挡板，如图 4-118 所示。

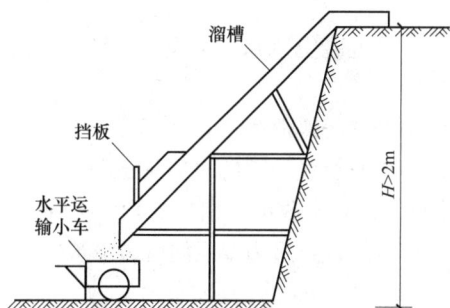

图 4-117　用溜槽输送混凝土　　　　　　图 4-118　用漏斗浇筑混凝土

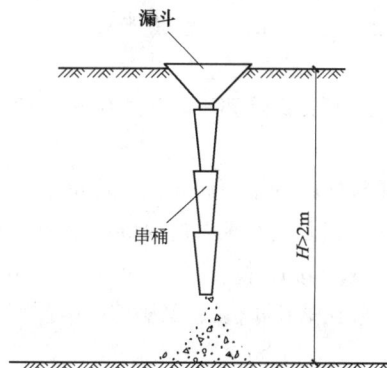

（6）混凝土浇筑后，在混凝土初凝前和终凝前，宜分别对混凝土裸露表面进行抹面处理。

（7）柱、墙混凝土设计强度等级高于梁、板混凝土设计强度等级时，混凝土浇筑应符合下列规定。

1）柱、墙混凝土设计强度比梁、板混凝土设计强度高一个等级时，柱、墙位置梁、板高度范围内的混凝土经设计单位确认，可采用与梁、板混凝土设计强度等级相同的混凝土进行浇筑。

在混凝土结构中，常常会出现设计墙、柱的混凝土等级高于梁、板的情况。如只高一个等级，宜必须保证节点处的混凝土满足高强度等级的要求。在不同强度等级混凝土现浇构件节点处相连接时，如果设计有要求，应满足设计要求，否则两种混凝土的接缝应设置在低强度等级的构件中并离开高强度等级构件一段距离，如图 4-119 所示。

当接缝两侧的混凝土强度等级不同且分先后施工时，可沿预定的接缝位置设置孔径 5mm×5mm 的固定筛网，先浇筑高强度等级混凝土，后浇筑低强度等级混凝土；当接缝两侧的混凝土强度等级不同且同时浇筑时，可沿预定的

图 4-119　不同强度等级混凝土
的梁柱施工接缝
注：柱的混凝土强度等级高于梁。

接缝位置设置隔板，且随着两侧混凝土浇入逐渐提升隔板，并同时将混凝土振捣密实，也可沿预定的接缝位置设置胶囊，充气后在其两侧同时浇入混凝土，待混凝土浇完后排气取出胶囊，同时将混凝土振捣密实。

2）柱、墙混凝土设计强度比梁、板混凝土设计强度高两个等级及以上时，应在交界区域采取分隔措施；分隔位置应在低强度等级的构件中，且距高强度等级构件边缘不应小于 500mm。

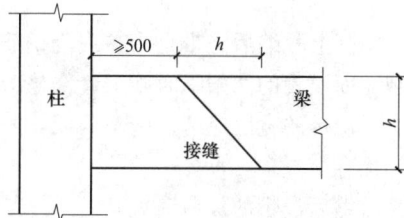

3）宜先浇筑强度等级高的混凝土，后浇筑强度等级低的混凝土。

（8）泵送混凝土浇筑应符合下列规定。

1）宜根据结构形状及尺寸、混凝土供应、混凝土浇筑设备、场地内外条件等划分每台输送泵的浇筑区域及浇筑顺序。

2）采用输送管浇筑混凝土时，宜由远而近浇筑；采用多根输送管同时浇筑时，其浇筑速度宜保持一致。

3）湿润输送管的水泥砂浆用于湿润结构施工缝时，水泥砂浆应与混凝土浆液成分相同；接浆厚度不应大于 30mm，多余水泥砂浆应收集后运出。

4）混凝土泵送浇筑应连续进行；当混凝土不能及时供应时，应采取间歇泵送方式。

5）混凝土浇筑后，应清洗输送泵和输送管。

（三）混凝土施工缝与后浇带浇筑

1．施工缝与后浇带

施工缝就是按设计要求或施工需要分段浇筑，先浇筑混凝土达到一定强度后继续浇筑混凝土所形成的接缝。

混凝土浇筑过程中，因暴雨、停电等特殊原因无法继续浇筑混凝土，或不满足表 4－44 规定的运输、输送入模及其间歇总的时间限值要求，而不得不临时留设的接缝也叫施工缝。

后浇带（构造见图 4－120）是为适应环境温度变化、混凝土收缩、结构不均匀沉降等因素影响，在梁、板（包括基础底板）、墙等结构中预留的具有一定宽度且经过一定时间后再浇筑的混凝土带。

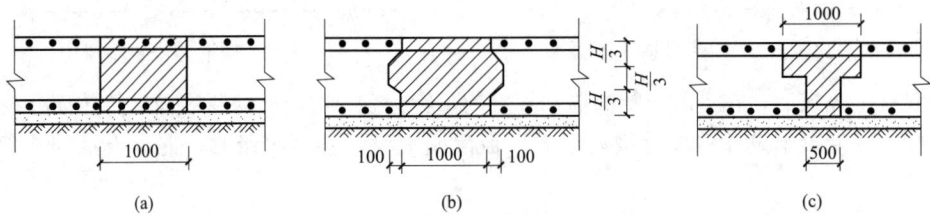

图 4－120　后浇带的构造图
（a）平接式；（b）企口式；（c）台阶式

实际上收缩后浇带是为在现浇钢筋混凝土结构施工过程中，克服由于温度、收缩而可能产生有害裂缝而设置的两条临时施工缝。该缝需根据设计要求保留一段时间后再浇筑，将整个结构连成整体。后浇带的宽度应考虑施工简便，避免应力集中。一般其宽度为 70～100cm。后浇带内的钢筋应完好保存。

收缩后浇带的保留时间应根据设计确定，若设计无要求时，要求至少保留 42 天即 6 个星期以上。

2．施工缝与后浇带的设置

施工缝和后浇带的留设位置应在混凝土浇筑前确定。施工缝和后浇带宜留设在结构受剪力较小且便于施工的位置。受力复杂的结构构件或有防水抗渗要求的结构构件，施工缝留设位置应经设计单位确认。

（1）竖向施工缝和后浇带的留设位置规定。

1）肋梁楼盖：有主次梁楼盖宜顺着次梁方向浇筑，施工缝应留设在次梁跨度中间 1/3 跨度范围内（见图 4－121）。因为这一范围次梁剪力已急剧下降，施工缝的抗剪能力虽然比整体浇筑的混凝土要弱一些，但对付剪力已急剧下降的这一范围内还是绰绰有余的，因此出现施工质量事故的风险和埋下质量隐患的风险就大大减小了。

2）单向板施工缝应留设在与跨度方向平行的任何位置。

3）楼梯梯段施工缝考虑施工方便宜设置在梯段板跨度端部 1/3 范围内（见图 4-122），但一般设置在三个踏步以外，避开端部最大剪力处。

4）墙的施工缝宜设置在门洞口过梁跨中 1/3 范围内，也可留设在纵横墙交接处。

5）后浇带留设位置应符合设计要求。

6）特殊结构部位留设竖向施工缝应经设计单位确认。

（2）水平施工缝的留设位置规定。

1）柱、墙施工缝可留设在基础（见图 4-123）、楼层结构顶面。柱施工缝与结构上表面的距离宜为 0～100mm，墙施工缝与结构上表面的距离宜为 0～300mm。这里楼层结构的类型包括有梁有板的结构、有梁无板的结构、无梁有板的结构。对于有梁无板的结构，施工缝位置是指在梁顶面；对于无梁有板的结构，施工缝位置是指在板顶面。

图 4-121 多跨次梁受力剪力图
注：中间 1/3 梁跨剪力很小。

2）柱、墙施工缝也可留设在楼层结构底面，施工缝与结构下表面的距离宜为 0～50mm；当板下有梁托时，可留设在梁托下 0～20mm。这里楼层结构的底面是指梁、板、无梁楼盖柱帽的底面。楼层结构的下弯锚固钢筋长度会对施工缝留设的位置产生影响，有时难以满足 0～50mm 的要求，施工缝留设的位置通常在下弯锚固钢筋的底部，并应经设计单位确认。

图 4-122 板式楼梯的施工缝留置图
（离楼梯梁 3 个踏步以上）

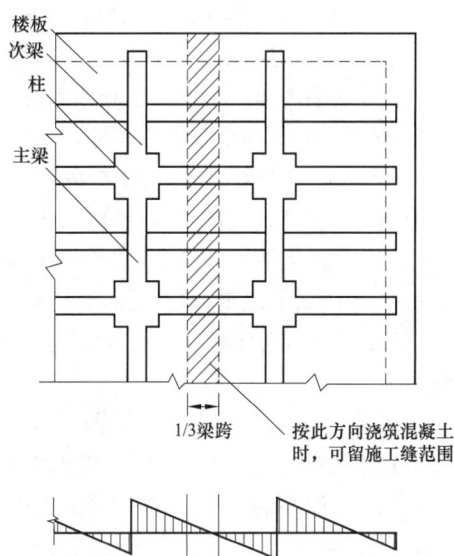

图 4-123 柱施工缝留置示意图

注意：这里的施工缝留置位置并不是结构受剪力较小，恰恰是剪力最大的，如柱、墙基础顶面施工缝或柱、墙楼层结构顶面和底面施工缝，但由于基础和柱子无法同时支模施工，只能选择此处便于施工的部位。

3）高度较大的柱、墙、梁以及厚度较大的基础，可根据施工需要在其中部留设水平施工缝；当因施工缝留设改变受力状态而需要调整构件配筋时，应经设计单位确认。

4）特殊结构部位留设水平施工缝应经设计单位确认。

（3）设备基础施工缝留设位置规定。

1）水平施工缝应低于地脚螺栓底端，与地脚螺栓底端的距离应大于150mm；当地脚螺栓直径小于30mm时，水平施工缝可留设在深度不小于地脚螺栓埋入混凝土部分总长度的3/4处。

2）竖向施工缝与地脚螺栓中心线的距离不应小于250mm，且不应小于螺栓直径的5倍。

（4）承受动力作用的设备基础施工缝留设位置规定。

1）标高不同的两个水平施工缝，其高低结合处应留设成台阶形，台阶的高宽比不应大于1.0。

2）竖向施工缝或台阶形施工缝的断面处应加插钢筋，插筋数量和规格应由设计确定。

3）施工缝的留设应经设计单位确认。

（5）关于施工缝、后浇带设置的其他规定。

1）施工缝、后浇带留设界面，应垂直于结构构件和纵向受力钢筋。结构构件厚度或高度较大时，施工缝或后浇带界面宜采用专用材料封档，专用材料可采用定制模板、快易收口板、钢板网、钢丝网等。

2）混凝土浇筑过程中，因暴雨、停电等特殊原因需临时设置施工缝时，施工缝留设应规整，并宜垂直于构件表面，必要时可采取增加插筋、事后修凿等技术措施。

3）施工缝和后浇带应采取钢筋防锈或阻锈等保护措施。

3. 施工缝或后浇带处浇筑混凝土

（1）施工缝处浇筑混凝土。施工缝处理的优劣直接影响缝的质量，浇筑施工缝处的混凝土前，其已浇筑混凝土的强度不应小于1.2MPa。一般混凝土构件达到1.2MPa的强度所需的时间参照有关规定。另外，超长结构混凝土浇筑可留设后浇带，也可留设施工缝分仓浇筑，分仓浇筑间隔时间则不应少于7d。施工缝的处理程序如下。

1）基层处理：在已硬化的混凝土表面上，应清除水泥薄膜和松动石子以及软弱混凝土层，结合面应为粗糙面，必要时要凿毛处理，用压力水冲洗干净。

2）钢筋处理：当回弯整理钢筋时，注意不要使混凝土松动或被破坏，钢筋上的水泥浆、油污等要清理干净。

3）洒水湿润：在清理好的混凝土表面，提前1d用喷壶洒水，充分湿润并排除积水。

4）抹结合层：在施工缝处刷一层水胶比0.37~0.40的水泥浆，或铺一层厚度不应大于30mm且与混凝土成分相同的水泥砂浆（用于柱、墙水平施工缝），或抹一层混凝土界面剂。

5）浇筑混凝土：应避免直接靠近施工缝边下料，振捣时逐渐向施工缝推进并细致捣实，使新、旧混凝土紧密结合。

6）保湿养护：施工缝处的混凝土要加强养护，一般延长5~7d。

7）埋入钢板网或快易网处理：适用于留设不规则形状的施工缝或施工缝的模板难以拆除处理的部位。用钢筋或型材做成异形支架，表面绑（焊）上钢板网或快易网做成永久模板。混凝土浇筑前，施工缝不再需凿毛和抹结合层处理。

（2）后浇带处浇筑混凝土。

1）后浇带在浇筑混凝土前，必须将整个混凝土表面按照前述施工缝的要求进行处理。

2）收缩后浇带封闭时间不得少于42d，另外还应经设计单位确认。

3）超长整体基础中调节沉降的后浇带，混凝土封闭时间应通过监测确定，应在差异沉降稳定后封闭后浇带。

4）后浇带混凝土强度等级及性能应符合设计要求；当设计无具体要求时，后浇带混凝土强度等级宜比两侧混凝土提高一级，并宜采用减少收缩的技术措施。

5）后浇带在结构设计中一般要求采用补偿收缩混凝土进行浇筑。有两种形式：一种形式可以直接使用膨胀水泥配制混凝土；另一种形式是在普通防水混凝土中掺加膨胀剂。补偿收缩混凝土的强度则不应低于两侧先浇混凝土的强度，一般比原结构强度等级提高一级。

6）后浇带补偿收缩混凝土一定要加强养护，养护时间不得少于 14d。

（四）混凝土现浇混凝土基础的浇筑方法和要求

在地基上浇筑混凝土前，对地基应事先按设计标高和轴线进行校正，并应清除淤泥和杂物；同时注意排除开挖出来的水和开挖地点的流动水，以防冲刷新浇筑的混凝土。

1. 柱基础浇筑

（1）台阶式柱基础施工时（见图 4-124），可按台阶分层一次浇筑完毕（预制柱的高杯口基础的高台部分应另行分层），不允许留设施工缝。每层混凝土要一次卸足，顺序是先边角后中间，务使混凝土充满模板。

（2）浇筑台阶式柱基础时，为防止垂直交角处可能出现吊脚（上层台阶与下口混凝土脱空）现象，可采取以下措施。

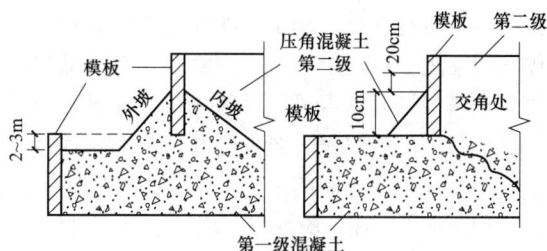

图 4-124　台阶式柱基础一、二级垂直交角处混凝土施工示意图

① 在第一级混凝土捣固下沉 2～3cm 后暂不填平，继续浇筑第二级，先用铁锹沿第二级模板底圈做成内外坡，然后分层浇筑，外圈边坡的混凝土于第二级振捣过程中自动摊平，待第二级混凝土浇筑后，再将第一级混凝土齐模板顶边拍实抹平。

② 捣完第一级后拍平表面，在第二级模板外先压以 20cm×10cm 的压角混凝土并加以捣实后，再继续浇筑第二级。待压角混凝土接近初凝时，将其铲平重新搅拌利用。

③ 如条件许可，宜采用柱基流水作业方式，即先浇一排杯基第一级混凝土，再回转依次浇第二级。这样对已浇好的第一级将有一个下沉的时间，但必须保证每个柱基混凝土在初凝之前连续施工。

（3）为保证杯形基础杯口底标高的正确性，宜先将杯口底混凝土振实并稍停片刻，再浇筑振捣杯口模四周的混凝土，振动时间尽可能缩短。同时还应特别注意杯口模板的位置，应在两侧对称浇筑，以免杯口模板挤向一侧或由于混凝土泛起而使芯模上升。

（4）高杯口基础，由于这一级台阶较高且配置钢筋较多，可采用后安装杯口模的方法，即当混凝土浇捣到接近杯口底时，再安装杯口模板，然后继续浇捣。

（5）锥式基础，应注意斜坡部位混凝土的捣固质量，在振捣器捣鼓完毕后，用人工将斜坡表面拍平，使其符合设计要求。

（6）为提高杯口芯模周转利用率，可在混凝土初凝后终凝前将芯模拔出，并将杯壁划毛。

（7）现浇柱下基础时，要特别注意连接钢筋的位置，防止移位和倾斜，发现偏差时及时纠正。

2. 条形基础浇筑

（1）浇筑前，应根据混凝土基础顶面的标高在两侧木模上弹出标高线；如采用原槽土模时，应在基槽两侧的土壁上交错打入长 10cm 左右的标杆，并露出 2～3cm，标杆面与基础顶面标高平，标杆之间的距离约 3m。

（2）根据基础深度宜分段分层连续浇筑混凝土，一般不留施工缝。各段层间应相互衔接，每段间浇筑长度控制在 2～3m 距离，做到逐段逐层呈阶梯形向前推进。

3. 设备基础浇筑

（1）一般应分层浇筑，并保证上下层之间不留施工缝，每层混凝土的厚度为 20～30cm。每层浇筑顺序应从低处开始，沿长边方向自一端向另一端浇筑，也可采取中间向两端或两端向中间浇筑的顺序。

（2）对一些特殊部位，如地脚螺栓、预留螺栓孔、预埋管道等，浇筑混凝土时要控制好混凝土上升速度，使其均匀上升，同时防止碰撞，以免发生位移或倾斜。对于大直径地脚螺栓，在混凝土浇筑过程中，应用经纬仪随时观测，发现偏差应及时纠正。

4. 大体积混凝土基础浇筑

大体积混凝土基础的整体性要求高，一般要求混凝土连续浇筑，一气呵成。施工工艺上应做到分层浇筑、分层捣实，但又必须保证上下层混凝土在初凝之前结合好，不致形成施工缝。在特殊的情况下可以留有基础后浇带。即在大体积混凝土基础中间预留有一条或两条后浇的施工缝，将整块大体积混凝土分成两块或若干块浇筑，待所浇筑的混凝土经一段时间的养护干缩后，再在预留的后浇带中浇筑补偿收缩混凝土，使分块的混凝土连成一个整体。

基础后浇带的浇筑，考虑到补偿收缩混凝土的膨胀效应，当后浇带的长度大于50m时，混凝土要分两次浇筑，时间间隔为5～7d。要求混凝土振捣密实，防止漏振，也避免过振。混凝土浇筑后，在硬化前1～2h，应抹压，以防沉降裂缝的产生。

（1）大体积混凝土基础浇筑方案。大体积混凝土浇筑，为保证结构的整体性和施工的连续性，当采用分层浇筑时，应保证在下层混凝土初凝前将上层混凝土浇筑完毕。一般有以下三种浇筑方案，如图4-125所示。

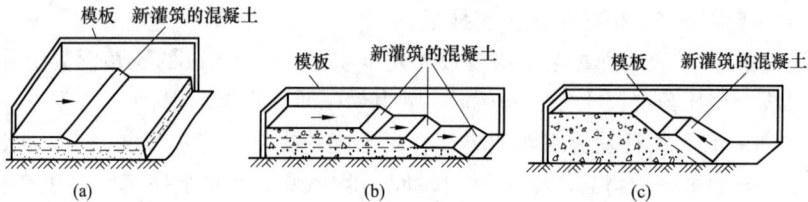

图4-125　大体积基础浇筑方案
（a）全面分层；（b）分段分层；（c）斜面分层

1）全面分层浇筑方案。是指在整个模板内，将结构分成若干个厚度相等的浇筑层，浇筑区的面积即为基础平面面积。浇筑混凝土时从短边开始，沿长边方向进行浇筑，要求在逐层浇筑过程中，第二层混凝土要在第一层混凝土初凝前浇筑完毕。为此，要求每层浇筑都要有一定的速度（称浇筑强度）。其浇筑强度可按下式计算

$$Q=\frac{HF}{T_1-T_2} \tag{4-40}$$

如果按上式计算所得的浇筑强度很大，相应需要配备的混凝土搅拌机及运输、振捣设备量也较大。所以，全面分层方案以前一般适用于平面尺寸不大的结构，但随着商品混凝土的生产，特别是泵送混凝土的现场多点充足供应，能实现较大的浇筑强度即适用于平面尺寸大的结构。

2）分段分层浇筑方案。当采用全面分层方案时浇筑强度很大，现场混凝土搅拌机、运输和振捣设备均不能满足施工要求时，可采用分段分层浇筑方案。浇筑混凝土时结构沿长边方向分成若干段，浇筑工作从底层开始，当第一层混凝土浇筑一段长度后，便回头浇筑第二层，当第二层浇筑一段长度后，回头浇筑第三层，如此向前呈阶梯形推进。分层分段方案适合于结构厚度不大而面积或长度较大时采用。

3）斜面分层浇筑方案。当结构的长度大大超过厚度而混凝土流动性又较大时，若采用分段分层浇筑方案，混凝土往往不能形成稳定的分层台阶，这时可采用斜面分层浇筑方案。施工时将混凝

土一次浇筑到顶，让混凝土自然地流淌，形成坡度为1：3的斜面。这种方案由于浇筑体积可以调整，决定了浇筑强度有较大弹性，目前也适合于大面积的大体积混凝土基础施工。

分层的厚度既决定于振动器的棒长和振动力的大小，也要考虑混凝土的供应量大小和可能浇筑量的多少，一般为30～50cm。

（2）基础大体积混凝土结构浇筑应符合的规定。根据《混凝土结构工程施工规范》（GB 50666）的8.3.16条，基础大体积混凝土结构浇筑应符合下列规定。

1）采用多条输送泵管浇筑时，输送泵管间距不宜大于10m，并宜由远及近浇筑。

说明：这适用一般采用输送泵管直接下料或在输送泵管前段增加弯管进行左右转向浇筑的情况；如果采用布料设备，输送泵管间距可适当增大。

2）采用汽车布料杆输送浇筑时，应根据布料杆工作半径确定布料点数量，各布料点浇筑速度应保持均衡。

3）宜先浇筑深坑部分再浇筑大面积基础部分。

4）宜采用斜面分层浇筑方法，也可采用全面分层、分块分层浇筑方法，层与层之间混凝土浇筑的间歇时间应能保证混凝土浇筑连续进行。

5）混凝土分层浇筑应采用自然流淌形成斜坡，并应沿高度均匀上升，分层厚度不宜大于500mm。

6）混凝土浇筑后，在混凝土初凝前和终凝前，宜分别对混凝土裸露表面进行抹面处理，对于基础大体积混凝土结构，抹面次数宜适当增加。

7）应有排除积水或混凝土泌水的有效技术措施。

（3）浇筑大体积基础混凝土时，由于凝结过程中水泥会散发出大量的水化热，因而形成内外温差较大，易使混凝土产生裂缝。因此有必要采取下列措施。

1）降低水泥水化热和变形。

① 选用低水化热或中水化热的水泥品种配制混凝土，如矿渣硅酸盐水泥、火山灰质硅酸盐水泥、粉煤灰水泥、复合水泥等。

② 宜采用后期强度作为配合比设计、强度评定及验收的依据。基础混凝土，确定混凝土强度的龄期可取为60d（56d）或90d；柱、墙混凝土强度等级不低于C80时，确定混凝土强度时的龄期可取为60d（56d）。确定混凝土强度采用大于28d的龄期时，龄期应经设计单位确认。

③ 使用粗骨料，尽量选用粒径较大、级配良好的粗细骨料；控制砂石含泥量；掺加粉煤灰等掺和料或掺加相应的减水剂、缓凝剂，改善和易性、降低水胶比，以达到减少水泥用量、降低水化热的目的。

2）在拌和混凝土时，还可掺入适量的微膨胀剂或膨胀水泥，使混凝土得到补偿收缩，减少混凝土的温度应力。

3）改善配筋。在大体积混凝土基础内设置必要的温度配筋，温度配筋宜分布细密，一般用ϕ8钢筋，双向配筋，间距15cm，这样可以增强抵抗温度应力的能力；在截面突变和转折处，底、顶板与墙转折处，孔洞转角及周边，增加斜向构造钢筋，以改善应力集中，防止裂缝的出现。

4）设置后浇带。当大体积混凝土平面尺寸过大时，可以适当设置后浇带，以减小外应力和温度应力；同时有利于散热，降低混凝土的内部温度。

5）加强施工中的温度控制和降低混凝土温度差。根据《混凝土结构工程施工规范》（GB 50666）8.7.13条的规定，大体积混凝土施工时，应对混凝土进行温度控制，并应符合下列规定。

① 混凝土入模温度不宜大于 30℃；混凝土浇筑体最大温升值不宜大于 50℃。

② 在覆盖养护或带模养护阶段，混凝土浇筑体表面以内 40～100mm 位置处的温度与混凝土浇筑体表面温度差值不应大于 25℃；结束覆盖养护或拆模后，混凝土浇筑体表面以内 40～100mm 位置处的温度与环境温度差值不应大于 25℃。

③ 混凝土浇筑体内部相邻两测温点的温度差值不应大于 25℃。

④ 混凝土降温速率不宜大于 2.0℃/d；当有可靠经验时，降温速率要求可适当放宽。

除了以上这些温度控制规定，《混凝土结构工程施工规范》（GB 50666）还对大体积混凝土测温、基础大体积混凝土测温点设置和柱、墙、梁大体积混凝土测温点设置均作出了规定。

在实际操作中，降低混凝土温度差的具体措施如下。

① 选择较适宜的气温浇筑大体积混凝土，尽量避开炎热天气浇筑混凝土。夏季可采用低温水或冰水搅拌混凝土，可对骨料喷冷水雾或冷气进行预冷，或对骨料进行覆盖或设置遮阳装置避免日光直晒，运输工具如具备条件也应搭设避阳设施，以降低混凝土拌和物的入模温度。

② 在混凝土入模时，采取措施改善和加强模内的通风，加速模内热量的散发。

③ 在基础内部预埋冷却水管，通入循环冷却水，强制降低混凝土水化热温度。

④ 掺加相应的缓凝型减水剂，如木质素磺酸钙等。

⑤ 在混凝土浇筑之后，做好混凝土的保温保湿养护，缓缓降温，充分发挥徐变特性，减低温度应力，夏季应注意避免暴晒，注意保湿，冬季应采取措施保温覆盖，以免发生急剧的温度梯度发生。

⑥ 加强测温和温度监测与管理，实行信息化控制，随时控制混凝土内的温度变化，及时调整保温及养护措施，使混凝土的温度梯度和湿度不致过大，以有效控制有害裂缝的出现。

⑦ 合理安排施工程序，控制混凝土在浇筑过程中均匀上升，避免混凝土拌和物堆积过大高差。在结构完成后及时回填土，避免其侧面长期暴露。

6）改善约束条件，削减温度应力。

① 采取分层或分块浇筑大体积混凝土，合理设置水平或垂直施工缝，或在适当的位置设置施工后浇带，以放松约束程度，减少每次浇筑长度的蓄热量，防止水化热的积聚，减少温度应力。

② 对大体积混凝土基础与岩石地基，或基础与厚大的混凝土垫层之间设置滑动层，如采用平面浇沥青胶铺砂或刷热沥青或铺卷材。在垂直面、键槽部位设置缓冲层，如铺设 30～50mm 厚沥青木丝板或聚苯乙烯泡沫塑料，以消除嵌固作用，释放约束应力。

（五）现浇混凝土框架结构浇筑方法和要求

（1）浇筑这种结构首先要划分施工层和施工段，施工层一般按结构层划分，而每一施工层如何划分施工段，则要考虑工序数量、技术要求和结构特点等，多层建筑中一般以结构平面的伸缩缝分段。要尽量做到各工种的流水施工，注意各层施工时应保证下层所浇筑的混凝土强度达到允许工人在上面操作的强度 1.2N/mm²。

（2）在每层中先浇筑柱，再浇筑梁板。浇筑一排柱的顺序应从两端同时开始，向中间推进，以免因浇筑混凝土后由于模板吸水膨胀，断面增大而产生横向推力，最后使柱发生弯曲变形。柱子浇筑宜在梁板模板安装后，钢筋未绑扎前进行，以便利用梁板模板稳定柱模和作为浇筑柱混凝土操作平台之用。

（3）浇筑混凝土时应连续进行，如必须间歇，应按表 4-43、表 4-44 规定进行。

（4）浇筑混凝土时，浇筑层的厚度不得超过表 4-47 的数值。

（5）混凝土浇筑过程中，要保证混凝土保护层厚度及钢筋位置的正确性。不得踩踏钢筋，不得移动预埋件和预留孔洞的原来位置，如发现偏差和位移，应及时校正。特别要重视竖向结构的保护层和板、雨篷结构负弯矩部分钢筋的位置。

（6）在柱、墙竖向结构中浇筑混凝土，分层施工开始浇筑上一层柱时，底部应先填以 5～10cm 厚水泥砂浆一层，其成分与浇筑混凝土内砂浆成分相同，以免底部产生蜂窝现象。

（7）柱、墙模板内的混凝土浇筑不得发生离析，倾落高度应符合表 4-45 的规定；当不能满足要求时，应加设串筒、溜管、溜槽等装置。

（8）肋形楼板的梁板一般应同时浇筑，浇筑方法应先将梁根据高度分层浇捣成阶梯形，当达到板底位置时即可与板的混凝土一起浇捣，随着阶梯形的不断延长，则可连续向前推进（见图 4-126）。倾倒混凝土的方向应与浇筑方向相反（见图 4-127）。

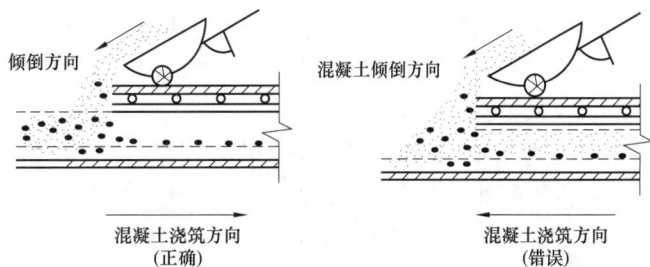

图 4-126　梁板同时浇筑示意图　　　　　　　图 4-127　混凝土倾倒示意图

当梁的高度大于 1m 时，允许单独浇筑，施工缝可留在距板底面以下 2～3cm 处。

（9）浇筑无梁楼盖时，在离柱帽下 5cm 处暂停，然后分层浇筑柱帽，下料必须倒在柱帽中心，待混凝土接近楼板底面时，即可连同楼板一起浇筑。

（10）当浇筑柱梁及主次梁交叉处的混凝土时，一般钢筋较密集，特别是上部负钢筋又粗又多，因此，既要防止混凝土下料困难，又要注意砂浆挡住石子不下去。必要时，这一部分可改用细石混凝土进行浇筑，与此同时，振捣棒头可改用片式并辅以人工捣固配合。

（11）梁板施工缝可采用企口式接缝或垂直立缝的做法，不宜留坡槎。在预定留施工缝的地方，在板上按板厚放一木条，在梁上闸以木板，其中间要留切口通过钢筋。

（六）现浇剪力墙的浇筑方法和要求

剪力墙浇筑应采取长条流水作业，分层浇筑，均匀上升。墙体浇筑混凝土前或新浇混凝土与下层混凝土结合处，应在底面上均匀浇筑 50mm 厚与墙体混凝土成分相同的水泥砂浆或去石混凝土。砂浆或混凝土应用铁锹入模，不应用料斗直接灌入模内，混凝土应分层浇筑振捣，每层浇筑厚度控制在 500mm 内。浇筑墙体混凝土应连续进行，如必须间歇，其间歇时间应尽量缩短，并应在前层混凝土初凝前将次层混凝土浇筑完毕。墙体混凝土的施工缝一般宜设在门窗洞口上，接槎处混凝土应加强振捣，保证接缝严密。

洞口浇筑混凝土时，应使洞口两侧混凝土高度大体一致，振捣时，振捣棒应距洞边 300mm 以上，从两侧同时振捣，以防止洞口变形，大洞口下部模板应开口并补充振捣，构造柱混凝土应分层浇筑，内外墙交接处的构造柱和墙同时浇筑，振捣要密实。采用插入式振捣器捣实普通混凝土的移动间距不宜大于作用半径的 1.4 倍，振捣器距离模板不应大于振捣器作用半径的 1/2，不得碰撞各种预埋件。

混凝土墙体浇筑振捣完毕后，将上口甩出的钢筋加以整理，用木抹子按钢筋上标高线将墙上表面混凝土找平。

混凝土浇捣过程中，不可随意挪动钢筋，要经常加强检查钢筋保护层厚度及所有预埋件的牢固程度和位置的准确性。

（七）喷射混凝土浇筑方法和要求

喷射混凝土的特点，是采用压缩空气进行喷射作业，将混凝土的运输和浇筑结合在同一个工序内完成。喷射混凝土有"干法"喷射和"湿法"喷射两种施工方法。一般大量用于大跨度空间结构（如网架、悬索等）屋面、地下工程的衬砌、坡面的护坡、大型构筑物的补强、矿山以及一些特殊工程。第一章基坑支护这一节中的土钉支护面层施工，实际上就是喷射混凝土施工。

干法喷射就是砂石和水泥经过强制式搅拌机拌和后，用压缩空气将干性混合料送入管道，再送到喷嘴里，在喷嘴里引入高压水，与干料合成混凝土，最终喷射到建筑物或构筑物上。干法施工比较方便，使用较为普遍。但由于干料喷射速度快，在喷嘴中与水拌和的时间短，水泥的水化作用往往不够充分。另外，由于机械和操作上的原因，材料的配合比和水胶比不易严格控制，因此对混凝土的强度及匀质性不如湿法施工好。

湿法喷射就是在搅拌机中按一定配合比搅拌成混凝土混合料后，再由喷射机通过胶管从喷嘴中喷出，在喷嘴处不再加水。湿法施工由于预先加水搅拌，水泥的水化作用比较充分，因此与干法施工相比，混凝土强度的增长速度可提高约 100%，粉尘浓度减少 50%～80%，材料回弹减少约 50%，节约压缩空气 30%～60%。但湿法施工的设备比较复杂，水泥用量较大，也不宜用于基面渗水量大的地方。

喷射混凝土中由于水泥颗粒与粗骨料互相撞击，连续挤压，因而可采用较小的水胶比，使混凝土具有足够的密实性、较高的强度和较好的耐久性。

为了改善喷射混凝土的性能，常掺加占水泥重量 2.5%～4.0% 的高效速凝剂，一般可使水泥在 3min 内初凝，10min 达到终凝，有利于提高早期强度，增大混凝土喷射层的厚度，减少回弹损失。

喷射混凝土中加入少量（一般为混凝土重量 3%～4%）的钢纤维（直径 0.3～0.5mm，长度 20～30mm），能够明显提高混凝土的抗拉、抗剪、抗冲击和抗疲劳强度。

（八）型钢混凝土结构浇筑

型钢混凝土结构是由型钢、主筋、箍筋及混凝土组合而成，其外侧为以箍筋约束并配置适当纵向受力主筋的混凝土结构（见图 4-128、图 4-129），简称 SRC（Steel Reinforced Concrete）结构。

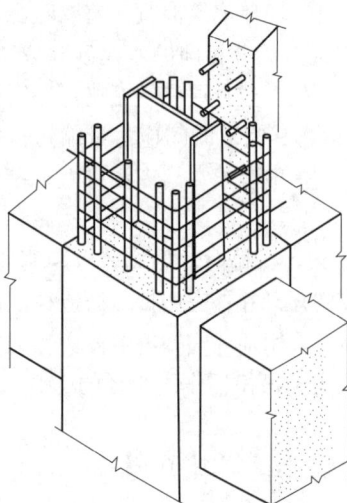

图 4-128　型钢混凝土柱

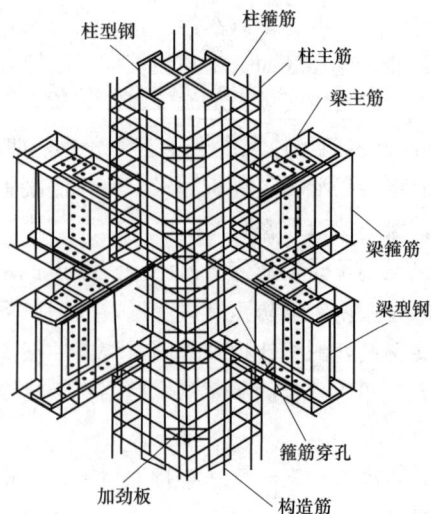

图 4-129　型钢混凝土梁柱节点的穿筋构造

它具有承载力高、受力抗震性能好、良好的耐火性和缩短施工工期的优点。型钢混凝土结构主要适用于高层建筑物结构如框架—剪力墙结构、底层大空间剪力墙结构、框架—核心筒结构和筒中筒结构，特别是地下层、首层及以上楼层结构中。

型钢混凝土结构浇筑应符合下列规定：

1）混凝土粗骨料最大粒径不应大于型钢外侧混凝土保护层厚度的1/3，且不宜大于25mm。

2）浇筑应有足够的下料空间，并应使混凝土充盈整个构件各部位。

3）型钢周边混凝土浇筑宜同步上升，混凝土浇筑高差不应大于500mm。

（九）钢管混凝土结构浇筑

钢管混凝土结构是在钢管内浇筑强度等级C30～C50混凝土的无配筋或少配筋的混凝土结构（见图4-130、图4-131）。钢管包括圆形钢管、方形钢管、矩形钢管和异形钢管，其中圆形钢管应用最多。钢管混凝土柱具有强度高、重量轻、塑性好、耐疲劳和耐冲击等优点。钢管混凝土柱的特点之一，是它的钢管就是模板，具有很好的整体性和密闭性、不漏浆、耐侧压。但是对管内的混凝土的浇灌质量，无法进行直观检查。

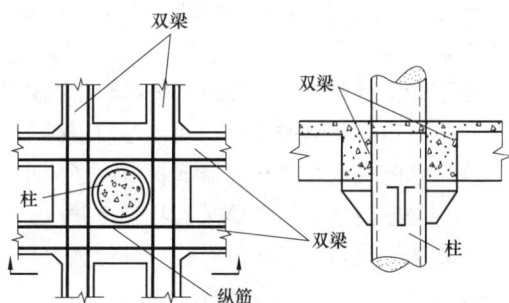

图4-130　钢管混凝土柱双梁连接节点

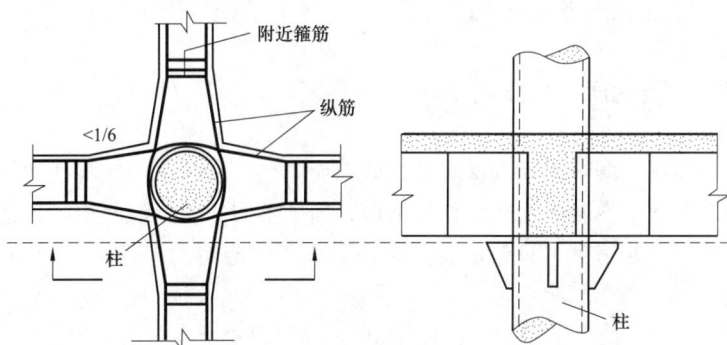

图4-131　钢管混凝土柱变宽度梁连接节点

钢管混凝土柱的混凝土浇筑方法有泵送顶升浇灌法、立式手工浇捣法和立式高位抛落无振捣法（见表4-46）。

表4-46　　　　　　　　　　　钢管内混凝土浇灌方法

浇灌方法		要求
泵送顶升浇灌法		需安装一个带闸门的进料支管，直接与泵车的输送管相连，无须振捣，钢管直径≥2倍泵径
立式手工浇捣法	管径>350mm	采用内部振捣器，每次振捣时间不少于30s，浇灌高度不宜大于2m
	管径<350mm	可用外部振捣器，振捣时间不少于1min，一次浇灌的高度不应大于振捣器的有效工作范围和2～3m柱长
立式高位抛落无振捣法		适用于管径>350mm，高度不小于4m的情况。抛落高度不足4m时，使用内部振捣器。一次振落的混凝土宜在0.7m²，料斗的下口尺寸应比钢管内径小100～200mm，以排除管内空气

钢管混凝土结构浇筑应符合下列规定。

1）宜采用自密实混凝土浇筑。

说明：钢管结构一般会采用2层一节或3层一节方式进行安装。由于所浇筑的钢管高度较高，混凝土振捣受到限制，所以以往工程有采用高抛的浇筑方式，利用混凝土的冲击力达到自身密实的目的。由于施工技术的发展，自密实混凝土已普遍采用，所以可采用免振的自密实混凝土来解决振捣问题。

2）混凝土应采取减少收缩的技术措施。

3）钢管截面较小时，应在钢管壁适当位置留有足够的排气孔，排气孔孔径不应小于 20mm；浇筑混凝土应加强排气孔观察，并应确认浆体流出和浇筑密实后再封堵排气孔。

4）当采用粗骨料粒径不大于 25mm 的高流态混凝土或粗骨料粒径不大于 20mm 的自密实混凝土时，混凝土最大倾落高度不宜大于 9m；倾落高度大于 9m 时，宜采用串筒、溜槽、溜管等辅助装置进行浇筑。

5）混凝土从管顶向下浇筑时应符合下列规定。

① 浇筑应有足够的下料空间，并使混凝土充盈整个钢管。

② 输送管端内径或斗容器下料口内径应小于钢管内径，且每边应留有不小于 100mm 的间隙。

③ 应控制浇筑速度和单次下料量，并应分层浇筑至设计标高。

④ 混凝土浇筑完毕后应对管口进行临时封闭。

6）混凝土从管底顶升浇筑时应符合下列规定。

① 应在钢管底部设置进料输送管，进料输送管应设止流阀门，止流阀门可在顶升浇筑的混凝土达到终凝后拆除。

② 应合理选择混凝土顶升浇筑设备；应配备上、下方通信联络工具，并应采取可有效控制混凝土顶升或停止的措施。

③ 应控制混凝土顶升速度，并均衡浇筑至设计标高。

（十）清水混凝土结构浇筑

清水混凝土又称装饰混凝土，因其极具装饰效果而得名。它属于一次浇注成型，不做任何外装饰，直接采用现浇混凝土的自然表面效果作为饰面，因此不同于普通混凝土，表面平整光滑，色泽均匀，棱角分明，无碰损和污染，只是在表面涂一层或两层透明的保护剂，显得十分天然、庄重，而且节能效果显著。

饰面清水混凝土工程（见图 4-132、图 4-133），是以混凝土本身的自然质感和精心设计、精心施工的对拉螺栓孔眼、明缝、蝉缝组和形成自然状态作为饰面效果的混凝土工程，工程应用最广泛。

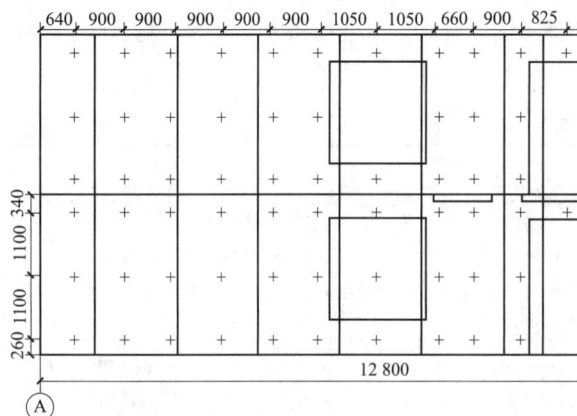

图 4-132 整齐排列的模板与穿墙螺栓孔

图 4-133 清水混凝土立面效果图

清水混凝土结构浇筑应符合下列规定。

1）应根据结构特点进行构件分区，同一构件分区应采用同批混凝土，并应连续浇筑。

2）同层或同区内混凝土构件所用材料牌号、品种、规格应一致，并保证结构外观色泽符合要求。

3）竖向构件浇筑时应严格控制分层浇筑的间歇时间。

四、混凝土振捣

1. 混凝土振捣原理

混凝土振捣机械振动时，将具有一定频率和振幅的振动力传给混凝土，使混凝土发生强迫振动，新浇筑的混凝土在振动力作用下，颗粒之间的黏着力和摩阻力大大减小，流动性增加。粗骨料在本身重力作用下互相滑动，其空隙被水泥砂浆填满，拌和物中的空气和部分游离水被排挤出来，拌和物充满模板的各个角落，从而获得较高密实度的混凝土。

2. 振捣设备与混凝土分层振捣的最大厚度

混凝土的振捣设备，按其工作方式可分为内部振动器、表面振动器、外部振动器（附着振动器）和振动台等（见图4-134）。

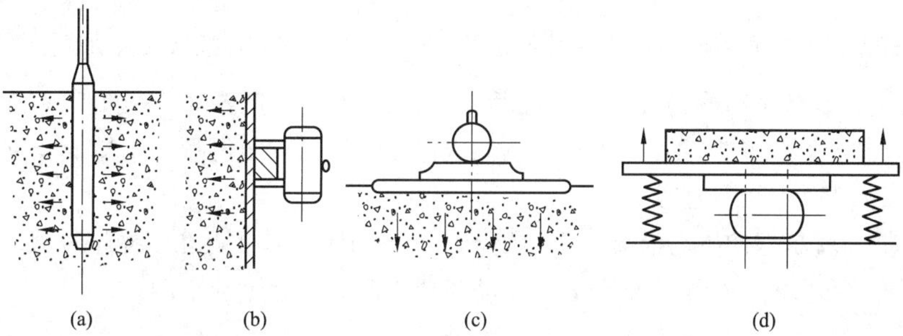

图4-134　振动机示意图
(a) 内部振动图；(b) 外部振动图；(c) 表面振动图；(d) 振动台

为了使混凝土能够振捣密实，浇筑时应分层浇灌、振捣，并在下层混凝土初凝之前，将上层混凝土浇灌并振捣完毕。如果在下层混凝土已经初凝以后，再浇筑上面一层混凝土，在振捣上层混凝土时，下层混凝土由于受振动，已凝结的混凝土结构就会遭到破坏。《混凝土结构工程施工规范》（GB 50666）对混凝土分层振捣的最大厚度作出了表4-47的规定。

表4-47　　　　　　　　　　　　　混凝土分层振捣的最大厚度

振捣方法	混凝土分层振捣的最大厚度	振捣方法	混凝土分层振捣的最大厚度
振动棒	振捣器作用部分长度的1.25倍	附着振动器	根据设置方式，通过试验确定
平板振动器	200		

在采用振捣棒时，需要按插入式振捣器的作用部分长度来确定浇筑层厚度。在工地施工现场，经常使用的 $\phi50$ 振捣棒，有效长度是 350~385mm，精确的浇筑层厚度可取 437.5~481.25mm，粗略的厚度可以控制在 500mm；使用 $\phi30$ 的振捣棒，有效长度是 270mm，精确的浇筑层厚度可取 337.5mm，粗略的厚度可以控制在 350mm。为了确保浇筑层的厚度，在现场还应制造尺杆工具，为分层浇筑提供客观参照依据，便于混凝土浇筑人员施工。

3. 一般部位振捣要求

混凝土振捣应能使模板内各个部位混凝土密实、均匀，不应漏振、欠振、过振。

混凝土振捣应采用插入式振动器、平板式振动器或附着式振动器，必要时可采用人工辅助振捣。按振捣设备分述如下。

（1）内部振动器（插入式振动器）。内部振动器又称为插入式振动器（振动棒），多用于振捣现浇基础、柱、梁、墙等结构构件和厚大体积设备基础的混凝土捣实。

1）振捣方法。工地实际的插入式振动器振捣方法有两种：垂直振捣和斜向振捣（见图4-135、图4-136）。

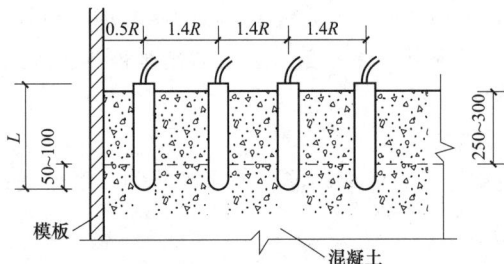

图4-135　插入式振动器的插入深度与移动半径示意图　　　　图4-136　插入式振动器斜向振捣

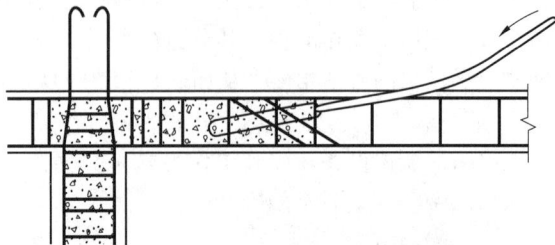

① 垂直振捣。就是振动棒与混凝土表面垂直，也是《混凝土结构工程施工规范》（GB 50666）规定的，其优点在于容易掌握插点距离和控制插入深度，不易产生漏振，不易触及钢筋和模板，混凝土受振后能自然下沉、均匀密实。

② 斜向振捣。就是振动棒与混凝土表面呈40°～45°插入，其优点在于操作省力，效率高，出浆快，易排出空气，不会发生严重离析现象，振动棒拔出时，不会形成空洞。

2）操作规定与要点。

① 应按分层浇筑厚度分别进行振捣，每层混凝土厚度应不超过振动棒长的1.25倍；混凝土分层浇筑时，在振捣上一层时应插入下一层混凝土的深度不应小于50mm，以消除两层间的接缝，同时要在下一层混凝土初凝前进行。在振捣过程中，宜将振动棒上下略微抽动，使上下振捣均匀。

② 振动棒应垂直于混凝土表面并快插慢拔均匀振捣。"快插"是防止先将混凝土表面振实，与下面混凝土产生分层离析现象；"慢拔"是为了使混凝土填满振动棒抽出时形成的空洞。当混凝土表面无明显塌陷、有水泥浆出现、不再冒气泡时，应结束该部位振捣。

③ 振动棒与模板的距离不应大于振动棒作用半径的50%；振捣插点间距不应大于振动棒作用半径（振动器的作用半径一般为300～400mm）的1.4倍。

④ 振捣器应避免碰撞钢筋、模板、芯管、吊环、预埋件或空心胶囊等。

（2）外部振动器（附着式振动器）。直接安装在模板外侧，利用偏心块旋转时产生的振动力，通过模板传递给混凝土。适用于钢筋较密、厚度较小、不宜使用插入式振动器的结构构件。附着式振动器的振动作用深度约为25cm，如构件尺寸较厚，需在构件两侧安设振动器，同时振动。操作规定与要点如下。

1）附着振动器应与模板紧密连接，设置间距应通过试验确定。

2）附着振动器应根据混凝土浇筑高度和浇筑速度，依次从上往下振捣。

3）模板上同时使用多台附着振动器时，应使各振动器的频率一致，并应交错设置在相对面的模板上。

（3）表面振动器（平板式振动器）。适用于表面积大且平整、厚度小的结构或预制构件。操作规定与要点如下。

1) 平板式振动器振捣应覆盖振捣平面边角。

2) 平板式振动器移动间距应覆盖已振实部分混凝土边缘，操作时一般保证前后位置相互搭接30～50mm，以防漏振。

3) 振捣倾斜表面时，应由低处向高处进行振捣。

4) 平板式振动器在每一位置上应连续振动一定时间，一般为25～40s，以混凝土表面均匀出现浮浆为准。

5) 振动时的移动距离应保证振动器的平板能覆盖已振实部分的边缘。

6) 有效作用深度，在无筋及单筋平板中约200mm；在双筋平板中约120mm。

7) 大面积混凝土地面，可采用两台振动器，以同一方向安装在两条木杠上，通过木杠的振动使混凝土振实。

8) 振动倾斜混凝土表面时，应由低处逐渐向高处移动。

（4）振动台。振动台是混凝土构件成型工艺中生产效率较高的一种设备。适用于混凝土预制构件的振捣。当混凝土厚度小于200mm时，混凝土可一次装满振捣；如厚度大于200mm时，应分层浇筑，每层厚度不大于200mm应随浇随振。

当采用振动台振实干硬性和轻骨料混凝土时，宜采用加压振动的方法，压力为1～3kN/m²。

4. 特殊部位的振捣措施

（1）宽度大于0.3m预留洞底部区域，应在洞口两侧进行振捣，并应适当延长振捣时间。宽度大于0.8m的洞口底部，应采取特殊的技术措施，避免预留洞底部形成空洞或不密实情况产生。特殊技术措施包括在预留洞底部区域的侧向模板位置留设孔洞，浇筑操作人员可在孔洞位置进行辅助浇筑与振捣；在预留洞中间设置用于混凝土下料的临时小柱模板，在临时小柱模板内进行混凝土下料和振捣，临时小柱模板边的混凝土在拆模后进行凿除。

（2）后浇带及施工缝边角处应加密振捣点，并应适当延长振捣时间。

（3）钢筋密集区域或型钢与钢筋结合区域，应选择小型振动棒辅助振捣、加密振捣点，并应适当延长振捣时间。

（4）基础大体积混凝土浇筑流淌形成的坡脚，不得漏振。

五、混凝土的养护

1. 混凝土养护

混凝土早期塑形收缩和干燥收缩较大，易于造成混凝土开裂。混凝土养护是补充水分或降低失水速率，防止混凝土产生裂缝，确保达到混凝土各项力学性能指标的重要措施。在混凝土终凝抹面处理后，应及时进行养护工作。混凝土终凝后至养护开始的时间间隔应尽可能缩短，以保证混凝土养护所需的湿度以及对混凝土进行温度控制。因此，《混凝土结构工程施工规范》（GB 50666）8.5.1条明确规定：混凝土浇筑后应及时进行保湿养护，保湿养护可采用洒水、覆盖、喷涂养护剂等方式。养护方式应根据现场条件、环境温湿度、构件特点、技术要求、施工操作等因素确定。以常用的洒水覆盖养护为例，在自然气温条件下（高于+5℃），对于一般塑性混凝土应在浇筑后12h内（炎夏时可缩短至2～3h），对高强混凝土应在浇筑后1～2h内，即用塑料薄膜、麻袋、草帘等进行覆盖，并及时浇水养护，以保持混凝土具有足够润湿状态。

洒水、覆盖、喷涂养护剂等养护方式可单独使用，也可同时使用，采用何种养护方式应根据工程实际情况合理选择。

混凝土的养护时间应符合下列规定。

（1）采用硅酸盐水泥、普通硅酸盐水泥或矿渣硅酸盐水泥配制的混凝土，不应少于7d；采用其他品种水泥时，养护时间应根据水泥性能确定。

（2）采用缓凝型外加剂、大掺量矿物掺和料配制的混凝土，不应少于 14d。粉煤灰或矿渣粉的数量占胶凝材料总量不小于 30％的混凝土，以及粉煤灰加矿渣粉的总量占胶凝材料总量不小于 40％的混凝土，都可认为是大掺量矿物掺和料混凝土。

（3）抗渗混凝土、强度等级 C60 及以上的混凝土，不应少于 14d。

（4）后浇带混凝土的养护时间不应少于 28d。

（5）地下室底层墙、柱和上部结构首层墙、柱，宜适当增加养护时间。这是由于地下室基础底板与地下室底层墙柱施工间隔时间通常都会较长，在这较长的时间内基础底板与地下室结构的收缩基本完成，对于刚度很大的基础底板或地下室结构会对与之相连的墙柱产生很大的约束，从而极易造成结构竖向裂缝产生，对这部分结构增加养护时间是必要的，养护时间可根据工程实际按施工方案确定。

（6）大体积混凝土养护时间应根据施工方案确定。

2. 洒水养护

洒水养护应符合下列规定。

（1）洒水养护宜在混凝土裸露表面覆盖麻袋或草帘后进行，也可采用直接洒水、蓄水等养护方式；洒水养护应保证混凝土表面处于湿润状态。

大面积结构如地坪、楼板、屋面等可采用蓄水养护。储水池一类工程可于拆除内模且混凝土强度达到一定强度后注水养护。

（2）洒水养护用水应符合现行行业标准《混凝土用水标准》（JGJ 63）的有关规定。

（3）当日最低温度低于 5℃时，不应采用洒水养护。

3. 覆盖养护

对养护环境温度有特殊要求或洒水养护有困难的结构构件，可采用覆盖养护方式；对结构构件养护过程有温差要求时，通常采用覆盖养护方式；覆盖养护应及时，尽量减少混凝土裸露时间，防止水分蒸发。

覆盖养护的原理是通过混凝土的自然温升在塑料薄膜内产生凝结水，从而达到湿润养护的目的。在覆盖养护过程中，应经常检查塑料薄膜内的凝结水，确保混凝土裸露表面处于湿润状态。

因此，覆盖养护应符合下列规定。

（1）覆盖养护宜在混凝土裸露表面覆盖塑料薄膜、塑料薄膜加麻袋、塑料薄膜加草帘进行。

（2）塑料薄膜应紧贴混凝土裸露表面，塑料薄膜内应保持有凝结水。

（3）覆盖物应严密，覆盖物的层数应按施工方案确定。一般要求覆盖物相互搭接不小于 100mm，覆盖物层数的确定应综合考虑环境因素以及混凝土温差控制要求。

4. 喷涂养护剂养护

对养护环境温度没有特殊要求或洒水养护有困难的结构构件，可采用喷涂养护剂养护方式。对拆模后的墙柱以及楼板裸露表面在持续洒水养护有困难时可采用喷涂养护剂养护方式；对于采用爬升式模板脚手施工的工程如烟囱、筒仓，由于模板脚手爬升后无法对下部的结构进行持续洒水养护，可采用喷涂养护剂养护方式。

喷涂养护剂养护的原理是通过喷涂养护剂，使混凝土裸露表面形成致密的薄膜层，薄膜层能封住混凝土表面，阻止混凝土表面水分蒸发，达到混凝土养护的目的。养护剂后期应能自行分解挥发，而不影响装修工程施工。养护剂应具有可靠的保湿效果，必要时可通过试验检验养护剂的保湿效果。

因此，喷涂养护剂养护应符合下列规定。

（1）应在混凝土裸露表面喷涂覆盖致密的养护剂进行养护。

（2）养护剂应均匀喷涂在结构构件表面，不得漏喷；养护剂应具有可靠的保湿效果，保湿效果可通过试验检验。

（3）养护剂使用方法应符合产品说明书的有关要求。

这一条要求喷涂方法应符合产品技术要求，严格按照使用说明书要求进行施工。

5. 基础大体积混凝土养护

基础大体积混凝土裸露表面应采用覆盖养护方式；当混凝土浇筑体表面以内 40～100mm 位置的温度与环境温度的差值小于 25℃时，可结束覆盖养护。覆盖养护结束但尚未达到养护时间要求时，可采用洒水养护方式直至养护结束。

覆盖养护层的厚度应根据环境温度、混凝土内部温升以及混凝土温差控制要求确定，通常在施工方案中确定。

6. 柱墙混凝土养护

柱墙混凝土养护方法应符合下列规定。

（1）地下室底层和上部结构首层柱、墙混凝土带模养护时间，不应少于 3d；带模养护结束后，可采用洒水养护方式继续养护，也可采用覆盖养护或喷涂养护剂养护方式继续养护。

（2）其他部位柱、墙混凝土可采用洒水养护，也可采用覆盖养护或喷涂养护剂养护。

混凝土强度达到 1.2MPa 前，不得在其上踩踏、堆放物料和安装模板及支架。

同条件养护试件的养护条件应与实体结构部位养护条件相同，并应妥善保管。

施工现场应具备混凝土标准试件制作条件，并应设置标准试件养护室或养护箱。标准试件养护应符合国家现行有关标准的规定。

加热养护一般用于提高预制构件生产效率同时加快场地周转，另外冬季混凝土施工常用的蓄热法无法保证质量时也采用加热养护。加热养护一般常用蒸汽加热法和电热法。

六、混凝土工程施工质量验收要求

混凝土分项工程质量验收内容分为一般规定、原材料、配合比设计和混凝土施工，由于与施工规范要求内容重复较多，这里就不再赘述了。这里选择重点质量检查项目介绍，特别是混凝土的强度检查与评定、结构实体检验，至于应用最广的现浇结构分项工程的质量检查项目则放在第（五）部分详细介绍。

（一）混凝土在拌制、浇筑和养护过程中的质量检查

（1）首次使用的混凝土配合比应进行开盘鉴定，其工作性能应满足设计配合比要求。开始生产时应至少留置一组标准养护试件作强度试验，以验证配合比。

（2）混凝土组成材料的用量，每工作班至少抽查两次，要求每盘称量偏差在允许范围之内。

（3）当采用预拌混凝土（即商品混凝土）时，应在商定交货地点定期进行坍落度检查，以测定混凝土的和易性，第一车混凝土必须进行检查，其后至少与混凝土标准强度试块取样［见第（二）部分］同步检查，即一般 100m³ 检查一次，每次检查的结果应作施工记录；自拌混凝土，第一盘混凝土必须进行检查，其后至少与混凝土标准试块取样同步检查，由于自拌混凝土每个台班拌制混凝土量较少，一般 30m³ 左右检查一次（常用 250～350L 出料量搅拌机）。实测的混凝土坍落度与要求的坍落度之间的允许偏差见表 4－48。混凝土的质量问题往往通过坍落度检查事先暴露出来而得到预警，其测定方法按现行国家标准《普通混凝土拌和物性能试验方法》（GB/T 50080—2002）的规定进行。

表 4 - 48　　　　　　　　　混凝土坍落度与要求坍落度之间的允许偏差　　　　　　　　mm

要求坍落度	允许偏差	要求坍落度	允许偏差
<50	±10	>90	±30
50～90	±20		

（4）混凝土坍落度筒的使用要求。坍落度筒是检验混凝土和易性能重要的检验设备，在施工工地会经常使用。坍落度筒使用薄钢板制成，呈截头圆锥筒，其内壁应光滑，无凹凸部位，它的详细尺寸如图 4 - 137 所示。

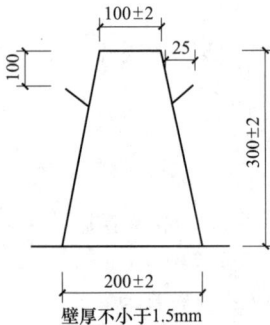

图 4 - 137　坍落度测量筒

检验混凝土和易性的检验设备除了坍落度筒以外，现场还需备置一些其他工具，为了捣实试模中的混凝土，用 16mm 直径，长 600mm 的光圆钢筋制成捣棒，捣棒的端部用砂轮机磨圆，使其呈弹头形，坍落度筒应坐在一块 600mm×600mm 的钢板上，钢板的厚度不小于 3～5mm，表面必须平整，钢尺和直尺各一把，要求最小刻度为 1mm，除了这些以外，还应准备小铁铲和抹刀。坍落度在使用过程中应遵照以下工作程序。

1）准备使用坍落度筒前，必须湿润坍落度筒及其他用具，并把筒放在不吸水的平整的 600mm×600mm 的钢板上，然后用脚踩在两边的脚踏板，使坍落度筒在装料时，保持位置固定。

2）按要求取得的混凝土试样，用小铁铲分三次均匀装入筒内，使捣实后的混凝土高度为筒高的 1/3 左右，每层用捣棒插捣 25 次，插捣应沿螺旋方向由外向中心进行。各次插捣应在截面上均匀分布，插捣筒边混凝土时，捣棒可以稍稍倾斜，插捣底层时，捣棒应贯穿整个深度。插捣第二层和顶层时，捣棒应插透本层至下一层的表面。

3）灌顶层混凝土时，应灌到高出筒口，插捣过程中，如混凝土沉落到低于筒口，则应随时添加，顶层插捣完成后，刮去多余的混凝土，并用抹子抹平。

4）清除筒边底板上的混凝土后，垂直平稳地提起坍落度筒。坍落度筒的提离过程应在 5～10s 内完成，从开始装料到提坍落度筒的整个过程应不间断进行，并应在 150s 内完成。

5）提起坍落度后，用直尺测量筒高与坍落后混凝土试体最高点之间的高度差，即为该混凝土拌和物的坍落度值，混凝土拌和物的坍落度值以毫米为单位，并精确到 5mm。

6）坍落度测完后，应仔细观察流动性以及黏聚性和保水性，并对和易性作出判断。

7）坍落度筒使用后应及时清理干净妥善保管，使用过程中一定要轻拿轻放，严禁甩摔和蹬踏。

每工作班混凝土拌制前，应测定砂、石含水率，并根据测试结果调整材料用量，检查施工配合比。

自拌混凝土的搅拌时间，应随时检查。

在施工过程中，还应对混凝土运输浇筑及间歇的全部时间、施工缝和后浇带的位置、养护制度进行检查。

（二）混凝土强度检查

1. 检查混凝土强度等级

评定结构构件的混凝土强度应采用标准试件的混凝土强度，即按标准方法制作的边长为 150mm 的标准尺寸的立方体试件，在温度为 20℃±3℃，相对湿度为 90% 以上的环境或水中的标准条件下，养护至 28d 龄期时按标准试验方法测得的混凝土立方体抗压强度。

混凝土立方体试件的最小尺寸应根据骨料的最大粒径确定，当采用非标准尺寸的试件时，应将其抗压强度值乘以折算系数，换算成为标准尺寸试件的抗压强度值。允许的试件最小尺寸及其强度折算系数见表4-49。

表4-49　　　　　　　　　　混凝土试件的尺寸及强度的尺寸换算系数

骨料最大粒径（mm）	试件尺寸（mm）	强度的尺寸换算系数
≤31.5	100×100×100	0.95
≤40	150×150×150	1.00
≤63	200×200×200	1.05

注　对强度等级为C60及以上的混凝土试件，其强度的尺寸换算系数可通过试验确定。

用于检查结构混凝土质量的试件，应在混凝土的浇筑地点随机取样制作。试件的留置应符合下列规定。

（1）每拌制100盘且不超过100m³的同配合比混凝土，其取样不得少于一次。

（2）每工作班拌制的同配合比混凝土不足100盘时，其取样不得少于一次。

（3）当一次连续浇筑超过1000m³时，同一配合比的混凝土每200 m³取样不得少于一次。

（4）同一现浇楼层同配合比的混凝土，其取样不得少于一次。

（5）每次取样应至少留置一组（3个）标准试件，同条件养护试件的留置组数，可根据实际需要确定。预拌混凝土除应在预拌混凝土厂内按规定留置试件外，混凝土运到施工现场后，还应按本条款规定留置试件。

2. 临时负荷强度

确定结构构件的拆模、出池、出厂、吊装、张拉、放张及施工期间临时负荷的混凝土强度，应采用与结构构件同条件养护的标准尺寸试件的混凝土强度。

结构构件的混凝土强度应按现行国家标准《混凝土强度检验评定标准》（GB 50107）的规定分批检验评定。对采用蒸汽法养护的混凝土结构构件，其混凝土试件应先随同结构构件同条件蒸汽养护，再转入标准条件养护共28d。当混凝土中掺用矿物掺和料时，确定混凝土强度时的龄期可按现行国家标准《粉煤灰混凝土应用技术规范》（GBJ 146）等的规定取值。

3. 混凝土强度代表值的确定

每组3个试件应在同盘混凝土中取样制作，并按下列规定确定该组试件的混凝土强度代表值。

（1）取3个试件的强度平均值。

（2）当3个试件强度中的最大值或最小值之一与中间值之差超过中间值的15%时，取中间值。

（3）当3个试件强度中最大值和最小值与中间值之差均超过中间值的15%时，该组试件不应作为强度评定的依据。

当混凝土试件强度评定不合格时，可采用非破损（如回弹法或超声回弹综合法）或局部破损（如钻芯法或后装拔出法）的检测方法，按国家现行有关标准的规定对结构构件中的混凝土强度进行推定，并作为处理的依据。

（三）混凝土强度评定

根据《混凝土强度检验评定标准》（GB/T 50107）的规定：

（1）混凝土强度应分批进行检验评定。一个检验批的混凝土应由强度等级相同、试验龄期相同、生产工艺条件和配合比基本相同的混凝土组成。对同一检验批的混凝土强度，应以同批内标准试件的全部强度代表值来评定。对大批量、连续生产混凝土的强度应按评定标准规定的统计方法评定。对小批量或零星生产混凝土的强度应按评定标准的非统计方法评定。

（2）统计法评定混凝土强度的标准差已知方案。当连续生产的混凝土，生产条件在较长时间内保持一致，且同一品种、同一强度等级混凝土的强度变异性保持稳定时，应由连续的 3 组试件作为一个检验批的样本容量，其强度应符合下列要求

$$m_{fcu} \geqslant f_{cu,k} + 0.7\sigma_o \tag{4-41}$$

$$f_{cu,min} \geqslant f_{cu,k} - 0.7\sigma_o \tag{4-42}$$

检验批混凝土立方体抗压强度的标准差应按下式计算

$$\sigma_o = \sqrt{\frac{\sum\limits_{i=1}^{n} f_{cu,i}^2 - nm_{f_{cu}}^2}{n-1}} \tag{4-43}$$

当混凝土强度等级不高于 C20 时，其强度的最小值尚应满足下列要求

$$f_{cu,min} \geqslant 0.85 f_{cu,k} \tag{4-44}$$

当混凝土强度等级高于 C20 时，其强度的最小值尚应满足下列要求

$$f_{cu,min} \geqslant 0.90 f_{cu,k} \tag{4-45}$$

式中：m_{fcu} 为同一检验批混凝土立方体抗压强度平均值（N/mm²），精确到 0.1（N/mm²）$f_{cu,k}$ 为混凝土立方体抗压强度标准值（N/mm²），精确到 0.1 或精确到 0.01（N/mm²）；σ_o 为检验批混凝土立方体抗压强度的标准差（N/mm²），精确到 0.01（N/mm²），当检验批混凝土强度标准差 σ_o 计算值小于 2.5N/mm² 时，应取 2.5N/mm²；$f_{cu,i}$ 为前一个检验期内同一品种、同一强度等级的第 i 组混凝土试件的立方体抗压强度代表值（N/mm²），精确到 0.1（N/mm²）；该检验期不应少于 60d，也不得大于 90d；n 为前一检验期内的样本容量，在该期间内样本容量不应少于 45；$f_{cu,min}$ 为同一检验批混凝土立方体抗压强度最小值（N/mm²），精确到 0.1（N/mm²）。

（3）统计法评定混凝土强度的标准差未知方案。当混凝土生产条件不满足第（2）条的规定，指生产连续性较差，即在生产中无法维持基本相同的生产条件，或生产周期较短，无法积累强度数据以资计算可靠的标准差参数，应由不少于 10 组的试件代表一个检验批，其强度应同时符合下列要求

$$\begin{cases} m_{fcu} \geqslant f_{cu,k} + \lambda_1 S_{fcu} & (4-46) \\ f_{cu,min} \geqslant \lambda_2 f_{cu,k} & (4-47) \end{cases}$$

同一检验批混凝土立方体抗压强度的标准差应按下式计算

$$S_{fcu} = \sqrt{\frac{\sum\limits_{i=1}^{n} f_{cu,i}^2 - nm_{fcu}^2}{n-1}} \tag{4-48}$$

式中：m_{fcu} 为同一检验批混凝土强度的平均值（N/mm²）；S_{fcu} 为同一检验批混凝土立方体抗压强度的标准差（N/mm²），精确到 0.01（N/mm²）；当检验批混凝土强度标准差 S_{fcu} 计算值小于 2.5N/mm² 时，应取 2.5N/mm²；λ_1、λ_2 为合格判定系数，见表 4-50。

表 4-50   混凝土强度的合格评定系数

试件组数	10～14	15～19	≥20
λ_1	1.15	1.05	0.95
λ_2	0.90	0.85	0.85

此要求的原理是：为了保证立方体抗压强度的标准值有 95% 保证率，总体样本的平均值应该

是在 $f_{cu,o}=f_{cu,k}+1.645\sigma$ 附近小幅震荡，根据概率论，检验批样本的平均值 m_{fcu} 应是总体平均值的最佳估计值，样本的标准偏差 S 是总体的标准偏差 σ 的最佳估计值，样本无穷多时两者重合。而可以证明，在正常情况下，检验批样本如果出现违反上述两条件之一是非常小的小概率事件，小概率事件突然发生表示出现异常的可能性很大。经过多次模拟计算，统计评定的漏判概率 β（用户方风险）即没有达标判为达标的概率始终能控制在 5% 以内，而错判概率 α（生产方风险）即达标判为不达标的概率也基本控制在 5% 左右，此评定混凝土强度的公式在绝大多数情况下是准确的。

注意：这里的检验批混凝土强度标准差 S_{fcu} 就是检验批样本偏差，根据定义公式展开：

$$S_{fcu}=\sqrt{\frac{\sum_{i=1}^{n}(f_{cu,i}-m_{fcu})^2}{n-1}}=\sqrt{\frac{\sum_{i=1}^{n}f_{cu,i}^2-2m_{fcu}\sum_{i=1}^{n}f_{cu,i}+nm_{fcu}^2}{n-1}}$$

$$=\sqrt{\frac{\sum_{i=1}^{n}f_{cu,i}^2-nm_{fcu}^2}{n-1}} \tag{4-49}$$

这里利用了样本平均值的定义，$m_{fcu}=\sum_{i=1}^{n}f_{cu,i}/n \rightarrow \sum_{i=1}^{n}f_{cu,i}=nm_{fcu}$ 代入到上述展开式中即得式（4-48）。

由于 4M1E 即人、机械、材料、方法、环境的变化，混凝土的生产条件在较长时间内一般不能保持一致，施工项目标准养护混凝土试块强度评定往往采用这种标准差未知评定方法，具体见下面实例 1，但一般来说，预制构件生产可以采用标准差已知方案。

【实例 1】　某大厦施工项目标准养护混凝土试块强度评定表见表 4-51。

表 4-51　　　　　　　　标准养护混凝土强度试块强度评定表

工程名称	卓信大厦	分部工程名称		主体分部	项目经理	霍霞
施工单位	中华建工集团	验收部位		主体混凝土结构	混凝土设计强度等级（$f_{cu,k}$）	C25
施工执行标准名称及编号	ZHJG-SGBZ-02 主体结构施工工艺			混凝土配合比（水泥：水：石：砂：外加剂）	1:0.45:2.39:1.64:0.02	
序号	部位	方量（m³）	试验报告编号	试块制作日期	龄期（d）	试块抗压强度
01	一层柱	80	×××	×××	28	28.5
02	一层梁板	80	×××	×××	28	29.2
03	二层柱	80	×××	×××	28	28.8
04	二层梁板	80	×××	×××	28	28.4
05	三层柱	80	×××	×××	28	29.5
06	三层梁板	80	×××	×××	28	28.8
07	四层柱	80	×××	×××	28	29.0
08	四层梁板	80	×××	×××	28	28.9
09	五层柱	80	×××	×××	28	29.5
10	五层梁板	80	×××	×××	28	29.6

序号	部位	方量（m³）	试验报告编号	试块制作日期	龄期（d）	试块抗压强度
11	六层柱	80	×××	×××	28	24.5
12	六层梁板	80	×××	×××	28	28.9
13	七层柱	80	×××	×××	28	29.2
14	七层梁板	80	×××	×××	28	28.8
15	八层柱	80	×××	×××	28	27.9
16	八层梁板	80	×××	×××	28	29.8
17	九层柱	80	×××	×××	28	29.5
18	九层梁板	80	×××	×××	28	28.7
19	十层柱	80	×××	×××	28	29.5
20	十层梁板	80	×××	×××	28	28.6

质量评定情况	统计方法	$m_{fcu}=28.9 \geqslant f_{cu,k}+\lambda_1 \times S_{fcu}=25+0.95 \times 2.5=27.4$	有关数据	$m_{fcu}=28.9$
		$f_{cu,min}=24.5 \geqslant \lambda_2 f_{cu,k}=0.85 \times 25=21.3$		$S_{fcu}=2.50$
	非统计方法	$m_{fcu} \geqslant \lambda_3 f_{cu,k}$		$f_{cu,min}=24.5$
		$f_{cu,min} \geqslant \lambda_4 f_{cu,k}$		$f_{cu,k}=25.0$
				$\lambda_1=0.95, \lambda_2=0.85$

不参加混凝土强度评定组数及处理情况：　　　　　　　　无

评定结果	依据 GB/T 50107 标准，主体混凝土结构 C25 标养试块混凝土强度评定为合格。 施工单位 　项目专业质量检查员（签名）：××× 　项目专业技术负责人（签名）：××× 　××年××月××日	依据 GB/T 50107 标准，主体混凝土结构 C25 标养试块混凝土强度评定为合格。 专业监理工程师（签名）：××× 　（建设单位项目专业技术负责人） 　××年××月××日

其中部分参数计算如下

平均值的定义，$m_{fcu}=\sum\limits_{i=1}^{n} f_{cu,i}/n$

$$m_{fcu}=\sum\limits_{i=1}^{20} f_{cu,i}/20=(28.5+29.2+28.8+\cdots+28.6)/20=28.86 \approx 28.9（MPa）$$

根据式（4-48），$S_{fcu}=\sqrt{\dfrac{\sum\limits_{i=1}^{20} f_{cu,i}^2-20m_{fcu}^2}{20-1}}=\sqrt{\dfrac{28.5^2+29.2^2+\cdots+28.6^2-20 \times 28.86^2}{19}}$

$=1.90\text{MPa}<2.50\text{MPa}$，取 $S_{fcu}=2.50$（MPa）

注意：实际评定中 S_{fcu} 过小的原因往往是统计的混凝土检验期过短，对混凝土强度的影响因素反映不充分造成的。虽然也有质量控制好的企业可以达到这样的水平，但对于全国平均水平来讲，是达不到的。

$$f_{cu,min}=24.5（MPa）$$

查表 4-50，时间组数 $n=20$，得 $\lambda_1=0.95$，$\lambda_2=0.85$，代入判定式（4-46）、式（4-47）得

$$\begin{cases} m_{fcu} \geqslant f_{cu,k}+\lambda_1 \times S_{fcu} \\ f_{cu,min} \geqslant \lambda_2 f_{cu,k} \end{cases} \begin{cases} 28.9>25+0.95 \times 2.50=27.4（MPa） \\ 24.5（MPa）>0.85 \times 25=21.3（MPa） \end{cases}$$

因为同时符合两要求，依据 GB/T 50107 标准，主体混凝土结构 C25 标养试块混凝土强度评定为合格。

（4）当用于评定的样本容量小于 10 组时，如对零星生产的预制构件混凝土，或现场搅拌批量不大的混凝土，应采用非统计法评定。

按非统计方法评定混凝土强度时，其强度应同时符合下列规定

$$m_{f\text{cu}} \geqslant \lambda_3 f_{\text{cu,k}} \tag{4-50}$$

$$f_{\text{cu,min}} \geqslant \lambda_4 f_{\text{cu,k}} \tag{4-51}$$

混凝土强度的非统计法合格评定系数见表 4-52。

表 4-52　　　　　　　　　　　　混凝土强度的非统计法合格评定系数

混凝土强度等级	<C60	≥C60
λ_3	1.15	1.10
λ_4	0.95	

非统计方法虽然简单方便，但准确度相对前述统计法较差，误判和错判概率较大。

现场试件留置数量一般不应少于 3 组。

【实例 2】　某小型建筑物基础共取得标准养护混凝土试块强度 4 组，每组 3 试块的试验室强度见表 4-53，混凝土强度等级 C30。试进行混凝土强度非统计评定。

表 4-53　　　　　　　　　某小型建筑物基础标准养护混凝土强度试块非统计评定

组别	每组 3 块试块的强度	混凝土强度代表值	非统计方法质量评定
第一组	33.2 35.6 38.9	取平均值 35.9	
第二组	28.7 39.2 34.3	取中间值 34.3	$m_{f\text{cu}} = (35.9+34.3+36.4)/3$ $= 35.5\text{MPa} \geqslant \lambda_3 f_{\text{cu,k}} = 1.15 \times 30$ $= 34.5\text{MPa}$ $f_{\text{cu,min}} = 34.3\text{MPa}$
第三组	27.5 34.1 39.8	不参加混凝土 强度评定	$\geqslant \lambda_4 f_{\text{cu,k}} = 0.95 \times 30$ $= 28.5\text{MPa}$ 依据 GB/T 50107 标准，基础 C30 标养试块混凝土强度评定为合格
第四组	34.7 36.4 38.2	取平均值 36.4	

（四）结构实体检验

对涉及混凝土结构安全的重要部位应进行结构实体检验。结构实体检验应在监理工程师（建设单位项目专业技术负责人）见证下，由施工项目技术负责人组织实施。承担结构实体检验的试验室应具有相应的资质。

混凝土主体结构实体检验的内容应包括混凝土强度、钢筋保护层厚度以及工程合同约定的项目；必要时可检验其他项目。

1. 同条件养护试件混凝土强度检验

对混凝土强度的实体检验，应以在混凝土浇筑地点制备并与结构实体同条件养护的试件强度为

依据。混凝土强度检验用同条件养护试件的留置、养护和强度代表值应符合《混凝土结构工程施工质量验收规范》（GB 50204—2015）附录 D 结构实体检验用同条件养护试件强度检验规定。

对混凝土强度的检验，也可根据合同的约定，采用非破损或局部破损的检测方法，按国家现行有关标准的规定进行。

当同条件养护试件强度的检验结果符合现行国家标准《混凝土强度检验评定标准》（GBJ）的有关规定时，混凝土强度应判为合格。

当未能取得同条件养护试件强度、同条件养护试件强度被判为不合格或钢筋保护层厚度不满足要求时，应委托具有相应资质等级的检测机构按国家有关标准的规定进行检测。

附录 D 结构实体检验用同条件养护试件强度检验具体规定如下。

D.0.1　同条件养护试件的留置方式和取样数量，应符合下列要求。

（1）同条件养护试件所对应的结构构件或结构部位，应由监理（建设）、施工等各方共同选定。

（2）对混凝土结构工程中的各混凝土强度等级，均应留置同条件养护试件。

（3）同一强度等级的同条件养护试件，其留置的数量应根据混凝土工程量和重要性确定。不宜少于 10 组，且不应少于 3 组。

（4）同条件养护试件拆模后，应放置在结构构件或结构部位的适当位置，并采取相同的养护方法。

【D.0.1 说明】　本附录规定的结构实体检验，可采用对同条件养护试件强度进行检验的方法进行。这是根据试验研究和工程调查确定的。

本条根据对结构性能的影响及检验结果的代表性，规定了结构实体检验用同条件养护试件的留置方式和取样数量。同条件养护试件应由各方在混凝土浇筑入模处见证取样。同一强度等级的同条件养护试件的留置数量不宜少于 10 组，以构成按统计方法评定；留置数量不应少于 3 组，是为了按非统计方法评定混凝土强度时，有足够的代表性。

D.0.2　同条件养护试件应在达到等效养护龄期时进行强度试验。

等效养护龄期应根据同条件养护试件强度与在标准养护条件下 28d 龄期试件强度相等的原则确定。

D.0.3　同条件自然养护试件的等效养护龄期及相应的试件强度代表值，宜根据当地的气温和养护条件，按下列规定确定。

（1）等效养护龄期可按日平均气温逐日累计达到 600℃ 天时所对应的龄期，0℃ 及以下的龄期不计入；等效养护龄期不应小于 14 天，也不宜大于 60 天。

（2）同条件养护试件的强度代表值应根据强度试验结果按现行国家标准《混凝土强度检验评定标准》（GBJ 107）的规定确定后，乘折算系数取用；折算系数宜取为 1.10，也可根据当地的试验统计结果做适当调整。

【D.0.3 说明】　试验研究表明，通常条件下，当逐日累计养护温度达到 600℃ 天时，由于基本反映了养护温度对混凝土强度增长的影响，同条件养护试件强度与标准养护条件下 28 天龄期的试件强度之间有较好的对应关系。

结构实体混凝条件混凝土强度通常低于标准养护下的混凝土强度，这主要是由于同条件养护试件养护条件与标准养护条件的差异，包括温度、湿度等条件的差异。同条件养护试件检验时，可将同组试件的强度代表值乘以折算系数 1.10 后，按现行国家标准《混凝土强度检验评定标准》（GBJ 107）评定。折算系数 1.10 主要是考虑到实际混凝土结构及同条件养护试件可能失水等不利于强度增长的因素，经试验研究及工程调查而确定的。各地区也可根据当地的试验统计结果对折算系数作适当的调整，需增大折算系数时应持谨慎态度。

D.0.4　冬期施工、人工加热养护的结构构件，其同条件养护试件的等效养护龄期可按结构构件的实际养护条件，由监理（建设）、施工等各方面根据本附录第 D.0.2 条的规定共同确定。

（2）结构实体检验用同条件养护混凝土试块强度评定实例。

表 4-54 为结构实体检验用同条件养护混凝土试块强度数据表，以供参考。

表 4-54　　　　　　　　结构实体检验用同条件养护混凝土试块强度数据表

工程名称	卓信大厦		分部工程名称		主体分部	项目经理	霍霞
施工单位	中华建工集团		验收部位		主体混凝土结构	混凝土设计强度等级（$f_{cu,k}$）	C25
施工执行标准名称及编号	ZHJG-SGBZ-02 主体结构施工工艺				混凝土配合比（水泥：水：石：砂：外加剂）		1：0.45：2.39：1.64：0.02
序号	部位	试块编号	试块制作日期	龄期（d）	等效养护龄期（℃·d）	试块抗压强度（f_{cu}）	乘折算系数1.1后试块强度代表值（f_{cu}'）
1	一层柱	×××	×××	26	607.5	26.5	29.15
2	一层梁板	×××	×××	25	607.0	28.3	31.13
3	二层柱	×××	×××	26	605.5	28.8	31.68
4	二层梁板	×××	×××	27	603.5	28.4	31.24
5	三层柱	×××	×××	28	604.0	23.9	26.29
6	三层梁板	×××	×××	26	602.5	28.8	31.68
7	四层柱	×××	×××	24	603.0	28.5	31.35
8	四层梁板	×××	×××	25	607.5	26.5	29.15
9	五层柱	×××	×××	26	604.0	25.6	28.16
10	五层梁板	×××	×××	24	602.5	25.6	28.16
11	六层柱	×××	×××	25	607.0	25.2	27.72
12	六层梁板	×××	×××	26	602.5	28.0	30.80
13	七层柱	×××	×××	26	603.5	26.2	28.82
14	七层梁板	×××	×××	27	601.5	26.8	29.48
15	八层柱	×××	×××	26	605.5	26.9	29.59
16	八层梁板	×××	×××	26	604.0	27.8	30.58
17	九层柱	×××	×××	27	607.0	28.5	31.35
18	九层梁板	×××	×××	26	606.5	26.7	29.37
19	十层柱	×××	×××	26	608.5	26.5	29.15
20	十层梁板	×××	×××	26	607.0	27.6	30.36

2. 结构实体钢筋保护层厚度检验

对钢筋保护层厚度的检验，抽样数量、检验方法、允许偏差和合格条件应符合《混凝土结构工程施工质量验收规范》（GB 50204—2015）附录 E 关于结构实体钢筋保护层厚度检验的规定。

（1）附录 E 结构实体钢筋保护层厚度检验的具体规定如下。E.0.1　钢筋保护层厚度检验的结构部位和构件数量，应符合下列要求。

1）钢筋保护层厚度检验的结构部位，应由监理（建设）、施工等各方根据结构构件的重要性共同选定；

2）对梁类、板类构件，应各抽取构件数量的 2％且不少于 5 个构件进行检验；当有悬挑构件时，抽取的构件中悬挑梁类、板类所占比例均不宜小于 50％。

E.0.2　对选定的梁类构件，应对全部纵向受力钢筋的保护层厚度进行检验；对选定的板类构件，应抽取不少于 6 根纵向受力钢筋的保护层厚度进行检验。对每根钢筋，应在有代表性的部位测量 1 点。

E.0.1～E.0.2 说明：对结构实体钢筋保护层厚度的检验，其检验范围主要是钢筋位置可能显著影响结构构件承载力和耐久性的构件和部位，如梁、板类构件的纵向受力钢筋。由于悬臂构件上部受力钢筋可能严重削弱结构构件的承载力，故更应重视对悬臂构件受力钢筋保护层厚度的检验。

"有代表性的部位"是指该处钢筋保护层厚度可能对构件承载力或耐久性有显著影响的部位。对梁柱节点等钢筋密集的部位，检验存在困难，在抽取钢筋进行检测时可避开这种部位。对板类构件，应按有代表性的自然间抽查。对大空间结构的板，可先按纵、横轴线划分检查面，然后抽查。

E.0.3　钢筋保护层厚度的检验，可采取非破损或局部破损的方法，也可用非破损方法并用局部破损法进行校准。当采用非破损方法检验时，所使用的检测仪器应经过计量检验，检测操作应符合相应规程的规定。

E.0.3 说明：保护层厚度的检测，可根据具体情况，采取保护层厚度测定仪器量测，或局部开槽钻孔测定，但应及时修补。

E.0.4　钢筋保护层厚度检验时，纵向受力钢筋保护层厚度的允许偏差，对梁类构件为 +10mm，-7mm；对板类构件为 +8mm，-5mm。

E.0.4 说明：考虑施工扰动等不利因素的影响，结构实体钢筋保护层厚度检验时，其允许偏差在钢筋安装允许偏差的基础上作了适当调整。

E.0.5　对梁类、板类构件纵向受力钢筋的保护层厚度应分别进行验收。

结构实体钢筋保护层厚度验收合格应符合下列规定。

1）当全部钢筋保护层厚度检验的合格点率为 90％及以上时，钢筋保护层厚度的检验结果应判为合格。

2）当全部钢筋保护层厚度检验的合格点率小于 90％但不小于 80％，可再抽取相同数量的构件进行检验；当按两次抽样总和计算的合格点率为 90％及以上时，钢筋保护层厚度的检验结果仍应判为合格。

3）每次抽样检验结果中不合格点的最大偏差均不应大于 E.0.4 条规定允许偏差的 1.5 倍。

E.0.5 说明：本条明确规定了结构实体检验中钢筋保护层厚度的合格点率应达到 90％及以上。考虑到实际工程中钢筋保护层厚度可能在某些部位出现较大偏差，以及抽样检验的偶然性，当一次检测结果的合格点率小于 90％但不小于 80％时，可再次抽样，并按两次抽样总和的检验结果进行判定。本条还对抽样检验不合格点最大偏差值作出了限制。

（2）结构实体钢筋保护层厚度检验评定实例。结构实体钢筋保护层厚度检验由有资质的检测单位、施工单位和监理单位（或建设单位）根据结构构件的重要性共同选定，一般选其中几层楼层作为检测对象，当全部钢筋保护层厚度检验的合格点率合格时判为合格。对梁类、板类构件纵向受力钢筋的保护层厚度应分别进行验收。下面是其中一层梁的结构实体检查钢筋保护层厚度记录（表4-55）。

表4-55　结构实体检查钢筋保护层厚度记录（局部破损/非破损）

工程名称	卓信大厦	分部工程名称	主体分部	项目经理	管理
施工单位	中华建工集团	验收部位	一层梁		
施工执行标准名称及编号		ZHJG-SGBZ-02 主体结构施工工艺			

构件部位及编号	设计保护层厚度（mm）	梁类构件 +10、−7	板类构件 +8、−5	防水混凝土迎水面 +10、−10	检查记录										
1层①～③轴L1	25	+10，−7mm			25	26	19	22	22	⟨16⟩	23	22	22	22	25
1层①～③轴L1	25	+10，−7mm			22	23	25	⟨17⟩	21	22	22	21	23	22	22
1层①～③轴L1	25	+10，−7mm			23	23	25	21	22	22	22	22	22	21	23
1层①～③轴L1	25	+10，−7mm			22	⟨36⟩	18	23	22	22	23	25	25	22	22
1层①～③轴L1	25	+10，−7mm			22	22	23	22	22	23	⟨37⟩	23	22	22	
1层①～③轴L1	25	+10，−7mm			22	23	25	22	22	22	22	21	23	22	22
1层①～③轴L1	25	+10，−7mm			25	22	22	23	22	23	31	⟨17⟩	22	25	

1层①～③轴L1⑬号纵筋保护层厚度检测

（截面配筋图：2Φ14 ⑬，3Φ14 ⑫，⑭，尺寸 300、250）

检查结果	施工单位 项目专业质量检查员（签名）：路凤利 项目专业技术负责人（签名）：张云梓 二○○五年六月十日	专业监理工程师（签名）：赵善涛 （建设单位项目专业技术负责人） 二○○五年六月十日

（五）现浇混凝土结构分项工程质量验收与处理规定

1. 一般规定

（1）现浇结构的外观质量缺陷，应由监理（建设）单位、施工单位等各方根据其对结构性能和使用功能影响的严重程度，按表4-56确定。

表 4 - 56   现浇结构外观质量缺陷

名称	现象	严重缺陷	一般缺陷
露筋	构件内钢筋未被混凝土包裹而外露	纵向受力钢筋有露筋	其他钢筋有少量露筋
蜂窝	混凝土表面缺少水泥砂浆而形成石子外露	构件主要受力部位有蜂窝	其他部位有少量蜂窝
孔洞	混凝土中孔穴深度和长度均超过保护层厚度	构件主要受力部位有孔洞	其他部位有少量孔洞
夹渣	混凝土中夹有杂物且深度超过保护层厚度	构件主要受力部位有夹渣	其他部位有少量夹渣
疏松	混凝土中局部不密实	构件主要受力部位有疏松	其他部位有少量疏松
裂缝	缝隙从混凝土表面延伸至混凝土内部	构件主要受力部位有影响结构性能或使用功能的裂缝	其他部位有少量不影响结构性能或使用功能的裂缝
连接部位缺陷	构件连接处混凝土缺陷及连接钢筋、连接件松动	连接部位有影响结构传力性能的缺陷	连接部位有基本不影响结构传力性能的缺陷
外形缺陷	缺棱掉角、棱角不直、翘曲不平、飞边凸肋等	清水混凝土构件有影响使用功能或装饰效果的外形缺陷	其他混凝土构件有不影响使用功能的外形缺陷
外表缺陷	构件表面麻面、掉皮、起砂、沾污等	具有重要装饰效果的清水混凝土表面有外表缺陷	其他混凝土构件有不影响使用功能的外表缺陷

（2）现浇结构拆模后，应由监理（建设）单位、施工单位对外观质量和尺寸偏差进行检查，作出记录，并应及时按施工技术方案对缺陷进行处理。

2. 外观质量

（1）主控项目。现浇结构的外观质量不应有严重缺陷。对已经出现的严重缺陷，应由施工单位提出技术处理方案，并经监理（建设）单位认可后进行处理。对经处理的部位，应重新检查验收。

检查数量：全数检查。

检验方法：观察，检查技术处理方案。

（2）一般项目。现浇结构的外观质量不宜有一般缺陷。对已经出现的一般缺陷，应由施工单位按技术处理方案进行处理，并重新检查验收。

检查数量：全数检查。

检验方法：观察，检查技术处理方案。

3. 尺寸偏差

（1）主控项目。现浇结构不应有影响结构性能和使用功能的尺寸偏差。混凝土设备基础不应有影响结构性能和设备安装的尺寸偏差。对超过尺寸偏差且影响结构性能和安装、使用功能的部位，应由施工单位提出技术处理方案，并经监理（建设）单位认可后进行处理。对经处理的部位，应重新检查验收。

检查数量：全数检查。

检验方法：量测，检查技术处理方案。

（2）一般项目。现浇结构和混凝土设备基础拆模后的尺寸偏差应符合表 4-57、表 4-58 的规定。

表 4-57　　　　现浇结构位置和尺寸允许偏差及检验方法

项目		允许偏差（mm）	检验方法
轴线位置	整体基础	15	经纬仪及尺量检查
	独立基础	10	经纬仪及尺量检查
	柱、墙、梁	8	尺量检查
垂直度	柱、墙层高　≤5m	8	经纬仪或吊线、尺量检查
	柱、墙层高　>5m	10	经纬仪或吊线、尺量检查
	全高（H）	H/1000 且≤30	经纬仪、尺量检查
标高	层高	±10	水准仪或拉线、尺量检查
	全高	±30	水准仪或拉线、尺量检查
截面尺寸		+8，-5	尺量检查
电梯井	中心位置	10	尺量检查
	长、宽尺寸	+25，0	尺量检查
	全高（H）垂直度	H/1000 且≤30	经纬仪、尺量检查
表面平整度		8	2m 靠尺和塞尺检查
预埋件中心位置	预埋板	10	尺量检查
	预埋螺栓	5	尺量检查
	预埋管	5	尺量检查
	其他	10	尺量检查
预留洞、孔中心线位置		15	尺量检查

注 检查轴线、中心线位置时，应沿纵、横两个方向测量，并取其中偏差的较大值。

表 4-58　　　　混凝土设备基础位置和尺寸允许偏差及检验方法

项目		允许偏差（mm）	检验方法
轴线位置		20	经纬仪及尺量检查
不同平面标高		0，-20	水准仪或拉线、尺量检查
平面外形尺寸		±20	尺量检查
凸台上平面外形尺寸		0，-20	尺量检查
凹槽尺寸		+20，0	尺量检查
平面水平度	每米	5	水平尺、塞尺检查
	全长	10	水准仪或拉线、尺量检查
垂直度	每米	5	经纬仪或吊线、尺量检查
	全高	10	经纬仪或吊线、尺量检查

项目		允许偏差（mm）	检验方法
预埋地脚螺栓	中心位置	2	尺量检查
	顶标高	+20，0	水准仪或拉线、尺量检查
	中心距	±2	尺量检查
	垂直度	5	吊线、尺量检查
预埋地脚螺栓孔	中心线位置	10	尺量检查
	断面尺寸	+20，0	尺量检查
	深度	+20，0	尺量检查
	垂直度	10	吊线、尺量检查
预埋活动地脚螺栓锚板	中心线位置	5	尺量检查
	标高	+20，0	水准仪或拉线、尺量检查
	带槽锚板平整度	5	钢尺、塞尺检查
	带螺纹孔锚板平整度	2	钢尺、塞尺检查

注　检查坐标、中心线位置时，应沿纵、横两个方向测量，并取其中偏差的较大值。

检查数量：按楼层、结构缝或施工段划分检验批。在同一检验批内，对梁、柱和独立基础，应抽查构件数量的 10%，且不少于 3 件；对墙和板，应按有代表性的自然间抽查 10%，且不少于 3 间；对大空间结构，墙可按相邻轴线间高度 5m 左右划分检查面，板可按纵、横轴线划分检查面，抽查 10%，且均不少于 3 面；对电梯井，应全数检查。对设备基础，应全数检查。

4. 混凝土缺陷修整处理规定

根据《混凝土结构工程施工规范》（GB 50666）的规定，施工过程中发现混凝土结构缺陷时，应认真分析缺陷产生的原因。对严重缺陷施工单位应制订专项修整方案，方案应经论证审批后再实施，不得擅自处理。

（1）混凝土结构外观一般缺陷修整应符合下列规定。

1）露筋、蜂窝、孔洞、夹渣、疏松、外表缺陷，应凿除胶结不牢固部分的混凝土，应清理表面，洒水湿润后应用 1:2~1:2.5 水泥砂浆抹平。

2）应封闭裂缝。

3）连接部位缺陷、外形缺陷可与面层装饰施工一并处理。

（2）混凝土结构外观严重缺陷修整应符合下列规定。

1）露筋、蜂窝、孔洞、夹渣、疏松、外表缺陷，应凿除胶结不牢固部分的混凝土至密实部位，清理表面，支设模板，洒水湿润，涂抹混凝土界面剂，应采用比原混凝土强度等级高一级的细石混凝土浇筑密实，养护时间不应少于 7d。

2）开裂缺陷修整应符合下列规定。

① 民用建筑的地下室、卫生间、屋面等接触水介质的构件，均应注浆封闭处理。民用建筑不接触水介质的构件，可采用注浆处理、聚合物砂浆粉刷或其他表面封闭材料进行封闭。

② 无腐蚀介质工业建筑的地下室、屋面、卫生间等接触水介质的构件，以及有腐蚀介质的所有构件，均应注浆封闭处理。无腐蚀介质工业建筑不接触水介质的构件，可采用注浆封闭、聚合物砂浆粉刷或其他表面封闭材料进行封闭。

3）清水混凝土的外形和外表严重缺陷，宜在水泥砂浆或细石混凝土修补后用磨光机械磨平。

（3）混凝土结构尺寸偏差一般缺陷，可结合装饰工程进行修整。

（4）混凝土结构尺寸偏差严重缺陷，应会同设计单位共同制订专项修整方案，结构修整后应重新检查验收。

（六）混凝土结构子分部工程验收

（1）混凝土结构子分部工程施工质量验收时，应提供下列文件和记录。

1）设计变更文件。

2）原材料出厂合格证和进场复验报告。

3）钢筋接头的试验报告。

4）混凝土工程施工记录。

5）混凝土试件的性能试验报告。

6）装配式结构预制构件的合格证和安装验收记录。

7）预应力筋用锚具、连接器的合格证和进场复验报告。

8）预应力筋安装、张拉及灌浆记录。

9）隐蔽工程验收记录。

10）分项工程验收记录。

11）混凝土结构实体检验记录。

12）工程的重大质量问题的处理方案和验收记录。

13）其他必要的文件和记录。

（2）混凝土结构子分部工程施工质量验收合格应符合下列规定。

1）有关分项工程施工质量验收合格。

2）应有完整的质量控制资料。

3）观感质量验收合格。

4）结构实体检验结果满足《混凝土结构工程施工质量验收规范》的要求。

（3）当混凝土结构施工质量不符合要求时，应按下列规定进行处理。

1）经返工、返修或更换构件、部件的检验批，应重新进行验收。

2）经有资质的检测单位检测鉴定达到设计要求的检验批，应予以验收。

3）经有资质的检测单位检测鉴定达不到设计要求，但经原设计单位核算并确认仍可满足结构安全和使用功能的检验批，可予以验收。

4）经返修或加固处理能够满足结构安全使用要求的分项工程，可根据技术处理方案和协商文件进行验收。

（4）混凝土结构工程子分部工程施工质量验收合格后，应将所有的验收文件存档备案。

第六节　装配式混凝土建筑施工

一、装配式混凝土建筑概述

按照国家标准《装配式混凝土建筑技术标准》（GB/T 51231）的定义，装配式建筑是"结构系统、外围护系统、内装系统、设备与管线系统的主要部分采用预制部品部件集成的建筑"。这个定义强调装配式建筑是四个系统（而不仅仅是结构系统）的主要部分采用预制部品部件集成。

按照 GB/T 51231 的定义，装配式混凝土建筑是指"建筑的结构系统由混凝土部件（预制构件）构成的装配式建筑"。装配式混凝土建筑根据预制构件连接方式的不同，分为装配整体式混凝土结构和全装配混凝土结构。装配整体式混凝土结构是指"由预制混凝土构件通过可靠的方式进行连接并与现场后浇混凝土、水泥基灌浆料形成整体的装配式混凝土结构"。简而言之，装配整体式混凝土结构的连接以"湿连接"为主要连接方式。装配整体式混凝土结构具有较好的整体性和抗震性。目前，大多数多层和绝大多数高层装配式混凝土建筑都是装配整体式结构，抗震要求较高的低层装配式建筑也多是装配整体式结构。全装配混凝土结构是指预制构件靠干法连接（如螺栓连接、焊接等）形成整体的装配式结构。预制钢筋混凝土柱单层厂房就属于全装配混凝土结构。国外一些低层建筑或抗震要求低的多层建筑常采用全装配混凝土结构。

装配式建筑领域经常见到的两个字母 PC 是英语 Precast Concrete 的缩写，是预制混凝土的意思。国际装配式建筑领域把装配式混凝土建筑简称为 PC 建筑，把预制混凝土构件简称为 PC 构件，把制作混凝土构件的工厂简称为 PC 工厂。

装配式混凝土建筑按结构体系分类，有框架结构、框架‐剪力墙结构、筒体结构、剪力墙结构、无梁板结构、空间薄壁结构、悬索结构、预制钢筋混凝土柱单层厂房结构等。

装配式混凝土结构常用预制构件主要有预制混凝土柱、预制混凝土墙板、预制混凝土叠合梁、预制混凝土叠合板、预制混凝土楼梯、预制外墙挂板、预制隔墙板、预制阳台、预制空调板等。限于篇幅，本节主要介绍其主要构件的堆放运输、安装和连接。

二、预制混凝土柱和预制混凝土墙板的堆放运输、安装和连接

1. 预制混凝土柱和预制混凝土墙板的堆放运输

构件堆放方法主要有平放和立放（竖放）两种，具体选择时应根据构件的刚度及受力情况区分。通常情况下，预制混凝土柱宜水平堆放，且不少于 2 条垫木支撑，垫木上下位置必须放置在同一条垂直线上。叠放层数不宜超过 3 层，平放时应使吊环向上，标识向外，这样便于查找及调运。墙板一般垂直立放，可采用堆放架插放或靠放，堆放架应具有足够的承载力和刚度，预制外墙板外饰面不宜作为支撑面，对构件薄弱的部位应采取保护措施。预制墙板采用靠放时，用槽钢制作满足刚度要求的三角支架，并对称堆放，外饰面朝外，倾斜度保持在 5°～10°，墙板搁置点应设在墙板底部两端处，搁置点可采用柔性材料。堆放好以后要采取临时固定措施。

与堆放方法相似，预制柱通常采用平放装车的方式运输。装车时支点使用垫木，垫木的位置和数量应搁置正确，必须放置在同一条垂直线上，要求采取相应措施防止在运输过程中发生预制柱位移和散落等现象。预制混凝土墙板则以立运为宜，饰面层应朝外对称靠放，与地面倾斜度不宜小于80°。当采用重型、中型载货汽车以及半挂车装载预制构件时，高度从地面起不得超过 4m。预制混凝土墙板竖放运输宜选用低平板车或预制构件专用运输车，这样可使预制构件上限高度低于限高。

2. 预制混凝土柱和预制混凝土墙板的安装

（1）预制混凝土柱一般吊装工艺流程。

基层处理→定位放线、标高找平→竖向预留钢筋校正→吊具准备→试吊与预制柱吊装→下层竖向钢筋对孔→预制柱吊装就位→安装临时支撑→预制柱垂直度校正→临时支撑固定→摘钩→套筒灌浆。

（2）主要安装工艺说明。

1）定位放线、标高找平。

安装预制柱前，应将连接平面清理干净，在作业层混凝土楼板上弹设控制线即柱轴线和外轮廓线，以便预制柱的安装就位；定位测量完成后，用水平仪进行柱底标高测量，根据现浇部位顶标高与设计标高比对后，在柱底部位安置垫片，调整垫片以 10mm、5mm、3mm、2mm 四种基本规格进行组合。标高以柱顶面设计结构标高＋20mm 为准，即预制柱下口应留有 20mm 的空隙。

2）竖向预留钢筋校正。

使用柱筋定位钢板控制柱筋的位置，确保在预制柱的吊装过程中，不会因为钢筋定位偏差，导致预制柱无法吊装就位。

3）试吊与预制柱吊装就位。

根据预制柱的重量及吊点类型，选择适宜的吊具，在正式吊装之前，进行试吊。试吊高度不得大于 1m，试吊过程主要检测吊钩与构件、吊钩与钢丝绳、钢丝绳与吊梁或钢丝绳与吊架之间连接是否可靠，确认各连接满足要求后方可正式起吊。

构件吊装至施工操作层时，操作人员应站在楼层内，佩戴穿芯自锁保险带。吊运构件时，下方严禁站人，必须待吊物降落离地 1m 以内，方准靠近。在距离楼面约 0.5m 时停止降落，安装人员手扶构件引导就位，预制柱的套筒（或浆锚孔）对准下部伸出钢筋（见图 4-138）。就位过程中构件须慢慢下落、平稳就位。

4）安装临时支撑和垂直度校正。

预制柱安装就位后，利用撬棍进行轴线位置微调，并及时将斜撑固定在柱及楼板预埋件上，至少需要在柱的两面设置斜撑，然后对柱的垂直度进行复核，同时通过可调节长度的斜撑进行垂直度调整，直至垂直度满足要求。

（3）预制混凝土墙板一般吊装工艺流程。

基础清理及定位放线→放置垫片调整标高→板面粘贴 PE 或聚乙烯条封边→检查调整墙体竖向预留钢筋→预制墙板吊运→预留钢筋插入就位→安装斜

图 4-138　预制柱套筒对准下部伸出钢筋

支撑临时固定→预制墙板调整校正固定→砂浆分仓塞缝封堵→连接节点钢筋绑扎→套筒灌浆→连接节点封模→连接节点混凝土浇筑→接缝防水施工。

（4）主要安装工艺说明。

1）基础清理及定位放线。

在楼板上根据图纸及定位轴线放出预制墙体定位边线及 200mm 控制线，同时在预制墙体吊装前，在预制墙体上放出墙体 500mm 水平控制线，便于预制墙体安装过程中精确定位。

2）放置垫片调整标高。

采用专用垫片调整预制外墙板的标高，利用水准仪将垫片抄平，其高度误差不超过 2mm。预制墙板下口应留有 20mm 的空隙。

3）检查调整墙体竖向预留钢筋。

预制墙体吊装前，为了便于预制墙板快速安装，使用定位框检查竖向连接钢筋是否偏位，针对偏位钢筋用钢筋套管进行校正，便于后续预制墙体精确安装。

4）预制墙板吊运与预留钢筋插入就位。

图 4-139　预制墙板套筒对准下部伸出钢筋

预制墙板缓慢下降，待到距预埋钢筋顶部 20cm 处，预制墙板两侧挂线坠对准地面上的控制线，套筒位置与地面预埋钢筋位置对准后，将预制墙板缓缓下降（见图 4-139），使之平稳就位。安装时由专人负责预制墙板下口定位对线，并用靠尺找直，借助小镜子进行对位。安装首层预制墙板时，应特别注意安装质量，使之成为以上各层的基准。

5）安装斜支撑临时固定与调整校正。

预制墙体吊装就位后，先安装长度可调节的斜向支撑，安装完毕才可以上梯摘钩。斜向支撑用于固定调节预制墙板，确保预制墙板安装垂直度。一般预先在叠合板内预留斜支撑连接预埋件，避免埋置在现浇层中由于强度不够而造成楼面混凝土破坏。每块墙体的斜向支撑应设两个并上下两道，支撑上支点一般设在构件高度的 2/3 处，支撑在地面上的支点，根据工程现场实际情况，使斜支撑与地面的水平夹角保持在 45°～60°。斜向支撑钢管宜采用无缝钢管。

3. 预制混凝土柱和预制混凝土墙板的连接

(1) 钢筋套筒灌浆连接（见图 4-140）。

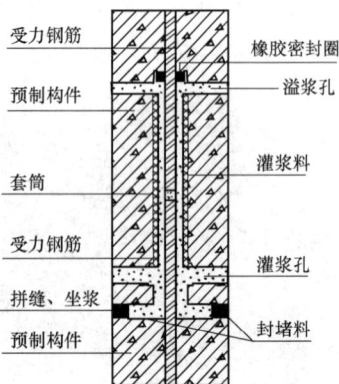

图 4-140　钢筋套筒灌浆连接

钢筋套筒灌浆连接技术是指带肋钢筋插入内腔为凹凸表面的灌浆套筒，通过向套筒与钢筋的间隙灌注专用高强水泥基灌浆料，灌浆料凝固后将钢筋锚固在套筒内，实现针对预制构件的一种钢筋连接技术。该技术将灌浆套筒预埋在混凝土构件内，在安装现场从预制构件外通过注浆管将灌浆料注入套筒，完成预制构件钢筋的连接，是预制构件中受力钢筋连接的主要形式，主要用于各种装配式混凝土结构的受力钢筋连接。例如装配整体式框架结构中的柱-柱连接、装配整体式剪力墙结构中的剪力墙连接。另外，也可用于梁-梁水平节点连接。套筒灌浆连接安全可靠、操作简单、适用范围广，但成本贵、精度要求较高。

套筒灌浆连接分为全套筒灌浆连接和半套筒灌浆连接。全套筒灌浆连接是指使用全灌浆套筒，接头两端均通过专用灌浆料连接钢筋。半套筒灌浆连接是指使用半灌浆套筒，一端通过专用灌浆料连接钢筋，另一端采用螺纹连接方式连接钢筋。

预制构件安装校正后方可进行灌浆施工，预制混凝土构件的灌浆施工作业一般流程如下：分仓处理与接缝封堵→正式灌浆前的准备工作→灌浆料制备→灌浆料检测（流动度检测＋强度检测）→签发灌浆令→灌浆操作→填写灌浆施工记录并由监理签字→灌浆连接维护。

1）分仓处理与接缝封堵。

吊装完成后采用气泵对接缝处进行疏通，清理表面浮灰，确保接缝内无油污、浮渣等。清理接缝完毕后，可采用喷雾湿润接缝，接缝表面不应存在明水。

预制混凝土墙体由于长度较长，需要进行分仓灌浆。分仓材料通常采用抗压强度为 50MPa 以上的坐浆料，常温下一般在分仓 24h 后灌浆。仓体越大，灌浆阻力越大、灌浆压力越大、灌浆时间越长，对封缝的要求越高，灌浆不满的风险越大。根据实践经验总结得来：采用电动灌浆泵灌浆时，一般单仓长度不超过 1.5m。采用手动灌浆枪灌浆时，单仓长度不宜超过 0.3m。分隔条宽度即分仓砂浆带宽度宜为 30～50mm。为了防止坐浆料遮挡套筒孔口，分隔条与连接钢筋外缘的距离应大于 40mm。分仓缝宜和墙板垫片结合在同一位置，防止垫片造成连通腔内灌浆料流动受阻。分仓后在构件相对应位置做出分仓标记，记录分仓时间，便于指导灌浆。

在进行接缝封仓作业时，应使用专用封堵材料。封堵时，先向连通灌浆腔内填塞封缝料内衬（内衬材料可以是软管、PVC 管，也可以是钢板），然后对填塞封缝料内衬的区域填抹 1.5～2cm 深的封堵料（确保不堵塞套筒孔），一段抹完后抽出内衬进行下一段填抹。接缝封堵必须保证封堵严密、牢固可靠，否则在压力注浆时会产生漏浆。此外，封缝料不应减小结合面的设计面积。填抹完毕，封缝料抗压强度达到 30MPa 后（常温 24h 约 30MPa）后才可进行灌浆。预制外墙板吊装前外侧楼板面要粘贴 PE 或聚乙烯条密封带固定封边。

预制柱一般不需要分仓。校正调整完毕后，采用快硬高强砂浆进行接缝四周封堵，形成密闭灌浆腔，保证在最大灌浆压力下密封有效。

2）灌浆料检测。

灌浆料检验主要是灌浆料拌和物的流动度检测和强度检验。流动度检测是称取 1800g 水泥基灌浆材料，按照产品设计要求的用水量拌和，倒入搅拌锅内搅拌 240s，然后将水泥基灌浆料浆体倒入湿润过的截锥圆模直至灌满平齐，截锥圆模事先放置在湿润玻璃板中间。测量浆体最大扩散直径及与其垂直的直径，计算平均值，精确到 1mm，作为流动初始值。行业标准规定初始流动度必须大于或等于 300mm，30min 后流动度大于或等于 260mm。

根据需要进行灌浆料现场抗压强度检验，每工作班取样不得少于一组且每层不少于 3 组。抗压强度试验试件应采用尺寸为 40mm×40mm×160mm 的棱柱体，一组三块，且宜使用可拆卸钢制试模。抗压强度的试验应按《水泥胶砂强度检验方法（ISO 法）》GB/T 17671 中的有关规定执行。行业标准规定 1d 的强度要大于或等于 35MPa，3d 的强度要大于等于 60MPa，28d 的强度要大于或等于 85MPa。

3）灌浆操作。

专用灌浆料在进行浆料流动性检测、留置试块后，砂浆封堵 24h 后可进行灌浆。先向灌浆设备料斗内加入清水并启动灌浆设备，对料斗和灌浆管进行冲洗和润滑，持续开动灌浆设备，直至把所有的水从料斗和灌浆管中排出。然后将灌浆料拌和物倒入灌浆设备料斗并开启灌浆设备，观察出浆情况，直至圆柱状灌浆料拌和物从灌浆管喷嘴连续流出，方可灌浆。

灌浆时，同一分仓区域，只能采用一处灌浆，两处以上同时灌浆会夹住空气，形成空气夹层，严禁两处灌浆。灌浆过程始终保持在一个固定灌浆口压入灌浆料，不得随意更换灌浆口。当灌浆料从分仓段内出浆孔出浆时，应及时用专用橡胶塞封堵。待所有出浆孔均塞堵完毕后，保持压力 1min 左右，拔除注浆管。同时，立刻封堵注浆口，避免灌浆腔内经过保持压力的浆体溢出灌浆腔，造成注浆不实。拔出注浆管到封堵橡胶塞时间间隔不得超过 1s。正常灌浆浆料要在自加水搅拌开始 30min 内灌完。严禁将留在地上的灌浆料回收到灌浆机。通过控制注浆压力控制注浆料流速，控制依据为灌浆过程中本灌浆腔内已经封堵的灌浆孔或出浆孔的橡胶塞能耐住低压注浆压力不脱落为准。如果出现脱落则立即塞堵并调节压力。灌浆完毕后，及时清理溢流浆料，防止灌浆料凝固，污染墙面、楼面。

（2）钢筋浆锚搭接连接（见图 4-141）。

将需要连接的钢筋插入预制构件预留孔内，在孔内灌浆锚固该钢筋，使之与孔旁的钢筋形成"搭接"，两根搭接的钢筋被螺旋钢筋或者箍筋约束成形成的连接方式称为钢筋浆锚搭接连接。浆锚搭接连接按照成孔方式可分为金属波纹管浆锚搭接和螺旋内模成孔浆锚搭接。前者通过埋设金属波纹管的方式形成插入钢筋的孔道；后者在混凝土中埋设螺旋内模，混凝土达到强度后将内模旋出，形成孔道。

（3）现场后浇混凝土连接。

后浇混凝土连接是指在预制构件安装完成后，在预制构件之间的接缝部位绑扎钢筋、支设模板并现浇混凝土，使预制构件连接为整体的方式。预制

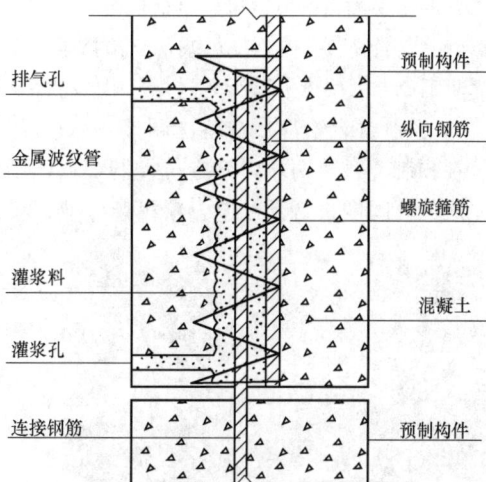

图 4-141　钢筋浆锚搭接连接

墙柱的现场现浇部位主要集中在墙墙连接节点、墙柱连接节点。限于篇幅，这里就不展开介绍了。

（4）预制混凝土墙板（或预制外墙挂板）防水连接。

预制混凝土墙板（或预制外墙挂板）的防水一般采用封闭式防水，最外侧为耐候密封胶，然后是弹性密封防水材料如发泡聚乙烯棒，竖缝中间部分设置减压扩大空仓，水平缝则设置高低缝反坎构造或企口缝构造。

三、预制叠合梁和预制叠合板的堆放运输、安装和连接

1. 预制叠合梁和预制叠合板的堆放运输

预制叠合梁、预制叠合板宜水平叠放，预埋吊装孔表面朝上，叠合梁高度不宜超过 2 层，且不宜超过 2.0m。实心梁与柱一样，须于两端 $0.2l\sim0.25l$ 间垫上枕木，底部支撑高度不小于 100mm，若为常见叠合梁，则须将枕木垫于实心处。

叠合板叠放高度应按构件强度、地面耐压力、垫木强度以及垛堆的稳定而确定，构件层与层之间应垫平、垫实，各层支垫应上下对齐，最下面一层支垫应通长设置。一般情况下，叠放层数不宜超过 6 层，平放时应使吊环向上标识向外。

2. 预制叠合梁和预制叠合板的安装

（1）预制叠合梁一般吊装工艺流程。

测量放线→支撑架体搭设→支撑架体标高调整→提前套入梁下柱钢筋箍筋→预制叠合梁起吊→预制叠合梁就位→位置标高校正调整→摘钩。

（2）主要安装工艺说明。

1）测量放线。

楼面混凝土达到强度后，要清理楼面，并根据结构平面布置图，放出定位轴线及预制叠合梁定位控制边线，然后在柱上弹出梁边控制线，在相邻构件或预制柱预留钢筋上标出梁底、梁顶标高控制线。

2）支撑架体搭设与标高调整。

根据放出的独立支撑位置线依次搭设独立钢支架，支架一般采用双排可调节的工具式支架。可调式独立钢支撑包括独立双排钢支撑、铝合金工字梁。对于长度大于 4m 的叠合梁，底部不得少于 3 个支撑点，大于 6m 的，不得少于 4 个。采用装配式结构独立钢支撑的高度不宜大于 4m。当支撑高度大于 4m 时，宜采用满堂钢管支架。

先利用手柄将调节螺母旋至最低位置，将上管插入下管至接近所需的高度，然后将销子插入位于调节螺母上方的调节孔内，把可调钢支顶移至工作位置，搭设支架上部铝合金工字梁，旋转调节螺母调节支撑使铝合金工字梁上口标高至叠合梁底标高，待预制梁底支撑标高调整完毕后进行吊装作业。

3）预制叠合梁起吊与就位调整。

在预制叠合梁两端弹好定位控制线（或中线），并调直两端伸出的钢筋。在预制柱已吊装并加固完成的开间内进行预制叠合梁吊装作业。梁吊装宜遵循先主梁后次梁的原则。应按照图纸上的规定或施工方案中所确定的吊点位置，进行吊钩和绳索的安装连接。注意吊绳的夹角不得小于 45°。挂好钩绳后缓缓提升，绷紧钩绳，离地 300mm 左右时停止上升，认真检查吊具是否牢固，拴挂是否安全可靠，确认后方可吊运就位。

预制叠合梁吊装至楼面 500mm 时，停止降落，操作人员稳住预制叠合梁，参照柱、墙顶垂直控制线和下层板面上的控制线，引导预制叠合梁缓慢降落至柱头支点上方（见图 4 - 142），叠合梁端应锚入柱内 15mm。根据楼内 50 控制线，精准测量梁底的标高。调节独立支

图 4 - 142　预制叠合梁吊装就位

撑，使梁底处于正确标高上。根据柱顶的梁定位线，用撬棍使梁边与定位线找齐。

（3）预制叠合板一般吊装工艺流程。

预制叠合板安装准备→测量放线与定位→安装板底支撑→预制叠合板吊装→预制叠合板就位→校正标高和搁置点长度→支撑固定和加固→摘钩。

（4）主要安装工艺说明。

1）测量放线与定位。

按照施工方案在楼板上放出独立支架位置线，并弹出预制叠合板位置线。在剪力墙墙面上弹出＋1m线，墙顶弹出预制叠合板安放位置线，并做出明显标志，以控制预制叠合板安装标高和平面位置。

2）安装板底支撑。

根据放出的独立支撑位置线依次搭设独立钢支架，支架采用可调节的工具式支架，支撑最大间距不得超过 1.8m，当跨度大于 4m 时，房间中间应适当起拱。安装前调整独立支撑高度到预定高度与两侧墙预留钢筋标出标高一致。在结构层施工中，要双层设置支架，待一层预制叠合板完成施工后，现浇混凝土强度大于或等于 70%设计强度时，才可以拆除下一支架。

3）预制叠合板吊装与就位。

预制叠合板起吊时，要尽可能减小预制叠合板因自重产生的弯矩，要使用钢扁担吊装架进行吊装。每块预制叠合板须设 4 个起吊点，吊点位置在预制叠合楼板中格构钢筋梁上弦与腹筋交接处或预制叠合板本身设计吊环，具体的吊点位置需由设计人员确定。起吊时要先试吊，先吊起距地 30cm 停止，检查钢丝绳、吊钩的受力情况，使预制叠合板保持水平，然后吊至作业层上空。就位时预制叠合板要垂直从上向下安装（见图 4-143），在作业层上方 20cm 处略停顿，施工人员手扶预制叠合板，调整方向，将板的边线与墙上的安放位置线对准，注意避免预制叠合板上的预留钢筋与叠合梁、墙柱钢筋打架，放下时要平稳慢放，严禁快速猛放，以免冲击力过大造成板面振折产生裂缝。5 级风以上时应停止吊装。

图 4-143 预制叠合板吊装就位

3. 预制叠合梁和预制叠合板的连接

预制叠合梁上部混凝土同预制柱现浇加强部位、预制叠合板上部混凝土同时浇筑。浇筑前叠合板顶部应放出机电管线位置线并敷设好机电管线，管线端头处做好保护。然后进行叠合层钢筋绑扎，叠合层钢筋绑扎前应清理叠合板上部杂物，根据钢筋间距弹线，进行附加筋的绑扎及板面筋绑扎，钢筋弯钩朝向应严格控制，不得平躺。对于双向板钢筋放置，当双向配筋的直径和间距相同时，短跨钢筋应放置在长跨钢筋之下；当双向配筋的直径和间距不同时，配筋大的方向应放置在配筋小的方向之下。

浇筑前为使叠合层与预制叠合板结合牢固，要认真清扫板面。然后将预制叠合板表面凿去一层（深度约 5mm），在浇灌前要用有压力的水冲洗湿润，注意不要使浮灰积在压痕内。

叠合层混凝土浇筑时坍落度应控制在 160～180mm，每一段混凝土应从同一端起，分 1 至 2 个作业组平行浇筑，连续施工，一次完成。叠合层混凝土振捣可使用平板振捣器，保证振捣密实。叠合层混凝土收光时，工人应穿收光鞋，用木刮杠在水平线上将混凝土表面刮平，随机用木抹子搓平。叠合层混凝土浇筑完成后采用浇水养护，应保持养护不少于 7 天。

四、预制混凝土楼梯的堆放运输、安装和连接

1. 预制混凝土楼梯的堆放运输

预制楼梯宜水平叠放，场地内堆放层数不超过 6 层（见图 4 - 144）。起运前应仔细观察其装载状态是否牢固，车上堆放层数不超过 2 层。在运输过程中，应选择坚实平整的路面，防止颠簸造成预制楼梯损坏。在运输过程中，注意控制车速、保持与前车距离。防止发生安全事故。

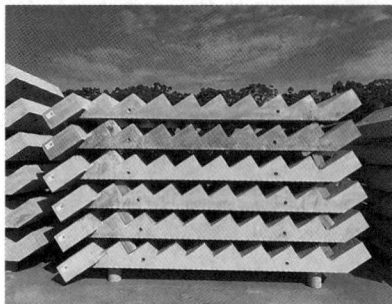

图 4 - 144　预制楼梯场地堆放

2. 预制混凝土楼梯的安装

（1）预制混凝土楼梯一般吊装工艺流程。

预制楼梯吊装准备→测量放线→构件找平→预制楼梯吊装→预制楼梯撬棍校正→脱钩。

（2）主要安装工艺说明。

1）测量放线。

根据施工图纸，弹出预制楼梯安装位置控制线，对控制线及标高进行复核。预制楼梯侧面距结构墙体预留 30mm 空隙，为后续初装的抹灰层预留空间；梯井之间根据预制楼梯栏杆安装要求预留 40mm 空隙。

2）预制楼梯找平层施工。

在预制楼梯上下口梯梁处铺 2cm 厚 M15 水泥砂浆找平层，找平层标高要控制准确。M15 水泥砂浆采用成品干拌砂浆。

3）预制楼梯吊装。

预制楼梯采用水平吊装（见图 4 - 145），吊装时，应使踏步平面呈水平状态，便于就位。将吊装吊环用螺栓与预制楼梯板预埋的内螺纹连接，以便吊装。板起吊前，检查吊环，用卡环锁紧。

就位时要从上垂直向下安装预制楼梯板，在作业层上方 30cm 左右处略作停顿，施工人员手扶预制楼梯调整方向，将预制楼梯的边线与梯梁上的安放位置线对准，放线时要停稳慢放，严禁快速猛放，避免冲击力过大造成板面振折或开裂。预制梯段安装施工过程中及装配后应做好成

图 4 - 145　预制楼梯水平吊装

品保护，成品保护可采取包、裹、盖、遮等有效措施，防止构件被撞击损伤和污染。

3. 预制混凝土楼梯的连接

预制梯段上端采用固定铰连接即利用平台梁浇筑前预留的销键钢筋，下端采用滑动铰连接。按照设计要求先进行楼梯固定铰端施工，再进行滑动铰端施工。预制梯段上端预留洞采用设计要求的灌浆料灌至距梯段表面标高 30mm 处，再采用砂浆封堵密实。预制梯段下端预留洞内距梯段表面标高 60mm 处安装铁垫片，采用螺母固定牢固，内部形成空腔，再采用砂浆将预留洞口封堵严密。预制梯段与平台梁间缝隙用聚苯板填充，再嵌入 PE 棒，最后用密封胶封堵密实。

五、装配式混凝土建筑的内装系统

装配式混凝土建筑的内装系统的重要组成部分是集成式卫生间和集成式厨房。集成式卫生间由工厂生产的楼地面、顶棚、墙板和洁具设备及管线等集成并主要采用干式工法装配完成的卫生间。整体式卫生间也称为模块化预制卫生间，它是在工厂化组装控制条件下，遵照给定的设计和技术要求进行精准生产，在质量和成本上达到最优控制。一套成型的集成式卫生间产品包括顶板、壁板、防水底盘等外框架结构，也包括卫浴间内部的五金、洁具、瓷砖、照明以及水电风系统等内部组

件，可以根据使用需要装配在酒店、住宅、医院等环境中。为"即插即用"的成型产品。

集成式整体厨房是由工厂生产的楼地面、顶棚、墙面、橱柜、厨房设备及管线等集成并主要采用干式工法装配完成的厨房。它是以住宅部品集成化的思想与技术为原则来制定住宅厨房设计、生产与安装配套，使住宅部品从简单的分项组合上升到模块化集成，最终实现住宅厨房的商品化供应和专业化组装服务。

第七节 工程实践案例

【案例1】 楼板板面钢筋踩踏导致的板支座边严重裂缝

某办公楼为四层混合结构，双向板现浇楼盖，板厚100mm，开间及进深各为3.5m及5.5m。主体结构完工后，发现各层楼板中部下凹，呈锅形，板在支承边附近普遍发生裂缝，最大裂缝宽度达1~2mm，如图4-146所示。人在楼板上跳动时有严重的颤动现象。经凿洞检查，发现板的支座钢筋全部被踩下，φ8负弯矩钢筋离板底下皮仅8~20mm。

问题一：为什么板支座钢筋被踩下，支承边附近就会发生裂缝？

问题二：施工当中一般采取什么方法保证板支座钢筋不被踩下？

问题三：对于钢筋保护层厚度检查一般要经历哪三次检查？

问题一分析：

支座处垂直荷载作用下产生较大负弯矩由位置正确的负筋承担（见图4-147），而板的厚度100mm本身较薄，由于板支座钢筋被踩下，有效高度大大减小，抗弯能力急剧下降，支承边上皮混凝土被拉裂。

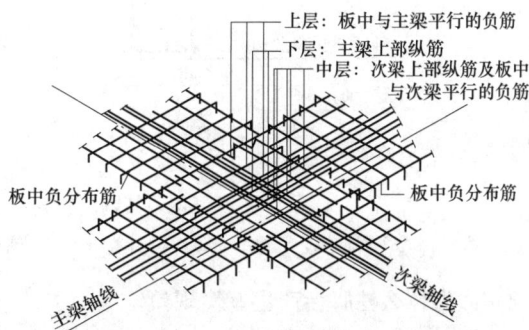

图4-146 呈锅形下凹双向板　　　　图4-147 现浇板中各负筋相对位置正确图

问题二分析：

用钢筋边角料做的铁马凳或塑料撑脚支撑住支座上皮钢筋，不到每平方米设置一个，呈梅花形布置。

问题三分析：

经历三轮检查：第一轮是每检验批钢筋安装时必须检查钢筋保护层厚度；第二轮是在混凝土浇筑之前的隐蔽工程检查要检查钢筋保护层厚度；第三轮是分部工程（基础分部和主体分部）完工后必须进行实体检验即用钢筋位置探测仪来检查钢筋保护层厚度，防止楼板钢筋在浇筑混凝土时被踏弯。

【案例2】 某剧场挑台柱子混凝土工程质量事故

某剧场挑台平面和柱截面配筋如图4-148所示。在14根钢筋混凝土柱子中有13根有严重的蜂窝现象。具体情况是：柱全部侧面面积 $142m^2$，蜂窝面积有 $7.41m^2$，占 5.2%；其中最严重的是 K4，仅蜂窝中露筋面积就有 $0.56m^2$。露筋位置在地面以上 1m 处，正是钢筋的搭接部位 [见图 4-148（c）]。

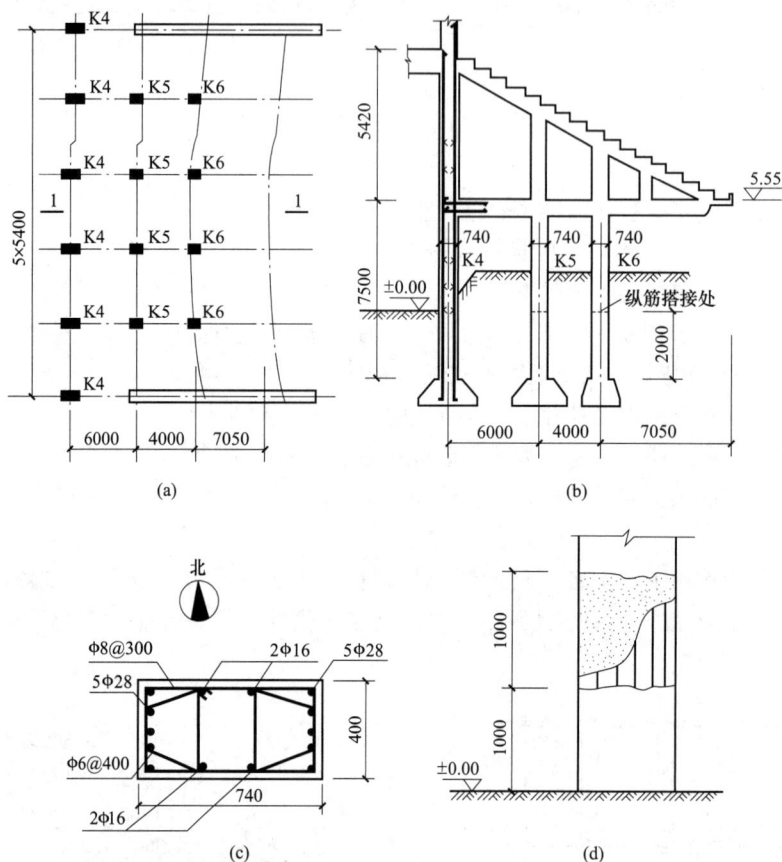

图 4-148　某剧场挑台平面和柱截面配箍

(a) 平面图；(b) 剖面图；(c) k4、k5、k6 横截面配筋情况；(d) 柱内钢筋搭接

问题一：为什么柱脚会产生蜂窝现象？

提示：本案例中混凝土灌注高度太高，7m 多高的柱子在柱中间模板上未留灌注混凝土的洞口，直接倾倒混凝土下去；本案例施工时未用振捣棒，而采用 6m 长的木杆捣固；本案例中柱子钢筋采取搭接绑扎连接，搭接处的钢筋设计净距太小，只有 $31 \sim 37.5mm$，小于设计规范规定柱纵筋净距应 $\geqslant 50mm$ 的要求，实际上有的露筋处净距为 0 或 10mm。

问题二：施工中怎样预防本案例中的柱脚产生蜂窝现象？

提示：改变柱子钢筋连接方式可作为预防方法之一。

问题三：本案例中已出现的柱脚蜂窝一般如何处理？

问题一原因分析：

① 混凝土底部发生离析或混凝土浇筑高度过高，造成模板底部侧力过大，在振捣过程中容易发生跑浆或"跑盒子"（即模板侧向位移），使混凝土产生"烂根儿"。工艺标准推荐：竖向结构中混凝土自由倾落高度不应超过 3m。

② 钢筋过密不利振捣和浇筑：从竖向钢筋看，该部位处于上下钢筋搭接部位，钢筋数量有所

增加，尤其对柱筋而言，钢筋直径较大，钢筋间隙变小，且根据构造要求，该搭接部位箍筋加密（一般加密一倍），从外观上看变成了钢筋"疙瘩"，显然给混凝土的浇筑和振捣增加了难度，易产生混凝土的质量问题。

③ 因混凝土自由倾落高度过高，混凝土中的水泥砂浆受钢筋的阻力被黏结浮挂。而石子倾落在先头，易产生"石窝"。

④ 必须采用振捣棒振捣，并控制好棒头，不能采用 6m 长的木杆捣固。

问题二预防措施：

① 柱中间模板上留灌注混凝土的洞口，不超过 3m 倾倒混凝土下去，并用溜管或串筒灌注。

② 在开始浇注时必须先浇去石水泥砂浆，一是作为新老混凝土的结合层，二是弥补先浇混凝土砂浆之不足。

③ 柱子钢筋连接采取电渣压力焊代替搭接绑扎连接。

问题三处理措施：

① 用小凿轻轻凿去蜂窝处混凝土及旁边松动的混凝土，用钢丝刷刷干净。

② 浇水湿透或用湿麻袋塞紧湿透。

③支喇叭口模板浇筑提高一个等级的掺微膨胀剂豆石混凝土，并最后凿掉边余混凝土（见图 4 - 149）。

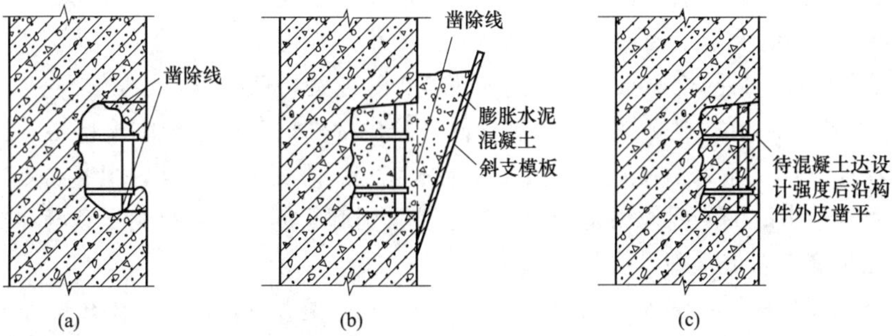

图 4 - 149　斜支模板（喇叭口模板）浇筑过程图
(a) 空洞；(b) 浇筑；(c) 凿除

复习思考题

1. 试述模板的作用。对模板及其支架的基本要求有哪些？模板有哪些类型？各有何特点？其适用范围怎样？

2. 试述胶合板模板的特点、规格和配制施工工艺。

3. 试述定型组合钢模板的特点、规格和配制施工工艺。

4. 普通钢筋混凝土的钢筋有哪几种？如何对进场的钢筋进行验收？

5. 钢筋的除锈、调直、切断和弯曲成型分别采用哪些机械进行加工？说出这些加工机械的适用范围。

6. 钢筋焊接有哪几种连接方式？它们的适用范围有哪些？

7. 钢筋安装时一般采用什么方法控制钢筋的混凝土保护层厚度？

8. 怎样根据实验室配合比求得混凝土施工配合比？怎样计算施工配料？

9. 什么叫混凝土的开盘鉴定？开盘鉴定的内容有哪些？

10. 什么是泵送混凝土的泵水检查？泵水检查的目的是什么？

11. 泵送清水检查确认混凝土泵和输送管中无异物后，应选用哪三种浆液中的一种润滑混凝土泵和输送管内壁？为什么？

12. 什么叫施工缝？在施工中按什么原则留设？继续浇筑混凝土时，对施工缝有何要求？

13. 当柱、墙混凝土设计强度等级高于梁、板混凝土设计强度等级时，混凝土应如何浇筑？

14. 大体积混凝土基础有哪三种浇筑方案？分别适用什么条件？

15. 说出型钢混凝土结构的特点和设置的结构部位；型钢混凝土浇筑时应符合哪些规定？

16. 钢管混凝土结构浇筑有哪三种浇筑方法？分别适用什么范围？

17. 什么叫清水混凝土？清水混凝土结构浇筑应符合哪些规定？

18. 混凝土浇筑后应及时进行保湿养护，保湿养护可采用哪些方式？养护方式应根据哪些因素确定？

19. 后浇带处浇筑和养护混凝土应符合哪些规定要求？

20. 混凝土主体结构实体检验的内容应包括哪些项目？其中哪两项目是必测的？如何进行检验和判定？

21. 什么是装配式混凝土建筑？它包括哪四大系统？

22. 请简要介绍预制混凝土柱、墙板的一般吊装工艺流程。

23. 请简要介绍预制混凝土叠合梁、叠合板的一般吊装工艺流程。

24. 请简要介绍预制混凝土楼梯的一般吊装工艺流程。

25. 请简要介绍灌浆料的检测指标和套筒灌浆施工作业的一般流程。

【案例1】 挑檐、阳台、雨篷是常见悬挑构件。悬挑构件塌落的事故在全国各地时有发生，如设计或施工中不加注意，尤其是在施工人员不懂技术或知道不交的情况下，很容易处置不当而造成事故。引起悬挑构件事故的主要原因是受力主筋放反了引起折断，或者是由于铁马凳放置稀疏被钢筋工和混凝土浇筑施工人员踩踏压弯。

某地有一悬挑阳台板 [见图 4-150 (a)]，厚 100mm，宽 4.5m，挑出 1.2m，采用 HPB300 钢筋，抗拉强度设计值 $f_y = 270 \text{N/mm}^2$，配筋 $\phi 8@100$，相当于每米配筋 $A_s = 502 \text{mm}^2$。已知混凝土强度等级 C25，$f_c = 11.9 \text{N/mm}^2$，保护层厚度 $a = 15 \text{mm}$，有效高度 $h_0 = 85 \text{mm}$。

施工人员知道按图应放在上边，但因铁马凳放置稀疏，每两米放置一个，施工时浇筑混凝土的工人踩在负筋上边把钢筋踩下去，最多踩下去 40mm，即最危险截面的有效高度只有 $h_0 = 45 \text{mm}$。结果悬挑板根部出现了严重裂缝，如图 4-150 (b) 所示。

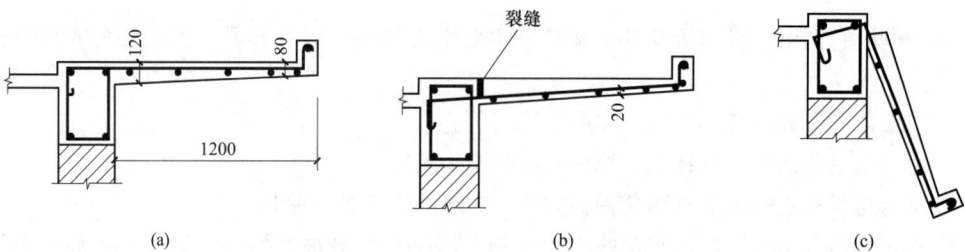

图 4-150　悬挑阳台板和悬挑雨棚板

(a)悬挑阳台板设计配筋图；(b)悬挑阳台板踏弯负筋图；(c)悬挑雨棚板受力主筋放反结果图

问题一：为什么悬挑板负筋踩下去 40mm 后，悬挑板根部就出现了严重裂缝？请同学们利用学过的前建筑结构梁板结构知识，计算此时的设计承载力相比原设计承载力下降了多少？

问题二：在另一起常见的案例中，施工人员不懂技术，把悬挑雨篷的受力主筋放反了，结果出现悬挑雨篷板折断的严重后果［图 4-150（c）］。请利用建筑结构知识解释为什么？

问题三：在《混凝土施工质量验收规范》GB 中的附录 E 结构实体钢筋保护层厚度检验中，明确规定：对梁类、板类构件纵向受力钢筋的保护层厚度应分别进行验收；对梁类、板类构件，应各抽取构件数量的 2% 且不少于 5 个构件进行检验；当有悬挑构件时，抽取的构件中悬挑梁类、板类构件所占比例均不宜小于 50%。结合前面问题，请您解释为什么要进行结构实体保护层厚度检验？查找规范说明，保护层厚度的实体检测一般采用什么方法？为什么在抽检的构件数量中，悬挑梁类、板类构件所占比例均不宜小于 50%？

【案例 2】 某现浇框架结构 5 层厂房，建筑平面尺寸为 25m×32m，其框架主梁为连续 4 跨单跨长 L=6.25m，主梁跨中与次梁交叉部位采用附加吊筋承担集中荷载。该厂房于 2001 年下半年开工，2002 年 4 月竣工；同年 6 月交工时，未见梁腹裂缝，后在电气工程安装时（其时厂房尚未摆放设备，空载）发现主梁腹部裂缝，其裂缝几乎都发生在次梁侧 50～100mm 的部位，裂缝自梁底开始向上延伸，在接近楼板底部消失，裂缝最大宽度约 0.1mm，如图 4-151 所示。2003 年 1 月 6日，用冲击钻"骑缝"打孔，证实裂缝仅发生在混凝土保护层范围，属梁腹部表层干缩裂缝。经了解，是施工时附加吊筋制作摆放不当（紧挨次梁底筋），导致主梁腹部的干缩裂缝几乎都出现在次梁近侧。

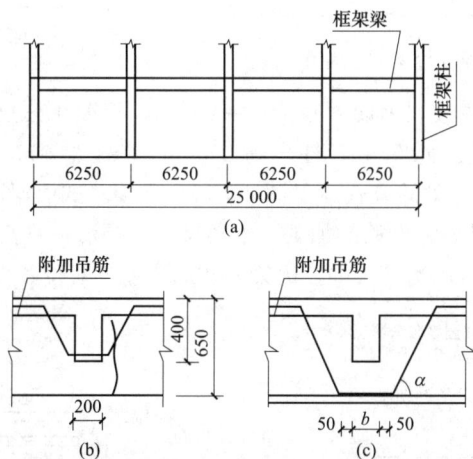

图 4-151 受附加吊筋位置摆放不当影响的梁腹干缩裂缝
(a) 梁腹干缩裂缝产生的部位；(b) 不正确的摆放位置；(c) 正确的摆放位置

问题一：在建筑结构中，吊筋或附加横向箍筋起到什么作用？问题二；如果附加吊筋配筋面积不足或制作摆放不当，甚至发生遗漏，可能分别造成什么样的严重后果？问题三：在实施中，附加吊筋的最佳位置应设置在哪里？如果主梁跨中底筋根数较多挤不下，那么附加吊筋应如何摆放？［参见图 4-151（c）］

习 题

1. 模板支架搭设高度为 3.0m，现浇板板厚 110mm。搭设尺寸为：立杆的纵距 b=1.05m，立杆的横距 l=1.05m，立杆的步距 h=1.50m。覆面木胶合板面板厚度 18mm，表面材料桦木，抗弯强度设计值 15N/mm²，弹性模量 5400N/mm²；内棱采用方木截面 60mm×80mm，支撑间距

350mm，材质南方松，抗弯强度设计值 $f_m=15N/mm^2$，弹性模量 10 000N/mm²，顺纹抗剪强度 $f_v=1.6N/mm^2$；外棱和立杆采用钢管类型为 $\phi48.3\times3.6$，钢材的强度设计值 205N/mm²，弹性模量 $2.06\times10^5N/mm^2$（见图 4-152、图 4-153）。试结合建筑施工模板安全技术规范（JGJ 162—2008）进行模板、内棱、外棱和立杆验算（提示：胶合板适用简支跨计算，内棱方木适用二跨连续梁，外棱适用三跨连续梁计算，当计算外棱时，均布活荷载标准值可取 1.5kN/m²，当计算立杆时，均布活荷载标准值可取 1.0kN/m²）。

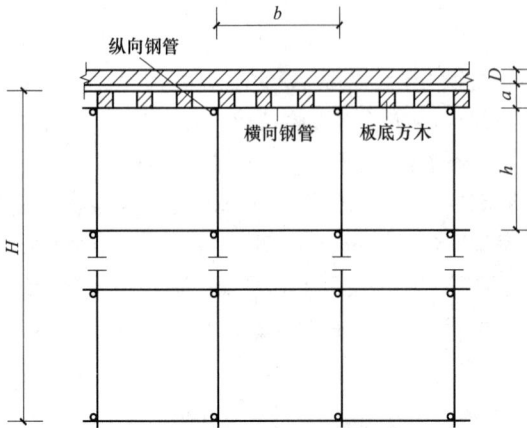

图 4-152　楼板支撑架立面简图　　　　图 4-153　楼板支撑架荷载计算单元

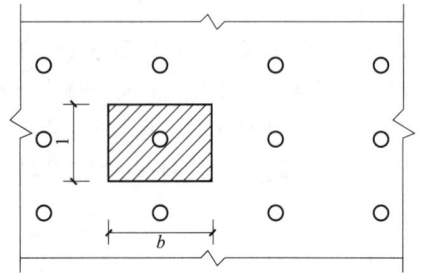

2. 已知：二级抗震顶层边柱，钢筋直径为 $d=20mm$，混凝土强度等级为 C30，梁高 500mm，楼板厚 110mm，梁保护层厚度为 25mm，柱净高 2600mm，柱宽 400mm，$i=9$，$j=9$，钢筋牌号 HRB400。施工中采取柱筋锚入梁的方式［见图 4-154（a）］。试根据图 4-70（b）顶层边柱的钢筋立体图和建筑结构知识，求各种钢筋的加工、下料尺寸［提示：有长向梁筋、短向梁筋、长远梁筋、短远梁筋、长向边筋和短向边筋 6 种，远梁筋和向边筋相对位置如图 4-154（b）］。

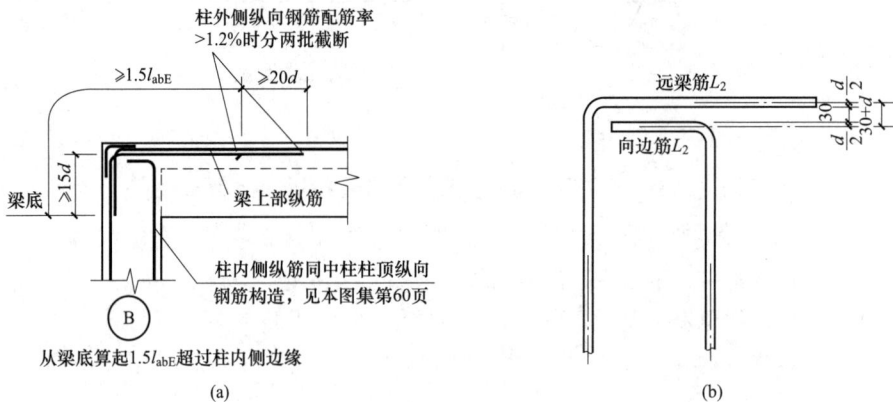

图 4-154　柱筋锚入梁

（a）柱筋锚入梁节点图（见 22G101-1）；（b）边柱远梁筋和向边筋相对位置图

3. 试对双跨梁 KL21（2）（见图 4-155）进行钢筋翻样，已知混凝土强度等级 C30，一类环境。

4. 某混凝土实验室配合比为：C∶S∶G=1∶2.12∶4.37∶W/C=0.62，每立方米水泥用量为 290kg，实测现场砂含水率 3%，石含水率 1%。

（1）试求施工配合比？

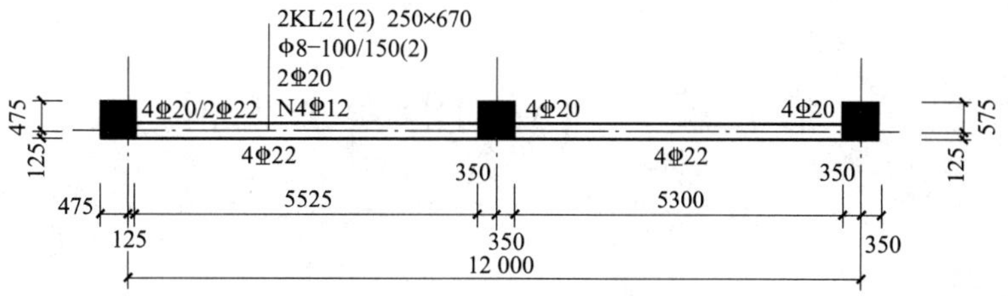

图 4-155 双跨梁 KL21 (2)

（2）当用 JZ250 型搅拌机搅拌时，每拌一盘，水泥、砂、石、水各加多少千克？（工地用散装水泥）

5. 请依据 GB/T 50107 标准，根据表 4-54 主体混凝土结构的结构实体检验用同条件养护混凝土试块强度数据表，按统计方法评定该批同条件养护试块混凝土强度是否合格？写出具体计算过程；并根据例题中标养试块评定表格式完成后续评定表的填写。

第五章　预应力混凝土工程

掌握预应力混凝土的概念和了解预应力混凝土的发展简史。

熟悉预应力钢筋的种类和适用范围。

熟悉先张法施工的施工工艺、主要设备、施工要点和应用构件。

掌握后张法施工的施工工艺、施工要点和应用构件。

熟悉后张法施工的锚具和配套张拉设备。

掌握现浇框架梁有黏结后张法施工时的预应力筋布置方式和分段布置方法。

掌握有黏结后张法施工的简单计算。

掌握无黏结后张法的施工原理和应用范围。

掌握预应力平板的无黏结后张法施工工艺。

熟悉预应力混凝土的构造规定。

掌握预应力分项工程的施工质量验收规定。

第一节　预应力混凝土工程概述

一、概念

普通钢筋混凝土构件的抗拉极限应变值只有 $0.0001\sim0.00015$，即相当于每米拉长 $0.1\sim0.15\mathrm{mm}$，构件就会开裂出现第一条裂缝。此时此刻，普通钢筋混凝土构件中的钢筋应力是多少呢？我们可以做一个简单的计算，由于钢筋嵌固在混凝土中，钢筋的应变等于构件的应变即 $0.0001\sim0.00015$，那么钢筋的应力根据虎克定律

$$\sigma = E\times\varepsilon = 2.05\times10^{5}\times(0.0001\sim0.00015) = 20\sim30\ (\mathrm{N/mm^2})$$

而 HPB300 热轧钢筋的设计强度 f 即达 $270\mathrm{N/mm^2}$，因此实际上普通钢筋混凝土构件是带裂缝工作的，只要裂缝宽度根据不同环境限制在 0.2 或 0.3mm 以内都是正常的，即使这样，构件内的受拉钢筋应力也只能达到 $200\sim400\mathrm{MPa}$。也就是说，目前普通钢筋混凝土的钢筋最大只能用到 HRB500，其设计强度也仅有 435MPa，超过此强度，普通钢筋混凝土构件很可能因过大裂缝宽度而报废失效。

能否推迟或杜绝钢筋混凝土构件裂缝的产生，并让高强钢筋也充分发挥作用呢？采用预应力混凝土结构是解决这一矛盾的有效办法。所谓预应力混凝土结构（构件），就是在结构（构件）受拉区预先伸长钢筋然后端部卡住后回弹，即对端部施加压力产生预压应力，从而使结构（构件）在使用阶段产生的拉应力首先抵消预压应力，推迟了裂缝的出现和限制裂缝的开展，提高了结构（构件）的抗裂度和刚度。这种施加预应力的混凝土，称为预应力混凝土。可通过下面简单的计算就明白了。

假如有一截面为 120mm×300mm 的轴心受拉构件，配筋 4Φ16 钢筋，混凝土的强度等级为 C30。如果是普通钢筋混凝土构件即不施加预应力，构件不产生开裂的最大拉力：

$$F_{拉1} = 2\times120\times300(混凝土) + 30\times4\times3.14/4\times16^{2} = 72\,000 + 24\,115 = 96\,115\ (\mathrm{N})$$

如果对构件预先施加一个 450kN 的压力，外加荷载作用下使构件产生拉力的话，该拉力首先必须卸除预施的 450kN 压力，然后混凝土本身才受拉，这样，当混凝土出现裂缝时，构件受力可

提高至 $F_{拉2}$＝450 000＋96 115＝546 115（N），约是 $F_{拉1}$ 的 5 倍。

可见，施加预压应力后，构件抗裂能力提高相当惊人，而且只要混凝土不被压坏，钢筋强度越高，张拉力和回弹力越大，施加的预压应力就越高。因此，预应力混凝土的强度等级一般较高至少C30，而且只有在预应力混凝土结构（构件）中，高强钢筋才有用武之地。

预应力除了明显提高混凝土构件的抗裂性和刚度外，由于施加了强大的预压应力，在使用阶段，大大减小了受弯混凝土构件的主拉应力，曲线布置钢筋又使构件承受的剪力减小，更重要的是使沿构件各个截面的内力趋向平均，各截面混凝土均基本上发挥作用，因而可以减少钢筋用量和减小构件截面尺寸，节省钢材和混凝土用量，从而降低结构物自重。实践证明，预应力混凝土结构可节约钢材 40％～50％，节省混凝土 20％～40％。当前应用较多的无黏结后张预应力楼盖结构，梁板的经济跨度比钢筋混凝土的要大 50％～100％，现浇后张无黏结预应力平板的厚度可以做到普通钢筋混凝土梁板结构的 1/2 或更薄，因此有利于降低高层建筑的层高与总高度。例如，新加坡的UICD 办公大楼高 40 层，原采用的梁板结构厚 500mm，改成 200mm 厚的无黏结预应力平板，总高度降低 12m，也即在同样的总高度下可多建 4 层。

日常生活中，木桶就是施加压应力抵抗拉应力的一个典型例子。采用藤、竹或铁箍的木桶（见图 5-1），当其被箍紧时便受到了一个环向压应力，如这个环向压应力超过了水压力引起的环向拉应力，木桶就不会开裂和漏水。现代预应力混凝土圆形水池（见图 5-2）的工作原理与上述带箍木桶是一样的，所以带箍木桶实质上是一种预应力木结构。

图 5-1 带箍的木桶

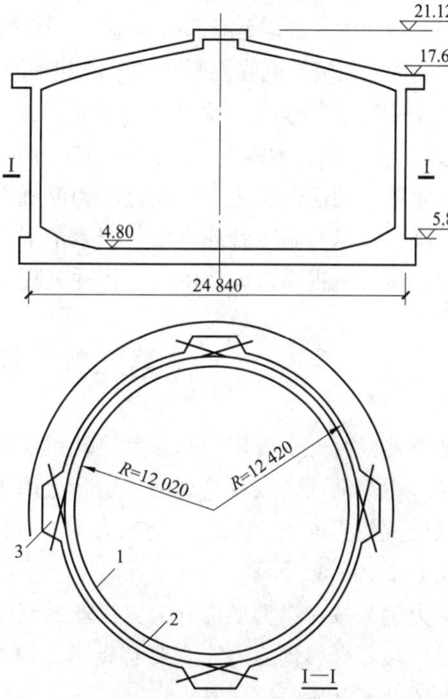

图 5-2 预应力混凝土圆形污泥消化池
1—池壁；2—无黏结预应力筋；3—扶壁

木锯是利用预拉应力抵抗压应力的一个典型例子。采用线绳绞拧而紧的木锯给锯条施加了一个拉应力，使其挺直而能承受锯木来回运动产生的拉力和压力，避免了抗弯能力很低的锯条失稳或弯折破坏。

在第一章的土层锚杆支护结构中，张拉锚固回弹的钢绞线由于对冠梁或围檩事先施加了强大的预压应力，使开挖后基坑的水平位移大大减小，从而保证了深基坑支护的安全。

二、预应力混凝土的发展简史

1866 年美国工程师杰克逊（P. H. Jackson）及 1888 年德国的道克林（C. E. W. Dochring）首先把预应力用于混凝土结构，但这些最初的运用并不成功，量值较小的预应力很快在混凝土徐变和收缩后丧失。

　　预应力混凝土技术进入实用阶段，归功于法国工程师弗莱西奈（E. Freyssinet），他在对混凝土和钢材性能进行大量研究的基础上，于1928年指出了预应力混凝土必须采用高强钢材和高强混凝土的论断，这是预应力混凝土在理论上的关键性突破。1938年德国的霍友（E. Ho-yer）研究成功了不靠专用锚具传力的先张法预应力工艺，为预应力混凝土构件工厂化生产提供了简单可靠的方法；1939年弗莱西奈创制了锥形锚具及双作用千斤顶，1940年比利时的麦尼尔（G. Magnel）研制的麦式楔形锚具，都大大促进了后张预应力混凝土技术发展，为预应力技术在更大范围发展作出了贡献。

　　第二次世界大战后，由于钢材紧缺，预应力混凝土结构大量代替钢结构以修复战争破坏的结构，这使预应力混凝土技术得到了蓬勃发展。近30年来，预应力混凝土技术在土建结构的各个领域扮演着重要的角色。

　　我国于1956年开始推广预应力混凝土。20世纪50年代后期，主要是采用冷拉钢筋作为预应力筋，生产预制预应力混凝土屋架、吊车梁等工业厂房构件。70年代，在民用建筑中开始推广冷拔低碳钢丝配筋的预应力混凝土中小型构件。

　　20世纪80年代以来，随大型公共建筑工程、高层及超高层建筑、大跨度桥梁和多层工业厂房等现代工程大量涌现，特别是对部分预应力、无黏结预应力和多跨连续折线预应力等先进设计思想和工艺技术的深入研究，高强混凝土的生产和现浇施工技术的提高，单根钢绞线无黏结小吨位后张束张锚体系和多根钢绞线大吨位后张束群锚体系等成果研制和应用，预应力技术在我国得到快速的发展。

　　经过50多年的努力探索，我国在预应力混凝土的设计理论、计算方法、构件系列、结构体系、张拉锚固体系、预应力工艺、预应力筋和混凝土材料等方面，已经形成一套独特的体系；在预应力混凝土的施工技术与施工管理方面，积累了丰富的经验。预应力混凝土技术已广泛地应用在单层厂房、高层建筑、电视塔、大型桥梁、特种工程、体育场馆、大悬挑等工程结构中。

第二节　预应力钢筋

　　普通钢筋混凝土主要用的钢筋是热轧钢筋，最大屈服强度500MPa，而从预应力发展转折点可以知道预应力钢筋的特点就是高强，实际上用于预应力的较粗冷拉钢筋最低屈服强度500MPa，碳素钢丝最低抗拉强度1570MPa，当然为了充分发挥钢筋强度，与之配套的预应力混凝土强度等级也较高，从C30到C80不等。

　　预应力钢筋按材料类型可分为：钢丝、钢绞线、钢筋和钢棒、非金属预应力筋等。其中，钢绞线用途最广，非金属预应力筋主要有碳纤维增强塑料筋（CFRP）、玻璃纤维增强塑料筋（GFRP）等，目前还处于开发研究阶段。

　　预应力钢筋的发展趋势为超高强、大直径、低松弛、高延性和耐腐蚀。

　　根据《混凝土结构设计标准》（GB/T 50010）（2024年版）的规定：推荐的预应力筋和强度标准值、抗拉强度设计值见表5-1。设计规范虽没有推荐，但目前使用的预应力钢筋还有冷轧带肋钢筋、冷拉钢筋和冷拔钢丝、预应力混凝土用钢棒。

表 5-1　　　　　　　　　　　　　　预应力筋强度标准值与设计值

种　　类		符号	公称直径 DN（mm）	屈服强度标准值 f_{pyk}	极限强度标准值 f_{ptk}	抗拉强度设计值 f_{pk}
中强度预应力钢丝	光面 螺旋肋	ϕ^{PM} ϕ^{HM}	5、7、9	620	800	510
				780	970	650
				980	1270	810

续表

种　类		符号	公称直径 DN（mm）	屈服强度标准值 f_{pyk}	极限强度标准值 f_{ptk}	抗拉强度设计值 f_{pk}
预应力螺纹钢筋	螺纹	ϕ^T	18、25、32、40、50	785	980	650
				930	1080	770
				1080	1230	900
消除应力钢丝	光面螺旋肋	ϕ^P ϕ^H	5	—	1570	1110
				—	1860	1320
			7	—	1570	1110
			9	—	1470	1040
				—	1570	1110
钢绞线	1×3（三股）	ϕ^S	8.6、10.8、12.9	—	1570	1110
				—	1860	1320
				—	1960	1390
	1×7（七股）		9.5、12.7、15.2、17.8	—	1720	1220
				—	1860	1320
				—	1960	1390
			21.6	—	1860	1320

注　极限强度标准值为 1960N/mm² 的钢绞线作后张预应力配筋时，应有可靠的工程经验。

一、中强度预应力钢丝

中强度预应力混凝土用钢丝，是强度等级为 800～1370MPa 的热轧圆盘条经过冷加工或冷加工后热处理钢丝。中强度预应力钢丝按其表面形状分为光面钢丝和变形钢丝两类，变形钢丝有三面刻痕钢丝与螺旋肋钢丝。所谓中强度螺旋肋钢丝，就是热轧圆盘条在拉拔过程中经螺旋模具旋转，沿钢丝表面长度方向上具有连续规则螺旋肋条的冷拉或冷拉后热处理钢丝。

按照钢丝的规定非比例伸长应力与抗拉强度的对应值，中强度预应力钢丝分为四类，分别为：620/800、780/970、980/1270、1080/1370，前三类也是《混凝土结构设计标准》（GB/T 50010）（2024 年版）推荐的中强度预应力钢丝。中强度预应力混凝土用钢丝的代号，光面钢丝为 PW，变形钢丝为 DW。

多年实践证明，中强度预应力混凝土用钢丝与已淘汰的低碳冷拔钢丝相比，具有强度高、延性好的优点，是一种很有发展前途的预应力钢材。在不改变现有施工设备、工艺的条件下，代替冷拔低碳钢丝和预应力混凝土水管、电杆中的高强钢丝，不仅施工更为方便，工艺更易控制，而且能提高构件质量和结构安全度。

二、预应力螺纹钢筋（精轧螺纹钢筋）

预应力螺纹钢筋，又称精轧螺纹钢筋，是一种用热轧方法在整根钢筋表面上轧出不带纵肋而横肋为不连接的梯形螺纹的直条钢筋（见图 5-3）。该钢筋在任意截面处都能拧上带内螺纹的连接器进行接长，或拧上特制的螺母进行锚固，即具有锚固简单、施工方便、无需焊接等优点，主要用于房屋、桥梁与构筑物等直线筋。我国标准中螺纹钢筋的公称直径有 18mm、25mm、32mm、40mm、50mm 五种，其级

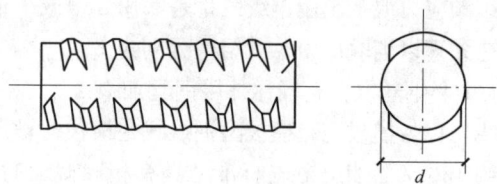

图 5-3　精轧螺纹钢筋的外形

别用 PSB（prestressing screw bars）加屈服强度最小值表示，详见《预应力混凝土用螺纹钢筋》（GB/T 20065），屈服点有 785MPa、930MPa 和 1080MPa 三种。

三、消除应力钢丝

高强度钢丝是专用于预应力混凝土结构构件的，它是由高碳钢盘条拉拔制成的，未经处理的钢丝称为冷拉钢丝，这种钢丝存在残余应力，屈强比低，伸长率小，为改善它的伸长性能而经矫直回火处理的称为矫直回火钢丝或消除应力钢丝，由于冷拉钢丝的变形性能较差，不列入设计规范，所以实际上只应用消除应力钢丝，一般称为碳素钢丝。碳素钢丝直径为 5～9mm，强度等级有 1470MPa、1570MPa、1860MPa3 个级别，碳素钢丝的外形有光面、刻痕（见图 5-4）及螺旋肋（见图 5-5）3 种。

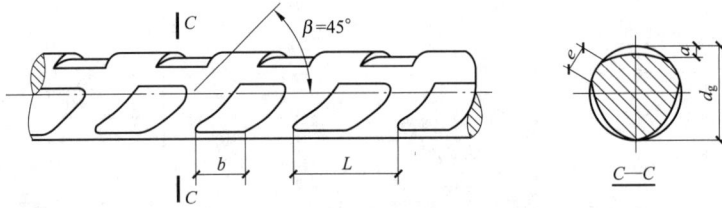

图 5-4　预应力刻痕钢丝外形图

d_g—公称直径；b—刻痕宽度；a—刻痕深度；L—节距；e—肋宽

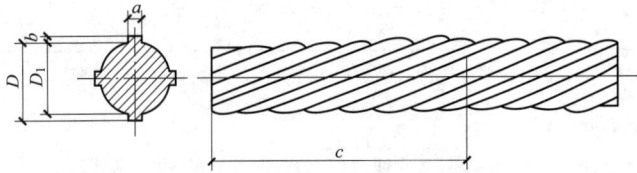

图 5-5　螺旋肋钢丝外形图

D_1—基圆直径；D—外轮廓直径

a—单肋宽度；b—肋高；c—螺旋肋导程

刻痕钢丝是用冷轧或冷拔方法使钢丝表面产生周期变化的凹痕或凸纹的钢丝。钢丝表面凹痕或凸纹可增加与混凝土的握裹力。

螺旋肋钢丝是通过专用拔丝模冷拔方法使钢丝表面沿着长度方向上具有规则间隔肋条的钢丝。钢丝表面螺旋肋可增加与混凝土的握裹力。

消除应力钢丝即碳素钢丝具有以下特点：钢丝强度高；易于制备，便于运输；应用灵活，可以根据需要组成不同钢丝根数的预应力束；柔性好，便于成形或穿束，特别适用于曲线形预应力筋；可以用 7 根平行钢丝为一组制备成无黏结束。由于高强钢丝具有上述优点，因此得到了广泛的应用。它主要用于：屋架、托架、吊车梁、屋面梁等后张预应力混凝土构件；框架梁、井式楼盖、平板等现浇预应力混凝土结构；环向、竖向预应力构件等。

四、钢绞线

预应力混凝土用钢绞线，是采用 3 根或 7 根圆形冷拉钢丝在绞丝机上左向捻制而成，捻制后进行热处理以消除应力，其结构分别为 1×3、1×7 两种形式。1×7 钢绞线是由 6 根外层钢丝围绕着 1 根中心钢丝（其直径比外层钢丝加大 2.5%）绞成，称为标准型；捻制后经过模拔处理而成的钢绞线，称为模拔型。模拔型钢绞线在横拔时被压扁，各根钢丝之间成为面接触，使钢绞线的密度提高约 18%，因此，在与标准型具有相同截面时，其外径较小，相应地可减少孔道直径；或者在同样的孔道内可布置较多的钢绞线。模拔型钢绞线与锚具的接触面积较大，易于锚固。1×3、1×7

标准型钢绞线示于图 5-6，1×7 模拔型钢绞线截面形状示于图 5-7。

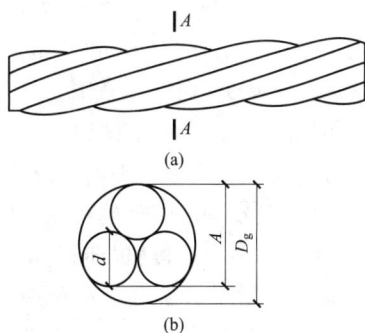

图 5-6　预应力钢绞线

(a) 1×7 钢绞线；(b) 1×3 钢绞线

D_g—钢绞线公称直径；d_o—中心钢丝直径；

d—外层钢丝直径；A—1×3 结构钢绞线测量尺寸

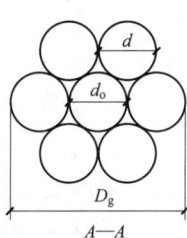

图 5-7　模拔型钢绞线截面形状

预应力钢绞线强度高，整根破断力大（102~300kN），柔性好、易盘弯运输、简化成束、施工方便，特别是 7 股钢绞线，被广泛应用于房屋建筑、特种结构、水工建筑、桥梁等有黏结及无黏结预应力构件，成为我国当前预应力混凝土结构的主力钢材。

五、冷拉钢筋与冷拔钢丝

冷拉钢筋是经过冷拉后提高了抗拉强度的热轧低合金钢筋。预应力混凝土结构中可选用的冷拉钢筋有：冷拉Ⅱ级（20MnSi）、冷拉Ⅲ级（25MnSi）、冷拉Ⅳ级（45SiMnV、40Si₂MnV、45Si₂MnTi 等合金钢）钢筋。冷拉Ⅱ级钢筋强度低，预应力构件中应用较少，次要的预应力混凝土构件中可采用冷拉Ⅲ级钢筋，冷拉Ⅳ级钢筋应用较多，但焊接质量不易保证，易在焊接区域发生断筋现象，仅在不用焊接的情况下才能用于承受重复荷载的构件。冷拉钢筋主要用作先张或后张预应力混凝土构件的直线形预应力筋，直径为 12mm 的冷拉Ⅳ级钢筋束可用作后张构件的曲线形预应力筋。由于冷拉钢筋单位抗拉强度较低且可焊性差，随着高强度预应力钢材的快速发展，冷拉钢筋的应用已日益减少。

冷拔钢丝包括冷拔低碳钢丝和冷拔低合金钢丝。它是对Ⅰ级钢筋或低合金钢筋多次冷拔加工而成的钢丝，以前多用于先张法生产的中小型预应力构件中，但由于光面钢丝和混凝土黏结锚固性能差已逐步淘汰，在圆孔板已被直径 5mm 的 CRB650 级冷轧带肋钢筋取代。

六、冷轧带肋钢筋

冷轧带肋钢筋（Cold rolled ribbed steel wire and bars，CRB）是热轧圆盘条经冷轧后，在其表面带有沿长度方向均匀分布的三面横肋或两面横肋的钢筋。该钢筋 1968 年首先在德国、荷兰、比利时研制成功，1973 年在欧洲推广使用。冷轧带肋钢筋的表面及截面形状如图 5-8 及图 5-9 所示。

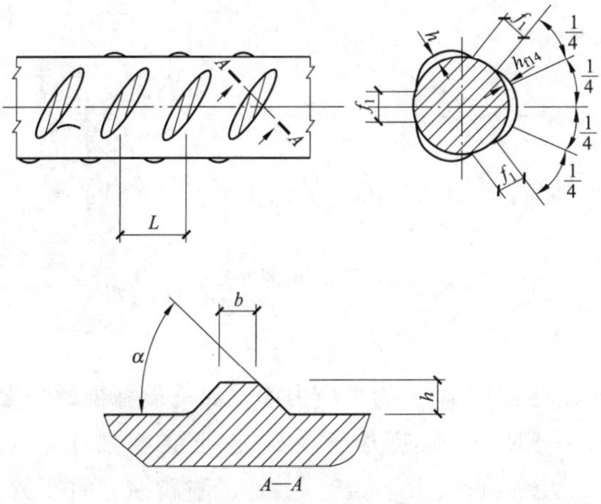

图 5-8　冷轧三面带肋钢筋表面及截面形状

图 5-9　冷轧带肋

冷轧带肋钢筋中的 CRB550 级钢筋，设计强度 360MPa，主要以钢筋焊接网的形式用于普通钢筋混凝土楼板、地面、墙面和市政桥面。其他冷轧带肋钢筋均用作预应力钢筋，共有 4 个牌号：CRB650、CRB800、CRB970 和 CRB1170，其公称直径为 4mm、5mm、6mm。牌号 CRB550 的冷轧带肋钢筋为普通钢筋混凝土用钢筋，其公称直径范围为 4～12mm，设计强度 430～780MPa。

冷轧带肋钢筋（CRB650 及以上级别）大量用于先张法预应力混凝土中、小型结构构件的受力主筋，如预应力空心板、输排水管道、预应力混凝土电杆、预应力混凝土叠合板，等等。近 20 年的使用经验表明，冷轧带肋钢筋由于与混凝土有良好的黏结锚固性能，其在构件端部的锚固长度仅为以前光面钢丝的 1/3 左右，使光面钢丝由于黏结锚固性能差而产生的一些空心板质量问题得到很大的改善，并可适当降低空心板的混凝土强度，每立方米混凝土节省水泥约 40kg，缩短预应力筋放张时间，加速模板周转率，截至 1999 年全国停止使用冷拔丝空心板，已改用冷轧带肋钢筋空心板，目前绝大部分采用直径 5mm 的 CRB650 级钢筋。

七、预应力混凝土用钢棒

热处理钢筋是由普通热轧中碳合金钢筋经淬火和回火调质热处理后制成。具有高强度、高韧性、高黏结力、应力松弛低、成本低等优点，但易出现匀质性差，直径为 6～16mm。具体详见《预应力混凝土用钢棒》（GB/T 5223.3），我国国家标准将上述热处理钢筋归为钢棒，按钢棒表面形状分为光圆钢棒、螺旋槽钢棒（见图 5-10）、螺旋肋钢棒（见图 5-11）和带肋钢棒四种，抗拉强度为 1080～1570MPa。带肋钢棒分为有带纵肋（见图 5-12）和无纵肋（见图 5-13）两种，成品钢筋为直径 6～16mm、长度 2m 的弹性盘卷，开盘后自行伸直，每盘长度为 100～120m。这种钢筋在中国主要用于铁路轨枕和先张法预应力管桩等中小型预应力构件，目前先张法预应力管桩就是采用抗拉强度不小于 1420MPa、35 级延性的低松弛预应力混凝土用螺旋槽钢棒（代号 PCB-1420-35-L-HG）。

图 5-10 螺旋槽钢棒外形示意图
(a) 3 条螺旋槽；(b) 6 条螺旋槽

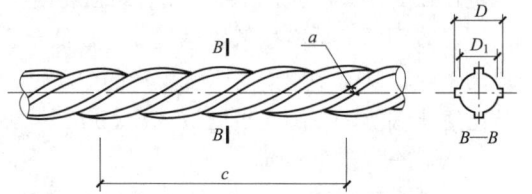

图 5-11 螺旋肋钢棒外形示意图

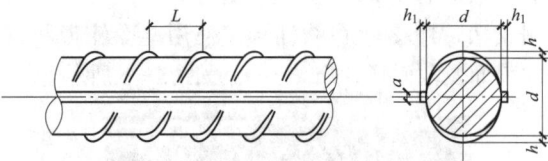

图 5-12 有纵肋带肋钢棒示意图

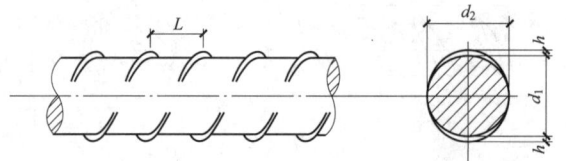

图 5-13 无纵肋带肋钢棒示意图

八、复合材料预应力筋

复合材料预应力筋主要是指纤维增强聚合物（简称 FRP）制成的预应力筋，如玻璃纤维增强聚合物（GFRP）预应力筋、芳纶纤维增强聚合物（AFRP）预应力筋及碳素纤维增强聚合物（CFRP）预应力筋。这些预应力筋具有轻质、高强（强度接近或大于预应力筋）、耐腐蚀、耐疲劳、非磁性等优点，表面形态可以是光滑的、螺纹或网状的，形状包括棒状、绞线形及编织物形。这些复合材料预应力筋的强度虽大，但由于纤维受力不均匀性、很低的抗剪强度（仅为钢材的 1/3）、长期与短期荷载强度比较低、极限延伸性差和不能采用常规锚具锚固，纤维的抗拉强度在实际工程中得不到充分利用。

当前，复合材料预应力筋还处于试用阶段，其力学性能，如延性、黏结、锚具、松弛、疲劳等性能，仍需要继续研究，相应的测试标准也有待规范。由于价格等原因复合材料预应力筋在一定时期内无法与预应力筋竞争，但其应用前景是广阔的。

第三节　先 张 法 施 工

一、先张法施工工艺

（一）先张法的工艺原理

先张法是在浇筑混凝土前张拉预应力筋，并用夹具将张拉完毕的预应力钢筋临时固定在台座的横梁上或钢模上，然后浇筑混凝土。待混凝土达到一定强度后，放松预应力筋，通过混凝土与预应力筋之间的黏结力使混凝土构件获得预压应力（见图 5-14）。

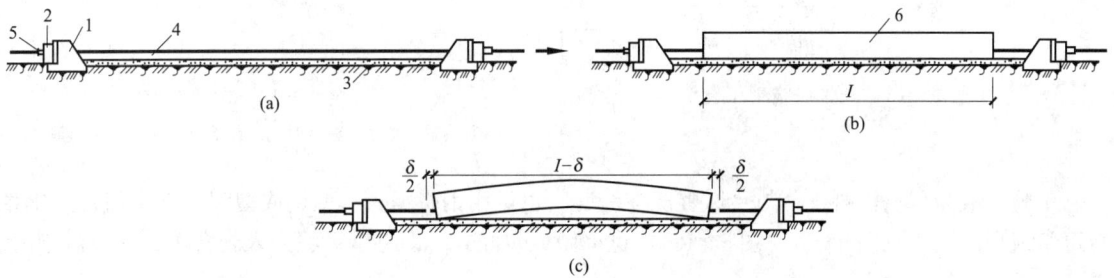

图 5-14　先张法台座示意图

（a）预应力筋张拉；（b）混凝土浇筑与养护；（c）放松预应力筋

1—台座承力结构；2—横梁；3—台面；4—预应力筋；5—锚固夹具；6—混凝土构件

（二）先张法的工艺流程

先张法的工艺流程如图 5-15 所示。

二、先张法施工主要设备台座

台座是先张法构件的主要设备。预应力筋张拉后通过夹具被临时固定在台座上，由台座承受预应力筋的张拉力。然后在台座上完成钢筋安装、混凝土浇筑、养护、放张、起模等工序。因此，台座既要有足够的强度、刚度及稳定性，又要满足构件生产的使用要求。

台座按其构造形式分为墩式台座与槽式台座两类。

（一）墩式台座

墩式台座构造简单，易于建造，适用于中小型预应力构件，广泛用于各种板类构件的生产，其适用的张拉力一般为 500～1000kN。墩式台座由台墩、台面、牛腿、横梁等组成（见图 5-16），主要靠台座的自重力抵抗由张拉力产生的倾覆力矩。

1. 台墩

台墩一般为现浇混凝土结构。为了提高台座抗倾覆、抗滑移的能力，可采用如下措施：增加台墩底板长度，使其重心后移；台墩后部加深；台面局部加厚，使台面与台墩共同受力；台墩尾部增设伸臂板等。

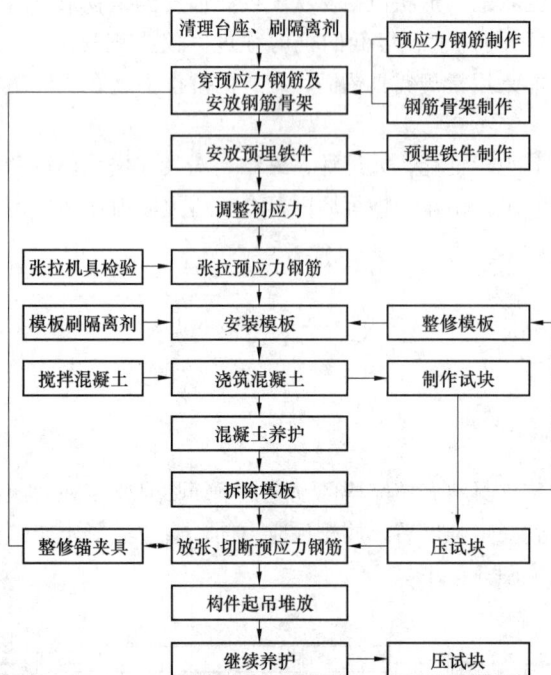

图 5-15　先张法施工工艺流程

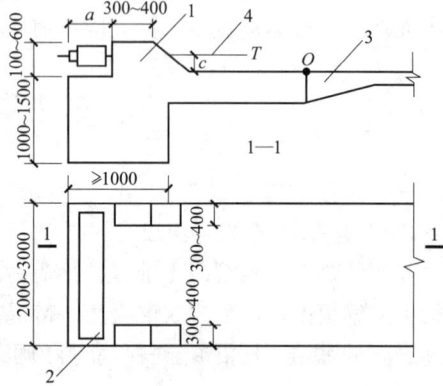

图 5-16　墩式台座
1—台墩；2—横梁；3—台面；4—预应力筋

牛腿一般为现浇混凝土，与台墩整浇在一起。也可用钢牛腿——型钢或型钢与钢板组焊。钢牛腿可组成埋入式（见图 5-17、图 5-18），也可做成装配式，即将钢牛腿插入到台墩的预留洞槽内。

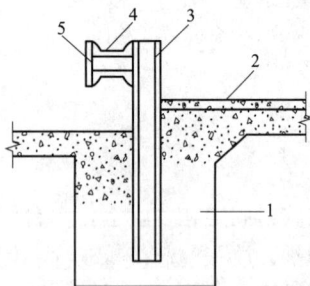

图 5-17　埋入式钢牛腿
1—台墩；2—台面；3—钢柱；
4—钢横梁；5—定位板

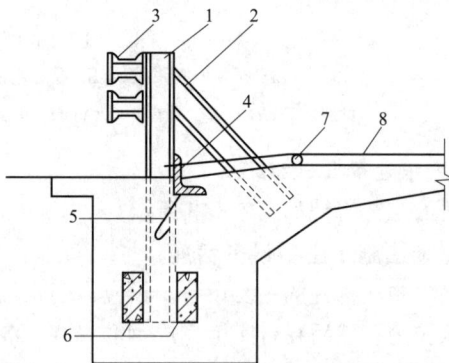

图 5-18　生产叠层构件的埋入式钢牛腿
1—钢柱；2—斜撑；3—钢梁；4—角钢；5—锚爪；
6—混凝土梁；7—垫筋圆钢；8—预应力筋

2. 台面

（1）普通混凝土台面。一般做法是在夯实地基上铺设碎石垫层，上面浇筑 80mm 厚的 C20 混凝土，再用 1∶3 水泥砂浆抹面，抹面时可将砂浆抹过伸缩缝，初步收光后再截去缝内多余的砂浆，以防缝边台面翘曲不平。对于普通混凝土台面，由于收缩及温差变形受到底层约束，易使台面产生横向裂缝。减少开裂的措施如下。

1）伸缩缝间距视温差情况而定。伸缩缝的布置应考虑构件长度，使构件避开伸缩缝。

2）面层混凝土加设 4mm 钢丝点焊网片。

3）在面层与基层之间设置隔离层。

（2）预应力混凝土台面。台面配置预应力筋，提高台面混凝土抗裂能力，同时在面层与基层之间设隔离层，形成一个滑动面，从而有效地防止了台面开裂。预应力台面不设横向伸缩缝，节约了预应力筋，提高了台座利用效率。

台面厚度为 60～100mm，混凝土强度等级为 C30，预应力筋采用直径 4mm 冷拔钢丝。隔离层可采用：一层油毡一层薄砂；一层塑料薄膜加一层薄砂；一层塑料薄膜加一层滑石粉等。

浇筑台面混凝土宜在昼夜温差较小的季节，且宜在夜间施工。宜分段浇筑，每段长度 15～20m，浇筑顺序可间隔浇筑，或预留后浇带。混凝土浇筑后湿养护不少于 14d。

（3）横梁与锚板。横梁采用型钢梁、箱形梁或混凝土梁，横梁应有足够的刚度。锚板用 20～30mm 厚的钢板加工，生产冷拔丝预应力构件时，兼作定位板，即在板上按设计位置开孔（孔径比钢丝直径大 1mm）。一般做法是将锚板上部支承在横梁上，下部搁置在台墩上，以减小横梁受力。

（4）墩式台座的设计。台座长度应根据场地条件、生产规模、构件尺寸而定，一般为 100m 左右；台座宽度 1.5～2.0m，常将几条生产线并列在一起，以充分利用场地面积。

台墩设计应满足强度、刚度及抗倾覆稳定性要求。由于台墩与台面共同受力，不存在滑移问题，因此一般不作抗滑移验算。台墩伸臂部分按偏心受压构件计算，牛腿按混凝土牛腿设计。

（二）槽式台座

槽式台座（见图 5-19）又称为柱式台座，由端柱、中间柱、台面及张拉架组成，承受张拉力，兼作构件的蒸汽养护槽。槽式台座适用于张拉力较高的中型构件，如吊车梁、屋架等。

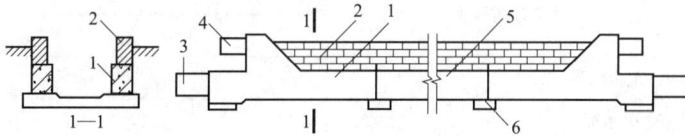

图 5-19 槽式台座
1—钢筋混凝土端柱；2—砖墙；3—下横梁；4—上横梁；5—传力柱；6—柱垫

台座长度应根据千斤顶张拉行程、构件长度及数量、生产及运输条件而定。槽式台座长度一般为 45m（每条生产线生产 6 根 6m 吊车梁）或 76m（10 根 6m 吊车梁或 4 榀 18m 屋架）。台座宽度按构件外形尺寸及操作条件而定，一般每条生产线宽 1～1.5m。

槽式台座埋入地下的深度，采用蒸汽养护宜深一些，有利于减少热损失。台座露出地面不宜太高，一般为 700mm 左右。为了便于运送混凝土和蒸汽养护，可将传力柱全埋入地下与地面相平，只露出两端牛腿部分。

槽式台座的构造可分为整体式和装配式两种。整体式台座的传力柱为现浇混凝土结构，装配式台座的传力柱用预制柱装配而成。

张拉架又叫传力架，有两横梁式及四横梁式两种构造形式。两横梁张拉架利用拉杆式千斤顶逐根张拉；四横梁张拉架可利用液压千斤顶成组张拉。

传力柱受力按偏心受压柱计算。装配式槽式台座的端柱应进行抗倾覆验算。

三、先张法构件的施工要点

（一）预应力筋的张拉应力和张拉程序的确定

（1）预应力筋铺设前先做好台面的隔离层，应选用非油类模板隔离剂，隔离剂不得使预应力筋受污。以免影响预应力筋与混凝土的黏结。

（2）预应力筋张拉应力的确定。预应力筋的张拉控制应力 σ_{con} 按照《混凝土结构设计标准》（GB/T 50010）（2024 年版）规定不宜超过表 5-2 的数据。

表 5-2 张拉控制应力 σ_{con} 允许值

项 次	预应力筋种类	张拉方法	
		先张法	后张法
1	消除应力钢丝、钢绞线	$0.75f_{ptk}$	$0.75f_{ptk}$
2	中强度预应力钢丝	$0.70f_{ptk}$	$0.70f_{ptk}$
3	预应力螺纹钢筋	—	$0.85f_{pyk}$

注 f_{ptk} 为预应力筋极限强度标准值；f_{pyk} 为预应力螺纹钢筋屈服强度标准值。

消除应力钢丝、钢绞线、中强度预应力钢丝的张拉控制应力值不应小于 $0.4f_{ptk}$；预应力螺纹钢筋的张拉应力控制值不宜小于 $0.5f_{pyk}$。

当符合下列情况之一时，表中 σ_{con} 允许提高 $0.05f_{ptk}$ 或 $0.05f_{pyk}$。

（1）要求提高构件在施工阶段的抗裂性能而在使用阶段受压区内设置的预应力筋。

（2）要求部分抵消由于应力松弛、摩擦、钢筋分批张拉以及预应力筋与张拉台座之间的温差等因素产生的预应力损失。

对于《混凝土结构设计标准》（GB/T 50010）（2024 年版）不推荐的但目前还在使用的预应力钢筋，预应力筋的张拉控制应力 σ_{con} 按旧版设计规范摘录如下，见表 5-3。

表 5-3 旧版规范张拉控制应力 σ_{con} 允许值

项 次	预应力筋种类	张拉方法	
		先张法	后张法
1	冷轧带肋钢筋	$0.70f_{ptk}$	
2	冷拉钢筋	$0.90f_{pyk}$	$0.85f_{pyk}$
3	预应力混凝土用钢棒、冷拔钢丝	$0.70f_{ptk}$	$0.65f_{ptk}$

（3）张拉程序与预应力筋张拉力的计算。钢筋在受拉高应力状态下会发生松弛现象造成受拉应力损失即预应力损失，钢筋松弛的数值与控制应力、延续时间有关，控制应力越高，松弛也就越大，同时还随着时间的延续不再增加，但在第一分钟内完成损失总值的 50% 左右，24 小时内则完成 80%。针对这种松弛现象，为了弥补预应力松弛损失，一般采取以下两种张拉程序之一应对。

程序一：直接超张拉 3% 弥补预应力筋的松弛损失，既满足要求，又施工简便，一般多采用，即 $0 \longrightarrow 103\%\sigma_{con}$。

程序二：先超张拉 $105\%\sigma_{con}$ 并坚持 2 分钟时间，再回到事先确定的张拉控制应力，可以减少至少 50% 以上的松弛应力损失，即 $0 \longrightarrow 105\%\sigma_{con} \xrightarrow{持荷 2min} \sigma_{con}$。

预应力筋张拉力 P 按下式计算：

$$P = (1+m)\sigma_{con}A_P \tag{5-1}$$

式中：m 为超张拉百分率，%；σ_{con} 为张拉控制应力，MPa；A_P 为预应力筋截面面积，mm^2。

（二）张拉操作要点

（1）张拉前，按照设计要求的张拉控制应力及张拉机具的标定数据计算张拉力或张拉值，计算预应力筋的伸长值。当采用应力控制方法张拉时，应校核预应力筋的伸长值。实测伸长值与设计计算理论伸长值的相对允许偏差为 ±6%，如超过应暂停张拉，查明原因并采取措施予以调整后，方可继续张拉。预应力筋的伸长值 ΔL 按下式计算：

$$\sigma = E_s\varepsilon \Rightarrow \frac{F_P}{A_P} = E_s \frac{\Delta L}{L} \Rightarrow \Delta L = \frac{F_P L}{A_P E_s} \tag{5-2}$$

式中：F_P 为预应力筋张拉力，N；L 为预应力筋长度，mm；A_P 为预应力筋截面面积，mm^2；E_s 为预应力筋的弹性模量，N/mm^2。

预应力筋的实际伸长值，宜在初应力约为 $10\%\sigma_{con}$ 时开始测量，但必须加上初应力以下的推算伸长值。

采用钢丝作为预应力筋时，不做伸长值校核，但应在钢丝锚固后，用钢丝测力计或半导体频率记数测力计测定其钢丝应力，其偏差不得大于或小于按一个构件全部钢丝预应力总值的 5%。

（2）先张法预应力构件中的预应力筋不允许出现断裂或滑脱，因此在张拉过程中，应采取措施避免出现断筋或滑脱现象。如在浇筑混凝土前发生断筋或滑丝，应予以更换新预应力筋重新张拉。如连续发生断筋或滑丝现象，应暂停施工，认真检查找出原因，采取相应措施后继续张拉。

（3）预应力筋张拉锚固后，实际建立的预应力值对结构受力性能影响很大，必须予以保证。实际建立的预应力值与工程设计规定检验值的相对偏差不得超过 ±5%。

检查方法：采用应力测定仪直接测定张拉锚固后预应力筋的应力值；每工作班抽查预应力筋总数的 1%，且不少于 3 根。

（4）预应力筋张拉锚固后其实际位置对设计位置的偏差不得大于 5mm，且不得大于构件截面短边边长的 4%。

（三）混凝土浇筑与养护

为了减少预应力损失，在设计配合比时应考虑减少混凝土的收缩和徐变。应采用低水化比，控制水泥用量，采用良好的骨料级配并振捣密实。

构件预应力筋张拉完成并经检验合格后，应尽快浇筑混凝土。振捣混凝土时，振动器不得碰撞预应力钢筋。混凝土未达到一定强度前也不允许碰撞和踩动预应力筋，以保证预应力筋与混凝土有良好的黏结力。台座每条生产线上的构件，混凝土浇筑应一次连续完成，以免相邻构件钢筋受振动。

预应力混凝土构件可采用自然养护、太阳能养护和蒸汽养护。当采用蒸汽养护时应采取正确的养护制度，减少由于温差引起的预应力损失。在台座生产的构件采用蒸汽养护时，由于温度升高后，预应力筋膨胀而台座长度并无变化，因而预应力筋的应力减少。在这种情况下混凝土逐渐硬结，则在混凝土硬化前预应力筋由于温度升高而引起的应力降低将无法恢复，形成温差应力损失。因此，为了减少温差应力损失，蒸汽养护时应采用二阶段升温法，将第一阶段温度升高限制在 20℃ 以内，待混凝土达到 10N/mm^2 以上时，再按常规升温制度养护。用机组流水法钢模制作预应力构件，因蒸汽养护时钢模与预应力筋同样伸缩，所以不存在因温差引起的预应力损失。

（四）预应力筋的放张

1. 放张要求

预应力筋放张时的混凝土强度应符合设计要求；当设计无具体要求时，不应低于设计的混凝土立方体抗压强度标准值的 75%。如过早地对混凝土施加预应力，会引起较大的收缩和徐变预应力损失，影响有效预应力值的建立，而且能够因局部承压过大而造成构件混凝土损伤。

放张预应力筋前应拆除构件的侧模使放张时构件能自由压缩，以免模板损坏或造成构件开裂。对有横肋的构件（如大型屋面板），其横肋断面应有适宜的斜度，也可以采用活动模板以免放张时构件端肋开裂。

2. 放张方法

配筋不多的中小型构件，钢丝可用砂轮锯或切断机等方法放张。配筋多的钢筋混凝土构件，钢

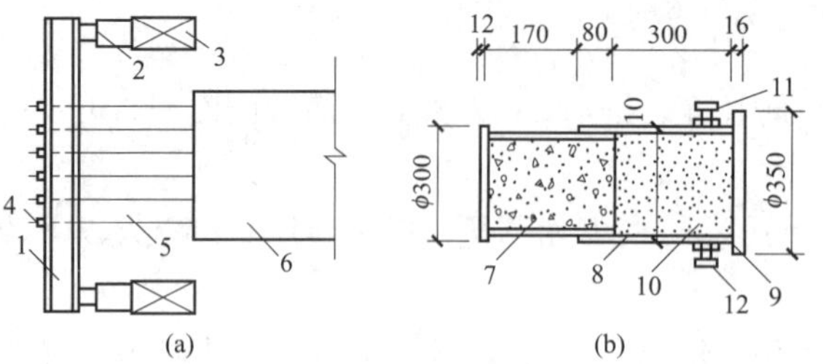

图 5-20 预应力筋放张装置

(a) 千斤顶放张装置；(b) 砂箱放张装置

1—横梁；2—千斤顶；3—承力架；4—夹具；5—钢丝；6—构件；

7—活塞；8—套箱；9—套箱底板；10—砂；11—进砂口；12—出砂口

丝应同时放张，如逐根放张，最后几根钢丝将由于承受过大的拉力而突然断裂，使得构件端部容易开裂。

对钢丝、热处理钢筋不得用电弧切割，宜用砂轮锯或切断机切断。预应力钢筋数量较多时，可用千斤顶、螺杆传力架、楔块等或砂箱装置同时放张，如图 5-20 所示。

3. 放张顺序

预应力筋的放张顺序，应满足设计要求，如设计无要求时应满足下列规定。

(1) 宜采取缓慢放张工艺进行逐根或整体放张。

(2) 对轴心受预压构件，如拉杆、桩等，所有预应力筋宜同时放张。

(3) 对受弯或偏心受压的构件，应先同时放张预压应力较小区域的预应力筋，再同时放张预压应力较大区域的预应力筋。

(4) 如不能按上述规定放张时，应分阶段、对称、相互交错地放张，以防止在放张过程中构件发生翘曲、裂纹及预应力筋断裂等现象。

(5) 放张后，预应力筋的切断顺序，宜从张拉端开始依次切向另一端。

四、先张法构件的应用

先张法预应力混凝土构件，常用的有：预应力多孔板（见图 5-21）、中小型预应力吊车梁（见图 5-22）、预应力屋面板（见图 5-23）、预应力混凝土排水管（见图 5-24）、预应力管桩（见图 5-25）、预应力 T 形板（见图 5-26）、预应力薄板、薄腹梁、水泥电线杆、檩条、墙板、走道板及其他槽形板，等等。

图 5-21 预应力多孔板

图 5-22 预应力吊车梁

图 5-23 预应力屋面板

图 5-24 预应力混凝土排水管

图 5-25 预应力管桩

图 5-26 预应力 T 形板

（一）预应力混凝土双 T 板

预应力混凝土 T 形板是一种板梁合一的楼面或屋面构件，适用于单层及多层工业厂房或民用建筑如库房、物流中心、观众厅、候车厅、站台、各类体育场馆等。T 形板结构合理、承载力大、造价低、构件通用性强，安装速度快，有利于实现标准化设计与机械化施工。预应力混凝土 T 形板的截面形状有单形板及双 T 形板，其跨度最大可达 33m。T 形板的构造特点：有一条或两条纵肋，无横肋，肋的高度及翼板的宽度都比较大（见图 5-27）。预应力 T 形板一般采用先张法台座生产，也有少数大跨度采用后张法施工。先张法施工目前常用的预应力筋是钢绞线，后张法施工采用的是直径 5mm 的消除应力钢丝束。下面介绍双 T 形板的关键工序——胎膜制作。

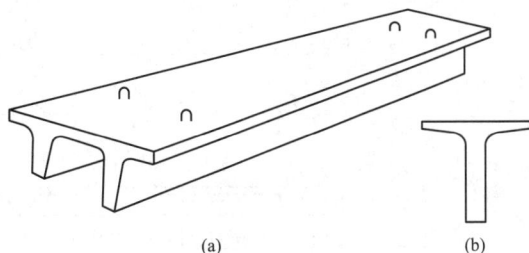

图 5-27　预应力混凝土 T 形板
(a) 双 T 形板；(b) 单 T 形板

由于生产双 T 板的胎膜其肋槽深而窄，制作尺寸不易保证，圆弧部分不宜控制；翼板面积大，胎膜平整度较难控制，构件放张时易于产生裂缝。因此，选择适宜的胎膜构造并保证其制作质量，是生产合格双 T 形板的关键。

双 T 形板采用的胎膜有木模、混凝土胎膜、砖石砌体胎膜等。

当构件批量大，在预制厂生产时一般采用混凝土胎膜，胎膜中心部分可用砖石砌筑，上面浇筑 C15 混凝土。按照双 T 形板断面轮廓尺寸加工样板，用以控制胎膜的外形尺寸（见图 5-28）。混凝土胎膜坚固耐久，周转次数多，但胎膜制作较困难，构件不易脱模，放张时易产生裂缝。

砖石砌体胎膜（见图 5-29）适合于工地生产双 T 形板。胎膜制作方法：先砌筑肋槽部分的砌体，中间部位填土夯实，表面用水泥砂浆抹实压光。

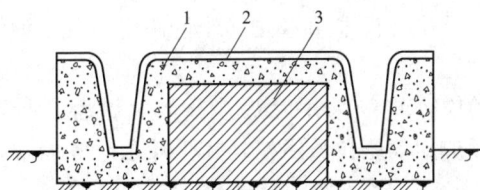

图 5-28　预应力双 T 形板混凝土胎膜
1—C15 混凝土；2—砂浆抹面；3—砖砌体

图 5-29　双 T 形板砖石砌体胎膜
1—砖石砌体；2—砂浆抹面；3—素土填实

（二）预应力混凝土屋面板

预应力混凝土屋面板是以前应用较广泛的先张法屋面构件，主要用于单层装配式钢筋混凝土排架结构厂房。由于单层装配式厂房建安成本较高、占地大和不能拆卸运输，逐渐被钢筋混凝土多层框架结构和钢结构代替，预应力混凝土屋面板的应用已大幅度减少。

预应力混凝土屋面板平面尺寸有 1.5m×6m、3m×6m、3m×9m 等。在工业厂房中得到广泛应用的 G410 标准图集的屋面板，板宽 1.5m，板长 6.0m，板高 240mm，板面厚度 30mm。按承载能力屋面板分为 4 级，其型号为 Y-WB-1~4（见图 5-30）。92G410 图集还包括与之配套的开洞板、预应力混凝土挑檐板、预应力混凝土嵌板及檐口板，以及钢筋混凝土嵌板、檐口板与天沟板。预应力混凝土屋面板的预应力筋有 3 种配置方案：冷拉Ⅱ级、冷拉Ⅲ级及冷拉Ⅳ级带肋钢筋，混凝土强度等级为 C30、C40。

预应力混凝土屋面板的生产工艺有长线台座法及钢模机组流水法。

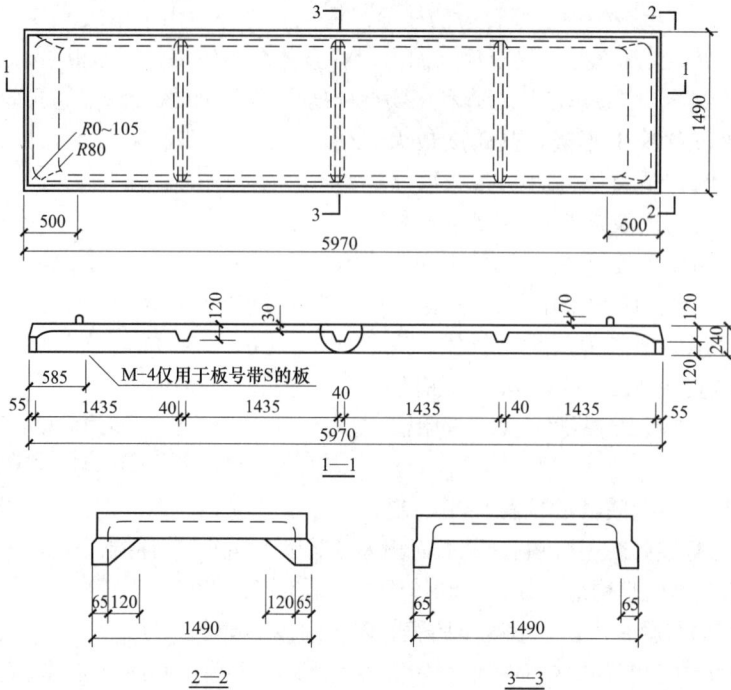

图 5-30 1.5m×6.0m 预应力混凝土屋面板

1. 长线台座法

长线台座生产钢模时，可采用自然养护或蒸汽养护。

模板构造（见图 5-31）：芯胎模采用砖石砌体，表面砂浆层抹实压光，也可用混凝土芯胎模。

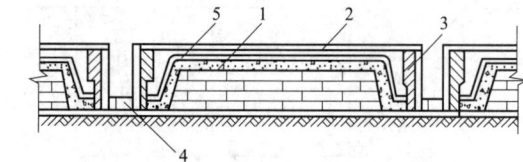

图 5-31 大型屋面板砖胎模

1—砖胎模上 C15 混凝土；2—工具式夹箍；3—侧模板；
4—木楔；5—水泥砂浆抹面

侧模板及端模板采用木模（外包铁皮）或定型钢模板。

预应力钢筋采用对焊连接，对焊后进行冷拉。预应力筋张拉采用拉杆式千斤顶、螺栓端杆夹具。

台座生产屋面板时的操作要点及注意事项如下。

（1）根据台座长度、生产线上屋面板的布置及预应力筋的伸长计算值，安排好每节预应力筋的长度，以控制钢筋对焊接头的位置。当预应力钢筋为冷拉Ⅱ级、Ⅲ级钢筋时，每根纵筋允许有一个接头，接头位于距板端 1/4 跨度的范围内，但同一块板两条纵筋的钢筋接头不得设在板的同一端。Ⅳ级钢筋的焊接性差，一般不允许在板内有接头。在屋面板制作现场，如Ⅳ级钢筋有系统的试验资料和一定的生产实践经验，并有保证焊接质量的可靠措施时，才允许在距板端跨度 1/4 的范围内有对焊接头。

（2）制作芯胎模时，使用木样板控制好其尺寸与形状。芯模上表面面积较大，必须认真找平，保证平整度合乎要求。这对于控制屋面板的面板厚度非常重要。底模端部构造要按图纸要求制作，坡度及圆弧尺寸应予保证。

（3）铺放预应力筋时，下面应垫砂浆垫块。

（4）混凝土下料及振捣时，应注意防止板面混凝土超厚。

（5）预应力筋采用两端张拉，保持同步进行。根据养护方式（自然养护或蒸汽养护）而采用不同的张拉力值。

（6）防止端肋发生斜裂缝的措施。屋面板生产当中常在端肋与纵肋相交部位产生倒八字形裂缝，缝宽为 0.15～0.30mm。裂缝产生的原因，是预应力筋放张后，纵筋混凝土受到压缩，其变形受端横肋及底模的约束，造成板角受拉、横肋端部受剪而产生裂缝。消除或减少裂缝的措施有：减小底模端角部位的坡度，在端头肋角部位适当增配钢筋；将板端预埋件的两根锚筋加长，伸入到端肋内；预应力筋放张时，用氧乙炔气对两端钢筋缓慢加热 2～3 次，使钢筋伸长后再切断放松。

2. 钢模机组流水法

钢模生产屋面板时采用蒸汽养护。模板采用由专业生产厂家加工制作的折页式钢模（见图 5-32），它的特点是利用铰接件将侧模板与底架连接，启闭方便。钢模的底架要承受运输时混凝土的重量，还要承受预应力筋的作用。故底架应有足够的强度，以保证构件尺寸的准确和减少预应力的损失。

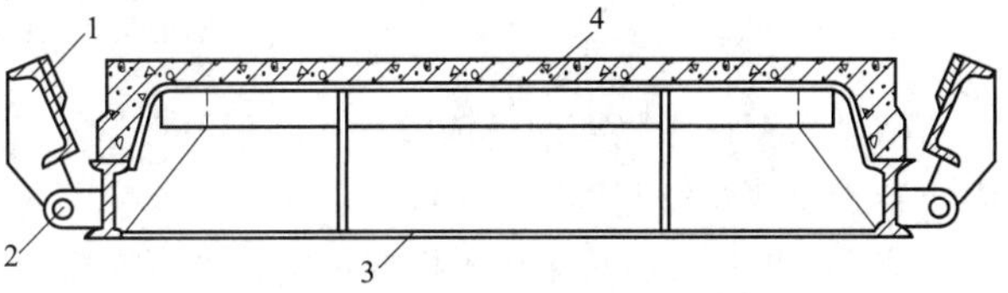

屋面板生产场地应平整、坚实，钢模垫点应稳固，保证钢模不扭曲。屋面板混凝土浇筑后起吊入窑时，保持 4 吊点受力均匀，缓缓起吊以防止钢模四角扭曲。钢模入窑码放时，四角的垫木要保证钢模稳固、持平。

图 5-32 大型屋面板折页式钢模
1—侧模板；2—铰接体；3—底架；4—构件

蒸汽养护应根据所用的水泥品种确定养护制度，选用适宜的静停、升温、恒温、降温等参数。当气温较低时，屋面板蒸养后应延长出窑时间，防止板面发生裂缝。

预应力筋张拉可采用墩头端杆夹具、拉杆式千斤顶进行张拉。墩头端杆的开口式垫板应事先准备好，一个夹具尽量只用 1～2 块垫板，以减少预应力损失。

（三）预应力混凝土空心板

1. 预应力混凝土空心板的板型

预应力混凝土空心板是我国建筑工程上应用最早和最广泛的先张法构件。进入 21 世纪后，由于使用空心板的建筑工程抗震能力和防水能力较低，"坐浆连接"即与墙梁的水泥砂浆连接节点整体性远不及现浇混凝土，所以空心板在抗震设防城市的多层建筑禁用或限制使用，应用范围已大大缩小。常用的圆形孔空心板的规格、尺寸见表 5-4。

表 5-4 预应力混凝土空心板规格、尺寸

板 型	板厚（mm）	孔径（mm）	常用跨度（m）
小孔板	120	Φ76	2.4～4.2
中孔板	180	Φ133	4.5～6.6
大孔板	244	Φ194	6.0～9.0

预应力混凝土空心板的预应力钢筋有两种配置方案：冷拉钢筋、冷轧带肋钢筋。以前常用的甲级冷拔钢丝由于黏结锚固性能差而遭淘汰。目前绝大部分采用直径 5mm 的 CRB650 级钢筋。

2. 预应力混凝土空心板的制作

预应力混凝土空心板的生产与前述预应力混凝土屋面板类似，可采用长线台座法或钢模机组流水法。采用长线台座法时，其生产工艺有倒模、外振拉模、内振拉模、挤压机成形及推压机成形等。

（1）长线台座法倒模工艺。

倒模工艺，即在台座上安装模板、浇筑混凝土，用平板振动器振实，然后人工或机械牵引倒模至下一个模位。倒模法工艺简单、投资少，适用于小型构件厂或小批量预制，但劳动强度大、生产效率低。

长线台座法倒模工艺平面布置如图 5-33 所示，其生产工艺流程为：

图 5-33　倒模工艺平面布置示意图

1—侧模；2—芯管；3—堵头板；4—预应力筋；5—台墩；6—钢梁；7—卷扬机

清理台座→涂隔离剂→铺放预应力筋→张拉→安装模板→浇筑混凝土→抹平→抽芯→拆模→修整→养护→放张→起模

空心板的侧模板可采用木模或钢模，采用木模时其构造如图 5-34 所示。侧模为 100mm 厚木板外包白布；堵头板用 12～14mm 厚的钢板加工，每个堵头板加工成上、下两片，以便于安装芯管。芯管用无缝钢管，一端加工成锥形，另一端钻有两对圆孔，架转管用，并焊有牵引用的钢筋环。

当采用钢侧模时，一般使用槽钢做成拼装式模板，构造简单，拆装方便。在侧模端部焊有一块带孔插板，连接时插板插入端模的槽孔中，用楔形板楔紧即可（见图 5-35）。

图 5-34　预应力空心板倒模法模板构造

1—木侧模；2—外包白布；3—2mm 钢板压条；
4—堵头板；5—芯管；6—卡具

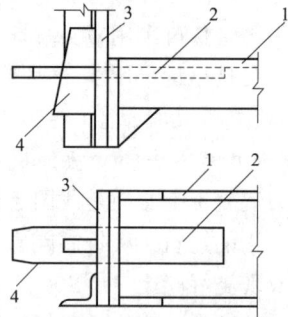

图 5-35　空心板钢模板拼接点构造

1—侧模；2—插板；3—端模板；4—楔形板

（2）钢模机组流水法。

预应力空心板如采用钢模生产，宜采购专业生产的钢模板，如自行加工制作，应经过设计计算，保证模板的强度、刚度符合设计要求。空心板钢模一般用槽钢与钢板组焊而成。

第四节　有黏结后张法施工

一、有黏结后张法施工工艺

（一）后张法的工艺原理

后张法（见图 5-36）是先制作构件，预留孔道，待构件混凝土强度达到设计规定的数值后，在孔道内穿入预应力筋进行张拉，并用锚具在构件端部将预应力筋锚固，最后进行孔道灌浆。预应力筋的张拉力主要是靠构件端部的锚具传递给混凝土，使混凝土产生预压应力。

图 5-36　后张法施工顺序

（a）制作构件并预留孔道；（b）穿入预应力钢筋进行张拉并锚固；（c）孔道灌浆

1—混凝土构件；2—预留孔道；3—预应力筋；4—千斤顶；5—锚具

（二）有黏结后张法的工艺流程

后张法施工工艺流程如图 5-37 所示。

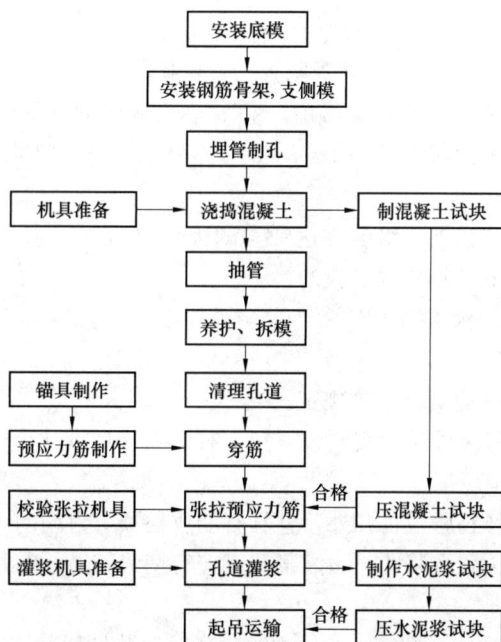

图 5-37　后张法施工工艺流程图

二、后张法施工锚具和相配套的张拉设备

（一）锚具的要求

锚具是预应力筋张拉和永久固定的预应力混凝土构件上的传递预应力的工具。夹具是先张法构件施工时为保持预应力筋拉力并将其固定在张拉台座（或钢模）上用的临时性锚固装置。后张法张拉用的夹具又称工具锚，是将千斤顶（或其他张拉设备）的张拉力传递到预应力筋的装置。连接器是先张法或后张法施工中将预应力从一根预应力筋传递到另一根预应力筋的装置。在后张法施工中，预应力筋锚固体系包括锚具、锚垫板和螺旋筋等。

按锚固性能不同，可分为Ⅰ类锚具和Ⅱ类锚具。Ⅰ类锚具适用于承受静载、动载的所有预应力混凝土结构；Ⅱ类锚具仅适用于有黏结预应力混凝土结构，且锚具只能处于预应力筋变化不大的部位。

锚具、夹具和连接器的性能应符合行业标准《预应力筋用锚具、夹具和连接器应用技术规程》（JGJ 85）的规定。其中，预应力筋—锚具组装件的锚固性能是评定锚具是否安全可靠的重要指标。

1. 锚具的静载锚固性能

锚具的静载锚固性能应由预应力锚具组装件静载试验测定的锚具效率系数 η_a 和达到的实测极限拉力的总应变 ε_{apu} 确定，其值应符合表 5-5 规定。

表 5-5　　　　　　　　　　　　　　　锚具效率系数与总应变

锚具类型	锚具效率系数 η_a	实测极限拉力时的总应变 ε_{apu}（%）
Ⅰ	≥0.95	≥2.0
Ⅱ	≥0.90	≥1.7

锚具效率系数 η_a 按下式计算

$$\eta_a = \frac{F_{apu}}{\eta_P \cdot F_{pm}} \tag{5-3}$$

式中：F_{apu} 为预应力筋—锚具组装件的实测极限拉力，kN；F_{pm} 为预应力筋的实际平均极限抗拉力，由预应力筋试件实测破断荷载平均值计算得出，kN；η_P 为预应力筋的效率系数，应按下列规定取用：预应力筋—锚具组装件中预应力筋为 1～5 根时 $\eta_P=1.0$，6～12 根时 $\eta_P=0.99$，13～19 根时 $\eta_P=0.98$，20 根以上时 $\eta_P=0.97$。

当预应力筋—锚具（或连接器）组装件达到实测极限拉力 F_{apu} 时，应当是由预应力筋的断裂，而不应由锚具（或连接器）的破坏导致试验的终结。

对于一般预应力混凝土结构工程使用的锚具，当预应力筋为钢丝、钢绞线或热处理钢筋时，预应力筋的效率系数 η_P 取 0.97。

除满足上述要求，锚具尚应满足下列规定。

(1) 当预应力筋—锚具组装件达到实测极限拉力时，除锚具设计允许的现象外，全部零件均不得出现肉眼可见的裂缝或破坏。

(2) 除能满足分级张拉及补张拉工艺外，宜具有能放松预应力筋的性能。

(3) 锚具或其附件上宜设置灌浆孔道，灌浆孔道应有使浆液通畅的截面积。

2. 夹具的静载锚固性能

先张法夹具的静载锚固性能，则应由预应力筋—夹具组装件静载试验测定的夹具效率系数 η_g 确定。夹具的效率系数 η_g 应按下式计算

$$\eta_g = \frac{F_{gpu}}{F_{pu}} \tag{5-4}$$

式中：F_{gpu} 为预应力筋—夹具组装件的实测极限拉力。实验结果应满足：$\eta_g \geq 0.92$。

永久留在混凝土结构或构件中的预应力筋连接器，应符合锚具的性能要求；用于先张法施工且在张拉后还将放张和拆除的连接器，应符合夹具的性能要求。

3. 锚具的动载锚固性能

用于承受一般静、动荷载的预应力混凝土结构，其预应力筋—锚具（连接器）组装件除应满足静载锚固性能要求外，尚应满足循环次数为 200 万次的疲劳性能试验要求。疲劳应力上限为预应力钢丝或钢绞线抗拉强度标准值 f_{ptk} 的 65%（当为精轧螺纹钢筋时，疲劳应力上限为屈服强度的

80%），应力幅度不小于 80MPa。对于主要承受较大动荷载的预应力混凝土结构，要求所选锚具能承受的应力幅度可适当增加，具体数值由工程设计单位根据需要确定。

在抗震结构中，预应力筋—锚具（连接器）组装件还应满足循环次数为 50 次的周期荷载试验。组装件用钢丝或钢绞线时，试验应力上限为 $0.8f_{ptk}$；用精轧螺纹钢筋时，应力上限为其屈服强度的 90%，应力上限均为相应强度的 40%。

4. 锚具工艺性能

预应力钢筋用锚具的工艺性能，应满足分级张拉、补张拉和放松预应力钢筋等张拉工艺要求，锚固多根预应力钢筋用的锚具，除具有整束张拉的性能外，还宜具有单根张拉的可能性；预应力钢筋用夹具应具有良好的自锚性能、松锚性能和安全的重复使用性能。主要锚固零件宜采取镀膜防锈。

（二）锚具的种类与匹配千斤顶

后张法所用锚具根据其锚固原理和构造形式不同，分为螺杆锚具、夹片锚具、锥销式锚具和镦头锚具 4 种体系；在预应力筋张拉过程中，锚具根据其所在位置与作用不同，又可分为张拉端锚具和固定端锚具；预应力钢筋的种类有冷拉钢筋、热处理钢筋、消除应力钢筋束、钢丝束或钢绞线束，因此按锚具锚固钢筋或钢丝的数量，可分为单根粗钢筋锚具、钢丝束锚具和钢筋束、钢绞线束锚具，目前常用的有螺栓端杆、JM 型、KT-Z 型、XM 型、QM 型和镦头锚具等。

1. 单根粗钢筋锚具、镦头锚具与拉杆式千斤顶

根据构件的长度和张拉工艺的要求，单根预应力钢筋可在一端或两端张拉。一般张拉端均采用螺栓端杆锚具；而固定端除了采用螺栓端杆锚具外，还可采用帮条锚具或镦头锚具。

（1）螺栓端杆锚具。由螺栓端杆、螺母和垫板三部分组成。型号有 LM18—LM36，适用于直径 18～36mm 的 Ⅱ、Ⅲ 级冷拉预应力钢筋，如图 5-38 所示。

螺栓端杆与预应力筋用对焊连接。焊接应在预应力筋冷拉之前进行。预应力钢筋冷拉时，螺母置于端杆顶部，拉力应由螺母传递至螺栓端杆和预应力筋上。

螺栓端杆可用冷拉的同类钢材、冷拉 45 号钢或热处理 45 号钢制作。用冷拉钢材制作时，先冷拉后切削加工，冷拉后的机械性能不能低于对焊的预应力钢筋冷拉后的性能。用热处理 45 号钢制作时，先粗加工至接近设计尺寸，再调质热处理，然后精加工至设计尺寸，热处理后不能有裂纹和伤痕，硬度为 HB251～283，抗拉极限强度不小于 $700N/mm^2$，伸长率 $\delta_5 \geqslant 14\%$。螺母可用 3 号钢制作。

如果采用一端张拉，另一端仅作为预应力筋的固定端，则一般使用帮条锚具或镦头锚具。

帮条锚具由帮条和衬板组成。帮条采用与预应力筋同级别的钢筋，衬板采用普通低碳钢的钢板。帮条锚具的三根帮条应成 120° 均匀布置，并垂直于衬板与预应力筋焊接牢固，如图 5-39 所示。帮条焊接也宜在钢筋冷拉前进行，焊接时需防止烧伤预应力筋。镦头锚具则一般直接在预应力筋端部热镦、冷镦或锻打成型。

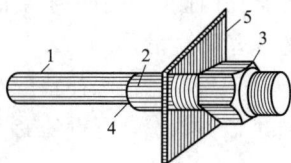

图 5-38　螺栓端杆锚具
1—钢筋；2—螺栓端杆；3—螺母；
4—焊接接头；5—垫板

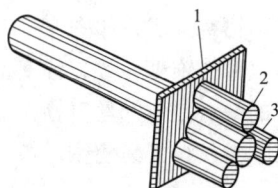

图 5-39　帮条锚具
1—衬板；2—帮条；3—主筋

（2）钢丝束镦头锚具。钢丝束镦头锚具适用于锚固任意根数Φ^P5与Φ^P7钢丝束。镦头锚具的形式与规格，可根据需要自行设计。锚固5mm钢丝的锚具分为DM5A型和DM5B型两种，A型用于张拉端，由锚环和螺母组成，B型用于固定端，仅有一块锚板。

锚环的内外壁均有丝扣，内丝扣用于连接张拉螺杆，外丝扣用拧紧螺母锚固钢丝束。锚环和锚板四周钻孔，以固定镦头的钢丝。孔数和间距由钢丝根数确定。钢丝可用液压冷镦器进行镦头。钢丝束一端可在制束时将头镦好，另一端则待穿束后镦头，但构件孔道端部要设置扩孔。

张拉时，张拉螺丝杆一端与锚环内丝扣连接，另一端与拉杆式千斤顶的拉头连接，当张拉到控制应力时，锚环被拉出，则拧紧锚环外丝扣上的螺母加以锚固。采用钢丝束镦头锚具的预应力钢丝由于长度被限定，其下料长度应力求精确。

（3）拉杆式千斤顶。预应力用液压千斤顶的型号标记，依次由组型代号、公称张拉力（kN）、公称张拉行程等组成。例如，公称张拉力650kN、张拉行程150mm的拉杆式液压千斤顶，其型号标记为：YDL650—150型液压千斤顶。YDL650—150型液压千斤顶，原型为YL60型千斤顶，曾是应用最广泛的拉杆式千斤顶，主要用于张拉上述带有螺杆式或镦头式锚夹具的粗钢筋或钢丝束，具有回程迅速、使用性能好、经久耐用及便于维修等优点。

拉杆式千斤顶构造如图5-40所示，由主缸1、主缸活塞2、副缸4、副缸活塞5、连接器7、顶杆8和拉杆9等组成。张拉预应力筋时，首先使连接器7与预应力筋11的螺栓端杆14连接，并使顶杆8支承在构件端部的预埋钢板13上。当高压油泵将油液从主缸油嘴3进入主缸时，推动主缸活塞向左移动，带动拉杆9和连接在拉杆末端的螺栓端杆，预应力筋即被拉伸，当达到张拉力后，拧紧预应力筋端部的螺母10，使预应力筋锚固在构件端部。锚固完毕后，改用副缸油嘴6进油，推动副缸活塞和拉杆向右移动，回到开始张拉的位置，与此同时，主缸1的高压油也回到油泵中。

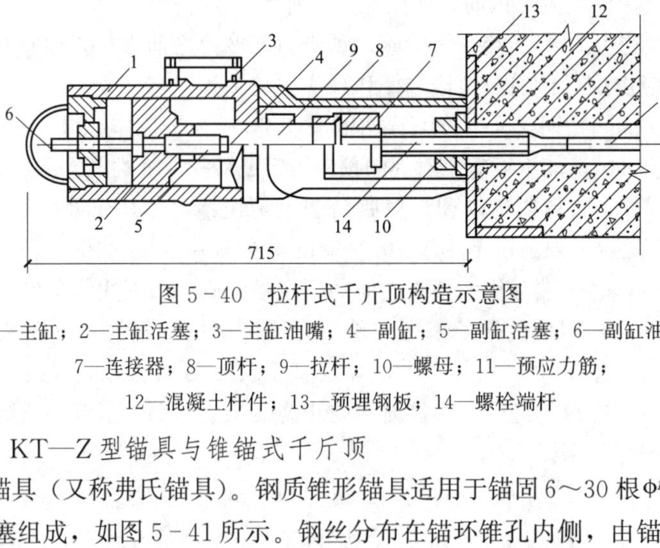

图5-40　拉杆式千斤顶构造示意图

1—主缸；2—主缸活塞；3—主缸油嘴；4—副缸；5—副缸活塞；6—副缸油嘴；

7—连接器；8—顶杆；9—拉杆；10—螺母；11—预应力筋；

12—混凝土杆件；13—预埋钢板；14—螺栓端杆

2. 钢质锥形、KT—Z型锚具与锥锚式千斤顶

（1）钢质锥形锚具（又称弗氏锚具）。钢质锥形锚具适用于锚固6～30根Φ^P5和12～24根Φ^P7钢丝束，由锚环和锚塞组成，如图5-41所示。钢丝分布在锚环锥孔内侧，由锚塞塞紧锚固。锚环内孔的锥度应与锚塞的锥度一致，锚塞上刻有细齿槽，可以夹紧钢丝防止滑移。

锥形锚具的缺点是当钢丝直径误差较大时，易产生单根滑丝现象，且很难补救。如用加大顶锚力的办法来防止滑丝，又易使钢丝被咬伤。此外，钢丝锚固时呈辐射状态，弯折处受力较大。目前在国外已很少采用。

（2）KT—Z型锚具。KT—Z型锚具为可锻铸铁性锚具，由锚环和锚塞组成。如图5-42所示，由于锚塞做成齿形可以克服锥形锚具的单根滑丝弊病。KT—Z型锚具分为A型和B型两种，当预应力钢筋的最大张拉力超过450kN时采用A型，不超过450kN时，采用B型。KT—Z型锚具适用

锚固 3～6 根直径为 12mm 的钢筋束或钢绞线束，该锚具为半埋式，使用时先将锚环小头嵌入承压钢板中，并用断续焊缝焊牢，然后共同预埋在构件端部。预应力筋的锚固需借千斤顶将锚塞顶入锚环，其顶压力为预应力筋张拉力的 50%～60%。使用 KT—Z 型锚具时，预应力筋在锚环小口处形成弯折，因而产生摩擦损失。预应力筋的损失值为：钢筋束约 4%σ_{con}；钢绞线约 2%σ_{con}。

图 5-41　钢质锥形锚具
1—锚环；2—锚塞

图 5-42　KT—Z 型锚具
1—锚环；2—锚塞

（3）锥锚式千斤顶主要用于张拉 KT—Z 型锚具锚固的钢筋束和使用锥形锚具的预应力钢丝束。其张拉油缸用以张拉预应力筋，顶压油缸用以顶压锚塞，因此又称双作用千斤顶，如图 5-43 所示。

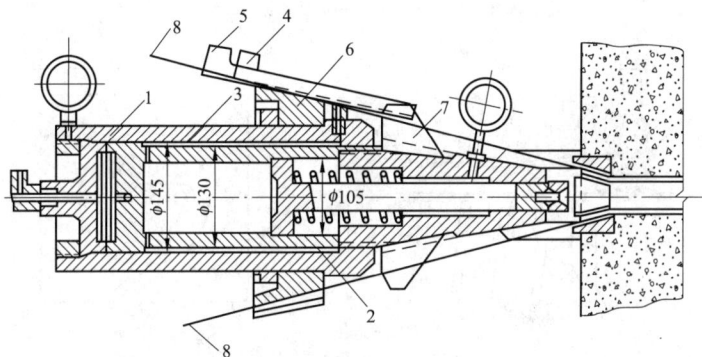

图 5-43　锥锚式千斤顶构造图
1—主缸；2—副缸；3—退楔缸；4—楔块（张拉时位置）；5—楔块（退出时位置）；
6—锥形卡环；7—退楔翼片；8—预应力筋

3. JM 型、XM 型与 QM 型锚具与穿心式千斤顶

（1）JM 型锚具。JM 型锚具由锚环与夹片组成，如图 5-44 所示，夹片呈扇形，靠两侧的半圆槽锚固预应力钢筋。为增加夹片与预应力钢筋之间的摩擦力，在半圆槽内刻有截面为梯形的齿痕，夹片背面的坡度与锚环一致。锚环分为甲型和乙型两种，甲型锚环为一个具有锥形内孔的圆柱体，外形比较简单，使用时直接放置在构件端部的垫板上。乙型锚环在圆柱体外部增添正方形肋板，使用时锚环预埋在构件端部不另设垫板。锚环和夹片均用 45 号钢制造，甲型锚环和夹片必须经过热处理，乙型锚环可不必进行热处理。

JM 型锚具可用于锚固 3～6 根直径为 12mm 的光圆或螺纹钢筋束。也可以用于锚固 5～6 根直径为 12mm 的钢绞线束。它可以作为张拉端或固定端锚具，也可作为重复使用的工具锚。

（2）QM 型锚具。QM 型锚具有单孔夹片与多孔夹片之分，其中单孔夹片锚具适用于锚固单根无黏结预应力钢绞线，也可用作先张法夹具。QM 多孔夹片锚具由多孔夹片锚具、锚垫板（也称铸铁喇叭管、锚座）、螺旋筋等组成，如图 5-45 所示。QM 多孔夹片锚具是在一块多孔的锚板上，利用每个锥形孔装一副夹片，夹持一根钢绞线。其优点是任何一根钢绞线锚固失效，都不会引起整体锚固失效。每束钢绞线的根数不受限制。它与前述 JM 型锚具均属于多孔夹片锚固体系。

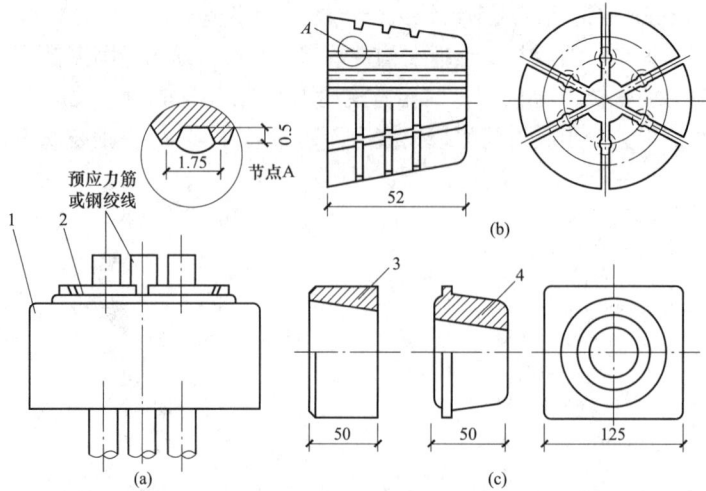

图 5-44　JM 型锚具

（a）JM 型锚具；（b）JM 型锚具的夹片；（c）JM 型锚具的锚环

1—锚环；2—夹片；3—圆锚环；4—方锚环

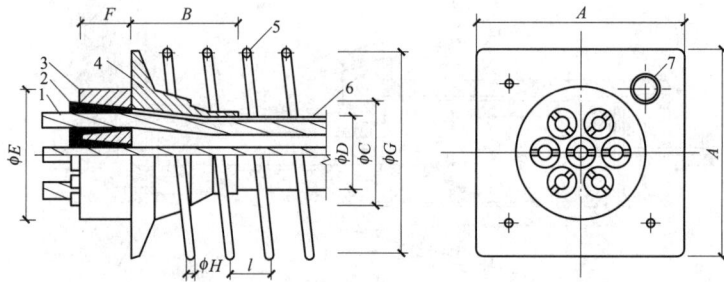

图 5-45　QM 型锚具

1—钢绞线；2—夹片；3—锚板；4—锚垫板（铸铁喇叭管）；5—螺旋筋；6—金属波纹管；7—灌浆孔

锚板与夹板的要求：锚环采用 45 号钢，调质热处理硬度为 32～35HRC。夹片采用 20CrMnTi 合金钢，齿形宜为斜向细齿，齿距为 1mm，齿高不大于 0.5mm，齿形角较大；夹片应采取心软齿硬做法，表面热处理后的齿面硬度应为 60～62HRC。夹片的质量必须严格控制，以保证钢绞线锚固可靠。

由于钢绞线本身在预应力结构中应用较多且锚具锚固可靠，多孔夹片锚固体系在后张法有黏结预应力混凝土结构中用途最广，仅 QMV15 就可锚固 3～61 根 15mm 直径钢绞线 ϕ15。国内生产厂家已有数十家，功能类似主要品牌除了 QM 还有：OVM、HVM、B&S、YM、YLM、TM 等。

（3）XM 型锚具。XM 型锚具属新型大吨位群锚体系锚具，由锚板与三夹片组成，也属于多孔夹片锚固体系。它既适用于锚固钢绞线束，又适用于锚固钢丝束；既可锚固单根预应力筋，又可锚固多根预应力筋。当用于锚固多根预应力筋时，既可单根张拉、逐根锚固，又可成组张拉，成组锚固。另外它还可用作工作锚具和工具锚具。近年来，随着预应力混凝土结构和无黏结预应力结构的发展，XM 型锚具具有通用性强、性能可靠、施工方便、便于高空作业的特点。

XM 型锚具的锚板采用 45 号钢，经调质热处理硬度达 HB=285±15。锚孔沿圆周排列，间距不小于 36mm，锚孔中心线的倾角 1∶20。锚板顶面应垂直于锚孔中心线，以利于夹片均匀塞入。夹片采用三片式，按 120°均分开缝、沿轴向有倾斜偏转角，倾斜偏转角的方向与钢绞线的扭角相反，以确保夹片能夹紧钢绞线或钢丝束的每一根外围钢丝，形成可靠的锚固。

（4）穿心式千斤顶。穿心式千斤顶适用性很强，它适用于张拉采用 JM12 型、QM 型、XM 型的预应力钢丝束、钢筋束和钢绞线束。其主要特点如下：

1）机体中心有一纵向贯通孔道，预应力筋穿过孔道用工具锚固定在千斤顶尾端。

2）适应性强，用于张拉钢丝束、钢绞线，安装拉杆等配件后还可以和拉杆式千斤顶一样，用于张拉带有螺杆式或镦头式锚具的粗钢筋或钢丝束。

3）所需的操作空间较小。

双作用穿心式千斤顶的主要机型是 YDC 650—150 型千斤顶（原 YC60 型），单作用穿心式千斤顶品种繁多，而且形成系列产品，如 YCD 系列、YCQ 系列、YCW 系列以及各种前卡式千斤顶等。现以 YDC 650—150 型千斤顶为例，说明其工作原理（见图 5-46）。

张拉前，先把装好锚具的预应力筋穿入千斤顶的中心孔道，并在张拉油缸 1 的端部用工具锚 6 加以锚固。张拉时，用高压油泵将高压油液由张拉缸油嘴 16 进入张拉工作油室 13，由于活塞 2 顶在构件 9 上，因而张拉油缸 1 逐渐向左移动而张拉预应力筋。在张拉过程中，由于张拉油缸 1 向左移动而使张拉回程油室 15 的容积逐渐减小，所以须将顶压缸油嘴 17 开启以便回油。张拉完毕立即进行顶压锚固。顶压锚固时，高压油液由顶压缸油嘴 17 经油孔 18 进入顶压工作油室 14，由于顶压油缸 2 顶在构件 9 上，且张拉工作油室中的高压油液尚未回油，因此顶压活塞 3 向右移动顶压 JM12 型等锚具的夹片，按规定的顶压力将夹片压入锚环 8 内，将预应力筋锚固。张拉和顶压完成后，开启张拉油嘴 16，同时顶压油嘴 17 继续进油，由于顶压活塞 3 仍顶住夹片，顶压工作油室 14 的容积不变，进入的高压油液全部进入张拉回程油室 15，因而张拉油缸 1 逐渐向右移动进行复位，然后油泵停止工作，开启油嘴门，利用弹簧 4 使顶压活塞 3 复位，并使顶压工作油室 14、张拉回程油室 15 回油卸荷。

图 5-46　YDC 650—150 型千斤顶
(a) 构造与工作原理图；(b) 加撑脚后的外貌图
1—张拉油缸；2—顶压油缸（即张拉活塞）；3—顶压活塞；
4—弹簧；5—预应力筋；6—工具锚；7—螺母；8—锚环；
9—构件；10—撑脚；11—张拉杆；12—连接器；
13—张拉工作油室；14—顶压工作油室；
15—张拉回程油室；16—张拉缸油嘴；
17—顶压缸油嘴；18—油孔

4. 扁锚、Z 形环锚与常用固定端锚具

（1）扁锚。BM 型扁锚体系是由扁形夹片锚具、扁形锚垫板等组成，如图 5-47 所示。

扁锚的优点：张拉槽口扁小，可减少混凝土板厚，钢绞线单根张拉，施工方便；主要适用于楼板、城市低高度箱梁，以及桥面横向预应力等。

（2）Z 形环锚。Z 形环锚又称游动锚具，应用于圆形结构的环状钢绞线束，或应用在两端不能安装普通张拉锚具的钢绞线上。

该锚具的预应力筋首尾锚固在一块锚板上，张拉时需加变角块在一个方向进行张拉，如图 5-48 所示。

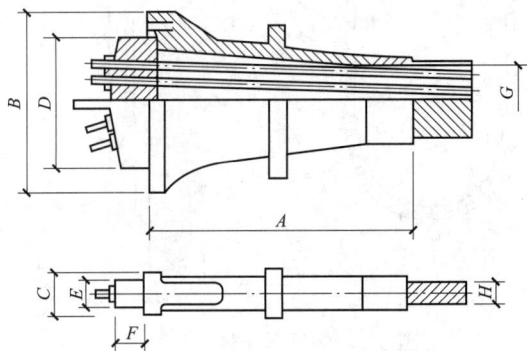

图 5-47　扁锚结构示意图

ΔL=钢绞线束②的延伸长度

$E=\dfrac{C}{2}+$ 所需混凝土覆盖厚度

(a)　　　　　　　　　　　　　　　(b)

图 5-48　Z 形环锚

(a) 环锚有关尺寸；(b) 环锚锥孔

（3）常用固定端锚具。固定端锚具有以下几种类型：挤压锚具（见图 5-49）、压花锚具（见图 5-50）、U 形锚具（见图 5-51）等。其中，挤压锚具既可埋在混凝土结构内，也可安装在结构之

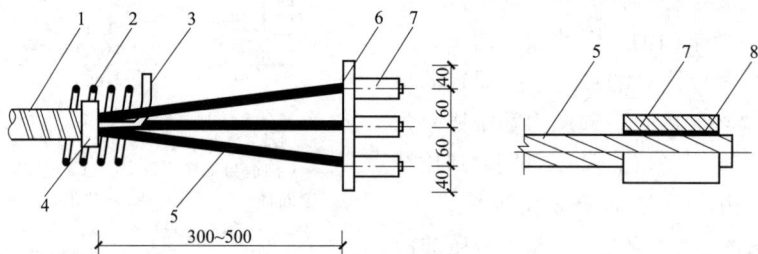

图 5-49　挤压锚具

1—金属波纹管；2—螺旋筋；3—排气管；4—约束圈；5—钢绞线；6—锚垫板；7—挤压锚具；8—异形钢丝衬圈

图 5-50　两种压花锚具

1—波纹管；2—螺旋筋；3—排气管；
4—钢绞线；5—构造筋；6—压花锚具

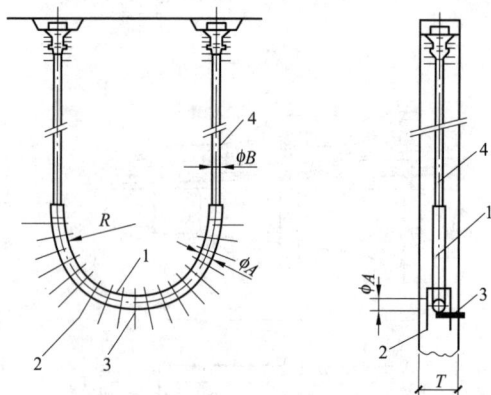

图 5-51　U 形锚具

1—φA 环形波纹管；2—U 形加固筋；
3—灌浆管；4—φB 直线波纹管

外，对有黏结预应力钢绞线、无黏结预应力钢绞线都适用，应用范围最广泛。压花锚具仅用于固定端空间较大且有足够的黏结长度的情况，且成本最低。U形锚具仅用于薄板结构、大型建筑物、墩等。

固定端锚具，也可选用张拉端夹片锚具，但必须安装在构件外，不得埋在混凝土内，以免浇筑混凝土时夹片松动。

三、后张法构件的施工要点

从后张法施工工艺流程图（见图 5-37）可以看出：后张法施工工艺与预应力施工有关的主要工序包括孔道留设、清理孔道、预应力筋张拉和孔道灌浆，分别详述如下。

（一）孔道留设

1. 芯管抽拔成孔

（1）钢芯管抽拔成孔。直线形预应力筋的预留孔道用钢管作芯管抽拔成孔，芯管的外径按照设计的孔道直径而定，如孔道为φ48～φ50时，采用φ48×（3.0～3.5）钢管作为芯管。

当预应力孔道较长（超过15m）时，应采用两根芯管在两端分别抽拔。两根芯管接头处用镀锌钢管套管连接（见图5-52），套管长350～400mm，两端加工成卷边，以便于穿入芯管。安装套管时用20号钢丝将其固定在芯管支架上，以防止抽管时带动套管。

当钢管长度不足以作一根芯管时，可将两节钢管拼接成一根。连接处内衬一段短钢管（长度200mm左右），钢管坡口焊接，然后将焊口处打平磨光。

为了保证孔道位置准确，芯管用钢筋支架支托，支架间距2～3m，支架用22号钢丝绑在钢筋骨架上。

芯管支架一般采用φ4或φ5冷拔钢丝或φ6钢筋定位焊成网片。网片构造宜做成上面开口的形式（见图5-53），这样既便于穿入芯管，又可防止抽拔芯管时带动支架而造成拔管困难，或将混凝土拉裂。

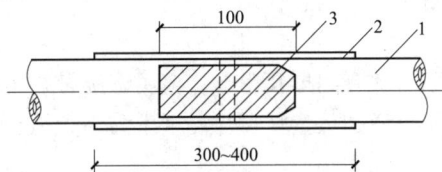

图 5-52 钢管连接方式
1—钢管；2—铁皮套筒；3—硬木塞

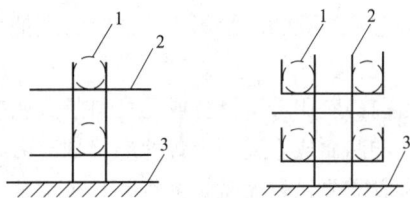

图 5-53 芯管支架
1—芯管；2—支架；3—构件底模

混凝土浇筑后每隔10min左右转动芯管一次，应朝一个方向转动，不能来回摇动。在芯管端部钻两对圆孔，插入钢棒即可转动芯管。芯管端部构造如图5-54所示。

拔管时间视水泥品种、混凝土强度等级、构件混凝土浇筑顺序及气温时间而定。常温下一般在浇筑后3～6h即可抽拔芯管。施工时可用手指按压混凝土表面，当表面不出现明显印痕时即可抽拔。

拔管方法可人力抽拔或采用小型卷扬拔管机抽拔。拔管应边转边拔，缓慢均匀；拔出部分有专人托住，以保持抽出部分与孔道在一条直线上。

孔道灌浆孔、出气孔的留置方法（见图5-55），是用φ20圆钢或钢管自构件侧面或顶面插入，紧贴芯管，混凝土浇筑后转动几次，待混凝土终凝后即可拔出。

按时转动芯管与掌握好拔管时间是成孔的关键环节，必须有专人负责，防止堵孔或拔不出芯管而造成质量事故。

图 5-54　芯管端部构造
1—芯管；2—拉环（抽拔芯管用）；3、4—圆孔

图 5-55　灌浆孔、出气孔留置方法
1—芯管；2—φ20 圆钢或钢管；3—φ6 手柄；4—侧模

（2）胶管抽拔成孔。用充水胶管作芯管抽拔成孔适用于曲线形与折线形预应力孔道或直线孔道。胶管采用有 5～7 层帆布夹层、壁厚 6～7mm 的普通胶管。胶管一端安装阀门，另一端封头。其具体做法为：将胶管端部削去外胶层及 1～2 层帆布，插入安有阀门的钢管（为了连接紧密，钢管端部外表面车几道环向槽），然后用 10～12 号钢丝缠牢系紧。胶管封端时插入一段焊有堵头板的短钢管，再用 10～12 号钢丝扎紧系牢。

两根胶管芯管接头处外加镀锌钢管套管，套管长 400～500mm，其内径应比胶管外径大 3～4mm。管道支架间距：直线段长为 1～1.5m，曲线段为 0.6～1m。

胶管安好支牢后，用加压泵向胶管内充水加压（压力 0.6～0.8N/mm²），胶管膨胀。浇筑混凝土时，振动棒不得接触胶管，以免碰伤芯管。混凝土初凝以后，胶管放水，管径缩小，即可抽拔胶管。抽管顺序一般先上后下，先曲后直。

预应力钢丝束采用墩头锚具时，构件张拉端需要扩孔，扩孔段采用短钢管作芯管，安装应保持扩孔段芯管与孔道芯管同心。抽管时先抽出孔道芯管，再抽扩孔段芯管。

2. 预埋成孔材料成孔

目前，应用最广泛的成孔材料是金属螺旋管，其截面形状有圆形及扁形。金属螺旋管是用薄钢带压波卷制而成，适用于各种形状预应力筋的成孔，使用方便，重量轻，与混凝土黏结力强。当金属螺旋管需要量较大时，可将制管机运至工地现场加工。

两节金属螺旋管的连接方法：用大两号的螺旋管作套管（套管内径比螺旋管外径大 1mm），套管长度 200～300mm，接头两端用密封胶带封严（见图 5-56）。

在金属螺旋管上预留灌浆孔、泌水孔或出气孔的方法示于图 5-57。先在螺旋管上开口，盖以待嘴的弧形塑料压板与海绵垫片，用钢丝扎牢；嘴上再接一段塑料管（外径 20mm，内径为 16mm），用钢丝扎牢。浇筑混凝土前在塑料内插入一段短钢筋，混凝土浇筑完初凝后拔去钢筋即形成灌浆孔。

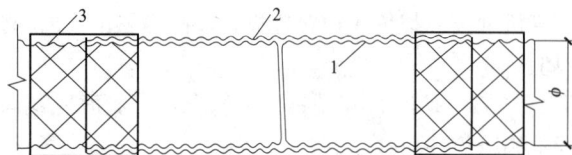

图 5-56　金属螺旋管的连接
1—螺旋管；2—套管；3—密封胶带

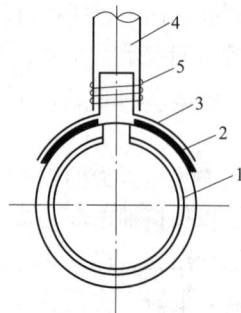

图 5-57　金属螺旋管上留置灌浆孔
1—螺旋管；2—海绵垫；3—塑料压板；
4—塑料管；5—钢丝

预埋金属螺旋管端部构造如下。

(1) 当预应力筋为冷拉钢筋、钢绞线采用 JM 型锚具、钢丝束采用锥形锚具或采用镦头锚具的固定端时,金属螺旋管伸出承压钢板外 150～200mm,构件混凝土浇筑后将外露的螺旋管凿击剔平。

(2) 预应力孔道端部有扩孔段时,螺旋管伸入扩孔芯管内,连接处用密封胶带封闭。

成孔材料除金属螺旋管外,还可采用薄壁钢管、镀锌钢管以及塑料波纹管等。钢管预埋成孔用于竖向预应力孔道或特殊形状的预应力孔道。塑料波纹管具有耐腐蚀性能好、孔道摩擦损失较小等优点,有着较好的应用前景。

(二) 清孔与穿束

预应力孔道成形之后,应及时检查孔道是否畅通,如有坍陷堵塞现象应及时进行处理。

孔道检查方法:对于直线形孔道,可在孔道一端向孔内观察,如能看到另一端的光亮,说明该孔道畅通;如果看不到一点亮光,则此孔有堵塞现象。对于曲线形孔道,可用一根长钢筋(直径 14～16mm)穿入孔内检查,或用自制的清孔器检查。

发现孔道堵塞时,可用一根 Φ16～Φ20 的螺纹钢筋穿入孔道,往复抽动、反复冲击堵塞处直至打通。如在钢筋端部焊一个钢制的圆锥体,可以提高清孔的效率。

如果孔道局部堵塞严重无法打通时,则需要凿开混凝土,清除掉堵塞部分,然后用薄铁皮卷成半圆形衬模,补浇该部位的混凝土(用高一个等级的细石混凝土)重新塑造一段孔道。

预应力孔道内穿束方法,对直线形孔道或长度较短的曲线形孔道,一般使用人力即可顺利完成。预应力钢丝束、钢绞线束、冷拉钢筋束在穿束前,应将预应力钢筋端部理顺后用钢丝捆扎系牢。

冷拉粗钢筋穿束时,应采取措施保护端杆螺纹,一般可用水泥袋纸包裹再用钢丝扎紧,也可加工一个带有内螺纹的工具式保护套,套在螺栓端杆上,保护螺纹不受损伤。

对于多波曲线束用人力穿束时,可先穿入一根细钢筋,通过特制的牵引头连接预应力束,人力前拉后推穿入孔道。

超长束、多波曲线束等重型预应力束,则采用慢束卷扬机牵引穿入孔道,或用穿束机穿束。

采用镦头式锚具的钢丝束,应先一端锚环套上,对钢丝墩头,并将各根钢丝比齐,镦头退到环底;另一端用钢丝扎紧穿过孔道后套上锚环,再进行镦头。

(三) 预应力筋张拉

用后张法张拉预应力筋时,混凝土强度应符合设计要求,如设计无规定时,不应低于设计强度等级的 75%。

1. 预应力筋的张拉应力和张拉程序的确定

(1) 张拉控制应力。张拉控制应力越高,建立的预应力值就越大,构件抗裂性越好。但是张拉控制应力过高,构件使用过程经常处于高应力状态,构件出现裂缝的荷载与破坏荷载很接近,往往构件破坏前没有明显预兆,而且当控制应力过高,构件混凝土预压应力过大而导致混凝土的徐变应力损失增加。因此控制应力应符合设计规定。在施工中预应力筋需要超张拉时,可比设计要求提高 5%,但其最大控制应力不得超过表 5-2 的规定。

(2) 张拉程序。同前述先张法施工一样,为了减少预应力筋的松弛损失,预应力筋的张拉程序可为:$0 \longrightarrow 103\%\sigma_{con}$ 或 $0 \longrightarrow 105\%\sigma_{con} \xrightarrow{\text{持荷 2min}} \sigma_{con}$。

2. 张拉端的设置

根据《混凝土结构工程施工规范》(GB 50666)的规定:后张预应力筋应根据设计和专项施工

方案的要求采用一端或两端张拉。采用两端张拉时，宜两端同时张拉，也可一端先张拉锚固，另一端补张拉。当设计无具体要求时，应符合下列规定。

（1）有黏结预应力筋长度不大于 20m 时，可一端张拉，大于 20m 时，宜两端张拉；预应力筋为直线形时，一端张拉的长度可延长至 35m。

（2）无黏结预应力筋长度不大于 40m 时，可一端张拉，大于 40m 时，宜两端张拉。

3. 预应力筋的张拉顺序

（1）预应力筋张拉顺序。

1）应根据结构受力特点、施工方便及操作安全等因素确定张拉顺序。

2）预应力筋的张拉顺序，应遵循对称张拉的原则（见图 5-58、图 5-59），使构件受力均匀，防止或减少构件产生扭转或侧弯变形，尤其是大跨度的预应力屋架等构件，必须对称张拉、保持同步。同时，还应考虑到尽量减少张拉设备的移动次数。

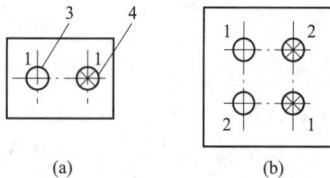

图 5-58 屋架下弦杆预应力筋张拉顺序
(a) 两束；(b) 四束
1、2—预应力筋分批张拉顺序；3—张拉端；4—固定端

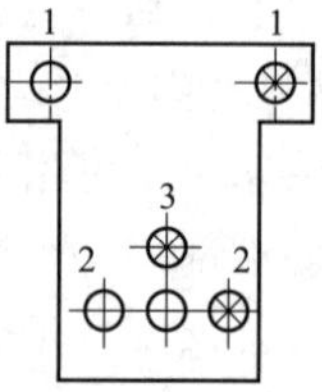

图 5-59 吊车梁预应力筋的张拉顺序
1、2、3—预应力筋的分批张拉顺序

3）采用两端张拉方法时，如果预应力筋的锚具为螺杆式锚具（螺栓端杆锚具、锥形螺杆锚具等）以及镦头式锚具，同批张拉的两束可先分别在一端张拉，然后再分别在另一端补足张拉力后再进行锚固，以减少预应力损失。

4）如是逐根张拉时，靠近截面重心处的预应力筋应先张拉，逐步向外对称地进行。对于受弯构件，应先张拉受压区的预应力筋。

5）现浇预应力混凝土楼盖，宜先张拉楼板、次梁的预应力筋，后张拉主梁的预应力筋。

（2）预应力筋分批张拉时的张拉力。预应力筋采用分批张拉时，应考虑后批张拉的筋（束）使构件混凝土产生弹性压缩，引起先批张拉的筋（束）的预应力损失，此项预应力损失值应分别加到先张各批筋（束）的张拉控制应力值内，但其实际张拉应力值不得大于有关"超张拉"中规定的数值。这样，在预应力完成后所有的预应力筋具有相同的预应力，但张拉增加了麻烦。在实际工作中，一般采取下列三种办法之一解决。

1）采用同一张拉值，逐根复位补足。

2）采用同一张拉值，在设计中扣除弹性压缩损失平均值。

3）统一提高拉力即在张拉力中增加弹性压缩损失平均值，增加值的计算见后小节的有黏结后张法计算。

（3）平卧叠浇浇筑的预制构件的张拉顺序。屋架、托架等预应力混凝土构件常采用叠层浇筑，张拉后再脱模起吊。叠层构件的张拉顺序宜自上而下逐层张拉。为了减少层间摩阻引起的预应力损失，可自上而下逐层增加张拉力，其增加的数值因预应力筋品种及隔离剂类型而异，一般可按逐层增加 $1.5\% \sim 2.0\% \sigma_{con}$ 考虑。

对于带螺杆式锚具的预应力筋，也可采用反复张拉、补足张拉力值的方法进行张拉，即自上而下张拉之后，再自上而下补张一次。

4．张拉操作注意事项

（1）张拉时应保持孔道、锚具与千斤顶对中良好，以保证张拉顺序进行。构件端部承压钢板应与孔道中心线保持垂直，如有偏斜应处理之后再进行张拉。

（2）张拉钢丝束、钢绞线束、细钢筋束时，应注意保持各根预应力筋的相对排列顺序，不得有交叉现象。

（3）采用锥锚式千斤顶张拉钢丝束时，先向千斤顶张拉缸进油，压力表指针略有起动时暂停，检查钢丝的松紧程度并予以调整，之后再打紧楔块。张拉过程中如需卸荷回油时，应仔细用小钎棍拨住锚塞，防止锚塞被回缩的钢丝束带入锚环孔内。

（4）张拉带有螺栓杆的锚具（螺栓端杆锚具、锥形螺杆锚具、镦头式锚具等）时，张拉过程中宜随时拧动螺母使其靠近承压垫板，达到预定张拉力时及时拧紧锚固。

（5）使用穿心式千斤顶张拉钢绞线束时，千斤顶工具锚的孔位应与预应力筋工作锚的孔位相对应，防止钢绞线相互交叉。安装夹片应均匀打紧。张拉至预定张拉力后，对各组夹片强力顶压，再卸载锚固。QM 型锚具也可不顶压。

（6）认真校核预应力筋的伸长值，控制实际伸长值与理论伸长值的相对允许偏差在 -6%～$+6\%$ 的范围内。

当伸长实测值与计算值的相对误差超过允许偏差时，可从以下几个方面查找原因。

1）测量存在过失误差。

2）测量伸长初读数时的初始应力取值偏低，或初始应力为零。

3）初始应力以下的伸长推算值计算有误。

4）设计计算理论伸长值时，预应力筋弹性模量取值与实际值相差较大。

5）实际的孔道摩阻系数与规定值相差偏大。

（7）张拉过程中，应避免预应力筋断裂或滑脱。当发生断裂或滑脱时，应符合下列规定。

1）对后张法预应力结构构件，断裂或滑脱的数量严禁超过同一截面预应力筋总根数的 3%，且每束钢丝或每根钢绞线不得超过一丝。当超过上述规定时，应更换新的预应力钢筋重新张拉。对多跨双向连续板，其同一截面应按每跨计算。

2）对先张法预应力构件，在浇筑混凝土前发生断裂或滑脱的预应力筋必须更换。

（8）采用夹片式群锚型锚具的钢绞线束张拉时，如发生个别钢绞线滑移，可更换其夹片，使用小型千斤顶进行补张。

（9）构件张拉过程及张拉完毕后，应检查构件端部和预拉区有无裂缝，并填写张拉记录表。

（10）预应力筋锚固后外露部分的长度，不宜小于预应力筋直径的 1.5 倍，且不宜小于 30mm。

（11）把持千斤顶和测量伸长值的作业人员，应站在千斤顶侧面工作，严格遵守操作规程，不准擅自离开工作岗位。

（12）作业人员在任何情况下都不准站在预应力筋的两端，以防止发生危险；在千斤顶后方宜设置防护装置。张拉作业区周围宜设置护栏并有明显标志，禁止非有关人员进入。

（四）孔道灌浆

1．孔道灌浆

预应力筋锚固后，应及时进行孔道灌浆，保护预应力筋免遭锈蚀。孔道灌浆还可使预应力筋与结构混凝土有效地黏结，以控制超载时裂缝的间距与宽度，并减轻锚具的负荷状况。

张拉后的预应力筋处于高应力状态，对腐蚀非常敏感，张拉锚固后应尽早进行孔道灌浆，一般不应迟于 24h。孔道灌浆是对预应力筋的永久性保护措施，灰浆灌入应饱满、密实。完全裹住预应力筋。

孔道灌浆操作要点如下。

（1）水泥浆应有较小的泌水率及足够的流动度。水泥浆的水灰比不应大于 0.45，搅拌后 3h 自由泌水率宜为 0，且不应大于 1%，泌水应在 24h 内全部被水泥浆吸收；24h 自由膨胀率，采用普通灌浆工艺时不应大于 6%，采用真空灌浆工艺时不应大于 3%；采用普通灌浆工艺时，稠度宜控制在 12～20mm，采用真空灌浆工艺时，稠度宜控制在 18～25mm；水泥浆中氯离子含量不应超过水泥重量的 0.06%。

（2）水泥浆宜采用高速搅拌机进行搅拌，搅拌时间不应超过 5min；水泥浆使用前应经筛孔尺寸不大于 1.2mm×1.2mm 的筛网过滤；搅拌后不能在短时间内灌入孔道的水泥浆，应保持缓慢搅动。

（3）灌浆前用压力水冲洗孔道，冲净孔道内碎屑杂物，并润湿孔道壁。采用预埋金属螺旋管成孔时，不用水冲洗，可用压缩空气吹扫孔道。

（4）灌浆顺序宜先灌注下层孔道，后灌注上层孔道，以避免由于上层孔道漏浆而堵塞下层孔道。

（5）灌浆应连续进行，直到排气管排出的浆体稠度与注浆孔处相同且无气泡后，再顺浆体流动方向依次封闭排气孔；全部出浆口封闭后，宜继续加压 0.5～0.7N/mm² 并应稳压 1～2min，再拔出灌浆嘴并立即封闭灌浆孔。当泌水较大时，宜进行二次灌浆和对泌水孔进行重力补浆；真空辅助灌浆时，孔道抽真空负压宜稳定保持为 0.08～0.10MPa。

（6）灌浆一般可从构件一端灌向另一端。混凝土梁的曲线形孔道如从梁侧面灌浆时，应从中部曲线孔道最低处向两端进行，直至最高点排气孔冒出浓浆。

（7）灌浆应连续进行，一条孔道必须一次灌成，中途不能间断，灌浆嘴不能离开灌浆孔。灌浆工作如因故中断，应立即用高压水冲洗中途停灌的孔道，将已灌入的水泥浆冲洗干净，然后再重新开始灌浆。

（8）水泥浆应在初凝前灌入孔道，搅拌后至灌浆完毕的时间不宜超过 30min；灌浆冬期施工时，应采取措施防止水泥浆受冻。

（9）灌浆作业人员应佩戴劳动保护用品，防止被进出的高压浆液击伤，尤其要注意眼睛的防护。

2. 锚具的封闭保护

（1）预应力筋张拉锚固后，锚具及预应力筋均处于高应力状态，为了保证锚具能永久性地正常工作，不致因受外力冲击和雨水浸入而造成破损或腐蚀，应对锚具及预应力筋端部采取有效的封闭保护措施。

（2）预应力筋端部露出锚具外的多余部分，宜采用砂轮锯切割机等机械方法予以切除（切除时应留出必需的外露长度）。采用氧乙炔焰切割多余预应力筋时，切割点距锚具不宜太近，并对锚具采取湿覆盖等降温措施。

（3）锚具的封闭保护应符合设计要求。当设计无具体规定时，应符合下列规定。

1）应采取防止锚具腐蚀和遭受机械损伤的有效措施。

2）凸出式锚固端锚具的保护层厚度不应小于 50mm。

3）锚具外露出的预应力筋保护层厚度：处于正常环境下，不应小于 20mm；处于易受腐蚀的环境时，不应小于 50mm。

4）锚具封闭保护方法常采用：在锚具外露表面涂刷防水涂料，再浇筑混凝土防护。内藏式锚具可浇筑微膨胀细石混凝土；外露的凸出式锚具可浇筑混凝土防护小梁。

四、有黏结后张法施工的应用

后张法又分有黏结和无黏结，关于无黏结后张法施工在本章第五节中详述。目前，现场施工的民用建筑和工业厂房的大跨度梁（见图 5-60）、桥梁箱梁（见图 5-61）、中大跨度吊车梁、屋架下弦（见图 5-62）等预应力构件均为有黏结后张法，下面重点介绍建筑工程常用的预应力混凝土屋架、吊车梁构件和现浇框架梁的有黏结后张法施工。

图 5-60　预应力薄腹梁　　　　　图 5-61　预应力桥梁箱梁　　　　　图 5-62　预应力屋架

（一）预应力混凝土屋架

预应力混凝土屋架除 18m 跨度可用先张法预制外，由于体量大运输不便，一般均为后张法现场预制。在几种常见形式的屋架中，折线形屋架易于制作，杆件受力比较均匀，屋面施工方便，因此得到了广泛应用。标准图集 95G415《预应力混凝土折线形屋架》的屋架跨度为 18～30m。从建筑力学我们已学过，屋架的下限各节间是二力杆完全受拉，因此对于常用的整体式屋架，屋架的预应力应用仅限于屋架下弦混凝土截面。

1. 模板支设

屋架现场预制时，屋架模板常采用砖砌底模或木底模，侧模板采用定型组合钢模板配以少量木模。屋架模板支设的工艺流程：

场地夯实平整——钉木桩、抄标高——放线——砌砖——抹砂浆找平——弹出屋架杆件及节点轮廓线——抹砂浆、修整压光——涂隔离剂——安侧模、校正加固。

砖底模的做法：在已平整好的场地上砌筑 2～3 皮砖，上面抹水泥砂浆 20～30mm 厚。如预制场地条件很好，也可在平整好的场地上平铺一皮砖（砖缝 7～10mm），在砖上面铺一层水泥砂浆抹实压光。侧模板拼装：现将若干块定型组合钢模板用 U 形卡组合起来。每节长 3～5m，钢模背面沿纵向加固两根钢管，然后根据需要的长度将若干节模板拼在一起，相邻两节钢管搭接长度为 500～1000mm。

图 5-63　俯卧屋架叠层预制支模方法
1—钢侧模；2—搭头撑；3—钢管；4—屋架下弦杆；
5—砖底模；6—屋架上弦杆

屋架叠层预制时其支模方法如图 5-63 所示。内侧模按预定层数（一般不超过 4 层）一次支到顶，外侧模板则支一层浇筑一层。

屋架预应力孔道的留设方法，一般均采用钢芯管抽拔成孔，也可预埋金属螺旋管。

2. 混凝土浇筑

屋架混凝土宜采用普通硅酸盐水泥或硅酸盐水泥与中砂、碎石配制，每立方米的水泥用量不宜大于 450kg。

叠层预制一般为 3～4 层，必要时可叠浇 5 层。层间隔离剂可选用：柴油石蜡涂两遍；煤油石蜡涂两遍加一层塑料布；油毡一层；塑料薄膜一层。

当日平均气温高于 20℃时，叠浇屋架可每两天浇筑一层。

屋架混凝土浇筑顺序应视气温情况而定。气温高时，宜从屋架上弦中间部位开始浇筑，分别向

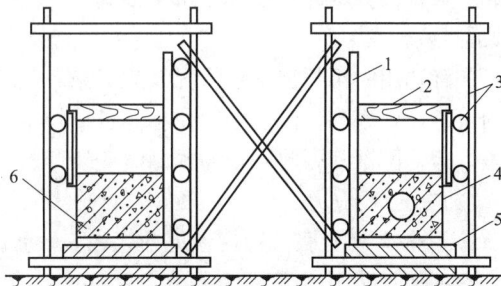

两端进行，最后在下弦中间部位合拢；气温较低时，宜从下弦中间部位开始分头向两端浇筑，最后在上弦合拢。

混凝土浇筑后及时洒水养护。叠浇屋架应满盖草袋浇水养护，养护时间不少于7d。

3. 构件制作操作要点及注意事项

(1) 制作预制腹杆时，应严格控制其断面尺寸、杆件长度、钢筋位置、钢筋伸出部分的形状与长度。屋架叠层预制时，应事先计算好上下层腹杆之间的垫木厚度，确保腹杆安装时位置准确。

(2) 屋架端部预埋件承压板上的孔洞宜钻孔，如采用氧—乙炔焰切割，应保证孔壁圆滑，打磨掉毛刺，外表面必须平整。

(3) 端部预埋件的宽度宜比设计尺寸小2～3mm，以避免叠层预制时块体超厚，或造成屋架端部中心偏离屋架平面。下弦非预应力纵向钢筋应与承压钢板塞孔焊。

(4) 腹杆钢筋伸入下弦节点的部分要适当弯折，在孔道中间穿过，不得影响芯管的转动与抽拔。尤其是端拉杆纵向钢筋多，必须控制好其端部形状。可先加工样筋，在已安装好下弦杆的节点处反复试穿调整，再正式成形。

(5) 铺设屋架底模时，要按设计要求起拱。起拱时注意屋架上弦应同时向上抬，即保证屋架杆件尺寸不能减小。

(6) 端节点的钢筋网片必须按设计的数量与位置安装固定好。

(7) 浇筑混凝土时，禁止碰撞芯管及芯管支架，节点处尤其是下弦端节点应仔细振捣，确保混凝土密实。

(8) 按时转动芯管。掌握好拔管时间，防止坍孔或拔不出管。由于屋架用的芯管较长，抽拔时应注意保持芯管端平，避免外部下垂而影响拔管或造成坍孔。

4. 预应力筋张拉

(1) 预应力筋及锚具的选用。95G415图集预应力筋配置有两种：一是冷拉Ⅱ、Ⅲ级钢筋，采用螺栓端杆锚具（固定端可用帮条锚具）；另一种是碳素钢丝束，钢质锥形锚具（固定端可采用镦头式锚具）。

实际选用时可根据工程情况及现场条件而定。采用冷拉钢筋、螺栓端杆锚具，张拉易于操作，锚固可靠，效率高，但现场往往不具备冷拉条件，需要在预制厂对焊及冷拉，由于屋架的预应力筋很长，运输困难。因此，现场预制或块体运至现场拼装时，宜采用碳素钢丝束。

(2) 施加预应力。

1) 张拉程序。张拉程序参见前述先张法张拉程序。

2) 张拉方法。每两束为一批，对角对称同时张拉。使用两台千斤顶，一台布置在一束的这端，另一台布置在另一束的那端，两束同时同步张拉，张拉锚固后，再对各束的非张拉端重新补足张拉力。但对于碳素钢丝束采用锥形锚具时，另一端补张很困难，由于直线形孔道预应力摩阻损失很小，因此另一端可不再补张，即采用一端张拉方法。

3) 分批张拉时的张拉力。后批张拉的预应力筋由于混凝土的弹性压缩对先批张拉的预应力筋的影响，对预应力屋架应予考虑。例如，30m预应力折线形屋架，经计算第二批预应力筋张拉时，对第一批预应力筋造成的预应力损失占原张拉控制应力的7%。因此，应通过计算，增加第一批预应力筋的张拉力。

4) 叠层预制时屋架的张拉力。叠浇屋架张拉时，一般自上而下逐层张拉。考虑层间摩阻损失的影响，当预应力筋为钢丝束、采用锥形锚具时，张拉力应自上而下逐层加大，一般可按每层递增1.5%～2%；当预应力为冷拉钢筋、使用螺栓杆锚具时，可自上而下张拉后再自上而下张拉补足张拉力。

5）减少屋架侧向弯曲变形的措施如下：

① 控制好块体制作质量，保证孔道位置的偏差。

② 张拉时应保持预应力筋、锚具与孔道中心线对中良好。

③ 计算张拉力时，宜考虑分批张拉引起的预应力损失。

④ 张拉时两端的液压泵应同步增压，保持下弦杆受力均匀；屋架跨度大于 24m 时，司泵人员应配备对讲机等通信器材，以保证两台液压泵动作同步。

（二）预应力混凝土吊车梁

1. 预应力混凝土吊车梁的类型

预应力混凝土吊车梁的类型如图 5-64 所示。

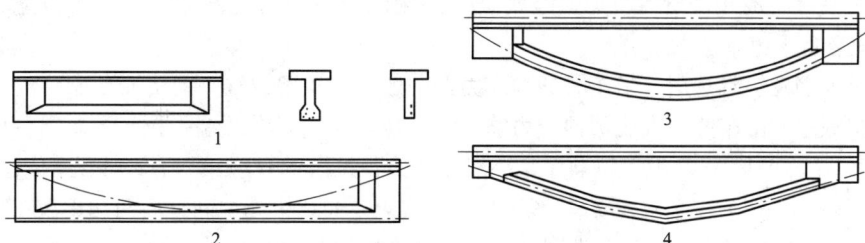

图 5-64　预应力混凝土吊车梁常用类型

1—小跨度先张法等高度吊车梁；2—后张法等高度吊车梁；

3—鱼腹式后张法吊车梁；4—折线形后张法吊车梁

2. 吊车梁块体制作方法

（1）制作方法一：平卧浇筑（见图 5-65）。常用于生产折线形吊车梁、鱼腹式吊车梁以及配有曲线形预应力筋的等高度吊车梁。

吊车梁平卧浇筑，易于支模，混凝土拌和物上料以及预应力筋张拉均比较方便，但占用场地较多。

（2）制作方法二：竖立浇筑（见图 5-66）。多用于等高度吊车梁。鱼腹式吊车梁也可竖立浇筑，采用砖砌底模抹砂浆面层，为保证形状准确，可用木样板进行检查控制；其侧模板则用木模。竖立浇筑可以节省场地，而且吊车梁两侧的混凝土匀质性好，但混凝土浇筑及预应力筋张拉比较困难。

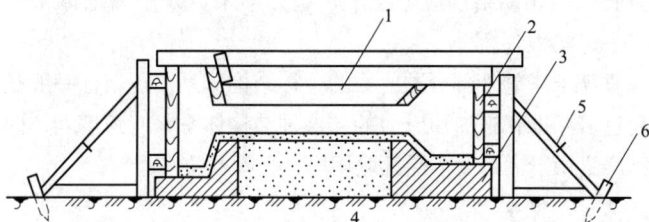

图 5-65　吊车梁平卧浇筑

1—芯吊模；2—侧模；3—底模；4—土芯模；5—斜撑；6—木桩

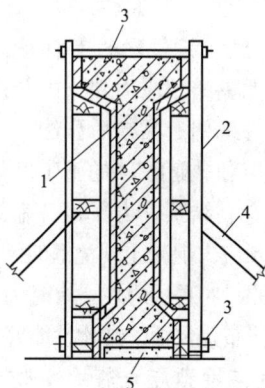

图 5-66　吊车梁竖立浇筑

1—侧模；2—横档；3—φ12 螺栓；

4—斜撑；5—砖砌底模

为了保证吊车梁端部构造尺寸准确，端模板宜加工钢模板。如采用木质端模板时，应在木模板内表面加包薄钢板，并加强维修，以防止模板发生变形。

（3）吊车梁块体制作时的注意事项。

1）浇筑混凝土时，布置有孔道的部位要仔细振捣密实，保证孔道位置准确，尤其是孔道弯折处的预埋管或芯管，安装时一定要加固牢，防止在振捣时孔道向上移位。

2）折线形吊车梁采用充水胶管成孔时，在孔道弯折处可埋设一段铁皮套管，套在胶管外面，芯管抽拔后铁皮套管留在梁体内，可防止坍孔，又可保证孔道位置的准确，在张拉时还可防止下翼缘上部产生开裂。

3）预应力孔道端部的承压垫板在安装时要保证与孔道中心线相垂直。

4）折线形吊车梁孔道弯折处孔道上壁局部加厚、封闭箍筋间距加密，施工应严格按图施工，防止张拉弯折处混凝土被拉裂。

5）折线形吊车梁平卧浇筑时，由于块体上下面温差等因素，易在上表面的翼缘部位产生横向裂缝。因此，块体混凝土浇筑后应加强湿养护；混凝土强度达到要求时应及时进行预应力筋张拉。

3. 吊车梁预应力筋张拉

（1）预应力筋及锚具选用。吊车梁的预应力筋一般采用碳素钢丝、钢质锥形锚具。

（2）张拉顺序。吊车梁的直线形预应力筋一端张拉，曲线束应两端张拉。吊车梁预应力筋的张拉顺序，一般先张拉预拉区的直线束（直线束为两束时可同时张拉），然后张拉曲线束。曲线束先中间、后两侧逐束张拉，张拉时两端同步进行，到张拉控制力时一端锚固，另一端补足张拉力后再锚固。

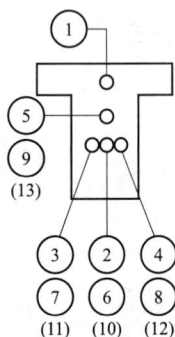

《12m 预应力混凝土鱼腹式吊车梁（95G428）》标准图集中对预应力钢筋张拉顺序有明确要求，如 Y‑FDL‑8～10 号吊车梁，共有 5 束钢丝束，要求按图 5‑67 所示顺序进行张拉。

按照图 5‑67 所示顺序实际操作有问题，因为对钢丝束采用钢质锥形锚具时，张拉锚固后再拔出比较困难，而且顶锚之后再拔出重新锚固易损伤锚塞牙纹和钢丝。因此，建议按照图示顺序，各束两端同时张拉并锚固，不再重复张拉。先张拉的钢丝束，可适当增加张拉力，以减少混凝土弹性压缩的影响。工程实践证明，这种做法是可行的。

图 5‑67　Y‑FDL‑8～10 吊车梁
张拉顺序

注：图中圆圈为此端张拉，括号为另一端张拉，其中的数字为张拉顺序。

（三）现浇框架梁的有黏结后张法施工

由于无黏结预应力建立的预应力值相对较小，不能充分发挥强度，因此混凝土设计规范规定现浇框架梁宜采用有黏结后张法。一般现浇框架柱施加预应力较少，而现浇预应力楼板施加预应力由于留置孔道和孔道灌浆的施工麻烦，目前一般采用无黏结预应力技术，近几年来，采用扁锚体系开发出一种有黏结预应力平板、扁梁等，具有一定的发展前景。

部分预应力混凝土现浇框架结构是在大跨框架梁中施加部分预应力的一种结构体系。框架柱一般是非预应力的；对顶层边柱，有时为了解决配筋过多，也有施加预应力的。这种结构体系具有跨度大、内柱少、工艺布置灵活、结构性能好等优点，已广泛用于大跨度多层工业厂房、仓库及公共建筑。

1. 框架梁预应力筋的线形及布置方式

（1）框架梁预应力筋的形状。框架梁预应力筋的形状多采用二次抛物线，二次抛物线方程式为

$$y_i = \frac{4f_i}{L_i^2} x^2 \tag{5-5}$$

式中：f_i 为抛物线的矢高；L_i 为抛物线线段的弦长。

此外，还有折线形、圆弧形、直线、悬链线及三次抛物线等形状。

（2）框架梁预应力筋的布置方式。框架梁预应力筋的布置应尽可能与构件外荷载引起的弯矩图

相一致，以取得最佳的预应力效果。预应力筋的布置方式主要有以下几种。

1）正反抛物线相接（见图 5-68），由反向相接的三段抛物线在反弯点处相接并相切，组成平滑的曲线。反弯点位置距梁端的距离，一般取为 $0.1 \sim 0.2l$，l 为梁的跨度。

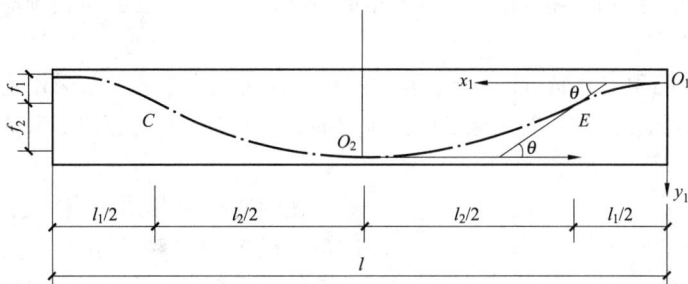

图 5-68 正反抛物线相接的布置方式

（C 点、E 点为反弯点）

图 5-68 所示抛物线的方程为

梁端区段
$$y_1 = \frac{4(f_1 + f_2)}{l_1 l_2 + l_1^2} x^2 \qquad (5-6)$$

跨中区段
$$y_2 = \frac{4(f_1 + f_2)}{l_1 l_2 + l_2^2} x^2 \qquad (5-7)$$

式中：l_1、l_2 为梁端区段、跨中区段抛物线的弦长。$f_1 + f_2$ 为梁端区段抛物线矢高与跨中区段抛物线矢高之和。

正反抛物线相接的布置方式通常用于支座弯矩与跨中弯矩相近的框架梁。

2）直线与抛物线相接［见图 5-69（a）］。预应力筋在梁端区段为直线、跨中区段为抛物线，直线段与抛物线相切于 C、E 两点，切点距梁端的距离 l_1 可按下式计算

$$l_1 = \frac{l}{2} \sqrt{2\alpha} \qquad (5-8)$$

式中：α 取等于 $0.1 \sim 0.2$。

这种布置用于支座弯矩较小的单跨框架梁。

3）非对称布置［见图 5-69（b）］。由直线段与两端反向相接的抛物线组成，常用于多跨连续梁的边跨。

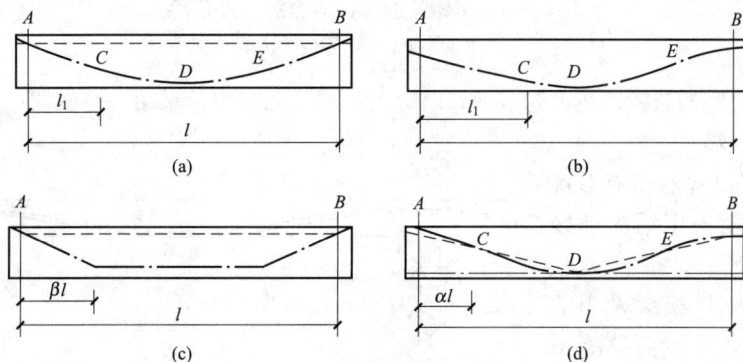

图 5-69 框架梁预应力筋其他布置方式

（a）直线与抛物线相切；（b）非对称布置；（c）折线形布置；（d）正反抛物线与直线形混合布置

4）折线形布置［见图 5-69（c）］。用于有集中荷载作用的梁，或腹部开洞的梁。折线形布置预应力筋孔道摩擦损失较大。βl 一般可取 $1/4l \sim 1/3l$。

5）正反抛物线与直线形混合布置［见图 5-69（d）］。梁内布有正反抛物线形相接的预应力筋，还有直线形预应力筋，适用于需要减小边柱弯矩的情况。这种布筋方式可使预应力筋产生的次弯矩对降低边柱弯矩产生有利影响。

（3）多跨连续梁的预应力筋布置。多跨连续梁的预应力筋布置，一般采用连续的多波曲线，其外形应与外荷载弯矩图相适应，有效地发挥预应力的综合效益，同时还应尽量减少孔道摩擦造成的预应力损失。

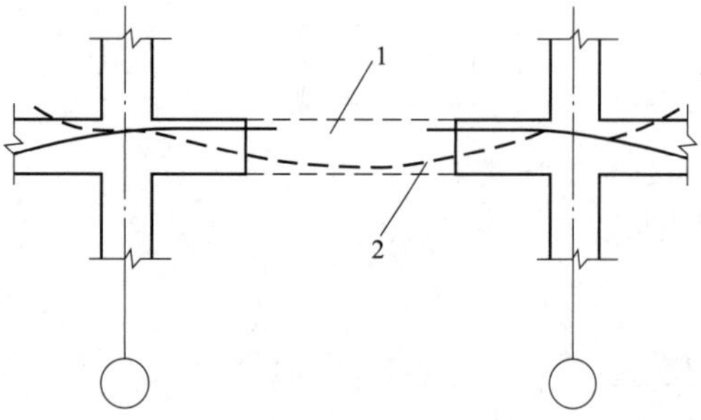

图 5-70　多跨梁预应力筋分段布置

1—后浇带；2—后浇带跨的预应力筋

连续通长配置的预应力筋，应控制其长度与跨数，以免中间跨的预应力孔道摩擦损失过大，建立的有效预应力值过低。采用两端张拉时，连续跨数宜控制在 3～5 跨，长度不大于 50m；采用一端张拉时，连续跨数不宜超过 2 跨，长度不宜超过 25m。

当超过上述跨数或长度时，预应力筋可采用分段布置。

分段布置的方法，一般利用后浇带（或后浇段）将通长的预应力筋分段布置（见图 5-70）。

后浇带跨的预应力筋短束，可配置有黏结或无黏结预应力筋。

分段布置的另一种做法是搭接法，即将分段的预应力筋伸过柱子至柱侧梁顶的预留张拉槽，次梁的预应力筋则伸过主梁在主梁两侧预留张拉槽，两侧的预应力筋相互搭接（见图 5-71）。

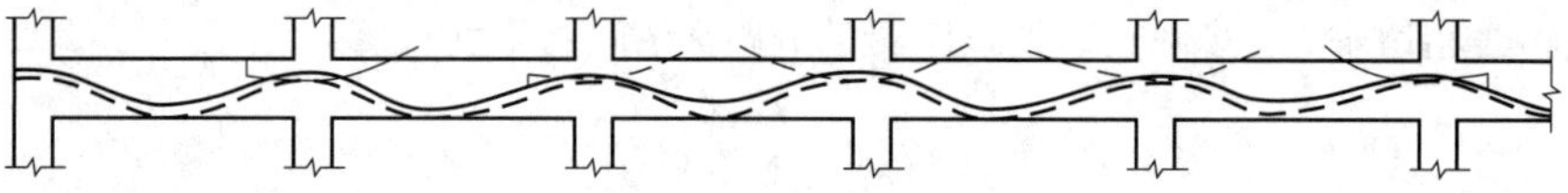

(a)

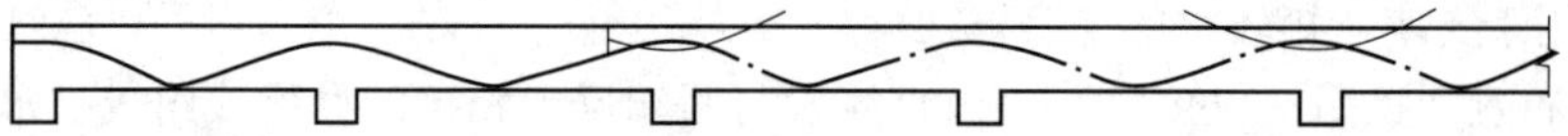

(b)

图 5-71　多跨连续梁预应力筋搭接布置

(a) 框架主梁；(b) 预应力次梁

当每段预应力筋的长度跨越一跨或两跨时，可一端为张拉端，采用一端张拉；当跨数超过两跨时，两端均为张拉端。

图 5-72 为既有搭接又有对接的布置方式，对接采用锚头连接器进行连接。

预应力混凝土框架梁采用的预应力筋有两种：预应力混凝土用的钢丝及预应力混凝土用的钢绞线。

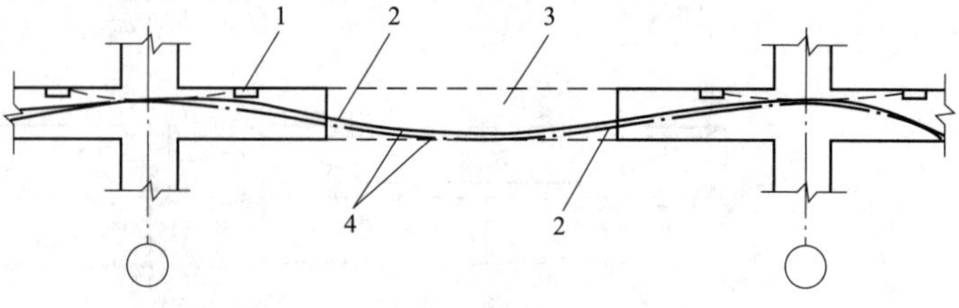

图 5-72　对接与搭接并用的布置方式

1—张拉槽；2—连接器；3—后浇段；4—预应力筋

2. 框架梁预应力筋张拉端构造

(1) 梁端构造。当预应力筋张拉端位于梁端时，其构造示于图 5 - 73。图 5 - 73（a）为锚具凹入式，图 5 - 73（b）为锚具外露式。

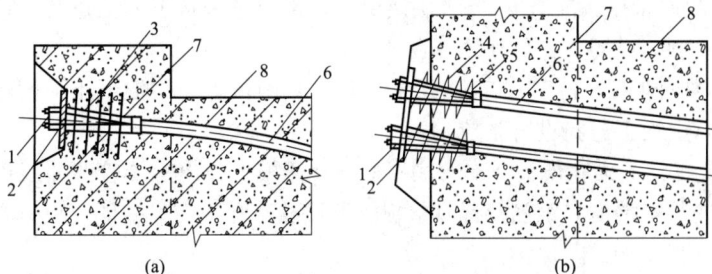

图 5 - 73　框架梁张拉端构造

（a）锚具凹入式；（b）锚具外露式

1—锚具；2—承压板；3—钢筋网片；4—螺旋筋；5—塑料套；

6—预应力筋；7—柱；8—框架梁

(2) 梁两张拉端构造。图 5 - 74 为张拉端位于梁面时的构造。当预应力筋束数较多时，可采用图 5 - 75 所示的构造形式，各相邻锚固点之间有一定的距离或者采用梁局部加宽构造；靠近轴线的预应力筋曲率较大，应采用 Ⅱ 形构造筋加强，以防止混凝土局部崩裂。

图 5 - 74　梁面单束钢筋张拉端构造

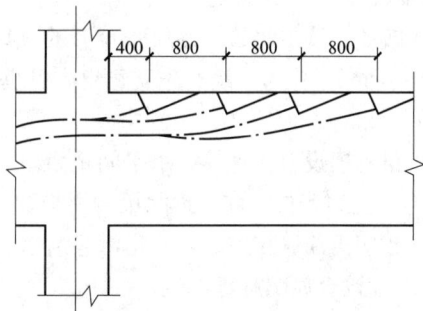

图 5 - 75　梁面多束钢筋张拉端构造

图 5 - 76 为预应力筋搭接处张拉端构造。

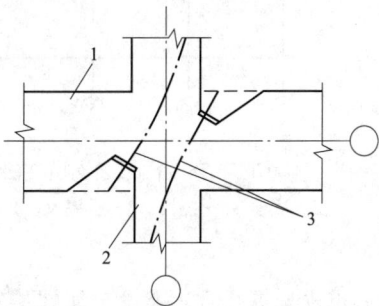

对于双向预应力框架结构，主次梁交点处预应力次梁张拉端构造示意图如图 5 - 77 所示。

3. 施工顺序和工艺流程

(1) 施工顺序。框架梁的预应力筋张拉在施工过程中的顺序可有以下 3 种安排。

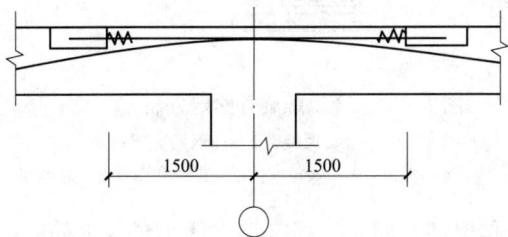

图 5 - 76　预应力筋搭接处张拉端构造

图 5 - 77　主次梁交点处预应力次梁张拉端示意图

1—主梁；2—次梁；3—预应力筋

1）逐层浇筑、逐层张拉。框架梁浇筑完一层，待混凝土养护到其强度达到设计要求后，进行该层框架张拉，张拉锚固并灌浆后即可拆除模板及支撑。然后再进行上一层，自下而上逐层张拉。这种方法的优点是：占用模板及支撑的数量少。

2）数层浇筑、顺向张拉。浇筑完2～3层楼层后，再回过来自下而上进行张拉。这种方法对预应力专业施工队伍有利，进场一次可连续作业几层。

3）数层浇筑、逆向张拉。浇筑完2～3层楼层后，其中最上一层混凝土强度达到要求后，对该楼层施加预应力，自上而下逆向进行张拉。

（2）施工工艺流程：支梁底模板→支一侧模板→在侧模上弹出螺旋管线曲线位置→焊接钢筋支架→铺放螺旋管→安装梁端横向钢筋及锚具垫板→留设灌浆孔→支另一侧模板→浇筑混凝土→施加预应力→孔道灌浆→张拉端封闭保护。

4．施工操作要点

（1）模板支拆。

1）框架梁自重大，支底模时，顶撑下的地基应平整坚实，垫板应垫平落实。

2）在梁侧模上按设计图纸尺寸，定出预应力筋索形控制点的位置及标高，尤其是反弯点、跨中及支座最高点必须定准。用墨线连接各点，形成预应力筋索形线。注意图纸尺寸是孔道中心线，因此定各点标高时，应减去螺旋管半径（指外径），作为钢筋支架的上平线。

3）由于预应力筋张拉后产生反拱，因此，支梁底模时，起拱值比普通混凝土框架梁要小，可按跨度的0.5‰～1.0‰起拱。

4）按照"逐层浇筑、逐层张拉"的顺序施工时，为了缩短工期，加快模板周转，支模时可将每相邻的两根梁作为一组，先支每组内侧模板，然后在铺设螺旋管的同时，安装楼板底模板，绑扎钢筋（见图5-78）。

5）梁侧模设对拉螺栓，水平间距为1000～1500mm。

6）预应力张拉之前，拆除梁侧模板及现浇模板之底模，以减少施加预应力时约束的影响。

7）预应力筋张拉完成，孔道灌浆后水泥浆强度达到1.5N/mm²，拆除梁底模及支撑。

（2）铺设金属螺旋管。

1）依照梁侧模板上标出的控制点标高，焊好各点的钢筋支架。钢筋支架焊在箍筋上，在箍筋下面垫好垫块（见图5-79）。

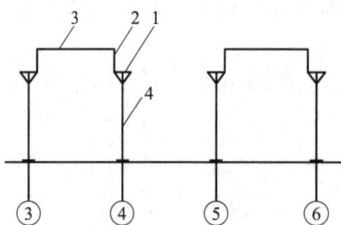

图5-78　框架梁支模方法
1—底模；2—侧模；3—板底模；4—顶撑

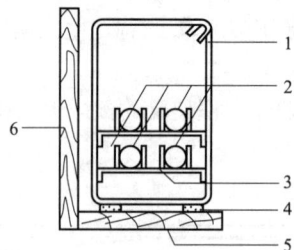

图5-79　金属螺旋管固定方法
1—箍筋；2—金属螺旋管；3—钢筋支架；
4—垫块；5—梁底模；6—梁侧模

2）各点支架焊好后，铺设金属螺旋管，并与钢筋支架绑扎固定。如有上下两排预应力筋时，先将底排螺旋管安放好，再焊上排螺旋管的支架，用湿布盖住下排螺旋管，防止被焊渣灼伤；同时，螺旋管与支架或钢筋的接触部位用绝缘材料隔开，焊后再抽出。

3）螺旋管在安装过程中应尽量避免反复弯曲，防止开裂。

4）螺旋管端部应伸出预埋钢板孔洞外约 20mm，钢板与螺旋管中心线相垂直。承压钢板用 M16 螺栓固定在梁端模板上，螺旋筋安装时顶紧垫板，用 20 号钢丝固定在主筋上。

5）螺旋管铺设要平直，起弧处要和顺。与非预应力筋相碰时，应保持螺旋管的位置，保持螺旋管处于顺直状态。

（3）混凝土浇筑。

1）梁端部、梁柱节点处等关键部位，采用小直径振动棒仔细振捣，确保捣固密实。

2）振动时振动棒不得碰螺旋管。

3）混凝土浇筑后，及时清孔，保证孔道畅通。如果采用先穿束，浇筑混凝土后，使用手拉葫芦将预应力筋在管内反复抽动，每隔 1～2h 后抽动一次，直至终凝。

4）工字梁截面的框架梁，高度较大，应在腹板下部与梁侧模交接处开设 200mm×200mm（间距 1500mm 的孔），作为振捣孔。

（4）穿束。将编好束的预应力筋人工或借助机械穿入孔道，在预应力筋端部套上自制的穿束帽，以利于预应力筋的顺利穿过。另一种方法是在混凝土浇筑之前将预应力筋穿入金属螺旋管内。

（5）施加预应力。

1）混凝土达到设计要求的强度后，才允许张拉预应力筋。

2）采用应力控制方法张拉，并校核预应力筋的伸长值。

3）为了抵消由于预应力筋应力松弛、分批张拉等因素造成的预应力损失，可以采用超张拉的方法，但其张拉应力不应超过张拉控制应力限值。

（6）孔道灌浆。

1）孔道灌浆孔的位置，对多跨连续梁，可设置在中部支座处的孔道最高部位。

2）灌浆孔的留置方法。灌浆孔的塑料管伸出梁顶面约 400mm，混凝土浇筑前在塑料管内插入一段短钢筋，以防止在振捣时塑料管被挤扁。为了防止螺旋管上灌浆孔的开洞处渗入水泥浆，螺旋管的洞口可先不打开，待混凝土浇筑后，再在螺旋管上打洞，将灌浆孔贯通。

3）灌浆用的水泥浆采用普通硅酸盐水泥配制，水灰比为 0.4～0.45。水泥浆可掺入木质磺酸钙等减水剂，以改善水泥浆的性能，但禁止掺用含有氯化物的外加剂。

4）预应力筋张拉后，应及时进行孔道灌浆。如在中间灌浆孔灌浆，应先用木塞将梁端锚具中心的出气孔堵塞，然后从梁中灌浆孔注入水泥浆，直至两端泌水孔中排出浓水泥浆。必要时可进行二次补浆，以增加孔道内水泥浆的密实性。

五、有黏结后张法的计算

（一）用螺丝端杆锚具的单根粗钢筋下料长度计算

单根冷拉粗钢筋的制作加工过程：下料热轧钢筋经过闪光对焊→冷拉伸长→弹性回缩得到长度为 L_0 的成楦预应力钢筋，然后穿入孔道。不考虑对焊烧化量，计算公式推导为

$$L+\Delta L-\Delta L_1=L_0 \rightarrow L+L\times\gamma-\delta\times(L+L\times\gamma)=L_0 \rightarrow L=\frac{L_0}{1+\gamma-\delta}$$

式中：γ 为预应力钢筋的冷拉率（由试验确定）；δ 为预应力钢筋的冷拉弹性回缩率（一般为 0.4%～0.6%）。

从图 5-80（a）可以看出，两端张拉即两端均用螺栓端杆锚具，成楦预应力钢筋穿入孔道应满足几何关系 $L_0=l+2l_2-2l_1$。

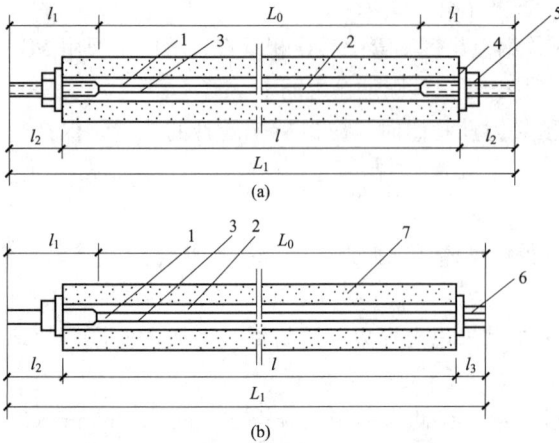

图 5-80　冷拉钢筋下料长度计算
(a) 两端张拉；(b) 一端张拉
1—螺栓端杆锚具；2—预应力筋；3—对焊接头；4—垫板；
5—螺母；6—帮条锚具；7—混凝土构件

从图 5-80（b）可以看出，一端用螺栓端杆锚具，另一端用固定端帮条锚具或镦头锚具，则成榀预应力钢筋穿入孔道应满足几何关系 $L_0 = l + l_2 + l_3 - l_1$。

再考虑闪光对焊烧化量 Δ，每个对焊接头的压缩量（一般为钢筋直径 d）

得最终计算公式为

两端张拉　$L = \dfrac{l + 2l_2 - 2l_1}{1 + \gamma - \delta} + n\Delta$ 　（5-9）

一端张拉一端固定　$L = \dfrac{l + l_2 + l_3 - l_1}{1 + \gamma - \delta} + n\Delta$

（5-10）

【例 5-1】　某预应力混凝土屋架采用机械后张法施工，两孔道长度为 21.20m，预应力筋为冷拉三级钢筋，其标准强度 $f_{pyk} = 500\text{N/mm}^2$，直径为 25mm，长度为 9m，准备采用一端张拉，一批张拉完成。张拉端用螺丝端杆锚具，螺丝端杆长度 320mm，螺杆露出构件外的长度为 120mm，固定端采用帮条锚具，长度 70mm。已知冷拉钢筋控制应力为 $\sigma_{冷拉} = 500\text{N/mm}^2$，实测平均冷拉率为 4%，弹性回缩率为 0.4%，每个对焊接头的压缩量为 25mm，张拉控制应力 $\sigma_{con} = 0.85 f_{pyk}$：（1）画出简图，试计算预应力筋的下料长度 L；（2）求下料钢筋中除整长 9m 钢筋外，不到 9m 的那根钢筋下料长度；（3）若按 $0 \to 1.03\sigma_{con}$ 超张拉方法减少预应力筋的应力松弛损失，试计算预应力筋张拉力 F_P、预期张拉伸长值 $\Delta L_{张拉}$ 和张拉前的冷拉力 $F_{冷拉}$、预期冷拉伸长值 $\Delta L_{冷拉}$。已知预应力钢筋弹性模量 $E_P = 1.8 \times 10^5 \text{N/mm}^2$。

（1）预应力钢筋计算简图如图 5-81 所示。

首先判别钢筋根数：$\dfrac{21\,200}{9000} = 2.36$，

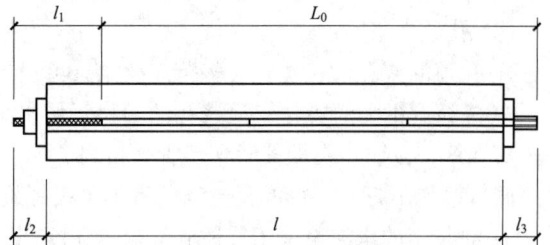

图 5-81　预应力钢筋计算简图

取三根钢筋，接头 $n = 2 + 1 = 3$。

预应力筋成榀长度 $L_0 = l + l_2 + l_3 - l_1$，一端张拉，按公式（5-10）：

$$L = \frac{l + l_2 + l_3 - l_1}{1 + \gamma - \delta} + n\Delta = \frac{21\,200 + 120 + 70 - 320}{1 + 4\% - 0.4\%} + (2+1) \times 25$$

$$= \frac{21\,070}{1.036} + 75 = 20\,413 \text{（mm）}$$

（2）$20\,413 - 2 \times 9000 = 2413$ （mm）

（3）张拉力 $F_P = 1.03\sigma_{con} \times A_P = 1.03 \times 0.85 \times 500 \times \dfrac{\pi}{4} \times 25^2 = 214\,771$ （N）

$$\Delta L_{张拉} = \frac{F_P \times L_0}{A_P \times E_s} = \frac{F_P \times (l + l_2 + l_3 - l_1)}{A_P \times E_s} = \frac{214\,771 \times (21\,200 + 120 + 70 - 320)}{\dfrac{\pi}{4} \times 25^2 \times 1.8 \times 10^5} = 51.53 \text{（mm）}$$

冷拉力　$F_{冷拉} = \sigma_l \times A = 500 \times \dfrac{\pi}{4} \times 25^2 = 245\,312$ （N）

$$\Delta L_{\text{冷拉}} = \gamma \times (L - n \times \Delta) = 4\% \times (20\ 413 - 3 \times 25) = 813.52\ (\text{mm})$$

从例题结果可以看出，张拉长度与冷拉长度不在一个等级上，这是因为钢筋冷拉是在普通热轧钢筋上强力拉伸超过原屈服强度一定值再回弹制成较高强冷拉钢筋，钢筋变形较大且晶格发生重新排列，所以伸长量较大；而张拉是在已制成的较高强冷拉钢筋弹性范围内的拉伸即服从虎克定律，所以拉伸量较少。

（二）用镦头锚具的钢丝下料长度计算

当采用 JM 型、XM 型、QM 型、钢质锥形锚具时，预应力钢筋束、钢丝束和钢绞线束只要在构件孔道长度的基础上，两边张拉端或固定端根据锚具和千斤顶尺寸留出余量即可，这里就不再赘述了。

当采用镦头锚具时，以拉杆式或穿心式千斤顶在构件上张拉时钢丝两端镦头位置已限定，钢丝的下料长度 L 必须精确计算，应考虑钢丝张拉锚固后螺母位于锚环中部，如图 5-82 所示。

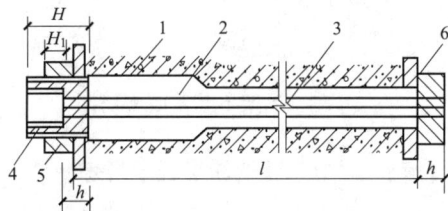

图 5-82 采用镦头锚具时钢丝下料长度计算图
1—混凝土构件；2—孔道；3—钢丝束；
4—锚环；5—螺母；6—锚板

（1）两端张拉：

$$L = l + 2h + 2\delta - (H - H_1) - \Delta L - C \quad (5-11)$$

（2）一端张拉：

$$L = l + 2h + 2\delta - 0.5(H - H_1) - \Delta L - C$$
$$(5-12)$$

式中：l 为构件的孔道长度；h 为锚环底板厚度或锚板厚度；δ 为钢丝镦头留量，对 $\phi^s 5$ 取 10mm；H 为锚高度；H_1 为螺母厚度；ΔL 为钢丝束张拉伸长值；C 为张拉时构件混凝土的弹性压缩值。

（三）分批张拉先批张拉的筋（束）的预应力损失补偿计算

分批张拉时，由于后批张拉钢筋的弹压作用力，使混凝土构件再次产生弹性压缩，导致先批已张拉锚固的钢筋在孔道内发生松弛即张拉应力下降，造成第二批钢筋的锚固张拉应力大于第一批的现象，依次第三批大于第二批等。此预应力损失如何计算呢？由于钢筋在屈服强度（冷拉钢筋）或极限抗拉强度（其他预应力钢筋）下满足虎克定律即 $\sigma_P = E_P \varepsilon_P$，混凝土在小应变下也满足虎克定律即 $\sigma_c = E_c \varepsilon_c$，预应力损失计算就变得简单了。现以两批张拉钢筋为例推导如下：

第二批张拉钢筋弹压在预应力混凝土构件上的压力等于施加实际应力乘以面积：

$$F_{P\text{II}} = (\sigma_{\text{con}} - \sigma_1) \times A_{P\text{II}}$$

式中：σ_1 为后批张拉预应力筋的第一批实测预应力损失（包括锚具变形后和摩擦损失）。

此时此刻，预应力混凝土构件的压缩应变根据 $\varepsilon_c = \sigma_c / E_c$ 计算。

按定义 $\sigma_c = \dfrac{F_{P\text{II}}}{A_n}$，则 $\varepsilon_c = \dfrac{F_{P\text{II}}}{A_n} \times \dfrac{1}{E_c} = \dfrac{(\sigma_{\text{con}} - \sigma_1)A_{P\text{II}}}{A_n} \times \dfrac{1}{E_c}$

由于预应力混凝土构件的压缩应变即第一批预应力筋的松弛应变损失，即 $\varepsilon_{\text{损}} = \varepsilon_c$。

第一批钢筋的预应力损失为

$$\Delta \sigma_I = E_P \times \varepsilon_{\text{损}} = \dfrac{E_P(\sigma_{\text{con}} - \sigma_1)A_{P\text{II}}}{E_c \cdot A_n} \quad (5-13)$$

式中：$\Delta \sigma_I$ 为第一批张拉钢筋应增加的应力值即后批张拉导致的预应力损失值；E_P 为预应力筋弹性模量；σ_1 为第二批张拉预应力筋的第一批实测预应力损失（包括锚具变形后和摩擦损失）；E_c 为混凝土弹性模量；A_P 为第二批张拉钢筋面积；A_n 为构件混凝土净截面积（包括孔道面积去除和非预应力构造钢筋折算面积）。

【例5-2】 某金工车间采用国标图集 CG423（三）YWJ24-Ⅰ型预应力拱形屋架，屋架下弦长度为23.8m，下弦截面配筋图如图5-83所示，孔道直径$D=48$mm。已知：混凝土强度等级为C30，弹性模量$E_c=3.25\times10^4$MPa；预应力钢筋为四根直径22mm冷拉三级钢筋，其标准强度$f_{pyk}=500$N/mm^2，张拉控制应力$\sigma_{con}=0.85f_{pyk}=425$MPa，弹性模量$E_P=1.8\times10^5$N/mm^2；非预应力钢筋即截面角部构造钢筋为HPB300钢筋$4\Phi14$，弹性模量$E_s=2.0\times10^5$N/mm^2。采用张拉程序为$0\to1.03\sigma_{con}$，沿对角线分两批对称张拉，采用两台YDL650—150型液压千斤顶。第一批钢筋张拉固定后，预先实测锚具损失$\sigma_1=28$MPa。试计算第一批预应力筋张拉应力增加值$\Delta\sigma$。

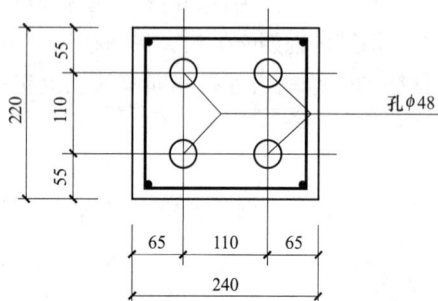

图5-83　屋架下弦截面配筋图

【解】　屋架下弦钢筋混凝土折算净截面：

$$A_n = 240\times220 - 4\times\frac{\pi\times48\times48}{4} + 4\times\frac{\pi}{4}\times14^2\times\frac{2\times10^5}{3.25\times10^4}$$

$$= 52\,800 - 7234.6 + 3787.3 = 49\,353\ (\text{mm})^2$$

$$\varepsilon_c = \frac{\sigma_c}{E_c} = \frac{F}{A_n}\times\frac{1}{E_c} = \frac{(\sigma_{con}-\sigma_1)\times A_{P\mathrm{II}}}{A_n}\times\frac{1}{E_c} = \frac{(425-28)\times2\times\frac{\pi}{4}\times22^2}{49\,353}\times\frac{1}{3.25\times10^4}$$

$$= 1.882\times10^{-4}$$

此时第一批预应力筋的应力损失值为［也可以直接套用公式（5-13）得到］：

$$\Delta\sigma = E_P\times\varepsilon_s = E_P\times\varepsilon_c = 1.8\times10^5\times1.882\times10^{-4} = 33.88\ (\text{N/mm}^2)$$

则第一批预应力筋张拉应力为

$$\sigma_P = (425+33.88)\times1.03 = 472.65\ (\text{N/mm}^2) > 0.85\times500 = 425\ (\text{N/mm}^2)$$

故第一批预应力筋张拉应力增加值$\Delta\sigma$不能一次性加入，需采取重复张拉补足的办法。

第五节　无黏结后张法施工

一、无黏结后张法的施工工艺及应用范围

（一）施工工艺

后张法无黏结预应力施工工艺，是采用带有防腐油脂涂料层和外包层、经挤塑成形的专用预应力筋（见图5-84）。在浇筑混凝土前，按照设计要求将无黏结预应力筋铺设在模板内，然后浇筑混凝土；待混凝土达到要求的强度后，进行预应力筋的张拉、锚固及封锚。一般无黏结预应力混凝土结构施工工艺流程：安装结构模板→放出预应力筋位置线→绑扎下部非预应力筋→安装管线等埋件→安装预应力筋张拉端模板→铺放无黏结预应力筋并定位→绑扎上部非预应力筋→隐蔽工程检查验收→混凝土养护→张拉工作准备→无黏结预应力筋张拉→端部封闭防护。

后张法无黏结预应力不需要预留孔道，省去了穿束、孔道灌浆等工序，简化了后张法施工工艺。由于无黏结预应力筋无须成孔，可直接铺设成形，对预应

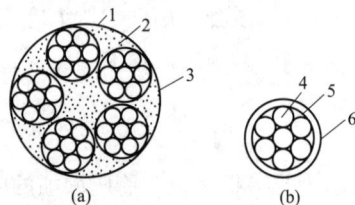

图5-84　无黏结筋横截面示意图

(a) 无黏结钢绞线；(b) 无黏结钢丝束或单根钢绞线

1—钢绞线；2—沥青涂料；3—塑料布外包层；

4—钢丝；5—油脂涂料；6—塑料管外包层

力束形的适应性强,易弯成多波曲线形状,而且无黏结预应力筋张拉时的摩阻力较小,因此被广泛应用于连续曲线配筋的大跨度楼盖等结构。近30年来,全国已建成的无黏结预应力楼(屋)盖结构的建筑,总面积达1000万 m² 以上。具有代表性的建筑,如北京永安公寓、北京科技活动中心、新世纪饭店、北京饭店、广东国际大厦(63层)、上海新民晚报大楼等。

(二)应用范围

无黏结后张法施工工艺主要应用于较大跨度的混凝土平板、井字梁板和双向密肋楼盖。具体介绍如下。

1. 无黏结预应力混凝土楼板体系

无黏结预应力混凝土楼板体系的主要形式如下。

(1)梁支承的单向板 [图5-85(a)]。

(2)梁周边支承的双向板。

(3)柱支撑双向平板,包括无梁平板 [图5-85(b)] 及带托板的平板 [图5-85(c)]。

(4)带宽扁梁的平板 [图5-85(d)]。

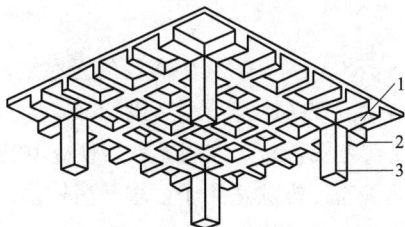

图5-85 无黏结预应力混凝土平板

(a)梁支承的单向板;(b)无梁平板;(c)带托板的平板;(d)带宽扁梁的平板

(5)双向密肋楼板(见图5-86)。

(6)井字梁楼板(见图5-87)。

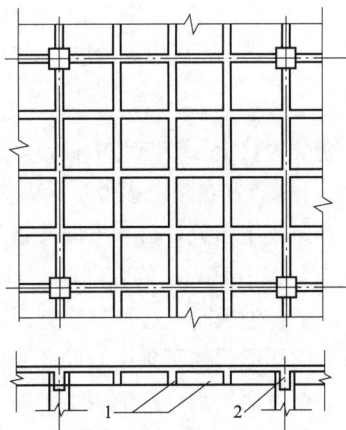

图5-86 无黏结预应力双向密肋楼盖

1—肋梁;2—扁平梁;3—柱

图5-87 井字梁楼板

1—井字梁;2—框架梁

采用无黏结预应力混凝土楼盖结构具有以下优点。

1)楼板厚度较薄,有利于降低建筑物层高,减轻结构自重。

2)楼板跨度大,房间布置灵活,有利于改善建筑物的使用功能。

3）无黏结预应力筋铺设方便，易于适应预应力筋的设计线形。

4）无黏结预应力筋张拉时摩阻损失较小。

5）平板结构易于支模，可采用飞模、大块模板，支拆方便，施工速度快。

无黏结预应力楼板结构，已广泛应用于大跨度、大柱网的板柱结构、板墙结构以及框剪体系、框筒体系与筒中筒体系的楼盖。

2. 预应力筋布置方式

无黏结预应力平板结构的布筋方式，常用的有以下几种设计形式（见图 5-88）。

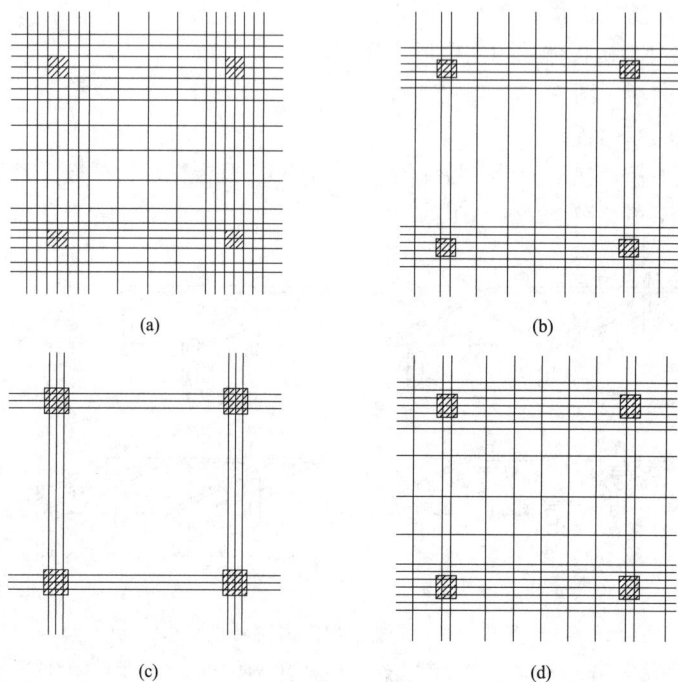

图 5-88　楼板无黏结预应力筋的布置方式

(a) 划分为柱上板带与跨中板带；(b) 一向带状集中布置，另一向均布；

(c) 双向均集中布置；(d) 一向划分柱上板带、跨中板带，另一向均匀分布

1）划分为柱上板带与跨中板带，无黏结预应力筋分配在柱上板带的数量占 60%～75%，其余 40%～25%则布置在跨中板带 [见图 5-88 (a)]。

2）一向集中布置，另一方向分散均匀布置 [见图 5-88 (b)]，对集中布置的无黏结预应力筋，宜分布在各离柱边 $1.5h$ 的范围内；对均布方向的无黏结预应力筋，其最大间距不得超过 $6h$，且不宜大于 $1m$，h 为板厚。这种布筋方式，铺设预应力筋比较方便，易于控制无黏结预应力筋的矢高。

3）双向均通过柱子集中布筋 [见图 5-88 (c)]，这种布筋方式适用于要求开洞较多的楼板。

4）一个方向按划分柱上板带及跨中板带布置，另一方向分散均匀布置 [见图 5-88 (d)]。

此外，还有其他一些布置方式，如双向均为分散布置；跨中布置一个至几个布筋带，将预应力筋集中配置于各布筋带（见图 5-89）。这种在跨中带状布筋的方式，易于铺束，有利于板面开洞，布置水电管线。工程实际应用时，综合考虑楼板平面形状、结构受力特点、方便施工等因素，选择较好的布筋方式。

平板结构无黏结预应力筋的形状，一般为多波连续曲线（见图 5-90），曲线由正反抛物线组成（还包括一些直线段），曲线线型一般采用二次抛物线。

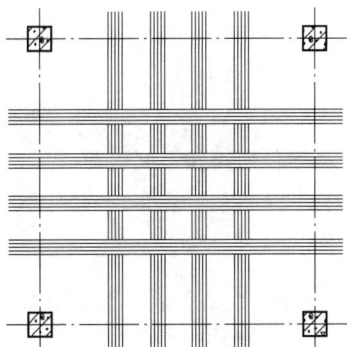

图 5-89　跨中带状集中布束

图 5-90　平板无黏结预应力筋曲线形状

当楼板为非矩形平面时，有时要求预应力筋在水平方向也呈曲线形，从而形成空间曲线形无黏结预应力筋。

二、无黏结预应力筋下料长度计算

在无黏结后张法预应力混凝土构件中，梁、板无黏结预应力筋的竖向布置多呈抛物线形，抛物线长用数学方法精确计算较为烦琐，由于 H 与 L_1 的比值甚小（一般 $H/L_1<10\%$），可采用以下近似简易公式计算：

$$L_弧 = \left(1+\frac{8H^2}{3L_1^2}\right)L_1 \tag{5-14}$$

式中：$L_弧$ 为抛物线段长度；H 为抛物线最高点与最低点的高差（矢高）；L_1 为一段抛物线起终点间距。

将梁、板各段计算的抛物线长度累加，再加上两端张拉、锚固、外露需要的长度，即为连续梁、板的下料长度。

预应力筋张拉操作过程中，均须预先计算出预应力筋的张拉伸长值，作为确定预应力值和校核液压系统压力表所示值之用，此外复核测定因摩擦阻力引起的预应力损失值，选定锚具尺寸（如确定垫块厚度和螺杆的螺纹长度）等也都需要进行张拉伸长值计算。

（1）张拉伸长值计算。

预应力筋张拉伸长值，按弹性定理可由下式计算：

当不考虑孔道摩阻影响：

$$\Delta l = \frac{PL}{A_P E_s} \tag{5-15}$$

当考虑孔道摩阻影响：

$$\Delta l = \frac{PL}{A_P E_s}\left(1-\frac{kl+\mu\theta}{2}\right) \tag{5-16}$$

式中：Δl 为预应力筋张拉伸长值；P 为预应力筋平均张拉力，取张拉端拉力与计算截面处扣除孔道摩擦损失后的拉力平均值；L 为预应力筋的实际长度；A_P 为预应力筋的截面面积；E_s 为预应力筋的弹性模量，实测求得或按以下取用：对消除应力钢丝 $E_s=2.05\times10^5$（MPa），对钢绞线 $E_s=1.95\times10^5$（MPa）；k 为考虑孔道（每米）局部偏差对摩擦影响的系数；μ 为预应力筋与孔道壁的摩擦系数；θ 为从张拉端至计算截面曲线孔道部分切线的夹角（弧度计），$\theta=0$，即为直线段。

（2）多曲线段伸长值计算。

对多曲线段或直线段与曲线段组成的曲线预应力筋，张拉伸长值应分段计算，然后叠加，即

$$\Delta l = \sum \frac{(\sigma_{i1} + \sigma_{i2})L_i}{2E_s} \tag{5-17}$$

式中：σ_{i1}、σ_{i2} 为分别为第 L_i 线段两端的预应力和筋拉力；L_i 为第 i 线段预应力筋长度。

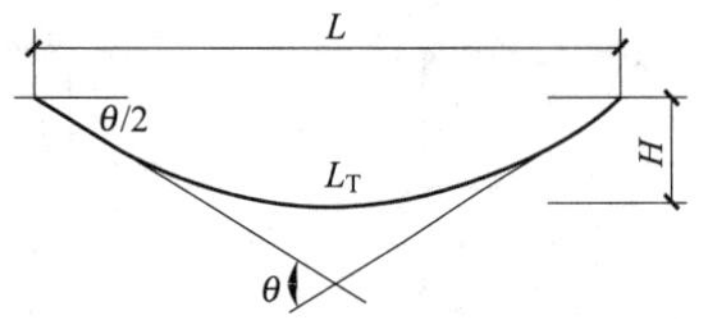

（3）抛物线形曲线伸长值计算。

对抛物线曲线（见图 5-91），其伸长值可按下式计算：

图 5-91 抛物线的几何尺寸

$$\Delta l = \frac{PL_T}{A_P E_s} \tag{5-18}$$

其中

$$L_T = \left(1 + \frac{8H^2}{3L^2}\right)L \tag{5-19}$$

$$\frac{\theta}{2} = \frac{4H}{L}$$

式中：L_T 为抛物线预应力筋的实际长度；L 为抛物线的水平段投影长度；H 为抛物线的矢高；θ 为从张拉端至计算截面曲线孔道部分的夹角，rad。

【例 5-3】 30m 预应力折线形屋架，预应力筋采用 $4-17\Phi^p5$ 钢丝束，$P=350.2$kN/束；钢管抽芯成孔，$k=0.0015$，一端张拉。钢丝束长度 $L=30.5$m，试求其张拉伸长值。

【解】 当不考虑孔道摩阻影响，由式（5-15）得

$$\Delta l = \frac{PL}{A_P E_s} = \frac{350.2 \times 10^3 \times 30.5 \times 10^3}{17 \times \pi/4 \times 25 \times 2.0 \times 10^5} = 160.1(\text{mm})$$

当考虑孔道摩阻影响，由式（5-16）得：由于直线段 $\theta=0$

$$\Delta l = \frac{PL}{A_P E_s}\left(1 - \frac{kl + \mu\theta}{2}\right) = 160.1 \times \left(1 - \frac{0.0015 \times 30.5}{2}\right) = 152.8(\text{mm})$$

两者比较，伸长值计算结果相差约 2.28%。

三、预应力混凝土平板的无黏结后张法施工

下面介绍常用的预应力混凝土平板的无黏结后张法施工。

（一）施工工艺

无黏结预应力混凝土平板施工工艺流程：支设楼板底模→安装底部非预应力筋→铺放无黏结预应力筋→支设楼板边模、安装端部节点→安装水电线管→安装上部非预应力钢筋→隐蔽工程检查验收→浇筑混凝土→施加预应力→端部处理封固。

（二）铺放无黏结预应力筋

铺放预应力筋，是无黏结预应力混凝土结构施工的一项关键工序，只有控制好预应力筋的形状与位置，才能在结构中建立符合设计要求的预应力。

无黏结预应力筋铺设前，应经检验合格，并逐根检查其端部配件无误，如有局部破损应进行修补，然后编号、分类堆放。

（1）按照工程设计图给出的预应力筋线形，确定各定位点的位置及矢高，列出钢筋支架（马凳）的尺寸、间距及数量，绘制定位曲线图及马凳布置图。支架采用直径为 10～12mm 的Ⅰ级钢筋，支架间距：单根无黏结预应力筋为 1.5～2.5m；集束无黏结预应力筋不宜大于 1.2m。支架应与普通钢筋骨架绑扎在一起，支架间距误差为 ±20mm。

（2）无黏结预应力筋为双向曲线配置时，由于曲线上各点的矢高不同，两个方向的预应力筋互相穿插，铺筋比较困难。因此，铺筋之前应编制预应力筋铺放顺序，必要时应用计算机进行编序。

（3）铺放顺序编制方法：绘制两方向预应力筋交叉点的平面图，列出各交叉点的矢高，比较交叉点处两方向预应力筋的矢高，先找出各交叉点标高均低于与其相交的其他各筋相应点标高的预应力筋，确定此筋先铺放，然后依此法逐步确定各预应力筋的铺放顺序。

（4）预应力筋按平面位置就位后，用钢筋预制马凳将预应力筋托住，控制其矢高准确。马凳绑扎或焊接固定，应特别注意控制好每根预应力筋的起弯点、反弯点和跨中处的矢高以及上、下保护层的厚度，注意保证预应力筋的起弯点、反弯点和跨中点同位于一个竖直平面内。

（5）当非预应力筋也是双向配置时，应将中间层钢筋与预应力筋并列在同一高度，避免预应力筋与非预应力筋的重复交叉，从而将4层筋变成3层筋（见图5-92）。

（6）板上有预留洞口时，无黏结预应力筋可分两侧绕过开洞处铺放，预应力筋距洞口不宜小于150mm，其水平偏移曲率半径不宜小于6.5m，洞口处应配置构造钢筋加固。

预留洞口处的无黏结预应力筋也可采用中断方式布置（见图5-93）。

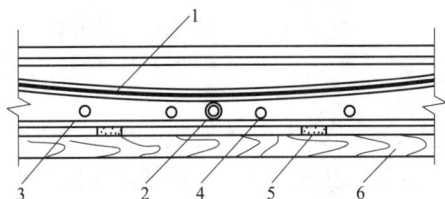

图5-92 楼板预应力筋铺放位置剖面图
1—纵向预应力筋；2—横向预应力筋；3—纵向非预应力筋；
4—横向非预应力筋；5—垫块；6—楼板底横

图5-93 预应力筋在洞口处中断方式布置

（7）敷设各种管线应避开预应力筋，不应抬高或压低预应力筋垂直方向的位置。无黏结预应力筋应铺设在电线管的下面，以避免无黏结筋张拉时产生的向下分力，导致电线管弯曲及其下面的混凝土破碎。

（三）端部节点安装

（1）按照预应力筋的设计位置，在楼板边模上钻孔，将承压垫板固定在孔位上，承压垫板上的留孔应与边模上的钻孔保持重合。为了便于安装预应力筋，易于拆除边模，可将边模做成上下两片，即从孔的水平中心线分开，先安装下片边模，然后穿预应力筋，固定承压垫板，再将上片边模与下边模板对接牢固。

（2）夹片锚具系统与墩头式锚具系统的张拉端、固定端的构造，见"无黏结预应力锚具"。

（3）无黏结预应力筋张拉端应有至少300mm长的直线段，且与承压垫板相垂直。

（4）无黏结预应力筋张拉端安装时，先将塑料保护套插入承压垫板的孔内塞进，通过定位螺杆顶紧锚杯内的钢丝墩头，并利用其外露尺寸保证锚杯所需的埋入深度。定位螺杆外露长度的计算见"无黏结预应力筋张拉"。

（5）墩头式锚具系统固定端安装时，按设计要求的位置将固定端锚板绑扎牢固，钢丝的墩头应与锚板顶紧，不允许错落不齐。严禁锚板相互重叠放置。

（6）夹片锚具系统张拉端安装时，无黏结预应力筋的外露长度不少于600mm，当采用前卡式千斤顶时，外露长度不少于200mm。在安装带有穴模或其他埋入混凝土中的张拉端时，将穴模与承压垫板顶紧，各部件之间不应有缝隙。

（7）夹片锚具系统固定端安装时，将组装好的固定端按设计要求位置绑扎牢固。

（8）螺旋钢筋紧贴承压垫板安正绑牢。

（9）板的长度超过50m时，可采用后浇带或施工缝将结构分段，预应力筋连续通长铺设，分段张拉。在第一段预应力筋张拉之后，再浇筑后浇带或施工缝的混凝土。如预应力筋采用搭接连接、分段张拉时，应按设计要求的位置在搭接处设置中间张拉端（见图5-94）。中间张拉端在板面预留张拉槽，张拉槽留置方法如图5-95所示。张拉槽长度为400～450mm，深度为100mm，单根预应力筋时宽度为80mm。

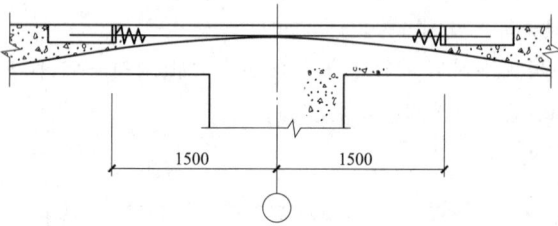

图5-94　无黏结预应力筋搭接时张拉端节点

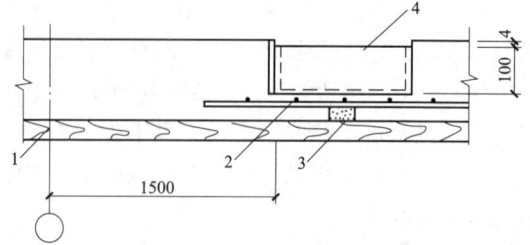

图5-95　用钢板盒预留张拉槽
1—楼板底模；2—φ12构造钢筋；3—垫块；4—钢板盒

（四）楼板混凝土浇筑

（1）无黏结预应力筋铺设、安装完以后，认真地进行隐蔽工程的检查验收。检查预应力筋的位置、矢高及其端节点安装情况，确保安装牢固，预应力筋的标高及平面位置偏差应在误差允许范围之内。钢丝束无黏结预应力筋采用墩头锚具时，浇筑混凝土前应逐根检查定位螺杆是否固定牢，其外露长度是否符合计算值。隐蔽工程检查验收确认合格、经监理工程师签认之后，才能浇筑楼板混凝土。

（2）宜采用泵送混凝土直接浇筑到位。浇筑时混凝土拌和物不准直接冲击预应力筋和锚固端。应按照施工方案铺设人行走道，严禁踩压、碰撞预应力筋及锚具。发现无黏结预应力筋的外包层有局部破损时，应及时进行修补。

（3）混凝土振捣必须保证密实，尤其是锚固区的混凝土应特别重视，仔细作业，保证振捣密实，又不准碰撞预应力筋与锚具。

（4）后浇带、施工缝两侧设置挡板，并保证振捣密实。

（五）施加预应力

（1）张拉端采用穴模时，应在楼板混凝土浇筑后及时清理穴模，剔除塑料护套，一般可在浇筑完12h左右进行清理。

（2）楼板预应力筋的张拉顺序，可采用分区、分段、对称的方式进行。

（3）楼板预应力筋张拉的操作要点及注意事项。

1）无黏结预应力筋张拉前，应检查张拉端混凝土的密实情况，查看有无裂缝，如存在裂缝、空鼓等缺陷，应进行修补并经检查合乎要求后再进行张拉。

2）预应力筋张拉时的混凝土立方体抗压强度应符合设计要求。当设计无具体要求时，不应低于设计的混凝土立方体抗压强度标准值的75%，过早地对混凝土施加预应力，会引起较大的收缩和徐变预应力损失，甚至因局部承压过大而引起构件端部混凝土损伤。

无黏结预应力筋张拉操作要点如下。

1）安装张拉设备时，对直线无黏结预应力筋，应使张拉力作用线与预应力筋中心线重合；对曲线形无黏结预应力筋，应使张拉力作用线与无黏结预应力筋中心线末端的切线重合。

2）当采用超张拉方法减少无黏结预应力筋的松弛损失时，其张拉程序为：

$$0 \longrightarrow 0.1\sigma_{con}\text{（测伸长初读数）} \longrightarrow 105\%\sigma_{con} \xrightarrow{\text{持荷 2min}} \sigma_{con}$$

$$0 \longrightarrow 0.1\sigma_{con} \xrightarrow{\text{测伸长}} 1.03\sigma_{con}$$

（σ_{con} 为无黏结预应力筋的张拉控制应力）

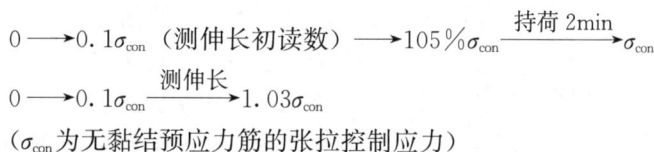

3）张拉时控制张拉应力，并校核无黏结预应力筋的伸长值。实际伸长值与设计计算理论伸长值的相对允许偏差为 6%。超出允许范围时，应暂停张拉，查明原因并采取措施予以调整后方可继续张拉。

4）张拉过程中有个别钢丝发生断裂或滑脱时，可相应降低张拉力。但滑丝或断丝的数量，不得超过结构同一截面无黏结预应力筋总量的 2%，且 1 束钢丝只允许有 1 根。

5）无黏结预应力筋的张拉顺序应符合设计要求。如设计无要求时，可分批、分阶段对称张拉。对楼板结构也可依次张拉。

6）当无黏结预应力筋长度超过 25m 时，宜采用两端张拉；当筋长超过 50m 时，宜采取分阶段张拉和锚固。

7）无黏结预应力筋两端张拉时，可以两端同时张拉，也可先在一端张拉并锚固，再在另一端补足张拉力后进行锚固。

8）镦头锚具张拉时应符合下列要求。

① 镦头锚具张拉端的安装，先将塑料保护套插入承压垫板预留孔内，然后用张拉螺杆拧入锚杯内将其固定，张拉螺杆应进入锚杯底顶紧各钢丝镦头。位于塑料保护套内的锚杯，其原始位置满足张拉后可用螺母锚固在承压垫板上。锚杯位置可利用张拉螺杆露出模板外的长度进行定位。

② 千斤顶承力架应垂直地支承在承压垫板板面上。

③ 当张拉力达到设计要求，但由于锚杯定位误差致使锚杯露出承压板外的长度过长或过短时，应采取增设螺母或接长锚杯进行锚固的措施。

9）夹片式锚具张拉锚固如采用液压顶压器顶压时，千斤顶应在保持张拉力的情况下进行顶压，顶压压力应符合设计规定值。

10）张拉作业时，操作人员应站在千斤顶侧面，不得站在张拉设备后面或建筑物边缘与张拉设备之间。

（4）无黏结预应力筋中间搭接处，其张拉端的张拉采用变角张拉工艺（见图 5-96）。

图 5-96　变角张拉示意图

1—无黏结预应力筋；2—锚具；3—液压顶压器；
4—变角块；5—千斤顶；6—工具锚；7—张拉槽

变角张拉是利用若干变角块调节千斤顶与锚具间的角度。单根预应力筋适用的变角范围为 0°～60°。由于变角张拉，增加了预应力筋的摩阻损失，工程设计中应予考虑。当变角范围在 0°～20°时，摩阻损失较小，可以忽略不计；当变角范围在 20°～40°时，可超张拉 5% 来考虑变角张拉的摩阻损失。

（5）板墙结构体系的楼板，施加预应力时，部分剪力墙可产生"台座效应"，阻止楼板中预应力的建立。如图 5-97 所示，为了保证预应力有效地施加于楼板而不被纵墙吸收，在纵横墙交接处，沿横墙一侧的楼板以及纵墙上均留有 1m 宽的后浇带，张拉后用膨胀混凝土浇筑。

（6）无黏结预应力筋张拉锚固后及时进行封闭防护。

预应力筋张拉锚固后，采用砂轮切割机等机械方法切除其超长部分，严禁采用电弧切割。切割多余部分后，无黏结预应力筋露出锚具夹片外的长度不应小于 30mm。

无黏结预应力筋张拉锚固后，应及时对锚固区进行封闭保护。

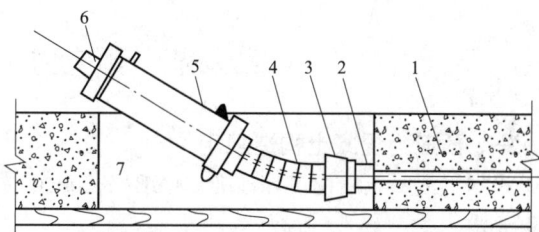

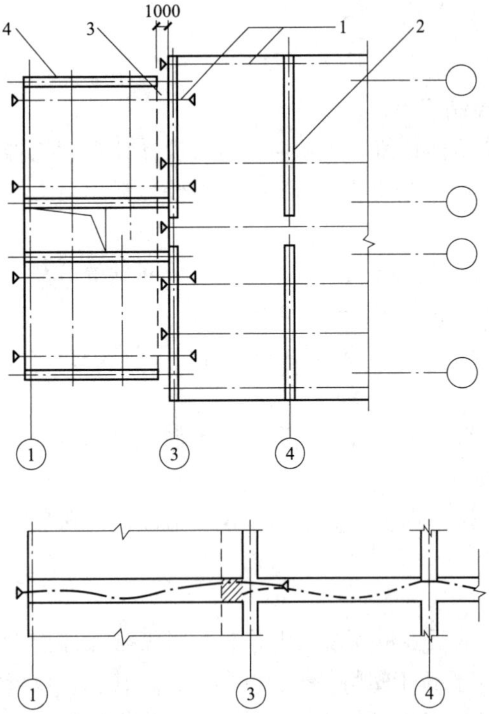

图 5-97　楼板与纵墙留置后浇带

1—预应力筋；2—横墙；3—后浇带；4—纵墙

对于内藏式锚具，可先对预应力筋端部和锚具的夹持部分进行防潮封闭处理，然后在穴槽内浇筑细石混凝土密封。

对墩头式锚具，先用油枪通过锚杯注油孔向连接套管内注入足量防腐油脂，以油脂从另一注油孔溢出为止，然后用防腐油脂将锚杯内充填密实，并用塑料盖帽盖严，再在锚具及承压板表面涂以防水涂料。

对夹片式锚具，在无黏结预应力筋端部及锚具外露表面涂刷防水涂料。

按照前述方法进行防潮处理以后的锚固区，再用后浇膨胀混凝土或低收缩防水砂浆或环氧砂浆进行密封。在浇筑砂浆之前，宜在槽口内壁涂以环氧树脂类黏结剂。

当锚固区突出在结构端部之外时，可用后浇的外包钢筋混凝土圈梁进行封闭。外包圈梁不宜突出在外墙面以外。

对不能使用混凝土或砂浆包裹层的部位，应对无黏结预应力筋的锚具全部涂以与无黏结预应力筋涂料层相同的防腐油脂，并采用具有可靠防腐蚀和防火性能的保护套将锚具全部密闭保护。

第六节　预应力工程相关规范规定

一、预应力混凝土构造规定

根据《混凝土结构设计标准》（GB/T 50010）（2024 年版）的规定，预应力混凝土构造要满足以下要求。

（1）先张法预应力筋之间的净间距不宜小于其公称直径的 2.5 倍和混凝土粗骨料最大粒径的 1.25 倍，且应符合下列规定：预应力钢丝，不应小于 15mm；三股钢绞线，不应小于 20mm；七股钢绞线，不应小于 25mm。当混凝土振捣密实性具有可靠保证时，净间距可放宽为最大粗骨料粒径的 1.0 倍。

（2）先张法预应力混凝土构件端部宜采取下列构造措施。

1）单根配置的预应力筋，其端部宜设置螺旋筋。

2）分散布置的多根预应力筋，在构件端部 10d 且不小于 100mm 长度范围内，宜设置 3～5 片与预应力筋垂直的钢筋网片，此处 d 为预应力筋的公称直径。

3）采用预应力钢丝配筋的薄板，在板端 100mm 长度范围内宜适当加密横向钢筋。

4）槽形板类构件，应在构件端部 100mm 长度范围内沿构件板面设置附加横向钢筋，其数量不应少于 2 根。

（3）预制肋形板，宜设加强其整体性和横向刚度的横肋。端横肋的受力钢筋应弯入纵肋内。当采用先张长线法生产有端横肋的预应力混凝土肋形板时，应在设计和制作上采取防止放张预应力筋时端横肋产生裂缝的有效措施。

（4）在预应力混凝土屋面梁、吊车梁等构件靠近支座的斜向主拉应力较大部位，宜将一部分预应力筋弯起配置。

（5）预应力筋在构件端部全部弯起的受弯构件或直线配筋的先张法构件，当构件端部与下部支承结构焊接时，应考虑混凝土收缩、徐变及温度变化所产生的不利影响，宜在构件端部可能产生裂缝的部位设置纵向构造钢筋。

（6）后张法预应力筋所用锚具、夹具和连接器等的形式和质量应符合国家现行有关标准的规定。

（7）后张法预应力筋及预留孔道应符合下列构造规定。

1）预制构件中预留孔道之间的水平净间距不宜小于 50mm，且不宜小于粗骨料粒径的 1.25 倍；孔道至构件边缘的净间距不宜小于 30mm，且不宜小于孔道直径的 50%。

2）现浇混凝土梁中预留孔道在竖直方向的净间距不应小于孔道外径，水平方向的净间距不宜小于 1.5 倍孔道直径，且不应小于粗骨料粒径的 1.25 倍；从孔道外壁至构件边缘的净间距，梁底不宜小于 50mm，梁侧不宜小于 40mm，裂缝控制等级为三级的梁，梁底、梁侧分别不宜小于 60mm 和 50mm。

3）预留孔道的内径宜比预应力束外径及需穿过孔道的连接器外径大 6～15mm，且孔道的截面积宜为穿入预应力束截面积的 3.0～4.0 倍。

4）当有可靠经验并能保证混凝土浇筑质量时，预留孔道可水平并列贴紧布置，但并排的数量不应超过 2 束。

5）在现浇楼板中采用扁形锚固体系时，穿过每个预留孔道的预应力筋数量宜为 3～5 根；在常用荷载情况下，孔道在水平方向的净间距不应超过 8 倍板厚及 1.5m 中的较大值。

6）板中单根无黏结预应力筋的间距不宜大于板厚的 6 倍，且不宜大于 1m；带状束的无黏结预应力筋根数不宜多于 5 根，带状束间距不宜大于板厚的 12 倍，且不宜大于 2.4m。

7）梁中集束布置的无黏结预应力筋，集束的水平净间距不宜小于 50mm，束至构件边缘的净距不宜小于 40mm。

（8）后张法预应力混凝土构件的端部锚固区，应按下列规定配置间接钢筋。

1）采用普通垫板时，应按规范公式进行局部受压承载力计算，并配置间接钢筋（见图 5-98），其体积配筋率不应小于 0.5%，垫板的刚性扩散角应取 45°。

2）局部受压承载力计算时，局部压力设计值对有黏结预应力混凝土构件取 1.2 倍张拉控制力，对无黏结预应力混凝土取 1.2 倍张拉控制力和 f_{ptk} A_P 中的较大值。

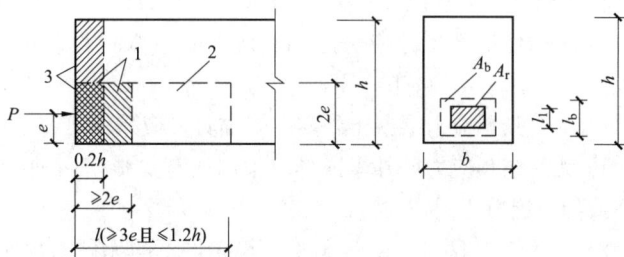

图 5-98　防止端部裂缝的配筋范围
1—局部受压间接钢筋配置区；2—附加防劈裂配筋区；
3—附加防端面裂缝配筋区

3）当采用整体铸造垫板时，其局部受压区的设计应符合相关标准的规定。

4）在局部受压间接钢筋配置区以外，在构件端部长度 l 不小于截面重心线上部或下部预应力筋的合力点至邻近边缘的距离 e 的 3 倍，但不大于构件端部截面高度 h 的 1.2 倍，高度为 $2e$ 的附加配筋区范围内，应均匀配置附加防劈裂箍筋或网片（见图 5-98），配筋面积按规范公式计算且体积配筋率不应小于 0.5%。

5）当构件端部预应力筋需集中布置在截面下部或集中布置在上部和下部时，应在构件端部

$0.2h$ 范围内设置附加竖向防端面裂缝构造钢筋（见图 5-98），其截面面积应符合公式要求。

当 e 大于 $0.2h$ 时，可根据实际情况适当配置构造钢筋。竖向防端面裂缝钢筋宜靠近端面配置，可采用焊接钢筋网、封闭式箍筋或其他的形式，且宜采用带肋钢筋。

当端部截面上部和下部均有预应力筋时，附加竖向钢筋的总截面面积应按上部和下部的预应力合力分别计算的较大值采用。

在构件端面横向也应按上述方法计算抗端面裂缝钢筋，并与上述竖向钢筋形成网片筋配置。

（9）当构件在端部有局部凹进时，应增设折线构造钢筋（见图 5-99）或其他有效的构造钢筋。

（10）后张法预应力混凝土构件中，当采用曲线预应力束时，其曲率半径 r_p 宜按公式确定，但不宜小于 4m。对于折线配筋的构件，在预应力束弯折处的曲率半径可适当减小。当曲率半径不满足上述要求时，可在曲线预应力束弯折处内侧设置钢筋网片或螺旋筋。

（11）在预应力混凝土结构中，当沿构件凹面布置曲线预应力束时（见图 5-100），应进行防崩裂设计。当曲率半径满足公式要求足够大时，可仅配置构造 U 形插筋。

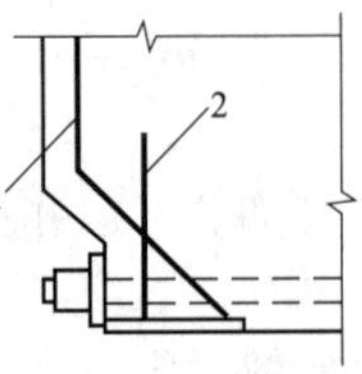

图 5-99　端部凹进处构造钢筋
1—折线构造钢筋；2—竖向构造钢筋

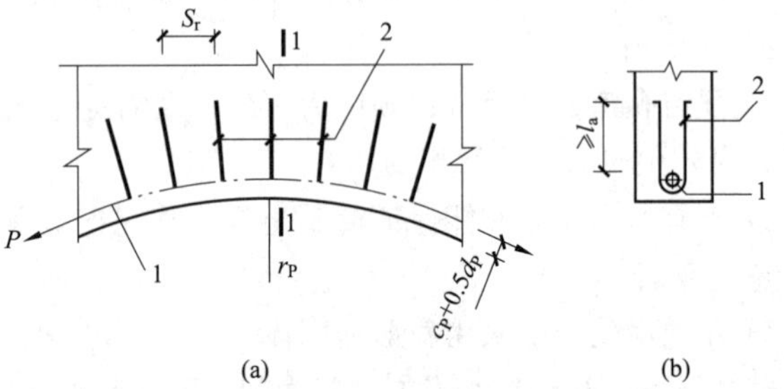

图 5-100　抗崩裂 U 形插筋构造示意图
（a）抗崩裂 U 形插筋布置；（b）Ⅰ-Ⅰ剖面
1—预应力束；2—沿曲线预应力束均匀布置的 U 形插筋；
S_r—U 形插筋间距；r_p—曲率半径；c_p—孔道净混凝土保护层厚度

U 形插筋的锚固长度不应小于 l_a；当实际锚固长度 l_e 小于 l_a 时，每单肢 U 形插筋的截面面积可按计算面积 A_{svl}/k 取值。其中，k 取 $l_e/15d$ 和 $l_e/200$ 的较小值，且 k 不大于 1.0。

（12）构件端部尺寸应考虑锚具的布置、张拉设备的尺寸和局部受压的要求，必要时应适当加大。

（13）后张预应力混凝土外露金属锚具，应采取可靠的防腐及防火措施，并符合下列规定。

1）无黏结预应力筋外露锚具应采用注有足量防腐油脂的塑料帽封闭锚具端头，并采用无收缩砂浆或细石混凝土封闭。

2）对处于二 b、三 a、三 b 类环境条件下的无黏结预应力锚固系统，应采用全封闭的防腐蚀体系，其封锚端及各连接部位应能承受 10kPa 的静水压力而不得透水。

3）采用混凝土封闭时，其强度等级宜与构件混凝土强度一致，且不应低于 C30。封锚混凝土与构件混凝土应可靠黏结，如锚具在封闭前应将周围混凝土界面凿毛并冲洗干净，且宜配置 1～2 片钢筋网，钢筋网应与构件混凝土拉结。

4）采用无收缩砂浆或混凝土封闭保护时，其锚具及预应力筋端部的保护层厚度不应小于：一类环境时 20mm，二 a、二 b 类环境时 50mm，三 a、三 b 类环境时 80mm。

二、预应力分项工程的施工质量验收规定

根据混《凝土结构工程施工质量验收规范》（GB 50204）的规定，预应力分项工程施工质量验收要符合以下规定。

（一）一般规定

（1）后张法预应力工程的施工应由具有相应资质等级的预应力专业施工单位承担。

（2）预应力筋张拉机具设备及仪表，应定期维护和校验。张拉设备应配套标定，并配套使用。张拉设备的标定期限不应超过半年。当在使用过程中出现反常现象时或在千斤顶检修后。应重新标定。

注：① 张拉设备标定时，千斤顶活塞的运行方向应与实际张拉工作状态一致；

② 压力表的精度不应低于 1.5 级，标定张拉设备用的试验机或测力计精度不应低于±2％。

（3）在浇筑混凝土之前，应进行预应力隐蔽工程验收，其内容包括以下几个方面。

1）预应力筋的品种、规格、数量、位置等。

2）预应力筋锚具和连接器的品种、规格、数量、位置等。

3）预留孔道的规格、数量、位置、形状及灌浆孔、排气兼泌水管等。

4）锚固区局部加强构造等。

（二）原材料

1. 主控项目

（1）预应力筋进场时，应按现行国家标准《预应力混凝土用钢绞线》（GB/T 5224）等的规定抽取试件作力学性能检验，其质量必须符合有关标准的规定。

检查数量：按进场的批次和产品的抽样检验方案确定。

检验方法：检查产品合格证、出厂检验报告和进场复验报告。

（2）无黏结预应力筋的涂包质量应符合无黏结预应力钢绞线标准的规定。

检查数量：每 60t 为一批，每批抽取一组试件。

检验方法：观察，检查产品合格证、出厂检验报告和进场复验报告。

注：当有工程经验，并经观察认为质量有保证时，可不作油脂用量和护套厚度的进场复验。

（3）预应力筋用锚具、夹具和连接器应按设计要求采用，其性能应符合现行国家标准《预应力筋用锚具、夹具和连接器》（GB/T 14370）等的规定。

检查数量：按进场批次和产品的抽样检验方案确定。

检验方法：检查产品合格证、出厂检验报告和进场复验报告。

注：对锚具用量较少的一般工程，如供货方提供有效的试验报告，可不作静载锚固性能试验。

（4）孔道灌浆用水泥应采用普通硅酸盐水泥，其质量应符合本规范第 7.2.1 条的规定。孔道灌浆用外加剂的质量应符合本规范第 7.2.2 条的规定。

检查数量：按进场批次和产品的抽样检验方案确定。

检验方法：检查产品合格证、出厂检验报告和进场复验报告。

注：对孔道灌浆用水泥和外加剂用量较少的一般工程，当有可靠依据时，可不作材料性能的进场复验。

2. 一般项目

（1）预应力筋使用前应进行外观检查，其质量应符合下列要求。

1）有黏结预应力筋展开后应平顺，不得有弯折，表面不应有裂纹、小刺、机械损伤、氧化铁皮和油污等。

2）无黏结预应力筋护套应光滑、无裂缝，无明显褶皱。

检查数量：全数检查。

检验方法：观察。

注：无黏结预应力筋护套轻微破损者应外包防水塑料胶带修补，严重破损者不得使用。

（2）预应力筋用锚具、夹具和连接器使用前应进行外观检查，其表面应无污物、锈蚀、机械损伤和裂纹。

检查数量：全数检查。

检验方法：观察。

（3）预应力混凝土用金属螺旋管的尺寸和性能应符合国家现行标准《预应力混凝土用金属螺旋管》（JG/T 3013）的规定。

检查数量：按进场批次和产品的抽样检验方案确定。

检验方法：检查产品合格证、出厂检验报告和进场复验报告。

注：对金属螺旋管用量较少的一般工程，当有可靠依据时，可不作径向刚度、抗渗漏性能的进场复验。

（4）预应力混凝土用金属螺旋管在使用前应进行外观检查，其内外表面应清洁，无锈蚀，不应有油污、孔洞和不规则的褶皱，咬口不应有开裂或脱扣。

检查数量：全数检查。

检验方法：观察。

（三）制作与安装

1. 主控项目

（1）预应力筋安装时，其品种、级别、规格、数量必须符合设计要求。

检查数量：全数检查。

检验方法：观察，钢尺检查。

（2）先张法预应力施工时应选用非油质类模板隔离剂，并应避免沾污预应力筋。

检查数量：全数检查。

检验方法：观察。

（3）施工过程中应避免电火花损伤预应力筋；受损伤的预应力筋应予以更换。

检查数量：全数检查。

检验方法：观察。

2. 一般项目

（1）预应力筋下料应符合下列要求。

1）预应力筋应采用砂轮锯或切断机切断，不得采用电弧切割。

2）当钢丝束两端采用镦头锚具时，同一束中各根钢丝长度的极差不应大于钢丝长度的1/5000，且不应大于5mm。当成组张拉长度不大于10m的钢丝时，同组钢丝长度的极差不得大于2mm。

检查数量：每工作班抽查预应力筋总数的3%，且不少于3束。

检验方法：观察，钢尺检查。

（2）预应力筋端部锚具的制作质量应符合下列要求。

1）挤压锚具制作时压力表油压应符合操作说明书的规定，挤压后预应力筋外端应露出挤压套筒1~5mm。

2）钢绞线压花锚成形时，表面应清洁、无油污，梨形头尺寸和直线段长度应符合设计要求。

3）钢丝镦头的强度不得低于钢丝强度标准值的98%。

检查数量：对挤压锚，每工作班抽查5%，且不应少于5件；对压花锚，每工作班抽查3件；对钢丝镦头强度，每批钢丝检查6个镦头试件。

检验方法：观察，钢尺检查，检查镦头强度试验报告。

（3）后张法有黏结预应力筋预留孔道的规格、数量、位置和形状除应符合设计要求外，还应符合下列规定。

1）预留孔道的定位应牢固，浇筑混凝土时不应出现移位和变形。

2）孔道应平顺，端部的预埋锚垫板应垂直于孔道中心线。

3）成孔用管道应密封良好，接头应严密且不得漏浆。

4）灌浆孔的间距：对预埋金属螺旋管不宜大于 30m；对抽芯成形孔道不宜大于 12m。

5）在曲线孔道的曲线波峰部位应设置排气兼泌水管，必要时可在最低点设置排水孔。

6）灌浆孔及泌水管的孔径应能保证浆液畅通。

检查数量：全数检查。

检验方法：观察，钢尺检查。

（4）预应力筋束形控制点的竖向位置偏差应符合表 5-6 的规定。

表 5-6　　　　　　　　　　束形控制点的竖向位置允许偏差

截面高（厚）度（mm）	$h \leqslant 300$	$300 < h \leqslant 1500$	$h > 1500$
允许偏差（mm）	±5	±10	±15

检查数量：在同一检验批内，抽查各类型构件中预应力筋总数的 5％，且对各类型构件均不少于 5 束，每束不应少于 5 处。

检验方法：钢尺检查。

注：束形控制点的竖向位置偏差合格点率应达到 90％及以上，且不得有超过表中数值 1.5 倍的尺寸偏差。

（5）无黏结预应力筋的铺设除应符合第（4）条的规定外，还应符合下列要求。

1）无黏结预应力筋的定位应牢固，浇筑混凝土时不应出现移位和变形。

2）端部的预埋锚垫板应垂直于预应力筋。

3）内埋式固定端垫板不应重叠，锚具与垫板应贴紧。

4）无黏结预应力筋成束布置时应能保证混凝土密实并能裹住预应力筋。

5）无黏结预应力筋的护套应完整，局部破损处应采用防水胶带缠绕紧密。

检查数量：全数检查。

检验方法：观察。

（6）浇筑混凝土前穿入孔道的后张法有黏结预应力筋，宜采取防止锈蚀的措施。

检查数量：全数检查。

检验方法：观察。

（四）张拉和放张

1. 主控项目

（1）预应力筋张拉或放张时，混凝土强度应符合设计要求；当设计无具体要求时，不应低于设计的混凝土立方体抗压强度标准值的 75％。

检查数量：全数检查。

检验方法：检查同条件养护试件试验报告。

（2）预应力筋的张拉力、张拉或放张顺序及张拉工艺应符合设计及施工技术方案的要求，并应符合下列规定。

1）当施工需要超张拉时，最大张拉应力不应大于国家现行标准《混凝土结构设计标准》（GB/T 50010）（2024 年版）的规定。

2）张拉工艺应能保证同一束中各根预应力筋的应力均匀一致。

3）后张法施工中，当预应力筋是逐根或逐束张拉时，应保证各阶段不出现对结构不利的应力状态；同时宜考虑后批张拉预应力筋所产生的结构构件的弹性压缩对先批张拉预应力筋的影响，确定张拉力。

4）先张法预应力筋放张时，宜缓慢放松锚固装置，使各根预应力筋同时缓慢放松。

5）当采用应力控制方法张拉时，应校核预应力筋的伸长值。实际伸长值与设计计算理论伸长值的相对允许偏差为±6%。

检查数量：全数检查。

检验方法：检查张拉记录。

（3）预应力筋张拉锚固后实际建立的预应力值与工程设计规定检验值的相对允许偏差为±5%。

检查数量：对先张法施工，每工作班抽查预应力筋总数的1%，且不少于3根；对后张法施工，在同一检验批内，抽查预应力筋总数的3%，且不少于5束。

检验方法：对先张法施工，检查预应力筋应力检测记录；对后张法施工，检查见证张拉记录。

（4）张拉过程中应避免预应力筋断裂或滑脱；当发生断裂或滑脱时，必须符合下列规定。

1）对后张法预应力结构构件，断裂或滑脱的数量严禁超过同一截面预应力筋总根数的3%，且每束钢丝不得超过一根；对多跨双向连续板，其同一截面应按每跨计算。

2）对先张法预应力构件，在浇筑混凝土前发生断裂或滑脱的预应力筋必须予以更换。

检查数量：全数检查。

检验方法：观察，检查张拉记录。

2．一般项目

（1）锚固阶段张拉端预应力筋的内缩量应符合设计要求；当设计无具体要求时，应符合表5-7的规定。

检查数量：每工作班抽查预应力筋总数的3%，且不少于3束。

检验方法：钢尺检查。

表5-7　　　　张拉端预应力筋的内缩量限值

锚 具 类 别		内缩量限值（mm）
支承式锚具（镦头锚具等）	螺母缝隙	1
	每块后加垫板的缝隙	1
锥塞式锚具		5
夹片式锚具	有顶压	5
	无顶压	6~8

（2）先张法预应力筋张拉后与设计位置的偏差不得大于5mm，且不得大于构件截面短边边长的4%。

检查数量：每工作班抽查预应力筋总数的3%，且不少于3束。

检验方法：钢尺检查。

（五）灌浆与封锚

1．主控项目

（1）后张法有黏结预应力筋张拉后应尽早进行孔道灌浆，孔道内水泥浆应饱满、密实。

检查数量：全数检查。

检验方法：观察，检查灌浆记录。

（2）锚具的封闭保护应符合设计要求；当设计无具体要求时，应符合下列规定。

1）应采取防止锚具腐蚀和遭受机械损伤的有效措施。

2）凸出式锚固端锚具的保护层厚度不应小于50mm。

3）外露预应力筋的保护层厚度：处于正常环境时，不应小于20mm；处于易受腐蚀的环境时，不应小于50mm。

检查数量：在同一检验批内，抽查预应力筋总数的5%，且不少于5处。

检验方法：观察，钢尺检查。

2. 一般项目

（1）后张法预应力筋锚固后的外露部分宜采用机械方法切割，其外露长度不宜小于预应力筋直径的1.5倍，且不宜小于30mm。

检查数量：在同一检验批内，抽查预应力筋总数的3%，且不少于5束。

检验方法：观察，钢尺检查。

（2）灌浆用水泥浆的水灰比不应大于0.45，搅拌后3h泌水率不宜大于2%，且不应大于3%。泌水应能在24h内全部重新被水泥浆吸收。

检查数量：同一配合比检查一次。

检验方法：检查水泥浆性能试验报告。

（3）灌浆用水泥浆的抗压强度不应小于30N/mm²。

检查数量：每工作班留置一组边长为70.7mm的立方体试件。

检验方法：检查水泥浆试件强度试验报告。

注：① 一组试件由6个试件组成，试件应标准养护28d。

② 抗压强度为一组试件的平均值，当一组试件中抗压强度最大值或最小值与平均值相差超过20%时，应取中间4个试件强度的平均值。

第七节 工程实践案例

【案例1】 有黏结后张法的施工案例

一、工程概况

本工程概况略。

二、结构方案的选择

中国国际航空公司北京市内货运中心是一个超过2万 m²、三层（带夹层）的办公楼及仓库的综合建筑物。多层仓库由于储量大、占地少，容易管理等原因而受到用户欢迎。多层仓库的特点是跨度大、荷载大，梁的弯矩、剪力均很大，普通钢筋混凝土大梁截面积大，用钢量大，在长期使用中，跨中和支座处难免出现裂缝。为避免框架梁的截面过大及在使用中出现裂缝，并且减小用钢量，本工程主梁（5跨，每跨12m）设计成部分预应力混凝土结构。该工程结构平面如图5-101所示。主框架梁截面及预应力筋布置如图5-102所示。

三、预应力方案选择

（1）预应力筋的选择。采用高强钢丝或钢绞线，与普通钢筋混凝土结构相比，钢筋用量仅为1/3，虽然增加了预应力费用，但总造价却可以不增加并且有所降低。预应力筋中高强钢丝又比钢绞线便宜10%左右，并且强度利用系数比钢绞线高6%，因此选用高强钢丝作为预应力筋。

（2）有黏结与无黏结方案的选择。无黏结预应力技术已在我国推广，其特点是施工简便，张拉锚固方便，取消了有黏结后张预应力的预留孔道与灌浆等，但其造价较高，比有黏结筋价格高出

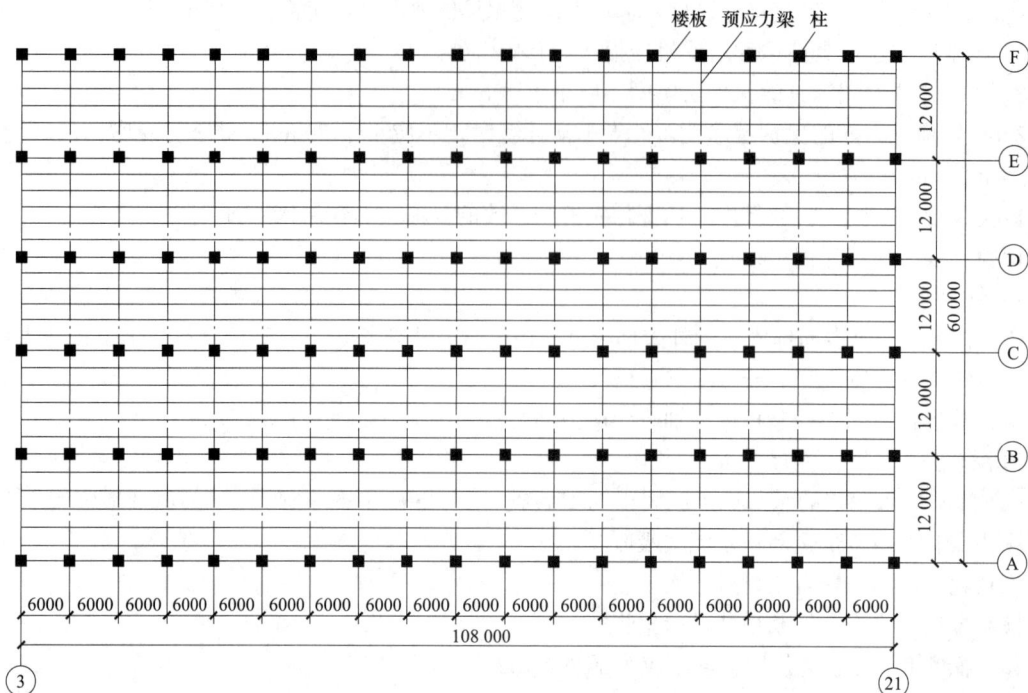

图 5‑101 工程结构平面图

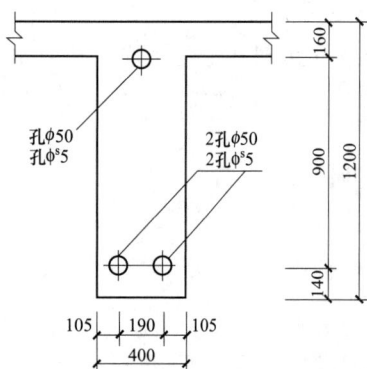

图 5‑102 梁截面及预应力配筋

80%左右。另外，无黏结筋构件容易产生集中裂缝，裂缝宽而大，所以不适用于大跨重荷载集中配筋的框架大梁，因此该工程框架大梁选用有黏结现浇后张框架大梁。由于大梁连续 5 跨总长 60m，其预留孔道和穿钢丝束难度较大，张拉和孔道灌浆也比较复杂。担任该工程预应力施工的是一支有经验的专业化的预应力施工队伍，因此，上述问题能够克服。

（3）锚具的选择。锚具是一个关键因素，它影响着造价、施工方便与否及结构构件端部构造。例如，孔道的大小、束间（孔）中心距离及距构件边缘距离、梁柱预埋铁件大小、铁件外预留宽（长）度等。钢丝束锥形锚具比墩头锚具价格低20%，比 XM 等三夹片群锚价低 50%，同时用钢量也少。因此选用高强钢丝束锥形锚方案。

四、预应力施工

（1）孔道成型。中间 3 跨用波纹管（内直径 50mm），每节长 10m。接头大一号，接头处用塑料胶布缠绕密封。两端跨用特制的不需充水充气的橡胶管抽拔成型，这样做是为了节约资金。预埋波纹管比抽拔胶管成型贵 50%以上，但抽拔管费时费工，长度有一定限制，一般小于 15m。波纹管预埋浇筑混凝土及抽拔胶管后要及时通孔。用钢丝束解决通孔问题，一举两得。

（2）灌浆孔与出气孔。两端锚具上有灌浆孔与出气孔，但由于孔道长 60m，为预防中间堵塞发生意外，在中间跨中 1.5m 处，预埋两个灌浆孔（出气孔），从中间楼板面上向两端灌浆。两端锚具上孔眼作为出气孔（有时也作为灌浆孔）。

（3）钢丝现场下料。场地长 80m，宽 40m，利用塔吊轨道一侧空隙。钢丝分楼层分批进场，集中在塔吊端头堆放。堆垛下铺垫木，离地面 30cm 以上，上面覆盖雨布，防雨雪、防潮、防锈。地面铺砖或砂石，四周有排水措施。下料长度 62m，误差＋20cm，用大剪剪断。每 20 根为一束，从一端开始理顺，每隔 2m 用铅丝捆扎一道直至另一端。

（4）穿钢丝束。为顺利穿束及疏通孔道，将端头 20 根钢丝用气焊烤焊在一起，形成一个子弹头圆锥形，用 5～6 人人工穿束。穿束后再用气焊将端头割开或用大剪剪开。

（5）张拉锚固。用两台拉伸机在每束（孔）两端同时张拉，两端要互相照应同步进行。第一步：装锚具、千斤顶，预紧、初张拉到张拉力的 10%，量伸长值初读数。第二步：张拉到吨位，量伸长。第三步：校核伸长符合规定后锚固。先张拉每根梁的上部一束，再张拉下部两束。张拉作业不占工期。

（6）孔道灌浆。手动压浆器进行压浆，用不低于 425 号的水泥配制水泥浆，水泥浆要过筛。水灰比 0.38～0.4，掺不锈蚀钢筋的减水剂、膨胀剂、早强剂或防冻剂。

（7）切割锚具外多余钢丝及封堵锚具。张拉、灌浆完毕后，用气焊，也可用电焊（要把地线搭在被切割掉的钢丝上）切割多余钢丝，不能用大剪子剪。

（8）预应力施工用脚手架。从预留孔开始，穿束、张拉、灌浆都需要预应力施工用脚手架，要求在梁端（柱外）处脚手架宽 1.5～1.8m，长短横杆及竖杆要躲开孔道（锚具）60～80cm，脚手架低于孔道 80cm 左右，上边 2m 高处有挂千斤顶的短横杆。

五、技术经济分析

本工程为多层多跨（且是大跨）现浇后张有黏结预应力框架结构。采用预应力混凝土，可以降低层高、减少用钢量和混凝土用量，也可以降低造价，同时提高结构承载力，提高抗裂、抗震能力。预应力施工由专业施工队承担，不影响常规的土建施工即预应力施工不占工期。

预应力方案的选择十分重要，它关系着结构构造合理，施工简便，造价经济。本工程选用的张拉锚固体系，施工工艺简单，技术先进成熟，经济效益显著。高强钢丝束锥形锚张拉锚固体系是各种张锚体系中最经济的一种。高强钢丝比钢绞线价格低约 10%，强度利用系数却提高 6%，钢绞线锚具比钢丝束的锥形锚具贵一倍。该工程用高强钢丝 32t，如用无黏结筋则需 35t，造价提高 30%～40%，有黏结预应力孔道成型用波纹管，简单方便，但其造价也较高，使用波纹管与否，影响预应力造价 10%～20%。

【案例 2】　无黏结后张法的施工案例

一、工程概况

广东国际大厦工程（见图 5 - 103、图 5 - 104）位于广州市环市东路，整个工程由主楼（63 层）、A 副楼（30 层）、B 副楼（33 层）及裙楼组成，均为现浇钢筋混凝土结构，总建筑面积 18 万 m²。其中，主楼 8.8 万 m²，为筒中筒结构，外筒为 35.1m×37.0m，近似正方形平面，由 24 根 1.2m（宽）×0.7～1.8m 的矩形柱和 4 根异形角柱组成；内筒为 17m×23m 的矩形平面，由电梯井和楼梯间等剪力墙组成，结构顶为直升机停机坪，标高为 200.0m。内外筒之间的楼板从第七层至六十三层均为后张无黏结部分预应力混凝土平板楼盖，标准层高 3.0m，板厚 22cm，内外筒间跨度为 7.0～9.4m。从第七层至第十三层外筒悬臂板也为无黏结预应力平板，最大板宽 4m。

二、预应力楼板结构要点

楼板结构采用 35cm 高无黏结预应力扁平梁的结构布置，标准层楼板厚度为 22cm，从而将角板的双向受力状态转变为单向受力板，受力明确。第七至第九层因有外悬挑板，故布筋比较复杂（见图 5 - 105），楼板非预应力筋为双层配筋，支座处均配置负筋，预应力筋是曲线布筋，平均间距约 16.5cm。

三、预应力施工

（1）无黏结预应力筋：本工程预应力筋每束为 7φ5 高强钢丝，采用挤压涂塑工艺成束，设计要求钢丝抗拉强度 1600MPa。

钢丝束—锚具组装件的静载试验结果为 1601.1～1696.0MPa，均超过规定值（抗拉强度 95%）的要求；锚固后的无黏结筋束承受 200 万次疲劳强度试验，锚具未发现破坏。

（2）锚固体系：本工程采用的锚固体系的固定端均为锚板式锚固系统 [见图 5-106（a）]，张拉端第七层至第三十四层为锚杯式墩头锚 [见图 5-106（b）] 与夹片锚 [见图 5-106（c）] 两种，从第三十五层开始全为夹片锚 [见图 5-106（d）]。从对组装后的锚具静、动载试验及国内工程实践来看，上述三种张拉端锚固方式均可满足结构受力性能的要求。从第三十五层起张拉端全部改为夹片式，主要是根据板端留有 20cm 宽后浇边窗台及施工中夹片锚具质量、组装更易保证。它与锚杯式墩头锚具比较有下列优点。

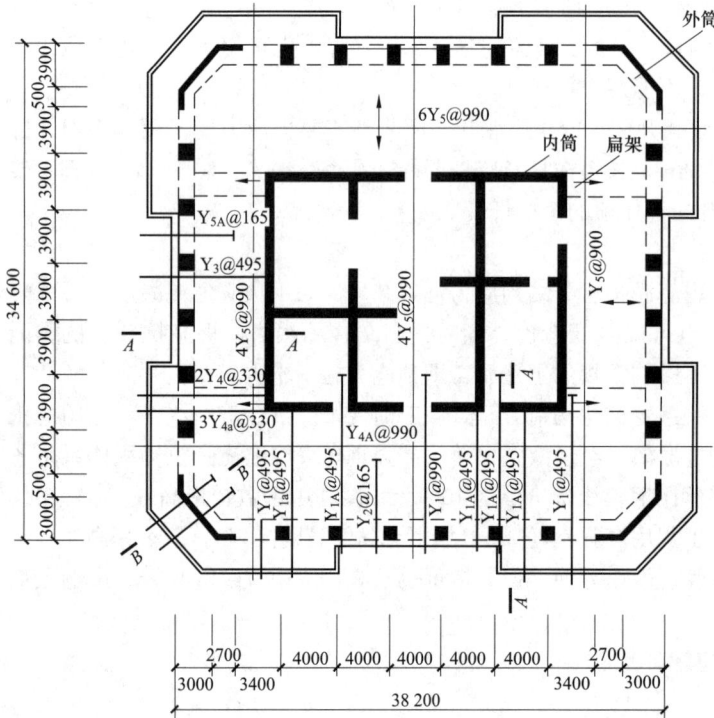

图 5-103　标准层结构平面

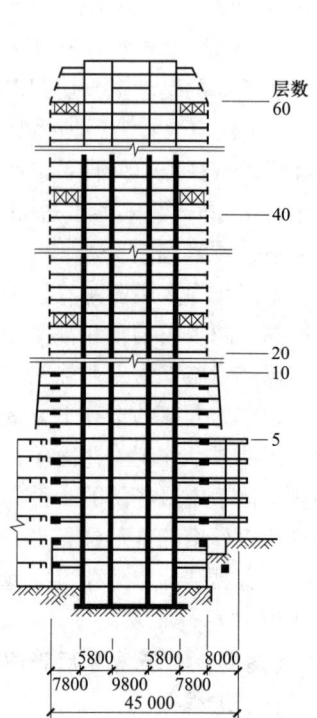

图 5-104　国际大厦主楼结构剖面

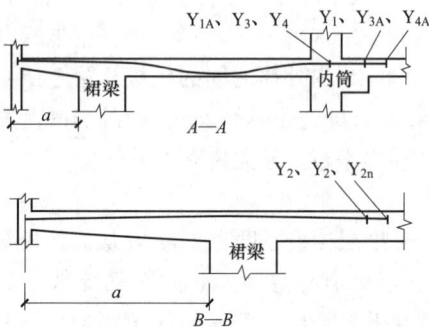

图 5-105　标准层结构平面及预应力布筋

a—悬挑板宽：500～4000mm

（7 至 12 层由 4000mm 缩至 500mm）

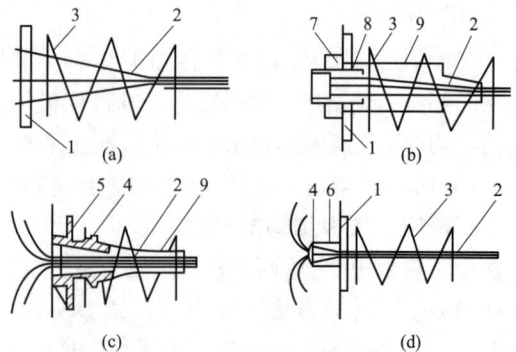

图 5-106　锚固体系

（a）锚板式锚固系统；（b）锚杯式墩头锚；（c）、（d）夹片锚

1—锚板；2—无黏结束；3—螺旋筋；4—夹片；5—锚体；

6—锚环；7—螺母；8—锚杯；9—塑料封套

1）用锚杯式墩头锚曲线配筋时，虽然 1 束 7 根钢丝原配束等长切割，但现场布筋后其各根钢丝实际曲线行程是不等的，故导致张拉端各根钢丝在张拉端墩头不平齐，特别是当同束墩头直径有相对差值时，产生应力差就大，这是不利的。

2）锚杯式墩头锚具现场安装时必须保证墩头锚有一定的平直段，其埋深随伸长值的不同而异，且要留位准确。否则张拉时如螺栓螺纹长度不足，会影响锚固体系受力性能。

3）虽然锚杯式墩头锚已按要求固定校正位置，但浇筑混凝土时要求端锚区混凝土密实。如用插入式振动棒振实则很难保证每根不发生相对位移。

4）墩头锚塑料筒体与锚体连接时虽用胶布粘贴密封，但在浇筑混凝土过程中易脱落而导致混凝土灌入，张拉前要逐根检查清理，否则将影响张拉工作。

5）墩头质量主要靠检查外观尺寸，因为其外形尺寸和锚杯的承压杯留孔孔形的配合有很大的关系，而且数量不可过多，否则会给质检带来困难。

6）夹片式锚具锚固端有一段外露钢丝束，松散弯折成 90°后打入混凝土，可形成一种附加安全措施。

综上所述，从施工的难易或可靠性来分析，夹片式锚具比锚杯式锚具优越。

（3）施加预应力：张拉时混凝土强度不得低于设计强度的 75%，预应力张拉控制应力 $\sigma_K =$ 1120.0MPa。因内、外筒刚度较大，为保证预应力施加于板上，必须做到在上层楼板浇筑前将预应力筋张拉完毕。

张拉按一次超张拉 $0 \sim 1.03\sigma_K$。

张拉按应力控制，并校核伸长值。在实际施工时为便于控制，根据本工程预应力筋的长度确定按计算值的 +10、−5mm 范围作为校核值。否则应重新张拉。

从第七层至第九层实测张拉伸长值在计算规定误差范围内，分别为 94.0%、98.0%、96.4%，其中超长的有 95.0%，总的平均伸长值略高于计算值。

四、效益分析

本工程采用后张无黏结部分预应力混凝土楼盖，比普通混凝土结构增加了工序，在这种超高层建筑中应用无黏结预应力混凝土平板楼盖是有风险的。但实践证明：设计是合理的，施工是可行的，可以保证预期质量和效益。主要优点如下。

（1）减轻了结构自重，每 m^2 仅为 218kg。

（2）减少了混凝土量 7550m^3（其中楼板 4660m^3，筒体 2890m^3）。

（3）由于采用了预应力平板，其层高 3m 时吊顶净高 2.5m，相当于降低了 30cm 层高，改善了建筑物的使用功能。

复 习 思 考 题

1. 预应力混凝土技术进入实用阶段的创始人是谁？他在 1928 年提出了什么样的重要论断？

2. 目前预应力钢筋有哪几种？它们各有什么特点？适用范围有哪些？

3. 试述预应力先张法施工的工艺原理和工艺流程。

4. 根据《混凝土结构设计标准》（GB/T 50010—2010）（2024 年版），各种预应力筋的张拉控制应力 σ_{con} 要限定在多大？

5. 预应力筋超张拉程序有哪两种？为什么要设置超张拉程序？

6. 先张法预应力筋的放张要求是什么？放张方法有哪些？如设计无要求时放张顺序应满足哪些规定？

7. 通过教科书查找和互联网上查询，目前应用的先张法构件有哪些？

8. 试述预应力后张法施工的工艺原理和工艺流程。

9. 后张法施工孔道的留设有哪三种常用方法？如何进行清孔与穿束？

10. 常用的后张法施工锚具和与其配套的张拉设备有哪些？

11. 有黏结后张法施工中为什么要进行孔道灌浆？请说出孔道灌浆的操作要点。

12. 通过教科书查找和互联网上查询，目前应用的有黏结后张法构件有哪些？

13. 现浇框架梁有黏结后张法施工时，预应力筋的布置方式主要有哪5种？

14. 现浇多跨连续梁有黏结后张法施工时，预应力筋分段布置有哪两种方法？

15. 请说出无黏结后张法的应用范围。

16. 无黏结预应力平板结构的布筋方式，常用的有哪几种设计形式？

17. 试述无黏结预应力混凝土平板施工工艺流程，如何铺放无黏结预应力筋？

18. 后张法预应力混凝土构件的端部锚固区，应按规定配置哪三种间接或构造钢筋？

19. 后张预应力混凝土外露金属锚具应采取可靠的防腐及防火措施，设计规范规定应符合哪些要求？

20. 无黏结预应力筋的铺设应符合哪些要求？

21. 预应力筋张拉过程中应避免预应力筋断裂或滑脱，当发生断裂或滑脱时，必须符合哪些规定？

习　　题

1. 某预应力混凝土屋架采用机械后张法施工，两孔道长度为 23.80m、预应力筋为冷拉三级钢筋，其标准强度 $f_{pyk}=500N/mm^2$，直径 25mm，长度为 9m，准备采用两端张拉，一批张拉完成。张拉端用螺丝端杆锚具，螺丝端杆长度 320mm，螺杆露出构件外的长度为 120mm。已知冷拉钢筋控制应力为 $\sigma_{冷拉}=500N/mm^2$，实测平均冷拉率为 4%，弹性回缩率为 0.4%，每个对焊接头的压缩量为 25mm，张拉控制应力 $\sigma_{con}=0.85f_{pyk}$：（1）画出简图，试计算预应力筋的下料长度 L；（2）求下料钢筋中除整长 9m 钢筋外，不到 9m 的那根钢筋下料长度；（3）若按 $0\rightarrow1.03\sigma_{con}$ 超张拉方法减少预应力筋的应力松弛损失，试计算预应力筋张拉力 F_P、预期张拉伸长值 $\Delta L_{张拉}$ 和张拉前的冷拉力 $F_{冷拉}$、预期冷拉伸长值 $\Delta L_{冷拉}$。已知预应力钢筋弹性模量 $E_P=1.8\times10^5 N/mm^2$。

2. 某金工车间采用国标图集 CG423（三）YWJ24—Ⅰ型预应力拱形屋架，屋架下弦长度为 23.8m，下弦截面配筋图如图 5-107 所示，孔道直径 $D=48mm$。已知：混凝土强度等级为 C30，弹性模量 $E_c=3.25\times10^4 MPa$；预应力钢筋为 4 根直径 25mm 冷拉三级钢筋 4 $\underline{\Phi}^{L}25$，其标准强度 $f_{pyk}=500N/mm^2$，张拉控制应力 $\sigma_{con}=0.85f_{pyk}=425MPa$，弹性模量 $E_s=1.8\times10^5 N/mm^2$；非预应力钢筋即截面角部构造钢筋为 HPB300 钢筋 4Φ12，弹性模量 $E=2.0\times10^5 N/mm^2$。采用张拉程序为 $0\rightarrow1.03\sigma_{con}$，沿对角线分两批对称张拉，采用两台 YDL650—150 型液压千斤顶。第一批钢筋张拉固定后，预先实测锚具损失 $\sigma_1=26MPa$。试计算第一批预应力筋张拉应力增加值 $\Delta\sigma$。

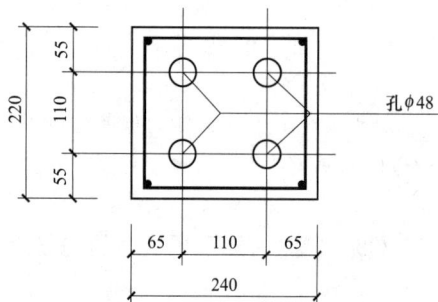

图 5-107　下弦截面配筋图

第六章　建筑施工机具与设施

🔖 本章学习要求

了解塔式起重机的类型，掌握塔式起重机的选择，掌握塔式起重机基础和附着件的构造与施工，了解施工升降机的类型，掌握施工升降机的适用范围及应用，了解各种脚手架分类，掌握扣件式钢管脚手架和承插型盘扣式钢管脚手架的基本构造和要求，掌握扣件式钢管脚手架的设计计算，掌握悬挑脚手架的构造，了解门式脚手架的构造和搭设，了解升降脚手架及吊篮脚手架的构造。

第一节　塔式起重机

塔式起重机是工业与民用建筑结构及设备安装工程的主要施工机械之一。它适用范围广，回转半径大，操作简单，工作效率高。

一、塔式起重机类型和主要参数

塔式起重机可按构造特点和起重能力等进行分类。

1. 按行走机构分类

（1）行走式塔式起重机：能靠近工作点，转移方便，机动性强。常用的有轨道式、轮胎式和履带式三种。

（2）自升式塔式起重机：没有行走机构，安装在建筑物内部或靠近建筑物的专用基础上，可随施工建筑物升高而自行升高。

2. 按起重臂变幅方式分类

（1）动臂变幅塔式起重机：臂架与塔身铰接，变幅时可调整起重臂的仰角。其变幅机构有手动和电动两种（见图6-1）。

（2）小车变幅塔式起重机：起重臂水平放置，下弦装有起重小车，依靠小车的位置变化来改变工作幅度。这种变幅平稳、速度快（见图6-2）。

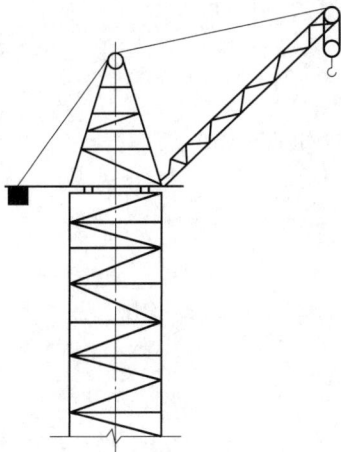

图6-1　动臂变幅塔式起重机　　　　图6-2　小车变幅塔式起重机

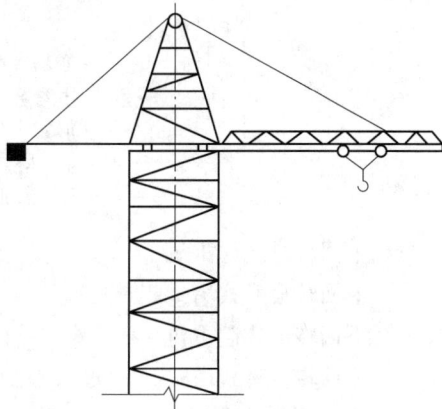

3. 按回转方式分

（1）上回转塔式起重机。这类起重机的塔身不转，回转部分装在塔顶上部。按回转支撑构造形式不同，上回转部分的结构可分为塔帽式、转托式和转盘式三种（见图 6-3）。

（2）下回转塔式起重机。这类起重机的吊臂装在塔身顶部，塔身、平衡重和所有的机构均装在转台上，并与转台一起回转（见图 6-4）。

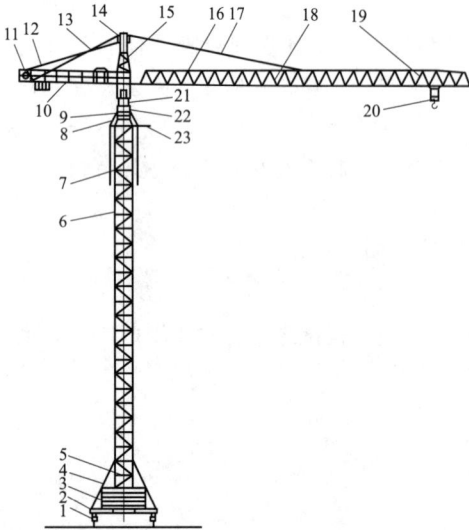

图 6-3　上回转塔式起重机

1—台车；2—底架；3—压重；4—斜撑；5—塔身基础节；
6—塔身标准节；7—顶升套架；8—承座；9—转台；
10—平衡臂；11—起升机构；12—平衡重；
13—平衡臂拉索；14—塔帽操作平台；15—帽；
16—小车牵引机构；17—起重臂拉索；18—起重臂；
19—起重小车；20—吊钩滑轮；21—司机室；
22—回转机构；23—引进轨道

图 6-4　下回转塔式起重机

1—底架即行走机构；2—配重；3—架设及变幅机构；4—起升机构；
5—变幅定滑轮组；6—变幅动滑轮组；7—塔顶撑架；8—臂架拉绳；
9—起重臂；10—吊钩滑轮；11—司机室；12—塔身；
13—转台；14—回转支撑装置

目前应用最广的是上回转自升式塔式起重机。

根据国家标准规定，塔式起重机的标记方式和类、组、型代号如下：

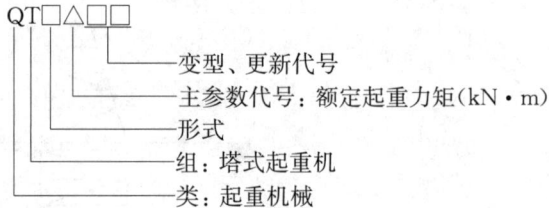

QT□△□□

- 变型、更新代号
- 主参数代号：额定起重力矩(kN·m)
- 形式
- 组：塔式起重机
- 类：起重机械

QT	上回转塔式起重机
QTZ	上回转自升式塔式起重机
QTX	下回转塔式起重机
QTS	下回转自升式塔式起重机
QTK	快速安装塔式起重机
QTP	爬升（内爬）塔式起重机

QTG　　　固定式塔式起重机

QTL　　　轮胎塔式起重机

QTQ　　　汽车塔式起重机

QTU　　　履带塔式起重机

二、塔式起重机的选择

塔式起重机的选择原则：根据所需最大起升高度选择起重机的类型；根据所需吊运的不同距离和不同起重量来确定起重机的型号。具体地讲，塔式起重机要满足起重力矩、幅度、起重量和起升高度这 4 个主要技术参数要求（见图 6-5）。

图 6-5　塔式起重机主要技术参数示意

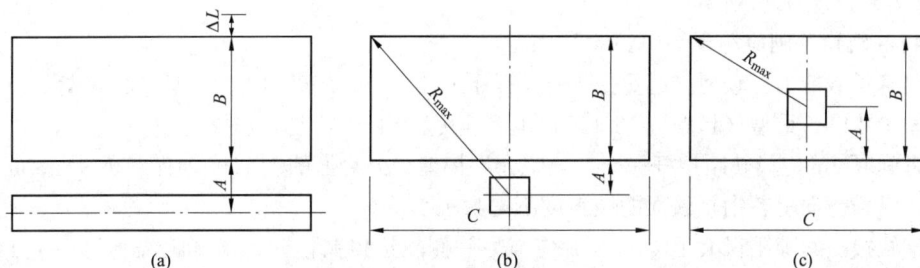

1. 幅度

幅度又称回转半径或工作半径，是从塔吊回转中心线至吊钩中心线的水平距离，包括最大幅度和最小幅度两个参数。

选择幅度应考虑起重机最大幅度，即塔式起重机旋转中心到吊钩中心最远的水平距离（此时起重量 Q 为最小），常用式（6-1）计算（见图 6-6）：

$$R_{max} = A + B + \Delta L \tag{6-1}$$

式中：A 为安全操作距离；B 为建筑物的全宽（包括阳台、雨棚等）；ΔL 为便于安装就位所需裕量，常取 $\Delta L = 1.5 \sim 2m$。

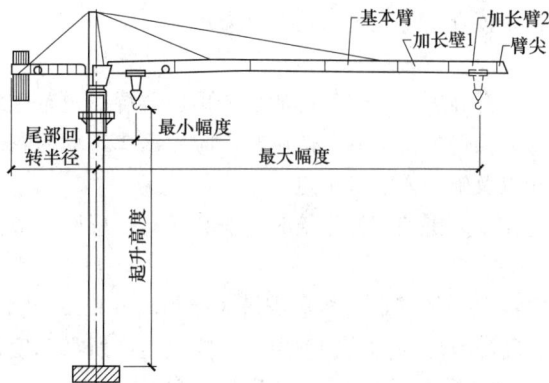

图 6-6　塔式起重机幅度的确定
（a）轨道式；（b）附着式和固定式；（c）内爬式

轨道式塔式起重机安全操作距离 A 取自轨道中心至建筑凸出部分外墙皮之间的距离。

若施工中要搭设外脚手架，应取轨道中心至外脚手架边线的距离，并另加 $0.7 \sim 1m$ 的安全裕量。

当采用附着式塔式起重机进行高层建筑施工时，塔式起重机的最大幅度应满足：

$$R_{max} \geqslant [(C/2)^2 + (A+B)^2]^{1/2} \tag{6-2}$$

当采用内爬式塔式起重机进行高层建筑施工时，塔式起重机的最大幅度应满足：

$$R_{max} \geqslant [(C/2)^2 + (B-A)^2]^{1/2} \tag{6-3}$$

2. 起重量

起重量包括最大幅度时的起重量和最大起重量两个参数。起重量包括重物、吊索及铁扁担或容器等的自重。

选用塔式起重机进行吊装施工时，首先应检查最大幅度起重量是否满足要求，即最大幅度起重量应大于构件重量及吊具重量的总和并留有一定的裕量（1.1～1.2倍）。

3. 起重力矩

起重力矩是指幅度和与之相对应的起重量的乘积。塔吊的额定起重力矩是反映塔吊起重能力的首要指标。在进行塔吊选型时，初步确定起重量和幅度参数后，还必须根据塔吊技术说明书给出的数据，核查是否超过额定起重力矩。

4. 起升高度

起升高度是轨道基础的轨道顶面或混凝土基础顶面至吊钩中心的垂直距离，其大小与塔身高度及臂架构造类型有关。选用时，应根据建筑物的总高度、预制构件或部件的最大高度，脚手架构造尺寸以及施工方法等确定。

在吊装拼装结构建筑时，安装最高一层墙板或大模板所必需的起升高度可按式（6-4）计算：

$$H = H_1 + H_2 + H_3 + H_4 \tag{6-4}$$

式中：H 为塔式起重机所需最大起吊高度；H_1 为建筑物总高度（包含高出建筑物脚手架或附属物的高度）；H_2 为建筑物顶层人员安全生产所需高度，一般取 2m；H_3 为构件高度，对预制壁板可取 3m，对大模板可取 3.5m 或实长；H_4 为吊索高度，一般取 2m。

在选用塔式起重机时可做如下安排：对于一般 9～13 层高层建筑，宜选用轨道式上回转塔式起重机和轨道式下回转塔式起重机，以后者效益较好。对于 13～18 层的高层建筑，可选用轨道式上回转塔式起重机或上回转自升式塔式起重机，以前者费用较省。对于 18～30 层，应根据建筑构造设计和使用条件，选择参数合适的附着式自升塔式起重机或内爬式塔式起重机。30 层以上高层建筑，应优先选用内爬式塔式起重机。

三、塔式起重机基础和附着件的构造与施工

（一）塔式起重机基础要求

起重机的轨道基础应符合下列要求。

（1）路基承载能力：轻型（起重量 30kN 以下）应为 60～100kPa；中型（起重量 31～150kN）应为 101～200kPa；重型（起重量 150kN 以上）应为 200kPa 以上。

（2）每间隔 6m 应设轨距拉杆一个，轨距允许偏差为公称值的 1/1000，且不超过±3mm。

（3）在纵横方向上，钢轨顶面的倾斜度不得大于 1/1000。

（4）钢轨接头间隙不得大于 4mm，并应与另一侧轨道接头错开，错开距离不得小于 1.5m，接头处应架在轨枕上，两轨顶高度差不得大于 2mm。

（5）距轨道终端 1m 处必须设置缓冲止挡器，其高度不应小于行走轮的半径。在距轨道终端 2m 处必须设置限位开关碰块。

（6）鱼尾板连接螺栓应紧固，垫板应固定牢靠。

起重机的混凝土基础应符合下列要求。

（1）基础高度不宜小于 1000mm，不宜采用坡形或台阶形截面的基础；混凝土强度等级不低于 C35。

（2）基础表面平整度允许偏差 1/1000。

（3）埋设件的位置、标高和垂直度以及施工工艺符合出厂说明书要求。

（4）塔式起重机的底部所设基础可分为分离式、整体式和格构式（钢柱）几种。

1）整体式钢筋混凝土基础大多采用方形基础，这是施工现场最常用的一种基础形式。该类型基础的特点是能靠近建筑物，增大塔吊的有效作业面，混凝土基础本身还起到压重的作用（见图 6-7）。

2）十字梁底架的固定式塔吊也可以采用分离式钢筋混凝土基础。塔吊的十字梁底架的四角分别安装在四块钢筋混凝土的基础上。混凝土尺寸应按混凝土基础下地基强度来决定。不同型号的塔吊应按照塔吊使用说明书的要求,确定混凝土基础的边长与高度尺寸(见图6-8)。

图6-7 方形基础

图6-8 十字梁基础

3)在高层建筑施工中,因受施工场地限制,深基坑及多层地下室施工复杂的需要,塔吊往往不能按常规安装。为解决这一矛盾,实现塔吊起重臂最大有效工作面的覆盖,满足地下室施工的需

要,塔吊基础可采用组合式基础,组合式基础由钢筋混凝土承台或钢梁承台(见图6-9)、钢格构柱或钢柱(见图6-10)、灌注桩或钢管桩等组成(见图6-11、图6-12、图6-13),该基础充分利用施工现场的空间,提高了塔吊的利用率。

组合式基础施工步骤如下。

(1)在选定的塔吊位置上,按地质报告提供的相关土层资料进行设计,一般施工4根钻孔灌注桩或钢管桩,将预制的钢格构柱与灌注桩桩基的钢筋笼焊接后,同时浇筑钻孔灌注桩桩基的混凝土或将钢管柱焊接在钢管桩上。

(2)钢格构柱或钢管柱上端露出地面,并在上端浇筑钢筋混凝土承台或设置钢梁承台,然后安装塔吊,再开挖土方投入施工。

图6-9 格构柱钢梁承台组合基础

图6-10 钢格构柱混凝土承台组合基础

图6-11 钢管柱与塔吊的连接

图 6-12　塔吊与钢管柱连接施工

图 6-13　钢管柱钢梁承台组合基础

钢格构柱或钢管柱在塔吊与基础之间起着承上启下的连接作用，也可定性为塔身的延伸。故钢格构柱或钢管柱应参照塔吊的技术参数，按照现行国家标准《钢结构设计规范》（GB 50017）的要求进行设计与制作。

起重机的轨道基础或混凝土基础应验收合格后，方可使用。

图 6-14　附着式塔式起重机的附着装置

（二）塔式起重机附着件的构造和施工

附着式塔式起重机的塔身接高到设计规定的独立高度后，须使用锚固装置将塔身与建筑物相连接，以减少塔身的自由高度，保持塔式起重机的稳定性，减少塔身内力，提高起重能力。附着装置由附着框架、附着杆和附着支座组成，它主要是塔式起重机与建筑物固定，起依附作用（见图 6-14）。

塔吊塔身与建筑物墙（柱）面之间的附着杆平面布置形式，常用的如图 6-15 所示，附墙距离一般为 4.1～6.5m，距离大的可达 10m，个别情况也可达 15m。

附着距离在 6.5～10m 的，也可采用图 6-15 所示的布置形式，附着杆可借用标准附着杆适当加长或加固，必要时在一个附着点上下各设置一道附着杆。对 15m 或超出 15m 的附着杆，可采用三角截面空间桁架式附着杆系，如图 6-15（g）所示，并可用作桁桥，供司机登机操作之用。

附着式塔式起重机的附着层次，以正在施工的建筑物高度、起重机塔身结构、塔身自由高度而定，一般按塔吊厂家设计要求设置。

塔式起重机的附着锚固应按使用说明书的规定进行，一般应注意下列几点。

（1）根据建筑施工总高度、建筑结构特点及施工进度要求制订附着方案。

（2）起重机附着的建筑物，其锚固点的受力强度应满足起重机的设计要求。附着杆系的布置方式、相互间距和附着距离等，应按出厂使用说明书规定执行。有变动时，应另行设计。

（3）装设附着框架和附着杆件，应采用经纬仪测量塔身垂直度，并应采用附着杆进行调整，在最高锚固点以下垂直度允许偏差为 2/1000。

（4）在附着框架和附着支座布设时，附着杆倾斜角不得超过 10°。

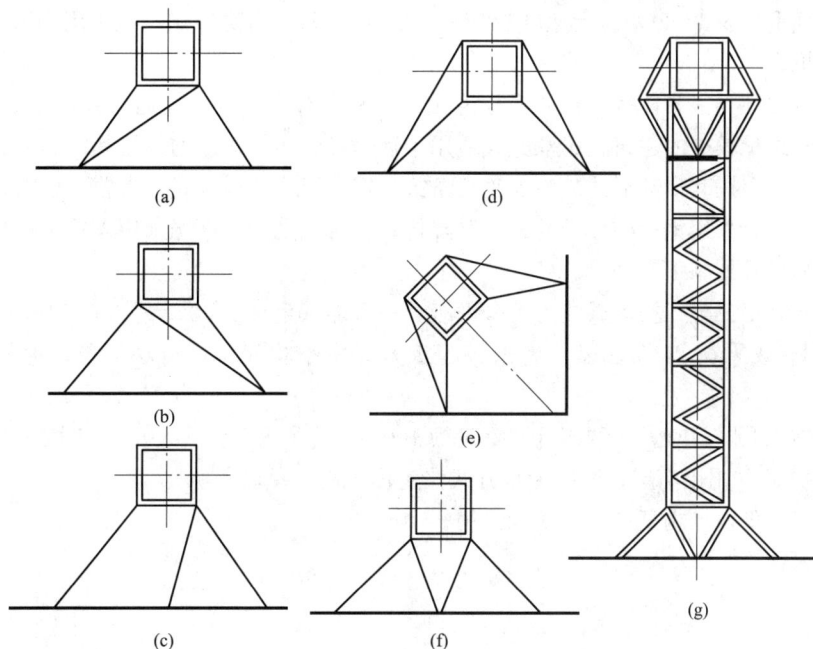

图 6-15　附着杆平面布置形式

(a)、(b)、(c) 三杆式附着杆系；(d)、(e)、(f) 四杆式附着杆系；(g) 空间桁架式附着杆

（5）附着框架宜设置在塔身标准节连接处，箍紧塔身。塔架对角处在无斜撑时应加固。

（6）塔身顶升接高到规定锚固间距时，应及时增设与建筑物的锚固装置。塔身高出锚固装置的自由端高度，应符合出厂规定。

（7）起重机作业过程中，应经常检查锚固装置，发现松动或异常情况时，应立即停止作业，故障未排除，不得继续作业。

（8）拆卸起重机时，应随着降落塔身的进程拆卸相应的锚固装置。

（9）遇到六级及以上大风时，严禁安装或拆卸锚固装置。

（10）锚固装置的安装、拆卸、检查和调整，均应有专人负责，工作时应系安全带和戴安全帽，并应遵守高处作业有关安全操作的规定。

（11）轨道式起重机作附着式使用时，应提高轨道基础的承载能力和切断行走机构的电源，并应设置阻挡行走轮移动的支座。

（12）应对布设附着支座的建筑物构件进行强度验算（附着荷载的取值，一般塔式起重机使用说明书均有规定），如强度不足，须采取加固措施。构件在布设附着支座处应加配钢筋并适当提高混凝土的强度等级。安装锚固装置时，附着支座处的混凝土强度必须达到设计要求。附着支座须固定牢靠，其与建筑物构件之间的空隙应嵌塞紧密。

第二节　施工升降机

一、施工升降机的类型和适用范围

施工升降机（又称外用电梯、施工电梯、附着式升降机）是用吊笼载人、载物沿导轨做上下运输的施工机械。用于运载人员及货物的施工升降机称作人货两用施工升降机；用于运载货物，禁止运载人员的施工升降机称作货用施工升降机（物料提升机）。施工升降机在施工现场通常是配合塔吊使用，一般载重量为 1～3t，运行速度为 1～60m/min。每一台高层建筑施工用的塔吊应至少配备一台施工升降机。

施工升降机的种类很多，按运行方式分为无对重和有对重两种；按构造分为单笼式和双笼式，单笼式适用于输送量较少的建筑物；双笼式适用于运输量较多的建筑物。按其控制方式分为手动控制式和自动控制式；按其传动形式分为齿轮齿条式、钢丝绳式和混合式。齿轮齿条式是采用齿轮齿条传动；钢丝绳式是采用钢丝绳提升的施工升降机；混合式是一个吊笼采用齿轮齿条传动，另一个吊笼采用钢丝绳提升的施工升降机。

齿轮齿条式施工升降机按承载能力可分两级，一级能载重量 1000kg 或乘员 11～12 人，另一级能载重量 2000kg 或乘员 24 名。齿轮齿条式施工升降机结构简单，传动平稳，为较多机型采用（见图 6-16）。

钢丝绳式施工升降机有人货两用（载重量为 1000kg 或乘员 8～10 人）（见图 6-17）和只载货（载重量为 1000kg）（用于高层，又称为自升式快速提升机）两种。

混合式施工升降机结构复杂，已很少采用。

图 6-16 齿轮齿条式施工升降机　　　　图 6-17 钢丝绳式人货两用施工升降机

其中，只载货不载人的物料提升机，因构造简单，制作容易，安装拆卸和使用方便，价格低，是一种投资少、输送效率高的机械设备。它可作为塔吊的辅助机械，在特定条件下也可独立承担运输工作。物料提升机的类型主要有以下几类。

（1）井架是用型钢或钢管加工的定型井架。井架多为单孔井架（见图 6-18），但也可构成两孔或多孔井架。井架通常带一根起俯式悬臂桅杆和吊笼。桅杆一般长 8m，起重量为 1000kg 左右，供吊运钢筋和长尺寸材料使用，吊笼和桅杆各用一台卷扬机，吊笼起重量为 1000～1500kg，其中可放置运料的手推车或其他散装材料。单孔井架搭设高度可达 40m，需设缆风绳保持井架的稳定，也可以通过附着杆系与建筑物拉结而不设缆风绳。两孔井架搭设高度可达 60m，30m 以下架体只需固定在混凝土基座上，无须设缆风绳，30m 以上，需与建筑物拉结，通过两道扶着装置锚固于建筑物上。三孔井架最高可搭设 100m，采用附墙固定，三个井孔连成一体，整体性好。井架每孔独立配一台卷扬机驱动，互不干扰，每台吊笼起重量为 1500～2000kg，提升速度为 55～60m/min，最大达

140m/min。

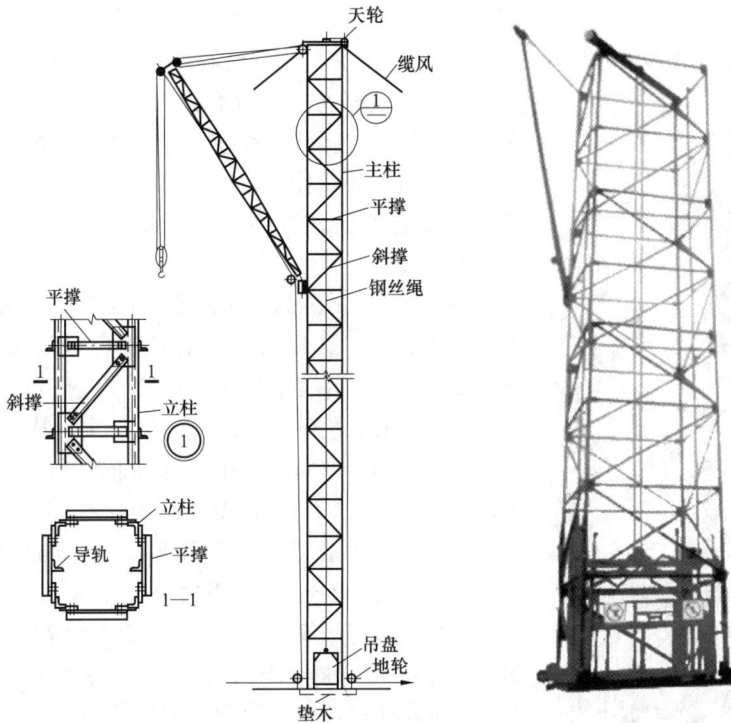

图 6-18　单孔井架

（2）龙门架是由两根三角形截面或矩形截面的立杆及横梁（天轮梁）组成的门式架（见图 6-19）。最大起重量为 1500kg，最大提升高度为 65m，架体通过附墙设施与建筑物相连，多层建筑可以用缆风绳，保持稳定。也可使用三柱门架式双笼升降机，供运材料用，架设高度可达150m，配套卷扬机为 2000kg（见图 6-20）。

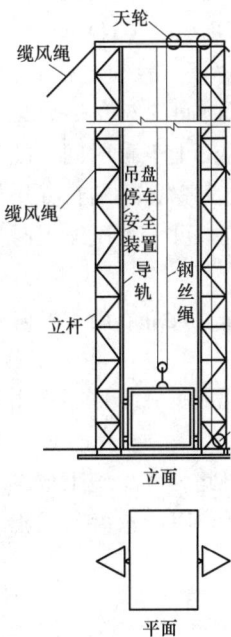

图 6-19　龙门架

图 6-20　三柱门架式双笼升降机

（3）自升式快速提升机由标准节、基础节、顶升套架、顶升系统、吊笼、料斗、附墙装置、快速卷扬机、绳轮系统以及安全装置等组合而成，一般备有两个吊笼，分设于塔架两侧，吊笼与料斗可以互换使用；两个吊笼可同时升降，互不干扰；机架通过附着装置与建筑物拉结，塔架刚度好，工作稳固；快速卷扬机装有频繁变阻器和涡流制动调速系统，速度可以调节，空斗能高速下降，制动平稳。这种提升机在结构施工阶段主要用作高层建筑施工中大量混凝土施工的垂直运输，而在装修阶段，则用于运输砂浆及其他大宗装修材料（见图 6-21）。

根据 GB/T 10054—2005 的规定，施工升降机型号由组、型、特性、主要参数和变型更新等代号组成。其型号说明如下：组代号中，S 表示施工升降机；型代号中，C 表示齿轮齿条式，S 表示钢丝绳式，H 表示混合式。特征代号指对重代号或导轨架代号。对重代号中，有对重时标注 D，无对重时省略。导轨架代号中，对于 SC 型施工升降机，三角形截面标注 T，矩形或片式截面省略，倾斜式或曲线式导轨架则不论何种截面均标注 Q；对于 SS 型施工升降机，导轨架为两柱时标注 E，单柱导轨架内包容吊笼时标注 B，不包容时省略。主参数代号中，额定载重量×0.1kg，单吊笼施工升降机只标注一个数值，双吊笼施工升降机标注两个数值，用符号"/"分开，每个数值均为一个吊笼的额定载重量代号。对于 SH 型施工升降机，前者为齿轮齿条传动吊笼的额定载重量代号，后者为钢丝绳提升吊笼的额定载重量代号。变型更新代号用大写汉语拼音字母表示。

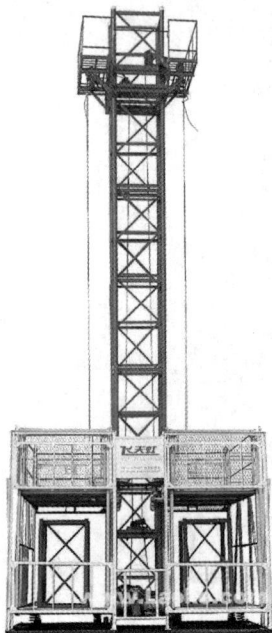

图 6-21 钢丝绳式货用施工升降机
（自升式快速提升机）

例如，齿轮齿条式施工升降机，双吊笼有对重，一个吊笼的额定载重量为 2000kg，另一个吊笼的额定载重量为 2500kg，导轨架横截面为矩形，其型号表示为：施工升降机 SCD200/250（GB/T 10054）；又如钢丝绳式施工升降机，单柱导轨架横截面为矩形，导轨架内包容一个吊笼，额定载重量为 3200kg，第一次变型更新，其型号表示为：施工升降机 SSB320A（GB/T 10054）。

二、施工升降机的应用

施工升降机主要用于运送人员上下楼层，运送人员所用的时间占运营时间的 60%～70%，运货仅占 30%～40%。统计资料表明，施工人员沿楼梯进出施工部位所耗用的上下班时间，随楼层增高而急剧增加。如施工建筑物为 10 层楼，每名工人上下班所占用的时间为 30min，自 10 层楼以上，每增高一层平均约增加 5～10min。但采用施工升降机运送工人上下班，可大大压缩工时损失和提高功效。

施工升降机在运量达到高峰时，可以采取低层不停、高层间隔停的方法。此外，施工升降机使用时要注意夜间照明及与结构的连接。

一台施工升降机的服务楼层约为 600m²。在配置施工升降机时可参考此数据并尽可能选用双吊箱式施工电梯。

钢丝绳式施工升降机造价仅为齿轮齿条式施工升降机的 2/5～1/2，因此为减少施工成本，20 层以下的高层建筑，可采用钢丝绳式施工升降机，20 层以上的高层建筑可采用齿轮齿条式施工升降机。

施工升降机安装的位置应尽量满足下列要求。

（1）有利于人员和物料的集散。

（2）各种运输距离最短。

（3）方便附墙装置安装和设置。

（4）接近电源，有良好的夜间照明，便于司机观察。

第三节　脚 手 架 工 程

施工中的脚手架种类很多，脚手架是为建筑施工而搭设的上料、堆料与施工作业用的临时结构架。常用的有扣件式脚手架、承插型盘扣式脚手架、碗口式脚手架、门式组合脚手架、悬挑式脚手架、附着式升降脚手架等，可根据建筑物的具体要求、现场工具设备条件、各地的操作习惯以及技术经济效果等加以选用。

按用途分，有以下几类。

（1）操作（作业）脚手架。又分为结构作业脚手架（俗称"砌筑脚手架"）和装修脚手架。其架面施工荷载标准值分别规定为 $3kN/m^2$ 和 $2kN/m^2$。结构作业脚手架是用于砌筑和结构工程施工作业的脚手架。装修脚手架是用于装修工程施工作业的脚手架。

（2）防护用脚手架。架面施工（搭设）荷载标准值可按 $1kN/m^2$ 计。

（3）承重、支撑用脚手架。架面荷载按实际使用值计。

按内外立杆分，有以下几类。

（1）单排脚手架（单排架）：只有一排立杆，横向水平杆的一端搁置在墙体上的脚手架。

（2）双排脚手架（双排架）：由内外两排立杆和水平杆等构成的脚手架。

单排脚手架不适用于下列情况。

（1）墙体厚度小于或等于 180mm。

（2）建筑物高度超过 24m。

（3）空斗砖墙、加气块墙等轻质墙体。

（4）砌筑砂浆强度等级小于或等于 M1.0 的砖墙。

一、扣件式钢管脚手架

（一）扣件式钢管脚手架基本构造

扣件式钢管脚手架是由标准的钢管扣件（立杆、横杆和斜杆）和特制扣件做连接件组成的脚手架骨架与脚手板、防护构配件、连墙件等搭设而成的，是目前最常见的一种脚手架（见图 6-22）。

钢管一般采用外径 48.3mm，壁厚 3.6mm 的焊接钢管，也可采用同规格的无缝钢管。其化学成分和机械性能应符合相关标准规定，有严重锈蚀、弯曲、压扁、损伤和裂缝者不得使用。立杆、纵向水平杆的钢管长度一般为 4~6m，或每根最大质量以不超过 25.8kg 为宜。横向水平杆一般长为 1.9~2.2m。

根据钢管在脚手架中的位置和作用不同，钢管则可分为立杆、纵向水平杆、横向水平杆、剪刀撑、水平斜拉杆等，其作用如下。

（1）立杆。平行于建筑物并垂直于地面，是把脚手架荷载传递给基础的受力杆件。

（2）纵向水平杆。平行于建筑物并在纵向水平连接各立杆，是承受并传递荷载给立杆的受力杆件。

（3）横向水平杆。垂直于建筑物并在横向水平连接内、外排立杆，是承受并传递荷载给立杆的受力杆件。

（4）剪刀撑。设在脚手架外侧面并与墙面平行的十字交叉斜杆，可增强脚手架的纵向刚度。

（5）连墙杆。连接脚手架与建筑物，是既要承受并传递荷载，又要防止脚手架横向失稳的受力杆件。

（6）水平斜拉杆。设在有连墙杆的脚手架内、外排立杆间的步架平面内的"之"字形斜杆，可

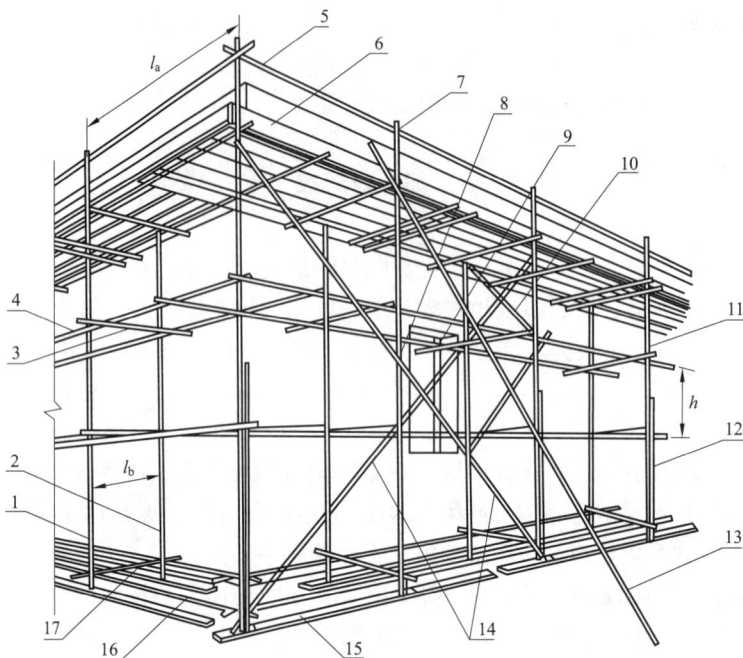

图 6-22　扣件式钢管脚手架构造

1—外立杆；2—内立杆；3—横向水平杆；4—纵向水平杆；5—栏杆；6—挡脚板；7—直角扣件；8—旋转损件；9—连墙杆；
10—横向斜撑；11—主立杆；12—副立杆；13—抛撑；14—剪刀撑；15—垫板；16—纵向扫地杆；17—横向扫地杆

增强脚手架的横向刚度。

（7）纵向水平扫地杆。连接立杆下端，是距底座下皮 200mm 处的纵向水平杆，起约束立杆底端在纵向发生位移的作用。

（8）横向水平扫地杆。连接立杆下端，是位于纵向水平扫地杆上方处的横向水平杆，起约束立杆底端在横向发生位移的作用。

连接件用可锻铸铁扣件有三种，即：直角扣件，作两根垂直相交的钢管连接用（见图 6-23）；旋转扣件，供两根任意相交钢管连接用（见图 6-24）；对接扣件，供对接钢管用（见图 6-25）。扣件质量应符合《钢管脚手架扣件》（GB 15831）中的有关规定。当扣件螺栓拧紧力矩达 65 N·m 时扣件不得破坏。

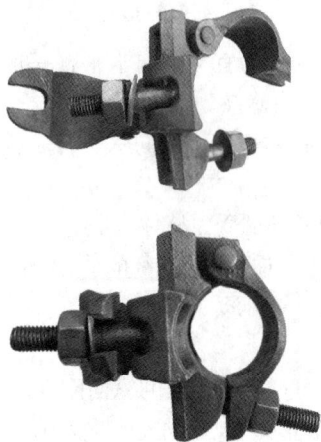

图 6-23　直角扣件　　　　图 6-24　旋转扣件　　　　图 6-25　对接扣件

脚手板可用钢、木、竹等材料制作，每块质量不宜大于30kg。冲压钢脚手板是常用的一种，一般用厚2mm的钢板压制而成，长度2～4m，宽度250mm，表面应有防滑措施。木脚手板可采用厚度不小于50mm的杉木板或松木制作，长度3～4m，宽度200～250mm，两端均应设镀锌钢丝箍两道，以防止木脚手板端部破坏。竹脚手板，则应用毛竹或楠竹制成竹串片板及竹笆板（见图6-26）。

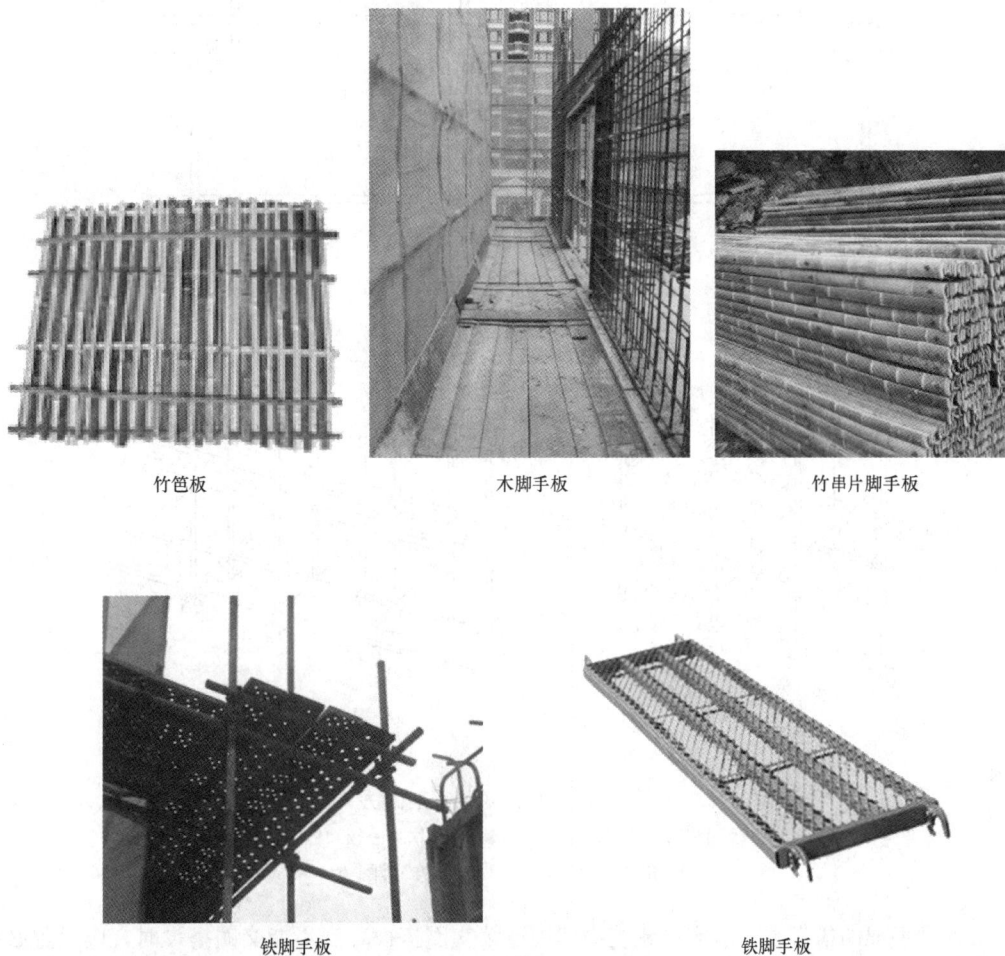

竹笆板　　　　　　　　　　　木脚手板　　　　　　　　　　　竹串片脚手板

铁脚手板　　　　　　　　　　　　　　　铁脚手板

图6-26　脚手片形式

中国北方一般采用冲压钢脚手板、木脚手板和竹串片脚手板，使用上述脚手板时，横向水平杆（小横杆）必须在纵向水平杆（大横杆）之上来支承脚手板，因此通俗称扣件式脚手架北方做法［见图6-27（a）］；中国南方一般采用竹笆脚手板横向铺盖，要求纵向水平杆（大横杆）必须在横向水平杆（小横杆）之上来支承脚手板，因此通俗称扣件式脚手架南方做法［见图6-27（b）］

（二）扣件式钢管脚手架的构造要求

1. 基本要求

（1）脚手架必须有足够的承载能力、刚度和稳定性，在施工中各种荷载作用下不发生失稳倒塌以及超过规范许可要求变形、倾斜、摇晃或扭曲现象，以确保安全使用。

（2）高度超过24m的脚手架，禁止使用单排脚手架。高层外脚手架一般均超过24m，应搭设双排脚手架；高度一般不超过50m，超过50m时，应通过设计计算，采取分段搭设，分段卸荷。

（3）脚手架搭设在纵向水平杆与立杆的交点处必须设置横向水平杆，并与纵向水平杆卡牢。立杆下应设底座和垫板。整个架子应设置必要的支撑和连墙点，以保证脚手架构成一个稳固的整体。

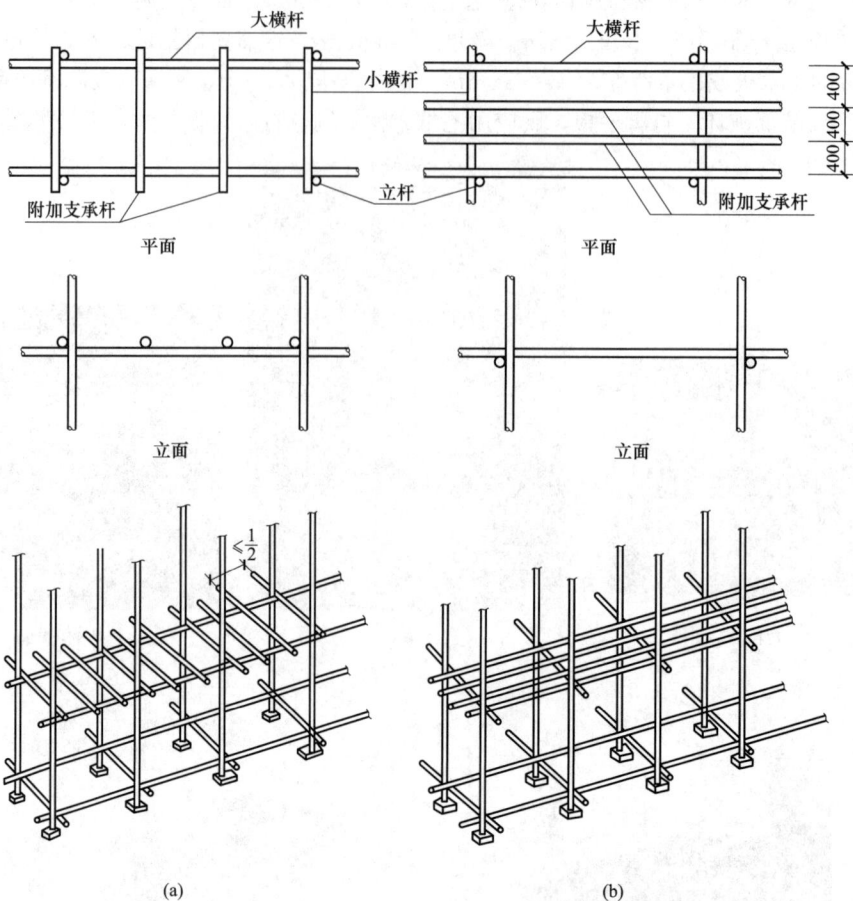

图 6-27 扣件式脚手架做法
(a) 扣件式脚手架北方做法（冲压钢脚手板、木脚手板和竹串片脚手板）；
(b) 扣件式脚手架南方做法（竹笆脚手板）

（4）外脚手架的搭设，一般应沿建筑物四周连续交圈搭设，当不能交圈搭设时，应设置必要的横向"之"字支撑，端部应加设连墙点加强。

（5）脚手架搭设应满足工人操作，材料、模板工具临时堆放及运输等使用要求，并应保证搭设升高、周转脚手板和操作安全方便。

2. 脚手架立杆基础要求

（1）搭设高度在 25m 以下时，可素土夯实找平，上面铺宽度不少于 20cm、5cm 厚木板，长度为 2m 时可垂直于墙面放置，当板长为 4m 左右时可平行于墙放置。

（2）搭设高度在 25~50m 时，应根据现场地耐力情况设计基础做法或采用回填土分层夯实达到要求时，可用枕木支垫，或在地基上加铺 20cm 厚道碴，其上铺设混凝土预制板，再仰铺 12~16 号槽钢。

（3）搭设高度超过 50m 时，应进行计算并根据地耐力设计基础做法或于地面 1m 深处采用灰土地基或浇注 50cm 厚混凝土基础，其上采用枕木支垫。

（4）立杆基础也可以采用底座。搭设时将木垫板铺平放好底座，再将立杆放入底座内。其底座形式如下。

1）金属底座由Φ60，长150mm套管和150mm×150mm×8mm钢板焊制而成。

2）钢筋水泥底座，由钢筋Φ68根两层C20混凝土浇筑而成。规格200mm×200mm×100mm，插孔Φ60mm，深30mm。

（5）立杆基础应有排水措施。一般采取两种方法：一种是在地基平整过程中，有意从建筑物根部向外放点坡，一般取5°，便于水流出；另一种是在距建筑物根部外2.5m处挖排水沟排水。总而言之，脚手架立杆基础不得让水渍、浸泡。

3．搭设尺寸要求

扣件式钢管脚手架常用设计尺寸见表6-1、表6-2。

表6-1　　　　　　常用密目式安全立网全封闭式双排脚手架的设计尺寸　　　　　　　m

连墙件设置	立杆横距 l_b	步距 h	下列荷载时的立杆纵距 l_a（m）				脚手架允许搭设高度 [H]
			2+0.35 (kN/m²)	2+2+2×0.35 (kN/m²)	3+0.35 (kN/m²)	3+2+2×0.35 (kN/m²)	
二步三跨	1.05	1.5	2.0	1.5	1.5	1.5	50
		1.80	1.8	1.5	1.5	1.5	32
	1.30	1.5	1.8	1.5	1.5	1.5	50
		1.80	1.8	1.2	1.5	1.2	30
	1.55	1.5	1.8	1.5	1.5	1.5	38
		1.80	1.8	1.2	1.5	1.2	22
三步三跨	1.05	1.5	2.0	1.5	1.5	1.5	43
		1.80	1.8	1.2	1.5	1.2	24
	1.30	1.5	1.8	1.5	1.5	1.2	30
		1.80	1.8	1.2	1.5	1.2	17

注　1. 表中所示2+2+2×0.35（kN/m²），包括下列荷载：2+2（kN/m²）为二层装修作业层施工荷载标准值；2×0.35（kN/m²）为二层作业层脚手板自重荷载标准值。

2. 作业层横向水平杆间距，应按不大于 $l_a/2$ 设置。

3. 地面粗糙度为B类，基本风压 $w_0=0.4$kN/m²。

表6-2　　　　　　常用密目式安全立网全封闭式单排脚手架的设计尺寸　　　　　　　m

连墙件设置	立杆横距 l_b	步距 h	下列荷载时的立杆纵距 l_a（m）		脚手架允许搭设高度 [H]
			2+0.35 (kN/m²)	3+0.35 (kN/m²)	
二步三跨	1.20	1.5	2.0	1.8	24
		1.80	1.5	1.2	24
	1.40	1.5	1.8	1.5	24
		1.80	1.5	1.2	24
三步三跨	1.20	1.5	2.0	1.8	24
		1.80	1.2	1.2	24
	1.40	1.5	1.8	1.5	24
		1.80	1.2	1.2	24

注　同上。

4. 脚手架纵向水平杆、横向水平杆、脚手板

（1）纵向水平杆的构造应符合下列规定。

1）纵向水平杆应设置在立杆内侧，单根杆长度不应小于 3 跨。

2）纵向水平杆接长应采用对接扣件连接或搭接，并应符合下列规定。

① 两根相邻纵向水平杆的接头不应设置在同步或同跨内；不同步或不同跨两个相邻接头在水平方向错开的距离不应小于 500mm；各接头中心至最近主节点的距离不应大于纵距的 1/3（见图 6-28）。

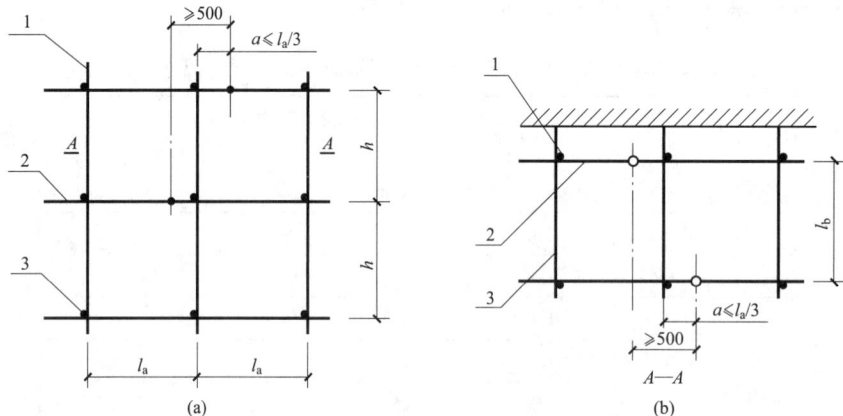

图 6-28　纵向水平杆对接接头布置
（a）接头不在同步内（立面）；（b）接头不在同跨内（平面）
1—立杆；2—纵向水平杆；3—横向水平杆

② 搭接长度不应小于 1m，应等间距设置 3 个旋转扣件固定；端部扣件盖板边缘至搭接纵向水平杆杆端的距离不应小于 100mm。

3）当使用冲压钢脚手板、木脚手板、竹串片脚手板时，纵向水平杆应作为横向水平杆的支座，用直角扣件固定在立杆上；当使用竹笆脚手板时，纵向水平杆应采用直角扣件固定在横向水平杆上，并应等间距设置，间距不应大于 400mm（见图 6-29）。

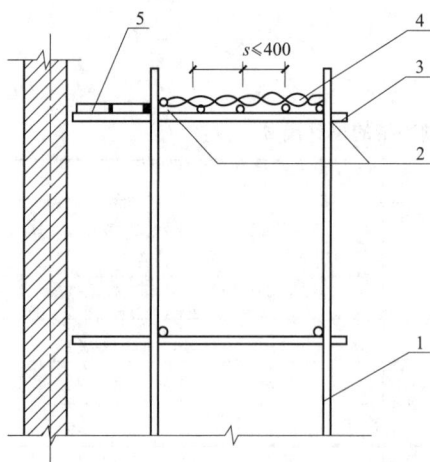

图 6-29　铺竹笆脚手板时纵向水平杆的构造
1—立杆；2—纵向水平杆；3—横向水平杆；
4—竹笆脚手板；5—其他脚手板

（2）横向水平杆的构造应符合下列规定。

1）作业层上非主节点处的横向水平杆，宜根据支承脚手板的需要等间距设置，最大间距不应大于纵距的 1/2。

2）当使用冲压钢脚手板、木脚手板、竹串片脚手板时，双排脚手架的横向水平杆两端均应采用直角扣件固定在纵向水平杆上；单排脚手架的横向水平杆的一端应用直角扣件固定在纵向水平杆上，另一端应插入墙内，插入长度不应小于 180mm。

3）当使用竹笆脚手板时，双排脚手架的横向水平杆的两端，应用直角扣件固定在立杆上；单排脚手架的横向水平杆的一端，应用直角扣件固定在立杆上，另一端插入墙内，插入长度不应小于 180mm。

（3）主节点处（见图6-30）必须设置一根横向水平杆，用直角扣件扣接且严禁拆除。

（4）脚手板的设置应符合下列规定。

1）作业层脚手板应铺满、铺稳、铺实。

2）冲压钢脚手板、木脚手板、竹串片脚手板等，应设置在三根横向水平杆上。当脚手板长度小于2m时，可采用两根横向水平杆支承，但应将脚手板两端与横向水平杆可靠固定，严防倾翻。脚手板的铺设应采用对接平铺或搭接铺设。脚手板对接平铺时，接头处应设两根横向水平杆，脚手板外伸长度为130～150mm，两块脚手板外伸长度的和不应大于300mm［见图6-31（a）］；脚手板搭接铺设时，接头应支在横向水平杆上，搭接长度不应小于200mm，其伸出横向水平杆的长度不应小于100mm［见图6-31（b）］。

图6-30　主节点——立杆、纵向水平杆、
横向水平杆三杆紧靠的扣接点

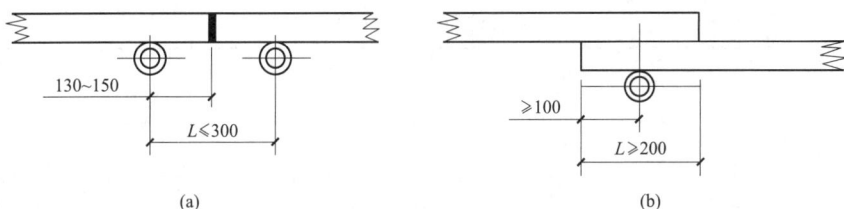

图6-31　脚手板对接、搭接构造
（a）脚手板对接；（b）脚手板搭接

3）竹笆脚手板应按其主竹筋垂直于纵向水平杆方向铺设，且应对接平铺，4个角应用直径不小于1.2mm的镀锌钢丝固定在纵向水平杆上。

4）作业层端部脚手板探头长度应取150mm，其板的两端均应固定于支承杆件上。

5. 脚手架立杆

（1）每根立杆底部宜设置底座或垫板。

（2）脚手架必须设置纵、横向扫地杆。纵向扫地杆应采用直角扣件固定在距钢管底端不大于200mm处的立杆上。横向扫地杆应采用直角扣件固定在紧靠纵向扫地杆下方的立杆上。

（3）脚手架立杆基础不在同一高度上时，必须将高处的纵向扫地杆向低处延长两跨与立杆固定，高低差不应大于1m。靠边坡上方的立杆轴线到边坡的距离不应小于500mm（见图6-32）。

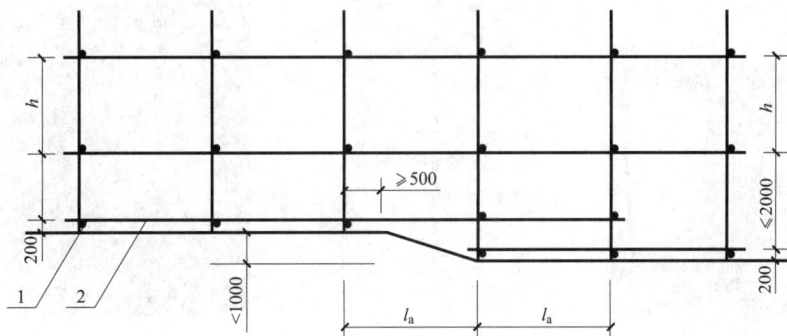

图6-32　纵、横向扫地杆构造
1—横向扫地杆；2—纵向扫地杆

（4）单、双排脚手架底层步距均不应大于2m。

（5）单排、双排与满堂脚手架立杆接长除顶层顶步外，其余各层各步接头必须采用对接扣件连接。

（6）脚手架立杆的对接、搭接应符合下列规定。

1）当立杆采用对接接长时，立杆的对接扣件应交错布置，两根相邻立杆的接头不应设置在同步内，同步内隔一根立杆的两个相隔接头在高度方向错开的距离不宜小于500mm；各接头中心至主节点的距离不宜大于步距的1/3。

2）当立杆采用搭接接长时，搭接长度不应小于1m，并应采用不少于2个旋转扣件固定。端部扣件盖板的边缘至杆端距离不应小于100mm。

（7）脚手架立杆顶端栏杆宜高出女儿墙上端1m，宜高出檐口上端1.5m。

6. 脚手架的连墙件

（1）脚手架连墙件设置的位置、数量应按专项施工方案确定。

（2）脚手架连墙件数量的设置除应满足规范的计算要求外，还应符合表6-3的规定。

表6-3   连墙件布置最大间距

脚手架高度		竖向间距 （h）	水平间距 （l_a）	每根连墙件覆盖面积 （m²）
双排	≤50m	3h	$3l_a$	≤40
	>50m	2h	$3l_a$	≤27
单排	≤24m	3h	$3l_a$	≤40

注　h—步距；l_a—纵距。

（3）连墙件的布置应符合下列规定。

1）应靠近主节点设置，偏离主节点的距离不应大于300mm。

2）应从底层第一步纵向水平杆处开始设置，当该处设置有困难时，应采用其他可靠措施固定。

3）应优先采用菱形布置，或采用方形、矩形布置。

（4）开口型脚手架的两端必须设置连墙件，连墙件的垂直间距不应大于建筑物的层高，并且不应大于4m。

（5）连墙件中的连墙杆应呈水平设置，当不能水平设置时，应向脚手架一端下斜连接。

（6）连墙件必须采用可承受拉力和压力的构造。对高度24m以上的双排脚手架，应采用刚性连墙件与建筑物连接（见图6-33、图6-34）。

图6-33　刚性连墙件与柱连接　　　　　图6-34　刚性连墙件与梁连接示意图和现场照片对比

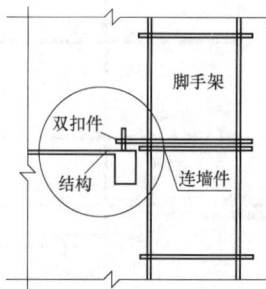

刚性连墙件与梁连接的具体做法是：用长40cm左右钢管预埋在结构混凝土梁内，预埋长度为

20cm，露出长度保留 20cm，然后再用钢管扣件与架体连接，并两跨逐层设置，如遇到剪力墙，尽量避开在剪力墙设置连墙件，如避不开可用 6.0cm 的 PC 管预埋在板墙处，PC 管两侧孔处必须封实，等模板拆除后用钢管、扣件连接。连墙件布置应靠近主节点设置，偏离主节点不应大于 30cm。脚手架必须配合施工进度搭设。一次搭设高度不应超过相邻连墙件以上两步。每搭设一步脚手架后，应按规范要求校正步距、纵距、横距及立杆的垂直度，确保连墙件拉结的可靠性。

（7）当脚手架下部暂不能设连墙件时应采取防倾覆措施。当搭设抛撑时，抛撑应采用通长杆件，并用旋转扣件固定在脚手架上，与地面的倾角应在 45°～60°；连接点中心至主节点的距离不应大于 300mm。抛撑应在连墙件搭设后再拆除。

（8）架高超过 40m 且有风涡流作用时，应采取抗上升翻流作用的连墙措施。

7. 脚手架的剪刀撑与横向斜撑

（1）双排脚手架应设置剪刀撑与横向斜撑，单排脚手架应设置剪刀撑。

（2）单、双排脚手架剪刀撑的设置应符合下列规定。

1）每道剪刀撑跨越立杆的根数应按表 6-4 的规定确定。每道剪刀撑宽度不应小于 4 跨，且不应小于 6m，斜杆与地面的倾角应在 45°～60°。

表 6-4　　　　　　　　　　　　剪刀撑跨越立杆的最多根数

剪刀撑斜杆与地面的倾角 α	45°	50°	60°
剪刀撑跨越立杆的最多根数 n	7	6	5

2）剪刀撑斜杆的接长应采用搭接或对接，搭接时搭接长度不应小于 1m，并应采用不少于 2 个旋转扣件固定。端部扣件盖板的边缘至杆端距离不应小于 100mm。

3）剪刀撑斜杆应用旋转扣件固定在与之相交的横向水平杆的伸出端或立杆上，旋转扣件中心线至主节点的距离不应大于 150mm。

（3）高度在 24m 及以上的双排脚手架应在外侧全立面连续设置剪刀撑；高度在 24m 以下的单、双排脚手架，均必须在外侧两端、转角及中间间隔不超过 15m 的立面上，各设置一道剪刀撑，并应由底至顶连续设置（见图 6-35）。

（4）双排脚手架横向斜撑的设置应符合下列规定：

1）横向斜撑应在同一节间，由底至顶层呈"之"字形连续布置，斜撑的固定应符合《建筑施工扣件式钢管脚手架安全技术规范》（JGJ 130—2011）第 6.5.2 条第二款的规定。

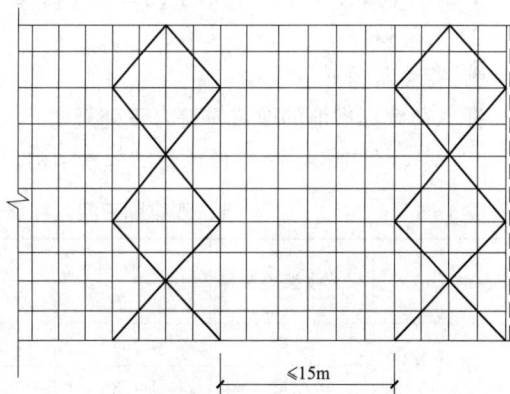

图 6-35　高度 24m 以下剪刀撑布置

2）高度在 24m 以下的封闭型双排脚手架可不设横向斜撑，高度在 24m 以上的封闭型脚手架，除拐角应设置横向斜撑外，中间应每隔 6 跨距设置一道。

（5）开口型双排脚手架的两端均必须设置横向斜撑。

8. 斜道

（1）人行并兼作材料运输的斜道的形式宜按下列要求确定。

1）高度不大于 6m 的脚手架，宜采用一字形斜道；

2）高度大于 6m 的脚手架，宜采用之字形斜道。

（2）斜道的构造应符合下列规定。

1）斜道应附着外脚手架或建筑物设置。

2）运料斜道宽度不应小于 1.5m，坡度不应大于 1：6；人行斜道宽度不应小于 1m，坡度不应大于 1：3。

3）拐弯处应设置平台，其宽度不应小于斜道宽度。

4）斜道两侧及平台外围均应设置栏杆及挡脚板。栏杆高度应为 1.2m，挡脚板高度不应小于 180mm。

5）运料斜道两端、平台外围和端部均应按《建筑施工扣件式钢管脚手架安全技术规范》（JGJ 130—2011）的规定设置连墙件；每两步应加设水平斜杆；并应按规定设置剪刀撑和横向斜撑。

（3）斜道脚手板构造应符合下列规定。

1）脚手板横铺时，应在横向水平杆下增设纵向支托杆，纵向支托杆间距不应大于 500mm。

2）脚手板顺铺时，接头应采用搭接，下面的板头应压住上面的板头，板头的凸棱处应采用三角木填顺。

3）人行斜道和运料斜道的脚手板上应每隔 250～300mm 设置一根防滑木条，木条厚度应为 20～30mm。

（三）扣件式钢管脚手架的荷载及其组合

1. 荷载分类

（1）作用于扣件式钢管脚手架上的荷载，可分为永久荷载（恒荷载）与可变荷载（活荷载）。

（2）单排架、双排架脚手架永久荷载应包含下列内容。

1）架体结构自重：包括立杆、纵向水平杆、横向水平杆、剪刀撑、扣件等的自重。

2）构、配件自重：包括脚手板、栏杆、挡脚板、安全网等防护设施的自重。

（3）单排架、双排架脚手架可变荷载应包含下列内容。

1）施工荷载：包括作业层上的人员、器具和材料等的自重。

2）风荷载。

2. 荷载标准值

永久荷载标准值的取值应符合下列规定。

（1）单、双排脚手架立杆承受的每米结构自重标准值，可按表 6-5 的规定取用。

表 6-5　　　　　　　　　单、双排脚手架立杆承受的每米结构自重标准值 g_k　　　　　　　　kN/m

步距（m）	脚手架类型	纵距（m）				
		1.2	1.5	1.8	2.0	2.1
1.20	单排	0.1642	0.1793	0.1945	0.2046	0.2097
	双排	0.1538	0.1667	0.1796	0.1882	0.1925
1.35	单排	0.1530	0.1670	0.1809	0.1903	0.1949
	双排	0.1426	0.1543	0.1660	0.1739	0.1778
1.50	单排	0.1440	0.1570	0.1701	0.1788	0.1831
	双排	0.1336	0.1444	0.1552	0.1624	0.1660
1.80	单排	0.1305	0.1422	0.1538	0.1615	0.1654
	双排	0.1202	0.1295	0.1389	0.1451	0.1482
2.00	单排	0.1238	0.1347	0.1456	0.1529	0.1565
	双排	0.1134	0.1221	0.1307	0.1365	0.1394

注　$\phi48.3 \times 3.6$ 钢管，扣件自重按本规范采用。表内中间值可按线性插入计算。

（2）冲压钢脚手板、木脚手板、竹串片脚手板与竹笆脚手板自重标准值，宜按表 6-6 取用。

表 6-6　　　　　　　　　　　　脚手板自重标准值

类　　别	标准值（kN/m²）
冲压钢脚手板	0.30
竹串片脚手板	0.35
木脚手板	0.35
竹笆脚手板	0.10

（3）栏杆与挡脚板自重标准值，宜按表 6-7 采用。

表 6-7　　　　　　　　　　栏杆、挡脚板自重标准值

类　　别	标准值（kN/m）
栏杆、冲压钢脚手板挡板	0.16
栏杆、竹串片脚手板挡板	0.17
栏杆、木脚手板挡板	0.17

（4）脚手架上吊挂的安全设施（安全网）的自重标准值应按实际情况采用，密目式安全立网自重标准值不应低于 $0.01kN/m^2$。

（5）单、双排与满堂脚手架作业层上的施工荷载标准值应根据实际情况确定，且不应低于表 6-8 的规定。

表 6-8　　　　　　　　　　　施工均布荷载标准值

类　　别	标准值（kN/m²）
装修脚手架	2.0
混凝土、砌筑结构脚手架	3.0
轻型钢结构及空间网格结构脚手架	2.0
普通钢结构脚手架	3.0

注　斜道上的施工均布荷载标准值不应低于 $2.0kN/m^2$。

（6）当在双排脚手架上同时有 2 个及以上操作层作业时，在同一个跨距内各操作层的施工均布荷载标准值总和不得超过 $5.0kN/m^2$。

（7）作用于脚手架上的水平风荷载标准值，应按下式计算

$$w_k = \mu_z \mu_s w_o \qquad (6-5)$$

式中：w_k 为风荷载标准值，kN/m^2；μ_z 为风压高度变化系数，应按现行国家标准《建筑结构荷载规范》（GB 50009）规定采用；μ_s 为脚手架风荷载体型系数，应按表 6-9 的规定采用；w_o 为基本风压值（kN/m^2），应按国家标准《建筑结构荷载规范》（GB 50009）的规定采用，取重现期 $n=10$ 对应的风压值。

（8）脚手架的风荷载体型系数，应按表 6-9 的规定采用。

表 6-9　　　　　　　　　　脚手架的风荷载体型系数 μ_s

背靠建筑物的状况		全封闭墙	敞开、框架和开洞墙
脚手架状况	全封闭、半封闭	1.0φ	1.3φ
	敞开	μ_{stw}	

注　1. μ_{stw} 值可将脚手架视为桁架，按国家标准《建筑结构荷载规范》（GB 50009）的规定计算。
　　2. φ 为挡风系数，$\varphi=1.2A_n/A_w$，其中 A_n 为挡风面积；A_w 为迎风面积。敞开式脚手架的 φ 值可按表 6-10 采用。

表 6 - 10　　　　　　敞开式单排、双排、满堂脚手架与满堂支撑架的挡风系数 φ 值

步距 （m）	纵距（m）										
	0.4	0.6	0.75	0.9	1.0	1.2	1.3	1.35	1.5	1.8	2.0
0.6	0.260	0.212	0.193	0.180	0.173	0.164	0.160	0.158	0.154	0.148	0.144
0.75	0.241	0.192	0.173	0.161	0.154	0.144	0.141	0.139	0.135	0.128	0.125
0.90	0.228	0.180	0.161	0.148	0.141	0.132	0.128	0.126	0.122	0.115	0.112
1.05	0.219	0.171	0.151	0.138	0.132	0.122	0.119	0.117	0.113	0.106	0.103
1.20	0.212	0.164	0.144	0.132	0.125	0.115	0.112	0.110	0.106	0.099	0.096
1.35	0.207	0.158	0.139	0.126	0.120	0.110	0.106	0.105	0.100	0.094	0.091
1.50	0.202	0.154	0.135	0.122	0.115	0.106	0.102	0.100	0.096	0.090	0.086
1.6	0.200	0.152	0.132	0.119	0.113	0.103	0.100	0.098	0.094	0.087	0.084
1.80	0.1959	0.148	0.128	0.115	0.109	0.099	0.096	0.094	0.090	0.083	0.080
2.0	0.1927	0.144	0.125	0.112	0.106	0.096	0.092	0.091	0.086	0.080	0.077

（9）密目式安全立网全封闭脚手架挡风系数 φ 不宜小于 0.8。

3. 荷载效应组合

设计脚手架的承重构件时，应根据使用过程中可能出现的荷载取其最不利组合进行计算，荷载效应组合宜按表 6-11 采用。

表 6 - 11　　　　　　　　　荷 载 效 应 组 合

计算项目	荷载效应组合
纵向、横向水平杆强度与变形	永久荷载＋施工荷载
脚手架立杆地基承载力 型钢悬挑梁的强度、稳定与变形	1. 永久荷载＋施工荷载 2. 永久荷载＋0.9（施工荷载＋风荷载）
立杆稳定	1. 永久荷载＋可变荷载（不含风荷载） 2. 永久荷载＋0.9（可变荷载＋风荷载）
连墙件强度与稳定	单排架，风荷载＋2.0kN 双排架，风荷载＋3.0kN

4. 扣件式钢管脚手架计算

（1）基本设计规定。

1）脚手架的承载能力应按概率极限状态设计法的要求，采用分项系数设计表达式进行设计。可只进行下列设计计算。

① 纵向、横向水平杆等受弯构件的强度和连接扣件的抗滑承载力计算。

② 立杆的稳定性计算。

③ 连墙件的强度、稳定性和连接强度的计算。

④ 立杆地基承载力计算。

2）计算构件的强度、稳定性与连接强度时，应采用荷载效应基本组合的设计值。永久荷载分项系数应取 1.2，可变荷载分项系数应取 1.4。

3）脚手架中的受弯构件，还应根据正常使用极限状态的要求验算变形。验算构件变形时，应采用荷载效应的标准组合的设计值，各类荷载分项系数均应取 1.0。

4）当纵向或横向水平杆的轴线对立杆轴线的偏心距不大于 55mm 时，立杆稳定性计算中可不考虑此偏心距的影响。

5）当采用常用密目式安全立网全封闭式双、单排脚手架的设计尺寸规定的构造尺寸，其相应

杆件可不再进行设计计算。但连墙件、立杆地基承载力等仍应根据实际荷载进行设计计算。

6）钢材的强度设计值与弹性模量应按表 6-12 采用。

表 6-12　　　　　　　　钢材的强度设计值与弹性模量　　　　　　　　N/mm²

Q235 钢抗拉、抗压和抗弯强度设计值 f	205
弹性模量 E	2.06×10^5

7）扣件、底座、可调托撑的承载力设计值应按表 6-13 采用。

表 6-13　　　　　　　扣件、底座、可调托撑的承载力设计值　　　　　　　kN

项　　　　　目	承载力设计值
对接扣件（抗滑）	3.20
直角扣件、旋转扣件（抗滑）	8.00
底座（抗压）、可调托撑（抗压）	40.00

8）受弯构件的挠度不应超过表 6-14 中规定的容许值。

表 6-14　　　　　　　　　　受弯构件的容许挠度

构件类别	容许挠度 $[v]$
脚手板，脚手架纵向、横向水平杆	$l/150$ 与 10mm
脚手架悬挑受弯杆件	$l/400$
型钢悬挑脚手架悬挑钢梁	$l/250$

9）受压、受拉构件的长细比不应超过表 6-15 中规定的容许值。

表 6-15　　　　　　　　　受压、受拉构件的容许长细比

构件类别		容许长细比 $[\lambda]$
立杆	双排架 满堂支撑架	210
	单排架	230
	满堂脚手架	250
横向斜撑、剪刀撑中的压杆		250
拉杆		350

（2）单、双排脚手架计算。

1）纵向、横向水平杆的抗弯强度应按下式计算

$$\sigma = M/W \leqslant f \tag{6-6}$$

式中：σ 为弯曲正应力，N/mm²；M 为纵向、横向水平杆弯矩设计值，N·mm；W 为截面模量（mm³），应按表 6-16 采用；f 为钢材的抗弯强度设计值，N/mm²。

表 6-16　　　　　　　　　　　钢管截面几何特性

外径 ϕ, d	壁厚 t	截面积 A	惯性矩 I	截面模量 W	回转半径 I	每米长质量
(mm)		(cm²)	(cm⁴)	(cm³)	(cm)	(kg/m)
48.3	3.6	5.06	12.71	5.26	1.59	3.97

2）纵向、横向水平杆弯矩设计值，应按下式计算

$$M = 1.2 M_{Gk} + 1.4 \sum M_{Qk} \tag{6-7}$$

式中：M_{Gk} 为脚手板自重产生的弯矩标准值，$kN \cdot m$；M_{Qk} 为施工荷载产生的弯矩标准值，$kN \cdot m$。

3）纵向、横向水平杆的挠度应符合下式规定

$$v \leqslant [v] \tag{6-8}$$

式中：v 为挠度，mm；$[v]$ 为容许挠度。

4）计算纵向、横向水平杆的内力与挠度时，纵向水平杆宜按三跨连续梁计算，计算跨度取立杆纵距 l_a；横向水平杆宜按简支梁计算，计算跨度 l_o 可按图 6-36 采用。

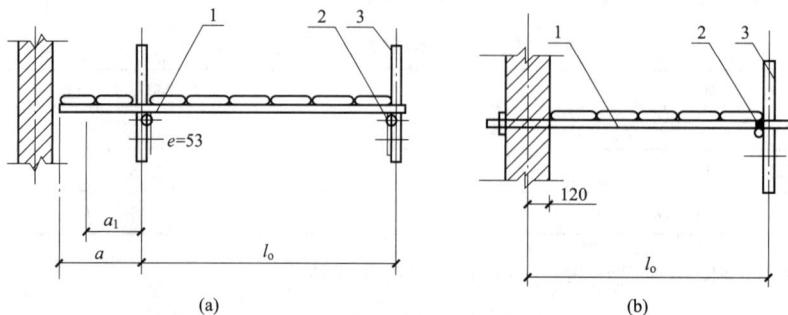

图 6-36　横向水平杆计算跨度

（a）双排脚手架；（b）单排脚手架

1—横向水平杆；2—纵向水平杆；3—立杆

5）纵向或横向水平杆与立杆连接时，其扣件的抗滑承载力应符合下式规定

$$R \leqslant R_c \tag{6-9}$$

式中：R 为纵向或横向水平杆传给立杆的竖向作用力设计值；R_c 为扣件抗滑承载力设计值。

上述纵向、横向水平杆的内力与挠度计算一般按以下两种情况考虑。

① 按北方做法即按图 6-36，这样的构造布置决定了施工荷载的传递路线是：脚手板→横向水平杆→纵向水平杆→纵向水平杆与立杆连接的扣件→立杆。

对应这种传递路线的横向、纵向水平杆的计算简图如图 6-37 所示，即横向水平杆先按受均布荷载的简支梁计算，验算弯曲正应力和挠度，不应计入悬挑部分的荷载作用；纵向水平杆按受集中荷载作用的三跨连续梁计算，应验算弯曲正应力、挠度和扣件抗滑承载力。

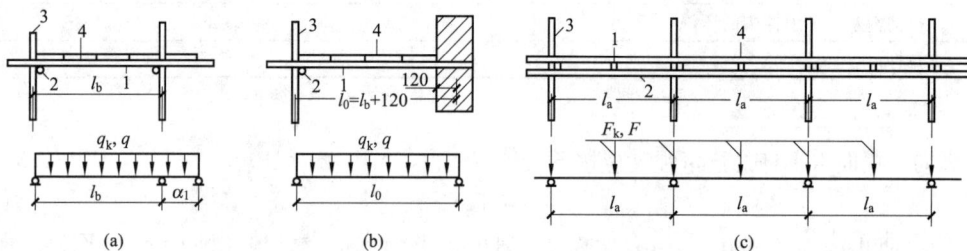

图 6-37　横向、纵向水平杆的计算简图（一）

（a）双排架的横向水平杆；（b）单排架的横向水平杆；（c）纵向水平杆

1—横向水平杆；2—纵向水平杆；3—立杆；4—脚手板

【例 6-1】　已知：立杆纵距为 1.5m，立杆横距为 1.55m，横向水平杆间距 $s=0.75m$，横向水平杆的构造外伸长度 $a=500mm$，计算外伸长度 a_1 可取 300mm。结构脚手架采用冲压钢脚手板，脚手架钢管采用 $\phi 48.3 \times 3.6$。试验算横向、纵向水平杆的强度与刚度是否满足要求，并验算扣件的抗滑承载力。

【解】 ① 荷载。查表 6-6，冲压钢脚手板均布荷载标准值：0.3kN/m^2，查表 6-8 活荷载标准值：3.0kN/m^2。

② 横向水平杆的抗弯强度验算。

作用横向水平杆线荷载标准值

$$q_K = (3 + 0.3) \times 0.75 = 2.475 \ (\text{kN/m}^2)$$

作用横向水平杆线荷载设计值

$$q = 1.4 \times 3 \times 0.75 + 1.2 \times 0.3 \times 0.75 = 3.42 \ (\text{kN/m})$$

考虑活荷载在横向水平杆上的最不利布置（验算弯曲正应力、挠度不计悬挑荷载，但计算支座最大反力要计入悬挑荷载）。

最大弯矩：$M_{\max} = \dfrac{q l_b^2}{8} = \dfrac{3.42 \times 1.55^2}{8} = 1.027 \ (\text{kN} \cdot \text{m})$

钢管截面模量，查表 6-16，$W = 5.26\text{cm}^3$。

Q235 钢抗弯强度设计值，查表 6-12 得，$f = 205\text{N/mm}^2$。

按公式（6-6）计算抗弯强度

$$\sigma = \frac{M_{\max}}{W} = \frac{1.027 \times 10^6}{5.26 \times 10^3} = 195(\text{N/mm}^2) < 205(\text{N/mm}^2)，满足要求。$$

③ 横向水平杆的抗弯刚度验算。

钢材弹性模量：查表 6-12 得 $E = 2.06 \times 10^5 \ (\text{N/mm}^2)$。

钢管惯性矩：查 6-16 得 $I = 12.71\text{cm}^4$。

按公式（6-8）验算刚度：

容许挠度：查表 6-14 得 $[v] = l/150$ 与 10mm，较小值 $= \dfrac{1550}{150}$ 与 10mm，较小值 $= 10\text{mm}$。

$$v = \frac{5 q_K l_b^4}{384 EI} = \frac{5 \times 2.475 \times 1550^4}{384 \times 2.06 \times 10^5 \times 12.71 \times 10^4} = 7.1\text{mm} < [v] = 10\text{mm}，满足要求。$$

④ 纵向水平杆的抗弯强度验算。

计算外伸长度 a_1 可取 300mm。

由横向水平杆传给纵向水平杆的集中力设计值：

$$F = 0.5 q l_b \left(1 + \frac{a_1}{l_b}\right)^2 = 0.5 \times 3.42 \times 1.55 \times \left(1 + \frac{0.3}{1.55}\right)^2 = 3.78 \ (\text{kN})$$

查表 4-21 图（2）得最大弯矩 $M_{\max} = 0.175 F l_a = 0.175 \times 3.78 \times 1.5 = 0.99 \ (\text{kN} \cdot \text{m})$

按公式（6-6）计算抗弯强度

$$\sigma = \frac{M_{\max}}{W} = \frac{0.99 \times 10^6}{5.26 \times 10^3} = 188\text{N/mm}^2 < f = 205\text{N/mm}^2，满足要求。$$

⑤ 纵向水平杆的抗弯强度验算。

由横向水平杆传给纵向水平杆的集中力标准值：

$$F_k = 0.5 q_k l_b \left(1 + \frac{a_1}{l_b}\right)^2 = 0.5 \times 2.475 \times 1.55 \times \left(1 + \frac{0.3}{1.55}\right)^2 = 2.73 \ (\text{kN})$$

按公式（6-8）验算刚度

容许挠度：查表 6-14 得 $[v] = l/150$ 与 10mm，较小值 $= \dfrac{1500}{150}$ 与 10mm，较小值 $= 10\text{mm}$。

查表 4-21 图（2）得 $v = \dfrac{1.146 F_k l_a^3}{100 EI} = \dfrac{1.146 \times 2.73 \times 10^3 \times 1500^3}{100 \times 2.06 \times 10^5 \times 12.71 \times 10^4} = 4.0 \ (\text{mm}) < [v] =$

10（mm），满足要求。

⑥ 验算扣件的抗滑承载力。

直角扣件、旋转扣件抗滑承载力设计值：查表 6-13 得 $R_c=8\text{kN}$。

$R=2.15F=2.15\times3.78=8.127(\text{kN})>8(\text{kN})$，不满足要求。

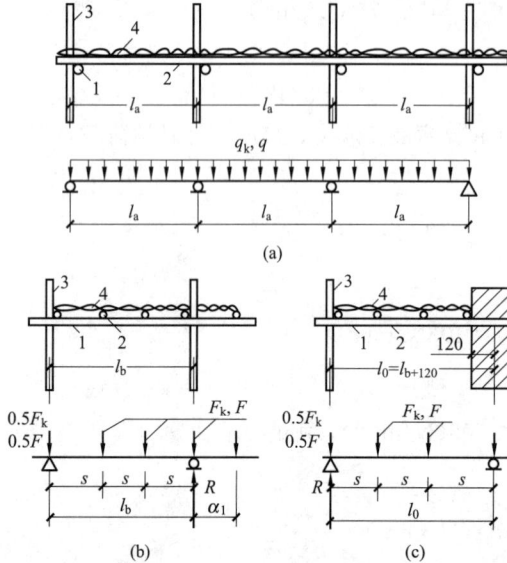

图 6-38　横向、纵向水平杆的计算简图（二）
（a）纵向水平杆；（b）双排架的横向水平杆；（c）单排架的横向水平杆
1—横向水平杆；2—纵向水平杆；3—立杆；4—竹笆板

双扣件在 20kN 的荷载下会滑动，其抗滑承载力可取 12.0kN。

因为 8.127kN<12kN，所以采用双扣件满足要求。

按南方做法即按图 6-38，这样的构造布置决定了施工荷载的传递路线是：竹笆脚手板→纵向水平杆→横向水平杆→横向水平杆与立杆连接的扣件→立杆。

对应这种传递路线的纵向、横向水平杆的计算简图如图 6-38 所示，即纵向水平杆按受均布荷载的三跨连续梁计算，应验算弯曲正应力、挠度；横向水平杆按受集中荷载简支梁计算，应验算弯曲正应力、挠度，不计悬挑荷载，但验算扣件抗滑承载力要计入悬挑荷载。

【例 6-2】　已知：立杆纵距 $l_a=1.5\text{m}$，立杆横距为 $l_b=1.05\text{m}$，纵向水平杆等间距设置，间距 $s=\dfrac{l_b}{3}=\dfrac{1.05}{3}=0.35$（m），结构脚手架采用竹笆脚手板，竹笆脚手板均布活荷载标准值取 0.1kN/m²，脚手架钢管采用 $\phi48.3\text{mm}\times3.6\text{mm}$。试验算纵向、横向水平杆的强度与刚度是否满足要求，并验算扣件的抗滑承载力。

【解】　① 荷载。

查表 6-8 得：施工均布活荷载标准值为 3.0kN/m²。

查表 6-6 得：竹笆脚手板均布活荷载标准值取 0.1kN/m²。

② 纵向水平杆的抗弯强度验算：

作用纵向水平杆永久线荷载标准值：$q_{k1}=0.1\times0.35=0.035$（kN/m）

作用纵向水平杆可变线荷载标准值：$q_{k2}=3\times0.35=1.05$（kN/m）

作用纵向水平杆永久线荷载设计值：$q_1=1.2q_{k1}=1.2\times0.035=0.042$（kN/m）

作用纵向水平杆可变线荷载设计值：$q_2=1.4q_{k2}=1.4\times1.05=1.47$（kN/m）

最大弯矩［查表 4-21 图（1）］：

$M_{max}=0.1q_1l_a^2+0.117q_2l_a^2=0.1\times0.042\times1.5^2+0.117\times1.47\times1.5^2=0.396$（kN·m）

按公式（6-6）计算抗弯强度

$\sigma=\dfrac{M_{max}}{W}=\dfrac{0.396\times10^6}{5.26\times10^3}=75.3\text{N/mm}^2<205\text{N/mm}^2$，满足要求。

③ 纵向水平杆的抗弯刚度验算：

按公式（6-8）验算刚度：

容许挠度：查表 6-14 得 $[v]=l/150$ 与 10mm，较小值 $=\dfrac{1500}{150}$ 与 10mm，较小值 $=10$mm。

查表 4-21 图（1）得

$$v=\frac{l_a^4}{100EI}(0.677q_{k1}+0.99q_{k2})=\frac{1500^4}{100\times2.06\times10^5\times12.71\times10^4}\times(0.677\times0.035+0.99\times1.05)$$

$$=2.1\text{mm}<[v]=10\text{mm}$$

满足要求。

④ 横向水平杆的抗弯强度验算。

由纵向水平杆传给横向水平杆的集中力标准值：

$$F_k=1.1q_{k1}l_a+1.2q_{k2}l_a=1.1\times0.035\times1.5+1.2\times1.05\times1.5=1.95\text{（kN）}$$

由纵向水平杆传给横向水平杆的集中力设计值：

$$F=1.1q_1l_a+1.2q_2l_a=1.1\times0.042\times1.5+1.2\times1.47\times1.5=2.72\text{（kN）}$$

最大弯矩：$M_{max}=\dfrac{Fl_b}{3}=\dfrac{2.72\times1.05}{3}=0.952\text{（kN·m）}$

抗弯强度：$\sigma=\dfrac{M_{max}}{W}=\dfrac{0.952\times10^6}{5.26\times10^3}=181\text{N/mm}^2<205\text{N/mm}^2$，满足要求。

⑤ 横向水平杆的抗弯刚度验算。

按公式（6-8）验算刚度

容许挠度：查表 6-14 得 $[v]=l/150$ 与 10mm，较小值 $=\dfrac{1050}{150}$ 与 10mm，较小值 $=7$mm。

$$v=\frac{23F_kl_b^3}{648EI}=\frac{23\times1.95\times10^3\times1050^3}{648\times2.06\times10^5\times12.71\times10^4}=3.1\text{mm}<7\text{mm}，满足要求。$$

⑥ 验算扣件的抗滑承载力。

直角扣件、旋转扣件抗滑承载力设计值：查表 6-13 得 $R_c=8$kN。

横向水平杆计算外伸长度 a_1 可取 300mm。

横向水平杆外伸端处纵向水平杆传给横向水平杆的集中力设计值：

$$F'=1.1q_1'l_a+1.2q_2'l_a=1.1\times1.2\times0.1\times\frac{0.3}{2}\times1.5+1.2\times1.4\times3\times\frac{0.3}{2}\times1.5=1.16\text{（kN）}$$

由横向水平杆通过扣件传给立杆的竖向力设计值 R：

$$R=2F+F'\left(1+\frac{a_1}{l_b}\right)=2\times2.72+1.16\times\left(1+\frac{0.3}{1.05}\right)=6.93\text{（kN）}<R_c=8\text{（kN）}，满足要求。$$

6）立杆的稳定性应符合下列公式要求：

不组合风荷载时：

$$N/\varphi A\leqslant f \tag{6-10}$$

组合风荷载时：

$$N/\varphi A+M_w/W\leqslant f \tag{6-11}$$

式中：N 为计算立杆段的轴向力设计值，N；φ 为轴心受压构件的稳定系数，应根据长细比 λ 由表 6-17 取值；λ 为长细比，$\lambda=l_0/i$；l_0 为计算长度，mm；i 为截面回转半径，mm；A 为立杆的截面面积，mm^2；M_w 为计算立杆段由风荷载设计值产生的弯矩，N·mm；f 为钢材的抗压强度设计值，N/mm^2。

表 6-17　　　　　　　　　　　　　　轴心受压构件的稳定系数 φ（Q235 钢）

λ	0	1	2	3	4	5	6	7	8	9
0	1.000	0.997	0.995	0.992	0.989	0.987	0.984	0.981	0.979	0.976

λ	0	1	2	3	4	5	6	7	8	9
10	0.974	0.971	0.968	0.966	0.963	0.960	0.958	0.955	0.952	0.949
20	0.947	0.944	0.941	0.938	0.936	0.933	0.930	0.927	0.924	0.921
30	0.918	0.915	0.912	0.909	0.906	0.903	0.899	0.896	0.893	0.889
40	0.886	0.882	0.879	0.875	0.872	0.868	0.864	0.861	0.858	0.855
50	0.852	0.849	0.846	0.843	0.839	0.836	0.832	0.829	0.825	0.822
60	0.818	0.814	0.810	0.806	0.802	0.797	0.793	0.789	0.784	0.779
70	0.775	0.770	0.765	0.760	0.755	0.750	0.744	0.739	0.733	0.728
80	0.722	0.716	0.710	0.704	0.698	0.692	0.686	0.680	0.673	0.667
90	0.661	0.654	0.648	0.641	0.634	0.626	0.618	0.611	0.603	0.595
100	0.588	0.580	0.573	0.566	0.558	0.551	0.544	0.537	0.530	0.523
110	0.516	0.509	0.502	0.496	0.489	0.483	0.476	0.470	0.464	0.458
120	0.452	0.446	0.440	0.434	0.428	0.423	0.417	0.412	0.406	0.401
130	0.396	0.391	0.386	0.381	0.376	0.371	0.367	0.362	0.357	0.353
140	0.349	0.344	0.340	0.336	0.332	0.328	0.324	0.320	0.316	0.312
150	0.308	0.305	0.301	0.298	0.294	0.291	0.287	0.284	0.281	0.277
160	0.274	0.271	0.268	0.265	0.262	0.259	0.256	0.253	0.251	0.248
170	0.245	0.243	0.240	0.237	0.235	0.232	0.230	0.227	0.225	0.223
180	0.220	0.218	0.216	0.214	0.211	0.209	0.207	0.205	0.203	0.201
190	0.199	0.197	0.195	0.193	0.191	0.189	0.188	0.186	0.184	0.182
200	0.180	0.179	0.177	0.175	0.174	0.172	0.171	0.169	0.167	0.166
210	0.164	0.163	0.161	0.160	0.159	0.157	0.156	0.154	0.153	0.152
220	0.150	0.149	0.148	0.146	0.145	0.144	0.143	0.141	0.140	0.139
230	0.138	0.137	0.136	0.135	0.133	0.132	0.131	0.130	0.129	0.128
240	0.127	0.126	0.125	0.124	0.123	0.122	0.121	0.120	0.119	0.118
250	0.117	—	—	—	—	—	—	—	—	—

注 当 $\lambda > 250$ 时，$\varphi = 7320/\lambda^2$。

计算立杆段的轴向力设计值 N，应按下列公式计算：

不组合风荷载时：

$$N = 1.2(N_{G1k} + N_{G2k}) + 1.4 \sum N_{Qk} \tag{6-12}$$

组合风荷载时：

$$N = 1.2(N_{G1k} + N_{G2k}) + 0.9 \times 1.4 \sum N_{Qk} \tag{6-13}$$

式中：N_{G1k} 为脚手架结构自重产生的轴向力标准值；N_{G2k} 为构配件自重产生的轴向力标准值；$\sum N_{Qk}$ 为施工荷载产生的轴向力标准值总和，内、外立杆各按一纵距内施工荷载总和的 $1/2$ 取值。

立杆计算长度 l_o 应按下式计算

$$l_o = k\mu h \tag{6-14}$$

式中：k 为立杆计算长度附加系数，其值取 1.155，当验算立杆允许长细比时，取 $k=1$；μ 为考虑单、双排脚手架整体稳定因素的单杆计算长度系数，应按表 6-18 采用；h 为步距。

表 6 - 18　　　　　　　　　　　　　单、双排脚手架立杆的计算长度系数 μ

类　别	立杆横距（m）	连墙件布置	
		二步三跨	三步三跨
双排架	1.05	1.50	1.70
	1.30	1.55	1.75
	1.55	1.60	1.80
单排架	≤1.50	1.80	2.00

由风荷载产生的立杆段弯矩设计值 M_w，可按下式计算

$$M_w = 0.9 \times 1.4 M_{wk} = 0.9 \times 1.4 w_k l_a h^2 / 10 \qquad (6 - 15)$$

式中：M_{wk} 为风荷载产生的弯矩标准值，$kN \cdot m$；w_k 为风荷载标准值，kN/m^2；l_a 为立杆纵距，m。

单、双排脚手架立杆稳定性计算部位的确定应符合下列规定。

① 当脚手架采用相同的步距、立杆纵距、立杆横距和连墙件间距时，应计算底层立杆段。

② 当脚手架的步距、立杆纵距、立杆横距和连墙件间距有变化时，除计算底层立杆段外，还必须对出现最大步距或最大立杆纵距、立杆横距、连墙件间距等部位的立杆段进行验算。

单、双排脚手架允许搭设高度 $[H]$ 应按下列公式计算，并应取较小值。

不组合风荷载时：

$$[H] = [\varphi A f - (1.2 N_{G2k} + 1.4 \sum N_{Qk})] / 1.2 g_k \qquad (6 - 16)$$

组合风荷载时：

$$[H] = \{\varphi A f - [1.2 N_{G2k} + 0.9 \times 1.4 (\sum N_{Qk} + M_{wk} \varphi A / W)]\} / 1.2 g_k \qquad (6 - 17)$$

式中：$[H]$ 为脚手架允许搭设高度，m；g_k 为立杆承受的每米结构自重标准值，kN/m。

【例 6 - 3】 已知：工程为 3m 层高 7 层框架结构建筑物，需搭设 23m 高脚手架，初步设计立杆纵距 $l_a = 1.5m$，立杆横距 $l_b = 1.05m$，步距 $h = 1.8m$。计算外伸长度 $a_1 = 0.3m$，钢管外径与壁厚 $\phi 48.3 \times 3.6mm$，3 步 3 跨连墙布置。施工地区在基本风压为 $0.45kN/m^2$ 的大城市郊区，装修兼防护脚手架，施工均布荷载标准值（一层操作层）$Q_k = 2kN/m^2$，冲压钢脚手板自重标准值 $0.3kN/m^2$，隔一铺一共铺设七层，$\sum Q_{P1} = 7 \times 0.3kN/m^2$，栏杆、冲压钢脚手板挡板自重标准值 $Q_{P2} = 0.16kN/m$，建筑物结构形式为框架结构，密目式安全立网全封闭脚手架，网目密度 2300 目/$100cm^2$。试验算脚手架结构的安全性。

提示介绍：对于常用的网目密度 2300 目/$100cm^2$，每目空隙面积约为 $A_o = 1.3mm^2$；如果常用网目密度为 3200 目/$100cm^2$，则每目孔隙面积约为 $A_o = 0.7mm^2$。密目式安全网挡风系数为

$\Phi_1 = \dfrac{1.2 \times (100 - n A_o)}{100}$，即 2300 目/$100cm^2$，$\varphi_1 = 0.841$；3200 目/$100cm^2$，$\varphi_1 = 0.931$。

密目式安全立网全封闭脚手架挡风系数公式 $\varphi = \varphi_1 + \varphi_2 - \varphi_1 \varphi_2 / 1.2$

① 验算长细比：

μ、k 查表 6 - 18，$\mu = 1.7$ 且 $k = 1$。根据长细比定义：

$\lambda = \dfrac{l_o}{i} = \dfrac{k \mu h}{i} = \dfrac{\mu h}{i} = \dfrac{1.7 \times 180}{1.59} = 192 < 210$　（查表 6 - 15），满足要求。

② 计算立杆段轴向力设计值 N：

根据纵距 $l_a = 1.5m$，步距 $h = 1.8m$，查表 6 - 5，$g_k = 0.1295kN/m$

脚手架结构自重标准值产生的轴向力

$$N_{G1k} = H g_k = 23 \times 0.1295 = 2.98 \text{ (kN)}$$

构配件自重标准值产生的轴向力：

$$N_{G2k}=0.5(l_b+a_1)l_a\sum Q_{P1}+Q_{P2}l_a$$

$$=0.5\times(1.05+0.3)\times1.5\times7\times0.3+0.16\times1.5\times7=3.81\ (kN)$$

施工荷载标准值产生的轴向力总和：

$$\sum N_{Qk}=0.5(l_b+a_1)l_aQ_k=0.5\times(1.05+0.3)\times1.5\times2=2.03\ (kN)$$

组合风荷载时根据公式（6-13）：

$$N=1.2(N_{G1k}+N_{G2k})+0.9\times1.4\sum N_{Qk}$$

$$=1.2\times(2.98+3.81)+0.9\times1.4\times2.03=10.71\ (kN)$$

不组合风荷载时根据公式（6-12）：

$$N=1.2(N_{G1k}+N_{G2k})+1.4\sum N_{Qk}=1.2\times(2.98+3.81)+1.4\times2.03=10.99(kN)$$

③ 计算风荷载设计值对立杆段产生的弯矩 M_w

$\varphi_1=0.841$，根据 $l_a=1.5$，$h=1.8$，查表6-10得，$\varphi_2=0.09$：

$$\varphi=\varphi_1+\varphi_2-\varphi_1\varphi_2/1.2=0.841+0.09-0.841\times0.09/1.2=0.868$$

根据《建筑施工扣件式钢管脚手架安全技术规范》（JGJ 130—2011）第4.2.6条，背靠建筑物结构形式为框架结构，风荷载体型系数：

$$\mu_s=1.3\varphi=1.3\times0.868=1.128$$

大城市郊区，地面粗糙度为B类，查荷载规范，5m以下风压高度变化系数 $\mu_z=1.00$

根据公式（6-15）：

$$M_w=\frac{0.9\times1.4w_kl_ah^2}{10}=\frac{0.9\times1.4\times\mu_z\cdot\mu_sw_0l_ah^2}{10}$$

$$=\frac{0.9\times1.4\times1.0\times1.128\times0.45\times1.5\times1.8^2\times10^6}{10}=3.108\times10^5\ (Nmm)$$

④ 立杆稳定性验算：

确定轴心受压构件的稳定系数：

由 $\lambda=\dfrac{l_0}{i}=\dfrac{k\mu h}{i}=\dfrac{1.155\times1.70\times180}{1.59}=222$（$k$ 取 1.155），查表6-17得，$\varphi=0.148$。

组合风荷载时，按公式（6-11）计算立杆稳定性，即

$$\frac{N}{\varphi A}+\frac{M_w}{W}=\frac{10.71\times10^3}{0.148\times506}+\frac{3.108\times10^5}{5.26\times10^3}=143.01+59.09=202.10(N/mm^2)<f=205N/mm^2$$

不组合风荷载时，按公式（6-10）验算立杆稳定性，即

$$\frac{N}{\varphi A}=\frac{10.99\times10^3}{0.148\times506}=146.75\ (N/mm^2)<f=205N/mm^2$$，脚手架立杆稳定性满足要求。

7) 连墙件杆件的强度及稳定应满足下列公式的要求：

强度： $$\sigma=N_1/A_c\leqslant0.85f$$

稳定： $$\frac{N_1}{\varphi A}\leqslant0.85f \tag{6-18}$$

$$N_1=N_{lw}+N_o \tag{6-19}$$

式中：σ 为连墙件应力值，N/mm^2；A_c 为连墙件的净截面面积，mm^2；A 为连墙件的毛截面面积，

mm^2；N_1 为连墙件轴向力设计值，N；N_{lw} 为风荷载产生的连墙件轴向力设计值，应按式（6-20）计算；N_o 为连墙件约束脚手架平面外变形所产生的轴向力。单排架取 2kN，双排架取 3kN；φ 为连墙件的稳定系数；f 为连墙件钢材的强度设计值，N/mm^2。

由风荷载产生的连墙件的轴向力设计值，应按下式计算

$$N_{lw} = 1.4 w_k A_w \qquad (6-20)$$

式中：A_w 为单个连墙件所覆盖的脚手架外侧面的迎风面积。

8）连墙件与脚手架、连墙件与建筑结构连接的连接强度应按下式计算

$$N_1 \leqslant N_v \qquad (6-21)$$

式中：N_v 为连墙件与脚手架、连墙件与建筑结构连接的抗拉（压）承载力设计值，应根据相应规范规定计算。

9）当采用钢管扣件做连墙件时，扣件抗滑承载力的验算，应满足下式要求

$$N_1 \leqslant R_c \qquad (6-22)$$

式中：R_c 为扣件抗滑承载力设计值，一个直角扣件应取 8.0kN。

【例 6-4】 已知：脚手架采用 $\phi48.3\times3.6mm$ 钢管，立杆横距 $l_b=1.05m$，立杆纵距 $l_a=1.5m$，步距 $h=1.8m$。连墙件布置按 2 步 2 跨均匀布置。基本风压 $0.3kN/m^2$，地面粗糙度类别属 B 类，连墙件的连墙杆采用 $\phi48.3\times3.6mm$ 钢管，用直角扣件分别与脚手架立杆和建筑物连接，脚手架高度 50m。建筑物结构形式为框架结构，密目式安全立网全封闭脚手架，网目密度为 2300 目/100cm²。

【解】 ① 求 w_k。由已知条件，连墙件均匀布置，受风荷载最大的连墙件应在脚手架的最高部位，计算按 50m 考虑。地面粗糙度为 B 类，根据荷载规范，风压高度变化系数 $\mu_z=1.67$。

根据 $l_a=1.8m$，$h=1.8m$，查表 6-10 得，挡风系数 $\varphi_2=0.083$：

$\varphi = \varphi_1 + \varphi_2 - \varphi_1\varphi_2/1.2 = 0.841 + 0.083 - 0.841\times0.083/1.2 = 0.866$

$\mu_s = 1.3\times\varphi = 1.3\times0.866 = 1.126$

$w_k = \mu_z \cdot \mu_s \cdot w_o = 1.67\times1.126\times0.3 = 0.564$ （kN/m^2）

② 求 N_1。按公式（6-19）：

$N_1 = N_{lw} + N_o = 1.4 w_k A_w + 3 = 1.4\times0.564\times2\times1.5\times2\times1.8 + 3 = 11.53$ （kN）

③ 扣件连接抗滑移验算。单个直角扣件抗滑承载力设计值 $R_c=8kN$，$N_1=11.53kN>R_c$ 不满足要求。必须采用双直角扣件，$R_c=12kN$，可以满足要求。注意：连墙件扣件连接一般至少采用双扣件，必要时还可以采用更强的焊接连接和其他整体连接。

④ 连墙杆稳定承载力验算。连墙杆采用 $\phi48.3\times3.6mm$ 钢管时，杆件两端均采用直角扣件分别连于脚手架及附加墙外侧的短钢管上，因此连墙杆的计算长度可取脚手架的离墙距离，即 $l_H=0.5m$，因此长细比

$\lambda = \dfrac{l_H}{i} = \dfrac{50}{1.59} = 32 < [\lambda] = 150$ （查《冷弯薄壁型钢结构技术规范》）

查表 6-17 得 $\varphi=0.912$，根据公式（6-18）

$\dfrac{N_1}{\varphi A} = \dfrac{11.53\times10^3}{0.912\times506} = 25.0$ （N/mm^2）$\ll 0.85f = 0.85\times205 = 174$ （N/mm^2）

计算说明连墙件采用 $\phi48.3mm\times3.6mm$ 钢管时，其稳定承载能力一般是足够的。

10）脚手架地基承载力计算。立杆基础底面的平均压力应满足下式的要求：

$$P_k = N_k/A \leqslant f_g \qquad (6-23)$$

式中：P_k 为立杆基础底面处的平均压力标准值，kPa；N_k 为上部结构传至立杆基础顶面的轴向力标准值，kN；A 为基础底面面积，m^2；f_g 为地基承载力特征值，kPa。

地基承载力特征值的取值应符合下列规定。

① 当为天然地基时，应按地质勘察报告选用；当为回填土地基时，应对地质勘察报告提供的回填土地基承载力特征值乘以折减系数 0.4。

② 由载荷试验或工程经验确定。

对搭设在楼面等建筑结构上的脚手架，应对支撑架体的建筑结构进行承载力验算，当不能满足承载力要求时应采取可靠的加固措施。

【例 6-5】 已知：立杆横距 $l_b = 1.05$m，步距 $h = 1.8$m，立杆纵距 $l_a = 1.5$m，二步三跨连墙布置。脚手板自重标准值（满铺六层）：$\sum Q_{P1} = 6 \times 0.3$kN/$m^2$。施工均布活荷载标准值（一层作业）：$Q_k = 3$kN/$m^2$。栏杆、挡脚板自重标准值：$Q_{P2} = 0.16$kN/m。敞开式脚手架，施工地区在基本风压为 0.35kN/m^2 地区，脚手架高 $H_s = 50$m。脚手架底通长铺设木垫板（板宽×板厚为 300mm×50mm）。地基土质为回填碎石土，承载力特征值 $f_g = 300$kPa。

【解】 ① 计算立杆段轴力设计值 N：

用公式（6-12），即 $N = 1.2(N_{G1k} + N_{G2k}) + 1.4 \sum N_Q$

由已知条件 $l_a = 1.5$m，$h = 1.8$m，查表 6-5 得，$g_k = 0.1295$kN/m

脚手架结构自重标准值产生的轴向力 N_{G1k}，$N_{G1k} = H_s g_k = 50 \times 0.1295 = 6.48$（kN）

构配件自重标准值产生的轴向力

$$N_{G2k} = 0.5(l_b + 0.3)l_a Q_{P1} + Q_{P2} l_a$$
$$= 0.5 \times (1.05 + 0.3) \times 1.5 \times 6 \times 0.30 + 0.16 \times 1.5 \times 6 = 3.26 \text{（kN）}$$

施工荷载标准值产生的轴向力总和 $\sum N_{Qk}$：

$$\sum N_{Qk} = 0.5(l_b + 0.3)l_a Q_k = 0.5 \times (1.05 + 0.3) \times 1.5 \times 3 = 3.04 \text{（kN）}$$

$$N_k = N_{G1k} + N_{G2k} + \sum N_{Qk} = 6.48 + 3.26 + 3.04 = 12.78 \text{（kN）}$$

② 计算基础底面积 A。取木垫板作用长度 0.5m：$A = 0.3 \times 0.5 = 0.15$（$m^2$）。

③ 确定地基承载力设计值 f_g。由于地基土质为回填碎石土，地基承载力设计值应修正为

$$f'_g = k_c f_g = 0.4 \times 300 = 120 \text{（kN/}m^2\text{）}$$

④ 验算地基承载力。立杆基础底面的平均压力按公式（6-23）计算如下：

$$P_k = N_k / A = 12.78 / 0.15 = 85.2 \text{（kN/}m^2\text{）} \leqslant f'_g = 120 \text{（kN/}m^2\text{）}, 满足要求。$$

二、悬挑式脚手架

悬挑式脚手架是一种不落地式脚手架。这种脚手架的特点是脚手架的自重及其施工荷重，全部传递至由建筑物承受，因而搭设不受建筑物高度的限制。主要用于外墙结构、装修和防护，以及在全封闭的高层建筑施工中，用以防坠物伤人。

（一）适用范围

（1）±0.000 以下结构工程回填土不能及时回填，脚手架没有搭设的基础，而主体结构工程又必须立即进行，否则将影响工期。

（2）高层建筑主体结构四周为裙房，脚手架不能直接支撑在地面上。

（3）超高层建筑施工，脚手架搭设高度超过了架子的容许搭设高度，因此将整个脚手架按容许搭设高度分成若干段，每段脚手架支撑在由建筑结构向外悬挑的结构上。

（二）悬挑式支撑结构

悬挑式脚手架是利用建筑结构边沿向外伸出的悬挑结构来支撑外脚手架，并将脚手架的荷载全部或部分传递给建筑结构。悬挑式脚手架的关键是悬挑支撑结构，安装必须有足够的强度、稳定性

和刚度，并能将脚手架的荷载传递给建筑结构。

悬挑式脚手架的支撑结构形式大致分为以下两类。

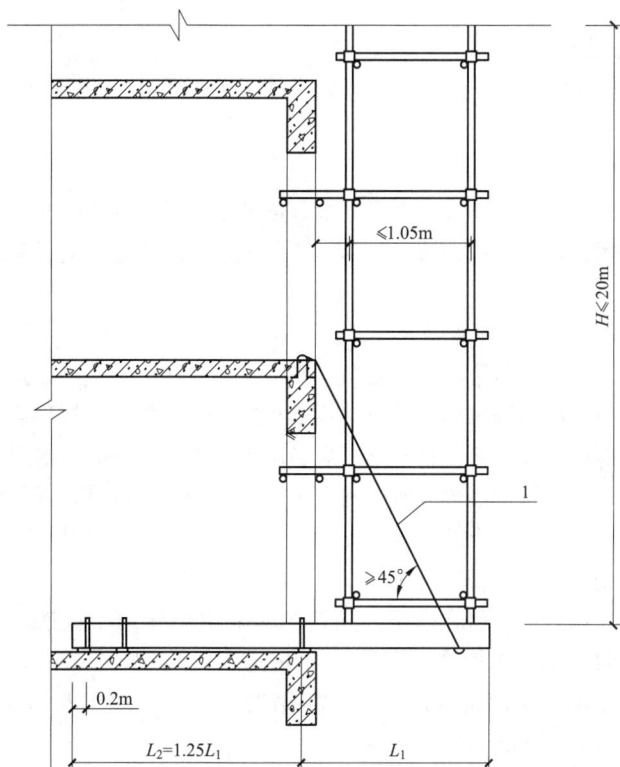

1. 悬挂式挑梁

悬挂式挑梁用型钢作梁挑出，端头加钢丝绳（或用钢筋花篮形螺栓拉杆）斜拉，组成悬挑支撑结构。由于悬出端支撑杆件是斜拉索（或拉杆），又简称为斜拉式（见图 6 - 39、图 6 - 40）。

图 6 - 39　悬挂式挑梁脚手架构造
1—钢丝绳或钢拉杆

图 6 - 40　悬挂式挑梁脚手架

2. 下撑式挑梁

下撑式挑梁通常采用型钢焊接的三角桁架作为悬挑支撑结构，其悬出端支撑杆件是斜撑受压杆件，承载力由压杆稳定性控制，故断面较大，钢材用量多且自重大。三角桁架挑梁与结构墙体之间还可以采用以螺栓连接的做法。螺栓穿在刚性墙体的预留孔洞或预埋套管中，可以方便地拆除和重复使用（见图 6 - 41、图 6 - 42）。

图 6 - 41　下撑式挑梁脚手架构造

图 6 - 42　下撑式挑梁脚手架

（三）斜拉式悬挑脚手架

目前，高层建筑使用得比较多的悬挑脚手架的形式是斜拉式悬挑脚手架。

1. 固定悬挑钢梁的混凝土结构

（1）锚固型钢的主体结构混凝土强度等级不得低于 C20。

（2）锚固位置设置在楼板上时，楼板的厚度不宜小于 120mm。如果楼板的厚度小于 120mm 应采取加固措施。

2. 悬挑脚手架的构造与设计

（1）悬挑钢梁悬挑长度应按设计确定，固定段长度不应小于悬挑段长度的 1.25 倍（见图 6-44）。

（2）型钢悬挑梁宜采用双轴对称截面的型钢。悬挑钢梁型号及锚固件应按设计确定，钢梁截面高度不应小于 160mm。

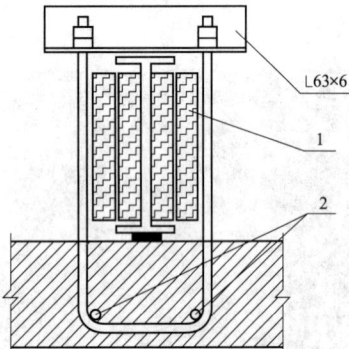

图 6-43　悬挑钢梁 U 形螺栓固定构造

1—木楔侧向楔紧；2—两根 1.5m 长直径
18mmHRB335 钢筋

3. 悬挑钢梁的固定形式

（1）型钢悬挑梁固定端应采用 2 个（对）及以上 U 形钢筋拉环或锚固螺栓与建筑结构梁板固定，U 形钢筋拉环或锚固螺栓应预埋至混凝土梁、板底层钢筋位置，并应与混凝土梁、板底层钢筋焊接或绑扎牢固，其锚固长度应符合现行国家标准《混凝土结构设计标准》（GB/T 50010）（2024 年版）中钢筋锚固的规定（见图 6-43～图 6-45）。

（2）当型钢悬挑梁与建筑结构采用螺栓钢压板连接固定时，钢压板尺寸不应小于 100mm×10mm（宽×厚）；当采用螺栓角钢压板连接时，角钢的规格不应小于 63mm×63mm×6mm（见图 6-43）。

（3）悬挑梁尾端应在两处及以上固定于钢筋混凝土梁板结构上。锚固型钢悬挑梁的 U 形钢筋拉环或锚固螺栓直径不宜小于 16mm。

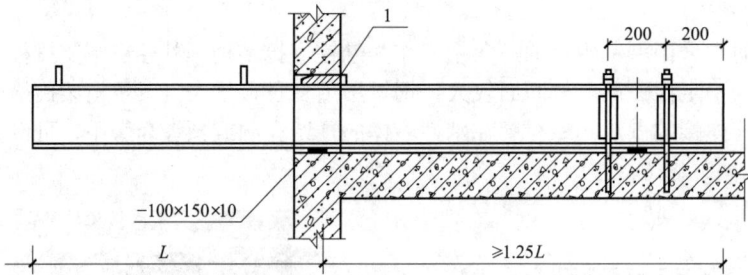

图 6-44　悬挑钢梁穿墙构造

1—木楔楔紧

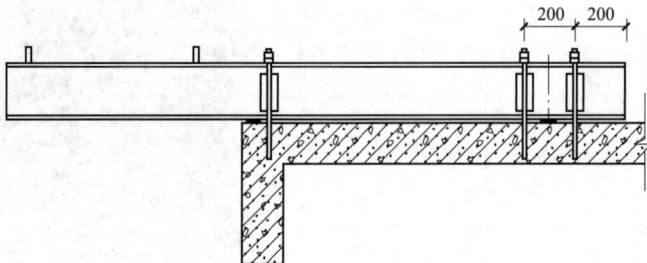

图 6-45　悬挑钢梁楼面构造

（4）用于锚固的 U 形钢筋拉环或螺栓应采用冷弯成型。U 形钢筋拉环、锚固螺栓与型钢间隙应用钢楔或硬木楔楔紧。

（5）悬挑梁间距应按悬挑架架体立杆纵距设置，每一纵距设置一根。

4. 悬挑脚手架的安装

（1）一次悬挑脚手架高度不宜超过 20m。

（2）每个型钢悬挑梁外端宜设置钢丝绳或钢拉杆与上一层建筑结构斜拉结。钢丝绳、钢拉杆不参与悬挑钢梁受力计算；钢丝绳与建筑结构拉结的吊环应使用 HPB300 级钢筋，其直径不宜小于 20mm，吊环预埋锚固长度应符合现行国家标准《混凝土结构设计规范》（GB/T 50010）（2024 年版）中钢筋锚固的规定。

（3）型钢悬挑梁悬挑端应设置能使脚手架立杆与钢梁可靠固定的定位点，定位点离悬挑梁端部不应小于 100mm。

（4）悬挑架的外立面剪刀撑应自下而上连续设置。剪刀撑设置和横向斜撑设置、连墙件设置应符合落地式脚手架的规定。

【例 6 - 6】 已知条件：北方搭设装修脚手架，一层作业，选用冲压钢脚手板，立杆横距 $l_b=$ 1.05m，步距 $h=1.8$m，立杆纵距 $l_a=1.5$m，二步三跨连墙布置。由于五层一挑，建筑物层高 3.25m，因此脚手架搭设高度 $H_s=16.25$m，共搭设 9 步。选用 4m 长悬臂钢梁，其中悬臂长度 1.5m，锚固端长度 2.5m（见图 6 - 46）。如选用 16 号热轧普通工字钢作为悬臂钢梁，试验算其整体稳定性并试选用锚固钢筋拉环与钢丝绳型号。

【解】 脚手板自重标准值（满铺九层）$\sum Q_{P1}=9\times$ 0.3kN/m²

施工均布活荷载标准值（一层作业）$Q_k=2$kN/m²

栏杆、挡脚板自重标准值 $Q_{P2}=9\times0.16$kN/m

全封闭脚手架，密目式安全立网自重标准值按 $N_{G3k}=$ 0.01kN/m² 计算。

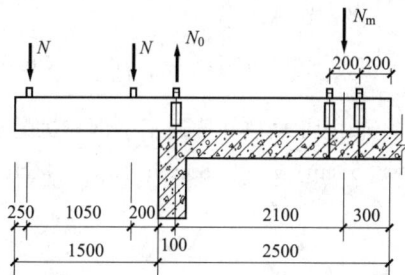

图 6 - 46　悬挑钢梁计算受力示意图

① 计算立杆段轴力设计值 N：

根据式（6 - 12），即 $N=1.2(N_{G1k}+N_{G2k})+1.4\sum N_{Qk}$

由已知条件 $l_a=1.5$m，$h=1.8$m 查表 6 - 5 得 $g_k=0.1295$kN/m

脚手架结构自重标准值产生的轴向力　N_{G1k}　$N_{G1k}=H_s g_k=16.25\times0.1295=2.10$kN

构配件自重标准值产生的轴向力

$$N_{G2k}=0.5 l_b l_a Q_{P1}+Q_{P2}l_a=0.5\times0.3\times1.05\times1.5\times9+9\times0.16\times1.5=4.29\text{kN}$$

密目式安全立网自重标准值按 $N_{G3k}=0.01$kN/m² 计算

$$N_{G3k}=0.01\times l_a\times H_s=0.01\times1.5\times16.25=0.24\text{kN}$$

施工荷载标准值产生的轴向力总和 $\sum N_{Qk}$：

$$\sum N_{Qk}=0.5 l_b l_a Q_k=0.5\times1.05\times1.5\times2=1.58\text{kN}$$

$$N=1.2(N_{G1k}+N_{G2k}+N_{G3k})+1.4\sum N_{Qk}$$

$$=1.2(2.10+4.29+0.24)+1.4\times1.58=7.96+2.21=10.17\text{kN}$$

$$N_k=2.10+4.29+0.24+1.58=8.21\text{kN}$$

$$M = N \times (0.3 + 1.35) + \frac{1}{2} \times q \times l^2 = 10.17 \times 1.65 + \frac{1}{2} \times 0.205 \times 1.2 \times 1.6^2$$

$$= 16.78 + 0.31 = 17.09 \text{kN} \cdot \text{m}$$

双轴对称工字形等截面（含 H 形钢）悬臂梁的整体稳定系数，可按公式 $\varphi_b = \beta_b \dfrac{4320}{\lambda_y^2} \dfrac{Ah}{W_x}$ $\left[\sqrt{1 + \left(\dfrac{\lambda_y t_1}{4.4h}\right)^2} + \eta_b \right] \dfrac{235}{f_y}$ 计算，但式中系数 β_b 应按《钢结构设计规范》（即表 6-19）查得，$\lambda_y = l_1 / i_y$（l_1 为悬臂梁的悬伸长度）。当求得的 φ_b 大于 0.6 时，应按公式（6-24）算得相应的 φ_b' 代替 φ_b 值。η_b 为截面不对称系数，对于双轴对称工字形截面，$\eta_b = 0$。

$$\varphi_b' = 1.07 - \frac{0.282}{\varphi_b} \leqslant 1.0 \tag{6-24}$$

表 6-19　　　　　双轴对称工字形等截面（含 H 形钢）悬臂梁的系数 β_b

项次	荷载形式		$0.60 \leqslant \xi \leqslant 1.24$	$1.24 \leqslant \xi \leqslant 1.96$	$1.96 \leqslant \xi \leqslant 3.10$
1	自由端一个集中荷载作用在	上翼缘	$0.21 + 0.67\xi$	$0.72 + 0.26\xi$	$1.17 + 0.03\xi$
2		下翼缘	$2.94 - 0.65\xi$	$2.64 - 0.40\xi$	$2.15 - 0.15\xi$
3	均布荷载作用在上翼缘		$0.62 + 0.82\xi$	$1.25 + 0.31\xi$	$1.66 + 0.10\xi$

注　1. 本表是按支承端为固定的情况确定的，当用于由邻跨延伸出来的伸臂梁时，应在构造上采取措施加强支承处的抗扭能力。

2. 表中 ξ 为参数，$\xi = \dfrac{l_1 t_1}{b_1 h}$，$b_1$ 为受压翼缘宽度。

选用 16 号热轧普通工字钢作为悬臂钢梁，查表 6-20 得 $t = 9.9$mm；$b_1 = 88$mm；$h = 160$mm；$i_x = 6.58$cm；$i_y = 1.89$cm；$W_x = 141$cm³；$m = 20.513$kg/m；$A = 26.131$cm²。则

$$\xi = \frac{l_1 t_1}{b_1 h} = \frac{1600 \times 9.9}{88 \times 160} = 1.12$$

查表 6-19 得　　　$\beta_b = 0.21 + 0.67\xi = 0.21 + 0.67 \times 1.12 = 0.96$

$$\lambda_y = \frac{l_1}{i_y} = \frac{160}{1.89} = 84.66$$

$$\varphi_b = \beta_b \frac{4320}{\lambda_y^2} \frac{Ah}{W_x} \left[\sqrt{1 + \left(\frac{\lambda_y t_1}{4.4h}\right)^2} + \eta_b \right] \frac{235}{f_y}$$

$$= 0.96 \times \frac{4320}{84.66^2} \times \frac{26.131 \times 16}{141} \left[\sqrt{1 + \left(\frac{84.66 \times 9.9}{4.4 \times 160}\right)^2} \right] \times \frac{235}{235}$$

$$= 0.96 \times \frac{4320}{84.66^2} \times \frac{26.131 \times 16}{141} \times 1.55 = 2.66 > 0.6$$

$$\varphi_b' = 1.07 - \frac{0.282}{\varphi_b} = 1.07 - \frac{0.282}{2.66} = 0.96$$

② 型钢悬挑梁的整体稳定性验算：

$$\frac{M_{max}}{\varphi_b W} = \frac{17.09 \times 10^6}{0.96 \times 141 \times 10^3} = 126.26 \text{N/mm}^2 < 205 \text{N/mm}^2$$

③ 型钢悬挑梁的刚度验算：$I = 1130$cm⁴

$$v = \frac{4N_k(l_b+a)^2(3l_1-l_b-a)+4N_ka^2(3l_1-a)}{24EI}+\frac{3q_kl_1^4}{24EI}$$

$$= \frac{4\times8.21\times10^3\times(1.05+0.3)^2\times(3\times1.6-1.05-0.3)\times10^9+4\times8.21\times10^3\times0.3^2\times(3\times1.6-0.3)\times10}{24\times2.06\times10^5\times1130\times10^4}$$

$$+\frac{3\times0.205\times1.6^4\times10^9}{24\times2.06\times10^5\times1130\times10^4}=\frac{206.49\times10^3+13.30\times10^3+4.03}{24\times2.06\times1130}=3.94\text{mm}<\frac{1600}{250}=6.4\text{mm}$$

④ 如加钢丝绳，则钢丝绳拉力按下列公式计算：

$$\tan\theta = \frac{3.25}{1.6}=2.03$$

$$\sin^2\theta = \frac{\tan^2\theta}{1+\tan^2\theta}=\frac{2.03^2}{1+2.03^2}=0.805,\ \sin\theta=0.897$$

$$R_B = \frac{1}{\sin\theta}\times\left[\frac{N_1(l_b+a)+N_2a}{l}+\frac{ql}{2}\right]$$

$$=\frac{1}{0.897}\times\left[\frac{10.17(1.05+0.3)+10.17\times0.3}{1.6}+\frac{0.205\times1.6}{2}\right]=11.88\text{kN}$$

钢丝绳选用：$R_B\leqslant[F_g]$

选用 $6\times19-14-140$ 钢丝绳结构 14mm（不小于 14mm）钢丝绳，公称强度 1700N/mm²；查表 6-21 得钢丝破断拉力总和 101kN。由于钢丝绳安全系数取 6，因此允许拉力 $[F_g]$ 为

$$[F_g]=\frac{aF_g}{K}=\frac{0.9\times101}{6}=15.15\text{kN}>11.88\text{kN}$$

因此满足要求。

⑤ 锚固拉环选用计算：

据图 6-47 悬挑钢梁计算简图，注意此时为保险不考虑钢丝绳的拉力并忽略钢梁自重：

$$N_m = \frac{N\times(1.35+0.3)}{2.1}=\frac{10.17\times1.65}{2.1}=7.99\text{kN}$$

根据《建筑施工扣件式钢管脚手架安全技术规范》第 5.6.6 条：将型钢悬挑梁锚固在主体结构上的 U 形钢筋拉环或螺栓的强度应按下式计算：

$$\sigma = \frac{N_m}{A_l}\leqslant f_t \qquad (6-25)$$

式中：σ 为 U 形钢筋拉环或螺栓应力值；N_m 为型钢悬挑梁锚固段压点 U 形钢筋拉环或螺栓拉力设计值，N；A_l 为 U 形钢筋拉环净截面面积或螺栓的有效截面面积，mm²，一个钢筋拉环或一对螺栓按两个截面计算；f_t 为 U 形钢筋拉环或螺栓抗拉强度设计值，应按现行国家标准《混凝土设计标准》（GB 50010）（2024 年版）的规定取 $f_t=50$N/mm²。

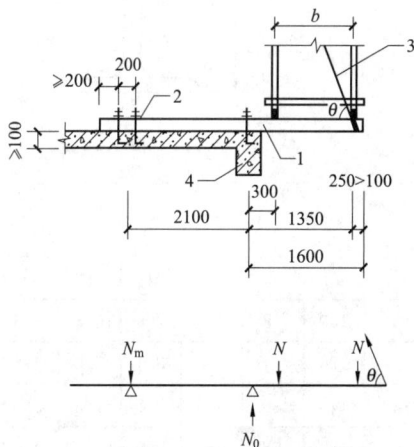

图 6-47　悬挑钢梁计算简图
1—悬挑钢梁；2—U 形钢筋拉环；
3—钢丝绳；4—结构梁

根据《建筑施工扣件式钢管脚手架安全技术规范》第 5.6.7 条：当型钢悬挑梁锚固段压点处采用 2 个（对）及以上 U 形钢筋拉环或螺栓的承载能力应乘以 0.85 的折减系数。

因此如取光圆钢筋 2 根 φ16 作为钢筋拉环，则钢筋受拉的平均应力为：

$$\sigma = \frac{N_m}{0.85A_l}=\frac{N_m}{0.85A_l}=\frac{7.99\times10^3}{0.85\times\pi/4\times16^2\times2\times2}=11.69\text{N/mm}^2<f_t=50\text{N/mm}^2$$

根据计算结果，选用的钢筋拉环满足要求。

　　悬挑钢梁应选用双轴对称工字钢，类型有热轧普通工字钢、焊接工字钢、整体轧制 H 型钢三种（见图 6‑48）。

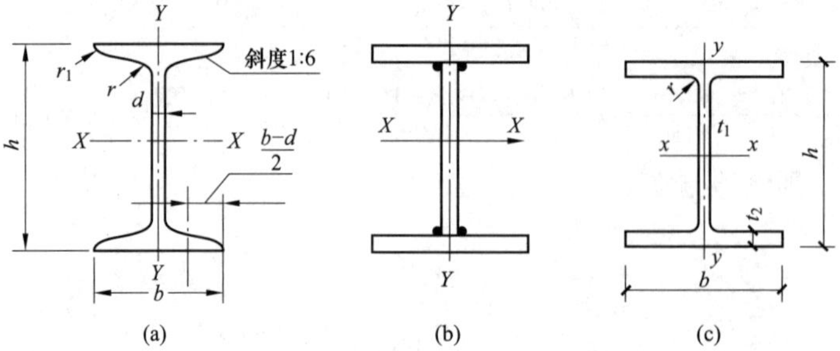

图 6‑48　钢梁截面

（a）热轧普通工字钢；（b）焊接工字钢；（c）整体轧制 H 型钢

　　表 6‑20 和表 6‑21 分别是热轧普通工字钢的常用规格及截面特性表、常用钢丝绳的主要参数表，供使用参考。

表 6‑20　　　　　　　　　　　热轧普通工字钢的常用规格及截面特性

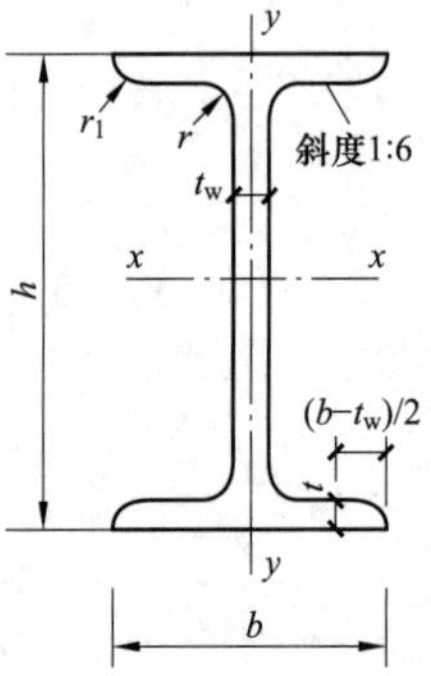

I—截面惯性矩
W—截面抵抗矩
S—半截面面积矩
i—截面回转半径

通常长度：
型号 10～18，为 5～19mm；
型号 20～63，为 6～19mm。

型号	尺寸/mm						截面面积 A（cm²）	质量（kg/m）	x—x 轴				y—y 轴		
	h	b	t_w	t	r	r_1			I_x（cm⁴）	W_x（cm³）	S_x（cm³）	i_x（cm）	I_y（cm⁴）	W_y（cm³）	i_y（cm）
10	100	68	4.5	7.6	6.5	3.3	14.345	11.261	245	49.0	28.5	4.14	33.0	9.72	1.52
12.6	126	74	5.0	8.4	7.0	3.5	18.118	14.223	488	77.5	45.2	5.20	46.9	12.7	1.61
14	140	80	5.5	9.1	7.5	3.8	21.510	16.800	712	102	59.3	5.76	64.4	16.1	1.73
16	160	88	6.0	9.9	8.0	4.0	26.131	20.513	1130	141	81.9	6.58	93.1	21.2	1.89
18	180	94	6.5	10.7	8.5	4.3	30.756	24.113	1660	185	108	7.36	122	26.0	2.00
20a	200	100	7.0	11.4	9.0	4.5	35.578	27.929	2370	237	138	8.15	158	31.5	2.12
b		102	9.0				39.578	31.069	2500	250	148	7.96	169	33.1	2.06
22a	220	110	7.5	12.3	9.5	4.8	42.128	33.070	3400	309	180	8.99	225	40.9	2.31
b		112	9.5				46.528	36.524	3570	325	191	8.78	239	42.7	2.27
25a	250	116	8.0	13.0	10.0	5.0	48.541	38.105	5020	402	232	10.2	280	48.3	2.40
b		118	10.0				53.541	42.030	5280	423	248	9.98	309	52.4	2.40
28a	280	122	8.5	13.7	10.5	5.3	55.404	43.492	7110	508	289	11.3	345	56.6	2.50
b		124	10.5				61.004	47.888	7480	534	309	11.1	379	61.2	2.49

表 6－21   常用钢丝绳的主要参数

钢丝绳结构	换算系数 α	直径（mm）		钢丝总断面面积（mm²）	参考重量（kg/100m）	钢丝绳公称强度（N/mm²）为下值时，钢丝破断拉力总和（kN）				
		钢丝绳	钢丝			1400	1550	1700	1850	2000
1×7	0.92	6.0	2.0	21.98	18.79	30.7	34.0	37.3		
		6.6	2.2	26.60	22.74	37.2	41.2	45.2		
		7.2	2.4	31.65	27.06	44.3	49.0	53.8		
		7.8	2.6	37.15	31.76	52.0	57.5	63.1		
		8.4	2.8	43.08	36.83	60.3	66.7	73.2		
		9.0	3.0	49.46	42.29	69.2	76.6	84.0		
		9.6	3.2	56.27	48.11	78.7	87.2			
		10.5	3.5	67.31	57.55	94.2	104			
		11.5	3.8	79.35	67.84	111	122			
		12.0	4.0	87.92	75.17	123	136			
1×19	0.9	6.5	1.3	25.21	21.43	35.2	39.0	42.8	46.6	
		7.0	1.4	29.23	24.85	40.9	45.3	49.6	54.0	
		7.5	1.5	33.56	28.53	46.9	52.0	57.0	62.0	
		8.0	1.6	38.18	32.45	53.4	59.1	64.9	70.6	
		8.5	1.7	43.10	36.64	60.3	66.8	73.2	79.7	
		9.0	1.8	48.32	41.07	67.6	74.8	82.1	89.4	
		10.0	2.0	59.66	50.71	83.5	92.4	101	110	
		11.0	2.2	72.19	61.36	101	111	122		
		12.0	2.4	85.91	73.02	120	133	146		
		13.0	2.6	100.83	85.71	141	156	171		
		14.0	2.8	116.93	99.39	163	181	198		
		15.0	3.0	134.24	114.1	187	208	228		
		16.0	3.2	152.73	129.8	213	236	259		
6×19	0.85	6.2	0.4	14.32	13.53	20.0	22.1	24.3	26.4	28.6
		7.7	0.5	22.37	21.14	31.3	34.6	38.0	41.3	44.7
		9.3	0.6	32.22	30.45	45.1	49.9	54.7	59.6	64.4
		11.0	0.7	43.85	41.44	61.3	67.9	74.5	81.1	87.7
		12.5	0.8	57.27	54.12	80.1	88.7	97.3	105	114
		14.0	0.9	72.49	68.50	101	112	123	134	144
		15.5	1.0	89.49	84.57	125	138	152	165	178
		17.0	1.1	108.28	102.3	151	167	184	200	216
6×37	0.82	8.7	0.4	27.88	26.21	39.0	43.2	47.3	51.5	55.7
		11.0	0.5	48.57	40.96	60.9	67.5	74.0	80.6	87.1
		13.0	0.6	62.74	58.98	87.8	97.2	106	116	125
		15.0	0.7	85.39	80.57	119	132	145	157	170

普通钢丝绳的标记方法举例：

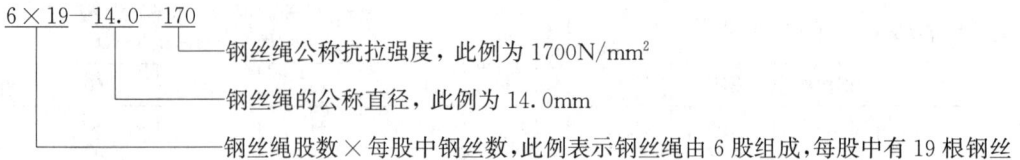

6×19—14.0—170

—— 钢丝绳公称抗拉强度，此例为1700N/mm²

—— 钢丝绳的公称直径，此例为14.0mm

—— 钢丝绳股数×每股中钢丝数，此例表示钢丝绳由6股组成,每股中有19根钢丝

三、门式钢管脚手架

虽然扣件式钢管脚手架装拆方便，搭设灵活，但由于杆件较多，连接件施工麻烦，搭设速度较慢。因此将门架（见图6-49）与几根杆件组合成为一个基本单元（见图6-50），由于形状类似门形故得名门式脚手架，也称为框组式钢管脚手架。门式脚手架是一种工厂生产、现场搭设的脚手架，是当今国际上应用最普遍的脚手架之一。它不仅可以作为外脚手架，也可以作为内脚手架或满堂脚手架。门式脚手架的主要特点是尺寸标准、结构合理、承载力高、装拆容易、安全可靠，并可调节高度，特别适用于搭设使用周期短或频繁周转的脚手架。其广泛应用于建筑、桥梁、隧道、地铁等工程施工，若在门架下部安装轮子，也可以作为机电安装、油漆粉刷、设备维修、广告制作等活动工作平台。但由于组装件接头大部分不是螺栓紧固性的连接，而是插销或扣搭形式的连接，因此搭设较高大或荷重较大的支架时，必须附加钢管拉结紧固，否则会摇晃不稳。

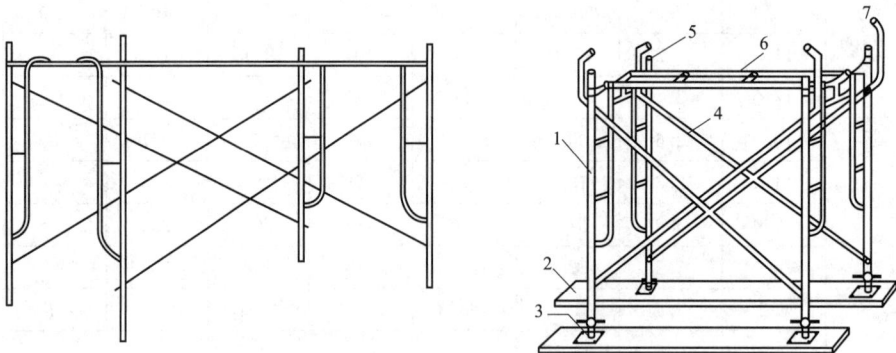

图6-49　门架

1—立杆；2—立杆加强杆；3—横杆；
4—横杆加强杆；5—锁销

图6-50　基本单元

1—门架；2—垫板；3—底座；4—交叉支撑；5—连接棒；6—水平架；7—锁臂

（一）门式脚手架构造

门式脚手架又称多功能门式脚手架，是用普通钢管材料制成工具式标准件，在施工现场组合而成的。其基本单元是由一副门式框架、两副剪刀撑、一副水平梁架和4个连接器组合而成的。若干基本单元通过连接器在竖向叠加，扣上臂扣，组成了一个多层框架。在水平方向，用加固杆和水平梁架使相邻单元连成整体，加上斜梯、栏杆柱和横杆组成上下不相通的外脚手架，即构成整片脚手架（见图6-51）。门式钢管脚手架的具体组成如图6-52所示。

（1）连接棒：用于门架立杆竖向组装的连接件，由中间带有突环的短钢管制作。

（2）锁臂：门架立杆组装接头处的拉接件，其两端有圆孔挂于上下榀门架的锁销上，其外端有可旋转90°的卡销。

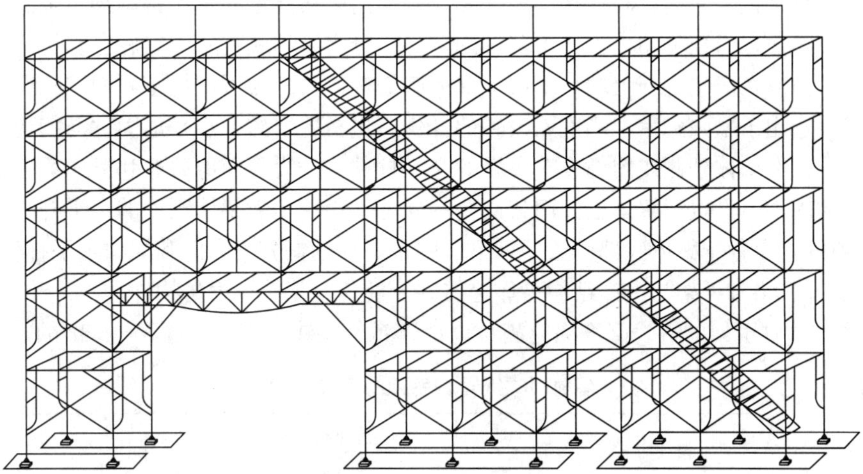

图 6-51 整片脚手架

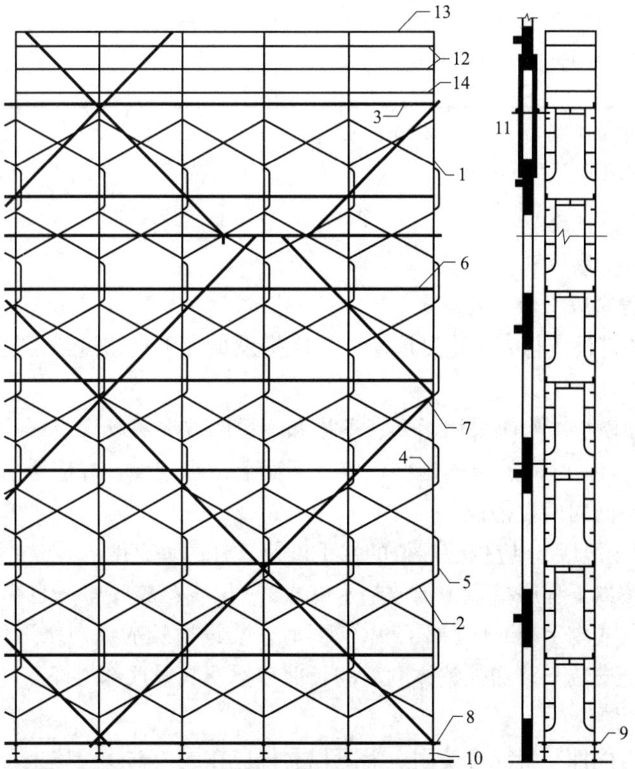

图 6-52 门式钢管脚手架的组成

1—门架；2—交叉支撑；3—挂扣式脚手板；4—连接棒；5—锁臂；6—水平加固杆；7—剪刀撑；8—纵向扫地杆；
9—横向扫地杆；10—底座；11—连墙件；12—栏杆；13—扶手；14—挡脚板

（3）交叉支撑：连接每两榀门架的交叉拉杆。

（4）挂扣式脚手板：两端设有挂钩，可紧扣在两榀门架横梁上的定型钢制脚手板。

（5）底座：安插在门架下端将力传给基础的构件，分为可调底座和固定底座。

（6）托座：插放在门架立杆上端，承接上部荷载的构件，分为可调托座和固定托座。

（7）加固件：用于增强脚手架刚度而设置的杆件，包括剪刀撑、水平加固件与扫地杆。

（8）剪刀撑：在架体外侧或内部成对设置的交叉杆件，分为竖向剪刀撑和横向剪刀撑。

（9）水平加固件：设置于架体层间门架两侧的立杆上用于增强架体刚度的水平杆件。

（10）扫地杆：设置于架体底部门架立杆下端的水平杆件，分为纵向和横向水平杆件。

（11）连墙件：将脚手架与主体结构可靠连接并能够传递拉、压力的构件。

落地门式钢管脚手架的搭设高度除应满足设计计算条件外，不宜超过表 6 - 22 的规定。

表 6 - 22   **落地门式钢管脚手架的搭设高度**

序号	搭设方式	施工荷载标准值 $\sum Q_k$（kN/m²）	搭设高度（m²）
1	落地、密目式安全网全封闭	≤3.0	≤55
2		>3.0 且≤5.0	≤40
3	悬挑、密目式安全立网全封闭	≤3.0	≤24
4		>3.0 且≤5.0	≤18

注 表内数据适用于重现期为 10 年、基本风压值 w_0≤0.45kN/m² 的地区，对于 10 年重现期、基本风压值 w_0>0.45kN/m² 的地区应按实际计算确定。

（二）门式脚手架的搭设

1. 门式脚手架搭设程序

门式脚手架搭设程序应符合下列规定。

（1）门式脚手架的搭设应与施工进度同步，一次搭设高度不宜超过最上层连墙件两步，且自由高度不应大于 4m。

（2）满堂脚手架和模板支架应采用逐列、逐排和逐层的方法搭设。

（3）门架的组装应自一端向另一端延伸，应自下而上按步架设，并应逐层改变搭设方向；不应自两端相向搭设或自中间向两端搭设。

（4）每搭设完两步门架后，应校验门架的水平度及立杆的垂直度。

门式脚手架一般按以下程序搭设：铺放垫木（板）→拉线、放底座→自一端起立门架并随即装剪刀撑→装水平梁架（或脚手板）→装梯子→（需要时，装设通长的纵向水平杆）→装设连墙杆→按照上述步骤，逐层向上安装→装加强整体刚度的长剪刀撑→装设顶部栏杆。

2. 门架及配件的搭设

不同型号的门架与配件严禁混合使用。上下榀立杆应在同一轴线位置上，门架立杆轴线的对接偏差不得大于 2mm。

门架立杆离墙面净距不宜大于 150mm；大于 150mm 时应采取内挑架板或其他隔离防护的安全措施。门架脚手架顶端栏杆宜高出女儿墙上端或檐口上端 1.5m。

搭设门架及配件应符合下列要求。

（1）交叉支撑、脚手板应与门架同时安装。

（2）连接门架的锁臂、挂钩必须处于锁住状态。

（3）钢梯的设置应符合专项施工方案组装布置图的要求，底层钢梯底部应加设钢管并应采用扣件扣紧在门架立杆上。

（4）在施工作业层外侧周边应设置 180mm 高的挡脚板和两道栏杆，上道栏杆高度应为 1.2m，下道栏杆应居中设置。挡脚板和栏杆均应设置在门架立杆的内侧。

3. 加固杆的搭设

加固杆的搭设应符合下列要求。

（1）水平加固杆、剪刀撑等加固杆件必须与门架同步搭设。

（2）水平加固杆应设于门架立杆内侧，剪刀撑应设于门架立杆外侧。

门式脚手架剪刀撑的设置必须符合下列规定。

（1）当门式脚手架搭设高度在 24m 及以下时，在脚手架的转角处、两端及中间间隔不超过 15m 的外侧立面必须各设置一道剪刀撑，并应由底至顶连续设置。

（2）当脚手架搭设高度超过 24m 时，在脚手架全外侧立面上必须设置连续剪刀撑。

（3）对于悬挑脚手架，在脚手架全外侧立面上必须设置连续剪刀撑。

剪刀撑的构造应符合下列规定（见图 6-53）。

（1）剪刀撑斜杆与地面的倾角宜为 45°～60°。

（2）剪刀撑应采用旋转扣件与门架立杆扣紧。

（3）剪刀撑斜杆应采用搭接接长，搭接长度不宜小于 1000mm，搭接处应采用 3 个及以上旋转扣件扣紧。

（4）每道剪刀撑的宽度不应大于 6 个跨距，且不应大于 10m；也不应小于 4 个跨距，且不应小于 6m。设置连续剪刀撑的斜杆水平间距宜为 6～8m。

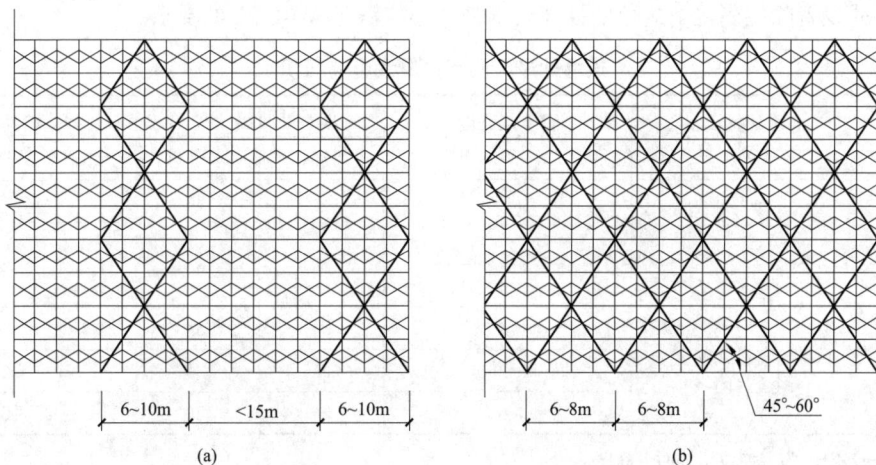

图 6-53 剪刀撑设置示意图

（a）、（b）脚手架搭设高度 24m 及以下、超过 24m 时剪刀撑设置

门式脚手架应在门架两侧的立杆上设置纵向水平加固杆，并应采用扣件与门架立杆扣紧。水平加固杆设置应符合下列要求。

（1）在顶层、连墙件设置层必须设置。

（2）当脚手架每步铺设挂扣式脚手板时，至少每 4 步应设置一道，并宜在有连墙件的水平层设置。

（3）当脚手架搭设高度小于或等于 40m 时，至少每两步门架应设置一道；当脚手架搭设高度大于 40m 时，每步门架应设置一道。

（4）在脚手架的转角处、开口型脚手架端部的两个跨距内，每步门架应设置一道。

（5）悬挑脚手架每步门架应设置一道。

（6）在纵向水平加固杆设置层面上应连续设置。

门式脚手架的底层门架下端应设置纵、横向通长的扫地杆。纵向扫地杆应固定在距门架立杆底端不大于 200mm 处的门架立杆上，横向扫地杆宜固定在紧靠纵向扫地杆下方的门架立杆上。

4. 转角处门架的连接

在建筑物的转角处，门式脚手架内、外两侧立杆上应按步设置水平连接杆、斜撑杆，将转角处的两榀门架连成一体（见图 6-54）。

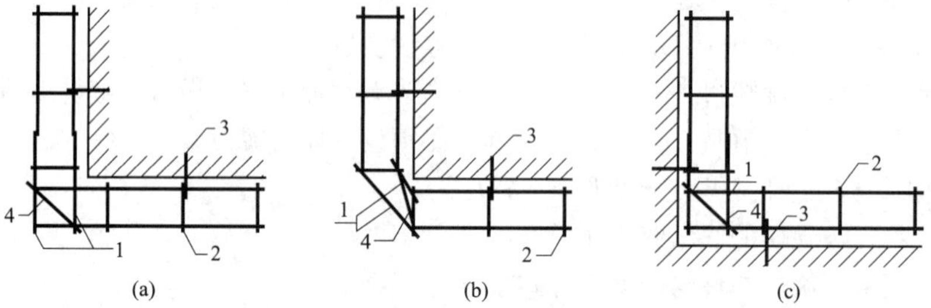

（a）   （b）   （c）

图 6-54 转角处脚手架连接

（a）、（b）阳角转角处脚手架连接；（c）阴角转角处脚手架连接

1—连接杆；2—门架；3—连墙件；4—斜撑杆

5. 连墙件的安装

连墙件的设置除应满足本规范的计算要求外，还应满足表 6-23 的要求。

表 6-23   连墙件最大间距或最大覆盖面积

序号	脚手架搭设方式	脚手架高度（m）	连墙件间距（m²）		每根连墙件覆盖面积（m²）
			竖向	水平向	
1	落地、密目式安全网全封闭	≤40	3h	3l	≤40
2		>40	2h	3l	≤27
3					
4	悬挑、密目式安全网全封闭	≤40	3h	3l	≤40
5		40~60	2h	3l	≤27
6		>60	2h	2l	≤20

注 1. 序号 4~6 为架体位于地面上高度。

　　2. 按每根连墙件覆盖面积选择连墙件设置时，连墙件的竖向间距不应大于 6m。

　　3. 表中 h 为步距；l 为跨距。

在门式脚手架的转角处或开口型脚手架端部，必须增设连墙件，连墙件的垂直间距不应大于建筑物的层高，且不应大于 4.0m。

连墙件应靠近门架的横杆设置，距门架横杆不宜大于 200mm。连墙件应固定在门架的立杆上。

连墙件宜水平设置，当不能水平设置时，与脚手架连接的一端，应低于与建筑结构连接的一端，连墙杆的坡度宜小于 1∶3。

门式脚手架连墙件的安装必须符合下列规定。

（1）连墙件的安装必须随脚手架搭设同步进行，严禁滞后安装。

（2）当脚手架操作层高出相邻连墙件以上两步时，在连墙件安装完毕前必须采用确保脚手架稳定的临时拉结措施。

6. 通道口的搭设

门式脚手架通道口高度不宜大于 2 个门架高度，宽度不宜大于 1 个门架跨距。

门式脚手架通道口应采取加固措施，并应符合下列规定。

（1）当通道口宽度为一个门架跨距时，在通道口上方的内外侧应设置水平加固杆，水平加固杆应延伸至通道口两侧各一个门架跨距，并在两个上角内外侧应加设斜撑杆［见图 6-55（a）］。

（2）当通道口宽为两个及以上跨距时，在通道口上方应设置经专门设计和制作的托架梁，并应加强两侧的门架立杆［见图 6-55（b）］。

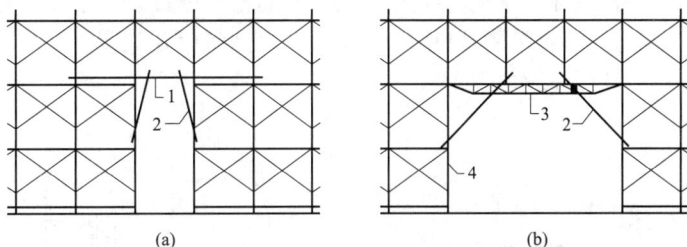

(a)　　　　　　　　　　(b)

图 6-55　通道洞口加固示意

（a）、（b）通道口宽度为一个门架跨距、两个及以上门架跨距加固示意
1—水平加固杆；2—斜撑杆；3—托架梁；4—加强杆

门式脚手架通道口搭设时，斜撑杆、托架梁及通道口两侧的门架立杆加强杆件应与门架同步搭设，严禁滞后安装。

7. 扣件安装

加固杆、连墙件等杆件与门架采用扣件连接时，应符合下列规定。

（1）扣件规格应与所连接钢管的外径相匹配。

（2）扣件螺栓拧紧扭力矩值应为 40～65N·m。

（3）杆件端头伸出扣件盖板边缘长度不应小于 100mm。

8. 施工荷载的要求

施工均布荷载标准值见表 6-24。

表 6-24　　　　　　　　　施工均布荷载标准值

序号	门式脚手架用途	施工均布荷载标准值（kN/m^2）
1	结构	3.0
2	装修	2.0

注　1. 表中施工均布荷载标准值为一个操作层上相邻两榀门架间的全部施工荷载除以门架纵距与门架宽度的乘积。

　　2. 斜梯施工均布荷载标准值不低于 $2kN/m^2$。

在脚手架上同时有 2 个和 2 个以上操作层作业时，在一个跨距内各操作层的施工均布荷载标准值总和不得超过 $5.0kN/m^2$。

四、附着升降式脚手架及悬吊式脚手架

（一）附着升降式脚手架

附着升降式脚手架（也称爬架），是指采用各种形式的架体结构及附着支撑结构，领先设置在架体上或工程结构上的专用升降设备实现升降的施工脚手架。附着升降式脚手架适用于高层、超高层建筑物或高耸构筑物，同时还可以携带施工外模板，但使用时必须进行专门设计。

附着升降式脚手架的分类多种多样，按附着支撑的形式可以分为悬挑式、吊拉式、导轨式、导座式等；按升降动力类型可以分为电动、手拉葫芦、液压等；按升降方式可分为单片式、分段式、整体式等；按控制方式可分为人工控制、自动控制等；按爬升方式可分为套管式、悬挑式、互爬式和导轨式等。

1. 套管式附着升降脚手架

套管式附着升降脚手架的基本结构（见图 6-56）由脚手架系统和提升设备两部分组成。其中，

脚手架系统由升降框和连接升降框的纵向水平杆、剪刀撑、脚手板以及安全网等组成。

套管式附着升降脚手架的升降原理是通过固定架和滑动框的交替升降来实现的。固定架和滑动框可以相对滑动，并且分别同建筑物固定。因此，在固定框固定的情况下，可以松开滑动框与建筑物之间的连接，利用固定架上的吊点将滑动框提升一定高度并与建筑物固定，然后再松开固定架同建筑物之间的连接，利用滑动框上的吊点将固定架提升一定高度并固定，从而完成一个提升过程，下降则反向操作（见图6-57）。

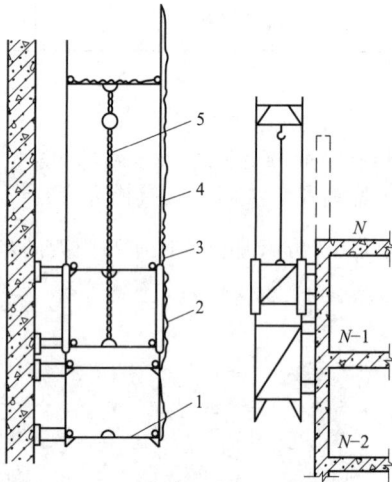

图6-56　套管式附着升降脚手架的基本结构
1—固定架；2—滑动框；3—纵向水平杆；
4—围护；5—升降设备

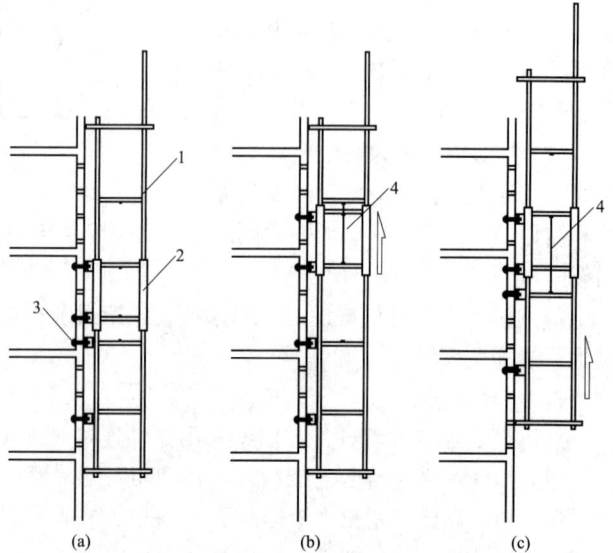

图6-57　套管式脚手架爬升过程
(a) 爬升前的位置；(b) 活动框爬升（半个层高）；
(c) 固定架爬升（半个层高）
1—固定架；2—活动框；3—附墙螺栓；4—升降设备

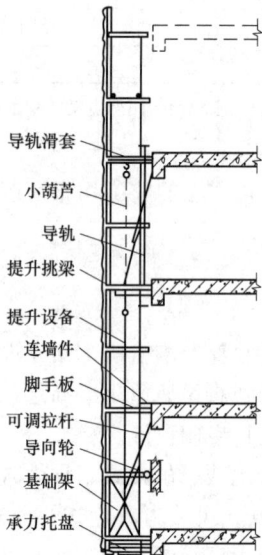

导轨滑套
小葫芦
导轨
提升挑梁
提升设备
连墙件
脚手板
可调拉杆
导向轮
基础架
承力托盘

图6-58　悬挑式附着升降脚手架

2. 悬挑式附着升降脚手架

悬挑式附着升降脚手架是目前应用面较广的一种附着升降脚手架，其种类也很多，基本构造由脚手架、爬升机构和提升系统三部分组成（见图6-58）。脚手架可以用扣件式钢管脚手架或碗扣式钢管脚手架搭设而成；爬升机构包括承力托盘、提升挑梁、导向轮及防倾覆防坠落安全装置等部件；提升系统一般使用环链式电动葫芦和控制柜，电动葫芦的额定提升荷载一般不小于70kN，提升速度不宜超过250mm/min。

悬挑式附着升降脚手架的升降原理是将电动葫芦（或其他提升设备）挂在挑梁上，葫芦的吊钩挂到承力托盘上，使各电动葫芦受力，松开承力托盘同建筑物的固定连接，开动电动葫芦，则爬架就会沿建筑物上升（或下降），待爬架升高（或下降）一层，到达一定位置时，将承力托盘同建筑物固定，并将架子同建筑物连接好，则架子就完成一次升（或降）的过程。再将挑梁移至下一个位置，准备下一次升降。

3. 互爬式附着升降脚手架

互爬式附着升降脚手架，其基本结构由单元脚手架、附墙支撑机构和提升装置组成，如

图 6-59 所示。单元脚手架可由扣件式钢管脚手架和碗扣式脚手架搭设而成，附墙支撑机构是将单元脚手架固定在建筑物上的装置，可通过穿墙螺栓或预埋件固定，也可以通过斜拉杆和水平支撑将单元脚手架吊在建筑物上，还可以架子底部设置斜撑杆支撑单元脚手架；提升装置一般使用手拉葫芦，其额定提升荷载不小于 20kN，手拉葫芦的吊钩挂在与被提升单元相邻架体的横梁上，挂钩则挂在被提升单元底部。

互爬式附着升降脚手架的升降原理（见图 6-60）：每一个单元脚手架单独提升，当提升某一单元时，先将提升葫芦的吊钩挂在被提升单元相邻的两个架体上，提升葫芦的挂钩则会钩住被提升单元的底部，解除被提升单元约束，操作人员站在两相邻的架体上进行升降操作；当该升降单元升降到位后，与建筑物固定，再将葫芦挂在该单元横梁上，进行与之相邻的脚手架单元的升降操作。相隔的单元脚手架可同时进行升降操作。

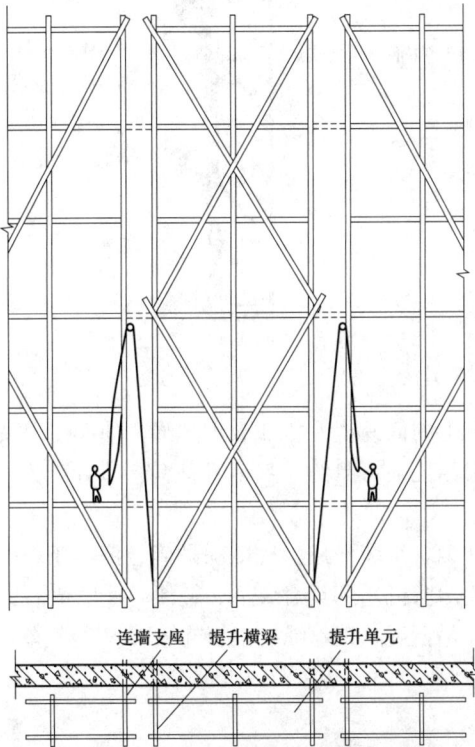

图 6-59　互爬式附着脚手架基本结构

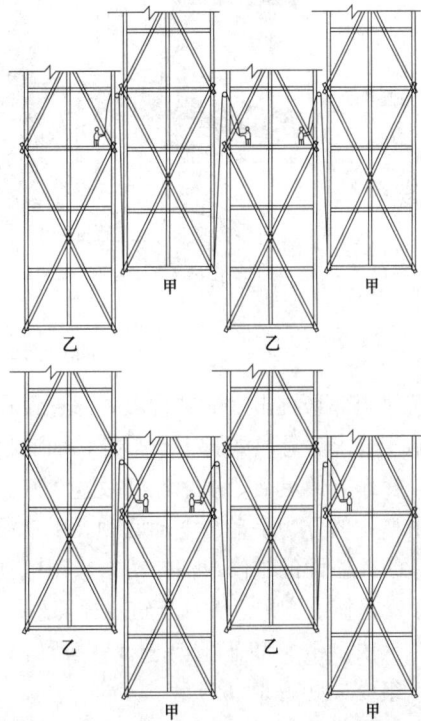

图 6-60　互爬式附着脚手架升降原理

4. 导轨式附着升降脚手架

导轨式附着升降脚手架，其基本结构由脚手架、爬升机构和提升系统三个部分组成（见图 6-61）。其爬升机械是一套独特的机构，包括导轨、导轮组、提升滑轮组、提升挂座、连墙支杆、连墙支座、连墙挂板、限位锁、限位锁挡块及斜拉钢丝绳等定型构件。提升系统也是采用手拉葫芦或环链式电动葫芦。

导轨式附着升降脚手架的升降原理：导轨沿建筑物竖向布置，其长度比脚手架高一层，架子的上部和下部均装有导轮，提升挂座固定在导轨上，其一侧挂提升葫芦，另一侧固定钢丝绳，钢丝绳绕过提升滑轮组同提升葫芦的挂钩连接；起动提升葫芦，架子沿导轨上升，提升到位后固定；将底部空出的那根导轨及连墙板拆除，装到顶部，将提升挂座移到上部，准备下次提升。

（二）悬吊式脚手架

悬吊式脚手架又称为吊篮，主要用于建筑外墙施工和装修。它是将架子（吊篮）的悬挂点固定

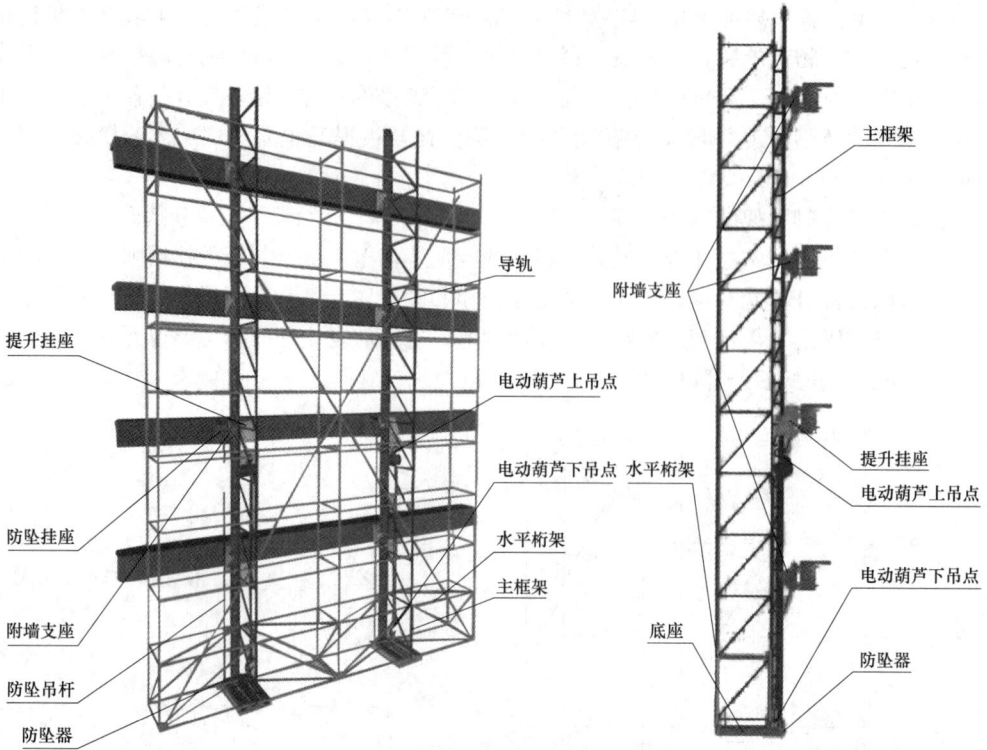

图 6-61　导轨式附着升降脚手架

在建筑物顶部悬挑出来的结构上，通过设在每个架子上的简易提升机械和钢丝绳，使架子升降，以满足施工要求。悬吊式脚手架与外墙面满搭外脚手架相比，可节约大量钢管材料、节省劳力、缩短工期、操作方便灵活，技术经济效益较好。

吊篮一般分为手动与电动两种，手动吊篮用扣件钢管组装而成，比电动吊篮经济实用。但用于高层建筑外墙面的维修、清扫时，采用电动吊篮（或擦窗机）则具有灵活、轻便、速度快的优点。

手动吊篮上支撑设施（建筑物顶部悬挑或桁架）、吊篮绳（钢丝绳或钢筋链杆）、安全钢丝绳、手扳葫芦（或倒链）和篮型架子（一般称吊篮架体）组成（见图 6-62）。

电动吊篮主要由工作吊篮、提升机构、绳轮系统、屋面支撑系统及安全锁组成（见图 6-63）。

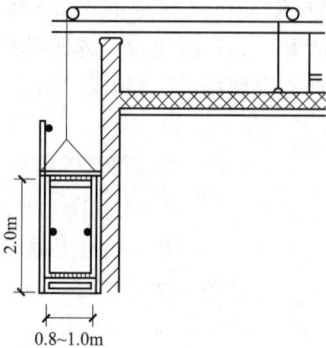

图 6-62　手动吊篮

图 6-63　电动吊篮

五、承插型盘扣式钢管脚手架

立杆采用套管承插连接，水平杆和斜杆采用杆端扣接头卡入连接盘，用楔形插销连接（见图6-64），形成结构几何不变体系的新型钢管支架称作承插型盘扣式钢管脚手架。承插型盘扣式钢管支架由立杆、水平杆（横杆）、斜杆、连接盘（八角盘）、可调底座及可调托座等构配件构成。它具有如下优点：

（1）安全性高：盘扣式脚手架采用了插销式连接方式，所有构件都通过插销和自锁装置紧密连接，避免了传统脚手架因连接不牢固而引发的安全隐患。其结构稳定，能够有效防止意外脱落，提高了施工安全性。

（2）搭设快捷：盘扣式脚手架的构件标准化程度高，所有部件均可模块化拼装。其插销式连接方式使得搭设和拆卸过程非常简便快捷，大大提高了施工效率，减少了人力和时间成本。

图6-64　盘扣式脚手架节点—连接
盘、楔形插销

（3）承载力强：盘扣式脚手架的立杆和横杆通过连接盘紧密相连，形成一个稳固的整体结构。其合理的节点设计和高强度材料使其具有较高的承载能力，能够满足各种复杂施工环境下的承载需求。

（4）通用性强：盘扣式脚手架适用于各种复杂的施工环境，特别是在不规则建筑和异形结构的施工中表现尤为突出。其灵活的组合方式可以满足不同施工需求。

（5）盘扣式脚手架由于采用了高强度钢材和防腐处理，具有较长的使用寿命，能够多次循环使用，从而节约施工成本。

承插型盘扣式钢管脚手架的关键连接是楔形插销连接，要求杆端扣接头与连接盘的插销连接锤击自锁后不应拔脱。搭设脚手架时，宜采用不小于0.5kg锤子敲击插销顶面不少于2次，直至插销销紧。销紧后应再次击打，插销下沉量不应大于3mm。立杆盘扣节点间距，一般根据0.5m模数设置；水平杆长度一般根据0.3m模数设置。

承插型盘扣式钢管脚手架分为作业脚手架和支撑脚手架，现分述如下。

图6-65　承插型盘扣式双排外脚手架

（一）作业脚手架

1. 作业脚手架的构造要求

支承于地面、建筑物上或附着于工程结构上，为建筑施工提供作业平台与安全防护的承插型盘扣式钢管脚手架，简称作业架。双排外脚手架就是典型的作业架（见图6-65）。作业架的构造要求如下：

（1）作业架的高宽比宜控制在3以内；当作业架高宽比大于3时，应设置抛撑或缆风绳等抗倾覆措施。

（2）当搭设双排外作业架时或搭设高度24m及以上时，应根据使用要求选择架体几何尺寸，相邻水平杆步距不宜大于2m。一般立杆纵距宜选用1.5m或1.8m，且不宜大于2.1m，立杆横距宜选用0.9m或1.2m。

（3）双排外作业架首层立杆宜采用不同长度的立杆交错布置，立杆底部宜配置可调底座或垫板。

（4）当设置双排外作业架人行通道时，应在通道上部架设支撑横梁，横梁截面大小应按跨度以及承受的荷载计算确定，通道两侧作业架应加设斜撑；洞口顶部应铺设封闭的防护板，两侧应设置安全网；通行机动车的洞口，应设置安全警示和防撞设施。

（5）双排作业架的外侧立面上应设置竖向斜杆，并应符合下列规定：

1）在脚手架的转角处、开口型脚手架端部应由架体底部至顶部连续设置斜杆；

2）应每隔不大于 4 跨设置一道竖向或斜向连续斜杆（见图 6-66）；当架体搭设高度在 24m 以上时，应每隔不大于 3 跨设置一道竖向斜杆；

3）竖向斜杆应在双排作业架外侧相邻立杆间由底至顶连续设置（见图 6-67）。

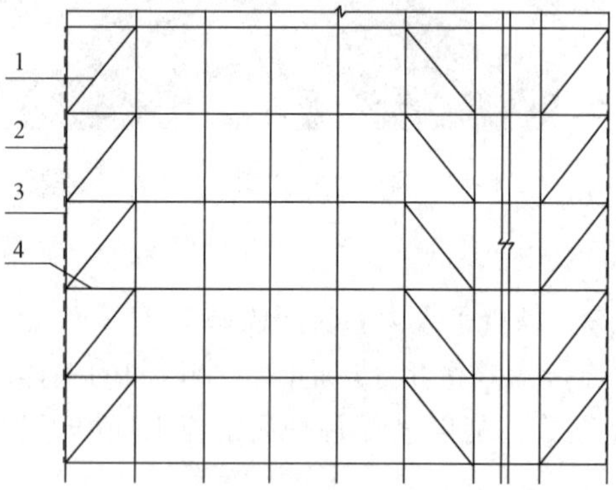

图 6-66　每隔不大于 4 跨设置一道斜杆示意图
1—斜杆；2—立杆；3—两端竖向斜杆；4—水平杆

图 6-67　双排作业架斜杆连续设置

（6）连墙件的设置应符合下列规定：

1）连墙件应采用可承受拉、压荷载的刚性构件，并应与建筑主体结构和架体连接牢固；

2）连墙件应靠近水平杆的盘扣节点设置；

3）同一层连墙件宜在同一水平面，水平间距不应大于 3 跨；连墙件之上架体的悬臂高度不得超过 2 步；

4）在架体的转角处或开口型双排脚手架的端部应按楼层设置，且竖向间距不应大于 4m；

5）连墙件宜从底层第一道水平杆处开始设置；

6）连墙件宜采用菱形布置，也可采用矩形布置；

7）连墙件应均匀分布；

8）当脚手架下部不能搭设连墙件时，宜外扩搭设多排脚手架并设置斜杆，形成外侧斜面状附加梯形架。

（7）三脚架与立杆连接及接触的地方，应沿三脚架长度方向增设水平杆，相邻三脚架应连接牢固。

2. 作业脚手架的安装与拆除

（1）作业架立杆应定位准确，并应配合施工进度搭设，双排外作业架一次搭设高度不应超过最上层连墙件两步，且自由高度不应大于 4m。

（2）双排外作业架连墙件应随脚手架高度上升，在规定位置处同步设置，不得滞后安装和任意拆除。

（3）作业层设置应符合下列规定：

1）应满铺脚手板；

2）双排外作业架外侧应设挡脚板和防护栏杆，防护栏杆可在每层作业面立杆的 0.5m 和 1.0m

的连接盘处布置两道水平杆，并应在外侧满挂密目安全网；

　　3）作业层与主体结构间的空隙应设置水平防护网；

　　4）当采用钢脚手板时，钢脚手板的挂钩应稳固扣在水平杆上，挂钩应处于锁住状态。

　　（4）加固件、斜杆应与作业架同步搭设。当加固件、斜撑采用扣件钢管时，应符合现行行业标准《建筑施工扣件式钢管脚手架安全技术规范》（JGJ 130）的有关规定。

　　（5）作业架顶层的外侧防护栏杆高出顶层作业层的高度不应小于 1500mm。

　　（6）当立杆处于受拉状态时，立杆的套管连接接长部位应采用螺栓连接。

　　（7）作业架应分段搭设、分段使用，应经验收合格后方可使用。

　　（8）作业架应经单位工程负责人确认并签署拆除许可令后，方可拆除。

　　（9）当作业架拆除时，应划出安全区，应设置警戒标志，并应派专人看管。

　　（10）拆除前应清理脚手架上的器具、多余的材料和杂物。

　　（11）作业架拆除应按先装后拆、后装先拆的原则进行，不应上下同时作业。双排脚手架连墙件应随脚手架逐层拆除，分段拆除的高度差不应大于两步。当作业条件限制，出现高度差大于两步时，应增设连墙件加固。

　　（12）拆除至地面的脚手架及构配件应及时检查、维修及保养，并应按品种、规格分类存放。

　　（二）支撑脚手架

　　1. 支撑脚手架的构造要求

　　支承于地面或结构上可承受各种荷载，具有安全防护功能，为建筑施工提供支撑和作业平台的承插型盘扣式钢管脚手架，包括混凝土施工用模板支撑架和结构安装支撑架，简称支撑架。它的构造要求如下：

　　（1）支撑架的高宽比宜控制在 3 以内，高宽比大于 3 的支撑架应采取与既有结构进行刚性连接等抗倾覆措施。

　　（2）对标准步距为 1.5m 的支撑架，应根据支撑架搭设高度、支撑架型号及立杆轴向力设计值进行竖向斜杆布置，竖向斜杆布置形式应符合表 6-25、表 6-26 的要求。

表 6-25　　　　　　　　　　　标准型（B 型）支撑架竖向斜杆布置形式

立杆轴力设计值 N(kN)	搭设高度 H(m)			
	$H \leqslant 8$	$8 < H \leqslant 16$	$16 < H \leqslant 24$	$H > 24$
$N \leqslant 25$	间隔 3 跨	间隔 3 跨	间隔 2 跨	间隔 1 跨
$25 < N \leqslant 40$	间隔 2 跨	间隔 1 跨	间隔 1 跨	间隔 1 跨
$N > 40$	间隔 1 跨	间隔 1 跨	间隔 1 跨	每跨

表 6-26　　　　　　　　　　　重型（Z 型）支撑架竖向斜杆布置形式

立杆轴力设计值 N(kN)	搭设高度 H(m)			
	$H \leqslant 8$	$8 < H \leqslant 16$	$16 < H \leqslant 24$	$H > 24$
$N \leqslant 40$	间隔 3 跨	间隔 3 跨	间隔 2 跨	间隔 1 跨
$40 < N \leqslant 65$	间隔 2 跨	间隔 1 跨	间隔 1 跨	间隔 1 跨
$N > 65$	间隔 1 跨	间隔 1 跨	间隔 1 跨	每跨

　　注　1. 立杆轴力设计值和脚手架搭设高度为同一独立架体内的最大值。

　　　　2. 每跨表示竖向斜杆沿纵横向每跨搭设；间隔 1 跨表示竖向斜杆沿纵横向每间隔 1 跨搭设（见图 6-68），其余类推。

图 6-68　间隔 1 跨形式支撑架斜杆设置

(a) 立面图；(b) 平面图

1—立杆；2—水平杆；3—竖向斜撑

（3）支撑架搭设高度大于 16m 时，顶层步距内应每跨布置竖向斜杆。

（4）支撑架可调托撑伸出顶层水平杆或双槽托梁中心线的悬臂长度（见图 6-69）不应超过 650mm，且丝杆外露长度不应超过 400mm，可调托撑插入立杆或双槽托梁长度不得小于 150mm。

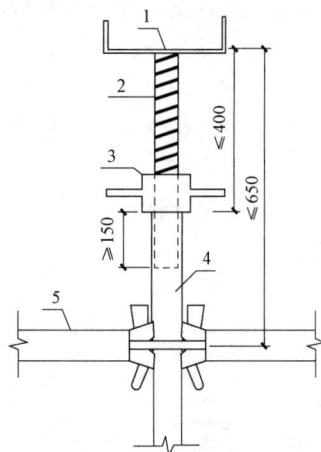

图 6-69　可调托撑构造要求

1—可调托撑；2—螺杆；3—调节螺母；

4—立杆；5—水平杆

（5）支撑架可调底座丝杆插入立杆长度不得小于 150mm，丝杆外露长度不宜大于 300mm，作为扫地杆的最底层水平杆中心线距离可调底座的底板不应大于 550mm。

（6）当支撑架搭设高度超过 8m、周围有既有建筑结构时，应沿高度每间隔 4～6 个步距与周围已建成的结构进行可靠拉结。

（7）支撑架应沿高度每间隔 4～6 个标准步距应设置水平剪刀撑，并应符合现行行业标准《建筑施工扣件式钢管脚手架安全技术规范》（JGJ 130）中钢管水平剪刀撑的有关规定。

（8）当以独立塔架形式搭设支撑架时，应沿高度每间隔 2～4 个步距与相邻的独立塔架水平拉结。

（9）当标准型（B 型）立杆荷载设计值大于 40kN，或重型（Z 型）立杆荷载设计值大于 65kN 时，脚手架顶层步距应比标准步距缩小 0.5m。

（10）支撑架立杆纵横向间距即水平杆长度根据 0.3m 模数设置，一般不超过 1.2m。

2. 支撑脚手架的安装与拆除

（1）支撑架立杆搭设位置应按专项施工方案放线确定。

（2）支撑架搭设应根据立杆放置可调支座，应按先立杆后水平杆再斜杆的顺序搭设，形成基本的架体单元，应以此扩展搭设成整体脚手架体系。

（3）可调底座应放置在定位线上，并应保持水平。若需铺设垫板。垫板应平整、无翘曲，不得采用已开裂木垫板。

（4）在多层楼板上连续设置支撑架时，上下层支撑立杆宜在同一轴线上。

（5）支撑架搭设完成后应对架体进行验收，并应确认符合专项施工方案要求后再进入下道工序施工。

（6）可调底座和可调托撑安装完成后，立杆外表面应与可调螺母吻合，立杆外径与螺母台阶内径差不应大于2mm。

（7）水平杆及斜杆插销安装完成后，应采用锤击方法抽查插销，连续下沉量不应大于3mm。

（8）当架体吊装时，立杆间连接应增设立杆连接件。

（9）架体搭设与拆除过程中，可调底座、可调托撑、基座等小型构件宜采用人工传递。吊装作业应由专人指挥信号，不得碰撞架体。

（10）脚手架搭设完成后，立杆的垂直偏差不应大于支撑架总高度的1/500，且不得大于50mm。

（11）拆除作业应按先装后拆、后装先拆的原则进行，应从顶层开始、逐层向下拆除，不得同时作业，不应抛掷。

（12）当分段或分立面拆除时，应确定分界处的技术处理方案，分段后架体应稳定。

第四节　工 程 实 践 案 例

【案例1】　内爬式塔式起重机与人货两用施工升降机（施工电梯）配置案例

广东某超高层建筑：

结构形式：混凝土墙—钢框筒。

基础形式：桩基础。

建筑面积：128 465m^2。

地上层数：63层。

总工期：763天。

施工现场平面布置图（见图6-70）：总平面，主体结构，机电安装，临水，临电。

施工主要设备：QTZ250B内爬式塔吊一台；SCD200G高速变频电梯两台。

QTZ250B内爬式塔式起重机的参数：最大工作幅度为70M，最小工作幅度为3.5M，最大工作幅度时最大起重量为3.5t，最小工作幅度时最大起重量为16t。本建筑为超高层建筑，首先选择内爬式塔式起重机，工作幅度与起重量也符合本工程要求。

SCD200G高速变频电梯，每只吊笼最大载重量为2T，最大提升高度为450m，提升速度为0～96m/min。本工程每层建筑面积为2000m^{2}左右，施工场地的布置：钢筋加工场在建筑物的北侧，其他砌块、砂浆、装修材料、周转材料等散料的堆场及施工人员出入的工地都在建筑物的南侧及西南侧，所以把两台施工电梯设在建筑物的南面。

【案例2】　塔式起重机与货用施工升降机（物料提升机）配置案例

某住宅楼结构形式为框架结构，基础形式为桩基础，建筑面积15 380m^2，檐口高度20.4m，地下1层，地上7层。总工期240天。

施工现场平面布置图（见图6-71）：总平面，主体结构，临水，临电

施工主要设备：QTZ—80型塔吊，两台SSE160型自升式门架升降机

QTZ—80型塔吊参数：最大工作幅度为55m，独立式起升高度为46.2m，附着式起升高度可达151.2m，额定起重力矩880kN·m，最大起重力矩为1057kN·m。工作幅度与起重量都符合本工程要求。

由于本工程地上只有7层，不到10层，为了节省费用，不设人货两用施工升降机配套，设置较经济的货用施工升降机（物料提升机）配套——两台龙门架。

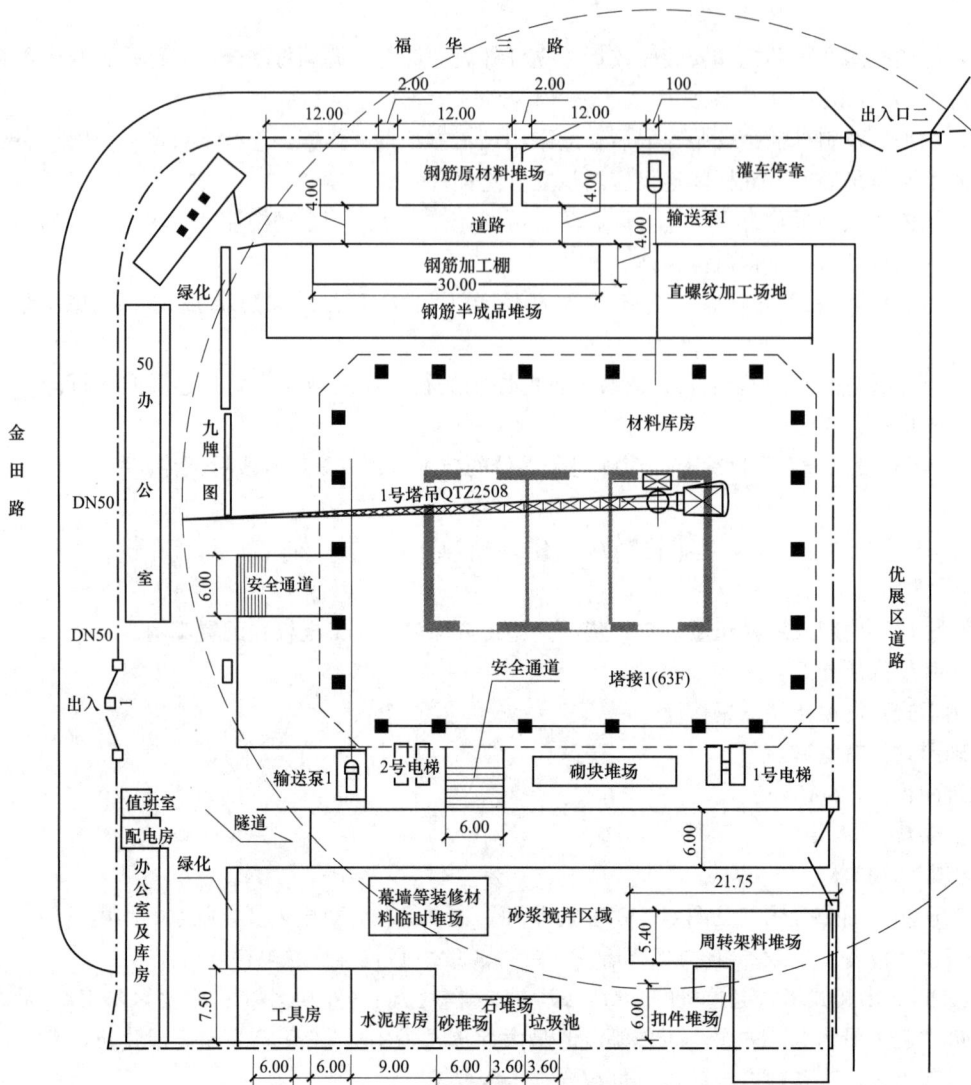

图 6-70　施工现场平面布置图

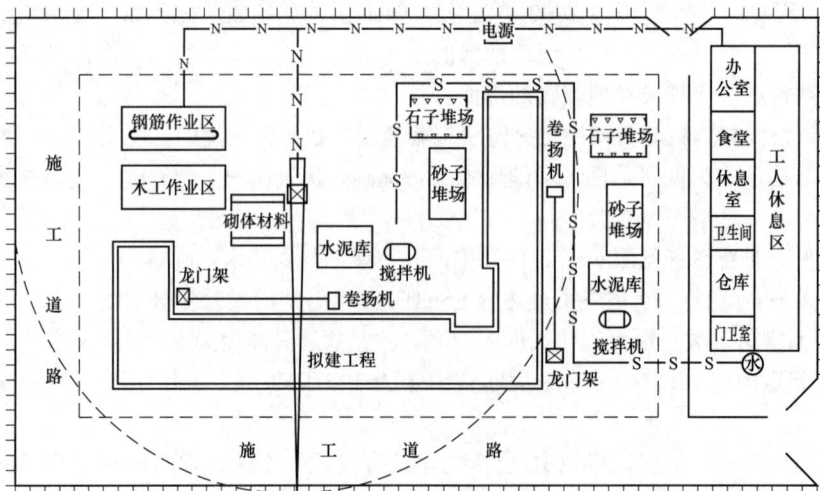

图 6-71　施工平面布置图

SSE160 型自升式门架升降机参数：最大载重量为 1.6T，最大提升高度 24m，提升速度为 22m/min。本工程每层建筑面积为 2000m² 左右，施工场地的布置：本工地的砌块、砂浆、装修材料、周转材料等散料的堆场分为两个区域，一部分在建筑物的北侧，一部分在建筑物的东侧，所以把一台龙门架设在建筑物的东面，另一台龙门架设在建筑物的北面。

复习思考题

1. 简述塔式起重机的种类。
2. 塔式起重机如何选用？
3. 简述塔式起重机基础的要求和基础形式。
4. 塔式起重机附着件有哪些构造形式？
5. 施工升降机有哪些类型？简述施工升降机的使用范围。
6. 简述扣件式钢管脚手架的构造及要求。
7. 简述门式脚手架的构造和要求。
8. 简述悬挑脚手架的构造及适用范围。
9. 简述附着脚手架的形式。
10. 简述承插型盘扣式钢管脚手架的连接方式和具有的优点。
11. 简述承插型盘扣式作业脚手架和支撑脚手架在构造要求上有什么区别。

习题

1. 已知：立杆纵距为 1.6m，立杆横距为 1.05m，横向水平杆间距 $s=0.6$m，横向水平杆的构造外伸长度 $a=500$mm，计算外伸长度 a_1 可取 300mm。装修脚手架采用冲压钢脚手板，脚手架钢管采用 $\phi 48.3 \times 3.6$mm。试验算横向、纵向水平杆的强度与刚度是否满足要求，并验算扣件的抗滑承载力。

2. 已知：立杆纵距 $l_a=1.4$m，立杆横距为 $l_b=1.30$m，纵向水平杆等间距设置，间距 $s=\dfrac{l_b}{4}$ $\dfrac{1.30}{4}=0.325$m<0.4m，装修脚手架采用竹笆脚手板，竹笆脚手板自重标准值取 0.1kN/m²，脚手架钢管采用 $\phi 48.3 \times 3.6$mm。试验算纵向、横向水平杆的强度与刚度是否满足要求，并验算扣件的抗滑承载力。

3. 已知：工程为 3m 层高 7 层框架结构建筑物，需搭设 23m 高脚手架，初步设计立杆纵距 $l_a=$ 1.5m，立杆横距 $l_b=1.05$m，步距 $h=1.8$m。计算外伸长度 $a_1=0.3$m，钢管外径与壁厚 $\phi 48.3 \times$ 3.6mm，3 步 3 跨连墙布置。施工地区在基本风压为 0.40kN/m² 的大城市郊区，装修兼防护脚手架，施工均布荷载标准值（一层操作层）$Q_k=2$kN/m²，竹笆脚手板自重标准值 0.1kN/m²，满铺一共铺设 13 层，$\sum Q_{P1}=13 \times 0.1$kN/m²，栏杆、木脚手板挡板自重标准值 $Q_{P2}=0.17$kN/m，建筑物结构形式为框架结构，密目式安全立网全封闭脚手架，网目密度为 2300 目/100cm²。试验算脚手架结构的安全性。

第七章 防 水 工 程

☑ **本章学习要求**

掌握地下工程防水等级和设防要求。

掌握屋面防水等级和设防要求。

掌握地下室混凝土结构自防水施工各要点。

掌握地下室卷材防水的施工流程、施工方法和施工要点。

熟悉地下室涂料防水的施工流程、施工方法和施工要点。

掌握卷材防水屋面的施工流程、施工方法和施工要点。

熟悉涂膜防水屋面的施工流程、施工方法和施工要点。

了解瓦屋面的施工控制要点。

掌握厕浴间防水及建筑外墙防水的施工各要点。

熟悉屋面防水工程质量通病及防治、地下防水工程质量通病及防治和厕浴间防水质量通病及防治。

建筑防水技术在房屋建筑中发挥功能保障作用，是建筑产品的一项重要使用功能，既关系到人们居住和使用的环境、卫生条件，也直接影响着建筑物的使用寿命。

防水工程的质量，在很大程度上取决于防水材料的技术性能，因此防水材料必须具有一定的耐候性、抗渗透性、抗腐蚀性以及对温度变化和外力作用的适应性与整体性；施工中的基层处理、材料选用、各种细部构造（如水落口、出入口、卷材收头做法等）的处理及对防水层的保护措施，均对防水工程的质量有着极为重要的影响；另外，防水设计不周，构造做法欠妥，也是影响防水工程质量的重要因素。本章结合最新的防水技术规程和质量验收规范主要介绍了地下室防水、屋面防水、厕浴间防水及建筑外墙防水施工、防水工程质量缺陷及防治方法等。

第一节 防 水 工 程 概 述

一、防水等级和设防要求

防水工程在工业民用房屋建筑工程中主要包括地下防水工程和屋面防水工程两大部分，并且就此两部分防水工程编制了《屋面工程技术规范》（GB 50345）、《屋面工程质量验收规范》（GB 50207）、《地下防水工程质量验收规范》（GB 50208）、《地下工程防水技术规范》（GB 50108），对各自的防水等级、设防要求和质量验收进行了规范。

1. 地下工程防水等级和设防要求

地下工程的防水设防要求应根据使用功能、结构形式、环境条件、施工方法及材料性能等因素提出。地下工程的防水等级分为4级，各级标准必须符合表7-1的规定。

明挖法地下工程的防水设防要求，应按表7-2选用。

地下工程的防水包括两部分内容，即一是主体防水，二是细部构造防水。目前，主体采用防水混凝土结构自防水的效果尚好，而细部构造（施工缝、变形缝、后浇带、诱导缝）的渗漏水现象最为普遍，工程界有所谓"十缝九漏"之称。明挖法施工时，不同防水等级的地下工程防水设防，对主体防水"应"或"宜"采用防水混凝土。当工程的防水等级为1～3级时，还应在防水混凝土的黏结表面增设一至两道其他防水层，称为"多道设防"。一道防水设防的含义应是具有单独防水能力的一个防水层。多道设防时，所增设的防水层可采用多道卷材，也可采用卷材、涂料、刚性防水复合使用。多道设防主要利用不同防水材料的材性，体现地下防水工程"刚柔相济"的设计原则。

表 7－1　　　　　　　　　　　地下工程防水等级标准

防水等级	标　准
1级	不允许渗水，结构表面无湿渍
2级	不允许漏水，结构表面可有少量湿渍。 工业与民用建筑：湿渍总面积不应大于总防水面积（包括顶板、墙面、地面）的1/1000；任意100m²防水面积上的湿渍不超过2处，单个湿渍的最大面积不大于0.1m²。 其他地下工程：湿渍总面积不应大于防水面积的2/1000；任意100 m²防水面积上的湿渍不超过3处，单个湿渍的最大面积不大于0.2 m²；其中，隧道工程还要求平均渗水量不大于0.05L/（m²·d），任意100m²防水面积上的渗水量不大于0.15L/（m²·d）
3级	有少量漏水点，不得有线流和漏泥沙。 任意100m²防水面积上漏水或湿渍点数不超过7处，单个漏水点的漏水量不大于2.5L/d，单个湿渍的最大面积不大于0.3m²
4级	有漏水点，不得有线流和漏泥沙。 整个工程平均漏水量不大于2L/（m²·d），任意100m²防水面积上的平均漏水量不大于4L/（m²·d）

表 7－2　　　　　　　　　　　明挖法地下工程防水设防要求

工程部位		主　体						施工缝					后浇带				变形缝、诱导缝						
防水措施	防水等级	防水混凝土	防水砂浆	防水卷材	防水涂料	塑料防水板	金属防水板	遇水膨胀止水条	中埋式止水带	外贴式止水带	外抹式防水砂浆	外涂防水涂料	补偿收缩混凝土	遇水膨胀止水带	外贴式止水带	防水嵌缝材料	中埋式止水带	外贴式止水带	可卸式止水带	防水嵌缝材料	外贴防水卷材	外涂防水涂料	遇水膨胀止水条
防水等级	1级	应选	应选一至两种					应选两种					应选	应选两种			应选	应选两种					
	2级	应选	应选一种					应选一至两种					应选	应选一至两种			应选	应选一至两种					
	3级	应选	应选一种					宜选一至两种					应选	宜选一到两种			应选	宜选一至两种					
	4级	宜选	—					宜选一种					应选	宜选一种			应选	宜选一种					

过去，人们一直认为混凝土是永久性材料，但通过实践人们逐渐认识混凝土在地下工程中会受到地下水的侵蚀，其耐久性会受到影响。现在我国地下水特别是浅层地下水受污染比较严重，而防水混凝土在抗渗等级P8时的渗透系数为（5～8）×10⁻⁸ m/s。所以，地下水对混凝土、钢筋的侵蚀破坏是一个不容忽视的问题。防水等级为1、2级的工程，大多是比较重要、使用年限较长的工程，单靠用防水混凝土来抵抗地下水的侵蚀效果是有限的。同样，对细部构造应根据不同防水等级选用不同的防水措施，防水等级越高，所采用的防水措施就越多。

2. 屋面防水等级和设防要求

屋面防水工程根据建筑物的类别、重要程度、使用功能要求确定防水等级，并根据等级进行防水设防；对防水有特殊要求的建筑屋面，应进行专项防水设计。屋面防水等级和设防要求应符合表7-3的规定。

表7-3　　　　　　　　　　　　　　**屋面防水等级和设防要求**

防水等级	建筑类别	设防要求
Ⅰ级	重要建筑和高层建筑	两道防水设防
Ⅱ级	一般建筑	一道防水设防

对于屋面的防水功能，不仅要遵循防水材料本身的材性，还要看不同防水材料组合后的整体防水效果。根据不同的屋面防水等级和设防要求，分别选用不同的防水材料，进行一道或多道设防，作为设计人员进行屋面工程设计时的依据。屋面防水层多道设防时，可采用同种卷材或涂膜复合等。

二、防水工程施工的原则

防水工程施工总的原则可概括为"防、排、截、堵相结合，刚柔相济、因地制宜、综合治理"。

我国地下室防水施工应遵循和做到：第一，杜绝防水层对水的吸附和毛细渗透；第二，接缝严密，形成封闭的整体；第三，消除预留孔洞造成的渗漏；第四，防止不均匀沉降而拉裂防水层；第五，防水层须做到可能渗漏范围以外。所以，地下工程防水要从工程规划、工程防水设计、工程防水材料选用、细部节点处理、施工工艺等方面系统考虑。定级标准要准确，方案要可靠，施工方案要简要，经济上要合理，技术要先进，环境方面要节能减少污染。随着我国城市化加速发展和人们对居住条件的需求越来越高，为了节约土地资源，减少占地面积，我国大中城市的房屋高层建筑如林。中、高层建筑为了满足使用功能方面要求和减轻结构自重，±0.000以下设计有多层地下室，可作为地下停车场、仓库、超市、设备用房等。因此，地下防水工程属隐蔽工程，时时刻刻都受到地下水的渗透作用，如果地下室防水工程质量达不到规范要求，地下水渗漏到地下室内部，势必带来一系列问题，轻则影响人们的正常工作和生活，重则损坏设备和建筑物产生不均匀沉降甚至破坏。根据有关资料，地下室存在氡污染，而氡是通过地下水渗漏渗入地下工程内部聚积在地下工程内表面，必要时可加通风设施。所以，地下防水工程从设计、施工及材料等方面按规范操作是极为重要的，在设计、施工及材料选用等方面必须严把质量关。

屋面防水工程设计和施工应从选择防水材料、施工方法等方面着眼，应考虑对建筑物周围环境影响以及建筑节能效果着手，遵循"材料是基础、设计是前提、施工是关键、管理是保证"的综合治理原则。

三、防水工程的概念及分类

（一）防水工程基本概念

1. 屋面工程

屋面工程是指由防水、保温、隔热等构造层所组成房屋顶部的设计和施工。

2. 隔汽层

隔汽层是指阻止室内水蒸气渗透到保温层内的构造层。

3. 保温层

保温层是指减少屋面热交换作用的构造层。

4. 防水层

防水层是指能够隔绝水而不使水向建筑物内部渗透的构造层。

5. 隔离层

隔离层是指消除相邻两种材料之间黏结力、机械咬合力、化学反应等不利影响的构造层。

6. 保护层

保护层是指对防水层或保温层起防护作用的构造层。

7. 隔热层

隔热层是指减少太阳辐射热向室内传递的构造层。

8. 复合防水层

复合防水层是指由彼此相容的卷材和涂料组合而成的防水层。

9. 附加层

附加层是指在易渗漏及易破损部位设置的卷材或涂膜加强层。

10. 防水垫层

防水垫层是指设置在瓦材或金属板材下面，起防水、防潮作用的构造层。

11. 持钉层

持钉层是指能够握裹固定钉的瓦屋面构造层。

12. 平衡含水率

平衡含水率是指在自然环境中，材料孔隙中所含有的水分与空气湿度达到平衡时，这部分水的质量占材料干质量的百分比。

13. 相容性

相容性是指相邻两种材料之间互不产生有害的物理和化学作用的性能。

14. 纤维材料

纤维材料是指将熔融岩石、矿渣、玻璃等原料经高温熔化，采用离心法或气体喷射法制成的板状或毡状纤维制品。

15. 喷涂硬泡聚氨酯

喷涂硬泡聚氨酯是指以异氰酸酯、多元醇为主要原料加入发泡剂等添加剂，现场使用专用喷涂设备在基层上连续多遍喷涂发泡聚氨酯后，形成无接缝的硬泡体。

16. 现浇泡沫混凝土

现浇泡沫混凝土是指用物理方法将发泡剂水溶液制备成泡沫，再将泡沫加入由水泥、骨料、掺和料、外加剂和水等制成的料浆中，经混合搅拌、现场浇筑、自然养护而成的轻质多孔混凝土。

17. 玻璃采光顶

玻璃采光顶是指由玻璃透光面板与支承体系组成的屋顶。

18. 柔性防水层

柔性防水层是指采用具有一定柔韧性和较大延伸率的防水材料，如防水卷材、有机防水涂料构成的防水层。

（二）防水工程分类

1. 防水工程按其工程部位分类

建筑物的防水工程，按其工程部位可分为地下室防水、屋面防水、外墙防水、室内厨房防水、浴室厕浴间防水、楼层游泳池防水及屋顶花园防水等。

2. 防水工程按其构造做法分类

（1）结构自防水。主要是依靠建筑物构件材料本身的厚度和密实性及构造措施做法，使结构构件既可起到承重围护的作用，又可起到防水的作用，如地下连续墙、底板、顶板及屋面板等防水混凝土构件。

（2）防水层防水。主要是指把防水材料铺装、铺贴或涂刷在建筑物构件的迎水面或者背水和接缝处，起到防水的作用，如卷材防水、涂膜防水、金属板屋面防水、瓦屋面防水及玻璃采光顶防水等。

第二节　地下防水工程施工

各种建筑房屋的地下室及不允许进水的地下构筑物，为了实现相关的使用功能和保护建筑物，必须做防潮或防水处理。防潮处理比较简单，防水施工比较复杂。在高层建筑或超高层建筑工程中，由于深基础的设置或建筑功能的需要，一般均设有一层或数层地下室，其防水功能显得十分重要。地下防水工程是防止地下水对地下构筑物或建筑物基础的长期浸透，保证地下构筑物或地下室使用功能正常发挥的一项重要工程。由于地下工程常年受到地表水、潜水、上层滞水、毛细管水等的作用，所以，对地下工程防水的处理变得复杂而重要，防水技术难度大。如何正确选择合理有效的防水方案就成为地下防水工程的首要问题。就目前我国地下工程防水工程施工的情况来看，主要采用的防水方案有结构自防水、设防层防水（卷材防水、涂膜防水）和结构自防水加防水附加层。

地下防水施工的特点：质量要求高、施工条件差、材料品种多、成品保护难、薄弱部位多。

一、地下室混凝土结构自防水施工

混凝土结构自防水，是以工程结构本身的密实性和抗裂性实现防水功能的一种防水做法，使结构承重和防水合为一体。它具有材料来源丰富、造价低廉、工序简单、施工方便等特点，防水混凝土是以自身壁厚及其憎水性和密实性来达到防水目的的。

防水混凝土对其抗渗性能有严格要求，防水混凝土适用于抗渗等级不低于 P6 的地下混凝土结构。防水混凝土的设计抗渗等级，应符合表 7-4 防水混凝土设计抗渗等级。

表 7-4　　　　　　　　　　　防水混凝土的设计抗渗等级

工程埋置深度 H（m）	设计抗渗等级
$H<10$	P6
$10\leqslant H<20$	P8
$20\leqslant H<30$	P10
$H\geqslant 30$	P12

注　本表选自（GB 50108）适用于 Ⅰ、Ⅱ、Ⅲ 类围岩（土层及软弱围岩）。山岭隧道防水混凝土的抗渗等级可按国家现行有关标准执行。

地下防水工程的防水设计，应考虑地表水、地下水、毛细管水的作用，以及由于人为因素对水资源保护、合理开发利用引起的建筑物附近的水文地质改变对地下工程可能造成的影响，所以，地下工程不能单纯以地下最高水位来确定工程防水标高，对于单建式地下工程应采用全封闭、部分封闭防排水。对于附建式全地下或半地下工程的设防高度，为保证地下工程的正常使用，应高出室外地坪标高 500mm 以上。全封闭、部分封闭是指防水层的封闭程度，部分封闭只在地层渗透性较好时采用。

防水混凝土一般分为普通防水混凝土、骨料级配防水混凝土、外加剂（密实剂、防水剂等）防水混凝土和特种水泥（大坝水泥、防水水泥、膨胀水泥等）防水混凝土。防水混凝土的特点：具有防水和承载等多种功能，且防水年限同结构寿命；施工简便、质量可靠；成本低廉、耐久性好；易于检查和修堵；易因变形、开裂而渗漏等。

不同类型的防水混凝土具有不同的特点，应根据工程特征及使用要求进行选择。但需要注意的是，不是所有的混凝土结构均可以采用自防水的，以下是不适用于混凝土结构自防水的情况。

（1）裂缝开展宽度大于现行《混凝土设计规范》规定的结构。

（2）遭受剧烈振动或冲击的结构。

（3）防水混凝土不能单独用于耐蚀系数小于 0.8 的受侵蚀防水工程；当在耐蚀系数小于 0.8 和地下混有酸、碱等腐蚀性的条件下应用时，应采取可靠的防腐蚀措施。

（4）用于受热部位时，其表面温度不应大于 80℃，否则应采取相应的隔热防烤措施。

随着防水混凝土技术的发展，高层建筑地下室目前广泛应用外加剂防水混凝土，值得推荐的是应用补偿收缩混凝土（膨胀水泥）作钢筋混凝土结构自防水。

（一）外加剂防水混凝土

外加剂防水混凝土是在混凝土中掺入一定量的外加剂，以改善混凝土内部结构，达到增加混凝土密实度和提高抗渗性能的目的。所有的外加剂应符合国家或行业标准一等品及以上的质量标准。按所掺外加剂种类的不同，可分为减水剂防水混凝土、引气剂防水混凝土、三乙醇胺防水混凝土和氯化铁防水混凝土等。

1. 减水剂防水混凝土

在混凝土中掺入减水剂，可以获得减水和改善混凝土和易性的效果，使混凝土内部孔隙分布得到改善，孔隙率减小，孔径缩小，提高混凝土的密实度和抗渗性，减水剂防水混凝土适用于地下防水工程、钢筋密集或捣固困难薄壁防水结构以及泵送混凝土。最高抗渗强度 $\geq$2.2MPa。

常用的减水剂有木质素磺酸钙减水剂，又称 M 型减水剂，棕色粉末，无毒、不燃、易溶于水。一般参考掺量为水泥重量的 0.15%～0.3%。MF 型减水剂，一般参考掺量为水泥重量的 0.5%～1%。糖蜜类减水剂参考掺量为水泥重量的 0.2%～0.35%。对于所选用的减水剂，应经实验复核产品说明书所列的各项技术指标的正确性。

减水剂防水混凝土的配制除应遵循普通防水混凝土的一般规定外，还应注意以下技术要求。

（1）应根据工程要求、施工工艺及温度及混凝土原材料组成、特性等，正确选用减水剂品种。对所选用的减水剂，必须经过试验，求得减水剂适宜掺量。

（2）根据工程需要调配水灰比。当工程要求混凝土坍落度为 80～100mm 时，可不减少或稍减少拌和用水量。当要求坍落度为 30～50mm 时，可大大减少拌和用水量。

（3）由于减水剂能增大混凝土的流动性，故掺有减水剂的防水混凝土，其最大施工坍落度可不受 50mm 的限制，但也不宜过大，以 50～100mm 为宜。

（4）混凝土拌和物泌水率大小对硬化后混凝土的抗渗性有很大影响。由于加入不同品种减水剂后，均能获得降低泌水率的良好效果，一般有引气作用的减水剂（如 MF、木钙）效果更为显著。故可采用矿渣水泥配制防水混凝土。

2. 氯化铁防水混凝土

氯化铁防水混凝土，是在混凝土拌和物中加入少量氯化铁防水剂拌制而成的具有高抗渗性和密实度的混凝土。氯化铁防水混凝土是依靠化学反应的产物氢氧化铁等胶体的密实填充作用；新生的氯化钙对水泥熟料矿物的激化作用；易溶性物质转化为难溶性物质；以及降低吸水性等作用而增强混凝土的密实性和提高其抗渗性。

（1）氯化铁防水混凝土配制注意事项。

1）氯化铁防水剂的掺量以水泥重量的 3% 为宜，掺量过多对钢筋锈蚀及混凝土收缩有不良影响，如果采用氯化铁砂浆抹面，掺量可增至 3%～5%。

2）氯化铁防水剂必须符合质量标准，不得使用市场上出售的化学试剂氯化铁。

3）配料要准确。配制防水混凝土时，首先称取需用量的防水剂，并用 80% 以上的拌和水稀释，搅拌均匀后，再将该水溶液拌和砂浆或混凝土，最后加入剩余的水。严禁将防水剂直接倒入水泥砂浆或混凝土拌和物中，也不能在防水基层面上涂刷纯防水剂。

当采用机械搅拌时，必须先注入水泥及粗细集料，而后再注入氯化铁水溶液，以免搅拌机遭受腐蚀。搅拌时间不少于 2min。

（2）施工注意事项。

1）施工缝要用 10～15mm 厚防水砂浆胶结。防水砂浆的重量配合比为水泥∶砂∶氯化铁防水剂＝1∶0.5∶0.03，水灰比为 0.55。

2）氯化铁防水混凝土必须认真进行养护。养护温度不宜过高或过低，以 25℃ 左右为宜。自然养护时，不得低于 10℃，浇筑 8h 后即用湿草袋等覆盖，24h 后浇水养护 14d。

3. 引气剂防水混凝土

混凝土中加入引气剂后，将会产生大量微小而均匀的气泡，使其黏滞性增大，不易松散离析，改善了混凝土和易性，同时由于大量微小气泡的产生，使混凝土中的毛细管性质改变，提高混凝土的抗渗性和抗冻性。引气剂混凝土含气量要求控制在 3％～5％ 范围内，否则含量过大，混凝土的强度将会降低。它适用于高寒、抗冻性要求高、处于地下水位以下遭受冰冻的地下防水工程。

（1）主要特征。

1）引气剂防水混凝土中存在适宜的闭孔气泡组织，故可提高混凝土的抗渗性和耐久性。

2）引气剂防水混凝土抗渗能力较强，水不易渗入，从而提高了混凝土抗冻胀破坏能力。一般抗冻性最高可为普通混凝土的 3～4 倍。

3）引气剂防水混凝土的早期强度增长较慢，7d 后强度增长比较正常。但这种混凝土的抗压强度随含气量增加而降低，一般含气量增加 1％，28d 强度约下降 3％～5％，但引气剂改善了混凝土的和易性，在保持和易性不变的情况下可减少拌和用水量，从而可补偿部分强度损失。因此，引气剂防水混凝土适用于抗渗、抗冻要求较高的防水混凝土工程，特别适用于恶劣自然环境工程。

目前，常用的引气剂有松香酸钠和松香热聚物，此外还有烷基磺酸钠、烷基苯磺酸钠等，以前者采用较多。

（2）引气剂防水混凝土的配制。

1）引气剂掺量。引气剂防水混凝土的质量与含气量密切相关。从改善混凝土内部结构、提高抗渗性及保持应有的混凝土强度出发，引气剂防水混凝土含气量以 3％～6％ 为宜。此时，松香酸钠掺量为 0.1％～0.3％，松香热聚物掺量约为 0.1％。

2）水灰比。水灰比在某一适宜范围内，混凝土可获得适宜的含气量和较高的抗渗性。实践证明，水灰比最大不得超过 0.65，以 0.5～0.6 为宜。

3）砂子细度。砂子细度对气泡的生成有不同程度的影响，宜采用中砂或细砂，特别是采用细度模数在 2.6 左右的砂子效果较好。

（3）施工注意事项。

1）引气剂防水混凝土宜采用机械搅拌。搅拌时首先将砂、石、水泥倒入混凝土搅拌机。引气剂应预先加入混凝土拌和水中，待搅拌均匀后，再加入搅拌机内。引气剂不得直接加入搅拌机，以免气泡集中而影响混凝土质量。

2）搅拌过程中，应按规定检查拌和物的和易性（坍落度）和含气量，使其严格控制在规定的范围内。

3）宜采用高频振动器振捣，以排除大气泡，保证混凝土的抗冻性。

4）宜在常温条件下养护，冬期施工必须特别注意温度的影响。养护湿度越高，对提高防水混凝土抗渗性越有利。

4. 三乙醇胺防水混凝土

三乙醇胺防水混凝土，是在混凝土拌和物中随拌和水掺入适量的三乙醇胺而配制成的混凝土。

依靠三乙醇胺的催化作用，在早期生成较多的水化产物，部分游离水结合为结晶水，相应地减少了毛细管通路和孔隙，从而提高了混凝土的抗渗性，且具有早强作用。当三乙醇胺和氯化钠、亚硝酸钠等无机盐复合时，三乙醇胺不仅能促进水泥本身的水化，还能促进氯化钠、亚硝酸钠等无机盐与水泥的反应，所生成的氯铝酸盐等混合物，体积膨胀，能堵塞混凝土内部的孔隙，切断毛细管通路，增大混凝土的密实性。

三乙醇胺防水混凝土的配制要求如下。

(1) 当设计抗渗压力为 0.8～1.2N/mm² 时，水泥用量以 300kg/m³ 为宜。

(2) 砂率必须随水泥用量降低而相应提高，使混凝土有足够的砂浆量，以确保其抗渗性。当水泥用量为 280～300kg/m³ 时，砂率以 40％左右为宜。掺三乙醇胺早强防水剂后，灰砂比可以小于普通防水混凝土 1∶2.5 的限值。

(3) 对石子级配无特殊要求，只要在一定水泥用量范围内并保证有足够的砂率，无论采用哪一种级配的石子，都可以使混凝土有良好的密实度和抗渗性。

(4) 三乙醇胺早强防水剂对不同品种水泥的适应性较强，特别是能改善矿渣水泥的泌水性和黏滞性，明显地提高其抗渗性。故对要求低水化热的防水工程，以使用矿渣水泥为宜。

(5) 三乙醇胺防水剂溶液随拌和水一起加入，约 50kg 水泥加 2kg 溶液。

（二）补偿收缩防水混凝土

补偿收缩防水混凝土是在普通混凝土中掺入适量膨胀剂或用膨胀水泥配制而成的一种微膨胀混凝土，抗渗强度≥3.6MPa。

补偿收缩混凝土以本身适度膨胀抵消收缩裂缝，同时改善孔隙结构，降低孔隙率，减小开裂，使混凝土有较高的抗渗性能。它适用于地下连续墙、逆筑法、坑槽回坑及后浇带、膨胀带等防裂防渗工程，尤其适用于大体积混凝土防裂防渗工程。

常用的膨胀剂有：U形混凝土膨胀剂（UEA），明矾石膨胀剂，明矾石膨胀水泥，石膏矾土膨胀水泥等。防水混凝土还可根据工程抗裂需要掺入钢纤维或合成纤维，能有效提高混凝土的抗裂性，但相应成本较高，它适用于对抗拉、抗剪、抗折强度和抗冲击、抗裂、抗疲劳、抗爆破等性能要求较高的地下防水工程。它的特点是：高强、高抗裂、高韧性、高耐磨及耐渗性。最高抗渗强度≥3.6MPa。

1. 主要特性

(1) 具有较高的抗渗功能。补偿收缩混凝土是依靠膨胀水泥或水泥膨胀剂在水化反应过程中形成钙矾石为膨胀源，这种结晶是稳定的水化物，填充于毛细孔隙中，使大孔变成小孔，总孔隙率大大降低，从而增加了混凝土的密实性，提高了补偿收缩混凝土的抗渗能力，其抗渗能力比同强度等级的普通混凝土提高 2～3 倍。

(2) 能抑制混凝土裂缝的出现。补偿收缩混凝土在硬化初期产生体积膨胀，在约束条件下，它通过水泥石与钢筋的黏结，使钢筋张拉，被张拉的钢筋对混凝土本身产生压应力（称为化学预应力或自应力），可抵消由于混凝土干缩和徐变时产生的拉应力。也就是说，补偿收缩混凝土的拉应变接近于零，从而达到补偿收缩和抗裂防渗的双重效果。因此，补偿收缩混凝土是结构自防水技术的新发展。

(3) 后期强度能稳定上升。由于补偿收缩混凝土的膨胀作用主要发生在混凝土硬化的早期，所以补偿收缩混凝土的后期强度能稳定上升。

2. 施工注意事项

(1) 补偿收缩混凝土具有膨胀可逆性和良好的自密实性作用，所以特别要注意加强早期潮湿养护。养护时间太晚，则可能因强度增长较快而抑制了膨胀。在一般常温条件下，补偿收缩混凝土浇筑后 8～12h，即应开始浇水养护，待模板拆除后则应大量浇水。养护时间一般不应小于 14d。

（2）补偿收缩混凝土对温度比较敏感，一般不宜在低于5℃和高于35℃的条件下进行施工。

（三）防水混凝土施工

防水混凝土工程质量的好坏不仅取决于混凝土材料质量本身及其配合比，而且施工过程中的搅拌、运输、浇筑、振捣及养护等工序都将对混凝土的质量有着很大的影响。因此施工时，必须对上述各个环节进行严格控制。

1. 施工要点

在防水混凝土工程施工中除严格按现行《混凝土结构工程施工质量验收规范》进行施工作业外，必须注意以下关键控制要点。

（1）施工期间，应做好基坑的降、排水工作，使地下水位低于施工底面50cm以下，严防地下水或地表水流入基坑造成积水，影响混凝土的施工和正常硬化，导致防水混凝土强度及抗渗性能降低。在主体混凝土结构施工前，必须做好基础垫层混凝土，使其起到辅助防水的作用。

（2）模板应表面平整，拼缝严密，吸水性小，结构坚固。浇筑混凝土前，应将模板内部清理干净。模板固定一般不宜采用螺栓拉杆或铁丝对穿，以免在混凝土内部造成引水通路。如固定模板采用螺栓穿过防水混凝土结构时，应采取有效的止水措施，如图7-1（a）、（b）、（c）所示。

地下室防水混凝土施工现场实际施工时采用的螺栓加堵头的情况如图7-2所示。

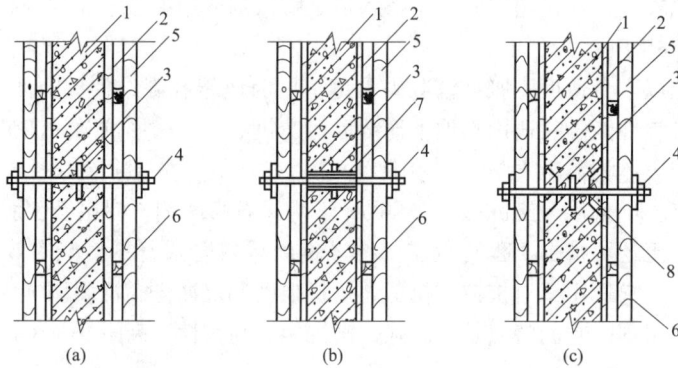

图 7-1　螺栓加止水环穿墙止水措施（一）

（a）螺栓加止水环；（b）预埋套管加焊止水环；（c）螺栓加堵头

1—自防水结构；2—模板；3—止水环；4—螺栓；5—水平加劲肋；6—垂直加劲肋；

7—预埋套管（拆模后将螺栓拔出，套管内用膨胀水泥砂浆封堵）；

8—堵头（拆模后将螺栓沿平凹坑底割去，再用膨胀水泥砂浆封堵）

图 7-2　螺栓加止水环穿墙止水措施（二）

（a）螺栓加止水环支模时；（b）螺栓加止水环拆模后防水混凝土墙面

（3）钢筋不得用铁丝或铁钉固定在模板上，必须采用与防水混凝土同强度等级的细石混凝土或砂浆块作垫块，并确保钢筋保护层的厚度不小于30mm（迎水面钢筋保护层厚度不小于50mm），绝不允许出现负误差。如结构内部设置的钢筋确需用铁丝绑扎时，绑扎铁丝均不得接触模板。

（4）防水混凝土所用的材料应符合下列规定。

1）水泥品种应按设计要求选用，宜选用普硅酸盐水泥或硅酸盐水泥，其强度等级不应低于42.5级，采用其他品种水泥时应经试验确定，不得使用过期或受潮结块水泥。

2）粗骨料宜选用坚固耐久、粒形良好的洁净石子；最大粒径不宜大于40mm，泵送时其最大粒径不应大于输送管径的1/4，吸水率不应大于1.5%，不得使用碱活性骨料；碎石或卵石的粒径宜为5～40mm，含泥量不得大于1.0%，泥块含量不得大于0.5%。

3）砂宜用中砂，砂宜选用坚硬、抗风化性强、洁净的中粗砂，不宜使用海砂；含泥量不得大于3.0%，泥块含量不得大于1.0%。

4）拌制混凝土所用的水，应采用不含有害物质的洁净水。

5）外加剂的技术性能，应符合国家标准《混凝土外加剂应用技术规范》（GB 50119）的规定一等品及以上的质量要求。

6）粉煤灰的品质应符合现行国家标准《用于水泥和混凝土中的粉煤灰》（GB 1596）的有关规定，粉煤灰的级别不应低于Ⅱ级，烧失量不应大于5%，用量宜为胶凝材料总量的20%～30%，当水胶比小于0.45时，粉煤灰用量可适当提高；硅粉的用量符合要求，用量宜为胶凝材料总量的2%～5%。

7）防水混凝土可根据工程抗裂需要掺入合成纤维或钢纤维，纤维的品种及掺量应通过试验确定；防水混凝土中各类材料的总碱量（Na_2O当量）不得大于$3kg/m^3$；氯离子含量不应超过胶凝材料总量的0.1%。

（5）防水混凝土的配合比应通过试验选定，防水混凝土的配合比应符合下列规定。

1）试配要求的抗渗水压值应比设计值提高0.2MPa（应按设计要求的抗渗等级提高$0.2N/mm^2$）。

2）胶凝材料用量应根据混凝土的抗渗等级和强度等级等选用，其总用量不宜小于$320kg/m^3$；当强度要求较高或地下水有腐蚀性时，胶凝材料用量可通过试验调整；在满足混凝土抗渗等级、强度等级和耐久性条件下，水泥用量不宜小于$260 kg/m^3$。

3）砂率宜为35%～45%，泵送时可增至45%；灰砂比宜为1∶1.5～1∶2.5。

4）水胶比不得大于0.50，有侵蚀性介质时水胶比不宜大于0.45。

5）防水混凝土采用预拌混凝土时，入泵坍落度宜控制在120～160mm，坍落度每小时损失值不应大于20mm，坍落度总损失值不应大于40mm。

6）掺加引气剂或引气型减水剂时，混凝土含气量应控制在3%～5%。

7）预拌混凝土的初凝时间宜为6～8h。

（6）防水混凝土拌和物在运输后如出现离析，必须进行二次搅拌。当坍落度损失后不能满足施工要求时，应加入原水胶比的水泥浆或掺加同品种的减水剂进行搅拌，严禁直接加水。

（7）防水混凝土应连续浇筑，尽量不留或少留施工缝，一次连续浇筑完成。对于大体积的防水混凝土工程，可采取分区浇筑、使用发热量低的水泥或掺外加剂（如粉煤灰）等相应措施。

地下室顶板、底板混凝土应连续浇筑，不应留置施工缝。墙一般只允许留置水平施工缝，其位置不应留在剪力与弯矩最大处或底板与侧壁交接处，一般宜留在高出底板上表面不小于300mm的墙身上；当墙体设有孔洞时，施工缝距孔洞边缘不宜小于300mm。地下室底板与墙体交接下墙体施工缝留设构造处理如图7-3所示。图7-4为工程现场预埋钢板止水带构造图。

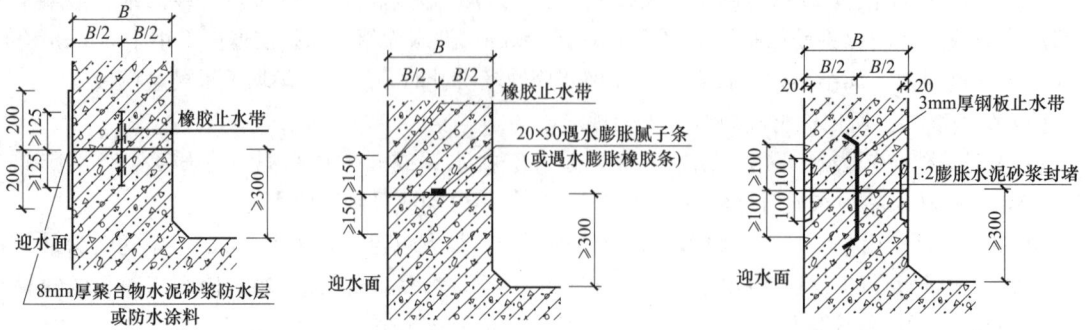

图7-3 地下室底板与墙体交接下墙体施工缝留设构造

图7-4 工程现场预埋钢板止水带构造图

墙体施工其他位置的水平施工缝的留设构造如图7-5～图7-7所示。

在施工缝中推广应用遇水膨胀橡胶止水条代替传统的凸缝、阶梯缝或金属止水片进行处理，如图7-8所示，其止水效果不错。

如必须留垂直施工缝时，应尽量与变形缝结合，按变形缝进行防水处理，并应避开地下水和裂隙水较集中的地段，变形缝处的细部构造图具体，如图7-9～图7-12所示。

图7-9为中埋式止水带与外贴防水层复合使用，其中外贴止水带 $L \geqslant 300mm$，外贴防水卷材 $L \geqslant 400mm$，外涂防水涂层 $L \geqslant 400mm$。

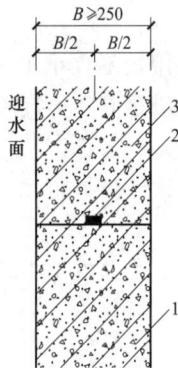

图7-5 施工缝的构造（一）
1—先浇混凝土；
2—遇水膨胀止水条；
3—后浇混凝土

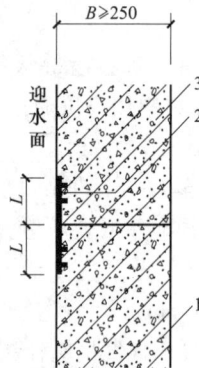

图7-6 施工缝的构造（二）
1—先浇混凝土；
2—外贴防水层；
3—后浇混凝土

图7-7 施工缝的构造（三）
1—先浇混凝土；
2—中埋止水带；
3—后浇混凝土

施工缝处的施工注意事项如下。

1）水平施工缝浇筑混凝土前，应将其表面浮浆和杂物清除，然后铺设净浆或涂刷混凝土界面处理剂、水泥基渗透结晶型防水涂料等材料，再铺30～50mm厚的1：1水泥砂浆，并及时浇筑混凝土。

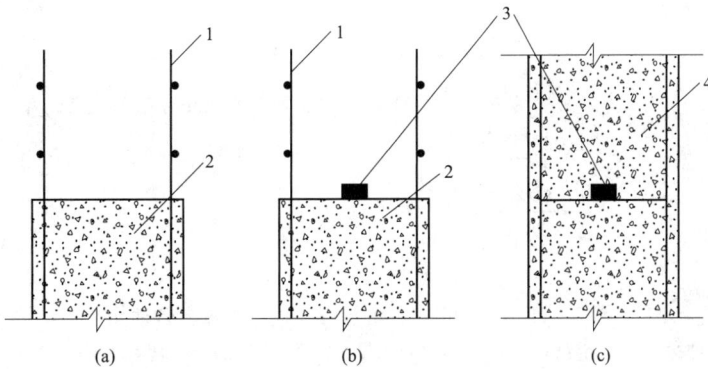

图 7-8 地下室墙面防水混凝土施工缝的处理顺序
(a) 上一工序浇筑的混凝土施工缝平面；
(b) 在施工缝平面处粘贴遇水膨胀橡胶止水条；(c) 施工缝处前后浇筑的混凝土
1—钢筋；2—已浇筑混凝土；3—膨胀橡胶止水条；4—后浇筑混凝土

2）垂直施工缝浇筑混凝土前，应将其表面清理干净，再涂刷混凝土界面处理剂或水泥基渗透结晶型防水涂料，并及时浇筑混凝土。

3）遇水膨胀止水条（胶）应与接缝表面密贴。

4）选用的遇水膨胀止水条（胶）应具有缓胀性能，7d 的净膨胀率不宜大于最终膨胀率的 60%，最终膨胀率宜大于 220%。

5）采用中埋式止水带或预埋式注浆管时，应定位准确、固定牢靠。

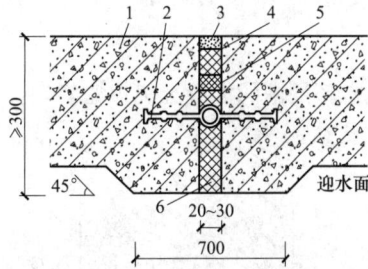

图 7-9 中埋式止水带与外贴防水层复合使用
1—混凝土结构；2—中埋式止水带；
3—填缝材料；4—外贴防水层

图 7-10 中埋式止水带与遇水膨胀橡胶条、嵌缝材料复合使用
1—混凝土结构；2—中埋式止水带；3—嵌缝材料；
4—背衬材料；5—遇水膨胀橡胶条；6—填缝材料

图 7-11 为中埋式止水带与可卸式止水带复合使用图。

(8) 防水混凝土不宜过早拆模，拆模时混凝土表面温度与周围气温之差不得超过 15～20℃，以防止混凝土表面出现裂缝。

(9) 防水混凝土浇筑后严禁打洞，所有预埋件、预留孔都应事前埋设准确。

(10) 防水混凝土工程的地下室结构部分，拆模后应及时回填土，以利于混凝土后期强度的增长并获得预期的抗渗性能。回填土前，也可在结构混凝土外侧铺贴一道柔性防水附加层或抹一道刚性防水砂浆附加防水层。当为柔性防水附加层时，防水层的外侧应粘贴一层 50～60mm 厚的聚乙烯泡沫塑料板材（粘贴固定即可）作软保护层，然后分步回填三七灰土，分步夯实。同时做好基坑周

图 7-11　中埋式止水带与可卸式止水带复合使用

1—混凝土结构；2—填缝材料；3—中埋式止水带；4—预埋钢板；5—紧固件压板；6—预埋螺栓；

7—螺母；8—垫圈；9—紧固件压块；10—Ω 型止水带；11—紧固件圆钢

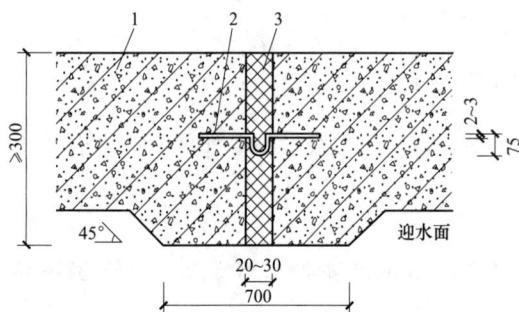

图 7-12　中埋式金属止水带

1—混凝土结构；2—金属止水带；3—填缝材料

围的散水坡，以避免地面水浸入，一般散水坡宽度大于 800mm，横向坡度大于 5%。

2. 细部构造处理

防水混凝土结构的变形缝、施工缝、后浇带、穿墙管、埋设件等设置和构造必须符合设计要求。规范以强制性条文形式加以要求，因为这些部位均为地下防水薄弱环节，应采取有效的措施，仔细施工，确保地下防水工程质量。

（1）预埋铁件的防水做法。用加焊止水钢板（见图 7-13）的方法或加套遇水膨胀橡胶止水环（见图 7-14）的方法，既简便又可获得一定的防水效果。施工时，注意将铁件及止水钢板或遇水膨胀橡胶止水环周围的混凝土浇捣密实，保证质量。

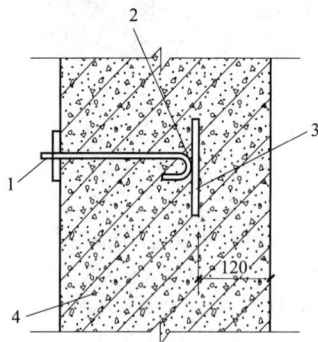

图 7-13　预埋件防水处理

1—预埋螺栓；2—焊缝；3—止水钢板；

4—防水混凝土结构

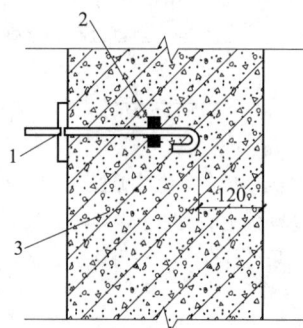

图 7-14　遇水膨胀橡胶止水处理

1—预埋螺栓；2—遇水膨胀橡胶止水环；

3—防水混凝土

（2）穿墙管道的处理。在管道穿过防水混凝土结构时，预埋套管上应加套遇水膨胀橡胶止水环或加焊钢板止水环，如图 7-15 所示。如为钢板止水则满焊严密，止水环的数量应按设计规定。安装穿墙管时，先将管道穿过预埋管，并找准位置临时固定，然后一端用封口钢板将套管焊牢，再将另一端套管与穿墙管间的缝隙用防水密封材料嵌填严密，再用封口钢板封堵严密，如图 7-16 所示。

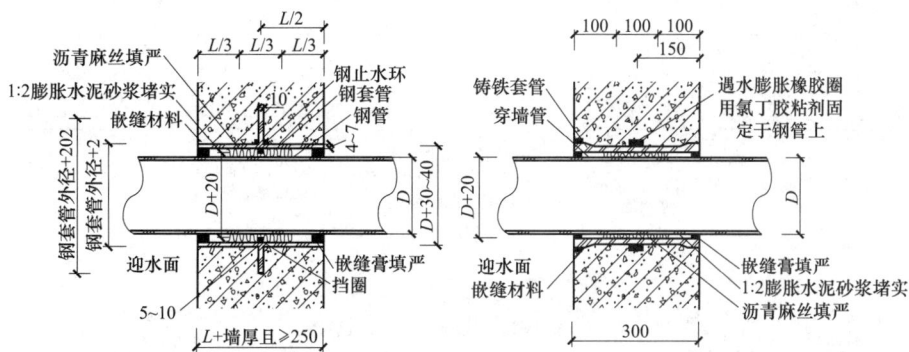

图 7 - 15　管道穿墙的构造做法

（3）后浇带留设与施工。随着高层建筑的增多，大体积混凝土结构越来越多，为减少早期混凝土裂缝，需留设后浇带。后浇带部位在结构中实际形成了两条施工缝，对结构在该部位受力有一定影响，所以应留设在受力较小的部位，是一种混凝土刚性接缝，适用于不允许设置柔性变形缝的工程及后期变形已趋于稳定的结构，留设间距为 30～60m，宽度宜为 700～1000mm。施工时应注意以下几点。

1）后浇带留设的位置及宽度应符合设计要求，缝内的结构钢筋不能断开。

2）后浇带可留成平直缝、企口缝或阶梯缝，具体后浇带构造如图 7 - 17 所示。

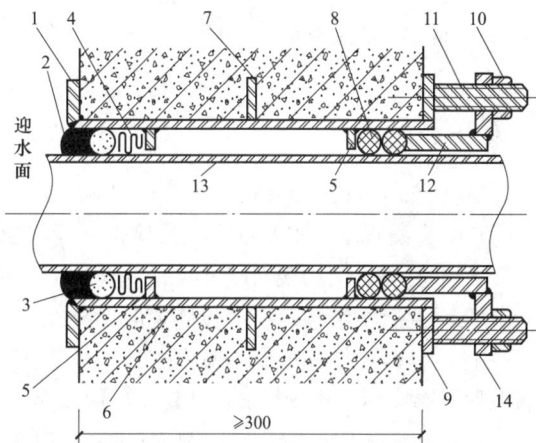

图 7 - 16　套管式穿墙管道防水构造做法

1—翼环；2—嵌缝材料；3—背衬材料；

4—填缝材料；5—挡圈；6—套管；

7—止水环；8—橡胶圈；9—翼盘；10—螺母；

11—双头螺栓；12—段管；13—主管；14—法兰盘

3）伸缩后浇带混凝土应在其两侧混凝土浇筑完毕，至少间隔 6 周，沉降后浇带待主体结构封顶后再用补偿收缩混凝土进行浇筑。

4）后浇带必须选用补偿收缩混凝土浇筑，其强度等级应比两侧混凝土提高一级，混凝土养护时间应不少于 28d。

5）浇筑补偿收缩混凝土前，应将接缝处的表面凿毛，清洗干净，保持湿润，并在中心位置粘贴遇水膨胀橡胶止水条。

3．质量检查

（1）防水混凝土的质量应在施工过程中按下列规定检查。

1）防水混凝土的原材料、配合比及坍落度必须符合设计要求；不合格的材料严禁在工程中应用。当原材料有变化时，应取样复验，并及时调整混凝土配合比；主要检查出厂合格证、质量检验报告、计量措施和现场抽样试验报告等。

2）每班检查原材料称量不少于两次。

3）在拌制和浇筑地点，测定混凝土坍落度，每班应不少于两次。

4）引气剂防水混凝土含气量测定，每班不少于一次。

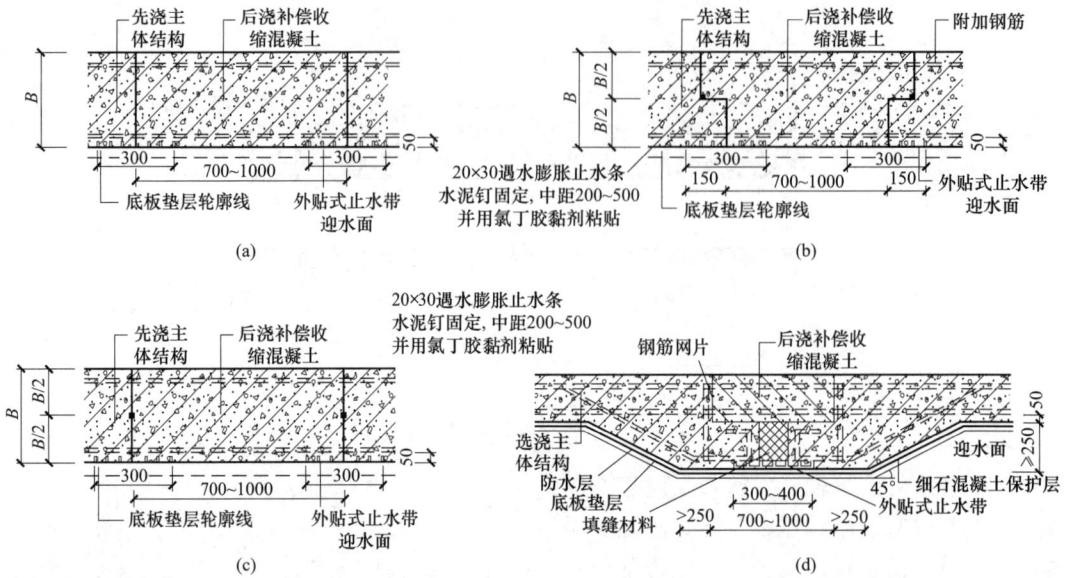

图 7-17　后浇带常见构造做法

5）防水混凝土的变形缝、施工缝、后浇带、穿管道、埋设件等设置和构造，均须符合设计要求，严禁有渗漏现象；主要进行观察检查和检查隐蔽工程验收记录。

6）防水混凝土结构表面应坚实、平整，不得有露筋、蜂窝等缺陷；埋设件位置应准确。

7）防水混凝土结构表面的裂缝宽度不应大于 0.2mm，且不得贯通。

8）防水混凝土结构厚度不应小于 250mm，其允许偏差应为 +8mm、-5mm；主体结构迎水面钢筋保护层厚度不应小于 50mm，其允许偏差为 ±5mm。

（2）防水混凝土抗渗性能应采用标准条件下养护混凝土抗渗试件的试验结果评定，试件应在混凝土浇筑地点随机取样后制作，并应符合下列规定：①连续浇筑混凝土每 500m³ 应留置一组 6 个抗渗试件，且每项工程不得少于两组；②采用预拌混凝土的抗渗试件，留置组数应视结构的规模和要求而定；试块应在浇筑地点制作，其中一组在标准情况下养护，另一组应在与现场相同条件下养护。试块养护期不少于 28d，不超过 90d。如使用的原材料、配合比或施工方法有变化时，均应另行留置试块。

二、地下室卷材防水施工

地下室防水，坚持"外防为主，内防为辅"的方针。地下室卷材防水层的防水做法根据水的侵入方向有两种：外防水法和内防水法。外防水法是将卷材防水层粘贴在地下结构的迎水面，形成一个以卷材防水层和防水结构层共同工作的地下结构物，抵抗地下水向建筑物内渗透和侵蚀。由于防水层在地下结构的外表面，故称外防水，是地下防水工程最常用的防水方法。内防水法是将卷材防水层粘贴在地下结构的背水面，即结构的内表面，由于卷材防水层可承受载荷很小，需加做刚性内衬层，以压紧卷材防水层，抵抗水的压力。这种防水做法多用于人防工程、隧道、特种工业基坑工程。

外防水法根据保护墙的施工先后和卷材铺贴的顺序可分为外防外贴法和外防内贴法两种。外防外贴法是先进行防水结构体施工，然后将卷材防水层铺贴在防水结构体外表面，再砌永久性保护墙体或粘贴软保护层后进行回填土。外防内贴法是指地下结构墙体未做之前，先砌筑永久性保护墙体，然后将卷材防水层铺贴在保护墙体上，再进行结构墙体的施工的方法。

（一）材料分类

在建筑物的地下室及人防工程中，卷材防水层应采用高聚物改性沥青防水卷材和合成高分子防水卷材。这些卷材能较好地适应钢筋混凝土结构沉降、开裂、变形的要求，并具有抵抗地下水化学侵蚀的效果。目前，国内外采用的主要高聚物改性沥青防水卷材有 SBS、APP、APAO、APO 等防水卷材；合成高分子防水卷材有三元乙丙、氯化聚乙烯、聚氯乙烯、氯化聚乙烯—橡胶共混等防水卷材。所选用的基层处理剂、胶黏剂、密封材料等配套材料，均应与铺贴的卷材特性相容。

铺贴防水卷材前，应将找平层清扫干净，在基面上涂刷基层处理剂；当基面较潮湿时，应涂刷湿固化型胶黏剂或潮湿界面隔离剂。

（二）地下室卷材防水工程施工

建筑物地下室采用卷材防水施工时，一般多采用整体全外包防水做法，具体可分为"外防外贴法"和"外防内贴法"两种。

1. 外防外贴法

外防外贴法（见图 7-18），是将立面卷材防水层直接粘贴在需要做防水的钢筋混凝土结构外表面上。其施工程序是：待混凝土垫层及砂浆找平层施工完毕后→垫层四周砌永久性保护墙（墙下干铺卷材一层，墙高不小于结构底板厚度，另加 200～500mm，并在内侧抹找平层，干燥后，刷基层处理剂）→铺贴底面及砌好保护墙部分的卷材防水层（四周留出卷材接头，置于保护墙上，并用其他如木板等材料将卷材接头压在保护墙上，勿使接头断裂、损伤、弄脏）→在底板垫层及保护墙的卷材层上做保护层→进行地下室钢筋混凝土底板及外墙等结构施工→在墙的外边抹找平层，刷基层处理剂→干燥后在结构墙上铺贴卷材防水层（先贴留出的接头，再分层接铺到要求的高度）→完成后即涂刷密封材料保护卷材→随即继续砌保护墙至卷材防水层稍高的地方。保护墙与防水层之间的空隙用填充料封严随砌随填。

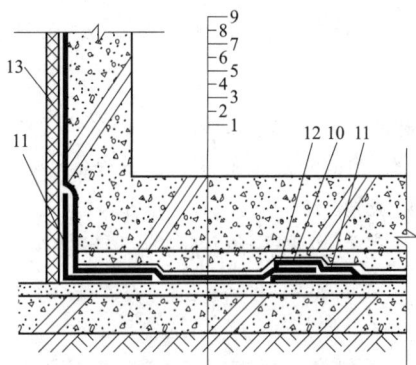

图 7-18 地下室工程外防外贴法卷材防水构造
1—素土夯实；2—素混凝土垫层；3—防水砂浆找平层；
4—聚氨酯底胶；5—基层胶黏剂；6—卷材防水层；
7—沥青油毡保护隔离层；8—细石混凝土保护层；
9—地下室钢筋混凝土结构；10—卷材搭接缝；
11—卷材附加补强层；12—嵌缝密封膏；
13—5mm 厚聚乙烯泡沫塑料保护填料

2. 外防内贴法

外防内贴法（见图 7-19），是在施工场地狭窄，外贴法施工难以实施时，不得不采用的一种防水施工法。其做法是先做好混凝土垫层及找平层，在垫层混凝土边沿上砌筑永久性保护墙→在平、立面上同时抹砂浆找平层后→刷基层处理剂→粘贴卷材防水层→在立面防水层上抹一层15～20mm 厚的 1:3 水泥砂浆，平面铺设一层 30～50mm 厚的 1:3 水泥砂浆或细石混凝土，作为防水卷材的保护层→进行地下室底板和墙体钢筋混凝土结构的施工。由于外防内贴法施工质量难以检测和补救，且所贴卷材抵抗地下室沉降变形能力差，应用较少。

3. 地下室卷材防水层施工

（1）施工条件。

1）地下防水层及结构施工时，地下水位要设法降至底部最低标高下 500mm，并防止地面水的流入，否则应设法排出。

2）防水卷材及配套胶凝剂进场后，应按规定取样检验，其性能指标应符合要求。

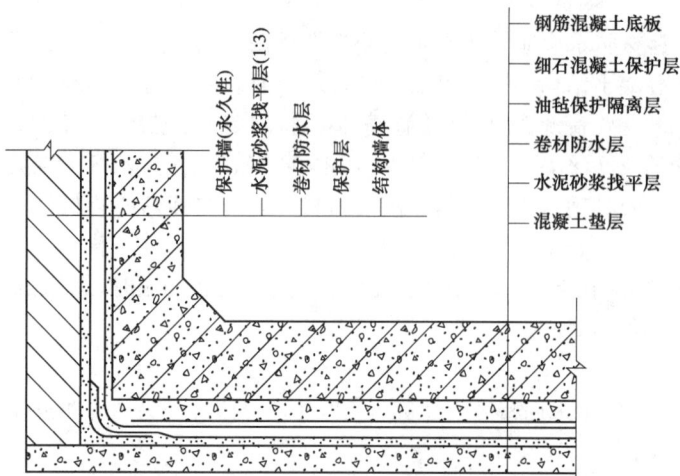

图 7-19　地下室工程外防内贴法卷材防水构造

3）卷材防水层施工时，卷材铺设应在 5～35℃ 气温下施工，严禁在雨天、雪天施工；五级风及其以上时均不得施工；采用热熔法施工气温不宜低于 -10℃。在防水施工过程中应有专门单位批准的用火证。

4）卷材防水层施工前，基层表面应坚实、平整，不得有凹凸或表面起砂现象，用 2m 长的直尺检查，直尺与基层表面间的空隙不应超过 5mm。平面与立面的转角处、阴阳角应做成圆弧或钝角。基层必须干燥，含水率不大于 9%。如果基层不做找平层，卷材直接铺贴在混凝土表面，必须检查混凝土表面是否有蜂窝、麻面、孔洞等，如有应用掺有 107 胶的水泥砂浆或胶乳水泥砂浆修复。

（2）卷材防水层的施工。铺贴高聚物改性沥青卷材应采用热熔法施工；铺贴合成高分子卷材采用冷粘法施工。

1）卷材防水热熔法施工。热熔法铺贴卷材应符合下列规定。

① 火焰加热器加热卷材应均匀，不得过分加热或烧穿卷材；厚度小于 3mm 的高聚物改性沥青防水卷材，严禁采用热熔法施工。

② 卷材表面热熔后应立即滚铺卷材，排出卷材下面的空气，并辊压黏结牢固，不得有空鼓、皱褶。

③ 滚铺卷材时接缝部位必须溢出沥青热熔胶，并应随即刮封接缝使接缝黏结严密。

④ 铺贴后的卷材应平整、顺直，搭接尺寸正确，不得有扭曲。

防水卷材热熔法施工工艺流程为：清理基层→涂刷基层处理剂→铺贴附加层卷材→热熔铺贴大面卷材→热熔封边→质量验收→保护层施工。

① 清理基层。将已验合格的地下室基层杂物、浮物清扫干净，并对基层表面进行清理，做到基层表面坚实、平整、无凹凸或表面起砂现象。

② 涂刷基层处理剂。为隔绝基层的潮气，提高卷材与基层的黏结力，须在基层涂刷基层处理剂；在干净、干燥的基层上涂刷基层处理剂，涂刷要均匀，盖底，不得漏刷。在大面积涂刷前，先用油漆刷在阴角、阳角等细部构造部位均匀地涂刷一道。大面涂刷则改用长把滚刷施工，涂刷时要薄厚均匀，不得见白露底。一般在涂刷 4h 以上待干燥后才能进行下道工序施工。

③ 铺贴附加层卷材。基层处理剂干燥后，按设计要求在阴阳角、穿墙管道根部、预埋件等部位先铺贴一层卷材附加层，要求铺贴平整、黏结牢固。阴阳角附加层的宽度应不少于 500mm。

④ 热熔铺贴大面卷材。点燃火焰喷枪，用火焰喷枪烘烤卷材底面与基层交界处，使卷材表面的沥青熔化，喷枪距卷材的距离根据火焰大小而定，一般距离为 0.3～0.5m，沿卷材幅宽往返烘烤，同时向前滚动卷材，然后用压辊滚压或用小抹子抹平、粘牢。施工时应注意火焰大小和移动速度，使卷材表面熔化，沥青的温度在 200～230℃ 范围，熔化时切忌烤透卷材，以防粘连。采用外防内贴法施工时，应先贴立面卷材，后贴平面卷材；采用外防外贴法施工时，应先贴平面卷材，后贴立面卷材；无论采用哪种施工方法，铺贴卷材时卷材的接缝应留在平面上，距立面不小于

600mm 处。

⑤ 热熔封边。用热熔法进行卷材的搭接，首先用喷枪加热搭接外露部分，使沥青熔化，然后用抹子将搭接处抹平，使卷材的接缝黏结牢固。卷材长、短边接头宽度不小于 100mm；上下两幅卷材压边应错开 1/3 幅宽；各层卷材接头应错开 300～500mm，两垂直面交角处要互相交叉搭接。

⑥ 质量验收。按卷材质量验收标准进行质量检查，合格后才能进行下道工序。

⑦ 保护层施工。底板垫层平面上的卷材及立面保护墙卷材防水层铺贴完毕以后，可在立面保护墙表面抹 20mm 厚水泥砂浆保护层，在平面铺设 30mm 厚的 1：3 水泥砂浆或 C15 厚 40～50mm 细石混凝土保护层。在细石混凝土刚性保护层养护固化以后，即可根据施工和验收规范或按设计要求绑扎钢筋或浇筑混凝土底板和墙体。

对于地下室外墙的防水层可将卷材直接粘贴在平整、干燥的钢筋混凝土结构外墙的外侧，防水层的施工方法与平面基本相同，外防外贴法施工中地下室墙体的甩槎、接槎处理如图 7-20 所示。

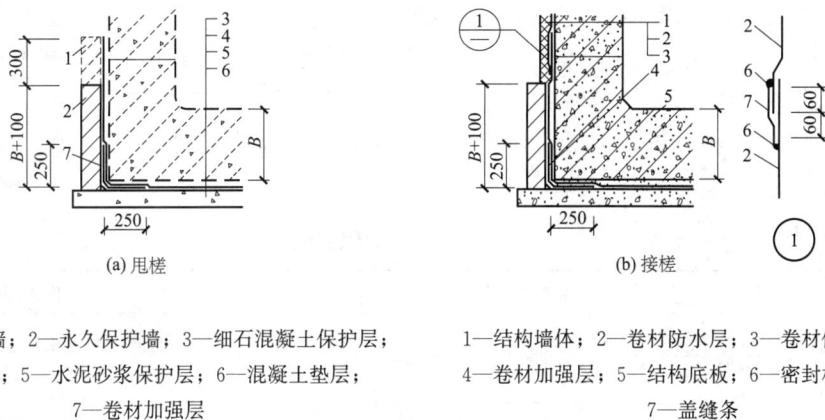

(a) 甩槎

1—临时保护墙；2—永久保护墙；3—细石混凝土保护层；
4—卷材防水层；5—水泥砂浆保护层；6—混凝土垫层；
7—卷材加强层

(b) 接槎

1—结构墙体；2—卷材防水层；3—卷材保护层；
4—卷材加强层；5—结构底板；6—密封材料；
7—盖缝条

图 7-20 外防外贴法卷材防水甩槎、接槎做法

2）卷材防水层冷粘法施工。防水卷材冷粘法操作工艺流程：清理基层→涂刷基层处理剂→铺贴附加层卷材→涂刷基层胶黏剂→铺贴大面卷材→卷材接缝的黏结→质量验收→保护层施工。

清理基层、涂刷基层处理剂、铺贴附加层卷材等的操作要点与热熔法基本相同，主要区别是粘贴方法不同，所以不同点主要围绕胶黏剂展开。

涂刷基层胶结剂：在须铺贴第一副卷材的位置弹好线后，涂刷基层胶黏剂，涂刷要薄而均匀。同时在清理干净的卷材表面也涂刷胶凝剂，涂刷后须晾至 20min 左右，待溶剂挥发后才能黏结。

铺贴大面卷材：铺贴时，几个铺贴工人将涂刷处理剂的卷材抬起后翻过来，将一端粘贴在预定部位，然后沿着基准线向前粘贴。在粘贴时，不得拉伸卷材，要使卷材在松弛、不受拉伸的状态下粘贴在基层上。如果地下防水工程采用外防内贴法，防水卷材应先铺贴立面后铺贴平面。铺贴立面时，先铺贴转角后铺贴大面。如果地下防水工程采用外防外贴法，防水卷材应先铺平面后铺立面，立面卷材应垂直铺贴。无论采用哪种方法铺贴，转角处的搭接缝应该在平面上，距立面处不小于 600mm。上部临时收头的卷材应用低标号砂浆砌砖压实，以免坠落。

卷材接缝的黏结：卷材接缝的宽度长边不小于 80mm，短边不小于 100mm。在接缝宽度范围内将接缝胶凝剂均匀地涂刷在卷材两个黏结面上，晾至 20min，待手摸感觉不粘手时表明已干燥，即

可进行卷材黏结。黏结时从一端开始，然后顺着长边方向，然后用压辊滚压粘牢。

冷粘法铺贴卷材应符合下列规定。

① 胶黏剂涂刷应均匀，不露底，不堆积。

② 铺贴卷材时应控制胶黏剂涂刷与卷材铺贴的间隔时间，排出卷材下面的空气，并辊压黏结牢固，不得有空鼓。

③ 铺贴卷材应平整、顺直，搭接尺寸正确，不得有扭曲、皱褶。

④ 接缝口应用密封材料封严，其宽度不应小于10mm。

（三）质量要求

所选用的防水卷材的各项技术性能指标，应符合标准规定或设计要求，并应有现场取样进行复核验证的质量检测报告或其他有关材料质量的证明文件。

卷材的搭接宽度和附加补强胶条的宽度，均应符合设计要求。一般搭接缝宽度不宜小于100mm，附加补强胶条的宽度不宜小于120mm。

卷材的搭接缝以及与附加补强胶条的黏结，必须牢固、封闭严密。不允许有皱褶、孔洞、翘边、脱层、滑移或存在渗漏水隐患的其他外观缺陷。

应特别注意阴阳角部位、穿墙管以及变形缝部位的卷材铺贴，这是防水薄弱的地方，且铺贴比较困难，操作要仔细，并增加铺贴附加卷材层，采取必要的构造加强措施。卷材防水层的施工质量检验数量，应按铺贴面积每100m²抽查1处，每处10m²，且不得少于3处。具体质量检查详见表7-5。

表7-5 卷材防水层质量检验

项目	检验项目	检验方法
主控项目	卷材防水层所用卷材及其配套材料必须符合设计要求	检查产品合格证、产品性能检测报告和材料进场检验报告
	卷材防水层在转角处、变形缝、施工缝、穿墙管等部位做法必须符合设计要求	观察检查和检查隐蔽工程验收记录
一般项目	卷材防水层的搭接缝应粘贴或焊接牢固，密封严密，不得有扭曲、皱褶、翘边和起泡等缺陷	观察检查
	采用外防外贴法铺贴卷材防水层时，立面卷材接槎的搭接宽度，高聚物改性沥青类卷材应为150mm，合成高分子类卷材应为100mm，且上层卷材应盖过下层卷材	观察和尺量检查
	侧墙卷材防水层的保护层与防水层应结合紧密、保护层厚度应符合设计要求	观察和尺量检查
	卷材搭接宽度的允许偏差应为-10mm	观察和尺量检查

三、地下室涂料防水施工

地下防水工程采用涂料防水技术具有明显的优越性。涂料防水就是在结构表面基层上涂上一定厚度的防水涂料，防水涂料是以合成高分子材料或以高聚物改性沥青为主要原料，加入适量的化学助剂和填充剂等加工制成的在常温下呈无定形液态的防水材料。经涂布在基层表面后，能形成一层连续、弹性、无缝、整体的涂料防水层。涂料防水的总厚度小于3mm的为薄质涂料，总厚度大于3mm的为厚质涂料。防水涂料厚度选用应符合表7-6的规定。

表7-6　　　　　　　　　　　　防水涂料厚度　　　　　　　　　　　　mm

防水等级	设防道数	有机涂料			无机涂料	
		反应型	水乳型	聚合物型	水泥基	水泥基渗透结晶型
1级	三道或三道以上设防	1.2～2.0	1.2～1.5	1.5～2.0	1.5～2.0	≥0.8
2级	二道设防	1.2～2.0	1.2～1.5	1.5～2.0	1.5～2.0	≥0.8
3级	一道设防	—	—	≥2.0	≥2.0	—
	复合设防	—	—	≥1.5	≥1.5	—

涂料防水具有重量轻，耐候性、耐水性、耐蚀性优良，适用性强，冷作业，易于维修等优点。但是，又有涂布厚度不均匀、抵抗结构变形能力差，与潮湿基层黏结力差，抵抗动水压力能力差等缺点。

目前，防水涂料的种类较多，按涂料类型可分为：溶剂型、水乳型、反应型和粉末型四大类；按成膜物质可分为合成树脂类、合成橡胶类、聚合物—水泥复合材料类、高聚物改性石油沥青类等，无机防水涂料宜用于结构主体的背水面，有机防水涂料宜用于地下工程主体结构的迎水面，用于背水面的有机防水涂料应具有较高的抗渗性，且与基层有较好的黏结性。建筑物地下室防水工程施工中常用的防水涂料应以化学反应固化型材料为主，如聚氨酯防水涂料、硅橡胶防水涂料等。地下工程涂料防水层适用于混凝土结构或砌体结构迎水面或背水面的涂刷，一般采用外防外涂和外防内涂两种施工方法。

（一）聚氨酯涂料防水施工

聚氨酯涂料防水材料是双组分化学反应固化型的高弹性防水涂料，其中甲组分是以聚醚树脂和二异氰酸酯等原料，经过氢转移加成聚合反应制成的含有端异氰酸酯基的聚氨基甲酸酯预聚物；乙组分是由交联剂（或称硫化剂）、促进剂（或称催化剂）、抗水剂（石油沥青等）、增韧剂、稀释剂等材料，经过脱水、混合、研磨、包装等工序加工制成的。

1. 聚氨涂料防水构造

聚氨涂料防水构造如图7-21所示。

2. 施工准备工作

（1）为了防止地下水或地表滞水的渗透，确保基层的含水率满足施工要求，在基坑的混凝土垫层表面上，应抹20mm左右厚度的无机铝盐防水砂浆［配合比为水泥：中砂：无机铝盐防水剂：水＝1：3：0.1：（0.35～0.40）］，要求抹平压光，不应有空鼓、起砂、掉灰等缺陷。立墙外表面的混凝土如有水泡、气孔、蜂窝、麻面等现象，应采用加入水泥

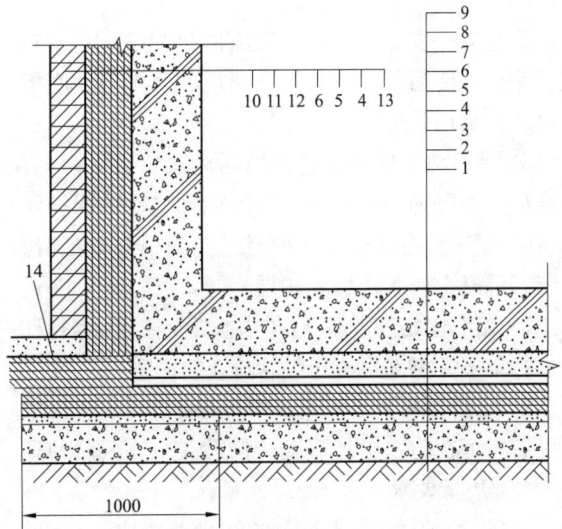

图7-21　地下室聚氨酯涂料防水构造
1—夯实素土；2—素混凝土垫层；3—防水砂浆找平层；
4—聚氨酯底胶；5—第一～二度聚氨酯涂料；
6—第三度聚氨酯涂料；7—油毡保护隔离层；
8—细石混凝土保护层；9—钢筋混凝土底板；
10—聚乙烯泡沫塑料软保护层；11—第五度聚氨酯涂料；
12—第四度聚氨酯涂料；
13—钢筋混凝土立墙；14—聚酯纤维无纺布增强层

量15％的高分子聚合物乳液调制成的水泥腻子填充刮平。阴、阳角部位应抹成小圆弧。

（2）通有穿墙套管部位，套管两端应带法兰盘，并安装牢固，收头圆滑。

（3）涂料防水的基层表面应干净、干燥。

3. 工艺要点

（1）聚氨酯涂料防水的施工工艺流程：清理基层→平面涂布底胶→平面防水层涂布施工→平面部位铺贴油毡隔离层→平面部位浇筑细石混凝土保护层→钢筋混凝土地下结构施工→修补混凝土立墙外表面→立墙外侧涂布底胶和防水层施工→立墙防水层外粘贴聚乙烯泡沫塑料保护层→基坑回填。

（2）施工操作要点。

1）清理基层。施工前，应对底板基层表面进行彻底清扫。清除突起物、砂浆疙瘩等异物，清洗油污、铁锈等。

2）涂布底胶。将聚氨酯甲、乙组分和有机溶剂按 1∶1.5∶2 的比例（重量比）配合搅拌均匀，再用长把滚刷蘸满均匀涂布在基层表面上，涂布量一般以 0.3kg/m² 左右为宜。涂布底胶后应干燥固化 4h 以上，才能进行下一道工序的施工。

3）配制聚氨酯涂料防水涂料。配制方法是：将聚氨酯甲、乙组分和有机溶剂按 1∶1.5∶0.3 的比例配合，用电动搅拌器强力搅拌均匀备用。聚氨酯涂料防水材料应随用随配，配制好的混合料最好在 2h 内用完。

4）涂料防水层施工。用长把滚刷蘸满已配制好的聚氨酯涂料防水混合材料，均匀涂布在底胶已干固的基层表面上。涂布时要求厚薄均匀一致，对平面基层以涂刷 3～4 度为宜，每度涂布量为 0.6～0.8kg/m²；对立面基层以涂刷 4～5 度为宜，每度涂布量为 0.5～0.6kg/m²。防水涂料的总厚度以不小于 1.5mm 为合格。

涂完第一度涂料后，一般需固化 5h 以上，在基本不粘手时，再按上述方法涂布第二、三、四、五度涂料。前后两度的涂布方向应相互垂直。底板与立墙连接的阴、阳角，均宜铺设聚酯纤维无纺布进行附加增强处理。

5）平面部位铺贴油毡保护隔离层。当平面部位最后一度聚氨酯涂料完全固化，经过检查验收合格后，即可铺一层石油沥青纸胎油毡作为保护隔离层。

6）浇筑细石混凝土保护层。在铺设石油沥青纸胎油毡保护隔离层后，即可浇筑 40～50mm 厚的细石混凝土作为刚性保护层。

7）地下室钢筋混凝土结构施工。在完成细石混凝土保护层的施工和养护后，即可根据设计要求进行地下室钢筋混凝土结构施工。

8）立面粘贴聚乙烯泡沫塑料保护层。在完成地下室钢筋混凝土结构施工并在立墙外侧涂布防水层后，可在防水层外侧直接粘贴 5～6mm 厚的聚乙烯泡沫塑料片材作为软保护层。

（3）质量要求。

1）聚氨酯涂料防水材料的技术性能应符合设计要求或标准规定，并应附有质量证明文件和现场取样进行检测的试验报告以及其他有关质量的证明文件。

2）聚氨酯涂料防水层的厚度应均匀一致，厚度符合设计要求，最小厚度不得小于设计厚度的 80％。其总厚度不应小于 2.0mm，必要时可选点割开进行实际测量（刮开部位可用聚氨酯混合材料修复）。

3）防水涂料应形成一个连续、弹性、无缝、整体的防水层，不允许有开裂、翘边、滑移、脱落和末端收头封闭不严等缺陷。

（4）聚氨酯涂料防水层必须均匀固化，不应有明显的凹坑、气泡和渗漏水的现象。

（二）硅橡胶涂料防水施工

硅橡胶防水涂料是以硅橡胶乳液及其他乳液的复合物为主要基料，掺入无机填料及各种助剂配制而成的乳液型防水涂料，该涂料兼有涂料防水和浸透性防水材料两者的优良性能，具有良好的防水性、渗透性、成膜性、弹性、黏结性和耐高低温性。

1. 材料特点

硅橡胶防水涂料分为1号及2号，均为单组分，1号用于底层及表层，2号用于中间层作加强层。

2. 施工顺序及要求

（1）一般采用涂刷法，用长板刷、排笔等软毛刷进行。

（2）涂刷的方向和行程长短应一致，要依次上、下、左、右均匀涂刷，不得漏刷，涂刷层次一般为四道，第一、四道用1号材料，第二、三道用2号材料。

（3）首先在处理好的基层上均匀地涂刷一道1号防水涂料，待其渗透到基层并固化干燥后再涂刷第二道。

（4）第二、三道均涂刷2号防水涂料，每道涂料均应在前一道涂料干燥后再施工。

（5）当第四道涂料表面干固时，再抹水泥砂浆保护层。

（6）其他与聚氨酯涂料防水施工相同。

3. 注意事项

（1）由于渗透性防水材料具有憎水性，因此抹砂浆保护层时，其稠度应小于一般砂浆，并注意压实、抹光，以保证砂浆与防水材料黏结良好。

（2）砂浆层的作用是保护防水材料，因此，应避免砂浆中混入小石子及尖锐的颗粒，以免在抹砂浆保护层时，损伤涂层。

（3）施工温度宜在5℃以上。

（4）使用时涂料不得任意加水。

（三）质量要求

涂料防水层分项工程检验批的抽检数量，应按铺贴面积每$100m^2$抽查1处，每处$10m^2$，且不得少于3处。具体质量检验详见表7-7。

表7-7 涂料防水层质量检验

项目	检验项目	检验方法
主控项目	涂料防水层所用的材料及配合比必须符合设计要求	检查产品合格证、产品性能检测报告、计量措施和材料进场检验报告
	涂料防水层的平均厚度应符合设计要求，最小厚度不得低于设计厚度的90%	用针测法检查
	涂料防水层在转角处、变形缝、施工缝、穿墙管等部位做法必须符合设计要求	观察检查和检查隐蔽工程验收记录
一般项目	涂料防水层应与基层粘接牢固、涂刷均匀，不得流淌、鼓泡、露槎	观察检查
	涂层间夹铺胎体增强材料时，应使防水涂料浸透胎体覆盖完全，不得有胎体外露现象	观察检查
	侧墙涂料防水层的保护层与防水层应结合紧密，保护层厚度应符合设计要求	观察检查

第三节　屋面防水工程施工

屋面防水工程是房屋建筑中的一项重要工程。根据建筑物的类别、重要程度、使用功能要求确定防水等级，并根据等级进行防水设防；对防水有特殊要求的建筑屋面，应进行专项防水设计。

GB 50345—2012 将屋面防水划分为两个等级，并按不同等级进行设防，Ⅰ级为重要的建筑和高层建筑，要求两道防水设防，Ⅱ级为一般建筑，要求一道防水设防。屋面防水工程按其构造可分为卷材防水屋面、涂料防水屋面、瓦屋面、金属防板屋面及玻璃采光顶防水屋面等，详见表 7-8 屋面的基本构造层次表。屋面防水可多道设防，将卷材、涂料、瓦等重合使用，也可以将卷材叠层施工。屋面防水常用的种类有卷材防水屋面、涂料防水屋面和瓦防水屋面。

表 7-8　　　　　　　　　　　　　　屋面的基本构造层次表

屋面类型	屋面的基本构造层次（自上而下）
卷材、涂料屋面	保护层、隔离层、防水层、找平层、保温层、找平层、找坡层、结构层
	保护层、保温层、防水层、找平层、找坡层、结构层
	种植隔热层、保护层、耐根穿刺防水层、防水层、找平层、保温层、找平层、找坡层、结构层
	架空隔热层、防水层、找平层、保温层、找平层、找坡层、结构层
	蓄水隔热层、隔离层、防水层、找平层、保温层、找平层、找坡层、结构层
瓦屋面	块瓦、挂瓦条、顺水条、持钉层、防水层或防水垫层、保温层、结构层
	沥青瓦、持钉层、防水层或防水垫层、保温层、结构层
金属板屋面	压型金属板、防水垫层、保温层、承托网、支承结构
	上层压型金属板、防水垫层、保温层、底层压型金属板、支承结构
	金属面绝热夹芯板、支承结构
玻璃采光顶	玻璃面板、金属框架、支承结构
	玻璃面板、点支承装置、支承结构

注　1. 表中结构层包括混凝土基层和木基层；防水层包括卷材和涂料防水层；保护层包括块体材料、水泥砂浆、细石混凝土保护层。
　　　2. 有隔汽要求的屋面，应在保温层与结构层之间设隔汽层。

屋面工程施工前应通过图纸会审，施工单位应掌握施工图中的细部构造及有关技术要求；施工单位应编制屋面工程专项施工方案，并经监理单位或建设单位审查确认后执行。对屋面工程采用的新技术，应按有关规定经过科技成果鉴定、评估或新产品、新技术鉴定。施工单位应对新的或首次采用的新技术进行工艺评价，并制定相应技术质量标准。

屋面工程所采用的防水材料、保温隔热材料应有产品合格证书和性能检测报告，材料的品种、规格、性能等必须符合现行国家产品标准和设计要求。产品质量应由经过省级以上建设行政主管部门对其资质认可和质量技术监督部门对其计量认证的质量检测单位进行检测。屋面工程施工前，要编制施工方案，应建立"三检"制度，并有完整的检查记录。当进行下道工序或相邻工程施工时，应对屋面已完成的部分采取保护措施。伸出屋面的管道、设备或预埋件等，应在保温层和防水层施工前安设完毕。屋面保温层和防水层完工后，不得进行凿孔、打洞或重物冲击等有损屋面的作业。

屋面防水工程完工后，应进行观感质量检查和雨后观察或淋水、蓄水试验，不得有渗漏和积水现象。

屋面工程施工必须符合下列安全规定。

（1）严禁在雨天、雪天和五级风及其以上时施工。

（2）屋面周边和预留孔洞部位，必须按临边、洞口防护规定设置安全护栏和安全网。

（3）屋面坡度大于30%时，应采取防滑措施。

（4）施工人员应穿防滑鞋，特殊情况下无可靠安全措施时，操作人员必须系好安全带并扣好保险钩。

一、卷材防水屋面施工

卷材防水屋面是用胶结材料粘贴卷材进行防水的屋面。卷材防水屋面适用于防水等级为Ⅰ～Ⅱ级的屋面防水。这种屋面具有重量轻、防水性能好的优点，其防水层的柔韧性好，能适应一定程度的结构振动和胀缩变形。所用卷材有传统的沥青防水卷材、高聚物改性沥青防水卷材和合成高分子防水卷材等三大系列。

（一）卷材防水屋面构造

卷材防水屋面的构造，如图7-22所示。

（二）卷材防水屋面施工

屋面卷材防水层的施工应在主体结构验收合格的基础上进行。没有验收或验收不合格不得进行屋面防水施工。

1. 施工准备

（1）找平层施工。卷材防水的基层是找平层，找平层施工质量的好坏，将直接影响屋面工程的质量。故基层（找平层）应有足够的强度和刚度，承受荷载时不致产生显著变形。基层一般采用水泥砂浆、细石混凝土或沥青砂浆找平。找平层施工必须保证施工质量，原材料、配合比必须符合设计要求和有关规定的要求，

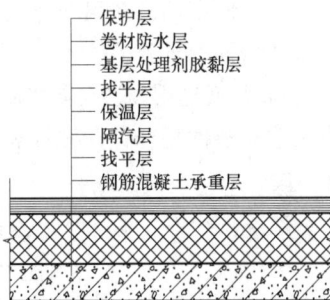

图7-22　卷材防水屋面构造
层次改图（带保温卷材屋面）

找平层施工表面要平整、黏结牢固，没有松动、起壳、起砂等现象，做到平整、坚实、清洁、无凹凸形及尖锐颗粒。其平整度为：用2m长的直尺检查，基层与直尺间的最大空隙不应超过5mm，空隙仅允许平缓变化，每米长度内不得多于一处。铺设屋面隔汽层和防水层以前，基层必须清扫干净。

屋面及檐口、檐沟、天沟找平层的排水坡度，必须符合设计要求，平屋面采用结构找坡时应不小于3%，采用材料找坡宜为2%，天沟、檐沟纵向找坡不应小于1%，沟底落水差不大于200mm，在与突出屋面结构的连接处以及在房屋的转角处，均应做成圆弧或钝角，其圆弧半径应符合要求：沥青防水卷材为100～150mm，高聚物改性沥青防水卷材为50mm，合成高分子防水卷材为20mm。

为防止由于温差及混凝土构件收缩而使防水屋面开裂，找平层应留分格缝，缝宽一般为20mm。缝应留在预制板支承边的拼缝处，其纵横向最大间距，当找平层采用水泥砂浆或细石混凝土时，不宜大于6m。找平层施工时，每个分格内的水泥砂浆应一次连续施工完成，且应由远到近、由高到低，待砂浆稍收水后，在初凝前用抹子压实抹平；终凝前，轻轻取出嵌缝条，注意成品保护。如气温低于5℃以下，不宜施工，找平层完工后7d内要浇水养护。

采用水泥砂浆或细石混凝土找平层做基层时，其厚度和技术要求应符合表7-9的规定。

表7-9　　　　　　　　　　　　找平层的厚度和技术要求

找平层分类	适用的基层	厚度（mm）	技术要求
水泥砂浆	整体现浇混凝土板	15～20	1:2.5水泥砂浆
	整体材料保温层	20～25	
细石混凝土	装配式混凝土板	30～35	C20混凝土，宜加钢筋网片
	板状材料保温层		C20混凝土

装配式钢筋混凝土板的板缝嵌填施工应符合下列规定。

1）嵌填混凝土前板缝内应清理干净，并应保持湿润。

2）当板缝宽度大于 40mm 或上窄下宽时，板缝内应按设计要求配置钢筋。

3）嵌填细石混凝土的强度等级不应低于 C20，填缝高度宜低于板面 10～20mm，且应振捣密实和浇水养护。

4）板端缝应按设计要求增加防裂的构造措施。

（2）材料准备与选择。

1）基层处理剂选用。基层处理剂是为了增强防水材料与基层之间的黏结力，在防水层施工前，预先涂刷在基层上的涂料。其选择应与所用卷材的材性相容。常用的基层处理剂有用于沥青卷材防水屋面的冷底子油，用于高聚物改性沥青防水卷材屋面的氯丁胶沥青乳胶、橡胶改性沥青溶液、沥青溶液（冷底子油）和用于合成高分子防水卷材屋面的聚氨酯煤焦油系的二甲苯溶液、氯丁胶乳溶液、氯丁胶沥青乳胶等。

2）胶黏剂选用。卷材防水施工所选用的基层处理剂、接缝胶黏剂、密封材料等配套材料应与铺贴的卷材料性相容。卷材防水层的黏结材料，必须选用与卷材相应的胶黏剂。具体性能指标详见表 7-10。

表 7-10　　　　　　　　基层处理剂、胶黏剂、胶黏带主要性能指标

项目	指标			
	沥青基防水卷材用基层处理剂	改性沥青胶黏剂	高分子胶黏剂	双面胶黏带
剥离强度（N/10mm）	≥8	≥8	≥15	≥6
浸水 168h 剥离强度保持率（%）	≥8 N/10mm	≥8 N/10mm	70	70
固体含量（%）	水性≥40 溶剂性≥30	—	—	—
耐热性	80℃无流淌	80℃无流淌	—	—
低温柔性	0℃无裂纹	0℃无裂纹	—	—

高聚物改性沥青卷材可选用橡胶或再生橡胶改性沥青的汽油溶液或水乳液作胶黏剂，其黏结剪切强度应大于 0.05MPa，黏结剥离强度应大于 8N/10mm。

合成高分子防水卷材可选用以氯丁橡胶和丁基酚醛树脂为主要成分的胶黏剂或以氯丁橡胶乳液制成的胶黏剂，其黏结剥离强度不应小于 15N/10mm，浸水 168h 的保持率不应小于 70%。其用量为 0.4～0.5kg/m²。胶黏剂均由卷材生产厂家配套供应。

3）卷材准备与选用。卷材防水层应采用高聚物性沥青防水卷材、合成高分子防水卷材或沥青防水卷材。目前，主要的防水卷材分类参见表 7-11。

卷材防水及胶黏剂进场都应进场检验、妥善保管。进场的防水卷材的外观质量和规格应符合规范、设计要求，具有质量合格证明，进场前应按规范要求进行抽样复检。无论是防水材料还是保温材料、胶黏剂及隔离等材料，都必须坚持"先复检，后施工"的原则，根据施工规范的要求，对需要检测的各项性能指标进行复试，不符合要求的不能进场使用，更不能"先施工，后试验"。

表 7 - 11　　　　　　　　　　　　主 要 防 水 卷 材 分 类

类　别		防水卷材名称
沥青基防水卷材		纸胎、玻璃胎、玻璃布、黄麻、铝箔沥青卷材
高聚物改性沥青防水卷材		SBS，APP，SBS - APP、丁苯橡胶改性沥青防水卷材；胶粉改性沥青卷材、再生胶卷材、PVC改性煤焦油沥青卷材等
合成高分子防水卷材	硫化型橡胶或橡胶共混卷材	三元乙丙卷材、氯磺化聚乙烯卷材、丁基橡胶卷材、氯丁橡胶卷材、氯化聚乙烯—橡胶共混卷材等
	非硫化型橡胶或橡胶共混卷材	丁基橡胶卷材、氯丁橡胶卷材、氯化聚乙烯—橡胶共混卷材等
	合成树脂系防水卷材	氯化聚乙烯卷材、PVC卷材等
特种卷材		热熔卷材、冷自粘卷材、带孔卷材、热反射卷材、沥青瓦等

① 卷材的储运和保管。防水卷材的储运、保管应符合下列规定：不同品种、规格的卷材应分别堆放；卷材应储存在阴凉通风处，应避免雨淋、日晒和受潮，严禁接近火源，卷材应避免与化学介质及有机溶剂等有害物质接触。材料堆放如图 7 - 23所示。

② 进场检验。进场的防水卷材应检验下列项目：高聚物改性沥青防水卷材的可溶物含量，拉力，最大拉力时延伸率，耐热度，低温柔性，不透水性；合成高分子防水卷材的断裂拉伸强度、扯断伸长率、低温弯折性、不透水性。

材料进场后要对卷材按规定取样复验。按以下要求进行外观质量取样抽检：同一品种、牌号和规格的卷材抽样数量是，大于 1000 卷抽取 5卷，每 500～1000 卷抽取 4 卷，每 100～499 卷抽取 3 卷，100 卷以下抽 2 卷。

图 7 - 23　SBS 改性沥青防水卷材堆放示意图

在外观质量检验合格的卷材中，任取一卷做物理性能检验，若物理性能有一项指标不符合标准规定，应在受检产品中加倍取样进行该项复检，复检时有一项不合格，则判定该产品为不合格。不合格的防水材料严禁在建筑工程中使用。

高聚物改性沥青防水卷材的外观质量和主要性能应符合表 7 - 12 和表 7 - 13 的要求。

合成高分子防水卷材的外观质量和主要性能应符合表 7 - 14 和表 7 - 15 的要求。

（3）施工机具及人员准备。屋面防水工程应由相应资质的专业队伍进行施工。作业人员应持有当地建设行政主管部门颁发的上岗证。

表 7 - 12　　　　　　　　　　高聚物改性沥青防水卷材外观质量

项　目	质量要求
孔洞、缺边、裂口	不允许
边缘不整齐	不超过10mm
胎体露白、未浸透	不允许
撒布材料粒度、颜色	均匀
每卷卷材的接头	不超过1处，较短的一段不应小于1000mm，接头处应加长150mm

表 7－13　　　　　　　　　　　　　　高聚物改性沥青防水卷材主要性能指标

项目	指标				
	聚酯毡胎体	玻纤毡胎体	聚乙烯胎体	自粘聚酯胎体	自粘无胎体
可溶物含量（g/m²）	3mm 厚≥2100 4mm 厚≥2900	—	—	2mm 厚≥1300 3mm 厚≥2100	—
拉力（N/50mm）	≥500	纵向≥350	≥200	2mm 厚≥350 3mm 厚≥450	≥150
延伸率（%）	最大拉力时 SBS≥30 APP≥25	—	断裂时 ≥120	最大拉力时≥30	最大拉力时≥200
耐热度（℃，2h）	SBS 卷材 90，APP 卷材 110， 无滑动、流淌、滴落		PEE 卷材 90， 无流淌、起泡	70，无滑动、 流淌、滴落	70，滑动 不超过 2mm
低温柔度（℃）	SBS 卷材－20，APP 卷材－7，PEE 卷材－20			－20	
不透水性 压力（MPa）	≥0.3	≥0.2	≥0.4	≥0.3	≥0.2
不透水性 保持时间（min）	≥30			≥120	

注　SBS 卷材为弹性体改性沥青防水卷材；APP 卷材为塑性体改性沥青防水卷材；PEE 卷材为改性沥青聚乙烯胎防水卷材。

表 7－14　　　　　　　　　　　　　　合成高分子防水卷材外观质量

项目	质量要求
折痕	每卷不超过 2 处，总长度不超过 20mm
杂质	大于 0.5mm 颗粒不允许，每 1m² 不超过 9mm²
胶块	每卷不超过 6 处，每处面积不大于 4mm²
凹痕	每卷不超过 6 处，深度不超过本身厚度的 30%；树脂类深度不超过 15%
每卷卷材的接头	橡胶类每 20m 不超过 1 处，较短的一段不应小于 3000mm，接头处 应加长 150mm，树脂类 20m 长度内不允许有接头

表 7－15　　　　　　　　　　　　　　合成高分子防水卷材主要性能指标

项目	指标			
	硫化橡胶类	非硫化橡胶类	树脂类	树脂类（复合片）
断裂拉伸强度（MPa）	≥6	≥3	≥10	≥60 N/10mm
扯断伸长率（%）	≥400	≥200	≥200	≥400
低温弯折（℃）	－30	－20	－25	－20
不透水性 压力（MPa）	≥0.3	≥0.2	≥0.3	≥0.3
不透水性 保持时间（min）	≥30			
加热收缩率（%）	<1.2	<2.0	<2.0	<2.0
热老化保持率（80℃×168h，%） 断裂拉伸强度	≥80		≥85	≥80
热老化保持率（80℃×168h，%） 扯断伸长率	≥70		≥80	≥70

　　施工作业机具主要包括：高压吹风机、扫帚、水平铲、电动搅拌器、滚动刷、铁桶、汽油喷灯、压子、手持压滚、剪刀、皮卷尺、小线绳、安全带和工具箱等。

2. 保温层施工

在房屋建筑中与外界接触的主要有墙面、屋面和地面，在屋面工程中增设保温层主要起到保温隔热的作用，达到节能环保的效果。在保温层施工与管理中要关注以下问题。

(1) 保温材料的储运、保管的要求。

1) 保温材料应采取防雨、防潮、防火的措施，并应分类存放。

2) 板状保温材料搬运时应轻拿轻放。

3) 纤维保温材料应在干燥、通风的房屋内储存，搬运时应轻拿轻放。

(2) 进场的保温材料应检验的项目。

1) 板状保温材料：表观密度或干密度、压缩强度或抗压强度、导热系数、燃烧性能；且必须符合设计要求。

2) 纤维保温材料应检验表观密度、导热系数、燃烧性能，且必须符合设计要求。

(3) 保温层施工环境温度的具体要求。

1) 干铺的保温材料可在负温度下施工。

2) 用水泥砂浆粘贴的板状保温材料不宜低于5℃。

3) 喷涂硬泡聚氨酯宜为15～35℃，空气相对湿度宜小于85％，风速不宜大于三级。

4) 现浇泡沫混凝土宜为5～35℃。

(4) 做好隔汽层，隔汽层设在结构层上方、保温层下方，选用气密性、水密性好的材料，隔汽施工应符合下列规定。

1) 隔汽层施工前，基层应进行清理，宜进行找平处理。

2) 屋面周边隔汽层应沿墙面向上连续铺设，高出保温层上表面不得小于150mm。

3) 采用卷材做隔汽层时，卷材宜空铺，卷材搭接缝应满粘，其搭接宽度不应小于80mm；采用涂料做隔汽层时，涂料涂刷应均匀，涂层不得有堆积、起泡和露底现象。

4) 穿过隔汽层的管道周围应进行密封处理。

(5) 做好屋面排汽构造，屋面排汽构造施工的具体要求。

1) 排汽道及排汽孔的设置应符合设计及规范要求：找平层设置的分格缝可兼作排汽道，宽度宜为40mm；应纵横贯通，并应与大气连通的排汽孔相通，排汽孔可设在檐口下或纵横排汽道的交叉处；排汽道纵横间距宜为6m，屋面面积每36m² 设置一个排汽孔，排汽孔应做防水处理，在保温层下也可铺设带支点的塑料板。

2) 排汽道应与保温层连通，排汽道内填入透气性好的材料。

3) 施工时，排汽道及排汽孔均不得被堵塞。

4) 屋面纵横排汽道的交叉处可埋设金属或塑料排汽管，排汽管宜设置在结构层上，穿过保温层及排汽道的管壁四周应打孔。

(6) 板状材料保温层施工的具体要求。

1) 基层应平整、干燥、干净。

2) 相邻板块应错缝拼接，分层铺设的板块上下层接缝应相互错开，板间缝隙应采用同类材料嵌填密实。

3) 采用干铺法施工时，板状保温材料应紧靠在基层表面上，并应铺平垫稳。

4) 采用黏结法施工时，胶黏剂应与保温材料相容，板状保温材料应贴严、粘牢，在胶黏剂固化前不得上人踩踏。

5) 采用机械固定法施工时，固定件应固定在结构层上，固定件的间距应符合设计要求。

(7) 纤维材料保温层施工的具体要求。

1）基层应平整、干燥、干净。

2）纤维保温材料在施工时，应避免重压，并应采取防潮措施。

3）纤维保温材料铺设时，平面拼接缝应贴紧，上下层拼接缝应相互错开。

4）屋面坡度较大时，纤维保温材料宜采用机械固定法施工。

5）在铺设纤维保温材料时，应做好劳动保护工作。

（8）喷涂硬泡聚氨酯保温层施工的具体要求。

1）基层应平整、干燥、干净。

2）施工前应对喷涂设备进行调试，并对喷涂试块进行材料性能检测。

3）喷涂时喷嘴与施工基面的间距应由试验确定。

4）喷涂硬泡聚氨酯的配比应准确计量，发泡厚度应均匀一致。

5）一个作业面应分遍喷涂完成，每遍喷涂厚度不宜大于 15mm，硬泡聚氨酯喷涂后 20min 内严禁上人。

6）喷涂作业时，应采取防止污染的遮挡措施。

（9）现浇泡沫混凝土保温层施工的具体要求。

1）基层应清理干净，不得有油污、浮尘和积水。

2）泡沫混凝土应按设计要求的干密度和抗压强度进行配合比设计，拌制时应计量准确，并搅拌均匀。

3）泡沫混凝土应按设计的厚度设定浇筑面标高线，找坡时宜采取挡板辅助措施。

4）泡沫混凝土的浇筑出料口离基层的高度不宜超过 1m，泵送时应采取低压泵送。

5）泡沫混凝土应分层浇筑，一次浇筑厚度不宜超过 200mm，终凝后应进行保湿养护，养护时间不得少于 7d。

3. 卷材防水层施工

卷材防水层施工一般工艺流程为：基层表面清理→涂刷基层处理剂→铺贴节点附加防水层→热熔法（冷粘法）铺贴大面卷材→收头、节点密封→蓄水试验→保护层施工→质量验收。

（1）基层表面清理。铺设屋面隔汽层和防水层前，为使卷材防水层与基层黏结良好，避免卷材防水层发生鼓泡现象，基层必须干净、干燥。对基层上的杂物、砂浆疙瘩、砂粒、灰尘等都必须认真清扫，尘土要认真吹净。做到基层干燥、平整。待验收合格后才能进行防水施工。基层的干燥程度的简易检验方法，是净 1m² 卷材平坦地干铺在找平层上，静置 3～4h 后掀开检查，找平层覆盖部位与卷材上未见水印即可铺设。含水率一般控制在 9% 左右。

（2）涂刷基层处理剂。基层处理剂应与卷材相容，配比准确，并应搅拌均匀，将基层处理剂均匀涂刷在基层表面。具体要求：薄厚均匀、不露底，形成一层厚度均匀的整体防水层。涂刷到水落口处时，先刷女儿墙阴角处，再刷水落口四周，水落口内外都要涂刷均匀，不得有遗漏。对不排气屋面的分格缝，用毛刷或吹风机吹净灰尘后镶填油膏。一般涂刷 4h 以上或根据气候条件，待基层处理剂深入基层，表面干燥后才能进行下一道工序施工。

（3）防水卷材铺贴方法。卷材与基层的粘贴方法主要有：热熔法、冷粘法、热粘法、自粘法、热风焊接法及机械固定法 6 种。

1）热熔法卷材粘贴施工。是指利用火焰加热器熔化热熔型防水卷材底层的热熔胶进行粘贴的方法。施工时，在卷材表面热熔后（以卷材表面熔融至光亮黑色为度）应立即滚铺卷材，使之平展，并辊压黏结牢固。搭接缝处必须以溢出的改性沥青胶结料宽度 8mm 为宜，并应随即刮封接口。加热卷材时应均匀，不得过分加热或烧穿卷材。对厚度小于 3mm 的高聚物改性沥青防水卷材严禁采用热熔法施工。

2）冷粘法卷材粘贴施工。是利用毛刷将胶黏剂涂刷在基层和卷材上，然后直接铺贴卷材，使卷材与基层、卷材与卷材黏结的方法。施工时，胶黏剂涂刷应均匀、不露底、不堆积。冷粘法可分为满粘法、条粘法、点粘法和空铺法等形式。通常都采用满粘法。空铺法、条粘法、点粘法应按规定的位置与面积涂刷胶黏剂。铺贴卷材时应平整顺直，搭接尺寸准确，接缝应满涂胶黏剂，辊压黏结牢固，不得扭曲，破折溢出的胶黏剂随即刮平封口；搭接缝口应用材性相容的密封材料封严。

合成高分子卷材铺好压粘后，应将搭接部位的黏合面清理干净，并采用与卷材配套的接缝专用胶黏剂，在搭接缝黏合面上应涂刷均匀，不得露底、堆积，应排除缝间的空气，并用辊压粘贴牢固。合成高分子卷材搭接部位采用胶黏带黏结时，黏合面应清理干净，必要时可涂刷与卷材及胶黏带材性相容的基层胶黏剂，撕去胶黏带隔离纸后应及时粘合接缝部位的卷材，并辊压粘贴牢固；低温施工时，宜采用热风机加热。

① 空铺法：铺贴卷材防水层时，卷材与基层仅在四周一定宽度内黏结，其余部分采取不黏结的施工方法。

② 条粘法：铺贴卷材时，卷材与基层采用条状黏结的方法。卷材与基层黏结面不少于两条，每条宽度不小于150mm。

③ 点粘法：铺贴卷材时，卷材或打孔卷材与基层采用点状黏结的施工方法。每平方米黏结不少于5点，每点面积为100mm×100mm。

无论是采用空铺法、条粘法还是点粘法，施工时必须注意：距离屋面周边800mm内的防水层应满粘，保证防水层四周与基层黏结牢固；卷材与卷材之间应满粘，保证搭接严密。

3）自粘法施工。是指采用带有自粘胶的防水卷材，不需热施工，也不需涂胶结材料，而进行黏结的方法。铺贴前，基层表面应均匀涂刷基层处理剂，待干燥后及时铺贴卷材。铺贴时，应先将自粘胶底面隔离纸完全撕净，排出卷材下面的空气，并辊压黏结牢固，不得空鼓。铺贴的卷材应平整顺直，搭接尺寸应准确，不得扭曲、皱褶；低温施工时，立面、大坡面及搭接部位宜采用热风机加热，加热后应随即粘贴牢固；搭接缝口应采用材性相容的密封材料封严。

4）焊接法施工。是利用热空气焊枪进行防水卷材搭接粘贴的施工方法。焊接前卷材铺放应平整顺直，搭接尺寸正确；施工时焊接缝的结合面应清扫干净，应无水滴、油污及附着物。先焊长边搭接缝，后焊短边搭接缝，焊接处不得有漏焊、缺焊、焊焦或焊接不牢的现象，也不得损害非焊接部位的卷材。

5）热粘法施工。熔化热熔型改性沥青胶结料时，宜采用专用导热油炉加热，加热温度不应高于200℃，使用温度不宜低于180℃；粘贴卷材的热熔沥青胶结料厚度宜为1.0～1.5mm。采用热熔型改性沥青胶结料粘贴卷材时，应随刮随铺，并展平压实。

6）机械固定法施工。固定件应与结构层连接牢固；固定件间距应根据抗风揭试验和当地的使用环境与条件确定，并不宜大于600mm；卷材防水层周边800mm范围内应满粘，卷材收头应用金属压条钉压固定和密封处理。

根据所选用的防水卷材不同，卷材的粘贴方法也不同。沥青防水卷材常用浇油法、刷油法、刮油法、撒油法等4种；高聚物改性沥青防水卷材常用的施工方法有冷粘法、热熔法和自粘法三种；合成高分子卷材防水常用的施工方法一般有冷粘法、自粘法、热风焊接法三种；国内适用机械固定法铺贴的卷材，主要有PVC、TPO、EPDM防水卷材和5mm厚加强高聚物改性沥青防水卷材，要求防水卷材强度高、搭接缝可靠和使用寿命长等特性。机械固定法铺贴卷材，当固定件固定在屋面板上拉拔力不能满足风揭力的要求时，只能将固定件固定在檩条上。固定件采用螺钉加垫片时，应加盖200mm×200mm卷材封盖。固定件采用螺钉加"U"形压条时，应加盖不小于150mm宽卷材封盖。

（4）防水附加层及细部节点处理。在屋面防水工程施工中，屋面细部节点是否满足规范及设计要求，直接决定了屋面防水工程质量能否达到标准要求。所以，做好屋面细部构造处理显得尤为重要，如屋面与突出屋面的建筑物（构筑物）连接处、变形缝、檐沟、排气管道、落水口处等的节点构造处理，这些细部决定了屋面防水工程质量的成败。

基层处理后，所有的节点、细部构造，如女儿墙阴阳角、突出屋面构筑物、天沟、檐沟、檐口、水落口、泛水、变形缝和伸出屋面管道等处必须先增做1~2层防水附加层，防水附加层的尺寸、材料及粘贴方法均需符合规范和设计要求。女儿墙防水构造具体做法如图7-24及图7-25所示，压顶可采用混凝土或金属制品，压顶向内排水坡度不应小于5%，压顶内侧下端应作滴水处理。

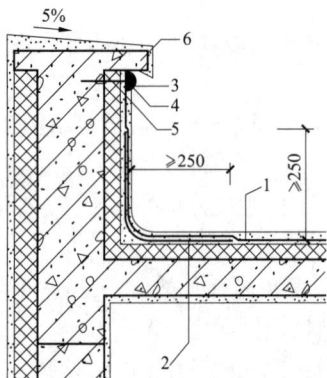

图7-24　屋面低女儿墙处防水构造图
1—防水层；2—附加层；3—密封材料；
4—金属压条；5—水泥钉；6—压顶

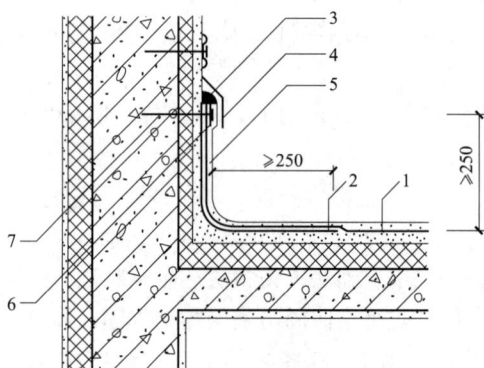

图7-25　屋面高女儿墙处防水构造图
1—防水层；2—附加层；3—密封材料；
4—金属盖板；5—保护层；6—金属压条；7—水泥钉

1）卷材或涂料防水屋面天沟、檐沟防水构造应符合下以下规定。

① 天沟、檐沟应增铺附加层。当采用沥青卷材时，应增铺一层卷材；当采用高聚物改性沥青防水卷材或合成高分子防水卷材时，宜增设防水涂料附加层。

② 卷材或涂料防水屋面檐沟与屋面交接处的防水构造如图7-26所示。檐沟防水层和附加层应由沟底翻上至外侧顶部，卷材收头应用金属压条钉压，并应用密封材料封严，涂料收头应用防水涂料多遍涂刷。檐沟外侧下端应做老鹰嘴或滴水槽；檐沟外侧高于屋面结构时，应设置溢水口。

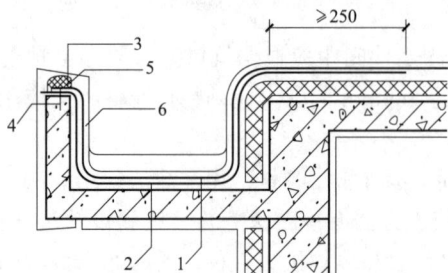

图7-26　卷材、涂膜防水屋面檐沟构造图
1—防水层；2—附加层；3—密封材料；
4—水泥钉；5—金属压条；6—保护层

③ 天沟、檐沟卷材收头应固定密封。

2）高低跨变形缝在立面墙泛水处，应采用有足够变形适应能力的材料和构造作密封处理，如图7-27所示。

3）屋面变形缝防水构造处理。变形缝泛水处的防水层下应增设附加层，附加层在平面和立面的宽度不应小于250mm；防水层应铺贴或涂刷至泛水墙的顶部；变形缝内应预填不燃保温材料，上部应采用防水卷材封盖，并放置衬垫材料，再在其上干铺一层卷材；等高变形缝顶部宜加扣混凝土或金属盖板，如图7-27所示。高低跨变形缝构造如图7-28所示。

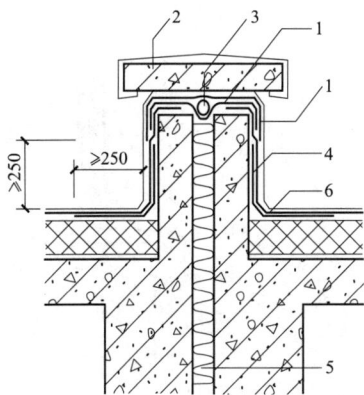

图 7-27 等高屋面变形缝处构造图

1—卷材封盖；2—混凝土盖板；3—衬垫材料；

4—附加层；5—不燃保温材料；6—防水层

图 7-28 高低跨屋面变形缝处构造图

1—卷材封盖；2—不燃保温材料；

3—金属盖板；4—附加层；5—防水层

4）伸出屋面管道防水构造如图 7-29 所示。管道周围的找平层应抹出高度不小于 30mm 的排水坡；管道泛水处的防水层下应增设附加层，附加层在平面和立面的宽度均不应小于 250mm；管道泛水处的防水层泛水高度不应小于 250mm；卷材收头应用金属箍紧固和密封材料封严，涂料收头应用防水涂料多遍涂刷。

5）屋面排气孔防水构造如图 7-30 所示。

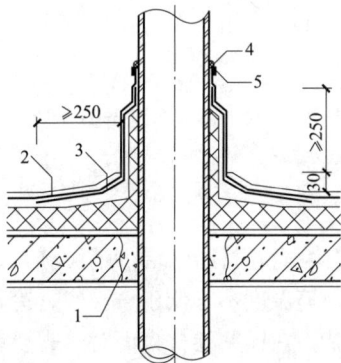

图 7-29 伸出屋面管道构造图

1—细石混凝土；2—卷材防水层；

3—附加层；4—密封材料；5—金属箍

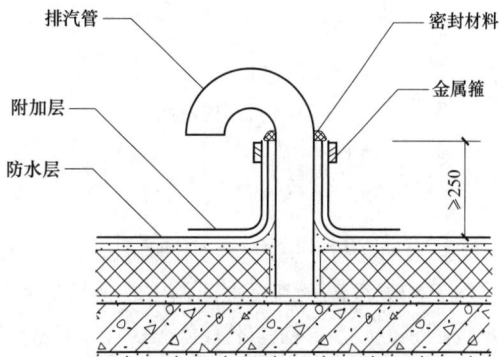

图 7-30 屋面排气孔防水构造图

6）重力式排水的水落口构造如图 7-31 及图 7-32 所示。防水构造应符合规定要求：水落口可采用塑料或金属制品，水落口的金属配件均应做防锈处理；水落口杯应牢固地固定在承重结构上，其埋设标高应根据附加层的厚度及排水坡度加大的尺寸确定；水落口周围直径 500mm 范围内坡度不应小于 5％，防水层下应增设涂料附加层；防水层和附加层伸入水落口杯内不应小于 50mm，并应黏结牢固。虹吸式排水的水落口防水构造应进行专项设计。

7）屋面出入口处的防水构造如图 7-33 和图 7-34 所示。防水构造应满足规范及设计要求：屋面垂直出入口泛水处应增设附加层，附加层在平面和立面的宽度均不应小于 250mm；防水层收头应在混凝土压顶圈下。屋面水平出入口泛水处应增设附加层和护墙，附加层在平面上的宽度不应小于 250mm；防水层收头应压在混凝土踏步下。

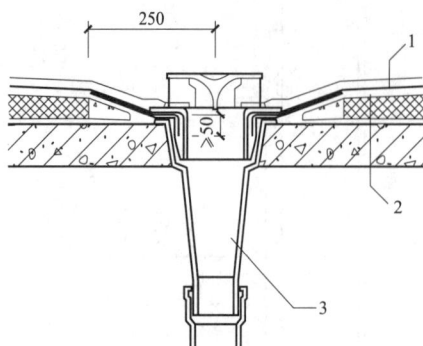

图 7-31　直式水落口构造图
1—防水层；2—附加层；3—水落斗

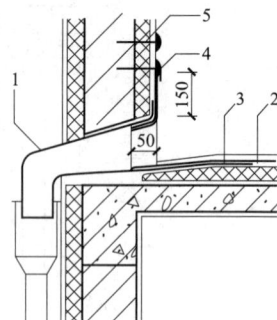

图 7-32　横式水落口构造图
1—水落斗；2—防水层；3—附加层；
4—密封材料；5—水泥钉

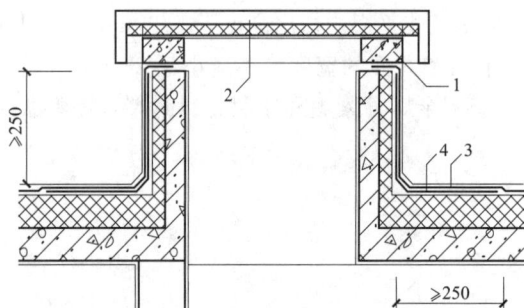

图 7-33　垂直出入口构造图
1—混凝土压顶圈；
2—上人孔盖；3—防水层；4—附加层

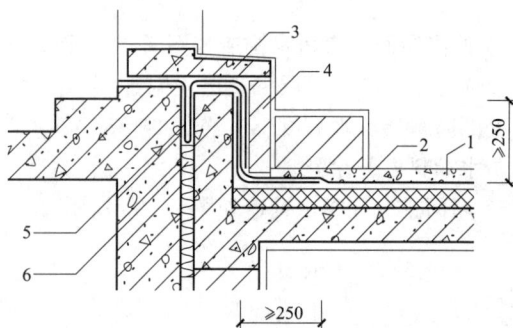

图 7-34　水平出入口构造图
1—防水层；2—附加层；3踏步
4—护墙；5—防水卷材封盖；6—不燃保温材料

（5）铺贴大面卷材。完成防水附加层施工后，便可进行屋面大面卷材防水层的铺贴施工。严禁在雨天、雪天和五级风及其以上时施工；热熔法和焊接法施工环境温度不宜低于-10℃，冷粘法和热粘法不宜低于5℃，自粘法不宜低于10℃。为使卷材铺贴平整，在铺贴卷材大面时，先要弹基准线，线与线距离根据卷材宽度而定，要留出100mm的搭接线。

铺贴卷材防水层需解决铺贴方向、铺贴顺序、搭接方法及宽度要求等问题。

1）铺贴方向。卷材的铺贴方向应结合卷材搭接缝顺水接茬和卷材铺贴可操作性两方面因素综合考虑。卷材铺贴应在保证顺直的前提下宜平行屋脊铺贴。当卷材防水层采用叠层工法时，上下层卷材不得相互垂直铺贴，以免接缝叠加。当卷材屋面坡度大于25%时，卷材应采用满粘和钉压固定措施，且固定点应封闭严密。

2）卷材铺贴的顺序。屋面防水层施工时，应先做好节点、附加防水层和屋面排水比较集中部位（如屋面与水落口连接处、檐口、天沟、屋面转角处、板端缝等）的处理，然后由屋面最低标高处向上施工。铺贴天沟、檐沟卷材时，宜顺天沟、檐口方向，搭接缝应顺流水方向，尽量减少搭接。铺贴多跨和有高低跨的屋面时，应按先高后低、先远后近的顺序进行。大面积屋面施工时，应根据屋面特征及面积大小等因素合理划分流水施工段。施工段的界线宜设在屋脊、天沟、变形缝等处。

3）搭接方法及宽度要求。铺贴卷材应采用搭接法，同一层相邻两幅卷材短边搭接缝错开不应小于 500mm，上下层卷材长边搭接缝应错开，且不应小于幅宽的 1/3；平行屋脊的搭接缝应顺流水方向搭接，搭接缝应符合规范要求；叠层铺贴的各层卷材，在天沟与屋面的交接处，应采用叉接法搭接，搭接缝应错开，搭接缝宜留在屋面或天沟侧面，不宜留在沟底。坡度超过 25% 的拱形屋面和天窗下的坡面上，应尽量避免短边搭接，如必须短边搭接时，在搭接处应采取防止下滑的措施。如预留凹槽，卷材嵌入凹槽并且压条固定密封。

高聚物改性沥青和合成高分子卷材的搭接缝宜用与其材性相容的密封材料封严。各种卷材的搭接宽度应符合表 7-16 的要求。

表 7-16 **卷 材 搭 接 宽 度** mm

卷 材 类 别		搭接宽度
合成高分子防水卷材	胶黏剂	80
	胶黏带	50
	单缝焊	60，有效焊接宽度不小于 25
	双缝焊	80，有效焊接宽度 10×2＋空腔宽
高聚物改性沥青防水卷材	胶黏剂	100
	自粘	80

（6）收头、节点密封。卷材铺贴后，要求接缝口用宽 10mm 的密封材料封严，以提高防水层的密封抗渗性能。

（7）蓄水试验。防水是屋面的主要功能之一，若卷材防水层出现渗漏或积水现象，将是最大的弊病。故在屋面大面防水层施工完成后，进行屋面有无渗漏和积水、排水系统是否畅通的检查：对有坡度的屋面，应做淋水试验，时间不少于 2h，屋面无渗漏为合格；蓄水试验，蓄水的高度根据工程而定，在屋面重量不超过荷载的情况下，应尽可能使水没过屋面，蓄水 24h 以上，屋面无渗漏为合格。屋面卷材防水层施工完毕，经蓄水试验合格后应立即保护层施工。

（8）保护层施工。防水层上的保护层施工，应待卷材铺贴完毕或涂料固化成膜，并经检验合格后进行。及时保护防水层免受损伤，从而延长卷材防水层的使用年限。常用的保护层做法有以下几种。

1）块体材料保护层。用块体材料做保护层时，宜设置分格缝，分格缝纵横间距不应大于 10m，分格缝宽度宜为 20mm。

在砂结合层上铺设块体时，砂结合层应平整，块体间应预留 10mm 的缝隙，缝内应填砂，并应用 1∶2 水泥砂浆勾缝；在水泥砂浆结合层上铺设块体时，应先在防水层上做隔离层，块体间应预留 10mm 的缝隙，缝内应用 1∶2 水泥砂浆勾缝；块体表面应洁净、色泽一致，应无裂纹、掉角和缺棱等缺陷。

2）水泥砂浆及细石混凝土保护层。水泥砂浆及细石混凝土保护层铺设前，应在防水层上做隔离层。水泥砂浆及细石混凝土表面应抹平压光，不得有裂纹、脱皮、麻面、起砂等缺陷。

用水泥砂浆做保护层时，表面应抹平压光，并设表面分格缝，分格面积宜为 1m²。用细石混凝土做保护层时，混凝土应振捣密实，表面应抹平压光，分格缝纵横间距不应大于 6m，分格缝的宽度宜为 10～20mm。一个分格内的混凝土应连续浇筑，不留施工缝，当施工间隙超过时间规定时，应对接槎进行处理。振捣宜采用铁辊滚压或人工拍实，以防破坏防水层。拍实后随即用刮尺按排水坡度刮平，初凝前用木抹子提浆抹平，初凝后及时取出分格缝木模，终凝前用铁抹子压光。细石混凝土保护层浇筑后应及时进行养护，养护时间不应少于 7d。养护期满即将分格缝清理干净，待干燥后嵌填密封材料。

3）浅色涂料保护层。浅色涂料保护层一般在现场配制，常用的有铝基沥青悬浮液、丙烯酸浅色涂料或在涂料中掺入铝粉的反射涂料。浅色涂料应与卷材、涂料相容，材料用量应根据产品说明书的规定使用。浅色涂料应多遍涂刷，当防水层为涂料时，应在涂料固化后进行。涂层应与防水层黏结牢固，厚薄应均匀，不得漏涂，涂层表面应平整，不得流淌和堆积。

块体材料、水泥砂浆或细石混凝土保护层与女儿墙和山墙之间，应预留宽度为 30mm 的缝隙，缝内宜填塞聚苯乙烯泡沫塑料，并应用密封材料嵌填密实。

二、涂膜防水屋面施工

涂膜防水屋面是在屋面基层（找平层）上涂刷防水涂料，经固化后形成一层有一定厚度和弹性的整体涂料，从而达到防水目的的一种防水屋面形式，如图 7-35 所示。分为无保温层的涂膜屋面和有保温层的涂膜屋面两种。

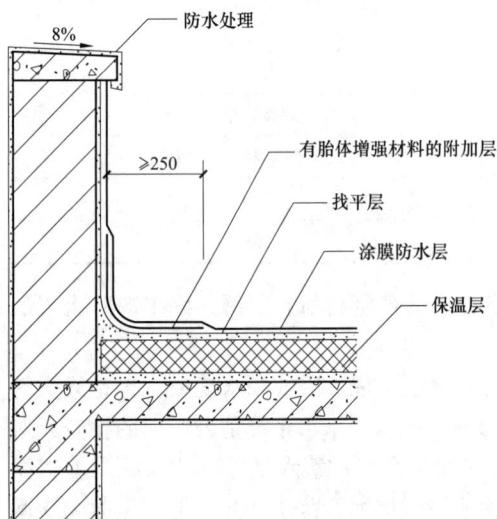

图 7-35 涂膜防水屋面构造节点图

（一）基本要求

按规范规定，涂膜防水屋面主要适用于防水等级为 Ⅰ 级、Ⅱ 级的屋面防水。

涂膜防水层施工工艺流程如下：

表面基层清理、修理→喷涂基层处理剂→节点部位附加增强处理→涂布防水涂料及铺贴胎体增强材料→清理及检查修理→保护层施工。

涂膜防水层施工基本与卷材防水层施工相同，只是对材料要求、施工方法不同。如基层处理、节点附加层及细部构造、保护层施工可详见卷材防水施工部分的内容。

当涂膜防水屋面基层为预制屋面板时，其端缝应进行柔性密封处理。非保温屋面板缝应预留凹槽，嵌填密封材料，并增设带有胎体增强材料的附加层。

涂膜防水屋面细部构造的防水措施见表 7-17。

表 7-17 涂膜防水屋面细部构造的防水措施

细部构造	防水措施
屋面易开裂、渗水部位	应留凹槽嵌填密封材料，并应增设一层或一层以上带有胎体增强材料的附加层。
防水层的找平层	应设缝宽为 20mm 的分格缝，在缝内嵌填密封材料，并应沿分格缝增设带胎体增强材料的空铺附加层，其宽度宜为 200～300mm。
天沟、檐沟	天沟、檐沟与屋面交接处的附加层符合要求；檐口处涂料防水层的收头，应用防水涂料多遍涂刷或用密封材料封严。
泛水	泛水处的涂料防水层应涂刷至女儿墙的压顶下；收头处理应用防水涂料多遍涂刷封严。压顶应做防水处理。铺设带有胎体增强材料的附加层，在屋面上的长度和立墙上的高度均应大于 250mm。
变形缝	缝内应填充泡沫塑料或沥青麻丝，其上填放衬垫材料，并用卷材封盖；顶部加扣混凝土或金属盖板。
落水口	落水口处的防水构造与卷材防水屋面的做法相同。

（二）施工控制要点

1. 防水涂料进场检验

进场的防水涂料和胎体增强材料应进行物理性能检验：高聚物改性沥青防水涂料的固体含量、耐热性、低温柔性、不透水性、断裂伸长率或抗裂性；合成高分子防水涂料和聚合物水泥防水涂料的固体含量、低温柔性、不透水性、拉伸强度、断裂伸长率；胎体增强材料的拉力、延伸率。具体性能指标必须满足屋面工程技术规程的要求。

材料进场后要对卷材按规定取样复验。高聚物改性沥青防水涂料、合成高分子防水涂料和聚合物水泥防水涂料每10t为一批，不足10t按一批抽样；胎体增强材料每3000㎡为一批，不足3000㎡时按一批抽样。

2. 防水涂料和胎体增强材料的储运、保管

防水涂料包装容器应密封，容器表面应标明涂料名称、生产厂家、执行标准号、生产日期和产品有效期，并应分类存放。反应型和水乳型涂料储运和保管环境温度不宜低于5℃；溶剂型涂料储运和保管环境温度不宜低于0℃，并不得日晒、碰撞和渗漏，保管环境应干燥、通风，并应远离火源、热源。胎体增强材料储运、保管环境应干燥、通风，并应远离火源、热源。

3. 涂膜防水层的施工环境温度

涂膜防水层的施工环境温度控制：水乳型及反应型涂料宜为5~35℃；溶剂型涂料宜为-5~35℃；热熔型涂料不宜低于-10℃；聚合物水泥涂料宜为5~35℃。

4. 涂膜防水层施工

（1）基层的要求。涂膜防水层的基层应坚实、平整、干净，无孔隙、起砂和裂缝。基层的干燥程度应根据所选用的防水涂料特性确定。当采用溶剂型、热熔型和反应固化型防水涂料时，基层应干燥。

（2）基层处理剂。基层处理剂的施工应符合规范及设计文件的要求。

（3）防水涂料配比。双组分或多组分防水涂料应按配合比准确计量，应采用电动机具搅拌均匀，已配制的涂料应及时使用。配料时，可加入适量的缓凝剂或促凝剂调节固化时间，但不得混合已固化的涂料。

（4）涂膜防水层施工。防水涂料应多遍均匀涂布，涂膜总厚度应符合设计要求，并应待前一遍涂布的涂料干燥成膜后，再涂布后一遍涂料，且前后两遍涂料的涂布方向应相互垂直。涂膜间夹铺胎体增强材料时，宜边涂布边铺胎体；胎体应铺贴平整，应排出气泡，并应与涂料黏结牢固。在胎体上涂布涂料时，应使涂料浸透胎体，并应覆盖完全，不得有胎体外露现象。最上面的涂膜厚度不应小于1.0mm；涂料施工应先做好细部处理，再进行大面积涂布；屋面转角及立面的涂料应薄涂多遍，不得流淌和堆积。

（5）铺设胎体增强材料要点。胎体增强材料宜采用聚酯无纺布或化纤无纺布，胎体增强材料长边搭接宽度不应小于50mm，短边搭接宽度不应小于70mm；上下层胎体增强材料的长边搭接缝应错开，且不得小于幅宽的1/3；上下层胎体增强材料不得相互垂直铺设。

（6）涂料防水层施工方法。水乳型及溶剂型防水涂料宜选用滚涂或喷涂施工，反应固化型防水涂料宜选用刮涂或喷涂施工，热熔型防水涂料宜选用刮涂施工，聚合物水泥防水涂料宜选用刮涂法施工。所有防水涂料用于细部构造时，宜选用刷涂或喷涂施工。

（7）细部构造处理。涂料防水屋面的细部构造处理同卷材防水屋面的细部构造处理。

三、瓦屋面施工

我国在20世纪80年代前的建筑多采用平屋顶，随着建筑设计的多样化，从建筑物的整体造型、屋面形式、整体环境美化等方面提出了更高的要求。很多设计人员已把屋面作为第五个面进行建筑设计，一些地方开始把原有的平屋顶改为坡屋顶；一些新建的小区也陆续设计了大量的屋顶，这些形形色色的坡屋顶不仅给人以美的感受，而且也减少了屋面的渗漏，降低了夏季室温，所以现在瓦屋面的应用也越来越多了。瓦屋面的构造由结构层、保温层、防水层或防水垫层、持钉层、顺水条、挂瓦条和烧结瓦或混凝土瓦等组成。

（一）基本要求

（1）屋面防水等级为Ⅰ级、Ⅱ级两个等级。防水等级为Ⅰ级的瓦屋面，防水做法采用瓦＋防水层；防水等级为Ⅱ级的瓦屋面，防水做法采用瓦＋防水垫层。

（2）瓦屋面采用的木质基层、顺水条、挂瓦条的防腐、防火及防蛀处理，以及金属顺水条、挂

瓦条的防锈蚀处理，均应符合设计要求。

（3）屋面木基层应铺钉牢固、表面平整；钢筋混凝土基层的表面应平整、干净、干燥。

（4）防水垫层的铺设要求：防水垫层可采用空铺、满粘或机械固定；防水垫层在瓦屋面构造层次中的位置应符合设计要求；防水垫层宜自下而上平行屋脊铺设；防水垫层应顺流水方向搭接，搭接宽度应符合表 7-18 的要求。防水垫层应铺设平整，下道工序施工时，不得损坏已铺设完成的防水垫层。

表 7-18　　　　　　　　　防水垫层的最小厚度和搭接宽度　　　　　　　　　mm

防水垫层品种	最小厚度	搭接宽度
自粘聚合物沥青防水垫层	1.0	80
聚合物改性沥青防水垫层	2.0	100

（5）持钉层的铺设要求。屋面无保温层时，木基层或钢筋混凝土基层可视为持钉层；钢筋混凝土基层不平整时，宜用 1:2.5 的水泥砂浆进行找平；屋面有保温层时，保温层上应按设计要求做细石混凝土持钉层，内配钢筋网应骑跨屋脊，并应绷直与屋脊和檐口、檐沟部位的预埋锚筋连牢；预埋锚筋穿过防水层或防水垫层时，破损处应进行局部密封处理；水泥砂浆或细石混凝土持钉层可不设分格缝；持钉层与突出屋面结构的交接处应预留 30mm 宽的缝隙。

（6）在大风及地震设防地区或屋面坡度大于 100% 时，瓦屋材应采取固定加强措施。

（二）施工控制要点

1. 烧结瓦、混凝土瓦屋面

（1）进场的烧结瓦、混凝土瓦应检验抗渗性、抗冻性和吸水率等项目。检查出厂合格证、质量检验报告和进场检验报告。

（2）基层、顺水条、挂瓦条铺设。基层应平整、干净、干燥，持钉层厚度符合设计要求。顺水条应顺流水方向固定，间距不宜大于 500mm，顺水条应铺钉牢固、平整。钉挂瓦条时应拉通线，挂瓦条的间距应根据瓦片尺寸和屋面坡长经计算确定，挂瓦条应铺钉牢固、平整，上棱应成一直线。

（3）挂瓦要点。挂瓦应从两坡的檐口同时对称进行。瓦后爪应与挂瓦条挂牢，并应与邻边、下面两瓦落槽密合。檐口瓦、斜天沟瓦应用镀锌铁丝拴牢在挂瓦条上，每片瓦均应与挂瓦条固定牢固。铺设瓦屋面时，瓦片应均匀分散堆放在两坡屋面基层上，严禁集中堆放。铺瓦时，应由两坡从下向上同时对称铺设。瓦片应铺成整齐的行列，并应彼此紧密搭接，应做到瓦榫落槽、瓦脚挂牢、瓦头排齐，且无翘角和张口现象，檐口应成一直线。

（4）脊瓦搭盖间距应均匀，脊瓦与坡面瓦之间的缝隙应用聚合物水泥砂浆填实抹平，屋脊或斜脊应顺直。沿山墙一行瓦宜用聚合物水泥砂浆做出披水线。

（5）烧结瓦、混凝土瓦铺装的尺寸要求。瓦屋面檐口挑出墙面的长度不宜小于 300mm；脊瓦下端距坡面瓦的高度不宜大于 80mm；屋脊两坡最上面的一根挂瓦条，应保证脊瓦在坡面瓦上的搭盖宽度不小于 40mm；瓦头伸入檐沟、天沟内的长度宜为 50~70mm；金属檐沟、天沟伸入瓦内的宽度不应小于 150mm；檐口第一根挂瓦条应保证瓦头出檐口 50~70mm；突出屋面结构的侧面瓦伸入泛水的宽度不应小于 50mm；钉檐口条或封檐板时，均应高出挂瓦条 20~30mm。

（6）烧结瓦、混凝土瓦屋面完工后，应避免屋面受物体冲击，严禁任意上人或堆放物件。

（7）烧结瓦、混凝土瓦的储运、保管要点。烧结瓦、混凝土瓦运输时应轻拿轻放，不得抛扔、碰撞；进入现场后应堆垛整齐。

2. 沥青瓦屋面

（1）进场的沥青瓦应检验可溶物含量、拉力、耐热度、柔度、不透水性、叠层剥离强度等项目。检查出厂合格证、质量检验报告和进场检验报告。沥青瓦应边缘整齐，切槽应清晰，厚薄应均匀，表面应无孔洞、棱伤、裂纹、皱褶和起泡等缺陷。

（2）沥青瓦的储运、保管要点：不同类型、规格的产品应分别堆放，储存温度不应高于 45℃，并应平放储存；应避免雨淋、日晒、受潮，并应注意通风和避免接近火源。

（3）沥青瓦屋面的坡度不应小于 20％，铺设沥青瓦前，应在基层上弹出水平及垂直基准线，并应按线铺设。

（4）沥青瓦应自檐口向上铺设，起始层瓦应由瓦片经切除垂片部分后制得，且起始层瓦沿檐口应平行铺设并伸出檐口 10mm，并应用沥青基胶结材料和基层黏结；第一层瓦应与起始层瓦叠合，但瓦切口应向下指向檐口；第二层瓦应压在第一层瓦上且露出瓦切口，但不得超过切口长度。相邻两层沥青瓦的拼缝及切口应均匀错开。

（5）沥青瓦的固定要点：沥青瓦铺设时，每张瓦片不得少于 4 个固定钉，在大风地区或屋面坡度大于 100％时，每张瓦片不得少于 6 个固定钉；固定钉应垂直钉入沥青瓦压盖面，钉帽应与瓦片表面齐平；固定钉钉入持钉层深度应符合设计要求（在沥青瓦上钉固定钉时，应将钉垂直钉入持钉层内，固定钉穿入细石混凝土持钉层的深度不应小于 20mm，穿入木质持钉层的深度不应小于 15mm，固定钉的钉帽不得外露在沥青瓦表面）；檐口、屋脊等屋面边沿部位的沥青瓦之间、起始层沥青瓦与基层之间，应采用沥青基胶结材料满粘牢固。

（6）檐口部位宜先铺设金属滴水板或双层檐口瓦，并应将其固定在基层上，再铺设防水垫层和起始瓦片。

（7）沥青瓦屋面与立墙或伸出屋面的烟囱、管道的交接处应做泛水，在其周边与立面 250mm 的范围内应铺设附加层，然后在其表面用沥青基胶结材料满粘一层沥青瓦片。

（8）铺设脊瓦时，宜将沥青瓦沿切口剪开分成三块作为脊瓦，并应用两个固定钉固定，同时应用沥青基胶黏材料密封，脊瓦搭盖应顺主导风向。铺设沥青瓦屋面的天沟应顺直，瓦片应黏结牢固，搭接缝应密封严密，排水应通畅。

（9）沥青瓦铺装的有关尺寸要求：脊瓦在两坡面瓦上的搭盖宽度，每边不应小于 150mm；脊瓦与脊瓦的压盖面不应小于脊瓦面积的 1/2；沥青瓦挑出檐口的长度宜为 10～20mm；金属泛水板与沥青瓦的搭盖宽度不应小于 100mm；金属泛水板与突出屋面墙体的搭接高度不应小于 250mm；金属滴水板伸入沥青瓦下的宽度不应小于 80mm。

3. 瓦屋面细部节点处理

（1）烧结瓦、混凝土瓦屋面的瓦头挑出檐口的长度宜为 50～70mm（见图 7-36、图 7-37）。

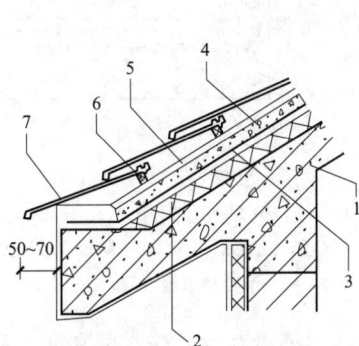

图 7-36 烧结瓦、混凝土瓦屋面檐口构造图（一）
1—结构层；2—保温层；
3—防水层或防水垫层；4—持钉层；
5—顺水条；6—挂瓦条；7—烧结瓦或混凝土瓦

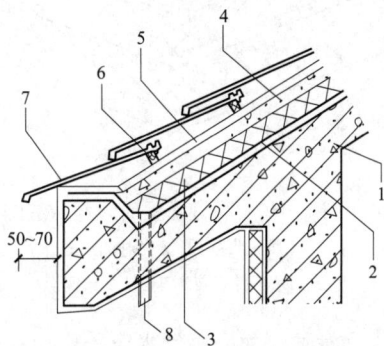

图 7-37 烧结瓦、混凝土瓦屋面构造图（二）
1—结构层；2—防水层或防水垫层；3—保温层；
4—持钉层；5—顺水条；6—挂瓦条；
7—烧结瓦或混凝土瓦；8—泄水管

（2）沥青瓦屋面的瓦头挑出檐口的长度宜为 10～20mm，金属滴水板应固定在基层上，伸入沥青瓦下宽度不应小于 80mm，向下延伸长度不应小于 60mm（见图 7-38）。

（3）烧结瓦、混凝土瓦屋面檐沟和天沟的防水构造（见图 7-39）。檐沟和天沟防水层下应增设附加层，附加层伸入屋面的宽度不应小于 500mm。檐沟和天沟防水层伸入瓦内的宽度不应小于 150mm，并应与屋面防水层或防水垫层顺流水方向搭接。烧结瓦、混凝土瓦伸入檐沟、天沟内的长度，宜为 50～70mm。

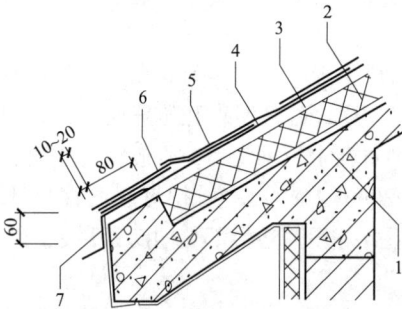

图 7-38　沥青瓦屋面檐口构造图

1—结构层；2—保温层；3—持钉层；4—防水层或防水垫层；
5—沥青瓦；6—起始层沥青瓦；7—金属滴水板

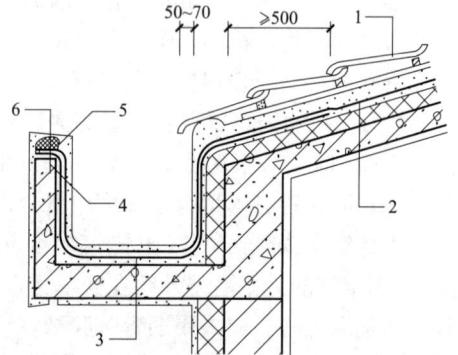

图 7-39　烧结瓦、混凝土瓦屋面檐沟构造图

1—烧结瓦或混凝土瓦；2—防水层或防水垫层；
3—附加层；4—水泥钉；5—金属压条；6—密封材料

（4）天沟采用搭接或编织式铺设时，沥青瓦下应增设不小于 1000mm 宽的附加层（见图 7-40）。

（5）烧结瓦、混凝土瓦屋面山墙泛水应采用聚合物水泥砂浆抹成，侧面瓦伸入泛水的宽度不应小于 50mm（见图 7-41）。

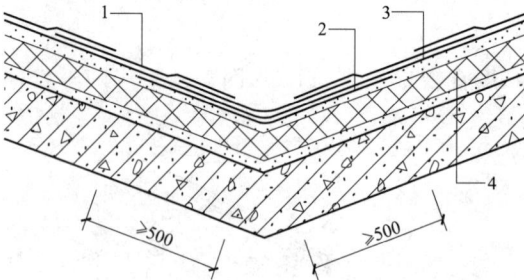

图 7-40　沥青瓦屋面天沟构造图

1—沥青瓦；2—附加层；
3—防水层或防水垫层；4—保温层

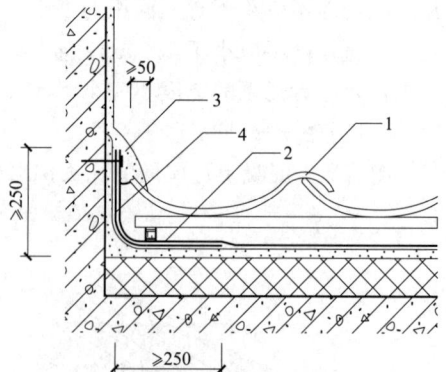

图 7-41　烧结瓦、混凝土瓦屋面山墙构造图

1—烧结瓦或混凝土瓦；2—防水层或防水垫层；
3—聚合物水泥砂浆；4—附加层

（6）沥青瓦屋面山墙泛水应采用沥青基胶黏材料满粘一层沥青瓦片，防水层和沥青瓦收头应用金属压条钉压固定，并应用密封材料封严（见图 7-42）。

（7）烧结瓦、混凝土瓦屋面烟囱的防水构造（见图 7-43）。烟囱泛水处的防水层或防水垫层下应增设附加层，附加层在平面和立面的宽度不应小于 250mm。屋面烟囱泛水应采用聚合物水泥砂浆抹成，烟囱与屋面的交接处，应在迎水面中部抹出分水线，并应高出两侧各 30mm。

（8）烧结瓦、混凝土瓦屋面的屋脊防水构造（见图7-44）。屋脊处应增设宽度不小于250mm的卷材附加层。脊瓦下端距坡面瓦的高度不宜大于80mm。脊瓦在两坡面瓦上的搭接宽度，每边不应小于40mm。脊瓦与坡瓦面之间的缝隙应采用聚合物水泥砂浆填实抹平。

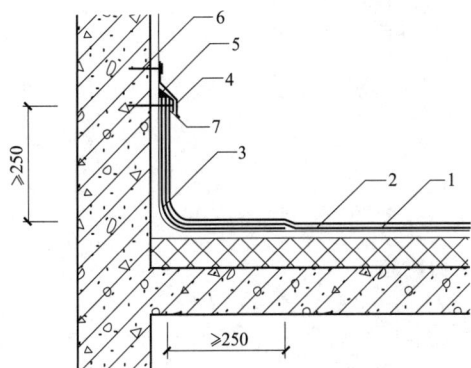

图7-42 沥青瓦屋面山墙构造图

1—沥青瓦；2—防水层或防水垫层；3—附加层；
4—金属盖板；5—密封材料；6—水泥钉；7—金属压条

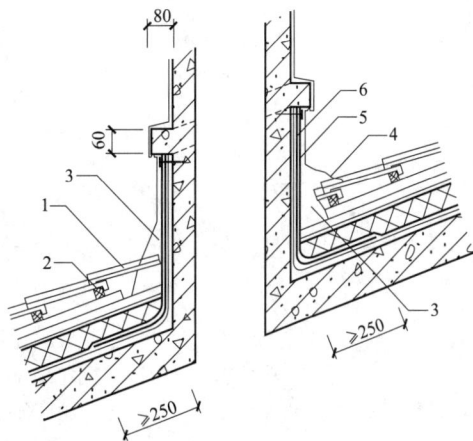

图7-43 烧结瓦、混凝土瓦屋面烟囱构造图

1—烧结瓦或混凝土瓦；2—挂瓦条；3—聚合物水泥砂浆；
4—分水线；5—防水层或防水垫层；6—附加层

（9）沥青瓦屋面的屋脊防水构造（见图7-45）。沥青瓦屋面的屋脊处应增设宽度不小于250mm的卷材附加层。脊瓦在两坡面瓦上的搭接宽度，每边不应小于150mm。

（10）烧结瓦、混凝土瓦屋面屋顶窗防水构造（见图7-46）。烧结瓦、混凝土瓦与屋顶窗交接处，应采用金属排水板、窗框固定铁脚、窗口附加防水卷材、支瓦条等连接。

（11）沥青瓦屋面屋顶窗防水构造（见图7-47）。沥青瓦屋面与屋顶窗交接处应用金属排水板、窗框固定铁脚、窗口附加防水卷材等与结构层连接。

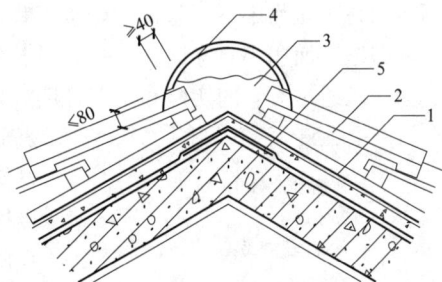

图7-44 烧结瓦、混凝土瓦屋面屋脊构造图

1—防水层或防水垫层；2—烧结瓦或混凝土瓦；
3—聚合物水泥砂浆；4—脊瓦；5—附加层

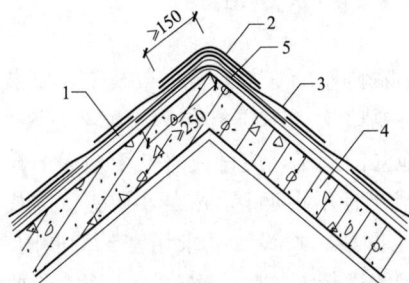

图7-45 沥青瓦屋面屋脊构造图

1—防水层或防水垫层；2—脊瓦；
3—沥青瓦；4—结构层；5—附加层

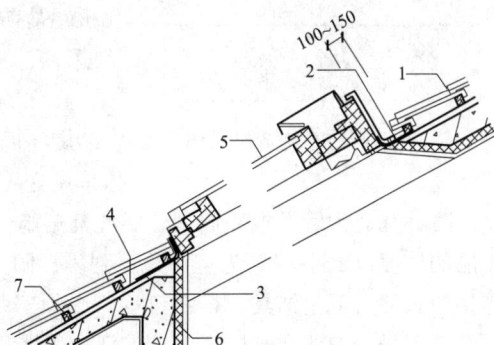

图7-46 烧结瓦、混凝土瓦屋面屋顶窗构造图

1—烧结瓦或混凝土瓦；2—金属排水板；3—窗口附加防水卷材；
4—防水层或防水垫层；5—屋顶窗；6—保温层；7—支瓦

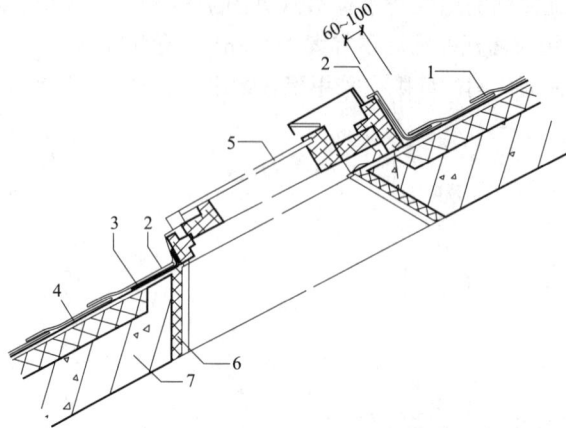

图 7 - 47　沥青瓦屋面屋顶窗构造图

1—沥青瓦；2—金属排水板；3—窗口附加防水卷材；4—防水层或防水垫层；
5—屋顶窗；6—保温层；7—结构层

第四节　厕浴间防水及建筑外墙防水施工

一、厕浴间防水施工

厕浴间是建筑物中不可忽视的防水工程部位。传统的卷材防水做法已不适应卫生间防水施工的特殊性，即施工面积小，穿墙管道多，设备多，阴阳转角复杂，房间长期处于潮湿受水状态等不利条件。为此，通过大量的实验和实践证明，以涂料防水代替各种卷材防水，尤其是选用高弹性的聚氨酯涂料防水或选用弹塑性的氯丁胶乳沥青涂料防水等新材料和新工艺，可以使厕浴间的地面和墙面形成一个没有接缝、封闭严密的整体防水层，从而提高厕浴间的防水工程质量。厕浴间防水构造层次如图 7 - 48 所示。

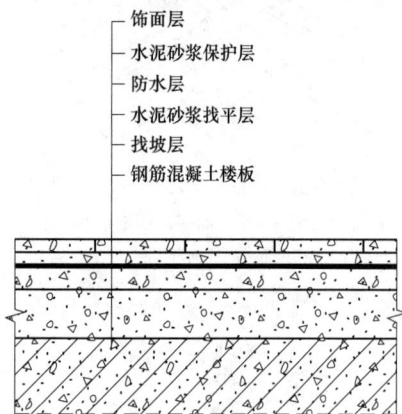

饰面层
水泥砂浆保护层
防水层
水泥砂浆找平层
找坡层
钢筋混凝土楼板

图 7 - 48　厕浴间防水构造层次图

（一）厕浴间楼地面聚氨酯防水施工

聚氨酯涂料防水材料是双组分化学反应固化型的高弹性防水涂料，多以甲、乙双组分形式使用。主要材料有聚氨酯涂料防水材料甲组分、聚氨酯涂料防水材料乙组分和无机铝盐防水剂等。施工用辅助材料应各有二甲苯、乙酸乙酯、二月桂酸二丁基锡、磷酸、石渣等。

1. 基层处理

厕浴间的防水基层必须用 1:3 的水泥砂浆找平，要求抹平压光无空鼓，表面要坚实，不应有起砂、掉灰现象。在抹找平层时，凡遇到管子根部周围，要使其略高于地面，在地漏的周围，应做成略低于地面的洼坑。找平层的坡度以 1%～2% 为宜，凡遇到阴、阳角处，要抹成半径不小于 10mm 的小圆弧。与找平层相连接的管件、卫生洁具、排水口等，必须安装牢固，收头圆滑，按设计要求用密封膏嵌固。基层必须基本干燥，一般在基层表面均匀泛白无明显水印时，才能进行涂料防水层施工。施工前要把基层表面的尘土杂物彻底清扫干净。

2. 施工工艺

（1）清理基层。需作防水处理的基层表面，必须彻底清扫干净。

（2）涂布底胶。将聚氨酯甲、乙两组分和二甲苯按 1∶1.5∶2 的比例（重量比）配合搅拌均匀，再用小滚刷或油漆刷均匀涂布在基层表面上。干燥固化 4h 以上，才能进行下道工序施工。

（3）配制聚氨酯涂料防水涂料。将聚氨酯甲、乙组分和二甲苯按 1∶1.5∶0.3 的比例配合，用电动搅拌器强力搅拌均匀备用。应随配随用，一般在 2h 内用完。

（4）涂料防水层施工。用小滚刷或油漆刷将已配好的防水涂料均匀涂布在底胶已干固的基层表面上。涂完第一度涂料后，一般需固化 5h 以上，在基本不粘手时，再按上述方法涂布第二、三、四度涂料，并使后一度与前一度的涂布方向相垂直。对管子根和地漏周围以及下水管转角墙部位，必须认真涂刷，涂刷厚度不小于 2mm。在涂刷最后一度涂料固化前及时稀撒少许干净的粒径为 2～3mm 的小豆石，使其与涂料防水层黏结牢固，作为与水泥砂浆保护层黏结的过渡层。

（5）做好保护层。当聚氨酯涂料防水层完全固化和通过蓄水试验合格后，即可铺设一层厚度为 15～25mm 的水泥砂浆保护层，然后按设计要求铺设饰面层。

3. 质量要求

聚氨酯涂料防水材料的技术性能应符合设计要求或规范标准规定，并应附有质量证明文件和现场取样进行检测的试验报告以及其他有关质量的证明文件。涂料厚度应均匀一致，总厚度不应小于 1.5mm。涂料防水层必须均匀固化，不应有明显的凹坑、气泡和渗漏水的现象。

（二）厕浴间楼地面氯丁胶乳沥青防水涂料施工

氯丁胶乳沥青防水涂料是以氯丁橡胶和沥青为基料，经加工合成的一种水乳型防水涂料。它兼有橡胶和沥青的双重优点，具有防水、抗渗、耐老化、不易燃、无毒、抗基层变形能力强等优点，冷作业施工，操作方便。

1. 基层处理

与聚氨酯涂料防水施工要求相同。

2. 施工工艺

一布四油防水层的工艺流程：基层找平处理→满刮一遍氯丁胶乳沥青水泥腻子→满刮第一遍涂料→做细部构造加强层→铺贴玻璃布，同时刷第二遍涂料→刷第三遍涂料→刷第四遍涂料→蓄水试验→按设计要求做保护层和面层。

3. 质量要求

水泥砂浆找平层做完后，应对其平整度、强度、坡度和干燥度进行预检验收。防水涂料应有产品质量证明书以及现场取样的复检报告。施工完成的氯丁胶乳沥青涂料防水层，不得有起鼓、裂纹、孔洞缺陷。末端收头部位应粘贴牢固，封闭严密，成为一个整体的防水层。做完防水层的厕浴间，经 24h 以上的蓄水检验，无渗漏水现象方为合格。要提供检查验收记录，连同材料质量证明文件等技术资料一并归档备查。

（三）厕浴间涂料防水施工注意事项

施工用材料有毒性，存放材料的仓库和施工现场必须通风良好，无通风条件的地方必须安装机械通风设备。

施工材料多属易燃物质，存放材料的仓库以及施工现场必须严禁烟火，现场要配备足够的消防器材。在施工过程中，严禁上人踩踏未完全干燥的涂料防水层。操作人员应穿平底胶布鞋，以免损坏涂料防水层。

凡需做附加补强层的部位应先施工，然后再进行大面防水层施工。

已完工的涂料防水层，必须经蓄水试验无渗漏现象后，方可进行刚性保护层的施工。进行刚性保护层施工时，切勿损坏防水层，以免留下渗漏隐患。

（四）厕浴间防水施工细部构造

厕浴间防水细部构造如图 7－49 所示，图 7－50 为厕浴间下水立管防水构造图，图 7－51 为厕浴间墙面防水构造图，图 7－52 为厕浴间地漏防水构造图。

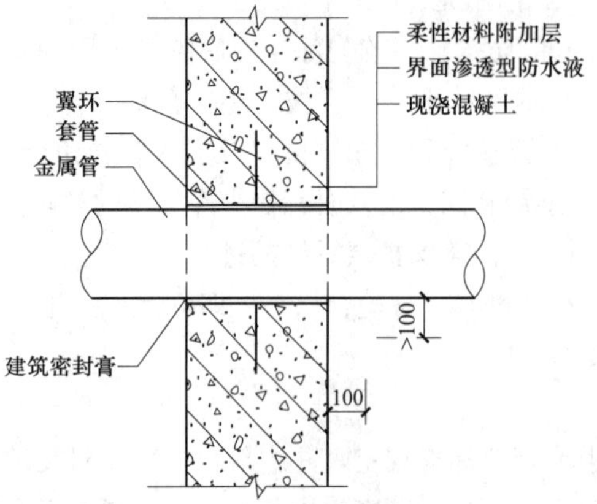

图 7－49　厕浴间管道穿墙防水构造图

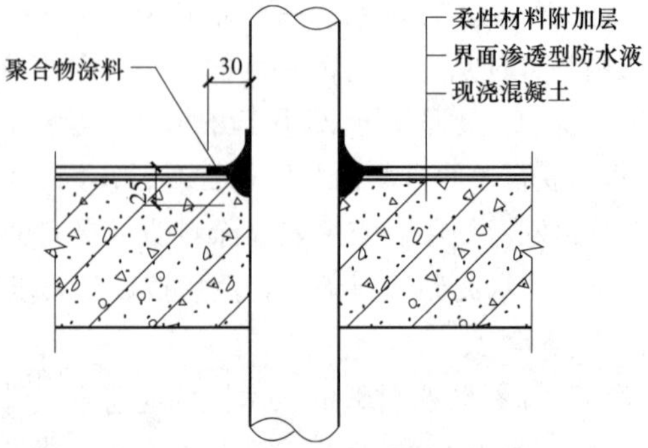

图 7－50　厕浴间下水立管防水构造图

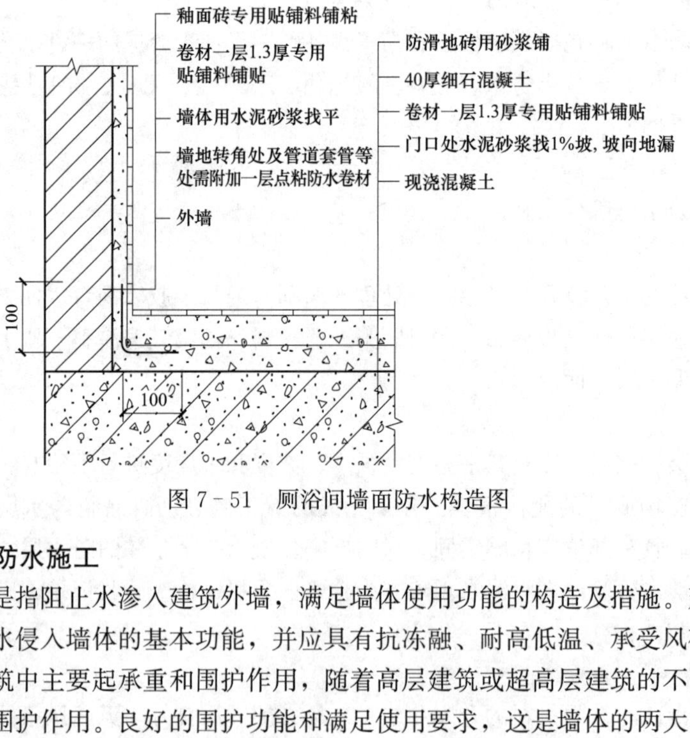

图 7－51　厕浴间墙面防水构造图

二、建筑外墙防水施工

建筑外墙防水是指阻止水渗入建筑外墙，满足墙体使用功能的构造及措施。建筑外墙防水防护应具有防止雨水雪水侵入墙体的基本功能，并应具有抗冻融、耐高低温、承受风荷载等性能。

墙体在房屋建筑中主要起承重和围护作用，随着高层建筑或超高层建筑的不断出现，当前，墙的功能主要的是起围护作用。良好的围护功能和满足使用要求，这是墙体的两大功能。然而，建筑外墙的基本功能是遮风避雨，所以，墙面防水与屋面防水、地下防水同样重要，一旦漏水将不能满足使用要求。通常墙面的面积比屋面大，且墙体上有大量的门窗、阳台等构件，墙面结构形式繁多、饰面形式千姿百态，施工过程涉及多个工种交叉作业，众多因素决定了外墙防水的施工难度比建筑物任何其他部位防水难度都要大。

为保证建筑外墙防水防护的工程质量，满足建筑外墙的使用功能，做到技术先进、经济合理、安全适用，在工程设计、施工中就要进行严格控制，特别是要对原材料进行严格把关，对细部节点的施工处理进行严格控制，以满足质量标准。

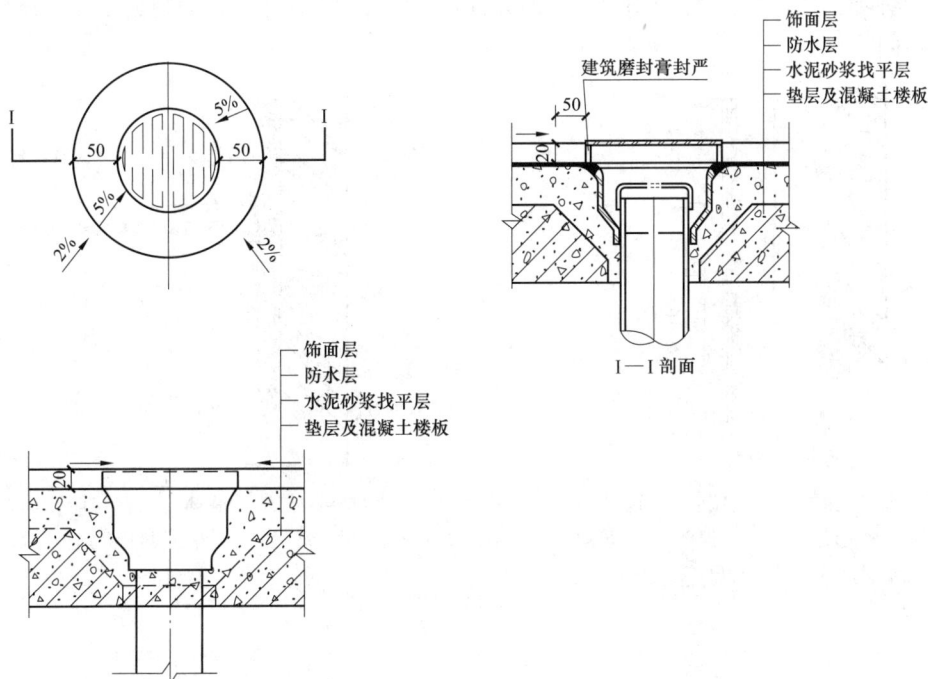

图 7-52　厕浴间地漏防水构造图

（一）外墙防水构造要求

（1）根据《建筑外墙防水防护技术规程》（JGJ/T 235）的要求，建筑外墙墙面整体防水设防设计应包括以下内容：外墙防水防护工程的构造设计，防水防护层材料选择、节点构造的密封防水措施。

（2）建筑外墙的防水防护层应设置在迎水面，且建筑外墙节点构造防水设防设计应包括门窗洞口、雨篷、阳台、变形缝、穿墙管道、女儿墙压顶、外墙预埋件、预制构件等交接部位的防水设防。

（3）不同结构材料的交接处应采用每边不少于 150mm 的耐碱玻璃纤维网格布或经防腐处理的金属网片做抗裂增强处理。

（4）外墙各构造层次之间应黏结牢固，并宜进行界面处理。界面处理材料的种类和做法应根据构造层次材料确定。

（5）建筑外墙防水分为外保温外墙的防水防护层构造和无外保温外墙的防水防护层构造。

1）无外保温外墙的防水防护层的构造，如图 7-53 所示。

2）外保温外墙的防水防护层的构造，如图 7-54 所示。

（6）上部结构与地下墙体交接部位的防水层应与地下墙体防水层搭接，搭接长度不应小于 150mm，防水层收头应用密封材料封严如图 7-55 所示；有保温的地下室外墙防水防护层应延伸至保温层的深度。

（7）门窗框与墙体间的缝隙宜采用聚合物水泥防水砂浆或发泡聚氨酯填充。外墙防水层应延伸至门窗框，防水层与门窗框间应预留凹槽、嵌填密封材料；门窗上楣的外

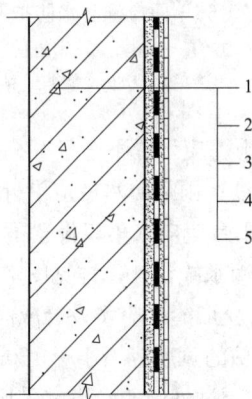

图 7-53　块材饰面外墙防水防护构造图
1—结构墙体；2—找平层；3—防水层；
4—黏结层；5—饰块材面层

口应做滴水处理；外窗台应设置不小于5％的外排水坡度（节点防水层和保温层不应压窗框，详见图7-56及图7-57）。

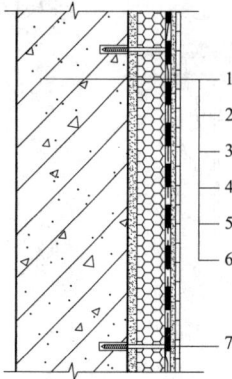

图7-54　砖饰面外保温外墙防水防护构造
1—结构墙体；2—找平层；3—保温层；4—防水层；
5—黏结层；6—饰面块材层；7—锚栓

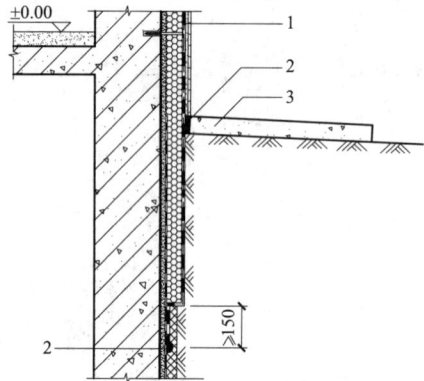

图7-55　上部结构与地下墙体交接部位防水防护构造
1—外墙防水层；2—密封材料；
3—室外地坪（散水）

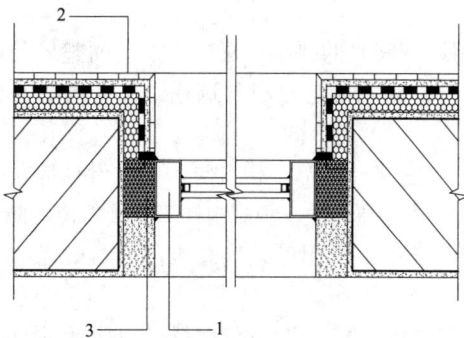

图7-56　门窗框防水防护平剖面构造
1—窗框；2—密封材料；
3—发泡聚氨酯填充

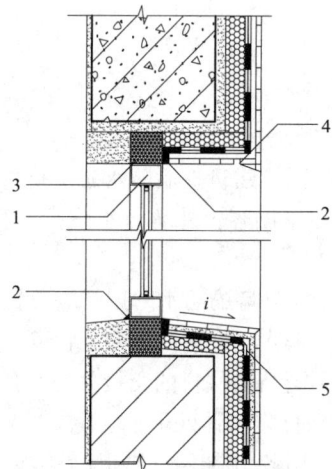

图7-57　门窗框防水防护立剖面构造
1—窗框；2—密封材料；3—发泡聚氨酯填充；
4—滴水线；5—外墙防水层

（8）雨篷应设置不小于1％的外排水坡度，外口下沿应做滴水线处理；雨篷与外墙交接处的防水层应连续；雨篷防水层应沿外口下翻至滴水部位，如图7-58所示。

（9）阳台应向水落口设置不小于1％的排水坡度，水落口周边应留槽嵌填密封材料。阳台外口下沿应做滴水线设计，详见图7-59。

（10）变形缝处应增设合成高分子防水卷材附加层，卷材两端应满粘于墙体，并应用密封材料密封，满粘的宽度应不小于150mm，如图7-60所示。

（11）穿过外墙的管道宜采用套管，套管应内高外低，坡度不应小于5％，套管周边应作防水密封处理，如图7-61所示。

（12）女儿墙压顶宜采用现浇钢筋混凝土或金属压顶，压顶应向内找坡，坡度不应小于5％。当采用混凝土压顶时，外墙防水层应上翻至压顶，内侧的滴水部位宜用防水砂浆做防水层（见图7-62）；当采用金属压顶时，防水层应做到压顶的顶部，金属压顶应采用专用金属配件固定（见图 7 - 63）。

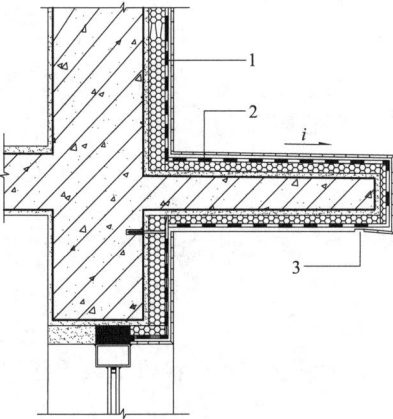

图 7 - 58　雨篷防水防护构造

1—外墙防水层；2—雨篷防水层；3—滴水线

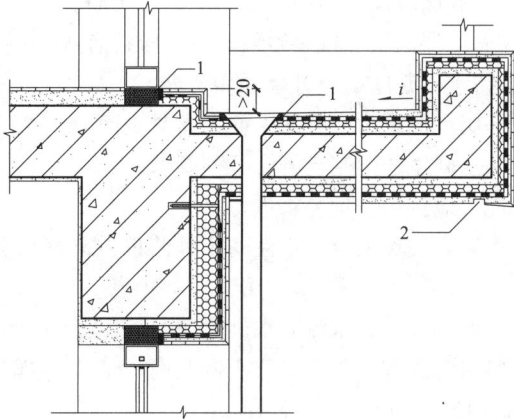

图 7 - 59　阳台防水防护构造

1—密封材料；2—滴水线

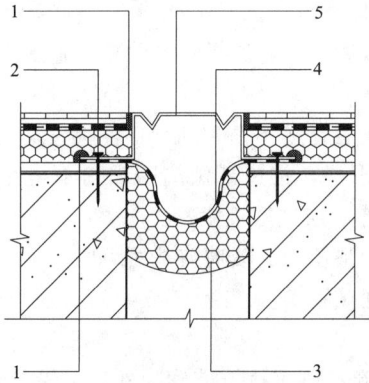

图 7 - 60　变形缝防水防护构造

1—密封材料；2—锚栓；3—保温衬垫材料；

4—合成高分子防水卷材（两端黏结）；5—不锈钢板

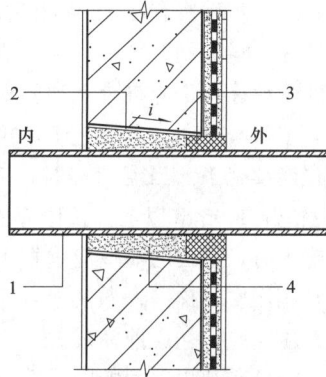

图 7 - 61　穿墙管道防水防护构造

1—穿墙管道；2—套管；

3—密封材料；4—聚合物砂浆

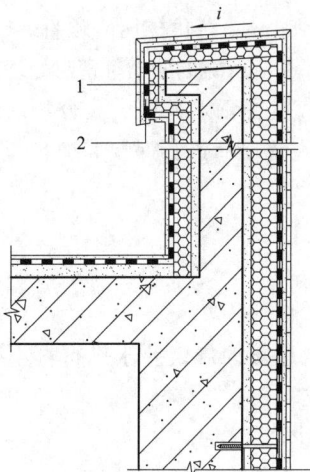

图 7 - 62　混凝土压顶女儿墙防水构造

1—混凝土压顶；2—防水砂浆

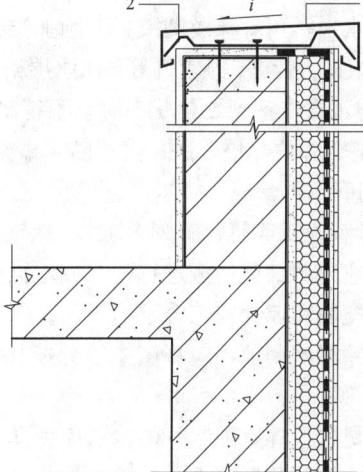

图 7 - 63　金属压顶女儿墙防水构造

1—金属压顶；2—金属配件

（二）建筑外墙防水施工注意事项

（1）保温层应固定牢固、表面平整、干净。

（2）外墙保温层的抗裂砂浆层施工应符合规范要求。

（3）防水砂浆施工应符合下列要求。

1）基层表面应为平整的毛面，光滑表面应做界面处理，并充分湿润。

2）防水砂浆的配制应符合下列要求。

① 配比应按照设计要求进行。

② 配制乳液类聚合物水泥防水砂浆前，乳液应先搅拌均匀，再按规定比例加入拌和料中搅拌均匀。

③ 干粉类聚合物水泥防水砂浆应按规定比例加水搅拌均匀。

④ 粉状防水剂配制普通防水砂浆时，应先将规定比例的水泥、砂和粉状防水剂干拌均匀，再加水搅拌均匀。

⑤ 液态防水剂配制普通防水砂浆时，应先将规定比例的水泥和砂干拌均匀，再加入用水稀释的液态防水剂搅拌均匀。

3）配制好的防水砂浆宜在 1h 内用完；施工中不得任意加水。

4）界面处理材料涂刷厚度应均匀、覆盖完全。收水后应及时进行防水砂浆的施工。

5）防水砂浆涂抹施工应符合下列要求。

① 厚度大于 10mm 时应分层施工，第二层应待前一层指触不粘时进行，各层应黏结牢固。

② 每层宜连续施工。当需留槎时，应采用阶梯坡形槎，接槎部位离阴阳角不得小于 200mm；上下层接槎应错开 300mm 以上。接槎应依层次顺序操作、层层搭接紧密。

③ 喷涂施工时，喷枪的喷嘴应垂直于基面，合理调整压力、喷嘴与基面距离。

④ 涂抹时应压实、抹平；遇气泡时应挑破，保证铺抹密实。

⑤ 抹平、压实应在初凝前完成。

6）窗台、窗楣和凸出墙面的腰线等部位上表面的流水坡应找坡准确，外口下沿的滴水线应连续、顺直。

7）砂浆防水层分格缝的留设位置和尺寸应符合设计要求。分格缝的密封处理应在防水砂浆达设计强度的 80％后进行，密封前应将分格缝清理干净，密封材料应嵌填密实。

8）砂浆防水层转角宜抹成圆弧形，圆弧半径应不小于 5mm，转角抹压应顺直。

9）门框、窗框、管道、预埋件等与防水层相接处应留 8～10mm 宽的凹槽，密封处理应符合要求。

10）砂浆防水层未达到硬化状态时，不得浇水养护或直接受雨水冲刷。聚合物水泥防水砂浆硬化后应采用干湿交替的养护方法；普通防水砂浆防水层应在终凝后进行保湿养护。养护时间不宜少于 14d，养护期间不得受冻。

（4）防水涂料施工应符合下列要求。

1）施工前应先对细部构造进行密封或增强处理。

2）涂料的配制和搅拌应符合下列要求。

① 双组分涂料配制前，应将液体组分搅拌均匀。配料应按照规定要求进行，不得任意改变配合比。

② 应采用机械搅拌，配制好的涂料应色泽均匀，无粉团、沉淀。

3）涂膜防水层的基层宜干燥；防水涂料涂布前，应先涂刷基层处理剂。

4）涂料宜多遍完成，后遍涂布应在前遍涂层干燥成膜后进行。挥发性涂料的每遍用量每平方米不宜大于 0.6kg。

5）每遍涂布应交替改变涂层的涂布方向，同一涂层涂布时，先后接槎宽度宜为 30～50mm。

6）涂膜防水层的甩槎应避免污损，接涂前应将甩槎表面清理干净，接槎宽度不应小于 100mm。

7）胎体增强材料应铺贴平整、排出气泡，不得有褶皱和胎体外露，胎体层充分浸透防水涂料；胎体的搭接宽度不应小于 50mm。胎体的底层和面层涂料厚度均不应小于 0.5mm。

8）涂膜防水层完工并经验收合格后，应及时做好饰面层。饰面层施工时应有成品保护措施。

（5）防水透气膜施工应符合下列要求。

1）基层表面应平整、干净、牢固，无尖锐凸起物。

2）铺设宜从外墙底部一侧开始，将防水透气膜沿外墙横向展开，铺于基面上，沿建筑立面自下而上横向铺设，按顺水方向上下搭接，当无法满足自下而上铺设顺序时，应确保沿顺水方向上下搭接。

3）防水透气膜横向搭接宽度不得小于 100mm，纵向搭接宽度不得小于 150mm。搭接缝应采用配套胶黏带黏结。相邻两幅膜的纵向搭接缝应相互错开，间距不小于 500mm。

4）防水透气膜搭接缝应采用配套胶黏带覆盖密封。

5）防水透气膜应随铺随固定，固定部位应预先粘贴小块丁基胶带，用带塑料垫片的塑料锚栓将防水透气膜固定在基层墙体上，固定点每平方米不得少于 3 处。

6）铺设在窗洞或其他洞口处的防水透气膜，以"I"字形裁开，用配套胶黏带固定在洞口内侧。与门、窗框连接处应使用配套胶黏带满粘密封，四角用密封材料封严。

7）幕墙体系中穿透防水透气膜的连接件周围应用配套胶黏带封严。

第五节 防水工程施工质量通病及防治

防水工程施工应严格按规范、设计要求进行，特别是防水细部处理和防水薄弱部位的质量把控就显得非常重要。一旦施工、控制不到位，可能就会造成渗漏现象。造成防水工程渗漏的原因是多方面的，包括设计、施工、材料质量、维修管理等。要提高防水工程的质量，应以"材料为基础，以设计为前提，以施工为关键"，并加强维护，对防水工程进行综合治理。

一、屋面防水工程质量通病及防治

（一）屋面防水工程质量通病及原因

1. 山墙、女儿墙和突出屋面的管道井等墙体与防水层相交部位渗漏

其原因是节点做法过于简单，垂直面卷材与屋面卷材没有很好地分层搭接，或卷材收口处开裂，在冬季不断冻结，夏天炎热熔化，使开口增大，并延伸至屋面基层，造成漏水。此外，由于卷材转角处未做成圆弧形、钝角或角太小，女儿墙压顶砂浆等级低，滴水线未做或没有做好等原因，也会造成渗漏。

2. 天沟漏水

其原因是天沟长度长，纵向坡度小，雨水口少，雨水斗四周卷材粘贴不严，排水不畅，造成漏水。

3. 屋面变形缝（伸缩缝、沉降缝）处漏水

其原因是变形缝处理不当，如薄钢板凸棱安反，薄钢板安装不牢，泛水坡度不当等造成漏水。

4. 挑檐、檐口处漏水

其原因是檐口砂浆未压住卷材，封口处卷材张口，檐口砂浆开裂，下口滴水线未做好而造成漏水。

5. 水落口处漏水

其原因是水落口处水斗安装过高，泛水坡度不够，使雨水沿雨水斗外侧流入室内，造成渗漏。

6. 厕所、厨房的通气管根部处漏水

其原因是防水层未盖严，或包管高度不够，在油毡上口未缠麻丝或钢丝，油毡没有做压毡保护

层，使雨水沿出气管进入室内造成渗漏。

7. 大面积漏水

其原因是屋面防水层找坡不够，表面凹凸不平，造成屋面积水而渗漏。

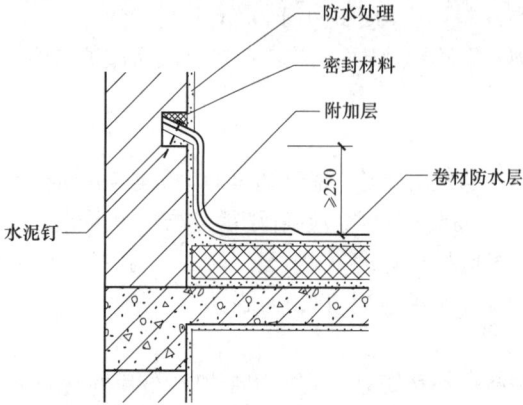

图 7-64　屋面女儿墙处泛水构造

（二）屋面渗漏的预防及治理办法

女儿墙压顶开裂时，可铲除开裂压顶的砂浆，重抹 1∶（2～2.5）水泥砂浆，并做好滴水线，有条件者可换成预制钢筋混凝土压顶板。突出屋面的烟囱、山墙、管根等与屋面交接处、转角处做成钝角，垂直面与屋面的卷材应分层搭接，对已漏水的部位，可将转角渗透漏水处的卷材割开，并分层将旧卷材烤干剥离，清除原有沥青胶。按图 7-64、图 7-65 处理。

出屋面管道处渗漏：伸出屋面管道周围的找平层应做成圆锥台，管道与找平层间应留凹槽，并嵌填密封材料；防水层收头处应用金属箍箍紧，并用密封材料填严。

檐口处渗漏：将檐口处旧卷材掀起，用 24 号镀锌薄钢板将其钉于檐口，将新卷材贴于薄钢板上，如图 7-66 所示。

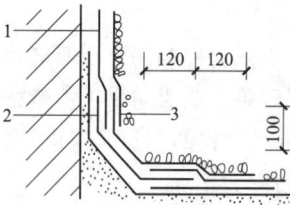

图 7-65　转角渗漏处卷材处理
1—原有卷材；2—干铺一层卷材；3—新附加卷材

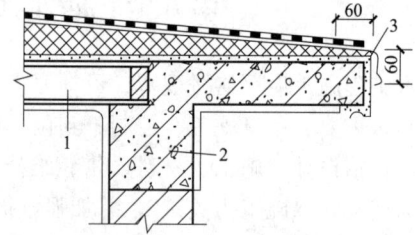

图 7-66　檐口处渗漏处理
1—屋面板；2—圈梁；3—24 号镀锌薄钢板

当然在施工时如严格按规范标准进行施工，做到无组织排水檐口 800mm 范围内的卷材进行满铺，卷材收头处固定密封，檐口下端做滴水处理，具体如图 7-67 所示。一般就不会出现此渗漏问题。

水落口处渗漏：将雨水斗四周卷材铲除，检查短管是否紧贴基层板面或铁水盘。如短管浮搁在找平层上，则将找平层凿掉，清除后安装好短管，再用搭槎法重做防水层，然后进行雨水斗附近卷材的收口和包贴，如图 7-68 所示。

如用铸铁弯头代替雨水斗时，则需将弯头凿开取出，清理干净后安装弯头，再铺油毡（或卷材）一层，其伸入弯头内应大于 50mm，最后做防水层至弯头内并与弯头端部搭接顺畅、抹压密实。

图 7-69 所示构造做法能很好地解决水落口处的雨水渗漏问题。水落口与基层接触处，应留宽 20mm、深 20mm 凹槽，嵌填密封材料。

在屋面工程施工过程中严格做好原材料质量把

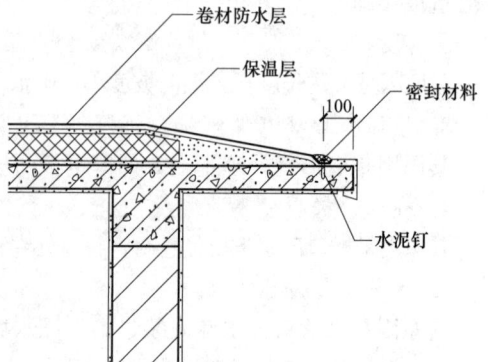

图 7-67　屋面檐口处构造做法

控，按设计图纸及规范施工，并对屋面的节点、泛水等薄弱部位做好防水附加层，严格按规范施工，确保屋面防水工程质量达到设计要求。

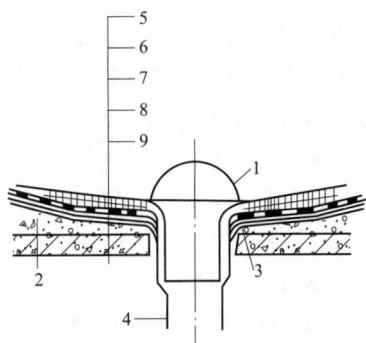

图 7-68 水落口渗漏处理

1—雨水罩；2—轻质混凝土；3—雨水斗紧贴基层；
4—短管；5—沥青胶或油膏灌缝；6—防水层；
7—附加一层卷材；8—附加一层再生胶油毡；
9—水泥砂浆找平层

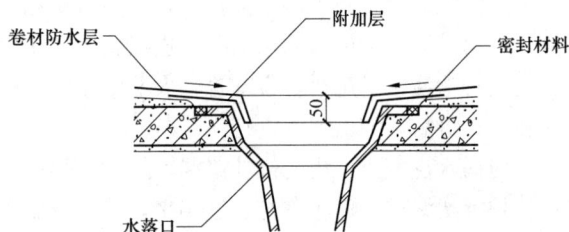

图 7-69 屋面水落口处构造做法

二、地下防水工程质量通病及防治

地下防水工程，常常由于设计考虑不周，选材不当或施工质量差而造成渗漏，直接影响生产和使用。渗漏水易发生的部位主要在施工缝、蜂窝麻面、裂缝、变形缝及穿墙管道等处。渗漏水的形式主要有孔洞漏水、裂缝漏水、防水面渗水或是上述几种渗漏水的综合。因此，堵漏前必须先查明其原因，确定其位置，弄清水压大小，然后根据不同情况采取不同的防治措施。

（一）地下防水工程质量通病及原因

1. 防水混凝土结构渗漏的部位及原因

由于模板表面粗糙或清理不干净，模板浇水湿润不够，脱模剂涂刷不均匀，接缝不严，振捣混凝土不密实等原因，致使混凝土出现蜂窝、孔洞、麻面而引起渗漏。由于墙板和底板及墙板与墙板间的施工缝处理不当而造成地下水沿施工缝渗入。由于混凝土中砂石含泥量大、养护不及时等，产生干缩和温度裂缝而造成渗漏。混凝土内的预埋件及管道穿墙处未作认真处理而致使地下水渗入。

2. 卷材防水层渗漏部位及原因

由于保护墙和地下工程主体结构沉降不同，致使粘在保护墙上的防水卷材被撕裂而造成漏水。卷材的压力和搭接接头宽度不够，搭接不严，结构转角处卷材铺贴不严实，后浇或后砌结构时卷材被破坏，或由于卷材韧性较差，结构不均匀沉降而造成卷材被破坏，也会产生渗漏，另外还有管道处的卷材与管道黏结不严，出现张口翘边现象而引起渗漏。

3. 变形缝处渗漏及原因

止水带固定方法不当，埋设位置不准确或在浇筑混凝土时被挤动，止水带两翼的混凝土包裹不严，特别是底板止水带下面的混凝土振捣不实；钢筋过密，浇筑混凝土时下料和振捣不当，造成止水带周围骨料集中、混凝土离析，产生蜂窝、麻面；混凝土分层浇筑前，止水带周围的木屑杂物等未清理干净，混凝土中形成薄弱的夹层，均会造成渗漏。

（二）地下防水工程渗漏的防治

1. 预防措施

预防措施主要是要严格按规范和标准进行设计和施工，并把好材料质量关。特别是一些地下防水的细部构造和防水薄弱部位（施工缝、穿墙管道、变形缝、后浇带等部位）一定要严格执行设计和规范要求，按设计、规范、标准的相应构造措施节点施工到位，绝不留渗漏隐患。

2. 渗漏的治（处）理—堵漏技术

预防措施是我们在施工之前或施工时参照的规范、标准及所采取的施工方法。但是由于地下工程施工的复杂性和地下工程地质条件的不确定性，给地下防水工程带来很多不确定性，所以我们必须考虑渗漏的处理技术即堵漏技术，以便解决相关的渗漏问题。堵漏技术就是根据地下防水工程特点，针对不同程度的渗漏水情况，选择相应的防水材料和堵漏方法，进行防水结构渗漏水处理。在拟定处理渗漏水措施时，应本着将大漏变小漏，片漏变孔漏，线漏变点漏，使漏水部位汇集于一点或数点，最后堵塞的方法进行。

对防水混凝土工程的修补堵漏，通常采用的方法是用促凝剂和水泥拌制而成的快凝水泥胶浆，进行快速堵漏或大面积修补。近年来，采用膨胀水泥（或掺膨胀剂）作为防水修补材料，其抗渗堵漏效果更好。对混凝土的微小裂缝，则采用化学灌浆堵漏技术。

（1）快硬性水泥胶浆堵漏法。

1）堵漏材料。

① 促凝剂。促凝剂是以水玻璃为主，并与硫酸铜、重铬酸钾及水配制而成的。配制时按配合比先把定量的水加热至 100℃，然后将硫酸铜和重铬酸钾倒入水中，继续加热并不断搅拌至完全溶解后，冷却至 30～40℃，再将此溶液倒入称量好的水玻璃液体中，搅拌均匀，静置半小时后就可使用。

② 快凝水泥胶浆。快凝水泥胶浆的配合比是水泥：促凝剂为 1：（0.5～0.6）。由于这种胶浆凝固快（一般 1min 左右就凝固），使用时，注意随拌随用。

2）堵漏方法。地下防水工程的渗漏水情况比较复杂，堵漏的方法也比较多。因此，在选用时要因地制宜。常用的堵漏方法有堵塞法和抹面法。

① 堵塞法。堵塞法适用于孔洞漏水或裂缝漏水时的修补处理。孔洞漏水常用直接堵塞法和下管堵漏法。直接堵塞法适用于水压不大、漏水孔洞较小的修补处理，操作时，先将漏水孔洞处剔槽，槽壁必须与基面垂直，并用水刷洗干净，随即将配制好的快凝水泥胶浆捻成与槽尺寸相近的锥形团，在胶浆开始凝固时，迅速压入槽内，并挤压密实，保持半分钟左右即可。当水压力较大，漏水孔洞较大时，可采用下管堵漏法（见图 7-70）。孔洞堵塞好后，在胶浆表面抹素灰一层，砂浆一层，以作保护。待砂浆有一定的强度后，将胶管拔出，按直接堵塞法将管孔堵塞。最后拆除挡水墙，再做防水层。裂缝漏水的处理方法有裂缝直接堵塞法和下绳堵漏法。裂缝直接堵塞法适用于水压较小的裂缝漏水的修补处理，操作时，沿裂缝剔成八字形坡的沟槽，刷洗干净后，用快凝水泥胶浆直接堵塞，经检查无渗水，再做保护层和防水层。当水压力较大，裂缝较长时，可采用下绳堵漏法（见图 7-71）。

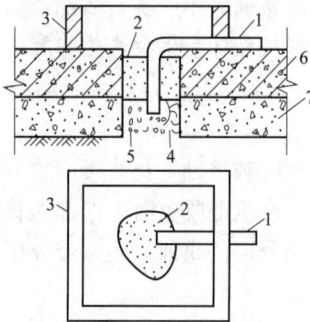

图 7-70　下管堵漏法

1—胶皮管；2—快凝胶浆；3—挡水墙；
4—油毡；5—磁石；6—构筑物；7—垫层

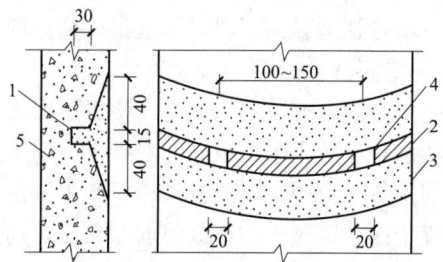

图 7-71　下绳堵漏法

1—小绳（导水用）；2—快凝胶浆填缝；
3—砂浆层；4—暂留小孔；5—构筑物

② 抹面法。抹面法适用于较大面积的渗水面，一般先降低水压或降低地下水位，将基层处理好，然后用抹面法做刚性防水层修补处理。先在漏水严重处用凿子剔出半贯穿性孔眼，插入胶管将水导出。这样就使"片渗"变为"点漏"，在渗水面做好刚性防水层修补处理。待修补的防水层砂浆凝固后，拔出胶管，再按"孔洞直接堵塞法"将管孔堵填好。

（2）化学灌浆堵漏法

1）灌浆材料。

① 氰凝。氰凝的主体成分是以多异氰酸酯与含羟基的化合物（聚酯、聚醚）制成的预聚体。使用前，在预聚体内掺入一定量的副剂（表面活性剂、乳化剂、增塑剂、溶剂与催化剂等），搅拌均匀即配制成氰凝浆液。氰凝浆液不遇水不发生化学反应，稳定性好；当浆液灌入漏水部位后，立即与水发生化学反应，生成不溶于水的凝胶体；同时释放二氧化碳气体，使浆液发泡膨胀，向四周渗透扩散直至反应结束。

② 丙凝。丙凝由双组分（甲溶液和乙溶液）组成。甲溶液是丙烯酰胺和 N—N′-甲撑双丙烯酰胺及 β-二甲铵基丙腈的混合溶液。乙溶液是过硫酸铵的水溶液。两者混合后很快形成不溶于水的高分子硬性凝胶，这种凝胶可以封密结构裂缝，从而达到堵漏的目的。

2）灌浆施工。灌浆堵漏施工，可分为对混凝土表面处理、布置灌浆孔、埋设灌浆嘴、封闭漏水部位、压水试验、灌浆、封孔等工序。灌浆孔的间距一般为 1m 左右，并交错布置；灌浆嘴的埋设如图 7-72 所示；灌浆结束，待浆液固结后，拔出灌浆嘴并用水泥砂浆封固灌浆孔。

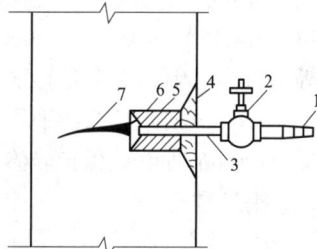

图 7-72　埋入式灌浆嘴埋设法
1——进浆嘴；2——阀门；3——灌浆嘴；
4——一层素灰一层砂浆找平；
5——快硬水泥浆；6——半圆铁片；
7——混凝土墙裂缝

三、厕浴间防水质量通病及防治

厕浴间用水频繁，防水处理不当就会发生渗漏。主要表现在楼板与管道间滴漏水、地面积水、墙壁潮湿渗水，甚至下层顶板和墙壁也出现滴水等现象。治理厕浴间的渗漏，必须先查找渗漏的部位和原因，然后采取有效的针对性措施。

（一）板面及墙面渗水

1. 原因

混凝土、砂浆施工的质量不良，存在微孔渗漏；板面、隔墙出现轻微裂缝；防水涂层施工质量不好或被损坏。

2. 堵漏措施

（1）拆除厕浴间渗漏部位饰面材料，涂刷防水涂料。

（2）如有开裂现象，则应对裂缝先进行增强防水处理，再刷防水涂料。增强处理一般采用贴缝法、填缝法和填缝加贴缝法。贴缝法主要适用于微小的裂缝，可刷防水涂料并加贴纤维材料或布条，做防水处理。填缝法主要用于较显著的裂缝，施工时要先进行扩缝处理，将缝扩展成 15mm×15mm 左右的 V 形槽，清理干净后刮填嵌缝材料。填缝加贴缝法除采用填缝处理外，在缝表面再涂刷防水涂料，并粘纤维材料处理。

（3）当渗漏不严重，饰面拆除困难，也可直接在其表面刮涂透明或彩色聚氨酯防水涂料。

（二）卫生洁具及穿楼板管道、排水管口等部位渗漏

1. 原因

细部处理方法欠妥，卫生洁具及管口周边填塞不严；由于振动及砂浆、混凝土收缩等原因，出现裂隙；卫生洁具及管口周边未用弹性材料处理，或施工时嵌缝材料及防水涂料黏结不牢；嵌缝材

料及防水涂层被拉裂或拉离黏结面。

2. 堵漏措施

(1) 将漏水部位彻底清理，刮填弹性嵌缝材料。

(2) 在渗漏部位涂刷防水涂料，并粘贴纤维材料增强。

(3) 更换老化管口连接件。

第六节　工程实践案例

【案例1】　地下室防水施工案例

一、工程概况

本工程为二类高层建筑，建筑面积为 15023.45m²。地下一层，屋高 4.2m，地上十三层（局部十四层），建筑总高度为 49.9m，室内外高差 1.05m。底板面标高－4.25m，筏板厚度 350mm，柱下承台 1300～2300mm 厚不等。本工程地下室防水等级为一级。

地下室底板构造做法从下至上为：素土夯实→100mm 厚 C15 垫层→20mm 厚 1∶2.5 防水砂浆找平层→SBC120（400g/m²）复合防水卷材→30mm 厚 1∶2.5 防水砂浆保护层→抗渗混凝土底板，抗渗等级为 P6。地下室外墙做法从里向外为：抗渗混凝土墙体（P6）→60mm 厚挤塑板保温层→20mm 厚 1∶2.5 防水砂浆找平层→SBC120（400g/m²）复合防水卷材→ 20mm 厚 1∶2.5 防水砂浆保护层→120mm 厚红砖保护墙体。

二、施工准备

1. 技术准备

施工作业人员及施工管理人员熟悉施工图纸，了解施工方法及特殊节点部位施工要求；施工作业人员已经过技术交底及安全交底。

2. 机具准备

毛刷、300mm 硬橡胶刮板、搅拌器具、剪刀、制浆容器、腻刀、清扫工具等。

3. 材料准备

SBC120 复合防水卷材（400g/m²），水泥基渗透结晶型防水涂料，止水胶条等。

4. 现场准备

现场基层 C15 混凝土垫层浇筑已完成，为更好地配合防水层施工，要求垫层面压光处理，阴阳角做圆弧，圆弧半径≥50mm。基层要求干净、干燥、无起砂现象，含水率不得大于 9%，检查方法可采用 1m² 卷材覆盖 2h 后翻看，无明显水渍即可施工。

三、施工工艺及技术措施

该工程防水主要为 SBC 防水卷材及防水混凝土。

基础混凝土底板、地下室外混凝土墙为抗渗混凝土，抗渗等级为 P6，防水等级为一级。另外，基础混凝土底板、墙砼墙外侧为卷材防水附加层。

1. 底板及墙体的防水施工工艺

由于施工场地等条件的限制，外墙防水层采用外防内贴法进行施工，其施工工艺流程为：混凝土垫层及找平层→垫层混凝土边沿上砌筑永久性保护墙→在平、立面上同时抹砂浆找平层→刷基层处理剂→卷材防水层粘贴→在立面防水层上抹一层 20mm 厚的 1∶2.5 防水泥砂，并做保温层→平面铺设一层 30mm 厚的 1∶2.5 防水泥砂浆保护层→地下室底板和墙体钢筋混凝土结构的施工。

2. 具体操作要点

(1) 基层必须牢固，无松动、起砂等缺陷。基层表面应平整干净，均匀一致。基层应干燥，含水率小于9％。施工前对基础垫层表面进行排查，发现有地下水上渗部分使用堵漏方法进行堵漏。

（2）基层高低不平或凹坑较大时，以掺加M-3EP胶（占水泥重量的15％）的1∶3水泥砂浆抹平（基层施工单位补平）。

（3）SBC-120胶黏剂含量与水泥重量比为2％～2.5％，即一袋水泥用一袋胶黏剂（1.0kg）。配制时将一袋胶黏剂与6～10g水泥干粉进行搅拌，然后将其加入30kg水中，搅拌均匀后，逐渐加入水泥，边加入边搅拌，搅拌至无沉淀无气泡，即可使用。

（4）在地下室防水施工中，关键是做好防水细部构造处理，如施工缝、后浇带、穿墙管道、支模处螺杆及堵头等处的防水混凝及防水卷材的施工质量控制工作，严格按设计及规范要求进行施工是保证细部防水及地下防水的关键。

1）防水整体做法及阴阳角附加层处理如图7-73所示。

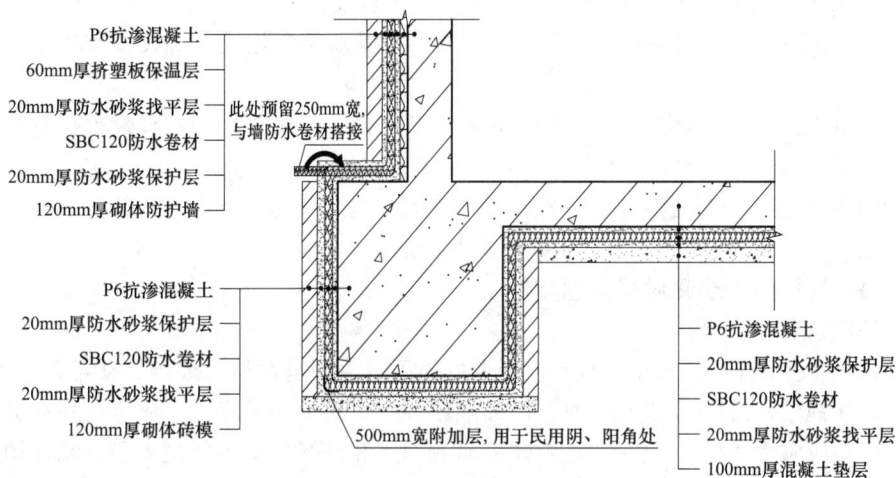

图7-73　地下室防水整体做法及阴阳角附加层处理图

2）桩头防水处理。防水底板SBC卷材防水遇有桩头时，上翻至桩头，然后采用水泥基结晶型防水涂料在桩头涂刷两遍，厚度1mm，与防水底板搭接有110mm，在水泥基结晶型防水涂料涂刷前必须检查SBC防水卷材是否有空鼓、气泡、粘贴不实等质量问题，避免涂料与卷材搭接处出现裂缝，桩头防水处理如图7-74所示。

3）其他细部节点处理，此处不再叙述，具体详见地下防水部分。

四、质量要求

（1）进场材料必须有出厂质量证明及试验报告，并符合规范要求。按规范要求见证取样，且结论符合相应标准要求，质检人员、材料员要及时核验，不合格产品坚决不准使用。

（2）每完成一道工序经隐蔽验收合格后才能进行下一道工序施工。

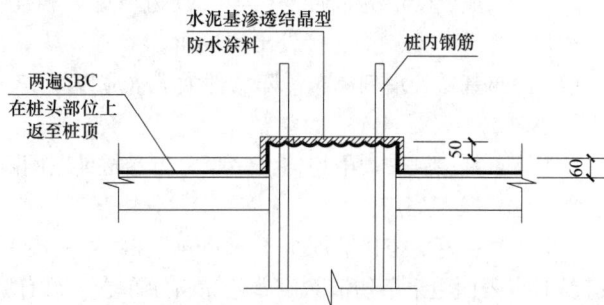

图7-74　桩头防水处理图

（3）卷材防水层的搭接缝应粘贴或焊接牢固，密封严密，不得有扭曲、皱褶、翘边和起泡等缺陷，卷材表面平整，无空鼓现象。

（4）卷材防水层在转角处、变形缝、施工缝、穿墙管等部位做法必须符合设计要求。采用外防外贴法铺贴卷材防水层时，立面卷材接槎的搭接宽度：高聚物改性沥青类卷材应为 150mm，合成高分子类卷材应为 100mm，且上层卷材应盖过下层卷材。

（5）侧墙卷材防水层的保护层与防水层应结合紧密，保护层厚度应符合设计要求；卷材搭接宽度的允许偏差应为 10mm。

（6）地下室外墙防水卷材施工前，检查卷材防水层的基层表面是否干燥，应先做好节点及阴阳角的处理，表面应平整、光滑、清洁，阴、阳角应作成圆弧形。

（7）卷材粘贴时遇雨雪应立即停止施工，已粘贴的卷材应及时采取防雨雪措施。

（8）平面部位铺贴防水层后，严禁踩压其表面，必须待其达到一定强度后，方可进行下一道工序施工。

（9）铺贴好的防水卷材质量验收数量，按每 100m² 抽查一处，每处 10cm²，但不少于 3 处。

（10）防水混凝土的原材料、配合比及坍落度必须符合设计要求。

（11）防水混凝土结构的变形缝、施工缝、后浇带、穿墙管、埋设件等设置和构造必须符合设计要求。

（12）防水混凝土结构表面应坚实、平整，不得有露筋、蜂窝等缺陷；埋设件位置应准确，防水混凝土结构表面的裂缝宽度不应大于 0.2mm，且不得贯通。

（13）防水混凝土结构厚度不应小于 250mm，其允许偏差应为 +8mm、-5mm；主体结构迎水面钢筋保护层厚度不应小于 50mm，其允许偏差为 ±5mm。

【案例 2】 屋面施工渗漏质量问题案例

一、工程概况

某南方住宅小区，平顶屋面防水设计时，考虑为了减少环境污染，改善劳动条件，施工简便，选择耐候性（当地温差大）、耐老化、对基层伸缩或开裂适应性强的卷材，决定选用高分子防水卷材（三元乙丙橡胶防水卷材），完工后，发现屋面有积水和渗漏。施工单位为了总结使用新型防水卷材的施工经验，从施工作业准备和施工操作工艺进行调查，发现了一些现象，如材料找坡排水坡度平均只有 1%，基层面有少量鼓泡，找平层阴角没有抹成弧形，基层胶黏剂涂布不均匀，局部较厚咬起底胶，卷材接缝不符合要求。试进行屋面渗漏原因分析。

二、屋面渗漏原因分析

（1）找平层采用材料找坡排水坡度小于 2%，并有少数凹坑造成屋面积水。

（2）基层含水率大于 9% 或者没有按规范 4.3.4 条规定，基层表尘土杂物清扫不彻底。

（3）女儿墙、变形缝、通气孔等凸起物与屋面相连接的阴角没有抹成半径不小于 20mm 的圆弧，檐口、排水口与屋面连接处出现棱角。

（4）涂布基层处理剂涂布量随意性太大（应以 0.15~0.2kg/m² 为宜），涂刷底胶后，干燥时间小于 4 小时。

（5）涂布基层胶黏剂不均匀，涂胶后与卷材铺贴间隔时间不一（一般为 10~20min），在局部反复多次涂刷，咬起底胶。

（6）卷材接缝的搭接宽度小于 80mm，在卷材的接头部位，填充密封材料不实。铺贴完卷材后，没有及时将表面尘土杂物清除，着色涂料涂布卷材没有完全封闭，发生脱皮。

（7）细部构造加强防水处理马虎，忽视了最易造成节点渗漏的部位。

【案例 3】 外墙面施工渗漏质量问题案例

一、工程概况

某地一幢建筑为框架剪力墙结构，裙楼三层，主楼 22 层，填充墙为轻质墙，外墙饰面选用涂料。工程投入使用不到两年，室内发霉，局部渗漏，仔细观察发现渗漏主要出现在一定范围：某些框架结构与填充墙之间部位，外脚手架连墙杆固定处，固定模板用螺栓孔处，外墙面分格缝处，另外局部中间也有开裂。试进行原因分析。

二、墙面渗漏原因分析

（1）外墙抹灰装饰前，施工人员对框架结构与填充墙之间的缝隙进行填充处理，但在部分连接处没有固定一层宽度为300mm的点焊网。由于钢筋混凝土结构线膨胀系数比砖大一倍，即与填充墙温差收缩率不一致造成开裂。

（2）外墙面分格缝采用木制分格条时，当抹灰层干硬取出后，缝内嵌实柔性防水材料不密实导致渗漏。

（3）拆架时，部分连墙杆截留在墙体内未取出即浇筑外剪力墙；固定模板用螺栓孔堵塞马虎导致渗水。

（4）局部中间开裂很可能是外墙打底砂浆，局部厚度大于20mm却一遍成活，引起干缩开裂。

复 习 思 考 题

1. 试述防水工程设计与施工遵循的原则。

2. 试述屋面防水及地下防水等级和具体设防要求。

3. 试述地下防水工程施工工艺流程。

4. 试述地下室墙体卷材防水施工中的外防外贴法与外防内贴法的区别，以及各自适用范围。

5. 试述绘制混凝土结构自防水地下室墙体施工缝、穿墙管道处的防水做法图。

6. 试述绘制地下室底板后浇带处的构造做法图。

7. 试述地下室防水做法的类型，以及各自的特点。

8. 列举卷材防水屋面中卷材的类型，并说明各自的性能。

9. 试述卷材防水施工工艺流程及控制要点。

10. 如何确定卷材防水屋面卷材铺贴方向、顺序？

11. 试述瓦屋面防水施工工艺流程及施工控制要点。

12. 试述厕浴间涂料防水施工工艺流程和施工控制要点。

13. 绘制厕浴间涂料防水施工细部节点构造图。

14. 绘制保温外墙防水的构造组成图。

15. 试述外墙防水的类型及各自的要求。

16. 试述外墙门窗框、阳台、雨篷处的防水构造处理及要求。

17. 试述屋面防水工程、地下防水工程、厕浴间防水的质量通病及防治措施。

18. 屋面防水工程施工、地下防水工程施工、厕浴间防水工程施工、外墙防水工程施工所涉及的相关标准规范有哪些？

第八章　建筑装饰装修工程

本章介绍了建筑装饰装修工程涉及的抹灰工程、门窗工程、吊顶工程、轻质隔墙工程、饰面板（砖）工程、幕墙工程、涂饰工程、裱糊工程以及地面工程等的有关施工技术内容，要求熟悉各子分部及其分项工程的相关概念，分类，质量标准和规范规定，重点掌握各施工工艺流程及施工要点。

第一节　建筑装饰装修工程概述

一、建筑装饰装修的概念

建筑装饰装修涵盖了目前使用的"建筑装饰""建筑装修"和"建筑装潢"名词术语的含义，是为保护建筑物的主体结构、完善建筑物的使用功能和美化建筑物，采用装饰装修材料或饰物，对建筑物的内外表面及空间进行各种处理的过程。装饰工程涉及的范围很广，包括的内容主要有：抹灰工程、门窗工程、吊顶工程、轻质隔墙工程、饰面板（砖）工程、楼地面工程、幕墙工程、涂饰工程、裱糊与软包工程以及细部工程等。

建筑装饰装修工程项目繁多、涉及面广、工程量大、耗用的劳动量多。如在一般的民用建筑中，平均每平方米的建筑面积就有 $3\sim5m^2$ 的内抹灰，有 $0.15\sim1.3m^2$ 的外抹灰；占总劳动量的 $15\%\sim30\%$；占总工期的 $30\%\sim40\%$；占总造价的 30% 左右，对一些装饰要求高的建筑，装饰部分的工期和造价均占整个建筑物总工期和总造价的 50% 以上。因此，为了加快工程进度，降低工程成本，满足装饰功能，增强装饰效果，建筑装饰装修工程今后的发展方向是：建筑装饰材料的多样化和轻质化；提高装饰材料的预制化生产和施工专业化；装饰设计的电脑化；实行机械化、工业自动化的高效率的装饰施工。

二、建筑装饰装修工程的一般规定

（一）设计

（1）建筑装饰装修工程必须进行设计，并出具完整的施工图设计文件。

（2）承担建筑装饰装修工程设计的单位应具备相应的资质。

（3）建筑装饰装修设计应符合城市规划、消防、环保、节能等有关规定。

（4）承担建筑装饰装修工程设计的单位应对建筑物进行必要的了解和实地勘察，设计深度应满足施工要求。

（5）建筑装饰装修工程设计必须保证建筑物的结构安全和主要使用功能。当涉及主体和承重结构改动或增加荷载时，必须由原结构设计单位或具备相应资质的设计单位核查有关原始资料，对建筑结构的安全性进行核验、确认。

（6）建筑装饰装修工程的防火、防雷和抗震设计应符合现行国家标准的规定。

（二）材料

（1）建筑装饰装修工程所用材料的品种、规格和质量应符合设计要求和国家现行标准的规定。当设计无要求时应符合国家现行标准的规定。严禁使用国家明令淘汰的材料。

（2）建筑装饰装修工程所用材料的燃烧性能应符合现行国家标准《建筑内部装修设计防火规范》

（GB 50222）、《建筑设计防火规范》（GB J16）和《高层民用建筑设计防火规范》（GB 50045）的规定。

（3）建筑装饰装修工程所用材料应符合国家有关建筑装饰装修材料有害物质限量标准的规定。

（4）所有材料进场时应对品种、规格、外观和尺寸进行验收。材料包装应完好，应有产品合格证书、中文说明书及相关性能的检测报告；进口产品应按规定进行商品检验。

（5）进场后需要进行复验的材料种类及项目应符合规范和合同的规定。同一厂家生产的同一品种、同一类型的进场材料应至少抽取一组样品进行复验，当合同另有约定时应按合同执行。

（6）当国家规定或合同约定应对材料进行见证检测时，或对材料的质量发生争议时，应进行见证检测。

（7）承担建筑装饰装修材料检测的单位应具备相应的资质，并应建立质量管理体系。

（8）建筑装饰装修工程所使用的材料在运输、储存和施工过程中，必须采取有效措施防止损坏、变质和污染环境。

（9）建筑装饰装修工程所使用的材料应按设计要求进行防火、防腐和防虫处理。

（三）施工

（1）承担建筑装饰装修工程施工的单位应具备相应的资质，并应建立质量管理体系。施工单位应编制施工组织设计，按有关的施工工艺标准或经审定的施工技术方案施工，并应对施工全过程实行质量控制。

（2）承担建筑装饰装修工程施工的人员应有相应岗位的资格证书。

（3）建筑装饰装修工程的施工质量应符合设计要求和规范的规定。

（4）建筑装饰装修工程施工中，严禁违反设计文件擅自改动建筑主体、承重结构或主要使用功能；严禁未经设计确认和有关部门批准擅自拆改水、暖、电、燃气、通信等配套设施。

（5）应遵守有关环境保护的法律法规，并应采取有效措施控制施工现场的各种粉尘、废气、废弃物、噪声、振动等对周围环境造成的污染和危害。

（6）应遵守有关施工安全、劳动保护、防火和防毒的法律法规，应建立相应的管理制度，并应配备必要的设备、器具和标识。

（7）建筑装饰装修工程应在基体或基层的质量验收合格后施工。

（8）建筑装饰装修工程施工前应有主要材料的样板或做样板间（件），并应经有关各方确认。

（9）管道、设备等的安装及调试应在建筑装饰装修工程施工前完成，当必须同步进行时，应在饰面层施工前完成。装饰装修工程不得影响管道、设备等的使用和维修。

（10）建筑装饰装修工程的电器安装应符合设计要求和国家现行标准的规定。严禁不经穿管直接埋设电线。

（11）室内外装饰装修工程施工的环境条件应满足施工工艺的要求。施工环境温度不应低于5℃。当必须在低于5℃气温下施工时，应采取保证工程质量的有效措施。

（12）建筑装饰装修工程施工过程中应做好半成品、成品的保护，防止污染和损坏。

第二节　抹　灰　工　程

抹灰工程，就是用砂浆涂抹在建筑物的墙面、顶棚等部位的一种装饰工程。其作用是增加建筑物的美观和形象，可以隔热、隔音、防潮，减少外界有害物质对建筑物的腐蚀，延长建筑物的使用寿命。有些地区把抹灰习惯地叫作"粉饰"或"粉刷"。

一、抹灰工程分类

1. 按施工部位不同分类

（1）室内抹灰，包括墙面、顶棚抹灰等。

（2）室外抹灰，包括外墙、女儿墙、压顶抹灰等。

2. 按使用要求及装饰效果不同分类

（1）一般抹灰。一般抹灰所使用的材料有石灰砂浆、水泥混合砂浆、水泥砂浆、聚合物水泥砂浆、麻刀灰、纸筋石灰、粉刷石膏等。

按建筑物的标准，一般抹灰又可分为高级抹灰和普通抹灰两个级别（见表 8-1）。

表 8-1   一般抹灰的分类

级　别	适用范围	做法要求
高级抹灰	适用于大型公共建筑、纪念性建筑物（如剧院、礼堂、宾馆、展览馆等和高级住宅）以及有特殊要求的高级建筑等	一层底灰，数层中层和一层面层。阴阳角找方，设置标筋，分层赶平、修整，表面压光。要求表面应光滑、洁净、颜色均匀、线角平直，清晰美观无纹路
普通抹灰	适用于一般居住、公用和工业建筑（如住宅、宿舍、教学楼、办公楼）以及建筑物中的附属用房，如汽车库、仓库、锅炉房、地下室、储藏室等	一层底灰，一层中层和一层面层（或一层底灰，一层面层）。阳角找方，设置标筋，分层赶平、修整，表面压光。要求表面洁净、线角顺直，清晰，接槎平整

（2）装饰抹灰。是指通过操作工艺及选用材料等方面的改进，使抹灰更富有装饰效果。包括水刷石、斩假石、干粘石、假面砖等。

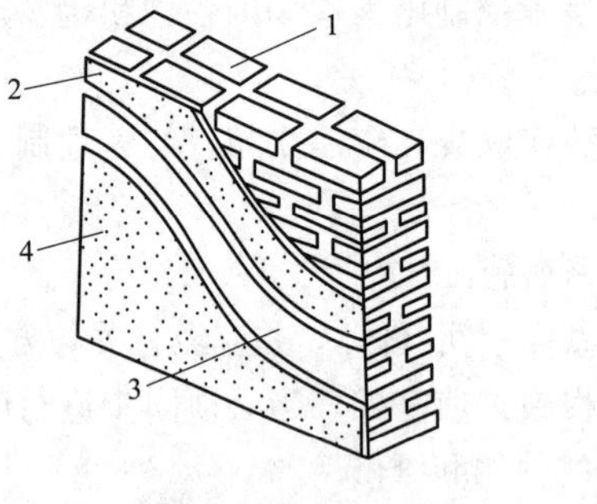

图 8-1　墙面抹灰分层示意图

1—基体；2—底层；3—中层；4—面层

（3）特种抹灰。包括保温砂浆、耐酸砂浆和防水砂浆等。

二、抹灰工程的组成

1. 抹灰层的组成

为了使抹灰层与基层黏结牢固，防止起鼓开裂，并使抹灰层的表面平整，保证工程质量，抹灰层应分层涂抹。

抹灰层一般由底层、中层和面层组成。底层主要起与基层（基体）黏结作用，中层主要起找平作用，面层主要起装饰美化作用（见图 8-1）。

各层厚度和使用砂浆品种应视基层材料、部位、质量标准以及各地气候情况决定。抹灰层一般做法见表 8-2。

表 8-2   抹灰层的一般做法

层次	作用	基层材料	一般做法
底层	主要起与基层黏结作用，兼起初步找平作用。砂浆稠度为 10～20cm	砖墙	① 室内墙面一般采用石灰砂浆或水泥混合砂浆打底 ② 室外墙面、门窗洞口外侧壁、屋檐、勒脚、压檐墙等及湿度较大的房间和车间宜采用水泥砂浆或水泥混合砂浆
		混凝土	① 宜先刷素水泥浆一道，采用水泥砂浆或混合砂浆打底 ② 高级装修顶板宜用乳胶水泥砂浆打底

续表

层次	作用	基层材料	一般做法
底层	主要起与基层黏结作用，兼起初步找平作用。砂浆稠度为10～20cm	加气混凝土	宜用水泥混合砂浆、聚合物水泥砂浆或掺增稠粉的水泥砂浆打底。打底前先刷一遍胶水溶液
		硅酸盐砌块	宜用水泥混合砂浆或掺增稠粉的水泥砂浆打底
		木板条、苇箔、金属网基层	宜用麻刀灰、纸筋灰或玻璃丝灰打底，并将灰浆挤入基层缝隙内，以加强拉结
		平整光滑的混凝土基层，如顶棚、墙体	可不抹灰，采用刮粉刷石膏或刮腻子处理
中层	主要起找平作用。砂浆稠度7～8cm		① 基本与底层相同。砖墙则采用麻刀灰、纸筋灰或粉刷石膏 ② 根据施工质量要求可以一次抹成，也可以分遍进行
面层	主要起装饰作用。砂浆稠度10cm		① 要求平整、无裂纹，颜色均匀 ② 室内一般采用麻刀灰、纸筋灰、玻璃丝灰或粉刷石膏；高级墙面用石膏灰。保温、隔热墙面按设计要求 ③ 室外常用水泥砂浆、水刷石、干粘石等

2. 抹灰层的平均总厚度

抹灰层应采取分层刷涂抹的方法，增强抹灰层与基层的黏结牢固，保证抹灰质量，当抹灰层的总厚度过大时，既浪费了材料，又容易因其内外层的干燥速度不一致而使抹灰层出现开裂起鼓和脱落等，因而抹灰层的平均厚度不宜过大。抹灰层的平均总厚度，应小于下列数值。

（1）顶棚：板条、现浇混凝土和空心砖抹灰为15mm；预制混凝土抹灰为18mm；金属网抹灰为20mm。

（2）内墙：普通抹灰两遍做法（一层底层，一层面层）为18mm；普通抹灰三遍做法（一层底层，一层中层和一层面层）为20mm；高级抹灰为25mm。

（3）外墙抹灰为20mm；勒脚及突出墙面部分抹灰为25mm。

（4）石墙抹灰为35mm。当抹灰总厚度大于或等于35mm时，应采取加强措施。

3. 抹灰层每遍厚度

抹灰工程一般应分遍进行。如果一层抹得太厚，容易产生开裂，甚至起鼓脱落。每遍抹灰厚度一般控制如下。

（1）抹水泥砂浆每遍厚度为5～7mm。

（2）抹石灰砂浆或混合砂浆每遍厚度为7～9mm。

（3）抹灰面层用麻刀灰、纸筋灰、石膏灰、粉刷石膏等罩面时，经赶平、压实后，其厚度麻刀灰不大于3mm；纸筋灰、石膏灰不大于2mm，粉刷石膏不受限制。

（4）混凝土内墙面和楼板平整光滑的底面，可采用腻子分遍刮平，总厚度为2～3mm。

（5）板条、金属网用麻刀灰、纸筋灰抹灰的每遍厚度为3～6mm。

水泥砂浆和水泥混合砂浆的抹灰层，应待前一层抹灰层凝结后，方可涂抹后一层；石灰砂浆抹灰层，应待前一层七至八成干后，方可涂抹后一层。

三、一般抹灰材料

1. 水泥

抹灰常用的水泥为普通硅酸盐水泥、矿渣硅酸盐水泥。水泥的品种、强度等级应符合设计要求。出厂3个月的水泥，应经试验合格后方能使用，受潮后结块的水泥应过筛试验后使用。水泥体积的安定性必须合格。

2. 石灰膏和磨细生石灰粉

块状生石灰须经熟化成石灰膏后才能使用，在常温下，熟化时间不应少于15d；用于罩面的石灰膏，在常温下熟化的时间不得少于30d。

将块状生石灰碾碎磨细后的成品，即为磨细生石灰粉。罩面用的磨细生石灰粉的熟化时间不得少于3d。使用磨细生石灰粉粉饰，不仅具有节约石灰、适合冬季施工的优点，而且粉饰后不易出现膨胀、鼓皮等现象。

3. 石膏

抹灰用石膏，一般用于高级抹灰或抹灰龟裂的补平。宜采用乙级建筑石膏，使用时磨成细粉无杂质，细度要求通过0.15mm筛孔，筛余量不大于10%。

4. 粉煤灰

粉煤灰作为抹灰掺和料，可以节约水泥，提高和易性。

5. 粉刷石膏

粉刷石膏是以建筑石膏粉为基料，加入多种添加剂和填充料等配制而成的一种白色粉料，是一种新型的装饰材料。常见的有面层粉刷石膏、基层粉刷石膏、保温粉刷石膏等。

6. 砂

抹灰用砂，最好是中砂，或粗砂与中砂混合掺用。可以用细砂，但不宜用特细砂。抹灰用砂要求颗粒坚硬、洁净，使用前需要过筛（筛孔不大于5mm），黏土含量不超过2%，不得含有草根、树叶、碱质及其他有机物等有害杂质。

7. 麻刀、纸筋、稻草、玻璃纤维

麻刀、纸筋、稻草、玻璃纤维在抹灰层中起拉结和骨架作用，提高抹灰层的抗拉强度，增加抹灰层的弹性和耐久性，使抹灰层不易裂缝脱落。

四、抹灰顺序

一般先做室外抹灰，后做室内抹灰。在工期比较紧，同时工作面允许的条件下，室内外抹灰可同时进行。室外抹灰宜从上到下施工，室外抹灰顺序：屋檐→阳角线→台口线→窗→墙面→勒脚→散水坡→明沟。室外墙面抹灰时，在窗台、窗楣、雨篷、阳台、檐口等各部位应做流水坡度，若设计无明确时，可做坡度为10%的泛水，下面应做滴水线或滴水槽，滴水槽的宽度和深度均不小于10mm（见图8-2）。

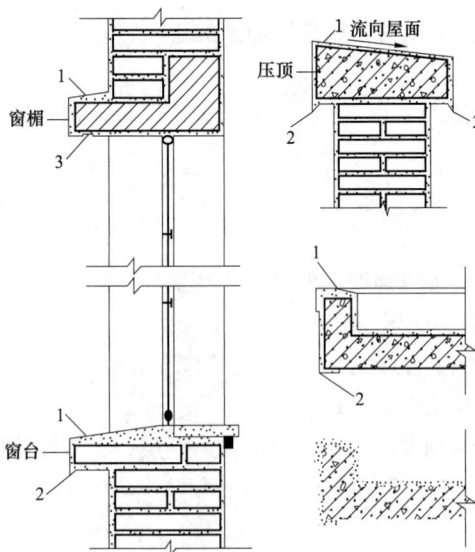

图8-2　流水坡度、滴水线（槽）

(a) 窗洞；(b) 女儿墙；(c) 雨篷、阳台、檐口
1—流水坡度；2—滴水线；3—滴水槽

五、抹灰准备

1. 作业条件

（1）施工方案已经制订，明确确定了施工顺序和方法。

（2）主体工程已经检查验收，并达到了相应的质量标准。

（3）屋面防水工程或上层楼面面层已经完工，确实无渗漏问题。

（4）门窗框安装位置正确，与墙连接牢固并检查合格。门口高低符合室内水平线标高。

（5）外墙上所有预埋件、嵌入墙体内的各种管道安装完毕并检查验收合格。

（6）顶棚、内墙面预留木砖或铁件以及窗帘钩、阳台栏杆、楼梯栏杆等预埋件有否遗漏，位置是否正确。

（7）水、电管线、配电箱是否安装完毕，是否漏项，水暖管道是否做好压力试验等。

2. 基层处理

（1）砖石、混凝土等基体的表面，应将灰尘、污垢和油渍等清除干净。

（2）平整光滑的混凝土表面，如果设计中无要求时，可不进行抹灰，用刮腻子的方法处理。如果设计要求抹灰时，必须凿毛处理后才能进行抹灰施工。检查基体表面平整度，对凹凸过大的部位也应凿补平整。

（3）对不同材料交接处的基体表面的抹灰，应采取防止开裂的加强措施，在不同结构基层交接处（如砖墙、混凝土墙的连接）应先铺钉一层金属网或丝绸纤维布，其每边搭接宽度不应小于100mm（见图 8-3）。

（4）预制钢筋混凝土楼板顶棚，抹灰前应剔除灌缝混凝土凸出部分及杂物，然后用刷子蘸水把表面残渣和浮灰清理干净，刷掺水 10% 的 108 胶水泥浆一道，再用 1:0.3:3 的水泥混合砂浆勾缝。

（5）墙上的脚手眼、管道穿越的墙洞和楼板洞应填嵌密实，散热器和密集管道等背后的墙面抹灰，宜在散热器和管道安装前进行。

（6）门窗框与墙连接处缝隙应嵌实，可采用 1:3 的水泥砂浆或 1:1:6 的水泥混合砂浆分层嵌塞。

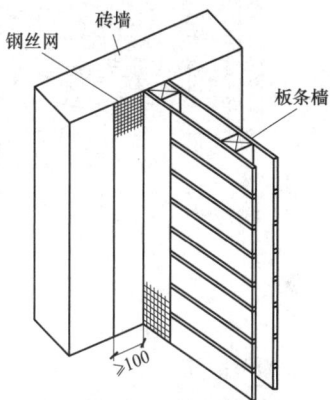

图 8-3 金属网的铺钉

（7）为确保抹灰砂浆与基层表面黏结牢固，防止干燥的抹灰基层吸水过快而造成抹灰砂浆脱水，致使抹灰层出现空鼓、裂缝、脱落等质量问题，在抹灰之前，还需要对基层进行浇水湿润。浇水时，将水管对着砖墙上部缓缓左右移动，使水沿砖墙面缓缓流下，渗水深度以 8~10mm 为宜。厚度 120mm 以上的砖墙，应在抹灰的前一天浇水，120mm 厚的砖墙浇水一遍，240mm 以上厚的砖墙浇水两遍，60mm 厚砖墙用喷壶喷水湿润即可，但切勿使墙吸水达到饱和状态。混凝土墙体吸水率低，浇水可以少一些。此外，各种基层的浇水程度，还与施工季节、气候和室内操作环境有关，因此应根据施工环境条件酌情掌握。

六、内墙抹灰施工

1. 工艺流程

内墙抹灰的工艺流程：交验 → 基层处理 → 找规矩 → 做灰饼 → 做标筋 → 做护角 → 抹底层、中层灰 → 罩面层抹灰。

2. 施工要点

（1）交验和基层处理。交验即对上一道工序进行检查、验收、交接，检验主体结构表面垂直度、平整度、弧度、厚度、尺寸等，若不符合设计要求，应进行修补。为了保证基层与抹灰砂浆的黏结强度，根据情况对基层进行清理、凿毛、浇水等处理。

（2）找规矩。找规矩即将房间找方。找方后将线弹在地面上，然后依据墙面的实际平整度和垂直度及抹灰总厚度规定，与找方线进行比较，决定抹灰的厚度，从而找到一个抹灰的假想平面。将此平面与相邻墙面的交线弹于相邻的墙面上，作为墙面抹灰的基准线和标筋厚度标准。

（3）做灰饼。做灰饼即做抹灰标志块。在距顶棚、墙阴角约 200mm 处，用水泥砂浆或水泥混合砂浆各做一个厚度为抹灰层厚度、大小为 50mm 的标准灰饼，再用托线板靠、吊垂直确定墙下部对应的两个灰饼厚度，其位置在踢脚板上口，使上下两个灰饼在一条垂直线上。标准灰饼做好后，再在灰饼附近墙面钉上钉子，拉水平通线，然后按间距 1.2～1.5m 加做若干灰饼。要注意，凡窗口、门垛处必须做灰饼（见图 8-4）。

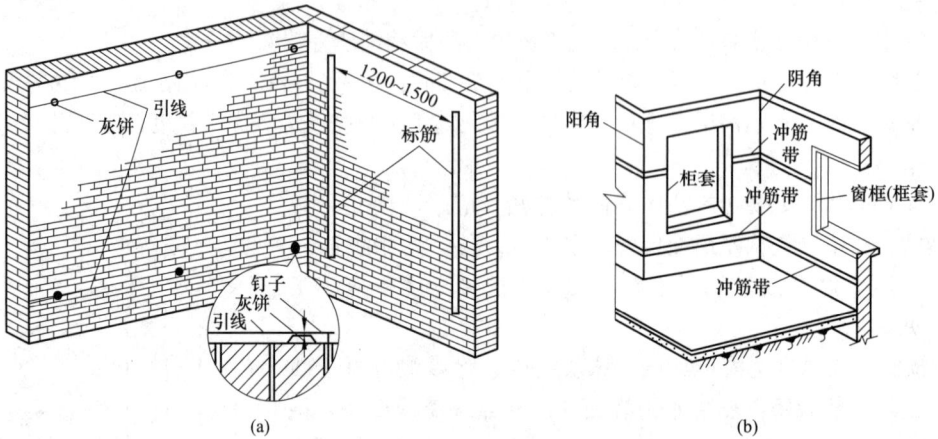

图 8-4　挂线做标准灰饼及冲筋
(a) 灰饼、标筋位置示意图；(b) 水平横向标筋示意图

（4）做标筋。

1）标筋也叫"冲筋"，就是在上下两个灰饼之间抹出一宽度 10cm 左右、厚度与灰饼相平的长条梯形灰埂，作为墙面抹灰填平的标准。

2）待灰饼稍干后，在上下两个灰饼中间先抹一层，再抹第二遍凸出成八字形，要比灰饼凸出 1cm 左右。然后用木杠紧贴灰饼上下左右搓，直到把标筋搓得与灰饼一样平为止，同时将标筋的两边用刮尺修成斜面，使其与抹灰面接搓顺平。

3）标筋所用的砂浆，应与抹灰底层砂浆相同。一般情况下，标筋抹完后就可以刮平。如果标筋较软，容易将其刮坏产生凸凹不平现象。如果标筋有强度后再刮平，待墙面砂浆收缩后，会使标筋高于墙面，从而产生抹灰面不平的质量通病。

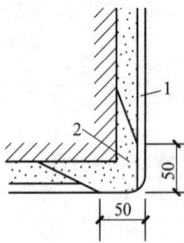

图 8-5　阳角护角
1—墙面抹灰；2—水泥护角

（5）做护角。室内墙面、柱面和门窗洞口的阳角抹灰要线条清晰、挺直，并应防止碰撞损坏。凡是与人、物经常接触的阳角部位，不论设计有无规定，都需要做护角（见图 8-5）。其做法：根据灰饼厚度抹灰，然后粘好八字靠尺，并找方吊直，用 1∶2 水泥砂浆分层抹平，护角高度不低于 2m，每侧宽度不小于 50mm。待砂浆稍干后，再用水泥浆捋出小圆角。

（6）抹底层、中层灰。待标筋稍干后，将砂浆抹于墙面两条标筋之间，底层要低于标筋的 1/3，由上而下抹灰，一手握住灰板，一手握住铁抹子，将灰板靠近墙面，铁抹子横向将砂浆抹在墙面上。灰板时刻接在铁抹子下边，以便托住抹灰时掉落的灰。

底层灰抹后连续抹中层灰，依灰饼、标筋厚度装满砂浆为准，然后用中、短木杠按标筋刮平。用木杠刮砂浆时，双手紧握木杠，均匀用力，由下往上移动，并使木杠前进方向的一边略微翘起。对于凹陷处要补填砂浆，然后再刮直至刮平为止。紧接着用木抹子搓磨一遍，使表面达到平整密实。墙体的阴角处，先用方尺上下核对方正，然后用阴角器上下扯动抹平，使室内四角达到方正（见图 8-6）。

（7）罩面层抹灰。内墙面的面层可以不抹罩面灰，而采用刮大白腻子。大白腻子的质量配合比

为大白粉：滑石粉：聚醋酸乙烯乳液：羧甲基纤维素溶液（含量
5％）＝60：40：（2～4）：75。调配时，大白粉、滑石粉（也即双
飞粉）和羧甲基纤维素溶液应提前按配合比搅匀浸泡。使用时一般应
在中层砂浆干透、表面坚硬呈灰白色、没有水迹及潮湿痕迹、用铲刀
刻画显白印时进行。面层刮大白腻子一般不得少于两遍，总厚度在
1mm 左右。头道腻子刮后，在基层已修补过的部位应进行复补找平，
待腻子干透后，用 0 号砂纸磨平，扫净浮灰。头道腻子干燥后，再刮
第二遍。

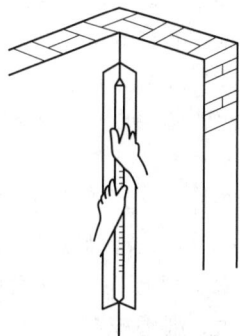

图 8-6　阴角的扯平找方

七、顶棚抹灰施工

1. 工艺流程

交验 → 基层处理 → 找规矩 → 抹底、中层灰 → 罩面层抹灰。

2. 施工要点

（1）基层处理。目前，现浇或预制的混凝土楼板，多采用钢模板或胶合板浇筑，因此表面比较
光滑。在抹灰之前需将混凝土表面的油污等清理干净，凹凸处填平或凿去，用茅草帚刷水后刮一遍
水灰比为 0.40～0.50 的水泥浆进行处理。

（2）找规矩。顶棚抹灰通常不做灰饼和标筋，而用目测的方法控制其平整度，以无高低不平及
接槎痕迹为准。先根据顶棚的水平面确定抹灰厚度，然后在墙面四周与顶棚交接处弹出水平线，作
为抹灰的水平标准。

（3）抹底层、中层灰。为了使抹灰层与基体黏结牢固，抹底层灰是关键。一般用 1：0.5：1
（水泥：石灰膏：砂）的水泥混合砂浆，抹灰厚度为 2mm；然后抹中层砂浆，一般用 1：3：9（水
泥：石灰膏：砂）的水泥混合砂浆，抹灰厚度 6mm 左右。抹后用软刮尺刮平赶匀，随刮随用长毛
刷子将抹痕顺平，再用木抹子搓平。抹灰的顺序一般是由前往后退，方向必须同混凝土板缝成垂直
方向。这样，容易使砂浆挤入缝隙与基底牢固结合。

顶棚与墙面的交接处，一般是在墙面抹灰层完成后再补做，也可在抹顶棚时，先将距顶棚
200～300mm 的墙面抹灰同时完成，用铁抹子在墙面与顶棚交角处填上砂浆，然后用木阴角器扯平
压直即可。

（4）抹面层。待中层抹灰达到六至七成干，开始面层抹灰。如果使用纸筋石灰或刮大白腻子，
一般两遍成活，其涂抹方法及抹灰厚度与内墙抹灰相同。

八、外墙抹灰施工

1. 工艺流程

外墙抹灰的工艺流程：交验→基层处理→找规矩→挂线、做灰饼和标筋→抹底层、中层灰→弹
线、黏结分格条→罩面层抹灰。

2. 施工要点

（1）找规矩、挂线、做灰饼和标筋。由于外墙抹灰面积大，还有门窗、阳台、明柱、腰线等。
因此外墙抹灰找规矩比内墙更加重要。高层建筑可利用墙大角、门窗口两边，用经纬仪打直线找垂
直。多层建筑，可从顶层用大线坠吊垂直，绷铁丝找规矩。横向水平线可依据楼层标高或施工
500mm 线为水平基准线进行交圈控制，然后根据抹灰的厚度做灰饼和标筋。灰饼和标筋的做法与
内墙相同。

（2）弹线、黏结分格条。室外抹灰时，为了墙面的美观，避免罩面砂浆收缩而产生裂缝或大面
积膨胀而空鼓脱落，要设置分格缝，分格缝处粘贴分格条。分格条在使用前要用水浸泡，这样既便
于施工粘贴，又能防止分格条在使用中变形，同时也利于本身水分蒸发收缩易于起出。横向分格条

宜粘贴在平线下口，竖向分格条宜粘贴在垂线的左侧。黏结一条横向或竖向分格条后，应用直尺校正平整，并将分格条两侧用水泥浆抹成 45°或 60°八字坡形。

（3）抹灰。外墙抹灰层要求有一定的耐久性，可采用水泥混合砂浆（水泥：石灰膏：砂＝1：1：6）或水泥砂浆（水泥：砂＝1：3）。底层砂浆具有一定强度后，再抹中层砂浆，抹时要用木杠、木抹子刮平压实，并扫毛、浇水养护。在抹面层时，先用 1：2.5 的水泥砂浆薄薄刮一遍；第二遍再与分格条抹齐平，然后按分格条厚度刮平、搓实、压光，再用刷子蘸水按同一方向轻刷一遍，以达到颜色一致，并清刷分格条上的砂浆，以免起条时损坏抹面。起出分格条后，随即用水泥砂浆把缝勾齐。常温情况下，抹灰完成 24h 后，开始淋水养护 7d 为宜。

九、细部抹灰

1. 窗台

在建筑房屋工程中，砌砖窗台一般分为外窗台和内窗台。抹外窗台一般用 1：2.5 的水泥砂浆打底，用 1：2 的水泥砂浆罩面。窗台操作难度较大，一个窗台有五个面、八个角、一条凹档、一条滴水线或滴水槽，质量要求比较高。外窗台抹灰一般将其上面做成向外的流水坡度（设计无要求时，流水坡度以 10％为宜），底面做成滴水槽或滴水线。滴水槽的做法是：在底面距边口 20mm 处粘分格条，滴水槽的宽度及深度均不小于 10mm，并整齐一致。滴水线的做法是：将窗台下边口的直角改为锐角，并将角往下伸约 10mm，形成滴水。用水泥砂浆抹内窗台的方法与外窗台一样。抹灰应分层进行。

2. 压顶

压顶一般为女儿墙顶现浇的混凝土板带，也可以用砖砌成。压顶要求表面平整光洁，棱角清晰，水平成线，突出一致。因此，抹灰前一定要拉上水平通线。但因其两面有檐口，在抹灰时一面要做流水坡度，两面都要设滴水线。

3. 阳台

阳台抹灰是室外装饰的重要部分，关系到建筑物表面的美观，要求各个阳台上下成垂直线，左右成水平线，进出一致，各个细部统一，颜色相同。

阳台抹灰找规矩的方法是：由最上层阳台的突出阳角及靠墙阴角往下挂垂线，找出上下各层阳台进出误差及左右垂直误差，以大多数阳台进出及左右边线为依据，误差小一些的，可以上下左右顺一下，误差较大的，要进行必要的结构处理。对于各相邻阳台要拉水平通线，对于进出及高低误差太大的要进行处理。

根据找好的规矩，确定各部位的抹灰厚度，再逐层逐个找好规矩，做灰饼。最上层两头抹好后，以下都以这两个挂线为准做灰饼。抹灰还应注意阳台地面排水坡度方向，要顺向阳台两侧的排水孔，不要抹成倒流水。阳台底面抹灰与顶棚抹灰相同。但要注意留好排水坡度。

4. 柱子

室内柱子一般用石灰砂浆或水泥砂浆抹底层和中层，室外柱一般用水泥砂浆抹灰。柱子抹灰施工的关键在于找规矩、做灰饼。

若方柱为独立柱，应按设计图纸标示的柱轴线，测定柱子的几何尺寸和位置，在楼地面上弹上垂直的两条中心线，并弹上抹灰后的柱子边线（注意阳角都要规方），然后在柱顶卡固上短靠尺，拴上线锤往下垂吊，并调整线锤对准地面上的四角边线，检查柱子各面的垂直度和平整度。如果不超过规定误差，在柱四角距地坪和顶棚各 150mm 左右处做灰

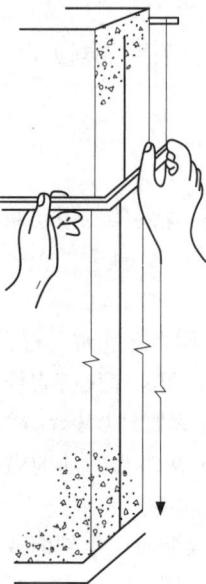

图 8-7　独立方柱找规矩

饼（见图 8-7）。如果超过规定误差，应先进行处理，再找规矩、做灰

饼。柱子四面的灰饼做好后，应先在侧面卡固八字靠尺，对正面和反面进行抹灰；再把八字靠尺卡固正、反面，对柱两侧面抹灰。底层和中层抹灰要用短木刮平，木抹子搓平。第二天对抹面进行压光。

若圆柱为独立柱，找规矩时应按设计要求在柱上弹出纵横两个方向的四根中心线。按四面中心点，在地面上弹出四个点的切线，形成圆柱的外切四边线，四边线各边长就是圆柱的实际直径；然后用缺口木板方法，由上四面中心线往下吊线锤，检查柱子的尺寸和垂直度。如果不超过规定误差，在地面弹上圆柱抹灰后外切四边线（每边长就是抹灰后圆柱直径），按这个尺寸制作圆柱的抹灰套板（见图 8 - 8）。

圆柱做灰饼，可以根据地面上放好的线，在柱四面中心线处，先在下面做灰饼，然后用缺口板挂垂线做柱上部的四个灰饼。在上下灰饼挂线，中间每隔 1.2m 左右做几个灰饼，再根据灰饼做标筋。圆柱抹灰分层做法与方柱相同，抹时用长木杠随抹随找圆，随时用抹灰圆形套板核对。当抹面层灰时，应用圆形套板沿柱子上下滑动，将抹灰抹成圆形。

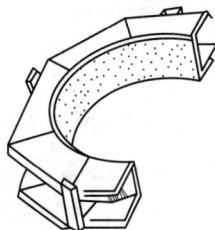

图 8 - 8　套板

十、冬季抹灰施工注意事项

（1）冬季抹灰应采取保温措施。抹灰时，砂浆的温度不宜低于 5℃。气温进入 0℃，不宜进行冬季施工。

（2）砂浆抹灰层硬化初期不得受冻。气温低于 5℃ 时，室外不宜抹灰。做油漆或涂料墙面的抹灰层，不得掺入食盐和氯化钙。

（3）用冻结法砌筑的墙体，室外抹灰应待其完全解冻后施工；室内抹灰应待内墙面解冻，方可施工。

（4）不得用热水冲刷冻结的墙面或用热水消除墙面的冻霜。

十一、一般抹灰的施工质量检验

一般抹灰分为普通抹灰和高级抹灰，当设计无要求时，按普通抹灰验收。有关分项工程、子分部工程的质量验收记录和检验批质量验收的具体内容如主控项目、一般项目及检验方法可参见《建筑工程施工质量验收统一标准》（GB 50300）、《建筑装饰装修工程质量验收规范》（GB 50210）。

1. 主控项目

一般抹灰工程主控项目见表 8 - 3。

表 8 - 3　　　　　　　　　　　一般抹灰工程主控项目

项次	项　　目	检　验　方　法
1	抹灰前基层表面的尘土、污垢、油渍等应清除干净，并应洒水润湿	检查施工记录
2	一般抹灰所用材料的品种和性能应符合设计要求。水泥的凝结时间和安定性复验应合格。砂浆的配合比应符合设计要求	检查产品合格证书、进场验收记录、复验报告和施工记录
3	抹灰工程应分层进行。当抹灰总厚度大于或等于 35mm 时，应采取加强措施。不同材料基体交接处表面的抹灰，应采取防止开裂的加强措施，当采用加强网时，加强网与各基体的搭接宽度不应小于 100mm	检查隐蔽工程验收记录和施工记录
4	抹灰层与基层之间及各抹灰层之间必须粘接牢固，抹灰层应无脱层、空鼓，面层应无爆灰和裂缝	观察；用小锤轻击检查；检查施工记录

2. 一般项目

（1）一般抹灰工程的表面质量应符合下列规定。

1）普通抹灰表面应光滑、洁净、接槎平整，分格缝应清晰。

2）高级抹灰表面应光滑、洁净、颜色均匀、无抹纹，分格缝和灰线应清晰美观。

（2）护角、孔洞、槽、盒周围的抹灰表面应整齐、光滑；管道后面的抹灰表面应平整。

（3）抹灰层的总厚度应符合设计要求；水泥砂浆不得抹在石灰砂浆层上；罩面石膏灰不得抹在水泥砂浆层上。

（4）抹灰分格缝的设置应符合设计要求，宽度和深度应均匀，表面应光滑，棱角应整齐。

（5）有排水要求的部位应做滴水线（槽）。滴水线（槽）应整齐顺直，滴水线应内高外低，滴水槽的宽度和深度均不应小于10mm。

3. 一般抹灰工程质量的允许偏差和检验方法

一般抹灰工程质量的允许偏差和检验方法应符合表8-4的规定。

表8-4　　　　　　　　　一般抹灰工程质量的允许偏差和检验方法

项次	项　目	允许偏差（mm）		检验方法
		普通抹灰	高级抹灰	
1	立面垂直度	4	3	用2m垂直检测尺检查
2	表面平整度	4	3	用2m靠尺和塞尺检查
3	阴阳角方正	4	3	用直角检测尺检查
4	分格条（缝）直线度	4	3	拉5m线，不足5m拉通线，用钢直尺检查
5	墙裙、勒脚上口直线度	4	3	拉5m线，不足5m拉通线，用钢直尺检查

注　1. 普通抹灰，本表第3项阴角方正可不检查。
　　2. 顶棚抹灰，本表第2项表面平整度可不检查但应平顺。

第三节　饰面板（砖）工程

饰面板（砖）工程是在墙柱表面镶贴或安装具有保护和装饰功能的块料而形成的饰面层；块料的种类有饰面板和饰面砖。饰面板有石材饰面板（包括：天然石材，如大理石、花岗岩等；人造石材，如预制水磨石、水刷石、人造大理石、玻璃幕墙等）、金属饰面板、塑料饰面板、镜面玻璃饰面板等；饰面砖有釉面瓷砖、外墙面砖、陶瓷锦砖和玻璃马赛克。饰面板安装只适用于内墙和高度不大于24m，抗震设防烈度不大于7度的外墙饰面板安装工程，饰面板粘贴工程只适用于内墙和高度不大于100m，抗震设防烈度不大于8度，采用满粘法施工的外墙。目的是限制外饰面板工程的应用高度，以保证其安全。超过高度限制的饰面板工程应按金属和石材幕墙工程要求进行严格安全能力设计。

一、饰面砖粘贴工程

内墙饰面砖粘贴工程主要采用传统直接抹浆（水泥砂浆、水泥浆等）粘贴法、胶粘法（胶黏剂、多功能建筑胶粉等）。外墙饰面砖粘贴工程采用满粘法施工，一般采用传统直接抹浆（水泥砂浆、水泥浆等）粘贴。

1. 作业条件

主体结构已进行中间验收并确认合格，同时饰面施工的上层楼板或屋面应已完工不漏水，全部饰面材料按计划数量验收入库；基层经自检、互检、交验，墙面平整度和垂直度合格；找平层拉线贴灰饼和冲筋已做完，大面积底糙完成，突出墙面的钢筋头、钢筋混凝土垫块、梁头已剔平，脚手洞眼已封堵完毕；水暖管道经检查无漏水，试压合格，电管埋设完毕；门窗框及其他木制、钢制、铝合金预埋件按正确位置预埋完毕，标高符合设计要求。

2. 对材料的要求

(1) 已到场的饰面材料应进行数量清点核对。

(2) 按设计要求进行外观检查。检查内容主要包括进料与选定样品的图案、花色、颜色是否相符，有无色差；规格是否符合质量标准规定的尺寸和公差要求；表面是否方正、平整，有无裂纹或破损现象。

(3) 检测饰面材料所含污染物是否符合规定。特别强调的是，以上检查必须开箱进行全数检查，不得抽样或部分检查。因为大面积装饰贴面，如果其中一块不合格，就会破坏整个装饰面的效果。

3. 饰面砖样板件的黏结强度检测

外墙饰面砖粘贴前和施工过程中，均应在相同基层上做样板件，并对样板件的饰面砖黏结强度进行检验，其检验方法和结果判定应符合《建筑工程饰面砖黏结强度检验标准》(JGJ 110) 的规定。其中，在建筑物外墙上镶贴的同类饰面砖，其黏结强度同时符合以下两项指标时可定为合格。

(1) 每组试样平均黏结强度不应小于 0.40MPa。

(2) 每组可有一个试样的黏结强度小于 0.40MPa，但不应小于 0.30MPa。

当两项指标均不符合要求时，其黏结强度应定为不合格。

4. 内墙面砖粘贴施工

墙面砖的粘贴都是一块一块进行的，与锦砖以张为单位不同。但面砖的规格很多，有方的 100mm×100mm，长方的 100mm×200mm，200mm×300mm，有长条的 50mm×200mm 的等，但粘贴方法都是一样的。目前使用的黏结层材料除传统常用水泥砂浆外，还出现了各种各样的黏结剂，对黏结剂的使用必须了解其性能、使用方法、产品质量保证性等，不能随便取之即用。

(1) 施工工艺流程：基层处理→抹底、中层灰并找平→弹出上口和下口水平线→分格弹线→选面砖→ 预排砖→浸砖→做标志块→垫托木→面砖铺贴→勾缝→养护及清理。

基层处理到抹好底子灰的过程均同抹灰工程一样，厚度宜为 15mm。

(2) 施工要点说明。

1) 基层处理。当基层为光滑的混凝土时，应先剔凿基层使其表面粗糙，然后用钢丝刷清理一遍，并用清水冲洗干净。在不同材料的交接处或表面有孔洞处，用 1∶3 水泥砂浆找平。当基层为砖时，应先剔除墙面多余灰浆，然后用钢丝刷清理浮土，并浇水润湿墙体。

2) 做找平层。用 1∶3 水泥砂浆在已充分润湿的基层上涂抹，总厚度应控制在 15mm 左右，应分层施工，同时注意控制砂浆的稠度且基层不得干燥。找平层表面要求平整、垂直、方正。

3) 弹水平线。根据设计要求，定好面砖所贴部位的高度，用"水柱法"找出上口的水平点，并弹出各面墙的上口水平线。依据面砖的实际尺寸，加上砖之间的缝隙，在地面上进行预排、放样，量出整砖部位，最上皮砖的上口至最下皮砖下口尺寸，再在墙面上从上口水平线量出预排砖的尺寸，作出标记，并弹出各面墙所贴面砖的下口水平线。

4) 分格弹线。分格弹线是在找平层上用墨线弹出饰面砖分格线。弹线前应根据镶贴墙面长、宽尺寸（找平后的精确尺寸），按纵、横面砖的皮数划出皮数杆，定出水平标准。弹水平线时，对要求面砖贴到顶的墙面，应先弹出顶棚底或龙骨下标高线，按饰面砖上口伸入吊顶线内 25mm 计算，确定面砖铺贴上口线，然后从上往下按整块饰面砖的尺寸分划到最下面的饰面砖。当最下面砖的高度小于半块砖时，最好重新分划，使最下面一层面砖高度大于半块砖。重新排砖划分后，可将面砖多出的尺寸伸入到吊顶内。弹竖向线时，最好从墙内一侧端部开始，以便不足模数的面砖贴于阴角处。弹线分格如图 8-9 所示。

5) 选面砖。选面砖是保证饰面砖镶贴质量的关键工序。为保证镶贴质量，必须在镶贴前按颜色的深浅、尺寸的大小不同进行分选。对于饰面砖的几何尺寸大小，可以采用自制模具（见图 8-10）。

这种模具根据饰面砖几何尺寸及公差大小，做成U形木框钉在木板上，将面砖逐块放入木框，即能分选出大、中、小，分别堆放备用。在分选饰面砖的同时，还要注意砖的平整度，不合格者不得应用于工程。最后挑选配件砖，如阴角条、阳角条、压顶等。

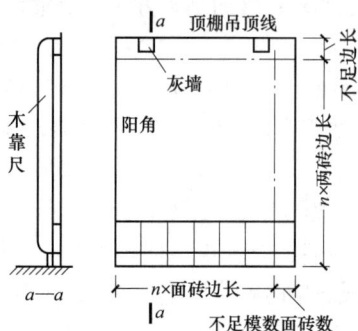

图 8-9 弹线分格

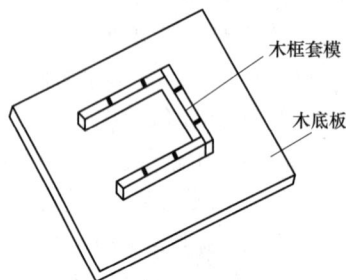

图 8-10 自制分选套模

6）预排砖。排砖前应竖向1m、横向每5～10块砖弹一水平控制线。为确保装饰效果和节省面砖用量，在同一墙面只能有一行与一列非整块饰面砖，并且应排在紧靠地面或不显眼的阴角处。排砖时可用适当调整砖缝宽度的方法解决，一般饰面砖的缝宽可在2mm左右变化。当饰面砖外形尺寸偏差较大时，采用大面积密缝镶贴法效果不好，易造成缝线游走、不直，以致不好收头交圈。这种情况最好用调缝拼法或错缝排列比较合适。既可解决面砖大小不一的问题，又可对尺寸不一的面砖分排镶贴。当面砖外形有不太大的偏差时，阴角用分块留缝镶贴，排块时按每排实际尺寸，将误差留于分块中。如果饰面砖厚薄有差异，也可将厚薄不一的面砖，按厚度分类，分别镶贴在不同墙面上。

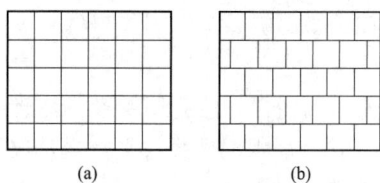

图 8-11 预排砖

（a）直缝；（b）骑马缝

内墙面砖镶贴排列方法，主要有直缝镶贴和错缝镶贴两种。凡有管线、卫生设备、灯具支撑等或其他大型设备时，面砖应裁成U形口套入，再将裁下的小块截去一部分，与原砖套入U形口嵌好，严禁用几块其他零砖拼凑。

在预排砖（见图8-11）中应遵循平面压立面，大面压小面，正面压侧面的原则。凡阳角和每面墙最顶一皮砖都应是整砖，而将非整砖留在最下一皮与地面连接处。阳角处正立面砖盖住侧面砖。对整个墙面的镶贴，除不规则部位外，中间部位不得裁砖。除柱面镶贴外，其他阳角不得对角粘贴（见图8-12、图8-13）。

图 8-12 平面压立面

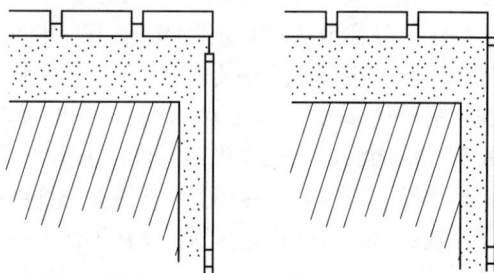

图 8-13 阳角排砖

7）浸砖。已经分选好的瓷砖，在铺贴前应充分浸水润湿，防止用干砖铺贴上墙后，吸收砂浆

（灰浆）中的水分，致使砂浆中水泥不能完全水化，造成黏结不牢或面砖浮滑。一般浸水时间不少于 2h，取出后阴干到表面无水膜，通常 6h 左右。

8）做标志块。铺贴面砖时，应先贴若干块废面砖作为标志块，上下用托线板挂直，作为粘贴厚度的依据。横向每隔 1.5m 左右做一个标志块，用拉线或靠尺校正平整度（见图 8-14）。在门洞口或阳角处，如有阳角条镶边时，则应将其尺寸留出先铺贴一侧的墙面瓷砖，并用托线板校正靠直。如无镶边，在做标志块时，除正面外阳角的侧面也相应有灰饼，即"双面挂直"（见图 8-15）。

9）垫托木。按地面水平线嵌上一根八字尺或直靠尺，用水平尺校正，作为第一行面砖水平方向的依据。铺贴时，面砖的下口坐在八字尺或直靠尺上，防止面砖因自重而向下滑移，并在托木上标出砖的缝隙距离（见图 8-16）。

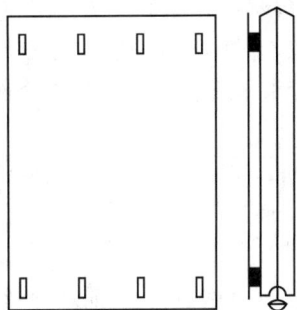

图 8-14 做标志块

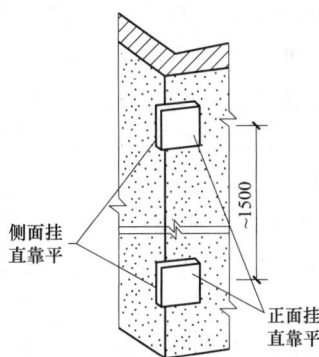

侧面挂
直靠平

正面挂
直靠平

图 8-15 双面挂直

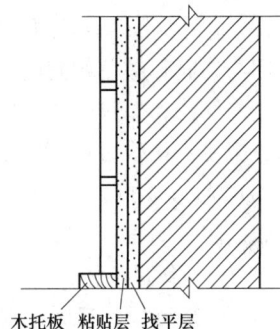

木托板 粘贴层 找平层

图 8-16 垫托木

10）拌制黏结砂浆。饰面砖黏结砂浆的厚度为 5～8mm。砂浆可以是水泥砂浆或水泥混合砂浆，水泥砂浆的配合比以 1：2 和 1：3 为宜，混合砂浆则在其中加入少量的石灰膏即可，以增加黏结砂浆的保水性与和易性。另外，也可以采用环氧树脂粘贴法，环氧水泥胶的配合比为环氧树脂：乙二胺：水泥＝100：（6～8）：（100～150）。用它来粘贴面砖，具有操作方便、黏结性强、工效较高以及抗潮湿、耐高温、密封好等优点，但要求基层或找平层必须平整坚实，并需要待其干燥后才能进行粘贴。对面砖厚度的要求也比较高，要求厚度均匀，以便保证表面的平整度。由于用环氧树脂粘贴面砖的造价较高，一般在大面积面砖粘贴中不宜采用。

11）面砖铺贴。每一施工层宜从阳角或门边开始，由下往上逐步镶贴。方法为：左手拿砖，背面水平朝上，右手握灰铲，在灰桶里掏出粘贴砂浆，涂刮在面砖的背面，用灰铲将灰平压向四边展开，厚薄适宜，四边余灰用灰铲收刮，使其形状为"台形"即打灰完成（见图 8-17）。

将面砖放在垫木上，少许用力挤压，用靠尺板横、竖向靠平直，偏差处用灰铲轻轻敲击，使其与底层黏结密实（见图 8-18）。若低于标志块（欠灰）时，应取下面砖抹满灰浆，重新粘贴。在有条件的情况下，可用专用的面砖缝隙隔离卡，及时校正横竖缝的平直。

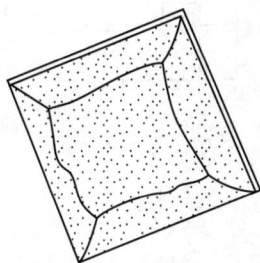

图 8-17 满刮灰浆

图 8-18 面砖镶贴

图 8-19　靠尺条应为踏脚板上沿

在镶贴施工过程中，应随粘贴随敲击，并将挤出的砂浆刮净，同时用靠尺检查表面平整度和垂直度。检查发现高出标准砖面时，应立即压砖挤浆。如果已形成凹陷，必须揭下重新抹灰再贴。如果遇到面砖几何尺寸差异较大，应在铺贴中随时调整。最佳的调整方法是将相近尺寸的饰面砖贴在一排上，但镶最上面一排时，应保证面砖上口平直，以便最后贴压条砖。无压条砖时，最好在上口贴圆角面砖。如地面有踢脚板，靠尺条上口应为踢脚板上沿位置，以保证面砖与踢脚板接缝美观（见图 8-19）。有花纹要拼合的，或方向一顺的，这些在粘贴中都应十分注意，不要贴错、贴倒。

12）勾缝。饰面砖在镶贴施工完毕，应进行全面检查，合格后用棉纱将砖表面上的灰浆拭净，同时用与饰面砖颜色相同的水泥（彩色面砖应加同色颜料）嵌缝。嵌缝中注意应全部封闭缝中镶贴时产生的气孔和砂眼，并用棉纱或海绵仔细擦拭污染的部位。待面砖表面完全干燥后用干抹布全面仔细擦去粉末状残留物，使表面光亮如镜。

13）养护、清理。镶贴后的面砖应防冻、防烈日暴晒，以免砂浆酥松。完工 24h 后，墙面应洒水湿润以防早期脱水。施工现场地面的残留水泥浆应及时铲除干净，多余面砖集中堆放。

5. 外墙饰面砖施工

（1）工艺流程：基层处理 → 抹底、中层灰并找平 → 选砖 → 预排砖 → 分格弹线 → 铺贴 → 勾缝。

（2）施工要点。

1）抹底、中层灰并找平。外墙面砖的找平层处理与内墙面砖的找平层处理相同。只是应注意各楼层的阳台和窗口的水平方向、竖直方向和进出方向保持"三向"成线。

2）选砖。根据设计图样的要求，首先按颜色一致选砖，然后再用自制模具对其尺寸大小、厚薄进行分选归类，经过分选的面砖应分别存放。

3）预排砖。按照立面分格的设计要求预排面砖，以确定面砖的皮数、块数和具体位置，作为弹线和细部做法的依据。当无设计要求时，预排要确定面砖在镶贴中的排列方法。外墙面砖镶贴排砖的方法较多，常用的有矩形长边水平排列和竖直排列两种。按砖缝的宽度，又可分为密缝排列（缝宽 1～3mm）和疏缝排列（4～20mm）。图 8-20 为外墙面砖排缝图。

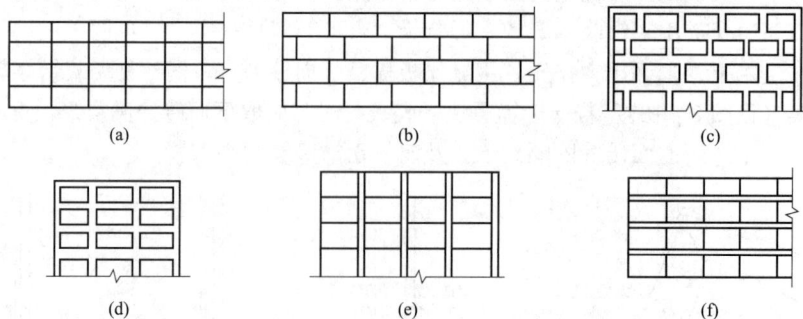

图 8-20　外墙面砖排缝

（a）长边水平密缝；（b）长边密缝错缝；（c）疏缝错缝；（d）水平、竖直疏缝；
（e）水平密缝、竖直疏缝；（f）水平疏缝、竖直密缝

　　外墙面砖的预排中应遵循：阳角部位应当是整砖，且阳角处正立面整砖应盖住侧立面整砖。对大面积墙面砖的镶贴，除不规则部分外，其他部分不允许裁砖。除柱面镶贴外，其余阳角不得对角粘贴（见图 8-21）。在预排中，对突出墙面的窗台、腰线、滴水槽等部位的排砖，应注意面砖必须做出一定的坡度，一般 $i=3\%$，面砖应盖住立面砖。底面砖应贴成滴水鹰嘴（见图 8-22）。

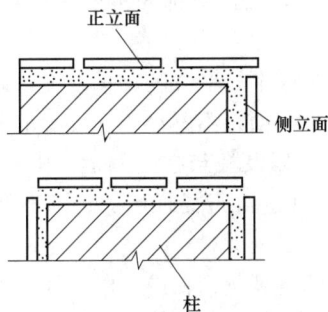

图 8-21　阳角镶贴排砖图

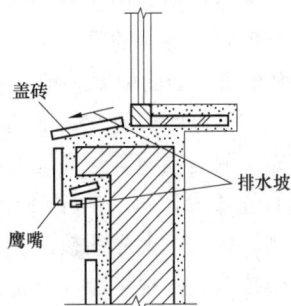

图 8-22　外窗台面砖镶贴图

　　预排外墙面砖还应当核实外墙的实际尺寸，以确定外墙找平层厚度，控制排砖模数（即确定竖向、水平、疏密缝宽度及排列方法）。此外，还应注意外墙面砖的横缝应与门窗贴脸和窗台相平，门窗洞口阳角处应排横砖。窗间墙应尽可能排整砖，直缝排列有困难时，可考虑错缝排列，以求得墙砖对称的装饰效果。

　　4）分格弹线。应根据预排结果画出大样图，按照缝的宽窄大小（主要指水平缝）做好分格条，作为镶贴面砖的辅助基准线。弹线首先在外墙阳角处用线锤吊垂线并用经纬仪进行校核，用花篮螺栓将线锤吊正的钢丝固定绷紧上下端，作为垂线的基准线，然后以阳角基线为准，每隔 1.5~2m 做标志块，定出阳角方正，抹灰找平。在找平层上，按照预排大样图先弹出顶面水平线。在墙面的每一部分，根据外墙水平方向的面砖数，每隔约 1m 弹一垂线。在每层楼的楼面标高处，按照预排面砖实际尺寸和对称效果，弹出水平分缝、分层皮数。

　　5）铺贴施工。铺贴面砖前应清除妨碍贴面砖的障碍物，检查平整度和垂直度。铺贴的砂浆一般为水泥砂浆或水泥混合砂浆，其稠度要一致。铺贴顺序应自上而下分层分段进行，每层内铺贴程序应是自下而上进行，而且要先贴柱、后贴墙面、再贴窗间墙。铺贴时，先按水平线垫平八字尺或直靠尺，操作方法与内墙面砖相同。在贴完一行后，必须将每块面砖上的灰浆刮净。如果上口不在同一直线上，应在面砖的下口垫小木片，尽量使上口在同一直线上，然后在上口放分格条，既控制水平缝的大小与平直，又可防止面砖向下滑移，然后再进行第二皮面砖的铺贴。

　　竖缝的宽度与垂直度，应当完全与排砖时一致，所以在操作中要特别注意随时进行检查。除以墙面的控制线为基准外，还应当经常用线锤检查。如果竖缝是离缝（不是密缝），在黏结时对挤入竖缝处的灰浆要随手清理干净。

　　门窗套、窗台及腰线铺贴面砖时，要先将基体分层抹平，并随手划毛，待七八成干时，再洒水抹 2~3mm 厚的水泥浆，随即铺贴面砖。为了使面砖铺贴牢固，应采用 T 形托板做临时支撑，在常温下隔夜后拆除。

　　6）勾缝、擦洗清理。在完成一个施工段的墙面铺贴并检查合格后，即可进行勾缝。为使勾缝表面达到连续、平直、光滑、填嵌密实、无空鼓、无裂纹，应进行二次勾缝法。即砂浆嵌缝后先勾缝一次，待勾缝砂浆收水后、终凝前再勾缝一次。勾缝可做成凹缝（尤其是离缝分格），深度一般为 3mm 左右。

二、饰面板安装工程

饰面板的安装主要包括天然石材（如大理石、花岗岩等）、人造石材（如预制水磨石、人造大理石等）、金属饰面板、塑料饰面板和镜面玻璃饰面板等。

1. 作业条件

由于饰面板价格昂贵且多用在装饰标准较高的工程上，因此对饰面板安装技术要求更为细致、准确，施工前必须做好各方面的准备工作。

（1）放施工大样图。饰面板安装前，首先应检查墙面基体的垂直度、平整度，偏差较大的应剔凿或修补，超出允许偏差的则应在保证墙面整体与饰面板表面距离不小于 50mm 的前提下，重新排列分块。柱面应先量测出柱的实际高度和柱子的中心线，以及柱与柱之间上、中、下部水平通线，确定出柱饰面板的位置线，然后决定饰面板分块规格尺寸。对于楼梯墙裙、圆形及多边形复杂墙面，则应现场实测后放施工大样图校对。

根据墙、柱校核实测的规格尺寸，将饰面板间的接缝宽度包括在内，由此计算出板材的排列方式和数量，并按安装顺序进行编号，绘制大样图及节点大样详图，作为加工订货及安装的依据。

（2）选板与试拼。选板主要是对照施工大样图检查复核所需板材的几何尺寸，并按误差大小进行归类；检查板材磨光面的缺陷，并按纹理和色泽进行归类。对有缺陷的板材，应改小使用或安装在不显眼的地方。对有破碎、变色、局部缺陷或缺棱掉角者，一律另行堆放。对于破裂的板材，可在 15℃ 以上环境下用环氧树脂胶黏剂黏结，其配合比见表 8-5。黏结时，黏结面必须清洁干燥，涂胶厚度为 0.5mm，并在相同温度的室内环境下养护，养护时间不得少于 3d。对表面缺边少棱、坑洼、麻点的修补，可刮环氧树脂腻子，并在 15℃ 以上室内养护 1d 后，用 0 号砂纸轻轻磨平，再养护 3d 左右，打蜡即可。

表 8-5　　　　　　　　　环氧树脂胶黏剂与环氧树脂腻子配合比

材料名称	质量配合比	
	环氧树脂胶黏剂	环氧树脂腻子
环氧树脂 E44（6101）	100	100
乙二胺	6~8	10
邻苯二甲酸二丁酯	20	10
白水泥	0	100~200
颜料	适量（与修补颜色相近）	适量（与修补颜色相近）

选板和修补工作完成后，即可进行试拼。因为板材（特别是天然板材）具有天然纹理、色泽差异较大，如果拼镶巧妙，可以获得意想不到的效果。试拼经有关方面认可后，方可正式安装施工。

（3）基层处理。为防止饰面板安装后产生空鼓、脱落，饰面板安装前，应对墙、柱等认真处理，光滑的基体表面还应进行凿毛处理，凿毛深度一般为 0.5~1.5mm，间距不大于 30mm。基体表面残留的砂浆、尘土和油渍等，应用钢丝刷子刷净并用水冲洗。

2. 大理石、磨光花岗石、预制水磨石饰面湿法施工

（1）工艺流程。

1）薄型小规格块材（边长小于 400mm）工艺流程：基层处理→吊垂直、套方、找规矩、贴灰饼→抹底层砂浆→弹线分格→排块材→浸块材→镶贴块材→表面勾缝与擦缝。

2）大规格块材（边长大于 400mm）工艺流程：施工准备（钻孔、剔槽）→穿铜丝或镀锌丝与块材固定→绑扎、固定钢筋网→吊垂直、找规矩弹线→安装大理石、磨光花岗石或预制水磨石→分层灌浆→擦缝。

（2）工艺要点。对于薄型小规格块材（一般厚度 10mm 以下）：边长小于 400mm，可采用粘贴方法。

1）进行基层处理和吊垂直、套方、找规矩，可参见铺贴面砖施工要点有关部分。需要注意同一墙面不得有一排以上的非整砖，并应将其铺贴在较隐蔽的部位。

2）在基层湿润的情况下，底灰采用 1：3 水泥砂浆，厚度约 12mm，分两遍操作，第一遍约 5mm，第二遍约 7mm，待底灰压实刮平后，将底子灰表面划毛。

3）待底子灰凝固后便可进行分块弹线，随即将已湿润的块材抹上厚度为 2～3mm 的素水泥浆，内掺胶水进行镶贴（也可以用胶粉），用木槌轻敲，用靠尺找平找直。

对于大规格块材：边长大于 400mm，铺贴高度超过 1m 时，可采用安装方法。

1）钻孔、剔槽。安装前先将饰面板按照设计要求用台钻打眼，事先用钉木架使钻头直对板材上端面，在每块板的上、下两个面打眼，孔位打在距板宽的两端 1/4 处，每个面各打两个眼，孔径为 5mm，深度为 12mm，孔位距石板背面以 8mm 为宜（指钻孔中心）。如大理石或预制水磨石、磨光花岗石，板材宽度较大时，可以增加孔数。钻孔后用金钢錾子把石板背面的孔壁轻轻剔一道槽，深 5mm 左右，连同孔洞形成象鼻眼，以备埋卧铜丝之用（见图 8 - 23）。

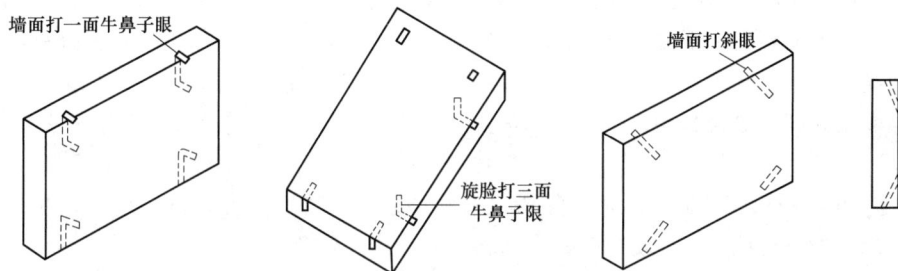

图 8 - 23　饰面板材打眼示意图

若饰面板规格较大，特别是预制水磨石和磨光花岗石板，如下端不好拴绑镀锌铅丝或铜丝时，也可在未镶贴饰面板的一侧，采用手提轻便小薄砂轮（4～5mm），按规定在板高的 1/4 处上、下各开一槽（槽长 3～4mm，槽深 12mm，与饰面板背面打通，竖槽一般居中，也可偏外，但以不损坏外饰面和不泛碱为宜），可将镀锌铅丝或铜丝卧入槽内，便可拴绑与钢筋网固定。

2）穿钢丝或镀锌铅丝。把备好的铜丝或镀锌铅丝剪成长 20cm 左右，一端用木楔粘环氧树脂将铜丝或镀锌铅丝进孔内固定牢固，另一端将铜丝或镀锌铅丝顺孔槽弯曲并卧入槽内，使大理石或预制水磨石、磨光花岗石板上、下端面没有铜丝或镀锌铅丝突出，以便和相邻石板接缝严密。

3）绑扎钢筋网。首先剔出墙上的预埋筋，把墙面镶贴大理石或预制水磨石的部位清扫干净。先绑扎一道竖向 φ6 钢筋，并把绑好的竖筋用预埋筋弯压于墙面。横向钢筋为绑扎大理石或预制水磨石、磨光花岗石板材所用，如板材高度为 60cm 时，第一道横筋在地面以上 10cm 处与主筋绑牢，用作绑扎第一层板材的下口固定铜丝或镀锌铅丝。第二道横筋绑在 50cm 水平线上 7～8cm，比石板上口低 2～3cm 处，用于绑扎第一层石板上口固定铜丝或镀锌铅丝，再往上每 60cm 绑一道横筋即可。

4）弹线。首先将大理石或预制水磨石、磨光花岗石的墙面、柱面和门窗套用大线坠从上至下找出垂直（高层应用经纬仪找垂直）。应考虑大理石或预制水磨石、磨光花岗石板材厚度、灌注砂浆的空隙和钢筋网所占尺寸，一般大理石或预制水磨石、磨光花岗石外皮距结构面的厚度应以 5～7cm 为宜。找出垂直后，在地面上顺墙弹出大理石或预制水磨石板等外轮廓尺寸线（柱面和门窗套等同）。此线即为第一层大理石或预制水磨石等的安装基准线。编好号的大理石或预制水磨石板等在弹好的基准线上画出就位线，每块留 1mm 缝隙（如设计要求拉开缝，则按设计规定留出缝隙）。

5）安装大理石或预制水磨石、磨光花岗石。按部位取石板并舒直铜丝或镀锌铅丝，将石板就位，石板上口外仰，右手伸入石板背面，把石板下口铜丝或镀锌铅丝绑扎在横筋上。绑时不要太紧可留余量，只要把铜丝或镀锌铅丝和横筋拴牢即可（灌浆后即可锚固），把石板竖起，便可绑大理石或预制水磨石、磨光花岗石板上口铜丝或镀锌铅丝，并用木楔子垫稳，块材与基层间的缝隙（灌浆厚度）一般为 30～50mm。用靠尺板检查调整木楔，再拴紧铜丝或镀锌铅丝，依次向另一方向进行。柱面可按顺时针方向安装，一般先从正面开始。第一层安装完毕再用靠尺板找垂直，水平尺找平整，方尺找阴阳角方正，在安装石板时如出现石板规格不准确或石板之间的空隙不符，应用铅皮垫牢，使石板之间缝隙均匀一致，并保持第一层石板上口的平直。找完垂直、平整、方正后，用碗调制熟石膏，把调成粥状的石膏贴在大理石或预制水磨石、磨光花岗石板上下之间，使这两层石板结成一整体，木楔处也可粘贴石膏，再用靠尺板检查有无变形，等石膏硬化后方可灌浆（如设计有嵌缝塑料软管者，应在灌浆前塞放好）。

6）灌浆。把配合比为 1∶2.5 的水泥砂浆放入半截大桶加水调成粥状（稠度一般为 8～12cm），用铁簸箕舀浆徐徐倒入，注意不要碰大理石或预制水磨石板，边灌边用橡皮锤轻轻敲击石板面使灌入砂浆排气。第一层浇灌高度为 15cm，不能超过石板高度的 1/3；第一层灌浆很重要，因为既要锚固石板的下口铜丝又要固定石板，所以要轻轻操作，防止碰撞和猛灌。如发生石板外移错动，应立即拆除重新安装。第一次灌入 15cm 后停 1～2h，等砂浆初凝，此时应检查是否有移动，再进行第二层灌浆，灌浆高度一般为 20～30cm，待初凝后再继续灌浆。第三层灌浆至低于板上口 5～10cm 处为止。

7）擦缝。全部石板安装完毕后，清除所有石膏和余浆痕迹，用麻布擦洗干净，并按石板颜色调制色浆嵌缝，边嵌边擦干净，使缝隙密实、均匀、干净、颜色一致。

8）柱子贴面。安装柱面大理石或预制水磨石、磨光花岗石，其弹线、钻孔、绑钢筋和安装等工序与镶贴墙面方法相同，要注意灌浆前用木方子钉成槽形木卡子，双面卡住大理石板或预制水磨石板，以防止灌浆时大理石或预制水磨石、磨光花岗石板外胀。

3. 大理石、花岗石干挂施工

工业与民用建筑工程的内、外饰面板干挂工艺是利用耐腐蚀的螺栓和耐腐蚀的柔性连接件，将大理石、花岗石等饰面石材干挂在建筑结构的外表面，石材与结构之间留出 40～50mm 的空腔。

现在国内不少大型公共建筑的石材内外饰面板安装工程采取干挂工艺日益普遍。

用此工艺做成的饰面，在风力和地震力的作用下允许产生适量的变位，以吸收部分风力和地震力，而不致出现裂纹和脱落。当风力和地震力消失后，石材也随结构而复位。该工艺与传统的湿作业工艺比较，免除了灌浆工序，可缩短施工周期，减轻建筑物自重，提高抗震性能，更重要的是有效地防止灌浆中的盐碱等色素对石材的渗透污染，提高其装饰质量和观感效果。此外，由于季节性室外温差变化引起的外饰面胀缩变形，使饰面板可能脱落，这种工艺可有效地预防饰面板脱落伤人事故的发生。这种干挂饰面板安装工艺也可与玻璃幕墙或大玻璃窗、金属饰面板安装工艺等配套应用（见图 8-24）。

图 8-24　干挂饰面板安装现场

（1）工艺流程为：施工准备→建筑物结构丈量→定点挂线放样→墙面固定点打洞→安装膨胀螺栓→安装固定角钢→安装连接板→板钻孔开槽→板材对号入座→对钻孔安装销钉与连接板结合→

拧紧连接板与角钢的螺栓→检查质量和做必要调整→连接点强固树脂胶合→塞发泡圆条入缝→挤压黑色软膏嵌缝→表面清理→成品检查→打蜡上光。

（2）工艺说明。

1）施工准备：由于干挂工艺需在结构全部完工后才能进行，因此施工准备工作主要是搭架子；根据板块设计图要自顶部挂钢丝线锤，量出建筑尺寸，定出离墙间距；按楼层测出水平线给挂板有一水平缝的准线；根据竖横线条安排每块石板在墙面的位置，并定出各固定点的位置。此外，施工准备还包括板材进场的校验；在地坪上的试拼，一般板缝可取5～6mm；要求板材加工长宽尺寸允许偏差±1.00mm，板面平整0.1～0.3mm。施工准备还包括对结构墙板的防水措施，如为混凝土墙，一般可不必做防水处理，而砖墙则要抹1：2.5水泥砂浆，分层抹成厚度在15mm左右。并且要检查干挂的挂件零配件和附属材料如强固树脂、嵌缝膏、发泡圆条等。总之，施工准备事宜较多，要备全备细保证施工顺利进行。

2）板材与结构墙面之间由于安装件等尺寸和操作需要，要留有空隙。所有挂件包括入墙的膨胀螺栓均为不锈钢件。根据图纸和丈量尺寸弹线定出每块的位置并相应写上板号。经过计算定出应打洞的墙上点位，钻孔安装膨胀螺栓，该位置的误差不能大于5mm，虽然挂件有长圆形孔可以调整，但其范围也仅10mm。安装连接的示意图如图8-25所示。

3）根据墙面膨胀螺栓孔的间距，在石板的上下面钻销钉孔。销钉孔位必须量准后钻，以便销钉穿入上下两块板时，板缝不错位。每块板共钻四个孔眼，如板较大则6～8孔。视图纸及具体情况而定。

4）安装石板时也是由下往上一排一排进行安装，每安装两排后要进行检查垂直平整及上口的水平。检查无误后用强固树脂胶把连接节点涂上，类似电焊使节点固定牢，不变形不松动。待安装完一段或全部后，在板缝中嵌塞圆发包塑料条，塞进约10mm，作为软膏嵌缝的"内模"。最后用挤压枪把软膏挤入缝中，表面用溜子溜平。软膏是一种密封材料，具有良好

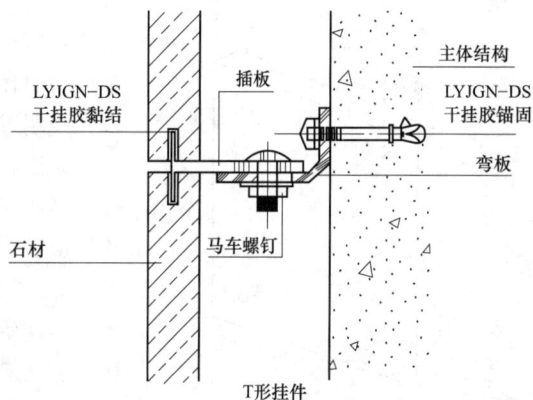

图8-25 安装连接示意图

的黏结力，结膜后不收缩、不干裂、有弹性，具有防雨、防晒、抗老化等性能。目前这种材料国内尚不多。

5）质量上应注意的要点有：尺寸丈量要准确，板块布置要准确、弹线要准确，并检查复核无误。无误后再定打膨胀螺栓的孔位置，要控制好误差在10mm之内。粘强固树脂胶时，节点表面要清理干净，不要遗漏。缝道宽度要用垫块控制，达到水平缝均匀。不锈钢连接板的端头不能伸到石板面处，应凹进10mm，塞发泡圆条及挤软膏时缝内灰尘一定要清理干净。

4. 胶黏结板材施工

胶黏结板材施工是由国外引进新的黏结胶建材后，已在国内一些工程的石板材饰面安装中使用。该种胶在国内称为"大力胶"，这里简称胶料。

（1）该树脂胶的性能：分为慢干型、快干型和透明型三种。属于环氧树脂聚合物，具有高强的永久性黏合强度；有较强的抗震、抗冲击、抗拉和抗压能力；有一定韧性及伸缩能力，能防止黏合后受震动、风力、热胀、冷缩作用下变形、扭曲及脱落；干固后具有防水、防潮能力，并能在-30～90℃温度环境中保持稳定性，不脆化；有抗污染及化学侵蚀的能力等。施工简捷，适合各种

环境下施工，施工位置不受限制。对混凝土、钢铁、石材、砖等均具有较强的黏结力。

（2）施工时所用工具有：调胶抹子及调胶板、线锤、水平尺、弦线、电动小型锯、小型磨机和电钻，专用水桶及棉丝、毛巾等。

（3）安装粘贴的方法有：直接粘贴法；过渡粘合法；钢架直粘法。胶黏结合后的石板在胶料干固后，石板之间无须互相借力，完全可以自行独立悬挂在结构上。

目前，进口的该种胶分为 A、B 两种组分，要根据说明书配比均匀混合调制，调制在木板上进行，随调随用。在有效时间中用完，慢干型、透明型的有效时间在常温下约 45min。

（4）直接粘贴法工艺流程：施工准备→石板定位弹线→筛选板材→基层处理→石板背面清理→胶的调制→石板黏结点上胶（中间点可用快干胶）→石墙安装及调正→质量检查及修整→工艺完成擦净表面上蜡出亮。

（5）工艺说明。直接粘贴法与墙间距不宜大于 8mm。基层处理要把松散、浮土等物质清理干净，石板背面也要揩擦干净。

将调制好的胶料分五点在石板背面均匀布抹好（见图 8-26）。抹起的高度稍大于墙与板间的空隙。

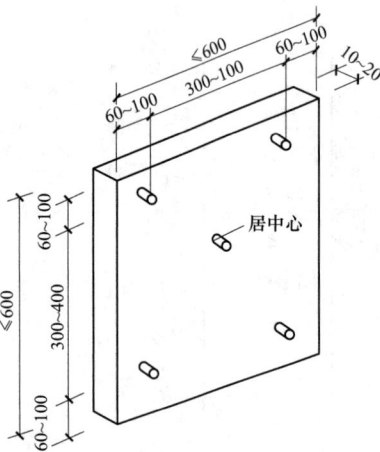

图 8-26　石板背面点涂胶黏剂

根据弹线和拉的弦线，利用水平尺、直尺就位及调直。定位后对黏合点的情况作检查，必要时加胶补强。安装两排后用托线板检查垂直平整。板与板间的缝隙宜留 2mm，在完工后与湿作业一样可以进行擦缝。总体高度超过 9m 时，应根据说明书使用部分锚件，以增大安全保险系数。

对该种新工艺、新材料的使用，一是要看使用说明书，查材料质保书、保质期；二是要先试验及学习已成功经验，从而保证工程施工质量。

5. 不锈钢板饰面施工

不锈钢装饰是目前装饰工程中比较流行的一种装饰方法，它具有金属光泽和质感，以及不锈蚀的特点和如同镜面的效果，同时还具有强度和硬度较大，在施工和使用过程中不易发生变形的特点，具有非常明显的优越性。以下主要介绍原方柱装饰成圆柱的不锈钢包面施工工艺，因为柱体的骨架多采用木骨架，因此制作骨架很关键。

（1）工艺流程：弹线 → 竖向龙骨定位 → 制作横向龙骨 → 横向龙骨与竖向龙骨的连接 → 柱体骨架与建筑柱体的连接 → 骨架形体校正、修边 → 制作骨架基层 → 饰面板安装。

（2）施工要点。

1）弹线。在柱体弹线工作中，将原方柱装饰成圆柱的弹线工艺较为典型。通常画圆应该从圆心点开始，依半径把圆画出，但圆柱的中心点无法直接得到。因此，要画出圆柱的底圆，就必须用变通的方法。现介绍一种常用的统切法。

画圆柱底圆的方法是：当建筑结构的尺寸有误差时，方柱也不一定是正方形，必须确立方柱底边的基准方框，才能进行下一步的画线工作。首先测量方柱的尺寸，找出最长的一条边，以该边为边长，用直角尺在方柱底弹出一个正方形，该正方形就是基准方框（见图 8-27）（该方框的每条边中点要标出）；然后制作样板。先在一张纸板或三夹板上，以装饰圆柱的半径画一个半圆，并剪裁下来。在这个半圆上，以标准底框边长的一半尺寸为宽度，做一条与该半圆直径相平行的直线。再从平行线处剪裁这个半圆，所得的这块圆弧板，就是该柱弦切弧样板（见图 8-28）；最后以该样板的直边，靠住基准底框的四个边，将样板的中点线对准基准底框边长的中心，沿样板的圆弧边画线，这样就得到了装饰圆柱的底圆（见图8-29）。顶面的画线方法基本相同，但基准顶框必须通过底边框吊垂直线的方法画出，以保证地面与顶面的垂直度。

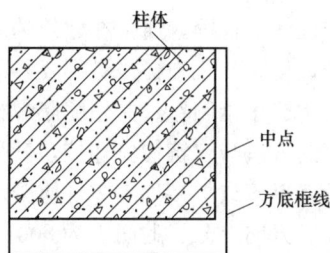

图8-27 方框基准线画法

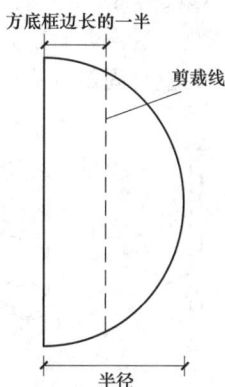

图8-28 弦切弧样板画法

2）竖向龙骨定位。从画出的装饰柱体顶面线向底面线吊垂线，并以垂线为基准，在顶面与地面之间立起竖向龙骨。校正好位置后，分别在顶面和地面把竖向龙骨固定起来。然后根据施工图的要求间隔分别固定好所有的竖向龙骨。固定时常采用连接件，即用膨胀螺栓或射钉将连接件与顶面、地面固定，用焊点或螺钉固定连接件与竖向龙骨（见图8-30）。

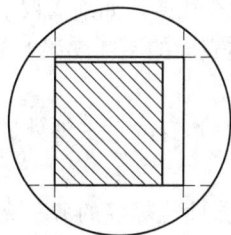

图8-29 装饰圆柱的底圆

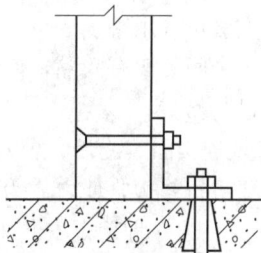

图8-30 竖向龙骨固定

3）制作横向龙骨。横向龙骨既是龙骨架的支撑件，又起着造型的作用。所以在圆形或有弧形的装饰柱体中，横向龙骨需制作出弧形线（见图8-31）。弧线形横向龙骨的制作方法为：首先在15mm厚的木夹板上按所需的圆半径，画出一条圆弧，在该圆半径上减去横向龙骨的宽度后，再画出一条同心圆弧。按同样方法在一张板上画出各条横向龙骨，用电动直线锯按线切割出横向龙骨（见图8-32）。

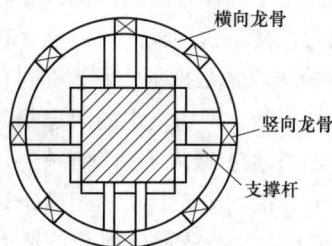

图8-31 圆柱龙骨骨架

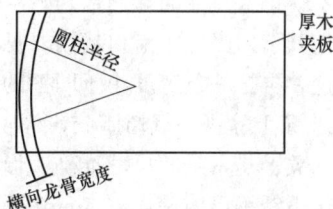

图8-32 制作弧线形横向龙骨

4）横向龙骨与竖向龙骨的连接。连接前，必须在柱顶与地面间设置弧形位置控制线，控制线主要是吊垂线和水平线。木龙骨的连接可用槽接法和加胶钉接法。通常方柱和多角柱用加胶钉固法，圆柱等弧面柱体用槽接法（见图 8-33）。加胶钉固法是在横向龙骨的两端头面加胶，将其置于两竖向龙骨之间，再用钢钉斜向与竖向龙骨固定。横向龙骨之间的间隔距离，通常为 300mm 或 400mm。槽接法是在横向、竖向龙骨上分别开出半槽，两龙骨在槽口处对接。当然，槽接法也需在槽口处加胶、加钉固定。这种固定方法稳固性较好。

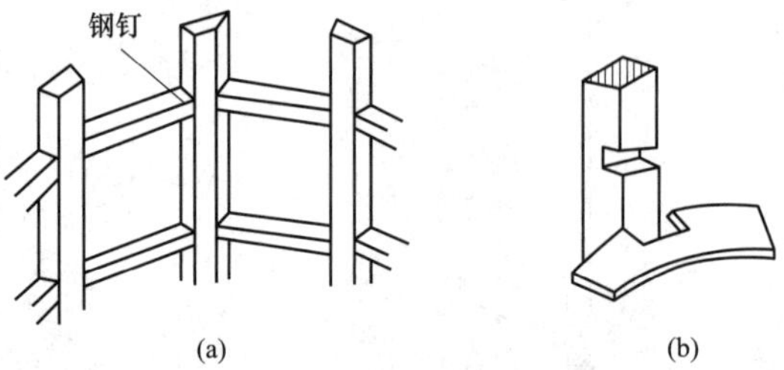

图 8-33 圆柱木龙骨的连接
(a) 加胶钉固法；(b) 槽接法

5）柱体骨架与建筑柱体的连接。为保证装饰柱体的稳固，通常在建筑的原柱体上安装支撑杆，使它与装饰柱体骨架互相固定。支撑杆可用方木或角钢制作，并用膨胀螺栓或射钉、木楔钢钉的方法与建筑柱体连接，其另一端与装饰柱体骨架钉接或焊接。支撑杆应分层设置，在柱体的高度方向上分层的间隔为 800~1000mm。

6）骨架形体校正。为了保证骨架形体的准确性，施工过程中，应不断对骨架进行检查。检查的主要内容是柱体骨架的垂直度、不圆度、各条横向龙骨与竖向龙骨连接的平整度等。垂直度，在连接好的柱体骨架顶端边框线设置吊垂线，如果吊垂线下端与柱体边框平行，说明柱体没有歪斜。吊线检查应在柱体周围进行，一般不少于 4 点位置。柱高 3.0m 以下允许歪斜度误差在 3mm 以内，柱高 3.0m 以上其误差允许在 6mm 以内。如超过误差，就必须进行修理。柱体骨架的不圆度，经常表现为凸肚和内凹，这给饰面板的安装带来不便。检查不圆度的方法也采用垂线法。将圆柱上、下边用垂线相接，如细线被中间骨架顶弯，说明柱体凸肚。如细线与中间骨架有间隔，说明柱体内凹。柱体表面的不圆度误差值不得超过 3mm，超过误差值的部分应进行修整。

7）修边。柱体骨架连接固定之后，要对其连接部位和龙骨本身的不平整处进行修平处理。对曲面柱体中竖向龙骨要进行修边，使之成为曲面的一部分。

8）制作骨架基层。在圆柱骨架上安装木夹板，应选择弯曲性能较好的薄三夹板。如果弯曲有困难，可在木夹板的背面用刀切割一些竖向刀槽，刀槽深 1mm，两刀相距 10mm 左右。安装固定前，先在柱体骨架上进行试铺。要注意，应用木夹板的长边来包柱体。然后在木骨架的外面刷乳胶或各类环氧树脂胶等，将木夹板粘贴在木骨架上，用钢钉从一侧开始钉木夹板，逐步向另一侧固定。在对缝处用钉量要适当加密，钉头要埋入木夹板内。

9）饰面板安装。用骨架做成的圆柱体，不锈钢圆柱面可采用镶面施工。通常是在工厂专门加工成所需的曲面，一个圆柱面一般都由两片或三片不锈钢曲面板组装而成。不锈钢板安装的关键在于片与片间对口处的处理，处理方式主要有直接卡口式和嵌槽压口式两种。直接卡口式是在两片不锈钢板对口处，安装一个不锈钢卡口槽，该卡口槽用螺钉固定于柱体骨架的凹部。安装柱面不锈钢板时，只要将不锈钢板一端的弯曲部勾入卡口槽内，再用力推按不锈钢板的另一端，利用不锈钢板本身的弹性，使其卡入另一个卡口槽内（见图 8-34）。嵌槽压口式是把不锈钢板在对口处的凹部用螺钉或钢钉固定，再把一条宽度小于凹槽的木条固定在凹槽中间，两边空出的间隙相等，间隙宽为 1mm 左右。在木条上涂刷环氧树脂胶，等胶面不粘手时，向木条上嵌入不锈钢槽条（见图 8-35）。安装嵌槽压口的关键是木条的尺寸准确、形状规则。木条安装前，应先与不锈钢槽条试配，木条的高度一般不大于不锈钢槽内深度 0.5mm。尺寸准确可保证木条与不锈钢槽面与柱体面的一致，形状规则可使不锈钢槽嵌入木条后胶结面均匀，黏结牢固，防止槽面的侧歪现象。

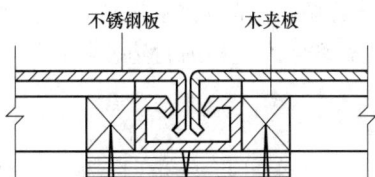

图 8-34 直接卡口式安装

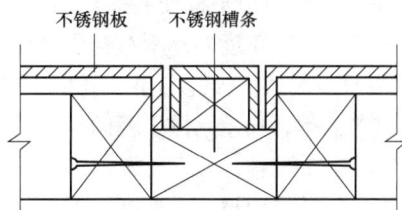

图 8-35 嵌槽压口式安装

6. 铝塑板墙板施工

铝塑板墙面装修做法有多种，不管哪种做法，均不允许将高级铝塑板直接贴于抹灰找平层上，最好是贴于纸面石膏板、耐燃型胶合板等比较平整的基层上或铝合金扁管做成的框架上（要求横、竖向铝合金扁管的分格与铝塑板分格一致）。此处仅介绍铝塑板在基层板（或框架）上的粘贴施工方法。

（1）工艺流程：弹线→翻样、试拼、裁切、编号→安装、粘贴→修整→板缝处理。

（2）施工要点。

1）弹线。按具体设计，根据铝塑板的分格尺寸在基层板上弹出分格线。

2）翻样、试拼、裁切、编号。根据设计要求及弹线，对铝塑板进行翻样、试拼，然后将铝塑板裁切、编号备用。

3）粘贴。铝塑板的粘贴，基本上有下列三种做法。

① 胶黏剂直接粘贴法。在铝塑板背面及基层板表面均匀涂立时得胶或其他橡胶类胶黏剂（如 XH-401 强力胶、XY-401 胶、FN303 胶、CX-401 胶、JY-401 胶等）一层，待胶黏剂稍具黏性时，将铝塑板上墙就位，并与相邻各板抄平、调直后用手拍平压实，使铝塑板与基层板粘牢。拍压时严禁用铁棒或其他硬物敲击。

② 双面胶带及胶黏剂并用粘贴法。根据墙面弹线，将薄质双面胶带按"田"字形分布粘黏于基层板上（按双面胶带总面积占基底总面积 30％的比例分布）。在无双面胶带处，均匀涂立时得胶或其他橡胶强力胶一层，然后按弹线范围，将已试拼、编号的铝塑板临时固定，经与相邻各板抄平、调直完全符合质量要求后，再用手拍实压平，使铝塑板与基层板粘牢。

③ 发泡双面胶带直接粘贴法。将发泡双面胶带粘贴于基层板上，将铝塑板根据编号及弹线位置顺序上墙就位，进行粘贴。粘贴后在铝塑板四角加螺钉四个，以利于加强（见图 8-36）。

图 8-36 铝塑板发泡双面胶带直接粘贴法

4）修整表面。整个铝塑板安装完毕后，应严格检查装修质量，发现不牢、不平、空心、鼓肚及平整度、垂直度、方正度偏差不符合质量要求的，应彻底修整。表面如有胶迹，须彻底拭净。

5）板缝处理及封边。板缝大小、宽窄、造型处理以及整个铝塑板的封边、收口以及用何种封边压条、收口饰条等，均按具体工程的设计要求。

7. 玻璃饰面工程施工

建筑装饰所用的镜面玻璃，以高级浮法平板玻璃为基材，经过镀银、镀铜、镀漆等特殊工艺加工而制成。这种玻璃具有镜面尺寸较大、成像清晰逼真、抗盐雾性优良、抗热性能好、使用寿命长等特点。

（1）工艺流程：墙面清理、修整→涂防潮层→安装防腐、防火木龙骨→安装阻燃型胶合板→安装镜面玻璃→清理嵌缝→封口、收口。

（2）施工要点。

1）涂防潮层。墙体表面要求涂防潮层一道，清水墙防潮层厚 6～12mm，兼作找平层用，至少 3～5 遍成活。非清水墙体防潮层厚 4～5mm，至少 3 遍成活。

2）安装防腐、防火木龙骨。镜面玻璃内墙所用的木龙骨，一般是 40mm×40mm 或 50mm×50mm 的小木方，正面刨光，背面刨一道通长防翘凹槽，并满涂氟化钠防腐剂一道，防火涂料三道。

按中距 450mm 双向布置木龙骨，并用射钉与墙体固定，不得有松动、不牢、不实之处。钉头必须射入木龙骨表面 0.5～1.0mm，钉眼用油性腻子抹平。在木龙骨与墙面的缝隙处，要用防腐、防火木块垫平塞实。

3）安装镜面玻璃。安装镜面玻璃常用紧固件镶钉法和胶粘法。

① 紧固件镶钉法。主要包括弹线、安装、修整表面和封边收口等主要工序。

a. 弹线。根据具体设计和镜面玻璃规格尺寸，在胶合板上将镜面玻璃位置及分块都弹出，作为施工的标准。

b. 安装。用紧固件及装饰压条等将镜面玻璃固定于胶合板及木龙骨上，钉距、紧固件、装饰压条、镜面玻璃的厚度和尺寸等，应按具体工程的设计处理。紧固件一般有螺钉固定、玻璃钉固定、嵌钉固定和托压固定等（见图 8-37～图 8-40）。螺钉固定，即用直径 3～5mm 的平头或圆头螺钉，透过玻璃上的钻孔钉在木龙骨上，一般从下向上、由左至右进行安装。全部镜面固定后，用长靠尺靠平，以全部调平为准。嵌钉固定，即用嵌钉钉在龙骨上，将镜面玻璃的四个角压紧。安装第一排时，嵌钉应临时固定，装好第二排后再拧紧。托压固定，即用压条和边框将镜面托压在墙上，镜面的重量主要落在下部边框或砌体上，其他边框起防止镜面外倾和装饰作用。压条和边框可采用木材和金属型材，先用竖向压条固定最下层镜面，安放上一层镜面后再固定横向压条。木压条一般宽 30mm，每 200mm 内钉一颗钉子，钉头没入压条中 0.5～1mm，用腻子找平后刷漆。

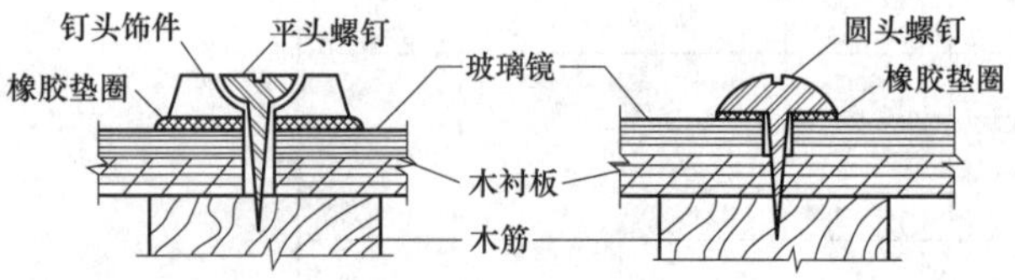

图 8-37 螺钉固定

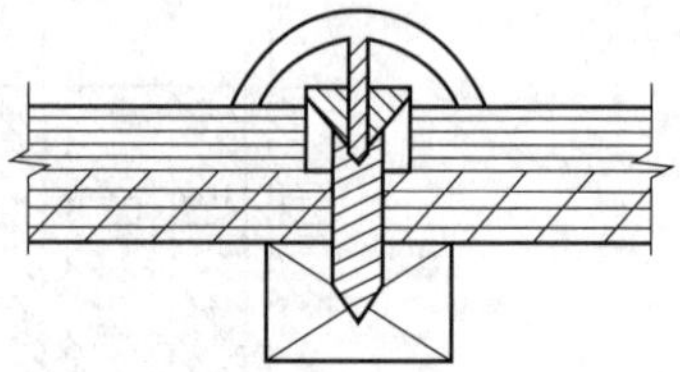

图 8-38 玻璃钉固定

c. 修整表面。整个镜面玻璃墙面安装完毕后，应当严格检查装饰质量是否符合规范要求。如果发现不牢、不实、松动、倾斜、压条不直及平整度、垂直度、方正度偏差不符合质量要求之处，应彻底进行修正。

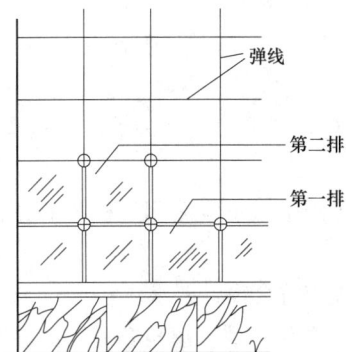

图 8-39　用嵌钉固定　　　　　　　　　图 8-40　托压固定

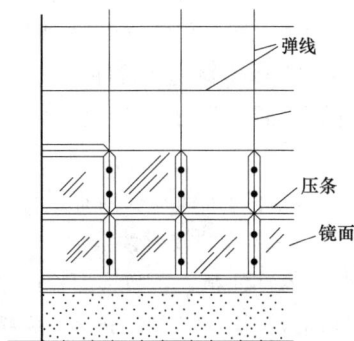

d. 封边收口。整个镜面玻璃墙面装饰的封边、收口及采用何种封边压条、收口装饰条等，均按照具体设计处理。

② 胶粘法。包括弹线、做保护层、打磨、涂胶、上墙胶贴、清理嵌缝、封边收口。

a. 弹线。胶粘法做法的弹线与紧固件镶钉法相同。

b. 做保护层。将镜面玻璃背面的所有尘土、砂粒、杂物、碎屑等彻底清除，然后在背面满涂白乳胶一道，满堂粘贴一层薄牛皮纸保护层，并用塑料薄片将牛皮纸刮贴平整；也可以在准备点胶处刷一道混合胶液，粘贴上铝箔保护层，周边铝箔宽 150mm，与四边等长，其余部分铝箔均为150mm 见方。

c. 打磨。凡胶合板表面与胶黏剂黏结之处，均要预先打磨，将浮松物、垃圾、杂物、碎屑等以及不利于黏结之物彻底清除干净。对于表面过于光滑之处，还应进行磨糙处理。镜面玻璃背面保护层上涂胶处，也应清理干净，不得有任何不利于黏结之处，但不准采用打磨的处理方法。

d. 涂胶。在镜面玻璃背面保护层上将胶黏剂点涂于玻璃背面。

e. 上墙胶贴。将镜面玻璃依胶合板上的弹线位置，按照预先编号依次上墙就位，逐块进行粘贴。利用镜面玻璃背面中间的胶点及其他施工设备，使镜面玻璃临时固定，然后迅速将镜面玻璃与相邻玻璃进行调正、顺直，同时按压平整。待胶硬化后将固定设备拆除。

f. 清理嵌缝。待镜面玻璃全部安装和粘贴完毕后，将镜面玻璃的表面清理干净，玻璃之间的留缝宽度，均应按具体设计处理。

三、季节施工

(1) 夏期安装室外大理石或预制水磨石、磨光花岗石时，应有防止暴晒的可靠措施。

(2) 冬期施工。

1) 灌缝砂浆应采取保温措施，砂浆的温度不宜低于 5℃。

2) 灌注砂浆硬化初期不得受冻。气温低于 5℃时，室外灌注砂浆可掺入能降低冻结温度的外加剂，其掺量应由试验确定。

3) 用冻结法砌筑的墙，应待其解冻后方可施工。

4) 冬期施工，镶贴饰面板宜供暖也可采用热空气或带烟囱的火炉加速干燥。采用热空气时，应设通风设备排出湿气。并设专人进行测温控制和管理，保温养护 7～9d。

四、饰面板（砖）施工质量要求

1. 饰面板（砖）材料质量要求

(1) 饰面板（砖）及配套附件的品种，规格应符合设计要求，其质量标准，应符合国家标准或行业标准。

（2）饰面板（砖）应表面平整、边缘整齐，并具有产品合格证。

（3）安装饰面板（砖）用的铁制锚固件，连接件应镀锌或经防锈处理，镜面和光面的大理石、花岗石饰面，应用铜或不锈钢连接件。

（4）外墙采用面砖，无釉面砖，表面应光洁、质地坚硬、尺寸色泽一致，不得有暗痕和裂纹，吸水率不大于10%。

（5）大理石、花岗石饰面板表面不得有暗伤、风化等缺陷，不宜采用易褪色的材料包装。使用前应检验大理石、花岗石的放射性指标。

（6）木龙骨、木饰面板、塑料饰面板的燃烧性能等级应符合设计要求。

（7）金属饰面板表面应平整、光滑、无裂缝和皱褶，颜色一致、边角整齐，涂层厚度均匀，无污染，伤痕。

（8）施工所用胶结材料的品种、质量及掺入量应符合设计要求，如配制前不能确定时，还应进行配制试验。

2. 饰面板（砖）工程施工质量检验

饰面砖工程验收时应检查的文件和记录：施工图、设计说明及其他设计文件，材料的产品合格证书、性能检测报告、进场验收记录和复验报告，后置埋件的现场拉拔检测报告，外墙饰面砖样板件的黏结强度检测报告，隐蔽工程验收记录，施工记录。有关分项工程、子分部工程的质量验收记录和检验批质量验收的具体内容如主控项目、一般项目及检验方法可参见《建筑工程施工质量验收统一标准》（GB 50300）、《建筑装饰装修工程质量验收规范》（GB 50210）。

（1）主控项目。饰面砖粘贴工程主控项目见表8-6，饰面板安装工程主控项目见表8-7。

表8-6　　　　　　　　　　　　　　　饰面砖粘贴工程主控项目

项次	项　　目	检　验　方　法
1	饰面砖的品种、规格、图案颜色和性能应符合设计要求	观察；检查产品合格证书、进场验收记录、性能检测报告和复验报告
2	饰面砖粘贴工程的找平、防水、黏结和勾缝材料及施工方法应符合设计要求及国家现行产品标准和工程技术标准的规定	检查产品合格证书、复验报告和隐蔽工程验收记录
3	饰面砖粘贴必须牢固	检查样板件黏结强度检测报告和施工记录
4	满粘法施工的饰面砖工程应无空鼓、裂缝	观察；用小锤轻击检查

表8-7　　　　　　　　　　　　　　　饰面板安装工程主控项目

项次	项　　目	检　验　方　法
1	饰面板的品种、规格、颜色和性能应符合设计要求，木龙骨、木饰面板和塑料饰面板的燃烧性能等级应符合设计要求	观察；检查产品合格证书、进场验收记录和性能检测报告
2	饰面板孔、槽的数量、位置和尺寸应符合设计要求	检查进场验收记录和施工记录
3	饰面板安装工程的预埋件（或后置埋件）、连接件的数量、规格、位置、连接方法和防腐处理必须符合设计要求。后置埋件的现场拉拔强度必须符合设计要求。饰面板安装必须牢固	手扳检查；检查进场验收记录、现场拉拔检测报告、隐蔽工程验收记录和施工记录

（2）一般项目。饰面砖粘贴一般项目见表8-8，饰面板安装工程一般项目见表8-9。

表 8－8　　　　　　　　　　　　　　　饰面砖粘贴一般项目

项次	项　　目	检 验 方 法
1	饰面砖表面应平整、洁净、色泽一致，无裂痕和缺损	观察
2	阴阳角处搭接方式、非整砖使用部位应符合设计要求	观察
3	墙面突出物周围的饰面砖应整砖套割吻合，边缘应整齐。墙裙、贴脸突出墙面的厚度应一致	观察；尺量检查
4	饰面砖接缝应平直、光滑，填嵌应连续、密实；宽度和深度应符合设计要求	观察；尺量检查
5	有排水要求的部位应做滴水线（槽）。滴水线（槽）应顺直，流水坡向应正确，坡度应符合设计要求	观察；用水平尺检查

表 8－9　　　　　　　　　　　　　　饰面板安装工程一般项目

项次	项　　目	检 验 方 法
1	饰面板表面应平整、洁净、色泽一致，无裂痕和缺损。石材表面应无泛碱等污染	观察
2	饰面板嵌缝应密实、平直，宽度和深度应符合设计要求，嵌填材料色泽应一致	观察；尺量检查
3	采用湿作业法施工的饰面板工程，石材应进行防碱背涂处理。饰面板与基体之间的灌注材料应饱满、密实	用小锤轻击检查；检查施工记录
4	饰面板上的孔洞应套割吻合，边缘应整齐	观察

（3）饰面砖粘贴的允许偏差和检验方法见表 8－10。

表 8－10　　　　　　　　　　饰面砖粘贴的允许偏差和检验方法

项次	项　　目	允许偏差（mm）		检验方法
		外墙面砖	风墙面砖	
1	立面垂直度	3	2	用 2m 垂直检测尺检查
2	表面平整度	4	3	用 2m 靠尺和塞尺检查
3	阴阳角方正	3	3	用直角检测尺检查
4	接缝干线度	3	2	拉 5m 线，不足 5m 拉通线，用钢直尺检查
5	接缝高低差	1	0.5	用钢直尺和塞尺检查
6	接缝宽度	1	1	用钢直尺检查

（4）饰面板安装的允许偏差和检验方法见表 8－11。

表 8－11　　　　　　　　　　饰面板安装的允许偏差和检验方法

项次	项目	允许偏差（mm）							检验方法
		石　材			瓷板	木材	塑料	金属	
		光面	剁斧石	蘑菇石					
1	立面垂直度	2	3	3	2	1.5	2	2	用 2m 垂直检测尺检查
2	表面平整度	2	3	—	1.5	1	3	3	用 2m 靠尺和塞尺检查

续表

项次	项 目	允许偏差（mm）							检验方法
		石　材			瓷板	木材	塑料	金属	
		光面	剁斧石	蘑菇石					
3	阴阳角方正	2	4	4	2	1.5	3	3	用直角检测尺检查
4	接缝直线度	2	4	4	2	1	1	1	拉5m线，不足5m拉通线，用钢直尺检查
5	墙裙、勒脚上口直线度	2	3	3	2	2	2	2	拉5m线，不足5m拉通线，用钢直尺检查
6	接缝高低差	0.5	3	—	0.5	0.5	1	1	用钢直尺和塞尺检查
7	接缝宽度	1	2	2	1	1	1	1	用钢直尺检查

第四节　门 窗 工 程

门和窗是房屋维护结构中的两个部件，门的主要功能是作交通兼作通风、采光之用，窗的主要功能是作采光、通风及眺望之用。门和窗的制作及安装通常称门窗工程，对门窗的要求除立面装饰效果外，还有分隔、保温、隔声、防火等要求。

一、门窗分类

建筑装饰工程所有用的门窗，按材质可分为铝合金门窗、钢门窗、木门窗、塑钢门窗和特殊门窗以及配件材料；按功能可分为普通门窗、保温门窗、隔声门窗、防火门和防爆门等；按结构可分为推拉门窗、平开门窗，弹簧门窗和自动门窗等。

二、铝合金门窗安装

铝合金门窗的特点是质量轻、性能好、耐腐蚀、色泽美观、坚固耐用。

1. 作业条件

（1）主体结构经有关质量部门验收合格，工种之间已办好交接手续。

（2）检查门窗洞口尺寸及标高是否符合设计要求。有预埋件的还应检查预埋件的数量、位置及埋设方法的正确，是否经过防腐处理。

（3）检查进场的铝合金门窗的外观质量，表面应清洁，无裂纹、起皮和腐蚀存在，装饰面不允许有气泡。如有劈裂、窜角、翘曲不平、表面损伤、变形及松动、偏差超过标准、外观色差较大的，应与有关人员协商解决，经认真处理，验收合格后才能安装。

（4）按图纸要求弹好门窗中线，并弹好室内500mm的水平基准线。

（5）五金配件如双头通用门锁、扳动插锁、推拉式门锁、铝窗执手、地弹簧、半月形执手等，应配套齐全，并有产品出厂合格证。

（6）辅助材料，如防腐材料、保温材料、水泥、砂、镀锌连件、膨胀螺栓、防水密封膏、嵌缝材料、橡胶垫块、防锈漆、电焊条等应按要求选定。

门窗在运输和存放中，应防损伤和变形；安装时，必须采用预留洞口后安装的方法，严禁采用边安装边砌口或先安装后砌口的做法。门窗固定可采用焊接、脚胀螺栓或射钉等方法，但砖墙不能用射钉。对黏附在门窗表面的水泥砂浆或密封膏液，应及时用擦布或棉丝清除。

2. 安装流程

门窗框安装→填塞缝隙→门窗扇安装→玻璃安装→打胶清理。

3. 安装要点

(1) 门窗框安装。

1) 门窗洞口尺寸复核。门窗框上连接件间距一般应小于 600mm，设在转角处的连接件位置应距转角边缘 150mm。连接件多为 1.5mm 厚的镀锌板，长度根据现场需要进行加工。门窗洞口墙体厚度方向的预埋件中心线若无设计规定，距内墙面 38～60 系列为 100mm，90～100 系列为 150mm。有窗台时，安装位置要以同一房间内的窗台板外露尺寸一致为准，窗台板伸入铝合金窗下 5mm 为宜。按设计尺寸在门窗洞口墙体上划出水平标高线和门窗位置中心线，同一房间内的窗水平高度应一致，误差不应超过 5mm。

2) 门窗框就位。门窗框就位在洞口安装线上，调整框四周间隙均匀，同时注意框中心线与洞口中心线吻合，并调整门窗框的垂直度、水平度及对角线在允许偏差范围内。用木楔将框四角处固定，但须防止门窗框被挤压变形。门窗框两侧应涂刷防腐涂料，也可粘贴塑料薄膜进行保护，所用铁件也应进行防腐处理，严禁用水泥砂浆做填塞材料。

3) 门窗框固定。沿门窗框外墙用电锤打 φ10 的孔，用膨胀螺栓固定门窗框的连接件或用射钉枪将连接件（连接件每横边不少于 2 个，每竖边不少于 3 个）与墙体固定。但射钉枪不能在多孔空心砖墙使用，必须砌入预制的混凝土垫块，并在垫块上固定连接件。如果墙体有预埋钢板或结构钢筋，可将连接件与之焊接牢固。焊接时须注意保护好铝合金门窗框。如墙体已预留槽口，可将连接件铁脚埋入槽口，用 C25 细石混凝土或 1：2 水泥砂浆灌实（见图 8-41）。当门窗与墙体固定时，应先固定上框，后固定边框。固定方法如下。

① 混凝土墙洞口采用塑料膨胀螺钉固定。

② 砖墙洞口采用塑料膨胀螺钉或水泥钉固定，并固定在胶粘圆木楔上。

③ 加气混凝土洞口，采用木螺钉将固定片固定在胶粘圆木上。

④ 设有预埋铁件的洞口应采取焊接的方法固定，也可先在预埋件上按拧紧固件规格打基孔，然后用紧固件固定。

⑤ 设有防腐木砖的墙面，采用木螺钉把固定片固定在防腐木砖上。

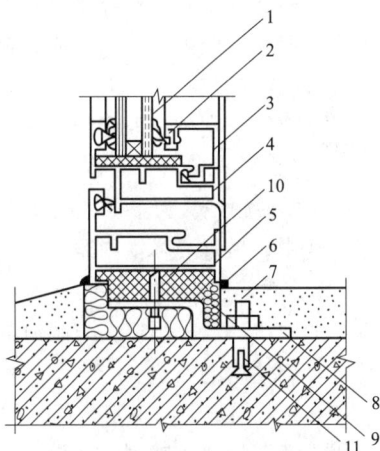

图 8-41　铝合金门窗的安装
1—玻璃；2—橡胶压条；3—压条；
4—内扇；5—外框；6—密封膏；
7—砂浆；8—地脚；9—软填料；
10—塑料垫；11—膨胀螺栓

(2) 填缝。铝合金门窗框安装固定好后，应反复垂吊，进一步复查其垂直度，随时用水平尺检查其平整度，确认无误后，及时处理门窗框与墙体缝隙。无设计要求时，应采用矿棉或玻璃棉毡条等软质材料分层填塞缝隙，外表面留有 5～8mm 深的槽口填嵌防水密封膏。由于只有一道防水，如果密封膏质量没有保证或嵌填不密实或无预留槽口（嵌缝膏厚度不足）、清理不干净、密封膏黏结不牢，或保护门窗框的临时性塑料薄膜未清除干净，雨水便很有可能从缝隙浸入。

防水密封膏，目前应用较多的是枪射发泡填缝剂，这是一种聚氨酯类发泡填充材料。当压注到缝隙后能发泡膨胀，固化后具有防火、隔热保温和防雨水渗漏等功能。固化时间约 1h，未固化前不得触碰，如发现未饱满者，还可补压注，固化后再切割平整。

这里需要强调的是，推拉窗窗框的凹槽滞水，也是渗水的主要原因。在构造上，窗框外侧开约 6mm×50mm 的长方形泄水孔来及时排泄雨水，同时窗框的安装孔眼和窗框四角的接头也做好防水处理。固定扇的窗框是四方筒，无凹槽，窗框周边更容易渗漏，因而必须十分重视窗顶鹰嘴的排水坡度和窗框周边防水密封胶的施工质量。一般门窗楣的鹰嘴和窗台排水坡度不小于20％，滴水凹槽的深和宽不小于10mm，鹰嘴和窗台应从正前方排水，鹰嘴和窗台滴水与外墙面应有断水设置。

（3）安装门窗扇和玻璃。一般应在内外墙粉刷、贴面等装饰工作完成并验收后，再进行门窗扇和玻璃的安装工作。门窗扇的安装要求周边密封、开启灵活。推拉门窗在门窗框安装固定后，将配好玻璃的门窗扇整体安入框内滑槽，调整好与扇的缝隙即可。平开门窗在框与扇格架组装上墙、安装固定好后再安玻璃，即先调整好框与扇的缝隙，再将玻璃安入扇并调整好位置，最后镶嵌密封条和密封胶。

（4）打胶清理。大片玻璃与框扇接缝处，要用玻璃胶筒打入玻璃胶，同时认真清理门窗表面残留的污迹，清理周围环境，以全面保证工程质量。

三、塑钢门窗安装

塑料门窗造型美观，表面光滑，具有良好的装饰性、隔热性、密封性和耐腐蚀性。它是以聚氯乙烯、改性聚氯乙烯或其他树脂为主要原料，轻质碳酸钙为填料，添加适量助剂和改性剂，经挤压成为不同截面的空腹门窗异型材，再根据门窗的类型选用不同截面的异型材组装而成。由于塑料刚度差，一般在空腔内加入木条或型钢，以增强抗弯变形的能力。

1. 安装流程

抄平放线→定位→取扇固定→塞缝抹口→安装玻璃扇。

2. 安装要点

（1）抄平放线。为了保证门窗安装位置准确，外观整齐，安装时应先拉水平线，多层楼层以顶层洞口找中，吊垂线弹窗中线。

（2）定位。安装前应将镀锌固定铁根据铰链位置，按500mm间距嵌入窗框处槽内；找好塑料窗本身的中线，放入洞口，与洞口内水平弹线按中线对正找平后，用对称木楔内外夹紧，固定后拉对角线，调整窗的位置。

（3）取扇固定。门窗定位后，可取下扇做好标志存放备用。在墙上打眼装入中号塑料膨胀螺钉，用木螺钉将镀锌铁固定在膨胀螺钉上，使铁件与门窗框和墙保持牢固连接。

（4）塞缝抹口。在框上与洞口之间应塞入油毡条或浸油麻丝，以保证窗框有伸缩余地，抹灰时灰口应包住塑料窗框。

（5）安装玻璃扇。内外墙面完成后，将玻璃用压条装在扇上，按原有的标记位置将扇安在框上。

四、木门窗安装

1. 安装流程

弹线找规矩→决定门窗框安装位置→决定安装标高→门框安装样板→窗框、扇安装→门框安装→门扇安装。

2. 安装要点

（1）主体工程经过中间结构验收达到合格后，即可进行门窗安装施工。首先，应从顶层用大线坠吊垂直，检查窗口位置的准确度，并在墙上弹出安装位置线，对不符线的结构边棱进行处理。

（2）根据室内50cm的水平线检查窗框安装的标高尺寸，对不符线的结构边棱进行处理。

（3）室内外门框应根据图纸位置和标高安装，为保证安装的牢固，应提前检查预埋木砖数量是否满足，1.2m高的门口，每边预埋两块木砖，高1.2～2m门口，每边预埋木砖3块，高2～3m的门口，每边预埋木砖4块，每块木砖上应钉2根长10cm的钉子，将钉帽砸扁，顺木纹钉入木门框内。

（4）木门框安装应在地面工程和墙面抹灰施工以前完成。

（5）采用预埋带木砖的混凝土块与门窗框进行连接的轻质隔断墙，其混凝土块预埋的数量，也应根据门口高度设 2 块、3 块、4 块，用钉子使其与门框钉牢。采用其他连接方法的，应符合设计要求。

（6）做样板。把窗扇根据图纸要求安装到窗框上，按验评标准检查缝隙大小，五金安装位置、尺寸、型号，以及牢固性，符合标准要求后作为样板。并以此作为验收标准和依据。

（7）弹线安装门窗框扇。应考虑抹灰层厚度，并根据门窗尺寸、标高、位置及开启方向，在墙上画出安装位置线。有贴脸的门窗立框时，应与抹灰面齐平；有预制水磨石窗台板的窗，应注意窗台板的出墙尺寸，以确定立框位置；中立的外窗，如外墙为清水砖墙勾缝时，可稍移动，以盖上砖墙立缝为宜。窗框的安装标高，以墙上弹 50cm 平线为准，用木楔将框临时固定于窗洞内，为保证相隔窗框的平直，应在窗框下边拉小线找直，并用铁水平将平线引入洞内作为立框时的标准，再用线坠校正吊直。黄花松窗框安装前，应先对准木砖位置钻眼，便于钉钉子。

（8）若隔墙为加气混凝土条板时，应按要求的木砖间距钻 ϕ30mm 的孔，孔深 7～10cm，并在孔内预埋木橛粘 108 胶水泥浆打入孔中（木橛直径应略大于孔径 5mm，以便其打入牢固），待其凝固后，再安装门窗框。

（9）木门扇的安装。

1）先确定门的开启方向及小五金型号、安装位置，对开门扇扇口的裁口位置及开启方向（一般右扇为盖口扇）。

2）检查门口尺寸是否正确；边角是否方正，有无窜角，检查门口高度应量门的两个立边，检查门口宽度应量门口的上、中、下三点，并在扇的相应部位定点画线。

3）将门扇靠在柜上画出相应的尺寸线，如果扇大，则应根据框的尺寸将大出的部分刨去，若扇小应绑木条，且木条应绑在装合页的一面，用胶粘后并用钉子打牢，钉帽要砸扁，顺木纹送入框内 1～2mm。

4）第一次修刨后的门扇应以能塞入口内为宜，塞好后用木楔顶住临时固定，按门扇与口边缝宽尺寸合适，画第二次修刨线，标出合页槽的位置（距门扇的上下端各 1/10，且避开上、下冒头）。同时应注意口与扇安装的平整。

5）门扇第二次修刨，缝隙尺寸合适后，即安装合页。应先用线勒子勒出合页的宽度，根据上、下早头 1/10 的要求，定出合页安装边线，分别从上、下边线往里量出合页长度，剔合页槽，以槽的深度来调整门扇安装后与框的平整，刨合页槽时应留线，不应剔得过大、过深。

6）合页槽剔好后，即安装上、下合页，安装时应先拧一个螺钉，然后关上门检查缝隙是否合适，口与扇是否平整，无问题后方可将螺钉全部拧上拧紧。木螺钉应钉入全长 1/3，拧入 2/3，如木门为黄花松或其他硬木时，安装前应先打眼，眼的孔径为木螺钉直径的 0.9 倍，眼深为螺钉长的 2/3，打眼后再拧螺钉，以防安装劈裂或将螺钉拧断。

7）安装对开扇时，应将门扇的宽度用尺量好，再确定中间对口缝的裁口深度。如采用企口榫时，对口缝的裁口深度及裁口方向应满足装锁的要求，然后将四周刨到准确尺寸。

8）五金安装应符合设计图纸的要求，不得遗漏，一般门锁、碰珠、拉手等距地高度为 95～100cm，插销应在拉手下面。

9）安装玻璃门时，一般玻璃裁口在走廊内。厨房、厕所玻璃裁口在室内。

10）门扇开启后易碰墙，为固定门扇位置，应安装门扇碰头，对有特殊要求的关闭门，应安装门扇开启器，其安装方法，参照《产品安装说明书》的要求。

五、门窗制作与安装质量标准

门窗安装完毕后，应通过钢尺量门窗框两对角线长度差，通过托线板吊靠门窗框垂直度来检查门窗框正侧面是否垂直，同时从开关是否灵活、安装是否牢固来控制安装质量。有关分项工程、子分部工程的质量验收记录和检验批质量验收的具体内容如主控项目、一般项目及检验方法可参见《建筑工程施工质量验收统一标准》（GB 50300）、《建筑装饰装修工程质量验收规范》（GB 50210）。

第五节 楼 地 面 工 程

建筑地面是建筑物底层地面（地面）和楼层地面（楼面）的总称。房屋建筑物和构筑物的室外散水、明沟、台阶、踏步和坡道等也属于建筑地面工程的范畴。

一、楼地面的组成及分类

1. 楼地面的组成

楼地面一般由基层、垫层和面层三部分组成。

（1）基层。基层的作用是承受其上面的全部荷载，它是楼地面的基体。因此，基层要坚固、稳定。

（2）垫层。垫层位于基层之上、面层之下，是承受和传递面层荷载的构造层。楼层的垫层，还具有隔声和找坡的作用。用于底层地面的垫层多为素混凝土垫层、砂石垫层等。

（3）面层。面层是楼地面的最上层，根据不同的设计要求，面层材料各有不同，常用的有整体面层、块料面层等。

2. 楼地面的分类

（1）按面层材料分：土、灰土、三合土、菱苦土、水泥砂浆混凝土、水磨石、马赛克、木、砖和塑料地面等。

（2）按面层结构分：按照现行国家标准《建筑工程施工质量验收统一标准》（GB 50300）的规定，整体面层包括水泥混凝土面层、水泥砂浆面层、水磨石面层、水泥钢（铁）屑面层、防油渗面层、不发火（防爆的）面层；板块面层包括砖面层（陶瓷锦砖、缸砖、陶瓷地砖和水泥化砖面层）、大理石面层和花岗石面层、预制板块面层（水泥混凝土板块、水磨石板块面层）、料石面层（条石、块石面层）、塑料板面层、活动地板面层、地毯面层；木竹面层包括实木地板面层、实木复合地板面层、中密度（强化）复合地板面层、竹地板面层等。

二、一般要求

1. 施工顺序

贯彻"先地下后地上"的施工原则。

2. 保护成品

（1）建筑地面工程完工后，应对面层采取保护措施，特别是大面积整体面层、板块面层、木竹面层和楼梯踏步，防止面层表面碰撞损坏。

（2）整体面层施工后，养护时间不应小于7d；抗压强度达到5MPa后，方准上人行走；抗压强度达到设计要求后，方可正常使用。

3. 变形缝设置

建筑地面工程的变形缝应按设计要求设置，并应符合下列要求。

（1）建筑地面的沉降缝、伸缩缝和防震缝，应与结构相应缝的位置一致，且应贯通建筑地面的各构造层。

（2）沉降缝和防震缝的宽度应符合设计要求，缝内清理干净，以柔性密封材料填嵌后用板封盖，并应与面层齐平。

（3）室内地面的水泥混凝土垫层，应设置纵向缩缝和横向缩缝；纵向缩缝间距不得大于 6m，横向缩缝不得大于 12m。工业厂房、礼堂、门厅等大面积水泥混凝土垫层应分区段浇筑。分区段应结合变形缝位置、不同类型的建筑地面连接处和设备基础的位置进行划分，并应与设置的纵向、横向缩缝的间距相一致。

4. 天然石材防碱背涂处理

采用传统的湿作业铺设天然石材，由于水泥砂浆在水化时析出大量的氢氧化钙，透过石材孔隙泛到石材表面，产生不规则的花斑，俗称泛碱现象，严重影响建筑室内外石材饰面的装饰效果。因此，在天然石材铺设前，应对石材饰面采用"防碱背涂剂"等进行背涂处理。即采用湿作业法施工的饰面板工程，石材应进行防碱、背涂处理。

5. 施工环境温度

为了使建筑地面工程各层铺设材料和拌和料、胶结材料具有正常凝结和硬化条件，建筑地面工程施工时，各层环境温度及其所铺设材料温度的控制应符合下列要求。

（1）采用掺有水泥、石灰的拌和料铺设以及用石油沥青胶结料铺贴时，不应低于 5℃。

（2）采用有机胶黏剂粘贴时，不宜低于 10℃。

（3）采用砂、石材料铺设时，不应低于 0℃。

三、垫层施工

1. 刚性垫层

刚性垫层指用水泥混凝土、水泥炉渣混凝土和水泥石灰炉渣混凝土等各种低强度等级混凝土做的垫层。

混凝土垫层的厚度一般为 60～100mm。混凝土强度等级不宜低于 C10，粗骨料粒径不应超过 50mm，并不得超过垫层厚度的 2/3，混凝土配合比按普通混凝土配合比设计进行试配。其施工要点如下。

（1）清理基层，测量弹线。

（2）浇筑混凝土垫层前，基层应洒水湿润。

（3）浇筑大面积混凝土垫层时，应纵横每 6～10m 设中间水平桩，以控制厚度。

（4）大面积浇筑宜采用分仓浇筑的方法，要根据变形缝位置、不同材料面层的连接部位或设备基础位置情况进行分仓，分仓距离一般为 3～4m。

2. 柔性垫层

柔性垫层包括用土、砂、石、炉渣等散状材料经压实的垫层。砂垫层厚度不小于 60mm，应适当浇水并用平板振动器振实；砂石垫层的厚度不小于 100mm，要求粗颗粒混合摊铺均匀，浇水使砂石表面湿润，碾压或夯实不少于三遍至不松动为止。

根据需要可在垫层上做水泥砂浆、混凝土、沥青砂浆或沥青混凝土找平层。

四、水泥砂浆面层

水泥砂浆地面面层的厚度应不小于 20mm，一般用硅酸盐水泥、普通硅酸盐水泥，用中砂或粗砂配制，配合比为 1：2（体积比），强度等级不应小于 M15。

1. 工艺流程

基层处理→找标高、弹线→洒水湿润→抹灰饼和标筋→搅拌砂浆→刷水泥浆结合层→铺水泥砂浆面层→木抹子搓平→铁抹子压第一遍→第二遍压光→第三遍压光→养护。

2. 工艺要点

（1）基层处理。先将基层上的灰尘扫掉，用钢丝刷和錾子刷净、剔掉灰浆皮和灰渣层，用10%的火碱水溶液刷掉基层上的油污，并用清水及时将碱液冲净。

（2）找标高、弹线。根据墙上的50cm水平线，往下量测出面层标高，并弹在墙上。

（3）洒水湿润。用喷壶将地面基层均匀洒水一遍。

（4）抹灰饼和标筋（或称冲筋）。根据房间内四周墙上弹的面层标高水平线，确定面层抹灰厚度（不应小于20mm），然后拉水平线开始抹灰饼（5cm×5cm），横竖间距为1.5～2.0m，灰饼上平面即为地面面层标高。

如果房间较大，为保证整体面层平整度，还须抹标筋（或称冲筋），将水泥砂浆铺在灰饼之间，宽度与灰饼宽相同，用木抹子拍抹成与灰饼上表面相平一致。

铺抹灰饼和标筋的砂浆材料配合比均与抹地面的砂浆相同。

（5）搅拌砂浆。水泥砂浆的体积比宜为1∶2（水泥∶砂），其稠度不应大于35mm，强度等级不应小于M15。为了控制加水量，应使用搅拌机搅拌均匀，颜色一致。

（6）刷水泥浆结合层。在铺设水泥砂浆之前，应涂刷水泥浆一层，其水灰比为0.4～0.5（涂刷之前要将抹灰饼的余灰清扫干净，再洒水湿润），不要涂刷面积过大，随刷随铺面层砂浆。

（7）铺水泥砂浆面层。涂刷水泥浆之后紧跟着铺水泥砂浆，在灰饼之间（或标筋之间）将砂浆铺均匀，然后用木刮杠按灰饼（或标筋）高度刮平。铺砂浆时如果灰饼（或标筋）已硬化，木刮杠刮平后，同时将利用过的灰饼（或标筋）敲掉，并用砂浆填平。

（8）木抹子搓平。木刮杠刮平后，立即用木抹子搓平，从内向外退着操作，并随时用2m靠尺检查其平整度。

（9）铁抹子压第一遍。木抹子抹平后，立即用铁抹子压第一遍，直到出浆为止，如果砂浆过稀表面有泌水现象时，可均匀撒一遍干水泥和砂（1∶1）的拌和料（砂子要过3mm筛），再用木抹子用力抹压，使干拌料与砂浆紧密结合为一体，吸水后用铁抹子压平。如有分格要求的地面，在面层上弹分格线，用劈缝溜子开缝，再用溜子将分缝内压至平、直、光。上述操作均在水泥砂浆初凝之前完成。

（10）第二遍压光。面层砂浆初凝后，人踩上去，有脚印但不下陷时，用铁抹子压第二遍，边抹压边把坑凹处填平，要求不漏压，表面压平、压光。有分格的地面压过后，应用溜子溜压，做到缝边光直、缝隙清晰、缝内光滑顺直。

（11）第三遍压光。在水泥砂浆终凝前进行第三遍压光（人踩上去稍有脚印），铁抹子抹上去不再有抹纹时，用铁抹子把第二遍抹压时留下的全部抹纹压平、压实、压光（必须在终凝前完成）。

（12）养护。地面压光完工后24h，铺锯末或其他材料覆盖洒水养护，保持湿润，养护时间不少于7d，当抗压强度达5MPa才能上人。

（13）冬期施工时，室内温度不得低于+5℃。

（14）抹踢脚板。根据设计图纸规定墙基体有抹灰时，踢脚板的底层砂浆和面层砂浆分两次抹成。墙基体不抹灰时，踢脚板只抹面层砂浆。

1）踢脚板抹底层水泥砂浆：清洗基层，洒水湿润后，按50cm标高线向下量测踢脚板上口标高，吊垂直线确定踢脚板抹灰厚度，然后拉通线、套方、贴灰饼、抹1∶3水泥砂浆，用刮尺刮平、搓平整，扫毛浇水养护。

2）抹面层砂浆：底层砂浆抹好，硬化后，上口拉线贴紧靠尺，抹1∶2水泥砂浆，用灰板托灰，木抹子往上抹灰，再用刮尺板紧贴靠尺垂直地面刮平，用铁抹子压光，阴阳角、踢脚板上口用角抹子溜直压光。

五、细石混凝土面层

细石混凝土地面面层可以克服水泥砂浆地面干缩较大的弱点。这种地面强度高，干缩值小。与水泥砂浆面层相比，它的耐久性更好，但厚度较大，一般为 30～40mm。细石混凝土面层施工的基层处理和找规矩的方法与水泥砂浆面层施工相同。

1. 施工准备

（1）水泥：常温施工宜用普通硅酸盐水泥或矿渣硅酸盐水泥，冬期施工宜用普通硅酸盐水泥。水泥要采用同一水泥厂生产同期出厂的同品种、同强度等级、同一出厂编号的水泥，以保障楼地面颜色一致。要防止水泥过期强度不够，造成与基层结合不牢而空鼓和地面起砂。

（2）砂：粗砂，含泥量不大于 3%。要防止砂子过细，否则易出现空鼓、开裂。

（3）豆石：粒径为 5～15mm，含泥量不大于 2%。混凝土面层所用的石子粒径不应大于 15mm 和面层厚度的 2/3。

（4）施工机具：混凝土搅拌机、磅秤、手推车、小翻斗车、铁锹、刮杠、木抹子、铁抹子、水桶、小线、水靴。

（5）立完门框，钉好保护铁皮和木板；安装好水暖立管并堵牢管洞；门口处高于楼板面的砖层应剔凿平整；水泥、砂、石随机取样送试验室试验，且试验合格，出具细石混凝土配合比单。

2. 施工流程

找标高、弹面层水平线→基层处理→洒水润湿→冲筋贴灰饼→刷素水泥浆→浇筑细石混凝土→撒水泥砂子干面灰→第一遍抹压→第二遍抹压→第三遍抹压→养护。

3. 施工要点

（1）基层处理。基层表面的浮土、砂浆块等杂物应清理干净。墙面和顶棚抹灰时的落地灰，在楼板上拌制砂浆留下的沉积块，要用剁斧清理干净；墙角、管根、门槛等部位被埋住的杂质要剔凿干净；楼板表面的油污，应用 5%～10% 浓度的火碱溶液清洗干净。清理完后要根据标高线检查细石混凝土的厚度，防止地面过薄而产生空鼓开裂。基层清理是防止地面空鼓的重要工序，一定要认真做好。

（2）洒水润湿。提前一天对楼板进行洒水润湿，洒水量要足，第二天施工时要保证地面湿润，但无积水。

（3）冲筋贴灰饼。小房间在房间四周根据标高线做出灰饼，大房间还应该冲筋（间距 1.5m）；有地漏的房间要在地漏四周做出 5% 的泛水坡度；冲筋和灰饼均应采用细石混凝土制作，随后铺细石混凝土。

（4）刷素水泥浆。浇灌细石混凝土前应先在已湿润的基层表面刷一遍 1:（0.4～0.45）（水：水泥）的素水泥浆，要随铺随刷，防止出现风干现象，如基层表面为光滑面还应在刷浆前先将表面凿毛。

（5）浇筑细石混凝土。细石混凝土面层的强度等级应按设计要求做试配，一般为 C20，要按规范要求制作试块。铺细石混凝土后用滚筒滚压再长刮杠刮平，振捣密实，表面塌陷处应用细石混凝土填补，再用长刮杠刮一次，用木抹子搓平。

（6）撒水泥砂子干面灰。砂子先过 3mm 筛子后，用铁锹拌干面（水泥：砂子＝1:1），均匀地撒在细石混凝土面层上，待灰面吸水后用长刮杠刮平，随即用木抹子搓平。

（7）第一遍抹压。用铁抹子轻轻抹压面层，把脚印压平。

（8）第二遍抹压。当面层开始凝结，地面面层上有脚印但不下陷时，用铁抹子进行第二遍抹压，将面层的凹坑砂眼和脚印压平。要求不漏压，平面出光。地面的边角和水暖立管四周容易漏压或不平，施工时要认真操作。

（9）第三遍抹压。当地面面层上人稍有脚印，而抹压无抹子纹时，用铁抹子进行第三遍抹压，第三遍抹压要用力稍大，将抹子纹抹平压光，压光的时间应控制在终凝前完成。

（10）养护。面层抹压完 24h 后，及时洒水进行养护，每天浇水 2 次，至少连续养护 7d 后方准上人。

4. 质量标准

细石混凝土质量标准见表 8-12。

表 8-12　　　　　　　　　　　　　　细石混凝土质量标准

项目	序号	检查项目		允许偏差或允许值
主控项目	1	骨料粒径		第 5.2.3 条
	2	面层强度等级		第 5.2.4 条
	3	面层与下一层结合		第 5.2.5 条
一般项目	1	表面质量		第 5.2.6 条
	2	表面坡度		第 5.2.7 条
	3	踢脚线与墙面结合		第 5.3.8 条
	4	楼梯踏步		第 5.3.9 条
	5	表面允许偏差	表面平整度	5mm
			踢脚线上口平直	4mm
			缝格平直	3mm

六、现浇水磨石面层

现浇水磨石地面面层是指将水泥与石粒拌和料铺设在水泥砂浆结合层上，等硬化后经打磨上蜡而成。由于所用石屑的色彩、粒径、形状、级配不同及添加不同的颜料，可按设计要求做成多种不同色彩、纹理的图案，因此应用范围较广。其优点是美观大方、平整光滑、坚固耐久、易于保洁、整体性好，缺点是施工工序多、施工周期长、噪声大、现场湿作业易形成污染（见图 8-42）。

图 8-42　现浇水磨石地面

水磨石地面面层施工，一般是在完成顶棚，墙面等抹灰后进行，也可以在水磨石楼、地面磨光两遍后再进行顶棚、墙面抹灰，但对水磨石面层应采取保护措施。

1. 材料的要求

材料进场后（如石渣、水泥、砂、颜料）应仔细观察，并检查物质材质证明、产品合格证等质量证明文件是否齐全，检验合格后方可使用。

（1）水泥。原色水磨石面层宜采用普通硅酸盐水泥和矿渣硅酸盐水泥；对于彩色水磨石面层，应采用白水泥。严禁不同型号水泥混用。

（2）砂。中砂，过 8mm 孔径的筛子，含泥量不得大于 3%。

（3）石粒。石粒应采用坚硬可磨的白云石、大理石、方解石等岩石，破碎筛分而成，硬度过高的石英岩、刚玉、长石等不宜采用。石粒应颜色粗细均匀一致，洁净，无泥沙、杂物。石渣的粒径一般为 6~15mm，最大粒径比水磨石面层厚度小 1~2mm。

（4）颜料。应采用耐光、耐碱的矿物颜料，禁用酸性颜料，掺入量宜为水泥重量的 3%~6%，深色不超过 12%，或由试验确定。同一色彩的面层应使用同厂、同批的颜料。常用颜料有氧化铁红（俗称铁红）、氧化铁黄（俗称铁黄）、镉黄、铬绿、炭黑等。

（5）分格条。有铜条、铝条、玻璃条、塑料条等，水磨石常用的分格条为铜条。分格条要求平直、厚度均匀。分格条的长度依分格尺寸定，宽度根据面层的厚度定，一般铜条和铝条为 1～2mm、塑料条为 2～3mm、玻璃条为 3mm。

（6）草酸、地板蜡等。颜色应符合磨面的颜色要求。

2. 工艺流程

基层处理→找标高→弹水平线→铺抹找平层砂浆→养护→弹分格线→镶分格条→拌制水磨石拌和料→涂刷水泥浆结合层→铺水磨石拌和料→滚压、抹平→试磨→粗磨→细磨→磨光→草酸清洗→打蜡上光。

3. 工艺要点

（1）基层处理。将混凝土基层上的杂物清净，不得有油污、浮土。用钢錾子和钢丝刷将沾在基层上的水泥浆皮錾掉铲净。

（2）找标高弹水平线。根据墙面上的 50cm 标高线，往下量测出磨石面层的标高，弹在四周墙上，并考虑其他房间和通道面层的标高要相互一致。

（3）抹找平层砂浆。

1）根据墙上弹出的水平线，留出面层厚度（10～15mm 厚），抹 1∶3 水泥砂浆找平层，为了保证找平层的平整度，先抹灰饼（纵横方向间距 1.5m 左右），大小为 8～10cm。

2）灰饼砂浆硬结后，以灰饼高度为标准，抹宽度为 8～10cm 的纵横标筋。

3）在基层上洒水湿润，刷一道水灰比为 0.4～0.5 的水泥浆，面积不得过大，随刷浆随铺抹 1∶3 找平层砂浆，并用 2m 长刮杠以标筋为标准进行刮平，再用木抹子搓平。

（4）养护。抹好找平层砂浆后养护 24h，待抗压强度达到 1.2MPa，方可进行下道工序施工。

（5）弹分格线。根据设计要求的分格尺寸，一般采用 1m×1m。在房间中部弹十字线，计算好周边的镶边宽度后，以十字线为准可弹分格线。如果设计有图案要求时，应按设计要求弹出清晰的线条。

（6）镶分格条。用小铁抹子抹稠水泥浆将分格条固定住（分格条安在分格线上），抹成 30°八字形（见图 8-43），高度应低于分格条条顶 3mm，分格条应平直（上平必须一致）、牢固、接头严密，不得有缝隙，作为铺设面层的标志。另外在粘贴分格条时，在分格条十字交叉接头处，为了使拌和料填塞饱满，在距交点 40～50mm 内不抹水泥浆（见图 8-44）。

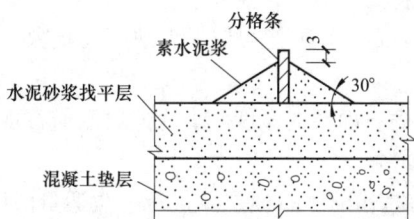

图 8-43　制水磨石地面镶嵌分格条剖面示意　　　图 8-44　分格条交叉处正确的粘贴方法

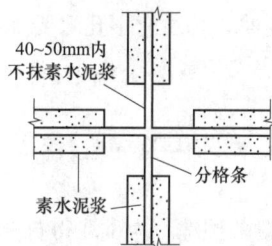

采用铜条时，应预先在两端头下部 1/3 处打眼，穿入 22 号铁丝，锚固于下口八字角水泥浆内。镶条后 12h 后开始浇水养护，最少 2d，一般洒水养护 3～4d，在此期间房间应封闭，禁止各工序进行。

（7）拌制水磨石拌和料（或称石渣浆）。

1）拌和料的体积比宜采用 1∶1.5～1∶2.5（水泥∶石粒），要求配合比准确，拌和均匀。

2）彩色水磨石拌和料，除彩色石粒外，还加入耐光耐碱的矿物颜料，其掺入量为水泥重量的 3%～6%，普通水泥与颜料配合比、彩色石子与普通石子配合比，在施工前都须经试验室试验后确定。同一彩色水磨石面层应使用同厂、同批颜料。在拌制前应根据整个地面所需的用量，将水泥和所需颜料一次统一配好、配足。配料时不仅用铁铲拌和，还要用筛子筛匀后，用包装袋装起来存放在干燥的室内，避免受潮。彩色石粒与普通石粒拌和均匀后，集中储存待用。

3）各种拌和料在使用前加水拌和均匀，稠度约 6cm。

（8）涂刷水泥浆结合层。先用清水将找平层洒水湿润，涂刷与面层颜色相同的水泥浆结合层，其水灰比宜为 0.4～0.5，要刷均匀，也可在水泥浆内掺加胶黏剂，要随刷随铺拌和料，不可刷得面积过大，防止浆层风干导致面层空鼓。

（9）铺设水磨石拌和料。

1）水磨石拌和料的面层厚度，除有特殊要求以外，宜为 12～18mm，并应按石料粒径确定。铺设时将搅拌均匀的拌和料先铺抹分格条边，后铺入分格条方框中间，用铁抹子由中间向边角推进，在分格条两边及交角处特别要注意压实抹平，随抹随用直尺进行平度检查。如局部地面铺设过高时，应用铁抹子将其挖去一部分，再将周围的水泥石子浆拍挤抹平（不得用刮杠刮平）。

2）几种颜色的水磨石拌和料不可同时铺抹，要先铺抹深色的，后铺抹浅色的，待前一种凝固后，再铺后一种（因为深颜色的掺矿物颜料多，强度增长慢，影响机磨效果）。

（10）滚压、抹平。用滚筒液压前，先用铁抹子或木抹子在分格条两边宽约 10cm 范围内轻轻拍实（避免将分格条挤移位）。滚压时用力要均匀（要随时清掉粘在滚筒上的石渣），应从横竖两个方向轮换进行，达到表面平整密实、出浆石粒均匀为止。待石粒浆稍收水后，再用铁抹子将浆抹平、压实，如发现石粒不均匀之处，应补石粒浆再用铁抹子拍平、压实。24h 后浇水养护。

（11）试磨。一般根据气温情况确定养护天数，温度在 20～30℃时 2～3d 即可开始机磨，过早开磨石粒易松动；过迟造成磨光困难。所以需进行试磨，以面层不掉石粒为准。

（12）粗磨。第一遍用 60～90 号粗金刚石磨，使磨石机机头在地面上走横"8"字形，边磨边加水（如磨石面层养护时间太长，可加细砂，加快机磨速度），随时清扫水泥浆，并用靠尺检查平整度，直至表面磨平、磨匀，分格条和石粒全部露出（边角处用人工磨成同样效果），用水清洗晾干，然后用较浓的水泥浆（如掺有颜料的面层，应用同样掺有颜料配合比的水泥浆）擦一遍，特别是面层的洞眼小孔隙要填实抹平，脱落的石粒应补齐。浇水养护 2～3d。

（13）细磨。第二遍用 90～120 号金刚石磨，要求磨至表面光滑为止。然后用清水冲净，满擦第二遍水泥浆，仍注意小孔隙要细致擦严密，然后养护 2～3d。

（14）磨光。第三遍用 200 号细金刚石磨，磨至表面石子显露均匀，无缺石粒现象，平整、光滑，无孔隙为度。

普通水磨石面层磨光遍数不应少于三遍，高级水磨石面层的厚度和磨光遍数及油石规格应根据设计确定。

（15）草酸擦洗。为了取得打蜡后显著的效果，在打蜡前磨石面层要进行一次适量限度的酸洗，一般均用草酸进行擦洗，使用时，先用水加草酸混合成约 10% 浓度的溶液，用扫帚蘸后洒在地面上，再用油石轻轻磨一遍；磨出水泥及石粒本色，再用水冲洗软布擦干。此道操作必须在各工种完工后才能进行，经酸洗后的面层不得再受污染。

（16）打蜡上光。将蜡包在薄布内，在面层上薄薄涂一层，待干后用钉有帆布或麻布的木块代替油石，装在磨石机上研磨，用同样方法再打第二遍蜡，直到光滑洁亮为止。

（17）冬期施工现制水磨石面层时，环境温度应保持＋5℃以上。

（18）水磨石踢脚板。

1）抹底灰。与墙面抹灰厚度一致，在阴阳角处套方、量尺、拉线，确定踢脚板厚度，按底层灰的厚度冲筋，间距1～1.5m。然后装档用短杠刮平，木抹子搓成麻面并划毛。

2）抹磨石踢脚板拌和料。先将底子灰用水湿润，在阴阳角及上口，用靠尺按水平线找好规矩，贴好靠尺板，先涂刷一层薄水泥浆，紧跟着抹拌和料，抹平、压实。刷水两遍将水泥浆轻轻刷去，达到石子面上无浮浆。常温下养护24h后，开始人工磨面。

第一遍用粗油石，先竖磨再横磨，要求把石渣磨平，阴阳角倒圆，擦第一遍素灰，将孔隙填抹密实，养护1～2d，再用细油石磨第二遍，用同样方法磨完第三遍，用油石出光打草酸，用清水擦洗干净。

3）人工涂蜡。擦两遍出光成活。

七、环氧树脂面层

1. 材料准备

材料包括：环氧树脂自流平涂料、基层处理剂（底油）、面层处理剂、填平修补腻子，填料如石英砂、石英粉。环氧树脂地流平涂料目前多为双组分，应按一定配比充分混匀，其质量应符合标准。

2. 机具准备

机具包括：漆刷或滚筒、盛水桶、低转速搅拌器（400r/min）或电动搅拌枪、专用钉鞋、镘刀、专用齿针刮刀、放气滚筒。施工机具在使用前需清洗干净。用完后的工具要在干固时间内用水清理，以免影响下次使用。

3. 基层处理

施工基层应平整、粗糙，清除浮尘、旧涂层等，达到C25以上强度，并做断水处理，不得有积水，干净、密实。不能是疏松土、松散颗粒、石膏板、涂料、塑料、乙烯树脂、环氧树脂及有黏结剂残余物、油污、石蜡、养护剂及油腻等污染物附着。新浇混凝土不得少于4周，起壳处需修补平整，密实基面需机械方法打磨，并用水洗及吸尘器吸净表面疏松颗粒，待其干燥。有坑洞或凹槽处应于1天前以砂浆或腻子先行刮涂整平，超高或凸出点应予铲除或磨平，以节省用料，并提升施工质量。

4. 工艺流程

清理基面→涂刷底涂（间隔时间30min左右）→配制自流平浆料→浇注→刮涂面层→专用滚筒消泡（在20min内）→自流平地面完成。

5. 施工要点

（1）底涂。将底油加水以1∶4稀释后，均匀涂刷在基面上。1kg底油涂布面积为5m²。用漆刷或滚筒将自流平底涂剂涂于处理过的混凝土基面上，涂刷两层，在旧基层上需再增1道底漆。第一层干燥后方可涂第二层（间隔时间30min左右）。底涂剂用量约为0.18kg/m²，每桶可施工约为110m²。底涂剂干燥后进行自流平施工。

（2）浆料拌和。先称量7kg的水量置于拌和机内，边搅拌边加入环氧树脂自流平，直到均匀不见颗粒状，且流动性佳的情况，再继续搅拌3～4min，使浆料均匀，静止10min左右方可使用。如一次拌和两包，则先加14kg的水，但只能先加一包，搅和至均匀不见颗粒，再加第二包。

（3）刮涂面层。待底油半干后即可浇注浆料，并以带齿推刀或刮板加助展开，并控制薄层厚度，再以消泡滚筒处理即成高平整地坪。将搅拌均匀自流平砂浆倒于底涂过的基面上，一次涂抹须达到所需厚度，再用镘刀或专用齿针刮刀摊平，再用放气滚筒放气，待其自流。表面凝结后，不用再涂抹。用量标准见表 8-13。

表 8-13 　　　　　　　　　　　　　　　　**面层涂刷用量表**

基面平整情况	厚度（mm）	用量（kg/m²）
微差表面整平	≥2	约 3.2
一般表面整平	≥3	约 4.8
标准全空间整平	≥6	约 9.6
严重不平整基体整平	≤10	约 16

八、陶瓷地砖面层

陶瓷地砖是以优质陶土为原料，经半干压成型，再经过高温焙烧而成。按生产工艺分有釉面砖和通体砖，按花色有仿古砖、玻化抛光砖、釉面砖、防滑砖等。常用的规格有 300mm×300mm、400mm×400mm、500mm×500mm、600mm×600mm、800mm×800mm、1000mm×1000mm 等。陶瓷地砖具有耐磨、耐用、易清洗、不渗水、耐酸碱、强度高、装饰效果丰富等优点。

1. 工艺流程

处理、润湿基层 → 弹线、定位 → 打灰饼、做冲筋 → 铺结合层砂浆 → 挂控制线 → 铺贴地砖 → 敲击至平整 → 处理砖缝 → 清洁、养护。

2. 施工要点

（1）基层处理。对楼地面有起砂、空鼓、裂缝等情况要剔除修补，有不洁污染的一定要清除洗净，同时还要将楼地面洒水润湿。

（2）弹线、定位。在地砖定位前弹好标高 50cm 水平控制线和各开间中心（十字线）及拼花分隔线。定位有对角定位（砖缝与墙角成 45°）和直角定位（砖缝与墙面平行）。施工时注意，应距墙边留出 200~300mm 作为调整尺度；若房间内外铺贴不同的地砖，其交接处应在门扇下中间位置且门口不宜出现非整砖，非整砖应放在房间墙边不显眼处。

（3）抹结合层。根据标高基准水平线，打灰饼及用压尺做好冲筋；再刷水灰比为 0.5 的素水泥浆；根据冲筋厚度，用 1:3 或 1:4 的干硬性水泥砂浆（以手握成团不泌水为准）铺结合层，并用压尺及木抹子压平压实（抹铺结合层时，基层应保持湿润，已刷素水泥浆不得有风干现象）。结合层抹好后，以人站上面只有轻微脚印而无凹陷为准。对照中心线（十字线）在结合层面上弹陶瓷地砖控制线，靠墙一行陶瓷地砖与墙边距离应保持一致，一般纵横每五块设置一条控制线。

（4）陶瓷地砖铺贴。铺贴前，对地砖的规格、尺寸、色泽、外观质量等应进行预选（砖面层的表面应洁净、图案清晰，色泽一致，接缝平整，深浅一致，周边顺直。板块无裂纹、掉角和缺棱等缺陷），并浸水润泡 2~3h 后取出晾干至表面无明水待用；根据控制线先铺贴好左右靠边基准行的地砖，以后根据基准行由内向外挂线逐行铺贴；用约 3mm 厚的水泥浆满涂地砖背面，对准挂线及缝隙，将地砖铺贴上，用木槌适度用力敲击至平整，并且一边铺贴一边用水平尺检查校正；砖缝宽度，密缝铺贴时≤1mm，虚缝铺贴时一般为 3~10mm；挤出的水泥浆及时清理干净，缝隙以凹1mm 为宜。

（5）勾缝、擦缝。地砖铺贴 24h 后进行勾缝和擦缝工作，并应采用同一品种、同强度等级、同颜色的水泥或用专门的嵌缝材料。勾缝，用 1:1 水泥砂浆，缝内深度宜为砖厚的 1/3，要求缝内砂浆密实、平整、光滑。随勾随将剩余水泥砂浆清走、擦净。擦缝，在铺实修好的面层上用浆壶往缝内浇水泥浆，然后用干水泥撒在缝上，再用棉纱团擦揉，将缝隙擦满。最后将面层上的水泥浆擦干净。

（6）养护。铺贴 24h 后应洒水养护，时间不应少于 7d。

九、天然大理石与花岗石面层

大理石板、花岗石板从天然岩体中开采出来、经过加工成块材或板材，再经过粗磨、细磨、抛光、打蜡等工序，加工成各种不同质感的高级装饰材料。其成品规格一般为 500mm×600mm、600mm×600mm，厚 10～30mm，也可根据设计要求加工，或用毛光板在现场按实际需要的规格尺寸切割。大理石结构致密、强度较高、吸水率低，但硬度较低、不耐磨、抗侵蚀性能较差，属于碱性石材，不宜用于室外地面；花岗石结构致密、坚硬、耐酸、耐腐、耐磨，吸水性小，抗压强度高，耐冻性强（可经受 100～200 次以上的冻融循环），耐久性好，适用范围广（其中磨光花岗石板材不得用于室外地面）。二者属中高档地面装饰，但是自重较大，造价较高。

1. 工艺流程

基层清理 → 弹线 → 试拼、试铺 → 板块浸水 → 扫浆 → 铺水泥砂浆结合层 → 铺板 → 灌缝、擦缝 → 上蜡养护。

2. 施工要点

与陶瓷地砖基本相同，只是涉及楼地面整体图案时，要求试拼、试排。另外，大理石、花岗石板楼地面在养护前，还需打蜡处理。

（1）试拼。板材在正式铺设前，应按设计要求的排列顺序，每间按设计要求的图案、颜色、纹理进行试拼，尽可能使楼地面整体图案与色调和谐统一。试拼后按要求进行预排编号，随后按编号堆放整齐。

（2）预排。在房间两个垂直方向，根据施工大样图把石板排好，以便检查板块之间的缝隙，核对板块与墙面、柱面的相对位置。

（3）铺板。铺贴顺序应从里向外逐行挂线。缝隙宽度如设计无要求时，花岗石板、大理石板不应大于 1mm。为防止面层出现反白污染，天然石材应进行防碱背涂处理。

（4）灌缝、擦缝。铺贴完成 24h 后，经检查石板表面无断裂、空鼓后，用稀水泥（颜色与石板配合）刷浆填缝饱满，随即用干布擦至无残灰、污迹为止。铺好石板 2d 内禁止踩踏和堆放物品。

（5）打蜡。当板块接头有明显高低差时，待砂浆强度达到 70% 以上，分遍浇水磨光，最后用草酸清洗面层，再打蜡。

3. 踢脚板施工

踢脚板是楼地面与墙面相交处的构造处理，高度一般为 100～150mm。设置踢脚板的作用是遮盖楼地面与墙面的接缝，保护墙面根部及避免清洗楼地面时被沾污。踢脚板一般在地面铺贴完工后施工。

（1）将基层浇水湿透，根据 50cm 水平控制线，测出踢脚板上口水平线，弹在墙上，再用线坠吊线。确定出踢脚板的出墙厚度，一般为 8～10mm。拉踢脚板上口水平线，在墙两端各安装一块踢脚板，其上口高度在同一水平线内，出墙厚度要一致，然后用 1∶2 水泥砂浆逐块依次镶贴踢脚板，随时检查踢脚板的水平度和垂直度。

（2）镶贴前先将石板刷水湿润，阳角接口板按设计要求处理成 45°。

（3）对于大理石（花岗石）踢脚板，在墙面抹灰时，要空出一定高度不抹，一般以楼地面层向上量 150mm 为宜，以便控制踢脚的出墙厚度。

（4）镶贴踢脚板时，板缝宜与地面的石板板缝构成骑马缝。注意在阳角处需磨角，留出 4mm 不磨，保证阳角有一等边直角的缺口。阴角应使大面踢脚板压小面踢脚板。

（5）用棉丝蘸与踢脚板同颜色的稀水泥浆擦缝，踢脚板的面层打蜡同地面一起进行，方法参照前述方法进行。

十、木地板面层

木地板的施工方法可分为空铺式和实铺式。空铺式是指木地板通过地垄墙或砖墩等架空再安

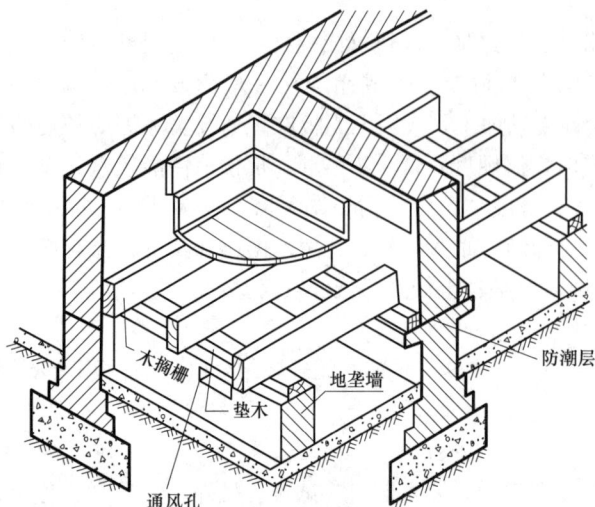

图8-45　空铺式木地面构造

装，一般用于平房、底层房屋或较潮湿地面以及地面敷设管道需要将木地板架空等情况（见图8-45）。其优点是使实木地板更富有弹性、脚感舒适、隔声、防潮，缺点是施工较复杂、造价高、占空间高度较大。实铺式是直接在基层的找平层上固定木搁栅，然后将木地板铺钉在木搁栅或木搁栅上的毛地板上（见图8-46）。这种做法具有空铺木地板的大部分优点，且施工较简单，实际工程中一般用于2层以上的干燥楼面。另一种实铺式木地板的做法，是在钢筋混凝土楼板上或底层地面的素混凝土垫层上做找平层，再用黏结材料将各种木地板直接粘贴在找平层上而成。这种做法构造简单、造价低、功效快、占空间高度小，但弹性较差。

以下介绍实铺式双层木地板地面和复合木地板地面的施工。

1. 实铺式双层木地板面层

（1）对材料的要求。

1）木搁栅、垫木：一般选用红白松，其含水率宜控制在12%以内，断面尺寸按设计要求加工，梯形断面一般为上50mm下70mm，矩形断面为70mm×70mm。上下面应刨光，并经防腐、防蛀和防火处理。

2）企口板：应采用不易腐朽和变形开裂的木材制成顶面刨平、侧面带有企口的木板，宽度不应大于120mm，厚度应符合设计要求。木地板均应通过干燥、防腐、防蛀处理，其含水率不应大于12%（必须见证取样复验），并应符合当地平衡含水率。面层应刨平、磨光，

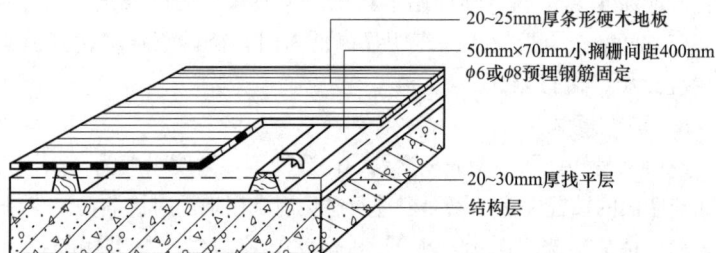

- 20~25mm厚条形硬木地板
- 50mm×70mm小搁栅间距400mm φ6或φ8预埋钢筋固定
- 20~30mm厚找平层
- 结构层

图8-46　实铺式单层木地面构造

无明显刨痕和毛刺等现象，图案清晰，颜色均匀一致，通过进场时的观察、手摸和脚踩检查。

3）毛地板。毛地板厚度在22~25mm，宽度不大于120mm。材质同企口板，但可用钝棱料。毛地板木材的含水率限制在8%~13%以内。

4）其他材料。如防潮纸、胶黏剂、铁钉、12号镀锌铁丝、橡胶垫块等必须到位。经检查合格后放置现场以备用。

（2）工艺流程：弹好格栅安装位置线及水平线→安装固定格栅、剪刀撑→铺设毛地板→找平、刨平→铺设木地板→找平、刨光、打磨→安装踢脚板→油漆。

（3）施工要点。

1）格栅安装。按弹线位置，用双股12号镀锌铁丝将格栅绑扎在预埋Ω形铁件上，或在基层上用墨线弹出十字交叉点（木搁栅的位置和孔距的交叉点），然后用φ6的冲击电钻在交叉点处打孔，

在孔内下木楔，用长钉将木格栅固定在木楔上。安装时应平头碰接，纵横拉线找平。这样操作时，应注意不得损坏基层和预埋管线。木格栅与墙间应留出不小于30mm的缝隙。铺钉完毕，检查水平度、直线度。合格后，钉横向木撑或剪刀撑，中距一般600mm。

2）钉毛地板。毛地板铺设时，应与格栅成30°或45°斜向钉牢，并使其髓心向上，板间的缝隙不大于3mm，与墙之间留有10～12mm空隙，表面应刨平。每块毛地板与其下的每根格栅上各用两枚钉固定，钉的长度为毛地板厚度的2.5倍。为防止潮气侵蚀，可在毛地板上干铺一层沥青油毡或按设计要求。毛地板表面同一水平度达到控制要求后方能铺面板。

3）铺面板。企口板直接固定在毛地板上。铺设时应从靠门较近的一侧开始铺钉，每铺设600～800mm宽度应弹线找直修整，然后依次向前铺钉。板端接缝应间隔错开并有规律地在一条直线上，缝隙宽度不应大于1mm，如用硬木企口板则不得大于0.5mm。企口板与墙壁之间要留10～15mm的缝隙，并用木踢脚线封盖。

4）面层刨光、打磨。企口板面层表面不平处应进行刨光，可采用刨地板机刨光（转速在5000r/min以上），与木纹成45°斜刨，边角部位用手刨。刨平后用细刨净面，最后用磨地板机装砂布磨光。刨光后方可装订木踢脚线。

5）安装踢脚板。木踢脚线一般宽为150mm，厚度20～25mm，背面开槽（背面应做防潮处理）以防翘曲。木踢脚线应用钉钉牢在墙内防腐木砖上，钉帽砸扁冲入板内，长度方向上木踢脚线应做45°斜角相接。木踢脚线与木板面层转角处应钉设木压条。

6）油漆。将地板清理干净，然后补凹坑，批刮腻子、着色，最后刷清漆。当木地板为清漆罩面时，需擦软蜡（用铲刀铲软蜡放在白布中包好涂地板，要厚薄均匀。等软蜡干透，用蜡刷子从横到竖顺木纹擦直至光亮为止）。

2. 复合木地板面层

复合木地板是以中密度纤维板（原木经粉碎、添加胶粘剂、防腐处理、高温高压制成）或木板条为基材，用耐磨塑料贴面板或珍贵树种2～4mm的薄木等作为覆盖材料而制成。一般由4层材料复合组成：底层、基材层、装饰层和耐磨层，其中耐磨转数决定了其寿命。复合木地板安装方便，板与板之间可通过槽榫进行连接。在地面平整度保证的前提下，复合木地板可直接浮铺在地面上而不需用胶粘接（施工环境的最佳相对湿度为40%～60%）。但是，复合木地板大面积铺设时，会有整体起拱变形的现象，而且板与板之间的边角容易折断或磨损。复合木地板适用于办公室、会议室、商场、展览厅、民用住宅等的地面装饰。

目前，在市场上销售的复合木地板规格都是统一的，宽度为120mm、150mm和195mm；长度为1.5m和2m；厚度为6mm、8mm和14mm。

（1）工艺流程：基层处理 → 弹线、找平 → 铺垫层 → 试铺预排→ 铺地板 → 铺踢脚板 → 清洁。

（2）施工要点。

1）铺垫层。垫层为聚乙烯泡沫塑料薄膜，铺时横向搭接150mm。垫层可增加地板隔潮作用，改善地板的弹性、稳定性，并减少行走时地板产生的噪声（见图8-47）。

2）预排时计算最后一排板的宽度，如小于50mm则削减第一排板块宽度，使二者均等。

3）铺地板和踢脚板（见图8-48、图8-49）。铺贴时，按板块顺序板缝涂胶拼接。胶刷在企口舌部而非企口槽内。在地板企口施胶逐块铺设过程中，为使槽榫精确吻合并黏结严密，可以采用锤击的方法，但不得直接打击地板，可用木方垫块顶住地板边再用锤轻轻敲击（见图8-50）。复合木地板与四周墙必须留缝，以备地板伸缩变形，缝宽为8～10mm，用木楔调直。地板面积超过30m²中间还要留缝。

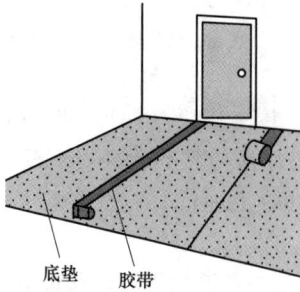
图 8-47　垫层铺设

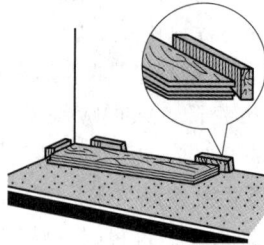
图 8-48　第一块板安装

图 8-49　踢脚板安装

底垫　胶带

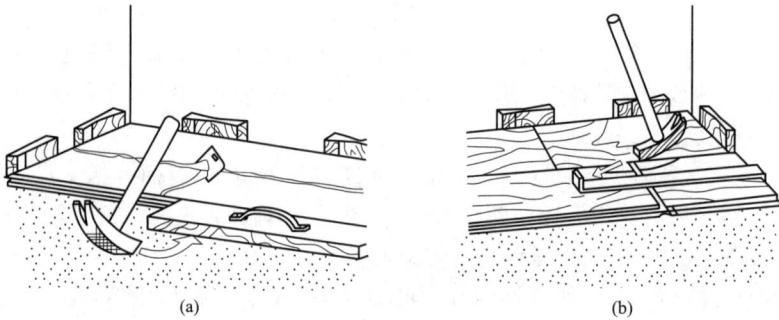
(a)　　　　　　　　　　　　　　　　(b)

图 8-50　挤紧复合木地板的方法
（a）板槽拼缝挤紧；（b）靠墙处挤紧

（3）地板的施工过程及成品保护，必须按产品使用说明的要求，注意其专用胶的凝结固化时间，铲除溢出板缝外的胶条、拔除墙边木塞以及最后做表面清洁等工作，均应待胶黏剂完全固化后方可进行，此前不得碰动已铺装好的复合木地板。

（4）复合木地板铺装 48h 后方可使用。

十一、质量检验

通过以上工序将各种面层施工完毕，施工方应进行自检，施工方应向监理方将自检合格记录报验，并附材质合格证、检测报告、施工图设计文件、胶黏剂和处理剂的检测报告、隐蔽工程验收记录、施工日记、观感质量评价等资料。监理方、建设方、设计方在现场实地检验、检测合格，且资料真实可靠，观感评价合格，由监理工程师签字验收。有关分项工程、子分部工程的质量验收记录和检验批质量验收的具体内容如主控项目、一般项目及检验方法可参见《建筑工程质量验收统一标准》（GB 50300）、《建筑地面工程施工质量验收规范》（GB 50209）。

第六节　轻质隔墙工程

轻质隔墙是一种分割室内空间的非承重构件，可以根据需要，用轻质隔墙对室内空间进行灵活划分。轻质隔墙按构造方式和所用材料的种类不同分为板材隔墙、骨架隔墙、活动隔墙、玻璃隔墙 4 种类型。

一、板材隔墙

板材隔墙是指不需设置隔墙龙骨，由隔墙板材自承重，将预制或现制的隔墙板材直接固定于建筑主体结构上的隔墙工程。板材隔墙有许多类型，由于石膏板条隔墙，具有自重轻、强度高、刚度

大、防火及加工性能好、安装方便等优点，常应用于
住宅装修工程（但不适合于厨房、卫生间等湿度大的
房间）。现以石膏板隔墙为例介绍。石膏板［分为普通
纸面石膏板（常用）、纤维石膏板、石膏装饰板
（见图8-51）等］以石膏为主要材料，加入纤维、黏
结剂、改性剂，经混炼压制、干燥而成。

石膏板隔墙的施工工艺为：基层处理→放线→配
板→安装U形扣（有抗震要求者）→安装隔墙板→安
装门窗→板缝处理→板面装饰。

图8-51　雕花石膏板

（1）组装顺序。当有门洞口时，应从门洞口处向两
侧依次进行；当无洞口时，应从一端向另一端顺序安装。

（2）配板。板材隔墙饰面板安装前应按品种、规格、颜色等进行分类选配。板的长度应按楼层
结构净高尺寸减20mm。计算并测量门窗洞口上部及窗口下部的隔板尺寸，并据此配有预埋件的门
窗框板。

（3）安装隔墙板。板材隔墙安装拼接应符合设计和产品构造要求。

（4）安装方法主要有刚性连接和柔性连接。刚性连接适用于非抗震设防区的内隔墙安装，柔性连接
适用于抗震设防区的内隔墙安装。在板材隔墙上开槽、打孔应用云石机切割或电钻钻孔，不得直接剔凿
和用力敲击。安装板材隔墙所用的金属件应进行防腐处理。板材隔墙拼接用的芯材应符合防火要求。

二、骨架隔墙

骨架隔墙是指在隔墙龙骨两侧安装墙面板以形成墙体的轻质隔墙。骨架墙主要是由龙骨作为受
力骨架固定于建筑主体结构上，轻钢龙骨石膏板隔墙就是典型的骨架隔墙。骨架中根据设计要求可
以设置隔声、保温填充材料和安装设备管线等。骨架主要有轻钢龙骨和木龙骨两类，罩面板多采用
纸面石膏板、胶合板、纤维板及石膏增强空心板等组成。骨架隔墙工程施工总的基本程序是：首先
定位放线；安装沿顶和滚地龙骨，龙骨可采用轻钢或木龙骨；安装配件和附件，包括电器管线、各
类开关和插座等；在镶贴饰面板前，应检查或调整龙骨、配件和附件等是否完备，位置是否准确和
牢固；罩面板安装，如安装石膏板，用自攻螺钉或水泥粘贴剂将其固定在龙骨上；如使用胶合板或
纤维板安装，其基层表面应用油纸油毡防潮，铺设平整、搭接严密、固定牢靠；安装踢脚板等基本
工序。对骨架隔墙工程应保证其施工质量，每道工序都应认真检查，质量不合格应返工处理。

1. 木骨架隔墙的施工工艺
弹线分档→刷防火涂料→拼装木骨架→木骨架固定→面板安装。

2. 轻钢骨架隔墙的施工工艺
弹线、分档→安装轻钢骨架→安装罩面板。

3. 铝合金骨架隔墙的施工工艺
弹线、分档→安装骨架→安装罩面板。

4. 饰面板安装
骨架隔墙一般以纸面石膏板、人造木板、水泥纤维板等为墙面板。

（1）石膏板安装。安装石膏板前，应对预埋隔墙中的管道和附于墙内的设备采取局部加强措施。
石膏板应竖向铺设，长边接缝应落在竖向龙骨上。双面石膏板安装时两层板的接缝不应在同一根龙
骨上；需进行隔声、保温、防火处理的应根据设计要求在一侧板安装好后，进行隔声、保温、防火材
料的填充，再封闭另一侧板。石膏板应采用自攻螺钉固定。周边螺钉的间距不应大于200mm，中间
部分螺钉的间距不应大于300mm，螺钉与板边缘的距离应为10~15mm。安装石膏板时，应从板的中

部开始向板的四边固定。钉头略埋入板内，但不得损坏纸面；钉眼应用石膏腻子抹平。

（2）胶合板和纤维复合板安装。安装胶合板的基体应进行防火、防潮处理。胶合板宜采用直钉或门形钉固定，钉距为80～150mm。需要隔声、保温、防火的隔墙，应根据设计要求在龙骨一侧板安装好后，进行隔声、保温、防火等材料的填充，再封闭另一侧板。墙面用胶合板、纤维板装饰时，阳角处宜做护角。

三、活动隔墙

活动隔墙是指推拉式活动隔墙、可拆装的活动隔墙等。

1. 工艺流程

墙位放线→预制隔扇（帷幕）→安装轨道→安装隔扇（帷幕）。

2. 施工方法

活动隔墙安装按固定方式不同分为悬吊导向式固定、支承导向式固定方式。活动隔墙的轨道必须与基体结构连接牢固并应位置正确。

3. 安装轨道

（1）当采用悬吊导向式固定时，隔扇荷载主要由天轨承载。天轨安装时，应将天轨平行放置于楼板或顶棚下方，然后固定牢固。

（2）当采用支承导向式固定时，隔扇荷载主要由地轨承载。地轨安装时应位置正确，并预留门及转角位置。同时在楼板或顶棚下方安装导向轨。

四、玻璃隔墙

玻璃隔墙是指以成品玻璃砖、彩色玻璃、刻花玻璃、压花玻璃或采用夹花、喷漆玻璃等玻璃制品为饰面材料，以金属材料、木材为支承骨架形成的轻质墙体。玻璃隔墙按采用的材料不同分为玻璃砖隔墙工程、玻璃板隔墙工程。

1. 施工方法

（1）玻璃砖砌体宜采用十字缝立砖砌法。

（2）玻璃砖墙宜以1.5m高为一个施工段，待下部施工段胶结材料达到设计强度后再进行上部施工。

（3）当玻璃砖墙面积过大时，应增加支撑。玻璃砖墙的骨架应与结构连接牢固。

（4）玻璃砖应排列均匀整齐，表面平整，嵌缝的油灰或密封膏应饱满密实。

2. 玻璃板隔墙

玻璃板隔墙应使用安全玻璃。按框架不同分为有竖框玻璃隔墙和无竖框玻璃隔墙。

3. 嵌缝打胶

玻璃全部就位后，校正平整度、垂直度，同时用聚苯乙烯泡沫条嵌入槽口内，使玻璃与金属槽接缝平伏、紧密，然后注硅酮结构胶。玻璃板块间接缝应注胶嵌缝，注胶嵌缝时应注意成品保护。

五、轻质隔墙工程质量控制与检验

详见《建筑装饰装修工程施工质量验收规范》（GB 50210）相关规定执行。

第七节 吊 顶 工 程

吊顶又称顶棚、天花板，是建筑装饰装修分部工程的一个重要子分部工程。吊顶具有保温、隔声和吸音，照明、暖卫、通风空调、通信和防火、报警管线设备的隐蔽层作用。按施工工艺的不同，分为暗龙骨吊顶（又称隐蔽式吊顶）和明龙骨吊顶（又称活动式吊顶）。按照龙骨的材质分类，可分木龙骨、轻钢龙骨、铝合金龙骨吊顶等。吊顶工程由支承部分（吊杆和主龙骨）、基层（次龙骨）和面层三部分组成。

一、吊顶工程的规定、材料要求及机具

1. 一般规定

(1) 吊顶用的材料质量及品种、规格均应符合设计要求和规范规定。其材质可以是传统的木结构吊顶骨架；目前大多采用的是轻钢龙骨和铝合金型材龙骨。

(2) 龙骨在运输中及安装时，不得扔摔、碰撞。龙骨堆置应垫实放平、注意防潮。

(3) 在现浇楼板及预制板的板缝中，应按设计要求在结构施工中预留吊杆，吊杆可采 $\phi6\sim\phi10$ 钢筋，根据吊顶荷载而定。大型公共建筑如剧场等的吊顶还有专门设计，吊杆及骨架可能要用型钢。因该类吊顶要上人检修等，荷载大。

(4) 吊顶内若有通风、水电管线、上人的行走通道、消防管道、重型灯具等应先行安装完毕及试水试压合格，并单独挂吊；然后才能进行吊顶工程施工（重型灯具中的灯饰可先不安，但其挂吊应先安装好）。

(5) 选用罩面板应按规格、颜色等分类选配、堆放或存库。

2. 对所有材料的要求

(1) 吊顶用的木材尤其是主、次龙骨不得有朽蚀、裂缝、多节及含水率低于12%；钢质、铝合金材的型号尺寸要符合设计要求。目前后两者的型号有 [0 型（[38、[50、[60）和 T 型（T38、T50、T60）等两型各三种。

(2) 罩面板用的材质及配件应符合现行国家、行业及有关企业的标准。

(3) 龙骨用的紧固件及螺钉、钉子等宜用镀锌制品，预埋的吊杆、木砖应做防腐处理。

(4) 胶黏剂的类型应按所用的罩面板配套选用，现场配制的胶黏剂应由试验室调制试配后确定。

3. 吊顶施工常用的机具

在墙体、结构上打眼的施工机具有：电钻、电锤、冲击钻等；用作次龙骨、吊盘等连接、加固的有电焊机、焊枪等焊接设备；作为切断用的有砂轮切割机、圆盘锯；还有如射钉枪、木工工具等。安装检查的需用工具有水准仪、线锤、水平尺、直尺、粉线袋、拔头、螺丝刀、人字梯等。

二、木骨架罩面板吊顶

1. 工艺流程

弹标高水平线→划龙骨分档线→安装管线设施→安装大龙骨→安装小龙骨→防腐处理→安装罩面板→安装压条。

2. 工艺要点

(1) 弹标高水平线：根据楼层标高水平线，顺墙高量至顶棚设计标高，沿墙四周弹顶棚标高水平线。

(2) 划龙骨分档线：沿已弹好的顶棚标高水平线，划好龙骨的分档位置线。

(3) 顶棚内管线设施安装：在顶棚施工前各专业的管线设施应按顶棚的标高控制，按专业施工图安装完毕，并经打压试验和隐蔽验收。

(4) 安装大龙骨：将预埋钢筋端头弯成环形圆钩，穿8号镀锌铁丝或用 $\phi6$、$\phi8$ 螺栓将大龙骨固定，未预埋钢筋时可用膨胀螺栓，并保证其设计标高。吊顶起拱按设计要求，设计无要求时，一般为房间跨度的 1/300～1/200。

(5) 安装小龙骨。

1) 小龙骨底面应刨光、刮平，截面厚度应一致。

2) 小龙骨间距应按设计要求，设计无要求时，应按罩面板规格决定，一般为 400～500mm。

3) 按分档线，先安装两根通长边龙骨，拉线找拱，各根小龙骨按起拱标高，通过短吊杆将小

龙骨用圆钉固定在大龙骨上，吊杆要逐根错开，不得吊钉在龙骨的同一侧面上。通长小龙骨接头应错开，采用双面夹板用圆钉错位钉牢，接头两侧最少各钉两个钉子。

4）安装卡档小龙骨：按通长小龙骨标高，在两根通长小龙骨之间，根据罩面板材的分块尺寸和接缝要求，在通长小龙骨底面横向弹分档线，按线以底找平钉固下档小龙骨。

（6）防腐处理：顶棚所有露明的铁件，钉罩面板前未做防锈处理的必须刷好防锈漆，木骨架与结构接触面应进行防腐处理。

（7）安装罩面板。在木骨架底面安装顶棚罩面板，罩面板的品种较多，应按设计要求的品种、规格和固定方式分为圆钉钉固法、木螺钉拧固法、胶结粘固法三种方式。

1）圆钉钉固法。这种方法多用于胶合板、纤维板的安装。在已装好并经验收的木骨架下面，按罩面板的规格和拉缝间隙，在龙骨底面进行分块弹线，在吊顶中间顺通长小龙骨方向，先装一行作为基准，然后向两侧延伸安装。固定罩面板的钉距为200mm。

2）木螺钉固定法。这种方法多用于塑料板、石膏板、石棉板。在安装前罩面板四边按螺钉间距先钻孔，安装程序与方法基本上同圆钉钉固法。

3）胶结粘固法。这种方法多用于钙塑板，安装前板材应选配修整，使厚度、尺寸、边棱齐整一致。每块罩面板粘贴前应进行预装，然后在预装部位龙骨框底面刷胶，同时在罩面板四周刷胶，刷胶宽度为10～15mm，经5～10min后，将罩面板压粘在预装部位。每间顶棚先由中间行开始，然后向两侧分行逐块粘贴，胶黏剂按设计规定，设计无要求时，应经试验选用，一般可用401胶。

（8）安装压条。木骨架罩面板顶棚，设计要求采用压条做法时，待一间罩面板全部安装后，先进行压条位置弹线，按线进行压条安装。其固定方法，一般同罩面板，钉固间距为300mm，也可用胶结料粘贴。

三、轻钢骨架罩面板吊顶

轻钢骨架罩面板吊顶的轻钢龙骨示意图如图8-52所示。

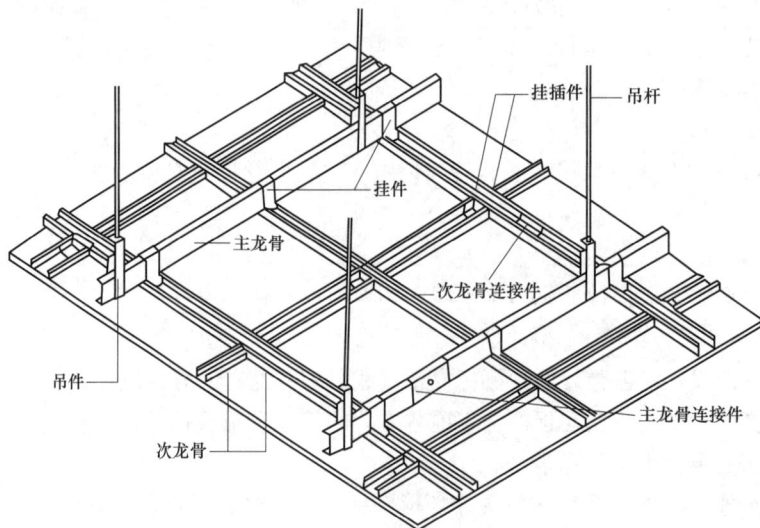

图8-52　轻钢龙骨示意图

1. 工艺流程

弹标高水平线→划龙骨分档线→安装主龙骨吊杆→安装主龙骨→安装次龙骨→安装罩面板→刷防锈漆→安装压条。

2. 工艺要点

（1）弹顶棚标高水平线。根据楼层标高水平线，用尺竖向量至顶棚设计标高，沿墙、往四周弹顶棚标高水平线。

（2）划龙骨分档线。按设计要求的主、次龙骨间距布置，在已弹好的顶棚标高水平线上划龙骨分档线。

（3）安装主龙骨吊杆。弹好顶棚标高水平线及龙骨分档位置线后，确定吊杆下端头的标高，按主龙骨位置及吊挂间距，将吊杆无螺栓丝扣的一端与楼板预埋钢筋连接固定。未预埋钢筋时可用膨胀螺栓。吊杆应通直，并有足够的承载能力。吊杆距主龙骨端部距离不得大于 300mm，当大于 300mm 时，应增加吊杆。当吊杆长度大于 1.5m 时，应设置反向支撑。当吊杆与设备相遇时，应调整并增设吊杆。当预埋的杆件需要接长时，必须搭接焊牢，焊缝要均匀饱满。

（4）安装主龙骨（见图 8-53）。

1）配装吊杆螺母。

2）在主龙骨上安装吊挂件。

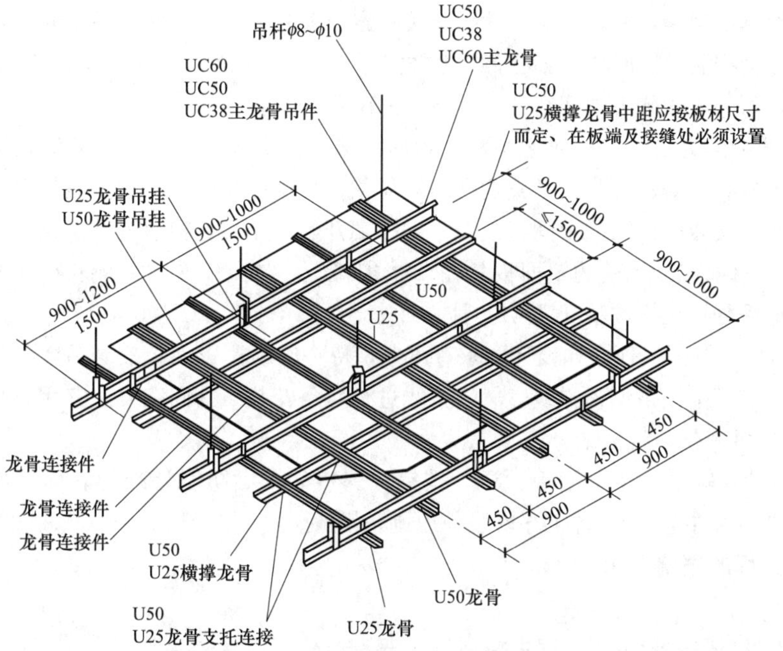

图 8-53 UC 型轻钢龙骨吊顶安装示意图

3）安装主龙骨：将组装好吊挂件的主龙骨，按分档线位置使吊挂件穿入相应的吊杆螺栓，拧好螺母。

4）主龙骨相接处装好连接件，拉线调整标高、起拱和平直。主龙骨间距、起拱高度应符合设计要求；当设计无要求时，主龙骨间距宜为 900~1200mm，一般取 1000mm，主龙骨应平行房间长向安装；同时应按房间短向跨度的 1‰~3‰ 起拱。主龙骨的接长应采取对接，相邻龙骨的对接接头要相互错开，主龙骨安装后应及时校正其位置、标高。

5）安装洞口附加主龙骨，按图集相应节点构造，设置连接卡固件。

6）钉固边龙骨，采用射钉固定。设计无要求时，射钉间距为 1000mm。

（5）安装次龙骨。

1）按已弹好的次龙骨分档线，卡放次龙骨吊挂件。

2）吊挂次龙骨：按设计规定的次龙骨间距，将次龙骨通过吊挂件吊挂在大龙骨上，设计无要求时，一般间距为 500~600mm。

3）当次龙骨长度需多根延续接长时，用次龙骨连接件，在吊挂次龙骨的同时相接，调直固定。

4）当采用 T 型龙骨组成轻钢骨架时，次龙骨的卡档龙骨应在安装罩面板时，每装一块罩面板先后各装一根卡档次龙骨。

（6）安装罩面板。在安装罩面板前必须对顶棚内的各种管线进行检查验收，并经打压试验合格后，才允许安装罩面板。顶棚罩面板的品种繁多，一般在设计文件中应明确选用的种类、规格和固定方式。罩面板与轻钢骨架固定的方式分为：罩面板自攻螺钉钉固法、罩面板胶结粘固法，罩面板托卡固定法三种。

1）罩面板自攻螺钉钉固法。在已装好并经验收的轻钢骨架下面，按罩面板的规格、拉缝间隙进行分块弹线，从顶棚中间顺通长次龙骨方向先装一行罩面板，作为基准，然后向两侧伸延分行安装，固定罩面板的自攻螺钉间距为 150～170mm。

2）罩面板胶结粘固法。按设计要求和罩面板的品种、材质选用胶结材料，一般可用 401 胶黏结，罩面板应经选配修整，使厚度、尺寸、边棱一致、整齐。每块罩面板黏结时应预装，然后在预装部位龙骨框底面刷胶，同时在罩面板四周边宽 10～15mm 的范围刷胶，经 5min 后，将罩面板压粘在预装部位；每间顶棚先由中间行开始，然后向两侧分行黏结。

3）罩面板托卡固定法。当轻钢龙骨为 T 形时，多为托卡固定法安装。T 型轻钢骨架通长次龙骨安装完毕，经检查标高、间距、平直度和吊挂荷载符合设计要求，垂直于通长次龙骨弹分块及卡档龙骨线。罩面板安装由顶棚的中间行次龙骨的一端开始，先装一根边卡档次龙骨，再将罩面板槽托入 T 形次龙骨翼缘或将无槽的罩面板装在 T 形翼缘上，然后安装另一侧长档次龙骨。按上述程序分行安装，最后分行拉线调整 T 型明龙骨。

（7）安装压条。罩面板顶棚如设计要求有压条，待一间顶棚罩面板安装后，经调整位置，使拉缝均匀，对缝平整，按压条位置弹线，然后接线进行压条安装。其固定方法宜用自攻螺钉，螺钉间距为 300mm；也可用胶结料粘贴。

（8）刷防锈漆。轻钢骨架罩面板顶棚，碳钢或焊接处未做防腐处理的表面（如预埋件、吊挂件、连接件、钉固附件等），在各工序安装前应刷防锈漆。

四、吊顶工程的质量要求

1. 暗龙骨吊顶工程质量要求

（1）主控项目。暗龙骨吊顶工程主控项目见表 8-14。

表 8-14　　　　　　　　　　　　暗龙骨吊顶工程主控项目

项次	项　目	检 验 方 法
1	吊顶标高、尺寸、起拱和造型应符合设计要求	观察；尺量检查
2	饰面材料的材质、品种、规格、图案和颜色应符合设计要求	观察；检查产品合格证书、性能检测报告、进场验收记录和复验报告
3	暗龙骨吊顶工程的吊杆、龙骨和饰面材料的安装必须牢固	观察；手扳检查；检查隐蔽工程验收记录和施工记录
4	吊杆、龙骨的材质、规格、安装间距及连接方式应符合设计要求。金属吊杆、龙骨应经过表面防腐处理；木吊杆、龙骨应进行防腐、防火处理	观察；尺量检查；检查产品合格证书、性能检测报告、进场验收记录和隐蔽工程验收记录
5	石膏板的接缝应按其施工工艺标准进行板缝防裂处理。安装双层石膏板时，面层板与基层板的接缝应错开，并不得在同一根龙骨上接缝	观察

（2）一般项目。暗龙骨吊顶工程一般项目见表 8-15。

表 8-15　暗龙骨吊顶工程一般项目

项次	项　目	检　验　方　法
1	饰面材料表面应洁净、色泽一致，不得有翘曲、裂缝及缺损。压条应平直、宽窄一致	观察；尺量检查
2	饰面板上的灯具、烟感器、喷淋头、风口篦子等设备的位置应合理、美观，与饰面板的交接应吻合、严密	观察
3	金属吊杆、龙骨的接缝应均匀一致，角缝应吻合，表面应平整，无翘曲、锤印。木质吊杆、龙骨应顺直，无劈裂、变形	检查隐蔽工程验收记录和施工记录
4	吊顶内填充吸声材料的品种和铺设厚度应符合设计要求，并应有防散落措施	检查隐蔽工程验收记录和施工记录

（3）暗龙骨吊顶工程安装的允许偏差和检验方法见表 8-16。

表 8-16　暗龙骨吊顶工程安装的允许偏差和检验方法

项次	项　目	允许偏差（mm）				检验方法
		纸面石膏板	金属板	矿棉板	木板、塑料板、格栅	
1	表面平整度	3	2	2	2	用2m靠尺和塞尺检查
2	接缝直线度	3	1.5	3	3	拉5m线，不足5m拉通线，用钢直尺检查
3	接缝高低差	1	1	1.5	1	用钢直尺和塞尺检查

2. 明龙骨吊顶工程质量要求

（1）主控项目。明龙骨吊顶工程主控项目见表 8-17。

表 8-17　明龙骨吊顶工程主控项目

项次	项　目	检　验　方　法
1	吊顶标高、尺寸、起拱和造型应符合设计要求	观察；尺量检查
2	饰面材料的材质、品种、规格、图案和颜色应符合设计要求。当饰面材料为玻璃板时，应使用安全玻璃或采取可靠的安全措施	观察；检查产品合格证书、性能检测报告和进场验收记录
3	饰面材料的安装应稳固严密。饰面材料与龙骨的搭接宽度应大于龙骨受力面宽度的2/3	观察；手扳检查；尺量检查
4	吊杆、龙骨的材质、规格、安装间距及连接方式应符合设计要求。金属吊杆、龙骨应进行表面防腐处理；木龙骨应进行防腐、防火处理	观察；尺量检查；检查产品合格证书、进场验收记录和隐蔽工程验收记录
5	明龙骨吊顶工程的吊杆和龙骨安装必须牢固	手扳检查；检查隐蔽工程验收记录和施工记录

（2）明龙骨吊顶工程一般项目见表 8-18。

表 8-18　明龙骨吊顶工程一般项目

项次	项　目	检　验　方　法
1	饰面材料表面应洁净、色泽一致，不得有翘曲、裂缝及缺损。饰面板与明龙骨的搭接应平整、吻合，压条应平直、宽窄一致	观察；尺量检查

续表

项次	项　目	检 验 方 法
2	饰面板上的灯具、烟感器、喷淋头、风口篦子等设备的位置应合理、美观，与饰面板的交接应吻合、严密	观察
3	金属龙骨的接缝应平整、吻合、颜色一致，不得有划伤、擦伤等表面缺陷。木质龙骨应平整、顺直，无劈裂	观察
4	吊顶内填充吸声材料的品种和铺设厚度应符合设计要求，并应有防散落措施	检查隐蔽工程验收记录和施工记录

（3）明龙骨吊顶工程安装的允许偏差和检验方法见表 8 – 19。

表 8 – 19　　　　　　　　明龙骨吊顶工程安装的允许偏差和检验方法

项次	项　目	允许偏差（mm）				检验方法
		石膏板	金属板	矿棉板	塑料板、玻璃板	
1	表面平整度	3	2	3	2	用 2m 靠尺和塞尺检查
2	接缝直线度	3	2	3	3	拉 5m 线，不足 5m 拉通线，用钢直尺检查
3	接缝高低差	1	1	2	1	用钢直尺和塞尺检查

第八节　涂　饰　工　程

建筑涂料是指涂敷于建筑构件表面，并能与表面材料很好黏结、形成完整涂膜的材料。它可以保护、美化构件，还可以起到隔声、吸声、防水等作用。目前，涂料按用途分，有外墙涂料、内墙涂料、地面涂料、顶棚涂料等。按成膜物质分，有无机涂料、有机涂料和复合型涂料，其中有机涂料又分为水溶性涂料、乳液型涂料、溶剂型涂料。按涂层质感分，有薄质涂料、厚质涂料、复层涂料等。根据开发、生产和推广应用绿色环保型装饰材料的原则，内墙乳胶漆涂料和外墙弹性涂料已成为当今世界涂料工业发展的方向。

涂料和刷浆工程是把液体用刷子或者其他方法涂刷在木材面、金属面或抹灰面上，与基体黏结并形成完整且坚韧的一层薄膜，以此保护基体表层不受侵蚀和美化建筑物。

一、涂饰工程的施工准备

1. 涂料的选择

涂料工程所用的涂料和半成品（包括施涂现场配制的），均应有品名、种类、颜色、制作时间、储存有效期、使用说明和产品合格证。

（1）根据装饰部位选择涂料。外墙因长年处于风吹日晒、雨淋之中，所使用的涂料必须具有良好的耐久性、抗沾污性和抗冻融性，才能保证有较好的装饰效果。内墙涂料除了对色彩、平整度、丰满度等具有一定的要求外，还应具有较好的耐干、湿擦洗性能及硬度要求。地面涂料除改变水泥地面硬、冷、易起灰等弊病外，还应具有较好的隔音作用。

（2）根据结构材料选择涂料。用于建筑结构的材料很多，如混凝土、水泥砂浆、石灰砂浆、砖、木材、钢铁和塑料等。各种涂料所适用的基层材料是不同的。例如，混凝土和水泥砂浆等无机硅酸盐底材用的涂料，必须具有较好的耐碱性，并能防止底材的碱分析出涂膜表面，造成盐析现象而影响装饰效果；钢铁和塑料底材应选用溶剂型或其他有机高分子涂料来装饰，而不能用无机涂料。

（3）根据地理位置选择涂料。建筑物所处的地理位置不同，其饰面所经受的气候条件也不同。例如，炎热多雨的南方，所用的涂料不仅要求具有较好的耐水性，而且要求具有较好的防霉性；严寒的北方，则对涂料的耐冻性有较高的要求。

（4）根据施工季节选择涂料。建筑物涂料饰面施工季节的不同，其耐久性也不同，雨期施工时，应选择干燥迅速并具有较好初期耐水性的涂料；冬期施工时，应特别注意涂料的最低成膜温度，应选择成膜温度低的涂料。

（5）根据建筑标准选择涂料。对于高级建筑，可选择高档涂料，施工时可采用三道成活的施工工艺，即底层为封闭层，中间层形成具有较好质感的花纹和凹凸状，面层则使涂膜具有较好的耐水性、耐沾污性和耐久性，从而达到最佳装饰效果。一般的建筑，可采用中档和低档涂料，采用一道或两道成活的施工工艺。

2. 基层处理的要求

基层处理是涂饰工程中非常重要的一个环节。基层的干燥程度、基底的碱性、油迹以及黏附杂物的清除、孔洞填补等情况处理得好坏，均会对涂饰施工质量带来很大影响。

涂饰工程的基层处理应符合下列要求。

（1）新建筑物的混凝土或抹灰基层应涂刷抗碱封闭底涂。

（2）旧墙面应清除疏松的旧装修层，并涂刷界面剂。

（3）混凝土或抹灰基层涂刷溶剂涂料时，含水率不得大于8％，涂刷乳液型涂料时，含水率不得大于10％；木材基层的含水率不得大于12％。

（4）基层腻子应平整、坚实、牢固，无粉化、起皮和裂缝；内墙腻子的粘贴强度应符合《建筑室内用腻子》（JG/T 3049）的规定。

（5）厨房、卫生间墙面必须使用耐水腻子。

3. 施工环境条件

涂料的干燥、结膜，都需要在一定的温度和湿度条件下进行，不同类型的涂料有其最佳的成膜条件。为了保证涂层的质量，应注意施工环境条件。

（1）气温。通常溶剂型涂料宜在5～30℃的气温条件下施工，水溶性和乳液型涂料宜在10～35℃的条件下施工，最低温度不得低于5℃。冬季施工时，应采取保温和采暖措施，室温要始终保持稳定，不得骤然变化。

（2）湿度。建筑涂料适宜的施工湿度为60％～70％，在高湿或降雨之前一般不宜施工。通常情况下，湿度低有利于涂料的成膜和加快施工进度，如果湿度太低，空气太干燥，溶剂性涂料溶剂挥发过快，水溶性和乳液型涂料干燥也快，均会使结膜不够完全，因此不宜施工。

（3）太阳光。阳光照射下基层表面温度太高，脱水或溶剂挥发过快，会使成膜不良，影响涂层质量。

（4）风。大风会加速溶剂或水分的蒸发过程，使成膜不良，又会沾污尘土。当风力级别等于或超过4级时，应停止建筑涂料的施工。

（5）污染物。在施工过程中，如果发现有特殊的气味（SO_2 或 H_2S 等强酸气体）或飞扬的尘土时，应停止施工或采取有效措施。

综上所述，建筑涂料施工以晴天为宜，当施工周围环境的温度低于5℃，雨天、浓雾、4级以上大风时应停止施工，以确保建筑涂料的施工质量。

4. 施工工具

基层处理工具如刮刀、清扫器具，涂刷工具如毛刷、涂料滚子、托盘、手提电动搅拌器等齐备。

二、涂饰施工主要操作方法

涂饰施工主要操作方法有：刷涂、滚涂、喷涂、刮涂、弹涂、抹涂等。

1. 刷涂

刷涂是人工用刷子蘸上涂料直接涂刷于被饰涂面。要求：不流、不挂、不皱、不漏、不露刷痕。刷涂一般不少于两道，应在前一道涂料表面干后再涂刷下一道。两道施涂间隔时间由涂料品种和涂刷厚度确定，一般为 2～3h。刷涂法宜按先左后右、先上后下、先难后易、先边后面的顺序进行。

2. 滚涂

将蘸取漆液的毛辊先按 W 方式滚动，将涂料大致涂在基层上；然后，用不蘸取漆液的毛辊紧贴基层上下、左右来回滚动，使漆液在基层上均匀展开；最后，用蘸取漆液的毛辊按一定方向满滚一遍。阴角及上下口宜采用排笔刷涂找齐。

3. 喷涂

喷涂是利用压力或压缩空气将涂料涂布于墙面、顶棚面的机械化施工方法，其涂膜外观质量好、工效高、适用于大面积施工，并可通过调整涂料黏度、喷嘴大小及排气量而获得不同质感的装饰效果。其操作过程如下。

（1）将涂料调至施工所需黏度，将其装入储料罐或压力材料筒中。

（2）打开空压机，调节空气压力，使其达到施工压力，一般为 0.4～0.8MPa。

（3）喷涂时，手握喷枪要稳，涂料出口应与被涂面保护垂直，喷枪移动时应与喷涂面保持平行。喷距以 500mm 左右为宜，喷枪运行速度应保持一致。先喷涂门窗口，然后与被涂墙面作平行移动，相邻两行喷涂面重叠宽度宜控制在喷涂宽度的 1/3，防止漏喷和流淌。

（4）喷枪移动的范围不宜过大，一般直接喷涂 700～800mm 后折回，再喷涂下一行，也可选择横向或竖向往返喷涂。

（5）涂层一般两遍成活，横向喷涂一遍，竖向再涂一遍。两遍之间间隔时间由涂料品种及喷涂厚度而定，要求涂膜应厚薄均匀、颜色一致、平整光滑，不出现露底、皱纹、流挂、钉孔、包泡和失光现象。

4. 刮涂

刮涂是利用刮板，将涂料厚浆均匀地批刮于涂面上，形成厚度为 1～2mm 的厚涂层。这种施工方法多用于地面等较厚涂料的施涂。

刮涂施工的方法如下。

（1）腻子一次刮涂厚度一般不应超过 0.5mm，孔眼应用腻子填嵌实，干透后再进行打磨，待批刮腻子全部干燥后，再涂刷面层涂料。

（2）刮涂时应用力按刀，使刮刀与饰面成 50°～60°角刮涂。刮涂时只能来回刮 1～2 次，不能往返多次刮涂。

（3）遇有圆、菱形物面可用橡皮刮刀进行刮涂。

5. 弹涂

先在基层刷涂 1～2 道底涂层，待其干燥后通过机械的方法将色浆均匀地溅在墙面上，形成 1～3mm 左右的圆状色点。弹涂时，弹涂器的喷出口应垂直于被饰面，距离 300～500mm，按一定速度自上而下，由左至右弹涂。选用压花型弹涂时，应适时将彩点压平。

6. 抹涂

用刷涂或滚涂方法先刷一层底层涂料做结合层，底层油漆涂饰后 2h 左右，即可用不锈钢抹压工具涂抹，涂层厚度（内墙饰面 1.5～2mm，外墙饰面 2～3mm）；抹完后，间隔 1 h 左右，用不锈钢抹子拍抹饰面压光，使涂料中的黏结剂在表面形成一层光亮膜；涂层干燥时间一般为 48h 以上，未干期间应注意保护。

三、内墙、顶棚表面涂饰工程

内墙面涂饰时，应在顶棚涂饰完毕后进行，由上而下分段涂饰。涂饰分段的宽度要根据刷具的宽度以及涂料稠度而定，快干涂料慢涂宽度150～250mm，慢干涂料快涂宽度为450mm左右。不管内墙涂饰还是顶棚涂饰，其工艺流程都是相似的。

1. 工艺流程

基层处理 → 第一遍满刮腻子、磨光 → 第二遍满刮腻子 → 复补腻子、磨光 → 第一遍涂料、磨光 → 第二遍涂料。

2. 施工要点

（1）基层处理。混凝土和砂浆抹灰基层的pH值在10以下，含水率为8%～10%。基层表面应平整，无油污、灰尘、溅沫及砂浆流痕等杂物，阴、阳角应密实，轮廓分明。基层应坚固，如有空鼓、酥松、起泡、起砂、孔洞、裂缝等缺陷，应进行处理。外墙预留的伸缩缝应进行防水密封处理。

针对使用中的不同问题，混凝土和砂浆抹灰基层表面的处理方法也是不同的。

1）水泥砂浆基层分离的修补。一般情况下应将其分离部分铲除，重新做基层。当其分离部分不能铲除时，可用电钻钻孔，往缝隙中注入低黏度的环氧树脂，使其固结。

2）小裂缝修补。用防水腻子嵌平，然后用砂纸将其打磨平整。对于混凝土板材出现的较深小裂缝，应用低黏度的环氧树脂或水泥浆进行压力灌浆，使裂缝被浆体充满。

3）大裂缝处理。手持砂轮或錾子将裂缝打磨或凿成"V"形缺口，清洗干净，干燥后沿缝隙涂刷一层底层涂料，底层涂料应与密封材料相容并配套；然后，用嵌缝枪或其他工具将密封防水材料嵌填于缝隙内，用竹板等工具将其压平，在密封材料的外表用合成树脂或水泥聚合物腻子抹平；最后打磨平整。

4）表面凹凸不平的处理。凸出部分可用錾子凿平或用砂轮机研磨平整，凹入部分用聚合物砂浆填平。待硬化后，整体打磨一次，使之平整。

5）孔洞修补。对于直径小于3mm的孔洞可用水泥聚合物腻子填平，大于3mm的孔洞可用聚合物砂浆填充。待固结硬化后，用砂轮机打磨平整。

6）露筋处理。可将露面的钢筋直接涂刷防锈漆，或用磨光机将铁锈全部清除后再进行防锈处理。根据实际情况，可将混凝土少量剔凿。

（2）满刮腻子。表面清扫后，用水和乙酸乙烯乳胶（配合比为10∶1）的稀释溶液将腻子调制到适合稠度，来填补墙面、顶棚面的洞眼、蜂窝、麻面、残缺处，腻子干透后，先用开刀将多余腻子铲平，然后用粗砂纸磨平。

1）第一遍刮腻子及打磨。当室内墙面、顶棚面较大的缝隙填补平整后，使用批嵌工具满刮乳胶腻子一遍。所有微小砂眼及收缩裂缝均需刮满，以密实、平整、线角棱边整齐为宜；同时，应顺次沿着墙面、顶棚面横刮，不得漏刮，接头不得留槎。腻子干透后，用1号砂纸裹着小平木板，将腻子渣及高低不平处打磨平整，注意用力均匀，保护棱角。打磨后用清扫工具清理干净。

2）第二遍满刮腻子及打磨。方法同第一遍腻子，但要求此遍腻子与前遍腻子刮抹方向互相垂直，即沿着墙面、顶棚面竖刮，将面层进一步满刮及打磨平整直至光滑为止。

3）复补腻子。第二遍腻子干后，普遍检查一遍，如发现局部有缺陷，应局部复补涂料腻子一遍，并用牛角刮刀刮抹，以免损伤其他部位的漆膜。

4）磨光。复补腻子干透后，用细砂纸将涂料面磨平、磨光，注意用力轻而匀，不得磨穿漆膜，磨后将表面清扫干净。

（3）第一遍涂料、磨光。涂料可喷涂在混凝土、水泥砂浆、石棉水泥板和纸面石膏板等基层上。喷涂施工，尽可能一气呵成，争取到分格缝处再停歇。顶棚和墙面一般喷两遍成活，两遍时间相隔约2h。若顶棚与墙面喷涂不同颜色的涂料时，应先喷涂顶棚，后喷涂墙面。喷涂前，用纸或塑料布将门窗扇及其他装饰物盖住，避免污染。

（4）第二遍涂料。其涂刷顺序和第一遍相同，必须使用排笔涂刷。要求表面更美观细腻、无明显接头痕迹。大面积涂刷时应多人配合流水作业，互相衔接。

四、外墙表面涂饰工程施工

外墙表面涂饰时，无论采用什么工艺，一般均应由上而下，分段分步进行涂饰，分段分片的部位应选择在门、窗、拐角、水落管等处，这些部位易于掩盖。

1. 工艺流程

基层处理→涂刷封底漆→局部补腻子→满刮腻子→刷底涂料→涂刷面层涂料→清理保洁→自检、共检→交付成品→退场。

2. 施工要点

（1）基层处理。首先清除基层表面尘土和其他黏附物，疏松、起壳、脆裂的旧涂层应将其铲除，黏附牢固的旧涂层用砂纸打毛，不耐水的涂层应全部铲除；较大的凹陷应用聚合物水泥砂浆抹平，较小的孔洞、裂缝用水泥乳胶腻子修补。

（2）涂刷封底漆。如果墙面较疏松，吸收性强，可以在清理完毕的基层上用辊筒均匀地涂刷1至2遍胶水打底（丙烯酸乳液或水溶性建筑胶水加3～5倍水稀释即成），不可漏涂，也不能涂刷过多造成流淌或堆积。

（3）局部补腻子。基层打底干燥后，用腻子找补不平之处，干后用磨砂纸打磨平滑。成品腻子使用前应搅匀。

（4）满刮腻子。将腻子置于托板上，用抹子或橡皮刮板进行刮涂，先上后下。根据基层情况和装饰要求刮涂2～3遍腻子，每遍腻子不可过厚。腻子干后应及时用砂纸打磨，不得磨出波浪形，也不能留下磨痕，打磨完毕后扫去浮灰。

（5）刷底涂料。将底涂料搅拌均匀，如涂料较稠，可按产品说明书的要求进行稀释。用滚筒刷或排笔刷均匀涂刷一遍，注意不要漏刷，也不要刷的过厚。底涂料干后如有必要可局部复补腻子，干后用磨砂纸打磨平滑。

（6）刷面层涂料。将面层涂料按产品说明书要求的比例进行稀释并搅拌均匀。墙面需分色时，先用粉线包或墨斗弹出分色线，涂刷时在交色部位留出10～20mm的余地。一人先用滚筒刷蘸涂料均匀涂布，另一人随即用排笔刷展平涂痕和溅沫，防止透底和流坠。每个涂刷面均应从边缘开始向另一侧涂刷，并一次完成，以免出现接痕。第1遍干透后，再涂第2遍涂料。一般涂刷2～3遍涂料，视不同情况而定。

五、涂料工程施工质量

涂料工程施工，必须保证工程施工质量。施工前应充分做好施涂的准备工作，按设计要求正确选择涂料品种、颜色、图案、施涂方法及操作程序。在施涂溶剂型涂料时，后一遍涂料必须在前一遍涂料干燥后进行；在施涂水性和乳液涂料时，后一遍涂料必须在前一遍涂料表面干后进行。每一遍涂料应施涂均匀，颜色一致，各层结合牢固等。涂料工程完成后，应进行检查验收，并注意成品保护。有关分项工程、子分部工程的质量验收和检验批检验的具体内容如主控项目、一般项目及检验方法可参见《建筑工程施工质量验收统一标准》（GB 50300—2001）、《建筑装饰装修工程质量验收规范》（GB 50210—2001）。

第九节 裱 糊 工 程

裱糊饰面工程是指在室内平整光滑的墙面、顶棚面、柱面和室内其他构件表面，用壁纸、墙布等材料裱糊的装饰工程，具有色彩丰富、质感性强，既耐用又易清洗的特点。裱糊工程是我国历史悠久的一种传统装饰工艺。常用的裱糊材料有纸基塑料壁纸和玻璃纤维墙布等。

一、施工准备

1. 作业条件

(1) 混凝土和墙面抹灰已完成，并达到高级抹灰的质量标准，且经过干燥，含水率不高于8%，木材制品不大于12%。面层清扫干净，如有凸凹不平、缺棱掉角或局部面层损坏者，提前修补好并应干燥，预制混凝土表面提前刮石膏腻子找平。

(2) 已完成水电及设备、顶棚、墙面上预埋件的留设。

(3) 门窗油漆工作已完成。

(4) 有水磨石地面的房间，出光、打蜡已完成，并将水磨石面层保护好。

(5) 事先将突出墙面的设备部件等卸下收存好，待壁纸或墙布粘贴完后再将其部件重新装好复原。

(6) 为保证裱糊质量，各种壁纸、墙布及胶黏剂的质量应符合设计要求和相应的国家标准。对湿度较大的房间和经常潮湿的墙体应采用防水性的壁纸及胶黏剂，有酸性腐蚀的房间应采用防酸壁纸及胶黏剂。

(7) 如房间较高应提前准备好脚手架，房间不高，应提前钉设木凳；对施工人员进行技术交底时，应强调技术措施和质量要求。大面积施工前应先做样板间，经鉴定合格后，方可组织班组施工。

(8) 在裱糊施工过程中及裱糊饰面干燥之前，应避免气温突变或吹穿堂风。施工环境温度一般应大于15℃，空气相对湿度一般应小于85%。

2. 材料准备及要求

(1) 壁纸和墙布。对于玻璃纤维布及无纺贴墙布，遇水后无伸缩变形，所以裱糊前不需要浸水湿润，只要用温湿毛巾涂擦后即可。对于复合纸基壁纸，严禁闷水处理，为达到软化目的，可在壁纸背面均匀涂刷胶黏剂，静置5~8min即可。对于塑料壁纸，应在水槽内先浸泡2~3min，取出后抖去余水，将纸面用净毛巾沾干。而金属壁纸，裱糊前需做短时润纸处理，浸2min左右，取出后再静置5~8min，便可进行裱糊操作。

(2) 胶黏剂。可以用聚乙酸乙烯乳液、羧甲基纤维素等自行掺配，也可以购买专用胶黏剂。现场调制的胶黏剂应当日用完。胶黏剂应满足建筑物的防火要求，避免在高温下因胶黏剂失去黏结力使壁纸脱落而引起火灾。

(3) 腻子与底层涂料。嵌缝腻子用作修补、填平基层表面麻点和孔眼等。为了避免基层吸水过快，将胶水迅速吸掉，使其失去黏结能力，或因干得太快而来不及裱贴操作，裱糊前应在基层面上先刷一遍底层涂料，作为封闭处理。

二、裱糊饰面工程

裱糊的基本顺序，原则上是先垂直面后水平面，垂直面先上后下，先长墙面后短墙面，水平面是先高后低；先细部后大面；先保证垂直后对花拼缝。

1. 工艺流程

基层处理→找规矩、弹线→壁纸处理→涂刷胶黏剂→裱糊。

2. 施工要点

（1）基层处理。如混凝土墙面可根据原基层质量的好坏，在清扫干净的墙面上满刮1～2道石膏腻子，干后用砂纸磨平、磨光；若为抹灰墙面，可满刮大白腻子1～2道找平、磨光，但不可磨破灰皮；若为纸面石膏板墙，则用嵌缝腻子将缝堵实堵严，粘贴玻璃网格布，然后局部刮腻子补平。

（2）吊垂直、套方、找规矩、弹线。首先将房间四角的阴阳角通过吊垂直、套方、找规矩，确定从哪个阴角开始按照壁纸的尺寸进行分块弹线。一般做法是从进门左阴角处开始铺贴第一张。有挂镜线的按挂镜线，没有挂镜线的按设计要求弹线控制。

（3）计算用料、裁纸。裁纸时以上口为准，下口可比规定尺寸略长10～20mm，按此尺寸计算用料、裁纸。一般应在案子上裁割，将裁好的纸用温湿毛巾擦后，折好待用。

（4）刷胶、糊纸。应分别在壁纸背面及墙上刷胶，其刷胶宽度应相吻合，墙上刷胶一次不应过宽，一般比预贴的壁纸宽20～30mm。裱糊时按已画好的垂直线，从墙的阴角处开始铺贴第一张，从上往下用手铺平，刮板刮实，并用小辊子将上、下阴角处压实。第一张粘好留10～20mm（留槎），然后粘铺第二张，依同法压平、压实，要自上而下对缝，拼花要端正，用刮板将搭槎处刮平。

用钢板尺和壁纸裁割刀在搭接处的中间将双层壁纸切透，再分别撕掉切断的两幅壁纸边条，用刮板和毛巾从上而下均匀地赶出气泡和多余的胶液使之贴实，挤出的胶液用温湿毛巾擦净。用同法将连接顶棚和踢脚的壁纸边切割整齐，并带胶压实。墙面上遇有电门、插销盒时，应在其位置上破纸作为标记。

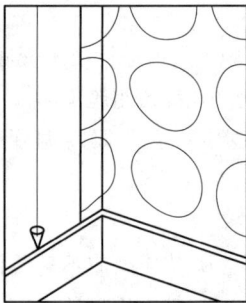

图8-54 阴角处裱糊

裱糊时，阳角不允许甩槎接缝，应包角压实，壁纸裹过阳角不小于20mm。阴角处必须裁纸搭缝，不允许整张纸铺贴，避免产生空鼓与皱褶。一般先裱糊压在里面的壁纸，再粘贴面层壁纸，搭接面根据阴角垂直度而定，宽度不小于3mm。

（5）花纸拼接。花纸拼缝处要注意花形和纸的颜色一致（见图8-54）。拼接如出现困难时，接槎应尽量甩到不显眼的阴角处，大面不应出现错槎和花形混乱的现象。

（6）壁纸修整。裱糊壁纸后应认真检查，对墙纸的翘边、翘角、气泡、皱褶及胶痕未擦净等及时处理和修整，使之完善。

3. 成品保护

（1）裱糊完成的房间应及时清理干净，不准做料房或休息室，避免污染和损坏。

（2）在整个裱糊的施工过程中，严禁非操作人员随意触摸壁纸。

（3）电器和其他设备等在进行安装时，应注意保护，防止污染和损坏。

（4）铺贴壁纸时，必须严格按照规程施工。施工操作时要做到干净利落，边缝要切割整齐，胶痕必须及时清擦干净。

（5）严禁在已裱糊好壁纸的顶棚、墙面上剔眼打洞。若纯属设计变更，也应采取相应的措施，施工时要小心保护，施工后要及时认真修复，以保证壁纸的完整。

4. 应注意的问题

（1）上、下端缺纸。主要是裁纸时尺寸未量好或切割时未压住钢板尺而走刀将纸裁小。

（2）边缘翘起。主要是接缝处胶刷得少或局部没刷胶或边缝没压实，干后出现翘边、翘缝等现象。发现后应及时刷胶、辊压、修补好。

（3）墙面不洁净，斜视有胶痕。主要是未及时用温湿毛巾将胶痕擦净或擦拭不彻底、不认真或由于其他工序造成面纸污染等。

（4）壁纸表面不平，斜视有疙瘩。主要是基层墙面清理不彻底，表面仍有积尘、腻子包、水泥斑痕、小砂粒、胶浆疙瘩等，使得粘贴壁纸后出现小疙瘩；或由于抹灰砂浆中含有未熟化的生石灰颗粒，石灰熟化后将壁纸拱起小包。处理时应将壁纸切开取出污物，再重新刷胶粘贴好。

（5）壁纸起泡。由于基层含水率大，而抹灰层被封闭，多余水分散发不出来，汽化后将壁纸拱起成泡。处理时可用注射器将泡刺破并注入胶液，用辊子压实（见图8-55）。

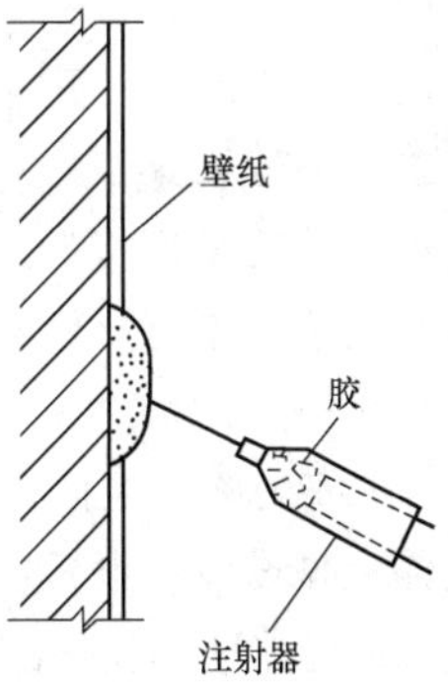

（6）阴阳角壁纸空鼓、阴角处有断裂。阳角处的粘贴大多采用整张纸，它要照顾到两个面、一个角，都要求尺寸到位、表面平整、粘贴牢固，是有一定难度的，阴角比阳角稍好处理一些。粘贴质量的好坏都与基层抹灰质量有直接关系，只要胶不漏刷，赶压到位，是可以防止空鼓的。如要防止阴角断裂，关键是阴角壁纸接槎时必须超过阴角10~20mm，这样就不会由于时间长、壁纸收缩，而造成阴角处壁纸断裂。

图8-55 气泡处理

三、裱糊工程的质量规定

（1）壁纸、墙布必须粘贴牢固，表面色泽一致，不得有气泡、空鼓、裂缝、翘边、皱褶和污斑，斜视时无胶痕。

（2）表面平整，无波纹起伏。壁纸、墙布与挂镜线、贴脸板和踢脚板紧接，不得有缝隙。

（3）各幅拼接按横平竖直，拼接处花纹、图案吻合，不离缝、不搭接，距墙面1.5m处正视，不显拼缝。

（4）阴阳角垂直，棱角分明，阴角处搭接顺光，阳角处无拼缝。

（5）壁纸、墙布边缘平直整齐，不得有边毛、飞刺。

（6）不得有漏贴、补贴和脱层等缺陷。

第十节 幕 墙 工 程

建筑幕墙是由支承结构体系与面板组成的，可相对主体结构有一定位移能力，但不分担主体结构荷载与作用的建筑外围护结构或装饰性结构。建筑幕墙要求轻质且满足自身强度、保温、防水、防风砂、防火、隔音、隔热等许多要求。

一、建筑幕墙的分类

1. 按建筑幕墙的面板材料分类

（1）玻璃幕墙。

1）框支承玻璃幕墙：玻璃面板周边由金属框架支承的玻璃幕墙。主要包括：明框玻璃幕墙——金属框架的构件显露于面板外表面的框支承玻璃幕墙；隐框玻璃幕墙——金属框架完全不显露于面板外表面的框支承玻璃幕墙；半隐框玻璃幕墙——金属框架的竖向或横向构件显露于面板外表面的框支承玻璃幕墙。

2）全玻璃幕墙：由玻璃肋和玻璃面板构成的玻璃幕墙。

3）点支承玻璃幕墙：由玻璃面板、点支承装置和支承结构构成的玻璃幕墙。

（2）金属幕墙：面板为金属板材的建筑幕墙。

（3）石材幕墙：由石板支承结构（铝横梁立柱、钢结构、玻璃肋等）组成，不承担主体结构载荷与作用的建筑围护结构。

（4）组合幕墙：由玻璃、金属、石材等不同板材组成的建筑幕墙。

2. 按幕墙施工方法分类

(1) 单元式幕墙。

(2) 构件式幕墙。

二、玻璃幕墙

玻璃幕墙是指将专用装饰玻璃悬挂于建筑物外墙面，使之形成犹如帷幕一样的装饰围护墙。玻璃幕墙装饰效果好，但易受大气污染，对环境易造成光污染。

1. 作业条件

(1) 安装施工之前，主体结构已完工并办理了质量验收手续，同时幕墙安装操作用脚手架和起重运输机械设备，设置完毕并正式验收合格。

(2) 构件进场应按品种、规格储存，在特制储存架上依照安装顺序排列，储存架必须具有足够的承载能力和刚度。

(3) 与主体结构连接的预埋件，应在主体结构施工时按设计要求埋设，预埋件的位置与设计位置偏差不应大于 20mm。为防止预埋件在混凝土浇捣过程中产生位移，应将预埋件与钢筋或模板连接固定；在混凝土浇捣过程中，派专人跟踪观察；若有偏差，应及时纠正。如偏差过大或未设预埋件时，应制订补救措施或可靠连接方案，经业主、土建设计单位同意后方可实施。

(4) 与幕墙主体连接的主体混凝土强度≥C30。幕墙与砌体结构连接时，宜在连接部位的主体结构上增设钢筋混凝土或钢结构梁、柱。轻质填充墙不应作幕墙的支承结构。

(5) 幕墙工程的安装施工组织设计已完成（其主要内容包括工程进度计划；与主体结构施工、设备安装、装饰装修的协调配合方案；搬运、吊装方法；测量方法；安装方法和顺序；构件、组件和成品的现场保护方法；检查验收；安全措施等），并经有关部门审核批准。

(6) 已对幕墙安装的操作人员进行了详细的书面技术交底，并制定了质量标准和技术保证措施，同时强调工种配合和成品保护。

2. 材料准备及要求

(1) 铝合金型材。铝合金牌号有 LD30 和 LD31 等，其中玻璃幕墙多采用 LD31。这种材料多为高温挤压成型、快速冷却并人工时效状态经阳极氧化表面处理的型材。型材主要受力构件的截面宽度为 40~100mm，截面高度为 100~210mm，壁厚为 3~5mm；次要受力构件截面宽度为 40~60mm，截面高度为 40~150mm，壁厚为 1~3mm。铝合金型材的表面应清洁，不允许有裂纹、起皮、腐蚀和气泡存在，允许有轻微压坑、碰伤、擦伤和划伤存在，但其深度不应超过规范的规定。经阳极氧化的型材其氧化膜厚度应符合有关规范的要求，表面不允许有腐蚀点、电灼伤、黑斑、氧化膜脱落等缺陷存在。

(2) 钢材。用于玻璃幕墙结构的钢型材有不锈钢、碳素钢和低合金钢。处于严重腐蚀环境的钢型材，截面形式有槽钢、工字钢、等边和不等边角钢、圆钢等。钢材的力学性能和截面尺寸偏差应满足现行规范的有关规定。

(3) 玻璃。玻璃幕墙采用中空玻璃时，其厚度为 $(6+d+5)$ mm、$(6+d+6)$ mm、$(8+d+8)$ mm 等（d 为空气厚度，可取 6mm、9mm、12mm）。使用时除应符合现行国家标准《中空玻璃》(GB/T 11944) 的规定外，还要求中空玻璃气体层厚度不小于 9mm，应采用双道密封。玻璃幕墙采用夹层玻璃时，其厚度一般为 $(6+6)$ mm、$(8+8)$ mm，中间夹聚氯乙烯醇缩丁醛胶片，干法合成。玻璃幕墙采用单片低辐射镀膜玻璃时，应使用在线热喷涂低辐射镀膜玻璃。

(4) 建筑密封材料。密封材料在玻璃装配中起到密封作用，同时有缓冲、黏结的功效，它是一种过渡材料（见图 8-56）。隐框、半隐框幕墙所采用的结构黏结材料必须是中性硅酮结构密封胶。硅酮结构密封胶使用前，应经国家认可的检测机构进行与接触材料的相容性和剥离黏结性试验，并应对邵氏硬度、标准状态拉伸黏结性能进行复检。进口硅酮结构密封胶还应具有商检报告。注意硅酮结构密封胶必须在有效期内使用。

(5) 其他材料。玻璃幕墙宜采用聚乙烯发泡材料作填充材料，填充材料应具有良好的稳定性、弹性、透气性、防水性、耐酸碱性和耐老化性，同时宜采用岩棉、矿棉、玻璃棉、防火板等不燃或难燃材料作隔热保温材料，每个螺栓连接点的垫片既要有一定的柔性，又要有一定的硬度，还应具备耐热、耐久性和防腐、绝缘性能。

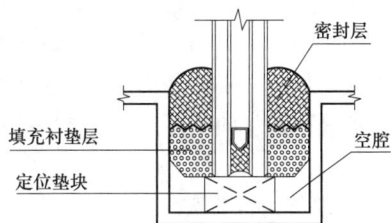

图 8-56 玻璃密封构造

3. 有框玻璃幕墙的安装施工

(1) 工艺流程：弹线→立柱安装→横梁安装→幕墙组件安装→幕墙上开启窗扇的安装→防火保温构造→密封→清洁。

(2) 施工要点。

1) 弹线。根据幕墙分格大样图和土建施工单位给出的标高点、进出口线及轴线位置，采用重锤、钢丝线、标准钢卷尺及水准仪等测量工具在主体结构上弹出幕墙平面、立柱、分格及转角等基准线，并经经纬仪进行调校、复测。幕墙分格轴线的测量放线应与主体结构测量放线相配合，水平标高要逐层从地面引上，以免误差积累。误差大于规定的允许偏差时，应在监理、设计人员同意后，适当调整幕墙的轴线，使其符合幕墙装饰设计和构造要求。

在测量放线的同时，应对预埋件的偏差进行检查，标高允许偏差±10mm、与设计位置允许偏差±20mm。超差的预埋件必须办理设计变更，与设计单位洽商，进行适当的处理后方可进行安装施工。

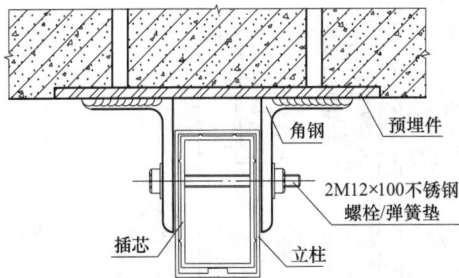

图 8-57 立柱安装节点

2) 幕墙立柱安装。立柱安装的准确性和质量，将影响整个玻璃幕墙的安装质量，是幕墙施工的关键工序之一。安装前应认真核对立柱的规格、尺寸、数量、编号是否与施工图纸一致。立柱一般 2 层 1 根，上、下立柱之间应留有不小于 20mm 的缝隙，闭口型材可采用长度不小于 250mm 的芯柱连接，芯柱与立柱应紧密配合。安装时应将立柱先与连接件连接，然后连接件再与主体预埋件采用膨胀螺栓连接和焊接连接，并进行调整和固定（见图 8-57）。注意：在立柱与连接件接触面之间一定要加防腐隔离垫片。

立柱安装就位后应及时调整（上下与楼层标高线核实，左右与两侧轴线尺寸相对应），自下而上分层校对安装至顶层，用经纬仪总体校正调整正确无误后，紧固螺栓、螺母、垫圈且用电焊固定。清除焊渣、焊点并刷两道防锈漆。立柱按偏差要求初步定位，应进行检查验收，合格后正式焊接牢固，同时做好防腐处理。立柱安装牢固后，必须取掉上下立柱之间用于定位伸缩缝的标准块，并在伸缩缝处打密封胶。

3) 幕墙横梁安装。幕墙横梁安装必须在土建湿作业完成及立柱安装后进行，大楼从上而下安装，同一层的横梁安装应由下而上进行。这里的横梁安装是指明框玻璃幕墙中横梁的安装，一般分段在立柱中嵌入连接。用木支撑将立柱撑开，装入横梁（此时横梁两端与立柱连接处加弹性防水橡胶垫），取下木支撑，横梁两端橡胶垫即被压紧。粗调定位，穿螺栓，等水平仪精调后紧固螺栓。注意：横梁与立柱接缝处应灌与立柱、横梁颜色相近的密封胶。而一些隐框玻璃幕墙的横梁不是分段与立柱连接的，而是作为铝框的一部分，与玻璃组成一个整体组件后，再与立柱连接。如果横竖杆件均是型钢一类的材料，可以采用焊接（现场焊点应进行防锈处理），也可以采用螺栓或其他方法连接。如果横竖杆件均是铝合金型材，一般多用角铝作为连接件。角铝的一条肢固定横向杆件，另一条肢固定竖向杆件。当安装完一层高度时，应进行整体检查、调整、校正，符合标准后做最后固定。

4）幕墙组件安装。玻璃的安装，因玻璃幕墙的结构类型不同，固定的方法也有所不同。如果是钢结构骨架，因为型钢没有镶嵌玻璃的凹槽，故先将玻璃安装在铝合金窗框上，再将窗框与骨架连接。铝合金型材的窗框在成型过程中，已经将固定玻璃的凹槽随同整个断面一次挤压成型，所以玻璃安装很方便。

明框玻璃幕墙在玻璃安装前应将表面尘土和污物擦拭干净；玻璃四周与构件凹槽底应保持一定空隙，不得直接接触，每块玻璃下应设不少于两块的弹性定位垫块，垫块宽度与槽口宽度相同，长度不小于100mm，并用胶条或密封胶将玻璃与槽口两侧之间进行密封。

隐框玻璃幕墙用经过设计确定的铝合金立柱，用不锈钢螺钉固定玻璃组合件（玻璃与铝合金副框之间通过结构胶黏结），然后在玻璃拼缝处用发泡聚乙烯垫条填充空隙。塞入的垫条表面应凹入玻璃外表面5mm左右，再用耐候密封胶封缝，一般注入深度5mm左右，胶缝必须均匀、饱满，并使用修胶工具修整，然后揭除遮盖压边胶带并清理玻璃及主框表面。玻璃副框与主框间设橡胶条隔离，其断口留在四角，斜面断开后应拼成预定的设计角度，并应用胶黏剂黏结牢固后嵌入槽内（见图8-58）。

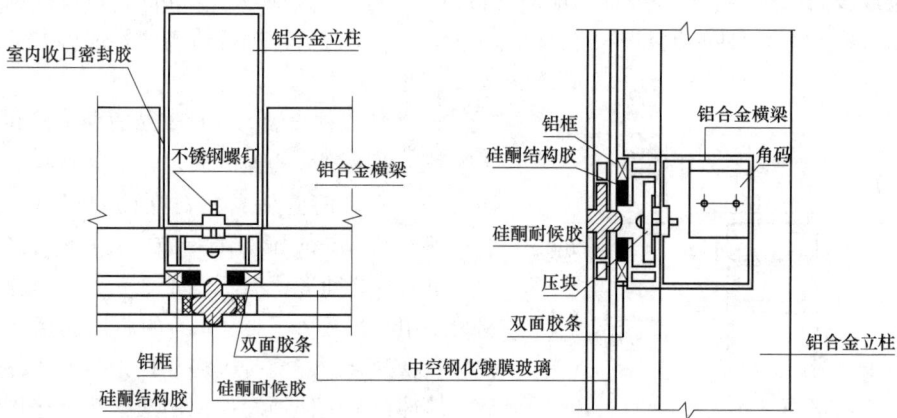

图8-58 隐框玻璃幕墙节点

5）幕墙上的开启窗扇安装。在窗扇安装前进行必要的清洁，然后按设计要求在幕墙上规定位置安装开启窗。安装时应注意窗扇与窗框的上下、左右、前后的配合间隙，以保证其密封性。窗扇连接件的规格、品种、质量一定要符合设计要求，并采用不锈钢和轻金属制品。严禁私自减少连接用自攻螺钉等紧固件的数量，并严格控制自攻螺钉的直径。

6）防火保温（见图8-59）。防火保温材料的安装应严格按设计要求施工，固定防火保温材料的防火衬板应采用厚度不小于1.5mm的镀锌钢板，防火材料宜采用整块岩棉。幕墙四周与主体结构之间的缝隙，应采用防火保温材料堵塞，填装防火保温材料时一定要填实填平，不允许留有空隙，并采用铝箔或塑料薄膜包扎，防止保温材料受潮失效。

7）密封。玻璃或玻璃组件安装完毕后，应及时用耐候硅酮密封胶嵌缝，以保证玻璃幕墙的气密性和水密性。耐候硅酮密封胶在缝内应形成相对两面黏结，不得三面黏结，较深的密封槽口底部应采用聚乙烯发泡材料填塞。耐候硅酮密封胶的施工厚度应大于 3.5mm，施工宽度不应小于厚度的 2 倍。注胶后应将胶缝表面刮平，去掉多余的密封胶。

8）清洁。安装完毕后、拆除脚手架之前，应对整个幕墙作最后一次检查，对幕墙及构件表面的黏附物、灰尘等应及时清除，以保证幕墙安装和密封胶缝、结构安装质量。

4. 点支承玻璃幕墙施工

点支承玻璃幕墙（见图 8-60）是近年来国内发展较快的一种玻璃幕墙形式，由于幕墙上的各种荷载通过钢爪、连接件传递给钢梁、桁架、张拉钢索等，它具有安全可靠、视觉通透、室内外装饰效果好等特点，被广泛应用在建筑外墙装饰工程上。就其支承结构形式可分为钢梁式点支承玻璃幕墙、桁架式点支承玻璃幕墙、张拉索点支承玻璃幕墙及以上几种混合应用等形式。本节以桁架式点支式玻璃幕墙为例说明点支承玻璃幕墙的施工。

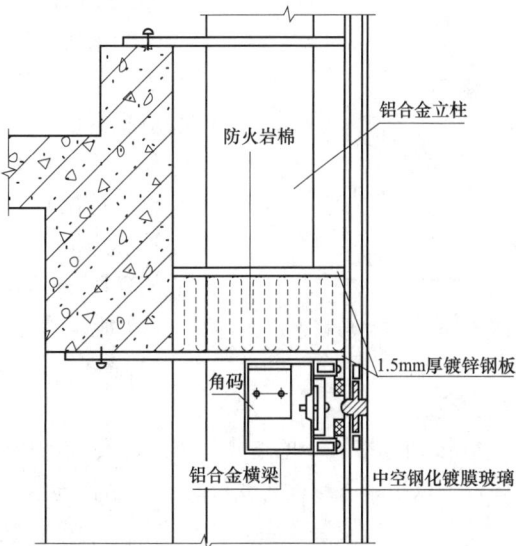

图 8-59　隐框玻璃幕墙防火构造

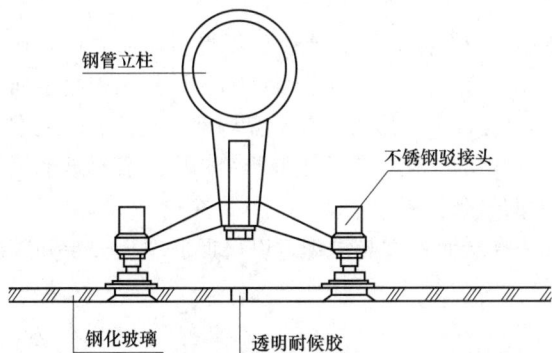

图 8-60　点支承玻璃幕墙

（1）作业条件。施工组织设计内容已经完成，并经有关部门审核批准。其内容除有框玻璃幕墙安装施工组织设计的内容外，还应包括支承钢结构的运输，现场拼装和吊装方案，玻璃的运输、就位、调整和固定方法，胶缝的充填及质量保证措施等。

（2）材料准备及要求。

1）钢立柱、型钢、钢桁架材料。桁架式点支式玻璃幕墙工程使用的钢管宜选用不锈钢无缝装饰管或优质碳钢无缝管，钢管壁厚不宜小于 5mm，管材表面不得有裂纹、气泡、接疤、泛锈、夹渣、起皮等现象，材料的材质、规格及壁厚应符合设计要求。型钢材料的性能应符合国家现行规定。

2）面板玻璃。面板玻璃应采用钢化玻璃、夹胶玻璃或钢化中空玻璃，其厚度和玻璃的大小尺寸应根据设计确定。点支式玻璃幕墙采用夹层玻璃时，应采用聚乙烯醇缩丁醛（PVB）胶片干法加工合成技术，且胶片厚度不得小于 0.76mm。当固定玻璃采用沉头螺栓时，面板玻璃的厚度不得小于 10mm；夹层玻璃和钢化中空玻璃的主要受力层玻璃厚度不得小于 8mm。玻璃颜色应均匀一致。

3）钢爪。钢爪为定型产品，一般为不锈钢，按其外形和固定点数可分为 4 类：四点爪、三点爪、两点爪、单点爪。爪件按常用孔距可分为 204mm、224mm 和 250mm。点支式玻璃幕墙的支承装置应符合现行行业标准《点支式玻璃幕墙支承装置》（JG 1378）的规定。

4）连接件。连接件为定型产品，一般为不锈钢。按构造可分为活动式、固定式，按外形可分为沉头式和浮头式。中空玻璃连接件的形式如图 8-61 所示。与玻璃面板接触的垫圈和垫片应采用尼龙或纯铝等材料。

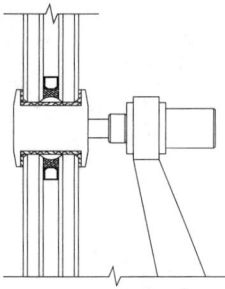

图 8-61 中空玻璃连接件

5）密封材料。点支式玻璃幕墙的耐候密封材料应采用硅酮建筑密封胶。当采用非镀膜玻璃时，可采用酸性硅酮建筑密封胶，其性能应符合现行国家标准《幕墙玻璃接缝用密封胶》（JC/T 882）的规定。密封胶应根据设计要求选用与玻璃相近的颜色。

（3）点支承玻璃幕墙的安装工艺流程：

预埋件位置、尺寸的检查 → 测量放线 → 安装预埋件 → 安装幕墙立柱、边框 → 立柱的调整与紧固 → 挂件安装 → 玻璃板安装 → 灌注嵌缝硅胶 → 幕墙表面清洗。

（4）施工要点。

1）弹线。根据建筑物的轴线弹出纵横两个方向的幕墙基准线和标高控制线。

2）安装连接件。把连接件按设计要求的位置临时点焊在预埋铁件上。若主体结构上没有预埋铁件，可以用膨胀螺栓将铁件与主体结构连接，并应在现场做拉拔试验。以幕墙基准线为准，从幕墙中心线向两边安装幕墙立柱和边框，与连接铁件临时固定。

3）立柱的调整与紧固。幕墙立柱及边框全部就位后，做一次全面检查，对局部不合适的位置做最后调整，使立柱的垂直度及间距达到设计要求；然后对临时点焊的位置正式焊接，紧固连接螺栓，对没有防松动措施的螺栓均应点焊；所有焊缝应清理干净并做防锈处理。

4）挂件安装。将不锈钢挂件按设计要求安装在幕墙立柱上，并用与玻璃同尺寸、同孔径的模具校正每个挂件的位置，以确保无误。

5）玻璃板安装。在平台上将驳接头固定在玻璃定位孔中，注意连接件不得与玻璃面板直接接触，应加装衬垫材料，衬垫材料面积不应小于点支承装置与玻璃的结合面；然后采用吊架自上而下地将支点装置的玻璃板安装在焊于立柱设计位置的爪挂件上。用吊具和吸盘调整玻璃前后、左右位置，使四周的缝隙达到设计要求值，用扳手上紧连接件的螺栓；最后用硅酮结构密封胶对玻璃板块之间的缝隙进行密封处理，并及时清理玻璃板缝处的多余胶迹。

6）清理。安装完毕拆架前应对玻璃幕墙进行一次全面检查与清理，以保证玻璃板安装和胶缝密封质量及幕墙表面的整洁。

5. 全玻璃幕墙施工

全玻璃幕墙是指面板和肋均为玻璃的幕墙，面板和肋之间用透明硅酮胶黏结，能创造出一种独特的通视透明效果。当玻璃高度小于 4m 时，可以不加玻璃肋；当玻璃高度大于 4m 时，就应用玻璃肋来加强，玻璃肋的厚度应不小于 19mm。全玻璃幕墙可分为坐地式和悬挂式两种。坐地式幕墙构造简单、造价低，主要靠底座承重，但玻璃在自重作用下容易产生弯曲变形，造成视觉上失真。在玻璃高度大于 6m 时，就必须采用悬挂式即用特殊的金属夹具将大块玻璃和玻璃肋悬挂吊起，构成没有变形的大面积连续玻璃幕墙。用这种方法可以消除由自重引起的玻璃挠曲，创造出既美观又安全可靠的空间效果（见图 8-62）。

（1）作业条件。现场土建设计资料的收集和土建结构尺寸的测量；设计和施工方案的确定；检查主要材料如玻璃的尺寸规格、金属结构构件的材质等；主要施工机具如玻璃吊装和运输机具、各种电动和手动工具等的检查；脚手架的搭设要完成。

（2）材料准备及要求。钢吊架和钢横梁等受力构件主要采用型钢，钢材应符合有关现行国家标准。全玻璃幕墙使用非镀膜玻璃时，其耐候密封可采用酸性硅酮建筑密封胶。全玻璃幕墙的玻璃边缘应倒棱并细磨，外露玻璃的边缘应精磨。采用钻孔安装时，孔边缘应进行倒角处理，并不应出现崩边。

（3）安装工艺流程：底框和顶框安装 → 玻璃就位 → 玻璃固定 → 缝隙处理 → 施工玻璃肋 → 清洁。

（4）施工要点。

1）底框和顶框安装。按设计要求将全玻璃幕墙的底框焊在楼地面的预埋铁件上，将顶框焊在主体结构的预埋铁件上。当没有埋设预埋铁件时，可用膨胀螺栓将角钢连接件与楼地面或主体结构连接，再把金属底框和顶框焊于角钢上。当高度为 4m 以上的全玻璃幕墙时，顶部应安装夹吊具，将全玻璃幕墙的大块玻璃吊起来，以减少底部压力。

2）玻璃就位。玻璃运到现场后，手持玻璃吸盘由工人将其搬运到安装地点，然后用玻璃吸盘安装机在玻璃一侧将玻璃吸牢，接着用起重机械将吸盘安装机连同玻璃一起提升到一定高度，再转动吸盘，将横卧的玻璃转至竖直，并将玻璃插入顶框或吊夹具内，再继续往上提升，使玻璃下端对准底框槽内，将其放入底框内的垫块上，使其支承在设计标高位置。

3）玻璃固定。往底框、顶框内玻璃两侧填嵌填充料（玻璃肋位置除外）至距缝口 10mm 位置，然后用密封胶注射枪向缝内均匀、连续、严密注入密封

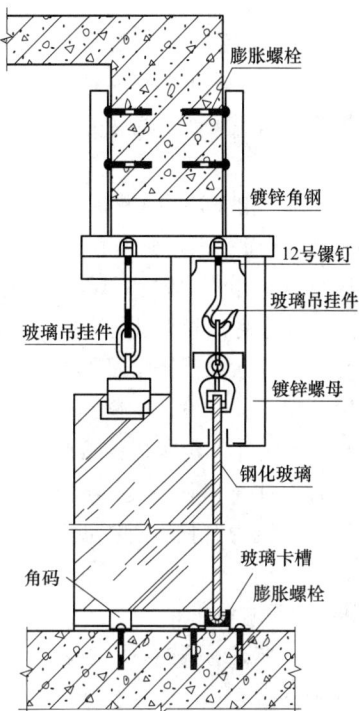

图 8-62　全玻璃悬挂式幕墙竖向剖面构造

胶，上表面与玻璃或框表面成 45°角，多余的胶迹清理干净。

4）幕墙玻璃板之间的缝隙处理。向幕墙玻璃板之间的缝隙注入密封胶，胶体与幕墙玻璃面平。密封胶的注入要连续、饱满、密实、均匀、无气泡，接缝处应光滑、平整。

5）粘贴肋玻璃。在幕墙玻璃上及肋玻璃的相应位置刷结构胶，然后将肋玻璃放入相应的顶、底框内，调整好位置后，向幕墙玻璃上刷胶位置轻轻推压，使其黏结牢固；最后向底、顶框内肋玻璃两侧的缝隙内填嵌填充料，注入密封胶。密封胶注入要连续、饱满、密实、均匀、无气泡，深度大于 8mm。

6）肋玻璃端头处理。肋玻璃底框、顶框端头位置的垫块、密封条要固定，其缝隙用密封胶封死。

7）清洁。拆架前应对玻璃幕墙做最后一次全面检查，以保证幕墙表面的整洁。

三、石材幕墙

石材幕墙不同于传统的外墙饰面，而是采用干挂工艺，它是当代石材墙面装饰通过长期施工实践，经发展改进而形成的一种新型的施工工艺，也是目前外墙石材饰面最常用的一种施工方法。该方法是用一组高强、耐腐蚀的金属连接件，将石材板与主体结构可靠连接，而形成的空间层不作灌浆处理，具有施工速度快，石材表面不泛碱的优点。

1．作业条件

（1）检查进场石材的品种、规格、数量、质量、力学性能及物理性能是否符合设计要求，并进行表面处理。发现石材颜色明显不一致、破损较严重的，应单独堆放，以便退回厂家。验收合格的石材，应按编号分类竖直码放在仓库内的垫木上。

（2）石材表面一般情况下应干燥、洁净，采用干净的棉布或海绵及喷壶将防护剂均匀涂布到表面，第一遍涂布晾干 1h（按防护剂的使用说明书要求）后，再涂第二遍。涂布后阴干 6h 以上即可

使用。

（3）审查幕墙施工图与建筑、结构图在几何尺寸、坐标、标高、说明等方面是否一致，复核幕墙各组件的强度、刚度和稳定性是否满足要求，施工组织设计是否编制完成，幕墙施工单位技术人员对现场施工人员是否进行了技术交底等。

2. 材料准备及要求

（1）石材。由于幕墙工程属于室外墙面装饰，要求石材具有良好的耐久性，通常选用厚度为25~30mm的花岗石。石材表面的处理方法，应根据环境和用途而定，一般采用机械加工，加工后的表面用高压水冲洗或用水和刷子清理，严禁使用溶剂型的化学溶剂清洗。

（2）金属骨架。金属材料应以铝合金为主，铝合金型材骨架表面必须经阳极氧化处理。为避免腐蚀，骨架也可采用不锈钢骨架，但目前较多项目采用碳素结构钢。采用碳素结构钢应进行热浸镀锌防腐蚀处理，并在设计中避免用现场焊接连接，以保证其耐久性。

（3）金属挂件。金属挂件按材料分有不锈钢和铝合金两种。不锈钢挂件主要用于无骨架体系和碳素钢骨架体系中，厚度不应小于3.0mm，铝合金挂件厚度不应小于4.0mm。金属挂件应有良好的抗腐蚀能力，挂件种类要与骨架材料相匹配，不同类金属不宜同时使用，以免发生电化学腐蚀。

3. 石材幕墙施工

根据干挂方案的不同，石材幕墙可分为无龙骨体系和有龙骨体系两种，以下介绍目前应用较多的有龙骨体系。

有龙骨体系是由主龙骨和次龙骨构成的。主龙骨可选用镀锌方钢、槽钢和角钢，其间距应考虑石板规格、墙面大小、结构强度计算和刚度验算等综合因素。该体系适用于各种结构形式。框架结构时，主龙骨（一般为竖向龙骨）应与框架连梁可靠连接（与预埋铁件焊接或用膨胀螺栓固定）。若上下两道框架边梁间距较大时，竖向龙骨中间常需固定，而一般填充墙的强度不能满足要求。此时，应结合建筑立面设计，在适当位置增设混凝土条带，如在门窗洞口的上下位置增设。当墙面为钢筋混凝土且立面变化较多时，主龙骨（视需要竖向或横向布置）可直接固定在墙上。次龙骨多用角钢，间距由石材规格确定，通常直接焊接在主龙骨上。这种体系整体性好，受力均匀，且易于调整板材整体垂直度、平整度及凹凸变化。但是由于骨架在建成后不便于维护，因此骨架的防腐很重要。

饰面板与龙骨的连接方式目前应用较多的有连接件式和背栓式，连接件式就是将连接件通过防腐、防锈螺栓固定或焊接在龙骨上（见图8-63）。

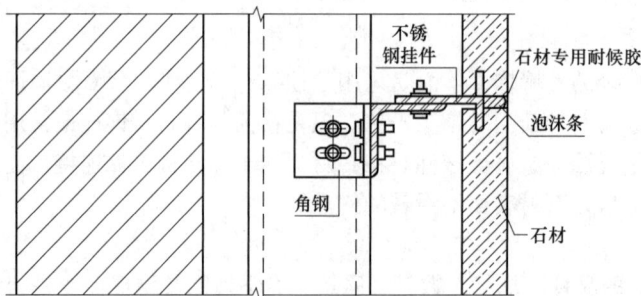

图8-63 骨架式干挂石材幕墙

（1）工艺流程：预埋件位置尺寸检查→安装预埋件→复测预埋件位置尺寸→测量放线→绘制工程翻样图→金属骨架加工→钢结构刷防锈漆→金属骨架安装→安装防火保温棉→隐蔽工程

验收→石材饰面板加工→石材表面防护→石材饰面板安装→安装质量检查→板缝处理→幕墙表面清洗。

（2）施工要点。

1）预埋件安装。预埋件应在土建施工时埋设，幕墙施工前要根据该工程基准轴线和中线以及基准水平点对预埋件进行检查和校核。当设计无明确要求时，预埋件的标高偏差不应大于10mm，预埋件位置偏差不应大于20mm。如有预埋件位置超差而无法使用或漏放时，应根据实际情况提出选用膨胀螺栓的方案，并报设计单位审核批准且在现场做拉拔试验，做好记录。

2）测量放线。根据设计和施工现场实际情况准确弹出幕墙的外边线和水平、垂直控制线，然后将骨架竖框的中心线按设计分格尺寸弹到结构上。

3）骨架安装。按弹线位置准确无误地将经过防锈处理的型钢竖框焊接或用螺栓固定在连接件上。安装竖框时一般先安装同立面两端的竖框，然后拉通线顺序安装中间竖框。焊接时要采用对称焊，以减少因焊接产生的变形。焊缝不得有夹渣和气孔，敲掉焊渣后对焊缝应进行防锈处理。安装完竖框后将各施工水平控制线引至竖框上，并用水平尺校核，然后将横梁按设计要求固定在立柱相应位置上。安装完毕后全面检查立柱和横梁的中心线及标高。

4）防火、保温材料安装。在每层楼板与石板幕墙之间用厚度不小于1.5mm的镀锌钢板和防火棉形成防火带。北方寒冷地区，在金属骨架内填塞保温层，要求严密牢固。

5）石材饰面板安装。施工时一般先按幕墙面基准线安装好底层第一皮石材板，然后自下而上进行挂贴。金属挂件应紧托上皮饰面板，而与下皮饰面板之间留有间隙。石材与金属挂件间应采用环氧树脂型石材专用胶黏结，以保证石材面板与挂件的可靠性。挂件插入石材板销孔深度应大于20mm。

6）板缝处理。干挂石材间均留有板缝，以保证石材的自由伸缩并满足抗震要求。板缝处理方法分为明缝和暗缝两种。明缝，石材之间的缝隙不用任何材料填塞，允许雨水通过板缝流入挂板后的空间，并从构造上采取措施以排走进入的雨水。暗缝，则在板缝两侧沿石材边缘贴纸面胶带纸，以避免嵌缝胶污染石材表面。在石材板缝内嵌直径略大于缝宽的泡沫塑料圆垫条，以保证胶缝的最小宽度和均匀性，然后用注射枪向石材板缝均匀注入膨胀密封胶，边打胶边用专用工具勾缝，使嵌缝胶呈微弧形凹面。石材板间的胶缝是石材幕墙的第一道防水措施，同时又使石材幕墙形成一个整体。为了减少由于日晒等原因引起的石材内外表面温差对石材造成的应力不均，可在窗上沿石材接缝处的适当位置设置通气孔，使石材饰面内外空气得以流通。若内部有潮气也可排出，同时通气孔也可作为冷凝水滴孔。

7）清洗和保护。撕去石材表面保护胶带，用棉纱将石材表面擦拭干净。若有胶迹或其他黏结牢固的杂物，可用小刀轻轻铲除，再用棉纱沾丙酮擦拭干净。

四、幕墙工程施工质量检验

有关分项工程、子分部工程的质量验收和检验批检验的具体内容如主控项目、一般项目及检验方法可参见《建筑工程施工质量验收统一标准》（GB 50300）、《建筑装饰装修工程质量验收规范》（GB 50210）。

第十一节　工程实践案例

【案例1】　干挂花岗岩施工案例

1. 工程概况

安泰县"新建办公、营业、住宅综合楼"工程，位于安泰县台州大道与金都大道交汇处，总建筑面积 7890m²，地上十三层，地下一层。裙楼外墙采用干挂花岗石，其面积为 2500m²。该分项工程于 2012 年 10 月 6 日正式施工。

2. 外墙干挂石材工艺流程

测量放线→镀锌钢板的安装→立柱的安装→横梁的安装→安装挂件→石板开槽→安装面层石板→嵌缝打胶→验收。

3. 施工要点

(1) 测量放线。

1) 弹好水平标高线及中心线。

2) 根据给定的基准线按设计要求进行分格，确定镀锌钢板的位置，弹出立柱与横梁位置。横梁间距由面层石板的大小确定。

3) 依据每面墙壁的面积大小、凹凸情况，分别在墙的上、下两侧及中部设置测量控制点。

4) 用铁丝拉挂水平垂直控制线，并做好相邻墙面阴阳角转折兜方控制。

5) 用线锤从上至下将石材墙面、柱面找出垂直，按图纸弹出石材外廓尺寸线，此线为第一层石材安装的基准线。

(2) 镀锌钢板的安装。

1) 根据已弹出的主龙骨位置线及石材设计要求画出镀锌钢板的位置。

2) 根据镀锌钢板的位置，用电锤钻洞。

3) 镀锌钢板采用 200mm×300mm×12mm 镀锌钢板，混凝土梁、砼柱上使用四孔镀锌钢板，砖砌墙使用两孔镀锌钢板，钢板与墙、柱之间用 M12×100 膨胀螺栓连接固定。

(3) 立柱的安装。

1) 先将角码焊接固定在镀锌钢板上，角码用∟50mm×50mm×5mm 镀锌角钢。

2) 立柱采用 8 号镀锌槽钢，立柱的间距根据现场柱、墙分格确定，并不大于 1.2m。先将镀锌槽钢点焊在镀锌钢板上，但要确认牢固后，用托线板检查垂直，拉通线检查平整，校正后进行焊接，且焊接面边缘不小于 75mm。阴阳角必须设有立柱。

3) 所有主龙骨安装完后要进行检查，达到要求后再进行除渣。除渣完毕后，所有焊接部位刷防锈漆两遍进行防锈防腐处理。

(4) 横梁的安装。

1) 横梁采用∟50mm×50mm×5mm 镀锌角钢，横梁的间距根据面层石板的大小确定。

2) 将墙面上横梁位置线引到立柱上。在安装横梁之前，根据施工图要求，定出镀锌角钢挂件连接位置，并用台钻钻洞，再将横梁与立柱固定连接。

3) 所有横梁安装完后要进行检查，然后调平固定。

4) 横梁安装必须设有不小于 15mm 的变形缝，横梁变形缝的间距根据分格的位置进行调整设置，以满足钢框架的变形要求。

(5) 安装挂件。在横梁上预先钻好的孔内插入 M10×30 螺栓，将镀锌挂蝶形件固定在次龙骨上。

(6) 石板开槽。按设计要求在板端面需开槽的位置预先画线，集中开槽。石板上下各两个镀锌蝶形挂件，镀锌蝶形挂件每边两个。开槽后应将石材背面槽壁用钢錾剔出槽位以便埋卧挂件。

(7) 安装面层石板。

1) 石材采用 25mm 厚蝴蝶绿花岗岩，石材安装一般从下至上进行，根据石材水平缝隙的标高，按通线安装石材，石板缝宽根据设计要求确定。

2) 将挂件的螺母完全拧紧，调整就位，检查平整度、垂直度、接缝宽度等。

3）经检查合格后，再用结构胶将挂件与板固定。

4）缝隙清理。石材安装完后，经"自检、互检、专检"检查合格后，再进行缝隙清理，主要清理缝隙间的残留杂物等。

（8）嵌缝打胶。

1）嵌缝泡沫条的嵌入深度不宜过深也不宜过浅，打胶厚度约为 8mm。

2）嵌完泡沫条后，再开始贴分色胶带纸，缝的宽窄必须一致。胶带纸贴完后开始打硅酮耐候胶嵌缝。

3）胶打完后，要用小圆棒（或胶瓶后座）将胶抹光，一般呈 U 形，随后将胶纸撕去，不要污染石材表面。

4）等嵌缝耐候胶硬化后，将石材表面上的防污条掀掉，用棉丝将石板擦净，若有胶或其他黏结牢固的杂物，可用开刀轻轻铲除，用棉丝沾丙酮擦至干净。

（9）验收。石材安装完毕，经自检合格后通知业主、监理进行验收。

【案例 2】 环氧树脂地坪施工案例

1. 工程概况

本工程位于北华市泰珠工业园北组团 B1 地块，一期拟建车间办公区一栋 3 层，建筑面积约 1850m²；隔离开关厂一栋 1 层，建筑面积 4424m²；中压厂房一栋 1 层，建筑面积约 5400m²；车间办公区采用钢筋混凝土框架结构，厂房采用钢结构；本工程厂房地坪采用 2mm 厚环氧树脂地坪。环氧树脂地坪（EPOXYFLOOR）是一种高强度、耐磨损、耐碾压、洁净、防尘、美光的工业地坪。具有无缝、防菌、耐药品性佳，保养方便，维护费低，是 CLEAN ROOM 首选的地坪。

2. 工艺流程

基层处理层→环氧底涂层→环氧砂浆层→中涂腻子批补→打磨处理→贴铜箔→环氧防静电腻子层→环氧防静电自流平面涂层。

3. 施工要点

（1）基层处理层。用打磨吸尘机打磨新水泥基面，松散水泥疙瘩，清除破裂的缝隙及灰浆某附着物，并吸干灰尘，有机油有其他污染之基面，必须用化学方法处理干净，同时把裂缝及小坑小洞用环氧砂浆修补平整。潮湿的地方，必须烘干或加防水底涂处理。

（2）环氧底涂层。把 EPOXY 底涂主剂和固化剂按正确比例混合后一个小时，让其充分反应，然后用平刀刮平于基面上，5h 表干后可进行下一工序。

（3）环氧砂浆层。把 EPOXY 中涂＋固化剂＋5 号石英砂按正确比例混合后，用平刀全面刮批一遍，5h 表干后，可进行下一工序。

（4）中涂腻子批补。把 EPOXY 中涂＋固化剂＋腻子粉按正确比例混合后，用平刀全面刮批 5h 表干后，可进行下一工序。

（5）打磨处理层。轻磨、吸尘。

（6）贴铜箔。先在每个房间四周贴铜箔母线，然后按 5m×5m 间隔铺设铜箔。

（7）环氧防静电腻子层。把 EPOXY 中涂＋固化剂按正确比例混合后，用平刀全面刮批 5h 表干后，可进行下一工序（刮两遍）。

（8）环氧防静电自流平面涂层。把 EPOXY 面涂＋固化剂按正确比例混合后，用镘刀均匀地镘在地面上，12h 表干即可。

（9）清理施工现场。场内杂物及空罐必须清理干净。

4. 施工结构示意图

施工结构示意图如图 8-64 所示。

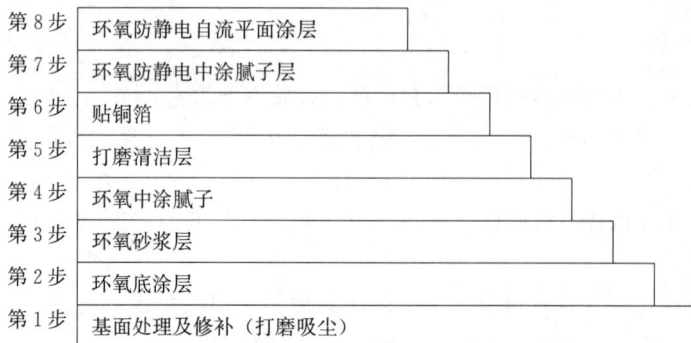

第 8 步	环氧防静电自流平面涂层
第 7 步	环氧防静电中涂腻子层
第 6 步	贴铜箔
第 5 步	打磨清洁层
第 4 步	环氧中涂腻子
第 3 步	环氧砂浆层
第 2 步	环氧底涂层
第 1 步	基面处理及修补（打磨吸尘）

图 8-64　施工结构示意图

复习思考题

1. 谈谈你对建筑装饰装修的了解程度。

2. 建筑装饰装修工程包含哪些内容？

3. 建筑装饰装修工程今后的发展方向如何？

4. 《建筑装饰装修工程施工质量验收规范》（GB 50210）中涉及施工的一般规定有哪些？

5. 高级抹灰和普通抹灰的适用范围和做法要求有什么区别？

6. 抹灰层一般由哪几层组成？各有什么作用？

7. 抹灰的材料有哪些？如何把关？

8. 室外抹灰顺序如何？

9. 写出内墙抹灰施工工艺流程，并说出施工要点。

10. 一般抹灰工程主控项目有哪些？

11. 写出内墙面砖粘贴施工工艺流程，并说出施工要点。

12. 写出大理石、花岗石干挂施工的工艺流程。

13. 饰面砖粘贴工程主控项目有哪些？

14. 饰面板安装工程主控项目有哪些？

15. 说说铝合金门窗的安装流程和安装要点。

16. 说说塑钢门窗的安装流程和安装要点。

17. 楼地面按面层材料分类有哪些？

18. 写出水泥砂浆地面面层的工艺流程和施工要点。

19. 写出细石混凝土地面面层的工艺流程和施工要点。

20. 写出环氧树脂面层的工艺流程和施工要点。

21. 写出陶瓷地砖面层的工艺流程和施工要点。

22. 写出花岗石板楼地面面层的工艺流程和施工要点。

23. 写出木地板面层的工艺流程和施工要点。

24. 轻质隔墙的种类有哪些？

25. 吊顶工程由哪三部分组成？

26. 说说木骨架罩面板吊顶的工艺流程和工艺要点。
27. 涂饰工程的基层处理有哪些要求？
28. 涂饰施工主要操作方法有哪些？
29. 什么是裱糊饰面工程？
30. 裱糊饰面工程的工艺流程如何？
31. 按建筑幕墙的面板材料分哪几类？
32. 写出石材幕墙的工艺流程。

第九章 建筑节能工程

掌握外墙外保温系统构造、施工工艺和质量控制；掌握屋面防水保温一体化体系的构造、施工工艺和质量控制；熟悉门窗节能的材料、施工工艺和质量控制；了解幕墙节能的材料、施工工艺和质量控制；熟悉建筑节能工程的检测与评估；了解建筑节能的防火。

第一节 建筑节能概述

一、建筑节能的背景与意义

（一）建筑节能的背景

人类的高速发展和过度开发，对自然资源的需求越来越多，同时造成地球上化石能源的开采越来越频繁。过度的能源消耗排放，造成大气污染、地球变暖、气候的不断恶化，并通过农业生产力的降低、用水危机的加剧、极端自然灾害的频发、生态系统的崩溃等形式表现出来，直接影响了人类的生活和生存环境（见图9-1）。

图9-1 工业和生活能耗导致大量废气排放

根据权威部门统计，由于地球上能源的有限性，全球主要能源未来可开采的情况如下：石油还可以开采40年、天然气还可以开采60年、煤炭还可以开采200年。

我国仍处在工业化、城市化、市场化、国际化步伐加快、经济持续快速发展时期，也是资源消耗加剧的时期，面临着严峻的资源与环境问题。

自20世纪80年代以来，我国建筑业取得了突飞猛进的发展，特别是"十三五"期间，严寒寒冷地区城镇新建居住建筑节能达到75%，累计建设完成超低、近零能耗建筑面积近0.1亿 m^2、完成既有居住建筑节能改造面积5.14亿 m^2、公共建筑节能改造面积1.85亿 m^2，城镇建筑可再生能源替代率达到6%。截至2020年底，全国城镇新建绿色建筑占当年新建建筑面积比例达到77%，累计建成绿色建筑面积超过66亿 m^2，累计建成节能建筑面积超过238亿 m^2，节能建筑占城镇民用建筑面积比例超过63%，全国新开工装配式建筑占城镇当年新建建筑面积比例为20.5%。建筑节能与绿色建筑发展初见成效。

（二）建筑节能的意义

我国《"十四五"建筑节能与绿色建筑发展规划》总体目标是：到2025年，城镇新建建筑全面建成绿色建筑，建筑能源利用效率稳步提升，建筑用能结构逐步优化，建筑能耗和碳排放增长趋势得到有效控制，基本形成绿色、低碳、循环的建设发展方式，为城乡建设领域2030年前碳达峰奠定坚实基础。具体到2025年，完成既有建筑节能改造面积3.5亿 m^2 以上，建设超低能耗、近零能耗建筑0.5亿 m^2 以上，装配式建筑占当年城镇新建建筑的比例达到30%，全国新增建筑太阳能光伏装机容量0.5亿千瓦 kW 上，地热能建筑应用面积1亿 m^2 以上，城镇建筑可再生能源替代率达到

8%，建筑能耗中电力消费比例超过 55%。

"十四五"时期是开启全面建设社会主义现代化国家新征程的第一个五年，是落实 2030 年前碳达峰、2060 年前碳中和目标的关键时期，建筑节能与绿色建筑发展面临很大挑战，同时也迎来重要发展机遇。

据统计：在全社会总能耗直接的能耗中，工业能耗约占总能耗的 35%；建筑能耗约占总能耗的 28%；交通能耗约占总能耗的 30%；其他能耗约占总能耗的 7%。人类从自然界获取的物质原料有半数以上用于各类建筑，也就是说这些建筑在规划设计、材料生产、建筑施工、运行管理、销毁再生等全生命周期中大约消耗世界能源总量的一半。另外目前我国未进行改造的老旧建筑还有大约 78 亿 m²，每年新竣工建筑面积约 10～15 亿 m²。因此，加快建筑节能步伐，提高建筑节能水平，提高能源利用率，减少废气排放是我国可持续发展和全面贯彻科学发展观的重要举措。

二、建筑节能的主要组成部分

根据建筑物建筑构造和能耗的特点，建筑节能主要分为三种情况：一是建筑围护结构节能，主要包括屋面、墙面、楼地面、门窗（包括玻璃幕墙）等；二是采暖、空调、照明设施节能，主要包括空调机械、供热设备、照明用具等；三是可再生能源利用和建筑物的用能管理，其中可再生能源主要包括：太阳能、地热源等（见图 9-2）。

目前，我国建筑物围护结构保温性能差，采暖空调设备消耗的能量一大部分是用来补充这些能量的损失，建筑用能浪费严重。因此，建筑物围护结构节能是建筑节能各项措施中最重要且最易见成效的措施，是建筑节能的根本所在。

建筑物围护结构能量损失比重如图 9-3 所示。

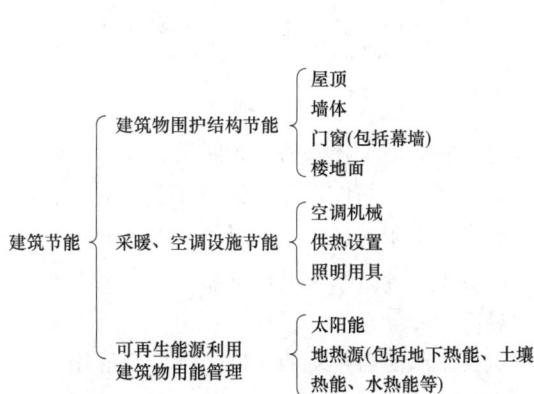

图 9-2　建筑节能的分类分解图　　　　　图 9-3　建筑物围护结构能量损失比重

其中，外墙立面约占 50%，外门窗约占 25%，屋面约占 15%，地面约占 10%。

建筑物在冬、夏两季由于室内外温差较大导致能量以热量的形式通过围护结构和门窗缝隙的空气渗透向外散失或向室内传入（冬季为散失，夏季为传入）。

由图 9-3 可见，建筑物围护结构节能重点在于墙体节能、门窗节能（包括幕墙）和屋顶节能。

三、建筑节能与绿色建筑

所谓建筑节能，即在建筑中合理使用和有效利用能源，不断提高能源利用效率。也就是在建筑工程设计和建造中依照国家有关法律、法规的规定，采用节能型的建筑材料、产品和设备，提高建筑物围护结构的保温隔热性能和采暖空调设备的能效比，减少建筑使用过程中的采暖、制冷、照明能耗，合理有效地利用能源。

所谓节能建筑，是指遵循气候设计和节能的基本方法，对建筑规划分区，群体和单体，建筑朝向、间距、太阳辐射、风向以及内部空间环境进行研究后，设计出的低能耗建筑，其主要指标有：建筑规划和平面布局要有利于自然通风，绿化率不低于 35%，建筑间距应保证每户不少于一个居住空间在大寒日能获得满窗日照 2h，最小日照距离不低 1.1H；窗墙面积比不宜大于 0.35，建筑外墙体传热系数 K 值小于该地区节能标准规定值。

要求节能指标比 20 世纪 80 年代初，砖混结构多层住宅达到舒适热环境效果的同时节能 50% 及以上。其中，建筑节能 50% 是指在当地 1980—1981 年住宅通用设计能耗水平的基础上节能 50%；建筑节能 65% 就是指在节能 50% 的基础上再节能 30%，也就是在当地 1980—1981 年住宅通用设计能耗水平的基础上节能 65%。

绿色建筑是指在建筑物的全生命周期包括规划设计、施工安装、使用管理及拆除的整个过程中，能够以最节约能源（节能、节地、节水、节材）、最有效利用资源的方式，建造出对地球环境影响最小，同时能提供安全、健康、效率及舒适的居住空间建筑，达到人及环境与建筑的共生共荣和永续发展。而建筑节能则是绿色建筑的核心内容，也是绿色建筑中最易实现和见效的部分。

四、可再生能源概述

自然界的能源是无限的，能源按其形成的条件可分为两大类：一类是自然界中天然存在的，如煤、石油、天然气、油页岩、核燃料、植物秸秆、太阳能、风能、水能、地热能、海洋能、潮汐能等，称为一次能源；另一类是由一次能源直接或间接转化而成的能源，如煤气、焦炭、人造石油、汽油、煤油、重油、电力、蒸汽、热水、酒精、沼气、氢气、激光等，称为二次能源。

建筑要开发利用可再生能源。建筑用能要优先使用太阳能、地下热能、土壤热能、水热能等可再生能源。采用新技术，提高可再生能源的利用效率，充分利用可再生能源。以下简要介绍与建筑用能相关的几种可再生能源。

1. 太阳能

太阳能一般是指太阳光的辐射能量，氢原子核在超高温时聚变释放的巨大能量。地球上的生物主要依靠太阳提供的热和光生存，而自古人类就懂得以阳光晒干物件，并作为保存食物的方法，如制盐和晒咸鱼等。在化石燃料逐渐减少的情况下，才有意让太阳能进一步发展。太阳能的利用有被动式利用（光热转换）和光电转换两种方式。太阳能发电是一种新兴的可再生能源。广义上的太阳能是地球上许多能量的来源，如风能、化学能、水的势能，等等。

太阳能在建筑上的应用主要是太阳能热水器，重点是太阳能与建筑的一体化设计与应用。目前已在我国建筑领域得到广泛应用。

2. 地热

地热能是指来自地球内部的热能资源。我们生活的地球是一个巨大的热库，仅地下 10km 厚的一层，储热量就达 1.05×10^{26} kJ，相当于 3.58×10^{15} t 标准煤所释放的热量。地热能是在其演化进程中储存下来的，是独立于太阳能的又一自然能源，它不受天气状况等条件因素的影响，未来的发展潜力也相当大。

目前，在建筑上应用的主要是地源热泵。地源热泵是一种利用浅层地热资源（也称地能，包括地下水、土壤或地表水等）的既可供热又可制冷的高效节能空调设备。地源热泵通过输入少量的高品位能源（如电能），实现由低温位热能向高温位热能转移。地能在冬季作为热泵供热的热源，在夏季作为制冷的冷源，即在冬季，把地能中的热量取出来，提高温度后，供给室内采暖；夏季，把室内的热量取出来，释放到地能中去。

第二节　墙体节能工程材料、构造、施工工艺和质量控制

一、常用建筑节能保温材料

保温材料是指对热流具有显著阻抗性的材料或材料复合体。材料保温性能的好坏是由材料导热系数的大小决定的。导热系数越小，则通过材料传达的热量越少，保温隔热性能就越好。材料的导热系数决定于材料的成分、内部结构、表观密度等，也决定传热时的平均温度和材料的含水量等。

一般来说，表观密度越小导热系数就越小。但对于松散的纤维材料并非如此（与压实情况有密切关系），当表观密度小于最佳表观密度时，导热系数随着表观密度减小而增大。只有当表观密度大于最佳表观密度时，才符合表观密度越小导热系数越小的规律。当材料的成分、表观密度、结构等条件完全相同时，多孔材料的导热系数随着平均温度和含水量的增大而增大，随着温湿度的减少而减少。

用于建造节能建筑的各种保温材料统称为建筑保温材料，主要有屋面、墙面、地面保温材料及节能型门、窗（包括幕墙）材料。

（一）保温材料

保温材料的品种很多，一般均为轻质、疏松、多孔、纤维材料。按材质一般可分为无机保温材料、有机保温材料两大类，有机保温材料的保温隔热性能较无机保温材料好，但无机保温材料较有机保温材料具有耐久性好和耐火性能好等优点；按形态可分为纤维状、多孔（微孔、气泡）状、层状等。

目前常用的保温材料有以下几类。

1. 膨胀珍珠岩制品

膨胀珍珠岩俗称珠光砂，又名珍珠岩粉，是以珍珠岩矿石经过破碎、筛分、预热，在高温（1260℃）中悬浮瞬间焙烧、体积骤然膨胀加工而成的一种白色或灰白色的中性无机砂状材料，颗粒结构呈蜂窝泡沫状，重量特轻，风吹可扬。膨胀珍珠岩具有表观密度小，导热系数小，低温隔热性能好、在常压或真空度下保冷性能好、吸声性能好，吸湿性小、化学稳定性好、无味、无毒、不燃烧、抗菌、耐腐蚀、施工方便等特点。

膨胀珍珠岩是制作无机轻集料保温砂浆和建筑保温砂浆的主要原料。

2. 无机轻集料保温砂浆

无机轻集料保温砂浆以无机轻集料（憎水型膨胀珍珠岩、玻化微珠、闭孔珍珠岩、膨胀蛭石、陶砂等）为保温材料、以水泥等无机胶凝材料为主要胶结料并掺加高分子聚合物及其他功能性添加剂而制成的建筑保温干粉砂浆。它具有抗裂性强、防火等级高，耐冲击性能好、隔热性能优良、施工简易方便等特点。与无机保温砂浆相似的建筑保温砂浆的主要区别在于采用的轻质无机骨料不同。无机保温砂浆具有良好的耐久性，虽吸水率相对较大，但通过防水或憎水处理仍可以满足要求。特别适用于外墙内保温，也可用于外墙外保温。

3. 岩棉

岩棉是以精选的玄武岩、辉绿岩为主要原料，外加一定数量的辅助料，经高温熔融后，由高速离心设备（或喷吹设备）加工制成的人造无机纤维，具有质轻、不燃、无毒、导热系数小、吸声性能好、绝缘、化学稳定性好、使用周期长等特点，是国内外公认的理想保温材料。其主要类型有岩棉板、岩棉毡、岩棉带、岩棉管壳等。

用于外围护结构建筑保温的岩棉主要是岩棉板。按生产工艺不同，岩棉板可分为沉降法岩棉、摆锤法岩棉和三维法岩棉。

4. 泡沫塑料

泡沫塑料是以各种树脂为基料，加入发泡剂、稳定剂、催化剂等经加热发泡等工艺加工而成，

是一种多孔状的轻质、保温、隔热、吸声、防震材料，适用于建筑工程的吸声、保温与绝热等。泡沫塑料的种类很多，常以所用树脂取名，如聚苯乙烯泡沫塑料、聚乙烯泡沫塑料、聚氯乙烯泡沫塑料、聚氨酯泡沫塑料等。

（1）胶粉聚苯颗粒保温浆料。胶粉聚苯颗粒保温浆料是由胶粉料和聚苯乙烯颗粒组成并且聚苯乙烯颗粒体积比不小于 80%的保温浆料。

（2）膨胀聚苯板（EPS 板）和挤塑聚苯板（XPS 板）。膨胀聚苯板（EPS 板）是由可发性聚苯乙烯珠粒经加热预发泡后在模具中加热成型而制得的具有闭孔结构的聚苯乙烯泡沫塑料板材。特点有：质轻、保温、吸声、隔振性能好；吸水性小，耐酸碱性好，耐低温性好，燃烧性能差；透气性能较好，做外保温材料时易排出基层墙面的多余水分，不易产生湿胀；容易加工，成本低。

挤塑聚苯板（XPS 板）是以聚苯乙烯树脂或其共聚物为主要成分，添加少量添加剂，通过热挤塑成型而制得的具有闭孔结构的硬质泡沫塑料。特点有：质轻、抗压强度高、吸水率低、透气性差；高热阻、低线膨胀率；耐腐蚀、耐老化性能好，无毒、不易霉变；不耐有机化学试剂。

挤塑聚苯板（XPS 板）与膨胀聚苯板（EPS 板）相比具有以下优点：挤塑聚苯板具有比膨胀聚苯板较密的表层及闭孔结构内层，其导热系数大大低于同厚度的膨胀聚苯板，因此具有膨胀聚苯板更好的保温隔热性能；由于内层的闭孔结构，因此挤塑聚苯板具有良好的抗湿性，在潮湿的环境中，仍可保持良好的保温隔热性能；适用于冷库等对保温有特殊要求的建筑，在采用良好防火措施和满足防火构造要求的前提下也可用于外墙饰面材料为面砖或石材的建筑，适用范围更广；由于挤塑聚苯板与基层墙体的固定方式主要是采用机械固定件，在冬季可照常施工。

（3）聚氨酯泡沫塑料。以 A 组分料和 B 组分料混合反应形成的具有防水和保温隔热等功能的硬质泡沫塑料，称为聚氨酯硬质泡沫，简称聚氨酯硬泡。其中，A 组分料是指由组合多元醇（组合聚醚或聚酯）及发泡剂等添加剂组成的组合料，俗称白料，是形成聚氨酯硬泡的必要原料之一。B 组分料是指主要成分为异氰酸酯的原材料，俗称黑料，也是形成聚氨酯硬泡的必要原料之一。聚氨酯硬泡的优点是相对密度小、比强度高、具有独立闭孔、导热系数低、吸声隔振性能好、耐化学腐蚀等；缺点是紫外线照射容易变质，耐火性能很差，一般通过添加阻燃剂等方法使其表面形成耐火保护层，隔绝氧气达到阻燃目的。

聚氨酯硬泡保温板是指在工厂的专业生产线上生产的、以聚氨酯硬泡为芯材、两面覆以某种非装饰面层的保温板材。面层一般是为了增加聚氨酯硬泡保温板与基层墙面的粘接强度，防紫外线和减少运输中的破损及建筑防火等需要而设置。

5. 泡沫玻璃

泡沫玻璃是一种以废平板玻璃和瓶罐玻璃为原料，经高温发泡成型的多孔无机非金属材料，具有防火、防水、防蛀、无毒、耐腐蚀、不老化、无放射性、绝缘、防磁波、防静电等特性。机械强度高，与各类泥浆黏结性好，具有良好的保温性能，密度仅 $130\sim180kg/m^3$，是一种性能稳定的建筑外墙和屋面隔热、隔声、防水材料。

6. 超薄真空绝热保温板

超薄真空绝热保温板，保温效果优异，导热系数最低可达 0.004W/（m·K），保温效果相当于常规聚苯板的 5 倍，挤塑板的 4 倍，聚氨酯的 2.8 倍，胶粉聚苯颗粒，保温砂浆，玻化微珠，发泡水泥等浆体类材料的 6~10 倍。保温材料为无机保温材料，防火不燃。而且单位质量轻，施工方便，安全性高，不易脱落，绿色环保，与建筑同寿命，理论寿命 80 年。

用 1~2cm 厚就能达到 65%的节能要求。建筑中使用超薄真空绝热板保温材料，与使用传统保温材料相比，可增加 1%～3%得房率，减少公摊面积，增加使用面积。

薄抹灰超薄真空绝热保温板外墙外保温系统是一种良好的外墙节能保温方式。目前已经在各工业和民用建筑中广泛应用。

（二）保温辅助材料

1. 界面处理剂

界面处理剂分为基层墙体界面处理剂和保温板界面处理剂。基层墙体界面处理剂有基层墙体界面处理砂浆和聚氨酯防潮底漆等。保温板界面处理剂主要有膨胀聚苯板界面砂浆、挤塑聚苯板界面砂浆、聚氨酯界面砂浆、岩棉板界面砂浆等。

（1）基层墙体界面砂浆（简称界面砂浆）：由基层界面剂、中细砂和水泥混合配制而成，用于提高胶粉聚苯颗粒（或无机保温砂浆）与墙体的黏结力。

（2）聚氨酯防潮底漆：以聚氨酯为主要成膜物质，采用各种助剂调配而成，可有效防止水及水蒸气对聚氨酯发泡产生不良影响。

（3）膨胀聚苯板界面砂浆：由聚苯板界面剂、中细砂和水泥混合配制而成，以增强抹灰层、黏结层或钢筋混凝土墙体与聚苯板之间的黏结力。

（4）聚氨酯界面砂浆：由与聚氨酯具有良好黏结性能的合成树脂乳液、多种助剂、填料配制的聚氨酯界面剂与水泥混制而成，以增强抹灰层与聚氨酯保温层之间的黏结力。

（5）岩棉板界面砂浆：由防水乳液、填料、助剂、中砂按一定比例混合制成的砂浆，用以提高岩棉板的表面硬度、黏结能力以及提高钢丝网的防腐黏结能力。

2. 保温材料胶黏剂

（1）聚氨酯胶黏剂：由黏合粉和固化剂两种组分构成，用于粘贴聚氨酯板材。

（2）聚苯板胶黏剂：由聚合物乳液和水泥等配制而成，用于把聚苯板粘贴在基层墙体上。

（3）聚苯板接缝用密封胶：由高分子聚合物和助剂、填料配制而成，用于聚苯板之间边角、企口搭接处的黏结。

3. 抗裂防护层材料

（1）抗裂砂浆：由弹性聚合物乳液、多种助剂配制而成的抗裂剂与中细砂和水泥混合配制而成，用于提高保温系统抗裂能力。

（2）抗裂石膏：由半水石膏加入少量无机水硬性材料、保水剂、增塑剂等配制而成，用于提高内墙保温抗裂能力。

（3）耐碱玻纤网格布：由耐碱玻璃纤维制成，与抗裂砂浆配套使用，用于提高保温系统的抗裂能力和抗冲击能力。

（4）热镀锌电焊网：与抗裂砂浆配套使用，用于提高面砖饰面外保温系统的抗裂能力和抗荷载能力，通过塑料锚栓将面层荷载传递到基层墙体上。

（5）塑料锚栓：由螺钉和带圆盘塑料膨胀套管两部分组成。金属螺钉应采用不锈钢或经过表面防腐处理的金属制成，塑料螺钉和带圆盘的塑料套管应采用聚酰胺、聚乙烯或聚丙烯等制成，不得使用再生材料。

4. 高分子乳液弹性底层涂料

由高分子乳液加多种助剂配制而成，用在抗裂砂浆表面形成弹性防水保护层。

5. 柔性耐水腻子

柔性耐水腻子由弹性聚合物乳液、多种助剂、抗裂纤维、水泥、无机填料等配制而成。用于外墙饰面涂料底层的找平、修补，具有一定变形性能。

6. 饰面层材料

（1）外保温饰面涂料：应与保温系统相容，其性能应符合国家和行业相关标准，并满足涂料抗裂性能指标的要求。

（2）面砖勾缝料：由具有优良黏结性及弹性的合成树脂、水泥、各种填料、助剂等配制而成，使用时加入 25%（质量比）左右的水搅拌均匀。

（3）防紫外线涂料：由丙烯酸树脂和太阳光反射率高的复合颜料配制而成，具有一定的降温功能，主要用于屋面保护层。

二、建筑节能的外墙保温系统分析

（一）墙体耗能模式

夏天，太阳辐射强烈，室外气温较高。太阳辐射热作用到外墙表面时，部分被反射，部分被吸收，使其温度升高（高达 70~80℃），并逐渐进入墙体内部，然后通过其内表面（50~60℃）向室内传递。同时，室外空气的热量也会通过墙体向室内传递（见图 9-4）。冬季的墙体传热方式则与夏季相反，室内温度高，室外温度低，室内通过墙体向外传递和散失热量，也就产生能量损耗。也就是墙体保温隔热的性能主要是在冬季主要起到保温作用，在夏季主要起到隔热作用。

因此，室内温度的高低基本上由室内空调设备、太阳辐射热和室外传导热来决定。室内在同等舒适度要求下，要降低空调负荷，减少墙体能量损耗，提高能源利用率，必须通过墙体保温隔热措施来实现。

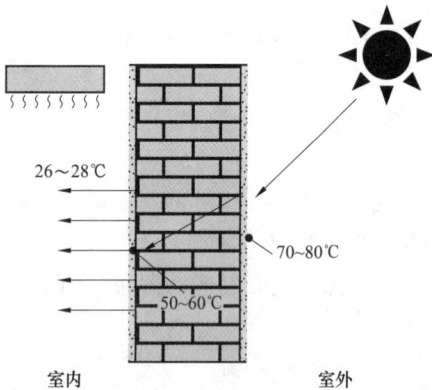

图 9-4　墙体能耗示意图

（二）墙体保温隔热系统的分类

采取外墙保温隔热措施，提高其保温隔热性能，降低建筑物的采暖、空调使用能耗。目前，常用的保温隔热方式按部位形式可分为外保温、内保温、自保温和夹芯保温方案；按材料分可分为：无机保温系统、有机保温系统、复合型保温系统。

（三）墙体保温隔热形式的优缺点分析比较

1. 外墙内保温

外墙内保温构造如图 9-5 所示。其优点是：造价经济；对外墙面装饰压力减轻。其缺点是：内保温容易产生墙体内部冷凝，使墙体内部湿度增大，降低原有的保温性能；有冷热桥存在，节能效果不够理想，同时影响墙体结构稳定；内保温会减少建筑室内使用面积；二次装修困难，在装修时，房屋内保温层往往会遭到破坏且内保温的墙面上难以吊挂物件。

2. 外墙外保温

外墙外保温构造如图 9-6 所示。

外墙外保温的优点如下：

（1）外保温能在很大程度上消除外墙的热桥，而内保温无法做到，所以外保温的保温、隔热效果好。

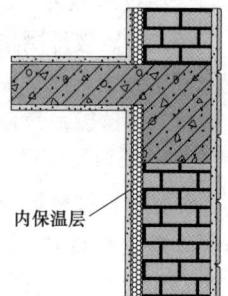

内保温层

图 9-5　外墙内保温

（2）外保温能保护主体结构，使外墙结构层处于相对稳定的常温状态，避免了结构层的冷热变化，可在很大程度上消除温差裂缝，延长其使用寿命。

（3）外保温能减少外墙内表面温度变化，进而提高室内的热稳定性。

外墙外保温的缺点如下：

（1）外保温工程质量要求高（室外环境）。

（2）相对内保温造价要高。

3. 外墙自保温

外墙自保温墙体保温构造如图 9-7 所示。其优点是：造价低廉、施工简单。其缺点是：无法消除冷热桥，节能效果较上述系统差；砌体收缩性大、易开裂；砌体表面难粉刷、易空鼓；砌体与梁柱体积膨胀系数不同，开裂隐患大。

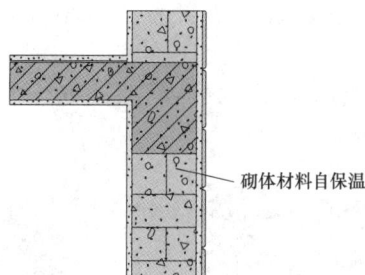

图 9-6　外墙外保温　　　　　　　　图 9-7　外墙自保温

通过以上情况分析可知，因外墙外保温在保温效果及对保护建筑物安全、耐久方面有很多优点，故外墙外保温在所有建筑保温形式中有较大的优势。目前，建设部重点推荐用外墙外保温作为外墙保温的主要方式，这也是本节重点要讨论的课题。

（四）外墙外保温的质量要求

外墙外保温是一项先进的外墙节能技术，但由于外保温系统位于建筑物的外表面，直接面向室外大气环境。系统在满足外墙保温隔热的要求下，其可靠性、安全性和耐久性更为重要，因此必须达到以下质量要求。

（1）保温材料自身结构要紧密，要有一定的机械强度和质量稳定性。

（2）保温材料与各界面层之间黏结牢固可靠，系统材料间相容性好。

（3）保温材料的体积稳定性要好，特别是热稳定性能要好。

（4）系统的消防安全性要好。

如果外墙外保温工程未按质量要求选材和施工，必将导致保温工程以下质量问题。

（1）保温层开裂。保温层、保护层一旦发生开裂，造成墙体大面积渗水，其保温性能就会发生很大变化，满足不了节能设计要求，甚至会危及墙体的安全。

（2）保温层脱落。由于保温系统内各层材料的黏结强度未能满足国家规范的规定值，一旦发生脱落将严重危及生命、财产安全。

（3）保温层燃烧引起火灾。我国城市建筑中，中、高层居多，对保温系统的防火性要有严格的要求，一旦发生火灾其后果不堪设想（见图 9-8）。

由此可见，外墙外保温工程既要考虑工程造价的经济性，更要重视工程的质量和系统的消防安全性。

三、外墙外保温系统构造、施工工艺和质量控制

（一）胶粉聚苯乙烯颗粒保温砂浆外保温系统

1. 材料组成

由胶粉料、聚苯乙烯颗粒集料和砂浆料组成，并且聚苯

图 9-8　外墙外保温失火

乙烯颗粒体积比不小于 80% 的保温灰浆（见图 9-9）。

2. 主要材料性能

（1）无机有机复合料：有机料（聚苯乙烯颗粒）起保温作用，而无机料聚合物（砂浆）起黏结作用。

（2）配比不同、性能不同：有机料成分越多其保温性能越好，无机料成分越多其黏结强度越大（其湿密度应 $\leqslant 420\text{kg/m}^3$、$180\text{kg/m}^3 \leqslant$ 干密度 $\leqslant 250\text{kg/m}^3$）。

（3）材料自身是松散体、易开裂：主要靠有机添加剂—胶粉增加保温体的结构强度，且胶粉用量宜 $\geqslant 8\text{kg/m}^3$。

（4）导热系数较大：$\lambda \leqslant 0.06\text{W/}（\text{m·K}）$。

（5）吸水率较大。

聚苯乙烯颗粒 ＋ 砂浆料 ＝ 浆体

图 9-9　胶粉聚苯乙烯颗粒保温砂浆组成

3. 系统构造

系统构造见表 9-1。

表 9-1　系统构造（一）

基层墙体	系统基本构造			构造示意图
	保温层	抹面层	饰面层	
混凝土墙体或各种砌体墙体＋找平抹灰层*	胶粉聚苯乙烯颗粒保温砂浆	专用抹面砂浆（复合耐碱网布）（外贴面砖时采用热镀锌钢丝网）	涂料	结构墙体 墙面粉刷层 胶粉颗粒保温砂浆 抹面砂浆 耐碱网格布 饰面层

其优点是：现场成型，不受墙体外形的约束，施工适应性好；系统造价低。

其缺点是：按节能标准要求，工程实际所需保温层厚度较大；干燥慢、施工难、周期较长；保温层厚度较难控制；易干裂、易脱落，工程质量难控制；吸水性强、墙体渗漏隐患大；系统抗拔拉强度低、剪切承重能力差，不宜采用面砖做外饰面层。

注意：墙体平整度 $\leqslant 5\text{mm}$ 时，可免去找平抹灰层，经界面处理后直接施工。

4. 施工流程、工艺和质量控制和验收

（1）施工流程。

1）涂料系统：

基层处理 → 吊外墙垂线、拉控制线、贴饼 → 喷涂界面砂浆 → 分层抹胶粉聚苯颗粒保温浆料 → 抹第一遍抗裂砂浆＋铺压耐碱玻纤网格布＋抹第二遍抗裂砂浆 → 涂刷高分子乳液弹性底涂

→ 刮抗裂柔性耐水腻子 → 面层涂料施工

2）面砖系统：

基层处理 → 吊外墙垂线、拉控制线、贴饼 → 喷涂界面砂浆 → 分层抹胶粉聚苯颗粒保温浆料 → 抹第一遍抗裂砂浆＋铺压热镀锌钢丝网（钉锚固件）＋抹第二遍抗裂砂浆 → 面砖施工

（2）施工工艺。

1）基层墙面处理。墙面应清理干净无油渍、浮尘等，旧墙面松动、风化部分应剔凿清除干净，墙表面凸起物≥10mm铲平。对要求作界面剂处理的基层应满涂界面砂浆，用滚刷或扫帚将界面砂浆均匀涂刷。

2）吊垂线、拉厚度控制线、贴饼。吊垂直、套方找规矩、拉厚度控制线，拉垂直、水平通线、套方作口，按厚度线用胶粉聚苯颗粒保温浆料作标准厚度灰饼冲筋。

3）胶粉聚苯颗粒保温浆料配制。按产品使用说明书规定的配合比及要求配制。先开动搅拌机，接着将水倒入搅拌机内，再倒入一定量的胶粉料搅拌3～5min，最后倒入一定量的聚苯颗粒轻骨料继续搅拌3min以上。胶粉聚苯颗粒保温浆料拌制必须在搭设的搅拌棚内进行，必须设专人搅拌，以便控制搅拌时间，确保配比准确。

4）胶粉聚苯颗粒保温浆料施工。胶粉聚苯颗粒保温浆料应分层施工，抹灰施工时应用力压实，不得来回反复涂抹，最后一遍操作时应达到冲筋厚度并用大杠搓平，墙面及门窗口等平整度、垂直度应达到要求。一般第一层以10～15mm为宜，第二层以15～20mm为宜，最后一层以10mm左右为宜，具体分层厚按工程实际确定。每遍间隔一般应在24h以上（具体可按企业标准或施工方案确定）。抹灰层总厚度一般以小于35mm为宜，特殊情况下不应超过40mm。保温层固化干燥（用手按不动表面为宜，一般为5d，具体可按企业标准或施工方案确定）后，方可进行抗裂保护层施工。

5）作分格线条和滴水槽。根据设计需要，分格缝一般应分层设置，分块面积单边长度不大于15m为宜，按设计要求在胶粉聚苯颗粒保温浆料层上弹出分格线和滴水槽的位置，用壁纸刀沿弹好的分格线开出设定的凹槽，在凹槽中嵌满抗裂砂浆，将塑料分格条、滴水槽嵌入凹槽中，与抗裂砂浆黏结牢固，用该砂浆抹平槎口，宽度超过5cm的装饰分格缝，应采用现场成型法施工。具体做法是在保温层上开好分格缝槽，尺寸比设计要求宽10mm，深5mm。

6）抹面层施工。

① 抹面层施工主要包括抹抗裂砂浆及铺压玻纤网格布。

② 玻纤网格布应事先裁好，抹抗裂砂浆一般分两遍完成，第一遍厚度为3～4mm，随即竖向铺贴玻纤网格布，用抹子将玻纤网格布压入抗裂砂浆，搭接宽度不应小于50mm，先压入一侧，再压入另一侧，严禁干搭。玻纤网格布铺贴要平整无褶皱，饱满度应达到100%，随即抹第二遍找平抗裂砂浆，抹平压实，平整度要求应符合要求。建筑物首层应铺贴双层玻纤网格布，第一层应铺贴加强型玻纤网格布，铺贴方法与前述方法相同，但应注意铺贴加强型网格布时宜对接，随即可进行第二层普通网格布的铺贴施工。铺贴普通网格布的方法要求与前述相同，但应注意两层网格布之间抗裂砂浆应饱满，严禁干贴。

③ 建筑物首层外保温墙阳角应在双层玻纤网格布之间加专用金属护角，护角高度一般为2m。在第一遍玻纤网格布施工后加入，其余各层阴角、阳角、门窗口角应用双层玻纤网格布包裹增强，包角网格布单边长度不应小于15cm。

④ 抗裂砂浆达到一定强度后应适当喷水养护。

⑤ 变形缝、女儿墙、雨篷、空调机搁板等部位的处理应符合设计或相应标准图集的要求。

7）饰面层施工。胶粉聚苯颗粒外墙外保温系统饰面层做法与有机板材类薄抹灰外墙外保温系统的饰面层做法相同。

8）养护。保护层施工 24h 后，应养护 3d，养护期间应避免太阳暴晒，保证墙面潮湿，严禁撞击、震动。

（3）成品保护。已完工的外保温墙体应采取成品保护措施，杜绝污染，不得随意开孔打洞。如确因施工需要，应在砂浆达到设计强度后方可进行。安装物件完毕后其周围应恢复原状。

（4）质量控制和验收。

1）质量控制要点。

① 基层处理。基层墙体垂直、平整度应达到结构工程质量要求。墙面清洗干净，无浮土、无油渍，空鼓及松动、风化部分剔掉，界面均匀，黏结牢靠。

② 胶粉聚苯颗粒黏结浆料的厚度控制。要求达到设计厚度，墙面平整，阴阳角、门窗洞口垂直、方正。

③ 抗裂砂浆的厚度控制。抗裂砂浆层最大厚度为 7～9mm，墙面无明显接槎、抹痕，墙面平整，门窗洞口、阴阳角垂直、方正。

④ 热镀锌四角钢网与抗裂砂浆握裹力强，玻纤网布与抗裂砂浆握裹力小，面砖饰面不应采用抗裂砂浆复合玻纤网做法。

⑤ 热镀锌四角钢网铺设平整，阳角部位钢网不得断开，搭接网边应被角网压盖，胀栓数量、锚固位置符合要求。

2）质量验收。质量验收符合《建筑节能工程施工质量验收规范》（GB 50411）及《胶粉聚苯颗粒外墙外保温系统》（JG 158）要求。

（二）无机保温砂浆外保温系统

1. 材料组成

以玻化微珠或闭孔珍珠岩或微晶、胶凝材料、砂浆为主要成分，掺加其他功能组分制成的干拌混合物（见图 9-10）。

无机空心颗粒   +   砂浆   =   浆体

图 9-10　无机保温砂浆组成

2. 材料性能

（1）导热系数较高：$\lambda \leqslant 0.07$W/（m·K），按设计标准要求，保温层厚度最大。达到节能 50％标准（夏热冬冷地区）保温层厚度约需 30mm，达到节能 65％标准，保温层厚度约需 70mm 以上。

（2）搅拌施工时，破损率较大（$\geqslant 15％$），实际购料时应多考虑损失系数，设计计算时要多考虑修正系数（$\geqslant 1.3$）。

（3）强度较聚苯颗粒大，施工较方便，但有较大的干收缩系数，易开裂。

（4）吸水率较大，墙体易渗漏。

3. 系统构造

系统构造见表 9-2。

表 9－2　　　　　　　　　　　　　　　　系统构造（二）

基层墙体	系统基本构造			构造示意图
	保温层	抹面层	饰面层	
混凝土墙体或各种砌体墙体＋找平抹灰层*	无机保温砂浆	专用抹面砂浆（复合耐碱网布或钢丝网）	面砖或涂料	结构墙体 墙面粉刷层 无机保温砂浆 抹面砂浆 耐碱网格布 饰面层

其优点是：因保温材料为难燃材料，系统消防安全性好；系统整体强度也高于胶粉聚苯乙烯颗粒外墙外保温系统。

其缺点是：按节能标准要求，保温层所需厚度最大，外墙承重大；存在开裂、渗水隐患；抗裂抹面砂浆层要求较高，特别要注意抗裂和防水。

注意：墙体平整度≤5mm 时，可免去找平抹灰层，经界面处理后直接施工。

4. 施工流程、工艺及质量控制和验收

（1）施工流程。

1）涂料系统：

基层处理 → 吊外墙垂线、拉控制线、贴饼 → 喷涂界面砂浆 → 无机保温砂浆施工 → 抹第一遍抗裂砂浆＋铺压耐碱玻纤网＋抹第二遍抗裂砂浆 → 涂刷高分子乳液弹性底涂 → 刮柔性耐水腻子 → 面层涂料施工

2）面砖系统：

基层处理 → 吊外墙垂线、拉控制线、贴饼 → 喷涂界面砂浆 → 无机保温砂浆施工 → 抹第一遍抗裂砂浆＋铺压热镀锌钢丝网（钉锚固件）＋抹第二遍抗裂砂浆 → 面砖施工

（2）施工工艺。

1）基层处理。基层墙体质量验收合格，门窗框或辅框应安装完毕并有防污染措施，伸出墙面的消防梯、落水管、各种进户管线和空调器等的预埋件、连接件应安装完毕，并按保温系统厚度留出间隙。

各种基层墙面必须坚实、平整、清洁，无油污、脱模剂等妨碍黏结的附着物，空鼓和疏松部位应剔除并用 1∶3 水泥砂浆补平及拉毛，缺棱掉角及孔洞均需补平，墙面凸起物≥10mm 应铲平。墙面的平整度和立面垂直度应达到一般抹灰的质量验收标准，否则应采用 1∶3 水泥砂浆找平，找平层表面应横向扫毛或划出纹道，以增强与保温层的黏结。梁底、柱与墙不同材料之间钉钢丝网。

2）吊垂线、套方、拉控制线、贴饼。吊垂直、套方找规矩、拉厚度控制线，按设计厚度用保温砂浆做标准厚度搭饼，以免形成热桥。护角宜采用金属护角，厚度与保温层相同。

3）配制、涂刷界面砂浆。按生产厂商提供的配合比配制界面砂浆，做到计量准确，机械搅拌，搅拌均匀。一次配制量应控制在可操作时间内用完，超过可操作时间后不准再度加水（胶）使用。

界面砂浆施工前基层由上而下冲洗干净，时间以提前一天为宜，要求是内部潮湿，外部风干，界面砂浆应均匀涂刷基层面。

4）保温砂浆配制。保温砂浆应按照生产厂商提供的企业标准要求配置，配制无机保温砂浆时，现场搅拌 5～7min，搅拌时间不宜过长，以避免材料的体积损失。拌和好的浆料应注意防晒避风，以免水分蒸发过快，并在 2.5h 内用完，配好的料严禁在中途二次加水使用。

5）保温砂浆施工。

① 保温砂浆施工应在界面砂浆干燥固化前分层施工，保温层与基层之间及各层之间黏结必须牢固，不应脱层、空鼓和开裂。

② 保温砂浆应分层粉刷，两次粉刷时间相隔为 48h（根据气候情况可适当调整）。分层粉刷底层与次层的接触面用笤帚扫毛，以保障与层黏结牢固。

第一遍的批抹要有一定力度，保证与基层面的黏结强度，避免产生空鼓、开裂的现象。第二遍批抹，要控制（减小）批抹力度，且避免反复的揉搓，以免产生空鼓现象。

收头时间控制在砂浆不塌落，表面仍泛浆时进行。

批抹达控制高度后约 4h 用刮尺刮平（严禁在无机保温砂浆初凝后用铝合金尺刮平），批抹质量达到二级抹灰即可。

③ 施工后 24h 内应做好保温砂浆的养护，严禁水冲、撞击和振动。

6）抹面层施工。

① 按生产厂商提供的配合比配制抗裂砂浆，做到计量准确，机械搅拌均匀。搅拌时间为 7～10min。配好的料注意防晒避风。搅拌好的材料应在可操作时间内（一般在 2h 内）用完。

② 抹第一遍抗裂砂浆厚度约 3mm，随即铺贴耐碱玻纤网格布。间隔 12～24h，抹第二遍抗裂砂浆，厚度以能盖住网格布即可，网格布应处于中间偏外以充分发挥其防裂的作用。抗裂砂浆层厚度一般控制在 6～8mm。搅拌好的保温砂浆应在 2h 内用完，过时不可上墙。网格布左右搭接宽度不小于 100mm，上下搭接宽度不小于 80mm，阴阳角处、门窗洞口和外窗处应加铺一层网格布。采用加强网格布时，只对接，不搭接（包括阴阳墙角部位）；网格布铺贴应平整，无褶皱，砂浆饱满度 100%，严禁网格布干搭接。

③ 变形缝、女儿墙、雨篷、空调机搁板等部位的处理应符合设计或相应标准图集的要求。

7）饰面层施工。无机保温砂浆外墙外保温系统饰面层做法详见外墙装饰工程有关章节内容。

8）养护。保护层施工 24h 后，喷水养护 3d，养护期间应保证墙面潮湿，严禁撞击、震动。

（3）成品保护。保温施工应有防晒、防风雨、防冻、防施工污染措施。外保温完成后严禁在墙体处近距离高温作业。严禁重物或尖物撞击墙面和门窗框，以免损伤破坏，对碰撞坏的墙面及门窗框应及时修复。

（4）质量控制和验收。参考胶粉聚苯乙烯颗粒保温砂浆外墙外保温系统的相关内容。

（三）膨胀聚苯乙烯泡沫板（EPS）薄抹灰外保温系统

1．材料组成

由可发性聚苯乙烯颗粒经加热预发泡后在模具中加热成型而制得的具有闭孔结构的聚苯乙烯泡沫塑料板材（见图 9-11）。

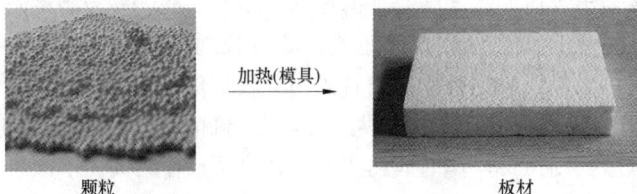

颗粒　　加热(模具)→　　板材

图 9-11　EPS 成型过程图

2. 材料性能

(1) EPS 属热塑性泡沫，耐热度≤70℃。高温状态下易造成苯板的二次发泡或变形，导致板缝开裂。

(2) 隔热效果优良，导热系数 $\lambda \leqslant 0.042W/(m \cdot K)$。

(3) 火灾危险性大，EPS 遇火受热后产生收缩熔化，然后滴落燃烧，极易产生火焰蔓延和轰燃事故。

(4) 强度：抗压 $p \geqslant 100kPa$，（密度 $>18kg/m^3$），抗拉 $p \geqslant 100kPa$。

3. 系统构造

系统构造见表 9-3。

表 9-3   系统构造（三）

基层墙体	系统基本构造					构造示意图
	黏结层	保温层	抹面层	锚固件	饰面层	
混凝土墙体或各种砌体墙体+找平抹灰层	专用黏结砂浆	膨胀聚苯乙烯泡沫板（EPS）	专用抹面砂浆（复合耐碱网格布）	塑料锚栓	涂料	结构墙体 墙面粉刷层 专用黏结砂浆 塑料锚栓 EPS保温板 专用抹面砂浆 耐碱网格布 饰面层

其优点是：节能效果好；施工便捷（湿贴法）。

其缺点是：黏结性差，需经表面处理；热稳定性差，易开裂、脱落；消防性能差，有严重的火灾隐患；不适合于高层建筑，只适合于低层、单体建筑。

4. 施工流程、工艺及质量控制和验收

(1) 施工流程。

1）涂料系统：

基层处理 → 涂刷界面剂、墙面粉刷找平 → 弹、挂控制线 → 抹专用黏结砂浆 → 粘贴翻包网格布 → 材料工具准备 → 配制专用黏结砂浆 → 粘贴 EPS 板 → 检查校平 → 钉锚固钉 → 填塞板缝 → 打磨找平 → 抹第一遍专用抹面砂浆+铺压耐碱玻纤网格布+抹第二遍专用抹面砂浆 → 涂刷高分子乳液弹性底涂 → 刮柔性耐水腻子 → 面层涂料施工

2）面砖系统：

基层处理 → 涂刷界面剂、墙面粉刷找平 → 弹、挂控制线 → 抹专用黏结砂浆 → 粘贴翻包网格布 → 材料工具准备 → 配制专用黏结砂浆 → 粘贴 EPS 板 → 检查校平 → 填塞板缝 → 打磨找平 → 抹第一遍专用抹面砂浆+铺压热镀锌钢丝网（钉锚固件）+抹第二遍专用抹面砂浆

→ 面砖施工

（2）施工工艺。

1）基层处理。基层墙体的墙面应清理干净，去除油渍、浮尘，施工孔洞架眼或残缺部分应用水泥砂浆或细石混凝土修补整齐，墙面平整度应符合要求。

2）涂刷界面层、墙面粉刷找平。按生产厂商提供的配合比配制界面砂浆，均匀涂刷于已处理好的墙体基层上。一次界面砂浆配制量应控制在可操作时间内用完。用水泥砂浆找平，厚度根据设计要求。

3）弹、挂控制线。根据设计要求确定保温层的底标高截止位置，沿建筑物的周边弹好底标高水平基准线，沿水平基准线安装。在外墙转角（阴、阳角）、窗口、阳台栏板根等部位按全高挂好垂直控制线。根据 EPS 板尺寸弹好纵横控制线。

4）配制专用黏结砂浆。按生产厂商提供的配合比配制专用黏结砂浆，做到计量准确，机械搅拌均匀。配好的料注意防晒避风，一次配制量应控制在可操作时间内用完，超过可操作时间后不准再度加水（胶）使用。

5）粘贴翻包网格布。粘贴 EPS 板前应对保温层的截止部位（如门、窗洞口、管道根或其他设备须穿墙的洞口处、阳台栏板、雨棚板根部、变形缝、女儿墙等部位）做翻包网格布（采用标准网）处理。粘贴翻包网格布时，在需翻包部位涂抹 70mm 宽、2mm 厚的专用黏结砂浆，迅速将网格布的一端 70mm 用钢抹压入专用黏结砂浆内，压至泛出的胶浆盖住网格布无外漏为止，余下部分甩出备用。甩出部分的长度绕过板端露于板面的部分不应小于 100mm。已粘贴完的翻包网格布应采取翻转或遮盖等成品保护措施。

6）粘贴 EPS 板。外保温用 EPS 板标准尺寸有 600mm×900mm 、600mm×1200mm 两种，非标准尺寸或局部不规则处可现场裁切，但必须注意切口与板面垂直。整块墙面的边角处应用最小尺寸超过 300mm 的 EPS 板。门窗洞口角部应用整块 EPS 板切割成 L 形粘贴，角部不得拼接，板间接缝距四角的距离不应小于 200mm。遇有突出管线、埋件时，应用整幅板套割吻合，不得用非整板拼凑。

EPS 板粘贴自上而下进行，粘贴时上下排板应错缝 1/2 板长粘贴（见图 9-12）。布胶前应先试排板面，试排合格后方可布胶。专用黏结砂浆的布胶方式有点粘法和条粘法，点粘法适用于平整度较差的墙面，条粘法适用于平整度较好的墙面。

布胶后应立即粘贴，粘贴时用双手对称地托住板的对角端，缓慢地将板平贴靠在墙面上，通过双手对称地揉动、均匀地挤压使板面平整、对缝紧密；压实后专用黏结砂浆的粘贴面积不应小于整幅板面面积的 40%。揉压板面时不得用力猛压板的一端，造成另一端翘起；当遇有一面粘贴不平、不牢时，应立即取下重贴。EPS 板安装完毕后，应立即刮除板缝和板侧面挤出的残留胶浆，板间接缝处严禁抹专用黏结砂浆，随时用 2m 长靠尺对已粘贴完的工作面进行压平、修整。

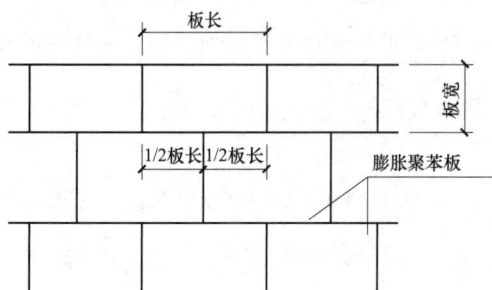

图 9-12　膨胀聚苯板排列图

粘贴时宜从墙体的角部开始，先粘贴每一施工面水平方向的两块截止板，在两块截止板的上口挂水平线，然后沿水平方向按顺砌的方式粘贴其他板面；如施工连续面过长，应在中间部位预粘一块聚苯板，保持线的平直。遇有门、窗洞口时应自洞口处向外排活。外墙转角两侧的聚苯板应垂直交错咬槎按垂线粘贴（见图 9-12）。

7）板间接缝。EPS 板间应对缝紧密，板间缝隙宽度不应大于 2mm，板间高差不应大于 1.5mm，大于 2mm 的板缝应用相应宽度的聚苯板条挤塞堵严。

8）打磨、修平。EPS 板安装完毕 24h 后方可进行打磨、修平工序的施工。打磨时应采用打磨搓板或其他打磨工具，以轻柔的圆周运动磨平板面，不应沿与板缝平行的方向打磨；打磨时散落的碎屑应随时用笤帚清理干净。打磨的同时应检查苯板黏结是否牢固，检查板间接缝、高差、板面平整和阴阳角垂直等项目；如发现板面有松动现象应立即取下重贴；对于板间高差大于 1.5mm、平整误差大于 4mm 的板面应做磨平处理，阴阳角也应按线打磨至方正、顺直。

9）安装锚固钉。安装锚固钉时先用电钻按照锚固钉的外径钻出相应尺寸的垂直于墙体的孔洞，拧入、敲入锚固钉，敲入锚固钉时，应有防止 EPS 板破损的措施。锚固钉安装完毕后，钉头和钉帽不应超出聚苯板面。锚固钉的数量、型号、锚固深度应依据设计要求确定。

10）配制专用抹面砂浆。按生产厂商提供的配合比配制专用抹面砂浆，要求与配制黏结胶浆相同。

11）抹面层施工。

① 抹面层施工应由上而下进行，施工前应先清除掉板面的附屑、附尘或其他有碍粘贴的物质。如遇保温层施工时间间隔过长，EPS 板暴露自然状态下过久，表面产生发黄氧化现象，应对苯板表面采取打磨或其他方式处理后方可进行保护层的施工。

② 抹面层的做法为"一布二浆"，在设计有加强要求的部位做法为"两布三浆"，保护层施工时应先铺设翻包网格布和加强网格布，然后进行墙面标准网的施工。

③ 铺贴网格布（见图 9-13）。铺贴网格布时，先在 EPS 板上涂抹第一道约 1.6～2mm 厚的底层专用抹面砂浆，将预先裁好的网格布弯曲面朝向墙面，沿水平方向抻紧、抻平，立即用钢抹子自中央向四周将网格布压入湿的专用抹面砂浆中，将网格布抻紧、压平，使泛出的胶浆盖住网格布，如局部还有裸露，应补刮修补，直至网格布完全被覆盖住；待底层专用抹面砂浆施工完毕底层胶浆干硬后（一般为 4h，具体可按企业标准或施工方案确定），用钢抹或刮板抹第二道 1～2mm 厚的面层专用抹面

图 9-13 抹抗裂砂浆铺贴网格布

砂浆，抹面层专用抹面砂浆时禁止反复不停揉搓；面层专用抹面砂浆抹完后应表面光滑、洁净、接槎平整，"二布三浆"做法同上。成活后专用抹面砂浆的厚度"一布二浆"为 3～5mm，"二布三浆"为 5～7mm。网格布应处于两道抹面胶浆的中间位置。

铺设网格布时严禁出现纤维松弛不紧、倾斜、错位等现象，网格布不应有空鼓、皱褶、翘曲等现象。面层专用抹面砂浆抹完后严禁出现网格布外漏、显影，抹面不应出现明显抹痕、接槎等痕迹。

④ 网格布搭接。标准网应连续铺设，铺设标准网需断开时，应保证标准网间的搭接长度不小于 100mm。裁剪网格布时尽量沿经纬线进行。

⑤ 翻包、增强部位做法。铺设翻包网格布时，将翻包部位板的端面及距板端 100mm 范围内的板面均匀抹一道约 2mm 厚的专用抹面砂浆，将甩出部分的网格布沿端面翻转，立即用钢抹将其压入专用抹面砂浆中，压至无网格布外漏。

在外墙阳角两侧 200mm 范围内应增设一道标准网，标准网在阳角水平方向 200mm 范围以内严禁搭接。具体施工时，可采取在墙体转角两侧标准网双向互相包绕过角 200mm 以上的做法；也可采用在转角部位先铺设一道每边不小于 200mm 的护角标准网的做法。

门窗洞口四角沿 45°角方向应增设一道长 300mm、宽 200mm 的标准网（见图 9-14）。门窗洞口四角内侧处增设一道长 400mm 与门、窗口等宽的标准网。

底层墙体有抗撞击设计要求的部位需增设一道加强网，加强网应顶边对接铺设，且应对缝紧密，标准网应覆盖在加强网上。

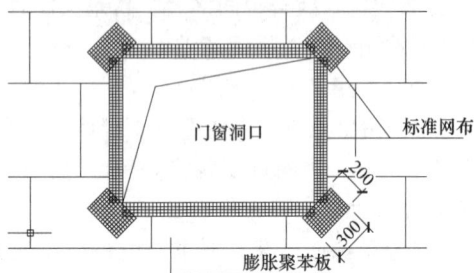

图 9-14　门窗洞口四角加强网图

⑥除常规施工之外，如变形缝、女儿墙、雨篷、空调机搁板等零星部位的细部处理应符合设计或相应标准图集的要求。

12）饰面层施工。先涂刷高分子乳液防水弹性底漆（见图 9-15），涂刷应均匀，不得漏涂。后刮柔性耐水腻子（见图 9-16）应在抗裂防护层干燥后施工，应做到平整光洁。再涂刷饰面涂料。具体施工做法与普通涂料做法相同。

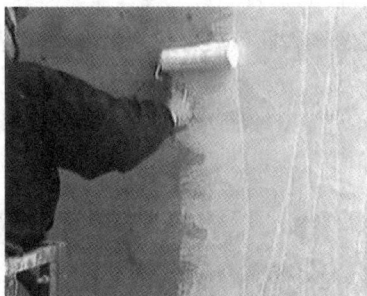

图 9-15　涂刷高分子弹性底层涂料

图 9-16　刮柔性耐水腻子

以上几种外墙保温工程在高层建筑中应用时外饰面材料不宜采用面砖。若外墙采用面砖作饰面层时，面砖的性能指标应符合相关规定的要求，面砖在抹灰基层达到面砖粘贴施工要求后方可施工，施工方法与普通墙面砖粘贴工艺相同。需要注意的是，采用面砖时，一般用热镀锌钢丝网代替耐碱玻纤网，面砖专用黏结砂浆和勾缝料应由生产厂商统一提供。

铺设热镀锌钢丝网一般应养护 48h 后施工。钢丝网应拉直绷平，边角处的热镀锌电焊网施工前预先折成直角再铺贴；钢丝网搭接宽度不小于 50mm，搭接部位用连接锚栓固定，局部不平整的部位可用 12 号镀锌铅丝临时做 U 形卡子调整直到平整为止；在每平方米钢丝网内需均布不少于 5 个专用连接锚栓；在规定的位置用电钻钻孔，钻孔直径 8.0mm，锚固件有效锚固深度应不小于 25mm；锚固件的数量为每平方米不少于 6～8 个。采用直径不小于 5.5mm 的保温锚栓，塑料圆盘直径不小于 50mm，单个锚栓抗拉承载力标准值≥0.8kN。

热镀锌电焊网应顺应张开方向依次分段铺贴，长度最长不应超过 3m。在裁剪热镀锌电焊网过程中不得形成死折，在铺贴过程不得形成网锨兜。

13）养护。保护层施工 24h 后，喷水养护 3d，养护期间应保证墙面潮湿，严禁撞击、震动。

（3）成品保护。已完工的外保温墙体应采取成品保护措施，杜绝污染，不得随意开孔打洞。如确因施工需要，应在胶浆达到设计强度后方可进行。安装物件完毕后其周围应恢复原状。

（四）挤塑板（XPS）外保温系统

1. 材料组成

挤塑板是以聚苯乙烯树脂加上其他的原辅料与聚合物，通过加热混合同时注入催化剂，然后挤塑压出成型而制造的硬质泡沫塑料板（见图 9-17）。

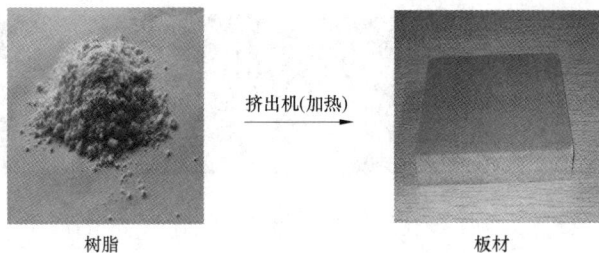

图 9-17 XPS 形成过程图

2. 材料性能

(1) 与 EPS 一样，XPS 属聚苯乙烯塑料，为热塑性、憎水性泡沫体。

(2) XPS 板强度（抗压、抗拉）较高，抗压≥250kPa，抗拉≥200kPa。

(3) XPS 板导热系数较低，$\lambda \leqslant 0.031 W/(m \cdot K)$。

(4) XPS 板热稳定性较差，小于等于 70℃，易形变挠曲，特别是再生塑料添加板。

(5) XPS 板与 EPS 板一样存在火灾危险性。

3. 系统构造

系统构造见表 9-4。

表 9-4　　　　　　　　　　　　　　　　系统构造（四）

基层墙体	系统基本构造					构造示意图
	黏结层	保温层	抹面层	锚固件	饰面层	
混凝土墙体或各种砌体墙体＋找平抹灰层	专用黏结砂浆	挤塑聚苯乙烯泡沫板（XPS）	专用抹面砂浆（复合耐碱网格布或钢丝网）	塑料锚栓	面砖或涂料	结构墙体　墙面粉刷层　专用黏结砂浆　塑料锚栓　XPS保温板　专用抹面砂浆　耐碱网格布　饰面层

其优点是：系统强度（理论上）较高，可贴瓷面砖；隔热效果好，系统厚度较薄。

其缺点是：憎水性表面难黏结，黏结前必须进行界面处理且符合要求；耐热形变性大，使用环境温度低，墙体表面温度大于 70℃ 的地方不宜使用；有火灾危险性。

4. 施工流程、工艺和质量

XPS 板同 EPS 板抹灰技术系统的做法。

（五）硬泡聚氨酯保温系统

硬泡聚氨酯是双组分液体（俗称黑、白料）充分混合后，产生快速化学反应固化（几十秒至几分钟），在发泡剂、催化剂、匀泡剂等添加剂作用下发泡成高闭孔率＞90%、呈网状结构的轻质泡沫体，属热固性泡沫（见图 9-18）。

硬泡聚氨酯保温系统的材料性能包括以下几个方面。

图 9-18 硬泡聚氨酯发泡过程图

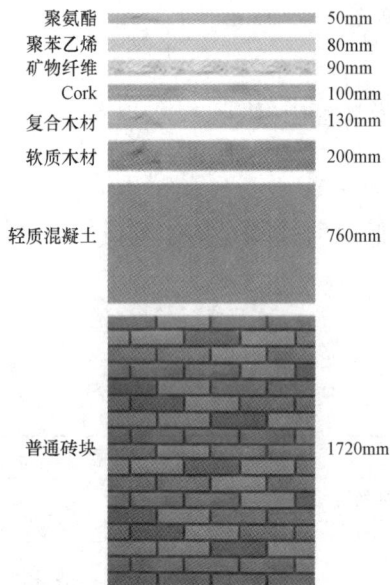

图 9-19 不同材质达到同样保温
效果的材料厚度示意图

（1）导热系数低、绝热性能好。导热系数 $\lambda \approx 0.022W/(m \cdot K)$，而 EPS $\lambda \approx 0.04W/(m \cdot K)$，XPS 板 $\lambda \approx 0.031W/(m \cdot K)$。在同等节能指标的前提下，可减小保温板的厚度，提高保温系统的质量稳定性（见图 9-19）。

（2）机械强度高，结构稳定性好。硬泡聚氨酯呈网状结构，属交联热固性树脂泡沫，抗压、抗拉强度大（抗压≥250kPa），结构稳定，抗老化，使用寿命长。

（3）热稳定性好。硬泡聚氨酯的温度使用范围广，它的热稳定性可高达 120℃，而苯板只有 70℃。因此，在夏季高温状态下硬泡聚氨酯不易产生形变、挠曲现象。

（4）表面结合能大、黏结性好。硬泡聚氨酯与各种不同的材料如混凝土、石材、木材、金属等都有良好的黏结性，易粘贴施工（而苯板不易粘贴）。因此，采用硬泡聚氨酯作为外墙外保温材料，不易产生开裂、空鼓、脱落现象，系统成型后结构的稳定性好（见图 9-20、图 9-21）。

图 9-20 硬泡聚氨酯板 80℃12h 后状态

图 9-21 聚苯板 80℃12h 后状态

（5）具有较好的防火性能。硬泡聚氨酯属热固性材料，其燃烧机理是受热燃烧后即形成碳化层，隔断了热量及氧气的进一步窜入，阻碍了泡沫体的进一步燃烧，不易产生火灾蔓延事故。而聚苯乙烯泡沫属于热塑性材料，受热后产生收缩熔化，然后滴落燃烧，不能产生碳化阻碍层，极易产生火焰蔓延和轰燃事故（见图 9-22、图 9-23）。

（6）耐腐蚀性能好。硬泡聚氨酯耐水、耐油、耐溶剂。而聚苯乙烯耐水但不耐溶剂，对苯、酯类溶剂极其敏感，易产生快速腐蚀（见图 9-24、图 9-25）。

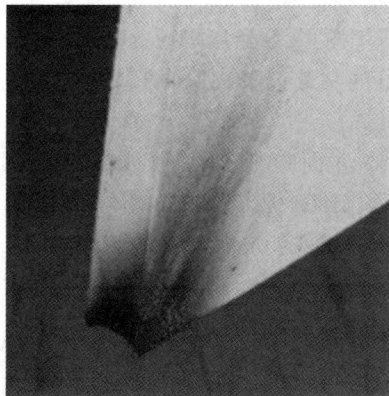

图 9-22　硬泡聚氨酯板燃烧性能试验

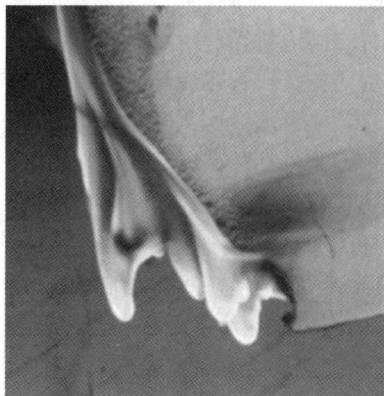

图 9-23　聚苯板燃烧性能试验

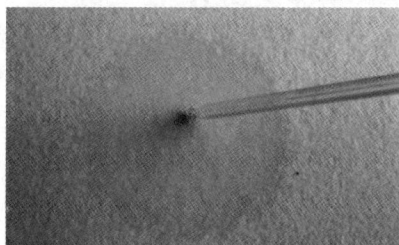

图 9-24　聚氨酯的腐蚀性试验（一）

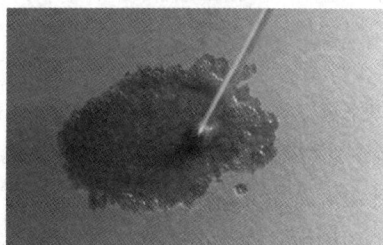

图 9-25　聚氨酯的腐蚀性试验（二）

1. 现场喷涂硬泡聚氨酯外墙外保温系统

（1）施工流程。

1）涂料系统：

基层处理 → 吊垂线，粘贴边角聚氨酯预制件 → 涂刷聚氨酯防潮底漆 → 喷涂聚氨酯硬泡体保温层 → 保温层修平 → 喷涂界面砂浆 → 抹第一遍抗裂砂浆＋铺压耐碱玻纤网格布＋抹第二遍抗裂砂浆 → 涂刷高分子乳液弹性底涂 → 刮柔性耐水腻子 → 面层涂料施工

2）面砖系统：

基层处理 → 吊垂线，粘贴边角聚氨酯预制件 → 涂刷聚氨酯防潮底漆 → 喷涂聚氨酯硬泡体保温层 → 保温层修平 → 喷涂界面砂浆 → 抹第一遍抗裂砂浆＋铺压热镀锌钢丝网（钉锚固件）＋抹第二遍抗裂砂浆 → 面砖施工

（2）施工工艺。

1）基层处理。基层墙体的墙面应清理干净，去除油渍、浮尘，施工孔洞架眼或残缺部分应用水泥砂浆或细石混凝土修补整齐，墙面平整度应符合要求。

2）吊垂线、弹控制线。在建筑物顶部与底部墙面设膨胀螺栓，用经纬仪打点挂线，大线坠吊细钢丝挂线，用紧线器勒紧。在墙体大阴、阳角安装钢垂线，钢垂线距墙体的距离为保温层的总厚度。每层首先用 2m 杠尺检查墙面平整度，用 2m 托线板检查墙面垂直度。

3）粘贴、锚固聚氨酯预制件。在阴阳角或门窗口处，粘贴聚氨酯预制件，并达到标准厚度，对于门窗洞口、装饰线角、女儿墙边沿等部位，用聚氨酯预制件沿边口粘贴。墙面宽度不足

900mm 处不宜喷涂施工，可直接用相应规格尺寸的聚氨酯预制件粘贴。

预制件之间应拼接严密，缝宽超出 2mm 时，用相应厚度的聚氨酯片堵塞。

粘贴时用抹子或灰刀沿聚氨酯预制件周边涂抹配制好的黏结剂胶浆，要求黏结牢固，无翘起、脱落现象。

聚氨酯预制件粘贴完成 24h 后，用电锤在聚氨酯预制件表面向内打孔，拧或钉入尼龙胀栓，钉头不得超出板面，锚栓有效锚固深度不小于 25mm，每个预制件一般 2 个。

4）门窗口等部位的遮挡。聚氨酯预制件粘贴完成后喷涂聚氨酯之前，应充分做好遮挡工作。

5）喷涂聚氨酯防潮底漆。用喷或涂刷将聚氨酯防潮底漆均匀喷刷，无透底现象，喷涂两遍，时间间隔为 2h。湿度大的天气，适当延长时间间隔，以第一遍表干为标准。

6）喷涂硬泡聚氨酯保温层。聚氨酯硬泡外墙外保温体系主要采用现场喷涂法施工，将聚氨酯硬泡用专用机械现场高压连续喷涂在基层外侧作为保温层。开启聚氨酯喷涂机将硬泡聚氨酯均匀地喷涂于墙面之上，当厚度达到约 10mm 时，按 300mm 间距、梅花状分布插定厚度标杆，然后继续喷涂至与标杆齐平。施工喷涂可多遍完成，每次厚度宜控制在 10mm 以内。

7）保温层修整。喷涂 50min 后用裁纸刀、手锯等工具清理、修整遮挡部位以及超过保温层总厚度的突出部分。

8）喷刷聚氨酯界面砂浆。聚氨酯保温层修整完毕并且在喷涂 4h 内，用喷斗或滚刷均匀地将聚氨酯界面砂浆喷刷在硬泡聚氨酯保温层表面。

9）抹面层施工。

① 抹面层应在保温层充分固化后（一般不少于 3d，具体以生产厂商提供的产品说明书为准）施工。保温层应采取防护措施，不得在太阳光下暴晒。

② 抹面层的做法为"一布二浆"，在设计有加强要求的部位做法为"二布三浆"，保护层施工时应先铺设翻包网格布和加强网格布，然后进行墙面标准网的施工。

③ 抗裂砂浆配制。按生产厂商提供的配合比配制抗裂砂浆，做到计量准确，机械二次搅拌，搅拌均匀。配好的料注意防晒避风，一次配制量应控制在可操作时间内用完。

④ 抹抗裂砂浆，铺压玻纤网格布。铺压网格布时，先在聚氨酯保温层上涂抹第一道 1.6～2mm 厚的底层抗裂砂浆，将预先裁好的网格布弯曲面朝向墙面，沿水平方向抻紧、抻平，立即用钢抹子自中央向四周将网格布压入湿的抗裂砂浆中，将网格布抻紧、压平，使泛出的胶浆盖住网格布，如局部还有裸露，应补刮修补，直至网格布完全被覆盖住；待底层抗裂砂浆施工完毕，底层胶浆干硬后（一般为 4h，具体可按企业标准或施工方案确定），用钢抹或刮板抹第二道 1～2mm 厚的面层抹面胶浆，抹面层抗裂砂浆时禁止反复不停揉搓；面层抗裂砂浆抹完后应表面光滑、洁净、接槎平整，"二布三浆"做法同上。成活后抗裂砂浆的厚度"一布二浆"为 3～5mm，"两布三浆"为 5～7mm。网格布应处于两道抗裂砂浆的中间位置。

铺设网格布时严禁出现纤维松弛不紧、倾斜、错位等现象，网格布不应有空鼓、皱褶、翘曲等现象。面层抗裂砂浆抹完后严禁出现网格布外漏、显影，抹面不应出现明显抹痕、接槎等痕迹。

网格布应连续铺设，铺设标准网需断开时，应保证标准网间的搭接长度不小于 100mm。裁剪网格布时尽量沿经纬线进行。

⑤ 变形缝、女儿墙、雨篷、空调机搁板等零星部位的细部处理应符合设计或相应标准图集的要求。

10）饰面层施工。喷涂硬泡聚氨酯外墙外保温系统饰面层做法与有机板材类薄抹灰外墙外保温系统的饰面层做法相同。

11）养护。保护层施工 24h 后，喷水养护 3d，养护期间应保证墙面潮湿，严禁撞击、震动。

（3）成品保护。已完工的外保温墙体应采取成品保护措施，杜绝污染，不得随意开孔打洞。如确因施工需要，应在胶浆达到设计强度后方可进行。安装物件完毕后其周围应恢复原状。

2. 硬泡聚氨酯保温板外保温系统

（1）硬泡聚氨酯保温板分类。

1）普通硬泡聚氨酯保温板。是工厂化条件下 A 组分料和 B 组分料按一定比例大体积发泡经切割加工而成的硬质聚氨酯泡沫板，性能优异且价格适中，保温性能和防火性能优于其他保温板（如 EPS、XPS）。

2）硬泡聚氨酯保温复合板。是指在工厂专业生产线上生产的、以聚氨酯硬泡为芯材、两面覆以无纺布粘贴界面层的保温复合板材。提高了板体的自身强度、板与基层墙面的黏结强度，系统安全性大提高，产品适用范围广，是加强型保温板体（见图 9 - 26）。

3）硬泡聚氨酯保温装饰一体化复合板。是指将聚氨酯硬泡保温板和装饰面层在工厂加工制成具有保温和装饰功能的复合板材，在现场可以采用干挂、粘锚结合及粘贴的工艺进行施工（见图 9 - 27）。

图 9 - 26 硬泡聚氨酯保温复合板

图 9 - 27 硬泡聚氨酯保温装饰一体化复合板

（2）普通硬泡聚氨酯保温板外保温系统

1）系统构造见表 9 - 5。

表 9 - 5　　　　系统构造（五）

基层墙体	系统基本构造					构造示意图
	黏结层	保温层	抹面层	锚固件	饰面层	
混凝土墙体或各种砌体墙体＋找平抹灰层	专用黏结砂浆	聚氨酯工厂预制板	专用抹面砂浆（嵌网格布或钢丝网）	塑料锚栓	面砖或涂料	结构墙体／黏结砂浆／PU保温板／塑料锚栓／抹面砂浆／增强网片／饰面层

2）系统性能见表 9 - 6。

表 9 - 6   **系统性能（一）**

板体分类	保温性能	防水性能	抗裂性能	抗剪切承重	抗风压负载	消防安全性
聚氨酯工厂预制板	优	优	良	良 （≥30kg/m²）	优	优

3）施工工艺。同薄抹灰聚苯板薄抹灰外墙外保温系统。

（3）硬泡聚氨酯保温装饰集成板外保温系统。

1）系统构造见表 9 - 7。

表 9 - 7   **系统构造（六）**

基层墙体	系统基本构造					构造示意图
	黏结层	连接件	保温层	饰面层	勾缝处理	
混凝土墙体或各种砌体墙体＋找平抹灰层	专用黏结砂浆	专用挂件	工厂预制保温板	涂料	单组分 PU 发泡及耐候密封胶	结构墙体 墙面粉刷 单组分PU发泡 密封耐候胶 专用挂件 锚固螺栓 BPU·S-H保温装饰集成板 装面层

2）系统性能见表 9 - 8。

表 9 - 8   **系统性能（二）**

保温性能	防水性能	抗裂性能	抗剪切承重	抗风压负载	消防安全性
优	优	优	优	优	优

3）系统特点：保温装饰一体化、装饰豪华、造价经济、施工简捷。

4）施工工艺：根据工程进度及现场情况，安装干挂型外墙外保温装饰板由下到上施工，进行流水作业。

① 聚氨酯干挂复合保温饰面板施工工艺流程如下：

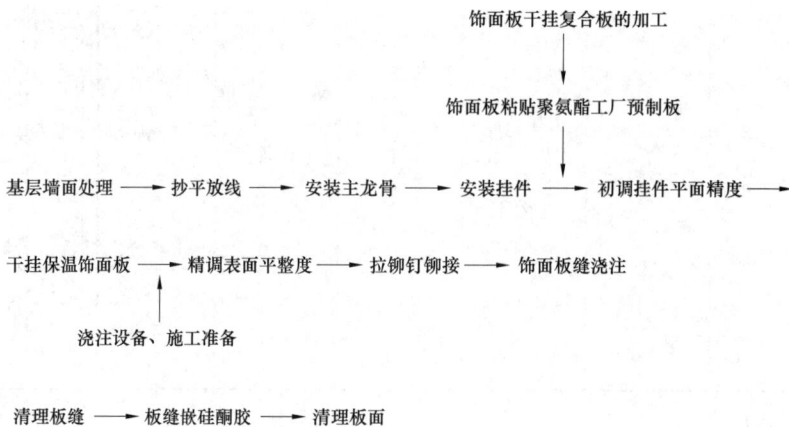

饰面板干挂复合板的加工
↓
饰面板粘贴聚氨酯工厂预制板
↓
基层墙面处理 → 抄平放线 → 安装主龙骨 → 安装挂件 → 初调挂件平面精度 →

干挂保温饰面板 → 精调表面平整度 → 拉铆钉铆接 → 饰面板缝浇注
↑
浇注设备、施工准备

清理板缝 → 板缝嵌硅酮胶 → 清理板面

② 聚氨酯干挂饰面板现场浇注聚氨酯施工工艺流程如下：

饰面板加工

基层墙面处理 —→ 抄平放线 —→ 安装主龙骨 —→ 安装挂件 —→ 初调挂件平面精度 —→

干挂保温饰面板 —→ 精调表面平整度 —→ 拉铆钉铆接 —→ 饰面板缝浇注

浇注设备、施工准备

板缝嵌硅酮胶 —→ 清理板面

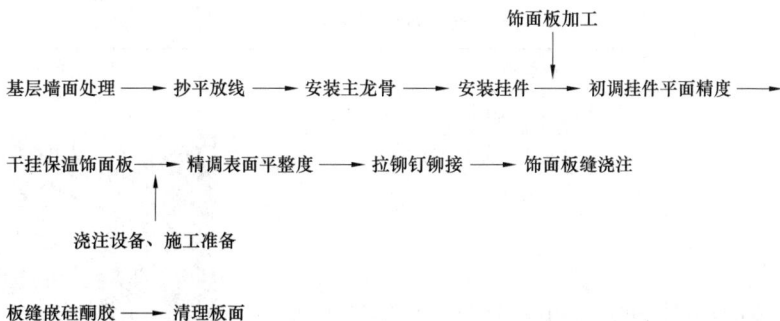

③ 聚氨酯硬泡预制板干挂技术基本构造。聚氨酯硬泡预制板干挂的构造层次主要包括：三维可调镀锌金属组合挂件、保温与隔热材料、建筑黏结剂、建筑胶黏剂、硅酮建筑密封胶、饰面板等产品及安装（见图9-28、图9-29）。

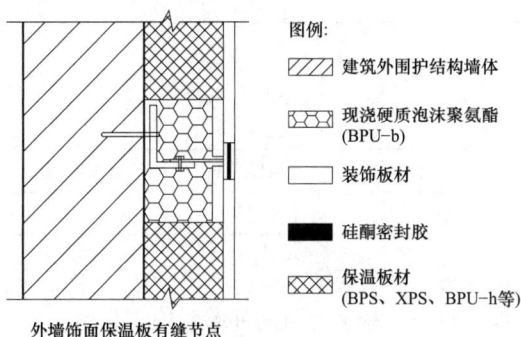

图9-28 聚氨酯硬泡预制板干挂节点（一）　　　图9-29 聚氨酯硬泡预制板干挂节点（二）

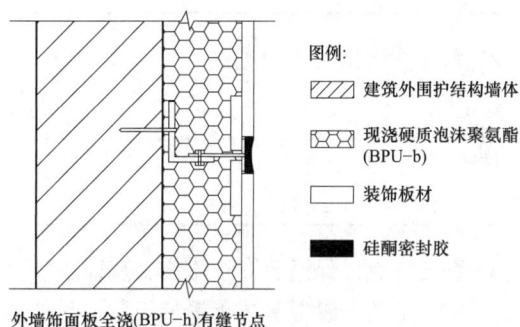

④ 聚氨酯硬泡预制板干挂技术常见质量问题分析。聚氨酯硬泡预制板干挂外保温工程同其他专业工程一样，都是由设计、产品、施工、工程维护构成的系统工程，任何一个环节不合理或欠缺，都会造成外保温工程的质量缺陷，而留下工程质量隐患。影响外墙外保温工程质量关键有四要素，即设计因素、材料因素、施工因素、经济因素。

a. 设计因素：外墙外保温设计一定要根据当地气候条件、建筑布局进行慎重的计算，并选择好一个安全可靠的保温体系，否则就会在节能建筑的旗号下产生达不到节能标准的"次品建筑"。

b. 材料因素：外墙外保温系统基本上是由三维可调镀锌金属组合挂件、保温与隔热材料、建筑黏结剂、建筑胶黏剂、硅酮建筑密封胶、拉铆钉、饰面板等组成。其中，三维可调镀锌金属组合挂件、建筑黏结剂是系统中的关键技术材料。

c. 施工因素：一项工程如果发生质量问题，通常是先找材料问题，然后找施工操作人员问题，很少有人考虑施工条件与自然环境融合问题。我们认为，在注重施工人员技能的同时，必须注重施工环境与自然气候的融合，降雨、大风、高温、低温是造成施工质量问题的又一个重要因素。除尽可能避免外界环境外，还应取巧妙周旋的方法以提高施工质量。

d. 经济因素：外墙外保温的节能效果是大家公认的，除此之外，它还是整个工程项目的外衣，有着美化、装饰甚至掩盖缺陷的作用。这件漂亮的外衣不仅会节约能源，还会使项目增值，增加使用面积，使用户在一个舒适的环境中生活。并能增加建筑物的使用寿命，从各个方面都会给业主带来一定的经济利益。但一些业主为了追求利益的最大化，一味地压低工程造价，引起建筑市场恶性竞争。

（4）硬泡聚氨酯节能幕墙板外保温系统。

1）系统构造见表9-9。

表 9-9   系统构造（七）

基层墙体	系统基本构造				构造示意图
	连接件	保温层	饰面层	勾缝处理	
混凝土墙体或各种砌体墙体＋找平抹灰层	专用挂件	BPU·S-T节能幕墙板		单组分PU发泡及耐候密封胶	结构墙体 墙面粉刷 单组分PU发泡 密封耐候胶 专用挂件 金属螺栓 BPU·S-T节能幕墙板

2）系统性能见表 9-10。

表 9-10   系统性能（三）

保温性能	防水性能	抗裂性能	抗剪切承重	抗风压负载	消防安全性
优	优	优	优	优	优

3）系统特点：保温装饰一体化、装饰豪华、造价经济、施工简捷。

4）施工工艺：参考薄抹灰聚苯板薄抹灰外墙外保温系统及相关章节的外墙装饰工程做法。

（5）石质幕墙、金属幕墙填充式聚氨酯保温系统。

1）系统构造见表 9-11。

表 9-11   系统构造（八）

基层墙体	系统基本构造					构造示意图
	黏结层	保温层	抹面层	龙骨架	饰面层	
混凝土墙体或各种砌体墙体	黏结砂浆	现场喷涂聚氨酯泡沫或工厂预制的聚氨酯板材	柔性抹面砂浆一道	按设计施工	按设计施工	结构墙体 干挂连接件 密封胶 黏结砂浆 聚氨酯保温板 抹面砂浆 干挂饰面

2）系统性能见表 9-12。

表 9-12   系统性能（四）

保温性能	操作性	防水性	抗承重剪切	抗风压负载	消防安全性
优	好	不存在	不存在	不存在	优

3）施工工艺。参考硬泡聚氨酯现场喷涂外墙外保温系统及相关章节的外墙装饰工程做法。

（六）岩棉外墙外保温系统

1. 材料特点

岩棉生产技术在 20 世纪 30 年代就已投入工业化生产，因其在各种保温材料中具有突出的防火性能，所以它是世界上应用范围最广、最普及的建筑保温材料。

岩棉外保温系统具有良好的保温性能、抗裂性能、防火性能和耐久性能，同时，岩棉板与基层墙体采用了有效的固定措施，抗风荷载性能优异；采用岩棉板锚固技术施工速度快、工艺简单，可以缩短工期，减少工程的人工费和劳动强度，降低施工成本。绿色环保，造价适中，是一种值得推广的外墙外保温技术。

2. 适用范围

岩棉外墙外保温技术适用于建筑物外墙装饰面为涂料饰面的外保温工程，外墙可为混凝土墙及各种砌体墙，也适用于各类既有建筑的节能改造工程。

3. 基本构造

岩棉外墙外保温系统以岩棉为主保温材料，用塑料胀栓等锚固件配合热镀锌钢丝网固定岩棉板，热镀锌钢丝网与岩棉板表面之间加有垫片，使热镀锌钢丝网与岩棉板之间存在一定的距离，有利于岩棉板表面的抹灰处理；岩棉板固定后又对岩棉板表面进行了界面处理，增强了岩棉板的防水性和表面强度，同时有效解决了岩棉板与胶粉聚苯颗粒找平层的黏结难题。面层抹胶粉聚苯颗粒保温浆料找平，克服了岩棉板表面负荷不宜太大，同时又使之具有质轻、阻燃防火、防裂、降低成本等特性。抗裂防护层采用抗裂砂浆复合涂塑耐碱玻纤网格布构成抗裂防护层，具有良好的抗裂性能，涂刷可有效阻止液态水进入的弹性底涂，饰面层刮柔性耐水腻子、涂刷弹性涂料（见表 9 - 13）。

表 9 - 13 基本构造

基层墙体①	系统的基本构造				构造示意图
	保温层②	找平层③	抗裂防护层④	饰面层⑤	
混凝土墙或砌体墙	经岩棉板界面砂浆处理的岩棉板＋热镀锌四角电焊网（用尼龙锚栓与基层锚固）	胶粉聚苯颗粒保温浆料（或胶粉聚苯颗粒黏结找平浆料）	抗裂砂浆复合耐碱网布＋弹性底涂	柔性耐水腻子＋涂料	

4. 施工流程及操作要点

（1）施工工艺流程：参考薄抹灰聚苯板薄抹灰外墙外保温系统施工工艺流程。

（2）操作要点。

1）施工准备。

① 基层墙体应符合《混凝土结构工程施工质量验收规范》（GB 50204）和《砌体工程施工质量验收规范》（GB 50203）及相应基层墙体质量验收规范的要求，保温施工前应会同相关部门做好结构验收的确认。如基层墙体偏差过大，则应抹砂浆找平。

② 房屋各大角的控制钢垂线安装完毕。高层建筑及超高层建筑时，钢垂线应用经纬仪检验合格。

③ 外墙面的阳台栏杆，雨漏管托架，外挂消防梯等安装完毕，并应考虑到保温系统厚度的影响。

④ 外窗的辅框安装完毕。

⑤ 墙面脚手架孔，穿墙孔及墙面缺损处用相应材料修整好。

⑥ 混凝土梁或墙面的钢筋头和凸起物清除完毕。

⑦ 主体结构的变形缝应提前做好处理。

⑧ 根据工程量、施工部位和工期要求制订施工方案，要样板先行，通过样板确定定额消耗，由甲方、乙方和材料供应商协商确定材料消耗量，保温施工前施工负责人应熟悉图纸。

⑨ 组织施工队进行技术培训和交底，做好安全教育。

⑩ 材料配制应指定专人负责，配合比、搅拌机具与操作应符合要求，严格按厂家说明书配制，严禁使用过时浆料和砂浆。

⑪ 根据需要准备一间搅拌站及一间堆放材料的库房，搅拌站的搭建需要选择背风方向，靠近垂直运输机械，搅拌棚需要三侧封闭，一侧作为进出料通道。有条件的地方可使用散装罐。库房的搭建要求防水、防潮、防阳光直晒。材料采取离地架空堆放。

⑫ 施工时气温应大于5℃，风力不大于4级。雨天不得施工，应采取防护措施。

2）基层界面处理。墙面应清理干净、清洗油渍、清扫浮灰等。墙面松动、风化部分应剔除干净。墙表面凸起物大于10mm时应剔除。堵脚手眼和废弃的孔洞时，应将洞内杂物、灰尘等物清理干净，浇水湿润，然后用1:3水泥砂浆将其补齐砌严。

3）吊垂直、弹控制线。根据建筑物高度确定放线的方法，高层建筑及超高层建筑可利用墙大角、门窗口两边，用经纬仪打直线找垂直。多层建筑或中高层建筑，可从顶层用大线坠吊垂直，绷铁丝找规矩，横向水平线可依据楼层标高或施工±0.000向上500mm线为水平基准线进行交圈控制。根据调垂直的线及保温厚度，每步架大角两侧弹上控制线，再拉水平通线做标志块。

4）安装岩棉板（尼龙锚栓钻孔型锚固法）。

图9-30 岩棉板锚固

① 确定岩棉板定位线，铺设岩棉板，根据施工图在锚栓安装部位钻孔，敲入带圆盘的尼龙套管，压紧岩棉板。每平方米墙面上至少设置3个锚固件，且每一块岩棉板上至少2个锚固件，锚栓应按图纸排列（见图9-30）。

② 沿窗户四周，每边至少应设置3个锚固件。

③ 把预先切割规整的钢丝网片弯成"凵"形和"L"形，在铺设岩棉板的同时，以"凵"形网片把墙体底部包边，以"L"形网片把门窗侧壁、墙体转角处包边。把螺钉敲入尼龙套管中，固定钢丝网。

④ 使用直角边条板弯制加强用的钢丝网。

⑤ 岩棉板必须对接和相互挤紧，不能有缝隙，镶嵌用的窄条岩棉板，其宽度不得少于150mm，至少应有一个锚固件穿过，使岩棉板紧贴墙面。

⑥ 岩棉板铺设完毕后，从下至上铺设钢丝网，钢丝网单孔搭接时用铅丝绑结或用锚栓固定，绑接时每米不少于4处，对边搭接时用铅丝连接，间隔不大于150mm。锚栓固定时，间隔不大于600mm。

⑦ 整修全部接缝，并用卡钉把钢丝网突起部位压平。

⑧ 保温层安装完毕后经检验合格可进行界面层的施工。

5）界面层的施工。

① 将塑料垫片安放在钢丝网下，将钢丝网垫起5mm。每平方米设置4个塑料垫片，按梅花形

进行布置。

② 采用专用喷枪将配制好的界面砂浆均匀喷到岩棉板表面及钢丝网上（见图 9-31）。

6）找平层施工。

① 做灰饼，冲筋，在距楼层顶部约 100mm 和距楼层底部约 100mm，同时距大墙阴或阳角约 100mm 处，根据垂直控制通线做垂直方向灰饼（楼层较高时应两人共同完成），作为基准灰饼，再根据两垂直方向基准灰饼之间的通线，做墙面找平层厚度灰饼，每灰饼之间的距离按 1.5m 左右间隔粘贴。灰饼可用胶粉聚苯颗粒浆料做，也可用废聚苯板裁成 50mm×50mm 小块粘贴。待垂直方向灰饼固定后，在两水平灰饼间拉水平控制通线，具体做法是将带小线的小圆钉插入灰饼，拉直小线，使小线控制比灰饼略高 1mm，在两灰饼之间按 1.5m 左右间隔水平粘贴若干灰饼或冲筋。每层灰饼粘贴施工作业完成后

图 9-31　喷涂界面砂浆

水平方向用 5m 小线拉线检查灰饼的一致性，垂直方向用 2m 托线板检查垂直度，并测量灰饼厚度，冲筋厚度应与灰饼厚度一致。用 5m 小线拉线检查冲筋厚度的一致性，并作记录。

图 9-32　胶粉聚苯颗粒保温浆料找平

② 抹胶粉聚苯颗粒保温浆料找平（见图 9-32）。抹胶粉聚苯颗粒保温浆料时，其平整度偏差不应大于 ±4mm，抹灰厚度略高于灰饼的厚度。保温浆料抹灰按照从上至下，从左至右的顺序抹。涂抹整个墙面后，用杠尺在墙面上来回搓抹，去高补低。最后再用铁抹子压一遍，使表面平整，厚度一致。保温面层凹陷处用稀浆料抹平，对于凸起处可用抹子立起来将其刮平。待抹完保温面层 30min 后，用抹子再赶抹墙面，先水平后垂直，再用托线尺检测后达到验收标准。保温浆料施工时要注意清理落地灰，落地灰应及时少量多次重新搅拌使用。

③ 阴阳角找方应按下列步骤进行。用木方尺检查基层墙角的直角度，用线坠吊垂直检验墙角的垂直度。保温浆料抹灰后应用木方尺压住墙角浆料层上下搓动，使墙角保温浆料基本达到垂直。然后用阴阳角抹子压光。保温浆料大角抹灰时要用方尺，抹子反复测量抹压修补操作确保垂直度 ±2mm，直角度 ±2mm。门窗边框与墙体连接应预留出保温层的厚度，并做好门窗框表面的保护。窗户辅框安装验收合格后方可进行窗口部位的保温抹灰施工，门窗口施工时应先抹门窗侧口，窗台和窗上口再抹大面墙。施工前应按门窗口的尺寸截好单边八字靠尺，做口应贴尺施工以保证门窗口处方正与内、外尺寸的一致性。

7）抹抗裂砂浆，铺贴耐碱网格布（见图 9-33）。找平层施工完成 3~7 天且保温层施工质量验收以后，即可进行抗裂层施工。耐碱网格布长度不大于 3m，尺寸事先裁好，网格布包边应剪掉。抹抗裂砂浆时，厚度应控制在 3~4mm，抹宽度、长度与网格布相当的抗裂砂浆后应按从左至右、从上到下的顺序立即用铁抹子压入耐碱网格布。在窗洞口等处应沿 45°方向提前增贴一道网格布（400mm×300mm）。耐碱网格布之间搭接宽度不应小于 50mm，严禁干搭接。阴角处耐碱网格布要压槎搭接，其宽度≥50mm；阳角处也应压槎搭接，其宽度≥200mm。耐碱网格布铺贴要平整，无褶皱，砂浆饱满度达到 100%，同时要抹平、找直，保持阴阳角处的方正和垂直度（见图 9-34）。

首层墙面下部应铺贴双层耐碱网格布，第一层铺贴网格布，网布与网布之间采用对接方法，严禁网布在阴阳角处对接，对接部位距离阴阳角处不小于 200mm。然后进行第二层网格布铺贴，铺贴方法如前所述，两层网格布之间抗裂砂浆应饱满，严禁干贴。

图 9-33 抹抗裂砂浆抹网格布

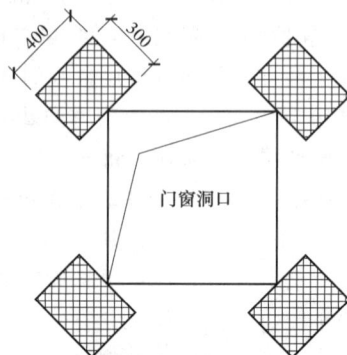

图 9-34 门窗洞口处网格布斜铺示意图

建筑物首层下部外保温应在阳角处双层网格布之间设专用金属护角，护角高度一般为 2m。在第一层网格布铺贴好后，应放好金属护角，用抹子在护角孔处拍压出抗裂砂浆，抹第二遍抗裂砂浆包裹住护角。保证护角安装牢固。

抗裂砂浆抹完后，严禁在此面层上抹普通水泥砂浆腰线、口套线等，严禁刮涂刚性腻子等非柔性材料。

8）涂刷弹性底涂（见图 9-35）。在抗裂层施工完 2h 后即可涂刷弹性底涂，涂刷应均匀，不得有漏底现象。

9）刮柔性耐水腻子（见图 9-36）。大墙面刮腻子，宜采用 400～600mm 长的刮板，门窗口角等面积较小部位宜用 200mm 长的刮板。第一遍修局部补坑洼部位，第二遍进行满刮，第三遍耐水腻子半干状态时，大面用长木方板绑 400～600mm 长的砂石板绑零号砂纸打磨，门窗口角用短的砂石板绑零号砂纸打磨。第四遍要求满刮，第五遍耐水腻子半干状态时，大面用长木方板绑 400～600mm 长的砂石板绑零号砂纸打磨，门窗口角用短的砂石板绑零号砂纸打磨。若平整度达不到要求时，再分别增加一遍刮腻子和打磨的工序，直至达到平整度要求。

图 9-35 涂刷弹性底涂

图 9-36 刮涂腻子

10）涂刷底漆，刷面层涂料（见图 9-37）。涂刷工具采用优质短毛滚筒。上底漆前做好分格处理，墙面用分线纸分格代替分格缝。每次涂刷应涂满一格，避免底漆出现明显接痕。底漆涂刷均匀一至两遍，完全干燥 12h。底漆完全干透后，用造型滚筒滚面漆时用力均匀让其紧密贴附于墙面，蘸料均匀，按涂刷方向和要求一次成活。

5. 质量验收要求

（1）质量控制要点。

1）基层处理。要求墙面清洗干净，无浮土，无油渍、空鼓及松动，风化部分剔掉。

2）胶粉聚苯颗粒浆料的厚度控制与岩棉板平整度控制要求达到设计厚度，无空鼓、无开裂、无脱落，墙面平整，阴阳角、门窗洞口垂直、方正。

3）抗裂砂浆的厚度控制。抗裂砂浆层厚度为 3～5mm，墙面无明显接槎、抹痕，墙面平整，门窗洞口、阴阳角垂直、方正。

图 9-37 涂刷面层涂料

（2）质量验收。

1）主控项目。

① 所用材料品种、配比、规格、性能应符合设计要求（附有材料检测报告和出厂合格证）。

② 保温层厚度及构造做法应符合建筑节能设计要求。

③ 保温层与墙体以及各构造层之间必须黏结牢固，无脱层、无裂缝，面层无粉化、起皮、爆灰。

2）一般项目。

① 基层表面平整、洁净，接槎平整、线角顺直、清晰，毛面纹路均匀一致。

② 墙面所有门窗口、孔洞、槽、盒位置和尺寸正确，表面整齐洁净，管道后面抹灰平整。

③ 有分格缝时，分格缝宽度、深度均匀一致，分格缝平整光滑、棱角整齐，横平竖直、通顺。滴水线（槽）流水坡向正确，线（槽）顺直。

④ 胶粉聚苯颗粒找平层要求黏结牢固，不得有起鼓现象。

⑤ 抗裂砂浆复合耐碱网格布层要求平整无皱褶、翘边。网格布不能有外露之处。

3）允许偏差。岩棉外墙外保温系统允许偏差和检验方法，见表 9-14。

表 9-14 岩棉外墙外保温系统允许偏差和检验方法 mm

项 目	允许偏差	检验方法
立面垂直	4	用 2m 托线板检查
表面平整	4	用 2m 靠尺及塞尺检查
阴阳角垂直	4	用 2m 托线板检查
阴阳角方正	4	用 200mm 方尺及塞尺检查
分格条（缝）平直	3	拉 5m 小线和尺量检查
立面总高度垂直度	$H/1000$ 且≤20	用经纬仪、吊线检查
岩棉板保温层厚度	负偏差≤10%	用探针、钢尺检查

（七）超薄绝热保温板外墙外保温系统简介

1. 无缝拼接技术的应用

无缝拼接在超薄真空绝热保温板中有很高的应用价值，无缝拼接技术是通过对成品板的深加工二次处理实现的，通过这种技术将现有的边缝由 2.5～5cm 缩小到 0.3～0.5cm，同时还确保了密封的牢固性，两块板安装时搭界仅小于 0.5cm（见图 9-38），完全符合国家不留冷热桥的标准，而且不带大的边缝有利于施工，大大减少了破损率，施工出来的墙体平整度远远高于布边过大的产品。

业界都认可这种小边缝产品的好处，但是很多厂家误导代理商，原因是代理商从厂家进产品的时候边缝是不算钱的，而安装到甲方墙上以后是按照平米数给甲方验收的，综合结果就是 $1000m^2$ 的地方再加上人为的拉大布边距离导致 $700m^2$ 成品都不到，其他地方都用布边下面填抹聚苯颗粒或者玻化微珠等浆料掩盖，这样产生了很大一块利润，然而这种误导消费的后果很严重，大面积的冷热桥将导致保暖性大大下降，还会使房子内部容易霉变长毛。

2. 锚固技术的应用

因为超薄绝热保温板与墙体黏结材料为铝箔玻璃纤维布，这种布耐酸耐碱但非常光滑不容易与墙体黏结，再好的黏结砂浆与之结合都留有安全隐患，而产品的布边本身也是真空范围不得钉锚，所以特有的锚固技术诞生，增加了产品的安全系数，同时为重量大的饰面如石材、面砖等上墙提供了可行的技术保障。由于超薄绝热保温板重量轻，所以无须大面积预留锚固孔，可根据外饰面的不同饰面材料经计算按照一定比例每平方米预留多少锚固孔即可，锚固时使用 $8mm\times6cm$、$8mm\times8cm$ 等规格的带圆环的专用保温胀栓即可（见图 9-39）。

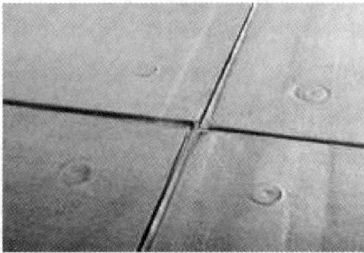

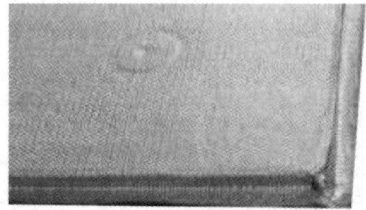

图 9-38 超薄绝热保温板的拼接图　　图 9-39 超薄绝热保温板的锚固

3. 防涨袋处理技术的应用

防涨袋处理技术是指在超薄绝热保温板抽真空以前，预制一层特制的结合剂，抽真空后通过深加工处理将芯材与真空袋之间黏结为一体的生产工艺。这种工艺把原本分离的真空袋和芯材牢牢结合在一起，上墙后减少了破损机会同时大大降低了膨胀系数，利于安装，便于墙体找平，也降低了安全隐患（见图 9-40）。

超薄绝热板外墙外保温系统的保温层采用的是超薄绝热板。该板源于国际上应用的一种新型高效保温材料——真空绝热板（见图 9-41）。该产品是通过将无机硅质材料和无机纤维材料与高强复合阻气膜抽真空封装制成的。该板材抗拉强度高、导热系数低，燃烧性能达到 A 级，属于不燃材料，完全可以满足"公安部与住房和城乡建设部印发的公通字〔2009〕46 号文——《民用建筑外墙外保温系统和外墙装饰防火暂行规定》"的要求，并具有质量轻、保温效果好、防火等特点，是一种新型的、不燃型建筑保温材料。

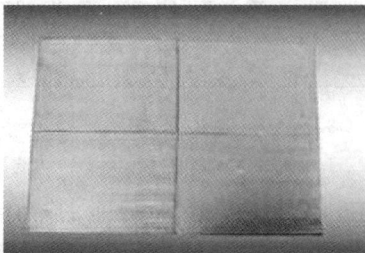

图 9-40 超薄绝热保温板制成品　　图 9-41 超薄绝热保温板解剖示意图

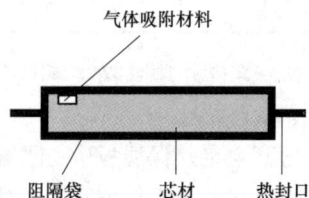

4. 超薄绝热保温板的发展

国外真空绝热板的研究是从 20 世纪 70 年代初开始的，主要是日本和欧洲国家。真空绝热板在制冷行业及冰箱中已普遍使用。目前欧洲国家，如德国慕尼黑在建筑中已开始应用，从工程的应用跟踪检测结果显示，用真空绝热板的保温工程，其每年平均能耗是建筑平均能耗的 1/10。根据德国的检测表明，该产品使用寿命约为 60 年。

国内真空绝热板的应用原主要集中在冰箱、远洋运输冷藏箱，近两年在部分地区也开展了建筑外墙外保温产品的研发应用工作。

5. 超薄绝热保温板系统特点

本系统以 STP 超薄绝热保温板为保温隔热层材料，采用粘、钉结合工艺施工的不燃型建筑节能外墙外保温系统。该系统具有以下特点。

（1）热阻大、保温效果优异。10～20mm 绝热板能满足 65％节能要求。

（2）系统属于无机不燃型外墙外保温系统，杜绝了有机材料外墙外保温系统由于易燃而引起的火灾隐患。

（3）系统较轻、较薄，抗震、抗风压能力强。

（4）系统的 STP 超薄绝热板稳定性好，并与水泥黏结材料的相融性好。

（5）系统单位面积质量轻，热胀冷缩系数小，上墙后的安全系数比较高。

本系统适用范围广，构造完善，可应用于新建、扩建、改建的居住建筑和公共建筑外墙的节能保温工程，包括外墙外保温、非透明幕墙保温及防火隔离带；工业建筑保温以及既有建筑的节能改造在技术条件相同时也可采用。

6. 质量控制

超薄绝热保温板外墙外保温系统质量控制由于无法现场裁切，一旦裁切，真空腔就漏气，失去保温效果，故施工过程中应特别注意做好产品的成品保护，并且在施工前应事先做好排板设计，然后再施工。

7. 超薄绝热保温板外墙保温系统的施工流程和工艺

参考聚苯板薄抹灰外墙外保温系统。

第三节 屋面节能工程

屋面防水与屋面保温有着密切的联系，如果屋面出现渗漏，不但影响住户的使用功能，而且屋面的保温效果会大大降低。加上有些保温材料自身也有防水功能，故屋面的防水保温结合在一起进行论述更有现实意义。目前，有很多屋面都采用防水保温一体化的建筑节能体系，故讲屋面的保温问题首先应从屋面防水谈起。

一、常规屋面防水工程成败因素分析

（一）涂膜防水

1. 优点

（1）防水层连续性、整体性好。

（2）操作简便，异形面及节点处理便宜。

（3）附着力强，密封性好，抗穿刺性好。

2. 缺点

（1）人工现场操作，涂膜厚度和均匀度难以控制。

（2）基层和环境因素影响大。

1）涂膜防水外来破坏因素：基层开裂→涂膜开裂→渗水。

2）涂膜防水失败的根本性原因：抗裂性能差（见图 9-42）。

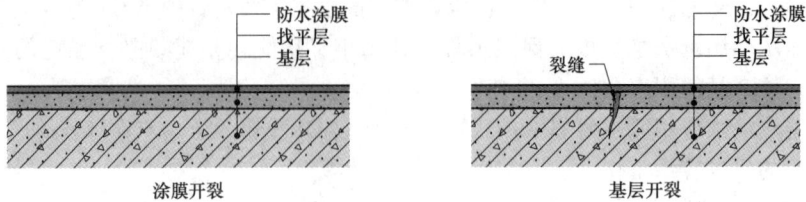

图 9-42　涂料屋面防水层开裂的主要形式

（二）卷材防水

1. 优点

（1）防水层厚度均匀、机械强度高。

（2）幅面大，施工方便。

（3）与基层有一定间隙，抗裂性好。

2. 缺点

（1）搭接粘贴要求高，隐患多。

（2）异形面及节点施工处理难。

卷材防水外来破坏因素：卷材穿刺破坏大面积窜水。卷材防水失败的根本性原因是抗穿刺性能差（见图 9-43）。

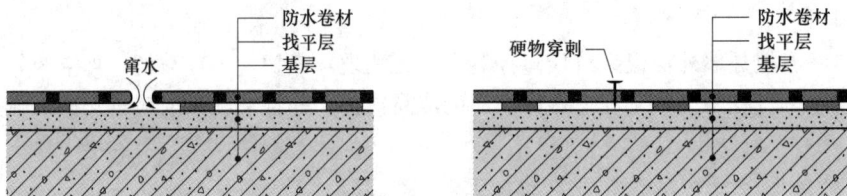

图 9-43　卷材屋面防水层开裂的主要形式

二、常规屋面防水保温施工方法分析

（一）正置式屋面

由于防水层设置在保温层的上面，保温层和防水层之间须有一层附加找平层，使构造复杂化。而该附加找平层强度往往不足，对防水层破坏性大，易造成防水层开裂和刺破。事实上，雨水从上到下由装饰层进入刚性保护层，从油毡隔离层到防水层，因防水层的渗漏雨水继而进入附加找平层、保温层、找平（找坡）层、现浇屋面板。由此可想而知，现浇屋面板一旦产生裂缝、渗漏，雨水就直接进入室内，未能从根本上解决屋面防水难题。同时，保温层中的含水率大大增加，使得实际保温效果急剧下降，正置式屋面防水保温分层做法如图 9-44 所示。

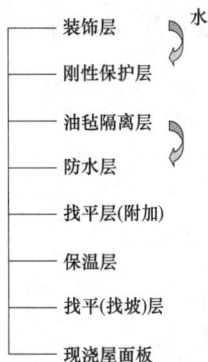

图 9-44　正置式屋面分层图

（二）倒置式屋面

由于将保温层设置在防水层上的屋面，防水层受到保护，避免热应力、紫外线以及其他因素对防水层的破坏，构造比正置式屋面简化。但由于雨水从上到下由装饰层进入刚性保护层、油毡隔离层、保温层，再到防水层，使保温层处于浸水状态中，降低了保温层的实际保温效果，达不到节能设计要求，倒置式屋面防水保温分层做法如图 9-45 所示。

三、屋面防水保温一体化体系

（一）聚氨酯防水保温集成板屋面防水保温体系

聚氨酯防水保温集成板屋面防水保温体系充分利用了硬泡聚氨酯优异的保温性能及防水性能，通过工厂化复合防水涂膜层，使板体具有足够的防水功能，实现了防水保温的一体化。从根本上解决了屋面防水抗渗的难题，且构造简单，大大缩短了工期，提升了质量，降低了造价（见图 9-46、图 9-47）。

1. 产品构造

（1）防水层。

（2）保温层。

（3）黏结层。

三层一次性复合，形成防水保温板。

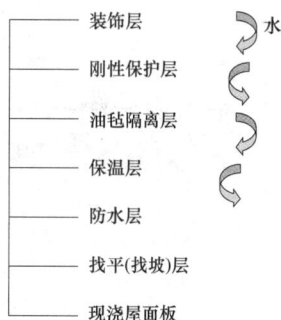

图 9-45　倒置式屋面防水保温分层图

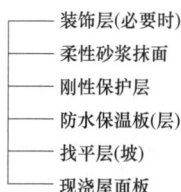

图 9-46　防水保温板屋面防水系统分层图

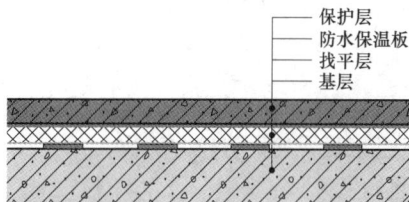

图 9-47　屋面防水层构造图

2. 原理分析

利用保温板的柔韧性（保温板分解吸收基层的开裂）作缓冲层，利用保温板的防水性（保温板补充防水层的穿刺破坏）来做防水增强层。

能解决防水层抗开裂、抗穿刺难题（见图 9-48、图 9-49）。

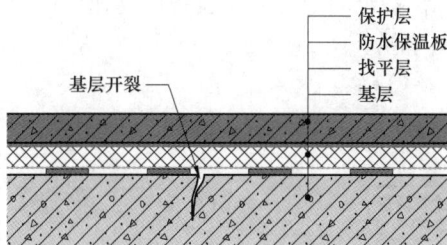

图 9-48　基层开裂示意图

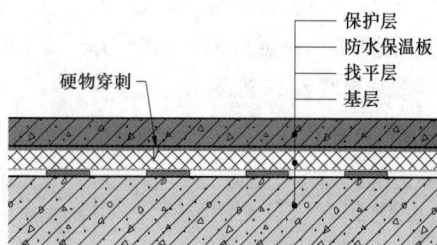

图 9-49　硬物穿刺示意图

3. 节点处理及复合防水

主要防水保温做法如图 9-50 所示。

4. 施工工艺

与墙面聚苯板粘贴的施工工艺类似。

（二）聚氨酯现场喷涂屋面保温防水一体化系统

聚氨酯硬泡体可适用于任何形状的屋面防水保温工程，该系统集防水和保温于一体。它不仅适合于新建建筑屋面的防水保温，对既有建筑的围护结构节能改造也有其独到之处，而且施工简便，

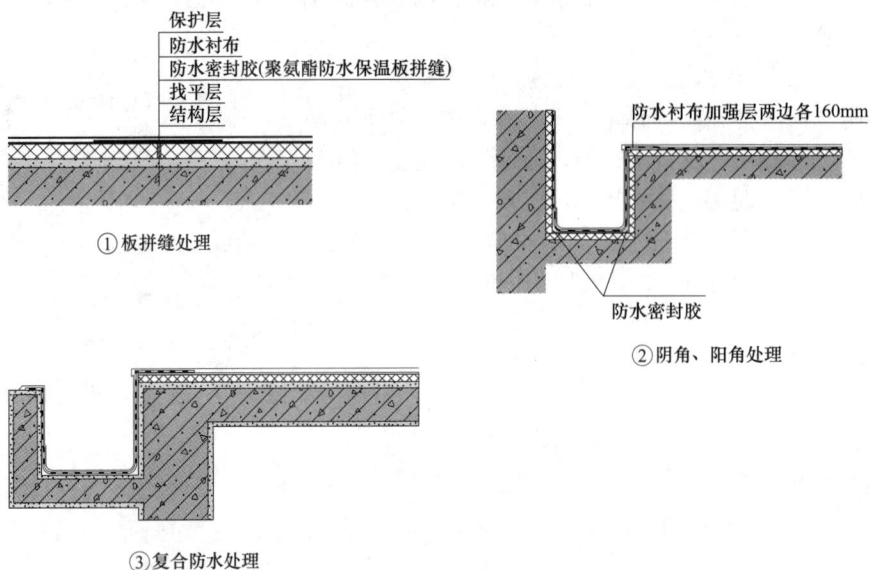

① 板拼缝处理

② 阴角、阳角处理

③ 复合防水处理

图 9 - 50 屋面防水节点图

周期短，适用范围广、材料配套齐全，能满足我国不同气候条件下的建筑节能施工要求。该系统在屋面防水保温工程中的优势较为突出。

1. 材料组成

聚氨酯硬泡体以组合聚醚和异氰酸酯为主要材料，通过专用设备喷涂而成，具有优异的保温性。又因采用现场喷涂施工，形成一层连续的低吸水性的泡沫体，故防水性优良。聚氨酯硬泡体在整个体系中是至关重要的，不仅要在产品的配方上考虑到发泡率、抗拉和抗压强度、导热系数、吸水率等技术指标，更要在施工过程中掌握其发泡时间、发泡的平整度和厚度，所以对施工设备和施工人员有一定的技术要求。

纤维增强抗裂腻子主要起表面保护和找平作用，它是以固体水溶性高分子聚合物和无机硅酸盐材料为主要黏合材料，添加各种助剂、抗裂增强纤维，在特定的干粉混合设备内高速分散而成的。解决了常规腻子在保温板表面黏结力差，易产生龟裂等问题。

2. 施工流程及工艺要求

施工流程如下：

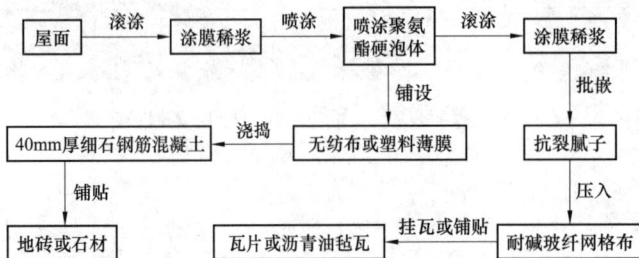

如果挂瓦片，须在喷涂聚氨酯之前预埋钢筋。

（1）基层要求。

1）聚氨酯现场发泡体对基层最基本的要求是干燥，达到国家屋面工程质量验收规范（GB 50207）要求，平整度在 5mm 之内无需找平。

2）出屋面的基层管道在喷涂施工前应设置防水套管，并以砂浆用"R"式做法，便于喷涂施工均匀、连接处圆滑；管道上喷涂高度不低于 300mm，收头用卡箍卡紧。

3）横向落水口底部与基层面距离为 10mm，内侧与墙面平；竖向落水口的上部略高于基层面 5mm。

4）屋面和山墙、女儿墙、天沟、檐沟以及突出屋面结构的连接处（阴阳角）应做成圆弧形，其圆弧半径为 $R=80\sim100mm$；泛水部位的防水保温层一般用水泥砂浆覆盖，当中设钢丝网，钢丝网采用保温钉固定，保温钉在喷涂前胶粘于泛水基层面上。

（2）防水涂膜界面剂。按固相：液相：水 $=1:1:1$ 配合比配制，专人负责，严格计量，机械搅拌，确保搅拌均匀。配好的料应注意防晒避风，以免水分蒸发过快。一次配制量应在可操作时间内（4h 内）用完。用滚刷将配好的界面剂均匀涂刷在清理干净的基面上，阴角等结点部位应重点涂刷。养护 24h 以上，干透。

（3）喷涂操作。

1）喷涂前须提前 1d 对有落水口及管道出屋面的金属和塑料构件部位进行石油沥青聚氨酯涂料涂膜处理，使细部处理更可靠。

2）硬质聚氨酯必须在喷涂前配置好，双组分液体原料必须按工艺设计的配比 1:1，专人负责，准确计量，混合应均匀，热反应须充分，输送管道不得渗漏，同时根据施工条件作适当的调整。

3）根据聚氨酯的厚度，使用专业施工设备，进行现场喷涂，喷涂时喷枪与施工基面间距为 500～700mm。一个施工作业面可分遍喷涂完成，每遍的成形后厚度应小于等于 15mm。

4）硬质聚氨酯喷涂 24h 后，用手提刨刀或钢锯进行修整。

（4）施工要点。

1）喷涂操作时枪手应时刻掌握好喷涂方向、与施工面的距离、喷涂角度、喷出压力以及发泡厚度等要求。

2）现场喷涂之中随时检查设备压力及出料状况、泡沫体的现场发泡质量情况，一旦发现异常马上停枪调整。

3）屋面上的异形部位应按"细部构造"进行喷涂施工。特别是节点部位如落水口、烟道、出屋面管道、女儿墙、檐沟、泛水处，一旦发现漏喷、空洞以及厚度不足应及时进行补喷。同时对出现起壳、空鼓的地方进行挖除后补喷。

4）聚氨酯硬泡体的发泡稳定及固化时间约为 20min，因此施工后 20min 内严禁上人，防止损坏。

5）聚氨酯发泡体喷涂完工 24h 后，不上人屋面的即可涂刷界面剂后批嵌抗裂腻子（内压入玻纤网格布）；上人屋面的可以浇捣 40～60mm 厚的钢筋细石砼作保护层（铺设前先用无纺布或塑料薄膜作隔离层）。

（5）季候性施工条件。

1）雨期施工应做好防雨措施，准备遮盖原材料、设备等物品。

2）基面的强度、表面平整度、干燥度等应符合国家有关设计施工验收规范的要求。

3）聚氨酯施工时现场温度冬期不宜低于 5 ℃。空气相对湿度不宜大于 90%。不宜在 5 级及 5 级以上大风气候条件下施工，如需施工应采取防护措施。

3. 质量控制

聚氨酯硬泡体屋面防水保温系统的质量验收标准参照执行国家标准《屋面工程质量验收规范》（GB 50207），同时还须满足以下几点。

（1）防水保温层厚度确定。设计聚氨酯硬泡体防水保温层厚度，应根据基层、建筑防水与保温层隔热性能等要求来制定。根据《公共建筑节能设计标准》（GB 50189）和《夏热冬暖地区居住建筑节能设计标准》（JGJ 75）要求，屋面的 K 值要求须小于等于 $1.0 \, W/(m^2 \cdot K)$，一般情况下聚氨酯保温层厚度在 $2 \sim 2.5 cm$，就能达到节能标准。不需保温部位（如山墙、女儿墙泛水及突出屋面结构）的结构表面，聚氨酯硬泡体防水保温层应用厚度不得小于 10mm。

（2）聚氨酯屋面防水保温系统与基面应黏结牢固，其拉伸黏结强度应大于 0.20MPa，玻纤网格布的搭接长度必须满足国家有关规范的要求。

（3）现场喷涂使用专用设备，每次喷涂聚氨酯的厚度不得大于 15mm，整体完工后聚氨酯泡沫体最薄处厚度不得低于设计厚度，并不得出现负偏差，平均厚度大于设计值。最后对聚氨酯波峰大于 5mm 的地方，用手提刨刀或锯条进行修正。

（4）聚氨酯屋面防水保温系统必须黏结牢固，无脱层、空鼓、孔洞及裂缝，网格布不得外露。

（5）无爆灰和裂缝等缺陷，其外观应表面洁净，接槎平整。

（6）屋面防水保温层的允许偏差见表 9-15。

表 9-15 屋面防水保温层的允许偏差

项次	项目	允许偏差（mm）	检验方法
1	表面平整	4	用 2m 靠尺、楔形塞尺进行检查
2	阴阳角垂直	4	用 2m 托线板检查
3	阳角方正	4	用 200mm 方尺检查
4	伸缩缝（装饰线）平直	3	拉 5m 线和直尺检查

4. 成品保护

（1）外墙外保温或屋面防水保温施工完成后，后续工序应注意对成品进行保护。禁止在防水保温屋面上随意剔凿，避免尖锐物件撞击。

（2）因工序穿插、操作失误、使用不当或其他原因，致使防水保温系统出现破损的，可按以下程序进行修补。

1）用锋利的刀具割除破损处，割除面积略大于破损面积，形状大致整齐。注意防止损坏周围的纤维增强抗裂腻子、网格布和硬质聚氨酯。

2）仔细把破损部位四周约 100mm 宽范围内的涂料和纤维增强抗裂腻子磨掉。注意不得伤及网格布，如果不小心切断了网格布，打磨面积应继续向外扩展。

3）在修补部位四周贴不干胶纸带，以防造成污染。

4）修补处聚氨酯表面应与周围硬质聚氨酯齐平，对修补部位做界面处理，滚涂防水涂膜，喷涂聚氨酯。

5）用纤维增强抗裂腻子补齐破损部位的纤维增强抗裂腻子，用毛刷清理不整齐的边缘。对没有新抹纤维增强抗裂腻子的修补部位做界面处理。

6）从修补部位中心向四周抹纤维增强抗裂腻子，做到与周围面层顺平，同时压入网格布，并满足网格布和原网格布的搭接要求。

7）纤维增强抗裂腻子干后，在修补部位补做外饰面，其材料、纹路、色泽尽量与周围装饰一致。

8）待外面干燥后，撕去不干胶纸带。

第四节 门窗节能工程

随着城市建设的不断发展，建筑的门窗形式和类别也越来越多，材料在不断更新，门窗的性能越来越好。然而，建筑的现代化却带来了门窗面积的大幅度增加，这对节能是相当不利的。由于门窗的传热系数大大高于墙体，所以门窗面积的增加一定会增加采暖能耗；太阳可以通过门窗玻璃直接进入室内，从而增加夏季空调的负荷，增大空调能耗。但也不能因为节能而过分限制开窗的面积，随着玻璃制造技术的进步，玻璃的保温能力和遮阳能力也大幅度提高，使建筑门窗的保温隔热性能不断提高，为增加建筑开窗尺度创造了一些条件。另外，炎热地区的自然通风也是非常有效的节能措施，适当面积的开窗有利于自然通风。所以，单方面限制开窗面积是没有必要的，关键是在门窗中采取必要的、满足要求的节能措施，采用合适的节能型门窗（见图 9-51、图 9-52）。

图 9-51　建筑门窗工程（一）　　　　　图 9-52　建筑门窗工程（二）

一、门窗材料质量控制

根据使用材质的不同，建筑门窗可分为木门窗、金属门窗和塑料门窗及组合门窗四大类。金属门窗根据使用材料的不同又可分为钢门窗、铝合金门窗、彩钢板门窗。组合门窗可分为铝木组合和铝塑组合等门窗。根据开启形式不同可分为推拉、平开、上悬、中悬、内倒等各种形式。

门窗中采用的玻璃品种也比较丰富。从组成结构讲，玻璃种类有单层玻璃、双层中空玻璃、三层中空玻璃、夹层玻璃、夹层中空玻璃等；单片玻璃又分为透明玻璃、吸热玻璃、镀膜玻璃（包括低辐射镀膜 Low-E 玻璃、阳光控制玻璃）等。

为了满足夏季的保温隔热要求，门窗外侧经常设计有遮阳设施。一般遮阳设施的形式有水平遮阳板、垂直遮阳板、卷帘遮阳、百叶遮阳、带百叶中空玻璃、外推拉百叶窗等。建筑节能设计标准中对门窗的遮阳系数、传热系数、可见光透射比、气密性等都有相关要求。为了保证正常使用功能，在热工方面对门窗还有抗结露、通风换气要求等。所有这些都需要在门窗工程的深化设计中去体现，需要合格的门窗产品来保证，需要高质量的安装来实现。

根据《建筑节能工程施工质量验收规范》（GB 50411）要求，门窗材料质量控制的主要内容如下。

（1）建筑门窗进场后，应对其外观、品种、规格及附件等进行检查验收，对质量证明文件进行核查。建筑外门窗的品种、规格应符合设计要求和相关标准的规定。

对建筑外门窗的品种、规格符合设计要求和相关标准的规定，这是一般性的要求，应该得到满足。门窗的品种一般包含了型材、玻璃等主要材料的信息，也包含一定的性能信息，规格包含了尺寸、分格信息等。

门窗的品种中包含了型材、玻璃等主要材料的信息，也隐含着各种配件、附件的信息。

门窗不同的开启形式、采用的不同密封方式，其气密性能和热工性能指标均可能不同。门窗规格大小不同，热工性能就会发生变化。如大窗的玻璃面积相对大，传热系数受框的影响就小一些，而遮阳系数就会大一些。所以应该核查门窗的品种、规格。检查门窗的规格可以采用测量门窗的特征尺寸的办法。

通过对门窗质量证明文件的核查，可以核对门窗的品种、性能参数等是否与设计要求一致。通过对质量证明文件的核查，可以确定产品是否得到生产企业的合格保证。门窗的质量证明文件一般包括：产品合格证、性能检测报告或门窗节能标识证书、玻璃合格证明文件、型材合格证明文件等。

门窗的特征尺寸采用尺量检查；产品外观质量采用目测观察；门窗的品种、规格等技术资料和性能检测报告等质量文件与实行一一核查。

验收的内容主要包括：门窗的品种、规格是否正确，外观质量是否符合要求，质量证明文件是否齐全，是否满足设计要求和节能标准的规定。

(2) 建筑外窗的气密性、保温性能、中空玻璃露点、玻璃遮阳系数和可见光透射比应符合设计要求。

一定规格尺寸门窗的传热系数可以通过实验室测试确定，可以通过核查检测报告来检验。实际工程中门窗的尺寸是很多的，各种尺寸门窗的传热系数只能依靠计算确定。即将发布的有关建筑门窗玻璃幕墙热工计算的规程，对门窗的热工计算问题提供了详细的计算方法。

玻璃的遮阳系数、可见光透射比对于门窗都是主要的节能指标要求，更应该强制满足设计要求。中空玻璃露点应满足产品标准要求，以保证产品的质量和性能的耐久性。

测试门窗的传热系数应采用《建筑外门窗保温性能分级及检测方法》（GB/T 8484），测试气密性能应采用《建筑外门窗气密、水密、抗风压性能分级及检测方法》（GB/T 7106）。建设部正在试行门窗的节能性能标识，标识证书也可以作为质量证明文件，其中的指标可作为性能证明。

测量玻璃系统的相关热工参数应采用测试和计算相结合的办法。首先应测量组成玻璃系统单片玻璃的全太阳光谱范围内：透射比、前反射比、后反射比和两个表面的远红外半球发射率，然后采用建筑门窗玻璃幕墙热工计算规程所提供的方法计算玻璃的遮阳系数、可见光透射比。

中空玻璃的露点测试主要是测试玻璃中空层的密封状况。测试方法采用《中空玻璃》（GB/T 11944）中提供的方法。

核查门窗、玻璃等产品质量证明文件。夏热冬冷地区，还应核查有关气密性、传热系数、玻璃遮阳系数、可见光透射比、中空玻璃露点等指标的复验报告，是否符合设计要求。检查核对应覆盖所有的外门窗品种。检验的数量是同一厂家同一品种同一类型的产品应各抽查不少于3樘。

(3) 建筑门窗采用的玻璃品种应符合设计要求。

中空玻璃应采用双道密封。建筑门窗用玻璃应为建筑级浮法玻璃或以其原片加工而成的各种玻璃制品，也可采用夹丝玻璃、压花玻璃。建筑门窗玻璃的外观质量和性能应符合《平法玻璃》（GB 11614）等现行国家和行业标准的规定：建筑门窗玻璃厚度应按《建筑玻璃应用技术规程》（JGJ 113）取定或经设计计算取定，宜采用安全玻璃，地弹簧门或有特殊要求的门应采用安全玻璃。钢化玻璃必须经过二次热处理，减少钢化玻璃安装后自爆的可能性。门窗玻璃采用中空玻璃时，除符合《中空玻璃》（GB/T 11944）的有关规定外，还应符合下列规定。

1) 中空玻璃应采用双道密封，一道材料应采用丁基热熔密封胶，隐框窗用中空玻璃的二道密封应采用硅酮结构密封胶，其他用中空玻璃的二道密封宜采用聚硫类中空玻璃密封胶，二道密封应采用专用打胶机进行混匀注胶。中空玻璃间隔铝板可采用连续折弯型或插角型，间隔铝板中的干燥剂应采用专用设备装填。

2) 中空玻璃单片面积超过 $2m^2$ 加工及转运过程中应采取充气或均压处理，消除玻璃表面可能产生的凹凸现象。

玻璃门窗采用夹层玻璃时，应采用干法加工合成，其胶片应采用聚乙烯醇缩丁醛（PVB）胶片。夹层玻璃合片时，应严格控制温湿度，且应在无尘密闭车间合片、压片。

在线喷涂低辐射镀膜玻璃可单片使用，也可合成中空玻璃使用；离线镀膜低辐射玻璃应加工成中空玻璃使用，镀膜面应朝向中空空气层。

中空玻璃二道采用硅酮结构密封胶应对玻璃进行相容性测试，以保证结构黏结强度。

门窗的节能很大程度上取决于门窗所用玻璃的形式（如单玻、双玻、三玻等）、种类（普通平板玻璃、浮法玻璃）及加工工艺（如单道密封、双道密封等），为了达到节能要求，建筑门窗采用的玻璃品种应符合设计要求。

为了提高保温性能，玻璃可以镀 Low-E 膜，中空层内还可以充惰性气体。

为了降低遮阳系数，可以采用特殊的玻璃，玻璃也可以镀各种膜，包括采用吸热玻璃、热反射玻璃、遮阳型 Low-E 玻璃等。玻璃的品种应进行核对。

检验采用的方法主要是外观观察检查和核对产品的质量保证文件。

玻璃的品种可以通过与已经测试过的留样样品进行观察来检验。在质量证明文件中应核对玻璃的单片品种，镀膜玻璃应核对镀膜的编号是否与设计选择的一致。

中空玻璃的密封是否采用双道密封则主要通过观察。普通中空玻璃主要看是否有丁基胶密封和密封胶密封两道密封。

验收内容主要是核查玻璃验收检验单，核对玻璃品种是否符合设计要求。

（4）外窗遮阳设施的性能、尺寸应符合设计和产品标准要求。

在夏季炎热的地区应用外窗遮阳设施是很好的节能措施。遮阳设施的性能主要是其遮挡阳光的能力，这与其形状、尺寸、颜色、透光性能等均有很大关系，还与其调节能力有关，这些性能均应符合设计要求。

检验内容主要是核对质量证明文件，必要时包括性能检测报告。

（5）特种门的性能应符合设计和产品标准要求。

特种门与节能有关的性能主要包括密封性能和保温性能。对于人员出入频繁的门，其自动启闭、阻挡空气渗透的性能也很重要。自动启闭的门有旋转门、平移推拉门等，有的出入口采用消防逃生门。这些特殊品种的门，其产品的性能也有其特殊性。对照设计文件和产品质量证明文件，核对这些产品的性能是否符合要求。

（6）门窗扇密封条和玻璃镶嵌的密封条，其物理性能应符合相关标准中的规定。

建筑门窗玻璃密封用密封材料包括硅酮密封胶和橡胶制品两大类。

建筑门窗框扇间用密封材料应选用橡胶系列密封条或经过硅化处理密封毛条。

衬垫料橡胶制品宜采用三元乙丙橡胶、氯丁橡胶、硅橡胶类制品。密封条应为挤出成型，橡胶块应为压模成型。

建筑门窗与洞口之间的缝隙宜采用聚氨酯发泡密封材料填充密实。

硅酮密封胶和橡胶制品密封材料应满足《建筑用硅酮结构密封胶》（GB 16776）等国家标准的规定。

检验采用方法主要是核查密封条的质量证明文件，包括物理性能检测报告。

（7）门窗镀（贴）膜玻璃的安装方向应正确，中空玻璃的均压管应密封处理。

检验内容：现场观察检查玻璃的安装方向；验收玻璃时检查均压管（如有设置）是否在安装前被封闭。现场检验数量：按照巡查的方式全部检查，重点部位仔细检查。

二、施工过程质量控制

（1）金属外门窗隔断热桥措施应符合设计要求和产品标准的规定，金属副框的隔断热桥措施应与门窗框的隔断热桥措施相当。

金属窗的隔热措施非常重要，直接关系到其传热系数的大小。金属框的隔断热桥措施一般采用穿条式隔热型材、注胶式隔热型材，也有部分采用连接点断热措施。所以施工时应检查金属外门窗隔断热桥措施是否符合设计要求和产品标准的规定。

隔热型材的隔热条、隔热材料（一般为发泡材料）等，隔热条的尺寸和隔热条的导热系数对框的传热系数影响很大，所以隔热条的类型、标称尺寸必须符合设计的要求。

有些金属门窗采用先安装副框的干法安装方法。可以在土建基本施工完成后安装门窗，因而门窗的外观质量得到了很好的保护。但金属副框经常会形成新的热桥，应该引起足够的重视。在夏热冬冷地区，金属副框的隔热措施就很重要了。这些部位可以采用发泡材料进行填充，使得金属副框不同时直接接触室外和室内的金属窗框。为了达到隔热效果，不影响门窗的热工性能，隔热措施所产生的效果应与窗的隔热措施效果相当。

（2）外门窗框与副框之间以及门窗框或副框与洞口之间间隙的密封也是影响建筑节能的一个重要因素，如果控制不好，容易导致透水、形成热桥，所以外门窗框或副框与洞口之间的间隙应采用弹性闭孔材料填充饱满，使用密封胶密封。

外门窗框与副框之间的缝隙应使用密封胶密封。处理门窗缝隙的保温，现在多采用现场注发泡胶，然后采用密封胶密封防水。《塑料门窗工程技术规程》（JGJ 103）要求，窗框与洞口之间的伸缩缝内腔应采用闭孔泡沫塑料、发泡聚苯乙烯等弹性材料分层填塞，填塞不宜过紧。

（3）外窗遮阳设施的安装应位置正确、牢固，满足安全和使用功能的要求。

遮阳设施主要是遮挡太阳的直射，这与位置也有很大的关系。目前，遮阳系数的计算主要由建筑设计完成，建筑设计图中对遮阳设施的位置以及遮阳设施的形状有明确的图纸或要求。为保证达到遮阳设计要求，遮阳设施应安装在正确的位置。

由于遮阳设施安装在室外效果好，而室外往往有较大的风荷载，遮阳设施的牢固问题非常重要。目前多数采用外墙外保温的情况下，活动外遮阳设施的固定往往成了难以解决的问题。所以，遮阳设施在设计中应进行荷载核算，保证遮阳设施自身的安全。

（4）天窗安装的位置、坡度应正确，封闭严密，嵌缝处不得渗漏。

天窗节能有关的性能均与普通门窗类似，天窗的传热系数、遮阳系数、可见光透射比、气密性能等均应该满足普通门窗的要求，前面的条款均应得到满足。

天窗与普通窗最大的不同是安装的角度。由于角度的不同往往会导致在水密性方面的巨大差别，所以天窗的安装位置、坡度等均应正确，可保证雨水密封的性能。安装后的天窗应保证封闭严密，不渗漏雨水。

（5）门窗扇密封条和玻璃镶嵌密封条的安装位置应正确，镶嵌牢固，不得脱槽，接头处不得开裂。关闭门窗时密封条应接触严密。

门窗扇和玻璃的密封条的安装对门窗节能有很大的影响，使用中经常由于断裂、收缩、低温变硬等缺陷而造成门窗渗水、漏气。

门窗开启部位的密封条尤为重要。平开窗主要采用各种空心的橡胶密封条，而推拉窗则采用带胶片毛条，或采用空心橡胶条。

密封条安装完整、位置正确、镶嵌牢固对于保证门窗的密封性能均很重要。保障密封条的完整性对于密封质量也是非常关键的，所以密封条不能开裂。

关闭门窗时应能保证密封条的接触严密，不脱槽。这就要求门窗安装好后，门窗关闭时密封条应能保持被压缩的状态。毛条的压缩应超过10%，橡胶密封条应保持与铝型材紧密接触。

（6）外门窗遮阳设施调节应灵活、能调节到位。活动遮阳设施的调节机构是保证活动遮阳设施发挥作用的重要部件，有人工的，也有电动的。有卷帘形式，有线拉形式等。这些部件应灵活，能够将遮阳板等调节到位。检验采取的方法主要是现场试验的方法，每个遮阳设施至少有一个来回的试验。

三、施工质量验收

建筑节能门窗施工过程和交工验收时均应按《建筑节能工程施工验收规范》（GB 50411）要求进行验收。

（1）建筑外门窗工程施工中，应对门窗框与墙体接缝处的保温填充做法进行隐蔽工程验收，并应有隐蔽工程验收记录和必要的图像资料。

（2）门窗各分项工程的检验批应按下列规定划分。

1）同一品种、类型和规格的木门窗、金属门窗、塑料门窗及门窗玻璃每100樘应划分为一个检验批，不足100樘也应划分一个检验批。

2）同一品种、类型和规格的特种门每50樘应划分为一个检验批，不足50樘也应划分为一个检验批。

3）对于异型或有特殊要求的门窗，检验批的划分应根据其特点和数量，由监理（建设）单位和施工单位协商确定。

（3）外门窗工程的检查数量需满足《建筑节能工程施工质量验收规范》（GB 50411）关于门窗节能工程一般规定的要求。

（4）夏热冬冷地区的建筑外窗，应对其气密性做现场实体检验，检测结果应满足设计要求。比方说在夏热冬冷地区的浙江省，应符合住房和城乡建设部标准《夏热冬冷地区居住建筑节能设计标准》（JGJ 134）和浙江省的相关规定，建筑物1~6层的外窗及阳台门的气密性等级，不应低于现行国家标准《建筑外门窗气密、水密、抗风压性能分级及检测方法》（GB/T 7106）规定的3级，7层及7层以上的外窗及阳台门的气密性等级，不应低于该标准规定的4级。

节能门窗的施工工艺详见本书第八章 建筑装饰装修工程。

第五节 幕墙节能工程

随着城市建设的现代化发展，越来越多的建筑开始使用建筑幕墙。建筑幕墙以其美观、轻质、耐久、易维修等优良特性不断地被建筑师、业主所青睐。虽然大量使用玻璃幕墙对建筑节能非常不利，但在建筑中结合金属幕墙、石材幕墙、人造板材幕墙等也能很好地解决建筑节能问题，达到既轻质、美观，又能满足节能的要求（见图9-53、图9-54）。

图9-53 玻璃幕墙建筑（一）

图9-54 玻璃幕墙建筑（二）

一、幕墙材料质量控制

建筑幕墙应用材料品种繁多、复杂。随着新技术、新工艺、新材料的不断研发和应用，许多新型材料被应用到建筑幕墙上，根据应用体系的划分建筑幕墙材料可分为以下几大类。

（1）饰面系统材料。主要分为透明材料和非透明材料。透明材料是指玻璃及其制品。包括透明玻璃、镀（贴）膜玻璃及其他的组合制品中空玻璃、夹胶玻璃等。非透明材料包括金属类铝塑复合板、纯铝板、铝蜂窝板、不锈钢板、搪瓷板及石材类花岗石、大理石、人造石、凝灰石、页岩、陶土板，等等。

（2）保温系统材料。主要包括胶粉聚苯颗粒、无机保温砂浆、采取了有效防火措施和构造的有机材料类保温材料（如聚苯板－EPS 板、挤塑板－XPS 板、聚氨酯泡沫塑料板、聚氨酯现场喷涂）、各种类型保温岩棉（矿棉）板、STP 超薄绝热保温板等及其辅助类固定件（片）、连接钉类材料等。

（3）其他还有做承重构件的铝型材及附材、五金件等材料。所有材料质量均需满足相关的行业质量标准。

二、施工过程质量控制

（1）建筑幕墙的气密性能指标是幕墙节能的重要指标。一般幕墙设计均规定有气密性能的等级要求，幕墙产品应该符合要求。由于建筑幕墙的气密性能与节能关系重大，所以当所设计的建筑幕墙面积超过一定量后，应该对幕墙的气密性能进行检测。

当幕墙面积大于建筑外墙面积 50％或 3000m² 时，应现场抽取材料和配件，在检测试验室安装制作试件进行气密性能检测。气密性能检测应对一个单位工程中面积超过 1000m² 的每一种幕墙均抽取一个试件进行检测。

由于一栋建筑中的幕墙往往比较复杂，可能由多种幕墙组合成组合幕墙，也可能是多幅不同的幕墙。对于组合幕墙，只需要进行一个试件的检测即可；而对于不同幕墙幅面，则要求分别进行检测。对于面积比较小的幅面，则可以不分开对其进行检测。

气密性能检测试件应包括幕墙的典型单元、典型拼缝、典型可开启部分。试件应按照幕墙工程施工图进行设计。试样设计应经建筑设计单位项目负责人、监理工程师同意并确认。气密性能的检测按照国家标准《建筑幕墙气密、水密、抗风压性能检测方法》（GB/T 15227）。

（2）遮阳设施的安装位置应满足设计要求。遮阳设施的安装应牢固。

1）幕墙的遮阳设施若要满足节能的要求，一般应该安置在室外。由于对太阳光的遮挡是按照太阳的高度角和方位角来设计的，所以遮阳设施的安装位置对于遮阳而言非常重要。只有安装在合适位置、合适尺寸的遮阳装置，才能满足节能的设计要求。

2）由于遮阳设施一般安装在室外，而且是突出建筑物的构件，遮阳设施很容易受到风荷载的吹袭。在工程中，大型的遮阳设施的抗风往往需要进行专门的研究。所以，在设计安装遮阳设施的时候应考虑到各个方面的因素，合理设计，牢固安装。

3）遮阳设施的安装位置应采用钢直尺、钢卷尺测量，误差一般应控制在 30mm 以内。遮阳设施的角度也应符合设计要求。安装位置的检查应检查全数的 10％，并不少于 5 处。

4）遮阳设施的牢固程度通过观察连接紧固件，手扳大致检查等。遮阳设施不能有松动现象，紧固件应符合设计要求，紧固件所固定处的承载能力应满足设计要求。由于遮阳设施的安全问题非常重要，所以要进行全数的检查。必要时可以进行现场荷载试验，以确定遮阳板的固定是否满足要求。

（3）幕墙工程热桥部位的隔断热桥措施应符合设计要求，断热节点的连接应牢固。幕墙工程热桥部位的隔断热桥措施是幕墙节能设计的重要内容，在完成了幕墙面板中部的传热系数和遮阳系数设计的情况下，隔断热桥则成为主要矛盾。这些节点设计如果不理想，首要的问题是容易引起结露。如果大面积的热桥问题处理不当，则会增大幕墙的实际传热系数，使得通过幕墙的热损耗大大增加。判断隔断热桥措施是否可靠主要是看固体的传热路径是否被有效隔断，这些路径包括：金属型材截面、金属连接件、螺钉等紧固件、中空玻璃边缘的间隔条等。

型材截面的断热节点主要是通过采用隔热型材或隔热垫来实现的，其安全性取决于型材的隔热条、发泡材料或连接紧固件。通过幕墙连接件、螺钉等紧固件的热桥则需要进行转换连接的方式，通过一个尼龙件或类似材料的附件进行连接的转换，隔断固体的热传递途径。由于这些转换连接都多了一个连接，所以其是否牢固则成为安全隐患问题，应进行相关的检查和确认。这些节点应该经过严格的计算，在现场应按照设计进行检查。

（4）幕墙隔汽层应完整、严密、位置正确，穿透隔汽层处的节点构造应采取密封措施。非透明幕墙设置隔汽层是为了避免幕墙部位内部结露，结露的水很容易使保温材料发生性状的改变，如果结冰，则问题更加严重。如果非透明幕墙保温层的隔汽好，幕墙与室内侧墙体之间的空间内就不会有凝结水，为了实现这个目标，隔汽层必须完整，隔汽层必须在保温材料靠近水蒸气气压较高的一侧（冬季为室内）。如果隔汽层放错了位置，不但起不到隔汽作用，而且有可能使结露加剧。一般冬季比较容易结露，所以隔汽层应放在保温材料靠近室内的一侧。

幕墙的非透明部分常常有许多需要穿透隔汽层的部件，如连接件等。对这些节点构造采取密封措施很重要，应该进行密封处理，以保证隔汽层的完整。

（5）冷凝水的收集和排放应通畅，并不得渗漏。幕墙的凝结水收集和排放构造是为了避免幕墙结露的水渗漏到室内，防止室内的装饰发霉、变色、腐烂等。为了确保凝结水不破坏室内的装饰，不影响室内环境，冷凝水收集、排放系统应该发挥有效的作用。

冷凝水的收集系统应该包括收集槽、集流管和排水口等。在严寒地区，排水管应该在室内温度较高的区域内，往室外的排水口应进行必要的保温处理，避免结冰而堵塞排水口。

（6）当采用单元式幕墙板块时，幕墙板块是工厂内组装完成运送到现场的。运送到现场的单元板块一般都将密封条、保温材料、隔汽层、冷凝水收集装置都安装完毕（或者在吊装前安装好）。所以幕墙板块到现场后或安装前，应对这些安装好的部分进行检查。密封条的尺寸规格正确，才能保证缝隙的配合和密封。密封条的长度应该有富余，避免安装时密封条因损坏或弹性收缩而搭接不到位。密封条接缝处应按照设计要求进行必要的处理，保证搭接处的密封效果。

许多单元式幕墙的保温材料到达现场后已经固定完毕，所以在吊装前应进行必要的检验。保温材料的安装应该牢固，其厚度应符合设计要求。否则，应视为单元加工不符合节能要求。

同样，安装好的隔汽层、冷凝水排水系统应进行检验，隔汽层应密封完整、严密，排水系统应通畅，无渗漏。

（7）幕墙周边与墙体缝隙部位虽然不是幕墙能耗的主要部位，但处理不好，也会大大影响幕墙的节能。由于幕墙边缘一般都会是金属边框，所以存在热桥问题，应采用弹性闭孔材料填充饱满。弹性闭孔材料一般为泡沫棒，填塞后可用密封胶密封。此外，幕墙有气密、水密性能要求，所以应采用耐候胶进行密封。耐候胶应与墙体的饰面材料很好黏结，以保证周边的水密性。

（8）伸缩缝、沉降缝、防震缝的保温或密封做法应符合设计要求。幕墙的构造缝、沉降缝、热桥部位、断热节点等，如果处理不好，也会影响到幕墙的节能和产生结露。这些部位主要有密封问题和热桥问题，密封问题对于冬季节能非常重要，热桥则容易引起结露。

幕墙的缝隙多采用活动的错位搭接或采用伸缩性强的构件。对于面板的错位搭接，密封是非常重要的问题，应仔细对照设计图纸检查。当采用伸缩构件（如风琴板）时，伸缩构件的连接和密封应进行检查。

（9）活动遮阳幕墙是采用较多的一种遮阳形式。活动遮阳设施的调节机构是保证活动遮阳设施发挥作用的重要部件。这些部件应灵活，能够将遮阳板、百叶等调节到位，使遮阳设施发挥最大的作用。

三、施工质量验收

（1）在幕墙节能工程中，附着于主体结构上的隔汽层、保温层应在主体结构工程质量验收合格后施工。施工过程中应及时进行质量检查、隐蔽工程验收和检验批验收，施工完成后应进行幕墙节能分项工程验收。

有些幕墙的非透明部分的隔汽层附着在建筑主体的实体墙上。需在主体结构上涂防水涂料、喷涂防水剂、铺设防水卷材等。

有些幕墙的保温层也附着在建筑主体的实体墙上。这些保温层在铺设时需要主体结构的墙面已经施工完毕，主体结构有平整的施工面。对于这类建筑幕墙，隔汽层和保温材料需要在实体墙的墙面质量满足要求后才能进行施工作业。

（2）幕墙节能工程施工中对以下部件或项目应进行隐蔽工程验收，并应有详细的文字记录和必要的图像资料：被封闭的保温材料厚度和保温材料的固定；幕墙周边与墙体的接缝外保温材料的填充；构造缝、沉降缝、隔汽层；热桥部位、断热节点；单元式幕墙板块间的接缝构造；凝结水收集和排放构造；幕墙的通风换气装置。

幕墙保温材料可以粘贴在幕墙的面板上。许多铝板幕墙都是这样固定超细玻璃棉保温材料的，固定后用铝箔密封。保温材料也可以固定在幕墙的背板上。幕墙背板位于幕墙面板后侧，一般采用镀锌钢板或铝合金板。幕墙背板多数用于室内侧的密封。

在节能方面，背板既可以用于固定保温材料，也起到密封或隔汽层的作用。保温材料的厚度必须得到保证，否则节能指标很难满足要求。保温材料越厚，传热系数越小，所以要严格控制，厚度不得小于设计值。

幕墙周边与墙体接缝外保温的填充，幕墙的构造缝、沉降缝、热桥部位、断热节点等，这些部位虽然不是幕墙能耗的主要部位，但处理不好，也会大大影响幕墙的节能。这些部位主要有密封问题和热桥问题。密封问题对于冬季节能非常重要，热桥则容易引起结露和发霉，所以必须将这些部位处理好。接缝处应采用弹性闭孔材料填充饱满，并采用耐候密封胶密封。

节能幕墙的施工工艺详见本书第八章　建筑装饰装修工程。

第六节　建筑节能工程的检测与评估

建筑节能工程在实施过程中需要进行节能材料和节能特殊工序的检测和检验，节能工程完成后也需要进行工程质量的检验和节能效果的检测和评价，故建筑节能的检测和评估是确保建筑节能的工程质量和反映建筑节能工程实施效果的依据。

一、建筑节能的检测

建筑节能的检测，即用适当的设备对建筑保温材料及建筑保温系统、建筑保温现场等进行实验和测试。它是建筑节能材料是否合格，建筑保温系统是否有效，建筑节能是否达标的依据。

我国建筑节能水平在不断提高，已经制定了多部建筑节能设计标准，包括《严寒和寒冷地区居住建筑节能设计标准（含光盘）》（JGJ 26）、《夏热冬冷地区居住建筑节能设计标准》（JGJ 134）和《公共建筑节能设计标准》（GB 50189）等。

为落实建筑节能设计标准，保证和检测节能建筑的效果，我国制定了《居住建筑节能检测标准》（JGJ/T 132）。同时，为了加强建筑节能工程的施工质量管理，统一建筑节能工程施工质量验收，提高建筑的节能工程实施效果，我国编制了《建筑节能工程施工质量验收规范》（GB 50411）。

　　节能工程施工质量验收规范及能耗标识体系的建立都涉及节能建筑的现场检测问题。目前，节能检测主要包括节能系统的检测、节能产品的检测，节能材料的检测、施工过程及竣工验收前的现场检测等。其中，最重要的一项指标是建筑保温隔热墙体的传热系数检测。

　　建筑节能现场检测的方法主要是热流计法。热统计法是国家检测标准首选的方法，在国际上也是公认的方法；但是它只能在采暖期进行测试，这样就限制了它的使用范围，在其他季节检测还有待进一步深入研究。因为以上原因《建筑节能工程施工质量验收规范》（GB 50411）未把该检测方法作为检测依据。目前，国际标准《建筑构件热阻和传热系数的现场测量》（ISO 9869）、美国标准《建筑维护结构构件热流和温度的现场测量》（ASTMC 1046—1995）和《由现场数据确定建筑维护结构构件热阻》（ASTMC 1155）都对热流计法作了详细规定。热流计法现场检测的内容包括热流密度，室内外气温，保温隔热墙体的内外表面温度以及热流计的两表面温度。所用的仪器主要包括热流计和热电耦。在实践中发现该方法具有稳定、易操作、精度高、重复性好等优点。如何在夏热冬冷的非冬季及夏热冬暖地区进行热工性能现场测试，是建筑节能检测领域今后的研究课题之一。

　　（一）建筑外围护结构系统节能性能检测

　　建筑节能工程的系统检测是判断节能系统是否有效，节能系统的耐久性和各种性能最可靠的检测方法，对建筑节能系统的质量安全保障有重要的实用价值。建筑节能系统主要需进行以下几项检验与检测：系统耐候性试验；系统抗风荷载性能试验；系统耐冻融性能试验；系统抗冲击性试验；系统吸水量试验；抗拉强度试验；拉伸黏结强度试验；系统热阻试验；抹面层不透水性试验方法；水蒸气渗透性能试验；玻纤网耐碱拉伸断裂强度试验。

　　具体详见《外墙外保温工程技术规程》（JGJ 144）的相关条文要求。

　　（二）建筑节能材料的性能检测

　　各保温系统材料均需提供按相关的国家、行业规范要求的出厂合格证、形式检验报告、材料检验报告等，部分材料还需进行现场的材料抽检。现场材料抽检的批次和数量需按《建筑节能工程施工质量验收规范》（GB 50411）进行，界面剂、粘砖胶液、勾缝剂、保温材料等所有材料和产品均须达到规范合格标准后方可应用到工程中。

　　（三）建筑外围护结构现场实体检验

　　对已完工的工程进行实体检验，是验证工程质量的有效手段之一，目前仅对涉及安全或重要功能的部位采取这种方法验证。围护结构建筑节能虽然在施工过程中采取了多种质量控制手段，进行了分层次的验收，但是其节能效果到底如何仍难以确认。此时采取现场实体检验的方法对已完工程的节能效果抽取少量试样进行验证，就成为一种必要而且行之有效的手段。

　　围护结构现场实体检验应在建筑节能建筑围护结构施工完成后、节能分部工程验收前进行。围护结构包括外墙、屋面、门窗和楼地面 4 部分。外墙及屋面、楼地面检测内容为：节能构造（保温层厚度及做法的现场抽检），现行的国家建筑节能施工质量验收规范要求外墙构造采用"围护结构钻芯法检验节能做法"；外门窗的检测现场检测内容为：气密性现场抽检。外墙、屋面、楼地面的传热系数和外门窗的传热系数现场检测未列入本次规范内容，今后在技术和现场条件具备的情况下也可以进行该方面的检测。

　　具体检测方法详见《建筑节能工程施工质量验收规范》（GB 50411）的相关条文要求。

二、建筑节能的评估方法

　　建筑节能的评估是根据现场检测结果评价建筑节能是否达标的方法。通过对建筑节能现场检测取得节能技术指标与参数，用以评价建筑物的节能效果。

　　常用的评价方法有两种：热源法，即在热源或冷源处直接测取采暖耗煤量和耗电量，然后求得建筑物的耗热量指标或耗冷量指标；建筑热工法，即在建筑物中直接测取建筑物的耗热量指标、耗冷量指标，然后求出采暖耗煤量指标或耗电量指标。目前大多采用建筑热工法。建筑节能的评价主要通过节能软件计算作为分析的依据。

下面简要介绍一下建筑节能的能耗模拟分析软件。

建筑能耗的模拟和分析是进行建筑节能设计和评估的重要手段，相关的软件在国外已有广泛的应用，如 EnergyPlus、DOE-2、ASEAM、ALBST、BLAST、TAS 等。

EnergyPlus 是一个用来模拟建筑物及其相关的供热、通风和空调等设备的软件，于 1996 年开始研制开发，2001 年投入使用。该软件是美国劳伦斯伯克利国家实验室等科研机构最新开发的能耗分析软件。

DOE-2 是美国劳伦斯伯克利国家实验室开发的能耗分析模拟软件。是目前世界上最为流行的建筑全能耗分析软件，包括负荷计算模块、空气系统模块、机房模块、经济分析模块。其中，负荷模块利用建筑描述信息以及气象数据计算建筑全年逐时冷热负荷，包括湿热和潜热，与室外气温、湿度、风速、太阳能辐射、人员辐射、人员班次、灯光、设备、渗透、建筑的传热系数及遮阳等因素相关。

目前，多部国家和地区节能设计标准中以 DOE-2 作为性能型指标计算的内核，中国建筑科学研究院为配合现有建筑节能设计标准的实施，以 DOE-2 作为软件研发的内核，开发了 PBECA 建筑节能设计分析软件，并已在全国近 20 个省市确定软件推广协议，全面地配合各地节能计算和评价工作。

软件的基础算法即为 DOE-2 的反应系数法。目前，PBECA 可实现居住建筑和公共建筑同一版本，帮助建筑师快速方便地对居住建筑和公共建筑实施建筑节能设计，完成建筑物的能耗分析，最终生成详尽的设计说明和计算报告。

软件的规定性指标计算包括建筑的体形系数、窗墙比和围护结构的热工性能计算。PBECA 软件基于 AutoCAD 平台上开发，可以使设计师在自己熟悉的操作平台便捷地完成模型的建立，这一技术很好地解决了长期以来国外能耗分析软件（DOE-2 软件等）所共同的模型输入烦琐瓶颈问题。对于比较复杂建筑体形情况，如露台、底层架空、中庭、天井、凸窗及转角窗等情况，软件也有相应的功能可以完成建模。

三、建筑能效测评和标识

从 1992 年以来，美国及欧洲许多国家陆续实施了建筑能耗标识体系（Home Energy Rating System，HERS），目前我国也正在准备开始实施建筑能耗标识体系。

住房和城乡建设部颁布了《民用建筑能效测评标识管理暂行办法》和《民用建筑能效测评标识技术导则（试行）》，根据相关资料可知，我国建筑能效测评和标识的原则：一是定性与定量相结合。对居住建筑和一般性公共建筑，建筑能效标识测评机构主要根据设计、施工、竣工验收等资料，作出定性评估，并经软件计算得出结论；对大型公共建筑，在进行上述工作的基础上，建筑能效标识测评机构要对影响建筑能效的主要方面进行检测后，方可得出相关结论。二是强制标识和自愿标识相结合。所有新建建筑都必须进行能效标识，以督促建设单位接受社会监督；更低能耗建筑采用自愿标识原则，开发商可按照相关规定，依据建筑能效标识测评机构提供的数据报告，获得更高等级的建筑能效标识。三是第三方原则。建筑能效标识是一项技术性很强的工作，必须由专门的中介机构来完成，以体现公平和独立的精神。建筑能效标识证书由国家授权的建筑能效标识测评机构依据规定的格式和内容制发。

建筑能效标识的适用对象是新建居住和公共建筑以及实施节能改造后的既有建筑，实施节能改造前的既有建筑可参照执行。居住建筑和公共建筑应分别进行测评，以单栋建筑为测评对象，测评机构由建设行政主管部门认定。居住建筑和一般性公共建筑的测评应在建筑物竣工验收备案之前进行，大型公共建筑和政府办公建筑的测评应在建筑物竣工验收之前进行。建设单位是建筑能效标识的责任主体，应依据建筑能效标识测评机构提供的数据报告在相关文件中载明建筑能耗状况，并将建筑能效标识证书在建筑显著位置张贴。

第七节　建筑节能的防火

近年来，随着建筑节能工作在全国的全面铺开，节能材料的防火问题成为引人关注的问题。据有关媒体报道，南京某国际广场、济南某奥中心、北京央视新址某文化中心、上海某教师公寓、沈阳皇朝某大厦等在建筑保温工程施工过程中相继发生建筑外保温材料火灾，造成严重人员伤亡和财产损失，建筑易燃可燃外保温材料已成为一类新的火灾隐患，由此引发的火灾已呈多发势头（见图 9-55）。为此，相关部门正在抓紧制定有关标准和规定。本着对国家和人民生命财产安全高度负责的态度，为遏制当前建筑易燃可燃外保温材料火灾高发的势头，把好火灾防控源头关，公安部和住房和城乡建设部发布了公通字〔2009〕46 号文，即关于印发《民用建筑外保温系统及外墙装饰防火暂行规定》的通知。有关内容叙述如下。

图 9-55　北京某大楼因墙体保温
材料燃烧现场

根据《民用建筑外保温系统及外墙装饰防火暂行规定》，对建筑墙体保温材料及非幕墙式建筑要求如下。

一、建筑墙体保温材料防火规定

（1）住宅建筑规定如下。

1）高度大于等于 100m 的建筑，其保温材料的燃烧性能应为 A 级。

2）高度大于等于 60m 小于 100m 的建筑，其保温材料的燃烧性能不应低于 B2 级。当采用 B2 级保温材料时，每层应设置水平防火隔离带。

3）高度大于等于 24m 小于 60m 的建筑，其保温材料的燃烧性能不应低于 B2 级。当采用 B2 级保温材料时，每两层应设置水平防火隔离带。

4）高度小于 24m 的建筑，其保温材料的燃烧性能不应低于 B2 级。其中，当采用 B2 级保温材料时，每三层应设置水平防火隔离带。

（2）其他民用建筑应符合下列规定。

1）高度大于等于 50m 的建筑，其保温材料的燃烧性能应为 A 级。

2）高度大于等于 24m 小于 50m 的建筑，其保温材料的燃烧性能应为 A 级或 B1 级。其中，当采用 B1 级保温材料时，每两层应设置水平防火隔离带。

3）高度小于 24m 的建筑，其保温材料的燃烧性能不应低于 B2 级。其中，当采用 B2 级保温材料时，每层应设置水平防火隔离带。

（3）外保温系统应采用不燃或难燃材料作防护层。防护层应将保温材料完全覆盖。首层的防护层厚度不应小于 6mm，其他层不应小于 3mm。

（4）采用外墙外保温系统的建筑，其基层墙体耐火极限应符合现行防火规范的有关规定。

二、幕墙式建筑防火规定

（1）建筑高度大于等于 24m 时，保温材料的燃烧性能应为 A 级。

（2）建筑高度小于 24m 时，保温材料的燃烧性能应为 A 级或 B1 级。其中，当采用 B1 级保温材料时，每层应设置水平防火隔离带。

（3）保温材料应采用不燃材料作防护层。防护层应将保温材料完全覆盖。防护层厚度不应小于 3mm。

（4）采用金属、石材等非透明幕墙结构的建筑，应设置基层墙体，其耐火极限应符合现行防火规范关于外墙耐火极限的有关规定；玻璃幕墙的窗间墙、窗槛墙、裙墙的耐火极限和防火构造应符合现行防火规范关于建筑幕墙的有关规定。

（5）基层墙体内部空腔及建筑幕墙与基层墙体、窗间墙、窗槛墙及裙墙之间的空间，应在每层楼板处采用防火封堵材料封堵。

（6）按本规定需要设置防火隔离带时，应沿楼板位置设置宽度不小于 300mm 的 A 级保温材料。防火隔离带与墙面应进行全面粘贴。

（7）建筑外墙的装饰层，除采用涂料外，应采用不燃材料。当建筑外墙采用可燃保温材料时，不宜采用着火后易脱落的瓷砖等材料。

三、屋顶工程防火规定

（1）对于屋顶基层采用耐火极限不小于 1h 的不燃烧体的建筑，其屋顶的保温材料不应低于 B2 级；其他情况，保温材料的燃烧性能不应低于 B1 级。

（2）屋顶与外墙交界处、屋顶开口部位四周的保温层，应采用宽度不小于 500mm 的 A 级保温材料设置水平防火隔离带。

（3）屋顶防水层或可燃保温层应采用不燃材料进行覆盖。

四、金属夹芯复合板材

用于临时性居住建筑的金属夹芯复合板材，其芯材应采用不燃或难燃保温材料。

五、施工及使用的防火规定

（一）建筑外保温系统的施工过程防火规定

（1）保温材料进场后，应远离火源。露天存放时，应采用不燃材料完全覆盖。

（2）需要采取防火构造措施的外保温材料，其防火隔离带的施工应与保温材料的施工同步进行。

（3）可燃、难燃保温材料的施工应分区段进行，各区段应保持足够的防火间距，并宜做到边固定保温材料边涂抹防护层。未涂抹防护层的外保温材料高度不应超过 3 层。

（4）幕墙的支撑构件和空调机等设施的支撑构件，其电焊等工序应在保温材料铺设前进行。确需在保温材料铺设后进行的，应采取在电焊部位的周围及底部铺设防火毯等防火保护措施。

（5）不得直接在可燃保温材料上进行防水材料的热熔、热黏结法施工。

（6）施工用照明等高温设备靠近可燃保温材料时，应采取可靠的防火保护措施。

（7）聚氨酯等保温材料进行现场发泡作业时，应避开高温环境。施工工艺、工具及服装等应采取防静电措施。

（8）施工现场应设置室内外临时消火栓系统，并满足施工现场火灾扑救的消防供水要求。

（9）外保温工程施工作业工位应配备足够的消防灭火器材。

（二）建筑外保温系统的日常使用规定

（1）与外墙和屋顶相贴近的竖井、凹槽、平台等，不应堆放可燃物。

（2）火源、热源等火灾危险源与外墙、屋顶应保持一定的安全距离，并加强对火源、热源的管理。

（3）不宜在采用外保温材料的墙面和屋顶上进行焊接、钻孔等施工作业。确需施工作业的，应采取可靠的防火保护措施，并在施工完成后，及时将裸露的外保温材料进行防护处理。

（4）电气线路不应穿过可燃外保温材料。确需穿过时，应采取穿管等防火保护措施。

第八节　工程实践案例

本节是杭州市某建设部建筑节能试点示范项目的案例分析。

一、项目概况

该项目共 15 个建筑单体，其中 9 幢为 25 层高层建筑，6 幢为 11 层小高层，全框架和框架剪力墙结构。其中，建筑底层为架空层。项目总建筑面积约为 25.5 万 m^2。本项目外墙饰面做法为：外墙饰面做法大部分为 45mm×95mm 的外墙瓷质通体砖，其中裙房及商铺部分为石材干挂，阳台及线条部分为涂料（见图 9-56、图 9-57）。

图 9-56　项目中心效果图　　　　图 9-57　工程项目鸟瞰图

二、主要试点内容及质量的过程控制

（一）外墙外保温工程

（1）饰面砖部分外墙采用了胶粉聚苯颗粒外墙外保温系统，保温隔热层厚度为 30mm，外墙保温面积约为 10 万 m^2。

（2）石材干挂部分外墙采用了现场喷涂硬质聚氨酯泡沫，保温层隔热厚度为 20mm，外墙保温面积约为 1.1 万 m^2。

（3）架空层底板保温工程。架空层底板采用了胶粉聚苯颗粒内保温系统，保温层厚度为 30mm，架空层底板的保温隔热层面积约为 1.0 万 m^2。

（4）屋面保温防水工程。屋面采用现场喷涂硬质聚氨酯泡沫保温防水工程一体化，保温隔热层厚度为 30mm，屋面保温隔热面积约为 1.8 万 m^2。

（5）铝合金门窗工程。采用断桥隔热铝合金中空玻璃，空气层厚度为 12mm，即采用 5+12A+5 的组合方式，节能铝合金窗的使用面积约为 5 万 m^2。

（二）过程控制

1. 做好开工前的技术培训工作

各施工承包方主要技术负责人、项目经理、监理机构总监、总监代表，建设单位的现场管理人员均多次参加省、市建设主管部门主办的建筑节能专题讲座。各方责任主体均充分认识到节能工作的必要性和重要性，在思想上首先树立起节能工作的质量意识。并且各施工方对参加保温工程施工班组进行认真的培训和详细的技术交底（见图9-58、图9-59）。

图9-58　保温工程专题会议

图9-59　保温工程技术交底

2. 完善外墙保温的技术方案

建设单位根据要求专门组织了建筑节能工程的外墙外保温工程研讨会，听取了各方面专家的意见，进一步优化了建筑节能外保温工程方案（见图9-60）。

建设单位会同监理及保温厂家根据外墙保温行业标准和技术规程对原建筑节点详图进行了节点设计细化。经原建筑设计单位认可，对施工单位进行细部节点技术交底，明确了保温工程具体做法，增加了保温工程的可操作性。通过技术交流和讨论使各参与人员均提高了专业知识及节点做法，为确保外墙保温工程实施做好了充分的技术准备。

3. 强化工序验收，严把质量关

建设单位项目部从2006年5月初开始，除开展外墙外保温图纸会审工作，组织施工单位进行保温工程培训工作外，在施工过程中与监理机构共同组成检查组，对现场工程质量根据验收方法要求每道工序进行四方检验，上道工序未验收合格前不得进入下道工序的施工。并根据现场工程质量动态签发了二十个技术管理等内容的质量整改单。把建设部试点小区工作落到实处，并优质高效地做好建筑节能施工过程管理工作（见图9-61）。

图9-60　建筑节能外墙保温研讨会

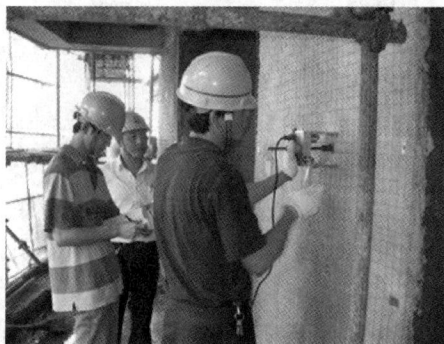

图9-61　正在进行钢网锚钉的拉拔试验

4. 严格控制进场材料质量

按规范做好各类材料检验及工程的现场检测。建设单位项目部与监理公司、总承包方对进入现场的材料进行严格检查。所有进场材料须按设计及厂家提供的技术方案中要求的材料，未经保温系统技术提供方的同意，不得采用其他替代产品。

分别委托浙江省建筑科学研究院、浙江大学、浙江建材所进行相关试验。严格按相关规范和规程的要求对现场界面剂、胶粉聚苯颗粒、找平胶液、粘砖胶液、勾缝剂等进行相关材料性能试验。对 TOX 钉现场进行拔拉试验，进行每个幢号的面砖现场拔拉试验。每个幢号进行门窗的气密性、水密性、抗风压性、保温性能"四性"试验。

工程竣工验收前由中国建科院检测中心对各个幢号进行了现场检测，根据检测结果，经节能评估本项目符合国标《夏热冬冷地区居住建筑节能设计标准》（JGJ 134），达到了浙江省《居住建筑节能设计标准》（DB 33/1015）的要求。

三、外墙保温工程的施工过程控制

（一）严把材料进场关

根据《建筑节能工程施工质量验收规范》（GB 50411）要求，材料进场前需要检查材料的外观质量需满足设计要求，还要求厂家提供保温系统各产品的出厂合格证及保温隔热材料的导热系数、密度、抗压强度或压缩强度、燃烧性能等须符合设计要求。

墙体节能工程采用的保温材料和黏结材料等，进场时应对其下列性能进行复检，复检应为见证取样送检。

（1）保温材料的导热系数、密度、抗压强度或压缩强度。

（2）黏结材料的黏结强度。

（3）增强网的力学性能、抗腐蚀性能。

材料进场后还要小心卸货、整齐堆放，对雨水有影响的或对日照有影响的材料必须做好有效的遮盖措施（见图 9-62～图 9-65）。

图 9-62　保温材料进场及卸货（一）

图 9-63　保温材料进场及卸货（二）

图 9-64　保温工程材料堆放（一）

图 9-65　保温工程材料堆放（二）

（二）做好施工前的准备工作及严把材料计量和搅拌关

（1）基层墙体应符合《混凝土结构工程施工质量验收规范》（GB 50204）和《砌体工程施工质

量验收规范》（GB 50203）及相应基层墙体质量验收规范的要求，保温施工前应会同相关部门做好结构验收的确认。如基层墙体偏差过大，则应抹砂浆找平。

（2）房屋各大角的控制钢垂线安装完毕。高层建筑及超高层建筑时，钢垂线应用经纬仪检验合格。

（3）外墙面的阳台栏杆，雨漏管托架，外挂消防梯等安装完毕，并应考虑到保温系统厚度的影响。

（4）外窗的辅框安装完毕。

（5）墙面脚手架孔，穿墙孔及墙面缺损处用相应材料修整好。

（6）混凝土梁或墙面的钢筋头和凸起物清除完毕。

（7）主体结构的变形缝应提前做好处理。

（8）材料配制应指定专人负责，配合比、搅拌机具与操作应符合要求，严格按厂家说明书配制，严禁使用过时浆料和砂浆。

（9）根据需要准备一间搅拌站及一间堆放材料的库房，搅拌站的搭建需要选择背风方向，靠近垂直运输机械，搅拌棚需要三侧封闭，一侧作为进出料通道。有条件的地方可使用散装罐。库房的搭建要求防水、防潮、防阳光直晒。材料采取离地架空堆放。

（10）施工时气温应大于 5℃，风力不大于 4 级。雨天不得施工，应采取防护措施。

材料搅拌要均匀，运输过程要平稳、有序（见图 9-66～图 9-69）。

图 9-66　保温砂浆正在进行充分搅拌

图 9-67　搅拌完成的保温浆料

图 9-68　保温浆料现场运输（一）

图 9-69　保温浆料现场运输（二）

（三）抹胶粉聚苯颗粒保温浆料保温层

1. 基层墙面处理

墙面应清理干净、清洗油渍、清扫浮灰等。墙面松动、风化部分应剔除干净。墙表面凸起物大于 10mm 时应剔除。

为使基层界面附着力均匀一致，墙面均应做到界面处理无遗漏。基层界面砂浆可用喷枪或滚刷喷刷。砖墙、加气混凝土墙在界面处理前要先淋水润湿，堵脚手眼和废弃的孔洞时，应将洞内杂物、灰尘等物清理干净，浇水湿润，然后按要求将其补齐砌严。

2. 吊垂直、弹控制线

根据建筑物高度确定放线的方法，高层建筑及超高层建筑可利用墙大角、门窗口两边，用经纬仪打直线找垂直。多层建筑或中高层建筑，可从顶层用大线坠吊垂直，绷铁丝找规矩，横向水平线可依据楼层标高或施工±0.000向上500mm线为水平基准线进行交圈控制。根据调垂直的线及保温厚度，每步架大角两侧弹上控制线，再拉水平通线做标志块。

3. 做灰饼、冲筋

在距楼层顶部约100mm和距楼层底部约100mm，同时距大墙阴角或阳角约100mm处，根据垂直控制通线做垂直方向灰饼（楼层较高时应两人共同完成），作为基准灰饼，再根据两垂直方向基准灰饼之间的通线，做墙面找平层厚度灰饼，每灰饼之间的距离按1.5m左右间隔粘贴。灰饼可用胶粉聚苯颗粒浆料做，也可用废聚苯板裁成50mm×50mm小块粘贴。待垂直方向灰饼固定后，在两水平灰饼间拉水平控制通线，具体做法是将带小线的小圆钉插入灰饼，拉直小线，使小线控制比灰饼略高1mm，在两灰饼之间按1.5m左右间隔水平粘贴若干灰饼或冲筋。

每层灰饼粘贴施工作业完成后水平方向用5m小线拉线检查灰饼的一致性，垂直方向用2m托线板检查垂直度，并测量灰饼厚度，冲筋厚度应与灰饼厚度一致。用5m小线拉线检查冲筋厚度的一致性，并作好记录。

4. 抹胶粉聚苯颗粒保温浆料保温层

（1）界面砂浆基本干燥后即可进行保温浆料的施工。

（2）在施工现场搅拌质量可以通过测量湿表观密度并观察其可操作性、抗滑坠性、膏料状态等方法判断。

（3）保温浆料应分层作业施工完成，每次抹灰厚度宜控制在20mm左右，保温浆料底层抹灰时顺序按照从上至下，从左至右抹灰，抹至距保温标准贴饼差10mm左右为宜。每层施工间隔为24h。

（4）保温浆料面层抹灰厚度要抹至与标准贴饼一平。涂抹整个墙面后，用大杠在墙面上来回搓抹，去高补低，最后再用铁抹子压一遍，使表面平整，厚度一致。

（5）保温层修补应在面层抹灰2～3h之后进行，施工前应用杠尺检查墙面平整度，墙面偏差应控制在±2mm。保温面层抹灰时应以修为主，对于凹陷处用稀浆料抹平，对于凸起处可用抹子立起来将其刮平，最后用抹子分遍再赶抹墙面，先水平后垂直，再用托线尺，2m杠尺检测后达到验收标准。

（6）保温施工时，在墙角处铺彩条布接落地灰，落地灰应及时清理，落地灰少量分批掺入新搅拌的浆料中及时使用。

（7）阴阳角找方、门窗侧口、滴水线应按下列步骤进行。

1）用木方尺检查基层墙角的直角度，用线坠吊垂直检验墙角的垂直度。

2）保温浆料面层大角抹灰时要用方尺压住墙角浆料层上下搓动，抹子反复检查抹压修补，基本达到垂直。然后用阴、阳角抹子压光，以确保垂直度偏差≤±2mm，直角度偏差≤±2mm。

3）门窗口施工时应先抹门窗侧口、窗台和窗上口，再抹大面墙。施工前应按门窗口的尺寸截好单边八字靠尺，做口应贴尺施工以保证门窗口处方正（见图9-70～图9-75）。

4）当墙面保温层施工完毕干透后（3天左右），方可进行成品滴水槽的粘贴施工，施工部位应根据设计节点统一位置进行施工，成品塑料滴水线尺寸为10mm（宽），8mm（高）。

图 9-70　砖及混凝土墙面基层界面处理

图 9-71　保温层的现场粉刷（一）

图 9-72　保温层的现场粉刷（二）

图 9-73　保温层的现场粉刷（三）

图 9-74　完成粉刷的保温砂浆面层（一）

图 9-75　完成粉刷的保温砂浆面层（二）

（四）抗裂砂浆层及热镀锌钢丝网的绑扎和固定

待保温层施工完成 3～7d 且保温层施工质量验收合格以后，即可进行抗裂砂浆层施工。

施工时抹第一遍抗裂砂浆，厚度控制在 2～3mm。热镀锌电焊网分段进行铺贴，热镀锌电焊网的长度最长不应超过 3m，为使边角施工质量得到保证，施工前预先用钢网展平机、剪网机及拽角机对热镀锌电焊网进行预处理。先用钢丝网展平机将钢丝网展平并用剪网机裁剪四角网，用拽角机将边角处的四角网预先折成直角。铺贴时应沿水平方向，按先下后上的顺序依次平整铺贴，铺贴时先用 U 形卡子卡住四角网使其紧贴抗裂砂浆表面，然后按双向间距 500mm 梅花状分布用尼龙胀栓将四角网锚固在基层墙体上，有效锚固深度不得小于 25mm，局部不平整处用 U 形卡子压平。热镀锌电焊网之间搭接宽度不应小于两个网格，搭接层数不得大于 3 层，搭接处用 U 形卡子、钢丝固定。所有阳角钢网不应断开，窗口侧面、女儿墙、沉降缝等钢丝网收头处应用水泥钉加垫片使钢丝网固定在主体结构上。

四角网铺贴完毕应重点检查阳角钢网连接状况，再抹第二遍抗裂砂浆，并将四角网包覆于抗裂砂浆之中，抗裂砂浆的最大总厚度宜控制在 7～9mm，抗裂砂浆面层应平整（见图 9-76～图 9-81）。

图 9-76 粉刷防水抗裂层砂浆（一）

图 9-77 粉刷防水抗裂层砂浆（二）

图 9-78 热镀锌钢丝的固定（一）

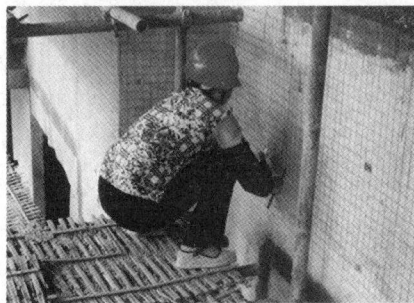
图 9-79 热镀锌钢丝的固定（二）

图 9-80 保温层现场施工节点（一）

图 9-81 保温层现场施工节点（二）

（五）粘贴面砖

1. 粘贴面砖

（1）饰面砖工程深化设计。饰面砖粘贴前，应首先对涉及未明确的细部节点进行辅助深化设计，按不同基层做出样板墙或样板件，确定饰面砖排列方式、缝宽、缝深、勾缝形式及颜色、防水及排水构造、基层处理方法等施工要点。饰面砖的排列方式通常有对缝排列、错缝排列、菱形排列、尖头形排列等几种形式；勾缝通常有平缝、凹平缝、凹圆缝、倾斜缝、山形缝等几种形式。确定黏结层及勾缝材料、调色矿物辅料等的施工配合比，外墙饰面砖不得采用密缝，留缝宽度不应小于 5mm；一般水平缝 10～112mm，竖缝 6～8mm，凹缝勾缝深度一般为 2～3mm。排砖原则确定后，现场实地测量层结构尺寸，综合考虑找平层及黏结层的厚度，进行排砖设计，条件具备时应采用计算机辅助计算和制图。做黏结强度试验，经建设、设计、监理各方认可后以书面的形式进行确定。

（2）弹线分格。抗裂砂浆基层验收后即可按图纸要求进行分段分格弹线。同时进行粘贴控制面砖的工作，以控制面砖出墙尺寸和垂直度、平整度。注意每个立面的控制线应一次弹完。每个施工单元的阴阳角，门窗口，柱中、柱角都要弹线。控制线应用墨线弹制，验收合格后班组才能局部放细线施工。

（3）排砖。排砖时宜满足以下要求：阳角、窗口、大墙面、通高的柱垛等主要部位都要排整砖，非整砖要放在不明显处，且不宜小于1/2整砖；墙面阴阳角处最好采用异型角砖，如不采用异型砖，宜留缝或将阳角两侧砖边磨成45°角后对接；横缝要与窗台平齐；墙体变形缝处，面砖宜从缝两侧分别排列，留出变形缝；外墙饰面砖粘贴应设置伸缩缝，竖向伸缩缝宜设置在洞口两侧或与墙边、柱边对应的部位，横向伸缩缝可设置在洞口上下或与楼层对应处，伸缩缝应采用柔性防水材料嵌缝；对于女儿墙、窗台、檐口、腰线等水平阳角处，顶面面砖应压盖立面砖，立面底皮砖应封盖底平面面砖，可下突3～5mm兼作滴水线，底平面面砖向内翘起以便于滴水。

（4）浸砖。吸水率大于0.5%的瓷砖应浸泡后使用。吸水率小于0.5%的瓷砖不需要浸砖。瓷砖浸水后应晾干后方可使用。

（5）贴砖。贴砖施工作业前，应在粘贴基层上充分用水湿润；贴砖作业一般是从上至下进行。高层建筑大墙面贴砖应分段进行。每段贴砖施工应由下至上进行。先固定好靠尺板贴最下一皮砖，面砖贴上后用灰铲柄轻轻敲击砖面使之附线，轻敲表面固定；用开刀调整竖缝，用小杠尺通过标准点调整平整度和垂直度，用靠尺随时找平找方；在黏结层初凝时，可调整面砖的位置和接缝宽度，初凝后严禁振动或移动面砖。砖缝宽度可用自制米厘条控制，如符合模数也可采用标准成品缝卡。墙面突出的卡件、水管或线盒处宜采用整砖套割后套贴，套割缝口要小，圆孔宜采用专用开孔器来处理，不得采用非整砖拼凑镶贴。粘贴施工时，当室外气温大于35℃，应采取遮阳措施。贴砖时背面打灰要饱满，黏结灰浆中间略高四边略低，粘贴时要轻轻揉压，压出灰浆最后用铁铲剔除灰浆，黏结灰浆厚度宜控制在3～5mm左右。面砖的垂直、平整应与控制面砖一致。

粘贴纸面砖时应事先制定与纸面砖相应的模具，将模具套在纸面砖上，然后将模具后面刮满黏结砂浆厚度为2～5mm，取下模具，从下口粘贴线向上粘贴纸面砖，并压实拍平，应在黏结砂浆初凝前，将纸面砖纸板刷水润透，并轻轻揭去纸板，应及时修补表面缺陷，调整缝隙，并用黏结砂浆将未填实的缝隙嵌实（见图9-82、图9-83）。

图9-82　认真粘贴饰面砖（一）　　　　　图9-83　认真粘贴饰面砖（二）

2. 面砖勾缝

（1）保温系统瓷砖勾缝施工应用专用的勾缝胶粉。按要求加水搅拌均匀制成专用勾缝砂浆。

（2）勾缝施工应在面砖施工检查合格后进行。黏结层终凝后可按照样板墙确定的勾缝材料、缝深、勾缝形式及颜色进行勾缝，勾缝要视缝的形成使用专用工具；勾缝宜先勾水平缝再勾竖缝，纵横交叉处要过渡自然，不能有明显痕迹。砖缝要在一个水平面上，缝深2～3mm，连续、平直、深浅一致、表面压光；采用成品勾缝材料应按厂家说明操作。

（3）缝勾完后应立即用棉丝或海绵蘸水或清洗剂擦洗干净，勾缝完毕对大面积外墙面进行检查，保证整体工程的清洁美观（见图9-84、图9-85）。

图 9-84 完成后的饰面砖（一）

图 9-85 完成后的饰面砖（二）

复习思考题

1. 结合建筑节能的背景和意义，请您提议在工作和生活中有利节能的建议和做法。

2. 简述建筑节能的主要组成部分。

3. 简述外墙保温的主要保温材料和辅助材料。

4. 外墙外保温与内保温的优点和缺点都有哪些？

5. 简述无机保温砂浆外墙外保温系统的施工工艺。

6. 聚氨酯硬泡预制板干挂外墙外保温系统的主要质量问题有哪些？

7. 屋面聚氨预制板现场喷涂聚氨酯硬泡防水保温一体化体系的优点有哪些？

8. 简述门窗节能工程施工质量控制要点。

9. 现行《建筑节能工程施工质量验收规范》中的外围护结构现场实体检测的内容是什么？请简要论述现场试验的方法。

10. 我国公安部、住房和城乡建设部印发的公通字〔2009〕46 号文关于住宅建筑墙体保温材料防火的规定有哪些？

11. 请完成一个外墙保温项目调研，写一篇外墙外保温做法的报告（要求 5000 字左右）。

12. 学习了本章内容后，对于中国建筑节能事业您有什么合理化建议？

附　　　录

附录 A　施工现场质量管理检查记录

表 A 　　　　　　　　　　　　　施工现场质量管理检查记录

开工日期：

工程名称			施工许可证号		
建设单位			项目负责人		
设计单位			项目负责人		
监理单位			总监理工程师		
施工单位		项目负责人		项目技术负责人	
序号	项　目		主要内容		
1	项目部质量管理体系				
2	现场质量责任制				
3	主要专业工种操作岗位证书				
4	分包单位管理制度				
5	图纸会审记录				
6	地质勘察资料				
7	施工技术标准				
8	施工组织设计、施工方案编制及审批				
9	物资采购管理制度				
10	施工设施和机械设备管理制度				
11	计量设备配备				
12	检测试验管理制度				
13	工程质量检查验收制度				
14					
自检结果：			检查结论：		
施工单位项目负责人：　　　年　月　日			总监理工程师：　　　年　月　日		

附录 B　建筑工程的分部工程、分项工程划分

表 B　　　　　　　　　　建筑工程的分部工程、分项工程划分

序号	分部工程	子分部工程	分项工程
1	地基与基础	地基	素土、灰土地基，砂和砂石地基，土工合成材料地基，粉煤灰地基，强夯地基，注浆地基，预压地基，砂石桩复合地基，高压旋喷注浆地基，水泥土搅拌桩地基，土和灰土挤密桩复合地基，水泥粉煤灰碎石桩复合地基，夯实水泥土桩复合地基
		基础	无筋扩展基础，钢筋混凝土扩展基础，筏形与箱形基础，钢结构基础，钢管混凝土结构基础，型钢混凝土结构基础，钢筋混凝土预制桩基础，泥浆护壁成孔灌注桩基础，干作业成孔桩基础，长螺旋钻孔压灌桩基础，沉管灌注桩基础，钢桩基础，锚杆静压桩基础，岩石锚杆基础，沉井与沉箱基础
		基坑支护	灌注桩排桩围护墙，板桩围护墙，咬合桩围护墙、型钢水泥土搅拌墙，土钉墙，地下连续墙，水泥土重力式挡墙，内支撑、锚杆，与主体结构和结合的基坑支护
		地下水控制	降水与排水，回灌
		土方	土方开挖，土方回填，场地平整
		边坡	喷锚支护，挡土墙，边坡开挖
		地下防水	主体结构防水，细部构造防水，特殊施工法结构防水，排水，注浆
2	主体结构	混凝土结构	模板、钢筋，混凝土，预应力，现浇结构，装配式结构
		砌体结构	砖砌体，混凝土小型空心砌块砌体，石砌体，配筋砌体，填充墙砌体
		钢结构	钢结构焊接，紧固件连接，钢零部件加工，钢构件组装及预拼装，单层钢结构安装，多层及高层钢结构安装，钢管结构安装，预应力钢索和膜结构，压型金属板，防腐涂料涂装，防火涂料涂装
		钢管混凝土结构	构件现场拼装，配件安装，钢筋焊接，构件连接，钢管内钢筋骨架，混凝土
		型钢混凝土结构	型钢焊接，紧固件连接，型钢与钢筋连接，型钢构件组装及预拼装，型钢安装，模板，混凝土
		铝合金结构	铝合金焊接，紧固件连接，铝合金零部件加工，铝合金构件组装，铝合金构件预拼装，铝合金框架结构安装，铝合金空间网络结构安装，铝合金面板、铝合金幕墙结构安装，防腐处理
		木结构	方木与原木结构，胶合木结构，轻型木结构，木结构的防护
3	建筑装饰装修	建筑地面	基层铺设，整体面层铺设，板块面板铺设，木竹面层铺设
		抹灰	一般抹灰，保温层薄抹灰，装饰抹灰，清水砌体勾缝
		外墙防水	外墙砂浆防水，涂膜防水，透气膜防水
		门窗	木门窗安装、金属门窗安装，塑料门窗安装，特种门安装，门窗玻璃安装
		吊顶	整体面层吊顶，板块面层吊顶，格栅吊顶
		轻质隔墙	板材隔墙，骨架隔墙，活动隔墙，玻璃隔墙
		饰面板	石板安装，陶瓷板安装，木板安装，金属板安装，塑料板安装
		饰面砖	外墙饰面砖粘贴，内墙饰面砖粘贴
		幕墙	玻璃幕墙安装，金属幕墙安装，石材幕墙安装，陶板幕墙安装
		涂饰	水性涂料涂饰，溶剂型涂料涂饰，美术涂饰
		裱糊与软包	裱糊，软包
		细部	橱柜制作与安装，窗帘盒和窗台板制作与安装，门窗套制作与安装，护栏和扶手制作与安装，花饰制作与安装

续表

序号	分部工程	子分部工程	分项工程
4	建筑屋面	基层与保护	找坡层和找平层，隔汽层，隔离层，保护层
		保温与隔热	板状材料保温层，纤维材料保温层，喷涂硬泡聚氨酯保温层，现浇泡沫混凝土保温层，种植隔热层，架空隔热层，蓄水隔热层
		防水与密封	卷材防水层，涂膜防水层，复合防水层，接缝密封防水
		瓦面与板面	烧结瓦和混凝土瓦铺装，沥青瓦铺装，金属板铺装，玻璃采光顶铺装
		细部构造	檐口，檐沟和天沟，女儿墙和山墙，水落口，变形缝，伸出屋面管道，屋面出入口，反梁过水孔，设施基座，屋脊，屋顶窗
5	建筑给排水及供暖	室内给水系统	给水管道及配件安装，给水设备安装，室内消火栓系统安装，消防喷淋系统安装，防腐，绝热，管道冲洗、消毒，试验与调试
		室内排水系统	排水管道及配件安装，雨水管道及配件安装，防腐，试验与测试
		室内热水系统	管道及配件安装，辅助设备安装，防腐，绝热，试验与调试
		卫生器具	卫生器具安装，卫生器具给水配件安装，卫生器具排水管道安装，试验与调试
		室内供暖系统	管道及配件安装，辅助设备安装，散热器安装，低温热水地板辐射供暖系统安装，电加热供暖系统安装，燃气红外辐射供暖系统安装，热风供暖系统安装，热计量及调控装置安装，试验与调试，防腐，绝热
		室外给水管网	给水管道安装，室外消火栓系统安装，试验与调试
		室外排水管网	排水管道安装，排水管沟与井池，试验与调试
		室外供热管网	管道及配件安装，系统水压试验，土建结构，防腐，绝热，试验与调试
		建筑饮用水供应系统	管道及配件安装，水处理设备及控制设备安装，防腐，绝热，试验与调试
		建筑中水系统及雨水利用系统	建筑中水系统，雨水利用系统管道及配件安装，水处理设备及控制设施安装，防腐，绝热，试验与调试
		游泳池及公共浴池水系统	管道及配件系统安装，水处理设备及控制设施安装，防腐，绝热，试验与调试
		水景喷泉系统	管道系统及配件安装，防腐，绝热，试验与调试
		热源及辅助设备	锅炉安装，辅助设备及管道安装，安全附件安装，换热站安装，防腐，绝热，试验与调试
		监测与控制仪表	检测仪器及仪表安装，试验与调试
6	通风与空调	送风系统	风管与配件制作，部件制作，风管系统安装，风机与空气处理设备安装、风管与设备防腐，旋流风口、岗位送风口、织物（布）风管安装，系统测试
		排风系统	风管与配件制作，部件制作，风管系统安装，风机与空气处理设备安装，风管与设备防腐、吸风罩及其他空气处理设备安装，厨房、卫生间排风系统安装，系统调试
		防排烟系统	风管与配件制作，部件制作，风管系统安装，风机与空气处理设备安装，风管与设备防腐，排烟风阀（口）、常闭正压风口、防火风管安装，系统调试
		除尘系统	风管与配件制作，部件制作，风管系统安装，风机与空气处理设备安装，风管与设备防腐，除尘器与排污设备安装，吸尘罩安装，高温风管绝热，系统调试

续表

序号	分部工程	子分部工程	分项工程
6	通风与空调	舒适性空调系统	风管与配件制作，部件制作，风管系统安装，风机与空气处理设备安装，风管与设备防腐，组合式空调机组安装，消声器、静电除尘器、换热器、紫外线灭菌器等设备安装，风机盘管、变风量与定风量送风装置、射流喷口等末端设备安装，风管与设备绝热，系统调试
		恒温恒湿空调系统	风管与配件制作，部件制作，风管系统安装，风机与空气处理设备安装，风管与设备防腐，组合式空调机组安装，电加热器、加湿器等设备安装，精密空调机组安装，风管与设备绝热，系统调试
		净化空调系统	风管与配件制作，部件制作，风管系统安装，风机与空气处理设备安装，风管与设备防腐，净化空调机组安装，消声器、静电除尘器、换热器、紫外线灭菌器等设备安装，中、高效过滤器及风机过滤器单元等末端设备清洗与安装，洁净度测试，风管与设备绝热，系统调试
		地下人防通风系统	风管与配件制作，部件制作，风管系统安装，风机与空气处理设备安装，风管与设备防腐，过滤吸收器、防爆波活门、防爆超压排气活门等专用设备安装，系统调试
		真空吸尘系统	风管与配件制作，部件制作，风管系统安装，风机与空气处理设备安装，风管与设备防腐，管道安装，快速接口安装，风机与滤尘设备安装，系统压力试验及调试
		冷凝水系统	管道系统及部件安装，水泵及附属设备安装，管道冲洗，管道、设备防腐，板式热交换器，辐射板及辐射供热，供冷地埋管，热泵机组设备安装，管道，设备绝热，系统压力试验及调试
		空调（冷、热）水系统	管道系统及部件安装，水泵及附属设备安装，管道冲洗，管道，设备防腐，冷却塔与水处理设备安装，防冻伴热设备安装，管道，设备绝热，系统压力试验及调试
		冷却水系统	管道系统及部件安装，水泵及附属设备安装，管道冲洗，管道、设备防腐，系统灌水渗漏及排放试验，管道、设备绝热
		土壤源热泵换热系统	管道系统及部件安装，水泵及附属设备安装，管道冲洗，管道，设备防腐，埋地换热系统与管闸安装，管道、设备绝热，系统压力试验及调试
		水源热泵换热系统	管道系统及部件安装，水泵及附属设备安装管道冲洗，管道、设备防腐，地表水源换热管及管网安装，除垢设备安装，管道、设备绝热系统压力试验及调试
		蓄能系统	管道系统及部件安装，水泵及附属设备安装管道冲洗，管道、设备防腐，蓄水罐与蓄冰槽、罐安装，管道、设备绝热，系统压力试验及调试
		压缩式制冷（热）设备系统	制冷机组及附属设备安装，管道、设备防腐，制冷剂管道及部件安装，制冷剂灌注，管道、设备绝热，系统压力试验及调试
		吸收式制冷设备系统	制冷机组及附属设备安装，管道、设备防腐，系统真空试验，溴化锂溶液加灌，蒸汽管道系统安装，燃气或燃油设备安装，管道、设备绝热，试验及调试
		多联机（热泵）空调系统	室外机组安装，室内机组安装，制冷剂管路连接及控制开关安装，风管安装，冷凝水管道安装，制冷剂灌注，系统压力试验及调试
		太阳能供暖空调系统	太阳能集热器安装，其他辅助能源，换热设备安装，蓄能水箱、管道及配件安装，防腐、绝热，低温热水地板辐射采暖系统安装，系统压力试验及调试
		设备自控系统	温度、压力与流量传感器安装，执行机构安装调试，防排烟系统功能测试，自动控制及系统智能控制软件调试

序号	分部工程	子分部工程	分项工程
7	建筑电气	室外电气	变压器、箱式变电站安装，成套配电柜、控制柜（屏、台）和动力、照明配电箱（盘）及控制柜安装，梯架、支架、托盘和槽盒安装，导管敷设，电缆敷设、管内穿线和槽盒内敷线、电缆头制作、导线连接和线路绝缘测试，普通灯具安装，专用灯具安装，建筑照明通电试运行，接地装置安装
		变配电室	变压器、箱式变电站安装、成套配电柜，控制柜（屏、台）和动力、照明配电箱（盘）安装，母线槽安装，梯架、支架、托盘和槽盒安装，电缆敷设，电缆头制作，导线连接和线路绝缘测试，接地装置安装、接地干线敷设
		供电干线	电气设备试验和试运行，母线槽安装，梯架、支架、托盘和槽盒安装，导管敷设、电缆敷设，管内穿线和槽盒内敷电缆头制作、导线连接和线路绝缘测试，接地干线敷设
		电气动力	成套配电柜、控制柜（屏、台）和动力配电箱（盘）安装，电动机、电加热器及电动执行机构检查接线，电气设备试验和试运行，梯架、支架、托盘和槽盒安装，导管敷设、电缆敷设，管内穿线和槽盒内敷线，电缆头制作、导线连接和线路绝缘测试
		电气照明	成套配电柜、控制柜（屏、台）和照明配电箱（盘）安装、梯架、支架、托盘和槽盒安装，导管敷设，管内穿线和槽盒内敷线，塑料护套线直敷布线，钢索配线、电缆头制作，导线连接和线路绝缘测试，普通灯具安装，专用灯具安装，开关、插座、风扇安装，建筑照明通电试运行
		备用和不间断电源	成套配电柜、控制柜（屏、台）和动力，照明配电箱（盘）安装，柴油发电机组安装，不间断电源装置及应急电源装置安装，母线槽安装，导管敷设、电缆敷设，管内穿线和槽盒内敷线、电缆头制作、导线连接和线路绝缘测试，接地装置安装
		防雷及接地	接地装置安装，防雷引下线及接闪器安装，建筑物等电位连接，浪涌保护器安装
8	智能建筑	智能化集成系统	设备安装，软件安装，接口及系统调试，试运行
		信息接入系统	安装场地检查
		用户电话交换系统	线缆敷设，设备安装，软件安装，接口及系统调试，试运行
		信息网络系统	计算机网络设备安装，计算机网络软件安装，网络安全设备安装，网络安全软件安装，系统调试，试运行
		综合布线系统	梯架、托盘、槽盒和导管安装，线缆敷设，机柜、机架、配线架安装，信息插座安装、链路或信道测试，软件安装，系统调试，试运行
		移动通信室内信号覆盖系统	安装场地检查
		卫星通信系统	安装场地检查
		有线电视及卫星电视接收系统	梯架、托盘、槽盒和导管安装，线缆敷设、设备安装、软件安装、系统调试，试运行
		公共广播系统	梯架、托盘、槽盒和导管安装，线缆敷设，设备安装、软件安装、系统调试，试运行
		会议系统	梯架、托盘、槽盒和导管安装，线缆敷设，设备安装、软件安装、系统调试，试运行
		信息导引及发布系统	梯架、托盘、槽盒和导管安装，线缆敷设，显示设备安装，机房设备安装，软件安装、系统调试，试运行
		时钟系统	梯架、托盘、槽盒和导管安装，线缆敷设，设备安装、软件安装、系统调试，试运行

续表

序号	分部工程	子分部工程	分项工程
8	智能建筑	信息化应用系统	梯架、托盘、槽盒和导管安装，线缆敷设，设备安装、软件安装、系统调试，试运行
		建筑设备监控系统	梯架、托盘、槽盒和导管安装，线缆敷设，传感器安装，执行器安装，控制器、箱安装，中央管理工作站和操作分站设备安装、软件安装、系统调试、试运行
		火灾自动报警系统	梯架、托盘、槽盒和导管安装，线缆敷设，探测器类设备安装，控制器类设备安装，其他设备安装、软件安装、系统调试、试运行
		安全技术防范系统	梯架、托盘、槽盒和导管安装，线缆敷设，设备安装、软件安装、系统调试，试运行
		应急响应系统	设备安装，软件安装、系统调试，试运行
		机房	供配电系统，防雷与接地系统，空气调节系统，给水排水系统，综合布线系统，监控与安全防范系统，消防系统，室内装饰装修，电磁屏蔽，系统调试，试运行
		防雷与接地	接地装置、接地线、等电位连接，屏蔽设施，电涌保护器，线缆敷设，系统调试，试运行
9	建筑节能	围护系统节能	墙体节能，幕墙节能，门窗节能，屋面节能，地面节能
		供暖空调设备及管网节能	供暖节能，通风与空调设备节能，空调与供暖系统冷热源节能，空调与供暖系统管网节能
		电气动力节能	配电节能、照明节能
		监控系统节能	监测系统节能、控制系统节能
		可再生能源	地源热泵系统节能，太阳能光热系统节能、太阳能光伏节能
10	电梯	电力驱动的曳引式或强制式电梯	设备进场验收，土建交接检验，驱动主机，导轨，门系统，轿厢，对重，安全部件，悬挂装置，随行电缆，补偿装置，电气装置，整机安装验收
		液压电梯	设备进场验收，土建交接检验，液压系统，导轨，门系统，轿厢，对重，安全部件，悬挂装置，随行电缆，电气装置，整机安装验收
		自动扶梯自动人行道	设备进场验收，土建交接检验，整机安装验收

附录C　室外工程的划分

表 C　　　　　　　　　　　　　　室外工程的划分

单位工程	子单位工程	分部工程
室外设备	道路	路基、基层、面层、广场与停车场、人行道、人行地道、挡土墙、附属构筑物
	边坡	土石方、挡土墙、支护
附属建筑及室外环境	附属建筑	车棚，围墙，大门，挡土墙
	室外环境	建筑小品，亭台，水景，连廊，花坛，场坪绿化，景观桥

附录 D 模板、钢筋分项工程各子项目检验批质量验收记录

表 D.1　　　　　　　　　　　　模板安装检验批质量验收记录

工程名称	×××工程 A－5♯楼	分项工程名称	模板安装	验收部位	三层柱、剪力墙、楼梯，10.3m 处梁、板
施工单位	××建工集团责任有限公司	专业工长	×××	项目经理	××
分包单位	/	分包项目经理	/	施工班组长	/
施工执行标准名称及编号		混凝土结构工程施工质量验收规范（GB 50204）（2010 版）			

		质量验收规范的规定			施工单位检查评定记录										监理（建设）单位验收记录
主控项目	1	安装现浇结构的上层模板及其支架时，下层楼板应具有承受上层荷载的承受能力，或加设支架；上、下层支架的立柱应对准，并铺设垫板			符合要求										
	2	在涂刷模板隔离剂时，不得玷污钢筋和混凝土接槎处。			隔离剂未沾污钢筋和混凝土接处										
一般项目	1	模板安装应满足本规范第 4.2.3 条的要求			现场检查，符合规范要求										
	2	用作模板的地坪、胎膜等应平整光洁，不得产生影响构件质量的下沉、裂隙、起砂或起鼓			/										
	3	对跨度不小于 4m 的现浇钢筋混凝土梁、板，其中模板应按设计要求起拱；当设计无具体要求时，起拱设计宜为跨度的 1‰～3‰			符合规范要求										
	4	现浇结构模板安装偏差（mm）	轴线位置	5	4	3	4	4	2	5	0	2	0	4	
			底模上表面标高	±5	3	−5	−5	4	2	3	−5	5	−1	−5	
			截面内部尺寸 基础	±10											
			截面内部尺寸 柱、墙梁	+4−5	3	5	1	2	−1	−2	2	−4	−2	1	
			层高垂直度 基础不大于5m	6	4	4	3	0	0	0	1	5	0	3	
			层高垂直度 大于5m	8											
			相邻两板表面高低差	2	0	0	1	1	0	2	0	0	0	1	
			表平平整度	5	5	1	2	1	1	0	0	0	2	2	
	5	固定在模板上的预埋件、预留孔预留洞均不得遗漏，且应安装牢固（mm）	预埋钢板中心线位置	3											
			预埋管、预留孔中心线位置	3	3	0	3	0	0	0	3	0	2	0	
			插筋 中心线位置	5											
			插筋 外露长度	+10,0											
			预埋螺栓 中心线位置	2											
			预埋螺栓 外露长度	+10,0											
			预留洞 中心线位置	10	6	1	9	12	2	2	6	8	7	7	
			预留洞 外露长度	+10,0	8	6	5	4	6	0	0	0	6	8	

表 D. 2　　　　　　　　　　　模板拆除工程检验批质量验收记录表

单位（子单位）工程名称			1#住宅楼东段—2#住宅楼			
分部（子分部）工程名称			地基与基础（混凝土基础）		验收部位	地下一层①段13—23/A—K轴顶板、梁、楼梯
施工单位			××建工集团有限责任公司1#住宅楼东段工程项目部		项目经理	×××
施工执行标准名称及编号			《北京市建筑结构长城杯质量评审标准》（DBJ/T 01—69—2003）《混凝土结构工程施工质量验收规范》（GB 50204）《混凝土结构工程施工质量验收规程》（DBJ 01—82—2005）			

		施工质量验收规范的规定				施工单位检查评定记录	监理（建设）单位验收记录
主控项目	1	底模及其支架拆除时的混凝土强度	构件类型	构件跨度（m）	达到设计的混凝土立方体抗压强度标准值的百分率（%）	/	/
			板	≤2	≥50	/	
				>2，≤8	≥75	HN13－06070，达到设计强度132%，合格	
				>8	≥100	/	
			梁、拱壳	≤8	≥75	HN13－06070，达到设计强度132%，合格	
				>8	≥100	/	
	2	后张法预应力构件侧模和底模的拆除时间	第4.3.2条			/	
	3	后浇带拆模和支顶	第4.3.3条			/	
一般项目	1	避免拆模损伤	第4.3.4条			符合施工质量验收要求	符合设计、施工质量验收规范、标准的要求
	2	模板拆除、堆放和清运	第4.3.5条			模板拆除后分散码放、及时清运	
	3	模板拆除的批准	第4.3.6条			有拆模申请单	

施工单位检查评定结果	专业工长（施工员）		施工班组长	
	一般项目满足规范规定要求			
	项目专业质量检查员：　　　　　　　　　　　　　　××年××月××日			

监理（建设）单位验收结论	符合施工质量验收规范要求，同意验收
	专业监理工程师（建设单位项目专业技术负责人）　　　　　××年××月××日

表 D.3   **钢筋原材料检验批质量验收记录**

工程名称	××× 工程 A－5#楼	分项工程名称	钢筋原材料	验收部位	三层柱、剪力墙
施工单位	××建工集团 责任有限公司	专业工长	×××	项目经理	×××
分包单位	/	分包项目经理	/	施工班组长	/
施工执行标准名称及编号		《混凝土结构工程施工质量验收规范》（GB 50204）			

		质量验收规范的规定	施工单位检查评定记录	监理（建设） 单位验收记录
主控项目	1	钢筋进场时，应按现行国家标准《钢筋混凝土用热轧带肋钢筋》（GB 1499）等规定抽取试件进行力学性能检验，其质量必须符合有关的规定	钢筋质量符合有关标准规定，有钢筋合格证和进场复验报告	符合要求
	2	对有抗震防要求的框架结构，其纵向受力钢筋的强度应满足设计要求；当设计无具体要求时应符合本规范第 5.2.2 条的规定	查看了钢筋复验报告，符合设计和质量验收规范要求	符合要求
	3	当发现钢筋脆断、焊接性能不良或力学性能显著不正常等现象时，应对该批钢筋进行化学成分检验或其他专项检验	符合要求	符合要求
一般项目		钢筋应平直、无损伤，表面不得有裂纹、油污、颗粒状或片状老锈	现场观察，外观质量符合要求	符合要求

施工单位 检查评定结果	项目专业质量检查员： 项目专业质量（技术）负责人： 年 月 日
监理（建设）单位 验收结论	 监理工程师 （建设单位项目专业技术负责人）： 年 月 日

表 D. 4　　　　　　　钢筋加工检验批质量验收记录表（DBJ 01—82—2005）

单位（子单位）工程名称	1#住宅楼东段-2#住宅楼	
分部（子分部）工程名称	地基与基础（混凝土基础）	验收部位　设备夹层 1-23/A-K 轴墙柱顶板、梁、楼梯
施工单位	××建工集团有限责任公司 1#住宅楼东段工程项目部	项目经理　×××
施工执行标准名称及编号	《北京市建筑结构长城杯质量评审标准》（DBJ/T0 1—69—2003）《混凝土结构工程施工质量验收规范》（GB 50204）《混凝土结构工程施工质量验收规程》（DBJ 01—82—2005）	

主控项目	1	受力钢筋的弯钩和弯折	第 5.3.1 条	受力钢筋的弯钩和弯折，符合设计和规范要求											符合设计、施工质量验收规范、标准的要求
	2	箍筋弯钩形式	第 5.3.2 条	箍筋筋弯钩 135°，弯钩平直长度不小于 10d，符合要求											
	3														
	4														
一般项目	1	钢筋调直	第 5.3.3 条	盘条采用机械调直，其余采用人工调直，符合要求											符合设计、施工质量验收规范、标准的要求
	2	钢筋焊接、机械连接接头质量	第 5.3.4 条	端头平直，无斜口、马蹄口或扁头，符合要求											
	3	梯子铁、马凳、定位卡、垫块制作	第 5.3.5 条	梯子铁、马凳、定位卡、垫块制作符合要求											
	4	钢筋加工的形状、尺寸	受力钢筋顺长度方向全长的净尺寸	±10	−9	−7	−2	1	−5	4	8	−9	−3	9	
			弯起钢筋的弯折位置	±20											
			箍筋内净尺寸	±5	3	2	1	2	−1	4	6	1	−5	−3	

专业工长（施工员）		施工班组长	
施工单位检查评定结果	主控项目全部合格，一般项目满足规范规定要求 项目专业质量检查员：		××年××月××日
监理（建设）单位验收结论	符合施工质量验收规范要求，同意验收 专业监理工程师 （建设单位项目专业技术负责人）：		××年××月××日

表 D.5   钢筋连接检验批质量验收记录

工程名称	××× 工程 A-5♯楼	分项工程名称	钢筋连接	验收部位	三层柱、剪力墙
施工单位	××建工集团 责任有限公司	专业工长	×××	项目经理	×××
分包单位	/	分包项目经理	/	施工班组长	/
施工执行标准名称及编号		《混凝土结构工程施工质量验收规范》（GB 50204）			

		质量验收规范的规定	施工单位检查评定记录	监理（建设） 单位验收记录
主控项目	1	纵向受力钢筋的连接方式应符合设计要求。	符合设计要求	符合要求
	2	在施工现场，应按国家现行标准《钢筋机械连接通用技术规程》JG 107、《钢筋焊接及验收规程》JGJ 18 的规定抽取钢筋机械连接接头、焊接接头试件进行力学性能检验，其质量应符合有关规程的规定	按要求对接头抽样检验，结果合格，有试验报告	符合要求
一般项目	1	钢筋的接头宜设置在受力较小处。同一纵向受力钢筋不宜设置两个或两个以上接头。接头末端至钢筋弯起点的距离不应小于钢筋直径的 10 倍	符合质量验收规范的要求	符合要求
	2	在施工现场，应按国家现行标准《钢筋机械连接通用技术规程》JG 107、《钢筋焊接及验收规程》JGJ 18 的规定对钢筋机械连接接头、焊接接头的外观进行检查，其质量应符合有关规程的规定	符合质量验收规范的要求	符合要求
	3	当受力钢筋采用机械接头或焊接接头时，设置在同一构件内的接头宜相互错开	符合质量验收规范的要求	符合要求
	4	同一构件中相邻纵向受力钢筋的绑扎搭接接头宜相互错开。绑扎搭接接头中钢筋的横向净距不应小于钢筋直径，且不应小于 25mm	绑扎接头相互错开布置，钢筋接头面积百分率符合质量验收规范要求	符合要求
	5	在梁、柱类构件的纵向受力钢筋搭接长度范围内，应按设计要求配置箍筋。当设计无具体要求时，应符合本规范第 5.4.7 条规定	箍筋的直径，间距符合设计和质量验收规范要求	符合要求

施工单位 检查评定结果	项目专业质量检查员： 项目专业质量（技术）负责人： 年 月 日
监理（建设）单位 验收结论	监理工程师 （建设单位项目专业技术负责人）： 年 月 日

表 D.6　　　　　　　　　　　　　　**钢筋安装工程检验批质量验收记录表**

单位（子单位）工程名称			1♯住宅楼东段—2♯住宅楼									地下一层⊞段 1—13/A—K轴 顶板、梁、楼梯
分部（子分部）工程名称			地基与基础（混凝土基础）							验收部位		
施工单位			××建工集团有限责任公司1♯住宅楼东段工程项目部						项目经理			×××
施工执行标准名称及编号			《北京市建筑结构长城杯质量评审标准》（DBJ/T0 1—69—2003）《混凝土结构工程施工质量验收规范》（GB 50204）《混凝土结构工程施工质量验收规程》（DBJ 01—82—2005）									

		施工质量验收规范的规定			施工单位检查评定记录								监理（建设） 单位验收记录
主控项目	1	纵向受力钢筋的连接方式		第5.4.1条	采用绑扎搭接，符合要求								符合设计、施工质量验收规范、标准的要求
	2	机械连接和焊接接头的力学性能		第5.4.2条	/								
	3	受力钢筋和品种、级别、规格和数量		第5.5.1条	HRB400 8、10，HRB400E 12、22 合格								
一般项目	1	接头位置和数量		第5.4.3条	搭接接头位置和数量符合规范要求								符合设计、施工质量验收规范、标准的要求
	2	机械连接和焊接的外观质量		第5.4.4条	/								
	3	机械连接和焊接的接头面积百分率		第5.4.5条	/								
	4	绑扎搭接接头面积百分率和搭接长度		第5.4.6条 附录D	符合规范要求								
	5	搭接长度范围内的箍筋		第5.4.7条	/								
	6	绑扎钢筋	长、宽(mm)	±10									
			网眼尺寸(mm)	±20									
	7	绑扎钢筋骨架	长（mm）	±10	−8	−5	−1	6	12	9	−8	−2 4 2	
			宽、高（mm）	±5	1	−4	−4	−1	−2	−2	4	−4 −2 −5	
	8	受力钢筋	间距（mm）	±10	0	−1	−3	9	−9	9	0	−2 4 1	
			排距（mm）	±5									
			保护层厚度(mm) 基础	±10									
			柱、梁	±5	2	0	1	−2					
			板、墙、壳	±3	3	−2	−1	0	−2	−1	−2	−2 0 3	
	9	绑扎箍筋、横向钢筋间距(mm)		±20	6	−8	8	8	1	6	9	−4 9 1	
	10	钢筋弯起点位置(mm)		20									
	11	预埋件	中心线位置(mm)	5									
			水平高差(mm)	+3,0									
	12	梁、板受力钢筋搭接、锚固长度	入支座、节点搭接	+10,−5									
			入支座、节点锚固	±5	−1	2	−1	3	−5	−4	1	−4 0 2	

施工单位 检查评定结果	专业工长（施工员）		施工班组长		
	项目专业质量检查员：			××年××月××日	
监理（建设） 单位验收结论	专业监理工程师 （建设单位项目专业技术负责人）：			××年××月××日	

附录 E 混凝土、现浇混凝土分项工程各子项目检验批质量验收记录

表 E.1 混凝土原材料及配合比设计检验批质量验收记录表（DBJ 01—82—2005）

单位（子单位）工程名称	1#住宅楼东段—2#住宅楼			
分部（子分部）工程名称	地基与基础（混凝土基础）		验收部位	设备夹层①段13—23/A—K轴外墙
施工单位	××建工集团有限责任公司1#住宅楼东段工程项目部		项目经理	×××
施工执行标准名称及编号	《北京市建筑结构长城杯质量评审标准》（DBJ/T0 1—69—2003）《混凝土结构工程施工质量验收规范》（GB 50204）《混凝土结构工程施工质量验收规程》（DBJ 01—82—2005）			

		施工质量验收规范的规定		施工单位检查评定记录	监理（建设）单位验收记录
主控项目	1	水泥进场检验	第7.2.1条	/	符合设计、施工质量验收规范、标准的要求
	2	外加剂质量及应用	第7.2.2条	/	
	3	混凝土中氯化物、碱的总含量控制	第7.2.3条	混凝土中氯化物、碱的总含量控制符合要求	
	4	配合比设计	第7.3.1条	配合比设计符合要求	
	5	配合比设计的提供	第7.3.2条	配合比有试验室提供，符合要求	
一般项目	1	矿物掺合料质量及掺量	第7.2.4条	/	符合设计、施工质量验收规范、标准的要求
	2	粗细骨料的质量	第7.2.5条	/	
	3	拌制混凝土用水	第7.2.6条	/	
	4	开盘鉴定	第7.3.3条	有开盘鉴定	
	5	依砂、石含水率调整配合比	第7.3.4条	/	
	6	混凝土坍落度	第7.3.5条	180mm±20mm	

施工单位检查评定结果	专业工长（施工员）		施工班组长	
	主控项目全部合格，一般项目满足规范规定要求			
	项目专业质量检查员：		××年××月××日	
监理（建设）单位验收结论	符合施工质量验收规范要求，同意验收			
	专业监理工程师 （建设单位项目专业技术负责人）：		××年××月××日	

表 E.2 混凝土配合比设计检验批质量验收记录

工程名称	××× 工程 A-5#楼	分项工程名称	混凝土配合比设计	验收部位	三层柱、剪力墙、 楼梯，10.3m 处梁、板
施工单位	××建工集团 责任有限公司	专业工长	×××	项目经理	×××
分包单位	/	分包项目经理	/	施工班组长	/
施工执行标准名称及编号		《混凝土结构工程施工质量验收规范》（GB 50204）			

	质量验收规范的规定	施工单位检查评定记录	监理（建设）单位验收记录
主控项目	混凝土应按国家现行标准《普通混凝土配合比设计规程》JGJ 55 的有关规定，根据混凝土强度等级、耐久性和工作性等要求进行配合比设计 对有特殊要求的混凝土，其配合比设计尚应符合国家现行有关标准的专门规定	符合质量验收规范要求	
一般项目 1	首次使用的混凝土配合比应进行开盘鉴定，其工作性应满足设计配合比的要求。开始生产时应至少留置一组标准养护试件，作为验证配合比的依据	混凝土配合比的工作性能符合设计配合比的要求，进行了开盘鉴定并留有试块，试验结果合格	
一般项目 2	混凝土拌制前，应测定砂、石含水率并根据测试结果调整材料用量，提出施工配合比	已对砂，石的含水率进行测试，并依据结果出具了施工配合比，有测试记录和配合比通知单	

施工单位 检查评定结果	主控项目全部合格，一般项目满足规范规定要求；检查评定合格 项目专业质量检查员： 项目专业质量（技术）负责人：　　　　　　　　　　　年 月 日
监理（建设）单位 验收结论	 监理工程师 （建设单位项目专业技术负责人）：　　　　　　年 月 日

表 E.3 混凝土施工检验批质量验收记录表

单位（子单位）工程名称	1#住宅楼东段—2#住宅楼		
分部（子分部）工程名称	混凝土基础	验收部位	设备夹层①段 13—23/A—K 轴内墙
施工单位	××建工集团有限责任公司1#住宅楼东段工程项目部	项目经理	×××
施工执行标准名称及编号	《北京市建筑结构长城杯质量评审标准》（DBJ/T 01—69—2003）《混凝土结构工程施工质量验收规范》（GB 50204）《混凝土结构工程施工质量验收规程》（DBJ 01—82—2005）		

		施工质量验收规范的规定		施工单位检查评定记录	监理（建设）单位验收记录
主控项目	1	混凝土强度等级及试件的取样和留置	第7.4.1条	C30，HN13-01546，设计强度108%，留置1组，合格	符合设计、施工质量验收规范、标准的要求
	2	混凝土抗渗及试件取样和留置	第7.4.2条	/	
	3	原材料每盘称量的偏差	第7.4.3条	/	
	4	初凝时间控制	第7.4.4条	控制4~6h	
一般项目	1	施工缝的位置和处理	第7.4.5条	施工缝的留置和处理，符合要求	符合设计、施工质量验收规范、标准的要求
	2	后浇带的位置和浇筑	第7.4.6条	/	
	3	混凝土浇筑层厚度	第7.4.7条	500mm 厚	
	4	混凝土养护	第7.4.8条	综合蓄热法养护	

专业工长（施工员）		施工班组长	

施工单位检查评定结果	主控项目全部合格，一般项目满足规范规定要求 项目专业质量检查员：　　施工验收日期：　　××年××月××日 混凝土强度等级报告验收日期：　　××年××月××日
监理（建设）单位验收结论	符合施工质量验收规范要求，同意验收 施工验收日期：　　××年××月××日 混凝土强度等级报告验收日期：　　××年××月××日 专业监理工程师 （建设单位项目专业技术负责人）：

表 E. 4　　　　　　　　　　　　现浇结构外观质量检验批质量验收记录

工程名称	××× 工程 A－5＃楼	分项工程名称	现浇结构外观质量	验收部位	三层柱、剪力墙、 楼梯、10.3m 处梁、板
施工单位	××建工集团 责任有限公司	专业工长	×××	项目经理	×××
分包单位	／	分包项目经理	／	施工班组长	／
施工执行标准名称及编号		《混凝土结构工程施工质量验收规范》（GB 50204）			

	质量验收规范的规定	施工单位检查评定记录	监理（建设） 单位验收记录
主控项目	现浇结构的外观质量不应严重缺陷。对已经出现的严重缺陷，应由施工单位提出技术处理方案，并经监理（建设）单位认可进行处理。对经处理的部位，应重新检查验收	符合设计和质量验收规范要求	符合要求
一般项目	现浇结构的外观质量不宜有一般缺陷。对已经出现的一般缺陷，应由施工单位按技术处理方案进行处理，并重新检查验收	外观质量无一般缺陷	符合要求

施工单位 检查评定结果	主控项目全部合格，一般项目满足规范规定；检查评定合格 项目专业质量检查员： 项目专业质量（技术）负责人：　　　　　　　　　　　　　年　月　日
监理（建设）单位 验收结论	 监理工程师 （建设单位项目专业技术负责人）：　　　　　　　　　年　月　日

表 E.5　　　　　　　　　　　现浇结构尺寸偏差检验批质量验收记录

工程名称	×××工程 A-5＃楼	分项工程名称	现浇结构尺寸偏差	验收部位	九层柱、剪力墙、楼梯、27.7m 处梁、板
施工单位	××建工集团责任有限公司	专业工长	×××	项目经理	×××
分包单位	/	分包项目经理	/	施工班组长	/
施工执行标准名称及编号			《混凝土结构工程施工质量验收规范》（GB 50204）		

	质量验收规范的规定					施工单位检查评定记录										监理（建设）单位验收记录
主控项目	现浇结构不应有影响结构性能和使用功能的尺寸偏差。混凝土设备基础不应有影响结构性能和设备安装的尺寸偏差。对超过尺寸允许偏差且影响结构性能和安装、使用功能的部位，就由施工单位提出技术处理方案，并经监理（建设）单位认可后进行处理。对经处理的部位，应重新检查验收					无影响结构性能或使用功能的尺寸偏差										
一般项目	现浇结构尺寸允许偏差（mm）	轴线位置	基础	15												
			独立基础	10												
			墙、柱、梁	8												
			剪力墙	5												
		垂直度	层高≤5m	8	3	8	3	10	5	7	2	7	2	5		
			层高＞5m	10												
			全高 h	H/1000 且≤30												
		标高	层高	±10	-6	-3	13	1	10	-6	-11	0	-5	5		
			全高	±30												
		截面尺寸		+8，-5	7	8	7	0	7	-2	-7	8	2	5		
		电梯井	井筒长、宽对定位中心线	+25，0												
			井筒全高 H 垂直度	H/1000 且≤30												
		表面平整度		8	2	8	3	7	6	8	8	0	2	2		
		预埋设施中心线位置	预埋件	10												
			预埋螺栓	5												
			预埋管	5												
		预留洞中心线位置		15												
	混凝土设备基础尺寸偏差（mm）		坐标位置	20												
			不同平面的标高	0，-20、												
			平面外形尺寸	±20												
			凸台上平面外形尺寸	0，-20												
			凹穴尺寸	+20，0												
		平面水平度	每米	5												
			全长	10												
		垂直度	每米	5												
			全高	10												
		预埋地脚螺栓	标高（顶部）	+20，0												
			中心距	±2												
		预埋地脚螺栓孔	中心线位置	10												
			深度	+20，0												
			孔垂直度	10												
		预埋活动地脚螺栓锚板	标高	+20，0												
			中心线位置	5												
			带槽锚板平整度	5												
			带螺纹锚板平整度	2												

施工单位检查评定结果	项目专业质量检查员（项目专业质量（技术）负责人）：	年　月　日
监理（建设）单位验收结论	监理工程师（建设单位项目专业技术负责人）：	年　月　日

注　检查坐标、轴线、中心线位置时，应沿纵、横两个方向量测，并取其中的较大值。

附录 F　砌体工程检验批质量验收记录

表 F.1　　　　　　　　　　　　填充墙砌体工程检验批质量验收记录

工程名称	1#住宅楼东段—2#住宅楼	分项工程名称	填充墙砌体	验收部位	002二层、四层1-23/A-K轴1.5以上墙体
施工单位	××建工集团有限责任公司1#住宅楼东段工程项目部			项目经理	×××
施工执行标准名称及编号	《北京市建筑结构长城杯质量评审标准》（DBJ/T 01—69—2003）、《砌体结构工程施工质量验收规程》（DBJ 01—81—2004）、《砌体结构工程施工质量验收规范》（GB 50203）			专业工长	×××
分包单位	/			施工班组组长	/

	质量验收规程的规定		施工单位检查评定记录										监理（建设）单位验收记录
主控项目	1. 块材强度等级	设计要求 MU	M3.5、MU5 符合要求										符合设计、施工质量验收规范、标准的要求
	2. 砂浆强度等级	设计要求 M	M10 符合要求										符合设计、施工质量验收规范、标准的要求
一般项目	1. 轴线位移	≤10mm	符合要求										符合设计、施工质量验收规范、标准的要求
	2. 垂直度（每层）	≤5mm	≥90%										
	3. 砂浆饱满度	≥80%	符合要求										
	4. 表面平整度	≤8mm	7	4	5	3	2	1	2	6	4	4	
	5. 门窗洞口	±5mm	4	3	−5	−3	−3	−3	1	4	−4	2	
	6. 窗口偏移	20mm	17	13	13	12	18	17	0	9	14	13	
	7. 无混砌现象	9.3.2条	符合要求										
	8. 拉结钢筋	9.3.4条	符合要求										
	9. 搭砌长度	9.3.5条	符合要求										
	10. 灰缝厚度、宽度	9.3.6条	符合要求										
	11. 梁、板底砌法	9.3.7条	符合要求										

施工单位检查评定结果	主控项目全部合格，一般项目满足规范规定要求　　　　　　　　　　　　项目专业质量检查员：　　项目专业质量（技术）负责人： 2013 年 10 月 15 日
监理（建设）单位验收结论	符合要求，同意验收 监理工程师（建设单位项目技术负责人）： 2013 年 10 月 15 日

注　本表由施工项目专业质量检查员填写，监理工程师（建设单位项目技术负责人）组织项目专业质量（技术）负责人等进行验收。

表 F. 2   **配筋砌体工程检验批质量验收记录**

工程名称	1#住宅楼东段—2#住宅楼	分项工程名称		验收部位	11
施工单位	××建工集团有限责任公司1#住宅楼东段等3项工程项目部			项目经理	×××
施工执行标准名称及编号	《砌体结构工程施工质量验收规程》（DBJ 01—81—2004）			专业工长	
分包单位	北京地丰建筑劳务有限公司			施工班组组长	

	质量验收规程的规定		施工单位检查评定记录								监理（建设单位）验收记录
主控项目	1. 钢筋品种规格数量										
	2. 混凝土强度等级	设计要求 C									
	3. 马牙槎拉结筋	7.2.3条									
	4. 芯柱	贯通截面不削弱									
	5. 柱中心线位置	≤10mm									
	6. 柱层间错位	≤8mm									
	7. 柱垂直度	每层≤10mm									
		全高（≤10mm）≤15mm									
		全高（>10mm）≤20mm									
一般项目	1. 水平灰缝钢筋	7.3.1条									
	2. 钢筋防锈	7.3.2条									
	3. 网状配筋及位置	7.3.3条									
	4. 组合砌体拉结筋	7.3.4条									
	5. 砌块砌体钢筋搭接	7.3.5条									

施工单位检查评定结果	项目专业质量检查员：　　　项目专业质量（技术）负责人： 年　月　日
监理（建设）单位验收结论	监理工程师（建设单位项目技术负责人）： 年　月　日

注　表由施工项目专业质量检查员填写，监理工程师（建设单位项目技术负责人）组织项目专业质量（技术）负责人等进行验收。

参 考 文 献

[1] 建筑施工手册编写组 . 建筑施工手册［M］. 5 版 . 北京：中国建筑工业出版社，2012.

[2] 杨嗣信 . 建筑工程模板施工手册［M］. 3 版 . 北京：中国建筑工业出版社，2015.

[3] 卢循，林奇 . 建筑施工技术［M］. 北京：中国建筑工业出版社，1995.

[4] 魏瞿霖，王松成 . 建筑施工技术［M］. 北京：清华大学出版社，2006.

[5] 朱勇年 . 砌体结构施工［M］. 北京：高等教育出版社，2005.

[6] 姚谨英 . 建筑施工技术 . 2 版 . 北京：中国建筑工业出版社，2022.

[7] 陈肇元，崔京浩 . 土钉支护在基坑工程中的应用［M］. 2 版 . 北京：中国建筑工业出版社，2000.

[8] 杨惠忠 . 建筑节能新技术研究与工程应用［M］. 北京：中国建筑工业出版社，2009.

[9] 中国建筑标准设计研究院 . 墙体节能建筑构造（06J123），2011.

[10] 刘继业，刘福臣 . 建筑施工质量问题与防治措施［M］. 北京：中国建材工业出版社，2003.

[11] 潘丽君，陈杭旭 . 高层建筑专项施工方案实务模拟［M］. 2 版 . 北京：中国建筑工业出版社，2016.

[12] 江正容 . 建筑地基与基础施工手册［M］. 2 版 . 北京：中国建筑工业出版社，2005.

[13] 卢小文 . 建筑地基基础工程施工与质量验收实用手册［M］. 北京：中国建材工业出版社，2004.

[14] 李志新 . 地基与基础工程施工［M］. 北京：中国建筑工业出版社，2006.

[15] 中国建筑标准设计研究院 . 预应力混凝土管桩［M］. 北京：中国计划出版社，2010.

[16] 浙江省标准设计站 . 钻孔灌注桩［M］. 北京：中国建筑工业出版社，2004.

[17] 高竞 . 平法制图的钢筋加工下料计算［M］. 北京：中国建筑工业出版社，2004.